注册建筑师设计手册

主　编　张一莉

副主编　陈邦贤　李泽武　赵嗣明

中国建筑工业出版社

图书在版编目（CIP）数据

注册建筑师设计手册/张一莉主编．—北京：中国建筑工业出版社，2016.4

ISBN 978-7-112-19099-7

Ⅰ.①注… Ⅱ.①张… Ⅲ.①建筑设计-手册 Ⅳ.①TU2-62

中国版本图书馆 CIP 数据核字（2016）第 033946 号

责任编辑：费海玲 焦 阳

责任校对：陈晶晶 刘 钰

本书针对建筑设计特点并结合工作中常遇到的问题进行编写。内容包括：规划指标、场地设计、一般规定、无障碍设计、建筑防火设计、建筑防水设计、门窗与幕墙、汽车库设计、装配式建筑设计、BIM（建筑信息模型）应用、绿色建筑设计、海绵城市与低影响开发、景观设计、居住区与住宅建筑设计、养老建筑设计、医疗建筑设计、中小学校设计、托儿所、幼儿园建筑设计、高等院校设计、图书馆设计、影剧院建筑设计、商业建筑设计、酒店建筑设计、体育场馆设计、超高层建筑设计、地铁车站建筑设计、机场航站楼建筑设计、铁路旅客车站建筑设计共27章，以及相应的条文说明。

本书是为注册建筑师特别编撰的工具书，一册在手，方便查找。亦可供从事建筑设计、施工、监理、室内装饰设计、管理人员和大专院校师生参考使用，并可作为建筑师网络学习用书。

建筑师网络学院网址：www.jzsxy.com.cn

注册建筑师设计手册

主编 张一莉

副主编 陈邦贤 李泽武 赵嗣明

*

中国建筑工业出版社出版、发行（北京海淀三里河路9号）

各地新华书店、建筑书店经销

北京红光制版公司制版

北京京华铭诚工贸有限公司印刷

*

开本：880×1230毫米 1/16 印张：34½ 字数：916千字

2016年8月第一版 2020年5月第六次印刷

定价：**88.00**元

ISBN 978-7-112-19099-7

（28418）

《注册建筑师设计手册》编委会

3. 香港华艺设计顾问（深圳）有限公司

4. 奥意建筑工程设计有限公司

5. 深圳市清华苑建筑设计有限公司

6. 深圳机械院建筑设计有限公司

7. 深圳市华阳国际工程设计股份有限公司

8. 深圳市北林苑景观及建筑规划设计院有限公司

9. 北京市建筑设计研究院深圳院

10. 深圳市汇宇建筑工程设计有限公司

11. 深圳国研建筑科技有限公司

《注册建筑师设计手册》编委

第 1 章	规划指标	张　杨　深圳市建筑设计研究总院有限公司
第 2 章	场地设计	张　杨　深圳市建筑设计研究总院有限公司
第 3 章	一般规定	郭智敏　徐　丹　夏　韬　深圳华森建筑与工程设计顾问有限公司
	无障碍设计	李泽武　深圳市建筑设计研究总院有限公司
第 4 章	建筑防火设计（4.1～4.6）	李泽武　深圳市建筑设计研究总院有限公司
	建筑防火设计（4.7、4.8）	孙　旋　中国建筑科学研究院建筑防火研究所
第 5 章	建筑防水设计	李朝晖　深圳机械院建筑设计有限公司
第 6 章	门窗	李泽武　深圳市建筑设计研究总院有限公司
	幕墙	李泽武　马世明　深圳市建筑设计研究总院有限公司
第 7 章	汽车库设计	涂宇红　深圳市建筑设计研究总院有限公司
第 8 章	装配式建筑设计	龙玉峰　丁　宏　深圳市华阳国际工程设计股份有限公司
第 9 章	BIM（建筑信息模型）应用	韦　真　深圳市东大国际工程设计有限公司
第 10 章	绿色建筑设计	李泽武　庞观艺　陈辉虎　深圳国研建筑科技有限公司
第 11 章	海绵城市与低影响开发	千　茜　高若飞　深圳大地创想建筑景观规划设计有限公司
第 12 章	景观设计	王劲韬　夏　媛　章锡龙 深圳市北林苑景观及建筑规划设计院有限公司
第 13 章	居住区与住宅建筑设计	王亚杰　深圳市华阳国际工程设计股份有限公司
第 14 章	养老建筑设计	陈　竹　深圳市清华苑建筑设计有限公司
第 15 章	医疗建筑设计	侯　军　深圳市建筑设计研究总院有限公司
第 16 章	中小学校设计	孙立平　深圳大学建筑设计研究院有限公司
第 17 章	托儿所、幼儿园建筑设计	马　越　深圳大学建筑设计研究院有限公司
第 18 章	高等院校设计	艾志刚　钟　中　赵勇伟　宋向阳　朱文健 深圳大学建筑与城市规划学院
第 19 章	图书馆设计	李朝晖　深圳机械院建筑设计有限公司
第 20 章	影剧院建筑设计	黄　河　北京市建筑设计研究院深圳院
第 21 章	商业建筑设计	林　毅　鲁　艺　香港华艺设计顾问（深圳）有限公司
第 22 章	酒店建筑设计	黄晓东　深圳市建筑设计研究总院有限公司
第 23 章	体育场馆设计	冯　春　林镇海　深圳市建筑设计研究总院有限公司
第 24 章	超高层建筑设计	宁　琳　苏生辉　奥意建筑工程设计有限公司
第 25 章	地铁车站建筑设计	罗若铭　广东省建筑设计研究院
第 26 章	机场航站楼建筑设计	陈　雄　李琦真　广东省建筑设计研究院
第 27 章	铁路旅客车站建筑设计	邹咏文　广东省建筑设计研究院

编 撰 说 明

一、编撰目的与内容

《注册建筑师设计手册》由深圳市注册建筑师协会组织深圳11家设计企业并特邀广东省建筑设计研究院、华南理工大学建筑设计研究院、中国建筑设计研究院建筑防火研究所，针对建筑设计特点并结合工作中常遇到的问题共同编撰的。

编撰目的是方便设计人员更好地执行国家、部委颁布的各项工程建设技术标准、规范及省、市地方标准、规定，了解新技术、新材料，提高建筑工程设计质量和设计效率。

全书包括：规划指标、场地设计、一般规定、无障碍设计、建筑防火设计、建筑防水设计、门窗与幕墙、汽车库设计、装配式建筑设计、BIM（建筑信息模型）应用、绿色建筑设计、海绵城市与低影响开发、景观设计、居住区与住宅建筑设计、养老建筑设计、医疗建筑设计、中小学校设计、托儿所、幼儿园建筑设计、高等院校设计、图书馆设计、影剧院建筑设计、商业建筑设计、酒店建筑设计、体育场馆设计、超高层建筑设计、地铁车站建筑设计、机场航站楼建筑设计、铁路旅客车站建筑设计共27章，以及相应的条文说明。

二、编制特点

1. 简明扼要——图表化、表格化，方便查找，有利记忆。
2. 全面覆盖——内容覆盖常用的工业与民用建筑，做到一册在手，方便使用。

由于涉及内容多，水平有限，本《注册建筑师设计手册》错漏在所难免，恳请读者随时提出意见和建议，以便今后不断修订和完善。

联系地址：深圳市福田区振华路设计大厦　深圳市注册建筑师协会
深圳市注册建筑师协会网址：http：//www. szzcs. com. cn/
建筑师网络学院网址：www. jzsxy. com. cn

《注册建筑师设计手册》编委会
2016年7月8日

目　　录

1 规划指标

1.1 规划城市建设用地组成

规划城市用地组成　　表 1.1

用地名称	占城市建设用地比例（%）
居住用地	25.0～40.0
公共管理与公共服务设施用地	5.0～8.0
工业用地	15.0～30.0
道路与交通设施用地	10.0～25.0
绿地与广场用地	10.0～15.0

1.2 规划人均用地指标

人均居住用地面积指标（m^2/人）　　表 1.2-1

建筑气候区划	Ⅰ、Ⅱ、Ⅵ、Ⅶ气候区	Ⅲ、Ⅳ、Ⅴ气候区
人均居住用地面积	28.0～38.0	23.0～36.0

规划人均单项城市建设用地面积指标（m^2/人）　　表 1.2-2

公共管理与公共服务设施	道路与交通设施	绿地与广场
≥5.5	≥12.0	≥10.0

1.3 居住区规划各项指标

1.3.1 居住区分级控制规模

表 1.3.1

	居住区	小　区	组　团
户数（户）	10000～16000	3000～5000	300～1000
人口（人）	30000～50000	10000～15000	1000～3000

1.3.2 居住区内各项用地所占比例的平衡控制指标

居住区内用地平衡控制指标（%）　　表 1.3.2

用地结构	居住区	居住小区	组团
1. 住宅用地（R01）	50.0～60.0	55.0～65.0	70.0～80.0
2. 公建用地（R02）	15.0～25.0	12.0～22.0	6.0～12.0
3. 道路用地（R03）	10.0～18.0	9.0～17.0	7.0～15.0
4. 公共绿地（R04）	7.5～18.0	5.0～15.0	3.0～6.0
居住区用地	100	100	100

1.3.3 人均居住区用地控制指标

人均居住区用地控制指标（m^2/人）　　表 1.3.3

居住规模	层　数	建筑气候区		
		Ⅰ、Ⅱ、Ⅵ、Ⅶ	Ⅲ、Ⅴ	Ⅳ
居住区	低层	33.0～47.0	30.0～43.0	28.0～40.0
	多层	20.0～28.0	19.0～27.0	18.0～25.0
	多层、高层	17.0～26.0	17.0～26.0	17.0～26.0
小区	低层	30.0～43.0	28.0～40.0	26.0～37.0
	多层	20.0～28.0	19.0～26.0	18.0～25.0
	中高层	17.0～24.0	15.0～22.0	14.0～20.0
	高层	10.0～15.0	10.0～15.0	10.0～15.0
组团	低层	25.0～35.0	23.0～32.0	21.0～30.0
	多层	16.0～23.0	15.0～22.0	14.0～20.0
	中高层	14.0～20.0	13.0～18.0	12.0～16.0
	高层	8.0～11.0	8.0～11.0	8.0～11.0

注：本表各项指标按每户 3.2 人计算。

1.3.4 居住区公共服务设施控制指标

居住区公共服务设施控制指标（m^2/千人）　　表 1.3.4

类别 \ 居住规模		居住区		小区		组团	
		建筑面积	用地面积	建筑面积	用地面积	建筑面积	用地面积
总指标		1668～3293 (2228～4213)	2172～5559 (2762～6329)	968～2397 (1338～2977)	1091～3835 (1491～4585)	362～856 (703～1356)	488～1058 (868～1578)
其中	教育	600～1200	1000～2400	330～1200	700～2400	160～400	300～500
	医疗卫生（含医院）	78～198 (178～398)	138～378 (298～548)	38～98	78～228	6～20	12～40
	文体	125～245	225～645	45～75	65～105	18～24	40～60
	商业服务	700～910	600～940	450～570	100～600	150～370	100～400
	社区服务	59～464	76～668	59～292	76～328	19～32	16～28

续表

类别 \ 居住规模		居住区		小区		组团	
		建筑面积	用地面积	建筑面积	用地面积	建筑面积	用地面积
其中	金融邮电（含银行、邮电局）	20～30（60～80）	25～50	16～22	22～34	—	—
	市政公用（含居民存车处，不含锅炉房）	40～150（460～820）	70～360（500～960）	30～140（400～720）	50～140（450～760）	9～10（350～510）	20～30（400～550）
	行政管理及其他	46～96	37～72	—	—	—	—

1.3.5 住宅建筑净密度

住宅建筑净密度控制指标（%） **表 1.3.5-1**

住宅层数	建筑气候区		
	Ⅰ、Ⅱ、Ⅵ、Ⅶ	Ⅲ、Ⅴ	Ⅳ
低层（1～3 层）	35	40	43
多层（4～6 层）	28	30	32
中高层（7～9 层）	25	28	30
高层（≥10 层）	20	20	22

注：(1) 混合层取两者的指标值作为控制指标的上、下限值；
(2) 住宅建筑净密度：住宅建筑基底面积与住宅用地面积的比率（%）；
(3) 摘自《居住区规》表 5.0.6-1。

住宅建筑面积净密度控制指标（万 m^2/hm^2） **表 1.3.5-2**

住宅层数	建筑气候区		
	Ⅰ、Ⅱ、Ⅵ、Ⅶ	Ⅲ、Ⅴ	Ⅳ
低层（1～3 层）	1.10	1.20	1.30
多层（4～6 层）	1.70	1.80	1.90
中高层（7～9 层）	2.00	2.20	2.40
高层（≥10 层）	3.50	3.50	3.50

注：(1) 合层取两者的指标值作为控制指标的上、下限值；
(2) 本表不计入地下面积；
(3) 住宅建筑面积净密度：每公顷住宅用地上拥有的住宅建筑面积（万 m^2/ hm^2）
(4) 摘自《居住区规》表 5.0.6-2。

1.4 城市公共服务设施规划控制指标

1.4.1 城市公共设施规划用地综合（总）指标

城市公共设施规划用地综合（总）指标　　表 1.4.1

城市规模 / 分项	小城市	中等城市	大城市		
			Ⅰ	Ⅱ	Ⅲ
占中心城区规划用地比例（%）	8.6～11.4	9.2～12.3	10.3～13.8	11.6～15.4	13.0～17.5
人均规划用地（m^2/人）	8.8～12.0	9.1～12.4	9.1～12.4	9.5～12.8	10.0～13.2

1.4.2 行政办公设施规划用地指标

行政办公设施规划用地指标　　表 1.4.2

城市规模 / 分项	小城市	中等城市	大城市		
			Ⅰ	Ⅱ	Ⅲ
占中心城区规划用地比例（%）	0.8～1.2	0.8～1.3	0.9～1.3	1.0～1.4	1.0～1.5
人均规划用地（m^2/人）	0.8～1.3	0.8～1.3	0.8～1.2	0.8～1.1	0.8～1.1

1.4.3 文化娱乐设施规划用地指标

文化娱乐设规划用地指标　　表 1.4.3

城市规模 / 分项	小城市	中等城市	大城市		
			Ⅰ	Ⅱ	Ⅲ
占中心城区规划用地比例（%）	0.8～1.0	0.8～1.1	0.9～1.2	1.0～1.5	1.1～1.5
人均规划用地（m^2/人）	0.8～1.1	0.8～1.1	0.8～1.0	0.8～1.0	0.8～1.0

1.4.4 具有公益性的各类文化娱乐设施的规划用地比例

公益性的各类文化娱乐设施的规划用地比例（不得低于本表规定）　　表 1.4.4

设施类别	广播电视和出版类	图书和展览类	影剧院、游乐、文化艺术类
占文化娱乐设施规划用地比例（%）	10	20	50

1.4.5 体育设施规划用地指标

体育设施规划用地指标（应符合本表规定，并保障具有公益性的各类体育设施规划用地比例） **表 1.4.5**

城市规模 / 分项	小城市	中等城市	大城市 Ⅰ	大城市 Ⅱ	大城市 Ⅲ
占中心城区规划用地比例（%）	0.6～0.7	0.6～0.7	0.6～0.8	0.7～0.8	0.7～0.9
人均规划用地（m^2/人）	0.6～0.7	0.6～0.7	0.6～0.7	0.6～0.8	0.6～0.8

1.4.6 医疗卫生设施规划用地指标

医疗卫生设施规划用地指标 **表 1.4.6-1**

城市规模 / 分项	小城市	中等城市	大城市 Ⅰ	大城市 Ⅱ	大城市 Ⅲ
占中心城区规划用地比例（%）	0.7～0.8	0.7～0.8	0.7～1.0	0.9～1.1	1.0～1.2
人均规划用地（m^2/人）	0.6～0.7	0.6～0.8	0.7～0.9	0.8～1.0	0.9～1.1

各类医院、疗养院建设用地指标 **表 1.4.6-2**

<table>
<tr><td rowspan="3">综合医院</td><td colspan="2">建设规模（床位数）</td><td>200～300</td><td>400～500</td><td>600～700</td><td>800～900</td><td>1000</td><td></td></tr>
<tr><td colspan="2">建设用地指标（m^2/床）</td><td>117</td><td>115</td><td>113</td><td>111</td><td>109</td><td></td></tr>
<tr><td colspan="8">注：
(1) 表中所列是综合医院七项基本建设内容（急诊部、门诊部、住院部、医技科室、保障系统、行政管理和院内生活用房等）所需的最低用地指标；当规定的指标确实不能满足需要时，可按不超过 11m^2/床指标增加用地面积，用于预防保健，单列项目用房的建设和医院的发展用地；
(2) 新建综合医院的绿地率不应低于 35%；改建、扩建综合医院的绿地率不应低于 30%；
(3) 建设规模介于表列规模之间时，可用插入法计算实际需要的用地面积；
(4) 承担医学科研任务的综合医院应按副高及以上专业技术人员总数的 70%为基数，按每人 30m^2；承担教学任务的综合医院应按每位学生 30m^2，在床均用地面积指标以外另行增加科研和教学设施的建设用地；
(5) 综合医院设置公共停车场时，应在床均用地面积指标以外，按小型汽车、自行车的占地标准另行增加公共停车场用地，停车数量按当地规定</td></tr>
<tr><td rowspan="3">中医医院</td><td rowspan="2">建设规模</td><td>床位</td><td>60</td><td>100</td><td>200</td><td>300</td><td>400</td><td>500</td></tr>
<tr><td>日门（急）诊人次</td><td>210</td><td>350</td><td>700</td><td>1050</td><td>1400</td><td>1750</td></tr>
<tr><td colspan="2">建设用地</td><td colspan="6">建设用地应包括：建筑用地；道路、广场、停车用地；绿化用地及发展用地；新建中医医院绿地率宜为 30%～35%，改建、扩建中医医院绿地宜为 25%～30%；新建建筑容积率宜控制在 0.6～1.5 之间，改扩建用地紧张时不宜超过 2.5</td></tr>
<tr><td rowspan="3">疗养院</td><td>建设规模</td><td>床位</td><td>100</td><td>200</td><td>300</td><td>400</td><td>500</td><td></td></tr>
<tr><td colspan="2">建设用地指标（m^2/床）</td><td>200</td><td>165</td><td>140</td><td>130</td><td>120</td><td></td></tr>
<tr><td colspan="8">注：
(1) 本表不包括职工生活用房的用地面积；
(2) 建筑的山地、水面不包括在用地面积内，但可适当扣除绿化用地；
(3) 位于城市内的疗养院如受条件限制可适当减少用地面积，但大于 300 床（含 300 床）规模者不得低于 90m^2/床，小于 300 床规模者不得低于 110m^2/床，并应按城市规划的规定办理</td></tr>
</table>

注：本表摘自《综合医院建设标准》建标 110-2008、《中医院建设标准》(2008)、《疗养院筑建面积指标》(1992)。传染病院，精神病院见医疗建筑设计。

1.4.7 教育科研设计设施规划用地指标

教育科研设计设施规划用地指标 表 1.4.7-1

分项＼城市规模	小城市	中等城市	大城市 Ⅰ	大城市 Ⅱ	大城市 Ⅲ
占中心城区规划用地比例（%）	2.4～3.0	2.9～3.6	3.4～4.2	4.0～5.0	4.8～6.0
人均规划用地（m^2/人）	2.5～3.2	2.9～3.8	3.0～4.0	3.2～4.5	3.6～4.8

城市幼儿园用地指标 表 1.4.7-2

规模	人数（人）	用地面积（m^2/生）	总用地面积（m^2）	备注
6 班	180	15	2700	源自《城市幼儿园建筑面积定额》（国家教委、建设部批准试行，1988 年）第 15 条
9 班	270	14	3780	
12 班	360	13	4680	

注：(1) 幼儿园用地面积包括：建筑占地、室外活动场地、绿化及道路用地面积；未包括教职工住宅、人防工程、连接廊、车库、自行车棚、花房、地窖以及供暖地区供暖锅炉房等用地面积。建筑密度不宜大于 30%；

(2) 教职工人数按劳动人事部、国家教委发布的有关规定计算；

(3) 室外活动场地包括：公共活动场地 $2m^2$/生；分班活动场地 $2m^2$/生，绿化用地不小于 $2m^2$/生。

城镇普通中小学校园用地面积指标（m^2/生） 表 1.4.7-3

用地类别＼学校类别	小学 12 班	小学 18 班	小学 24 班	初中 12 班	初中 18 班	初中 24 班
校园总用地	18.79	17.57	15.45	21.33	17.78	17.30
1. 建筑用地	按建筑容积率计算，小学≤0.8，中学≤0.9					
2. 体育活动场地	8.11	8.07	6.45	10.17	7.15	7.28
3. 绿化用地	$1m^2$/生（包括集中绿化用地和科技园地）					
4. 勤工俭学用地	$1m^2$/生					
用地类别＼学校类别	**完全高中 18 班**	**完全高中 24 班**	**完全高中 30 班**	**高中 18 班**	**高中 24 班**	**高中 30 班**
校园总用地	18.29	17.73	17.62	18.56	18.35	18.24
1. 建筑用地	按建筑容积率计算，小学≤0.8，中学≤0.9					
2. 体育活动场地	7.15	7.28	7.46	7.15	7.28	7.46
3. 绿化用地	$1m^2$/生（包括集中绿化用地和科技园地）					
4. 勤工俭学用地	$1m^2$/生					

注：本表根据《城市普通中小学校校舍建设标准》(1990) 整理综合而成。

全日制普通中等专业学校用地面积定额总表（m^2/生） 表 1.4.7-4

类别	规模（人）	校舍建筑用地	体育用地	集中用地	总用地面积
工、农、林、医药	640	42	19	5	66
	960	39	18	5	62
	1280	37	16	5	58
	1600	35	14	5	54

续表

类别	规模（人）	校舍建筑用地	体育用地	集中用地	总用地面积
政法、财经	640	29	19	5	53
	960	27	18	5	50
	1280	25	16	5	46
体育	640	48	34	5	87
	960	47	33	5	85
师范	640	29	19	5	53
	960	27	18	5	50

特殊教育学校用地指标 **表 1.4.7-5**

学校类别	项目名称	每生用地面积（m^2/生）		每班用地面积（m^2/生）		总用地面积（m^2）	
		9 班	18 班	9 班	18 班	9 班	18 班
盲校	综合用地	83	67	1160	940	10408	16898
	建筑用地	—	—	—	—	6082	9992
	体育活动场地	—	—	—	—	3570	5394
	绿化用地	2	2	—	—	252	504
	勤工俭学用地	4	4	—	—	504	1008
聋校	综合用地	88	62	1235	870	11114	15655
	建筑用地	—	—	—	—	4712	7606
	体育活动场地	—	—	—	—	5394	6034
	绿化用地	4	4	—	—	504	1008
	勤工俭学用地	4	4	—	—	504	1008
弱智学校	综合用地	79	63	950	760	8491	13565
	建筑用地	—	—	—	—	3913	6155
	体育活动场地	—	—	—	—	3570	5394
	绿化用地	4	4	—	—	504	1008
	勤工俭学用地	4	4	—	—	504	1008

注：(1) 容积率不宜大于 0.85，可建环形跑道，其中聋校可建篮、排球场；

(2) 本表摘自《特殊教育学校建设标准》。

大学、大专、高职、高专院校各项用地指标（m^2/生） **表 1.4.7-6**

学校 \ 用地		四项总和用地	(1) 建筑用地	(2) 室外体育用地	(3) 集中绿化用地	(4) 停车场用地
大学、大专	综合、师范、民族类	53～61	31～35	9～10	11～12	2
	外语、财经、政法类	48～53	28～31	9～10	10～11	
	理工、农林、医类	55～62	33～38	9～10	11～12	
	体育院校	77～87	47～52	13～15	15～17	
	艺术院校	70～79	45～51	9～10	14～16	

续表

学校＼用地		四项总和用地	(1) 建筑用地	(2) 室外体育用地	(3) 集中绿化用地	(4) 停车场用地
高职、高专	综合、师范、民族类	56～64	33～39	10	11～13	2
	外语、财经、政法类	50～55	29～32	10	10～11	
	理工、农林、医类	59～66	35～41	10	12～13	
	体育院校	85～91	51～56	15	17～18	
	艺术院校	73～83	47～54	10	15～17	

注：(1) 用地指标与学校类别有关，也与学校规模有关。学校规模越大，用地指标越小，反之越大。

(2) 本用地指标不包括：实验实习用地、实习医院、附中、附小、附幼用地，不适合建筑的山地、河流、池塘、湖泊等，建筑用地指标不包括研究生、留学生。

(3) 规模较大的垃圾转运站、堆煤场、污水生化处理设施用地，学校应另行申请。

(4) 容积率宜为0.65（体育院校）～0.80，绿地率≥35%，集中绿地率≥20%。

(5) 本表根据《普通高等院校建筑面积指标》(征求意见稿）整理综合而成。

普通高等学校试验、实习特殊用地参考指标　　表 1.4.7-7

项　目	基本参数	参考指标（m^2/生）
1. 农业院校实习农场、牧场、鱼塘	农业专业学生规模	330
2. 林业院校实习苗圃、树木园	林业专业规模	100
3. 大学生生物系实习园	生物系学生规模	70

注：本表摘引自《普通高等院校建筑面积指标》(征求意见稿）。

1.4.8　社会福利设施规划用地指标

社会福利设施规划用地指标　　表 1.4.8

分项＼城市规模	小城市	中等城市	大城市		
			Ⅰ	Ⅱ	Ⅲ
占中心城区规划用地比例（%）	0.2～0.3	0.3～0.4	0.3～0.5	0.3～0.5	0.3～0.5
人均规划用地（m^2/人）	0.2～0.7	0.2～0.4	0.2～0.4	0.2～0.4	0.2～0.4

1.4.9　残疾人康复设施规划用地指标

残疾人康复设施应在交通便利，且车流、人流干扰少的地带选址，其规划用地指标应符合表1.4.9的规定。

残疾人康复设施规划用地指标　　表 1.4.9

分项＼城市规模	小城市	中等城市	大城市		
			Ⅰ	Ⅱ	Ⅲ
规划用地（hm^2）	0.5～1.0	1.0～1.8	1.8～3.5	3.5～5	≥5

2 场地设计

2.1 一书两证

表 2.1

	审批阶段	核发内容
一书两证	项目立项	核发《选址意见书》
	审批建设用地	核发《建设用地规划许可证》
	审批建设工程	核发《建设工程规划许可证》

2.2 建筑基地规划控制线

1. 红线：

表 2.2

类别	内容	备注
征地红线	规划部门和国土部门共同批复的用地边界	含代征用地（道路、绿化）
用地红线	各类建筑工程项目用地的使用权属范围的边界线	不含代征用地（道路、绿地等）
建筑控制线（建筑红线）	有关法规或详细规划确定的建筑物、构筑物的基地位置不得超出的界限	见图 2.2

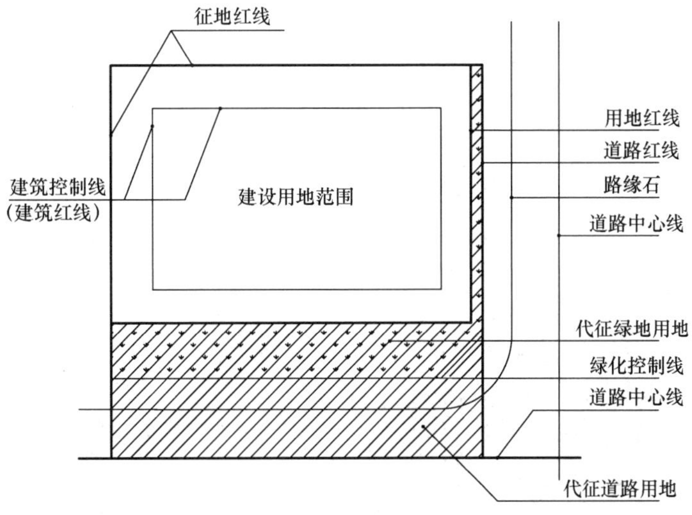

征地红线
建筑控制线
(建筑红线)
建设用地范围
用地红线
道路红线
路缘石
道路中心线
代征绿地用地
绿化控制线
道路中心线
代征道路用地

图 2.2 基地各种控制线

2. 蓝线：水资源保护范围界限。
3. 绿线：绿化用地规划控制线。
4. 紫线：历史文化街区和历史建筑保护范围界线。
5. 黄线：城市基础设施用地控制线。
6. 黑线：黑线一般指“电力走廊”，指城市电力的用地规划控制线。

2.3 基地总平面设计

2.3.1 城市规划对建筑基地和建筑的限定

城市规划对建筑基地和建筑的限定　　表 2.3.1

<table>
<tr><td rowspan="6">建筑基地</td><td rowspan="3">基地与城市道路连接的道路宽度</td><td>当基地内建筑面积≤3000m² 时</td><td>≥4m</td></tr>
<tr><td>当基地内建筑面积>3000m²，且只有一条基地道路与城市道路相连接时</td><td>≥7m</td></tr>
<tr><td>当基地内建筑面积>3000m²，有两条道路与城市相连接时</td><td>≥4m</td></tr>
<tr><td>基地机动车出入口位置及设置要求</td><td>1. 与大中城市主干道交叉口的距离，自道路红线交叉点量起不小于 70m；
2. 与人行横道线、人行过街天桥、人行地道（包括引道、引桥）的最边缘线不应小于 5m；
3. 距地铁出入口、公共交通站台边缘不应小于 10m；
4. 距公园、学校、儿童及残疾人使用建筑的出入口不应小于 20m；
5. 基地道路坡度>8%时，应设缓冲段与城市道路相连接</td><td></td></tr>
<tr><td>大型、特大型文化娱乐、商业、体育、交通等人员密集建筑的基地</td><td>1. 基地应至少有一面直接临城市道路，其长度应按建筑规模或疏散人数确定，并至少不小于基地周长的 1/6；
2. 基地应至少有 2 个或 2 个以上不同方向通向城市道路的（包括与基地道路连接的）出口</td><td></td></tr>
<tr><td>相邻基地建筑关系</td><td>1. 按规划条件执行；原则上双方应各留出按详规控制高度计算得出的建筑日照间距的一半，不得影响其他地块内建筑物的日照和采光标准；满足防火规范对各类建筑间距的规定；
2. 抗震设防城市的城市干路两侧的高层建筑应由道路红线向后退 10～15m</td><td rowspan="5">应经当地城市规划行政主管部门批准</td></tr>
<tr><td colspan="2">地下建筑</td><td>距红线应不小于地下建筑深度（室外地坪到地下建筑物底板）的 0.7 倍，并不得小于 3～5m</td></tr>
<tr><td colspan="2">道路旁骑楼</td><td>1. 骑楼柱外缘距道路红线不得小于 0.45m；
2. 骑楼建筑底层外墙面距道路红线不得小于 3.5m；
3. 骑楼净高不得小于 3.6m；
4. 骑楼地面应与人行道地面相平，无人行道时应高出道路边界 0.10～0.20m</td></tr>
<tr><td rowspan="2">允许突出道路红线的建筑突出物</td><td>在有人行道的路面上空</td><td>1. 2.50m 以上允许突出建筑构件：凸窗、窗扇、窗罩、空调机位，突出深度不应大于 0.50m；
2. 2.50m 以上允许突出活动遮阳，突出宽度不应大于人行道宽度减 1m，并不应大于 3m；
3. 3m 以上允许突出雨篷、挑檐，突出深度不应大于 2m；
4. 5m 以上允许突出雨篷、挑檐，突出深度不应大于 3m</td></tr>
<tr><td>在无人行道的路面上空</td><td>4m 以上允许突出建筑构件：窗罩、空调机位，突出深度不应大于 0.50m</td></tr>
</table>

2.3.2 公共建筑总体布局要求

公共建筑总体布局要求表　　表 2.3.2

学校	出入口和城市道路之间应有 10m 以上的缓冲距离
	主要教学用房外墙与铁路距离≥300m，教学用房与机动车流量超过每小时 270 辆的道路距离＜80m时需采取有效的隔声措施
综合医院	宜面临两条城市道路
	基地留出足够的机动车停车用地，出入口远离城市道路交叉口
体育建筑	需留有集散地，不得小于 0.2m^2/100 人
	场地出入口不少于 2 处，并通向不同方向的城市道路
老年人设施	出入口处有 1.50m×1.50m 的回旋面积室内外高差≤0.4m，应设置缓坡活动场地坡度≤3%

2.3.3 建筑基地的规划指标控制

建筑基地的规划指标控制一览表　　表 2.3.3

类　别	分项指标		备　注
1. 用地控制	1）用地面积		规划拨地红线范围内用地的面积。包括代征道路面积、代征绿地面积和建设用地面积
	2）用地性质		按规划主管部门规定执行
	3）用地红线		各类建筑工程项目用地的使用权属范围的边界线
	4）建筑控制线		有关法规或详细规划确定的建筑物、构筑物的基底位置不得超出的界线
	5）停车数量		按机动车与非机动车执行规划主管部门规定
2. 建设容量控制	1）容积率		在一定范围内，地上建筑面积总和与建设用地的面积比值
	2）建筑面积密度		地面上总建筑面积（m^2）/建设用地面积（m^2）
	3）人口密度	a. 人口毛密度	居住总人数（人）/居住区建设用地总面积（h·m^2）
		b. 人口净密度	居住总人数（人）/住宅建设用地总面积（h·m^2）
3. 密度控制	1）建筑覆盖率（建筑密度）（%）		建筑物的基底面积总和（m^2）/建设用地面积（m^2）
	2）建筑系数（%）		建筑物、构筑物占用的用地面积（m^2）/建设用地面积（m^2）
	3）场地利用系数（%）		各种方式的用地面积（m^2）/建设用地面积（m^2）
4. 高度控制	1）平均层数		总建筑面积/建筑基地总面积或容积率/覆盖率
	2）极限高度	a. 规划控高	规划主管部门允许的建筑高度
		b. 消防控高	建筑室外地坪到其屋顶面层或檐口的高度
5. 绿化控制	1）绿化覆盖率（%）		乔木、灌木及多年生草本植物覆盖土地面积的总和/基地建设用地面积
	2）绿化用地面积		指规划性建筑基地内专以用作绿化的各类绿地面积之和
	3）绿地率（%）		各类绿地总面积（m^2）/该地区总面积（m^2）

2.3.4 建筑间距

2.3.4.1 建筑防火间距详见防火专篇

2.3.4.2 住宅建筑日照标准

表 2.3.4.2

<table>
<tr><td rowspan="2">建筑气候区划</td><td colspan="2">Ⅰ、Ⅱ、Ⅲ、Ⅶ气候区</td><td colspan="2">Ⅳ气候区</td><td rowspan="2">Ⅴ、Ⅵ气候区</td></tr>
<tr><td>大城市</td><td>中小城市</td><td>大城市</td><td>中小城市</td></tr>
<tr><td>日照标准日</td><td colspan="3">大寒日</td><td colspan="2">冬至日</td></tr>
<tr><td>住宅日照时数（h）</td><td>≥2</td><td colspan="2">≥3</td><td colspan="2">≥1</td></tr>
<tr><td>有效日照时间带（h）</td><td colspan="3">8～16 时</td><td colspan="2">9～15 时</td></tr>
<tr><td>日照时间计算起点</td><td colspan="5">底层窗台面（是指距室内地坪 0.90m 高的外墙位置）</td></tr>
<tr><td rowspan="2">其他</td><td colspan="5">1. 每套住宅至少有一个居住空间获得冬季日照；
2. 宿舍半数以上的居室，应能获得同住宅居住空间相等的日照标准；
3. 托儿所、幼儿园的主要生活用房，应能获得冬至日不小于 3h 的日照标准；
4. 老年人住宅、残疾人住宅的卧室、起居室，医院、疗养院半数以上的病房和疗养室，中小学半数以上的教室不应低于冬至日满窗 2h 的日照标准</td></tr>
<tr><td colspan="5">旧区改建项目内的新建住宅日照标准可酌情降低，但不应小于大寒日 1h 的日照标准</td></tr>
</table>

2.3.4.3 不同方位间距折减系数

表 2.3.4.3

方位	0°～15°（含）	15°～30°（含）	30°～45°（含）	45°～60°（含）	>60°
折减值	1.00L	0.90L	0.80L	0.90L	0.95L

注：(1) 表中方位为正南向（0°）偏东、偏西的方位角。

(2) L 为当地正南向住宅的标准日照间距（m）。

(3) 本表指标仅适用于无其他日照遮挡的平行布置条式住宅之间。

2.3.5 建筑面宽控制

1. 如无特殊要求，一般对建筑的面宽作如下规定：

表 2.3.5

建筑高度 h（m）	建筑最大面宽 W（m）
≤24	≤80
24<h≤60	≤70
>60	≤60

2. 如有特殊要求详见当地规划部门的相关规定。

2.4 竖向设计

2.4.1 高程系统

水准高程系统换算 表 2.4.1

转换者 被转换者	56 黄海高程	85 高程基准	吴淞高程基准	珠江高程基准
56 黄海高程	—	+0.029m	−1.688m	+0.586m
85 高程基准	−0.029m	—	−1.717m	+0.557m
吴淞高程基准	+1.688m	+1.717m	—	+2.274m
珠江高程基准	−0.586m	−0.557m	−2.274m	—

注：高程基准之间的差值为各地区精密水准网点之间差值的平均值。

2.4.2 建筑高度控制

1. 文物保护单位、重要风景区、航线控制高度内的建筑物的高度系指建筑物的最高点。

2. 在有净空高度限制的飞机场、气象台、电台和其他无线通信（含微波通信）设施周围的新建、改建建筑物，其控制高度应符合有关部门对净空高度限制的规定。

2.4.3 竖向设计内容

1. 制定利用与改造地形的方案，合理选择、设计场地的地面形式。

2. 确定场地坡度、控制点高程、地面形式。

3. 合理利用或排除地面雨水的方案。

4. 合理组织场地的土石方工程和防护工程。

5. 配合道路设计、环境设计，提出合理的解决方案与要求。

2.4.4 场地竖向设计原则

1. 应采用统一的高程系统。

2. 占地面积大，或地形复杂的场地应作竖向设计，尽量减少土石方量，并使填挖方接近平衡。

3. 合理排除场地和路面雨水。

4. 场地设计标高应高于或等于城市设计防洪、防涝标高；沿海或受洪水泛滥威胁的地区，场地设计标高应高于设计洪水位标高 0.5～1.0m，否则需设相应的防洪措施。

5. 场地设计标高应高于多年平均地下水位。

6. 场地设计标高应高于场地周边道路设计标高，且应比周边道路的最低路段高程高出 0.2m 以上。

7. 场地设计标高与建筑物首层地面标高之间的高差应大于 0.15m。

8. 建筑物靠山坡布置或场地高差较大时，应设挡土墙或护坡，坡顶部 5.0m 处应设截洪沟，护坡底或挡土墙底部距建筑物 2～3m 处，应设截面不小于 0.4m×0.4m 的排水沟。

9. 相邻台地间高度差大于 1.5m 时，应在挡土墙或坡比值大于 0.5 的护坡顶面加设安全防护设施。

10. 高度大于 2m 的挡土墙或护坡的上缘与住宅间的水平距离不应小于 3m，其下缘与住宅间的水平距离不应小于 2m。

2.4.5 各种场地适用坡度

各种场地设计适用坡度 表 2.4.5-1

场地名称		适用坡度（%）	最大坡度（%）	备注
密实性地面和广场		0.3～3.0	3.0	平坦地区，坡度宜≤1%
停车场		0.2～0.5	1.0～2.0	停车场一般坡度为 0.5%
室外场地	儿童游戏场地	0.3～2.5	—	—
	运动场	0.2～0.5	—	—
	杂用场地	0.3～2.9	—	—
	一般场地	0.2	—	—
绿地		0.5～5.0	10.0	—
湿陷性黄土地面		0.5～7.0	8.0	—

城市主要建设用地适宜规划坡度 表 2.4.5-2

用地名称	最小坡度（%）	最大坡度（%）
工业用地	0.2	10（自然坡度宜小于 15%）
仓储用地	0.2	10（自然坡度宜小于 15%）
铁路用地	0	2
港口用地	0.2	5
城市道路用地	0.2	5
居住用地	0.2	25（自然坡度宜小于 30%）
公共设施用地	0.2	20

注：城市中心区自然坡度应小于 15%。

2.5 道　　路

2.5.1 车道、人行道宽度及坡度

车道、人行道的宽度及坡度表 表 2.5.1

道路类别		宽度（m）	坡度	
			纵坡	横坡
单车道		4	0.2%～8%	1.5%～2.5%
双车道		7		
消防车道		4	消防操作场地≤3%，其余≤8%	
自行车道		3～4	0.2%～8%	
小区路		6～9	0.2%～8%	
组团路		3～5	0.2%～8%	
宅前路		2.5	0.2%～3%	
居住区路（红线宽度）		20	0.2%～8%	
人行道	车站、商业区、大型公建	4.5	0.2%～8%	
	住宅区	1.5～3.5		
	乡村	1.5		
	工业区	2.5～3.5		

2.5.2 居住区内道路边缘至建、构筑物的最小距离

居住区内道路边缘至建、构筑物的最小距离 表 2.5.2

道路与建、构筑物关系		道路级别（路面宽度）		
		居住区道路（>9m）	小区路（6～9m）	组团路、宅间小路（<6m）
建筑物面向道路	无出入口	多层 3m，高层 5m	3m	2m
	有出入口	—	5m	2.5m
建筑物山墙面向道路		多层 2m，高层 4m	2m	1.5m
围墙面向道路		1.5m	1.5m	1.5m

注：居住区道路的边缘指道路红线，其余均指路面边线；有人行道者指人行道边线。

2.5.3 连通街道和内院的人行通道

有封闭内院或天井的建筑物沿街时，应设置连通街道和内院的人行通道（可利用楼梯间），其间距不宜大于 80m。

2.5.4 道路建筑限界

道路建筑限界内不得有任何物体侵入。

2.5.5 道路最小净高

道路最小净高 表 2.5.5

道路种类	行驶车辆类型	最小净高（m）
机动车道	各种机动车	4.5
	小客车	3.5
非机动车道	自行车、三轮车	2.5
人行道	行人	2.5

2.5.6 机动车道最大纵坡

机动车道最大纵坡 表 2.5.6

设计速度（km/h）		100	80	60	50	40	30	20
最大纵坡（%）	一般值	3	4	5	5.5	6	7	8
	极限值	4	5	6		7	8	

注：（1）新建道路应采用小于或等于最大纵坡一般值；改建道路、受地形条件或其他特殊情况限制时，可采用最大纵坡极限值。

（2）除快速路外的其他等级道路，受地形条件或其他特殊情况限制时，经技术经济核准后，最大纵坡极限值可增加 1.0%。

（3）积雪或冰冻地区的快速路最大纵坡不应大于 3.5%，其他等级道路最大纵坡不应大于 6.0%。

（4）道路最小纵坡不应小于 0.3%；当遇特殊困难纵坡小于 0.3%时，应设置锯齿形边沟或采取其他排水设施。

2.5.7 纵坡的最小坡长

最小坡长 表 2.5.7-1

设计速度（km/h）	100	80	60	50	40	30	20
最小坡长（m）	250	200	150	130	110	85	60

注：（1）当道路纵坡大于本规范表 2.5.7-1 所列的一般值时，纵坡最大坡长应符合表 2.5.8 的规定。

（2）道路连续上坡或下坡，应在不大于表 2.5.7-2 规定的纵坡长度之间设置纵坡缓和段。

最大坡长 **表 2.5.7-2**

设计速度（km/h）	100	80	60			50			40		
纵坡（%）	4	5	6	6.5	7	6	6.5	7	6.5	7	8
最大坡长（m）	700	600	400	350	300	350	300	250	300	250	200

2.5.8 非机动车道纵坡

非机动车道纵坡宜小于2.5%；当大于或等于2.5%时，纵坡最大坡长应符合表2.5.8的规定。

非机动车道最大坡长 **表 2.5.8**

纵坡（%）		3.5	3.0	2.5
最大坡长（m）	自行车	150	200	300
	三轮车	—	100	150

2.6 停 车 场

2.6.1 各类车辆尺寸、当量换算系数及最小转弯半径

表 2.6.1

设计车型＼尺寸			外廓尺寸（m）			车辆换算系数	转弯半径（m）
			总长	总宽	总高		
机动车	微型车		3.80	1.60	1.80	0.7	4.5
	小型车		4.80	1.80	2.00	1.0	6.0
	轻型车		7.00	2.25	2.75	1.5	8～10
	中型车	客车	9.00	2.50	3.20	2.0	10.5～12
		货车	9.00	2.50	4.00		
	大型车	客车	12.00	2.50	3.50	2.5	10.5～12.5
		货车	11.50	2.50	4.00		
	铰接车		18.00	2.50	4.00	3.5	13

2.6.2 主要项目配建停车场（库）的停车位指标

表 2.6.2

分　类			单位	配建指标
居住类	单身宿舍		车位/100m² 建筑面积	0.3～0.4；专门或利用内部道路为每幢楼设置1个装卸货泊位及1个上下客泊位
	单元式住宅、安居房	建筑面积<60m²	车位/户	0.4～0.6；专门或利用内部道路为每幢楼设置1个装卸货泊位及1个上下客泊位
		60m²≤建筑面积<90m²	车位/户	0.6～1.0；专门或利用内部道路为每幢楼设置1个装卸货泊位及1个上下客泊位
		90m²≤建筑面积<144m²	车位/户	1.0～1.2；专门或利用内部道路为每幢楼设置1个装卸货泊位及1个上下客泊位
		建筑面积≥144m²	车位/户	1.2～1.5；专门或利用内部道路为每幢楼设置1个装卸货泊位及1个上下客泊位
	独立联立式住宅		车位/户	≥2.0
	经济适用房		车位/户	0.3～0.5；专门或利用内部道路为每幢楼设置1个装卸货泊位及1个上下客泊位
	轨道车站500m半径范围内的住宅停车位，不超过相应分类配建标准下限的80%			

续表

分　　类		单位	配建指标
商业类	行政办公楼	车位/100m² 建筑面积	一类区域：0.4～0.8；二类区域：0.8～1.2；三类区域 1.2～2.0
	其他办公楼	车位/100m² 建筑面积	一类区域：0.3～0.5；二类区域 0.5～0.8；三类区域 0.8～1.0
	商业区	车位/100m² 建筑面积	首层 2000m² 每 100m² 2.0；2000m² 以上每 100m² 一类区域：0.4～0.6，二类区域：0.6～1.0，三类区域 1.0～1.5 每 2000m² 建筑面积设置 1 个装卸货泊位；超过 5 个时，每增加 5000m²，增设 1 个装卸货泊位
	购物中心、专业批发市场	车位/100m² 建筑面积	一类区域：0.8～1.2；二类区域：1.2～1.5；三类区域：1.5～2.0 每 2000m² 建筑面积设置 1 个装卸货泊位；超过 5 个时，每增加 5000m²，增设 1 个装卸货泊位
	酒店	车位/客房	一类区域：0.2～0.3；二类区域：0.3～0.4；三类区域：0.4～0.5；每 100 间客房设置 1 个装卸货泊位、1 个小型车辆港湾式停车位、0.5 个旅游巴士上下客泊位
	餐厅	车位/10 座	一类区域：0.8～1.0；二类区域：1.2～1.5；三类区域 1.5～2.0
工业仓储类	厂房	车位/100m² 建筑面积	0.2～0.6，近市区的厂房取高限，所提供的车位半数应作停泊客车，其余供货车停泊及装卸货物之用 对占地面积较大的厂房，除设一般货车使用的装卸货泊位外，还应另设大货车装卸货泊位，供货柜车使用
	仓库	车位/100m² 建筑面积	0.2～0.4
公共服务类	综合公园、专类公园	车位/公顷占地面积	8～15
	其他公园	车位/公顷占地面积	需进行专题研究
	占地面积大于 50hm² 公园的配建标准需进行专题研究		
	体育场馆	车位/100 座	3.0～4.0（小型场馆），2.0～3.0（大型场馆）
	影剧院	车位/100 座	市级（大型）影剧院 4.5～5.5；每 100 个座位设 1 个小型车辆港湾式停车位
			一般影剧院 2.0～3.0；每 200 个座位设 1 个小型车辆港湾式停车位

续表

分　类		单位	配建指标
公共服务类	博物馆、图书馆、科技馆	车位/100m² 建筑面积	0.5～1.0
	展览馆	车位/100m² 建筑面积	0.7～1.0
	会议中心	车位/100 座	3.0～4.5
	独立门诊	车位/100m² 建筑面积	一类区域：0.6～0.7；二类区域：0.8～1.0；三类区域：1.0～1.3 1 个以上有盖路旁港湾式停车位供救护车使用；1 个以上路旁港湾式停车位供其他车辆使用
	综合医院、中医医院、妇儿医院	车位/病床	一类区域：0.8～1.2；二类区域 1.0～1.4；三类区域 1.2～1.8，每 50 张病床设 1 个路旁港湾式小型客车停车位；另设 2 个以上有盖路旁停车处，供救护车使用
	其他专科医院	车位/病床	一类区域：0.5～0.8；二类区域：0.6～1.0；三类区域：0.8～1.3，每 50 张病床设 1 个路旁港湾式小型客车停车位；另设 2 个以上有盖路旁停车处，供救护车使用
	疗养院	车位/病床	0.3～0.6
	大中专院校	车位/100 学位	2.0～3.0
	中学	车位/100 学位	0.7～1.5，校址范围内至少设 2 个校车停车处
	小学	车位/100 学位	0.5～1.2，校址范围内至少设 2 个校车停车处
	幼儿园	车位/100 学位	0.5～1.2，校址范围内至少设 2 个校车停车处

注：（1）研发用房及商务公寓参照“其他办公楼”配建，其他未涉及设施的停车位配建标准应专题研究确定。

（2）城市更新若突破既有法定图则控制要求，停车场配建标准应专题研究。

（3）在公共交通高度发达、路网容量有限、开发强度较高的地区，商业类停车供应宜进一步减少，其配建标准应专题研究确定。

（4）公共租赁房、廉租房的停车配建标准应与其分配政策相适应，并根据实际情况专题研究确定。

（5）为教育设施家长接送停车设置的路边临时停车位由道路交通主管部门确定。

（6）本表摘自《深圳市城市规划标准与准则》各城市如有当地规定，按当地规定执行，如没有规定参照执行。

2.6.3 停车场设计要求

停车场设计要求 **表 2.6.3**

<table>
<tr><td rowspan="4">停车场出入口位置</td><td>与城市干道红线距离</td><td>70m</td></tr>
<tr><td>与一般道路交叉口、桥、隧坡道起止线</td><td>≥50m</td></tr>
<tr><td>与过街人行道距离</td><td>5m</td></tr>
<tr><td>与公交车站距离</td><td>10m</td></tr>
</table>

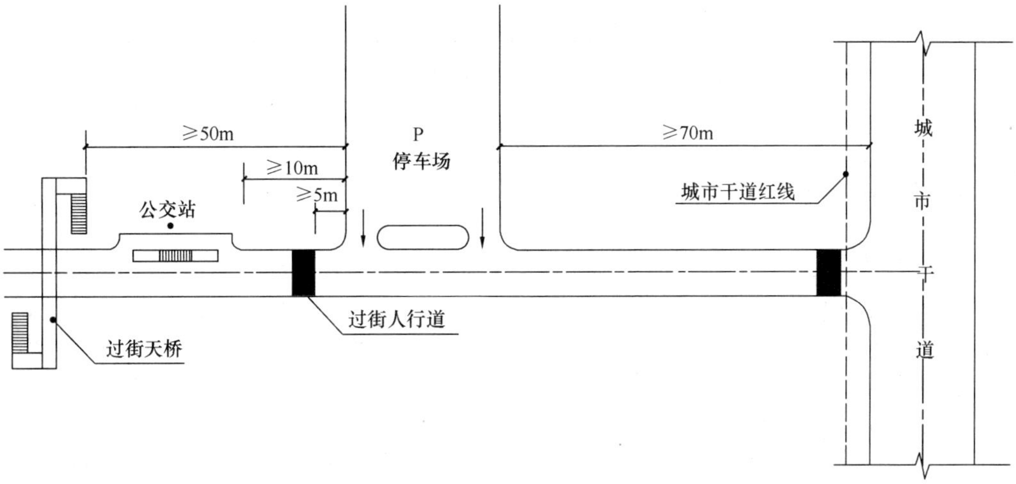
≥50m
≥10m
≥5m
公交站
P
停车场
≥70m
城市干道红线
城市干道
过街人行道
过街天桥

<table>
<tr><td>车位数（个）</td><td>出入口数量</td><td>出入口需求</td><td rowspan="5">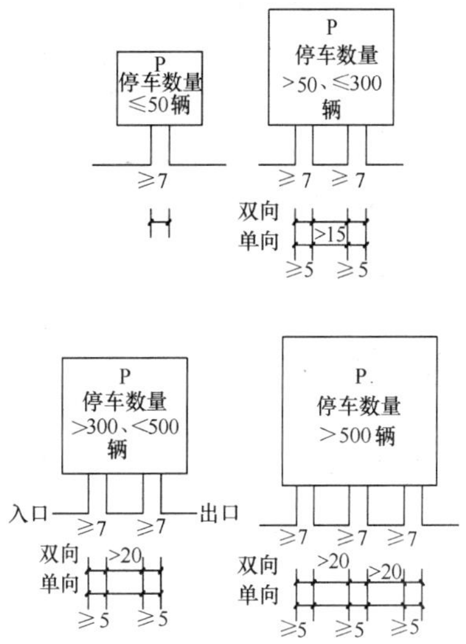
P
停车数量
≤50辆
≥7
P
停车数量
>50、≤300
辆
≥7 ≥7
双向
单向
>15
≥5 ≥5
P
停车数量
>300、<500
辆
入口
出口
≥7 ≥7
双向
单向
>20
≥5 ≥5
P
停车数量
>500辆
≥7 ≥7 ≥7
双向
单向
>20 >20
≥5 ≥5 ≥5</td></tr>
<tr><td>≤50</td><td>1</td><td></td></tr>
<tr><td>>50、≤300</td><td>2</td><td>间距不小于 15m</td></tr>
<tr><td>>300
<500</td><td>2</td><td>出口与入口分开设置，间距应大于 20</td></tr>
<tr><td>>500</td><td>3</td><td></td></tr>
</table>

附加：

停车位面积（m^2）	小型车 20～30，中型车 40～60，大型车 50～75
停车场内坡道坡度	直线段≤15%，曲线段≤12%，缓坡段≤10%（一般取主坡道坡度的 1/2）
其他	（1）停车场宜分组布置，每组停车数≤50 辆，组与组距离≥6m； （2）停车场出入口应符合行车视点要求，并应右转出入车道； （3）残疾人停车位应靠近停车场出入口，与相邻车位之间应留出≥1.2m 宽的轮椅通道

2.6.4 停车场布置方式

停车场布置方式 表 2.6.4

停车方式			垂直通车道方向最小停车位宽度 m 平行通车道方向的最小停车位宽度（m）		平行通车道方向的最小停车位宽度 L_t（m）	通（停）车道最小宽度 W_d（m）
			W_{e1}（靠墙）	W_{e2}（不靠墙）		
平行式		后退停车	2.4	2.1	6.0	3.8
斜列式	30°	前进（后退）停车	4.8	3.6	4.8	3.8
	45°	前进（后退）停车	5.5	4.6	3.4	3.8
	60°	前进停车	5.8	5.0	2.8	4.5
	60°	后退停车	5.8	5.0	2.8	4.2
垂直式		前进停车	5.3	5.1	2.4	9.0
		后退停车	5.3	5.1	2.4	5.5

2.6.5 自行车、摩托车停放

自行车、摩托车停车场设计要求 表 2.6.5

出入口数量	≤500 辆时 1 个，>500 辆时不应小于 2 个
停车位尺寸（m）	自行车 0.7×2.0，摩托车 1.5×4.0
停车位面积（m^2）	自行车 1.5～1.8，摩托车 7～8
通道宽度（m）	一侧使用：自行车 1.5，摩托车 3.0 两侧使用：自行车 2.6，摩托车 5.0
坡道坡度	自行车<20%，摩托车≤15%
坡道宽度及净高（m）	自行车：宽 1.8，净高≥2，摩托车：宽 1.8，净高≥2
其他	(1) 宜分段停放，每段长度 15～20m，每段应设 1 个出入口，其宽度≥3m； (2) 大型自行车停车场和机动车停车场应分别设置，机动车与自行车交通不应交叉

2.7 室外运动场地

2.7.1 室外运动场地的布置

室外运动场地的布置方向（以长轴为准）基本为南北向，根据地理纬度和主导风向可略偏南北向，但不宜超过下表的规定。

运动场长轴偏角 表 2.7.1

北纬	16°～25°	26°～35°	36°～45°	46°～55°
北偏东	0°	0°	5°	10°
北偏西	15°	15°	10°	5°

2.7.2 各类室外运动场占地面积

各类室外运动场占地面积 表 2.7.2

	类别	长度（m）	宽度（m）	占地面积	备注
球类	足球	120	90	$10800m^2$	拥挤地区可建 75m×50m 场地儿童足球场 60m×40m
		90	45	$4050m^2$	
	篮球	28	16	$448m^2$	球场界线外 2m 不得有障碍物
	排球	24	15	$360m^2$	
	手球	40	20	$800m^2$	
	网球	40	20	$800m^2$	向阳避风、排水良好，不得离公路过近
		36	18	$648m^2$	
	羽毛球	18	8	$120m^2$	
	门球	20～25	15～20	$300～500m^2$	场地避风朝向好、安全、略带沙性土壤，坡度 0.5%～1%，中心向四周坡
	高尔夫球	—	—	$60hm^2$	18 洞
田径	200m 跑道	93.14	50.64	—	6 条跑道，两端圆弧半径 18m
		88.10	50.40		4 条跑道
	300m 跑道	137.14	66.02	—	8 条跑道
		136.04	63.04		6 条跑道
	400m 跑道	175.136	95.136	—	
		170.436	90.436		
其他	溜冰场	65	36	$2340m^2$	如需作冰球场，四周圆弧半径 7～8m
	花样溜冰	50	25	$1250m^2$	
	游泳池	50	25	$1250m^2$	水深 0.5～1.5m
儿童游戏场	攀登架	—	—	3m×7.5m	游戏空间
	小秋千	—	—	4.8m×9.7m	四个秋千架
	游戏雕塑	—	—	3m×3m	
	沙场区	—	—	4.5m×4.5m	
	滑梯	—	—	3m×7.6m	
	戏水池	—	—	—	尺寸随意、水深不大于 0.4m
	四驱车场地	—	—	4m×4m	场地单独设置、四周设有参观场地

2.8 管 线 综 合

2.8.1 一般规定

1. 基地内各种管线需与城市相关管线协调。

2. 管线布置应满足安全及使用要求，宜与主体建筑、道路及相邻管线平行。地下管线应从建筑物向道路方向由浅至深敷设。

3. 管线布置力求线路转弯少、交叉少。困难条件下其交叉的交角不应小于45°。

4. 管线布置力求不横穿公共绿化、庭院绿地，并留有道路行道树的位置。

5. 各种管线的埋设顺序一般按管线的埋深深度自建筑物向道路由浅至深排列，其顺序为：通信电缆、热力、电力电缆、燃气管、给水管、雨水管和污水管。

6. 在车行道下管线的最小覆土厚度，燃气管为0.8m，其他管线为0.7m。

7. 室外各种管线管沟盖、检查井，应尽量避免布置在重点景观绿化部位。

2.8.2 地下管线最小水平及垂直距离

1. 地下管线之间最小水平净距见表2.8.2-1

各种地下管线之间最小水平净距（m）　　表2.8.2-1

管线名称		给水管	排水管	燃气管			热力管	电力电缆	电信电缆	电信管道
				低压	中压	高压				
排水管		1.5	1.5	—	—	—	—	—	—	—
燃气管	低压	0.5	1.0	—	—	—	—	—	—	—
	中压	1.5	1.5	—	—	—	—	—	—	—
	高压	1.5	2.0	—	—	—	—	—	—	—
热力管		1.5	1.5	1.0	1.5	2.0	—	—	—	—
电力电缆		0.5	0.5	0.5	1.0	1.5	2.0	—	—	—
电信电缆		1.0	1.0	0.5	1.0	1.5	1.0	0.5	—	—
电信管道		1.0	1.0	1.0	1.0	2.0	1.0	1.2	0.2	—

注：(1) 表中给水与排水管之间的净距适用于管径≤200mm者，当管径>200mm时其净距应≥3.0m。

(2) ≥10kV的电力电缆与其他任何电力电缆之间的净距应≥0.25m，如加套管，净距可减至0.1m；<10kV的电力电缆之间应≥0.1m。

(3) 低压燃气管的低压为≤0.005MPa，中压为0.005～0.3MPa，高压为0.3～0.8MPa。

2. 各种地下管线之间最小垂直净距见表 2.8.2-2

各种地下管线之间最小垂直净距（m） **表 2.8.2-2**

管线名称	给水管	排水管	燃气管	热力管	电力电缆	电信电缆	电信管道
给水管	0.15	—	—	—	—	—	—
排水管	0.40	0.15	—	—	—	—	—
燃气管	0.15	0.15	0.15	—	—	—	—
热力管	0.15	0.15	0.15	0.15	—	—	—
电力电缆	0.15	0.50	0.50	0.50	0.50	—	—
电信电缆	0.20	0.50	0.50	0.15	0.50	0.25	0.25
电信管道	0.10	0.15	0.15	0.15	0.50	0.25	0.25
明沟沟底	0.50	0.50	0.50	0.50	0.50	0.50	0.50
涵洞基地	0.15	0.15	0.15	0.15	0.50	0.20	0.25
铁路轨底	1.00	1.20	1.00	1.20	1.00	1.00	1.00

3. 各种管线与建筑物、构筑物之间的最小水平距离见表 2.8.2-3

各种管线与建筑物、构筑物之间的最小水平间距（m） **表 2.8.2-3**

<table>
<tr><th colspan="2" rowspan="2">管线名称</th><th rowspan="2">建筑物基础</th><th colspan="3">地上杆柱（中心）</th><th rowspan="2">铁路（中心）</th><th rowspan="2">城市道路侧石边缘</th><th rowspan="2">公路边缘</th></tr>
<tr><th>通信、照明<10kV</th><th>≤35kV</th><th>>35kV</th></tr>
<tr><td colspan="2">给水管</td><td>3.0</td><td>0.5</td><td colspan="2">3.0</td><td>5.00</td><td>1.5</td><td>1.0</td></tr>
<tr><td colspan="2">排水管</td><td>2.5</td><td>0.5</td><td colspan="2">1.5</td><td>5.00</td><td>1.5</td><td>1.0</td></tr>
<tr><td rowspan="3">燃气管</td><td>低压</td><td>1.5</td><td rowspan="3">1.0</td><td rowspan="3">1.0</td><td rowspan="3">5.0</td><td>3.75</td><td>1.5</td><td>1.0</td></tr>
<tr><td>中压</td><td>2.0</td><td>3.75</td><td>1.5</td><td>1.0</td></tr>
<tr><td>高压</td><td>4.0</td><td>5.00</td><td>2.5</td><td>1.0</td></tr>
<tr><td colspan="2" rowspan="2">热力管</td><td>直埋 2.5</td><td rowspan="2">1.0</td><td rowspan="2">2.0</td><td rowspan="2">3.0</td><td rowspan="2">3.75</td><td rowspan="2">1.5</td><td rowspan="2">1.0</td></tr>
<tr><td>地沟 0.5</td></tr>
<tr><td colspan="2">电力电缆</td><td>0.6</td><td>0.6</td><td>0.6</td><td>0.6</td><td>3.75</td><td>1.5</td><td>1.0</td></tr>
<tr><td colspan="2">电信电缆</td><td>0.6</td><td>0.5</td><td>0.6</td><td>0.6</td><td>3.75</td><td>1.5</td><td>1.0</td></tr>
<tr><td colspan="2">电信管道</td><td>1.5</td><td>1.0</td><td>1.0</td><td>1.0</td><td>3.75</td><td>1.5</td><td>1.0</td></tr>
</table>

注：(1) 表中给水管与城市道路侧石边缘的水平间距 1.0m 适用于管径≤200mm 者，当管径＞200mm 时其间距应≥1.5m。

(2) 表中给水管与围墙或篱笆的水平间距 1.5m 适用于管径≤200mm 者，当管径＞200mm 时其间距应≥2.5m。

(3) 排水管与建筑物基础的水平间距，当埋设深度浅于建筑物基础时应≥2.5m。

(4) 表中热力管与建筑物基础最小水平间距对于管沟敷设的热力管道为 0.5m，对于直埋闭式热力管道≤250mm 时为 2.5m，管径＞300mm 为 3.0m，对于直埋开式热力管道为 5.0m。

4. 各种管线与绿化树种间的最小水平净距见表 2.8.2-4

管线与绿化树中间的最小水平净距（m）　　　表 2.8.2-4

管线名称	最小水平净距	
	乔木（至中心）	灌木
给水管、闸井	1.5	1.5
污水管、雨水管、探井	1.5	1.5
燃气管、探井	1.2	1.2
电力电缆、电信电缆	1.0	1.0
电信管道	1.5	1.0
热力管	1.5	1.5
地下杆柱（中心）	2.0	2.0
消防龙头	1.5	1.2
道路侧石边缘	0.5	0.5

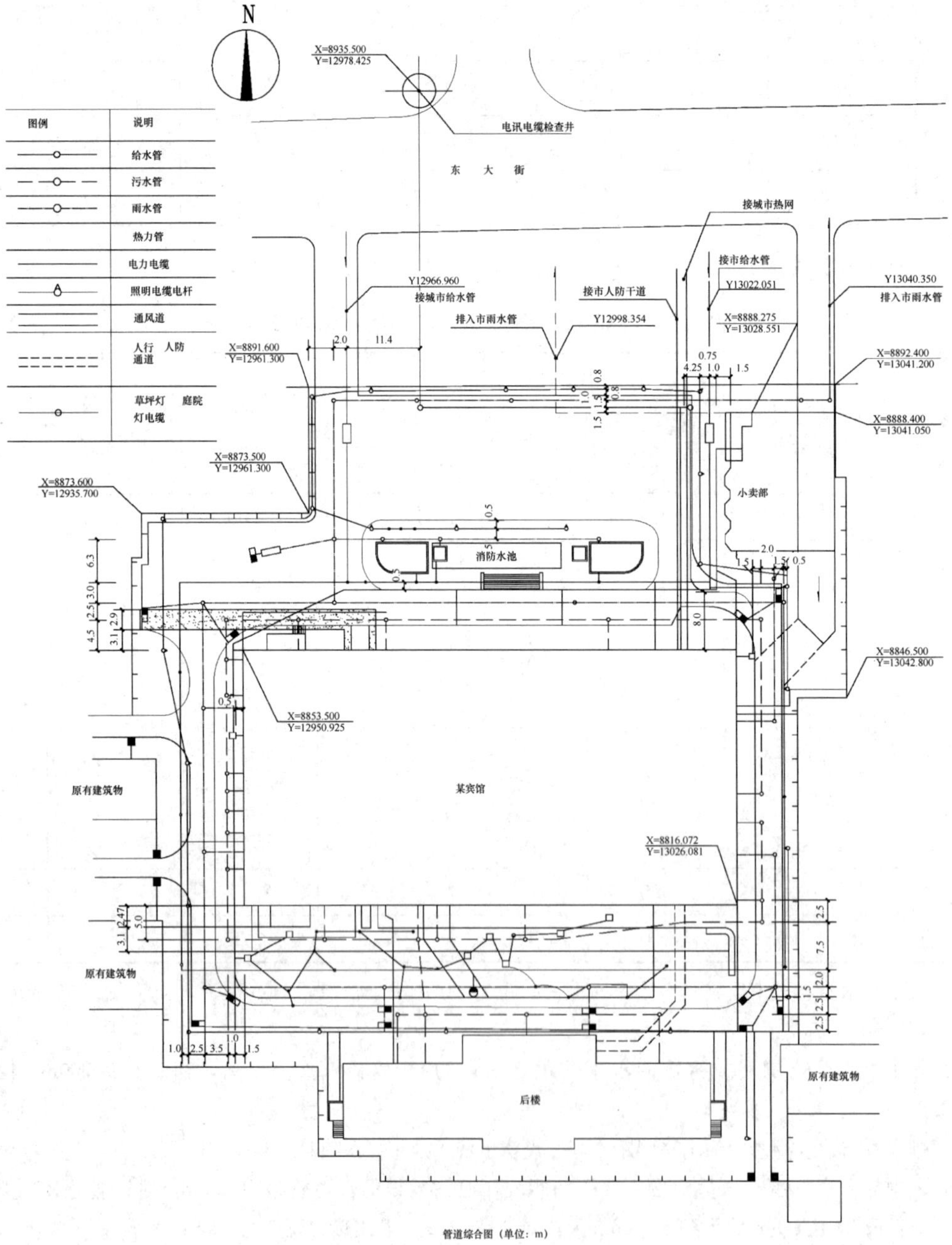
N
图例
说明
给水管
污水管
雨水管
热力管
电力电缆
照明电缆电杆
通风道
人行 人防通道
草坪灯 庭院灯电缆
电讯电缆检查井
东 大 街
接城市热网
接市给水管
接城市给水管
接市人防干道
排入市雨水管
排入市雨水管
小卖部
消防水池
某宾馆
原有建筑物
原有建筑物
原有建筑物
后楼
管道综合图（单位：m）

图 2.8.1　综合管线布置示意图

3 一 般 规 定

3.1 楼 地 面

3.1.1 建筑地面依照面层材料分类

建筑地面依照面层材料分类　　表 3.1.1

名　称	材料及分类
水泥类整体面层	水泥砂浆面层、水泥钢（铁）屑面层、现制水磨石面层、混凝土面层、细石混凝土面层、耐磨混凝土面层、钢纤维混凝土面层，混凝土密封固化剂面层
树脂类整体面层	丙烯酸涂料面层、聚氨酯涂层、聚氨酯自流平涂料、聚酯砂浆面层、环氧树脂自流平涂料、环氧树脂自流平砂浆、干式环氧树脂砂浆
板块面层	砖面层（陶瓷锦砖、缸砖、陶瓷地砖和水泥花砖面层）、大理石面层、花岗石面层、水磨石板块、石料面层（条石、块石）、玻璃板面层、石英塑料板面层、聚氯乙烯板块面层、橡胶板面层、铸铁板面层、网纹钢板面层
木、竹面层	实木地板面层、实木集成地板、浸渍纸层压木质地板面层（强化复合木地板面层）、竹地板面层
不发火花面层	不发火花水泥砂浆面层、不发火花细石混凝土面层、不发火花沥青砂浆面层、不发火花沥青混凝土面层
防静电面层	导静电水磨石面层、导静电水泥砂浆面层、导静电活动地板
防油渗面层	防油混凝土面层、防油渗涂料的水泥类整体面层
防腐蚀面层	耐酸板块（砖、石材）面层、耐酸整体面层
矿渣、碎石面层	矿渣、碎石面层
织物面层	地毯面层

3.1.2 楼地面面层厚度及使用场所

楼地面面层厚度及使用场所　　表 3.1.2

面层名称	厚度（mm）	常见使用场所
混凝土（垫层兼面层）	按垫层确定	经常有大量人员走动的公共场所
细石混凝土	40～50	
聚合物水泥砂浆	20	有清洁和弹性要求的地面
水泥砂浆	20	
现制水磨石	30（含结合层）	1. 存放书刊、文件或档案等纸质库房地面，珍藏各种文物或艺术品和装有贵重物品的库房地面； 2. 有不起尘、易清洗和抗油腻沾污要求的餐厅、酒吧、咖啡厅等地面； 3. 室内旱冰场地面

续表

面层名称	厚度（mm）	常见使用场所
防油渗混凝土	60～70	受机油直接作用的楼层地面
不发火花细石混凝土	40～50	生产或使用过程中有防静电要求的地面面层
水泥花砖	20～40	耐磨场所
预制水磨石板	25～30	舞厅、娱乐场所
陶瓷锦砖（马赛克）	5～8	有不起尘、易清洗和抗油腻沾污要求的餐厅、酒吧、咖啡厅等地面
陶瓷地砖（防滑面砖、釉面砖）	8～14	
大理石、花岗石板	20～40	娱乐场所
玻璃板（不锈钢压边、收口）	12～24（专用胶粘结）	
木板、竹板（单层）（双层）	18～22 12～18	1. 供儿童及老年人公共活动的主要地段或房间； 2. 室内运动场地、排练厅和表演厅等； 3. 存放书刊、文件或档案等纸质库房地面，珍藏各种文物或艺术品和装有贵重物品的库房地面
薄型木板（席文拼花）	8～12	
强化复合木地板（单层）（双层）	8～12（专用胶粘铺） 8～12（专用胶粘铺）	
地毯（单层）（双层）	5～8　8～10 （含橡胶海绵衬垫）	室内环境具有较高安静要求的地段或房间

3.1.3　常用结合层的材料与厚度

常用结合层的材料与厚度　　**表 3.1.3**

面层名称	结合层材料		厚度（mm）
预制混凝土板、大理石、花岗石板	1∶2 水泥砂浆或 1∶3 干硬性水泥砂浆		20～30
水泥花砖	1∶2 水泥砂浆或 1∶3 干硬性水泥砂浆		20～30
陶瓷锦砖（马赛克）	1∶1 水泥砂浆		5
陶瓷地砖（防滑地砖、釉面地砖）	1∶2 水泥砂浆或 1∶3 干硬性水泥砂浆		10～30
块石	砂、炉渣		60
花岗岩条（块）石	1∶2 水泥砂浆		15～20
	砂		60
强化复合木地板	单层	泡沫塑料衬垫	3～5
	双层	毛板、细木工板、中密度板	15～18

注：(1) 地方有要求的应选用预拌砂浆；
(2) 有防水要求房间的地面不得采用干硬性水泥砂浆。

3.1.4　填充层

主要作为敷设管线之用，亦兼有隔声、保温、找坡等功能，材料的自重不应大于 9kN/m³，一般厚度 30～80mm，填充层厚度应符合表 3.1.4 的规定。

填充层厚度表　　**表 3.1.4**

填充层材料	强度等级或配合比	厚度（mm）
水泥炉渣 水泥石灰炉渣 水泥、粗砂、轻骨料（陶粒、珍珠岩等） 加气混凝土块 水泥膨胀珍珠岩块 泡沫混凝土	1∶6 1∶1∶8 1∶1∶6	30～80 30～80 30～80 ≥50 ≥50

3.1.5 找平层、找坡层

1. 找平层一般用 1∶3 水泥砂浆，厚度为 15～20mm；

2. 找平层兼找坡层时采用 C20 细石混凝土；

3. 建筑地面找平层材料可用 1∶3 水泥砂浆或强度等级 C20 的细石混凝土。当找平层铺设在混凝土垫层时，其强度等级不应小于混凝土垫层的强度等级。细石混凝土找平层兼面层强度等级不应小于 C20，厚度不小于 30mm；

4. 找平层最小厚度应符合表 3.1.5 的规定。

找平层最小厚度表　　　　表 3.1.5

找平层材料	强度等级或配合比	厚度（mm）
水泥砂浆	1∶3	≥15
细石混凝土	C20	≥30

3.1.6 楼板隔声

3.1.6.1 围护结构（隔墙和楼板）空气声隔声标准

围护结构（隔墙和楼板）空气声隔声标准　　　　表 3.1.6.1

<table>
<tr><th rowspan="2">建筑类型</th><th rowspan="2">部位</th><th colspan="2">空气隔声单值评价量＋频谱修正量</th></tr>
<tr><th>高要求标准（dB）</th><th>低限标准（dB）</th></tr>
<tr><td rowspan="2">住宅</td><td>分户墙＼分户楼板</td><td>$R_w+C>45$</td><td>>50（高要求）</td></tr>
<tr><td>分隔住宅和非居住用途空间的楼板</td><td colspan="2">$R_w+C>51$</td></tr>
<tr><td rowspan="4">学校</td><td>语言教室、阅览室的隔墙与楼板</td><td colspan="2">$R_w+C>50$</td></tr>
<tr><td>普通教室与各种产生噪声的房间之间的隔墙、楼板</td><td colspan="2">$R_w+C>50$</td></tr>
<tr><td>普通教室之间的隔墙与楼板</td><td colspan="2">$R_w+C>45$</td></tr>
<tr><td>音乐教室、琴房之间的隔墙与楼板</td><td colspan="2">$R_w+C>45$</td></tr>
<tr><td rowspan="6">医院</td><td>病房与产生噪声的房间之间的隔墙、楼板</td><td>$R_w+C>55$</td><td>$R_w+C>50$</td></tr>
<tr><td>手术室与产生噪声的房间之间的隔墙、楼板</td><td>$R_w+C>50$</td><td>$R_w+C>45$</td></tr>
<tr><td>病房之间及病房、手术室与普通房间之间的隔墙、楼板</td><td>$R_w+C>50$</td><td>$R_w+C>45$</td></tr>
<tr><td>诊室之间的隔墙、楼板</td><td>$R_w+C>45$</td><td>$R_w+C>40$</td></tr>
<tr><td>听力测听室的隔墙、楼板</td><td>—</td><td>$R_w+C>50$</td></tr>
<tr><td>体外震波碎石室、核磁共振室的隔墙、楼板</td><td>—</td><td>$R_w+C>50$</td></tr>
<tr><td rowspan="2">办公</td><td>办公室、会议室与产生噪声房间之间的隔墙、楼板</td><td rowspan="2">$R_w+C>50$</td><td rowspan="2">$R_w+C>45$</td></tr>
<tr><td>办公室、会议室与普通房间之间的隔墙楼板</td></tr>
<tr><td rowspan="2">商业</td><td>健身中心、娱乐场所等与噪声敏感房间之间的隔墙、楼板</td><td>$R_w+C>60$</td><td>$R_w+C>55$</td></tr>
<tr><td>购物中心、餐厅、会展中心等与噪声敏感房间之间的隔墙、楼板</td><td>$R_w+C>50$</td><td>$R_w+C>45$</td></tr>
<tr><td rowspan="3">旅馆</td><td>客房之间的隔墙、楼板</td><td colspan="2">$R_w+C>50$（特级）
$R_w+C>45$（一级）
$R_w+C>40$（二级）</td></tr>
<tr><td>客房与走廊之间的隔墙</td><td colspan="2">$R_w+C>45$（特级）
$R_w+C>45$（一级）
$R_w+C>40$（二级）</td></tr>
<tr><td>客房外墙（含窗）</td><td colspan="2">$R_w+C>40$（特级）
$R_w+C>35$（一级）
$R_w+C>30$（二级）</td></tr>
</table>

注：“R_w+C”为计权隔声量＋粉红噪声频谱修正量。

3.1.6.2 楼板计权标准化撞击声隔声标准

楼板的撞击声隔声性能标准（dB） 表 3.1.6.2

建筑类型	部位	撞击声隔声单值评价量（dB）	
		高要求标准（dB）	低限标准（dB）
住宅	卧室、起居室（厅）的分户楼板	$L_{n,w}<65$	$L_{n,w}<75$
		$L'_{nT,w}\leqslant 65$	$L'_{nT,w}\leqslant 75$
学校	语言教室、阅览室与上层房间之间的楼板	$L_{n,w}<65$	
		$L'_{nT,w}\leqslant 65$	
	普通教室、实验室、计算机房与上层产生噪声的房间之间的楼板	$L_{n,w}<65$	
		$L'_{nT,w}\leqslant 65$	
	琴房、音乐教室之间的楼板	$L_{n,w}<65$	
		$L'_{nT,w}\leqslant 65$	
	普通教室之间的楼板	$L_{n,w}<75$	
		$L'_{nT,w}\leqslant 75$	
医院	病房、手术室与上层房间之间的楼板	$L_{n,w}<65$	$L_{n,w}<75$
		$L'_{nT,w}\leqslant 65$	$L'_{nT,w}\leqslant 75$
	听力测试室与上层房间之间的楼板	—	$L'_{nT,w}\leqslant 60$
办公	办公室、会议室顶部的楼板	$L_{n,w}<65$	$L_{n,w}<75$
		$L'_{nT,w}\leqslant 65$	$L'_{nT,w}\leqslant 75$
商业	健身中心、娱乐场所等与噪声敏感房间之间的楼板	$L_{n,w}<45$	$L_{n,w}<50$
		$L'_{nT,w}\leqslant 45$	$L'_{nT,w}\leqslant 50$
旅馆	客房与上层房间之间的楼板	$L_{n,w}<55$ $L_{n,w}<65$ $L_{n,w}<75$	$L'_{nT,w}\leqslant 55$ $L'_{nT,w}\leqslant 65$ $L'_{nT,w}\leqslant 75$

注：(1) 具体设计时应按建筑类型执行相应的规范要求。
(2) $L_{n,w}$为计权规范化撞击声压级（实验室测量）。
(3) $L'_{nT,w}$为计权规范化撞击声压级（现场测量）。

3.1.6.3 满足撞击声隔声标准的楼板构造做法

表 3.1.6.3

楼板构造（mm）	撞击声压级（dB）
铺地毯 20 厚水泥砂浆 90 厚钢筋混凝土楼板	62
20 厚实贴木地板（或贴再生冷釉隔声地板砖） 70 厚钢筋混凝土楼板	69
20 厚水泥砂浆 0.8～2 厚隔声毯（或 40～50 厚隔声砂浆） 100 厚钢筋混凝土楼板	70
20 厚水泥砂浆 5 厚隔声板 100 厚钢筋混凝土楼板	70
钢筋混凝土楼板上有木格栅与焦渣垫层的木楼板	58～65
钢筋混凝土槽型板，板条吊顶	66
钢筋混凝土圆孔板上贴实木地板或复合再生胶面层	69～72
钢丝网水泥楼板，纤维板吊顶，复合再生胶面层	73～75
钢筋混凝土楼板上设水泥焦渣及锯末白灰垫层	65～66
钢筋混凝土圆孔板，砂子垫层，铺预制混凝土夹芯板	66～67
钢筋混凝土楼板上设水泥焦渣及沙土烟灰垫层	71～72

3.1.6.4 楼板隔声的其他构造要求

1. 水、暖、电、气管线穿过楼板和墙体时，洞口周边应采取隔声措施。

2. 电梯井道和电梯机房不应与卧室、起居室及办公室紧邻布置，受条件限制需要紧邻布置时，必须采取有效隔声和减振措施。高速直流乘客电梯的井道与机房之间应做隔声层，隔声层做800mm×800mm的进出口。

3. 管道井、水泵房、空调机房、风机房、制冷机房、柴油发电机房应采取有效的隔声吸声降噪措施，水泵、风机、制冷机应选择适宜位置采取减振措施。

3.1.7 建筑物散水的设置要求

建筑物四周应设置散水、排水明沟或散水带明沟。散水的设置应符合下列要求：

1. 散水的宽度应根据地基土壤性质、气候条件、建筑物的高度和屋面排水形式确定，宜为600～1000mm；当采用无组织排水时，散水的宽度可按檐口线放出200～300mm。

2. 散水的坡度可为3%～5%。当散水采用混凝土时，宜按20～30m间距设置伸缩缝。散水与外墙之间宜设缝，缝宽为20～30mm，缝内应填柔性密封材料。

3.2 墙 体

3.2.1 墙体的防火设计

详见本书第4章建筑防火设计。

3.2.2 墙体的一般规定

墙体的一般规定 表3.2.2

墙体的形式	相关设计及构造要求
砌体结构房屋墙体	1. 五层及五层以上房屋的墙，以及受震动或层高大于6m的墙所用砌块强度等级不应低于MU7.5，砖强度等级不应低于MU10，石材强度等级不应低于MU30，砌筑砂浆强度等级不应低于M5；对安全等级为一级或设计使用年限大于50年的房屋，其材料的等级强度应至少提高一级 2. 砌块墙应分皮错缝搭砌，上下皮搭砌长度不得小于90mm。不能满足时，应在水平灰缝内设置不小于2Φ4的焊接钢筋网片（横向钢筋的间距不宜大于200mm）。网片每端均应超过该垂直缝，其长度不得小于300mm 3. 砌块墙与后砌隔墙交界处，应沿墙高每400mm在水平灰缝内设置不少于2Φ4、横筋间距不大于200mm的焊接钢筋网片 4. 混凝土空心砌块房屋，宜将纵横墙交接处、距墙中心线每边不小于300mm范围内的孔洞，采用不低于Cb20灌孔混凝土灌实，灌实高度应为墙体全高 5. 在砌体中留槽及埋设管道对砌体的承载力影响较大，因此，不应在截面长边小于500mm的承重墙体内埋设管线，不宜在墙体中穿行暗线或预留、开凿沟槽 6. 砌体墙应有防止或减轻墙体开裂的构造措施 7. 砌体墙上的孔洞超过200mm×200mm时要预留，不得随意打凿，孔洞周边应做好防渗漏处理
混凝土小型空心砌块墙	1. 可用于建筑物的承重和非承重墙体 2. 应采用适宜的建筑模数，平面模数网格宜采用3m或2m（即300mm或200mm的倍数），竖向模数网格宜采用1m（即100mm的倍数） 3. 设计时应根据平、立面建筑墙体尺寸绘制砌块排列图，设计预留的洞口及门窗，卫生设备的固定应在排块图上标注；电线管应在墙体内上下贯通的砌块孔中设置，不宜在墙体内水平设置；当必须水平设置时，应采取现浇水泥砂浆带或细石混凝土带等加强措施

续表

墙体的形式	相关设计及构造要求
蒸压加气混凝土砌块墙	1. 加气混凝土砌块强度与其干体积密度有关，干体积密度越大强度等级越高 2. 蒸压加气混凝土砌块墙主要用于建筑物的框架填充墙和非承重内隔墙，以及多层横墙承重的建筑；用于外墙时厚度不应小于200mm，用于内隔墙时厚度不应小于75mm 3. 建筑物防潮层以下的外墙、长期处于浸水和化学侵蚀及干湿或冻融交替环境、作为承重墙表面温度经常处于80℃以上的部位不得采用加气混凝土砌块 4. 加气混凝土砌块应采用专用砂浆砌筑 5. 加气混凝土砌块用作外墙时应作饰面防护层 6. 加气混凝土砌块用作多层房屋的承重墙体，横墙间距不宜超过4.2m，且宜使横墙对正贯通，每层每开间均应设置现浇混凝土圈梁；当设防烈度为6或7度时，应在内外墙交接处设置拉结钢筋，沿墙高度每600mm应放置2ϕ6钢筋，伸入墙内的长度不得小于1m。且每开间均应设置现浇钢筋混凝土构造柱；当设防烈度为8度时，除应按上述要求设置拉结钢筋外，还应在内外纵横墙连接处设置现浇钢筋混凝土构造柱；构造柱的最小截面应为180mm×200mm，最小配筋应为4ϕ12，混凝土强度等级不应低于C20；构造柱与加气混凝土砌块的相接处宜砌成马牙槎 7. 强度低于A3.5的加气混凝土砌块非承重墙与楼地面交接处应在墙底部做导墙。导墙可采用烧结砖或多孔砖砌筑，高度应不小于200mm 8. 加气混凝土外墙的突出部分（如横向装饰线条、出挑构件和窗台等）应做好排水、滴水等构造，以避免因墙体干湿交替或局部冻融造成破坏
轻集料混凝土空心砌块墙	1. 主要用于建筑物的框架填充外墙和内隔墙 2. 用于外墙或较潮湿房间的隔墙，强度等级不应小于MU5.0，用于一般内墙时强度等级不应小于MU3.5 3. 抹面材料应与砌块基材特性相适应，以减少抹面层龟裂的可能；宜根据砌块强度等级选用与之相对应的专用抹面砂浆或聚丙烯纤维抗裂砂浆，忌用水泥砂浆抹面 4. 砌块墙体上不应直接挂贴石材、金属幕墙

注：墙体不应采用非蒸压硅酸盐砖（砌块）及非蒸压加气混凝土制品。

3.2.3 墙体的分类

墙体分类表 **表3.2.3**

分类方式	墙体类型	特点
按所处位置	外墙	位于房屋的四周，故又称为外围护墙
	内墙	位于房屋内部，主要起分隔内部空间的作用
按布置方向	纵墙	沿建筑物长轴方向布置的墙
	横墙	沿建筑物短轴方向布置的墙
按墙体与门窗的位置关系	窗间墙	平面上窗洞口之间的墙体
	窗下墙	立面上窗洞口之间的墙体
按受力情况	承重墙	直接承受楼板及屋顶传下来的荷载
	非承重墙	—
按构造方式	实体墙	—
	空体墙	—
	组合墙	—
按施工方法	块材墙	用砂浆等胶结材料将砖石块材等组砌而成
	板筑墙	在现场立模板，现浇而成
	板材墙	预先制成墙板，施工时安装而成

3.2.4 块体材料的最低强度等级

块体材料的最低强度等级 表 3.2.4

块体材料用途及类型		最低强度等级	备注
承重墙	烧结普通砖、烧结多孔砖	MU10	用于外墙及潮湿环境的内墙时强度应提高一个等级
	蒸压普通砖、混凝土砖	MU15	
	普通、轻骨料混凝土小型空心砌块	MU7.5	以粉煤灰做掺合料时，粉煤灰的品质取代水泥最大限量和掺量应符合国家现行标准《用于水泥和混凝土中的粉煤灰》GB/T 1596、《粉煤灰混凝土应用技术规范》GBJ 146和《粉煤灰在混凝土何砂浆中应用技术规程》JGJ 28的有关规定
	蒸压加气混凝土砌块	A5.0	—
自承重墙	轻骨料混凝土小型空心砌块	MU3.5	用于外墙及潮湿环境的内墙时，强度等级不应低于MU5.0；全烧结陶粒保温砌块用于内墙，其强度等级不应低于MU2.5、密度不应大于800kg/m^3
	蒸压加气混凝土砌块	A2.5	用于外墙时，强度等级不应低于A3.5
	烧结空心砖和空心砌块、石膏砌块	MU3.5	用于外墙及潮湿环境的内墙时，强度等级不应低于MU5.0

3.2.5 外墙外保温设计要点

1. 外墙外保温应选择安全可靠技术成熟的系统。选择外墙外保温系统时，应考虑系统的耐候性。

2. 各种外保温系统都具有特定的材料组成和构造形式，设计中不应随意更改。

3. 各种外墙外保温系统构造特点和适用范围见表3.2.5。

外墙外保温系统构造特点和适用范围 表 3.2.5

系统名称	构造特点	适用范围		
		地区	外墙类型	外饰面
玻化微珠保温砂浆外保温系统	玻化微珠保温砂浆经现场拌和后抹在外墙上，表面做玻纤网增强抗裂砂浆面层和饰面层	夏热冬冷和夏热冬暖地区	混凝土和砌体结构外墙	涂料饰面；贴面砖需采取可靠的安全措施
EPS板薄抹灰系统	用胶粘剂将EPS保温板粘结在外墙上，加锚栓表面做玻纤网增强薄抹面层和饰面层	各类气候地区	混凝土和砌体结构外墙	涂料饰面，贴面砖需采取可靠的安全措施
现浇混凝土模板内置EPS保温板系统	EPS保温板内侧开齿槽，表面喷界面砂浆，置于外模板内侧并安装锚栓，浇筑混凝土后墙体与保温板结合一体，之后做玻纤网增强抗裂砂浆薄抹面层和饰面层	主要用于严寒和寒冷地区	现浇钢筋混凝土外墙	涂料饰面

续表

系统名称	构造特点	适用范围		
		地区	外墙类型	外饰面
现浇混凝土模板内置钢丝网架EFS保温板系统	单面钢丝网架EPS保温板置于外墙外模板内侧，ϕ6钢筋作为辅助固定件，浇灌混凝土后钢丝网架板挑头钢丝和ϕ6钢筋与混凝土结合一体，外抹水泥砂浆厚抹面层	主要用于严寒和寒冷地区	现浇钢筋混凝土外墙	面砖饰面
XPS板系统	用胶粘剂将XPS保温板粘结在外墙上，加锚栓，表面做玻纤网增强薄抹面层和饰面层XPS板厚小于30mm时宜采用条粘法	各类气候地区	混凝土和砌体结构外墙	涂料饰面
现场喷涂硬泡聚氨酯系统	在墙面现场喷涂聚氨酯防潮底漆和喷涂硬泡聚氨酯保温层，涂刷聚氨酯界面砂浆并抹胶粉EPS颗粒保温浆料找平层，表面做玻纤网增强薄抹面层和饰面层	各类气候地区	混凝土和砌体结构外墙	涂料饰面
硬泡聚氨酯板外保温系统	用粘结剂将硬泡聚氨酯板粘结在外墙上，聚氨酯表面做玻纤网增强薄抹面层和饰面层	各类气候地区	混凝土和砌体结构外墙	涂料饰面
岩棉板保温系统	用机械固定件将岩棉板固定在外墙上，外挂热镀锌钢丝网并喷涂界面剂，外抹20mm胶粉EPS颗粒保温浆料找平层并做玻纤网增强抗裂砂浆薄抹面层和饰面层	气候湿热地区慎用	混凝土和砌体结构外墙	涂料饰面

注：选用保温系统前需确认项目条件与消防要求。

3.2.6 墙体材料的燃烧性能及耐火极限举例

墙体材料的燃烧性能及耐火极限举例 **表3.2.6**

构件名称		构件厚度或截面最小尺寸（mm）	燃烧性能和耐火极限（h）
承重墙	硅酸盐砖、混凝土、钢筋混凝土实体墙	120	不燃性，2.50
		180	不燃性，3.50
		240	不燃性，5.50
		370	不燃性，10.50
	加气混凝土砌块墙	100	不燃性，2.00
	轻质混凝土砌块墙、天然石料墙	120	不燃性，1.50
		240	不燃性，3.50
		370	不燃性，5.50

续表

构件名称		构件厚度或截面最小尺寸（mm）	燃烧性能和耐火极限（h）
非承重墙	加气混凝土砌块墙	75	不燃性，2.50
		100	不燃性，6.00
		200	不燃性，8.00
	钢筋加气混凝土垂直墙板墙	150	不燃性，3.00
	粉煤灰加气混凝土砌块墙	100	不燃性，3.40
	充气混凝土砌块墙	150	不燃性，7.50
	轻集料小型空心砌块（实体墙）	330×190	不燃性，4.00
	水泥纤维加压板墙	100	不燃性，2.00
	石膏珍珠岩空心条板墙	60	不燃性，1.20～1.50
		双层（60+60），中空 50	不燃性，3.75
	纸面石膏板、钢龙骨	双层（2×12+2×12），中空 70	不燃性，1.20
		双层（2×12+2×12），中填 75 岩棉	不燃性，1.50
	普通石膏板（内掺纸纤维）、钢龙骨	双层（2×12+2×12），中空 75	不燃性，1.10
	防火石膏板（内掺玻璃纤维）、钢龙骨	双层（2×12+2×12），中空 75	不燃性，1.35
		双层（2×12+2×12），中空 75 填 40 岩棉	不燃性，1.60

注：本表摘自《建筑设计防火规范》GB 50016—2014。

3.2.7 外墙饰面做法分类及典型构造做法示例

外墙饰面做法分类及典型构造做法示例表　　表 3.2.7

外墙饰面做法	名　称	构造做法
清水墙饰面	清水混凝土墙面（大模混凝土墙）	1. 涂刷丙烯酸聚合物基混凝土保护剂两遍 2. 聚合物砂浆局部修补基层 3. 用喷砂或水枪清除混凝土基层表面灰尘、油污、泛碱、油漆、浮浆、松动砂浆及表面残留杂物
一般抹灰饰面	水泥砂浆墙面（蒸压加气混凝土砌块墙）（轻骨料混凝土空心砌块墙）	1. 10mm 厚 1∶2.5（或 1∶3）水泥砂浆面层 2. 9 厚 1∶3 专用水泥砂浆打底扫毛或划出纹道 3. 3mm 厚专用聚合物砂浆底面刮糙；或专用界面处理剂甩毛 4. 喷湿墙面
装饰抹灰饰面	干粘石墙面（混凝土墙、混凝土空心砌块墙）（轻骨料混凝土空心砌块墙）	1. 刮 1mm 厚建筑胶素水泥浆粘结层（重量比=水泥∶建筑胶=1∶0.3），干粘石面层拍平压实（粒径以小八厘略掺石屑为宜，与 6mm 厚水泥砂浆层连续操作） 2. 6mm 厚 1∶3 水泥砂浆 3. 6mm 厚 1∶3 水泥砂浆，刮平划出纹道 4. 刷聚合物水泥浆一道（界面剂）

续表

外墙饰面做法	名　　称	构造做法
涂料饰面	涂料面层 （混凝土墙、混凝土空心砌块墙）	1. 外墙涂料（做法和材料详见具体工程） 2. 12mm 厚 1∶2.5 水泥砂浆找平 3. 刷素水泥浆一道（内掺水重 5%的建筑胶） 4. 5mm 厚 1∶3 水泥砂浆打底扫毛或划出纹道 5. 刷聚合物水泥浆一道（界面剂）
外墙砖饰面	陶瓷锦砖墙面 玻璃马赛克墙面 （混凝土墙、混凝土空心砌块墙）	1. 白水泥擦缝或 1∶1 彩色水泥细砂砂浆勾缝 2. 贴 5mm 厚陶瓷（玻璃）锦砖（粘贴锦砖前先用水浸湿） 3. 3mm 厚建筑胶水泥砂浆（或专用胶）粘结层 4. 素水泥浆一道（用专用胶粘结时无此道工序） 5. 9mm 厚 1∶3 水泥砂浆打底压实抹平（用专用胶粘结时要求平整） 6. 刷一道混凝土界面处理剂（随刷随抹底灰）
石材（仿石材）饰面	粘贴石材墙面 （混凝土墙、混凝土空心砌块墙）	1. 1∶1 水泥砂浆（细砂）勾缝 2. 贴 10～16mm 厚薄型石材，石材背面涂 5mm 厚胶粘剂 3. 6 厚 1∶2.5 水泥砂浆结合层，内掺水重 5%的建筑胶 4. 刷聚合物水泥浆一道 5. 5mm 厚 1∶3 水泥砂浆打底扫毛或划出纹道 6. 刷混凝土界面处理剂一道
干挂各类板材饰面	详见本书第 6 章门窗与幕墙	

注：括号内（　）为基层墙体，高层建筑不宜采用外墙粘贴面砖。

3.2.8　常用墙体隔声性能

常用墙体隔声性能表　　**表 3.2.8**

构　　造	墙厚（mm）	计权隔声量 R_w（dB）	附　　注
钢筋混凝土	200	57	满足外墙隔声要求
蒸压加气混凝土砌块 390mm×190mm×190mm 双面抹灰	220	47	满足外墙隔声要求
实心砖墙 10mm 厚抹灰	250	52	满足外墙隔声要求
轻集料空心砌块 390mm×190mm×190mm 双面抹灰	210	46	需加厚抹灰层或空腔填充混凝土方可满足外墙隔声要求
陶粒空心砌块 390mm×190mm×190mm 双面抹灰	220	47	满足外墙隔声要求
GRC 轻质多孔条板 60mm 厚 9 孔＋50mm 厚岩棉＋60mm 厚 9 孔	170	45	满足住宅分户墙隔声要求
	190	51	满足医院、办公、学校有较高安静要求房间的隔声要求

续表

构造	墙厚(mm)	计权隔声量 R_w(dB)	附注
石膏珍珠岩轻质多孔条板 60mm厚9孔+50mm厚岩棉+ 60mm厚9孔	170	49	满足住宅分户墙隔声要求
	190 (双面抹灰)	51	满足医院、办公、学校有较高安静要求房间的隔声要求
蒸压加气混凝土条板 150mm厚双面抹灰	190	48	满足住宅分户墙隔声要求
轻集料空心砌块 390mm×190mm×190mm双面抹灰	130	45	满足住宅卧室分室墙隔声要求
蒸压加气混凝土砌块 600mm×200mm×100mm双面抹灰	120	43	满足住宅卧室分室墙隔声要求
75系列轻钢龙骨 双面单层 12mm厚标准纸面石膏板 墙内填50mm厚玻璃棉	99	45～46	耐火极限0.9～1.0h

3.2.9 墙体空气声隔声标准

详见本书第3章3.1.6.1中表3.1.6.1中规定。

3.2.10 墙体的防潮、防水设计

详见本书第5章建筑防水设计。

3.3 屋 面

3.3.1 屋面排水坡度规定

屋面排水坡度表 表3.3.1

屋面类别	屋面材料	屋面排水坡度(%)
卷材防水 刚性防水的平屋面	—	2～5
平瓦	由黏土瓦、混凝土、塑料、金属材料制成的硬质屋面瓦,含平瓦、鱼鳞瓦、牛舌瓦、石板瓦、J型瓦、S型瓦、金属彩板仿平瓦等	20～50
波形瓦	含沥青波形瓦、金属波形瓦、树脂波形瓦、水泥波形瓦等	10～50
油毡瓦	—	≥20
网架 悬索结构金属板	—	≥4
压型钢板	压型钢板、夹芯板	5～35
种植屋面	—	1～3

注:(1) 平屋面采用结构找坡不应小于3%,采用材料找坡宜为2%。
(2) 卷材屋面的坡度不宜大于25%,当坡度大于25%时应采取固定和防止滑落的措施。
(3) 卷材防水屋面天沟、檐沟纵向坡度不应小于1%,沟底水落差不得超过200mm;天沟、檐沟排水不得流经变形缝和防火墙。
(4) 平瓦必须铺置牢固,地震设防地区或坡度大于50%的屋面,应采取固定加强措施。
(5) 架空隔热屋面坡度不宜大于5%,种植屋面坡度不宜大于3%。

3.3.2 屋面排水形式及其适用范围

屋面排水及其适用范围　　　　表 3.3.2

屋面排水形式	适用范围	适用地区
有组织排水	>3 层或 $H \geqslant 10m$ 的工业与民用建筑的屋面	所有地区
无组织排水	≤3 层或 $H<10m$ 的工业与民用建筑的屋面	干热少雨地区
外排水	大多数建筑	除严寒地区的高层建筑外，所有地区适用（寒冷地区的高层建筑不宜采用外排水）
内排水	屋面进深（跨度）较大或外立面要求不显示排水管的建筑	所有地区

3.3.3 平屋面设计示意图

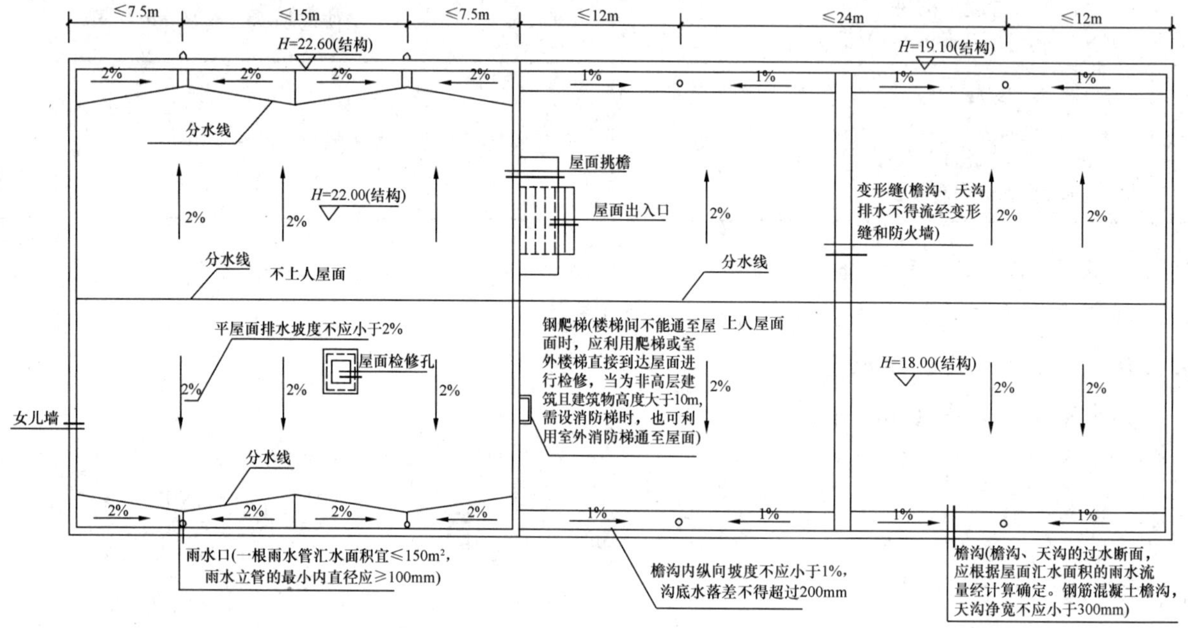
≤7.5m
≤15m
≤7.5m
≤12m
≤24m
≤12m
H=22.60(结构)
H=19.10(结构)
2%
1%
分水线
屋面挑檐
屋面出入口
H=22.00(结构)
变形缝(檐沟、天沟排水不得流经变形缝和防火墙)
不上人屋面
上人屋面
平屋面排水坡度不应小于2%
屋面检修孔
钢爬梯(楼梯间不能通至屋面时，应利用爬梯或室外楼梯直接到达屋面进行检修，当为非高层建筑且建筑物高度大于10m，需设消防梯时，也可利用室外消防梯通至屋面)
H=18.00(结构)
女儿墙
雨水口(一根雨水管汇水面积宜≤150m²，雨水立管的最小内直径应≥100mm)
檐沟内纵向坡度不应小于1%，沟底水落差不得超过200mm
檐沟(檐沟、天沟的过水断面，应根据屋面汇水面积的雨水流量经计算确定。钢筋混凝土檐沟，天沟净宽不应小于300mm)

图 3.3.3　屋面设计示意图

3.3.4 屋面基本构造层次

屋面基本构造层次表　　　　表 3.3.4

屋面类型	基本构造层次（自上而下）
卷材、涂膜屋面	保护层、隔离层、防水层、找平层、保温层、找平层、找坡层、结构层
	保护层、保温层、防水层、找平层、找坡层、结构层
	种植隔热层、保护层、耐根穿刺防水层、防水层、找平层、保温层、找平层、找坡层、结构层
	架空隔热层、防水层、找平层、保温层、找平层、找坡层、结构层
	蓄水隔热层、隔离层、防水层、找平层、保温层、找平层、找坡层、结构层
瓦屋面	块瓦、挂瓦条、顺水条、持钉层、防水层或防水垫层、保温层、结构层
	沥青瓦、持钉层、防水层或防水垫层、保温层、结构层
金属板屋面	压型金属板、防水垫层、保温层、承托网、支承结构
	上层压型金属板、防水垫层、保温层、底层压型金属板、支承结构
	金属面绝热夹芯板、支承结构
	玻璃面板、点支承装置、支承结构

3.3.5 保护层材料的适用范围和技术要求

保护层材料的适用范围和技术要求　　表 3.3.5

保护层材料	适用范围	技术要求	备　注
浅色涂料	不上人屋面	丙烯酸系反射涂料	采用淡色涂料做保护层时，应与防水层粘接牢固，厚薄应均匀，不得漏涂
水泥砂浆	不上人屋面	20mm 厚 1∶3 或 M15 地面砂浆	采用水泥砂浆做保护层时，表面应抹平压光，并应设表面分格缝，分格面积宜为 $1m^2$
块体材料	上人屋面	地砖或 30mm 厚 C20 细石混凝土预制块	采用块体材料做保护层时，宜设分格缝，其纵横间距不宜大于 10m，分格缝宽度宜为 20mm，并应用密封材料嵌填
细石混凝土	上人屋面	40mm 厚 C20 细石混凝土或 50mm 厚 C20 细石混凝土内配 ϕ4@100 双向钢筋网片	采用细石混凝土做保护层时，表面应抹平压光，并应设分格缝，其纵横间距不应大于 6m，分格缝宽度宜为 10～20mm，并应用密封材料嵌填

3.3.6 屋面防火设计

详见本书第 4 章建筑防火设计。

3.3.7 屋面防水设计

详见本书第 5 章建筑防水设计。

3.3.8 屋面保温隔热设计要求

屋面保温隔热设计要求表　　表 3.3.8

构造层次	正置式（防水层在上、保温层在下）	从下到上：结构层、保温隔热层、找坡层、找平层、防水层、保护层、饰面层
	倒置式（防水层在下、保温层在上）	从下到上：结构层、找坡层、找平层、防水层、保温隔热层、保护层、饰面层
常用保温隔热层		挤塑板（XPS）、模塑板（EPS）、聚氨酯硬泡（PU）、玻璃棉板、岩棉板、矿棉板、水泥聚苯板、憎水型珍珠岩板（保温隔热层厚度应满足节能设计标准对屋顶的热工要求）
找坡层形式		优先采用结构找坡（i=3%），平屋面可采用建筑（轻质材料）找坡（$i \geqslant 2\%$）
找坡层材料		泡沫混凝土，1∶3∶5 水泥陶粒（预处理），1∶6 水泥陶粒（预处理）等轻质吸水率小的材料
		水泥砂浆、C20 细石混凝土，找坡层应设分格缝（6m×6m）并嵌填密封材料
防水层		防水卷材或防水涂料（均应为不含焦油型），厚度应符合要求
保护层		C20 细石混凝土双向配筋 ϕ4～ϕ6@150～200，厚度≥40mm，并宜设缝及密封
饰面层		水泥砂浆、陶瓷面砖或其他材料
瓦屋面		瓦屋面也应设防水层和保温隔热层，同时应做好防止瓦滑落的措施
屋顶保温隔热措施		实体材料保温隔热（适用于所有屋面） 架空空气层（通风或封闭）隔热（适用于不上人屋面） 阁楼保温隔热（适用于坡屋面） 蓄水屋面（特殊情况） 种植屋面（特殊情况） 浅色饰面层屋面

3.4 楼梯

3.4.1 楼梯、楼梯间的常用类型及图示

楼梯、楼梯间的常用类型及图示　　表 3.4.1

楼梯类型	敞开楼梯	敞开楼梯间（非封闭楼梯间）	封闭楼梯间	防烟楼梯间
楼梯形式	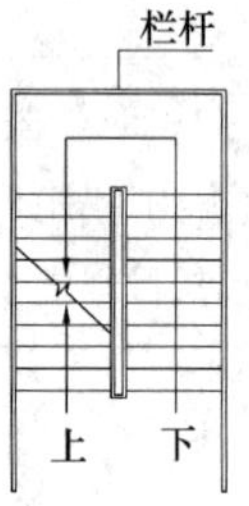栏杆 上 下	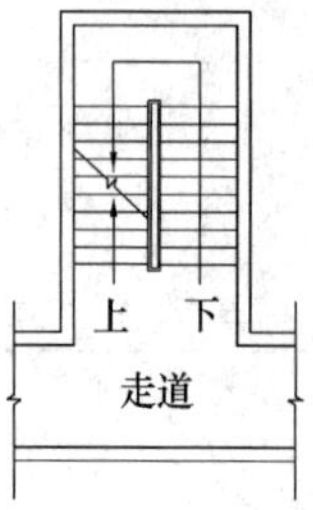上 下 走道	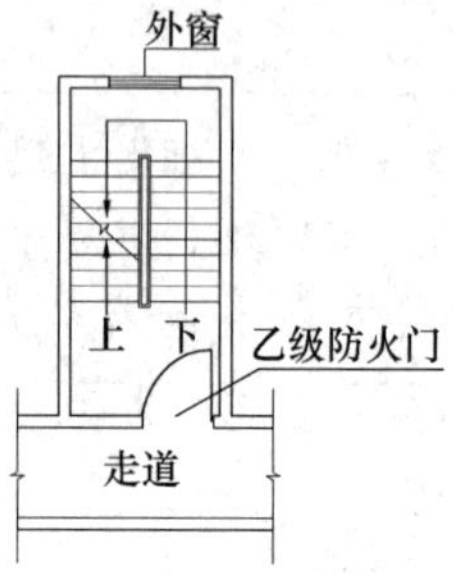外窗 上 下 乙级防火门 走道	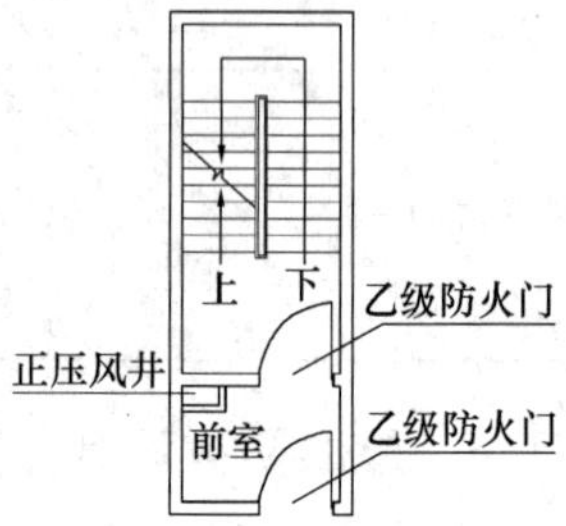上 下 乙级防火门 正压风井 前室 乙级防火门

注：高层建筑、人员密集的公共建筑、人员密集的多层丙类厂房，甲、乙类厂房，其封闭楼梯间的门应采用乙级防火门，并应向疏散方向开启。

3.4.2 各类消防疏散楼梯的防火相关规定

详见本书第 4 章建筑防火设计。

3.4.3 楼梯设计细则及图示

1. 梯段改变方向时，扶手转向端处的平台最小宽度不应小于梯段宽度，并不得小于 1.2m，当有搬运大型物件需要时应适量加宽。

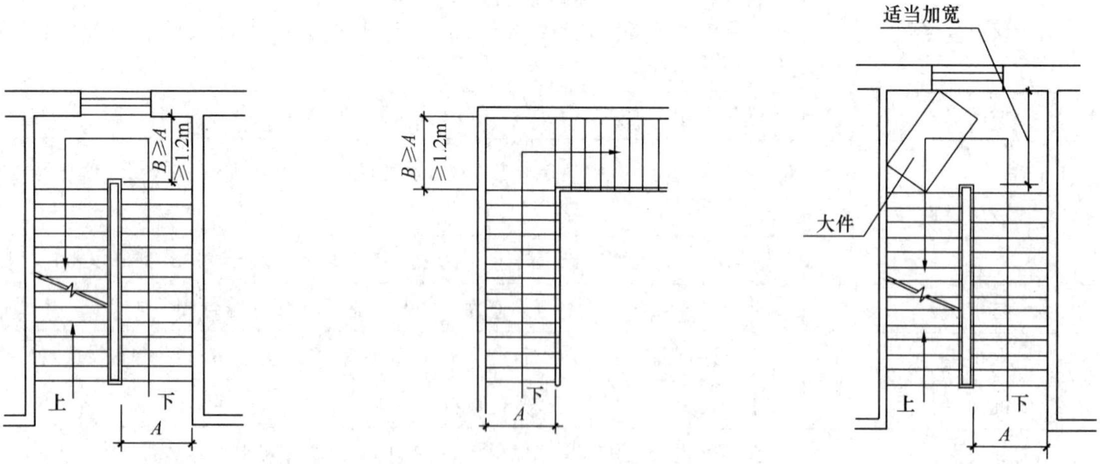
B≥A
≥1.2m
上
下
A
适当加宽
大件

(a)　(b)　(c)

图 3.4.3-1

A——梯段宽度（墙面至扶手中心）

B——扶手转向端处平台最小宽度

2. 楼梯平台上部及下部过道处的净高不应小于 2m，梯段净高不宜小于 2.20m。

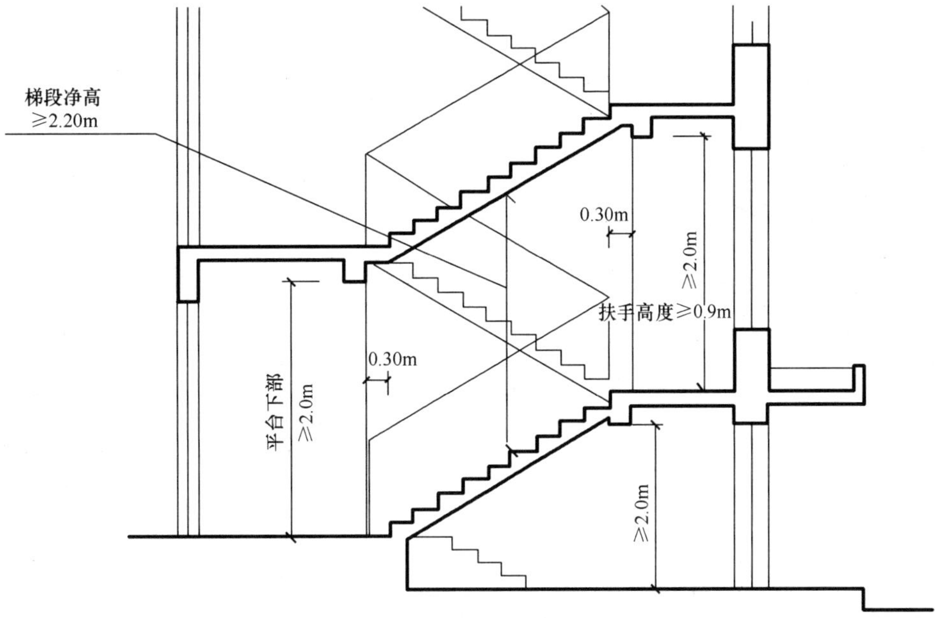
梯段净高
≥2.20m
0.30m
≥2.0m
扶手高度≥0.9m
0.30m
平台下部
≥2.0m
≥2.0m

图 3.4.3-2 梯段净高示意图

注：梯段净高为自踏步前缘（包括最低和最高一级踏步前缘线以外 0.30m 范围内）量至上方突出物下缘间的垂直高度。

3. 墙面至扶手中心线或扶手中心线之间的水平距离即楼梯梯段宽度，除应符合防火规范的规定外，供日常主要交通用的楼梯梯段宽度应根据建筑物使用特征，按每股人流为 0.55mm＋(0～0.15) m 的人流股数确定，并不应少于两股人流。0～0.15m 为人流在行进中人体的摆幅，公共建筑人流众多的场所应取上限值。

楼梯应至少于一侧设扶手，梯段净宽达三股人流时应两侧设扶手，达四股人流时宜加设中间扶手。

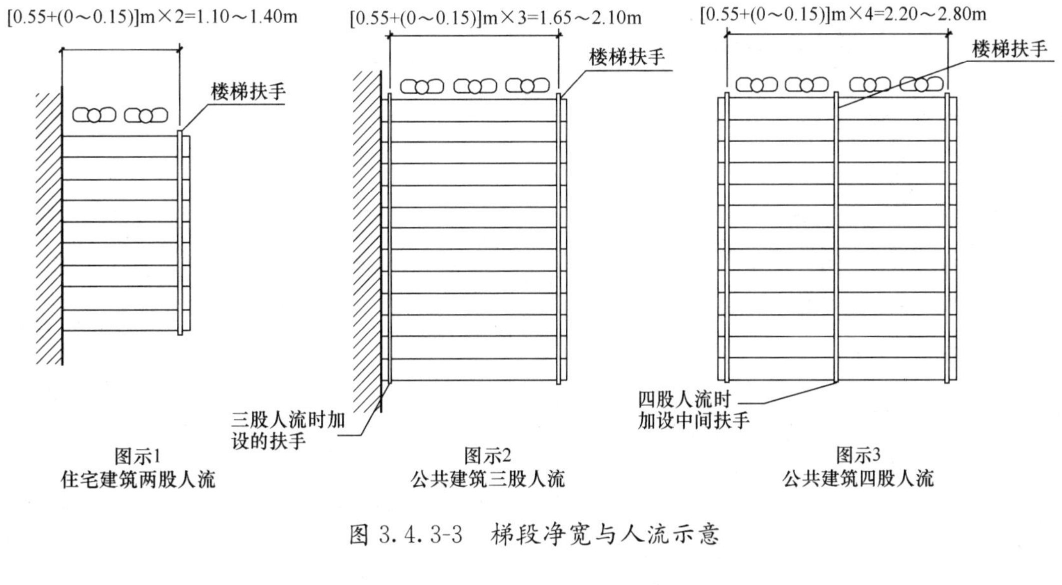
[0.55+(0～0.15)]m×2=1.10～1.40m
楼梯扶手
图示1
住宅建筑两股人流
[0.55+(0～0.15)]m×3=1.65～2.10m
楼梯扶手
三股人流时加设的扶手
图示2
公共建筑三股人流
[0.55+(0～0.15)]m×4=2.20～2.80m
楼梯扶手
四股人流时加设中间扶手
图示3
公共建筑四股人流

图 3.4.3-3 梯段净宽与人流示意

4. 室内楼梯扶手高度自踏步前缘线量起不宜小于 0.90m。靠楼梯井一侧水平扶手长度超过 0.50m 时，其高度不应小于 1.05m。

5. 疏散楼梯和疏散通道上的阶梯，不应采用螺旋楼梯和扇形踏步；但踏步上下两级所形成

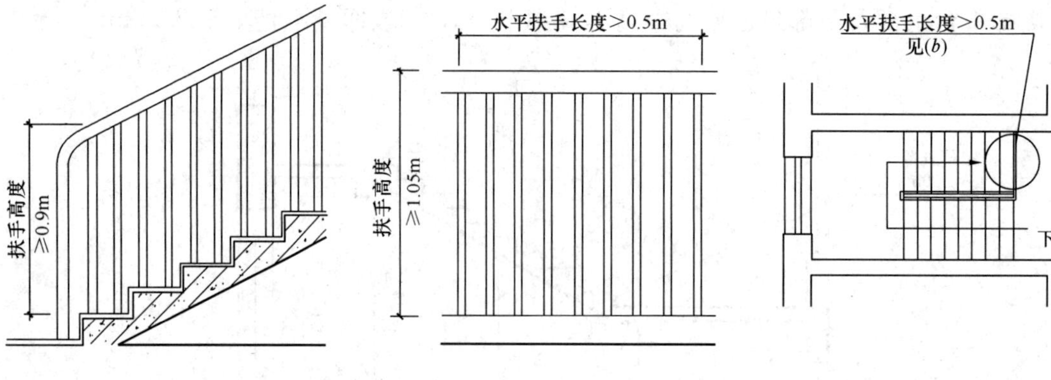
扶手高度
≥0.9m
水平扶手长度>0.5m
扶手高度
≥1.05m
水平扶手长度>0.5m
见(b)
下

(a) (b) (c)

图 3.4.3-4

的平面角度不大于 10°，且每级离内侧扶手中心 0.25m 处的踏步超过 0.22m 时可不受此限。

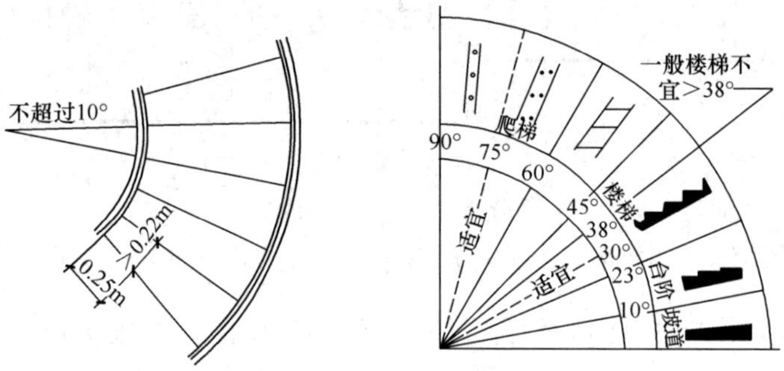
不超过10°
>0.22m
0.25m
一般楼梯不宜>38°
90°
75°
60°
45°
38°
30°
23°
10°
爬梯
楼梯
台阶
坡道
适宜
适宜

图 3.4.3-5　楼梯、爬梯及坡道的坡度

6. 每个梯段的踏步不应超过 18 级，亦不应少于 3 级。

3.4.4　常用建筑楼梯的基本技术要求

常用建筑楼梯的基本技术要求（mm）　　**表 3.4.4**

<table>
<tr><th rowspan="2">建筑类别</th><th colspan="5">在限定条件下对楼梯净宽及踏步的要求</th><th rowspan="2">楼梯栏杆的要求</th><th rowspan="2">楼梯平台净宽要求</th><th rowspan="2">备　注</th></tr>
<tr><th colspan="2">限定条件</th><th>楼梯净宽</th><th>踏步高度</th><th>踏步宽度</th></tr>
<tr><td rowspan="4">住宅</td><td rowspan="2">公用楼梯</td><td>7 层及 7 层以上</td><td>≥1100</td><td rowspan="2">≤175</td><td rowspan="2">≥260</td><td rowspan="2">栏杆高度≥900，栏杆垂直杆件间净空≤110</td><td rowspan="2">平台净宽≥梯段净宽且不小于 1200，剪刀楼梯平台净宽≥1300</td><td rowspan="2">楼梯水平段栏杆长度>500 时，其扶手高度≥1050，梯井宽度>110 时，必须采取防止儿童攀滑的措施</td></tr>
<tr><td>6 层及 6 层以下一边设有栏杆</td><td>≥1000</td></tr>
<tr><td rowspan="2">户内楼梯</td><td>一边临空时</td><td>≥750</td><td rowspan="2">≤200</td><td rowspan="2">≥220</td><td rowspan="2">—</td><td rowspan="2">—</td><td rowspan="2">—</td></tr>
<tr><td>两侧有墙时</td><td>≥950</td></tr>
<tr><td>托儿所幼儿园</td><td colspan="2">少年儿童专用活动场所楼梯</td><td>≥1100</td><td>≤150</td><td>≥260</td><td>栏杆高度≥900，并应在靠墙一侧设置幼儿扶手，其高度不应大于 600m。栏杆应采取不易攀登的构造，垂直杆件间净距≤110</td><td>平台净宽≥梯段净宽且不小于 1200</td><td>梯井宽度>200 时，必须采取防止攀滑的安全措施，严寒及寒冷地区设置的室外疏散梯，应有防滑措施</td></tr>
</table>

续表

建筑类别	在限定条件下对楼梯净宽及踏步的要求：限定条件	楼梯净宽	踏步高度	踏步宽度	楼梯栏杆的要求	楼梯平台净宽要求	备 注
中、小学	少年儿童专用活动场所楼梯（教学楼楼梯）	≥1200（大于3000时宜设中间扶手）应按600整数加宽	小学≤150 中学≤160	小学≥260 中学≥280	室内楼梯栏杆高度≥900 室外楼梯栏杆高度≥1100 栏杆应采取不易攀登的构造，垂直杆件间净距≤110	平台净宽≥梯段净宽	楼梯间不应设遮挡视线的隔墙。楼梯坡度≤30°，梯井宽度＞200时，必须采取防止攀滑的安全措施。楼梯水平段栏杆长度＞500时，其扶手高≥1100
			不得采用螺旋或扇形踏步				
医院	门诊、急诊、病房楼	主楼梯≥1650 疏散楼梯≥1300	≤160	≥280	室内楼梯栏杆高度≥900 室外楼梯栏杆高度≥1100	主楼梯和疏散楼梯的平台深（宽）度均应≥2000	楼梯水平段栏杆长度＞500时，其扶手高度≥1050
交通建筑	港口客运站疏散楼梯	≥1400	≤160	≥280	室内楼梯栏杆高度≥900，室外楼梯栏杆高度≥1100，当采用垂直杆件做栏杆时，其杆件间净距≤110	平台净宽≥梯段净宽	楼梯水平段栏杆长度＞500时，其扶手高度≥1050
	铁路旅客客运站旅客用楼梯疏散楼梯	≥1600	≤150	≥300			
商店剧院电影院	营业部分公用楼梯观众使用的主楼梯	≥1400	≤160	≥280	室内楼梯栏杆高度≥900，室外楼梯栏杆高度≥1100，当采用垂直杆件做栏杆时，其杆件间净距≤110	平台净宽≥梯段净宽	楼梯水平段栏杆长度＞500时，其扶手高度≥1050
			无中柱螺旋楼梯和弧形楼梯内侧扶手中心250m处的踏步宽度不应小于220m				
办公及其他建筑	其他建筑楼梯 多层	≥1100	≤170	≥260	室内楼梯栏杆高度≥900 室外楼梯栏杆高度≥1100	平台净宽≥梯段净宽且不小于1200	楼梯水平段栏杆长度＞500时，其扶手高度≥1050
	其他建筑楼梯 高层	≥1200					

注：(1) 楼梯净宽指墙面至扶手中心线或扶手中心线之间的水平距。离

(2) 楼梯平台上部及下部过道处的净高不得小于2000，梯段净高不得小于2200，梯段净高为自踏步前缘（包括最低和最高一级踏步前缘线以外300范围内）至上方突出物下缘间的垂直高度。

(3) 每个梯段的踏步不应超过18级，亦不应少于3级。

(4) 楼梯应至少一侧设扶手，梯段净宽达3股人流时应两侧设扶手，达4股人流时宜加设中间扶手。

(5) 供老年人、残疾人使用及其他专用服务楼梯应符合专用建筑设计规范。

3.5 电 梯

3.5.1 常用建筑电梯的设置及要求

电梯不得计作安全出口，高层建筑应设置电梯，常用建筑电梯的设置及要求见表3.5.1。

常用建筑电梯的设置及要求表 表3.5.1

建筑类型	设置要求
住宅建筑	1.7层及7层以上住宅或住户入口层楼面距室外设计地面的高度超过16m时 2.底层作为商店或其他用房的6层及6层以下住宅，其住户入口层楼面距该建筑物的室外设计地面高度超过16m时 3.底层做架空层或贮存空间的6层及6层以下住宅，其住户入口层楼面距该建筑物的室外设计地面高度超过16m时 4.顶层为两层一套的跃层住宅时，跃层部分不计层数，其顶层住户入口层楼面距该建筑物室外设计地面的高度超过16m时 5.12层及12层以上的住宅，每栋楼设置电梯不应少于两台，其中应设置一台可容纳担架的电梯[担架电梯最小轿厢尺寸1500mm（宽）×1600mm（深）] 6.候梯厅深度不应小于多台电梯中最大轿厢的深度，且不应小于1.50m
老年人居住建筑	老年人居住建筑宜设置电梯，3层及3层以上设老年人居住及活动空间的建筑应设置电梯，并应每层设站
宿舍	7层及7层以上宿舍或居室最高入口层楼面距室外设计地面的高度大于21m时，应设置电梯
旅馆建筑	一、二级旅馆建筑3层及3层以上，三级旅馆建筑4层及4层以上，四级旅馆建筑6层及6层以上，五、六级旅馆建筑7层及7层以上，应设乘客电梯
办公建筑	5层及以上
图书馆	图书馆的4层及4层以上设有阅览室时，宜设乘客电梯或客货两用电梯
医院建筑	1.4层及4层以上的门诊楼或病房楼应设电梯，且不得少于2台；当病房楼高度超过24m时，应设污物梯 2.供病人使用的电梯和污物梯，应采用“病床梯” 3.电梯井道不得与主要用房贴邻
饮食建筑	位于3层及3层以上的一级餐馆与饮食店和4层及4层以上的其他各级餐馆与饮食店均宜设置乘客电梯
博物馆建筑	大、中型馆内2层或2层以上的陈列室宜设置货客两用电梯；2层或2层以上的藏品库房应设置载货电梯
疗养院建筑	超过4层应设置电梯
商店建筑	大型商店营业部分层数为4层及4层以上时，宜设乘客电梯或自动扶梯；商店的多层仓库可按规模设置载货电梯或电动提升机、输送机

注：(1) 建筑物每个服务区单侧排列的电梯不宜超过4台，双侧排列的电梯不宜超过2×4台；电梯不宜在转角处贴邻布置。

(2) 轿厢与对重（或平衡重）之下确有人能够到达的空间，井道底坑的底面至少应按5000N/m² 载荷设计，且加实心桩墩或安全钳。

(3) 当相邻两层地坎间的距离大于11m时，其间应设置井道安全门。安全门尺寸为高度不得小于1.8m，宽度不得小于0.35m。

3.5.2　电梯候梯厅的深度

电梯候梯厅的深度应符合下表规定，并不得小于1.5m。

电梯候梯厅的深度表　　**表3.5.2**

电梯类型	布置方式	候梯厅深度
住宅电梯	单台	≥B
	多台单侧排列	≥B′
	多台双侧排列	≥相对电梯B′之和并<3.5m
公共建筑电梯	单台	≥1.5B
	多台单侧排列	≥1.5B′，当电梯为4台时应≥2.4m
	多台双侧排列	≥相对电梯B′之和并<4.5m
病床电梯	单台	≥1.5B
	多台单侧排列	≥1.5B′
	多台双侧排列	≥相对电梯B′之和
担架电梯	单台	≥2200mm，加上墙厚200mm，则为2400mm的轴线尺寸（参考值）

注：B为轿厢深度，B′为电梯群中最大轿厢深度。

3.5.3　消防电梯的相关设计及要求

详见本书第4章建筑防火设计。

3.5.4　电梯机房相关要求

1. 机房地面应平整、坚固、防滑和不起尘。机房地面允许有两个不同高度，但当高差≥0.5m时应设护栏并做钢梯或台阶；

2. 机房门宽度应≥1200mm，高度应≥2000mm，通往机房的走道和楼梯宽度也应≥1200mm，坡度应不大于45°，并有充分的照明，楼梯应能承受电梯主机的重量；

3. 机房应有采光窗和充分的照明，地板面的照度200Lx；

4. 机房内必须有良好的通风，并能保持干燥，机房应与水箱和烟道隔离。

3.5.5　乘客电梯的分区设计原则

1. 建筑高度超过75m和层数超过25层及以上的高层公共建筑的乘客电梯宜分层（奇数、偶数层）停靠或宜按低区、中区、高区，分区运行；

2. 超高层建筑的乘客电梯应分层、分区停靠。多台电梯宜采用群控，群控不宜超过4台；

3. 10层以下采用全程服务（即一组电梯在建筑物的每层均开门），10层以上可采用分区服务，或在建筑物上部设置转换层以接力方式为上层服务；

4. 分区时应考虑以乘客在轿厢内停留的时间为标准，一般采用1分钟较为理想，1.5～2.0分钟为极限；

5. 分区标准应经过计算确定，一般上区层数应少些，下区层数应多些；

6. 电梯分区宜以建筑高度50m或10～12个电梯停站为一个区；第一个50m采用1.75m/s的常规速度，然后每隔50m升一级，每升一级速度加1.00m/s～1.5m/s，即高度50～100m段的梯速用2.50m/s，100～150m段用3.5m/s，150～200m段用4.5m/s，200～250m段用5.5m/s，以此类推。

3.5.6 常用电梯的主要技术参数

常用电梯主要技术参数及规格 表 3.5.6

名称	额定载重量 kg（人）	额定速度 m/s	井道尺寸		轿厢尺寸		机房尺寸		厅门尺寸	
			宽度（mm）	深度（mm）	宽度（mm）	深度（mm）	宽度（mm）	深度（mm）	净宽（mm）	净高（mm）
乘客电梯	450（6）	1.0、1.5 1.75、2.0	1850	1500	1400	850	2400	3200	800	2100
	800（10）		1850	2000	1400	1350	2400	3650	800	
	1000（13）		2100	2150	1600	1500	2700	3850	900	
	1350（18）		2550	2200	2000	1500	3250	3950	1100	
	1600（21）		2550	2450	2000	1750	3250	4200	1100	
病床电梯	1600（21）	0.63、1.00 1.60、2.50	2400	3000	1400	2400	3200	5500	1300	2100
	2000（26）		2700	3300	1500	2700		5800		
	2500（33）				1800		3500			
载货电梯 载货电梯	630	0.63、1.00	2100	1900	1100	1400	2800	3500	1100	2100
	1000		2400	2300	1300	1750	3100	3800	1300	2100
	1600		2700	2800	1500	2250	3400	4500	1500	2100
	2000		2700	3200	2200	2700	3400	4900	1500	2100
	3000		3600	3400	2400	3600	—	—	2200	2500
	5000		4000	4300		3600			2400	2500
杂物电梯	40	0.25 0.40	900	800	600	600	—			
	100		1100	1000	800	800				
	250		1500	1200	1000	1000				

注：服务于残疾人的轿厢尺寸大于或等于 1100mm×1400mm。

3.5.7 电梯井道底坑深度和顶层高度

电梯井道底坑深度和顶层高度表 表 3.5.7

额定速度 m/s	底坑深度（P） 顶层高度（Q）	乘客电梯额定载重量（kg）					病床电梯额定载重量（kg）			载货电梯额定载重量（kg）			
		630	800	1000	1250	1600	1600	2000	2500	1000	1600	2000	3000
0.63	P	1400	1400	1400	1600	1600	1600	1600	1800	—	—	—	1400
	Q	3800	3800	4200	4400	4400	4400	4400	4600	—	—	—	4300
1.00	P	1400	1400	1600	1600	1600	1700	1700	1900	1500	1700	1700	—
	Q	3800	3800	4200	4400	4400	4400	4400	4600	4100	4300	4300	—
1.60	P	1600	1600	1600	1600	1600	1900	1900	2100	—			
	Q	4000	4000	4200	4400	4400	3800	4400	4600				
2.50	P	—	2200	2200	2200	2200	2500	2500	2500				
	Q	—	5000	5200	5400	5400	5400	5400	5600				

注：(1) 本表摘自国家标准《电梯主参数及轿厢、井道、机房的形式与尺寸》GB 7025。

(2) 顶层高度为顶层层站至电梯井道顶板底的垂直距离。

3.5.8 观光电梯

1. 观光电梯设计注意事项

（1）开敞型的观光电梯应特别注意防水和保温，其井道应设排水设施。

（2）应对直接暴露在外的井道壁进行妥善处理，使之与主体建筑统一协调。

2. 观光电梯参数、尺寸，见表 3.5.8

观光电梯尺寸表 **表 3.5.8**

梯形 \ 规格尺寸	定员（人）		10	15	20	24
	载重（kg）		700	1000	1350	1600
	速度（m/s）		0.75～1.75			
	厅门（mm）（宽× 高）		800×2100	900×2100	900×2100	1000×2100
半圆形 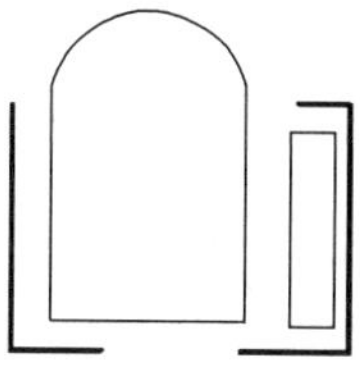	轿厢（mm）	$A\times B$	1400×1470	1500×1760	1700×1980	1800×2100
		R	700	750	850	900
	井道（mm）	$C\times D$	2400×2120	2850×2630	2850×2630	2950×2770
		Z	1200	1250	1400	1450
	机房（mm）	$W\times T$	3000×4000	3000×4300	3300×4500	3500×4600
切角形 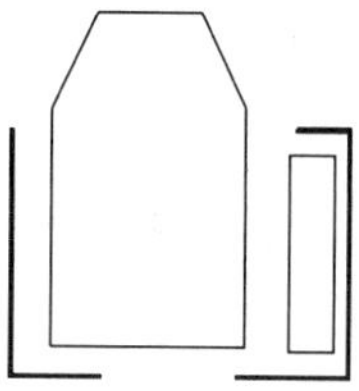	轿厢（mm）	$A\times B$	1400×1450	1600×1690	1700×1930	1800×2030
		R	700	800	850	900
	井道（mm）	$C\times D$	2400×2120	2500×2410	2850×2630	2950×2770
		Z	1200	1250	1400	1450
	机房（mm）	$W\times T$	3000×4000	3000×4300	3300×4500	3500×4600
圆 形 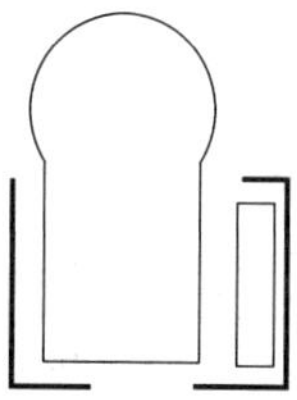	轿厢（mm）	$A\times B$	900×2000	1100×2200	1200×2450	1300×2600
		R	700	700	800	850
	井道（mm）	$C\times D$	1900×2650	2100×2850	2350×3100	2450×3250
		Z	1050	1050	1200	1200
	机房（mm）	$W\times T$	4000×4450	4000×4650	4000×4900	4000×5000

注：（1）本表为设计时参考数据；（2）施工图设计以实际选用电梯型号样本为准。

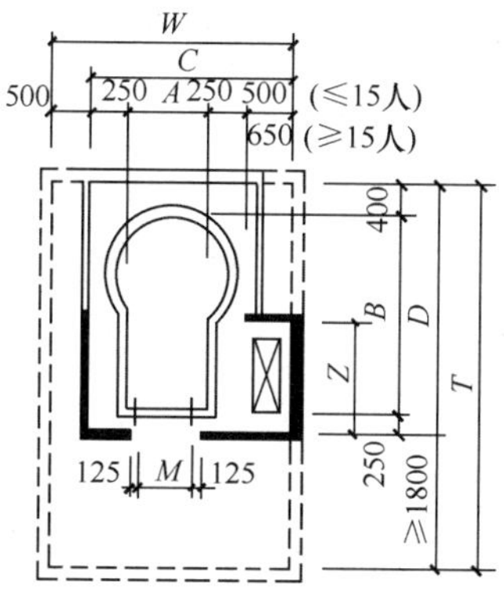
W
C
500
250 A 250 500 (≤15人)
650 (≥15人)
400
B
D
Z
T
125 M 125
250
≥1800

图 3.5.8-1

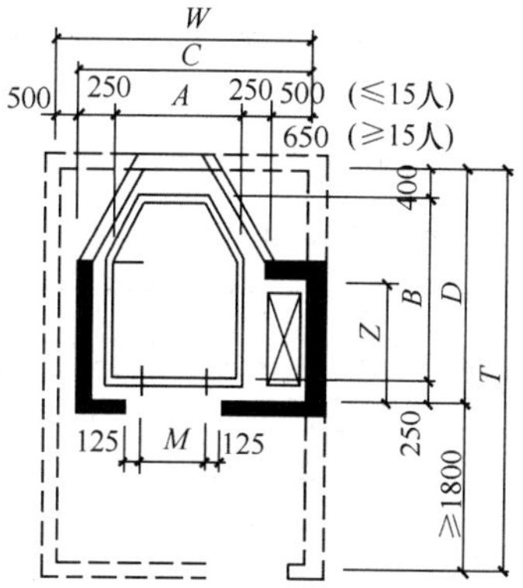
W
C
500
250 A 250 500 (≤15人)
650 (≥15人)
400
B
D
Z
T
125 M 125
250
≥1800

图 3.5.8-2

3.5.9 无机房电梯

无机房电梯参数、尺寸 **表 3.5.9**

<table>
<tr><th rowspan="2">额定载重量
（kg）</th><th rowspan="2">乘客人数
（人）</th><th rowspan="2">额定速度
（m/s）</th><th rowspan="2">门宽
（mm）</th><th colspan="2">井道尺寸（mm）</th><th rowspan="2">最大提升
高度</th><th rowspan="2">最多提升层数</th></tr>
<tr><th>宽度 C</th><th>深度 D</th></tr>
<tr><td>450</td><td>6</td><td>1.00</td><td>800</td><td>1800</td><td>1650</td><td rowspan="2">40</td><td rowspan="2">16</td></tr>
<tr><td rowspan="2">630</td><td rowspan="2">8</td><td>1.00</td><td rowspan="2">800</td><td>1800</td><td>1700</td></tr>
<tr><td>1.60
1.75</td><td>1750</td><td>1850</td><td>70</td><td>24</td></tr>
<tr><td rowspan="3">800</td><td rowspan="3">10</td><td>1.00</td><td>800</td><td>1900</td><td>1800</td><td>40</td><td>16</td></tr>
<tr><td rowspan="2">1.65
1.75</td><td>800</td><td>2000</td><td>1850</td><td rowspan="2">70</td><td rowspan="2">24</td></tr>
<tr><td>900</td><td>1950</td><td>1900</td></tr>
<tr><td rowspan="4">1000</td><td rowspan="4">13</td><td rowspan="2">1.00</td><td rowspan="2">900</td><td>2150</td><td>1900</td><td rowspan="2">40</td><td rowspan="2">16</td></tr>
<tr><td>2000</td><td>2400</td></tr>
<tr><td rowspan="2">1.65
1.75</td><td rowspan="2">900</td><td>2200</td><td>1950</td><td rowspan="2">70</td><td rowspan="2">24</td></tr>
<tr><td>1950</td><td>2500</td></tr>
</table>

注：（1）本表为设计参考依据；（2）施工图设计以实际选用电梯型号样本为准；（3）顶层净高≥4.0m。

3.5.10 电梯数量、主要技术参数

客梯台数的确定，需根据不同建筑类型、层数、每层面积、人数、电梯主要技术参数等因素综合考虑。方案设计阶段可参照表 3.5.10。

电梯数量、主要技术参数表 **表 3.5.10**

<table>
<tr><th colspan="2" rowspan="2">标准
建筑类别</th><th colspan="4">数　量</th><th colspan="5" rowspan="2">额定载重量（kg）和
乘客人数（人）</th><th rowspan="2">额定速度
（m/s）</th></tr>
<tr><th>经济级</th><th>常用级</th><th>舒适级</th><th>豪华级</th></tr>
<tr><td colspan="2" rowspan="2">住宅</td><td rowspan="2">90～100
户/台</td><td rowspan="2">60～90
户/台</td><td rowspan="2">30～60
户/台</td><td rowspan="2"><30
户/台</td><td>400</td><td colspan="2">630</td><td colspan="2">1000</td><td rowspan="2">0.63，1.00，
1.60，2.50</td></tr>
<tr><td>5</td><td colspan="2">8</td><td colspan="2">13</td></tr>
<tr><td colspan="2">旅馆</td><td>120～140
客房/台</td><td>100～120
客房/台</td><td>70～100
客房/台</td><td><70
客房/台</td><td>630</td><td>800</td><td>1000</td><td>1250</td><td>1600</td><td rowspan="4">0.63，1.00，
1.60，2.50</td></tr>
<tr><td rowspan="3">办公</td><td>按建筑面积</td><td>6000
m^2/台</td><td>5000
m^2/台</td><td>4000
m^2/台</td><td><2000
m^2/台</td><td rowspan="3">8</td><td rowspan="3">10</td><td rowspan="3">13</td><td rowspan="3">16</td><td rowspan="3">21</td></tr>
<tr><td>按办公有效
使用面积</td><td>3000
m^2/台</td><td>2500
m^2/台</td><td>2000
m^2/台</td><td><1000
m^2/台</td></tr>
<tr><td>按人数</td><td>350
人/台</td><td>300
人/台</td><td>250
人/台</td><td><250
人/台</td></tr>
</table>

续表

标准 建筑类别	数量				额定载重量（kg）和乘客人数（人）			额定速度(m/s)
	经济级	常用级	舒适级	豪华级				
医院住院部	200人/台	150人/台	100人/台	<100人/台	1600	2000	2500	0.63，1.00，1.6，2.5
					21	26	33	

注：1. 本表的电梯台数不包括消防和服务电梯；

2. 旅馆的工作、服务电梯台数等于0.3～0.5倍客梯数，住宅消防电梯可与客梯兼用；

3. 12层及12层以上的高层住宅，其电梯数不应少于2台，当每层居住25人，层数为24层以上时，应设置3台电梯，每层居住25人，层数为35层以上时，应设置4台电梯；

4. 医院住院部宜增设1～2台乘客电梯；

5. 超过3层的门诊楼设1～2台乘客电梯；

6. 办公建筑的有效使用面积为总建筑面积的67%～73%，一般宜取70%；有效使用面积为总建筑面积扣除不能供人使用或办公的面积，如楼梯间、电梯间、公共走道、卫生间、设备间、结构面积等；

7. 办公建筑中的使用人数可按4～10m^2/人的使用面积估算；计算办公建筑的建筑面积，应将首层不使用电梯的建筑面积和裙房的建筑面积扣除；

8. 在各类建筑物中，应至少配置1～2台能使轮椅使用者进出的无障碍电梯。

3.6 自动扶梯和自动人行道

3.6.1 自动扶梯、自动人行道应符合下列规定

1. 自动扶梯和自动人行道不得计作安全出口；

2. 出入口畅通区的宽度不应小于2.50m，畅通区有密集人流穿行时，其宽度应加大；

3. 自动扶梯的梯级、自动人行道的踏板或胶带上空，垂直净高不应小于2.30m；

4. 自动扶梯倾斜角不应超过30°，当提升高度不超过6m，额定速度不超过0.50m/s时，倾斜角允许增至35°；倾斜式自动人行道倾斜角不应超过12°；

5. 自动扶梯和层间相通的自动人行道单向设置时，应就近布置相匹配的楼梯。

3.6.2 自动扶梯和自动人行道的技术要求

1. 每台自动扶梯或自动人行道的进出口通道宽度必须大于自动扶梯或自动人行道的宽度，进出口通道的净深必须大于2.5m。当通道的宽度大于自动扶梯或自动人行道宽度的2倍时，则通道的净深可缩小到2m；

2. 自动扶梯和自动人行道与平行墙面间、扶手与楼板开口边缘及相邻平行梯的扶手带的水平距离不应小于0.5m；

3. 自动扶梯或自动人行道的进出口通道必须设防护栏杆或防护板，其高度≥1300，并能防止儿童钻爬；

4. 自动扶梯或自动人行道相互之间的间隙大于200mm时，应设防坠落安全设施；

5. 设置在中庭处临空一侧的自动扶梯宜考虑增加强安全的措施。

3.6.3 自动扶梯平、立、剖面图

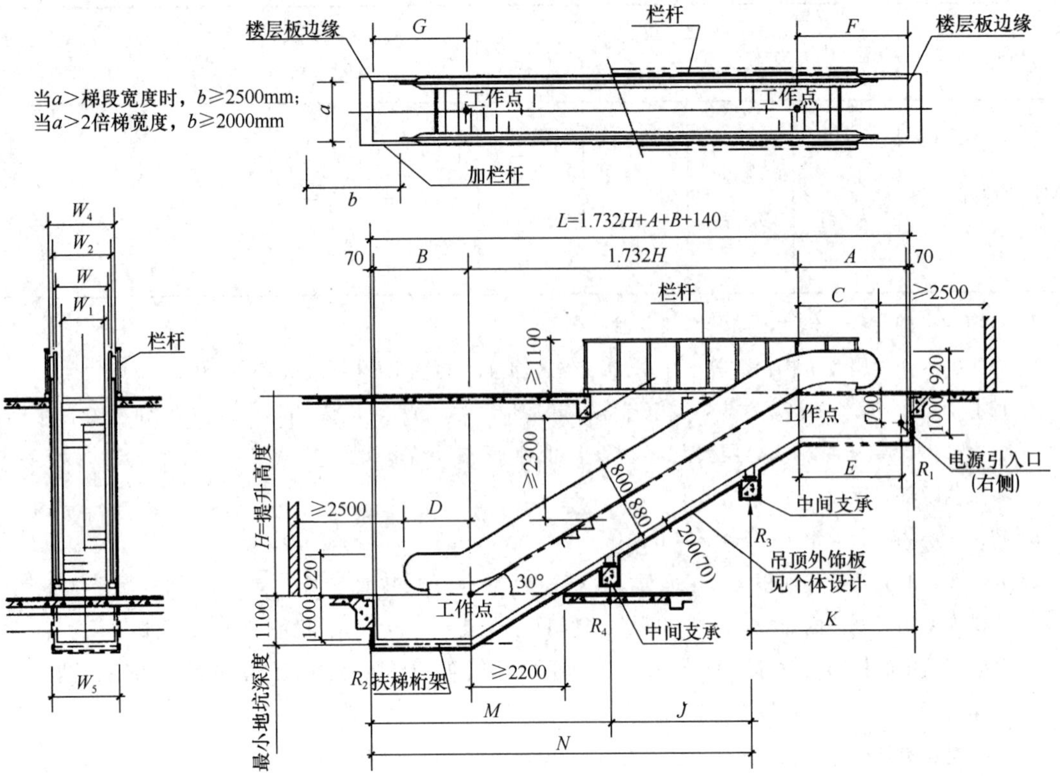
楼层板边缘
G
栏杆
F
楼层板边缘
当a＞梯段宽度时，b≥2500mm；
当a＞2倍梯宽度，b≥2000mm
a
工作点
工作点
加栏杆
b
W4
W2
W
W1
栏杆
W5
L=1.732H+A+B+140
70
B
1.732H
A
70
栏杆
C
≥2500
≥1100
920
700
1000
工作点
电源引入口
(右侧)
R1
E
中间支承
≥2300
800
880
200(70)
R3
吊顶外饰板
见个体设计
H=提升高度
≥2500
D
920
1000
1100
30°
工作点
R4
中间支承
K
最小地坑深度
R2扶梯桁架
≥2200
M
J
N

图 3.6.3 自动扶梯平、立、剖面图

3.6.4 自动扶梯主要技术参数

自动扶梯主要技术参数表 表 3.6.4

广义梯级宽度（mm）	提升高度（m）	倾斜角度（°）	额定速度（m/s）	理论运送能力（人/h）	电 源
600、800（单人）	3.0～10.0	27.3、30、35	0.5、0.75	4500、6750、9000	动力三相交 380V，功率 50Hz 功率 3.7～15kW 照明 220V，50Hz
1000、1200（双人）					

3.6.5 自动人行道主要技术参数

自动人行道主要技术参数表 表 3.6.5

类型	倾斜角	踏板宽度 A（mm）	额定速度（m/s）	理论运送能力（人/h）	提升高度	电源
水平型	0°～4°	800、1000、1200	0.5、0.65 0.75、0.90	9000、11250、13500	2.2～6.0	动力三相交 380V，功率 50Hz，功率 3.7～15kW，照明 220V，50Hz
倾斜	10°11°12°	800、1000	—	6750、9000		

3.6.6 自动人行道平、立、剖面图

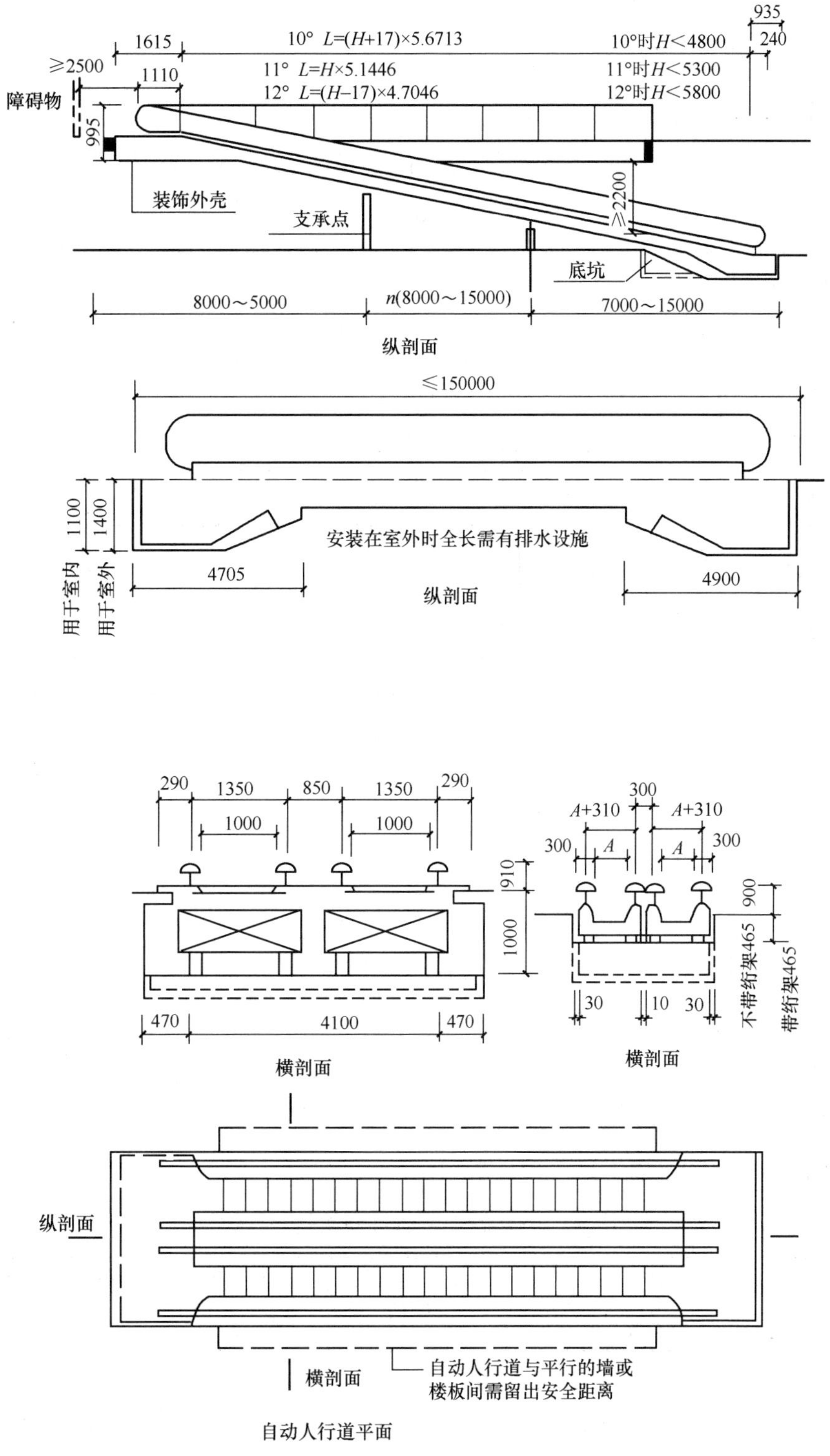
935
240
1615
10° L=(H+17)×5.6713
10°时H<4800
≥2500
1110
11° L=H×5.1446
11°时H<5300
12° L=(H−17)×4.7046
12°时H<5800
障碍物
995
≥2200
装饰外壳
支承点
底坑
8000～5000
n(8000～15000)
7000～15000
纵剖面
≤150000
1100
1400
安装在室外时全长需有排水设施
用于室内
用于室外
4705
4900
纵剖面
290
1350
850
1350
290
1000
1000
910
1000
470
4100
470
横剖面
300
A+310
A+310
300
A
A
300
900
不带桁架465
带桁架465
30
10
30
横剖面
纵剖面
横剖面
自动人行道与平行的墙或
楼板间需留出安全距离
自动人行道平面

图 3.6.6 自动人行道平、立、剖面图

3.7 厨　　房

3.7.1 住宅厨房净宽、净长

住宅厨房净宽、净长　　表 3.7.1

厨房设备布置形式	厨房最小净宽（m）	厨房最小净长（m）
单面布置	≥1.5	≥3.0
L形布置	≥1.8	≥2.7
双面布置	≥2.1	≥2.7
U形布置	≥1.9	≥2.7
壁柜式	≥0.7	≥2.1

3.7.2 住宅厨房相关设计要求

住宅厨房相关设计要求　　表 3.7.2

<table>
<tr><td>使用面积</td><td colspan="5">1. 由卧室、起居室（厅）、厨房和卫生间等组成的住宅套型的厨房使用面积，不应小于 4.0m^2；
2. 由兼起居的卧室、厨房和卫生间等组成的住宅最小套型的厨房使用面积，不应小于 3.5m^2</td></tr>
<tr><td>通风排烟</td><td colspan="5">应自然通风，通风面积≥1/10 地板面积且≥0.6m^2；
应设排烟道通至屋顶高空排放</td></tr>
<tr><td>采光</td><td colspan="5">应对外开窗直接采光，窗地比≥1/7</td></tr>
<tr><td rowspan="3">各类设施尺寸（mm）</td><td>灶台宽</td><td>洗菜台宽</td><td>操作台宽</td><td>吊柜</td><td>抽油烟机</td></tr>
<tr><td>800</td><td>900</td><td>600</td><td rowspan="2">进深 300～350
底距地 1400～1600</td><td rowspan="2">与灶台净距
600～800</td></tr>
<tr><td colspan="3">进深 500～600
高 800～850</td></tr>
</table>

3.7.3 公共厨房主要设计要求

公共厨房主要设计要求　　表 3.7.3

<table>
<tr><td rowspan="2">建筑要求</td><td>餐厨面积比</td><td>室内净高</td><td>采光窗地比</td><td>通风开启窗地比</td></tr>
<tr><td>见表 3.7.4</td><td>≥3m</td><td>宜≥1/6</td><td>应≥1/10</td></tr>
<tr><td>防火要求</td><td colspan="4">1. 采用不燃防火隔墙、乙级防火门与其他部位分隔；
2. 热工间上层有其他用房时，其外墙开口上方应设≥1.0m 宽的防火挑檐或≥1.2m 高的实体窗槛墙</td></tr>
<tr><td>工艺要求</td><td colspan="4">1. 主要功能房间：主食加工、副食加工、备餐、仓库、食具洗存、更衣、卫生间、沐浴等；
2. 两个分开：原料与成品分开，生、熟食分开；
3. 总平面应设独立的人货流路线；
4. 为排水和通风排烟预留土建条件（如结构降板、设置排水沟、设竖向排气道和烟囱等）</td></tr>
</table>

3.7.4 各类餐饮场所中公共厨房主要用房的相关要求

各类餐饮场所中公共厨房主要用房的面积要求、公用厨房面积与就餐面积比例　　表 3.7.4

<table>
<tr><th>场所</th><th>加工经营场所面积 A（m²）</th><th>食品处理区（即公共厨房）与就餐场所面积之比</th><th>切配、烹饪场所累计面积（m²）</th><th>凉菜间累计面积（m²）</th><th>食品处理区需设独立隔间的场所</th><th>备 注</th></tr>
<tr><td rowspan="4">餐馆</td><td>≤150</td><td>≥1∶2.0</td><td>≥食品处理区面积 50%且≥8</td><td>≥5</td><td>加工、烹任、餐具清洗消毒</td><td>—</td></tr>
<tr><td>150＜A≤500</td><td>≥1∶2.2</td><td>≥食品处理区面积 50%</td><td>≥食品处理区面积 10%</td><td>加工、烹饪餐具清洗消毒</td><td>—</td></tr>
<tr><td>500＜A≤3000</td><td>≥1∶2.5</td><td>≥食品处理区面积 50%</td><td>≥食品处理区面积 10%</td><td>粗加工、切配、烹任、餐具清洗消毒、清洁工具存放</td><td>专间入口处应设置有洗手、消毒、更衣设施的通过式预进间</td></tr>
<tr><td>A＞3000</td><td>≥1∶3.0</td><td>≥食品处理区面积 50%</td><td>≥食品处理区面积 10%</td><td>粗加工、切配、烹任、餐具清洗消毒、清洁工具存放</td><td>专间入口处应设置有洗手、消毒、更衣设施的通过式预进间</td></tr>
<tr><td>快餐店</td><td>A≤50</td><td>≥1∶2.5</td><td>≥8</td><td rowspan="2">≥5</td><td rowspan="2">加工、备餐（快餐店）</td><td rowspan="2">—</td></tr>
<tr><td>小吃店</td><td>A＞50</td><td>≥1∶3.0</td><td>≥10</td></tr>
<tr><td>食堂</td><td colspan="3">就餐人数 100 人以下食品处理区面积不小于 30m²，100 人以上每增加 1 人增加 0.3m²，1000 人以上超过部分每增加 1 人增加 0.2m²，切配烹饪场所占食品处理面积 50%以上</td><td>≥5</td><td>备餐、其他参照餐馆相应要求设置</td><td>≥ 500m² 的食堂，专间入口应设置有洗手、消毒、更衣设施的通过式预进间</td></tr>
</table>

3.7.5 厨房门和卫生间门的设置要求

厨房门和卫生间门应在下部设置有效截面积不小于 0.02m^2 的固定百叶，也可距地面留出不小于 30mm 的缝隙。

3.8 卫 生 间

3.8.1 住宅卫生间设计

住宅卫生间设计要求　　表 3.8.1

使用面积	3 件（便浴洗）	2 件（便浴）	2 件（便洗）	单设便器	单设淋浴
	3～4m^2	2.5m^2	2m^2	1.1m^2	1.2m^2
门的要求	1. 无前室的卫生间的门不应直接开向起居室（厅）或餐厅、厨房； 2. 门洞宽度≥700mm，并在下部设固定百叶或留出≥30mm 缝隙				
通风及采光要求	1. 卫生间宜有直接采光、自然通风；每套住宅有两个以上卫生间时，至少宜有 1 间有直接采光、自然通风；严寒、寒冷和夏热冬冷地区无通风窗口的卫生间应设竖向排气道或机械排风装置； 2. 有直接采光、自然通风的卫生间，其侧面采光窗洞口面积不应小于地面面积的 1/10，通风开口面积不应小于地面面积的 1/20				
防水防潮要求	卫生间地面应有防水，并设置地漏等排水措施，门口处应防止积水外溢（地面标高应低于门口外地面标高 15mm～20mm 或做低门槛，无障碍要求应低于门口外地面标高 15mm 且为斜坡）；墙面、顶棚应防潮，有洗浴设施时，其墙面应防水；地面防水层应向外延展 500mm，两侧延展 200mm； 住宅的屋面、地面、外墙、外窗应采取防止雨水和冰雪融化水侵入室内的措施				
位置要求	不应布置在下层住户的卧室、客饭厅、厨房的上层（上下层为同一住户除外）				
构造要求	1. 卫生间地面或楼板应设防水层，下沉式卫生间楼、地面应设双层防水层； 2. 卫生间楼、地面坡度不宜小于 1%，楼、地面周边沿墙为最高，地漏表面为最低点，以保证地面水排出；除地面需防水层外，淋浴区墙面应设高度不小于 1800mm 的防水层； 3. 地面防水、地漏设置、排气道等应严格按图集建筑构造详图设计、施工； 4. 洗面器与化妆台面间、浴盆与墙面相交接处应用密封胶密封				
排气道要求	1. 住宅卫生间与厨房不得共用同一竖向排气道，燃气热水器的排气管不得接入住宅排气道内，与禁示与其他管线穿越住宅排气道； 2. 餐厅、饭馆、浴室等服务业的排油烟、排气管道不得与住宅排气道共用				

3.8.2 卫生洁具距墙及相互间尺寸

1. 便器中心距侧墙不应小于 400mm；中心距侧面洁具边缘不应小于 350mm（图 *a*）；

2. 坐便器采用下排水时，排污口中心距后墙为 305mm、400mm 和 200mm 三种，推荐尺寸为 305mm（图 *b*）；

3. 坐便器采用后排水时，排污口中心距地面高度为 100mm 和 180mm 两种，推荐尺寸为 180mm（图 *c*）；

4. 淋浴器喷头中心距墙不应小于 350mm，喷头中心与低位洁具水平距离不应小于 350mm（图 *d*）；

5. 洗面器中心距侧墙不应小于 550mm，侧边距一般洁具不应小于 100mm，前边距墙、距洁具边缘不应小于 600mm（图 *e*）；

6. 电热水器、太阳能热水器储水箱侧面距墙不应小于 100mm（图 *f*）。

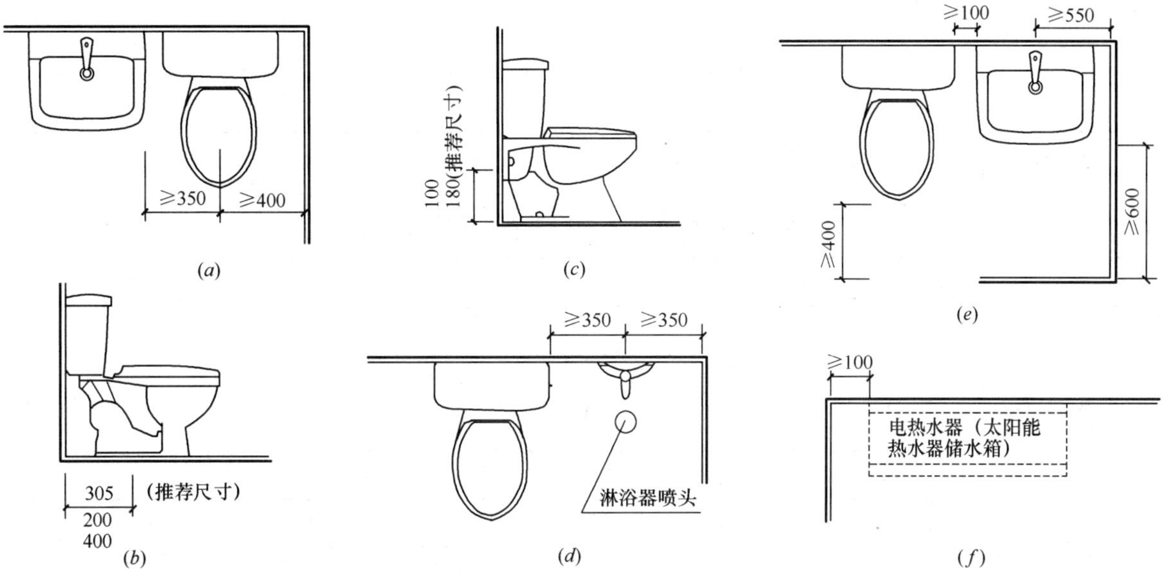
≥350
≥400
(a)
100
180(推荐尺寸)
(c)
≥100
≥550
≥400
≥600
(e)
305
(推荐尺寸)
200
400
(b)
≥350
≥350
淋浴器喷头
(d)
≥100
电热水器（太阳能
热水器储水箱）
(f)

注：坐便器（下水管中心位置）安装距后墙的距离宜 330mm，具体数据应根据坐便器型号确定。

图 3.8.2

3.8.3 公共卫生间设计要求

公共卫生间设计要求 **表 3.8.3**

位置要求	1. 不应直接布置在餐厅、食品加工贮存、医疗医药、变配电等有严格卫生要求或防水、防潮要求严格的用房上层； 2. 饮食建筑的公用厨房应隐蔽，入口不应靠近餐厅或与餐厅相对； 3. 办公建筑的公用厕所距离最远工作点不应大于 50m，厕所门不宜直接开向办公用房、门厅、电梯厅等公共空间； 4. 学校建筑的教学楼应每层设厕所，教职工厕所应与学生厕所分设
设计要求	1. 公用男女厕所应分设或合用前室，设置洗手盆、污水池； 2. 通槽式水冲厕所槽深应≥0.4m，槽底宽应≥0.15m，上宽宜 0.2～0.25m； 3. 公共厕所应以蹲便器为主，并应为老年人和残疾人设置一定比例的坐便器； 4. 大、小便器的冲洗，宜采用自动感应或脚踏开关装置； 5. 水龙头、洗手液宜采用非接触式器具，并应配置烘干机或一次性纸巾
厕位数量	应适当增加女厕位数量，一般男厕位：女厕位宜为 1∶1～1∶1.5，商场宜为 1∶1.5

3.8.4 各类建筑卫生设施的配置数量

公共场所公共厕所每一卫生器具服务人数设置标准（人）　　表 3.8.4-1

设置位置＼卫生器具	大便器		小便器
	男	女	
广场、街道	1000	700	1000
车站、码头	300	200	300
公园	400	300	400
体育场外	300	200	300
海滨活动场所	70	50	60

注：表中数据摘自《城市公共厕所设计标准》CJJ 14—2005。

商场、超市和商业街为顾客服务的卫生设施　　表 3.8.4-2

商场购物面积（m^2）	设施	男	女
1000～2000	大便器	2	3
	小便器	2	无
	洗手盆	2	2
	无障碍卫生间	1	
2001～4000	大便器	2	4
	小便器	2	无
	洗手盆	2	4
	无障碍卫生间	1	
≥4000	按照购物场所面积成比例增加		

注：(1) 表中数据摘自《城市公共厕所设计标准》CJJ 14—2005；
(2) 该表推荐顾客使用的卫生设施是对净购物面积 1000m^2 以上的商场；
(3) 该表假设男、女顾客各为 50%，当接纳性别比例不同时应进行调整；
(4) 商业街应按各商店的面积合并后计算，按上表比例配置；
(5) 超市中供顾客使用的公共卫生间应设在货物收款区外。

饭馆、咖啡店、小吃店、茶艺馆、快餐店为顾客配置的卫生设施　　表 3.8.4-3

设施	男	女
大便器	400 人以下，每 100 人配 1 个，超过 400 人，每增加 250 人增设 1 个	200 人以下，每 50 人配 1 个，超过 200 人，每增加 250 人增设 1 个
小便器	每 50 人 1 个	无
洗手盆	每个大便器配 1 个，5 个小便器配 1 个	每个大便器配 1 个
清洗池	至少配 1 个	

注：(1) 表中数据摘自《城市公共厕所设计标准》CJJ 14—2005；(2) 上述设置按男、女顾客各为 50%考虑。

公共文体活动场所配置的卫生设施 **表 3.8.4-4**

设施	男	女
大便器	影院、剧场、音乐厅和相似活动的附属场所，250 人以下设 1 个，每增加 1～500 人增设 1 个	影院、剧场、音乐厅和相似活动的附属场所： 不超过 40 人的设 1 个； 41～70 人设 3 个； 71～100 人设 4 个； 每增 1～40 人增设 1 个
小便器	影院、剧场、音乐厅和相似活动的附属场所，100 人以下设 2 个，每增加 1～80 人增设 1 个	无
设施	男	女
洗手盆	每 1 个大便器配 1 个，每 1～5 个小便器配 1 个	每 1 个大便器配 1 个，每增加 2 个大便器增设 1 个
清洗池	不少于 1 个，用于清洁	

注：表中数据摘自《城市公共厕所设计标准》CJJ 14—2005。

饭店（宾馆）为顾客配置的卫生设施 **表 3.8.4-5**

招待类型	设备（设施）	数量	要求
附有整套卫生设施的饭店	整套卫生设施	每套客房 1 套	含澡盆（淋浴）、坐便器和洗手盆
	公用卫生间	男女各 1 套	设置在底层大堂附近
	职工洗澡间	每 9 名职员配 1 套	
	清洁池	每 30 个客房配 1 个	每层至少一个
不带卫生套件的饭店和客房	大便器	每 9 人 1 个	
	公用卫生间	男女各 1 套	设置在底层大堂附近
	洗澡间	每 9 名客人配 1 套	含澡盆（淋浴）、坐便器和洗手盆
	清洁池	每层 1 个	

注：表中数据摘自《城市公共厕所设计标准》CJJ 14—2005。

机场、（火）车站、综合服务楼和服务性单位为顾客配置的卫生设施 **表 3.8.4-6**

设施	男	女
大便器	每 1～150 人配 1 个	1～12 人配 1 个；13～30 人配 2 个；30 以上，每增加 1～25 人增设 1 个
小便器	75 人以下配 2 个，75 人以上每增加 1～75 人增设 1 个	无
洗手盆	每个大便器配 1 个，每 1～5 个小便器增设 1 个	每 2 个大便器配 1 个
清洁池	至少配 1 个，用于清洁设施和地面	

注：表中数据摘自《城市公共厕所设计标准》CJJ 14—2005。

3.8.5 厕所和浴室隔间的平面尺寸

厕所和浴室隔间的最小平面尺寸 **表 3.8.5**

类　别	平面尺寸（宽度×深度）(mm)
外开门的厕所隔间	0.9×1.2
内开门的厕所隔间	0.9×1.4
医院患者专用厕所隔间	1.1×1.4
无障碍厕所隔间	1.4×1.8（改建用 1.0×2.0）
外开门淋浴隔间	1.0×1.2
内设更衣凳的淋浴隔间	1.00×（1.0+0.6）
无障碍专用浴室隔间	盆浴（门扇向外开启）2.0×2.25 淋浴（门扇向外开启）1.5×2.35

3.8.6 卫生设备间距的最小尺寸

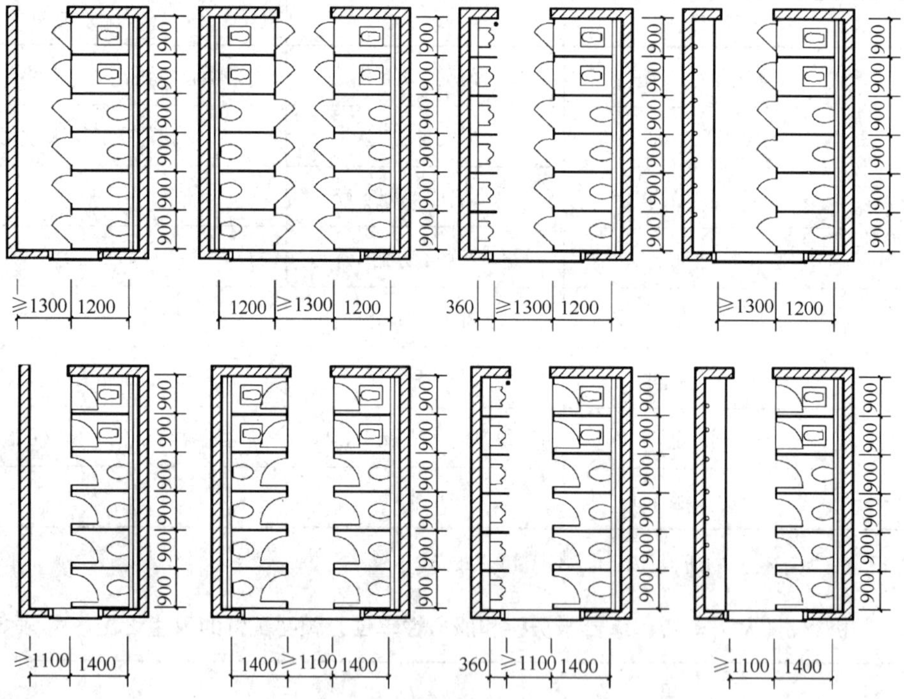
900
≥1300
1200
360
≥1100
1400

内外开门隔间与小便槽、小便斗最小间距

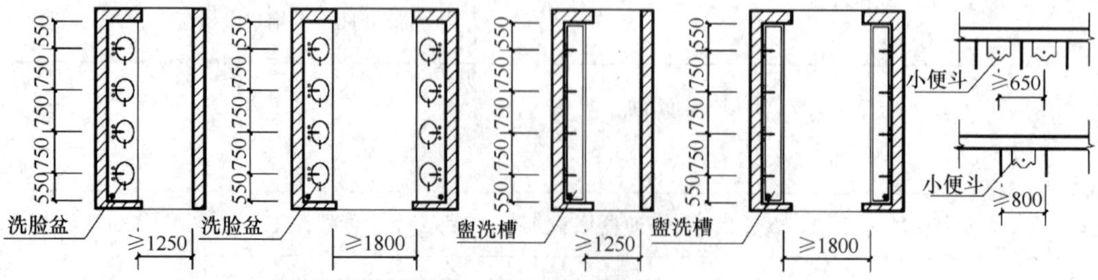
550
750
洗脸盆
≥1250
≥1800
盥洗槽
小便斗
≥650
≥800

洗脸盆、盥洗槽、小便斗的最小间距

图 3.8.6

3.9 建筑物无障碍设计

3.9.1 无障碍出入口设计要求和实施范围

无障碍出入口设计要求和实施范围 **表 3.9.1**

<table>
<tr><th>类型</th><th>坡度</th><th>地面</th><th>平台净深度</th><th>两道门间距</th><th>出入口上方</th></tr>
<tr><td>平坡出入口</td><td>≤1/20（公建 1/30）</td><td rowspan="2">平整防滑</td><td rowspan="2">≥1.50m（门完全开启时）</td><td rowspan="3">≥1.50m（两道门同时开启时）
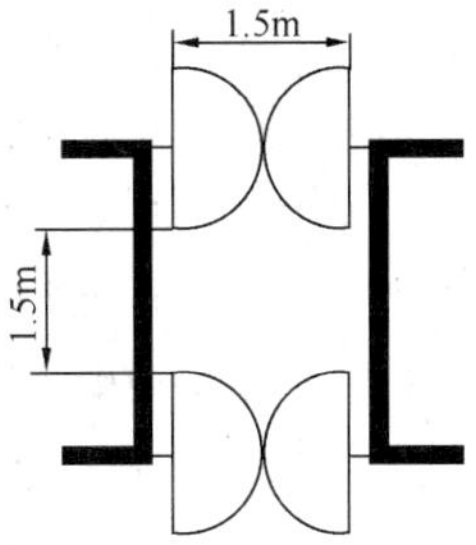
1.5m
1.5m</td><td rowspan="3">设置雨篷</td></tr>
<tr><td>台阶与轮椅坡道出入口</td><td>1/20、1/16、1/12、1/10、1/8，（具体另详轮椅坡道）</td></tr>
<tr><td>台阶与升降平台出入口</td><td colspan="3">1. 只适用于受场地限制无法设置坡道的改造工程；
2. 升降平台的宽×深≥0.9m×1.2m，并设扶手、挡板、呼叫按钮；基坑应采用防止误入的安全防护措施</td></tr>
<tr><td>实施范围</td><td colspan="5">1. 设置电梯的居住建筑（别墅可按需要选择使用）；
2. 未设置电梯的低层、多层居住建筑，设置无障碍住房宿舍时；
3. 各类民用建筑的主要出入口；
4. 汽车加油加气站、车库的人行出入口；
5. 历史文物保护建筑对外的出入口——对游客开放参观的房间；
6. 城市公共厕所的出入口</td></tr>
</table>

注：无障碍出入口室外地面滤水箅子的孔洞宽度≤15mm。

3.9.2 轮椅坡道设计要求和实施范围

轮椅坡道设计要求和实施范围 **表 3.9.2**

<table>
<tr><th>形　式</th><th colspan="5">直线形、直角形、折返形</th></tr>
<tr><td>净宽度</td><td colspan="5">1. 无障碍出入口处的轮椅坡道≥1.2m；
2. 其他轮椅坡道≥1.00m</td></tr>
<tr><td>坡度</td><td>1∶20</td><td>1∶16</td><td>1∶12</td><td>1∶10</td><td>1∶8</td></tr>
<tr><td>最大高度（m）</td><td>1.20</td><td>0.90</td><td>0.75</td><td>0.60</td><td>0.30</td></tr>
<tr><td>水平长度（m）</td><td>24.00</td><td>14.40</td><td>9.00</td><td>6.00</td><td>2.40</td></tr>
<tr><td>休息平台长度</td><td colspan="5">≥1.50m（起点、终点和中间的休息平台）见附图</td></tr>
<tr><td rowspan="2">安全防护措施</td><td colspan="5">1. 临空一侧应设置安全阻挡措施——高度≥50mm 的安全挡台</td></tr>
<tr><td colspan="5">2. 高度＞300mm 且坡度＞1/20 的轮椅坡道，应在两侧设置扶手</td></tr>
<tr><td>坡道地面</td><td colspan="5">平整、防滑、无反光</td></tr>
<tr><td rowspan="4">实施范围</td><td colspan="5">1. 凡有高差并设有台阶的无障碍出入口</td></tr>
<tr><td colspan="5">2. 公共建筑基地的主要人行道有高差或台阶时</td></tr>
<tr><td colspan="5">3. 办公、科研、司法、文化建筑的出入口大厅、休息厅、贵宾休息室、疏散大厅等人员聚集场所有高差或台阶时</td></tr>
<tr><td colspan="5">4. 汽车客运站站前广场的人行道有高差时</td></tr>
</table>

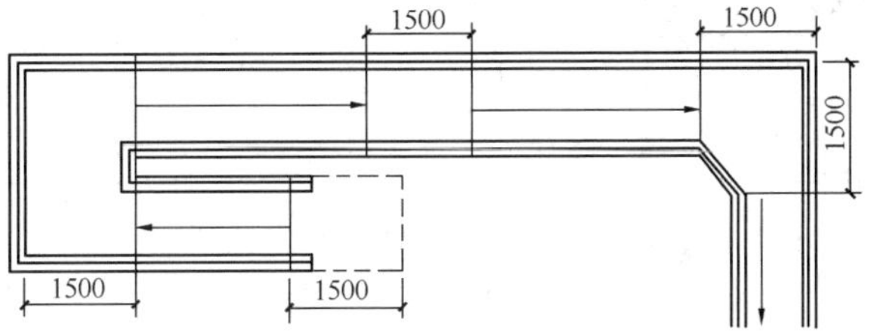
1500
1500
1500
1500
1500

图 3.9.2 坡道起点、终点和休息平台的水平长度

3.9.3 无障碍通道设计要求和实施范围

表 3.9.3

宽度	室外通道	1.50m
	大型公建及医疗建筑的室内通道	1.80m
	一般的室内通道	1.20m
	检票口、结算口的轮椅通道	0.90m
其他	1. 无障碍通道应连续，地面应平整、防滑、无反光，不宜铺设厚地毯	
	2. 无障碍通道长度>60m 时宜设休息区，休息区应避开行走路线	
	3. 医疗建筑、福利及特殊服务建筑的无障碍通道的两侧墙面应设置扶手	
	4. 室外通道上的雨水箅子的孔洞宽度应≤15mm	
实施范围	1. 居住绿地内的游步道； 2. 连接无障碍住房宿舍与居住绿地之间的通道； 3. 连接无障碍入口与电梯厅的通道； 4. 连接设在二层以上的无障碍宿舍与电梯厅的通道； 5. 办公、科研、司法、商业服务、文化建筑中公众通行的室内走道； 6. 医疗、康复建筑中，凡病人、康复人员使用的室外步行道和室内通道； 7. 福利及特殊服务建筑中的室外步行道、公共区域的室内通道； 8. 体育建筑的检票口及无障碍出入口到各种无障碍设施的室内走道； 9. 汽车客运站的门厅、售票厅、候车厅、检票口等旅客通行的室内走道； 10. 设在非首层的车库与无障碍电梯（或楼梯）之间的通道	

3.9.4 无障碍门设计要求和实施范围

表 3.9.4

门类型	宜	自动门、平开门、推拉门、折叠门
	不宜	弹簧门、玻璃门（当采用时应有醒目标志）
门净宽	自动门	1.00m
	平开、推拉、折叠门	0.8m（有条件时宜 0.9m）
门扇内外回转空间		直径 1.50m
门把手一侧墙面宽度		0.40m
门把手离地高度		0.90m
护门板离地高度		0.35m
观察玻璃		在门扇设置，距地 0.60m （宽×高 0.3m×0.9m）
门槛高度及室内外高差		≤15mm，并以斜面过渡
门的颜色		宜与周围墙面有色差， 方便识别
实施范围		1. 无障碍客房、住房及宿舍的门； 2. 医疗康复建筑中，凡病人、康复人员使用空间及房间的门； 3. 福利及特殊服务建筑中的居室户门，卧室、厨房、卫生间的门

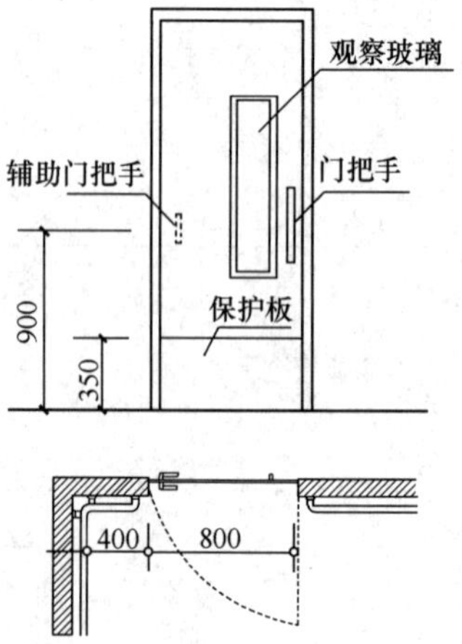
观察玻璃
辅助门把手
门把手
保护板
900
350
400
800

3.9.5 无障碍楼梯与台阶设计要求和实施范围

表 3.9.5

楼梯	楼梯形式		宜采用直线形楼梯
	踏步	形式	不应采用无踢面和直角形突缘的踏步
		尺寸	公共建筑—宽度≥280mm、高度≤160mm 其他建筑—按现行规范的相关规定
	扶手		宜在楼梯两侧均设扶手，扶手应符合无障碍要求
	安全措施		1. 栏杆式楼梯宜在栏杆下方设置安全阻挡措施； 2. 步级踏面应平整、防滑或设防滑条； 3. 步级踏面和踢面的颜色宜有区分和对比； 4. 楼梯上行和下行的第一级宜在颜色或材质上与平台有明显区别
	提示盲道		距踏步起点和终点 250～300mm 处宜设置提示盲道
台阶	宽度、高度		室内外台阶踏步宽度≥300mm，100mm≤高度≤150mm
	扶手		≥3 级的台阶两侧均应设置扶手
	防滑		台阶踏步应防滑
	安全提示		台阶上行及下行的第一级宜在颜色或材质上与其他级有明显区别

实施范围	楼梯	1. 未设电梯的多层居住区配套建筑的楼梯	至少 1 部
		2. 设在二层以上且未设置电梯的无障碍住房宿舍的公共楼梯	全设
		3. 福利及特殊服务建筑的楼梯	全设
		4. 医疗康复建筑的同一栋建筑内的楼梯	至少 1 部
		5. 体育建筑内供观众使用的楼梯	全设
		6. 商业服务建筑、汽车客运站内供公众使用的主要楼梯	全设
		7. 文化、办公、科研、司法建筑内供公众使用的主要楼梯	全设（宜条）
	台阶	公共建筑的室内外台阶	

3.9.6 无障碍电梯设计要求和实施范围

表 3.9.6

候梯厅	深度	≥1.50m（公建及设置病床梯的电梯厅≥1.80m）
	门洞净宽	≥0.90m
	呼叫按钮高度	0.90m～1.10m
	运行装置	应设运行显示装置和抵达音响
轿厢	轿厢门净宽	≥0.80m
	轿厢尺寸	宽度≥1.10m，深度≥1.40m
	扶手	在轿厢的三面壁上设置，高度 0.85m～0.90m
	运行装置	应设电梯运行显示装置和报层音响
	镜子或镜面材料	在轿厢正面高 0.90m 处至顶部安装
	带盲文的选层按钮	在轿厢侧壁安装，高度 0.90m～1.10m
无障碍标志		在无障碍电梯位置处设置

续表

<table>
<tr><td rowspan="4">实施范围</td><td>1. 设有电梯的居住建筑——每居住单元至少设 1 部</td></tr>
<tr><td>2. 设有电梯的居住区配套建筑——至少设 1 部</td></tr>
<tr><td>3. 设置在二层以上的有电梯的无障碍宿舍——至少设 1 部</td></tr>
<tr><td>4. 设有电梯的公共建筑——至少设 1 部，其中：
福利及特殊服务建筑——全部设置
医疗康复建筑——每组电梯至少设 1 部
体育建筑（1）特级、甲级场馆——看台区、主席台、贵宾区如有电梯≥1 部
（2）乙级、丙级场馆——看台座席区如设电梯≥1 部</td></tr>
</table>

附注：不能用升降平台代替无障碍电梯，升降平台只适用于场地有限的改造工程。

3.9.7 无障碍扶手设计要求和实施范围

表 3.9.7

<table>
<tr><td rowspan="2">扶手高度</td><td>单层扶手</td><td>850～900mm</td></tr>
<tr><td>双层扶手</td><td>上层扶手 850～900mm，下层扶手 650～700mm</td></tr>
<tr><td colspan="2">扶手内侧与墙面的距离</td><td>≥40mm</td></tr>
<tr><td colspan="2">起点和终点处的水平延伸长度</td><td>≥300mm</td></tr>
<tr><td colspan="2">扶手末端处理</td><td>1. 应向内拐到墙面或向下延伸 100mm
2. 栏杆式扶手应向下成弧形或延伸到地面上固定</td></tr>
<tr><td rowspan="2">截面尺寸</td><td>圆形扶手</td><td>直径 Φ 35～Φ 50mm</td></tr>
<tr><td>矩形扶手</td><td>35～50mm</td></tr>
<tr><td rowspan="6">实施范围</td><td colspan="2">1. 医疗康复建筑、福利及特殊服务建筑的公共区域的无障碍通道</td></tr>
<tr><td colspan="2">2. 医技部的理疗用房、住院部病人活动室的墙面</td></tr>
<tr><td colspan="2">3. 无障碍电梯的轿厢</td></tr>
<tr><td colspan="2">4. 高度>300mm 且坡度>1/20 的轮椅坡道两侧</td></tr>
<tr><td colspan="2">5. 无障碍楼梯与无障碍台阶</td></tr>
<tr><td colspan="2">6. 福利及特殊服务建筑主要出入口台阶的两侧（宜条）</td></tr>
</table>

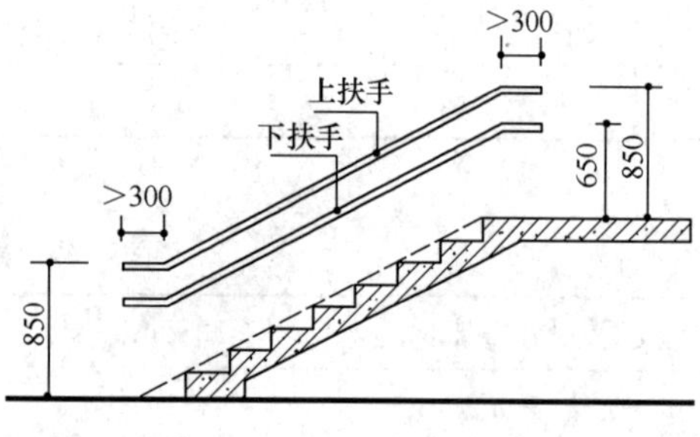

>300
上扶手
下扶手
>300
650
850
850

图 3.9.7-1 双层扶手

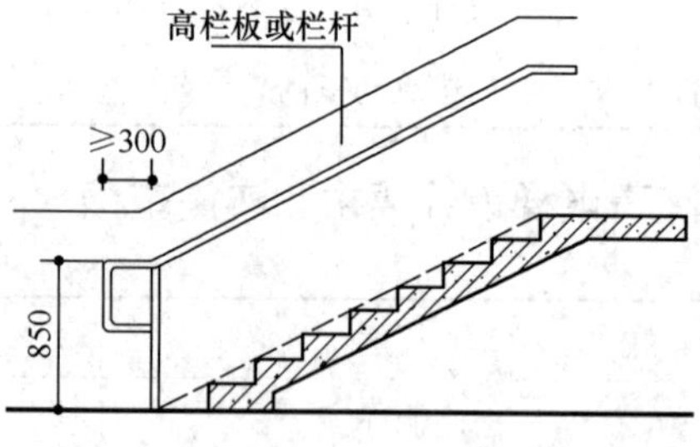

高栏板或栏杆
≥300
850

图 3.9.7-2 栏板或栏杆高度超过 900，需另作扶手

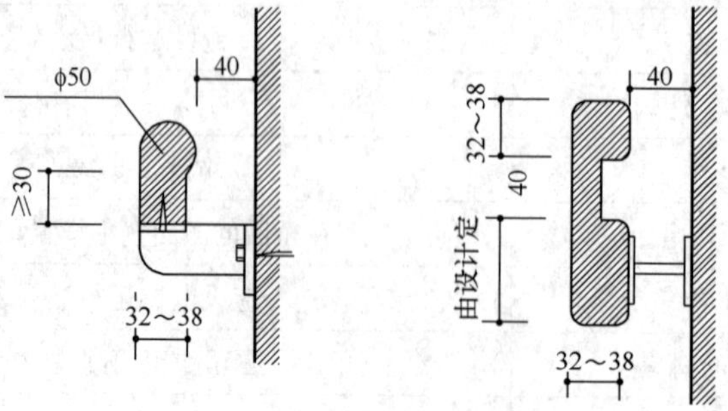

ϕ50
40
≥30
32～38
40
32～38
40
由设计定
32～38

图 3.9.7-3 适用的扶手断面

3.9.8 无障碍厕所设计要求和实施范围

表 3.9.8

基本设施	男厕	无障碍厕位 1 个，无障碍小便器 1 个，无障碍洗手盆 1 个
	女厕	无障碍厕位 1 个，无障碍洗手盆 1 个
厕所最小面积		$\geqslant 4m^2$（2000mm×2000mm）
厕所入口和通道		方便乘轮椅者进入和回转，回转直径 $\phi \geqslant 1.50m$
厕位尺寸		最小为 1.80m×1.00m，宜为 2.00m×1.50m
厕位门	净宽度	≥800mm
	开启方式	向外平开（内开门厕位内应留有≥1.50m 的轮椅回转空间）
	开关门装置	1. 门外侧设 900mm 高的横扶开门把手及可紧急开启的插销； 2. 门内侧设 900mm 高的关门拉手
厕所门净宽度		≥800mm
厕所其他设施		坐便器、多功能台、挂衣钩、呼叫按钮、厕纸盒、安全抓杆、镜子
实施范围		1. 民用建筑的男女公共厕所（至少设 1 处）； 2. 医疗、文化、商业服务建筑、汽车客运站各楼层的公共厕所（至少设 1 处）； 3. 城市公共厕所（男女各设 1 处），公共浴室应设 1 个无障碍厕位

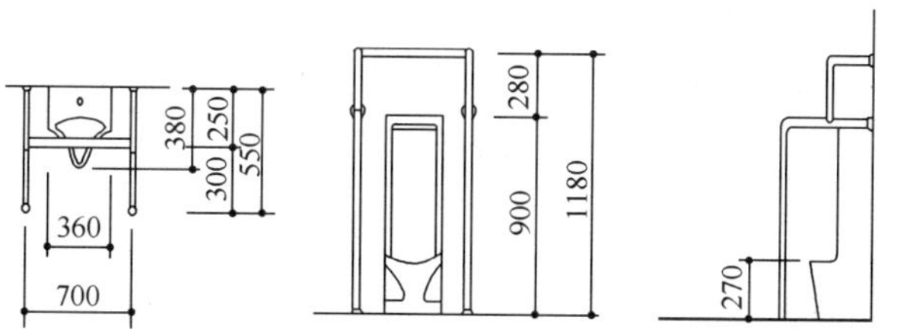
380
250
300
550
360
700
280
900
1180
270
图 3.9.8-1 落地式小便斗安全抓杆

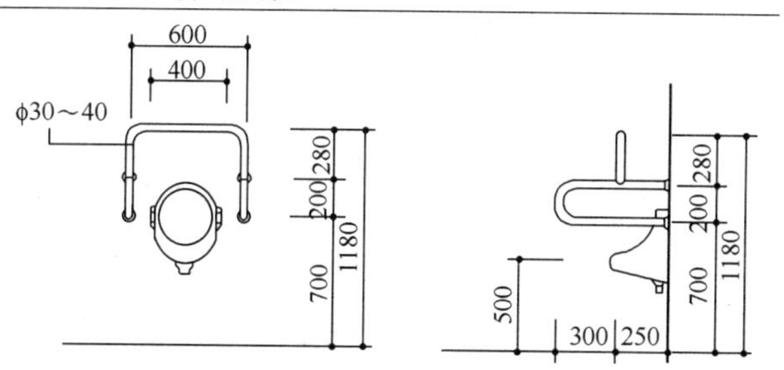
600
400
ϕ30～40
280
200
700
1180
500
300
250
图 3.9.8-2 悬臂式小便器安全抓杆

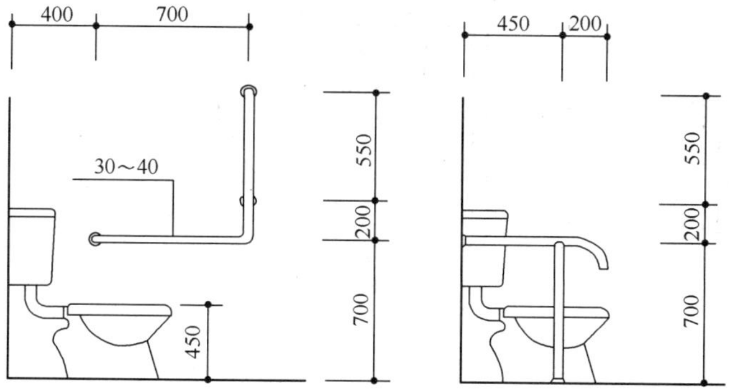
400
700
30～40
550
200
700
450
200
图 3.9.8-3 坐便器两侧固定式安全抓杆

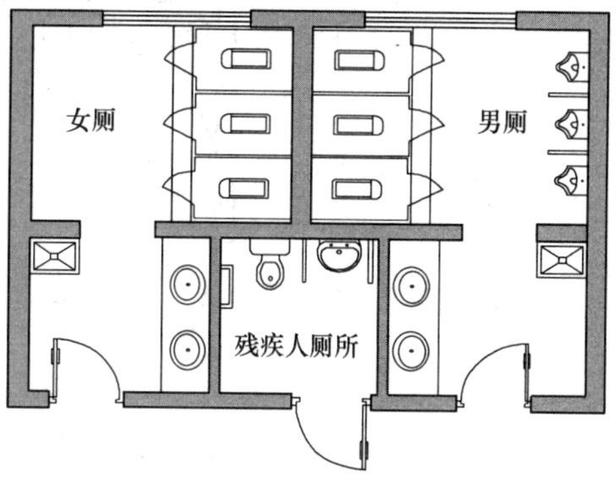
女厕
男厕
残疾人厕所
图 3.9.8-4 残疾人专用厕所

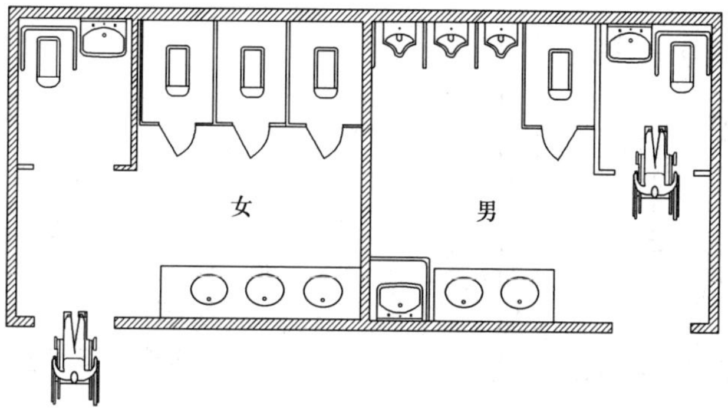
女
男
图 3.9.8-5 公共卫生间中的残疾人厕位

3.9.9 无障碍浴室设计要求和实施范围

表 3.9.9

基本设施		无障碍淋浴（或盆浴）间 1 个 无障碍厕位 1 个，无障碍洗手盆 1 个
入口、通道、室内空间		方便乘轮椅者进入和使用，回转直径≥1.50m
浴室入口	门的形式	宜使用活动门帘或平开门
	平开门规定	应向外开启，门扇外侧设 900mm 高的横扶把手及可紧急开启的插销，门扇内侧设 900mm 高的关门拉手
淋浴间	短边净宽	≥1.50m
	坐台尺寸	高度 450mm，深度≥450mm
	安全抓杆	应设距地面高 700mm 的水平抓杆和高 1.4～1.6m 垂直抓杆
	淋浴喷头	控制开关距地面高度≤1.20m
	毛巾架	距地面高度≤1.20m
	地面	防滑不积水
盆浴间	坐台	在浴盆一端设置，其深度≥400mm，高度同浴盆
	安全抓杆	1. 浴盆内侧应设高 600mm 和 900mm 的两层水平抓杆，其长度≥800mm； 2. 坐台一侧的墙上应设高 900mm，水平长度≥600mm 的安全抓杆
	毛巾架	距地面高度≤1.20m
实施范围	1. 福利及特殊服务建筑的公共浴室及其他公共浴室； 2. 体育建筑的运动员浴室	

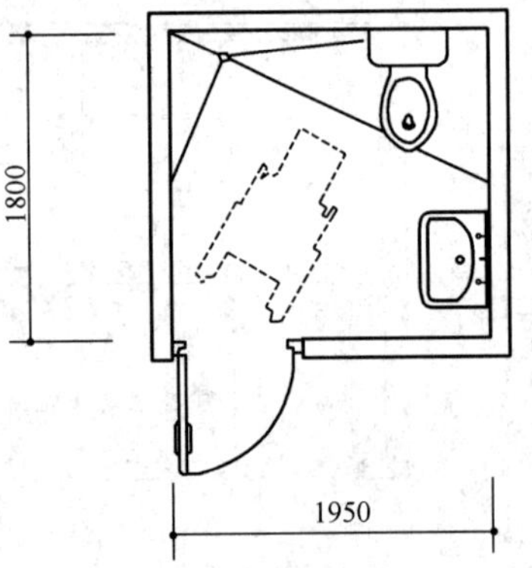
1800
1950
图 3.9.9-1 淋浴间平面

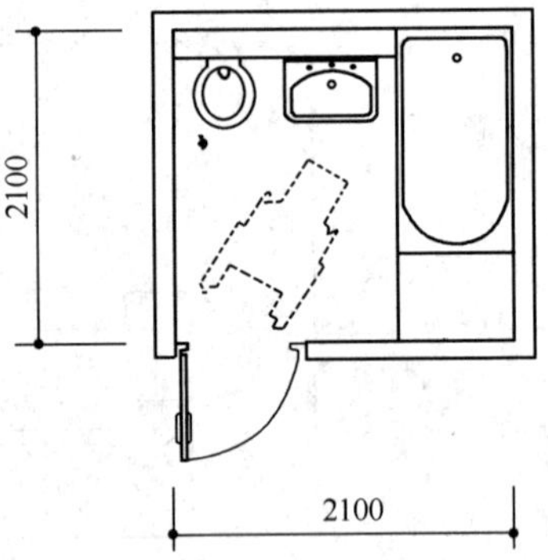
2100
2100
图 3.9.9-2 盆浴间平面

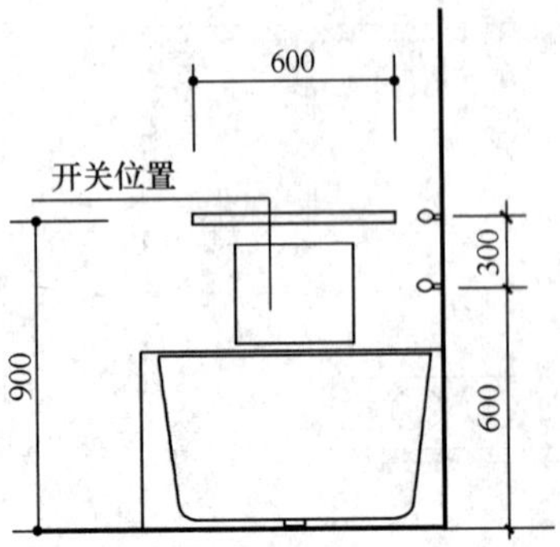
600
开关位置
300
900
600
图 3.9.9-3 盆浴间的安全抓杆

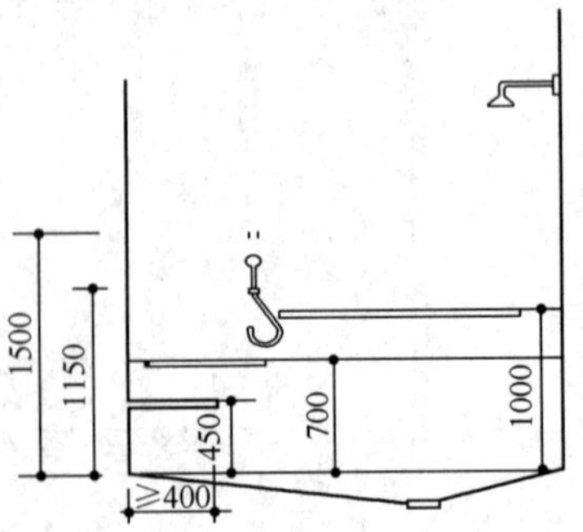
1500
1150
450
700
1000
≥400
图 3.9.9-4 淋浴间的坐台和抓杆

3.9.10　无障碍住房及宿舍设计要求和实施范围

表 3.9.10

户门、室内门的净宽度		应符合无障碍门的要求
室内通道（含阳台）		应为无障碍通道，并应在一侧或两侧设置扶手
房间面积（见附图）	起居室	$\geq 14m^2$
	卧室	单人卧室$\geq 7m^2$，双人卧室$\geq 10.5m^2$，兼起居的卧室$\geq 16m^2$
	厨房	$\geq 6m^2$
	卫生间	三件套（坐便器、淋浴或盆浴器、洗面盆）卫生间$\geq 4m^2$
		二件套（坐便器、淋浴或盆浴器）卫生间$\geq 3m^2$
		二件套（坐便器、洗面盆）卫生间$\geq 2.5m^2$
		单件套（坐便器）卫生间$\geq 2m^2$
浴室、厕所		应符合无障碍浴室与无障碍厕所要求（见附图）
厨房操作台		下方净宽和高度$\geq$650mm，深度$\geq$250mm
呼叫按钮		在居室和卫生间内安装
闪光提示门铃		供听力障碍（耳聋）者使用的住宅和公寓应安装
实施范围	居住建筑	$\geq$2 套/100 套
	宿舍建筑	$\geq$1 套/100 套（男女宿舍分别设置）

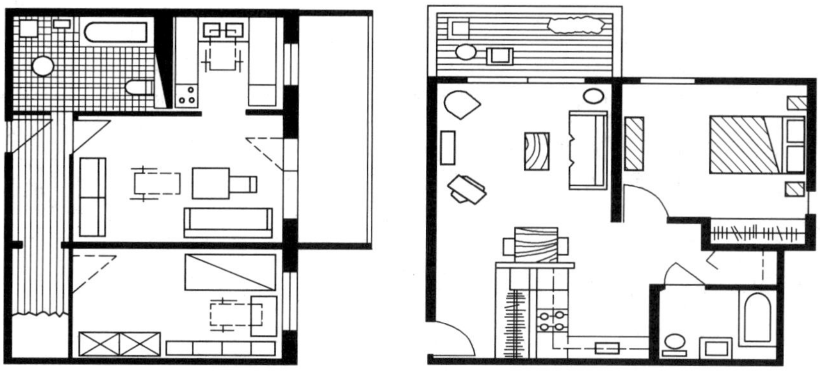

(a)　　(b)

图 3.9.10-1　无障碍住房平面

(a) 单人一室一厅轮椅住房；(b) 双人一室一厅轮椅住房

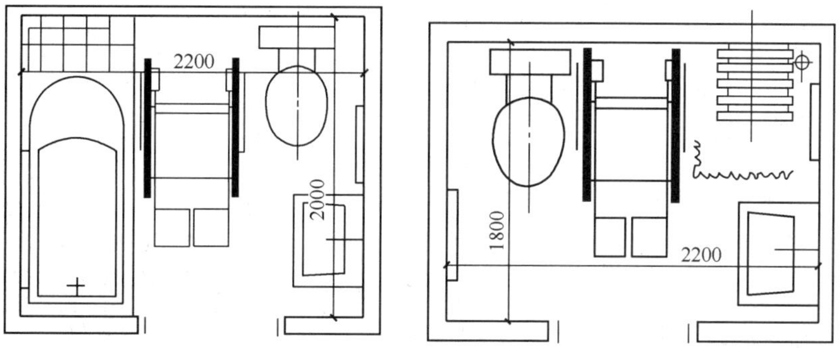
2200
2000
1800
2200

(a)　　(b)

图 3.9.10-2　无障碍卫生间

(a) 盆浴卫生间；(b) 淋浴卫生间

3.9.11 无障碍客房设计要求和实施范围

表 3.9.11

<table>
<tr><td rowspan="4">无障碍客房数量</td><td colspan="2">客房数</td><td>无障碍客房数</td><td rowspan="4">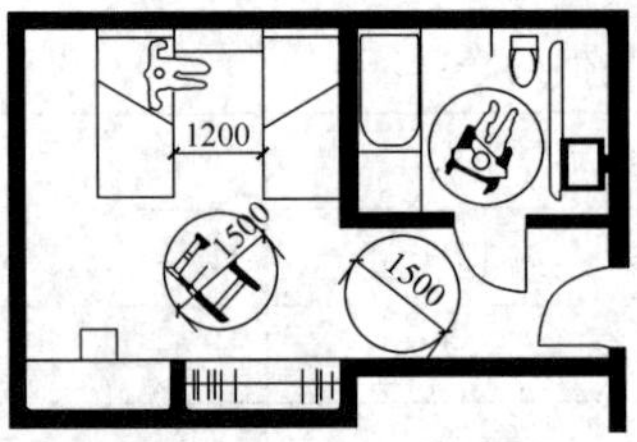
1200
1500
1500</td></tr>
<tr><td colspan="2"><100 间</td><td>1～2 间</td></tr>
<tr><td colspan="2">100～400 间</td><td>2～4 间</td></tr>
<tr><td colspan="2">>400 间</td><td>≥4 间</td></tr>
<tr><td rowspan="2">卧室</td><td>通道</td><td colspan="3">保证轮椅回转，回转直径≥1.50m</td></tr>
<tr><td>房门</td><td colspan="3">应符合无障碍门的设计要求</td></tr>
<tr><td colspan="2">卫生间</td><td colspan="3">地面、门、内部设施应符合无障碍厕所及浴室的设计要求</td></tr>
<tr><td colspan="2">床</td><td colspan="3">两床间距≥1.20m，床高度 450mm</td></tr>
<tr><td colspan="2">呼叫、提示装置</td><td colspan="3">应设置救助呼叫按钮和闪光提示门铃</td></tr>
<tr><td colspan="2">实施范围</td><td colspan="3">旅馆、酒店、宾馆等商业服务建筑</td></tr>
</table>

3.9.12 轮椅席位设计要求和实施范围

表 3.9.12

<table>
<tr><td>位置</td><td>便于到达疏散口及通道附近</td><td colspan="2" rowspan="5">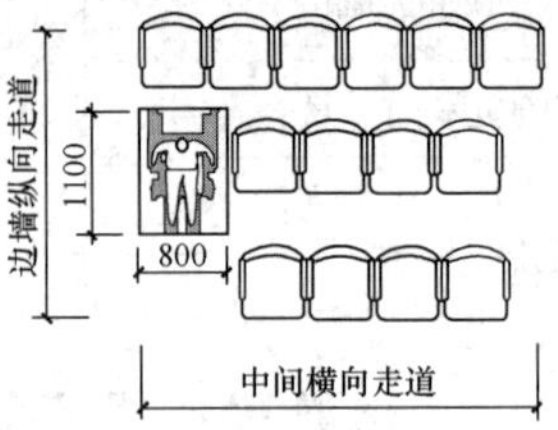
边墙纵向走道
1100
800
中间横向走道</td></tr>
<tr><td>轮椅席尺寸</td><td>0.80m×1.10m（宽×深）</td></tr>
<tr><td>通道宽度</td><td>≥1.20m</td></tr>
<tr><td>陪护席位</td><td>在轮椅席位旁或邻近观众席内设置 1∶1（宜条）</td></tr>
<tr><td>无障碍标志</td><td>在轮椅席位地面上设置</td></tr>
<tr><td rowspan="5">实施范围及数量</td><td rowspan="2">1. 法庭、审判庭、为公众服务的会议室报告厅剧场、音乐厅、电影院、会堂、演艺中心观众席</td><td>≤300 席</td><td>至少设 1 个</td></tr>
<tr><td>>300 座</td><td>总座位数×0.2%，且≥2</td></tr>
<tr><td>2. 教育建筑的合班教室、报告厅、剧场等</td><td colspan="2">≥2 个</td></tr>
<tr><td>3. 体育建筑的各类观众看台坐席区</td><td colspan="2">观众席位总数×0.2%</td></tr>
<tr><td>4. 文化建筑的报告厅、视听室、展览厅观众席</td><td colspan="2">至少设 1 个</td></tr>
</table>

3.9.13 无障碍机动车停车位设计要求和实施范围

表 3.9.13

<table>
<tr><td>位置</td><td colspan="2">1. 通行方便、行走距离路线最短的停车位；
2. 设有楼层的车库宜设在与公交道路同层的位置，或通过无障碍设施衔接通往地面层</td></tr>
<tr><td>地面</td><td>平整、防滑、不积水、坡度≤1/50</td><td rowspan="6">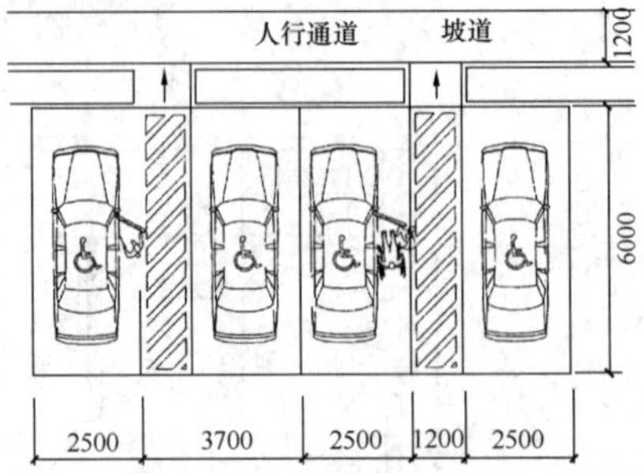
人行通道
坡道
1200
6000
2500
3700
2500
1200
2500
图 3.9.13 残疾人小汽车停车位尺寸</td></tr>
<tr><td>车位尺寸</td><td>如图所示</td></tr>
<tr><td>预留通道</td><td>在停车位一侧应设宽度≥1.20m 通道</td></tr>
<tr><td>无障碍标志</td><td>地面应涂有停车线、轮椅通道线和无障碍标志</td></tr>
<tr><td rowspan="5">实施范围及数量</td><td>1. 居住区停车场（库）：总停车数×0.5%，且每处≥1个</td></tr>
<tr><td style="display:none"></td></tr>
<tr><td colspan="2">2. 公共建筑停车场（库）：<100 辆，至少 1 个；≥100 辆，总停车数×1%</td></tr>
<tr><td colspan="2">3. 体育建筑：特级、甲级场馆总停车数×2%，且≥2 个；乙级、丙级场馆≥2 个</td></tr>
<tr><td colspan="2">4. 公共停车场（库）：Ⅰ类总停车数×2%
Ⅱ Ⅲ类总停车数×2%，且≥2 个
Ⅳ类至少 1 个</td></tr>
<tr><td></td><td colspan="2">5. 历史文物保护建筑停车场至少 1 个</td></tr>
</table>

3.9.14 低位服务设施设计要求和实施范围

表 3.9.14

服务设施	问询台、服务窗口、电话台、安检台、行李托运台、借阅台、各种业务台、饮水机等	
规格尺寸	上表面距地面高度	700～850mm
	下部预留轮椅移动空间	宽 750mm，高 650mm，深 450mm
回转空间	低位服务设施前面应留有直径≥1.50m 的轮椅回转空间	
电话	挂墙式电话高度≤900mm，台式电话高 720mm，宽 450mm，下部全部留空	
实施范围	1. 公共建筑——各种服务窗口、售票窗口、公共电话台、饮水机等	
	2. 医疗建筑——护士站、公共电话台、查询处、服务台、饮水器、售货处	
	3. 图书馆、文化馆——目录检索台	
	4. 汽车客运站——行李托运处、小件寄存处的窗口	
	5. 历史文物保护建筑——售票处、服务台、公共电话、饮水器等	

3.10 建筑安全设计

3.10.1 场地安全

1. 一般场地安全防护范围及措施

一般场地安全防护范围及措施表　　表 3.10.1-1

序号	防护位置	防护措施
1	人流密集的场所台阶高度超过 0.70m 并侧面临空时	栏杆或其他安全防护设施
2	外廊、室内回廊、内天井、上人屋面及室外楼梯等临空处	设置防护栏杆
3	台阶式用地	1. 台阶式用地的台阶之间应用护坡或挡土墙连接，相邻台地间高差大于 1.5m 时，应在挡土墙或坡比值大于 0.5 的护坡顶面加设安全防护措施； 2. 土质护坡的坡比值不应大于 0.5； 3. 高度大于 2m 的挡土墙和护坡的上缘与住宅间水平距离不应小于 3m，其下缘与住宅间的水平距离不应小于 2m
4	结构挡土墙设计高度＞5m 时	专项支护设计
5	居住区内用地坡度大于 8%时	辅以梯步解决竖向交通
6	在严寒、寒冷地区设置的室外安全疏散楼梯	防滑措施
7	在幼儿安全疏散和经常出入的通道上	不应设有台阶。必要时可设防滑坡道，其坡度不应大于 1：12
8	路面及硬铺地面	防滑处理

2. 水景安全防护措施

水景安全防护位置及措施表　　表 3.10.1-2

序号	防护位置	防护措施
1	住宅区无护栏水体的近岸 2m 范围内及园桥、汀步附近 2m 范围内	水深不应大于 0.5m
2	可涉入式水体	水深应小于 0.3m，以防止儿童溺水，同时水底应做防滑处理
3	水面上涉水跨越式水面	设置安全可靠的踏步平台和踏步石（汀步），面积不小于 0.4m×0.4m，并满足连续跨越的要求
4	水池距城市道路距离	5m 以上
5	硬底人工水体近岸 2m 范围内水深＞0.7m	设置护栏
6	儿童活动场所水深大于 0.4m 的交界处	栏杆或安全防护设施

3. 绿化安全防护措施

绿化安全防护位置及措施表　　表 3.10.1-3

序号	防护位置	防护措施
1	斜坡游憩草地，当坡度＞30%，坡长＞5m 时	斜坡前方 5m 内严禁种植有刺植物
2	道路平面交叉口绿化	在交叉口视距三角形之内不得布设高于 1.2m 的能遮挡司机视线的植物
3	幼儿园绿化	严禁种植有毒、带刺、有飞絮、病虫害多、有刺激性的植物

4. 游戏设施安全防护措施

游戏设施安全防护位置及措施表　　表 3.10.1-4

序号	防护位置	防护措施
1	游戏设施与机动车道距离小于 10m 时	应加设围护设施，其高度≥0.6m
2	儿童游乐场周围	不宜种植遮挡视线的树木，保持较好的可通视性，便于成人对儿童进行目光监护
3	游戏器械选择和设计	应采用安全材料，尺度适宜，避免儿童被器械划伤或从高处跌落，可设置保护栏、柔软地垫、警示牌等

3.10.2 建筑构造安全设计

1. 台阶安全设计

台阶安全防护部位及措施表　　表 3.10.2-1

部位及设施	措施
台阶	1. 公共建筑室内外台阶踏步宽度不宜小于 0.30m，踏步高度不宜大于 0.15m，并不宜小于 0.10m，踏步应防滑；室内台阶踏步数不应少于 2 级，当高差不足 2 级时，应按坡道设置
	2. 人流密集的场所台阶高度超过 0.70m 并侧面临空时，应有防护设施
	3. 住宅公共出入口台阶高度超过 0.7m 并侧面临空时，应设防护设施，防护设施净高不应低于 1.05m

2. 楼梯踏步安全设计

楼梯踏步安全防护部位及措施表 **表 3.10.2-2**

部位及设施	措 施
楼梯踏步	1. 每个梯段的踏步不应超过 18 级，亦不应少于 3 级
	2. 踏步应采取防滑措施
	3. 楼梯踏步的高宽比应符合规范规定，楼梯踏步的最小宽度和最大高度应根据不同建筑功能，满足相应规范要求
	4. 无中柱螺旋楼梯和弧形楼梯离内侧扶手中心 0.25m 处的踏步宽度不应小于 0.22m
	5. 托儿所、幼儿园、中小学及少年儿童专用活动场所楼梯梯井净宽大于 0.20m 时，必须采取防止少年儿童攀滑的措施

3. 栏杆及扶手安全设计

栏杆及扶手安全防护部位及措施表 **表 3.10.2-3**

部位及设施	措 施
栏杆（阳台、外廊、室内回廊、内天井、上人屋面及室外楼梯等临空处设置的防护栏杆）	1. 栏杆应以坚固、耐久的材料制作，并能承受荷载规范规定的水平荷载
	2. 临空高度在 24m 以下时，栏杆高度不应低于 1.05m，临空高度在 24m 及 24m 以上（包括中高层住宅）时，栏杆高度不应低于 1.10m； 注：1）栏杆高度应从楼地面或屋面至栏杆扶手顶面垂直高度计算，如底部有宽度大于或等于 0.22m，且高度低于或等于 0.45m 的可踏部位，应从可踏部位顶面起计算； 2）应防止可攀爬构造的漏洞，如反沿、外翻扶手、女儿墙泛水斜面处理等
	3. 栏杆离楼面或屋面 0.10m 高度内不应留空，高层建筑宜采用实体栏板，玻璃栏板应用安全夹层玻璃
	4. 住宅、托儿所、幼儿园、中小学及少年儿童专用活动场所的栏杆必须采用防止少年儿童攀登的构造，当采用垂直杆件做栏杆时，其杆件净距不应大于 0.11m
	5. 文化娱乐建筑、商业服务建筑、体育建筑、园林景观建筑等允许少年儿童进入活动的场所，当采用垂直杆件做栏杆时，其杆件净距不应大于 0.11m
	6. 阳台、走廊栏杆的构筑必须坚固安全，放置花盆处必须采取防坠落措施
	7. 供残疾人使用的坡道、楼梯和台阶的起点处的扶手，应水平延伸 0.30m 以上，当坡道侧面临空时，在栏杆下端宜设置高度不少于 50mm 的安全挡台
	8. 各种栏杆及扶手安全高度见表 3.10.2-4
	9. 护栏高度、栏杆间距、安装位置必须符合规范要求
	10. 护栏玻璃应使用钢化夹胶玻璃

各种栏杆及扶手安全高度 **表 3.10.2-4**

序号	栏杆类别	适用场所	高度（m）
1	阳台、外廊、室内回廊、内天井、上人屋面的栏杆、上人屋面的女儿墙	低层、多层建筑、中高层、 高层建筑、中小学校	≥1.05 ≥1.10
		托儿所、幼儿园	≥1.20
2	楼梯栏杆	托幼楼梯靠墙一侧扶手	≤0.60
		斜栏杆	≥0.90
		水平栏杆	≥1.05
		钢梯栏杆	≥1.05
		室外防烟楼梯栏杆	≥1.10
3	铁路火车站、城市人行天桥	人行天桥栏杆	≥1.40
4	钢梯平台防护栏杆	高作业场所距基准面高度 $h<20$m	≥0.90
		高作业场所距基准面高度 $2\text{m}\leqslant h<20$m	≥1.05
		高作业场所距基准面高度 $h\geqslant 20$m 时	≥1.20
5	供残疾人使用的扶手	供轮椅使用的坡道两侧扶手	0.65
		坡道、走廊、楼梯的下层扶手	0.65
		坡道、走廊、楼梯的上层扶手	0.90

4. 门安全设计

门安全防护部位及措施表 **表 3.10.2-5**

部位及设施	措　　施
门	1. 手动开启的大门扇应有制动装置，推拉门应有防脱轨的措施
	2. 双面弹簧门应在可视高度部分装透明安全玻璃
	3. 旋转门、电动门、卷帘门和大型门的邻近应另设平开疏散门，或在门上设疏散门
	4. 开向楼梯间的门扇开足时，不应影响走道及楼梯平台的疏散宽度
	5. 全玻璃门应选用安全玻璃或采取防护措施，并应设防撞提示标志
	6. 门的开启不应跨越变形缝
	7. 严寒、寒冷地区主体建筑的主要出入口应设挡风门斗，其双层门中心距离不应小于 1.6m，幼儿经常出入的门应符合下列规定： 1）在距地 0.60～1.20m 高度内，不应装易碎玻璃 2）在距地 0.70m 处，宜加设幼儿专用拉手 3）门的双面均宜平滑、无棱角 4）不应设置门槛和弹簧门 5）外门宜设纱门
	8. 养老设施建筑供老年人使用的出入口不应少于两个，且门应采用向外开启平开门或电动感应平移门，不应选用旋转门

5. 窗安全设计

窗安全防护部位及措施表 **表 3.10.2-6**

部位及设施	措施
窗	1. 当采用外开窗时应加强牢固窗扇的措施
	2. 开向公共走道的窗扇，其底面高度不应低于 2m
	3. 公建的窗台低于 0.80m 时，应采取防护措施，防护高度由楼地面起计算不应低于 0.80m
	4. 住宅窗台低于 0.90m 时，应采取防护措施
	5. 楼梯间、电梯厅等共用部分的外窗，如果窗外没有阳台或平台，且窗台距楼面、地面的净高小于 0.90m 时，应设防护设施
	6. 天窗应采用安全玻璃（钢化夹胶玻璃）
	7. 低窗台、凸窗等下部有能上人站立的宽窗台面时，贴窗护栏或凸窗的防护高度要从窗台面起计算
	8. 幼儿园建筑外窗应符合下列要求： 1）活动室、音体活动室的窗台距地面高度不宜大于 0.60m，距地面 1.30m 内不应设平开窗，楼层无室外阳台时，应设护栏； 2）所有外窗均应加设纱窗；活动室、寝室、音体活动室及隔离室的窗应有遮光设施

6. 防坠落设施安全设计

防坠落设施安全防护部位及措施表 **表 3.10.2-7**

部位及设施	措施
防坠落设施	1. 住宅的公共出入口位于阳台、外廊及开敞楼梯平台的下部时，应采取防止物体坠落伤人的安全措施；雨篷宽出上部阳台不小于 1200mm，架空层应限定人行出入口位置
	2. 防坠落雨篷采用安全钢化夹层玻璃，并应根据相关规范计算后确定，且不得小于 6mm＋0.76mm＋6mm
	3. 室外栏板玻璃根据易发生碰撞的建筑玻璃所处的具体部位，可采取在视线高度设醒目标志或设置护栏等防碰撞措施，碰撞后可能发生高处人体或玻璃坠落的，应采用可靠护栏
	4. 阳台走廊栏杆的构筑必须坚固安全，放置花盆处必须采取防坠落措施
	5. 凡是楼层超过 20 层、高度超过 60m、临街或下部有行人通行的建筑外墙应保证其安全性；使用粘贴型外墙面砖和马赛克等外墙瓷质贴面材料时，应有防坠落措施，或地面留出足够的安全空间
	6. 建筑沿街立面不宜装设空调室外机，如需设置在人行道及主要人员出入口处均应设置防坠落设施
	7. 户外广告的设置不得妨碍公共安全。不得妨碍建筑物、相邻建筑物、或其他相邻公共设施的日常使用和安全需求，如采光、通风、视线、交通通行、消防通道使用等

3.10.3 建筑玻璃安全设计

1. 安全玻璃

安全玻璃使用位置表　　表 3.10.3-1

定　义	使　用　位　置
安全玻璃，是指符合现行国家标准的钢化玻璃、夹胶玻璃及由钢化玻璃或夹胶玻璃组合加工而成的其他玻璃制品，如安全中空玻璃等	1.7 层及 7 层以上建筑物外开窗
	2. 面积大于 1.5m^2 的窗玻璃或玻璃底边离最终装修面小于 500mm 的落地窗
	3. 幕墙（全玻幕除外）
	4. 倾斜装配窗、各类天棚（含天窗、采光顶）、吊顶
	5. 观光电梯及其外围护
	6. 室内隔断、浴室围护和屏风
	7. 楼梯、阳台、平台走廊的栏板和中庭内拦板
	8. 用于承受行人行走的地面板
	9. 水族馆和游泳池的观察窗、观察孔
	10. 公共建筑物的出入口、门厅等部位
	11. 易遭受撞击、冲击而造成人体伤害的其他部位

2. 玻璃幕墙安全防护要求

玻璃幕墙使用安全要求表　　表 3.10.3-2

名称	安　全　要　求
玻璃幕墙	1. 框支撑玻璃幕墙，宜采用安全玻璃
	2. 点支撑玻璃幕墙的面板玻璃应采用钢化玻璃
	3. 采用玻璃肋支撑的点支撑玻璃幕墙，其玻璃肋应采用钢化夹层玻璃
	4. 人员流动密度大、青少年或幼儿活动的公共场所以及使用中容易受到撞击的部位，其玻璃幕墙应采用安全玻璃；对使用中容易受到撞击的部位，尚应设置明显的警示标志
	5. 幕墙上设置的开启扇或通风换气装置，应安全可靠、启闭方便，满足建筑立面节能和使用功能要求；开启扇的单扇面积不宜大于 1.5m^2，开启角度不宜大于 30°，最大开启距离不宜大于 300mm；当采用上悬方式的开启扇时，应设置防止脱钩的有效措施
	6. 幕墙玻璃采用夹胶玻璃时，应设置消防救援单元，且该单元应设置明显标志
	7. 落地窗应设置防护措施
	8. 室外平台，应设置安全防护措施

3.10.4 建筑安全间距

1. 民用建筑与高压走廊的安全间距

建筑物离高压架空线路走廊的最小安全距离应符合表 3.10.4-1 的规定。

建筑物离高压架空线路走廊的最小安全距离（m）　　表 3.10.4-1

电压（kV）	高压走廊宽度（m）	导线与建筑物之间的垂直距离（最大计算弧垂情况下，《110kV～750kV 架空输电线路设计规范》）	导线与建筑物之间的净空距离（最大计算风偏情况下，《110kV～750kV 架空输电线路设计规范》）	边导线与建筑物之间的水平距离（无风情况下，《110kV～750kV 架空输电线路设计规范》）	边导线防护距离（深圳市标准《深圳市城市规划标准与准则》）
500	60～75	9	8.5	5	20
330	35～45	7	6	3	—
220	30～40	6	5	2.5	15
110	15～25	5	4	2	10

注：民用建筑与高压走廊的建筑安全间距尚应符合电磁辐射防护规定和当地规划部门的相关要求。

2. 民用建筑与加油加气站的安全间距

加油加气站与站外建（构）筑物的安全间距（m）　　表 3.10.4-2

站外建（构）筑物				重要公共建筑物	民用建筑物保护类别 一类保护物	二类保护物	三类保护物
站内汽油设备	埋地油罐	一级站	无油气收回系统	50	25	20	16
			有卸油油气回收系统	40	20	16	13
			有卸油和加油油气回收系统	35	17.5	14	11
		二级站	无油气收回系统	50	20	16	12
			有卸油油气回收系统	40	16	13	9.5
			有卸油和加油油气回收系统	35	14	11	8.5
		三级站	无油气收回系统	50	16	12	10
			有卸油油气回收系统	40	13	9.5	8
			有卸油和加油油气回收系统	35	11	8.5	5
	加油机、通风管管口		无油气收回系统	50	16	12	11
			有卸油油气回收系统	40	13	9.5	8.5
			有卸油和加油油气回收系统	35	11	8	7
站内柴油设备	埋地油罐	一级站		25	6	6	6
		二级站		25	6	6	6
		三级站		25	6	6	6
	加油机、通风管管口			25	6	6	6
LPG 储罐	地上 LPG 储罐	一级站		100	45	35	25
		二级站		100	38	28	22
		三级站		100	33	22	18
	地下 LPG 储罐	一级站		100	30	20	15
		二级站		100	25	16	13
		三级站		100	18	14	11

注：(1) 重要公共建筑物包括下列内容：

①地市级及以上的党政机关办公楼。

②设计使用人数或座位数超过 1500 人（座）的体育馆、会堂、影剧院、娱乐场所、车站、证券交易所等人员密集的公共室内场所。

③藏书量超过 50 万册的图书馆；地市级及以上的文物古迹、博物馆、展览馆、档案馆等建筑物。

④省级及以上的银行等金融机构办公楼，省级及以上的广播电视建筑。

⑤设计使用人数超过 5000 人的露天体育场、露天游泳场和其他露天公众聚会娱乐场所。

⑥使用人数超过 500 人的中小学校及其他未成年人学校；使用人数超过 200 人的幼儿园、托儿所、残障人员康复设施；150 张床位及以上的养老院、医院的门诊楼和住院楼。这些设施有围墙者，从围墙中心线算起；无围墙者，从最近的建筑物算起。

⑦总建筑面积超过 $20000m^2$ 的商店（商场）建筑，商业营业场所的建筑面积超过 $15000m^2$ 的综合楼。

⑧地铁出入口、隧道出入口。

(2) 一类保护物

除重要公共建筑物以外的下列建筑物，应划分为一类保护物：

①县级党政机关办公楼。

②设计使用人数或座位数超过800人（座）的体育馆、会堂、会议中心、电影院、剧场、室内娱乐场所、车站和客运站等公共室内场所。

③文物古迹、博物馆、展览馆、档案馆和藏书量超过10万册的图书馆等建筑物。

④分行级的银行等金融机构办公楼。

⑤设计使用人数超过2000人的露天体育场、露天游泳场和其他露天公众聚会娱乐场所。

⑥中小学校、幼儿园、托儿所、残障人员康复设施、养老院、医院的门诊楼和住院楼等建筑物。这些设施有围墙者，从围墙中心线算起；无围墙者，从最近的建筑物算起。

⑦总建筑面积超过6000m^2的商店（商场）、商业营业场所的建筑面积超过4000m^2的综合楼、证券交易所；总建筑面积超过2000m^2的地下商店（商业街）以及总建筑面积超过10000m^2的菜市场等商业营业场所。

⑧总建筑面积超过10000m^2的办公楼、写字楼等办公建筑。

⑨总建筑面积超过10000m^2的居住建筑。

⑩总建筑面积超过15000m^2的其他建筑。

(3) 二类保护物

除重要公共建筑物和一类保护物以外的下列建筑物，应为二类保护物：

①体育馆、会堂、电影院、剧场、室内娱乐场所、车站、客运站、体育场、露天游泳场和其他露天娱乐场所等室内外公众聚会场所。

②地下商店（商业街）；总建筑面积超过3000m^2的商店（商场）、商业营业场所的建筑面积超过2000m^2的综合楼；总建筑面积超过3000m^2的菜市场等商业营业场所。

③支行级的银行等金融机构办公楼。

④总建筑面积超过5000m^2的办公楼、写字楼等办公类建筑物。

⑤总建筑面积超过5000m^2的居住建筑。

⑥总建筑面积超过7500m^2的其他建筑物。

⑦车位超过100个的汽车库和车位超过200个的停车场。

⑧城市主干道的桥梁、高架路等。

(4) 三类保护物

除重要公共建筑物、一类和二类保护物以外的建筑物，应为三类保护物。

(5) 与重要公共建筑物的主要出入口（包括铁路、地铁和二级及以上公路的隧道入口）不应小于50m。

(6) 一二级耐火等级民用建筑物面向加油站一侧的墙为无门窗洞口的实体墙时，油罐、加油机和通风管管口与该民用建筑物的距离，不应低于本表规定的安全间距的70%，并不得小于6m。

4 建筑防火设计

4.1 厂房、仓库防火设计

4.1.1 厂房、仓库的火灾危险性分类

厂房、仓库的火灾危险性分类　　表 4.1.1

项　目	分　类
1. 生产的火灾危险性分类	甲、乙、丙、丁、戊共5类（其中丁类和戊类分别为难燃和不燃物品）
2. 储存物品的火灾危险性分类	甲、乙、丙、丁、戊共5类（其中丁类和戊类分别为难燃和不燃物品）
3. 两种以上不同火灾危险性生产同在一个防火分区内时，其火灾危险性类别的确定方法	（1）应按火灾危险性较大的部分确定 （2）符合下列条件时，可按危险性较小的部分确定： a. 火灾危险性较大部分面积所占比例<5%； b. 丁、戊类厂房内的油漆工段面积所占比例<10%； c. 丁、戊类厂房内的油漆工段，当采用封闭喷漆工艺，封闭喷漆空间内保持负压，设置了可燃气体探测报警系统或自动抑爆系统，且油漆工段面积所占比例≤20%
4. 同一防火分区内储存不同火灾危险性物品时，其火灾危险性类别的确定方法	（1）应按火灾危险性最大的物品确定 （2）丁、戊类物品：可燃包装重量>物品本身重量的1/4；或可燃包装体积>物品本身体积的1/2，应按丙类确定

4.1.2 厂房、仓库建筑构件的燃烧性能和耐火极限

不同耐火等级厂房和仓库建筑构件的燃烧性能和耐火极限（h）　　表 4.1.2

构件名称		耐火等级			
		一级	二级	三级	四级
墙	防火墙	不燃性 3.00	不燃性 3.00	不燃性 3.00	不燃性 3.00
	承重墙	不燃性 3.00	不燃性 2.50	不燃性 2.00	难燃性 0.50
	楼梯间和前室的墙 电梯井的墙	不燃性 2.00	不燃性 2.00	不燃性 1.50	难燃性 0.50
	疏散走道 两侧的隔墙	不燃性 1.00	不燃性 1.00	不燃性 0.50	难燃性 0.25
	非承重外墙 房间隔墙	不燃性 0.75	不燃性 0.50	难燃性 0.50	难燃性 0.25

续表

构件名称	耐火等级			
	一级	二级	三级	四级
柱	不燃性 3.00	不燃性 2.50	不燃性 2.00	难燃性 0.50
梁	不燃性 2.00	不燃性 1.50	不燃性 1.00	难燃性 0.50
楼板	不燃性 1.50	不燃性 1.00	不燃性 0.75	难燃性 0.50
屋顶承重构件	不燃性 1.50	不燃性 1.00	难燃性 0.50	可燃性
疏散楼梯	不燃性 1.50	不燃性 1.00	不燃性 0.75	可燃性
吊顶（包括吊顶格栅）	不燃性 0.25	难燃性 0.25	难燃性 0.15	可燃性

注：(1) 二级耐火等级建筑内采用不燃材料的吊顶，其耐火极限不限。

(2) 甲、乙类厂房和甲、乙、丙类仓库内的防火墙，其耐火极限应≥4.0h。

4.1.3 厂房仓库的层数和每个防火分区的建筑面积

厂房的层数和每个防火分区的建筑面积　　表 4.1.3-1

火灾危险类别	耐火等级	允许层数	每个防火分区的建筑面积（m^2）				备注
			地上厂房			地下半地下厂房	
			单层	多层	高层		
甲	一级	宜单层	4000	3000	—	—	1. 设置自动灭火系统的厂房，甲、乙、丙类的防火分区面积可增加1倍；丁、戊类地上厂房不限 2. 除麻纺厂外，一级耐火等级的多层纺织厂房和二级耐火等级的单、多层纺织厂房，其每个防火分区的建筑面积可按本表的规定增加0.5倍 3. 一、二级耐火等级的单、多层造纸生产联合厂房，其每个防火分区的建筑面积可按本表的规定增加1.5倍；湿式造纸联合厂房，当设置自动灭火系统时，防火分区建筑面积可按工艺要求确定 4. 厂房内操作平台、检修平台，当人数<10人时，平台面积可不计入所在防火分区面积内
	二级		3000	2000	—	—	
乙	一级	不限	5000	4000	2000	—	
	二级	6	4000	3000	1500	—	
丙	一级	不限	不限	6000	3000	500	
	二级		8000	4000	2000		
丁	一、二级	不限	不限	不限	4000	1000	
戊	一、二级	不限	不限	不限	6000	1000	

仓库的层数、占地面积和每个防火分区的面积　　表 4.1.3-2

火灾危险性类别		耐火等级	允许层数	每座仓库占地面积和每个防火分区的建筑面积（m^2）						
				地上仓库						地下半地下仓库
				单层仓库		多层仓库		高层仓库		
				占地	防火分区	占地	防火分区	占地	防火分区	防火分区
甲	3.4项	一级	1	180	60	—	—	—	—	—
	1.2.5.6项	一、二级	1	750	250	—	—	—	—	—

续表

火灾危险性类别		耐火等级	允许层数	每座仓库占地面积和每个防火分区的建筑面积（m²）						
				地上仓库						地下半地下仓库
				单层仓库		多层仓库		高层仓库		
				占地	防火分区	占地	防火分区	占地	防火分区	防火分区
乙	1.3.4 项	一、二级	3	2000	500	900	300	—	—	—
	2.5.6 项	一、二级	5	2800	700	1500	500	—	—	—
丙	1 项	一、二级	5	4000	1000	2800	700	—	—	150
	2 项	一、二级	不限	6000	1500	4800	1200	4000	1000	300
丁		一、二级	不限	不限	3000	不限	1500	4800	1200	500
戊		一、二级	不限	不限	不限	不限	2000	6000	1500	1000
冷库		一、二级	不限	7000	3500	7000	3500	5000	2500	1500（只许 1 层）
桶装油品库	甲	一、二级	1	750	250	甲类宜独建，与乙、丙类同建时，应采用防火墙分隔				—
	乙	一、二级	1	1000	—					
	丙	一、二级	2	2100	—	2100	—	—		
粮食平房仓库		一、二级	1	12000	3000	—				—
单层棉花库房		一、二级	1	2000	2000	—				
煤均化库		一、二级	每个防火分区≤12000m²							
白酒仓库		一级	酒精度数为 38°及以上的白酒仓库按甲类仓库执行							

注：(1) 地下、半地下仓库的占地面积，不应大于地上仓库的占地面积。

(2) 一、二级耐火等级的独立建造的硝酸铵、电石、尿素、配煤仓库，聚乙烯等高分子制品仓库，造纸厂的独立成品仓库，其占地面积和防火分区面积可按本表的规定增加 1 倍。

(3) 设置自动灭火系统的仓库（冷库除外），其占地面积和防火分区面积可增加 1 倍。局部设置自动灭火系统的仓库，其防火分区增加的面积按该局部区域建筑面积的 1 倍计算。

4.1.4 厂房仓库的防火间距

厂房、厂房与仓库、厂房与民用建筑之间防火间距（m）　　表 4.1.4-1

建筑类别		甲类厂房	乙类厂房（仓库）		丙、丁、戊类厂房（仓库）		民用建筑		
		单、多层	单、多层	高层	单、多层	高层	裙房单、多层	高层	
								一类	二类
甲类厂房	单、多层	12	12	13	12	13	25	50	50
乙类厂房	单、多层	12	10	13	10	13			
	高层	13	13	13	13	13			
丙类厂房	单、多层	12	10	13	10	13	10	20	15
	高层	13	13	13	13	13	13		
丁、戊类厂房	单、多层	12	10	13	10	13	10	15	13
	高层	13	13	13	13	13	13		

续表

<table>
<tr><th colspan="2" rowspan="3">建筑类别</th><th>甲类厂房</th><th colspan="2">乙类厂房（仓库）</th><th colspan="2">丙、丁、戊类厂房（仓库）</th><th colspan="3">民用建筑</th></tr>
<tr><th rowspan="2">单、多层</th><th rowspan="2">单、多层</th><th rowspan="2">高层</th><th rowspan="2">单、多层</th><th rowspan="2">高层</th><th rowspan="2">裙房
单、多层</th><th colspan="2">高层</th></tr>
<tr><th>一类</th><th>二类</th></tr>
<tr><td rowspan="3">室外变配电站
变压器总油量(t)</td><td>≥5，≤10</td><td rowspan="3">25</td><td rowspan="3">25</td><td rowspan="3">25</td><td>12</td><td>12</td><td>15</td><td colspan="2">20</td></tr>
<tr><td>≥10，≤50</td><td>15</td><td>15</td><td>20</td><td colspan="2">25</td></tr>
<tr><td>>50</td><td>20</td><td>20</td><td>25</td><td colspan="2">30</td></tr>
<tr><td colspan="10">高层厂房与甲乙丙类液体储罐、可燃助燃气体储罐、液化石油气储罐、可燃材料堆场防火间距≥13m</td></tr>
</table>

注：(1) 乙类厂房与重要公共建筑的防火间距不宜小于 50m；与明火或散发火花地点间距，不宜小于 30m。单、多层戊类厂房之间及与戊类仓库的防火间距可按本表的规定减少 2m，与民用建筑的防火间距可按民用建筑之间的防火间距执行。为丙、丁、戊类厂房服务而单独设置的生活用房应按民用建筑规定，与所属厂房的防火间距不应小于 6m。必须相邻布置时，应符合本表注 2、3 的规定。

(2) 两座厂房相邻较高一面外墙为防火墙时，或相邻两座高度相同的建筑中任一侧外墙为防火墙且屋顶耐火极限≥1h 时，其防火间距不限，但甲类厂房之间不应小于 4m。两座丙、丁、戊类厂房相邻两面外墙均为不燃性墙体，当无外露的可燃性屋檐，每面外墙上的门、窗、洞口面积之和各不大于外墙面积的 5%，且门、窗、洞口不正对开设时，其防火间距可按本表的规定减少 25%。甲、乙类厂房（仓库）不应与建筑防火规范第 3.3.5 条规定外的其他建筑贴邻。

(3) 两座一、二级耐火等级的厂房，当相邻较低一面外墙为防火墙且较低一座厂房的屋顶无天窗，屋顶的耐火极限不低于 1.00h，或相邻较高一面外墙的门、窗等开口部位设置甲级防火门、窗或防火分隔水幕或按建筑防火规范第 6.5.3 条的规定设置防火卷帘时，甲、乙类厂房之间的防火间距不应小于 6m；丙、丁、戊类厂房之间的防火间距不应小于 4m。

(4) 发电厂内的主变压器，其油量可按单台确定。

(5) 耐火等级低于四级的既有厂房，其耐火等级可按四级确定。

(6) 当丙、丁、戊类厂房与丙、丁、戊类仓库相邻时，应符合本表注 2、3 的规定。

(7) 丙、丁、戊类厂房与民用建筑的耐火等级均为一、二级时，仓库与民用建筑的防火间距可适当减小，但应符合下列规定：

① 当较高一面外墙为无门、窗、洞口的防火墙，或比相邻较低一座建筑屋面高 15m 及以下范围内的外墙为无门、窗、洞口的防火墙时，其防火间距不限。

② 相邻较低一面外墙为防火墙，且屋顶无天窗或洞口、屋顶的耐火极限不低于 1.00h，或相邻较高一面外墙为防火墙，且墙上开口部位采取了防火措施，其防火间距可适当减小，但不应小于 4m。

(8) 本表的建筑的耐火等级均为一、二级。

甲类仓库之间、甲类仓库与其他建筑、构筑物、铁路、道路的防火间距（m）　　表 4.1.4-2

<table>
<tr><th colspan="2" rowspan="3">类　别</th><th colspan="6">甲类仓库（储量 t）</th></tr>
<tr><th colspan="3">甲类储存物品第 3、4 项</th><th colspan="3">甲类储存物品第 1、2、5、6 项</th></tr>
<tr><th>≤2</th><th>≤5</th><th>>5</th><th>≤5</th><th>≤10</th><th>>10</th></tr>
<tr><td colspan="2">高层民用建筑、重要公共建筑</td><td colspan="6">50</td></tr>
<tr><td colspan="2">裙房、其他民用建筑、明火或散发火花地点</td><td>30</td><td>30</td><td>40</td><td>25</td><td>25</td><td>30</td></tr>
<tr><td colspan="2">甲类仓库</td><td>12</td><td>20</td><td>20</td><td>12</td><td>20</td><td>20</td></tr>
<tr><td colspan="2">高层仓库</td><td colspan="6">13</td></tr>
<tr><td>厂房、乙丙丁戊类仓库</td><td>一、二级</td><td>15</td><td>15</td><td>20</td><td>12</td><td>12</td><td>15</td></tr>
</table>

续表

<table>
<tr><td rowspan="3">类　别</td><td colspan="6">甲类仓库（储量 t）</td></tr>
<tr><td colspan="3">甲类储存物品第 3、4 项</td><td colspan="3">甲类储存物品第 1、2、5、6 项</td></tr>
<tr><td>≤2</td><td>≤5</td><td>>5</td><td>≤5</td><td>≤10</td><td>>10</td></tr>
<tr><td>电压为 35～500kV，且每台变压器容量≥10MV·A 的室外变配电站，变压器总油量>5t 的室外变电站</td><td>30</td><td>30</td><td>40</td><td>25</td><td>25</td><td>30</td></tr>
<tr><td>厂外铁路线中心线</td><td colspan="6">40</td></tr>
<tr><td>厂内铁路线中心线</td><td colspan="6">30</td></tr>
<tr><td>厂外道路边线</td><td colspan="6">20</td></tr>
<tr><td>厂内道路边线 主要道路</td><td colspan="6">10</td></tr>
<tr><td>厂内道路边线 次要道路</td><td colspan="6">5</td></tr>
</table>

注：(1) 设置装卸站台的甲类仓库与厂内铁路装卸线的防火间距，可不受本表规定的限制。
(2) 甲类仓库与架空电力线的最小水平距离≥电杆（塔）高度的 1.5 倍。

乙丙丁戊类仓库之间及其民用建筑的防火间距（m）　　表 4.1.4-3

<table>
<tr><td rowspan="2" colspan="3">建 筑 类 别</td><td colspan="2">乙类仓库（一、二级）</td><td colspan="2">丙类仓库（一、二级）</td><td colspan="2">丁、戊类仓库（一、二级）</td></tr>
<tr><td>单、多层</td><td>高层</td><td>单、多层</td><td>高层</td><td>单、多层</td><td>高层</td></tr>
<tr><td rowspan="2">乙丙丁戊类仓库（一、二级）</td><td colspan="2">单、多层</td><td>10</td><td>13</td><td>10</td><td>13</td><td>10</td><td>13</td></tr>
<tr><td colspan="2">高层</td><td>13</td><td>13</td><td>13</td><td>13</td><td>13</td><td>13</td></tr>
<tr><td rowspan="3">民用建筑（一、二级）</td><td colspan="2">裙房，单、多层</td><td colspan="2">25</td><td>10</td><td>13</td><td>10</td><td>13</td></tr>
<tr><td rowspan="2">高层、重要公建</td><td>一类</td><td colspan="2">50</td><td>20</td><td>20</td><td>15</td><td>15</td></tr>
<tr><td>二类</td><td colspan="2">50</td><td>15</td><td>15</td><td>13</td><td>13</td></tr>
</table>

注：(1) 单、多层戊类与戊类仓库之间的防火间距为≥8m。
(2) 两座仓库相邻的外墙均为防火墙时，防火间距可减小：丙类≥6m，丁戊类≥4m。
(3) 两座仓库相邻较高一面外墙为防火墙，或相邻两座高度相同的建筑中任一侧外墙为防火墙且屋顶的耐火极限≥1h，且总占地面积之和不大于一座仓库的最大允许占地面积规定时，其防火间距不限。
(4) 乙类仓库（第 6 项物品库除外）与铁路、道路的防火间距宜按甲类仓库执行。
(5) 丁、戊类仓库与民用建筑的耐火等级均为一、二级时，仓库与民用建筑的防火间距可适当减小，但应符合下列规定：
① 当较高一面外墙为无门、窗、洞口的防火墙，或比相邻较低一座建筑屋面高 15m 及以下范围内的外墙为无门、窗、洞口的防火墙时，其防火间距不限。
② 相邻较低一面外墙为防火墙，且屋顶无天窗或洞口、屋顶耐火极限不低于 1.00h，或相邻较高一面外墙为防火墙，且墙上开口部位采取了防火措施，其防火间距可适当减小，但不应小于 4m。

4.1.5 厂房仓库内设置宿舍、办公、配电站等的规定

厂房仓库内设置宿舍、办公、配电站等的规定　　表 4.1.5

<table>
<tr><td>序号</td><td>类 型</td><td>规 定</td></tr>
<tr><td>1</td><td>员工宿舍</td><td>严禁设在厂房和仓库内</td></tr>
<tr><td rowspan="4">2</td><td rowspan="4">办公室、休息室</td><td>严禁设在甲、乙类仓库内，也不应贴邻；可设在丙类及以下仓库内</td></tr>
<tr><td>不应设在甲、乙类厂房内，可设在丙类及以下厂房内</td></tr>
<tr><td>可贴邻建于甲、乙类厂房边，其耐火等级应≥二级，并应采用防爆墙（耐火极限≥3h）与厂房分隔，设置独立的安全出口</td></tr>
<tr><td>设在丙类及以下厂房或仓库内时，应采用防火隔墙（耐火极限≥2.5h）和不燃楼板（耐火极限≥1h）与其他部位分隔，并应至少设 1 个独立的安全出口；隔墙上的门应为乙级防火门</td></tr>
</table>

续表

序号	类型	规定
3	厂房内设置甲乙类中间仓库	其储量不宜超过一昼夜的需要量
		应靠外墙布置，并采用防火墙和不燃楼板（1.5h）与其他部分分隔
4	厂房内设置丙丁戊类仓库	必须采用防火墙（丙类仓库）或防火隔墙（丁戊类仓库）和不燃楼板与其他部位分隔
		仓库的耐火等级和面积应符合“仓库的层数和面积”的规定
5	厂房内设置丙类液体中间储罐	应设置在单独的房间内，其容量应≤$5m^3$
		该房间应采用防火墙（3h）和不燃楼板（1.5h）与其他部位分隔，房间门应采用甲级防火门
6	变配电站	不应设在甲、乙类厂房内，也不得贴邻而设
		供甲、乙类厂房专用的10kV及以下的变配电站，当采用无门窗洞口的防火墙分隔时，可一面贴邻而设
		乙类厂房的变配电站必须在防火墙上开窗时，应为甲级防火窗
7	铁路线	不应设在甲、乙类厂房、仓库内
		需要出入蒸汽机车和内燃机车的丙、丁、戊类厂房和仓库，其屋顶应采用不燃材料或采取其他防火措施
8	甲、乙类生产场所及其仓库	不应设在地下、半地下室内

4.1.6 厂房仓库的安全疏散

厂房仓库的安全疏散 **表 4.1.6**

<table>
<tr><th>类型</th><th colspan="5">要求</th></tr>
<tr><td rowspan="12">1. 安全出口</td><td rowspan="2">数量</td><td colspan="4">厂房—每个防火分区≥2个</td></tr>
<tr><td colspan="4">仓库—每座仓库≥2个</td></tr>
<tr><td rowspan="10">允许设1个安全出口</td><td rowspan="6">厂房</td><td>厂房类别</td><td>每层建筑面积（m^2）</td><td>人数</td></tr>
<tr><td>甲</td><td>≤100</td><td>≤5</td></tr>
<tr><td>乙</td><td>≤150</td><td>≤10</td></tr>
<tr><td>丙</td><td>≤250</td><td>≤20</td></tr>
<tr><td>丁、戊</td><td>≤400</td><td>≤30</td></tr>
<tr><td>地下、半地下厂房</td><td>≤50</td><td>≤15</td></tr>
<tr><td rowspan="4">仓库</td><td rowspan="2">一般仓库</td><td colspan="2">1座仓库的占地面积≤$300m^2$</td></tr>
<tr><td colspan="2">1个防火分区的建筑面积≤$100m^2$</td></tr>
<tr><td colspan="3">地下室半地下仓库的建筑面积≤$100m^2$</td></tr>
<tr><td colspan="3">粮食筒仓—上层面积<$1000m^2$，人数≤2人</td></tr>
</table>

续表

<table>
<tr><th>类型</th><th colspan="4">要　　求</th></tr>
<tr><td rowspan="9">1. 安全出口</td><td rowspan="3">可利用相邻防火分区的甲级防火门作为第二安全出口的条件</td><td colspan="3">地下、半地下厂房</td></tr>
<tr><td colspan="3">有多个防火分区相邻布置，并采用防火墙分隔</td></tr>
<tr><td colspan="3">每个防火分区至少有 1 个直通室外的独立安全出口</td></tr>
<tr><td rowspan="5">形式</td><td rowspan="3">厂房</td><td>高层厂房（$H\leqslant 32$m）</td><td rowspan="2">封闭楼梯间（或室外楼梯）</td></tr>
<tr><td>甲、乙、丙多层厂房</td></tr>
<tr><td>$H>32$m，任一层人数>10 人的厂房</td><td>防烟楼梯间（或室外楼梯）</td></tr>
<tr><td rowspan="2">仓库</td><td>高层仓库</td><td>封闭楼梯间、乙级防火门</td></tr>
<tr><td>多层仓库</td><td>开敞楼梯间</td></tr>
<tr><td>相邻 2 个安全出口的水平距离</td><td colspan="3">≥5m</td></tr>
<tr><td rowspan="2">2. 疏散距离</td><td>厂房内任一点至最近安全出口的直线距离（m）</td><td colspan="3">
<table>
<tr><th>类别</th><th>耐火等级</th><th>单层厂房</th><th>多层厂房</th><th>高层厂房</th><th>地下、半地下厂房</th></tr>
<tr><td>甲</td><td rowspan="5">一、二级</td><td>30</td><td>25</td><td>—</td><td>—</td></tr>
<tr><td>乙</td><td>75</td><td>50</td><td>30</td><td>—</td></tr>
<tr><td>丙</td><td>80</td><td>60</td><td>40</td><td>30</td></tr>
<tr><td>丁</td><td>不限</td><td>不限</td><td>50</td><td>45</td></tr>
<tr><td>戊</td><td>不限</td><td>不限</td><td>75</td><td>60</td></tr>
</table>
</td></tr>
<tr><td>仓库</td><td colspan="3">无规定要求</td></tr>
<tr><td rowspan="2">3. 疏散宽度</td><td>厂房内疏散楼梯、走道和门的每 100 人疏散净宽度</td><td colspan="3">
<table>
<tr><th>厂房层数</th><th>1～2</th><th>3</th><th>≥4</th></tr>
<tr><td>最小疏散净宽度（m/百人）</td><td>0.60</td><td>0.80</td><td>1.00</td></tr>
</table>
注：(1) 疏散楼梯的最小净宽度宜≥1.10m；
(2) 疏散走道的最小净宽度宜≥1.40m；
(3) 门的最小净宽度宜≥0.90m；
(4) 疏散楼梯的总净宽度应分层计算，下层楼梯总净宽度应按该层及以上疏散人数最多一层的人数计算；
(5) 首层外门的总净宽度应按首层及以上人数最多的一层的人数计算，且首层外门的最小净宽应≥1.2m
</td></tr>
<tr><td>仓库</td><td colspan="3">无规定要求</td></tr>
<tr><td rowspan="4">4. 垂直运输提升设施</td><td rowspan="3">位　置</td><td rowspan="2">高层、多层甲、乙、丙、丁类仓库</td><td colspan="2">宜设置在仓库外</td></tr>
<tr><td colspan="2">设在仓库内时，井筒的耐火极限≥2h</td></tr>
<tr><td>戊类仓库</td><td colspan="2">可设在仓库内</td></tr>
<tr><td>通向仓库的入口</td><td colspan="3">应设置乙级防火门或防火卷帘</td></tr>
</table>

4.1.7 厂房仓库的防爆

厂房仓库的防爆 **表 4.1.7**

<table>
<tr><td>1. 适用范围</td><td colspan="4">有爆炸危险的厂房仓库（仓库宜采取防爆和泄压措施）</td></tr>
<tr><td rowspan="7">2. 设计要点</td><td colspan="4">有爆炸危险的甲、乙类厂房宜独立建造，并采用开敞、半开敞式；其承重结构宜采用钢筋混凝土（或钢）框架，排架结构</td></tr>
<tr><td colspan="4">有爆炸危险的甲、乙类生产部位，宜布置在单层厂房靠外墙的泄压设施或多层厂房顶层靠外墙的泄压设施附近</td></tr>
<tr><td colspan="4">有爆炸危险的设备，宜避开厂房的梁、柱等主要承重构件布置</td></tr>
<tr><td colspan="4">有爆炸危险的甲、乙类厂房的总控制室，应独立设置</td></tr>
<tr><td colspan="4">有爆炸危险的甲、乙类厂房的分控制室，宜独立设置，与贴邻外墙设置时，应采用防火隔墙（≥3h）与其他部位分隔</td></tr>
<tr><td>有爆炸危险区域内的楼梯间、室外楼梯</td><td colspan="3" rowspan="2">应设置门斗防护，门斗隔墙应为防火隔墙（≥2h），甲级防火门并与楼梯间的门错位</td></tr>
<tr><td>有爆炸危险的区域与相邻区域连通处</td></tr>
<tr><td rowspan="17">3. 防爆措施</td><td rowspan="7">泄压设施</td><td rowspan="2">位置</td><td colspan="2">避开人员密集场所和主要交通道路</td></tr>
<tr><td colspan="2">靠近有爆炸危险的部位</td></tr>
<tr><td rowspan="5">构造做法</td><td rowspan="3">轻质屋面板（≤60kg/m²）</td><td>可防水、冰、雪积聚</td></tr>
<tr><td>平整、无死角</td></tr>
<tr><td>上部空间通风良好</td></tr>
<tr><td colspan="2">轻质墙体（≤60kg/m²）</td></tr>
<tr><td colspan="2">易泄压的门窗及安全玻璃</td></tr>
<tr><td rowspan="10">其他措施</td><td rowspan="3">管沟下水道</td><td colspan="2">使用和生产甲、乙、丙类液体的厂房</td></tr>
<tr><td colspan="2">其管、沟不应与相邻厂房的管、沟相通</td></tr>
<tr><td colspan="2">下水道应设置隔油设施</td></tr>
<tr><td>防止液体流散</td><td colspan="2">甲乙丙类液体仓库应设置该设施</td></tr>
<tr><td>防止水浸渍</td><td colspan="2">遇湿会发生燃烧爆炸的物品仓库</td></tr>
<tr><td>不发火花地面（混凝土、水磨石、沥青、水泥石膏、砂浆）</td><td colspan="2" rowspan="5">散发（比空气重的）可燃气体、可燃蒸汽的甲类厂房有粉尘、纤维爆炸危险性的乙类厂房</td></tr>
<tr><td>绝缘材料整体面层防静电</td></tr>
<tr><td>内表面平整、光滑、易清扫</td></tr>
<tr><td>厂房内不宜设地沟；若设地沟，其盖板应严密，且有防可燃气体、蒸汽和粉尘纤维在地沟积聚的措施</td></tr>
<tr><td>与相邻厂房连通处采用防火材料密封</td></tr>
<tr><td>4. 泄压面积计算公式</td><td colspan="4">$A=10CV^{\frac{2}{3}}$（一般情况：$0.5\sim1.0V^{\frac{2}{3}}$；爆炸威力较大：$2.0V^{\frac{2}{3}}$；体积较大有困难时：$0.3V^{\frac{2}{3}}$）
式中：A——泄压面积（m^2）；
V——厂房的容积（m^3）；
C——泄压比，查下表</td></tr>
</table>

续表

当厂房的长径比>3时，宜将建筑划分为长径比≤3的多个计算段，各计算段的公共截面不得作为泄压面积。

厂房内爆炸性危险物质的类别与泄压比规定值（m^2/m^3）

爆炸性危险物质类别	C值
氨、粮食、纸、皮革、铅、铬、铜等 $K_{尘}<10MPa\cdot m\cdot s^{-1}$ 的粉尘	≥0.030
木屑、炭屑、煤粉、锑、锡等 $10MPa\cdot m\cdot s^{-1}\leqslant K_{尘}\leqslant 30MPa\cdot m\cdot s^{-1}$ 的粉尘	≥0.055
丙酮、汽油、甲醇、液化石油气、甲烷、喷漆间或干燥室，苯酚树脂、铝、镁、锆等 $K_{尘}\geqslant 30MPa\cdot m\cdot s^{-1}$ 的粉尘	≥0.110
乙烯	≥0.160
乙炔	≥0.200
氢	≥0.250

注：(1) 长径比为建筑平面几何外形尺寸中的最长尺寸与其横截面周长的积和4.0倍的建筑横截面积之比［$=L(b+h)/2bh$，L、b、h—建筑长、宽、高］；

(2) $K_{尘}$ 是指粉尘爆炸指数。

4.2 民用建筑防火设计

4.2.1 民用建筑防火分类

民用建筑防火分类 **表4.2.1**

名称	高层民用建筑		单、多层民用建筑
	一类	二类	
住宅建筑	建筑高度大于54m的住宅建筑（包括设置商业服务网点的住宅建筑）	建筑高度大于27m，但不大于54m的住宅建筑（包括设置商业服务网点的住宅建筑）	建筑高度不大于27m的住宅建筑（包括设置商业服务网点的住宅建筑）
公共建筑	1. 建筑高度大于50m的公共建筑； 2. 建筑高度24m以上部分任一楼层建筑面积大于1000m² 的商店、展览、电信、邮政、财贸金融建筑和其他多种功能组合的建筑； 3. 医疗建筑、重要公共建筑； 4. 省级及以上的广播电视和防灾指挥调度建筑、网局级和省级电力调度建筑； 5. 藏书超过100万册的图书馆、书库	除一类高层公共建筑外的其他高层公共建筑	1. 建筑高度大于24m的单层公共建筑； 2. 建筑高度不大于24m的其他公共建筑

4.2.2 民用建筑的耐火等级

民用建筑的耐火等级 表 4.2.2

建筑类别	耐火等级	耐火极限
一类高层建筑、地下半地下建筑（室）	一级	
单层、多层重要公共建筑，二类高层建筑	二级	
建筑高度 $H>100m$ 的民用建筑的楼板		≥2.0h
一、二级耐火等级建筑的上人平屋面		一级 1.5h 二级 1.0h

注：(1) 民用建筑的耐火等级应按其建筑高度、使用功能、重要性和火灾扑救难度等确定。

(2) 民用建筑的耐火等级分为一、二、三、四级；大多数民用建筑的耐火等级均为一、二级。

4.2.3 不同耐火等级对建筑构件的燃烧性能和耐火极限要求

不同耐火等级对建筑构件的燃烧性能和耐火极限要求 表 4.2.3

构件名称		耐火等级			
		一级	二级	三级	四级
墙	防火墙	不燃性 3.00	不燃性 3.00	不燃性 3.00	不燃性 3.00
	承重墙	不燃性 3.00	不燃性 2.50	不燃性 2.00	难燃性 0.50
	非承重外墙	不燃性 1.00	不燃性 1.00	不燃性 0.50	可燃性
	楼梯间和前室的墙、电梯井的墙、住宅建筑单元之间的墙和分户墙	不燃性 2.00	不燃性 2.00	不燃性 1.50	难燃性 0.50
	疏散走道两侧的隔墙	不燃性 1.00	不燃性 1.00	不燃性 0.50	难燃性 0.25
	房间隔墙	不燃性 0.75	不燃性 0.50	难燃性 0.50	难燃性 0.25
柱		不燃性 3.00	不燃性 2.50	不燃性 2.00	难燃性 0.50
梁		不燃性 2.00	不燃性 1.50	不燃性 1.00	难燃性 0.50
楼板		不燃性 1.50	不燃性 1.00	不燃性 0.50	可燃性
屋顶承重构件		不燃性 1.50	不燃性 1.00	难燃性 0.50	可燃性
疏散楼梯		不燃性 1.50	不燃性 1.00	不燃性 0.50	可燃性
吊顶（包括吊顶格栅）		不燃性 0.25	难燃性 0.25	难燃性 0.15	可燃性

注：(1) 除本规范另有规定外，以木柱承重且墙体采用不燃材料的建筑，其耐火等级应按四级确定。

(2) 住宅建筑构件的耐火极限和燃烧性能可按现行国家标准《住宅建筑规范》GB 50368 的规定执行。

4.2.4 民用建筑的防火间距

民用建筑的防火间距 **表 4.2.4**

建筑类别		高层民用建筑	裙房和其他民用建筑		
		一、二级	一、二级	三级	四级
高层民用建筑	一、二级	13	9	11	14
裙房和其他民用建筑	一、二级	9	6	7	9
	三级	11	7	8	10
	四级	14	9	10	12

注：(1) 相邻两座单、多层建筑，当相邻外墙为不燃性墙体且无外露的可燃性屋檐，每面外墙上无防火保护的门、窗、洞口不正对开设且门、窗、洞口的面积之和不大于外墙面积的 5%时，其防火间距可按本表的规定减少 25%。

(2) 两座建筑相邻较高一面外墙为防火墙，或高出相邻较低一座一、二级耐火等级建筑的屋面 15m 及以下范围内的外墙为防火墙时，其防火间距不限。

(3) 相邻两座高度相同的一、二级耐火等级建筑中相邻任一侧外墙为防火墙，屋顶的耐火极限不低于 1.00h 时，其防火间距不限。

(4) 相邻两座建筑中较低一座建筑的耐火等级不低于二级，相邻较低一面外墙为防火墙且屋顶无天窗，屋顶的耐火极限不低于 1.00h 时，其防火间距不应小于 3.5m；对于高层建筑，不应小于 4m。

(5) 相邻两座建筑中较低一座建筑的耐火等级不低于二级且屋顶无天窗，相邻较高一面外墙高出较低一座建筑的屋面 15m 及以下范围内的开口部位设置甲级防火门、窗，或设置符合现行国家标准《自动喷水灭火系统设计规范》GB 50084 规定的防火分隔水幕或建筑防火规范第 6.5.3 条规定的防火卷帘时，其防火间距不应小于 3.5m；对于高层建筑，不应小于 4m。

(6) 相邻建筑通过连廊、天桥或底部的建筑物等连接时，其间距不应小于本表的规定。

(7) 耐火等级低于四级的既有建筑，其耐火等级可按四级确定。

[附]

① 民用建筑与≤10kV 预装式变电站的防火间距应≥3m。

② 数座一、二级耐火等级的多层住宅或办公建筑，当占地面积总和≤2500m^2 时，可成组布置，但组内建筑物之间的间距宜≥4m。组与组或组与相邻建筑物的防火间距应符合上表 4.2.4 的规定。

③ 建筑高度 H>100m 的民用建筑与相邻建筑的防火间距，即使符合允许减小间距的条件，仍不能减小。

4.2.5 民用建筑的防火分区面积

民用建筑的防火分区面积 **表 4.2.5**

建筑类别	耐火等级	每个防火分区的最大允许建筑面积（设置自动灭火系统时最大允许建筑面积）(m^2)	
单层、多层建筑	一、二级	2500 (5000)	
高层建筑	一、二级	1500 (3000)	
高层建筑的裙房	一、二级	与高层建筑主体分离并用防火墙隔断	2500 (5000)
		与高层建筑主体上下叠加	1500 (3000)
营业厅、展览厅（设自动灭火系统，自动报警系统采用不燃难燃材料）	一级	设在地下、半地下	2000
	一、二级	设在单层建筑内或仅设在多层建筑的首层	10000
		设在高层建筑内	4000
		营业厅内设置餐饮时，餐饮部分按其他功能进行防火分区且与营业厅间设防火分隔	

续表

<table>
<tr><th colspan="2">建筑类别</th><th>耐火等级</th><th colspan="3">每个防火分区的最大允许建筑面积（设置自动灭火系统时最大允许建筑面积）（m^2）</th></tr>
<tr><td colspan="2" rowspan="2">总建筑面积>20000m^2 的地下、半地下商店（含营业、储存及其他配套服务面积）</td><td rowspan="2">一级</td><td colspan="3">（1）应采用防火墙（不能开门窗）及耐火极限≥2h 的楼板，分隔为多个建筑面积≤20000m^2 的区域</td></tr>
<tr><td colspan="3">（2）相邻区域局部水平或竖向连通时，应采取下沉式广场、防火隔间、避难走道、防烟楼梯间等措施进行连通</td></tr>
<tr><td colspan="2">体育馆、剧场的观众厅</td><td>一、二级</td><td colspan="3">无规定值，可适当放宽增加，但需论证其消防可行性</td></tr>
<tr><td colspan="2" rowspan="4">剧场、电影院、礼堂建筑内的会议厅、多功能厅等</td><td rowspan="2">一、二级</td><td>设在单层、多层建筑内</td><td>2500（5000）</td><td rowspan="2">观众厅布置在四层及以上楼层时，每个观众厅 $S \leqslant 400$（400）</td></tr>
<tr><td>设在高层建筑内</td><td>1500（3000）</td></tr>
<tr><td rowspan="2">一级</td><td>设在地下或半地下室内</td><td colspan="2">500（1000）</td></tr>
<tr><td colspan="3">不应设在地下三层及以下楼层</td></tr>
<tr><td colspan="2" rowspan="4">歌舞厅、录像厅、夜总会、卡拉 OK 厅、游艺厅、桑拿浴室、网吧等歌舞、娱乐放映游艺场所</td><td rowspan="2">一、二级</td><td>设在单层、多层建筑内</td><td>2500（5000）</td><td rowspan="2">设在四层及以上楼层时，一个厅、室的 $S \leqslant 200$（200）</td></tr>
<tr><td>设在高层建筑内</td><td>1500（3000）</td></tr>
<tr><td rowspan="2">一级</td><td>设在半地下、地下一层内</td><td>500（1000）</td><td>一个厅、室的 $S \leqslant$ 200（200）</td></tr>
<tr><td colspan="3">不可设在地下二层及以下，设在地下室时室内地面与室外出入口地坪差 $\Delta H \leqslant 10$ 米</td></tr>
<tr><td colspan="2" rowspan="3">住宅建筑</td><td rowspan="3">一、二级</td><td>单元式住宅</td><td colspan="2">高层 1500（3000），多层 2500（5000）</td></tr>
<tr><td rowspan="2">通廊式住宅</td><td>高层住宅（$H>27$m）</td><td>1500（3000）</td></tr>
<tr><td>多层住宅（$H \leqslant 27$m）</td><td>2500（5000）</td></tr>
<tr><td colspan="2">地下、半地下设备房</td><td>一级</td><td colspan="3">1000（2000）</td></tr>
<tr><td colspan="2">地下、半地下室</td><td>一级</td><td colspan="3">500（1000）</td></tr>
<tr><td rowspan="7">汽车库</td><td>单层</td><td rowspan="2">一、二级</td><td colspan="3">3000（6000），复式 1950（3900）</td></tr>
<tr><td>多层，设在一层、半地下</td><td colspan="3">2500（5000），复式 1625（3250）</td></tr>
<tr><td>地下车库、高层车库</td><td>一级</td><td colspan="3">2000（4000），复式 1300（2600）</td></tr>
<tr><td>敞开式、错层、斜板式</td><td>一、二级</td><td colspan="3">按上述规定增加 1 倍（上下连通层面积应叠加计算）</td></tr>
<tr><td>机械式</td><td rowspan="3">一级</td><td colspan="3">每 100 辆为 1 个防火分区（必须设自动灭火系统）</td></tr>
<tr><td>卷道堆垛类机械式</td><td colspan="3">每 300 辆为 1 个防火分区（必须设自动灭火系统）</td></tr>
<tr><td>甲、乙类物品运输车</td><td colspan="3">500（500）</td></tr>
</table>

续表

建筑类别		耐火等级	每个防火分区的最大允许建筑面积（设置自动灭火系统时最大允许建筑面积）(m^2)
修车库	一般修车库	一、二级	2000（4000）
	修车部位与清洗和喷漆工段采用防火分隔	一、二级	4000（8000）
	甲、乙类物品运输车	一级	500（500）
图书馆	基本书库、资料、阅览室	一级	单层≤1500（1500），多层（H≤24m）≤1000（1000）
	地下、半地下书库	一级	300（300）
	珍藏本、特藏本书库	一级	应单独设置防火分区
博物馆	藏品库	一级	单层≤1500（1500），多层≤1000（同一防火分区内隔间面积≤500）
	陈列室	一级	≤2500（2500），同一防火分区内隔间面积≤1000
火车站	进站大厅	一、二级	5000（5000）
档案馆	档案库	一级	每个档案库作为1个防火分区
殡仪馆	骨灰寄存室	一、二级	单层800，多层每层500

注：(1) 表中括号内数字为设置自动灭火系统时的防火分区面积。

(2) 局部设置自动灭火系统时，增加面积可按该局部面积的一半计算。

(3) 设有中庭或自动扶梯的建筑，其防火分区面积应按上、下层连通的面积叠加计算。对规范允许采用开敞楼梯间的建筑（如≤5层的教学楼、普通办公楼等），该开敞楼梯间可不按上下层相通的开口考虑。

(4) 复式车库——指室内有车道且有人员停留的机械式汽车库。

4.2.6 各类建筑平面布置的防火要求

各类建筑平面布置的防火要求　　表 4.2.6

1. 教学建筑、食堂、菜市场层数及位置	耐火等级三级的建筑	≤2层
	耐火等级四级的建筑	单层
	设置在耐火等级三级建筑内的商店	应布置在一、二层
	设置在耐火等级四级建筑内的商店	应布置在一层
2. 营业厅、展览厅	不应设置在地下三层及以下楼层	采用或设在三级耐火等级建筑内时，应≤2层；四级时应为单（首）层
	地下、半地下营业厅、展览厅不应经营、储存和展示甲、乙类火灾危险性用品	
3. 建筑内的会议厅、多功能厅	宜布置在1～3层。确需布置在其他楼层时，应符合（1）一个厅、室的疏散门≥2个，且建筑面积≤400m^2；（2）设在地下半地下时，宜设在地下一层，不应设在地下三层及以下楼层；（3）设在高层建筑内时，应设火灾自动报警和自动灭火系统	

续表

4. 托幼儿童用房、老年人活动场所、儿童活动场所	位置	宜设在独立的建筑内，且不应设在地下、半地下；也可附设在其他民用建筑内		
	独立建筑层数	耐火等级为一、二级的建筑		≤3 层
		耐火等级为三级的建筑		≤2 层
		耐火等级为四级的建筑		单层
	附设建筑层次	附设在一、二级耐火等级建筑内		1～3 层
		附设在三级耐火等级的建筑内		1～2 层
		附设在四级耐火等级的建筑内		1 层
	安全疏散	设置在单、多层建筑内时		宜设置单独的安全出口和疏散楼梯
		设置在高层建筑内时		应设置独立的安全出口和疏散楼梯
5. 医院疗养院病房楼	层数及位置	不应设在地下、半地下		
		耐火等级为三级的建筑		≤2 层
		耐火等级为四级的建筑		单层
		设置在耐火等级为三级的建筑内		1～2 层
		设置在耐火等级为四级的建筑内		1 层
	防火分隔	相邻护理单元之间应采用防火隔墙分隔（耐火极限≥2h）		
		隔墙上的门应为乙级防火门，走道上的防火门应为常开防火门		
6. 剧场、电影院、礼堂	位置及层数	宜设置在独立的建筑内		
		采用三级耐火等级的独立建筑时，不应超过 2 层		
	附设在其他民用建筑内时	安全出口	应至少设置 1 个独立的安全出口和疏散楼梯	
		防火分隔	应采用防火隔墙（耐火极限≥2h）和甲级防火门与其他区域分隔	
		位置面积安全出口	（1）设在一、二级耐火等级的多层建筑内	观众厅宜布置在 1～3 层
				必须布置在≥4 层以上楼层时：每个观众厅的建筑面积宜≤400m²；一个厅、室的疏散门应≥2 个
			（2）设在三级耐火等级的建筑内	观众厅应布置在 1～2 层
			（3）设置在地下、半地下时	宜设在地下一层，不应设在地下三层及以下楼层
			（4）设置在高层建筑内	电影院放映室（卷片室）应采用耐火极限≥1.5h 的隔墙与其他部位隔开，观察窗和放映孔应设置阻火闸门
				宜布置在 1～3 层
				必须布置在≥4 层楼层时：每个观众厅的建筑面积宜≤400m²；一个厅、室的疏散门应≥2 个；应设置火灾自动报警系统和自动喷水灭火系统；幕布的燃烧性能应≥B_1 级
	安全疏散	疏散门的数量应经计算确定且应≥2 个（具体计算另详）		
		每个疏散门的平均疏散人数应≤250 人		
		当总人数>2000 人时，其超过 2000 人的部分，每个疏散门的平均疏散人数应<400 人		

续表

7. 歌舞娱乐放映游艺场所	位置要求	宜布置在一、二级耐火等级建筑内的1～3层且靠外墙部位	
		不应布置在地下二层及以下楼层	
		不宜布置在袋形走道的两侧和尽端	
	受条件限制必须布置在地下一层或地上四层及以上时的要求	地下一层地面与室外出入口地坪的高差 ΔH 应≤10m	
		一个厅、室的建筑面积应≤200m²（有自动喷淋也不能增加）	
	防火分隔	厅、室之间及与其他部位之间，应采用防火隔墙（耐火极限≥2h）和不燃楼板（耐火极限≥1h）分隔	
		厅、室墙上的门与其他部位相通的门均应采用乙级防火门	
8. 住宅与其他功能建筑合建（不含商业服务网点）	住宅与非住宅之间的防火分隔	多层建筑	应采用不燃楼板（耐火极限≥1.5h）和无门、窗洞口的防火隔墙（耐火极限≥2h）完全分隔
		高层建筑	应采用不燃楼板（耐火极限≥2.0h）和无门、窗洞口的防火墙完全分隔
		上、下开口之间的窗槛墙高度应≥1.2m（设自动灭火时0.8m），或设≥1.0m宽挑檐，长度≥开口宽度	
	住宅与非住宅之间的安全出口及疏散楼梯	各自的安全出口和疏散楼梯应分别独立设置	
		为住宅服务的地上车库：应设独立的疏散楼梯或安全出口	
		地下车库的疏散楼梯	应在首层采用防火隔墙（耐火极限≥2h）与其他部位分隔并应直通室外，开在防火隔墙上的门应为乙级防火门
			与地上层共用疏散楼梯时，应在首层采用防火隔墙和乙级防火门将地下与地上的连通部位完全分隔
	建筑高度的确定	防火间距、灭火救援、室外消防给水：按合建建筑的总高度确定	
		其他防火设计：按各自建筑高度执行相关的防火规定	
9. 设置商业服务网点的住宅	防火分隔	居住部分与商业服务网点之间应采用不燃楼板（耐火极限≥1.5h）及与无门、窗洞口的防火隔墙（耐火极限≥2h）完全分隔	
	安全出口和疏散楼梯	应分别独立设置。当商业服务网点中每个分隔单元任一层建筑面积>200m²时，该层应设2个安全出口或疏散门	
	商业服务网点的安全疏散距离	不应大于袋形走道两侧或尽端的疏散门至安全出口的最大距离。即多层建筑：≤22m（27.5m）	
	防火间距、室外消防给水的确定	按其中要求较高者确定	

续表

<table>
<tr><td rowspan="22">10. 步行商业街（有顶棚）防火设计</td><td rowspan="3">步行街两侧的建筑</td><td colspan="3">耐火等级≥二级</td></tr>
<tr><td colspan="3">相对面的距离≥相应的防火间距，且应≥9m</td></tr>
<tr><td colspan="3">建筑长度宜≤300m</td></tr>
<tr><td rowspan="5">商铺的防火分隔</td><td rowspan="3">面向步行街的围护结构</td><td>（1）采用实体墙</td><td>耐火极限应≥1.0h，其门窗应为乙级防火门窗</td></tr>
<tr><td>（2）采用防火隔热玻璃墙</td><td>耐火隔热性和耐火完整性应≥1.0h</td></tr>
<tr><td>（3）采用耐火非隔热性的防火玻璃墙</td><td>耐火完整性应≥1.0h，并应设置闭式自动喷水灭火系统进行保护</td></tr>
<tr><td colspan="2">相邻商铺之间面向步行街的隔墙</td><td>应设置宽度≥1.0m，耐火极限≥1.0h 的实体墙</td></tr>
<tr><td colspan="2">相邻商铺之间的隔墙</td><td>应设置耐火极限≥2.0h 的防火隔墙</td></tr>
<tr><td>贮存物</td><td colspan="3">步行街内不应布置可燃物</td></tr>
<tr><td>门窗</td><td colspan="3">乙级防火门窗，A 类防火玻璃墙或 C 类防火玻璃墙加喷淋保护</td></tr>
<tr><td>每间商铺的建筑面积</td><td colspan="3">宜≤300m²</td></tr>
<tr><td>回廊</td><td colspan="3">出挑宽度应≥1.2m，并保证步行街上部各层楼板的开口面积≥37%步行街地面面积</td></tr>
<tr><td>步行街顶棚材料</td><td colspan="3">不燃或难燃材料</td></tr>
<tr><td rowspan="4">安全疏散</td><td colspan="3">疏散楼梯应靠外墙设置并直通室外（确有困难时，在首层可直接通至步行街）</td></tr>
<tr><td colspan="3">商铺的疏散门可直接通至步行街</td></tr>
<tr><td colspan="3">步行街内任一点到达最近室外安全地点的距离应≤60m</td></tr>
<tr><td colspan="3">步行街内应设置消防应急照明、疏散指示标志、消防应急广播系统</td></tr>
<tr><td rowspan="2">防排烟</td><td colspan="3">步行街顶棚下檐距地面的高度应≥6m</td></tr>
<tr><td colspan="3">顶棚应设置自然排烟设施，自然排烟口面积应≥地面面积的 25%</td></tr>
<tr><td rowspan="3">灭火与报警</td><td colspan="3">步行街内沿两侧的商铺外每隔 30m 应设置 DN65 的消火栓，并配备消防软管卷盘</td></tr>
<tr><td colspan="3">商铺内设置自动灭火系统和火灾自动报警系统</td></tr>
<tr><td colspan="3">每层回廊应设置自动喷水灭火系统</td></tr>
<tr><td rowspan="5">11. 设备用房</td><td rowspan="5">燃油、燃气锅炉房、油浸变压器室、高压电容器室、多油开关室</td><td rowspan="4">位置</td><td colspan="2">不应贴邻人员密集场所，不应布置在人员密集场所的上一层、下一层；宜设置在建筑外的专用房间内</td></tr>
<tr><td colspan="2">应布置在首层或地下一层并靠外墙的部位</td></tr>
<tr><td colspan="2">常（负）压燃油、燃气锅炉可设置在地下二层或屋顶，设在屋顶时，距离通向屋面的安全出口应≥6m</td></tr>
<tr><td colspan="2">采用相对密度（与空气密度的比值）≥0.75 的可燃气体为燃料的锅炉，不得设置在地下、半地下室</td></tr>
<tr><td>耐火等级</td><td colspan="2">不应低于二级</td></tr>
</table>

续表

<table>
<tr><td rowspan="26">11. 设备用房</td><td rowspan="6">燃油、燃气锅炉房、油浸变压器室、高压电容器室、多油开关室</td><td rowspan="2">防火分隔</td><td colspan="2">应采用防火墙与贴邻的建筑分隔</td></tr>
<tr><td colspan="2">与其他部位之间应采用防火隔墙（耐火极限≥2h）和不燃楼板（耐火极限≥1.5h）分隔，隔墙上的门窗应为甲级防火门窗</td></tr>
<tr><td>储油间</td><td colspan="2">总储油量应≤1m³，应采用耐火极限不低于3h的防火隔墙与锅炉房分隔，防火墙上的门应为甲级防火门</td></tr>
<tr><td>疏散门</td><td colspan="2">甲级防火门，应直通室外或安全出口</td></tr>
<tr><td>泄压设施</td><td colspan="2">燃气锅炉房应设置爆炸泄压设施</td></tr>
<tr><td>防止油品流散设施</td><td colspan="2">油浸变压器、多油开关室、高压电容器室应设置（如加门坎、集油坑）。油浸变压器下面应设置能储存全部油量事故储油设施（如卵石层）</td></tr>
<tr><td rowspan="3">柴油发电机房</td><td>位置</td><td colspan="2">宜布置在首层或地下一、二层，不应布置在人员密集场所的上一层、下一层或贴邻</td></tr>
<tr><td>防火分隔</td><td colspan="2">应采用防火隔墙（耐火极限≥2h）和不燃楼板（耐火极限≥1.5h）与其他部位分隔，门应为甲级防火门</td></tr>
<tr><td>储油间</td><td colspan="2">总储油量应≤1m³，并应采用防火隔墙（耐火极限≥3h）与发电机房分隔；门应为甲级防火门</td></tr>
<tr><td rowspan="4">消防水泵房</td><td>位置</td><td colspan="2">不应设在地下三层及以下，或地下室内地面与室外出入口地坪高差ΔH>10m的楼层</td></tr>
<tr><td>耐火等级</td><td colspan="2">单独建造的消防水泵房，其耐火等级不应低于二级</td></tr>
<tr><td>疏散门</td><td colspan="2">甲级防火门，并应直通室外或安全出口</td></tr>
<tr><td>防水措施</td><td colspan="2">应采取挡水措施，设在地下室时还应采取防水淹措施</td></tr>
<tr><td rowspan="6">消防控制室</td><td>设置范围</td><td colspan="2">设置火灾自动报警系统和自动灭火系统，或设置火灾自动报警系统和机械防（排）烟设施的建筑</td></tr>
<tr><td rowspan="2">位置</td><td colspan="2">首层靠外墙的部位，也可设在地下一层</td></tr>
<tr><td colspan="2">不应设在电磁场干扰较强及其他可能影响消防控制设备工作的设备用房附近</td></tr>
<tr><td>耐火等级</td><td colspan="2">不应低于二级</td></tr>
<tr><td>疏散门</td><td colspan="2">乙级防火门，并应直通室外或安全出口</td></tr>
<tr><td>防水措施</td><td colspan="2">应采取挡水措施，设在地下室时还应采取防水淹措施</td></tr>
<tr><td rowspan="7">供建筑内使用的丙类液体燃料储罐</td><td>位置</td><td colspan="2">应布置在建筑外</td></tr>
<tr><td rowspan="4">防火间距</td><td colspan="2">容量≤15m³，且直埋于建筑附近，面向油罐一面4m范围内的建筑外墙围防火墙时，储罐与建筑的防火间距不限</td></tr>
<tr><td rowspan="3">容量≥15m³，储罐与建筑的防火间距</td><td>高层建筑：40m</td></tr>
<tr><td>裙房及多层建筑：12m</td></tr>
<tr><td>泵房：10m</td></tr>
<tr><td rowspan="2">设置中间罐规定</td><td colspan="2">中间罐的容量应≤1.0m³</td></tr>
<tr><td colspan="2">设置在一、二级耐火等级的单独房间内，房间门应为甲级防火门</td></tr>
</table>

续表

12. 汽车 4S 店（前店后厂）	适用建筑分类	前店属民用建筑，执行《建筑设计防火规范》，可按商店类进行防火设计
		后厂属汽车库，执行《汽车库、修车库、停车场设计防火规范》
	防火设计	当修车库>15 辆（Ⅰ类）时，后厂不得与前店贴邻建造，应分为 2 栋建筑。同时，应在前店与后厂之间设置防火墙或保持≥10m 的防火间距
		当修车位≤15 辆（Ⅱ、Ⅲ、Ⅳ类）时，后厂可与前店贴邻建造，但应分别设置独立的安全出口
		不得在后厂设置喷漆间、充电间、乙炔间和甲、乙类物品贮存室
13. 中庭防火	中庭与周围相连空间的防火分隔	采用防火隔墙（耐火极限≥1.0h）
		采用防火玻璃墙，其耐火隔热性和耐火完整性应≥1.0h
		采用非隔热性防火玻璃墙，应设置自动喷淋
		采用防火卷帘（耐火极限≥3.0h）
		普通防火卷帘需加水幕保护，特级防火卷帘不需加水幕保护
	与中庭相连通的房间、过厅、通道的门窗	采用火灾时能自行关闭的甲级防火门窗
	高层建筑的中庭回廊	应设置自动喷水灭火系统和火灾自动报警系统（多层建筑的中庭回廊不用设置）
	中庭内不应布置可燃物	
	中庭应设置排烟设施（机械排烟）	

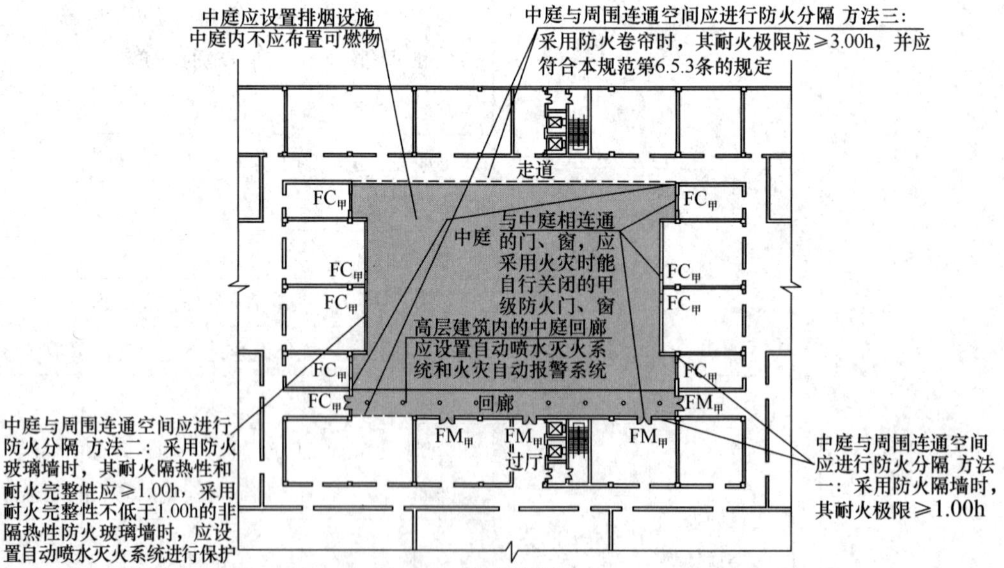
中庭应设置排烟设施
中庭内不应布置可燃物
中庭与周围连通空间应进行防火分隔 方法三：采用防火卷帘时，其耐火极限应≥3.00h，并应符合本规范第6.5.3条的规定
走道
中庭
与中庭相连通的门、窗，应采用火灾时能自行关闭的甲级防火门、窗
高层建筑内的中庭回廊应设置自动喷水灭火系统和火灾自动报警系统
回廊
过厅
中庭与周围连通空间应进行防火分隔 方法二：采用防火玻璃墙时，其耐火隔热性和耐火完整性应≥1.00h，采用耐火完整性不低于1.00h的非隔热性防火玻璃墙时，应设置自动喷水灭火系统进行保护
中庭与周围连通空间应进行防火分隔 方法一：采用防火隔墙时，其耐火极限≥1.00h

平面示意图
中庭连通面积之和大于最大允许防火分区面积时，应采用的相应措施

图 4.2.6 中庭防火

4.2.7 安全疏散与避难

1. 安全出口

公共建筑允许只设一个门的房间 **表 4.2.7-1**

房间位置	限制条件	
1. 位于两个安全出口之间或袋形走道两侧的房间	托、幼、老建筑	房间面积≤$50m^2$
	医疗、教学建筑	房间面积≤$75m^2$
	其他建筑或场所	房间面积≤$120m^2$
2. 位于走道尽端的房间（托、幼、老、医、教建筑除外）	建筑面积<$50m^2$，门净宽≥0.9m	
	房间内最远一点至疏散门的直线距离≤15m	
	建筑面积≤$200m^2$，门净宽≥1.4m	
3. 歌舞娱乐放映游艺场所	房间建筑面积≤$50m^2$，人数≤15 人	
4. 地下、半地下室	设备间	建筑面积≤$200m^2$
	房间	建筑面积≤$50m^2$，人数≤15 人

每层应设 2 个安全出口的住宅建筑 **表 4.2.7-2**

	建筑高度（m）	任一层的建筑面积（m^2）	任一户门至最近的安全出口的距离（m）
1	≤27	>650	>15
2	27m<H≤54m	>650	>10
3	>54	每层应设 2 个安全出口	

允许只设一个疏散楼梯或一个安全出口的建筑 **表 4.2.7-3**

建筑类别		允许只设一个疏散楼梯的条件
住宅	建筑高度 H≤27m	任一层的建筑面积 S≤$650m^2$，任一门户至安全出口的距离≤15m
	27m<H≤54m	任一层的建筑面积 S≤$650m^2$，任一门户至安全出口的距离≤10m
公共建筑	单层、多层的首层	S≤$200m^2$，人数≤50 人（托、幼除外）
	≤3 层	每层 S≤$200m^2$，P_2+P_3≤50 人（托、幼、老、医、歌除外）
	顶层局部升高部位（多层公建）	局部升高的层数≤2 层，人数≤50 人，每层 S≤$200m^2$。但应另设 1 个直通主体建筑屋面的安全出口（门）
地下半地下室		（1）S≤$50m^2$，且人数≤15 人（歌舞娱乐放映游艺场所除外）； （2）S≤$500m^2$，人数≤30 人，且埋深≤10m（人员密集场所除外）；但应另设 1 个直通室外的金属竖向爬梯作为第二个安全出口，竖向爬梯与疏散楼梯的距离应≥5m； （3）S≤$200m^2$ 的设备间
相邻的两个防火分区		除地下车库外，可利用防火墙上的甲级防火门作为第二个安全出口，但疏散距离、安全出口数量及其总净宽度应符合下列要求： （1）S>$1000m^2$ 的防火分区，直通室外的安全出口应≥2 个； （2）S≤$1000m^2$ 的防火分区，直通室外的安全出口应≥1 个； （3）作为第二个安全出口的甲级防火门（可 1～2 个），其总净宽度应≤该防火分区按规定所需总净宽度的 30%； （4）两个相邻防火分区的分隔应采用防火墙

续表

建筑类别		允许只设一个疏散楼梯的条件
厂房	甲类厂房	每层 $S \leqslant 100m^2$，人数≤5 人
	乙类厂房	每层 $S \leqslant 150m^2$，人数≤10 人
	丙类厂房	每层 $S \leqslant 250m^2$，人数≤20 人
	丁、戊类厂房	每层 $S \leqslant 400m^2$，人数≤30 人
	地下、半地下厂房，厂房的地下、半地下室	每层 $S \leqslant 50m^2$，人数≤15 人
		相邻的两个防火分区，可利用防火墙上的甲级防火门作为第二个安全出口
仓库	一般仓库	一座仓库的占地面积≤$300m^2$
		仓库的一个防火分区面积≤$100m^2$
	地下半、地下仓库，仓库的地下、半地下室	建筑面积 $S \leqslant 100m^2$
		相邻的两个防火分区，可利用防火墙上的甲级防火门作为第二个安全出口
	粮食筒仓	上层 $S < 1000m^2$，人数≤2 人

2. 安全疏散距离

公共建筑安全疏散距离（m）　　表 4.2.7-4

建筑类别			位于两个安全出口之间的房间				位于袋形走道两侧或尽端的房间			
			无自动灭火系统	有自动灭火系统	房门开向开敞式外廊	安全出口为开敞楼梯间	无自动灭火系统	有自动灭火系统	房门开向开敞式外廊	安全出口为开敞楼梯间
托儿所、幼儿园、老人建筑			25	31	30（36）	20（26）	20	25	25（30）	18（23）
歌舞娱乐放映游艺场所			25	31	30（36）	20（26）	9	11	14（16）	7（9）
医疗建筑	单层、多层		35	44	40（49）	30（39）	20	25	25（30）	18（23）
	高层	病房部分	24	30	29（35）	19（25）	12	15	17（20）	10（13）
		其他部分	30	37.5	35（42.5）	25（32.5）	15	19	20（24）	13（17）
教育建筑	单、多层		35	44	40（49）	30（39）	22	27.5	27（32.5）	20（25.5）
	高层		30	37.5	35（42.5）	25（32.5）	15	19	20（24）	13（17）
高层旅馆、展览建筑			30	37.5	35（42.5）	25（32.5）	15	19	20（24）	13（17）
其他公建及住宅	单、多层		40	50	45（55）	35（45）	22	27.5	27（32.5）	20（25.5）
	高层		40	50	45（55）	35（45）	20	25	25（30）	18（23）

注：(1) 本表所列建筑的耐火等级为一、二级。
(2) 跃廊式住宅户门至最近安全出口的距离，应从户门算起，小楼梯的距离可按其水平投影长度的 1.5 倍计算。
(3) 括号内数字用于有自动灭火系统的建筑。

一层疏散楼梯至室外的距离　　表 4.2.7-5

基本规定	疏散楼梯间在一层应直通室外
确有困难时	在一层采用扩大封闭楼梯间或防烟楼梯间前室再通室外
≤4 层的建筑	疏散楼梯出口至室外的距离应≤15m
>4 层的建筑	应在楼梯间处设直接对外的安全出口

室内最远一点至房门或安全出口（楼梯）的最大距离　　表 4.2.7-6

公共建筑	≤表 4.2.7-4 规定的袋形走道两侧或尽端房间至最近安全出口的距离
各种大空间厅堂（观众厅、餐厅、展览厅、营业厅、多功能厅等）	一般应≤30m 或 37.5m（设自动灭火系统）
	当房门不能直通室外或楼梯间时，可采用长度≤10m 或 12.5m（设自动灭火系统）的走道通至安全出口
地下车库	≤45m（无自动灭火系统）或≤60m（有自动灭火系统）
单层或设在一层的汽车库	≤60m

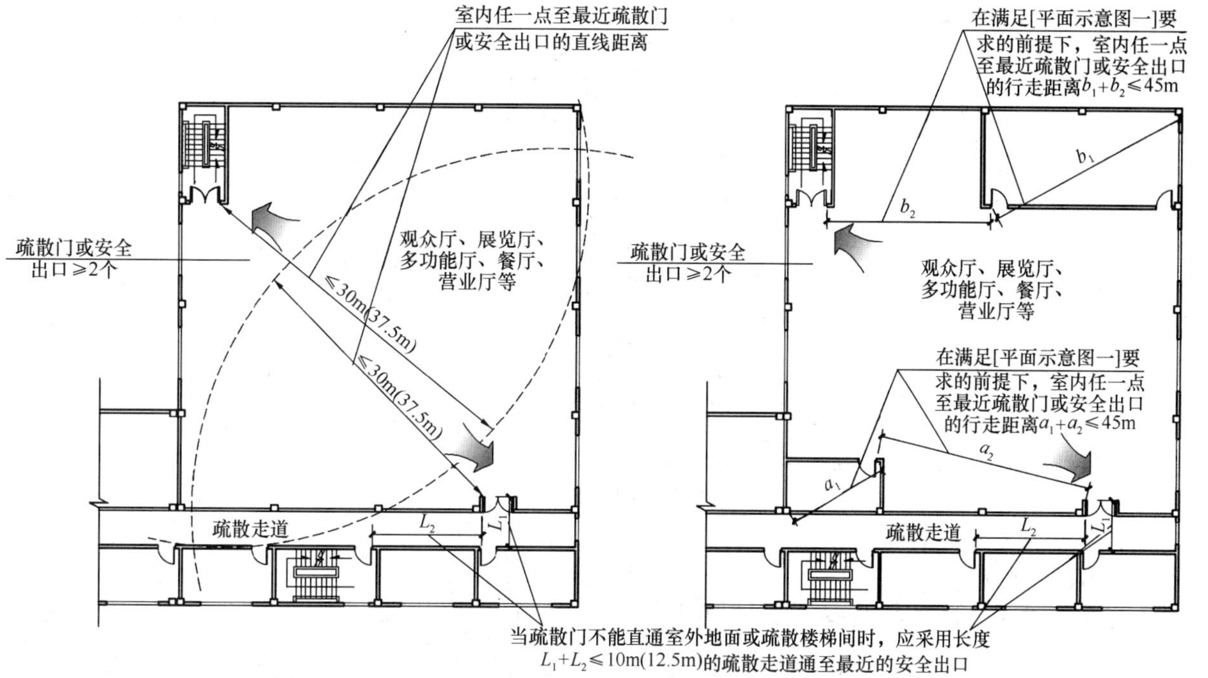
室内任一点至最近疏散门
或安全出口的直线距离
疏散门或安全
出口≥2个
观众厅、展览厅、
多功能厅、餐厅、
营业厅等
≤30m(37.5m)
≤30m(37.5m)
疏散走道
L_2
L_1
在满足[平面示意图一]要
求的前提下，室内任一点
至最近疏散门或安全出口
的行走距离b_1+b_2≤45m
b_1
b_2
疏散门或安全
出口≥2个
观众厅、展览厅、
多功能厅、餐厅、
营业厅等
在满足[平面示意图一]要
求的前提下，室内任一点
至最近疏散门或安全出口
的行走距离a_1+a_2≤45m
a_1
a_2
疏散走道
L_2
L_1
当疏散门不能直通室外地面或疏散楼梯间时，应采用长度
L_1+L_2≤10m(12.5m)的疏散走道通至最近的安全出口

图 4.2.7-1　大空间疏散距离示意图

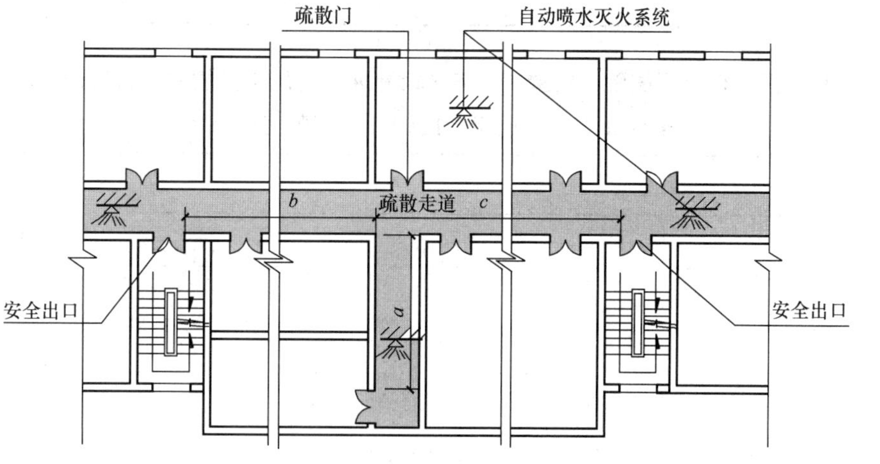
疏散门
自动喷水灭火系统
b
疏散走道
c
a
安全出口
安全出口

注：对于除托儿所、幼儿园、老年人建筑，歌舞娱乐放映游艺场所。单、多层医疗建筑，单、多层教学建筑以外的下列建筑应同时满足以下两点要求：

（1）$a<b$ 或 $a<c$

（2）对于一、二级单、多层其他建筑：$2a+b\leqslant44$m 且 b 应≤40m，或 $2a+c\leqslant44$m 且 c 应≤40m

（$2a+b\leqslant55$m 且 b 应≤50m，或 $2a+c\leqslant55$m 且 c 应≤50m）

对于高层建筑、展览建筑：$2a+b\leqslant x$，或 $2a+c\leqslant x$（$2a+b\leqslant1.25x$，或 $2a+c\leqslant1.25x$）

式中，x—位于两个安全出口之间的疏散门至最近安全出口的最大直线距离（m）规定值（表 4.2.7-4）

图 4.2.7-2　走道疏散计算示意图

(1) 相邻两个安全出口（门、楼梯间、出口）之间的水平距离 ≥5m，汽车疏散出口≥10m

(2) 设置开敞楼梯的两层商业服务网点的最大疏散距离应 ≤22m 或 27.5m（设自动灭火）

(3) 同时经过袋形走道和双向走道的房间的疏散距离计算

3. 疏散宽度

疏散楼梯、疏散走道、疏散门的净宽 **表 4.2.7-7**

<table>
<tr><th colspan="2" rowspan="2">建筑类别</th><th rowspan="2">疏散楼梯</th><th colspan="2">室内疏散门</th><th colspan="2">室内疏散走道</th><th rowspan="2">室外通道</th></tr>
<tr><th>一层外门</th><th>其他层</th><th>单面布房</th><th>双面布房</th></tr>
<tr><td rowspan="2">高层公共建筑</td><td>医疗</td><td>1.30m</td><td>1.30m</td><td>按计算并≥0.9m</td><td>1.40m</td><td>1.50m</td><td rowspan="2">—</td></tr>
<tr><td>其他</td><td>1.20m</td><td>1.20m</td><td>按计算并≥0.9m</td><td>1.30m</td><td>1.40m</td></tr>
<tr><td colspan="2">多层公共建筑</td><td>1.10m</td><td colspan="2">0.90m</td><td colspan="2">1.10m</td><td>—</td></tr>
<tr><td colspan="2">观众厅等人员密集场所</td><td>按计算</td><td colspan="2">1.40（不能设门槛，门内外 1.40m 范围不能设踏步）</td><td colspan="2">0.60m/100 人且≥1.0m
边走道≥0.80m</td><td>3.0m
直通室外宽敞地带</td></tr>
<tr><td colspan="2" rowspan="2">住宅</td><td rowspan="2">按计算且≥1.10m</td><td>1.10m</td><td>按计算</td><td colspan="2" rowspan="2">多层、高层的室内疏散走道净宽均≥1.10m</td><td rowspan="2"></td></tr>
<tr><td colspan="2">户门、安全出口≥0.90m</td></tr>
<tr><td colspan="2" rowspan="5">观众厅室内疏散走道布置规定（见附图）</td><td colspan="3">横走道之间的座位排数</td><td colspan="3">≤20 排</td></tr>
<tr><td rowspan="4">纵走道之间的座位数</td><td rowspan="2">座位两侧有纵走道</td><td>体育馆</td><td colspan="3">≤26 座（座椅排距>0.9m 时可 50 座）</td></tr>
<tr><td>其他</td><td colspan="3">≤22 座（座椅排距>0.9m 时可 44 座）</td></tr>
<tr><td rowspan="2">座位仅一侧有纵走道</td><td>体育馆</td><td colspan="3">≤13 座（座椅排距>0.9m 时可 25 座）</td></tr>
<tr><td>其他</td><td colspan="3">≤11 座（座椅排距>0.9m 时可 22 座）</td></tr>
</table>

住宅及公建（影剧院、礼堂、体育场馆除外）每层疏散楼梯、疏散走道、安全出口、房间疏散门的百人疏散宽度指标 **表 4.2.7-8**

类　别		百人疏散宽度指标（m/百人）
地上楼层	1～2 层	0.65
	3 层	0.75
	≥4 层	1.00
地下楼层	与地面出入口地面的高差 $\Delta H \leqslant 10$m	0.75
	与地面出入口地面的高差 $\Delta H > 10$m	1.00
地下、半地下人员密集的厅室、歌舞娱乐放映游艺场所		1.00

注：(1) 首层外门的总宽度应按该层及上部疏散人数最多的一层的疏散人数计算确定，不供上部楼层人员疏散的外门，可按本层疏散人员计算确定。

(2) 当每层人数不等时，疏散楼梯的总宽度可分层计算。地上建筑下层楼梯的总宽度应按该层及上层疏散人数最多的一层的疏散人数计算；地下建筑上层楼梯的总宽度应按该层及下层疏散人数最多的一层的人数计算。

电影院、剧场、礼堂、体育场馆的安全疏散计算　　表 4.2.7-9

<table>
<tr><th>建筑类别</th><th>安全出口（疏散门、楼梯）的数量 N</th><th>疏散时间 T 验算</th></tr>
<tr>
<td rowspan="3">剧场、电影院
礼堂的观众厅
多功能厅
通式：
$N=\frac{\Sigma P\times B_{100}}{100B_0}$
$N=\Sigma B/B_0$
$B_{100}=\frac{0.55\times 100}{[T]M}$
$\Sigma B=0.01\Sigma P\times B_{100}$</td>
<td>1. 按百人疏散宽度指标 B_{100} 计算
$\Sigma B=0.01\Sigma P\times B_{100}$　　$N=\frac{\Sigma B}{B_0}$(个)</td>
<td rowspan="2">1. 剧场、电影院、礼堂、多功能厅
$T=\frac{\Sigma P}{\left(\begin{matrix}78.2\\67.3\end{matrix}\right)NB_0}\leqslant[T]$
78.2—平坡地面
67.3—阶梯地面
$[T]$ =1.5min（$\Sigma P\leqslant 1200$ 人）
2min（$\Sigma P\leqslant 2500$ 人）</td>
</tr>
<tr>
<td>2. 按每个出口（门）平均允许疏散人数计算
$N=\frac{\Sigma P}{250}\geqslant 2$(个)($\Sigma P\leqslant 20000$ 人,$B_0\geqslant 0.00917\Sigma P/N$)
$N=\frac{\Sigma P}{400}+3$(个)($\Sigma P>20000$ 人,$B_0\geqslant 0.00688\Sigma P/N$)</td>
</tr>
<tr>
<td>3. 按规定的疏散时间 $[T]$ 计算
$N=\frac{\Sigma P}{145B_0}$(个)($\Sigma P\leqslant 2500$ 人,$[T]=2\text{min}$)
$N=\frac{\Sigma P}{109B_0}$(个)($\Sigma P\leqslant 1200$ 人,$[T]=1.5\text{min}$)</td>
<td>2. 体育馆
$T=\frac{\Sigma P}{67.3NB_0}\leqslant[T]$
3min（$\Sigma P\leqslant 5000$ 人）
$[T]$ =3.5min（$\Sigma P\leqslant 10000$ 人）
4.0min（$\Sigma P\leqslant 20000$ 人）</td>
</tr>
<tr>
<td rowspan="3">体育馆观众厅
（通式同上）</td>
<td>1. 按百人疏散宽度指标 B_{100} 计算
$\Sigma B=0.01\Sigma P\times B_{100}$　　$N=\frac{\Sigma B}{B_0}$(个)</td>
<td rowspan="3">安全出口（门、楼梯、走道）净宽 B_0 选用表
<table>
<tr><th>人流股数</th><th>每股人流宽度 m</th><th>门净宽 B_0（m）</th></tr>
<tr><td>3</td><td>0.55</td><td>1.65</td></tr>
<tr><td>4</td><td>0.55</td><td>2.20</td></tr>
<tr><td>5</td><td>0.55</td><td>2.75</td></tr>
<tr><td>6</td><td>0.55</td><td>3.30</td></tr>
</table>
式中，ΣP——总人数；
ΣB——疏散总宽度，m；
N——安全出口（门、梯）数量；
B_{100}——百人疏散宽度指标；
B_0——安全出口（门、梯）净宽，m；
T、$[T]$——设计及规定疏散时间（min）；
M——每分钟每股人流通过人数
平坡地面：$M=43$ 人/min
阶梯地面：$M=37$ 人/min</td>
</tr>
<tr>
<td>2. 按每个出口（门）平均允许疏散人数计算
$N=\frac{\Sigma P}{400\sim 700}$(个)
$B_0\geqslant 0.00495\Sigma P/N(\Sigma P\leqslant 5000$ 人)
$B_0\geqslant 0.00425\Sigma P/N(\Sigma P\leqslant 10000$ 人)
$B_0\geqslant 0.00372\Sigma P/N(\Sigma P\leqslant 20000$ 人)</td>
</tr>
<tr>
<td>3. 按规定的疏散时间 $[T]$ 计算
$N=\frac{\Sigma P}{\left(\begin{matrix}202\\236\\269\end{matrix}\right)B_0}$(个)
$\Sigma P\leqslant 5000$ 人,$[T]=3.0\text{min}$
$\Sigma P\leqslant 10000$ 人,$[T]=3.5\text{min}$
$\Sigma P\leqslant 20000$ 人,$[T]=4\text{min}$</td>
</tr>
</table>

续表

影剧院、礼堂 100 人疏散宽度 B_{100}（m/百人）					体育馆 100 人疏散宽度 B_{100}（m/百人）					
观众厅座位数（座）			≤2500	≤1200	观众厅座位数（座）			3000～5000	5001～10000	10001～20000
耐火等级			一、二级	三级						
疏散部位	门和走道	平坡地面	0.65	0.85	疏散部位	门和走道	平坡地面	0.43	0.37	0.32
		阶梯地面	0.75	1.00			阶梯地面	0.50	0.43	0.37
	楼梯		0.75	1.00		楼梯		0.50	0.43	0.37

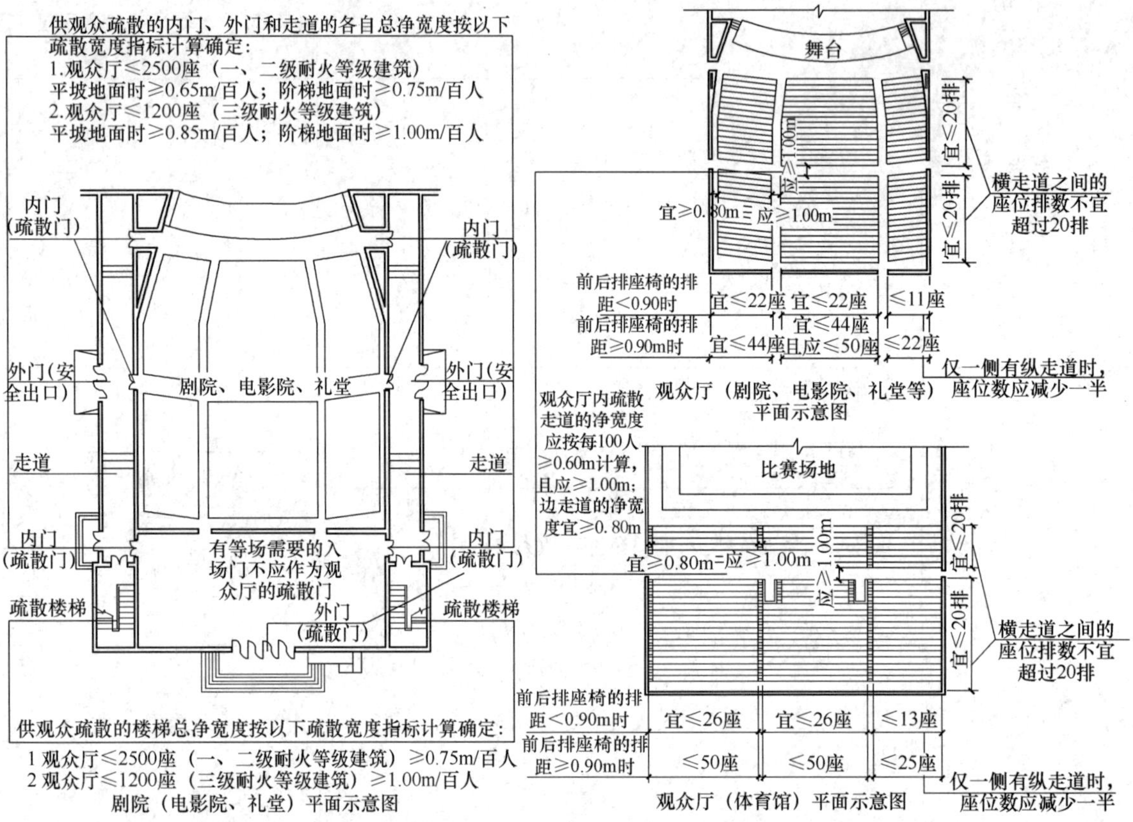
供观众疏散的内门、外门和走道的各自总净宽度按以下疏散宽度指标计算确定：
1.观众厅≤2500座（一、二级耐火等级建筑）
平坡地面时≥0.65m/百人；阶梯地面时≥0.75m/百人
2.观众厅≤1200座（三级耐火等级建筑）
平坡地面时≥0.85m/百人；阶梯地面时≥1.00m/百人
内门（疏散门）
内门（疏散门）
外门(安全出口)
外门(安全出口)
剧院、电影院、礼堂
走道
走道
内门（疏散门）
内门（疏散门）
有等场需要的入场门不应作为观众厅的疏散门
疏散楼梯
疏散楼梯
外门（疏散门）
供观众疏散的楼梯总净宽度按以下疏散宽度指标计算确定：
1 观众厅≤2500座（一、二级耐火等级建筑）≥0.75m/百人
2 观众厅≤1200座（三级耐火等级建筑）≥1.00m/百人
剧院（电影院、礼堂）平面示意图
舞台
宜≤20排
宜≤20排
应≥1.00m
宜≥0.80m 应≥1.00m
横走道之间的座位排数不宜超过20排
前后排座椅的排距<0.90时
宜≤22座 宜≤22座 ≤11座
前后排座椅的排距≥0.90m时
宜≤44座 宜≤44座且应≤50座 ≤22座
仅一侧有纵走道时，座位数应减少一半
观众厅（剧院、电影院、礼堂等）平面示意图
观众厅内疏散走道的净宽度应按每100人≥0.60m计算，且应≥1.00m；边走道的净宽度宜≥0.80m
比赛场地
宜≤20排
宜≤20排
应≥1.00m
宜≥0.80m 应≥1.00m
横走道之间的座位排数不宜超过20排
前后排座椅的排距<0.90m时
宜≤26座 宜≤26座 ≤13座
前后排座椅的排距≥0.90m时
≤50座 ≤50座 ≤25座
仅一侧有纵走道时，座位数应减少一半
观众厅（体育馆）平面示意图

图 4.2.7-3 电影院、剧场、礼堂、体育场馆的安全疏散示意图

4. 商场、展览厅、有固定座位场所等楼梯的计算

（1）商场等疏散楼梯总宽度计算公式：

$$\sum B = SK_1K_2$$

式中 S——该层商场营业厅、展览厅、有固定座位场所等建筑面积，m^2；

K_1——商场营业厅、展览厅、有固定座位场所等的人员密度，人/m^2；查下表 4.2.7-10；

K_2——商场、展览厅、有固定座位场所等建筑百人疏散宽度指标，m/百人，查下表 4.2.7-11。

（2）商场营业厅等的人员密度 K_1（人/m^2）

商场营业厅、展览厅、固定座位厅堂、娱乐场所的人员密度 K_1（人/m^2）　表 4.2.7-10

商场	商场位置	地下第二层	地下第一层	地上1～2层建筑	地上3层建筑	地上≥4层建筑
营业厅	人员密度（K_1）	0.56	0.60	0.43～0.60	0.39～0.54	0.30～0.42
展览厅≥0.75人/m^2		有固定座位的场所＝1.1×座位数				
歌舞娱乐放映游艺场所中的录像厅：1.0人/m^2，其他厅室≥0.5人/m^2						

注：(1) 建材、家具、灯饰商场的人员密度可按本表商场中的规定值的30%确定。

(2) 建筑规模较小（如营业厅<3000m^2）时，宜取上限值，建筑规模较大时，可取下限值。

(3) 商场、展览厅、有固定座位的场所等百人疏散宽度指标 K_2(m/百人)

商场、展览厅、固定座位场所等百人疏散宽度指标 K_2（m/百人）　表 4.2.7-11

建筑层数		百人疏散宽度指标 K_2
地上楼层	1～2层	0.65
	3层	0.75
	≥4层	1.00
地下楼层	与地面出入口地面的高差 $\Delta H \leqslant 10m$	0.75
	与地面出入口地面的高差 $\Delta H > 10m$	1.00
地下、半地下人员密集的厅室、歌舞娱乐放映游艺场所		1.00

(4) 每1000m^2营业厅等所需楼梯总宽度$\sum B$（m）

每1000m^2营业厅等所需楼梯总净宽度$\sum B$（m）　表 4.2.7-12

地上商场				地下商场		
商场所在建筑的层数	1～2层	3层	≥4层	地下1层	地下2层	
					$\Delta H \leqslant 10m$	$\Delta H > 10m$
1000m^2营业厅楼梯总净宽度（m）	2.8～3.9	2.93～4.05	3.0～4.2	4.2	4.2	3.92

注：(1) 营业厅的建筑面积＝货架、柜台、走道等顾客参与购物的场所＋营业厅内的卫生间、楼梯间、自动扶梯、电梯等的建筑面积（可不包括已采用防火分隔且疏散时无需进入营业厅内的仓储、设备、工具、办公室等）。

(2) 营业厅建筑面积估算：$S=(0.5\sim0.7)\sum A$（地上商场），$S=0.7\sum A$（地下商场）式中，$\sum A$—该层商场总建筑面积，m^2。

(3) 当每层疏散人数不等时，疏散楼梯的总净宽度可分层计算，地上（下）建筑内下（上）层楼梯的总净宽度应按该层及以上（下）疏散人数最多一层的人数计算。

(4) 首层外门的总净宽度应按该建筑疏散人数最多一层的人数计算确定，不供其他楼层人员疏散的外门，可按本层的疏散人数计算确定。

5. 疏散楼梯的适用范围及设计要求

疏散楼梯的适用范围及设计要求　表 4.2.7-13

适用范围	设计要求
1. 封闭楼梯间（或室外楼梯） (1) 1～2层的地下、半地下室； (2) 室内地面与室外出入口地坪高度≤10m的地下、半地下室； (3) 高层建筑的裙房； (4) 建筑高度≤32m的二类高层公建； (5) 多层公建（医疗、旅馆、老人建筑、歌舞娱乐放映游艺场所、商店、图书馆、展览馆、会议中心等）； (6) ≥6层的其他多层建筑（与敞开式外廊直接相连的楼梯间除外）； (7) $H \leqslant 21m$的住宅，其与电梯井相邻布置的疏散楼梯（户门为FM乙除外）； (8) $21m < H \leqslant 33m$的住宅（户门为FM乙除外）； (9) 高层厂房、甲乙丙类多层厂房，高层仓库	(1) 楼梯间的首层可将走道和门厅灯包括在楼梯间内，形成扩大的封闭楼梯间，但应采用FM乙门等与其他走道和房间分隔； (2) 除出入口和外窗外，楼梯间的墙上不应开设其他门、窗、洞口； (3) 梯间门：高层建筑、人员密集公建、人员密集的多层丙类厂房；甲乙类厂房，应采用FM乙门，并向疏散方向开启；其他建筑，可采用双向弹簧门； (4) 不能自然通风或自然通风不能达标时，应设加压送风系统或按防烟楼梯间设计； (5) 楼梯间及其前室内禁止穿过或设置可燃气体管道，也不应设置卷帘； (6) 外墙上的窗与两侧窗最近边缘水平距离≥1.0m

续表

适 用 范 围	设 计 要 求
2. 防烟楼梯间（或室外楼梯） （1）≥3层的地下、半地下室； （2）室内地面与室外出入口地坪高差>10m的地下、半地下室； （3）一类高层公共建筑； （4）H>32m的二类高层公建； （5）H>33m的住宅建筑； （6）H>32m且任一层的人数>10人的厂房	（1）应设置前室，前室可与消防电梯前室合用； （2）前室的使用面积：公建、高层厂房（仓库）≥6m²，住宅≥4.5m²； （3）合用前室的使用面积：公建、高层厂房仓库≥10m²，住宅≥6m²； （4）前室和楼梯间的门应为乙级防火门； （5）除出入口、正压送风口外，楼梯间和前室的墙上不应开设其他门、窗、洞口； （6）楼梯间和前室不应设置卷帘，禁止穿过或设置可燃气体管道；也不应设置卷帘； （7）应设置防烟设施—正压送风井； （8）楼梯间的首层可将走道和门厅等包括在楼梯间的前室内，形成扩大前室，但应采用FM乙门等与其他部位分隔； （9）外墙上的窗与两侧窗最近边缘水平距离≥1.0m
3. 剪刀楼梯间 （1）高层公建—任一疏散门至最近疏散楼梯间出入口的距离≤10m； （2）住宅—任一户门至最近安全出口的距离≤10m； （3）用于裙房疏散应设在不同防火分区，否则只能算一个安全出口	（1）楼梯间应为防烟楼梯间； （2）楼段之间应设置防火隔墙； （3）高层公建应分别设置前室和加压送风系统； （4）住宅建筑可以共用前室，但前室面积应≥6m²；也可与消防电梯合用前室，但合用前室的面积应≥12m²，且短边应≥2.4m
4. 非封闭（开敞）楼梯间 （1）剧场、电影院、礼堂、体育馆；（当这些场所与其他功能空间组合在同一座建筑内时，其疏散楼梯形式应按其中要求最高最严者确定，或按该建筑的主要功能确定）； （2）多层公共建筑的与敞开式外廊直接相连的楼梯间； （3）≤5层的其他公建（但不包括应设封闭楼梯间的多层公建，如医疗、旅馆……）； （4）H≤21m的住宅，其不与电梯井相邻布置的疏散楼梯；H≤33m，户门为乙级防火门的住宅； （5）丁、戊类高层厂房，每层工作平台人数≤2人且各层工作平台总人数≤10人； （6）多层仓库、筒仓、多层丁、戊类厂房	疏散楼梯间的设计要求 （1）应能天然采光和自然通风，且宜靠外墙布置；靠外墙设置时，楼梯间、前室、合用前室外墙上的窗间隔宽度应≥1.0m； （2）疏散楼梯间在各层的平面位置不应改变（通向避难层错位的疏散楼梯除外）； （3）楼梯间内不应设置其他功能房间、垃圾道和可燃气体及有毒液体（如甲乙丙类液体）管道； （4）楼梯间不应有影响疏散的凸出物或其他障碍物； （5）地下、半地下室的楼梯间，应在首层采用防火隔墙（耐火极限≥2.0h）与其他部位分隔，并直通室外。必须在隔墙上开门时，应为乙级防火门（地上与地下共用的楼梯间也应执行此条规定）； （6）不宜采用螺旋楼梯和扇形踏步；须采用时，踏步上下两级形成的平面角应≤10°，且每级离扶手250mm处的踏步深度应≥220mm； （7）公共疏散楼梯的梯井净宽宜≥150mm
5. 室外疏散楼梯 （1）凡应设封闭楼梯间和防烟楼梯间的均可替换成室外楼梯； （2）高层厂房、甲、乙、丙类多层厂房； （3）H>32m且任一层人数>10人的厂房； （4）多层仓库、筒仓	（1）楼梯净宽应≥0.9m，倾斜角度应≤45°； （2）栏杆扶手的高度应≥1.10m； （3）梯段和平台均应为不燃材料（平台耐火极限≥1.0h，梯段耐火极限≥0.25h）； （4）通向室外楼梯的门宜为乙级防火门，并向外开启；疏散门不应正对梯段； （5）除疏散门外，楼梯周围2m范围内的墙面上不应开设门、窗、洞口
6. 室外金属梯 （1）多层仓库、筒仓； （2）用作丁、戊类厂房内第二安全出口的楼梯	应符合室外楼梯的设计要求

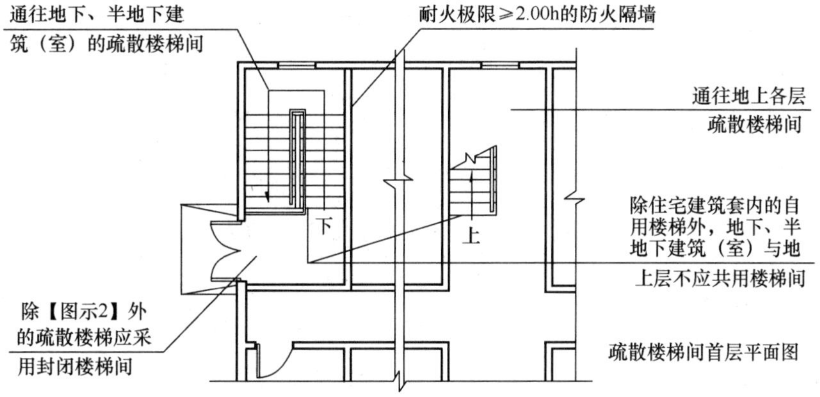
通往地下、半地下建筑（室）的疏散楼梯间
耐火极限≥2.00h的防火隔墙
通往地上各层疏散楼梯间
除住宅建筑套内的自用楼梯外，地下、半地下建筑（室）与地上层不应共用楼梯间
下
上
除【图示2】外的疏散楼梯应采用封闭楼梯间
疏散楼梯间首层平面图

(*a*)

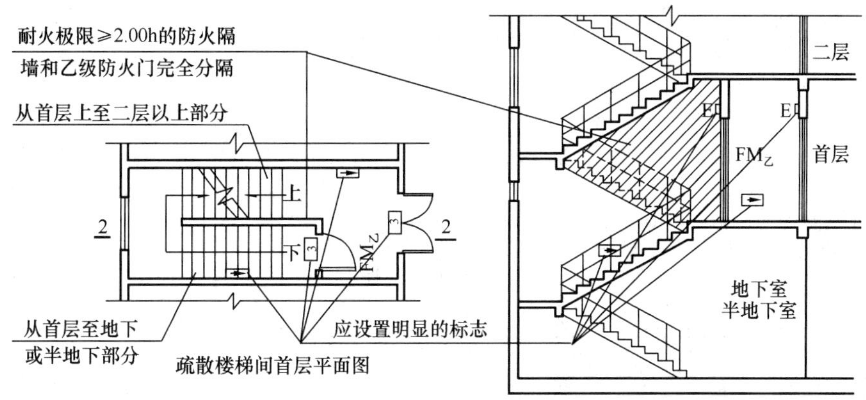
耐火极限≥2.00h的防火隔墙和乙级防火门完全分隔
从首层上至二层以上部分
上
下
2
2
FM_Z
从首层至地下或半地下部分
应设置明显的标志
疏散楼梯间首层平面图
二层
首层
地下室
半地下室

(*b*)

图 4.2.7-4 疏散楼梯间首层平面设计

（*a*）地上与地下楼梯分开设置；（*b*）地上与地下共用楼梯

6. 安全疏散设施

安 全 疏 散 设 施 **表 4.2.7-14**

<table>
<tr><td rowspan="5">(1) 疏散门</td><td>门的类型</td><td colspan="2">平开门（但丙、丁、戊类仓库首层靠墙外侧可采用推拉门或卷帘门）</td></tr>
<tr><td rowspan="2">开启方向</td><td colspan="2">应向疏散方向开启</td></tr>
<tr><td colspan="2">人数≤60 人且每樘门的平均疏散人数≤30 人的房间，其疏散门的开启方向可不限（甲、乙类生产车间除外）</td></tr>
<tr><td rowspan="2">其他</td><td colspan="2">疏散楼梯间的门完全开启时，不应减少楼梯平台的有效宽度</td></tr>
<tr><td colspan="2">人员密集场所的疏散门、设置门禁系统的住宅、宿舍、公寓的外门，应保证火灾时不用钥匙亦能从内部容易打开，并应在显著位置设置标识和使用提示</td></tr>
<tr><td>(2) 疏散走道</td><td colspan="3">在防火分区处应设置常开的甲级防火门</td></tr>
<tr><td rowspan="3">(3) 避难走道</td><td rowspan="2">直通地面的安全出口</td><td colspan="2">服务于多个防火分区：应≥2 个</td></tr>
<tr><td colspan="2">服务于 1 个防火分区：可只设 1 个（防火分区另有 1 个）</td></tr>
<tr><td>走道净宽</td><td colspan="2">应大于等于任一防火分区通向走道的设计疏散总净宽度</td></tr>
</table>

续表

(3) 避难走道	防烟前室	位置	防火分区至避难走道的出入口处
		面积	使用面积应≥6m^2
		前室门	开向前室的门应为甲级防火门
			前室开向避难走道的门应为乙级防火门
	室内装修材料的燃烧性能应为 A 级		
	走道楼板的耐火极限应≥1.5h		
	走道隔墙的耐火极限应≥3.0h		
	消防设施	消火栓、消防应急照明、应急广播、消防专线电话	
	适用范围	用于解决大型建筑中疏散距离过长或难以设置直通室外的安全出口等问题	
		作用与防烟楼梯间类似，只要进入避难走道即视为安全	

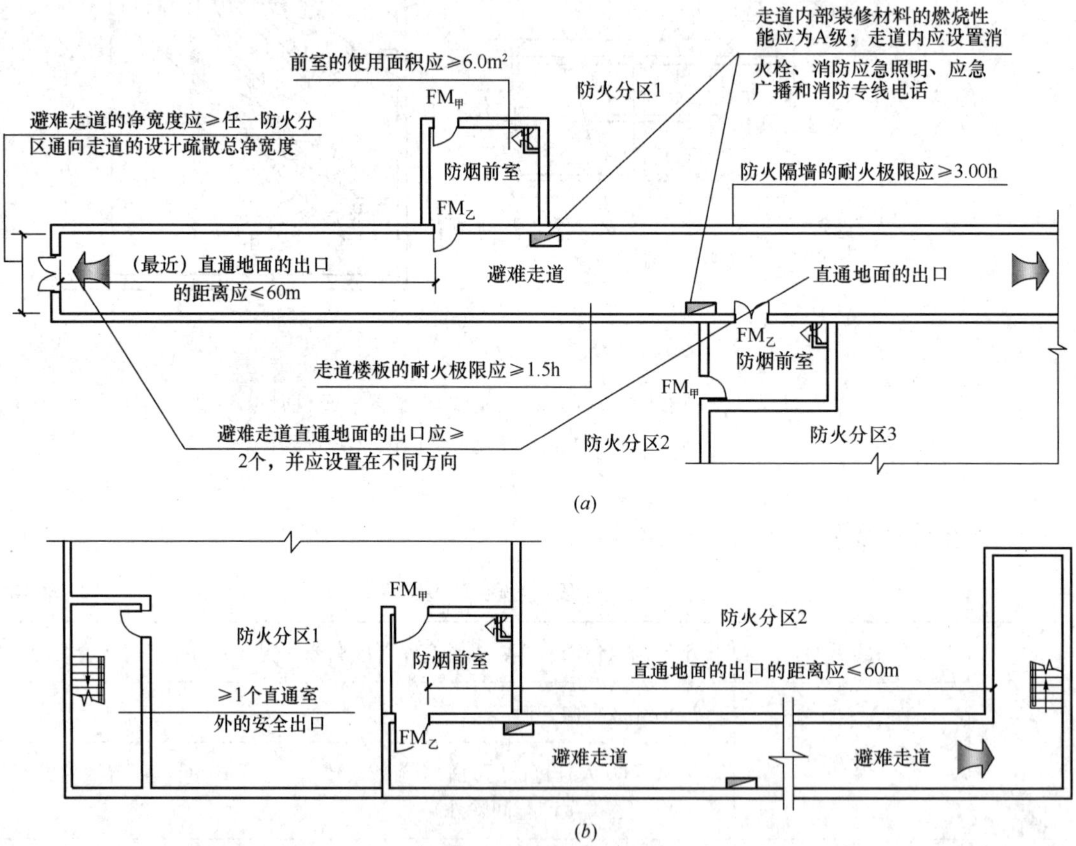

走道内部装修材料的燃烧性能应为A级；走道内应设置消火栓、消防应急照明、应急广播和消防专线电话
前室的使用面积应≥6.0m²
FM甲
防火分区1
避难走道的净宽度应≥任一防火分区通向走道的设计疏散总净宽度
防烟前室
防火隔墙的耐火极限应≥3.00h
FM乙
(最近) 直通地面的出口的距离应≤60m
避难走道
直通地面的出口
FM乙
防烟前室
走道楼板的耐火极限应≥1.5h
FM甲
避难走道直通地面的出口应≥2个，并应设置在不同方向
防火分区2
防火分区3
(a)
FM甲
防火分区1
防烟前室
≥1个直通室外的安全出口
FM乙
防火分区2
直通地面的出口的距离应≤60m
避难走道
避难走道
(b)

图 4.2.7-5 避难走道

(4) 防火隔间	适用范围	只能作为相邻两个独立使用场所的人员通行使用，内部不应布置任何其他设施
	建筑面积应≥6m^2	
	门—甲级防火门（主要用于连通用途，不能作为火灾时安全疏散用）	
	防火隔墙上两个门的最小间距应≥4m	
	室内装修材料燃烧性能等级应为 A 级	
	通向防火隔间的门不应计入安全出口的数量和疏散宽度	

续表

<table>
<tr><td>（4）防火隔间</td><td colspan="4">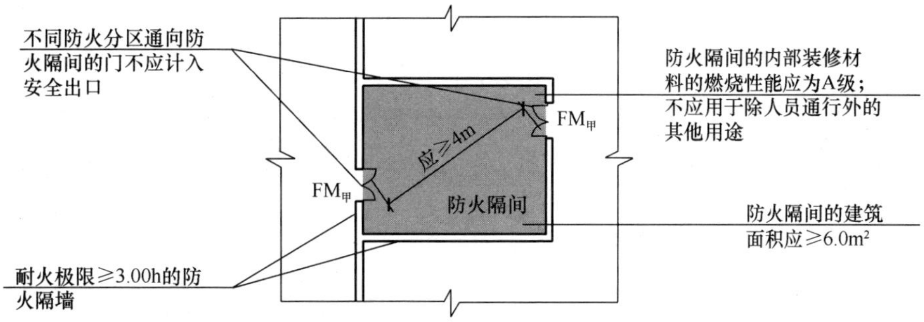
不同防火分区通向防火隔间的门不应计入安全出口
防火隔间的内部装修材料的燃烧性能应为A级；不应用于除人员通行外的其他用途
FM甲
应≥4m
FM甲
防火隔间
防火隔间的建筑面积应≥6.0m^2
耐火极限≥3.00h的防火隔墙
图 4.2.7-6　防火隔间</td></tr>
<tr><td rowspan="15">（5）下沉式广场</td><td rowspan="2">功能用途</td><td colspan="3">主要用于将大型地下商店分隔为多个相对独立的区域</td></tr>
<tr><td colspan="3">一旦某个区域着火且失控时，下沉式广场能防止火灾蔓延至其他区域</td></tr>
<tr><td rowspan="4">室外开敞空间的开口最近边缘之间的水平距离 S</td><td colspan="2">建筑面积≥20000m^2</td><td>S≥13m</td></tr>
<tr><td rowspan="3">建筑面积＜20000m^2</td><td>外墙为难燃或可燃</td><td>防火墙应外凸＞0.4m，且防火墙两侧的外墙均应为宽度 S≥2.0m 的不燃墙体</td></tr>
<tr><td>外墙为不燃体</td><td>防火墙可不外凸，但紧靠防火墙两侧的门窗、洞口之间的最近边缘水平距离 S 应≥2.0m（采用乙级防火窗者可不受此限）</td></tr>
<tr><td>防火墙位置及措施</td><td>不宜设在转角处，当设在转角处时，内转角两侧墙上的门窗、洞口之间最近边缘的水平距离 S 应≥4.0m（采用乙级防火窗者可不受此限）</td></tr>
<tr><td>室外开敞空间用于人员疏散的净面积</td><td colspan="3">应≥169m^2（不包括水池、景观等面积）</td></tr>
<tr><td rowspan="2">直通地面的疏散楼梯</td><td>楼梯数量</td><td colspan="2">≥1 部</td></tr>
<tr><td>总净宽度</td><td colspan="2">≥任一防火分区通向室外开敞空间的设计疏散总净宽度</td></tr>
<tr><td>禁止布置其他设施</td><td colspan="3">不能布置任何经营性商业设施或其他可能引起火灾的设施物体</td></tr>
<tr><td rowspan="2">不同防火分区通向下沉式广场的门窗之间的水平距离</td><td colspan="3">位于同一面墙的门窗：≤2m</td></tr>
<tr><td colspan="3">位于转角处的门窗：≤4m</td></tr>
<tr><td rowspan="3">竖向风雨挡板（墙）设计要求</td><td colspan="3">不应完全封闭、应能保证火灾烟气快速自然排放</td></tr>
<tr><td colspan="3">四周开口部位应均匀布置，开口面积≥室外开敞空间地面面积的 1/4，开口高度≥1.0m</td></tr>
<tr><td colspan="3">开口设置百叶时，其有效排烟面积应＝百叶通风口面积的 60％</td></tr>
</table>

续表

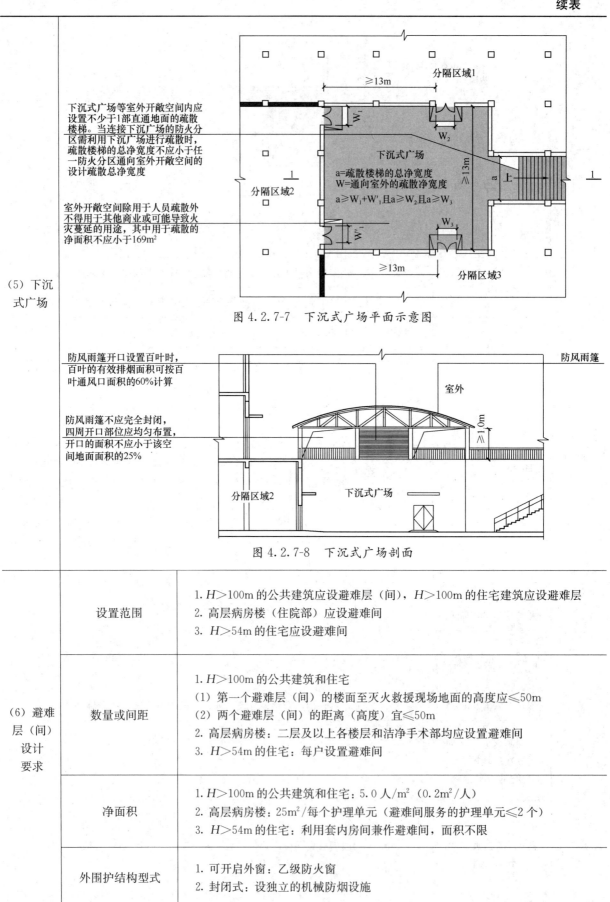

<table>
<tr><td>(5) 下沉式广场</td><td colspan="2">
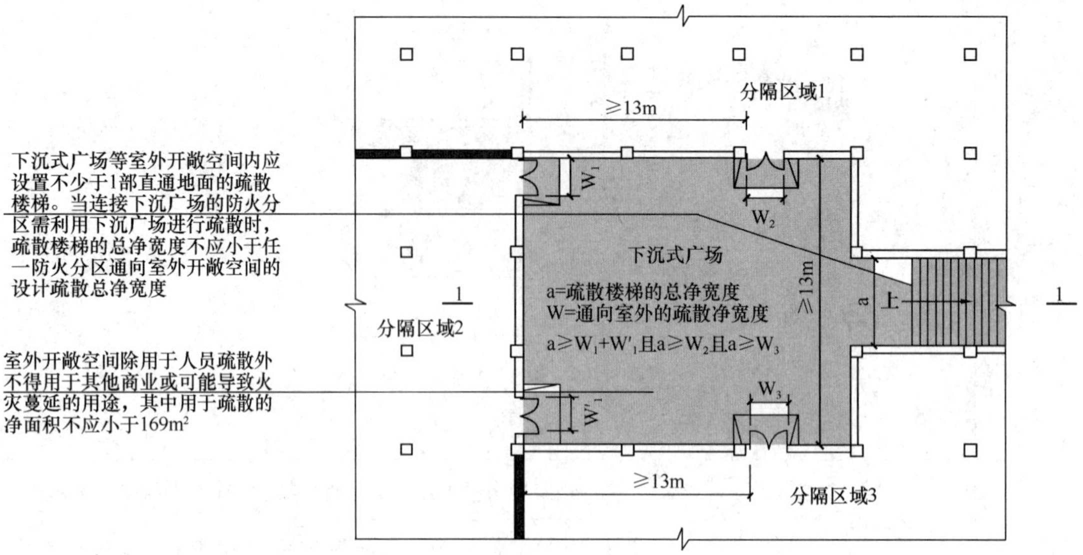
下沉式广场等室外开敞空间内应设置不少于1部直通地面的疏散楼梯。当连接下沉广场的防火分区需利用下沉广场进行疏散时，疏散楼梯的总净宽度不应小于任一防火分区通向室外开敞空间的设计疏散总净宽度
室外开敞空间除用于人员疏散外不得用于其他商业或可能导致火灾蔓延的用途，其中用于疏散的净面积不应小于169m²
≥13m
分隔区域1
分隔区域2
分隔区域3
下沉式广场
a=疏散楼梯的总净宽度
W=通向室外的疏散净宽度
a≥W1+W'1且a≥W2且a≥W3
W1
W'1
W2
W3
≥13m
a
上
1
1

图 4.2.7-7　下沉式广场平面示意图

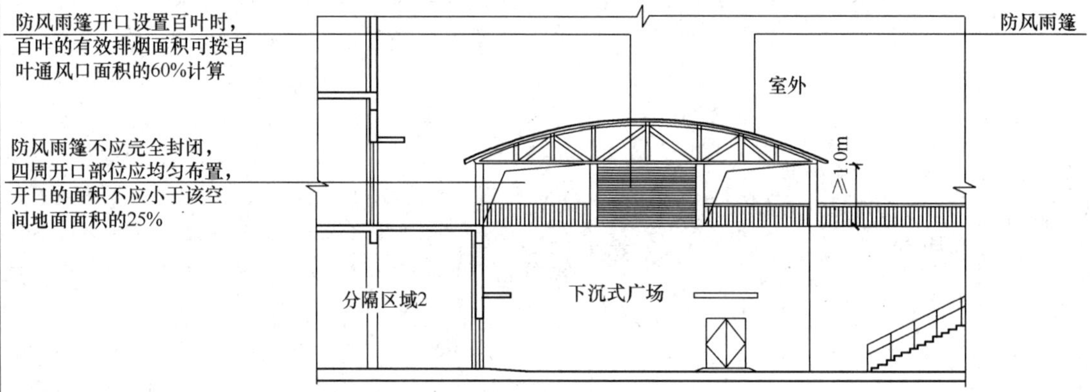
防风雨篷开口设置百叶时，百叶的有效排烟面积可按百叶通风口面积的60%计算
防风雨篷不应完全封闭，四周开口部位应均匀布置，开口的面积不应小于该空间地面面积的25%
防风雨篷
室外
≥1.0m
分隔区域2
下沉式广场

图 4.2.7-8　下沉式广场剖面
</td></tr>
<tr><td rowspan="4">(6) 避难层（间）设计要求</td><td>设置范围</td><td>1. H>100m 的公共建筑应设避难层（间），H>100m 的住宅建筑应设避难层
2. 高层病房楼（住院部）应设避难间
3. H>54m 的住宅应设避难间</td></tr>
<tr><td>数量或间距</td><td>1. H>100m 的公共建筑和住宅
(1) 第一个避难层（间）的楼面至灭火救援现场地面的高度应≤50m
(2) 两个避难层（间）的距离（高度）宜≤50m
2. 高层病房楼：二层及以上各楼层和洁净手术部均应设置避难间
3. H>54m 的住宅：每户设置避难间</td></tr>
<tr><td>净面积</td><td>1. H>100m 的公共建筑和住宅：5.0 人/m²（0.2m²/人）
2. 高层病房楼：25m²/每个护理单元（避难间服务的护理单元≤2 个）
3. H>54m 的住宅：利用套内房间兼作避难间，面积不限</td></tr>
<tr><td>外围护结构型式</td><td>1. 可开启外窗：乙级防火窗
2. 封闭式：设独立的机械防烟设施</td></tr>
</table>

续表

（6）避难层（间）设计要求	其他设计要求	1. 通向避难层的疏散楼梯应在避难层分隔，同层错位或上层断开 2. 避难层可兼作设备层；设备管道宜集中布置，易燃可燃液体或气体管道和排烟管道应集中布置并应采用耐火极限≥3.00h 防火隔墙与避难区分隔；管道井和设备间应采用耐火极限≥2h 的防火隔墙与避难区分隔；设备间的门应采用甲级防火门，且与避难层出入口的距离应≥5m，管道井的门不应直接开向避难区 3. 应设置消防电梯出口、消火栓、消防软管卷盘、消防专线电话和应急广播、指示标志 4. 高层病房楼的避难间应靠近楼梯间，并采用耐火极限为 2h 防火隔墙和甲级防火门 5. H>54m 的住宅内避难间应靠外墙，并设可开启外窗，门采用乙级防火门

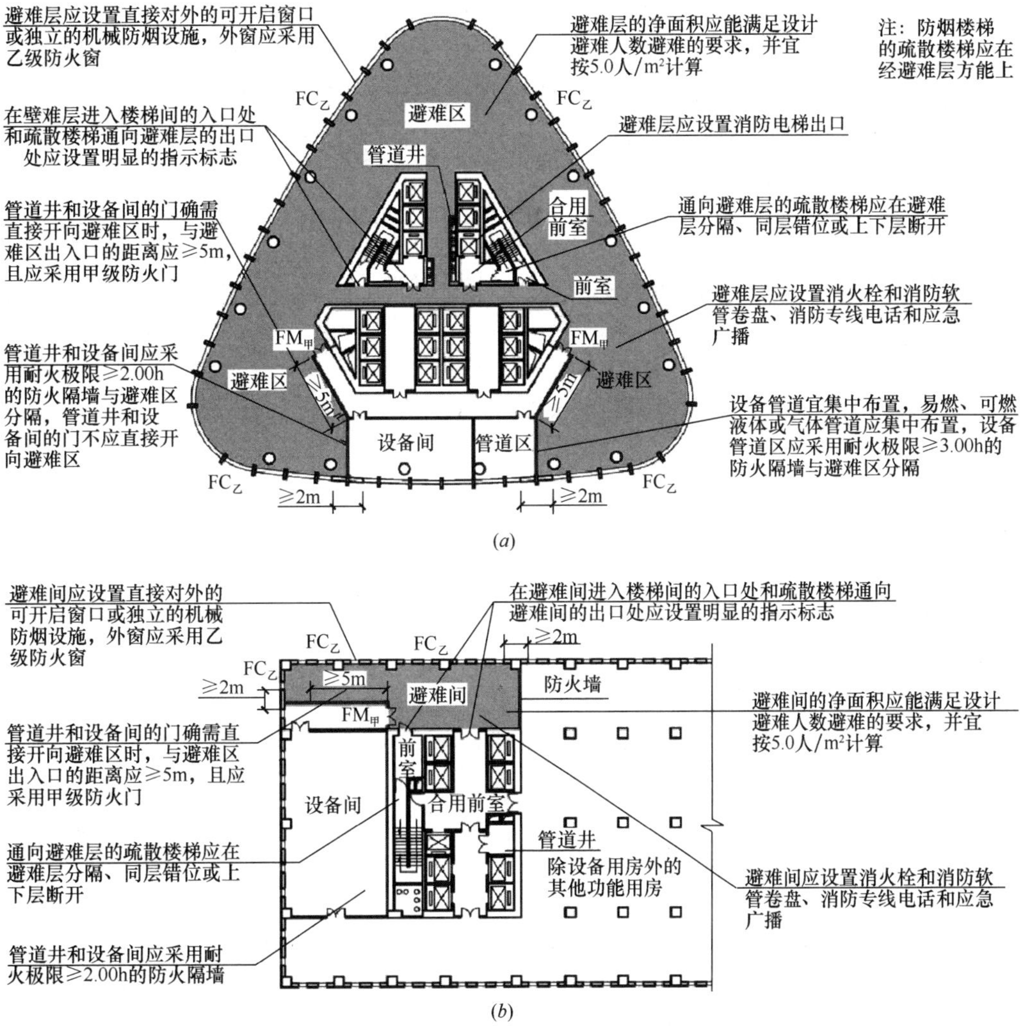

避难层应设置直接对外的可开启窗口或独立的机械防烟设施，外窗应采用乙级防火窗
避难层的净面积应能满足设计避难人数避难的要求，并宜按5.0人/m²计算
注：防烟楼梯的疏散楼梯应在经避难层方能上
FC乙
避难区
在壁难层进入楼梯间的入口处和疏散楼梯通向避难层的出口处应设置明显的指示标志
避难层应设置消防电梯出口
管道井
合用前室
管道井和设备间的门确需直接开向避难区时，与避难区出入口的距离应≥5m，且应采用甲级防火门
通向避难层的疏散楼梯应在避难层分隔、同层错位或上下层断开
前室
避难层应设置消火栓和消防软管卷盘、消防专线电话和应急广播
FM甲
管道井和设备间应采用耐火极限≥2.00h的防火隔墙与避难区分隔，管道井和设备间的门不应直接开向避难区
≥5m
设备间
管道区
设备管道宜集中布置，易燃、可燃液体或气体管道应集中布置，设备管道区应采用耐火极限≥3.00h的防火隔墙与避难区分隔
≥2m
(a)
避难间应设置直接对外的可开启窗口或独立的机械防烟设施，外窗应采用乙级防火窗
在避难间进入楼梯间的入口处和疏散楼梯通向避难间的出口处应设置明显的指示标志
避难间
防火墙
避难间的净面积应能满足设计避难人数避难的要求，并宜按5.0人/m²计算
管道井和设备间的门确需直接开向避难区时，与避难区出入口的距离应≥5m，且应采用甲级防火门
前室
设备间
合用前室
管道井
通向避难层的疏散楼梯应在避难层分隔、同层错位或上下层断开
除设备用房外的其他功能用房
避难间应设置消火栓和消防软管卷盘、消防专线电话和应急广播
管道井和设备间应采用耐火极限≥2.00h的防火隔墙
(b)

图 4.2.7-9　避难层（间）平面示意图

（*a*）避难层；（*b*）避难间

续表

(6) 避难层（间）设计要求	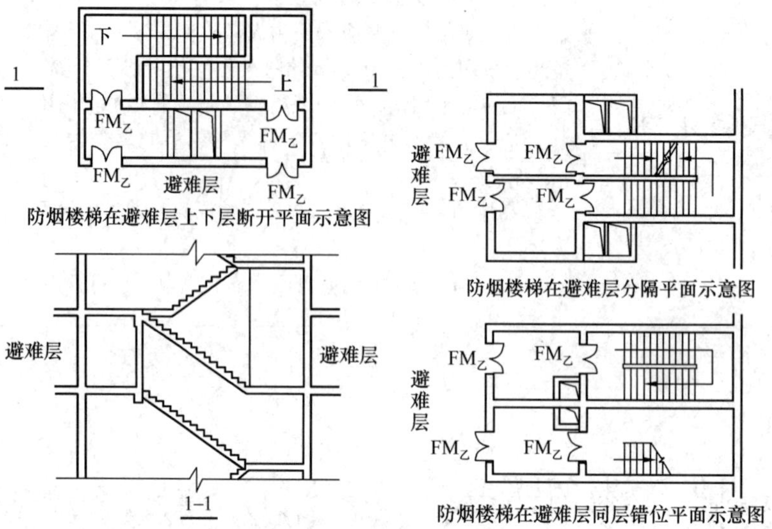下 上 1 1 FMZ 避难层 防烟楼梯在避难层上下层断开平面示意图 避难层 避难层 1-1 避难层 防烟楼梯在避难层分隔平面示意图 防烟楼梯在避难层同层错位平面示意图 图 4.2.7-10　防火楼梯在避难层分隔示意图 注：通向避难层（间）的疏散楼梯应在避难层分隔、同层错位或上下层断开，但人员必须经避难层（间）方能上下。

注：(1) 本表根据《建筑设计防火规范》5.5.23，5.5.24，5.5.32 条规定整理而成。

(2) 本节的所有图示均取自《建筑设计防火规范图示》（中国建筑标准设计研究院）。

4.3 防 火 构 造

4.3.1 防火墙

防 火 墙　　表 4.3.1

1. 定义及耐火极限	设在两个相邻水平防火分区之间或两栋建筑之间，且耐火极限≥3.0h 的不燃烧实心墙
2. 防火墙的位置	应直接设在建筑物基础或梁板等承重结构上
	应隔断至屋面结构层的底面
	当高层厂房（仓库）屋面的耐火极限<1.0h，其他建筑屋面的耐火极限<0.5h 时，防火墙应高出屋面 0.5m 以上
	应从楼地面隔断至梁板底面
	不宜设在转角处
3. 防火墙两侧的门窗洞口之间的最近边缘的水平距离（窗间墙宽度）	紧靠防火墙两侧的窗间墙宽度应≥2m
	位于防火墙内转角两侧的窗间墙宽度应≥4m
	采用乙级防火窗时，上述距离不可限

续表

4. 管道穿防火墙	可燃气体、甲乙丙类液体的管道严禁穿防火墙
	防火墙内不应设置排气道
	其他管道穿过防火墙时，应采用防火封堵材料嵌缝
	穿过防火墙处的管道的保温材料应采用不燃材料
	当管道为难燃或可燃材料时，应在防火墙两侧的管道上采取防火阻隔措施
5. 防火墙其他要求	防火墙上不应开设门、窗、洞口，必须开设时，应设置不可开启或火灾时能自动关闭的甲级防火门、窗
	建筑外墙为难燃或可燃墙体时，防火墙应凸出墙外表面 0.4m 以上
	建筑外墙为不燃墙体时，防火墙可不凸出墙的外表面
	防火墙中心线水平距离天窗端面＜4.0m，且天窗端面为可燃材料时，应采取防火措施

4.3.2 防火隔墙

防 火 隔 墙 **表 4.3.2**

1. 定义	防止火灾蔓延至相邻区域且耐火极限不低于规定要求（1.0h～3.0h）的不燃烧实心墙	
2. 适用范围	剧场等建筑的舞台与观众厅之间的隔墙	耐火极限≥3.0h
	舞台上部与观众厅闷顶之间的隔墙	耐火极限≥1.5h
	电影放映室、卷片室与其他部位之间的隔墙	
	舞台下部的灯光操作室、可燃物储藏室与其他部位的隔墙	耐火极限≥2.0h
	医疗建筑内的产房、手术室、重症监护室、精密贵重医疗设备用房、储藏间、实验室、胶片室等与其他部位的隔墙（耐火极限≥2.0h）	
	附设在建筑内的托幼儿童用房、儿童活动场所（耐火极限≥2.0h）	
	老年人用房及活动场所（耐火极限≥2.0h）	
	甲、乙类生产部位、建筑内使用丙类液体的部位	耐火极限≥2.0h
	厂房内有明火和高温的部位	
	甲乙丙类厂房（仓库）内布置有不同火灾危险性类别的房间	
	民用建筑内的附属库房、剧场后台的辅助用房	
	除居住建筑中套内的厨房外，宿舍、公寓建筑中的公共厨房其他建筑内的厨房；附设在住宅建筑内的汽车库（确有困难时，可采用特级防火卷帘）	
	一、二级耐火等级建筑的门厅	
	附设在建筑内的消防控制室、灭火设备室、消防水泵房、变配电室、空调机房（耐火极限≥2.0h）	
	设置在丁、戊类厂房内的通风机房（耐火极限≥1.0h）	
3. 防火隔墙上的门窗	乙级防火门窗	

4.3.3 窗槛墙、防火挑檐、窗间墙、外墙防火隔板、幕墙防火

窗槛墙、防火挑檐、窗间墙、外墙防火隔板、幕墙防火　　表 4.3.3

窗槛墙	外墙上、下层开口之间的窗槛墙高度应≥1.2m（无自动喷淋）或≥ 0.8m（有自动喷淋）
	当不符合上述规定时，外窗应采用乙级防火窗或防火挑檐
防火挑檐 防火玻璃墙	当上、下层开口之间设置实体墙有困难时，可设置防火挑檐或防火玻璃墙来代替
	防火挑檐挑出宽度应≥1.0m，长度应≥开口宽度；防火玻璃墙的耐火完整性应≥1.0h（高层）或 0.5h（多层）
窗间墙、外墙 防火隔板	两个相邻拼接的住宅单元的窗间墙宽度应≥2m
	住宅建筑外墙户与户的水平开口之间的窗间墙宽度应≥1.0m
	小于 1.0m 时，应在窗间墙处设置凸出外墙≥0.6m 的防火隔板
幕墙防火	应在每层楼板外沿设置高度≥0.8m（有自动灭火）～1.2m（无自动灭火）的不燃实心墙或防火玻璃墙
	幕墙与每层楼板，隔墙处的缝隙应采用防火材料封堵

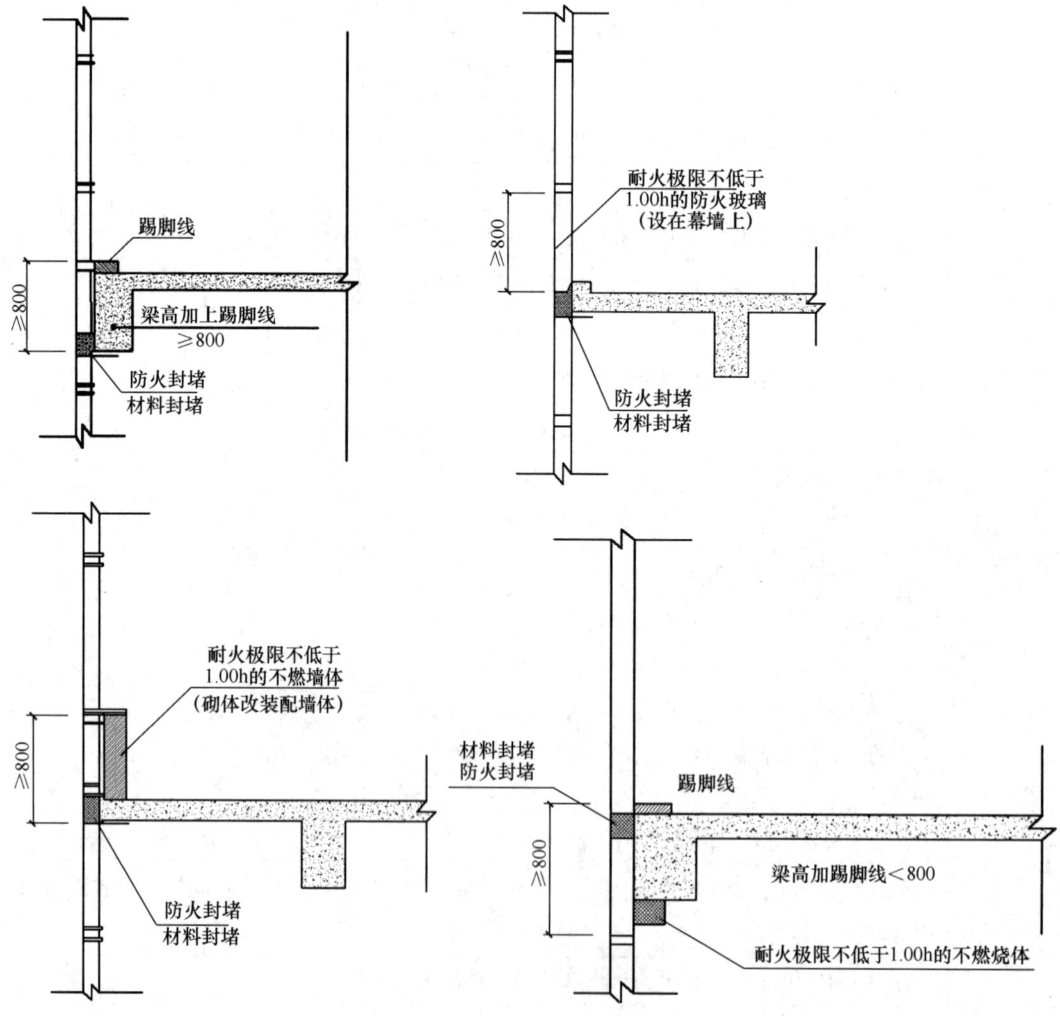
踢脚线
≥800
梁高加上踢脚线
≥800
防火封堵
材料封堵
耐火极限不低于
1.00h的防火玻璃
(设在幕墙上)
≥800
防火封堵
材料封堵
耐火极限不低于
1.00h的不燃墙体
(砌体改装配墙体)
≥800
防火封堵
材料封堵
材料封堵
防火封堵
踢脚线
≥800
梁高加踢脚线<800
耐火极限不低于1.00h的不燃烧体

图 4.3.3　几种防火封堵节点详图（一）

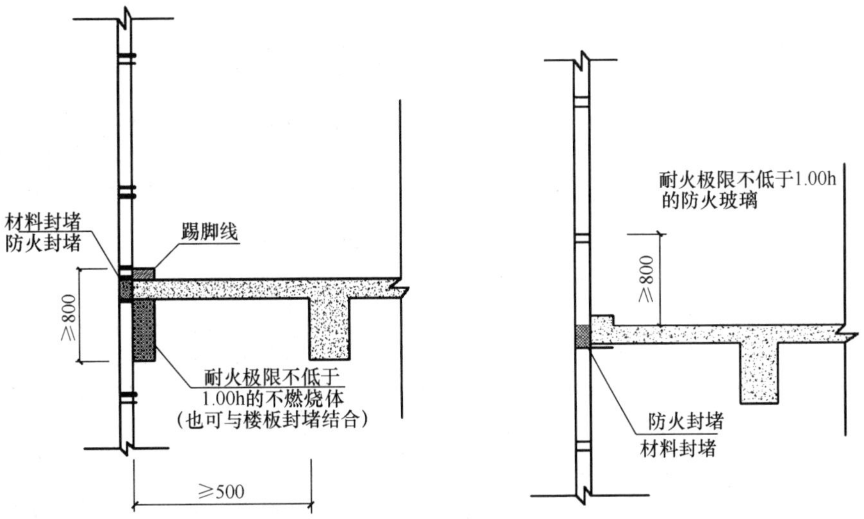

材料封堵
防火封堵
踢脚线
≥800
耐火极限不低于
1.00h的不燃烧体
（也可与楼板封堵结合）
≥500
耐火极限不低于1.00h
的防火玻璃
≥800
防火封堵
材料封堵

图 4.3.3　几种防火封堵节点详图（二）

4.3.4　管道井、排烟（气）道、垃圾道、变形缝防火

管道井、排烟（气）道、垃圾道、变形缝防火　　表 4.3.4

管道井	检查门	丙级防火门
	防火封堵	应在每层楼板处采用混凝土等不燃材料层层封堵
垃圾道	宜靠外墙布置；垃圾道井壁的耐火极限应≥1.0h	
	排气口应直接开向室外，垃圾斗宜设置在垃圾道前室内	
	前室门应采用丙级防火门，垃圾斗应为不燃材料且能自行关闭	
变形缝	变形缝的构造基层和填充材料应采用不燃材料	
	管道不宜穿过变形缝；必须穿过时，应在穿过处加设不燃管套，并应采用防火材料封堵	

4.3.5　屋面、外墙保温材料防火性能及做法规定

屋面、外墙保温材料防火性能及做法规定　　表 4.3.5

1. 屋面	（1）屋面外保温系统	屋面板耐火极限≥1.0h，B_2级	应采用不燃材料作保护层，厚度≥10mm（A 级保温材料可不做防火保护层）
		屋面板耐火极限<1.0h，B_1级	
	（2）屋面与外墙的防火分隔	当屋面和外墙均采用 B_1、B_2级保温材料时，应采用宽度≥500mm 的不燃材料作防火隔离带将其分隔	
2. 外墙	（1）外墙内保温	人员密集场所，用火、油、气等燃料危险场所，楼梯间、避难走道、避难层（间）	A 级，不燃材料保护层，厚度不限
		其他建筑、场所或部位	B_1级，不燃材料保护层≥10mm
	（2）外墙无空腔复合保温	应采用 B_1、B_2级，保温材料两侧的墙体应采用不燃材料且厚度≥50mm	

续表

<table>
<tr><td rowspan="14">2. 外墙</td><td rowspan="10">(3) 外墙外保温</td><td rowspan="7">无空腔</td><td colspan="2">人员密集场所建筑</td><td colspan="2">A级（任何情况下）</td></tr>
<tr><td rowspan="3">住宅</td><td>$H<27$m</td><td>$\geqslant B_1$级</td><td rowspan="2">每层设置防火隔离带外墙门窗耐火完整性≥0.5h</td></tr>
<tr><td>27m$<H\leqslant$100m</td><td>$\geqslant B_2$级</td></tr>
<tr><td>$H>100$m</td><td colspan="2">A级</td></tr>
<tr><td rowspan="3">其他建筑</td><td>$H\leqslant 24$m</td><td>$\geqslant B_2$级</td><td rowspan="2">每层设置防火隔离带外墙门窗耐火完整性≥0.5h</td></tr>
<tr><td>24m$<H\leqslant$50m</td><td>$\geqslant B_1$级</td></tr>
<tr><td>$H>50$m</td><td colspan="2">A级</td></tr>
<tr><td rowspan="3">有空腔</td><td colspan="2">人员密集场所建筑</td><td colspan="2">A级（任何情况下）</td></tr>
<tr><td rowspan="2">住宅及其他建筑</td><td>$H\leqslant 24$m</td><td colspan="2">$\geqslant B_1$级，每层设置防火隔离带</td></tr>
<tr><td>$H>24$m</td><td colspan="2">A级</td></tr>
<tr><td>(4) 防火隔离带</td><td colspan="5">A级材料，高度≥300mm</td></tr>
<tr><td>(5) 保温材料保护层厚度</td><td colspan="5">B_1、B_2级保温材料：不燃材料保护层厚度——首层应≥15mm，其他层应≥5mm（A级保温材料未作规定）</td></tr>
<tr><td colspan="3">(6) 外保温系统与墙体装饰层之间的空腔</td><td colspan="3">在每层楼板处采用防火材料封堵</td></tr>
<tr><td>(7) 外墙装饰层</td><td colspan="5">应采用燃烧性能为A级的材料（当$H\leqslant 50$m时，可采用B_1级材料）</td></tr>
</table>

注：当住宅建筑与其他功能合建时，住宅部分的外保温系统按照住宅的建筑高度确定，非住宅部分按照公共建筑（其他建筑）的要求确定。

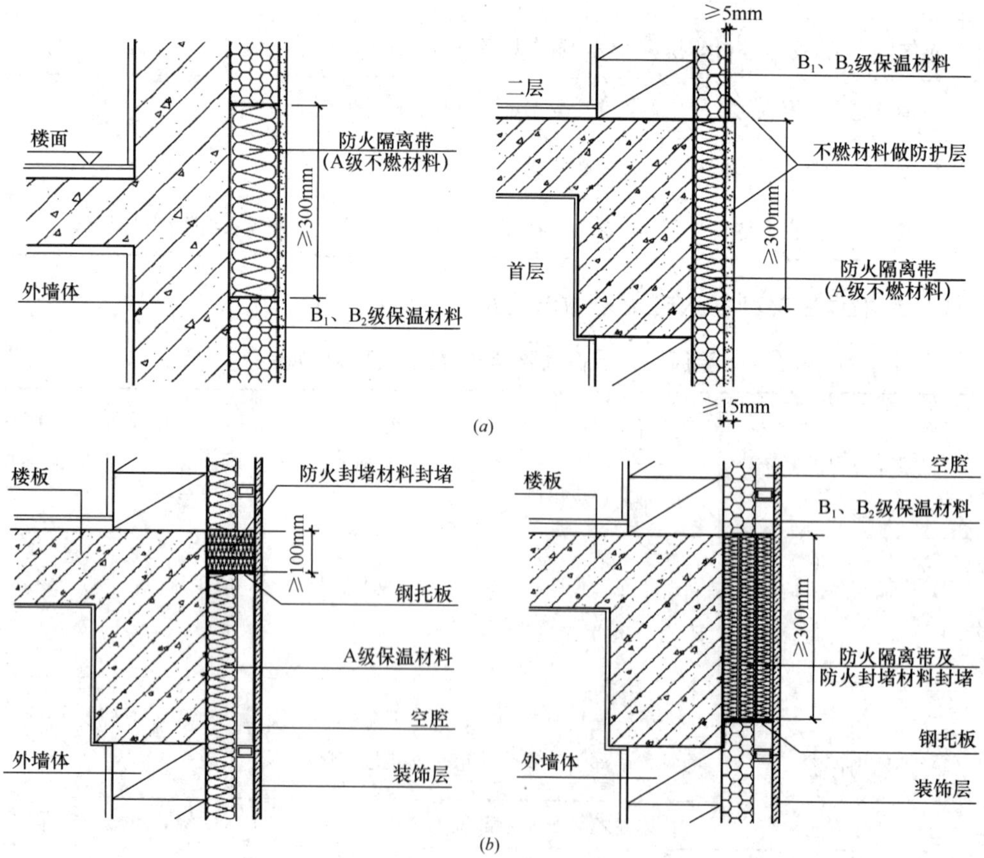
楼面
防火隔离带
(A级不燃材料)
≥300mm
外墙体
B_1、B_2级保温材料
≥5mm
二层
B_1、B_2级保温材料
不燃材料做防护层
≥300mm
首层
防火隔离带
(A级不燃材料)
≥15mm
(a)
楼板
防火封堵材料封堵
≥100mm
钢托板
A级保温材料
空腔
外墙体
装饰层
楼板
空腔
B_1、B_2级保温材料
≥300mm
防火隔离带及
防火封堵材料封堵
钢托板
外墙体
装饰层
(b)

图 4.3.5-1 外墙防火隔离带

(a) 无空腔；(b) 有空腔

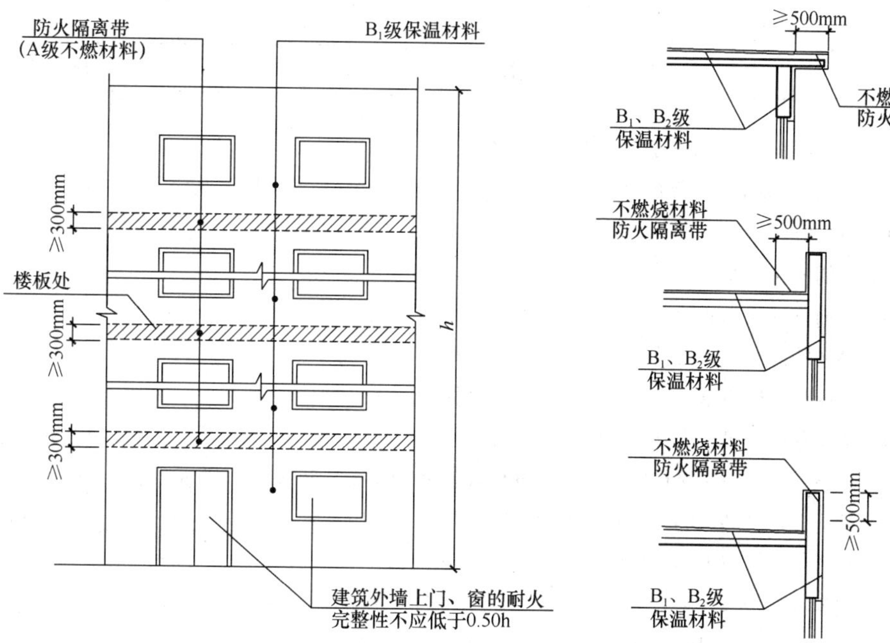

防火隔离带
(A级不燃材料)
B_1级保温材料
≥300mm
楼板处
≥300mm
≥300mm
h
建筑外墙上门、窗的耐火
完整性不应低于0.50h
≥500mm
B_1、B_2级
保温材料
不燃烧材料
防火隔离带
不燃烧材料
防火隔离带
≥500mm
B_1、B_2级
保温材料
不燃烧材料
防火隔离带
≥500mm
B_1、B_2级
保温材料

外墙防火隔离带立面示意图

图 4.3.5-2 屋面与外墙的防火隔离带

4.3.6 防火门窗及防火卷帘

防火门窗及防火卷帘 **表 4.3.6**

级别	适用范围	设计要求
甲级防火门窗（1.5h）	（1）凡防火墙上的门窗； （2）锅炉房、变压器室、柴油发电机房、变配电室、储油间、消防电梯机房、空调机房、避难层内的设备间的门窗； （3）与中庭相连通的门窗； （4）高层病房楼避难间的门； （5）防火隔间的门； （6）疏散走道在防火分区处的门； （7）开向防烟前室通往避难走道的第一道门； （8）耐火等级为一级的多层纺织厂房和耐火等级为二级的单、多层纺织厂房内的防火隔墙上的门窗； （9）储存丙类液体燃料储罐中间罐的房间门； （10）有爆炸危险区域内楼梯间、室外楼梯或相邻区域连通处的门斗的防火隔墙上的门； （11）用于分隔总建筑面积＞20000m^2 的地下、半地下商店的防烟楼梯间的门	1. 防火门设计要求 （1）经常有人通行的防火门宜采用常开防火门，并应能在火灾时自行关闭，且应具有信号反馈的功能； （2）非经常有人通行的防火门应采用常闭防火门； （3）应具有自动关闭功能（管道井门和住宅户门除外），双扇防火门应具有按顺序自动关闭的功能； （4）应能在内外两侧手动开启（人员密集场所需控制人员随意出入的疏散门和需设置门禁系统的住宅、宿舍、公寓建筑的外门除外）； （5）设置在变形缝附近的防火门，应靠近楼层较多的一侧，并应保证防火门开启时不跨越变形缝； （6）应符合国标《防火门》GB 12955 的规定
乙级防火门窗（1.0h）	（1）凡防火隔墙上的门窗（个别甲级除外）； （2）封闭楼梯间、防烟楼梯间及其前室、合用前室的门； （3）27m＜H≤54m，且每个单元只设置一部疏散楼梯的住宅的户门； （4）H≤33m，且采用非封闭楼梯间的住宅的户门； （5）H＞33m 的住宅的户门； （6）公建、住宅、病房楼避难层（间）的外门窗； （7）歌舞娱乐场所（不含剧场、电影院）房门及与其他部位相通的门；	

续表

级别	适用范围	设计要求
乙级 防火门窗 (1.0h)	(8) 仓库内每个防火分区通向疏散走道或楼梯的门； (9) 除一、二级耐火等级的多层戊类仓库外，其他仓库的室外提升设施通向仓库入口上的门（也可用防火卷帘）； (10) 封闭楼梯间及首层扩大封闭楼梯间的门； (11) 通向室外楼梯的门； (12) 消防控制室、灭火设备室、消防水泵房的门； (13) 窗槛墙高度不够，又未做防火挑板的外窗； (14) 双层幕墙中可开启外窗（内层）； (15) 地下、半地下室楼梯间在首层与其他部位的防火隔墙上的门； (16) 地上、地下共用的楼梯间在首层的防火隔墙上的门； (17) 避难走道入口处的防烟前室开向避难走道的门； (18) 建筑内附设汽车库的电梯候梯厅与汽车库的防火隔墙上的门； (19) 剧场等建筑的舞台上部与观众厅闷顶之间的防火隔墙上的门； (20) 医院的产房、手术室、重症监护室、精密仪器室、储藏室、实验室、胶片室，附设在建筑内的托、幼、儿童用房、儿童活动场所、老年人活动场所与其他部位的防火隔墙上的门窗	2. 防火窗设计要求 (1) 设置在防火墙、防火隔墙的防火窗，应采用固定窗扇或具有火灾时能自行关闭的功能； (2) 防火窗应符合国标《防火窗》GB 16809 的规定
丙级 (0.5h)	(1) 管道井检修门； (2) 垃圾道前室的门	
防火卷帘 (2h～3h)	(1) 中庭与周围相连通空间的防火分隔； (2) 仓库的室内外提升设施通向仓库的入口（也可用乙级防火门）； (3) 各种场馆高大空间的防火分区之间采用防火墙确有困难时	(1) 防火卷帘的宽度（中庭除外） a. 防火分隔部位宽度 $B\leqslant 30m$ 时，防火卷帘的宽度 $b\leqslant 10m$； b. 防火分隔部位宽度 $B>30m$ 时，$b\leqslant B/3\leqslant 20m$。 (2) 当防火卷帘（如复合型特级防火卷帘）的耐火完整性和耐火隔热性符合规定要求（耐火时间≥3h，耐热温度≥140℃），可不设置水幕保护；否则应设水幕保护（如普通防火卷帘）； (3) 应具有防烟性能，与楼板、墙、梁、柱之间的空隙应采取防火封堵； (4) 火灾时应能自动降落； (5) 其他应符合国标《防火卷帘》GB 14102 的要求

4.4 灭 火 救 援 设 施

4.4.1 消防车道

消 防 车 道 表 4.4.1

<table>
<tr><td rowspan="7">1. 应设环形消防车道（或沿建筑物的两个长边设置消防车道）</td><td>高层民用建筑</td></tr>
<tr><td>>3000 座的体育馆</td></tr>
<tr><td>>2000 座的会堂</td></tr>
<tr><td>占地面积>3000m² 的商店建筑、展览建筑等单、多层公共建筑</td></tr>
<tr><td>高层厂房</td></tr>
<tr><td>占地面积>3000m² 的甲、乙、丙类厂房</td></tr>
<tr><td>占地面积>1500m² 的乙、丙类仓库</td></tr>
<tr><td rowspan="2">2. 沿建筑的一个长边设置消防车道（该长边应为消防登高面位置）</td><td>住宅建筑</td></tr>
<tr><td>山坡地或河道边临空建造的高层建筑</td></tr>
<tr><td rowspan="2">3. 应设穿过建筑物的消防车道（或设环形消防车道）</td><td>建筑物沿街长度>150m</td></tr>
<tr><td>建筑物总长度>220m</td></tr>
<tr><td>4. 宜设进入内院天井的消防车道</td><td>有封闭内院或天井的建筑物，其短边长度>24m 时</td></tr>
<tr><td>5. 应设连通街道和内院的人行通道</td><td>有封闭内院或天井的建筑物沿街时，其间距宜≤80m（可利用楼梯间）</td></tr>
<tr><td colspan="2">6. 供消防车通行的街区内道路，其道路中心线的间距宜≤160m</td></tr>
<tr><td>7. 宜设环形消防车道的堆场和储罐区</td><td><table>
<tr><td>堆场或储罐区</td><td>棉、麻、毛、化纤</td><td>秸秆、芦苇</td><td>木材</td><td>甲、乙、丙、丁类液体储罐</td><td>液化石油气储罐</td><td>可燃气体储罐</td></tr>
<tr><td>储量</td><td>>1000t</td><td>>5000t</td><td>>5000m³</td><td>>1500m³</td><td>>500m³</td><td>>30000m²</td></tr>
</table></td></tr>
<tr><td rowspan="2">8. 应设置与环形消防车道相通的中间消防车道</td><td>占地面积>30000m² 的可燃材料堆场</td></tr>
<tr><td>消防车道的间距宜≤150m</td></tr>
</table>

续表

9. 宜在环形消防车道之间设置连通的消防车道	液化石油气储罐区		
	甲、乙、丙类液体储罐区		
	可燃气体储罐区		
10. 消防车道边缘与相关点的距离	与可燃材料堆垛应≥5m		
	与供消防车的取水点宜≤2m		
11. 尽头式消防车道	应设置回车道或回车场		
	回车场面积	多层建筑≥12m×12m	
		高层建筑≥15m×15m	
		重型消防车≥18m×18m	
12. 消防车道的净宽度、净高、坡度、转弯半径	净宽、净高应≥4m，与外墙边的距离宜≥5m		
	坡度 i ≤8%		
	转弯半径≥12m		
13. 消防车道的其他要求	(1) 环形消防车道至少应有两处与其他车道连通		
	(2) 消防车道的路面、操作场地及其下面的管道和暗沟等，应承受重型消防车的压力（约 33t）		
	(3) 消防车道可利用市政道路和厂区道路，但该道路应符合消防车通行、转弯和停靠的要求		
	(4) 消防车道不宜与铁路正线平交；如必须平交，应设置备用车道，且两车道的间距应≥一列火车的长度（约 900m）		

4.4.2 消防登高操作场地

消防登高操作场地　　表 4.4.2

	适用对象	高 层 建 筑
消防登高操作场地	位置	直通室外的楼梯或直通楼梯间的室外出入口所在一侧，并结合消防车道布置
		该范围内裙房进深应≤4m，不应有妨碍登高的树木、架空管线、车库出入口等
		特殊情况下，建筑屋顶也可兼作消防登高操作场地
	长度	至少沿建筑物一个长边或周边长度的 1/4 且不小于一个长边的长度连续布置
		H≤50m 的高层建筑，连续布置登高面有困难时，可间隔布置，但间隔距离宜≤30m，且总长度仍应符合上一款要求

续表

<table>
<tr><td rowspan="9">消防登高操作场地</td><td>与外墙边的距离 S</td><td>$5\text{m} \leqslant S \leqslant 10\text{m}$</td></tr>
<tr><td rowspan="2">场地大小</td><td>$H \geqslant 50\text{m}$ 的建筑，长度 $\geqslant 20\text{m}$，宽度 $\geqslant 10\text{m}$</td></tr>
<tr><td>$H < 50\text{m}$ 的建筑，长度 $\geqslant 15\text{m}$，宽度 $\geqslant 10\text{m}$</td></tr>
<tr><td>场地坡度 i</td><td>一般 $i \leqslant 3\%$，坡地建筑 $i \leqslant 5\%$</td></tr>
<tr><td rowspan="4">外窗要求</td><td>应每层设置可供消防人员进入的外窗，每个防火分区不少于 2 个</td></tr>
<tr><td>外窗净宽×净高 $\geqslant$ 1.0m×1.0m，窗台高度 $\leqslant$ 1.2m，间距 $\leqslant$ 20m</td></tr>
<tr><td>外窗设置位置应与登高救援场地相对应</td></tr>
<tr><td>外窗玻璃应易于破碎，并应设置可在室外识别的明显标识</td></tr>
<tr><td colspan="2">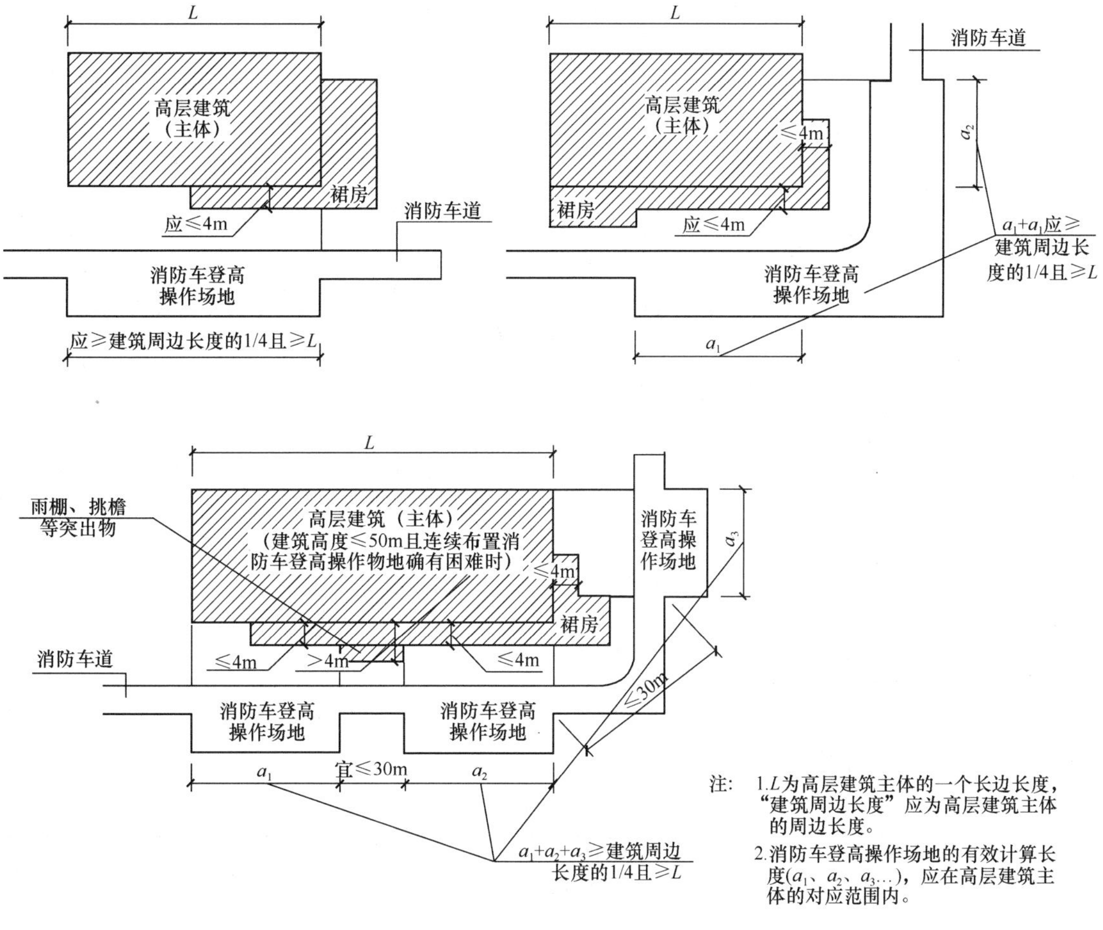
L
高层建筑（主体）
裙房
应≤4m
消防车道
消防车登高操作场地
应≥建筑周边长度的1/4且≥L
≤4m
a_1
a_2
a_1+a_2应≥建筑周边长度的1/4且≥L
雨棚、挑檐等突出物
高层建筑（主体）（建筑高度≤50m且连续布置消防车登高操作物地确有困难时）
>4m
≤30m
宜≤30m
a_3
消防车登高操作场地
$a_1+a_2+a_3$≥建筑周边长度的1/4且≥L
注：1.L为高层建筑主体的一个长边长度，“建筑周边长度”应为高层建筑主体的周边长度。
2.消防车登高操作场地的有效计算长度(a_1、a_2、a_3…)，应在高层建筑主体的对应范围内。
图 4.4.2 消防登高操作场地示意（左上角沿建筑一个长边设置，右上角是转角布置，下方是分段布置）</td></tr>
</table>

4.4.3 消防电梯

消防电梯 **表 4.4.3**

1. 设置范围	$H>33m$ 的住宅		
	一类高层公共建筑，$H>32m$ 的二类高层公共建筑		
	设置消防电梯的建筑的地下、半地下室		
	埋深>10m，且总建筑面积>3000m^2 的其他地下、半地下室		
	$H>32m$，且设置电梯的高层厂房仓库（但不包括任一层工作平台上的人数≤2 人的高层塔架；也不包括局部建筑 $H>32m$，且局部高出部分的每层建筑面积≤50m^2 的丁戊类厂房）		
2. 设置数量	每个防火分区至少设 1 台消防电梯		
	符合消防电梯要求的客梯或货梯可兼作消防电梯		
3. 消防电梯前室	位置	宜靠外墙布置，并应在首层直通室外，或经过长度≤30m 的通道通向室外	
	使用面积	独用	≥6m^2
		合用	与楼梯间合用时，住宅≥6m^2，公建及高层厂房仓库≥10m^2
			与剪刀楼梯间三合一时应≥12m^2，且短边应≥2.4m
	前室门	应采用乙级防火门，不应设置卷帘	
	住宅户门	不应开向消防电梯前室，确有困难时，开向前室的户门应≤3 樘	
	（设置在仓库连廊、冷库穿堂或谷物筒仓工作塔内的消防电梯，可不设前室）		
4. 其他要求	（1）应能每层停靠（包括各层地下室）		
	（2）载重量应≥800kg		
	（3）从首层至顶层的运行时间≤60s（速度 $v\geq\frac{H}{60}$，m/s）		
	（4）轿厢内部装修应采用不燃材料		
	（5）消防电梯井、机房与相邻电梯井、机房之间应设置防火隔墙（耐火极限≥2h），隔墙上的门应为甲级防火门		
	（6）电梯井底应设置排水设施，排水井容量≥2m^3，前室门口宜设挡水措施		
	（7）首层消防电梯入口处应设置供消防队员专用的操作按钮		
	（8）轿厢内应设置专用消防对讲电话		

4.4.4 屋顶直升机停机坪

屋顶直升机停机坪 **表 4.4.4**

1. 适用范围	建筑高度 $H>100m$，且标准层建筑面积>2000m^2 的公共建筑（宜条）		
2. 设置方式	（1）直接利用屋顶作停机坪		
	（2）专设在凸出高于屋顶的平台上		
3. 形状尺寸	形状	圆形或矩形	
	尺寸	圆形	直径 $D\geq D_0+10m$（D_0为直升机旋翼直径）
		矩形	短边 $b\geq$直升机全长

续表

4. 设计要求

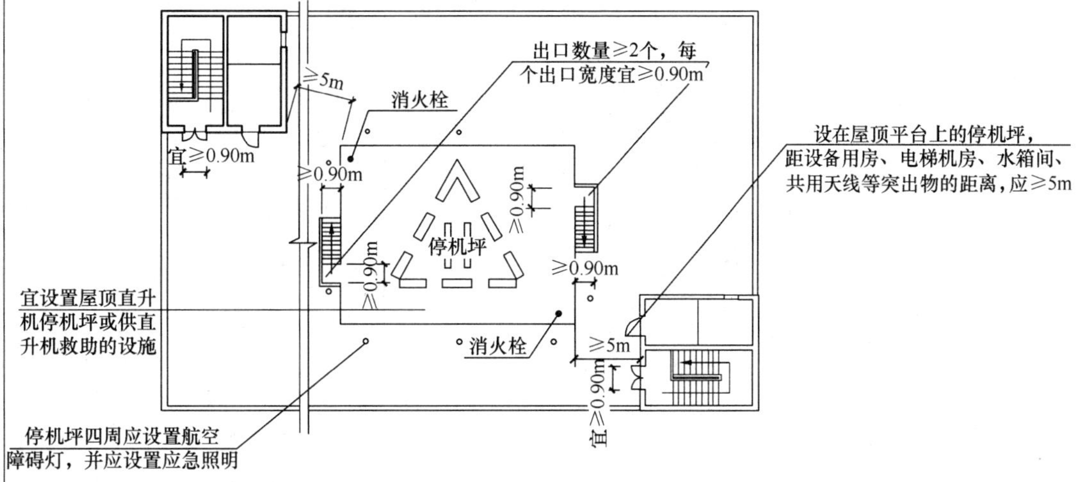

出口数量≥2个，每
个出口宽度宜≥0.90m
≥5m
消火栓
设在屋顶平台上的停机坪，
距设备用房、电梯机房、水箱间、
共用天线等突出物的距离，应≥5m
宜≥0.90m
≥0.90m
≥0.90m
停机坪
≥0.90m
≥0.90m
宜设置屋顶直升机停机坪或供直升机救助的设施
消火栓
≥5m
宜≥0.90m
停机坪四周应设置航空障碍灯，并应设置应急照明

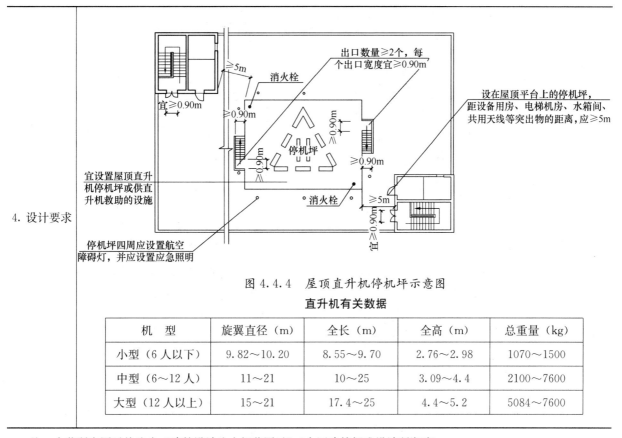

图 4.4.4 屋顶直升机停机坪示意图

直升机有关数据

机 型	旋翼直径（m）	全长（m）	全高（m）	总重量（kg）
小型（6 人以下）	9.82～10.20	8.55～9.70	2.76～2.98	1070～1500
中型（6～12 人）	11～21	10～25	3.09～4.4	2100～7600
大型（12 人以上）	15～21	17.4～25	4.4～5.2	5084～7600

注：本节所有图示均取自《建筑设计防火规范图示》（中国建筑标准设计研究院）。

4.5 防排烟设施

表 4.5

防排烟方式	自然防排烟	（1）设置不同朝向的可开启外窗，外窗可开启面积要求：前室≥2m²，合用前室≥3m²
		（2）利用开敞阳台、凹廊作前室或合用前室
	机械防排烟	防烟——设正压送风井、送风口、进风口
		排烟——设排烟井、排烟口、进风口
防排烟适用范围	由暖通专业确定	
机械防排烟的部位	无窗的防烟楼梯间、消防电梯间前室或合用前室	
	有窗的防烟楼梯间，其无窗的前室或合用前室	
	避难走道的前室	
机械排烟加压送风井面积	普通楼梯间风井：0.8～1m²	
	剪刀楼梯间合用风井：1.2～1.4m²	
	前室风井：0.6～0.8m²	
	合用前室风井：0.8～1.0m²	

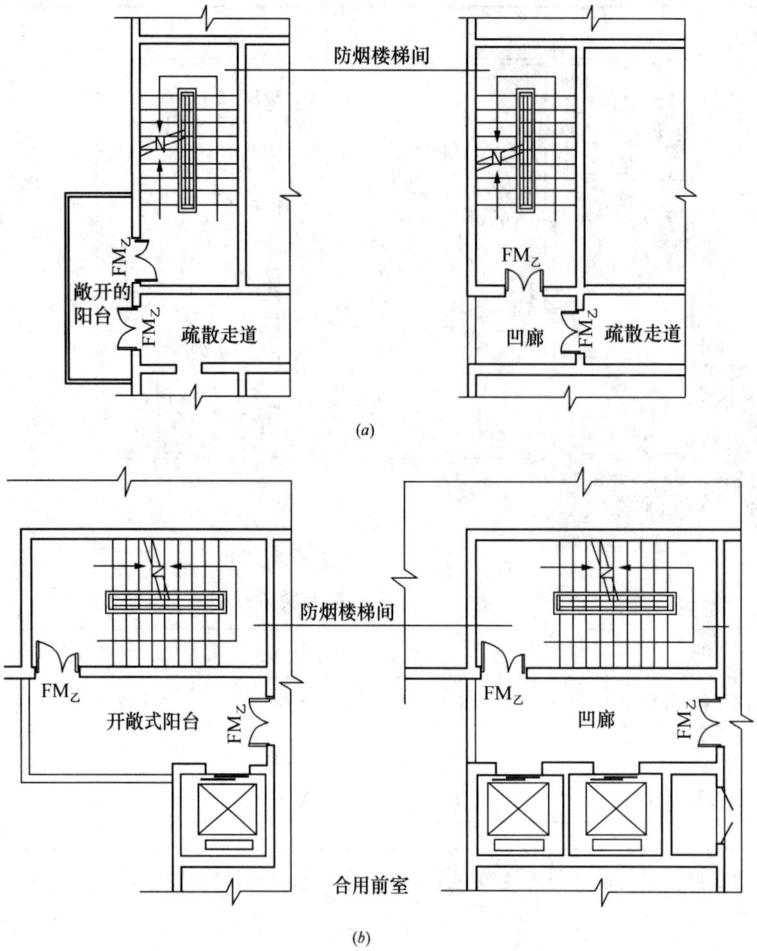
防烟楼梯间
敞开的阳台
FM_Z
疏散走道
凹廊
(a)
防烟楼梯间
开敞式阳台
凹廊
合用前室
(b)

图 4.5-1　自然排烟方式及要求（一）

（*a*）防烟楼梯间前室；（*b*）合用前室

注：防烟楼梯间前室：敞开阳台、凹廊作前室时，前室面积要求公共建筑≥6m²；住宅建筑≥4.5m²

合用前室：敞开阳台、凹廊作前室时，前室面积要求公共建筑≥10m²；住宅建筑≥6m²

（1）利用开敞阳台或凹廊作前室或合用前室

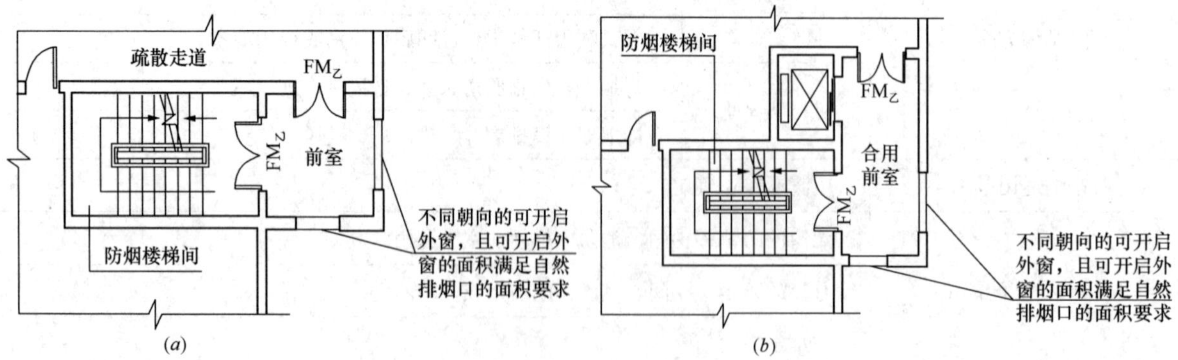
疏散走道
FM_Z
前室
防烟楼梯间
不同朝向的可开启外窗，且可开启外窗的面积满足自然排烟口的面积要求
(a)
防烟楼梯间
合用前室
不同朝向的可开启外窗，且可开启外窗的面积满足自然排烟口的面积要求
(b)

图 4.5-2　自然排烟方式及要求（二）

注：防烟楼梯间前室、消防电梯前室自然通风的有效面积应≥2.0m²；合用前室自然通风的有效面积应≥3.0m²

（2）前室或合用前室设置不同朝向的外窗

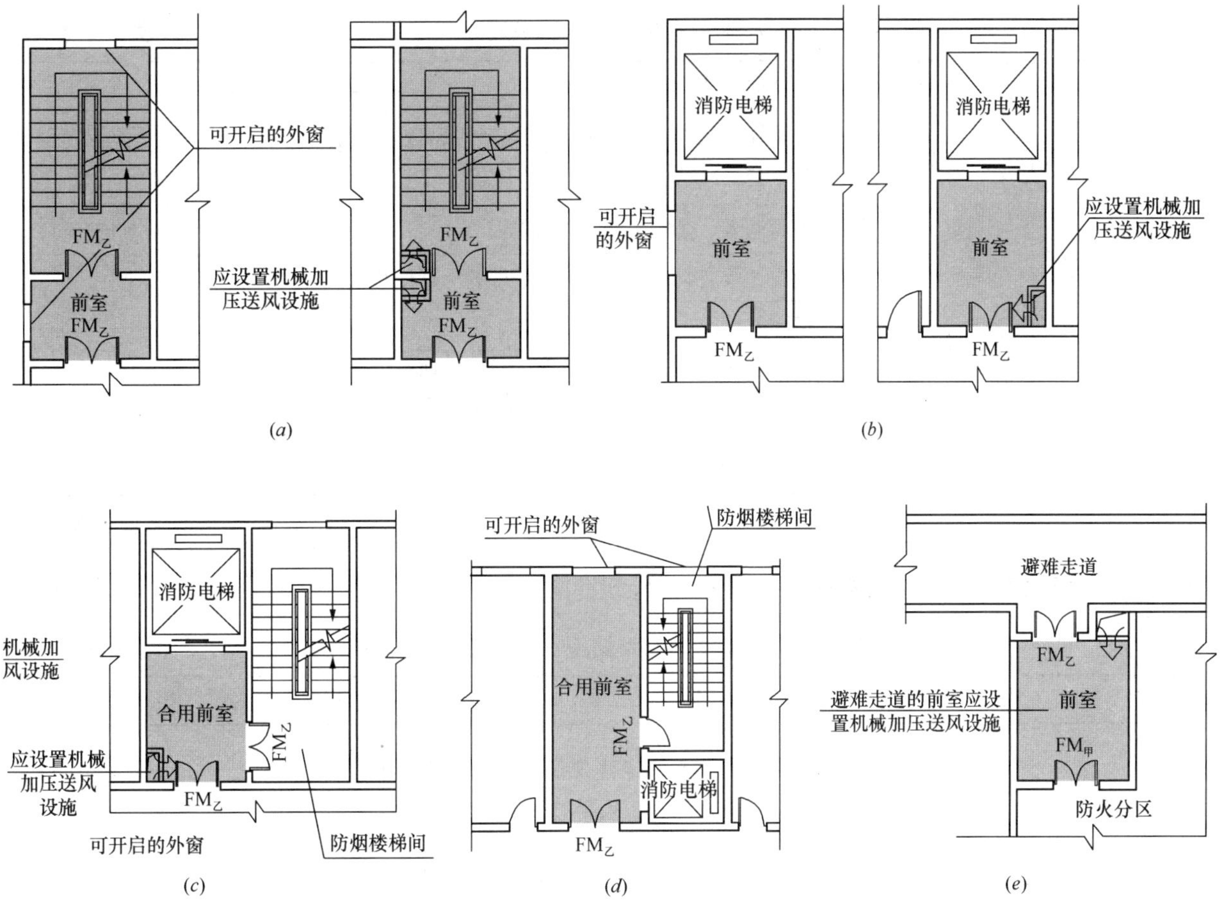
可开启的外窗
FMZ
前室
应设置机械加压送风设施
消防电梯
可开启的外窗
应设置机械加压送风设施
(a)
(b)
机械加风设施
应设置机械加压送风设施
合用前室
可开启的外窗
防烟楼梯间
(c)
可开启的外窗
防烟楼梯间
合用前室
消防电梯
(d)
避难走道
避难走道的前室应设置机械加压送风设施
FM甲
防火分区
(e)

图 4.5-3 前室及合用前室的防排烟

(a) 防烟楼梯间及其前室（左为自然排烟，右为机械排烟）；(b) 消防电梯前室（左为自然排烟，右为机械排烟）；(c) 合用前室机械排烟；(d) 楼、电梯间及合用前室自然排烟；(e) 机械排烟

注：本节所有图示均取自《建筑设计防火规范图示》(中国建筑标准设计研究院)。

4.6 室内装修防火设计

4.6.1 装修材料燃烧性能分级

装修材料燃烧性能等级 **表 4.6.1**

燃烧性能等级		燃烧性能
旧 GB 8624—1997	新 GB 8624—2006	
A	A_1、A_2	不燃
B_1	B、C	难燃
B_2	D、E	可燃
B_3	F	易燃

4.6.2 内装材料燃烧性能等级规定

内装材料燃烧性能等级规定　　表 4.6.2

内装材料燃烧性能等级规定	顶棚	住宅 B_1，其余均为 A	
	墙面	候机楼、火车汽车轮船客运站、影剧院、会堂、音乐厅、体育馆、电信邮政、广播电视	A
		电力调度、防灾指挥中心等	
		商店、饭店、旅馆、餐饮、娱乐场所、托幼	B_1
		医疗养老院、图书馆、博物馆、展览馆、住宅	
	地面	地下营业厅、观众厅、停车库、图书档案库	A
		其余	B_1
	隔断	停车库、图书档案馆	A
		其余	B_1

4.6.3 常用建筑内部装修材料燃烧性能等级划分举例

常用建筑内部装修材料燃烧性能等级划分举例　　表 4.6.3

材料类别	级别	材　料　举　例	备　注
各部位材料	A	花岗石、大理石、水磨石、水泥制品、混凝土制品、石膏板、石灰制品、黏土制品、玻璃、瓷砖、陶瓷锦砖、钢铁、铝、铜合金等	（1）安装在钢龙骨上的纸面石膏板，可作为 A 级装修材料使用 （2）胶合板表面涂一级饰面型防火涂料时，可作为 B_1 级装修材料 （3）单位质量＜$300g/m^2$ 的纸质、布制墙纸，当直接贴在 A 级基材上时，可作为 B_1 级装修材料 （4）施涂于 A 级基材上的无机装饰涂料，可作为 A 级装修材料
顶棚材料	B_1	纸面石膏板、纤维石膏板、水泥刨花板、矿棉装饰吸声板、玻璃棉装饰吸声板、珍珠岩装饰吸声板、难燃胶合板、难燃中密度纤维板、岩棉装饰板、难燃木材、铝箔复合材料、难燃酚醛胶合板、铝箔玻璃钢复合材料等	
墙面材料	B_1	纸面石膏板、纤维石膏板、水泥刨花板、矿棉板、玻璃棉板、珍珠岩板、难燃胶合板、难燃中密度纤维板、防火塑料装饰板、难燃双面刨花板、多彩涂料、难燃墙纸、难燃墙布、难燃仿花岗石装饰板、氯氧镁水泥装配式墙板、难燃玻璃钢平板、PVC 塑料护墙板、轻质高强复合墙板、阻燃模压木制复合板材、彩色阻燃人造板、难燃玻璃钢等	
	B_2	各类天然木材、木质人造板、竹材、纸质装饰板、装饰微薄木贴面板、印刷木纹人造板、塑料贴面装饰板、聚酯装饰板、复塑装饰板、塑纤板、胶合板、塑料墙纸、无纺贴墙布、墙布、复合壁纸、天然材料壁纸、人造革等	

续表

<table>
<tr><th>材料类别</th><th>级别</th><th>材 料 举 例</th><th>备 注</th></tr>
<tr><td rowspan="2">材料地面</td><td>B_1</td><td>硬PVC塑料地板、水泥刨花板、水泥木丝板、氯丁橡胶地板等</td><td rowspan="7">（5）复合型装修材料应由专业检测机构进行整体测试并确定其燃烧性能等级
（6）经阻燃处理的装饰材料，其燃烧性能等级可提高一级
（7）塑料燃烧性能判定标准<table><tr><th>氧指数</th><th>燃烧性能等级</th></tr><tr><td>≥32</td><td>B_1（难燃）</td></tr><tr><td>≥27</td><td>B_2（可燃、阻燃）</td></tr><tr><td><26</td><td>B_3（易燃）</td></tr></table></td></tr>
<tr><td>B_2</td><td>半硬质PVC塑料地板、PVC卷材地板、木地板氯纶地毯等</td></tr>
<tr><td rowspan="2">装饰织物</td><td>B_1</td><td>经阻燃处理的各类难染织物等</td></tr>
<tr><td>B_2</td><td>纯毛装饰布、纯麻装饰布、经阻燃处理的其他织物等</td></tr>
<tr><td rowspan="2">其他装饰材料</td><td>B_1</td><td>聚氯乙烯塑料，酚醛塑料，聚碳酸酯塑料、聚四氟乙烯塑料。三聚氰胺、脲醛塑料、硅树脂塑料装饰型材/经阻燃处理的各类织物等；另见顶棚材料和墙面材料中的有关材料</td></tr>
<tr><td>B_2</td><td>经阻燃处理的聚乙烯、聚丙烯、聚氨酯、聚苯乙烯、玻璃钢、化纤织物、木制品等</td></tr>
</table>

4.7 住宅与其他功能建筑合建的防火要求（除商业服务网点外）

表 4.7

<table>
<tr><td rowspan="3">防火分隔</td><td>多层建筑</td><td>住宅部分与非住宅部分之间，应采用耐火极限≥2.00h且无门、窗、洞口的防火隔墙和1.50h的不燃性楼板完全分隔</td></tr>
<tr><td>高层建筑</td><td>住宅部分与非住宅部分之间应采用无门、窗、洞口的防火墙和耐火极限不低于2.00h的不燃性楼板完全分隔</td></tr>
<tr><td colspan="2">建筑外墙上、下层开口之间设置窗槛墙1.2m（0.8m）或设置防火挑檐等防火措施</td></tr>
<tr><td rowspan="2">疏散出口</td><td colspan="2">住宅部分与非住宅部分的安全出口和疏散楼梯应分别独立设置</td></tr>
<tr><td colspan="2">为住宅部分服务的地上车库应设置独立的疏散楼梯或安全出口，地下车库的疏散楼梯应按《建筑设计防火规范》GB 50016—2014第6.4.4条的规定进行分隔</td></tr>
<tr><td>独立设计</td><td colspan="2">住宅部分和非住宅部分的安全疏散、防火分区和室内消防设施配置，可根据各自的建筑高度分别按照《建筑设计防火规范》GB 50016—2014有关住宅建筑和公共建筑的规定独立设计</td></tr>
<tr><td>整体设计</td><td colspan="2">防火间距、室外消防设施、灭火救援设施、建筑保温和外墙装饰应根据建筑的总高度和建筑规模进行整体设计</td></tr>
</table>

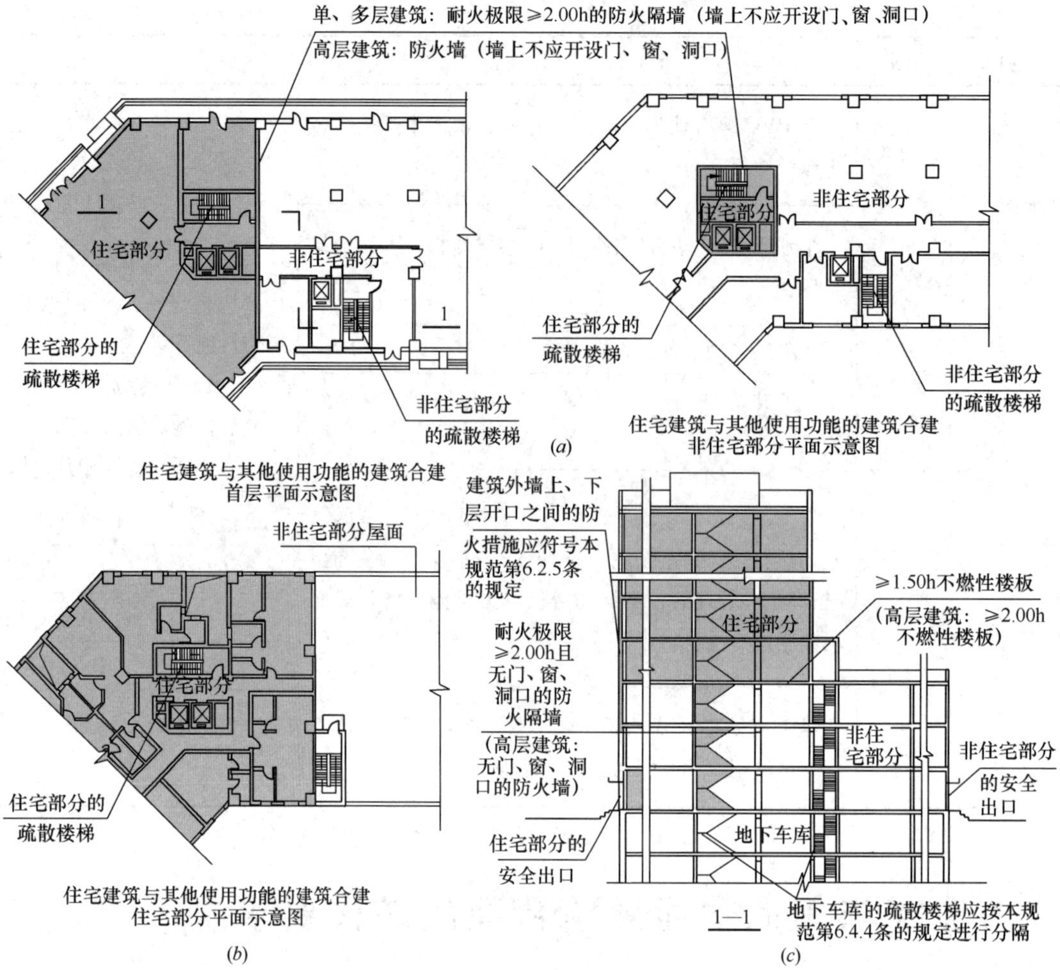
单、多层建筑：耐火极限≥2.00h的防火隔墙（墙上不应开设门、窗、洞口）
高层建筑：防火墙（墙上不应开设门、窗、洞口）
住宅部分
非住宅部分
住宅部分的
疏散楼梯
非住宅部分
的疏散楼梯
(a)
住宅建筑与其他使用功能的建筑合建
首层平面示意图
住宅部分
非住宅部分
住宅部分的
疏散楼梯
非住宅部分
的疏散楼梯
住宅建筑与其他使用功能的建筑合建
非住宅部分平面示意图
非住宅部分屋面
住宅部分
住宅部分的
疏散楼梯
住宅建筑与其他使用功能的建筑合建
住宅部分平面示意图
(b)
建筑外墙上、下
层开口之间的防
火措施应符号本
规范第6.2.5条
的规定
≥1.50h不燃性楼板
（高层建筑：≥2.00h
不燃性楼板）
住宅部分
耐火极限
≥2.00h且
无门、窗、
洞口的防
火隔墙
（高层建筑：
无门、窗、洞
口的防火墙）
非住
宅部分
非住宅部分
的安全
出口
地下车库
住宅部分的
安全出口
1—1
地下车库的疏散楼梯应按本规
范第6.4.4条的规定进行分隔
(c)

图 4.7 住宅合建建筑平面示意图

4.8 设置商业服务网点住宅建筑的防火要求

表 4.8

设置商业服务网店的住宅建筑（住宅和网点之间）	防火分隔	居住部分与商业服务网点之间应采用耐火极限≥2.00h 且无门、窗、洞口的防火隔墙和 1.50h 的不燃性楼板完全分隔
	疏散设计	住宅部分和商业服务网点部分的安全出口和疏散楼梯应分别独立设置
商业服务网点中每个分隔单元之间	防火分隔	采用耐火极限≥2.00h 且无门、窗、洞口的防火隔墙相互分隔
	疏散设计	1. 当每个分隔单元任一层建筑面积大于 200m² 时，该层应设置 2 个安全出口或疏散门
		2. 每个分隔单元内的任一点至最近直通室外的出口的直线距离（L，L′，L″）≤22m（27.5m）

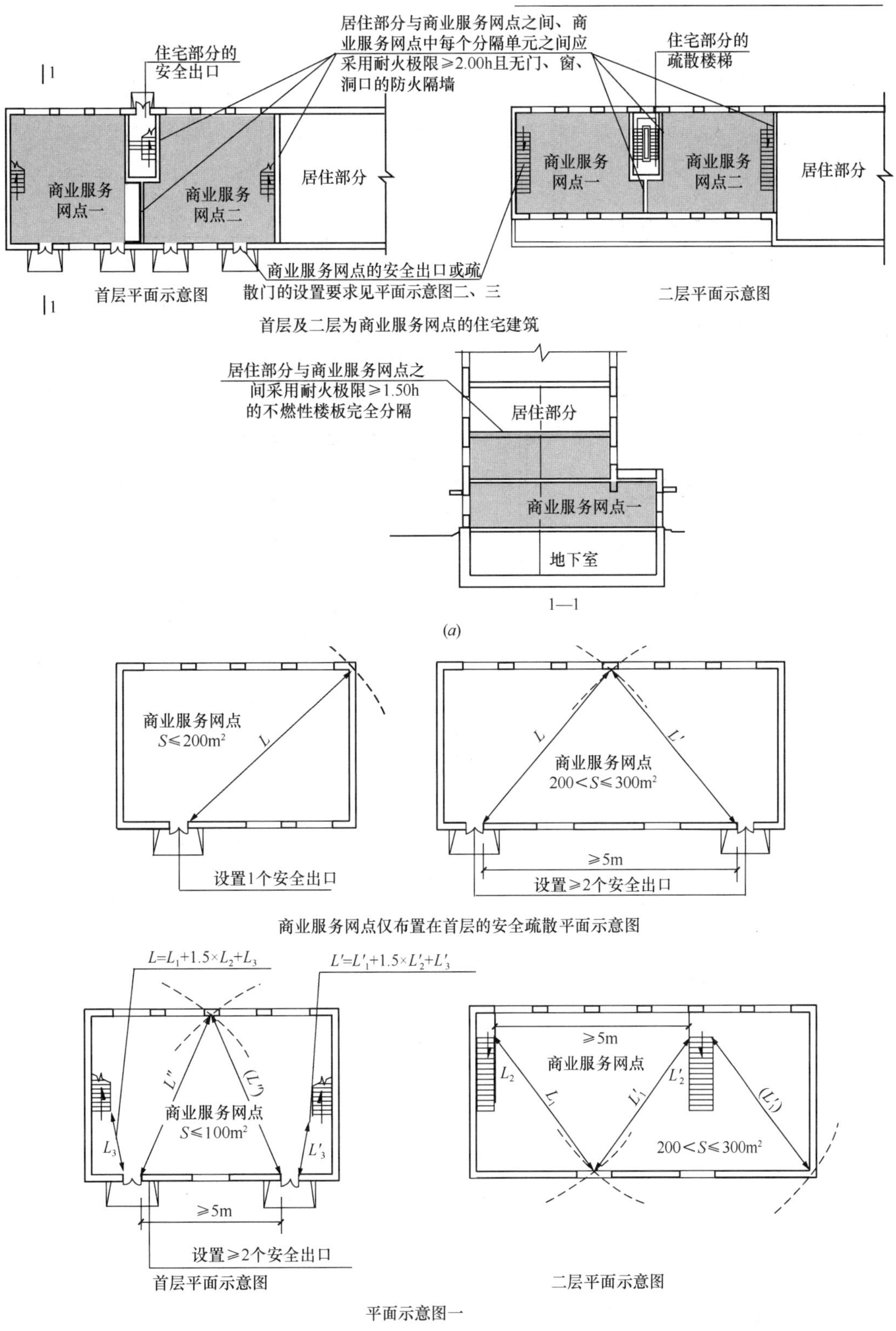

居住部分与商业服务网点之间、商业服务网点中每个分隔单元之间应采用耐火极限≥2.00h且无门、窗、洞口的防火隔墙
住宅部分的安全出口
住宅部分的疏散楼梯
商业服务网点一
商业服务网点二
居住部分
商业服务网点的安全出口或疏散门的设置要求见平面示意图二、三
首层平面示意图
二层平面示意图
首层及二层为商业服务网点的住宅建筑
居住部分与商业服务网点之间采用耐火极限≥1.50h的不燃性楼板完全分隔
居住部分
商业服务网点一
地下室
1—1
(a)
商业服务网点
S≤200m²
L
设置1个安全出口
商业服务网点
200<S≤300m²
L
L'
≥5m
设置≥2个安全出口
商业服务网点仅布置在首层的安全疏散平面示意图
L=L1+1.5×L2+L3
L'=L'1+1.5×L'2+L'3
L''
(L'')
商业服务网点
S≤100m²
L3
L'3
≥5m
设置≥2个安全出口
首层平面示意图
≥5m
商业服务网点
L2
L1
L'1
L'2
(L'1)
200<S≤300m²
二层平面示意图
平面示意图一

图 4.8 商业服务网点布置在首层及二层的安全疏散（一）

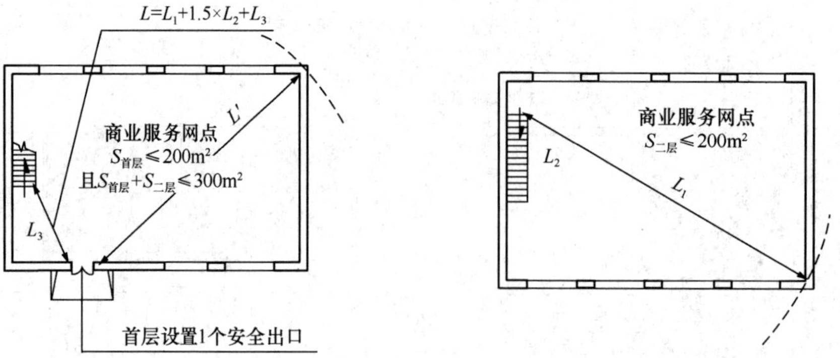
$L=L_1+1.5\times L_2+L_3$
L'
商业服务网点
$S_{首层}\leqslant 200m^2$
且$S_{首层}+S_{二层}\leqslant 300m^2$
L_3
首层设置1个安全出口
商业服务网点
$S_{二层}\leqslant 200m^2$
L_2
L_1

首层平面示意图　　二层平面示意图

平面示意图二

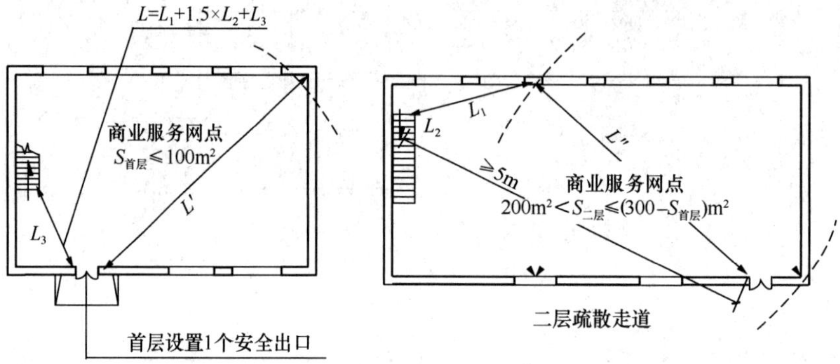
$L=L_1+1.5\times L_2+L_3$
商业服务网点
$S_{首层}\leqslant 100m^2$
L'
L_3
首层设置1个安全出口
L_1
L_2
L''
≥5m
商业服务网点
$200m^2<S_{二层}\leqslant(300-S_{首层})m^2$
二层疏散走道

首层平面示意图　　二层平面示意图

平面示意图三

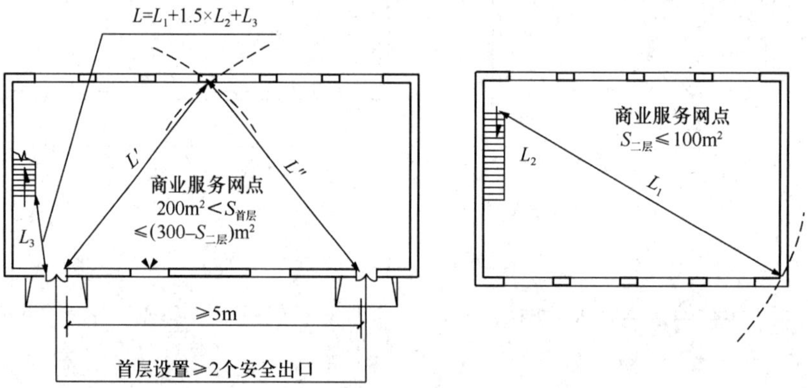
$L=L_1+1.5\times L_2+L_3$
L'
L''
商业服务网点
$200m^2<S_{首层}$
$\leqslant(300-S_{二层})m^2$
L_3
≥5m
首层设置≥2个安全出口
商业服务网点
$S_{二层}\leqslant 100m^2$
L_2
L_1

首层平面示意图　　二层平面示意图

平面示意图四

(*b*)

图 4.8　商业服务网点布置在首层及二层的安全疏散（二）

5 建筑防水设计

5.1 屋面防水

5.1.1 防水等级和设防要求

屋面防水等级和设防要求　　表 5.1.1-1

防水等级	建筑类别	设防要求
Ⅰ级	重要建筑和高层建筑	两道防水设防
Ⅱ级	一般建筑	一道防水设防

卷材、涂膜屋面防水等级和防水做法　　表 5.1.1-2

防水等级	防水做法
Ⅰ级	卷材防水层和卷材防水层、卷材防水层和涂膜防水层、复合防水层
Ⅱ级	卷材防水层、涂膜防水层、复合防水层

注：在Ⅰ级屋面防水做法中，防水层仅作单层卷材用时，应符合有关单层防水卷材屋面技术的规定。

瓦屋面防水等级和防水做法　　表 5.1.1-3

防水等级	防水做法
Ⅰ级	瓦+防水层
Ⅱ级	瓦+防水垫层

注：防水层厚度应符合表 5.1.3-1 和表 5.1.3-2 中Ⅱ级防水的规定。

金属板屋面防水等级和防水做法　　表 5.1.1-4

防水等级	防水做法
Ⅰ级	压型金属板+防水层
Ⅱ级	压型金属板、金属面绝热夹芯板

注：(1) 当防水等级为Ⅰ级时，压型铝合金板基板厚度不应小于 0.9mm；压型钢板基板厚度不应小于 0.6mm；
(2) 当防水等级为Ⅰ级时，压型金属板应采用 360°咬口锁边连接方式；
(3) 在Ⅰ级防水屋面做法中，仅做压型金属板时，应符合《金属压型板应用技术规范》等相关技术的规定。

5.1.2 屋面的基本构造层次

屋面的基本构造层次 **表 5.1.2**

屋面类型	基本构造层次（自上而下）	
卷材、涂膜屋面（正置式）	面层、保护层、隔离层、防水层、找坡（平）层、保温隔热层、结构层	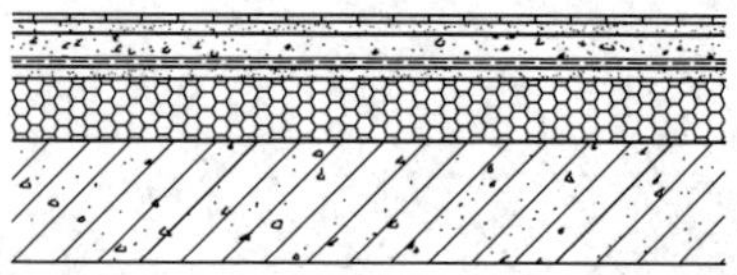
	种植土层、过滤层、排（蓄）水层、保护层、耐根穿刺防水层、防水层、找坡（平）层、保温隔热层、结构层	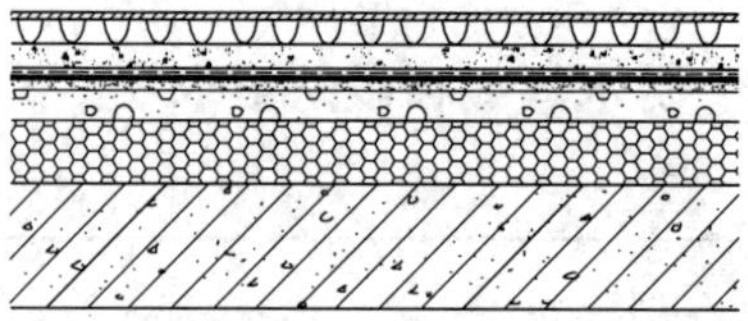
	架空隔热层、防水层、找坡（平）层、保温层、结构层	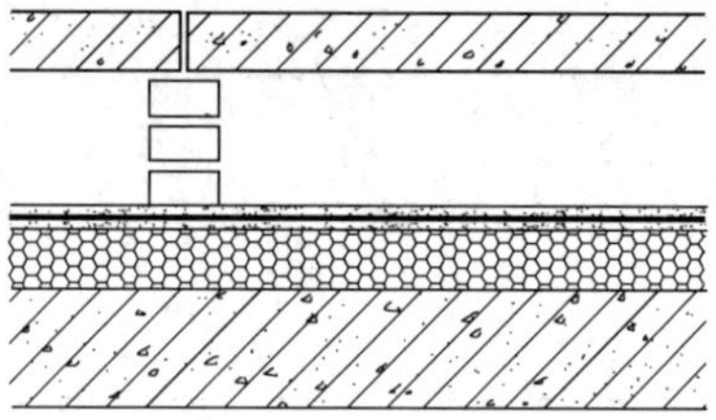
	蓄水隔热层、隔离层、防水层、找坡（平）层、保温层、结构层	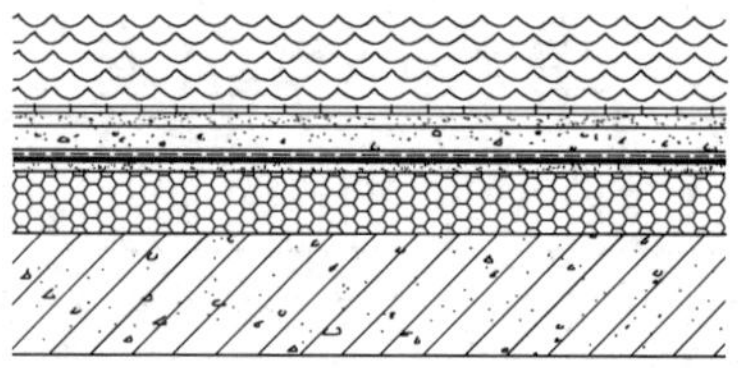
卷材、涂膜屋面（倒置式）	面层、保护层、保温隔热层、隔离层、防水层、找坡（平）层、结构层	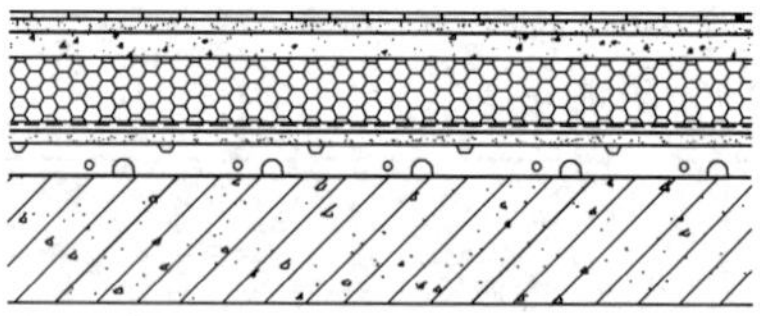
瓦屋面	块瓦、挂瓦条、顺水条、持钉层、防水层或防水垫层、保温层、结构层	
	沥青瓦、持钉层、防水层或防水垫层、保温层、结构层	
金属板屋面	压型金属板、防水垫层、保温层、承托网、支承结构	
	上层压型金属板、防水垫层、底层压型金属板、支承结构	
	金属面绝热夹芯板、支承结构	
玻璃采光顶	玻璃面板、金属框架、支承结构	
	玻璃面板、点支承装置、支承结构	

注：（1）表中结构层包括混凝土基层和木基层；防水层包括卷材和涂膜防水层；保护层包括块体材料、水泥砂浆、细石混凝土保护层；

（2）有隔汽要求的屋面，应在保温层与结构层之间设隔汽层。

5.1.3 防水层

每道卷材防水层最小厚度（mm） 表 5.1.3-1

防水等级	合成高分子防水卷材	高聚物改性沥青防水卷材		
		聚酯胎、玻纤胎、聚乙烯胎	自粘聚酯胎	自粘无胎
Ⅰ级	1.2	3.0	2.0	1.5
Ⅱ级	1.5	4.0	3.0	2.0

每道涂膜防水层最小厚度（mm） 表 5.1.3-2

防水等级	合成高分子防水涂膜	聚合物水泥防水涂膜	高聚物改性沥青防水涂膜
Ⅰ级	1.5	1.5	2.0
Ⅱ级	2.0	2.0	3.0

复合防水层最小厚度（mm） 表 5.1.3-3

防水等级	合成高分子防水卷材＋合成高分子防水涂膜	自粘聚合物改性沥青防水卷材（无胎）＋合成高分子防水涂膜	高聚物改性沥青防水卷材＋高聚物改性沥青防水涂膜	聚乙烯丙纶卷材＋聚合物水泥防水胶结材料
Ⅰ级	1.2＋1.5	1.5＋1.5	3.0＋2.0	（0.7＋1.3）×2
Ⅱ级	1.0＋1.0	1.2＋1.0	3.0＋1.2	0.7＋1.3

5.1.4 防水附加层

檐沟、天沟与屋面交接处、屋顶平面与立面交接处，以及水落口、伸出屋面管道根部等部位，应设置卷材或涂膜附加层。

屋面找平层分隔缝等部位，宜设置卷材空铺附加层，其空铺宽度不宜小于 100mm。

附加层最小厚度（mm） 表 5.1.4

附加层材料	最小厚度
合成高分子防水卷材	1.2
高聚物改性沥青防水卷材（聚酯胎）	3.0
合成高分子防水涂料、聚合物水泥防水涂料	1.5
高聚物改性沥青防水涂料	2.0

注：涂膜附加层应加铺胎体增强材料。

5.1.5 找平层、隔离层和保护层

找平层厚度和技术要求 表 5.1.5-1

找平层分类	适用的基层	厚度（mm）	技术要求
水泥砂浆	整体现浇混凝土板	15～20	1：2.5 水泥砂浆
	整体材料保温层	20～25	
细石混凝土	装配式混凝土板	30～35	C20 混凝土，宜加钢筋网片
	板状材料保温层		C20 混凝土

隔离层材料的适用范围和技术要求　　表 5.1.5-2

隔离层材料	适用范围	技术要求
塑料膜	块体材料、水泥砂浆保护层	0.4mm 厚聚乙烯膜或 3mm 厚发泡聚乙烯膜
土工布	块体材料、水泥砂浆保护层	200g/m^2 聚酯无纺布
卷材	块体材料、水泥砂浆保护层	石油沥青卷材一层
低强度等级砂浆	细石混凝土保护层	10mm 厚黏土砂浆，石灰膏∶砂∶黏土＝1∶2.4∶3.6
		5mm 厚掺有纤维的石灰砂浆

保护层材料的适用范围和技术要求　　表 5.1.5-3

保护层材料	适用范围	技术要求
浅色涂料	不上人屋面	丙烯酸系反射涂料
铝箔	不上人屋面	0.5mm 厚铝箔反射膜
矿物粒料	不上人屋面	不透明的矿物粒料
水泥砂浆	不上人屋面	20mm 厚 1∶2.5 或 M15 水泥砂浆
块体材料	上人屋面	地砖或 30mm 厚 C20 细石混凝土预制块
细石混凝土	上人屋面	40mm 厚 C20 细石混凝土或 50mm 厚 C20 细石混凝土内配 ϕ4@100 双向钢筋网片

5.1.6　平屋面防水

5.1.6.1　正置式屋面

1）混凝土结构层宜采用结构找坡，坡度不应小于 3%；当采用材料找坡时，宜采用质量轻、吸水率低和有一定强度的材料，坡度宜为 2%。

2）卷材或涂膜防水层上应设置保护层；在刚性保护层与卷材、涂膜防水层之间应设置隔离层。卷材、涂膜的基层宜设找平层。

3）保温层宜选用吸水率低、密度和导热系数小，并有一定强度的保温材料。

4）隔汽层应设置在结构层上、保温层下；隔汽层应选用气密性、水密性好的材料。

5.1.6.2　倒置式屋面

1）倒置式屋面工程的防水等级应为Ⅰ级，防水层合理使用年限不得少于 20 年。

2）倒置式屋面的坡度不宜小于 3%。

3）倒置式屋面工程的保温层使用年限不宜低于防水层使用年限。

4）保温层应选用表观密度小、压缩强度大、导热系数小、吸水率低的保温材料，不得使用松散保温材料。

5）当采用二道防水设防时，宜选用防水涂料作为其中一道防水层。

6）保温层上面宜采用块体材料或细石混凝土做保护层。

7）倒置式屋面可不设置透气孔或排水槽。

5.1.7　坡屋面防水

1）保温隔热层铺设在装配式屋面板上时，宜设置隔汽层。

2）屋面坡度大于 100%时，宜采用内保温隔热措施。

3）瓦屋面檐沟、天沟的防水层，可采用防水卷材或防水涂膜，也可采用金属板材。

坡屋面种类和适用的防水等级　　表 5.1.7-1

坡屋面种类	适用的防水等级	坡屋面种类	适用的防水等级
平面沥青瓦坡屋面	二级	压型金属板坡屋面	一级和二级
叠合沥青瓦坡屋面	一级和二级	金属面绝热夹芯板坡屋面	二级
块瓦坡屋面	一级和二级	防水卷材坡屋面	一级和二级
波形瓦坡屋面	二级	装配式轻型坡屋面	一级和二级

屋面类型、坡度和防水垫层　　表 5.1.7-2

坡度与垫层	屋面类型						
	沥青瓦屋面	块瓦屋面	波形瓦屋面	金属板屋面		防水卷材屋面	装配式轻型坡屋面
				压型金属板屋面	夹芯板屋面		
适用坡度（%）	≥20	≥30	≥20	≥5	≥5	≥3	≥20
防水垫层	应选	应选	应选	一级应选 二级宜选	—	—	应选

一级设防瓦屋面的主要防水垫层种类和最小厚度　　表 5.1.7-3

防水垫层种类	最小厚度（mm）	防水垫层种类	最小厚度（mm）
自粘聚合物沥青防水垫层	1.0	高分子类防水卷材	1.2
聚合物改性沥青防水垫层	2.0	高分子类防水涂料	1.5
波形沥青通风防水垫层	2.2	沥青类防水涂料	2.0
SBS、APP 改性沥青防水卷材	3.0	复合防水垫层（聚乙烯丙纶防水卷材＋聚合物水泥防水胶结材料）	2.0（0.7＋1.3）
自粘聚合物改性沥青防水卷材	1.5		

5.1.8　种植屋面防水

1）种植屋面不宜设计为倒置式屋面。

2）种植屋面防水层应满足一级防水等级设防要求，且必须至少设置一道具有耐根穿刺性能的防水材料。

3）种植屋面防水层应采用不少于两道防水设防。最上道应为耐根穿刺防水材料。两道防水层应相邻铺设且防水层的材料应相容。

4）耐根穿刺防水材料应具有耐霉菌腐蚀性能。改性沥青类耐根穿刺防水材料应含有化学阻根剂。

5）耐根穿刺防水材料和最小厚度。

耐根穿刺防水材料和最小厚度　　表 5.1.8-1

耐根穿刺防水材料种类	最小厚度（mm）	耐根穿刺防水材料种类	最小厚度（mm）
弹性体改性沥青防水卷材	4.0	高密度聚乙烯土工膜	1.2
塑性体改性沥青防水卷材	4.0	三元乙丙橡胶防水卷材	1.2
聚氯乙烯防水卷材	1.2	聚乙烯丙纶防水卷材＋聚合物水泥胶结料	（0.6＋1.3）×2
热塑性聚烯烃防水卷材	1.2	聚脲防水涂料	2.0

6）排（蓄）水材料不得作为耐根穿刺防水材料使用。

7）耐根穿刺防水层上应设置保护层。

8）种植屋面坡长和找坡材料。

种植屋面坡长和找坡材料　　表 5.1.8-2

坡长	<4m	4～9m	>9m
找坡材料	宜采用水泥砂浆	可采用加气混凝土、轻质陶粒混凝土、水泥膨胀珍珠岩和水泥蛭石，也可采用结构找坡	应采用结构找坡

9）种植平屋面的排水坡度不宜小于 2%。

5.1.9　金属板屋面防水

1）金属板屋面在保温层的下面宜设置隔汽层，在保温层的上面宜设置防水透气膜。

2）压型金属板采用咬口锁边连接时，屋面的排水坡度不宜小于 5%；压型金属板采用紧固件连接时，屋面的排水坡度不宜小于 10%。

5.2 外 墙 防 水

5.2.1　整体防水层设计

防水层位置和防水材料　　表 5.2.1

	饰面种类	防水层位置	防水材料
无外保温外墙	涂料饰面	找平层和涂料饰面层之间	聚合物水泥防水砂浆或普通防水砂浆
	块材饰面	找平层和块材粘结层之间	聚合物水泥防水砂浆或普通防水砂浆
	幕墙饰面	找平层和幕墙饰面之间	聚合物水泥防水砂浆、普通防水砂浆、聚合物水泥防水涂料、聚合物乳液防水涂料或聚氨酯防水涂料
外保温外墙	涂料饰面	保温层和墙体基层之间	聚合物水泥防水砂浆或普通防水砂浆
	块材饰面	保温层和墙体基层之间	聚合物水泥防水砂浆或普通防水砂浆
	幕墙饰面	找平层上	聚合物水泥防水砂浆、普通防水砂浆、聚合物水泥防水涂料、聚合物乳液防水涂料或聚氨酯防水涂料；当外墙保温层选用矿物棉保温材料时，防水层宜采用防水透气膜

注：(1) 外保温外墙不宜采用块材饰面，采用时应采取安全措施。

(2) 表中外保温外墙是指保温为独立的整体保温系统，当外墙外保温采用无机保温砂浆等非憎水性保温材料时，防水层应设在保温层外。

5.2.2　防水层最小厚度

防水层最小厚度（mm）　　表 5.2.2

墙体基层种类	饰面层种类	聚合物水泥防水砂浆		普通防水砂浆	防水涂料
		干粉类	乳液类		
现浇混凝土	涂料	3	5	8	1.0
	面砖				—
	幕墙				1.0

续表

墙体基层种类	饰面层种类	聚合物水泥防水砂浆		普通防水砂浆	防水涂料
		干粉类	乳液类		
砌体	涂料	5	8	10	1.2
	面砖				—
	干挂幕墙				1.2

5.2.3 外墙防水设计要点

1）建筑外墙的防水层应设置在迎水面。

2）外墙防水层应与地下墙体防水层搭接。

3）不同结构材料的交接处应采用每边不少于150mm宽的耐碱玻璃纤维网布或热镀锌电焊网作抗裂增强处理。

4）砂浆防水层中可增设耐碱玻璃纤维网布或热镀锌电焊网增强，并宜用锚栓固定于结构墙体中。

5）外墙从基体表面开始至饰面层应留分隔缝，间隔宜为3m×3m，可预留或后切，金属网、找平层、防水层、饰面层应在相同位置留缝，缝宽不宜大于10mm，也不宜小于5mm，切缝后宜采用空气压缩机具吹除缝内粉末，嵌填高弹性耐候胶。

6）找平层水泥砂浆宜掺防水剂、抗裂剂、减水剂等外加剂。

7）找平层每层抹灰厚度不大于10mm，抹灰厚度≥35mm时应有挂网等防裂防空鼓措施。

8）防水层宜用聚合物水泥砂浆。

5.2.4 广东省关于外墙面防水等级和设防要求的规定

外墙面防水等级和设防要求　　表5.2.4

项　目		外墙防水设防等级	
		Ⅰ级	Ⅱ级
防水层合理使用年限		15年	10年
建筑物类别		1. 轻质砖、空心砖、混凝土、夹心保温墙为基体的外墙 2. 高度大于24m的建筑物外墙 3. 幕墙内的围闭外墙 4. 条形砖饰面的外墙 5. 当地基本风压≥0.6kPa	1. 高度小于24m的建筑物外墙 2. 低层砖混结构的外墙 3. 当地基本风压<0.6kPa
找平层抗裂要求	抗裂要求	复合使用	
	抗裂措施	1. 不同材料交界处挂设钢丝网或钢板网 2. 外墙面满挂钢丝网或钢板网 3. 找平层掺抗裂合成纤维或外加剂	1. 不同材料交界处挂设钢丝网或钢板网 2. 外墙面满挂纤维网格布或钢丝网 3. 找平层掺抗裂合成纤维或外加剂

续表

项目		外墙防水设防等级	
		Ⅰ级	Ⅱ级
防水层要求	设防要求	一至两道防水设防	一道防水设防
	防水措施	1. 找平层：聚合物水泥砂浆、聚合物抗裂合成纤维水泥砂浆、掺外加剂水泥砂浆 2. 防水层：聚合物水泥防水砂浆5～8mm，聚合物水泥防水涂料（Ⅱ型）1～1.2mm 3. 防水保护层：外墙涂料或饰面砖	1. 找平层：聚合物水泥砂浆、聚合物抗裂合成纤维水泥砂浆、掺外加剂水泥砂浆 2. 防水层：聚合物水泥防水砂浆3～5mm，或聚合物水泥防水涂料（Ⅱ型）0.8～1mm 3. 防水保护层：外墙涂料或饰面砖

5.3 室内和水池防水

5.3.1 防水材料选用

室内防水做法选材　　表5.3.1-1

部位	保护层、饰面层	楼地面（池底）	立面（池壁）	顶面
厕浴间、厨房间	防水层面直接贴瓷砖或抹灰	刚性防水材料、聚乙烯丙纶卷材	刚性防水材料	聚合物水泥防水砂浆、刚性防水材料
	混凝土保护层	刚性防水材料、合成高分子涂料、改性沥青涂料、渗透结晶防水涂料、自粘卷材、弹（塑）性体改性沥青卷材、合成高分子卷材		
	防水层面经处理或钢丝网抹灰		刚性防水材料、合成高分子涂料、合成高分子卷材	
蒸汽浴室	防水层面直接贴瓷砖或抹灰	刚性防水材料	刚性防水材料、聚乙烯丙纶卷材	
	混凝土保护层	刚性防水材料、合成高分子涂料、聚合物水泥防水砂浆、渗透结晶防水涂料、自粘橡胶沥青卷材、弹（塑）性体改性沥青卷材、合成高分子卷材		

续表

部位	保护层、饰面层	楼地面（池底）	立面（池壁）	顶面
蒸汽浴室	防水层面经处理或钢丝网抹灰、脱离式饰面层		刚性防水材料、合成高分子涂料、合成高分子卷材	
游泳池、水池（常温）	无饰面层	刚性防水材料	刚性防水材料	
	防水层面直接贴瓷砖或抹灰	刚性防水材料、聚乙烯丙纶卷材	刚性防水材料、聚乙烯丙纶卷材	
	混凝土保护层	刚性防水材料、合成高分子涂料、改性沥青涂料、渗透结晶防水涂料、自粘橡胶沥青卷材、弹（塑）性体改性沥青卷材、合成高分子卷材	刚性防水材料、合成高分子涂料、改性沥青防水涂料、渗透结晶防水涂料、自粘橡胶沥青卷材、弹（塑）性体改性沥青卷材、合成高分子卷材	聚合物水泥防水砂浆、刚性防水材料
高温水池	防水层面直接贴瓷砖或抹灰	刚性防水材料	刚性防水材料	
	混凝土保护层	刚性防水材料、合成高分子涂料、聚合物水泥防水砂浆、渗透结晶防水涂料、自粘橡胶沥青卷材、弹（塑）性体改性沥青卷材、合成高分子卷材	刚性防水材料、合成高分子防水涂料、渗透结晶防水涂料、合成高分子卷材	
阳台	防水层面直接贴瓷砖或抹灰	刚性防水材料、聚乙烯丙纶卷材	同外墙	
	混凝土保护层	刚性防水材料、合成高分子涂料、改性沥青涂料、渗透结晶防水涂料、自粘卷材、弹（塑）性体改性沥青卷材、合成高分子卷材		

室内防水保护层材料及厚度　表 5.3.1-2

地面饰面层种类	保护层
石材、厚质地砖	不小于 20mm 厚的 1∶3 水泥砂浆
瓷砖、水泥砂浆	不小于 30mm 厚的细石混凝土

5.3.2　厕浴间、厨房防水设计要点

1）厕浴间、厨房有较高防水要求时，应做两道防水层，防水材料复合使用时应考虑其相容性。

2）厕浴间、厨房的墙体，宜设置高出楼地面150mm 以上的现浇混凝土泛水。

3）厕浴间、厨房四周墙根防水层泛水高度不应小于

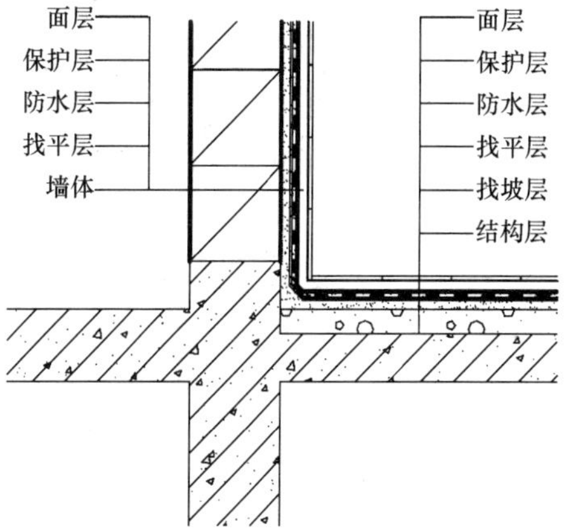
面层
保护层
防水层
找平层
墙体
面层
保护层
防水层
找平层
找坡层
结构层

图 5.3.2-1　厨房、卫生间防水

250mm，其他墙面防水以可能溅到水的范围为基准向外延伸不应小于 250mm。浴室花洒喷淋的临墙面防水高度不得低于 2m。

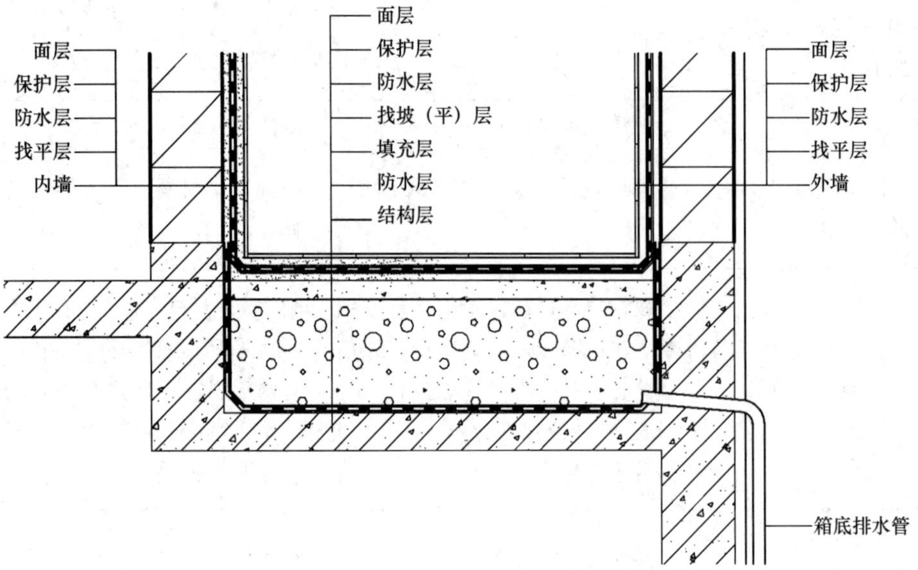
面层
保护层
防水层
找坡（平）层
填充层
防水层
结构层
面层
保护层
防水层
找平层
内墙
面层
保护层
防水层
找平层
外墙
箱底排水管

图 5.3.2-2　有填充层的厨房、下沉式卫生间防水

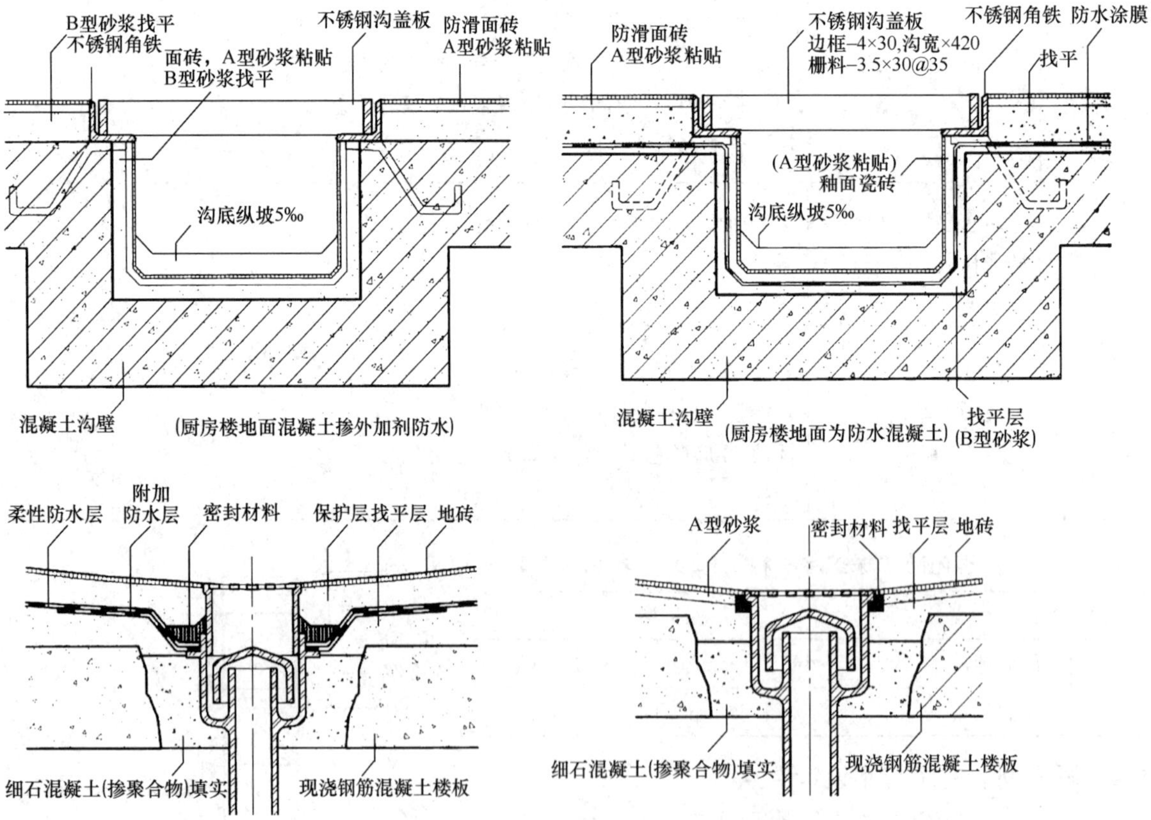
B型砂浆找平
不锈钢角铁
面砖，A型砂浆粘贴
B型砂浆找平
不锈钢沟盖板
防滑面砖
A型砂浆粘贴
沟底纵坡5‰
混凝土沟壁
(厨房楼地面混凝土掺外加剂防水)
防滑面砖
A型砂浆粘贴
不锈钢沟盖板
边框-4×30,沟宽×420
栅料-3.5×30@35
不锈钢角铁
防水涂膜
找平
(A型砂浆粘贴)
釉面瓷砖
沟底纵坡5‰
混凝土沟壁
(厨房楼地面为防水混凝土)
找平层
(B型砂浆)
柔性防水层
附加
防水层
密封材料
保护层
找平层
地砖
细石混凝土(掺聚合物)填实
现浇钢筋混凝土楼板
A型砂浆
密封材料
找平层
地砖
细石混凝土(掺聚合物)填实
现浇钢筋混凝土楼板

图 5.3.2-3　厨房明沟、地漏

4）有填充层的厨房、下沉式卫生间，宜在结构板面和地面饰面层下设置两道防水层。

5）长期处于蒸汽环境下的室内，所有的墙面、楼地面和顶面均应设置防水层。

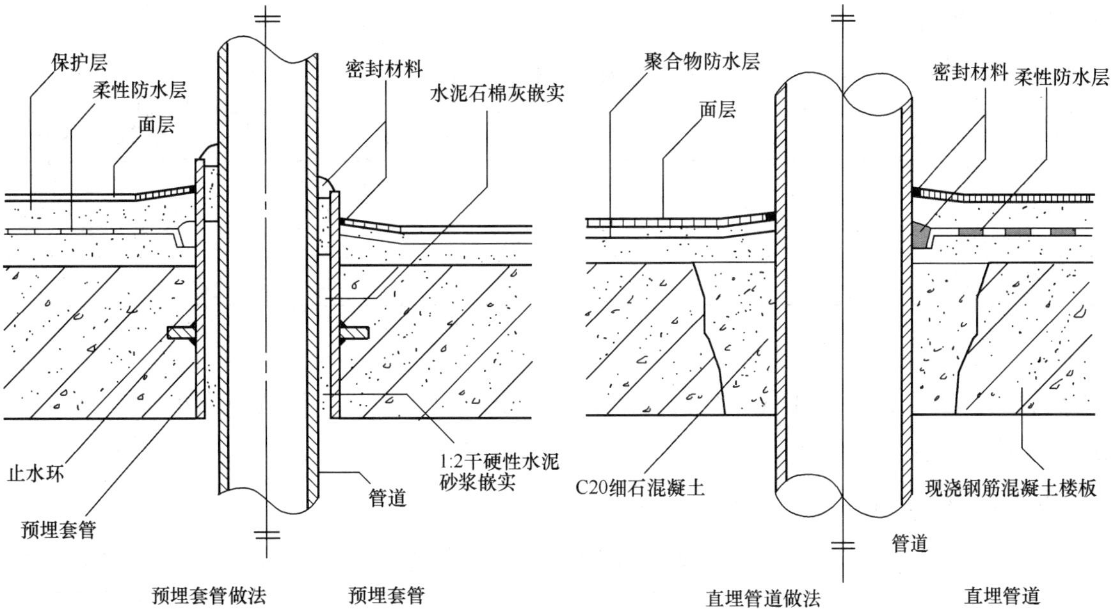
保护层
柔性防水层
面层
密封材料
水泥石棉灰嵌实
止水环
预埋套管
管道
1:2干硬性水泥砂浆嵌实
预埋套管做法
预埋套管
聚合物防水层
面层
密封材料
柔性防水层
C20细石混凝土
现浇钢筋混凝土楼板
管道
直埋管道做法
直埋管道

注明：聚合物水泥防水层，包括聚合物水泥砂浆(B型)找平层或聚合物水泥防水砂浆(A型)满浆粘贴层，或聚合物水泥基防水涂膜，也可指其组合。
具体按工程设计
细石混凝土可按经验加聚合物，或膨胀剂。

图 5.3.2-4 厨、卫、浴穿地管道

5.3.3 游泳池、水池防水设计要点

1）池体宜采用防水混凝土，混凝土厚度不应小于 200mm。对刚度较好的小型水池，池体混凝土厚度不应小于 150mm。

2）室内游泳池等水池，应设置池体附加内防水层。受地下水或地表水影响的地下池体，应做内外防水处理。

3）水池混凝土抗渗等级经计算后确定，但不应低于 P6。

5.4 地下工程防水

5.4.1 防水等级

不同防水等级的适用范围 表 5.4.1

防水等级	适用范围
一级	人员长期停留的场所；因有少量湿渍会使物品变质、失效的贮物场所及严重影响设备正常运转和危及工程安全运营的部位；极重要的战备工程、地铁车站
二级	人员正常活动的场所；在有少量湿渍的情况下不会使物品变质、失效的贮物场所及基本不影响设备正常运转和工程安全运营的部位；重要的战备工程
三级	人员临时活动的场所；一般战备工程
四级	对渗漏水无严格要求的工程

5.4.2 防水混凝土

防水混凝土设计抗渗等级　　表 5.4.2

工程埋置深度 H（m）	设计抗渗等级	工程埋置深度 H（m）	设计抗渗等级
$H<5$	P6（P6）	$20\leqslant H<30$	P10（P12）
$5\leqslant H<10$	P6（P8）	$H\geqslant 30$	P12（P12）
$10\leqslant H<20$	P8（P10）		

注：（）内数值适用于深圳市。

防水混凝土结构底板的混凝土垫层，强度等级不应小于 C15，厚度不应小于 100mm，在软弱土层中不应小于 150mm。

5.4.3 地下室防水构造

地下室底板防水构造（自上而下）　　表 5.4.3-1

构造层次	材　　料
内饰面层	水泥砂浆；细石混凝土；地砖；其他
结构自防水层（底板）	防水混凝土（强度等级≥C20，抗渗等级按表 5.4.2 确定，厚度≥250mm）
保护层	按表 5.4.4 选用
防水层	按表 5.4.4 选用
找平层	宜采用随浇随压实抹光做法
垫层	100～150mm 厚 C15 混凝土

地下室侧壁防水构造（自内而外）　　表 5.4.3-2

构造层次	材　　料
内饰面层	水泥砂浆；面砖；其他
结构自防水层（侧壁）	防水混凝土（强度等级≥C20，抗渗等级按表 5.4.2 确定，厚度≥250mm）
找平层	先涂刮一道聚合物水泥砂浆（封堵表面气泡孔）
防水层	按表 5.4.4 选用
保护层	按表 5.4.4 选用

地下室顶板防水构造（自上而下）　　表 5.4.3-3

构造层次	材　　料
面层	沥青；细石混凝土；地砖；花岗石；种植土；其他
保护层	按表 5.4.4 选用
隔离层	聚酯毡；土工布；卷材；低强度等级水泥砂浆
防水层	按表 5.4.4 选用
找平（坡）层	最薄处 20mm 厚水泥砂浆；最薄处 40mm 厚细石混凝土
结构自防水层（顶板）	防水混凝土（强度等级≥C20，抗渗等级按表 5.4.2 确定，厚度≥250mm）
内饰面层	水泥砂浆；腻子；其他

注：地下工程种植顶板防水尚应符合种植屋面的防水要求。

5.4.4 防水层材料

地下室防水材料 **表 5.4.4**

<table>
<tr><th colspan="2">材料</th><th colspan="2">厚度(mm)</th><th>适用范围</th><th>保护层</th><th>备注</th></tr>
<tr><td rowspan="2">防水砂浆</td><td>聚合物水泥防水砂浆</td><td colspan="2">单层施工 6～8
双层施工 10～12</td><td rowspan="2">主体结构的迎水面或背水面
不应用于受持续振动或温度高于 80℃ 的地下工程防水</td><td rowspan="2"></td><td rowspan="2"></td></tr>
<tr><td>掺外加剂或掺合料的防水砂浆</td><td colspan="2">18～20</td></tr>
<tr><td rowspan="8">高聚物改性沥青类防水卷材</td><td rowspan="2">弹性体改性沥青防水卷材</td><td>单层</td><td>≥4</td><td rowspan="16">混凝土结构的迎水面</td><td rowspan="16">顶板卷材防水层上的细石混凝土保护层：采用机械碾压回填土时，厚度≥70mm；采用人工回填土时，厚度≥50mm；底板卷材防水层上的细石混凝土保护层厚度≥50mm；侧墙卷材防水层宜采用软质保护材料或铺抹 1∶3 水泥砂浆</td><td rowspan="16">用于建筑物地下室时，应铺设在结构底板垫层至墙体设防高度的结构基面上；用于单建式的地下工程时，应从结构底板垫层铺设至顶板基面，并应在外围形成封闭的防水层，应铺设卷材加强层</td></tr>
<tr><td>双层</td><td>≥(4+3)</td></tr>
<tr><td rowspan="2">改性沥青聚乙烯胎防水卷材</td><td>单层</td><td>≥4</td></tr>
<tr><td>双层</td><td>≥(4+3)</td></tr>
<tr><td rowspan="2">自粘聚酯胎聚合物改性沥青防水卷材</td><td>单层</td><td>≥3</td></tr>
<tr><td>双层</td><td>≥(3+3)</td></tr>
<tr><td rowspan="2">自粘聚合物改性沥青防水卷材</td><td>单层</td><td>≥1.5</td></tr>
<tr><td>双层</td><td>≥(1.5+1.5)</td></tr>
<tr><td rowspan="8">合成高分子类防水卷材</td><td rowspan="2">三元乙丙橡胶防水卷材</td><td>单层</td><td>≥1.5</td></tr>
<tr><td>双层</td><td>≥(1.2+1.2)</td></tr>
<tr><td rowspan="2">聚氯乙烯防水卷材</td><td>单层</td><td>≥1.5</td></tr>
<tr><td>双层</td><td>≥(1.2+1.2)</td></tr>
<tr><td rowspan="2">聚乙烯丙纶复合防水卷材</td><td>单层</td><td>卷材≥0.9
粘结料≥1.3
芯材≥0.6</td></tr>
<tr><td>双层</td><td>卷材≥(0.7+0.7)
粘结料≥(1.3+1.3)
芯材≥0.5</td></tr>
<tr><td rowspan="2">高分子自粘胶膜防水卷材</td><td>单层</td><td>≥1.2</td></tr>
<tr><td>双层</td><td>—</td></tr>
</table>

续表

<table>
<tr><th colspan="2">材料</th><th>厚度(mm)</th><th>适用范围</th><th>保 护 层</th><th>备 注</th></tr>
<tr><td rowspan="2">无机防水涂料</td><td>掺外加剂、掺合料的水泥基防水涂料</td><td>3.0</td><td rowspan="2">主体结构的背水面</td><td rowspan="2"></td><td rowspan="5">宜采用外防外涂或外防内涂；埋置深度较深的重要工程、有振动或较大变形的工程，宜选用高弹性防水涂料
冬季施工宜选用反应型涂料；有腐蚀性的地下环境宜选用耐腐蚀性较好的有机防水涂料，并应做刚性保护层；聚合物水泥防水涂料应选用Ⅱ型产品</td></tr>
<tr><td>水泥基渗透结晶型防水涂料</td><td>1.0
（用量不应小于1.5kg/m^2）</td></tr>
<tr><td rowspan="3">有机防水涂料</td><td>反应型</td><td rowspan="3">1.2</td><td rowspan="3">主体结构的迎水面</td><td rowspan="3">底板、顶板应采用20mm厚1∶2.5水泥砂浆层和40～50mm厚的细石混凝土保护层，防水层与保护层之间宜设隔离层；侧墙背水面应采用20mm厚1∶2.5水泥砂浆；侧墙迎水面保护层宜选用软质保护材料或20mm厚1∶2.5水泥砂浆</td></tr>
<tr><td>水乳型</td></tr>
<tr><td>聚合物水泥</td></tr>
<tr><td>塑料防水板</td><td></td><td>≥1.2</td><td>宜用于经常受水压、侵蚀性介质或受振动作用的地下工程</td><td></td><td>防水层应有塑料排水板与缓冲层组成</td></tr>
<tr><td>金属防水板</td><td></td><td></td><td>可用于长期浸水、水压较大的水工及过水隧道</td><td></td><td>应采取防锈措施</td></tr>
<tr><td rowspan="2">膨润土防水层</td><td>膨润土防水毯</td><td rowspan="2"></td><td rowspan="2">应用于地下工程主体结构的迎水面，防水层两侧应具有一定的夹持力；应用于pH值为4～10的地下环境，含盐量较高的地下环境应采用经过改性处理的膨润土，并应经检测合格后使用</td><td rowspan="2"></td><td rowspan="2">基层混凝土强度等级不得小于C15，水泥砂浆强度不得低于M7.5</td></tr>
<tr><td>膨润土防水板</td></tr>
</table>

5.4.5 地下室防水节点大样

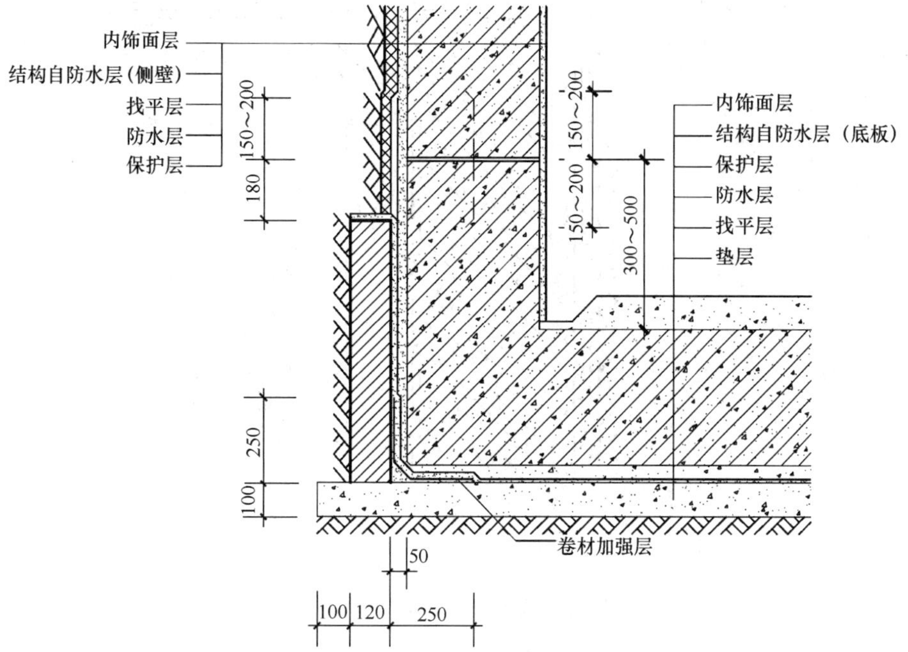

内饰面层
结构自防水层(侧壁)
找平层
防水层
保护层
150~200
180
250
100
150~200
150~200
300~500
内饰面层
结构自防水层（底板）
保护层
防水层
找平层
垫层
卷材加强层
50
100
120
250

图 5.4.5-1 地下室侧壁及底板(一)

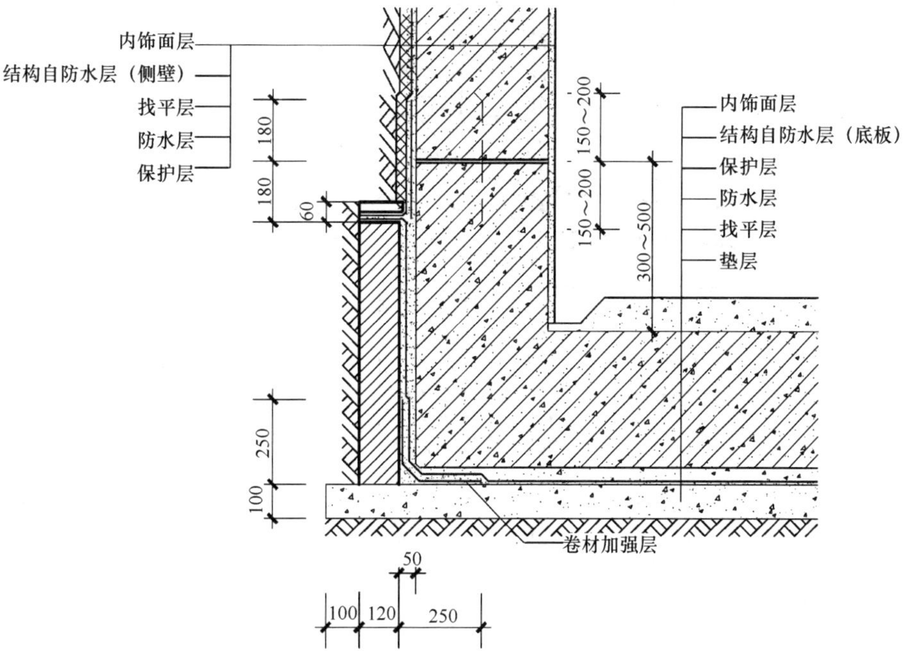

内饰面层
结构自防水层（侧壁）
找平层
防水层
保护层
180
180
60
250
100
150~200
150~200
300~500
内饰面层
结构自防水层（底板）
保护层
防水层
找平层
垫层
卷材加强层
50
100
120
250

图 5.4.5-2 地下室侧壁及底板(二)

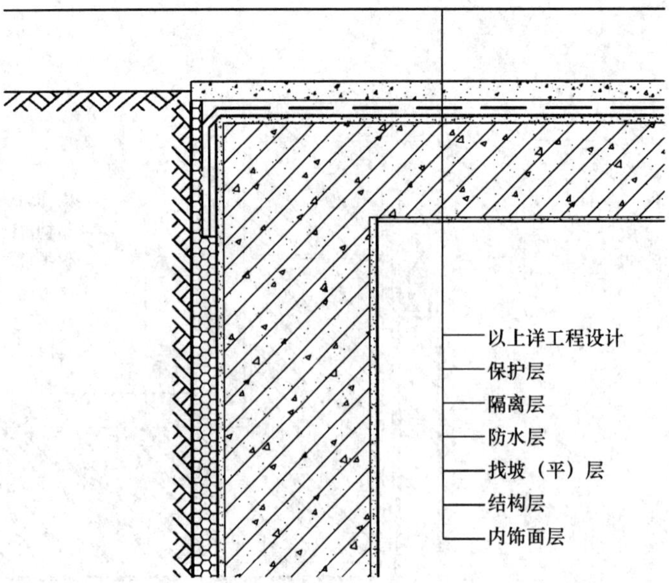
以上详工程设计
保护层
隔离层
防水层
找坡（平）层
结构层
内饰面层

图 5.4.5-3 地下室顶板(一)

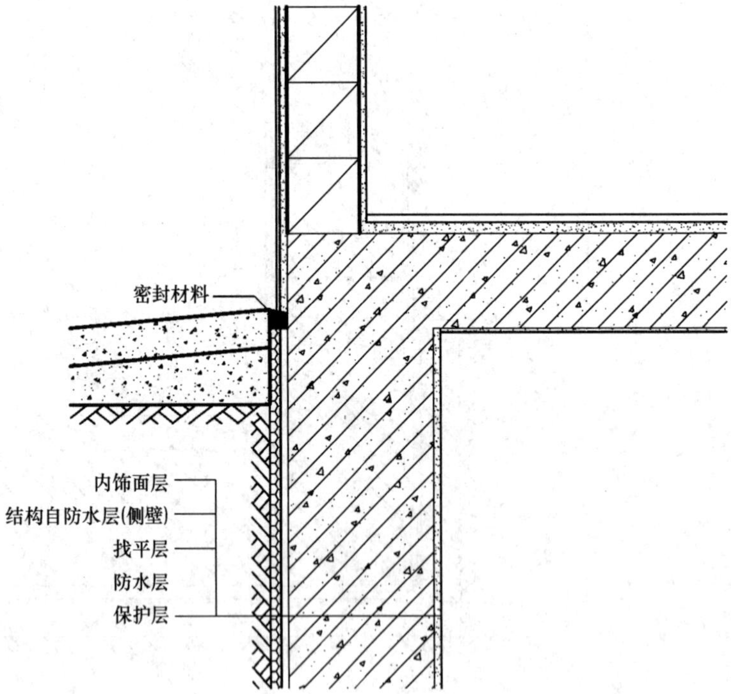
密封材料
内饰面层
结构自防水层(侧壁)
找平层
防水层
保护层

图 5.4.5-4 地下室顶板(二)

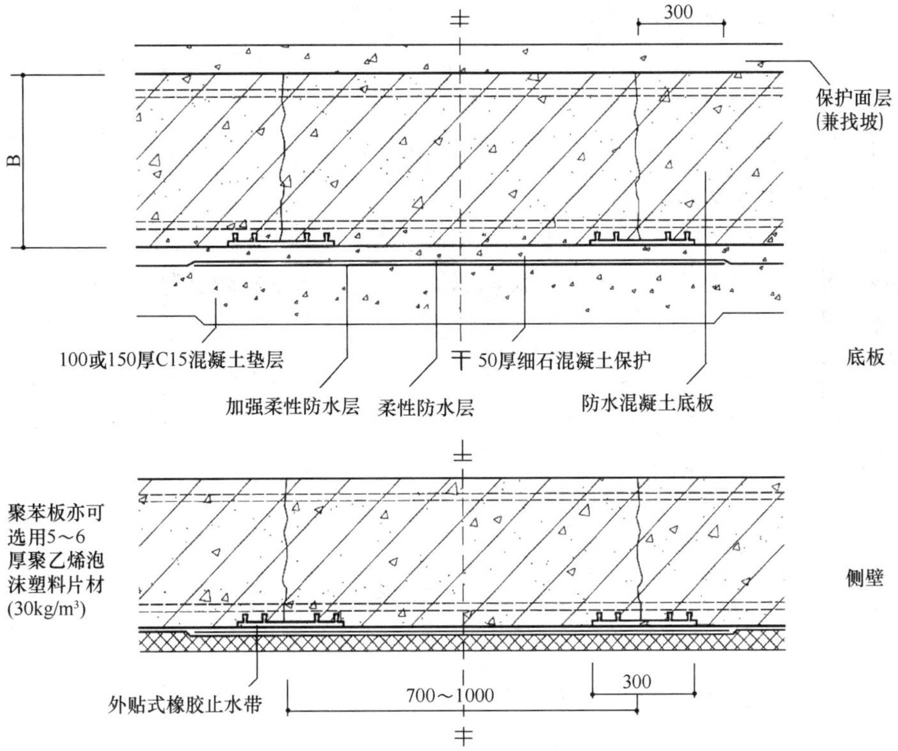
300
B
保护面层
(兼找坡)
100或150厚C15混凝土垫层
50厚细石混凝土保护
底板
加强柔性防水层
柔性防水层
防水混凝土底板
聚苯板亦可选用5～6厚聚乙烯泡沫塑料片材(30kg/m³)
侧壁
外贴式橡胶止水带
700～1000
300

图 5.4.5-5 地下室后浇带

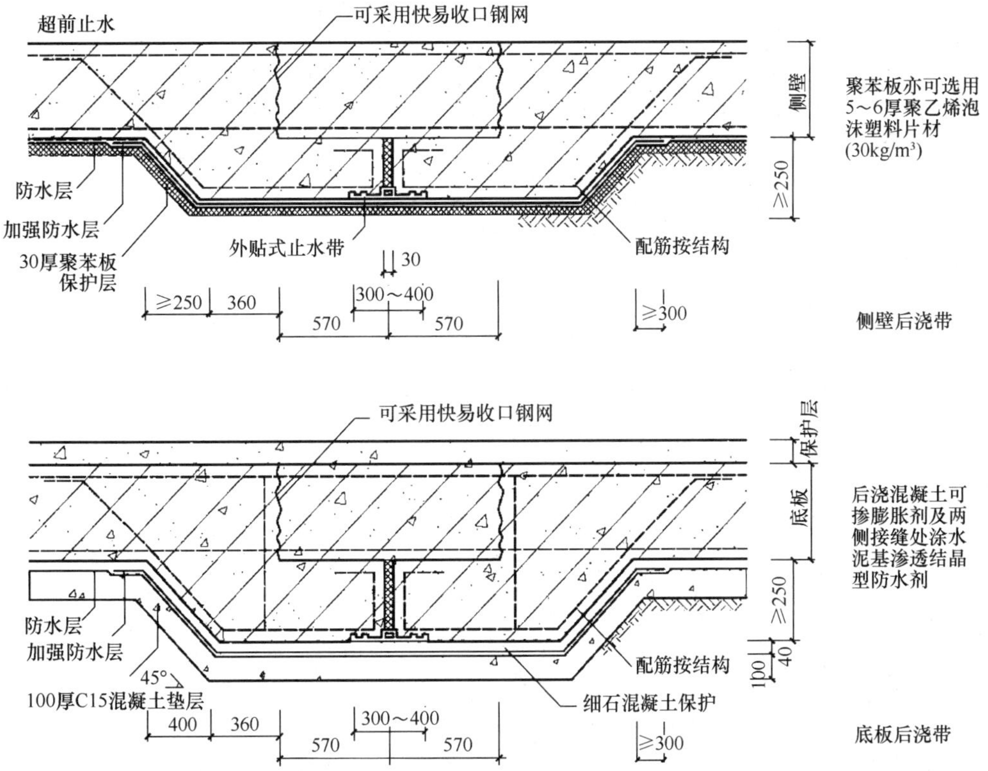
超前止水
可采用快易收口钢网
侧壁
聚苯板亦可选用5～6厚聚乙烯泡沫塑料片材(30kg/m³)
≥250
防水层
加强防水层
30厚聚苯板保护层
外贴式止水带
配筋按结构
30
300～400
≥250
360
570
570
≥300
侧壁后浇带
可采用快易收口钢网
保护层
底板
后浇混凝土可掺膨胀剂及两侧接缝处涂水泥基渗透结晶型防水剂
≥250
防水层
加强防水层
45°
100厚C15混凝土垫层
配筋按结构
细石混凝土保护
100
40
400
360
300～400
570
570
≥300
底板后浇带

图 5.4.5-6 地下室超前止水后浇带

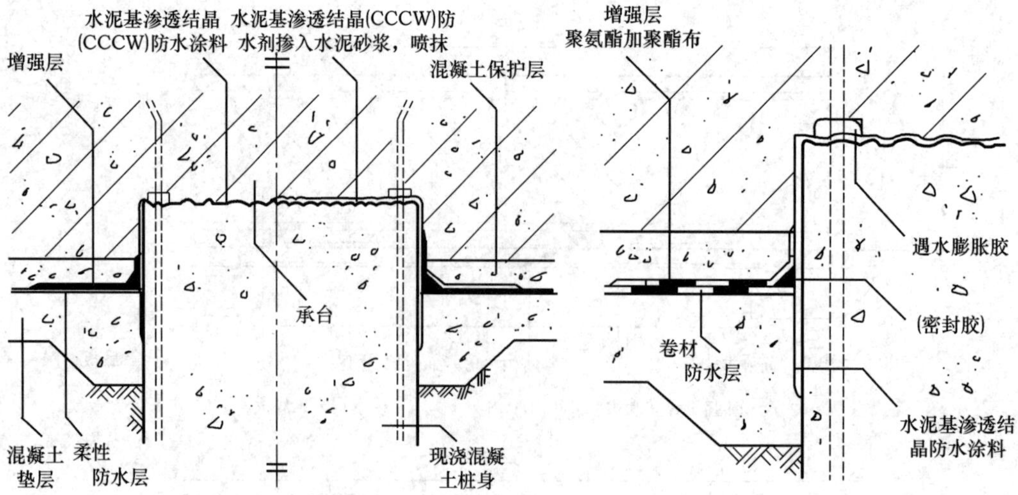
水泥基渗透结晶
(CCCW)防水涂料
水泥基渗透结晶(CCCW)防
水剂掺入水泥砂浆，喷抹
增强层
混凝土保护层
承台
混凝土
垫层
柔性
防水层
现浇混凝
土桩身
增强层
聚氨酯加聚酯布
遇水膨胀胶
(密封胶)
卷材
防水层
水泥基渗透结
晶防水涂料

图 5.4.5-7 地下室桩顶(一)

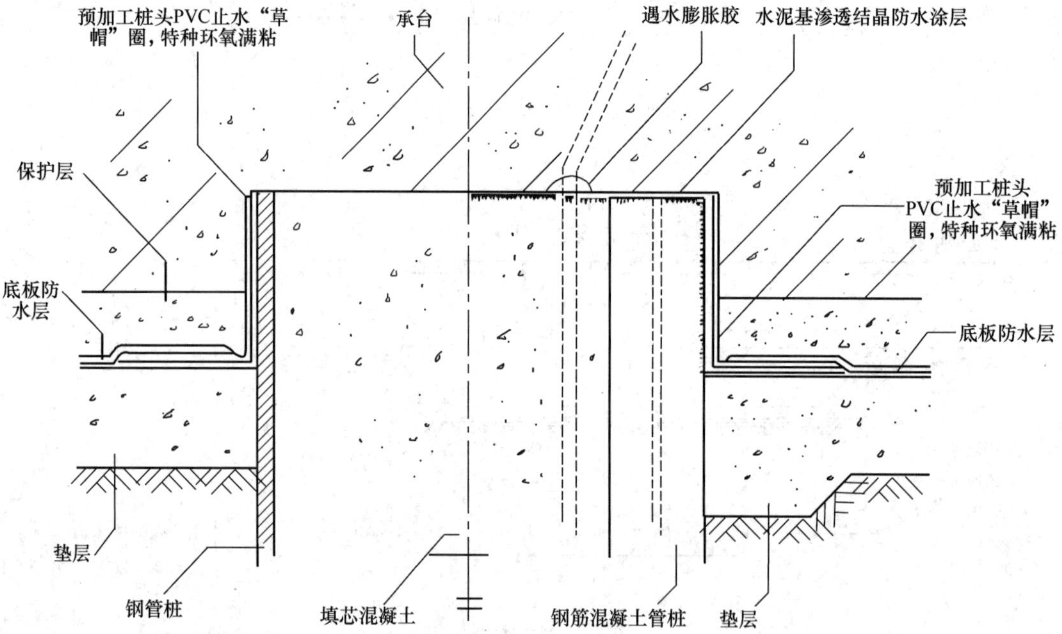
预加工桩头PVC止水“草
帽”圈，特种环氧满粘
承台
遇水膨胀胶
水泥基渗透结晶防水涂层
保护层
预加工桩头
PVC止水“草帽”
圈，特种环氧满粘
底板防
水层
底板防水层
垫层
钢管桩
填芯混凝土
钢筋混凝土管桩
垫层

图 5.4.5-8 地下室桩顶(二)

6 门 窗 与 幕 墙

6.1 门窗与幕墙分类

6.1.1 门窗分类

门窗分类 表 6.1.1

门窗分类	按材料分	木、钢、铝合金、塑、塑钢、铝塑、铝木、玻璃钢门窗
	按开启方式分	固定、推拉、内平开、外平开、上悬、下悬、平推、百叶、折叠门窗
	按功能分	保温、隔热（遮阳）、人防、防火、隔声、采光顶（天窗）门窗

6.1.2 幕墙分类

幕墙分类 表 6.1.2

幕墙分类	玻璃幕墙	框支玻璃幕墙	明框、半隐框、隐框、单元式、构件式
		点支玻璃幕墙	三点、四点、六点、单根钢管、桁架、索杆
		全玻幕墙	落地式、吊挂式、后支承式、单肋、双肋
	石材幕墙	花岗石、大理石、石灰石、石英砂石；干挂、湿挂、胶粘	
	金属板幕墙	不锈钢板、铝合金板、搪瓷钢板、彩钢板	
		单层铝板、蜂窝铝板、铝塑复合板；干挂、湿挂、胶粘	
	人造板幕墙	瓷板、陶板、微晶玻璃；干挂、湿挂、胶粘	
	组合板幕墙	将以上各种材料面板组合而成的幕墙	
	双层幕墙	按空气循环方式分类	外循环、内循环
		按结构形式分类	单结构、双结构

6.2 门窗与幕墙的材料

6.2.1 型材

型　材 表 6.2.1

型材	钢材（Q235B、Q345B）	表面处理	热浸镀锌防腐处理（镀膜厚 $t \geqslant 85\mu m$）
			涂防锈漆、氟碳漆喷涂、聚氨酯喷涂（$40\mu m$）
		壁厚	门窗——冷轧、热镀钢≥1.2mm，彩钢板 0.7～1.0mm
			幕墙——主要受力型材壁厚≥3.0mm

续表

型材	铝合金（6063-T5、6063-T6）	表面处理	表面阳极氧化（平均膜厚 $t \geqslant 15\mu m$、AA15 级）
			电泳涂漆（复合膜厚 $t \geqslant 16\mu m$，B 级）
			粉末喷漆（涂层厚 $40\mu m \leqslant t \leqslant 120\mu m$）
			氟碳喷漆（平均膜厚 $t \geqslant 40\mu m$）
		壁厚	门型材 $d \geqslant 2.0$mm，窗型材 $d \geqslant 1.4$mm
			幕墙——立柱开口部位≥3.0mm，闭口部位≥2.5mm
	不锈钢	奥氏体不锈钢，含镍量≥8%	
		门窗型材壁厚 $d \geqslant 0.6$mm	
	塑料	表面处理	在白色型材上覆膜或喷涂、负压真空彩色涂装、加彩色铝扣板等
		壁厚	结构型材壁厚 $d \geqslant 2.2$mm（窗）、2.5mm（门）
			套在 PVC 框内的钢材厚度 $d \geqslant 1.2$mm
	玻璃钢	表面处理	采用低碱或中碱（不允许用高碱）玻璃纤维增强
			表面打磨，用静电粉末喷涂或表面覆膜等
			可不用增强型钢（门窗尺寸过大、风压过高者除外）
		壁厚	门窗型材壁厚 $d \geqslant 2.2$mm
	铝塑复合	表面采用静电粉末喷涂	
		中间断热部分采用改良 PVC 塑芯，壁厚 2.5mm	
		构造层次——铝＋塑＋铝的紧密复合	
	铝木复合	镶木采用高档优质木材，厚度 10mm	
		密闭空心结构	
		两种构造做法——木包铝（多数采用）、铝包木	
	木材（分类）	实木（红松、落叶松、云杉、柳桉等树种的一、二等锯材）	
		实木复合	面层为单板
			内部为实木或实木制品复合材料
		装饰复合	面层为薄木皮、浸渍胶膜纸饰面人造板、PVC 贴面板等
			内部为木材或木制品的复合材料（刨花板、中密度板、胶合板）
		含水率	应≤8%～13%，并低于当地木材平衡含水率 2%～3%
		人造板甲醛含量	普通门窗≤1.5mg/m^3，高级门窗≤0.2mg/m^3
	断热型材	穿条工艺	应采用 PA66GF25（聚酰胺 66＋25 玻璃纤维）材料
			不得采用 PVC 塑料
		浇注工艺	应采用 PUR（聚氨基甲酸乙酯）材料

6.2.2 玻璃

玻　璃　　表 6.2.2

玻璃	分类	按工艺分类	平板（浮法）、半钢化、钢化、着色、镀膜、彩釉
		按构造分类	单层、夹层（胶）、夹丝、中空、真空
		按功能分类	保温、遮阳、防火、安全、节能、防弹
			低、中、高透光玻璃

续表

玻璃	要求	中空玻璃	空气层厚度 $A \geqslant 9\text{mm}$
			应采用双道密封
			间隔铝框不得采用热熔型间隔胶条
		夹层玻璃	应采用干法加工合成，宜采用 PVB 胶片
		LOW-E 玻璃	在线 LOW-E 玻璃可单片使用、可钢化
			离线 LOW-E 玻璃不得单片使用，必须组成中空玻璃使用
			镀膜面应朝内（第 2、3 面）
		彩釉玻璃——釉料宜采用丝网印刷	
		防火玻璃	应采用单片防火玻璃或由单片防火玻璃加工成的中空、夹层防火玻璃
			不宜采用复合防火玻璃（灌浆法或用防火胶粘贴而成）这种玻璃在紫外线长期照射和≥60°高温环境中容易失效。但可用于低温且不见阳光处
		安全玻璃	钢化玻璃、夹层（胶）玻璃及由这两种玻璃组成的中空玻璃
			其余均不是安全玻璃
		钢化玻璃	为减少自爆，宜对钢化玻璃进行均质处理
			与窗框之间的缝隙宜采用高弹性密封材料填充
		半钢化玻璃	不属安全玻璃，只有做成夹层玻璃才是安全玻璃，可用于暖房、温室、隔墙等窗玻璃
			用于高层建筑外窗或玻璃幕墙时，必须做成夹层玻璃
			经钻孔开槽后，不得用于点支式玻璃幕墙
		镀膜玻璃	具有很高的吸热率，应进行热应力计算
			应选用高精度、高性能窗框，提高玻璃影像质量
			应控制反射率：一般应≤30%；主干道、立交桥、高架路两侧的建筑 20m 高度以下，其余路段 10m 高度以下，应≤16%，并应遵守当地有关规定
		真空玻璃	标准型（B 系列）—$L+V+N$
			真空＋夹层型（Z_1 系列）—$L+V+N+E+N$
			真空＋中空型（Z_2 系列）—$N+V+N+A+T$
			夹层＋真空＋中空型（Z_3 系列）$N+E+N+V+N+A+T$
			L—LOW-E 玻璃，N—白玻，A—中空层，6～12mm T—钢化玻璃，E—EVA 膜，膜厚＝0.38mm 的倍数 V—真空层，0.1～0.2mm
			低、多层建筑可采用标准型（B 系列）真空玻璃
			高层建筑及需用安全玻璃的场所，应采用 Z_1、Z_2、Z_3 系列的安全真空玻璃
			采用真空玻璃的建筑，可适当加大窗墙面积比
			可适当简化围护结构的保温措施，以降低成本
		防弹玻璃	组成—基片(普通玻璃)＋夹胶(聚碳酸酯板，又叫 PC 板)，经热压粘结成型或普通玻璃＋贴膜(钛金薄膜)
			防护级别—分 A（高级）、B（中级）、C（低级）三级
			防护分类—F_{64}、F_{54}（防手枪）、F_{79}、F_{56}（防冲锋枪）
			适用范围—F_{64}—防弹能力低，基本不用 F_{54}—银行柜台、防暴车、防尾随门 F_{79}—运钞车、防暴车、防弹门、防尾随门 F_{56}—观察窗、防暴巡逻车

6.2.3 石材

石材面板的弯曲强度、吸水率、最小厚度和单块面积要求　表 6.2.3

	天然花岗石	天然大理石	其他石材	
（干燥及水饱和）弯曲强度标准值（MPa）	≥8.0	≥7.0	≥8.0	8.0≥ f ≥ 4.0
吸水率	≤0.6%	≤0.5%	≤0.5%	≤0.5%
最小厚度（mm）	≥25	≥35	≥35	≥40
单块面积（m^2）	不宜大于 1.5	不宜大于 1.5	不宜大于 1.5	不宜大于 1.0

6.2.4 金属板

金　属　板　表 6.2.4

金属板	表面处理	海边及酸雨地区：应采用 3～4 道氟碳树脂涂层，厚度≥40μm
		其他地区：应采用 2 道氟碳树脂涂层，厚度≥25μm
	单层铝板	厚度≥2.5mm（常用 3.0mm）
	蜂窝铝板	应根据使用功能和耐久年限要求，分别选用 10、12、15、20mm 和 25mm 的蜂窝铝板，正面和背面的铝板厚度均应为 1mm，中间夹层蜂窝状芯材为铝箔玻璃钢、纸蜂窝等约 18mm 厚
	铝塑复合板	上下两层铝合金板的厚度均应≥0.5mm，中间夹层的热塑性塑料应为耐火、无毒，其厚度应≥4mm

6.2.5 陶板

陶　　板　表 6.2.5

陶板	种类	釉面和毛面两种，常见陶板有德、法两大系列
	吸水率 E	3%<E≤6%和 6%<E≤10%
	抗冻性、断裂模数、湿胀系数	应满足国家相关标准要求
	最小厚度	≥15mm

6.2.6 密封材料

密封材料　表 6.2.6

密封材料	密封胶条	三元乙丙橡胶、氯丁橡胶、硅橡胶、聚氨酯橡胶		
	密封毛条	经硅化处理的丙纶纤维密封毛条（主要用于推拉窗）		
	密封胶	硅酮建筑密封胶（密封、防水、防空气渗透的胶缝）		
		聚硫建筑密封胶（同上功能）		
		硅酮结构密封胶（用于承担传力作用的胶缝）		
		中空玻璃密封胶	第一道密封	丁基热熔密封胶
			第二道密封	弹性密封胶
		密封胶的酸碱性	应采用中性密封胶	
	框与墙缝隙密封材料	先用弹性闭孔材料（泡沫塑料、发泡聚氨酯等）填塞（深圳多采用聚合物水泥防水砂浆填塞）		
		预留 6×6（宽×深）凹槽，用防水密封胶密封		

6.3 玻璃幕墙与门窗型材常用系列

6.3.1 玻璃幕墙常用系列

XX 系列前面的数字即型材的截面高度

玻璃幕墙常用系列
- 100 系列(100×50)、120 系列(120×50)—$W_k \leqslant 2kPa, H \leqslant 50m$
- 150 系列(150×50)、210 系列(210×50)—$W_k \leqslant 3kPa, H \leqslant 100m$

6.3.2 铝合金门窗常用系列

铝合金门窗常用系列 **表 6.3.2**

<table>
<tr><td rowspan="4">铝合金门窗常用系列</td><td>门</td><td colspan="2">60、70、90、100 系列</td><td rowspan="4">45、55、65、75；58、63、66、88 系列</td></tr>
<tr><td rowspan="3">窗</td><td>推拉窗</td><td>70、90 系列</td></tr>
<tr><td>平开窗</td><td>40、50、60、70 系列</td></tr>
<tr><td>固定窗</td><td>40、50、60 系列</td></tr>
</table>

6.3.3 影响型材系列的因素

洞口尺寸与开启尺寸（尺寸越大，所需“系列”也越大）。

不同档次铝窗的开启形式与材料的选择 **表 6.3.3**

项目	档次	高档窗	中档窗	普通窗
常用开启形式		平开悬窗	平开悬窗、平开、推拉	平开、推拉
铝型材	表面处理	氟碳漆喷涂，涂层厚度≥40μm；粉末喷涂膜厚 60～120μm；电泳涂漆 A 级	氟碳漆喷涂，涂层厚度≥30μm；粉末喷涂膜厚 40～120μm；电泳涂漆透明漆为 B 级，有色漆为 S 级，氧化 AA15 级	氧化 AA15 级
	精度等级	超高精级、高精级	高精级、普精级	普精级
	受力杆件最小壁厚（mm）	≥1.8	1.4～1.6	≥1.4
玻璃	种类及空气层厚度 A（mm）	离线 Low-E 中空玻璃 A≥12	离线 Low-E 中空玻璃 A≥9 在线 Low-E 中空玻璃 A≥12 普通中空玻璃 A≥12	普通中空玻璃 A≥9
五金件	材质	奥氏体不锈钢	奥氏体不锈钢	其他达标材料
	结构	多点锁紧	二点以上锁紧	符合标准
	外观	精美	较好	一般
	使用寿命（万次）≥	平开下悬 6.0，平开 3.0	平开下悬 6.0，平开、推拉 2.5	2.5
密封件	密封条	硅橡胶条、三元乙丙胶条	硅橡胶条、三元乙丙胶条、平板加片型硅化密封毛条	三元乙丙胶条、优质橡胶条（氯丁橡胶）、平板型硅化密封毛条

续表

<table>
<tr><th colspan="2">档次
项目</th><th>高档窗</th><th>中档窗</th><th>普通窗</th></tr>
<tr><td rowspan="3">适用范围</td><td>建筑档次</td><td>各类民用建筑</td><td>一般公共建筑和居住建筑</td><td>一般居住建筑</td></tr>
<tr><td>建筑部位</td><td>各个朝向</td><td>各个朝向，推拉窗适用于厨卫</td><td>各个朝向、推拉窗适用于厨卫</td></tr>
<tr><td>地域</td><td>严寒、寒冷、夏热冬冷地区</td><td>各个地区</td><td>夏热冬冷、夏热冬暖、温带地区</td></tr>
</table>

6.4 门窗开启扇及玻璃幕墙的分格

门窗开启扇及玻璃幕墙的分格　　表 6.4

<table>
<tr><td rowspan="3">1. 门窗开启扇尺寸</td><td>推拉扇</td><td colspan="5">最大尺寸：门 900×2100，窗 900×1600</td></tr>
<tr><td>平开扇</td><td colspan="5">门 900×2100，窗 600×1400</td></tr>
<tr><td>固定扇</td><td colspan="5">宜≤$2m^2$</td></tr>
<tr><td rowspan="6">2. 玻璃幕墙分格</td><td rowspan="2">横向分格（宜每层不少于分二格）</td><td colspan="5">第一格：窗台面（或踢脚面）到吊顶，用于采光观景或开启扇</td></tr>
<tr><td colspan="5">第二格：下一层的吊顶到上一层的窗台面（或踢脚面），用于防火保温隔声</td></tr>
<tr><td rowspan="2">纵向分格</td><td colspan="5">必须考虑室内房间的布置，并有利封闭和隔声</td></tr>
<tr><td colspan="5">宜在开间柱或内隔墙位置设置竖框</td></tr>
<tr><td rowspan="2">玻璃分格尺寸</td><td colspan="5">固定扇：宜≤$3m^2$～$4m^2$</td></tr>
<tr><td colspan="5">开启窗：宜≤$2m^2$</td></tr>
<tr><td rowspan="5">3. 门窗框与洞口墙体安装</td><td rowspan="2">预留安装缝隙</td><td>饰面材料</td><td>金属板贴面</td><td>清水墙</td><td>贴面砖</td><td>贴石板材</td></tr>
<tr><td>预留缝隙（mm）</td><td>≤5
（2～5）</td><td>≤15
（10～15）</td><td>≤25
（20～25）</td><td>≤50
（40～50）</td></tr>
<tr><td rowspan="2">安装缝隙的填塞</td><td colspan="5">应采用弹性闭孔材料（如泡沫塑料、聚氨酯 PU 发泡等）填塞</td></tr>
<tr><td colspan="5">（深圳多采用聚合物水泥防水砂浆填塞）</td></tr>
<tr><td>安装缝隙的密封</td><td colspan="5">预留 6mm×6mm（宽×深）凹槽，用防水密封胶密封</td></tr>
<tr><td rowspan="6">4. 外窗幕墙开启面积</td><td rowspan="3">居建</td><td colspan="2">严寒、寒冷地区</td><td colspan="3">无具体指标要求</td></tr>
<tr><td colspan="2">夏热冬冷地区</td><td colspan="3">≥5%房间地面面积</td></tr>
<tr><td colspan="2">夏热冬暖地区</td><td colspan="3">≥10%房间地面面积或 45%外窗面积</td></tr>
<tr><td rowspan="3">公建</td><td colspan="2" rowspan="2">甲类公建</td><td colspan="3">外窗开启有效通风换气面积≥10%房间外墙面积</td></tr>
<tr><td colspan="3">幕墙——无法设置可开启扇时，应设置通风换气装置</td></tr>
<tr><td colspan="2">乙类公建</td><td colspan="3">外窗开启有效通风换气面积≥30%外窗面积</td></tr>
<tr><td rowspan="3">5. 有效通风换气面积</td><td colspan="6">平开窗=100%窗扇面积</td></tr>
<tr><td colspan="6">推拉窗=50%窗扇面积</td></tr>
<tr><td colspan="6">悬窗：$S_\alpha = H^2\sin\alpha + 2HB\sin\frac{\alpha}{2} \leqslant HB$
α 为开启角度，B 为扇宽，H 为扇高</td></tr>
</table>

6.5 门窗及幕墙的性能

6.5.1 门窗的“七性”

门窗的“七性”（抗风压、气密性、水密性、保温、遮阳、隔声、采光）

1. 门窗的抗风压性

（1）门窗抗风压性能分级

建筑外门窗抗风压性能分级表（单位为 kPa）　　**表 6.5.1-1**

分级	1	2	3	4	5	6	7	8	9
分级指标值 P_3	$1.0 \leqslant P_3 < 1.5$	$1.5 \leqslant P_3 < 2.0$	$2.0 \leqslant P_3 < 2.5$	$2.5 \leqslant P_3 < 3.0$	$3.0 \leqslant P_3 < 3.5$	$3.5 \leqslant P_3 < 4.0$	$4.0 \leqslant P_3 < 4.5$	$4.5 \leqslant P_3 < 5.0$	$P_3 \geqslant 5.0$

注：第 9 级应在分级后同时注明具体检测压力差值。

一般门窗的抗风压性能可达 P_3＝3.5～5.0kPa

（2）风荷载标准值 W_K 的计算

$$W_k = \beta_{gz}\mu_s\mu_z W_o \geqslant 1.0\text{KPa}(\text{kN/m}^2) - \text{全国}$$
$$\geqslant 2.5\text{KPa}(\text{kN/m}^2) - \text{深圳}$$

式中，β_{gz}—阵风系数，μ_s—局部体型系数，μ_z—风压高度变化系数，W_o—当地基本风压，KN/m^2。式中各系数的计算详表 6.5.1-2。

风荷载标准值 W_k 计算系数　　**表 6.5.1-2**

地区 / 系数	A（海岸海岛）	B（乡镇市郊）	C（城市市区）	D（高层建筑密集市区）
β_{gz}	$0.92+0.94Z^{-0.12}$	$0.89+1.29Z^{-0.16}$	$0.85+2.07Z^{-0.22}$	$0.80+3.91Z^{-0.3}$
μ_z	$0.793Z^{0.24}$	$0.479Z^{0.32}$	$0.224Z^{0.44}$	$0.08Z^{0.6}$
μ_s	墙面（大面）1.6；墙角边、檐口附近、凸出物（如雨篷）2.0			
W_o	查表（深圳市 W_o＝0.75kN/m²）			
W_k	$0.93Z^{0.12}(1+1.27Z^{0.12})W_o$	$0.79Z^{0.16}(1+1.01Z^{0.16})W_o$	$0.61Z^{0.22}(1+0.52Z^{0.22})W_o$	$0.41Z^{0.3}(1+0.26Z^{0.3})W_o$

注：（1）Z—计算点位置的建筑高度，m。

（2）表中 W_k 的计算公式适用于墙面（大面），若要计算墙角、檐口、雨篷等的 W_k，则应将计算公式再乘以 1.25 系数。

2. 门窗的气密性

（1）门窗气密性能分级

建筑外门窗气密性能分级表　　**表 6.5.1-3**

分　级	1	2	3	4	5	6	7	8
单位缝长分级指标值 q_1 [m³/（m·h）]	$4.0 \geqslant q_1 > 3.5$	$3.5 \geqslant q_1 > 3.0$	$3.0 \geqslant q_1 > 2.5$	$2.5 \geqslant q_1 > 2.0$	$2.0 \geqslant q_1 > 1.5$	$1.5 \geqslant q_1 > 1.0$	$1.0 \geqslant q_1 > 0.5$	$q_1 \leqslant 0.5$

续表

分　级	1	2	3	4	5	6	7	8
单位面积分级指标值 q_2 [m^3/(m^2·h)]	$12 \geqslant q_2 > 10.5$	$10.5 \geqslant q_2 > 9.0$	$9.0 \geqslant q_2 > 7.5$	$7.5 \geqslant q_2 > 6.0$	$6.0 \geqslant q_2 > 4.5$	$4.5 \geqslant q_2 > 3.0$	$3.0 \geqslant q_2 > 1.5$	$q_2 \leqslant 1.5$

（2）节能标准对气密性的要求

节能标准对气密性的要求　　　**表 6.5.1-4**

建筑类别		外门窗		玻璃幕墙
居建	严寒地区	6 级（1.5m^3/m·h）		—
	寒冷地区	1～6 层：4 级（1.5m^3/m·h） ≥7 层：6 级		—
	夏热冬冷地区			
	夏热冬暖地区	1～9 层：4 级	≥10 层：6 级	—
公建	<10 层	6 级		3 级 整体≤1.2m^3/m·h 开启部分≤1.5m^3/m·h
	≥10 层	7 级（1.0m^3/m·h）		
	严寒、寒冷地区外门	4 级		

（3）影响气密性的因素

- 开启方式——固定最优、平开次之、推拉较差
- 密封程度——密封好，气密性优；反之则差

（4）提高气密性的措施

- 采用国标规格型材，采用气密条和优质五金配件
- 改进密封方法（如在严寒地区，改双级密封为三级密封在密封条上再加注密封胶等）
- 正确选择密封材料（如中空玻璃宜选用丁基密封胶）

（5）铝合金门窗的气密性能

铝合金门窗的气密性能　　　**表 6.5.1-5**

构造形式＼开启方式	平　开	推　拉
单玻	q_1=1.0～0.5mm^3/m·h（7～8 级）	q_1=1.5～2.5mm^3/m·h（4～6 级）
双玻中空	$q_1 \leqslant 0.5$$mm^3$/m·h（8 级）	q_1=1.0～1.5mm^3/m·h（6～7 级）

3. 门窗的水密性

（1）门窗的水密性能分级

建筑外门窗水密性能分级表（单位为 Pa）　　　**表 6.5.1-6**

分级	1	2	3	4	5	6
分级指标 ΔP	$100 \leqslant \Delta P < 150$	$150 \leqslant \Delta P < 250$	$250 \leqslant \Delta P < 350$	$350 \leqslant \Delta P < 500$	$500 \leqslant \Delta P < 700$	$\Delta P \geqslant 700$

注：第 6 级应在分级后同时注明具体检测压力差值。

一般门窗的水密性能为—平开门窗 300～500Pa，推拉门窗 250～350Pa。

（2）门窗水密性能计算

$$\Delta P \geqslant 500\mu_z W_o \text{（Pa）}$$

式中 ΔP——外门窗水密性能压力差值，Pa；

μ_z——风压高度变化系数，查表或按表 6.5.1-2 公式计算；

W_o——当地基本风压（kN/m^2），深圳 $W_o=0.75kN/m^2$。

其中，深圳市规定外门窗的水密性 $\Delta P \geqslant 300Pa$（3 级）。

4. 门窗的保温性能（传热系数 K）

（1）门窗保温性能分级

外门窗保温性能分级（$W/m^2 \cdot k$） **表 6.5.1-7**

分级	1	2	3	4	5
分级指标值	$K \geqslant 5.5$	$5.5>K \geqslant 5.0$	$5.0>K \geqslant 4.5$	$4.5>K \geqslant 4.0$	$4.0>K \geqslant 3.5$
分级	6	7	8	9	10
分级指标值	$3.5>K \geqslant 3.0$	$3.0>K \geqslant 2.5$	$2.5>K \geqslant 2.0$	$2.0>K \geqslant 1.5$	$K<1.5$

（2）门窗的保温性能（传热系数 K）应满足当地节能标准的要求

节能标准对外门窗传热系数的要求 **表 6.5.1-8**

热工分区		严寒地区	寒冷地区	夏热冬冷地区	夏热冬暖地区		
					天窗	北区外窗	南区外窗
传热系数 K（$W/m^2 \cdot k$）	居建	1.5～2.5	1.8～3.1	2.3～4.7（凸窗再降 10%）	≤4.0	2.5～6.0	—
	公建	2.2～2.6	2.4～2.7	2.6～3.0	3.0～4.0		

注：各种门窗的保温性能（传热系数 K）可查有关标准和资料。外门窗的设计应保证无结露现象，玻璃防结露验算详见附录五。提高门窗保温性能的技术措施可采用断热型材或中空玻璃（双玻中空、三玻中空等）。

5. 门窗的遮阳（隔热）性能

（1）门窗的遮阳（隔热）性能由遮阳系数 S_C 决定，遮阳系数 S_C 越小，在夏热冬暖地区的节能效果越好。

（2）门窗的遮阳系数应满足当地节能标准的要求。

节能标准对外门窗（透光幕墙）遮阳系数（太阳得热系数）的要求 **表 6.5.1-9**

热工分区		寒冷地区	夏热冬冷地区	夏热冬暖地区	温和地区
加权平均综合遮阳系数	居建	0.45～0.35	夏 0.45～0.25	0.2～0.9	—
			冬 0.60		
太阳得热系数	公建	甲类 0.6～0.3	甲类 0.48～0.24	甲类 0.52～0.18	甲类 0.48～0.24
		乙类——	乙类 0.52	乙类 0.48	乙类——

注：（1）节能标准对严寒地区外门窗的遮阳系数（太阳得热系数）无要求。

（2）太阳得热系数计算公式：$S_{HGC}=0.87S_C$（无外遮阳时，S_C—外窗本体遮阳系数）；

$S_{HGC}=0.87S_C \cdot S_D$（有外遮阳时，$S_D$—外遮阳系数）

（3）遮阳系数较小的玻璃主要有：着色玻璃、热反射镀膜玻璃、遮阳型LOW-E玻璃等。

（4）提高门窗遮阳（隔热）性能的措施——
- 采用遮阳系数小的玻璃
- 设置活动式或固定式外遮阳设施
- 利用建筑遮挡或阳台、外廊、凹槽等自遮阳设施

6. 门窗的隔声性能

（1）门窗隔声性能分级

门窗隔声性能分级表（计权隔声量） **表 6.5.1-10**

分级	1	2	3	4	5	6
R_w（dB）	$20<R_w\leqslant25$	$25<R_w\leqslant30$	$30<R_w\leqslant35$	$35<R_w\leqslant40$	$40<R_w\leqslant45$	$R_w>45$
举例	平开钢窗 部分推拉窗	平开铝、塑窗 部分密封 钢门窗	平开铝、塑窗 中空玻璃窗 固定窗	叠合玻璃 固定窗 双层平开 铝合金窗	双层平开铝、 塑窗 固定和平开 双层窗	双层固定窗 分立双层墙上 的平开窗

（2）门窗隔声措施

门窗隔声措施 **表 6.5.1-11**

<table>
<tr><td rowspan="3">门</td><td>门扇与门框缝隙的密封（橡胶条、海绵条）</td></tr>
<tr><td>双扇门碰头缝的密封（企口缝、矩孔胶条、毛毡条、9字条）</td></tr>
<tr><td>门槛缝的密封（橡皮、9字胶条、乳胶条、人造革包海绵橡胶）</td></tr>
<tr><td rowspan="3">窗</td><td>采用双层中空、多层中空玻璃</td></tr>
<tr><td>玻璃不平行、不等厚——避免声音“吻合效应”降低隔声效果</td></tr>
<tr><td>缝隙密封消声（橡胶密封条、玻璃棉毡等）</td></tr>
</table>

（3）门窗隔声性能应满足国标《民用建筑隔声设计规范》GB 50118中的低限要求。

民用建筑隔声标准对外门窗的隔声要求（dB） **表 6.5.1-12**

<table>
<tr><td rowspan="2">类别</td><td rowspan="2">住宅</td><td rowspan="2">学校</td><td rowspan="2">医院</td><td colspan="3">旅馆</td><td rowspan="2">办公</td></tr>
<tr><td colspan="2">外窗</td><td>房门</td></tr>
<tr><td>临交通干线两侧外窗</td><td>30</td><td>30</td><td>30</td><td>特级</td><td>35</td><td>30</td><td>30</td></tr>
<tr><td>其他外窗</td><td>25</td><td>25</td><td>25</td><td>一级</td><td>30</td><td>25</td><td>25</td></tr>
<tr><td rowspan="2">门</td><td rowspan="2">25
户（套）门</td><td>25（产生噪声房间）</td><td>30（听力测试）</td><td rowspan="2">二级</td><td rowspan="2">25</td><td rowspan="2">20</td><td rowspan="2">20</td></tr>
<tr><td>20（其他门）</td><td>20（其他门）</td></tr>
</table>

注：门窗的隔声要求（计权隔声量）＝室外噪声级－室内允许噪声级。

（4）隔声门窗简介

隔声门窗简介 **表 6.5.1-13**

<table>
<tr><td>普通门隔声量</td><td colspan="4">木门 15～18dB，钢门 20dB，塑料门 16dB</td></tr>
<tr><td rowspan="17">隔声门</td><td>分类</td><td colspan="3">钢质、木质、钢木复合、塑钢、水泥隔声门</td></tr>
<tr><td>开启方式</td><td colspan="3">平开、推拉（平移）</td></tr>
<tr><td rowspan="6">门缝构造</td><td rowspan="4">有门槛</td><td colspan="2">软质包边密封</td></tr>
<tr><td colspan="2">“9”字形胶条密封</td></tr>
<tr><td colspan="2">充气带密封</td></tr>
<tr><td colspan="2">消声缝密封</td></tr>
<tr><td rowspan="2">无门槛</td><td colspan="2">扫地橡皮门缝</td></tr>
<tr><td colspan="2">自动落杆式门槛关闭器</td></tr>
<tr><td rowspan="2">隔声量</td><td colspan="3">金属隔声门 47dB，消声门缝铝门 30dB</td></tr>
<tr><td colspan="3">多层复合板门 33dB，充气隔声门 56dB</td></tr>
<tr><td rowspan="7">等级分类指标</td><td>GB/16730 等级</td><td>HCRJ019 等级</td><td>计权隔声量 R_w（dB）</td></tr>
<tr><td>Ⅰ</td><td>Ⅰ</td><td>$R_w \geqslant 45$</td></tr>
<tr><td>Ⅱ</td><td>Ⅱ</td><td>$45 > R_w \geqslant 40$</td></tr>
<tr><td>Ⅲ</td><td>Ⅲ</td><td>$40 > R_w \geqslant 35$</td></tr>
<tr><td>Ⅳ</td><td>Ⅳ</td><td>$35 > R_w \geqslant 30$</td></tr>
<tr><td>Ⅴ</td><td>Ⅴ</td><td>$30 > R_w \geqslant 25$</td></tr>
<tr><td>Ⅵ</td><td>—</td><td>$25 > R_w \geqslant 20$</td></tr>
<tr><td rowspan="11">固定隔声窗</td><td rowspan="2">分类</td><td colspan="3">木质、金属、金木复合、塑钢</td></tr>
<tr><td colspan="3">固定、单层、双层、三层、通风隔声窗</td></tr>
<tr><td rowspan="5">隔声量</td><td colspan="3">双层固定木窗 49dB</td></tr>
<tr><td colspan="3">三层固定木窗 50～60dB</td></tr>
<tr><td rowspan="3">夹层玻璃隔声窗</td><td colspan="2">单层窗（23、38mm 夹层玻璃）41dB</td></tr>
<tr><td rowspan="2">双层窗</td><td>外窗（4+6A+4 中空），49dB</td></tr>
<tr><td>内窗（16.76mm 夹层），49dB</td></tr>
<tr><td rowspan="4">设计要求</td><td colspan="3">双层、三层玻璃应采用不平行安装（倾斜 7°～8°）——防止驻波共振</td></tr>
<tr><td colspan="3">双层、三层玻璃应采用不同厚度——避免吻合效应</td></tr>
<tr><td colspan="3">双层、三层玻璃之间的空气层厚度应≥100mm</td></tr>
<tr><td colspan="3">窗玻璃之间的四周应安装强吸声材料（穿孔板），再填充 50mm 厚玻璃棉</td></tr>
<tr><td rowspan="4">通风隔声窗</td><td rowspan="2">分类</td><td colspan="3">自然通风式隔声窗</td></tr>
<tr><td colspan="3">机械通风式隔声窗</td></tr>
<tr><td>构造</td><td colspan="3">可分为 A、B、C 三种</td></tr>
<tr><td colspan="4">隔声量——关闭 27～37dB，通风 27～31dB</td></tr>
</table>

整窗和玻璃的隔声性能　　　　表 6.5.1-14

常用整窗的隔声性能

整窗序号	整窗类别	计权隔声量（dB）
1	单层（道）平开铝窗、塑窗（5mm 玻璃）	30
2	单层（道）推拉铝窗、塑窗（4、5、6mm 玻璃）	16、19、22
3	双层（道）铝窗（4+100+5）、（5+100+5）、（6+100+5）	33、36、37
4	铝合金中空玻璃平开窗（5+9*A*+5）、（5+12*A*+5）	30、35
5	铝合金双层中空玻璃平开窗（5+6*A*+5+6*A*+5）	40
6	铝合金中空玻璃推拉窗（5+12*A*+5）	$30\leqslant R_W\leqslant 40$

各类玻璃的隔声性能

玻璃类别	厚度（mm）	计权隔声量（dB）
单片玻璃	3、4、5、6	27、28、29、30
	8、10、12	31、32、33
中空玻璃	5+9*A*～12*A*+5	36
	6+9*A*～12*A*+6	37
	8+9*A*～12*A*+8	38
夹层玻璃	3+0.76*P*+3	35
	3+0.76*P*+6	36
	6+0.76*P*+6	38
	6+1.52*P*+6	39
	8+1.52*P*+8	41
夹层中空玻璃	（3+0.38*P*+3）+12*A*+6	40
	（6+0.38*P*+6）+12*A*+6	43
	（3+0.38*P*+3）+12*A*+（3+0.38*P*+3）	44
玻璃隔声量计算公式	单片玻璃 $R_w=13.5\lg\delta+19$	
	中空玻璃 $R_w=13.5\lg(\delta_1+\delta_2)+19+$	2（6*A*）
		3（9*A*）
		3.5（12*A*）
	夹层玻璃 $R_w=13.5\lg(\delta_1+\delta_2)+19+$	3.5（0.38*P*）
		4.5（0.76*P*）
		5.5（1.52*P*）
	夹层中空玻璃 $R_w=13.5\lg\sum\delta+19+$ 夹胶—3.5（0.38*P*），4.5（0.76*P*）；空气层—3(9*A*)，3.5(12*A*)	
	式中，δ—玻璃厚度 mm	

7. 门窗的采光性能

门窗的采光性能 **表 6.5.1-15**

(1)外窗采光性能分级

分级	1	2	3	4	5
采光性能分级指标值	$0.2 \leqslant T_r < 0.3$	$0.3 \leqslant T_r < 0.4$	$0.4 \leqslant T_r < 0.5$	$0.5 \leqslant T_r < 0.6$	$T_r \geqslant 0.6$

T_r为外窗的透光折减系数(可见光透射比),《建筑采光设计标准》要求建筑外窗的 T_r应>0.45;当 T_r值大于 0.6 时,应给出具体数值

(2)节能标准对门窗采光性能的规定

建筑类别	气候分区	可见光透射比 T_v限值
居住建筑	严寒、寒冷、夏热冬冷地区	不限
	夏热冬暖地区	当窗地比<1/5,$T_v \geqslant 0.4$
公共建筑	全国各地	窗地比<0.4,$T_v \geqslant 0.60$
		窗地比≥0.4,$T_v \geqslant 0.40$

(3)门窗的采光性能还应满足《采光标准》的要求(窗地比、采光系数)

(4)正确选择玻璃的可见光透射比 T_v 和遮阳系数 S_C	南方炎热地区	可选择可见光透射比 T_v值为中等或较低
		遮阳系数 S_C 较小的中透光或低透光型
		(遮阳型)的玻璃,以降低夏天空调能耗
	北方寒冷地区	S_C 较大的高透光型玻璃,以减少人工照明能耗和降低冬天采暖能耗

6.5.2 建筑幕墙的"七性"

建筑幕墙的"七性"(抗风压、气密性、水密性、遮阳、保温隔热、隔声、采光)

1. 抗风压性能

建筑幕墙的抗风压性能分级(单位为 kPa) **表 6.5.2-1**

	分级代号	1	2	3	4	5	6	7	8	9
(1)建筑幕墙抗风压性能分级	分级指标值 P_3	$1.0 \leqslant P_3 < 1.5$	$1.5 \leqslant P_3 < 2.0$	$2.0 \leqslant P_3 < 2.5$	$2.5 \leqslant P_3 < 3.0$	$3.0 \leqslant P_3 < 3.5$	$3.5 \leqslant P_3 < 4.0$	$4.0 \leqslant P_3 < 4.5$	$4.5 \leqslant P_3 < 5.0$	$P_3 \geqslant 5.0$
	注:(1)9 级时需同时标注 P_3的测试值。如:属 9 级(5.5kPa) (2)分级指标值 P_3为正、负风压测试值绝对值的较小值 (3)分级指标值为风荷载标准值 W_k									

(2)建筑幕墙风荷载标准值 W_k的计算(与门窗相同)

(3)风荷载标准值 W_k的最小限值	国标 $W_k \geqslant 1.0$KPa(1 级)
	深圳 $W_k \geqslant 2.5$KPa(4 级)

2. 气密性

建筑幕墙的气密性 **表 6.5.2-2**

<table>
<tr><td rowspan="6">建筑幕墙气密性能设计指标一般规定</td><td rowspan="2">地区分类</td><td rowspan="2">建筑层数、高度</td><td rowspan="2">气密性能分级</td><td colspan="2">气密性能指标</td></tr>
<tr><td>开启部分
q_L(m³/m·h)</td><td>幕墙整体
q_A(m³/m·h)</td></tr>
<tr><td rowspan="2">夏热冬暖地区</td><td>10 层以下</td><td>2</td><td>≤2.5(2 级)</td><td>≤2.0(2 级)</td></tr>
<tr><td>10 层及以上</td><td>3</td><td>≤1.5(3 级)</td><td>≤1.2(3 级)</td></tr>
<tr><td rowspan="2">其他地区</td><td>7 层以下</td><td>2</td><td>≤2.5(2 级)</td><td>≤2.0(2 级)</td></tr>
<tr><td>7 层及以上</td><td>3</td><td>≤1.5(3 级)</td><td>≤1.2(3 级)</td></tr>
</table>

<table>
<tr><td rowspan="2">建筑幕墙开启部分气密性能分级</td><td>分级代号</td><td>1</td><td>2</td><td>3</td><td>4</td></tr>
<tr><td>分级指标值
q_L/[m³/(m·h)]</td><td>4.0≥q_L
>2.5</td><td>2.5≥q_L
>1.5</td><td>1.5≥q_L
>0.5</td><td>q_L≤0.5</td></tr>
<tr><td rowspan="3">建筑幕墙整体气密性能分级</td><td>分级代号</td><td>1</td><td>2</td><td>3</td><td>4</td></tr>
<tr><td>分级指标值
q_A/[m³/(m·h)]</td><td>4.0≥q_A
>2.0</td><td>2.0≥q_A
>1.2</td><td>1.2≥q_A
>0.5</td><td>q_A≤0.5</td></tr>
<tr><td colspan="5">注：建筑幕墙的气密性能应满足《节能标准》的要求</td></tr>
</table>

3. 水密性

建筑幕墙的水密性 **表 6.5.2-3**

<table>
<tr><td rowspan="4">(1) 建筑幕墙水密性能分级</td><td colspan="2">分级代号</td><td>1</td><td>2</td><td>3</td><td>4</td><td>5</td></tr>
<tr><td rowspan="2">分级指标值 ΔP/Pa</td><td>固定部分</td><td>500≤ΔP
<700</td><td>700≤ΔP
<1000</td><td>1000≤ΔP
<1500</td><td>1500≤ΔP
<2000</td><td>ΔP≥2000</td></tr>
<tr><td>开启部分</td><td>250≤ΔP
<350</td><td>350≤ΔP
<500</td><td>500≤ΔP
<700</td><td>700≤ΔP
<1000</td><td>ΔP≥1000</td></tr>
<tr><td colspan="7">注：5 级时需同时标注固定部分和开启部分 ΔP 的测试值</td></tr>
</table>

<table>
<tr><td rowspan="6">(2) 水密性能 ΔP(Pa) 标准及其计算公式</td><td colspan="4">以固定部分为标准确定其水密性能等级</td></tr>
<tr><td rowspan="4">ΔP</td><td rowspan="2">固定部分 ΔP_1</td><td colspan="2">台风区：$\Delta P_1 \geq 1200 U_Z W_O \geq 1000$Pa(3 级)</td></tr>
<tr><td colspan="2">非台风区：$\Delta P_1 \geq 900 U_Z W_O \geq 700$Pa(2 级)</td></tr>
<tr><td rowspan="2">可开启部分
ΔP_2</td><td>台风区：$\Delta P_2 \geq 270 U_Z W_O \geq 500$Pa(3 级)</td><td rowspan="2">与固定同等级</td></tr>
<tr><td>非台风区：$\Delta P_2 \geq 200 U_Z W_O \geq 350$Pa(2 级)</td></tr>
<tr><td colspan="4">注：式中，U_Z——风压高度变化系数；查表。W_O—当地基本风压，kN/m²；查表
建筑幕墙的水密性能具体计算详见附录三</td></tr>
</table>

4. 遮阳性

玻璃幕墙遮阳系数分级 **表 6.5.2-4**

分级代号	1	2	3	4	5	6	7	8
分级指标值 S_C	$0.9 \geq S_C > 0.8$	$0.8 \geq S_C > 0.7$	$0.7 \geq S_C > 0.6$	$0.6 \geq S_C > 0.5$	$0.5 \geq S_C > 0.4$	$0.4 \geq S_C > 0.3$	$0.3 \geq S_C > 0.2$	$S_C \leq 0.2$

注：1. 8 级时需同时标注 S_C 的测试值

2. 玻璃幕墙遮阳系数＝幕墙玻璃遮阳系数×外遮阳的遮阳系数×（1－非透光部分面积/玻璃幕墙总面积）

注：玻璃幕墙的遮阳系数应满足《节能标准》的要求。

5. 保温隔热性

建筑幕墙传热系数分级 **表 6.5.2-5**

分级代号	1	2	3	4	5	6	7	8
分级指标值 $K/[W/(m^2 \cdot k)]$	$K \geq 5.0$	$5.0 > K \geq 4.0$	$4.0 > K \geq 3.0$	$3.0 > K \geq 2.5$	$2.5 > K \geq 2.0$	$2.0 > K \geq 1.5$	$1.5 > K \geq 1.0$	$K < 1.0$

注：8 级时需同时标注 K 的测试值

注：建筑幕墙的保温性能（传热系数 K）应满足节能标准的要求；

建筑幕墙的隔热性能（遮阳系数 S_C）应满足节能标准的要求；

建筑幕墙在设计环境条件下应无结露现象。建筑玻璃防结露验算详见附录六。

6. 隔声性

（1）建筑幕墙空气声隔声性能分级 **表 6.5.2-6**

分级代号	1	2	3	4	5
分级指标 R_W（dB）	$25 \leq R_W < 30$	$30 \leq R_W < 35$	$35 \leq R_W < 40$	$40 \leq R_W < 45$	$R_W \geq 45$

注：5 级时需同时标注 R_W 的具体测试指标值

（2）对玻璃幕墙隔声性能的要求 **表 6.5.2-7**

隔声量 R_W(dB)	主干道两侧	$R_W \geq 30$dB（2 级）
	次干道两侧	$R_W \geq 25$dB（1 级）

注：玻璃幕墙的隔声措施可采取中空玻璃和缝隙密封的方式。

7. 采光性

（1）玻璃幕墙采光性能分级可参照外门窗采光性能的分级标准；

（2）玻璃幕墙的采光性能应满足《节能标准》的要求；

（3）玻璃幕墙的光反射比 $\rho \leq 0.3$，以免对环境造成“光污染”；

（4）有采光要求的幕墙，其可见光透射比 $T_v \geq 0.45$。有辨色要求的幕墙，其光源显色指数 $R_a \geq 80$。

6.6 门窗及玻璃幕墙的防火

6.6.1 门窗防火

门窗防火 表 6.6.1

门窗防火	防火门窗的玻璃宜采用单片防火玻璃，或由其组成的中空、夹层玻璃；不宜采用复合防火玻璃（灌浆法或用防火胶粘贴而成）	
	防火窗应为固定窗或火灾时能自动关闭的窗，用于避难层的可以开启	
	需自然排烟的场所的外窗，其可开启面积应符合下表规定	
	自然排烟的楼梯间	每层内≥2m^2
	自然排烟的前室、合用前室	前室≥2m^2，合用前室≥3m^2
	长度 L≤60m 的内走道	≥2%走道面积
	净空高度<12m 的中庭天窗或高侧窗	≥5%中庭地面面积
	自然排烟的房间	≥2%房间面积
	附注：排烟窗宜设置在上方，并应有方便开启的装置	

6.6.2 玻璃幕墙防火

1. 无窗槛墙或窗槛墙高度<1.2m（0.8m）的玻璃幕墙，应在每层楼板外沿设置耐火极限不低于 1.0h，高度不低于 1.2m（0.8m）的不燃烧体墙裙或防火玻璃墙裙。（当室内设置自动喷水灭火系统时，取“（ ）”内数值）

2. 玻璃幕墙与各层楼板，隔墙处的缝隙，应采用防火材料（岩棉、矿棉等）封堵，其封堵厚度应≥100mm，并应填充密实；楼层间水平防烟带的岩棉或矿棉宜采用厚度≥1.5mm 的镀锌钢板承托；承托板与主体结构、幕墙结构及承托板之间的缝隙宜填充防火密封材料。

6.7 门窗及玻璃幕墙的安全设计

6.7.1 门窗安全设计

门窗安全设计 表 6.7.1

门窗安全设计	防盗防外跌	推拉窗应有防止脱落的限位装置和防止从室外侧拆卸的装置，导轮应采用铜或不锈钢导轮
		开启扇应带窗锁、执手等锁闭器具
		凸窗和窗台高度<900mm 的窗及落地窗应采取安全防护措施（加设防护栏杆或钢化夹胶玻璃）
	安全玻璃	≥7 层（或 H>20m）的建筑外开窗
		面积>1.5m^2 的门窗玻璃
		落地窗、玻璃窗离地高度<500mm 的门窗
		易受撞击、冲击而造成人体伤害的门窗
	防玻璃热炸裂	除半钢化、钢化玻璃外，均应进行玻璃热炸裂设计计算
	防碰伤人	位于阳台、走廊处的窗宜采用推拉窗或其他措施以防开窗时碰伤人

6.7.2 玻璃幕墙安全设计

玻璃幕墙安全设计 **表 6.7.2**

玻璃幕墙安全设计	安全玻璃	凡玻璃幕墙均必须采用安全玻璃
		采用玻璃肋支承的点支玻璃幕墙，其玻璃肋应采用钢化夹胶玻璃
	防撞护栏	与玻璃幕墙相邻的楼面外缘无实体墙时，应设置防撞护栏
	防坠落伤人	玻璃幕墙下的出入口处，应设置雨篷或安全遮棚；靠近玻璃幕墙的首层地面处宜设置绿化带，以防行人靠近

6.7.3 采光屋顶（天窗）安全设计

采光屋顶（天窗）安全设计 **表 6.7.3**

采光屋顶（天窗）安全设计	天窗离地>3m	应采用钢化夹层玻璃，玻璃总厚度≥8.76mm，其中夹层胶片 PVB 厚度≥0.76mm
	天窗离地≤3m	可采用≥6mm 厚钢化玻璃
	优化建议	采光屋顶（天窗）宜采用钢化夹层玻璃，采用夹层中空玻璃时，夹层玻璃应放在底面

6.7.4 门窗玻璃面积及厚度的规定

玻璃门窗、室内隔断、栏杆、屋顶等安全玻璃的选用 **表 6.7.4-1**

应用部位	应用条件	玻璃种类、规格要求	
活动门 固定门 落地窗	有框	应符合表 6.7.4-2 的规定	
	无框	应使用公称厚度不小于 12mm 的钢化玻璃	
室内隔断	有框	应符合表 6.7.4-2 的规定，且公称厚度不小于 5mm 的钢化玻璃或公称厚度不小于 6.38mm 的夹层玻璃	
	无框	应符合表 6.7.4-2 的规定，且公称厚度不小于 10mm 的钢化玻璃；浴室内无框玻璃隔断应选用公称厚度不小于 5mm 的钢化玻璃	
室内栏板	不承受水平荷载	应符合表 6.7.4-2 的规定，且公称厚度不小于 5mm 的钢化玻璃或公称厚度不小于 6.38mm 的夹层玻璃	
	承受水平荷载	应符合表 6.7.4-2 的规定，且公称厚度不小于 12mm 的钢化玻璃或公称厚度不小于 16.78mm 的钢化夹层玻璃	
		3m≤栏板玻璃最低点离一侧楼地面高度≤5m	应选用公称厚度不小于 16.78mm 的钢化夹层玻璃
		栏板玻璃最低点离一侧楼地面高度>5m	不得使用承受水平荷载的栏板玻璃
屋面	当屋面玻璃最高点离地面的高度≤3m	均质钢化玻璃或夹层玻璃	
	当屋面玻璃最高点离地面的高度>3m	必须使用夹层玻璃，其胶片厚度≥0.76mm	

续表

应用部位	应用条件	玻璃种类、规格要求	
玻璃地板	框支承	夹层玻璃，单片玻璃厚度不宜<8mm	单片厚度相差不宜>3mm，夹层胶片厚度≥0.76mm
	点支承	钢化夹层玻璃，钢化玻璃需进行均质处理，单片玻璃厚度不宜<8mm	
水下用玻璃	—	应选用夹层玻璃	

注：本表摘自《建筑玻璃应用技术规程》JGJ 113—2009。

安全玻璃的厚度与窗面积的关系 **表 6.7.4-2**

玻璃种类	公称厚度（mm）	最大许用面积（m^2）
钢化玻璃	4	2.0
	5	2.0
	6	3.0
	8	4.0
	10	5.0
	12	6.0
夹层玻璃	6.38，6.76，7.52（3+3）	3.0
	8.38，8.76，9.52（4+4）	5.0
	10.38，10.76，11.52（5+5）	7.0
	12.38，12.76，13.52（6+6）	8.0

有框架的平板玻璃、真空玻璃和夹丝玻璃的厚度与窗面积的关系 **表 6.7.4-3**

玻璃种类	公称厚度（mm）	最大许用面积（m^2）
平板玻璃 真空玻璃 超白浮法玻璃	3	0.1
	4	0.3
	5	0.5
	6	0.9
	8	1.8
	10	2.7
	12	4.5

注：本表摘自《建筑玻璃应用技术规程》JGJ 113—2015。

6.8 门窗幕墙的设计分工

门窗与幕墙设计分工及质量责任　　表 6.8

<table>
<tr><td rowspan="6">门窗幕墙设计分工及质量责任</td><td rowspan="3">设计院</td><td>负责出门窗表、门窗幕墙立面图</td></tr>
<tr><td>确定门窗幕墙类型、开启方式、位置及面积，玻璃种类及颜色、门窗幕墙的传热系数、遮阳系数、可见光透射比、气密性、水密性、抗风压等性能要求</td></tr>
<tr><td>审查门窗幕墙公司的施工图是否符合建筑设计要求</td></tr>
<tr><td rowspan="3">门窗幕墙公司厂商</td><td>负责出门窗幕墙的施工详图和有关计算书</td></tr>
<tr><td>确定门窗幕墙型材系列及厚度、玻璃厚度、具体构造做法、抗震、防火、防水、防雷等措施、预埋件位置和数量等</td></tr>
<tr><td>对门窗幕墙的质量负全责</td></tr>
</table>

6.9 住建部和深圳市对玻璃幕墙安全应用的规定

6.9.1 深圳市对玻璃幕墙应用的规定

表 6.9.1

<table>
<tr><td colspan="3">《深圳市建筑设计规则》深规土［2014］402 号</td></tr>
<tr><td rowspan="3">1. 不得采用玻璃幕墙</td><td colspan="2">（1）住宅、医院、中小学教学楼、托幼、养老院等二层以上部位</td></tr>
<tr><td colspan="2">（2）建筑物与中小学校教学楼、托幼、养老院毗邻一侧二层以上部位</td></tr>
<tr><td>（3）在 T 形路口正对直线路段处</td><td>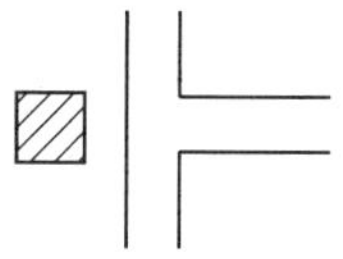</td></tr>
<tr><td rowspan="3">2. 慎用玻璃幕墙</td><td colspan="2">（1）毗邻住宅、医院、保密单位等建筑物</td></tr>
<tr><td colspan="2">（2）城市中规定的历史街区、文物保护区和风景名胜区内</td></tr>
<tr><td colspan="2">（3）位于红树林保护区及其他鸟类保护区周边的高层建筑</td></tr>
<tr><td rowspan="2">3. 不宜采用玻璃幕墙</td><td colspan="2">（1）城市道路的交叉口处</td></tr>
<tr><td colspan="2">（2）城市主干道、立交桥、高架路两侧的建筑物 20m 高度以下和其余路段 10m 高度以下部位</td></tr>
</table>

注：全国其他地区也有类似规定，可供设计玻璃幕墙时参考

6.9.2 住建部对玻璃幕墙安全应用的规定

1. 新建玻璃幕墙要综合考虑城市景观、周边环境以及建筑性质和使用功能等因素，按照建筑安全、环保和节能等要求，合理控制玻璃幕墙的类型、形状和面积。鼓励使用轻质节能的外墙装饰材料，从源头上减少玻璃幕墙安全隐患。

2. 新建住宅、党政机关办公楼、医院门诊急诊楼和病房楼、中小学校、托儿所、幼儿园、老年人建筑，不得在二层及以上采用玻璃幕墙。

3. 人员密集、流动性大的商业中心，交通枢纽，公共文化体育设施等场所，临近道路、广场及下部为出入口、人员通道的建筑，严禁采用全隐框玻璃幕墙。以上建筑在二层以上安装玻璃幕墙的，应在幕墙下方周边区域合理设置绿化带或裙房等缓冲区域，也可采用挑檐、防冲击雨篷等防护设施。

4. 玻璃幕墙宜采用夹层玻璃、均质钢化玻璃或超白玻璃。采用钢化玻璃应符合国家现行标准《建筑门窗幕墙用钢化玻璃》JG/T 455 的规定。

5. 新建玻璃幕墙应依据国家法律法规和标准规范，加强方案设计、施工图设计和施工方案的安全技术论证，并在竣工前进行专项验收。住房城乡建设部国家安全监管总局对玻璃幕墙应用的规定为建标【2015】38 号。

6.10 风荷载标准值 W_k 计算表

（单位：kN/m²，即 kPa）

高度（m） \ 地区	A（海岸海岛）	B（乡镇市郊）	C（城市市区）	D（高层建筑密集市区）
10	$2.47W_o$	$2.04W_o$	$1.60W_o$	$1.47W_o$
20	$2.83W_o$	$2.40W_o$	$1.77W_o$	$1.47W_o$
30	$3.06W_o$	$2.65W_o$	$2.02W_o$	$1.47W_o$
40	$3.25W_o$	$2.85W_o$	$2.23W_o$	$1.66W_o$
50	$3.39W_o$	$3.01W_o$	$2.40W_o$	$1.82W_o$
60	$3.52W_o$	$3.15W_o$	$2.56W_o$	$1.98W_o$
80	$3.73W_o$	$3.38W_o$	$2.83W_o$	$2.24W_o$
100	$3.90W_o$	$3.57W_o$	$3.05W_o$	$2.48W_o$
120	$4.05W_o$	$3.74W_o$	$3.26W_o$	$2.70W_o$
150	$4.23W_o$	$3.96W_o$	$3.52W_o$	$2.98W_o$
180	$4.40W_o$	$4.14W_o$	$3.76W_o$	$3.25W_o$
200	$4.50W_o$	$4.26W_o$	$3.91W_o$	$3.41W_o$
250	$4.70W_o$	$4.50W_o$	$4.23W_o$	$3.79W_o$
300	$4.88W_o$	$4.72W_o$	$4.52W_o$	$4.13W_o$
计算公式	$0.93Z^{0.12}(1+1.27Z^{0.12})W_o$	$0.79Z^{0.15}(1+1.01Z^{0.15})W_o$	$0.61Z^{0.22}(1+0.52Z^{0.22})W_o$	$0.41Z^{0.3}(1+0.26Z^{0.3})W_o$

注：(1) 表中、计算公式中的 Z—计算点的建筑高度，m；

W_o—当地的基本风压值，kN/m²，查表。深圳 $W_o=0.75$kN/m²。

(2) 本表为墙面(大面)的风荷载标准值，对于其他位置，如檐口、边角(转角)部位，凸出物(如雨篷)等，则应将本表数值再乘以 1.25 的系数。

(3) 风荷载标准值 W_k 的最小限制：$W_k \geq 1.0$kPa(其他无台风地区)

2.5kPa(深圳等台风地区)。

6.11 外门窗水密性能 ΔP 计算表

（单位：Pa）

地区＼高度	24m	40m	60m	80m	100m	120m	150m	180m	200m	250m	300m
A	$850W_o$	$961W_o$	$1059W_o$	$1135W_o$	$1197W_o$	$1251W_o$	$1320W_o$	$1379W_o$	$1414W_o$	$1492W_o$	$1559W_o$
B	$662W_o$	$780W_o$	$888W_o$	$973W_o$	$1046W_o$	$1108W_o$	$1190W_o$	$1262W_o$	$1305W_o$	$1402W_o$	$1486W_o$
C	$453W_o$	$568W_o$	$679W_o$	$770W_o$	$850W_o$	$921W_o$	$1016W_o$	$1100W_o$	$1153W_o$	$1272W_o$	$1378W_o$
D	$269W_o$	$366W_o$	$467W_o$	$555W_o$	$634W_o$	$707W_o$	$809W_o$	$902W_o$	$961W_o$	$1099W_o$	$1226W_o$

表中，W_o—当地的基本风压，kN/m^2，查表。深圳 $W_o=0.75kN/m^2$

水密性能 ΔP 计算公式：$\boxed{\Delta P \geqslant 500\mu_z W_o}\geqslant$150Pa(2 级)—全国

300Pa(3 级)—深圳

式中，μ_z—风压高度变化系数，查表或按前表 6.5.1-2 计算。

6.12 玻璃幕墙水密性能 ΔP 计算表

（单位：Pa）

高度(m)＼地区		A(海岸海岛)		B(乡镇市郊)		C(城市市区)		D(高层建筑密集市区)	
		台风区	非台风区	台风区	非台风区	台风区	非台风区	台风区	非台风区
固定部分	24	$2040W_o$	$1530W_o$	$1589W_o$	$1192W_o$	$1088W_o$	$816W_o$	$646W_o$	$485W_o$
	40	$2307W_o$	$1730W_o$	$1871W_o$	$1404W_o$	$1363W_o$	$1022W_o$	$878W_o$	$659W_o$
	60	$2542W_o$	$1907W_o$	$2131W_o$	$1598W_o$	$1629W_o$	$1222W_o$	$1120W_o$	$840W_o$
	80	$2724W_o$	$2043W_o$	$2336W_o$	$1752W_o$	$1848W_o$	$1386W_o$	$1331W_o$	$998W_o$
	100	$2874W_o$	$2155W_o$	$2509W_o$	$1882W_o$	$2039W_o$	$1529W_o$	$1522W_o$	$1141W_o$
	120	$3002W_o$	$2252W_o$	$2660W_o$	$1995W_o$	$2209W_o$	$1657W_o$	$1697W_o$	$1273W_o$
	150	$3168W_o$	$2376W_o$	$2857W_o$	$2143W_o$	$2437W_o$	$1828W_o$	$1941W_o$	$1455W_o$
	180	$3309W_o$	$2482W_o$	$3028W_o$	$2271W_o$	$2641W_o$	$1981W_o$	$2165W_o$	$1624W_o$
	200	$3394W_o$	$2545W_o$	$3132W_o$	$2349W_o$	$2766W_o$	$2075W_o$	$2306W_o$	$1730W_o$
	250	$3581W_o$	$2686W_o$	$3364W_o$	$2523W_o$	$3052W_o$	$2289W_o$	$2637W_o$	$1977W_o$
	300	$3741W_o$	$2806W_o$	$3566W_o$	$2674W_o$	$3306W_o$	$2480W_o$	$2941W_o$	$2206W_o$
可开启部分	可开启部分的水密性 $\boxed{\Delta P_2 与固定部分 \Delta P_1 同级，但不同指标值，即 \Delta P_2=0.5\Delta P_1}$								
计算公式	固定部分 ΔP_1	台风区：$\Delta P_1 \geqslant 1200\mu_z W_o \geqslant 1000$Pa；非台风区：$\Delta P_1 \geqslant 900\mu_z W_o \geqslant 700$Pa；							
	开启部分 ΔP_2	台风区：$\Delta P_2 \geqslant 600\mu_z W_o \geqslant 250$Pa(全国)；300Pa(深圳) 非台风区：$\Delta P_2 \geqslant 450\mu_z W_o \geqslant 150$Pa							

6.13 门窗及玻璃幕墙玻璃厚度简化计算公式

(1)四边支承玻璃

<table>
<tr><td rowspan="4">按玻璃幕墙规范</td><td rowspan="2">按强度</td><td>钢化玻璃</td><td>$t \geqslant 2.65a\sqrt{W_k}$(mm)</td><td rowspan="10">t—玻璃厚度，mm，对夹层(胶)玻璃，指玻璃总厚度，且单片玻璃厚度应≥5mm；对中空玻璃，是指较薄那块玻璃厚度，夹层和中空玻璃单片厚度相差不宜大于3mm
W_k—风荷载标准值，kN/m^2
a—玻璃短边尺寸，m
A—玻璃块面积，m^2</td></tr>
<tr><td>平板玻璃</td><td>$t \geqslant 4.58a\sqrt{W_k}$(mm)</td></tr>
<tr><td rowspan="2">按挠度</td><td>钢化玻璃</td><td>$t \geqslant 3.61a\sqrt{W_k}$(mm)</td></tr>
<tr><td>平板玻璃</td><td>$t \geqslant 6.23a\sqrt{W_k}$(mm)</td></tr>
<tr><td rowspan="2">按弹性理论</td><td colspan="2">钢化玻璃</td><td>$t \geqslant 2.61\sqrt{W_k A}$(mm)</td></tr>
<tr><td colspan="2">平板(浮法)玻璃</td><td>$t \geqslant 3.67\sqrt{W_k A}$(mm)</td></tr>
<tr><td rowspan="4">按实验公式</td><td rowspan="2">钢化玻璃</td><td>$t \leqslant 6$mm</td><td>$t \geqslant 2.0(W_k A)^{0.555}$(mm)</td></tr>
<tr><td>$t > 6$mm</td><td>$t \geqslant (3.5W_k A-4)^{0.625}$(mm)</td></tr>
<tr><td rowspan="2">平板玻璃</td><td>$t \leqslant 6$mm</td><td>$t \geqslant 2.95(W_k A)^{0.555}$(mm)</td></tr>
<tr><td>$t > 6$mm</td><td>$t \geqslant (7W_k A-4)^{0.625}$(mm)</td></tr>
</table>

(2) 两对边支承玻璃(含玻璃百叶)

<table>
<tr><td>钢化玻璃</td><td>$t \geqslant 4.98L\sqrt{W_k}$(mm)，$L \leqslant 0.20t\sqrt{W_k}$(m)</td><td rowspan="2">$L$—玻璃跨度，m；其余符号同上</td></tr>
<tr><td>平板(浮法)玻璃</td><td>$t \geqslant 7.04L\sqrt{W_k}$(mm)，$L \leqslant 0.142t\sqrt{W_k}$(m)</td></tr>
</table>

6.14 建筑玻璃防结露验算

1. 计算室内露点温度 T_d(℃)

$$T_d = 237.3 \times \left(\lg\Phi + \frac{7.5t_i}{237.3+t_i}\right) / \left[7.5 - \left(\lg\Phi + \frac{7.5t_i}{237.3+t_i}\right)\right]$$

2. 计算玻璃室内侧表面温度 T_g(℃)

$$T_g = t_i - 0.125K(t_i - t_e)$$

3. 判断玻璃是否会结露

(1)当 $T_g > T_d$，则玻璃不会结露。

(2)当 $T_g \leqslant T_d$，则玻璃会结露。

以上各式中，t_i——室内空气温度，℃；

t_e——室外空气温度，℃；

Φ——室内空气相对湿度，%；

K——玻璃的传热系数，W/(m^2·K)。

6.15 门窗幕墙的热工性能简化计算

1. 传热系数 K：$K=K_{玻}\cdot\alpha_{玻}+K_{框}\cdot\alpha_{框}+0.2\sim0.4$（明框 0.4，隐框 0.2，半隐 0.3）

$0\sim0.2$（单玻 0，中空玻璃 0.2） (1)

2. 遮阳系数 S_C：$S_C=1.15\alpha_{玻}\cdot g_{玻}+0.04\alpha_{框}\cdot\rho_{框}\cdot K_{框}$ (2)

3. 太阳得热系数 S_{HGC}：$S_{HGC}=0.87S_C$（无外遮阳时）

$0.87S_C\cdot S_D$（有外遮阳 S_D 时） (3)

4. 可见光透射比 $T_v=\alpha_{玻}\cdot T_{v玻}$ (4)

5. 太阳光(能)总透射比 g：　$g=0.87S_C$ (5)

以上各式中：

$K_{玻}$、$K_{框}$——玻璃及其框的传热系数，$W/(m^2\cdot K)$，查表 1、表 2；

$\alpha_{玻}$、$\alpha_{框}$——玻璃及其框的面积占整窗面积的百分比，查表 2；

$T_{v玻}$——玻璃的可见光透射比，查表 1；

$g_{玻}$——玻璃的太阳光总透射比，查表 1；

$\rho_{框}$——窗框表面太阳辐射吸收系数

(1) 铝合金框本体：0.4

(2) 白色、银色、亮色：0.3

(3) 浅色系(浅灰、灰白、米黄等)：0.5

(4) 中色系(灰、褐等)：0.7

(5) 深色系(黑、墨绿等)：0.9

S_D——外遮阳系数，按计算。

典型玻璃系统的光学热工参数

玻璃品种		可见光透射比 τ_v	太阳光总透射比 g_g	遮阳系数 S_C	传热系数 K_g [$W/(m^2\cdot K)$]
(平板)透明玻璃	3mm 透明玻璃	0.83	0.87	1.00	5.8
	6mm 透明玻璃	0.77	0.82	0.93	5.7
	12mm 透明玻璃	0.65	0.74	0.84	5.5
(着色玻璃)吸热玻璃	5mm 绿色吸热玻璃	0.77	0.64	0.76	5.7
	6mm 蓝色吸热玻璃	0.54	0.62	0.72	5.7
	5mm 茶色吸热玻璃	0.50	0.62	0.72	5.7
	5mm 灰色吸热玻璃	0.42	0.60	0.69	5.7
阳光控制镀膜玻璃(热反射玻璃)	6mm 高透光热反射玻璃	0.56	0.56	0.64	5.7
	6mm 中等透光热反射玻璃	0.40	0.43	0.49	5.4
	6mm 低透光热反射玻璃	0.15	0.26	0.30	4.6
	6mm 特低透光热反射玻璃	0.11	0.25	0.29	4.6

续表

玻璃品种		可见光透射比 τ_v	太阳光总透射比 g_g	遮阳系数 S_C	传热系数 K_g [W/(m²·K)]
单片 LOW-E 玻璃	6mm 高透光 LOW-E 玻璃	0.61	0.51	0.58	3.6
	6mm 中等透光型 LOW-E 玻璃	0.55	0.44	0.51	3.5
中空玻璃	6 透明+12 空气+6 透明	0.71	0.75	0.86	2.8
	6 绿色吸热+12 空气+6 透明	0.66	0.47	0.54	2.8
	6 灰色吸热+12 空气+6 透明	0.38	0.45	0.51	2.8
	6 中等透光热反射+12 空气+6 透明	0.28	0.29	0.34	2.4
	6 低透光热反射+12 空气+6 透明	0.16	0.16	0.18	2.3
	6 高透光 LOW-E+12 空气+6 透明	0.72	0.47	0.62	1.9
	6 中透光 LOW-E+12 空气+6 透明	0.62	0.37	0.50	1.8
	6 较低透光 LOW-E+12 空气+6 透明	0.48	0.28	0.38	1.8
	6 低透光 LOW-E+12 空气+6 透明	0.35	0.20	0.30	1.8
	6 高透光 LOW-E+12 氩气+6 透明	0.72	0.47	0.62	1.5
	6 中透光 LOW-E+12 氩气+6 透明	0.62	0.37	0.50	1.4

窗框传热系数及面积比例

窗框材料	$K_{框}$	$\alpha_{框}$	$\alpha_{玻}$
普通铝合金	7.0	0.2	0.8
断热铝合金	4.2	0.25	0.75
塑料 PVC	1.91	0.3	0.7
塑钢	2.2	0.3	0.7
铝塑	3.1	0.3	0.7
木色铝	3.26	0.3	0.7
木塑	1.63	0.3	0.7
木	2.37	0.35	0.65
玻璃幕墙	—	0.15	0.85

6.16 各类整窗热工性能指标表

玻璃			普通铝合金窗				断热铝合金窗				塑料 PVC 窗				铝塑窗			
			传热系数 K (W/ $m^2\cdot K$)	遮阳系数 S_C	太阳得热系数 S_{HGC}	可见光透射比 T_v	传热系数 K (W/ $m^2\cdot K$)	遮阳系数 S_C	太阳得热系数 S_{HGC}	可见光透射比 T_v	传热系数 K (W/ $m^2\cdot K$)	遮阳系数 S_C	太阳得热系数 S_{HGC}	可见光透射比 T_v	传热系数 K (W/ $m^2\cdot K$)	遮阳系数 S_C	太阳得热系数 S_{HGC}	可见光透射比 T_v
单片玻璃	透明玻璃(5～6mm)		6.0	0.78	0.68	0.62	5.3	0.72	0.63	0.58	4.7	0.67	0.58	0.54	4.92	0.67	0.59	0.54
	着色吸热玻璃(5～6mm)		6.0	0.57	0.50	0.34	5.3	0.53	0.46	0.32	4.7	0.49	0.43	0.29	4.92	0.50	0.43	0.42
	热反射玻璃(6mm)	高透光	6.0	0.54	0.47	0.45	5.3	0.50	0.44	0.42	4.7	0.46	0.40	0.39	4.92	0.47	0.41	0.39
		中透光	5.7	0.42	0.37	0.32	5.1	0.39	0.34	0.30	4.44	0.36	0.31	0.28	4.71	0.36	0.31	0.28
		低透光	5.1	0.26	0.23	0.12	4.5	0.24	0.21	0.11	3.88	0.22	0.19	0.11	4.15	0.22	0.19	0.11
	LOW-E 玻璃(6mm)	高透光	4.28	0.49	0.43	0.49	3.75	0.46	0.40	0.46	3.07	0.45	0.39	0.43	3.45	0.44	0.38	0.43
		中透光	4.20	0.43	0.37	0.44	3.68	0.40	0.35	0.41	3.18	0.37	0.32	0.39	3.38	0.38	0.33	0.39
		低透光																
中空玻璃	无色透明中空玻璃(6+12A+6)		3.84	0.71	0.62	0.57	3.35	0.66	0.57	0.53	2.82	0.62	0.54	0.50	3.09	0.62	0.54	0.50
	吸热中空玻璃(灰)(6_x+12A+6)		3.84	0.44	0.38	0.30	3.35	0.41	0.36	0.29	2.82	0.38	0.33	0.27	3.09	0.38	0.33	0.27
	热反射中空玻璃(6_R+12A+6)	中透光	3.52	0.29	0.25	0.22	3.05	0.27	0.23	0.21	2.51	0.25	0.22	0.20	2.81	0.25	0.22	0.20
		低透光	3.44	0.17	0.15	0.13	2.98	0.16	0.14	0.12	2.47	0.15	0.13	0.11	2.74	0.15	0.13	0.11
	LOW-E 中空玻璃(6_L+12A+6)	高透光	3.12	0.45	0.39	0.58	2.68	0.42	0.37	0.54	2.11	0.40	0.35	0.50	2.46	0.40	0.35	0.50
		中透光	3.04	0.36	0.31	0.50	2.60	0.34	0.29	0.47	2.12	0.32	0.28	0.43	2.39	0.32	0.28	0.43
		低透光	3.04	0.21	0.18	0.28	2.60	0.19	0.16	0.26	2.12	0.18	0.16	0.25	2.39	0.18	0.16	0.25

注：(1)本表的各种热工性能参数是根据附录六的计算公式及所附玻璃与窗框的有关数据计算结果，供设计参考。
(2)由于不同厂家有不同的数据参数，因此设计时宜按厂家提供的实测数据参数为准。

7 汽车库设计

7.1 汽车库建筑设计

7.1.1 汽车库建筑设计要求

表 7.1.1

<table>
<tr><td>建筑规模</td><td>特大型</td><td colspan="2">大型</td><td colspan="2">中型</td><td colspan="2">小型</td></tr>
<tr><td rowspan="2">停车当量</td><td>>1000</td><td colspan="2">301～1000</td><td colspan="2">51～300</td><td colspan="2">≤50</td></tr>
<tr><td>>1000</td><td>501～1000</td><td>301～500</td><td>101～300</td><td>51～100</td><td>25～50</td><td><25</td></tr>
<tr><td rowspan="2">换算当量系数</td><td>车 型</td><td>微型车</td><td>小型车</td><td>轻型车</td><td>中型车</td><td colspan="2">大型车</td></tr>
<tr><td>换算系数</td><td>0.7</td><td>1.0</td><td>1.5</td><td>2.0</td><td colspan="2">2.5</td></tr>
<tr><td>汽车库出入口数量</td><td>≥3</td><td colspan="2">≥2</td><td>≥2</td><td>≥1</td><td colspan="2">≥1</td></tr>
<tr><td>非居住建筑车库出入口车道数量</td><td>≥5</td><td>≥4</td><td>≥3</td><td colspan="2">≥2</td><td>≥2</td><td>≥1</td></tr>
<tr><td>居住建筑车库出入口车道数量</td><td>≥3</td><td>≥2</td><td>≥2</td><td colspan="2">≥2</td><td>≥2</td><td>≥1</td></tr>
<tr><td rowspan="8">汽车库
基地出入口</td><td>安全设施</td><td colspan="6">汽车库基地出入口应设置减速安全设施</td></tr>
<tr><td>宽度(m)</td><td colspan="6">双向行驶≥7；单向行驶≥4；机非混行时，单向增加≥1.5</td></tr>
<tr><td>地面坡度</td><td colspan="6">宜为 0.2%～5%，当>8%时应设缓坡与城市道路连接</td></tr>
<tr><td>间距(m)</td><td colspan="6">≥15</td></tr>
<tr><td>候车道(m)</td><td colspan="6">需办理出入手续时，应在附近设≥4×10(宽×长)的候车道，不占城市道路</td></tr>
<tr><td rowspan="2">位置</td><td colspan="6">应设于城市次干道或支路，不应(不宜)直接与城市快速路(主干道)连接</td></tr>
<tr><td colspan="6">距城市主干道交叉口应≥70m；
与人行天桥、地道(包括引道引桥)、人行横道线等的最边线距离应≥5m，距地铁出入口、公交站台边缘应≥15m；距公园、学校、儿童及残疾人建筑出入口应≥20m</td></tr>
<tr><td>通视条件</td><td colspan="6">在距出入口边线以内 2m 处作视点，视点的 120°范围内至边线外不应有遮挡视线的障碍物(如右图阴影区域)
1—建筑基地；2—城市道路；3—车道中心线；4—车道边线；5—视点位置；6—基地机动车出入口；7—基地边线；8—道路红线；9—道路缘石线
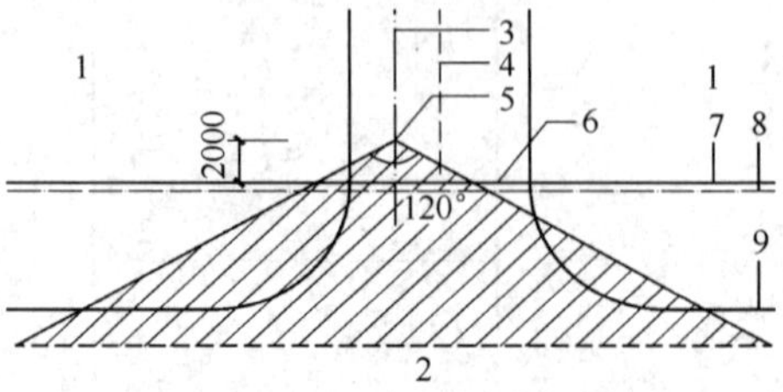
1
2
3
4
5
6
7
8
9
2000
120°</td></tr>
<tr><td>设计车型外廓尺寸
总长×宽×高(m)</td><td colspan="7">微型车 3.8×1.6×1.8；小型车 4.8×1.8×2.0；轻型车 7.0×2.25×2.75</td></tr>
<tr><td>每车位建筑面积
(m^2)</td><td colspan="7">小型车 27～35，轻型车 35～50</td></tr>
<tr><td>汽车最小转弯半径(m)</td><td colspan="7">微型车 4.5，小型车 6，轻型车 6～7.2，中型车 7.2～9，大型车 9～10.5</td></tr>
</table>

续表

	最小净距		微型车、小型车	轻型车
车库内汽车与汽车、墙、柱、护栏之间最小净距(m)	平行式停车时汽车间纵向净距		1.20	1.20
	垂直、斜列式停车时汽车间纵向净距		0.50	0.70
	汽车间横向净距		0.60	0.80
	汽车与柱子间净距		0.30	0.30
	汽车与墙、护栏及其他构筑物间净距	纵向	0.50	0.50
		横向	0.60	0.80

汽车库出入口及坡道	出入口宽度	单车道≥4m，双车道≥7m	
	坡道最小净宽	微型、小型车	直线单行 3m，直线双行 5.5m；曲线单行 3.8m，曲线双行 7m
		轻、中、大型车	直线单行 3.5m，直线双行 7.0m；曲线单行 5.0m，曲线双行 10.0m
		此宽度不含道牙及其他分隔带宽度	
	出入口、坡道最小净高	小型车 2.2m，轻型车 2.95m，中型、大型客车 3.7m	
	坡道纵向坡度 i	微型、小型车	直线坡道≤15%，曲线坡道≤12%
		轻型车	直线坡道≤13.3%，曲线坡道≤10%
		中型车	直线坡道≤12%，曲线坡道≤10%
		大型车	直线坡道≤10%，曲线坡道≤8%
		缓坡＝i/2，环道横坡(弯道超高)2%～6%，斜楼板坡度≤5%	
	坡道缓坡长度	直线缓坡≥3.6m，曲线缓坡≥2.4m(当车道纵坡 i>10%时，坡道上、下端应设缓坡)	

	坡道连续转向角度 α		
微型车、小型车坡道转弯处最小环形车道内半径	α≤90°	90°<α<180°	α≥180°
	4m	5m	6m

环形通车道最小内半径	微型车、小型车≥3m

小型车通(停)车道最小宽度	平行后停	30°、45°停	垂直前停	垂直后停	60°前停	60°后停	复式机械后停
	3.8m		9m	5.5m	4.5m	4.2m	5.8m

汽车库内	汽车最小转弯半径(m)	微型车 4.5，小型车 6，轻型车 6～7.2，中型车 7.2～9，大型车 9～10.5					
	小型车通(停)车道最小宽度	平行、30°、45°停	垂直前停	垂直后停	60°前停	60°后停	复式机械后停
		3.8m	9m	5.5m	4.5m	4.2m	5.8m
	环形通车道最小内半径	微型车、小型车≥3m					

电梯	四层及以上的多层汽车库或地下三层及以下的汽车库应设置乘客电梯
轮挡	停车位的楼地面上应设车轮挡，宜设于距停车位端线为汽车前悬或后悬的尺寸减 0.2m 处，其高度宜为 0.15m，车轮挡不得阻碍楼地面排水

7.1.2 汽车库车道设计

7.1.2.1 地下车库坡道纵剖面设计图示

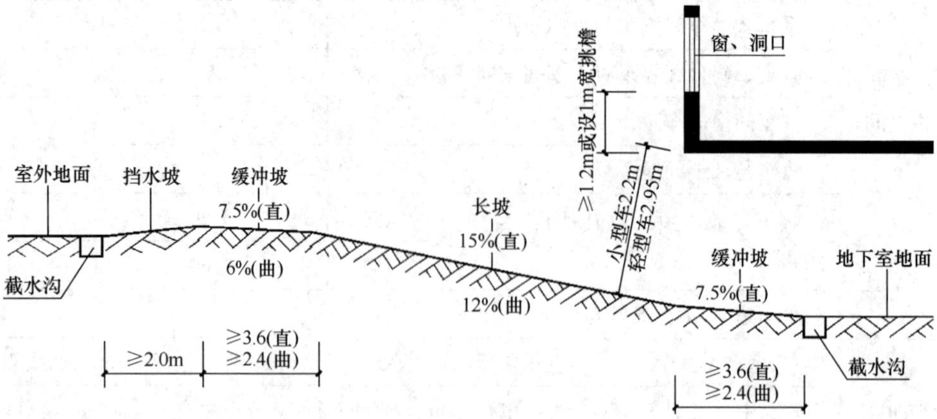
窗、洞口
≥1.2m或设1m宽挑檐
小型车2.2m
轻型车2.95m
室外地面
挡水坡
缓冲坡
7.5%(直)
6%(曲)
长坡
15%(直)
12%(曲)
缓冲坡
7.5%(直)
地下室地面
截水沟
截水沟
≥2.0m
≥3.6(直)
≥2.4(曲)
≥3.6(直)
≥2.4(曲)

图 7.1.2.1 地下车库坡道纵剖面(小汽车)

7.1.2.2 环形车道及小型车各项指标

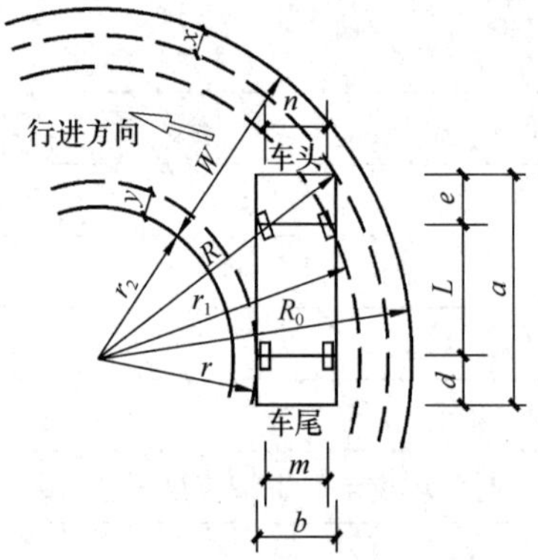
行进方向
车头
车尾
W
n
x
y
R
R0
r1
r2
r
e
L
a
d
m
b

图 7.1.2.2 环形车道及小型车各项指标图

各项指标编号说明：

W——环道最小宽度

r_1——汽车最小转弯半径

R——汽车环行外半径

r——汽车环行内半径

R_0——环道外半径

r_2——环道内半径

x——汽车环行时最外点至环道外边安全距离

y——汽车环行时最内点至环道内边安全距离

x、y 宜≥250mm 或≥500mm(两侧为连续障碍物时)

a——汽车长度

b——汽车宽度

e——汽车前悬尺寸

d——汽车后悬尺寸

L——汽车轴距

n——汽车前轮距

m——汽车后轮距

$$W = R_0 - r_2$$
$$R_0 = R + x$$
$$r_2 = r - y$$
$$R = \sqrt{(L+d)^2 + (r+b)^2}$$
$$r = \sqrt{r_1^2 - L^2} - \frac{b+n}{2}$$

7.2 汽车库、修车库、停车场防火设计

7.2.1 汽车库、修车库、停车场分类及防火设计要求

表 7.2.1

分类		Ⅰ	Ⅱ	Ⅲ	Ⅳ
汽车库	停车数量(辆)	>300	150～300	51～150	≤50
	总建筑面积 S(m²)	S>10000	5000<S≤10000	2000<S≤5000	S≤2000
修车库	车位数(个))	>15	6～15	3～5	≤2
	总建筑面积 S(m²)	S>3000	1000<S≤3000	500<S≤1000	S≤500

续表

分类		Ⅰ	Ⅱ	Ⅲ	Ⅳ
停车场	停车数量(辆)	＞400	251～400	101～250	≤100
耐火等级		一级	不低于二级		不低于三级
		地下、半地下和高层汽车库；甲乙类物品运输车的汽车库和修车库等均应一级			
汽车疏散出口（个）	地上汽车库	每库或每层≥2（分散设置，尽量设于不同分区）		每库或每层≥2 或1(设双车道时)	1(若为停车场，停车数量应≤50)
	地下、半地下汽车库	每库或每层≥2（分散设置，尽量设于不同分区）		≥2 或 1(设双车道、停车数≤100 且 S＜4000)	1（及Ⅱ、Ⅲ类修车库也可）
人员安全出口(个)		每防火分区≥2			1（Ⅲ类修车库可）
汽车库各出入口关系		汽车疏散出口与车库的或所在建筑其他部分的人员安全疏散出口均应分开独立设置			
汽车疏散坡道净宽		单车道≥3m，　双车道≥5.5m			
人员疏散楼梯		防烟楼梯间	高层车库 H＞32m，地下车库室内地面与室外出口地坪高差 ΔH＞10m 时设		
		封闭楼梯间	除防烟楼梯间及满足条件的室外疏散楼梯外，均应设		
		室外疏散楼梯	倾角≤45°、栏杆扶手高 H≥1.1m、各层楼梯平台耐火极限≥1h、楼梯 2m 范围内除疏散门外无其他门窗洞口		
		疏散楼梯净宽	≥1.1m		
		机械车库救援楼梯间	无人无车道机械车库，停车数量＞100 时，应设≥1 个供灭火救援用的楼梯间，楼梯间应采用防火隔墙和乙级防火门，净宽≥0.9m		
		与住宅地下室连通的地下、半地下车库，可直接或设连通走道借用住宅的疏散楼梯间疏散，设甲级防火疏散门，通道采用防火隔墙			
		汽车库与托儿所、幼儿园、老年建筑、中小学教学楼、病房楼等的安全出口和疏散楼梯应分别独立设置			
人员疏散距离(m)		≤45(无自动灭火系统)，≤60(有自动灭火系统)，≤60(单层或设于首层)			
疏散出口水平距离		人员疏散出口应≥5m			
		汽车疏散出口应≥10m；毗邻设置的二个汽车坡道，中间应设防火隔墙分隔			
防火分区最大允许建筑面积(m^2)/设自动灭火系统的防火分区面积(m^2)		全地下车库、地上高层车库	坡道式	2000/4000	
			有人有车道机械式	1300/2600	
			敞开、错层、斜楼板式	4000/8000	
		半地下车库、地上多层车库	坡道式	2500/5000	
			有人有车道机械式	1625/3250	
			敞开、错层、斜楼板式	5000/10000	
		地上单层车库	坡道式	3000/6000	
			有人有车道机械式	1950/3900	
			敞开、错层、斜楼板式	6000/12000	
			甲、乙类物品运输车	500/500	
		无人无车道机械式车库	每 100 辆设一个防火分区或每 300 辆设一个防火分区，但必须采用防火措施分隔出停车数≤3 辆的停车单元		
		修车库	2000/2000		
			当修车部位与相邻使用有机溶剂的清洗和喷漆工段采用防火墙分隔时，4000		

续表

<table>
<tr><th>分 类</th><th>Ⅰ</th><th colspan="2">Ⅱ</th><th colspan="2">Ⅲ</th><th colspan="2">Ⅳ</th></tr>
<tr><td rowspan="15">防火间距
（m）</td><td>最小防火间距
（m）</td><td colspan="2">多层民用建筑、车库</td><td>高层民用建筑、车库</td><td>厂房、仓库</td><td>甲类厂房</td><td>甲类仓库</td><td>重要公建</td></tr>
<tr><td>多层车库</td><td colspan="2">10</td><td>13</td><td>10</td><td>12</td><td>12～20</td><td>10 / 13</td></tr>
<tr><td>高层车库</td><td colspan="2">13</td><td>13</td><td>13</td><td>15</td><td>15～23</td><td>13</td></tr>
<tr><td>停车场</td><td colspan="2">6</td><td>6</td><td>6</td><td>6</td><td>12～20</td><td>6</td></tr>
<tr><td>甲乙类物品运输车库</td><td colspan="2">25</td><td>25</td><td>12</td><td>30</td><td>17～25</td><td>50</td></tr>
<tr><td colspan="8">附注：</td></tr>
<tr><td colspan="3">汽车库、修车库、停车场之间或与其他建筑之间</td><td colspan="2">防火间距</td><td colspan="3">条件与要求</td></tr>
<tr><td rowspan="2">1</td><td colspan="2">相邻两座建筑间</td><td colspan="2" rowspan="2">不限</td><td colspan="3">较高一面外墙为无门、窗、洞口的防火墙，或高出相邻较低一座一、二级耐火等级建筑的屋面 15m 及以下范围内的外墙为无门、窗、洞口的防火墙</td></tr>
<tr><td colspan="2">停车场与相邻建筑间</td><td colspan="3">当建筑外墙为无门、窗、洞口的防火墙，或比停车部位高 15m 范围以下的外墙为无门、窗、洞口的防火墙时</td></tr>
<tr><td>2</td><td colspan="2">相邻两座建筑间</td><td colspan="2">按 GB 50067—2014 表 4.2.1 规定减少 50％</td><td colspan="3">当相邻较高一面外墙上，同较低建筑等高的以下范围内的墙为无门、窗、洞口的防火墙时</td></tr>
<tr><td>3</td><td colspan="2">相邻两座一、二级耐火等级建筑间</td><td colspan="2">≥4m</td><td colspan="3">当相邻较高一面外墙耐火极限≥2h，墙上开口部位设甲级防火门、窗或耐火极限≥2h 防火卷帘、水幕</td></tr>
<tr><td>4</td><td colspan="2">相邻两座一、二级耐火等级建筑间</td><td colspan="2">≥4m</td><td colspan="3">当相邻较低一座外墙为防火墙、屋顶无开口且屋顶耐火极限≥1h 时</td></tr>
<tr><td>5</td><td colspan="2">停车场汽车组与组间</td><td colspan="2">≥6m</td><td colspan="3">停车场汽车分组停放，每组停车数宜≤50 辆</td></tr>
<tr><td>6</td><td colspan="7">甲类仓库与其他建筑的防火间距取值应按 GB 50067—2014 的 4.2.4 条执行</td></tr>
<tr><td>7</td><td colspan="7">上表中有关“车库”栏，均含“修车库”，上表中各类建筑的耐火等级均按一、二级</td></tr>
<tr><td>消防车道</td><td colspan="8">应环形设置或沿车库的一个长边和另一边设置，消防车道净宽净高应≥4m</td></tr>
<tr><td>消防电梯</td><td colspan="8">建筑高度＞32m 的汽车库，应设置消防电梯；每个防火分区至少设 1 部</td></tr>
</table>

注：(1)地下车库的耐火等级均应为一级；(2)本章节内容仅适用于一、二级耐火等级的建筑。

7.2.2 汽车库、修车库平面布置规定

表 7.2.2

平面布置规定	Ⅱ、Ⅲ、Ⅳ类修车库	地上车库	半地下、地下车库
托幼、老年人建筑、中小学教学楼、病房楼	不应组合建造或贴邻	不应组合建造	符合规定时可组合
商场、展览、餐饮、娱乐等人员密集场所	不应组合建造或贴邻	可组合或贴邻建造	
一、二级耐火等级建筑	可设于首层或贴邻		
为汽车库服务的附属用房，修理车位、喷漆间、充电间、乙炔间、甲乙类库房	符合规定时可贴邻，但应采用防火墙隔开，并可直通室外		不应内设
甲、乙类厂房、仓库	不得贴邻或组合建造		
汽油罐、加油机、加气机、液化气天然气罐	不可内设		

注：本表中“符合规定”指的是《汽车库、修车库、停车场防火规范》GB 50067 的相应规定。

7.2.3 场地内小型道路满足消防车通行的弯道设计

场地内小型车通行的道路，转弯半径一般较小，当必须满足消防车紧急通行时，可如右图所示，在小区道路弯道外侧保留一定的空间，其控制范围为弯道处外侧一定宽度(图中阴影部分)，控制范围内不得修建任何地面构筑物，不应布置重要管线、种植灌木和乔木，道路缘石高 $h \leqslant 120mm$。

按消防车转弯半径为 12m 计算，转弯最外侧控制半径 $R_0 = 14.5m$。

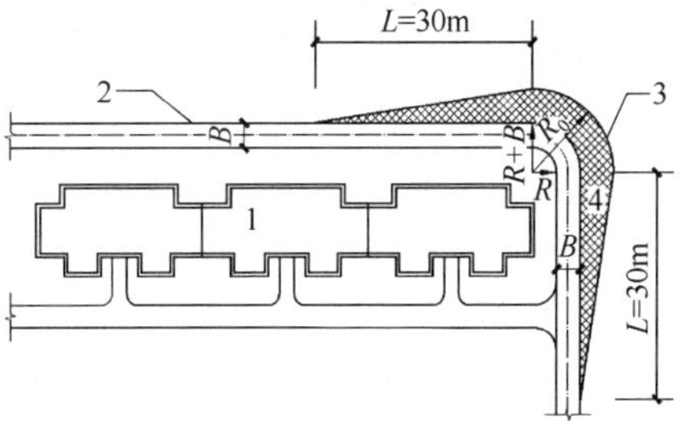
L=30m
2
3
B
R+B
R
1
4
B
L=30m

图 7.2.3

1—建筑轮廓；2—道路缘石线；3—弯道外侧构筑物控制边线；4—控制范围；B—道路宽度；R—道路转弯半径；R_0—消防车道转弯最外侧控制半径；L—渐变段长度

7.3 机械式停车库设计

7.3.1 机械式汽车库分类

表 7.3.1

类　　别	主要特征
1. 全自动停车库	库内无车道且无人员停留，采用机械设备进行垂直或水平移动来实现自动存取汽车
2. 复式停车库	库内有车道、有人员停留的，同时采用机械设备传送，在一个建筑层内布置一层或多层停车架的汽车库
3. 敞开式机械停车库	每层车库外围敞开面积超过该层四周外围总面积 25%的机械式停车库，且敞开区域长度不小于车库周长的 50%

7.3.2 机械式汽车库设计要点

1. 机械式车库的停车设备选型应与建筑设计同步进行，应结合停车设备的技术要求与合理的柱网关系进行设计。

2. 车库内外凡是能使人跌落入坑的地方，均应设置防护栏。

3. 机械式车库应根据需要设置检修通道，且宽度≥600mm，净高≥停车位净高，设检修孔时边长≥700mm。

4. 机械式车库地下室和各底坑应做好防、排水设计。

5. 机械车库与主体建筑物结构连接时，应根据设备运行特点采取隔振、防噪措施。

6. 车库内消防、通风、电缆桥架等管线不得侵占停车位空间。

7.3.3 适停车型外廓尺寸及重量

表 7.3.3

<table>
<tr><th>适停车型</th><th>组别代号</th><th>外廓尺寸
(长×宽×高，mm)</th><th>重量
(kg)</th></tr>
<tr><td rowspan="2">小型车</td><td>X</td><td>≤4400×1750×1450</td><td>≤1300</td></tr>
<tr><td>Z</td><td>≤4700×1800×1450</td><td>≤1500</td></tr>
<tr><td rowspan="4">轻型车</td><td>D</td><td>≤5000×1850×1550</td><td>≤1700</td></tr>
<tr><td>T</td><td>≤5300×1900×1550</td><td>≤2350</td></tr>
<tr><td>C</td><td>≤5600×2050×1550</td><td>≤2550</td></tr>
<tr><td>K</td><td>≤5000×1850×2050</td><td>≤1850</td></tr>
</table>

7.3.4 单套设备存容量、单车最大进出时间、出入口数及停车位最小外廓尺寸

表 7.3.4

<table>
<tr><th rowspan="2">车库类别</th><th rowspan="2">设备类别</th><th rowspan="2">单套设备
存容量(辆)</th><th rowspan="2">单车最大进
出时间(s)</th><th rowspan="2">最少出入口数
(个/套)</th><th colspan="3">停车位最小外廓尺寸(mm)</th></tr>
<tr><th>宽度</th><th>长度</th><th>高度</th></tr>
<tr><td rowspan="2">复式机械车库</td><td>升降横移类</td><td>3～35</td><td>240</td><td>沿入位层可全部设置</td><td rowspan="2">车宽+500
(通道)</td><td rowspan="2">车长+200</td><td rowspan="2">车高+微升降高度+50，且≥1600，兼作人行通道时应≥2000</td></tr>
<tr><td>简易升降类</td><td>1～3</td><td>170</td><td>1</td></tr>
<tr><td rowspan="6">全自动机械车库</td><td>垂直升降类</td><td>10～50</td><td>210</td><td>1</td><td rowspan="6">车宽+150</td><td rowspan="6">车长+200</td><td rowspan="6">车高+微升降高度+50，且≥1600</td></tr>
<tr><td>巷道堆垛类</td><td>12～150</td><td>270</td><td>3</td></tr>
<tr><td>平面移动类</td><td>12～300</td><td>270</td><td>3</td></tr>
<tr><td>垂直循环类</td><td>8～34</td><td>120</td><td>1</td></tr>
<tr><td>水平循环类</td><td>10～40</td><td>420</td><td>1</td></tr>
<tr><td>多层循环类</td><td>10～40</td><td>540</td><td>1</td></tr>
</table>

7.3.5 出入口形式及设计要求

表 7.3.5

出入口形式		适用车库	设计要求
复式	汽车通道+载车板	升降横移、简易升降类	出入口满足汽车后进停车时，通道宽度应≥5.8m
全自动	管理、操作室+回转盘	垂直升降、巷道堆垛、平面移动、垂直循环、水平循环、多层循环类	1. 出入口处应设不少于 2 个候车位，当出入口分设时，每个出入口处至少应设 1 个候车位； 2. 出入口净宽≥设计车宽+0.50m 且≥2.50m，净高≥2.00m； 3. 管理操作室宜近出入口，应有良好视野或视频监控系统。管理室可兼作配电室，室内净宽≥2m，面积≥9m^2，门外开； 4. 出入口处应防雨水倒灌，回转盘底坑应做好防、排水设计

7.3.6 各类机械式停车设备运行方式和对应的建筑设计要求及简图

表 7.3.6

类别	基本运行方式、建筑设计要求、设备布置简图
升降横移类	基本运行方式：每车位有一块载车板，利用载车板在机械传动装置驱动下，沿轨道升、降、横向平移存取车辆

停车空间尺寸(mm)要求：

车位宽度 W		2350～2500
车位长度 L		5500～6000
设备净高	出入层	≥2000
	二层	3500～3650
	三层	5650～5900
	四层	7450～7700
	五层	9030～9550
	六层	11150～11400
	地坑	≥2000
重列式净高应增加 100～200		

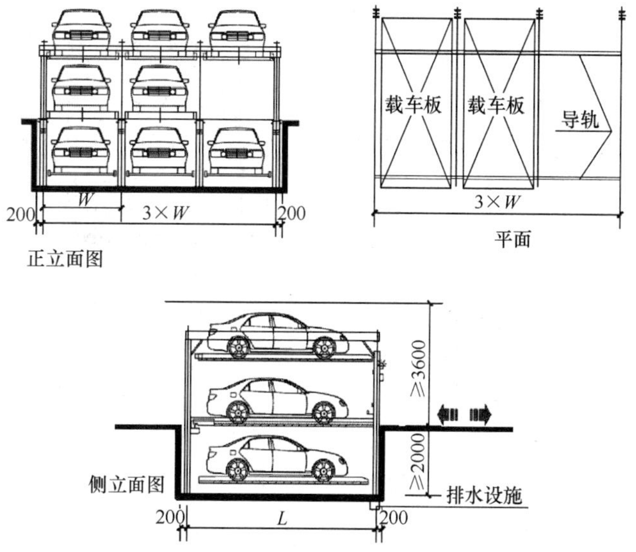

载车板
载车板
导轨
200
W
3×W
200
正立面图
3×W
平面
≥3600
≥2000
侧立面图
排水设施
200
L
200

续表

类别	基本运行方式、建筑设计要求、设备布置简图
简易升降类	基本运行方式：利用设备的升降或仰俯机构驱动载车板上下移动存取车辆(含：垂直升降式和仰俯摇摆式)

简易升降类

基本运行方式：利用设备的升降或仰俯机构驱动载车板上下移动存取车辆(含：垂直升降式和仰俯摇摆式)

停车空间尺寸(mm)要求：

	垂直升降式	仰俯式
车位宽度	≥适停车宽+500	C≥2330
车位长度	≥适停车长+200	J≥5100
停层净高	H≥2000	H=2700～3100

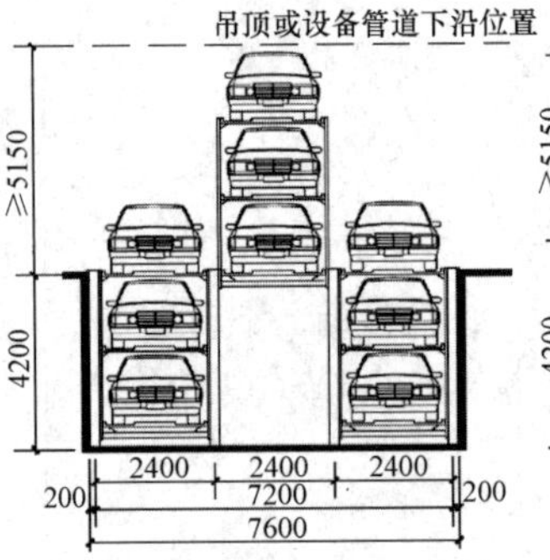

吊顶或设备管道下沿位置
≥5150
4200
2400
2400
2400
200
7200
200
7600

垂直升降式正立面图

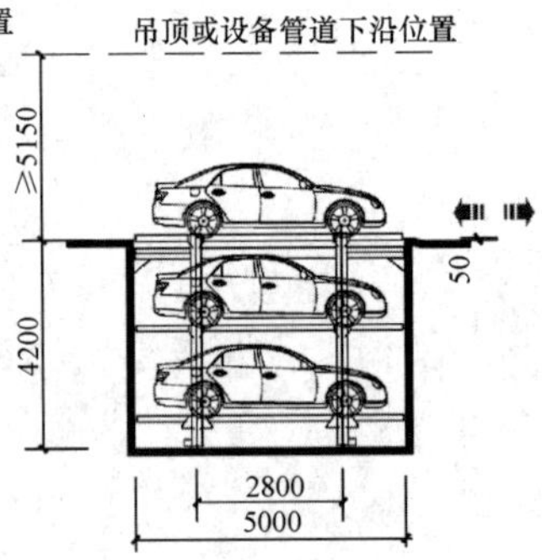

吊顶或设备管道下沿位置
≥5150
4200
50
2800
5000

垂直升降式侧立面图

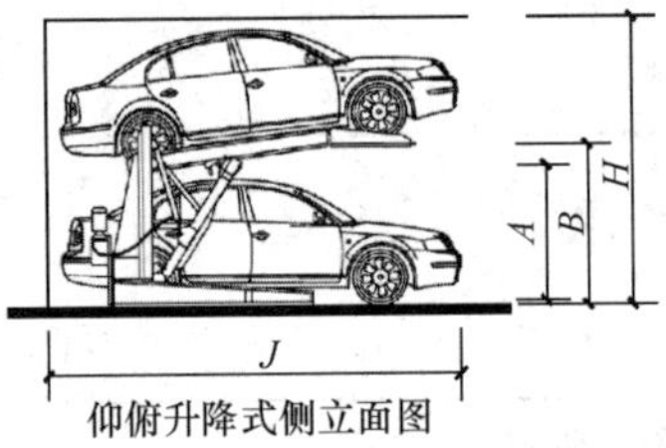

A
B
H
J

仰俯升降式侧立面图

仰俯升降式简图

垂直升降类

基本运行方式：利用升降机将载车板升降到指定层后用升降机上的横移机构搬运车辆实现存取

塔库平面尺寸(mm)要求：

塔库宽度	≥6900
塔库长度	≥6150
停层净高	≥1650
机房净高	≥2000
底坑深度	≥1200
存车层数	20～25

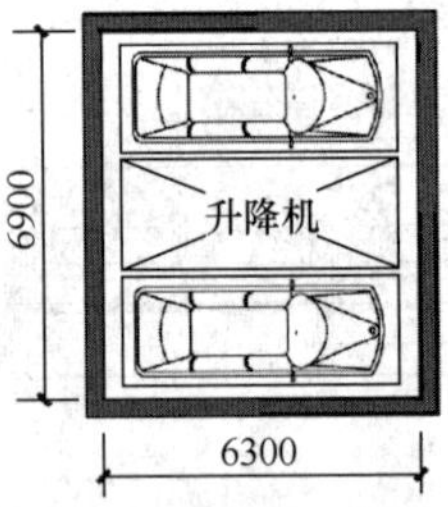

升降机
6900
6300

钢筋混凝土结构塔库平面图

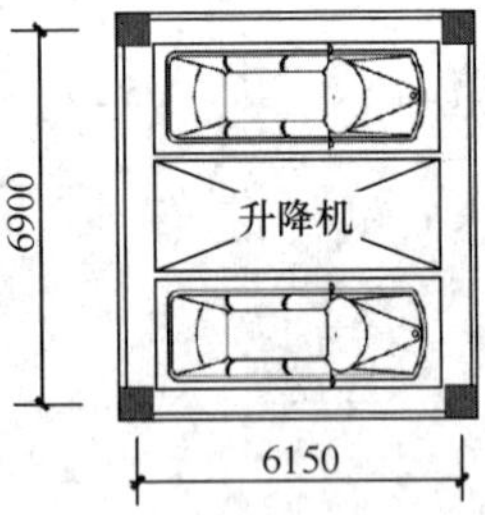

升降机
6900
6150

钢结构塔库平面图

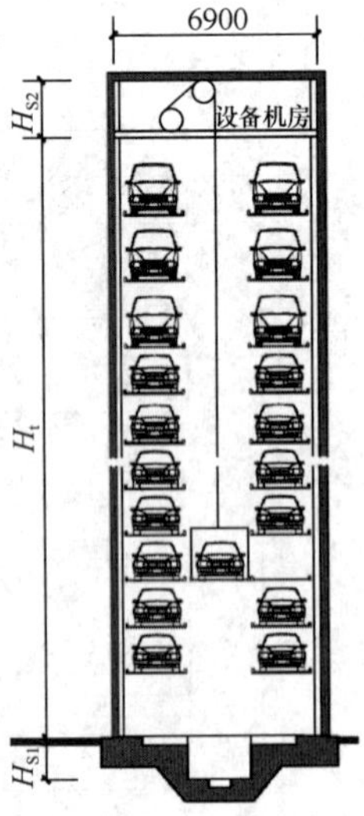

6900
设备机房
H_{S2}
H_t
H_{S1}

剖面图

出入口尺寸(mm)要求

净宽	≥车宽+500 且≥2250
净高	≥车宽+150 且≥2000

续表

类别	基本运行方式、建筑设计要求、设备布置简图
巷道堆垛类	基本运行方式：用巷道堆垛起重机或桥式起重机，将进到搬运器上的车辆水平、垂直移动到存车位，用存取机构将车辆存取到车位上

车库基本尺寸(mm)要求：

	车位纵向式布置	车位横向式布置
长度	$L=1000+\sum L_c+1750$	$L=1500+\sum W_c+\sum W_q+600$
宽度	$W=2W_c+2W_s$	$W=2L_c+W_s$
高度	$H=H_t+\sum H_c+700$	$H=H_s+\sum H_c+\sum H_b+H_t+200$

L_c：停放车位长度　　H_s：设备安装基坑高度
H_c：停放车位高度　　W_c：停放车位宽度
H_b：结构楼板厚度　　W_s：堆垛机运行宽度
H_t：堆垛机结构高度＋ H_c　　W_q：承重墙(柱)宽度

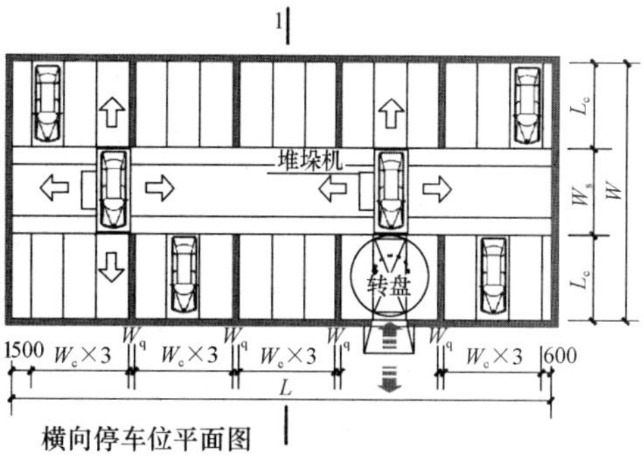
堆垛机
转盘
1500
600
L

横向停车位平面图

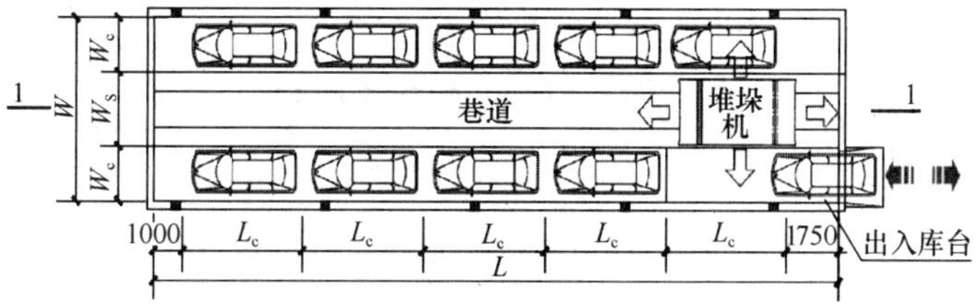
巷道
堆垛机
出入库台
1000
1750
L

纵向停车位平面图

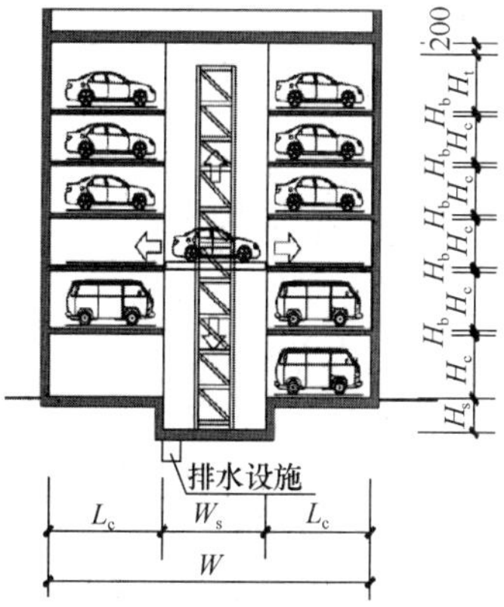
200
排水设施
W

横向停车位1-1剖面图

700
堆垛机

纵向停车位1-1剖面图

类别	基本运行方式、建筑设计要求、设备布置简图
平面移动类	基本运行方式：在同一层上用搬运台车或起重机平面移动车辆，或使载车板在平面内往返存取车辆，当设多层停车架时，需增加升降系统

车库基本尺寸(mm)要求：

	纵向停车	横向停车
车位纵向尺寸	≥5450	≥5200
车位横向尺寸	≥2000	≥2200
中间巷道宽度	3000	5400
层高	≥2200	≥1950

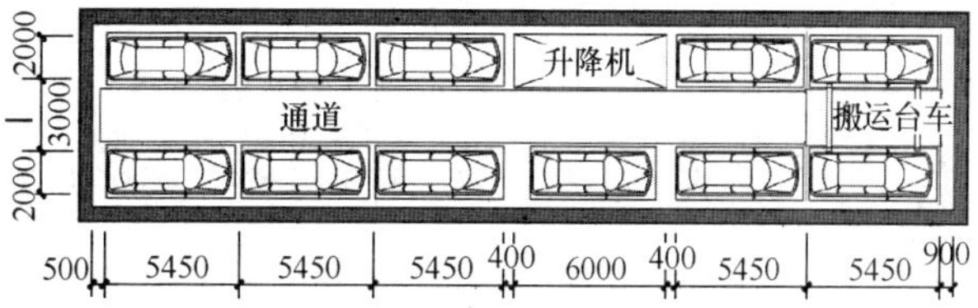
升降机
通道
搬运台车
2000
3000
2000
500
5450
5450
5450
400
6000
400
5450
5450
900

纵向停车平面图

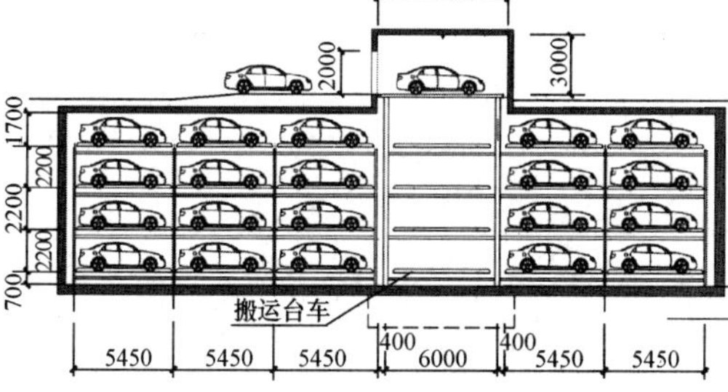
7000
2000
3000
1700
2200
2200
2200
700
搬运台车
5450
5450
5450
400
6000
400
5450
5450

纵向停车剖面图

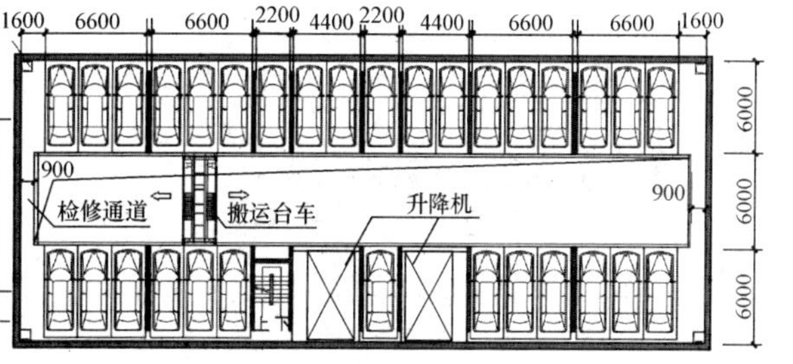
1600
6600
6600
2200
4400
2200
4400
6600
6600
1600
900
检修通道
搬运台车
升降机
900
6000
6000
6000

横向停车平面图

续表

类别	基本运行方式、建筑设计要求、设备布置简图

垂直循环类

基本运行方式：由停车架和机械传动装置组成，每个车位均有一个停车架，在机械传动装置驱动下，沿垂直方向循环运动，到地面层位置时进行车辆存取

车库基本尺寸(mm)要求：

出入口位置	下部出入
停车规格	≤5000×1850×1550
车位长度	≥7000
车位宽度	≥5400
车库高度	$H=4250+825n$ （n—容车数量，取偶数）
出入口净宽	≥车宽+500 且≥2250
出入口净高	≥车高+150 且≥1800

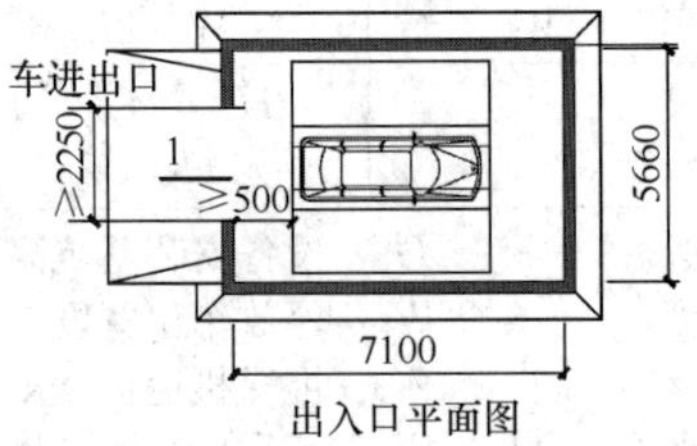
车进出口
≥2250
1
≥500
5660
7100
出入口平面图

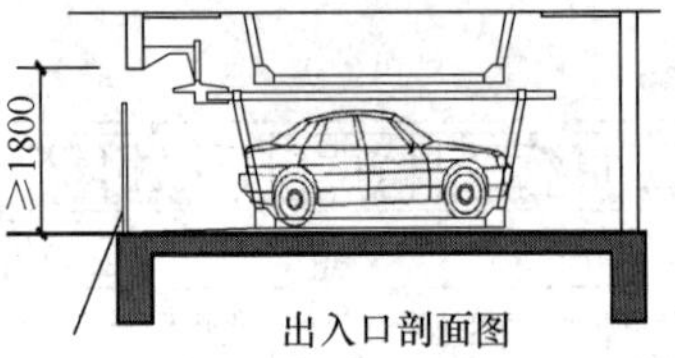
≥1800
出入口剖面图

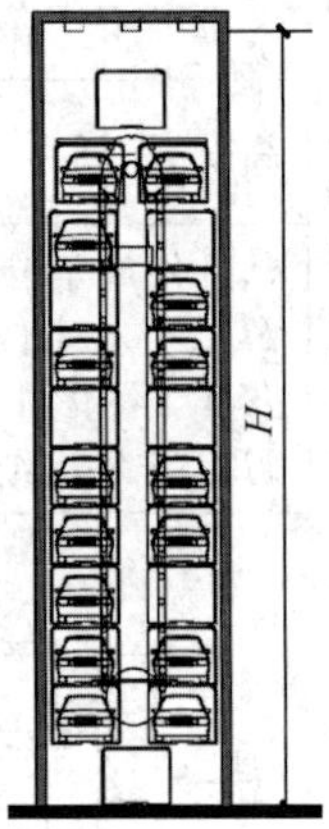
H
塔库剖面图

水平循环类

基本运行方式：车辆搬运器在同一水平面内排列成 2 列或 2 列以上做连续循环移动，实现车辆存取

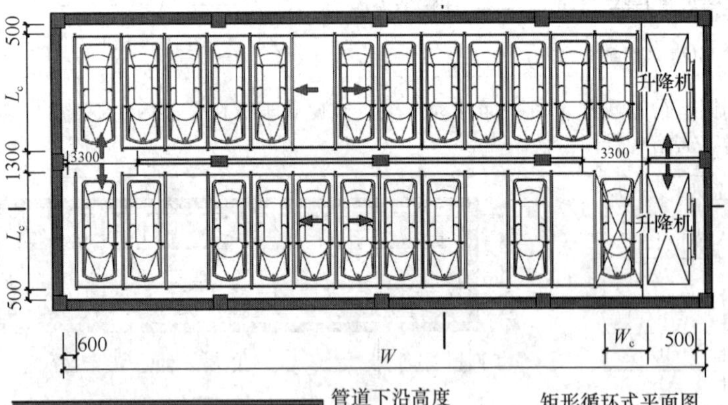
500
L_c
1300
L_c
500
3300
3300
升降机
升降机
600
W
W_c
500
矩形循环式平面图

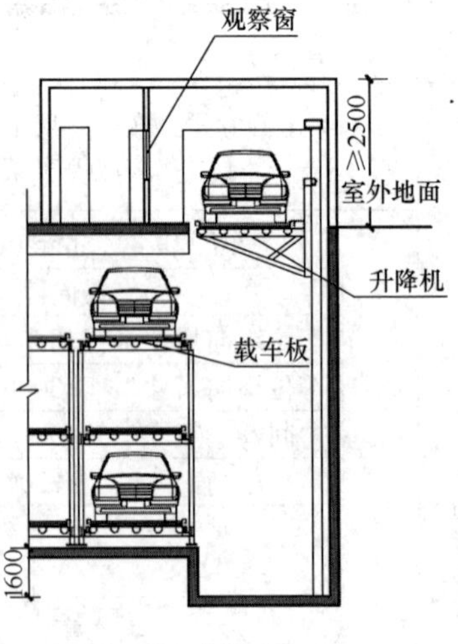
观察窗
≥2500
室外地面
升降机
载车板
1600
矩形循环式剖面图

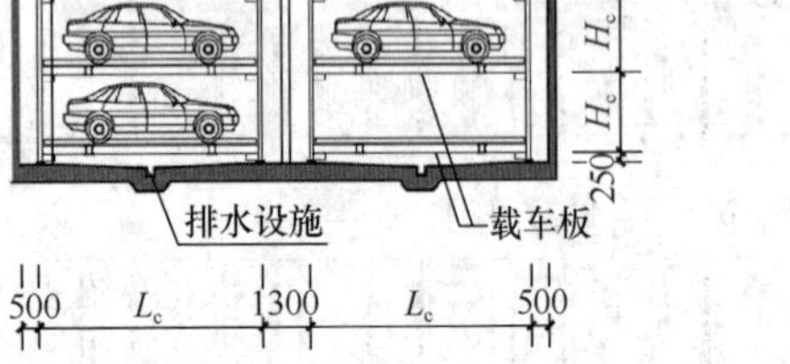
管道下沿高度
2100
H_c
H_c
250
排水设施
载车板
500
L_c
1300
L_c
500
矩形循环式1-1剖面图

续表

类别	基本运行方式、建筑设计要求、设备布置简图
多层循环类	基本运行方式：载车板在机械传动装置驱动下做上、下、水平循环运动，实现车辆存取
	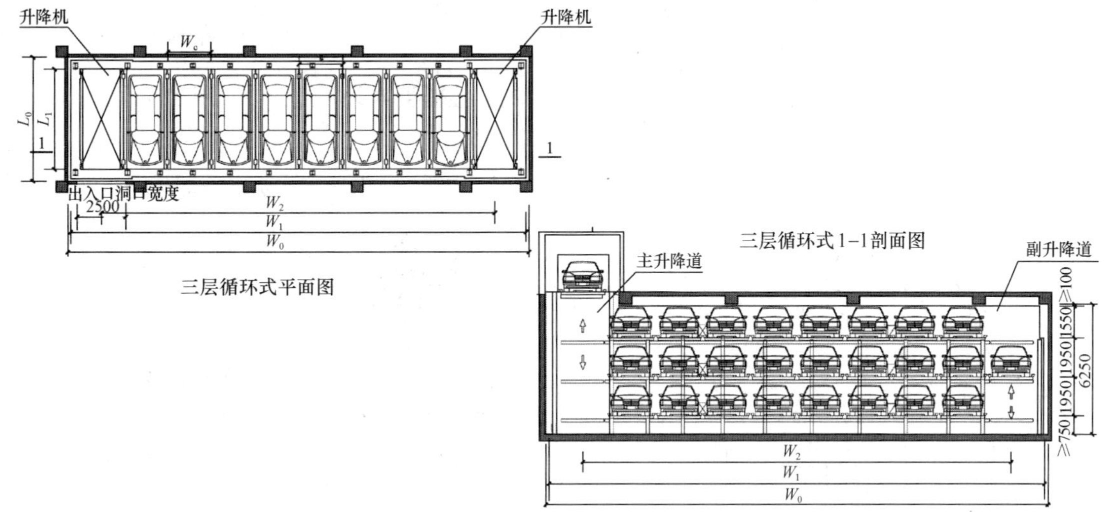升降机 升降机 W_e L_0 L_1 1 1 出入口洞口宽度 2500 W_2 W_1 W_0 三层循环式平面图 三层循环式1-1剖面图 主升降道 副升降道 ≥100 1550 1950 1950 ≥750 6250 W_2 W_1 W_0

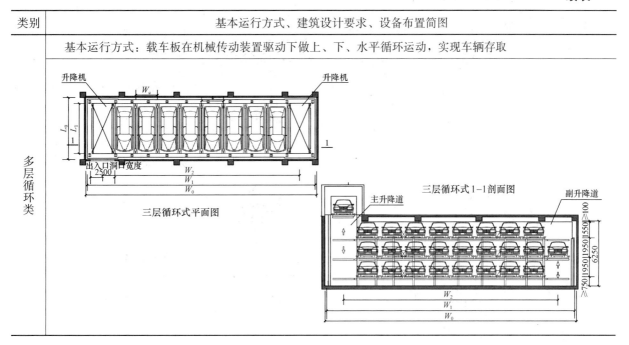

7.4 非机动车库设计

7.4.1 非机动车库设计要求

表 7.4.1

车型	非机动车				二轮摩托车
	自行车	三轮车	电动自行车	机动轮椅车	
设计车型长度(m)	1.90	2.50	2.00	2.00	2.00
设计车型宽度(m)	0.60	1.20	0.80	1.00	1.00
设计车型高度(m)	1.20(骑车人骑在车上时，高度=2.25)				
换算当量系数	1.0	3.0	1.2	1.5	1.5
出入口净宽度(m)	≥1.80	≥车宽+0.6	≥1.80	≥车宽+0.6	
出入口净高度(m)	≥2.50				
停车当量数(辆)与出入口数量	停车当量≤500辆时，出入口设1个			停车当量每增加500辆，出入口数增加1个	
	停车当量>500辆时，出入口≥2个				
出入口直线形坡道	长度>6.8m或转向时，应设休息平台，平台长度≥2.00m				
踏步式出入口斜坡	推车坡度≤25%，推车斜坡净宽≥0.35m，出入口总净宽≥1.80m				
坡道式出入口斜坡	坡度≤15%，坡道宽度≥1.80m				
地下车库坡道口	在地面出入口处应设置 h≥0.15m的反坡及截水沟				
车库楼层位置	不宜低于地下二层，室内外地坪高差 ΔH>7m时，应设机械提升装置				
分组停车数(辆)	每组当量停车数应≤500				
停车区域净高(m)	≥2.00				
出入口安全、通视要求	非机动车库出入口宜与机动车库出入口分开设置，且出地面处的最小距离≥7.5m 当出入口坡道需与机动车出入口共设时，应设安全分隔设施，且应在地面出入口外7.5m范围内设置不遮挡视线的安全隔离栏杆				

7.4.2 自行车停车宽度和通道宽度

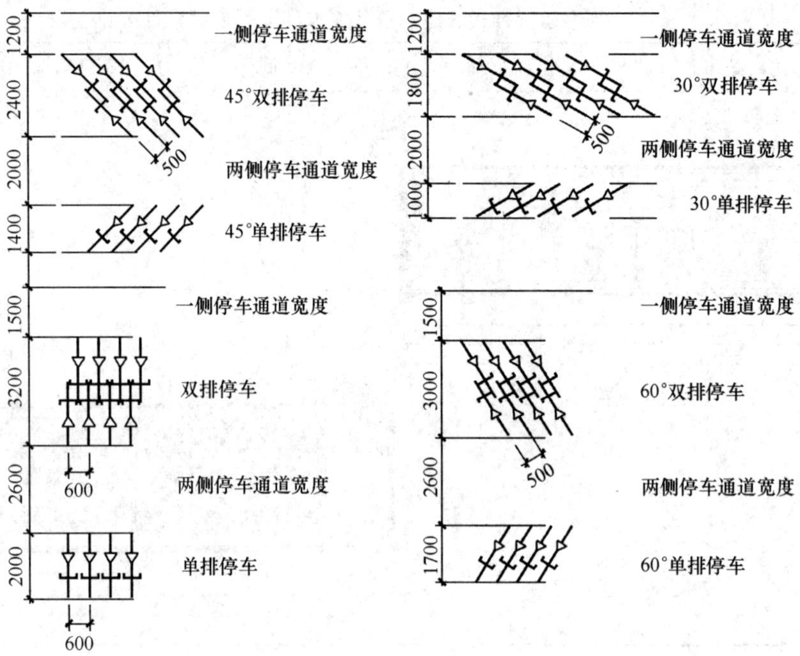
1200
一侧停车通道宽度
2400
45°双排停车
500
2000
两侧停车通道宽度
1400
45°单排停车
1200
一侧停车通道宽度
1800
30°双排停车
500
2000
两侧停车通道宽度
1000
30°单排停车
1500
一侧停车通道宽度
3200
双排停车
600
2600
两侧停车通道宽度
2000
单排停车
600
1500
一侧停车通道宽度
3000
60°双排停车
500
2600
两侧停车通道宽度
1700
60°单排停车

图 7.4.2

8 装配式建筑设计

8.1 概　　述

建筑工业化是传统建造方式向现代工业化建造方式转变的过程，是在房屋建造全过程中运用工业化生产方式，将房屋建造的设计、生产、施工、管理的全过程连接为完整的一体化产业链，并实现社会化大生产，从而提高建筑工程的建造效率和质量。

住宅工业化设计通过对住宅建筑的结构主体、围护结构及部品部件等进行标准化构件设计，在工厂成批生产，现场以机械化的方式进行装配式施工，设计过程中注重土建、预制构件、室内装修等一体化设计。本章主要以预制装配式混凝土结构住宅阐述住宅工业化设计的基本原则。

8.2 一　般　规　定

1. 装配式混凝土结构建筑设计除满足国家建筑基本规范和专用规范、标准要求外，还应满足现行装配式混凝土结构工程的规范及标准要求。

2. 装配式住宅的设计应符合建筑全寿命周期的可持续性原则，满足建筑体系化，实现设计标准化、生产工厂化、施工装配化、装修部品化和管理性信息化的要求。

3. 装配式住宅设计应符合城市规划的要求，并与当地的产业化资源和周围环境相协调。

4. 装配式住宅设计应遵循工业化建造的设计原则，体现工业化建造的特点，综合考虑使用功能、生产、施工、运输、造价等因素。

5. 装配式住宅设计应遵循模数协调，满足构件部品标准化和通用化要求，符合现行国家标准《建筑模数协调标准》GB/T 50002 的规定。

6. 装配式住宅设计应采用标准化设计方法，选用标准化、系列化参数尺寸的主体构件和内装部品，以“少规格、多组合”的原则进行设计。

7. 装配式住宅设计除了应符合建筑功能和性能要求外，宜采用主体结构、内装和机电管线一体化的装配化集成技术。

8.3 总 体 规 划 设 计

8.3.1　场地总体布局

根据装配式混凝土住宅的建筑特点，充分考虑预制构件运输车行流线的设置，配合现场施工组织方案合理布局建筑结构的塔吊位置、预制构件临时堆场位置，进行合理的场地设计。

8.3.2 装配式住宅规划设计

1. 装配式住宅的规划设计应基于标准化设计原则，根据不同的规划条件要求，通过标准楼栋形成多样化的总体规划形态。

2. 装配式住宅设计，除了考虑环境、功能要求及审美需要等因素外，应综合考虑标准楼栋、标准模块及标准构件，尽量减少外墙、楼板、阳台等构件种类，提高建造效率，实现住宅功能性与经济性的统一。

3. 住宅标准楼栋设计时，应考虑套型的组合拼接方式、体型系数、核心筒效率及建筑采光、通风性能等因素。

8.4 建筑平面设计的基本要求

1. 装配式住宅建筑设计平面布置应考虑有利于预制装配式混凝土结构建造的要求。装配式住宅的平面形状、体型及其构件的布置应符合国家标准《建筑抗震设计规范》GB 50011 的相关规定，并符合国家工程建设节能减排、绿色环保的要求。

2. 平面设计应采用标准化、模块化、系列化的设计方法。

整个标准化体系及设计应涵盖从部品部件的标准化到整个建筑的标准化，考虑建筑功能、使用需求、立面效果以及维护使用等在内的各个环节。住宅的室内空间宜采用模块化设计，可细分为居住空间模块厨房模块、卫生间模块、阳台模块、核心筒模块等，建筑部品的标准化是建立一个行业产品的基础，主要包括技术标准化及产品标准化。（如图 8.4-1）

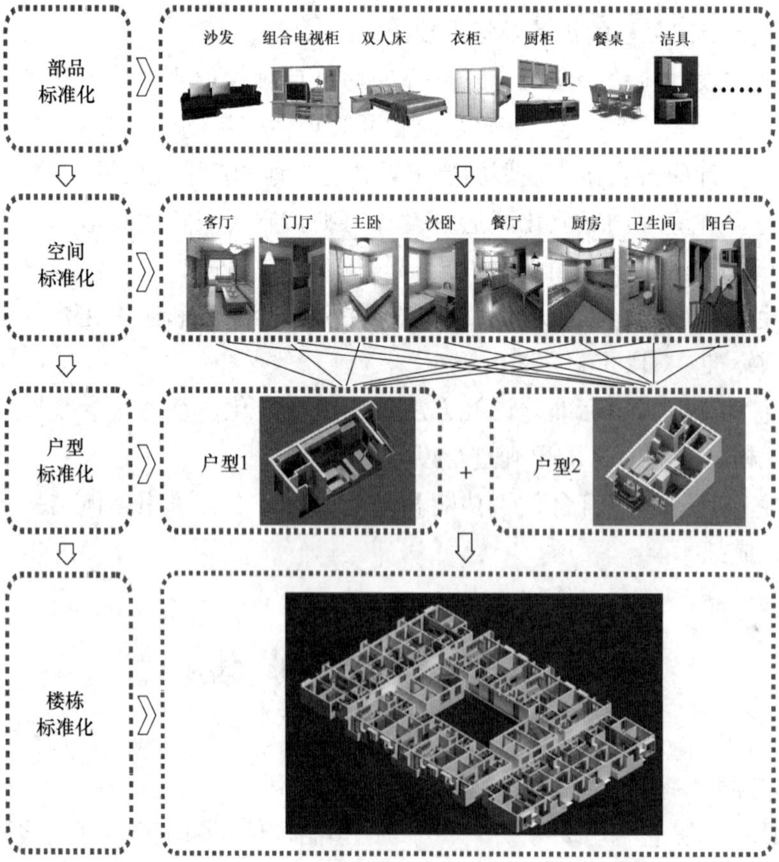
部品标准化
沙发
组合电视柜
双人床
衣柜
厨柜
餐桌
洁具
……
空间标准化
客厅
门厅
主卧
次卧
餐厅
厨房
卫生间
阳台
户型标准化
户型1
+
户型2
楼栋标准化

图 8.4-1

3. 建筑平面宜结构空间规整，形成大空间的布置。

4. 装配式住宅建筑平面设计，应通过一个或多个标准套型单元进行复制、旋转及对称方式形成标准层组合平面，以实现建筑构件的标准化。如图 8.4-2 所示。

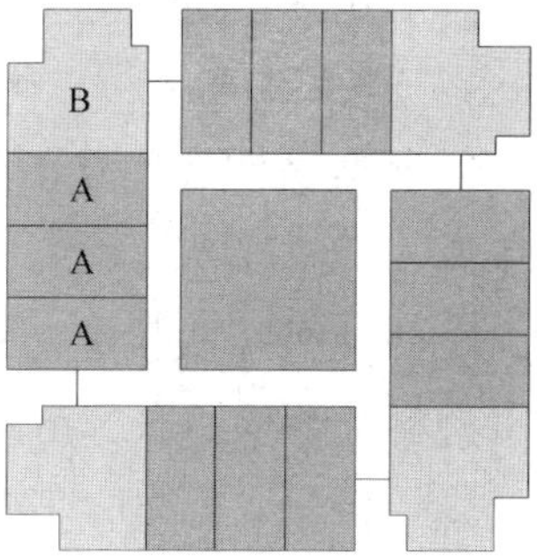
B
A
A
A
图 8.4-2

5. 装配式住宅的建筑围护结构以及楼梯、阳台、隔墙、空调板、管道井等构件部品应采用工业化、标准化的预制构件制品。如图 8.4-3 所示。

6. 门窗洞口宜上下对齐、成列布置，不宜采用转角窗。

7. 套型设计中应将厨房、卫生间等用水空间集中布置，其平面尺寸应满足标准化整体橱柜、整体卫浴等要求。

8. 设备管线的布置应集中紧凑。给排水、供暖及电力主干线宜集中设置在共用空间部位，同时满足检修的要求。

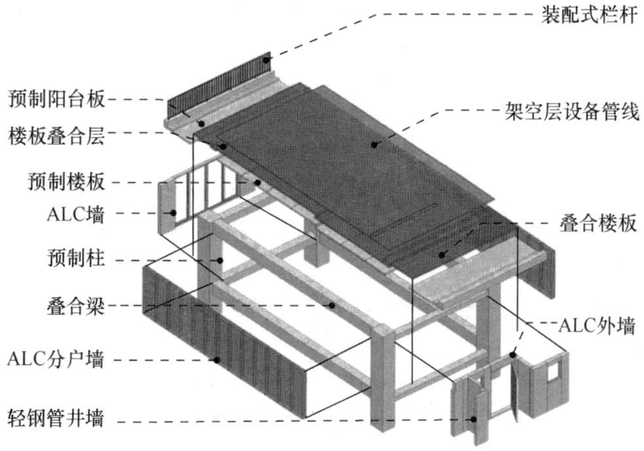
装配式栏杆
预制阳台板
楼板叠合层
架空层设备管线
预制楼板
ALC墙
叠合楼板
预制柱
叠合梁
ALC外墙
ALC分户墙
轻钢管井墙
图 8.4-3

9. 装配式结构的平面布置宜符合下列规定：

（1）平面形状宜简单、规则、对称，质量、刚度分布宜均匀，不应采用严重不规则的平面布置；

（2）建筑平面长度不宜过大，平面突出部分的长度不宜过大，不宜采用角部重叠或细腰形平面布置，并应满足《装配式混凝土结构技术规程》JGJ 1—2014 规定的要求。

10. 装配式结构竖向布置应连续、均匀，应避免抗侧力结构的侧向刚度和承载力沿竖向突变，并应符合现行国家标准《建筑抗震设计规范》GB 50011 的有关规定。

8.5 构 造 设 计

8.5.1 楼地面构造

装配式混凝土结构的楼板宜采用叠合楼板设计，楼地面的构造设计应适合叠合楼板的施工与建造特点，满足相关国家标准的规定。

8.5.2 屋面构造

装配式混凝土结构的建筑屋面，应选用耐候性好、适应变形能力强的防水材料，满足《屋面工程技术规范》GB 50345—2012 及相关国家标准的规定。

8.5.3 墙体构造

1. 预制装配式混凝土结构建筑的外墙应满足结构、热工、防水、防火、保温、隔热、隔声及建筑造型设计等的要求。

2. 预制外墙板接缝必须进行防水处理，结合工程实际选用适宜的板缝形式、板缝设置部位、防水材料及结构防水等措施。

3. “装配式剪力墙”连接节点防水构造设计：

(1) 预制外墙接缝应根据工程特点和自然条件等，确定防水设防要求，进行防水设计。对水平缝及垂直缝的处理宜选用构造防水与材料防水结合的两道防水构造。

(2) 预制外墙接缝采用构造防水时，水平缝宜采用企口缝或高低缝，宜结合结构后浇带或灌浆带的设计，利用现浇节点实现结构防水，提高外墙防水的可靠性。

(3) 预制外墙接缝采用结构防水时，应在预制构件与现浇节点的连接界面设置“粗糙面”，保证预制构件和现浇节点接缝处的整体性和防水性能。(图 8.5.3-1 垂直缝防水构造，图 8.5.3-2 水平缝防水构造)

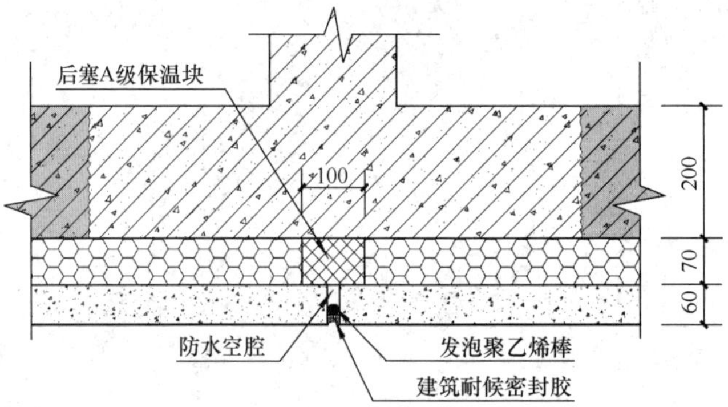
后塞A级保温块
100
200
70
60
防水空腔
发泡聚乙烯棒
建筑耐候密封胶

图 8.5.3-1 垂直缝防水构造

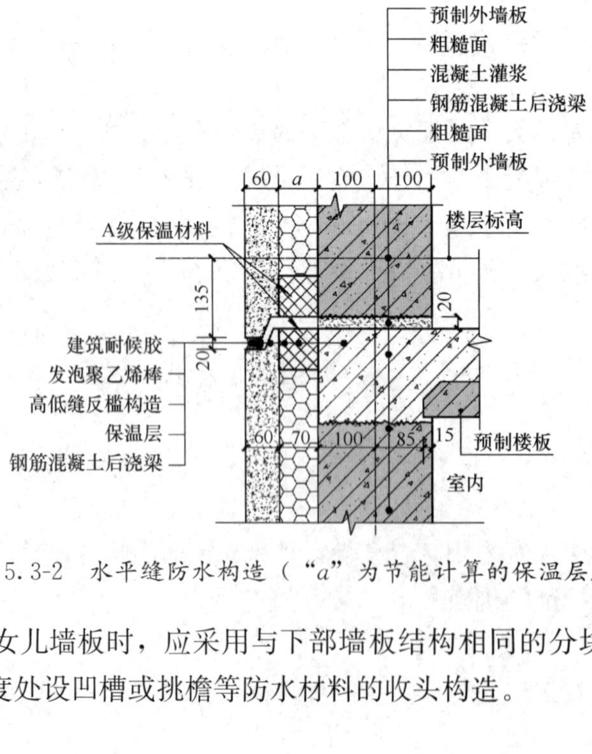
预制外墙板
粗糙面
混凝土灌浆
钢筋混凝土后浇梁
粗糙面
预制外墙板
60
a
100
100
A级保温材料
楼层标高
135
20
建筑耐候胶
20
发泡聚乙烯棒
高低缝反槛构造
保温层
钢筋混凝土后浇梁
60
70
100
85
15
预制楼板
室内

图 8.5.3-2 水平缝防水构造（“a”为节能计算的保温层厚度）

4. 当屋面采用预制女儿墙板时，应采用与下部墙板结构相同的分块方式和节点做法，女儿墙内侧在要求的泛水高度处设凹槽或挑檐等防水材料的收头构造。

5. 挑出外墙的阳台、雨篷等预制构件的周边应在板底设置滴水线。

6. 门窗应采用标准化部件，并宜采用缺口、预留附框或预埋件等方法与墙体可靠连接，门窗洞口与门窗框间的密闭性不应低于门窗的密闭性。（图 8.5.3-3 窗口上节点构造，图 8.5.3-4 窗口下节点构造）

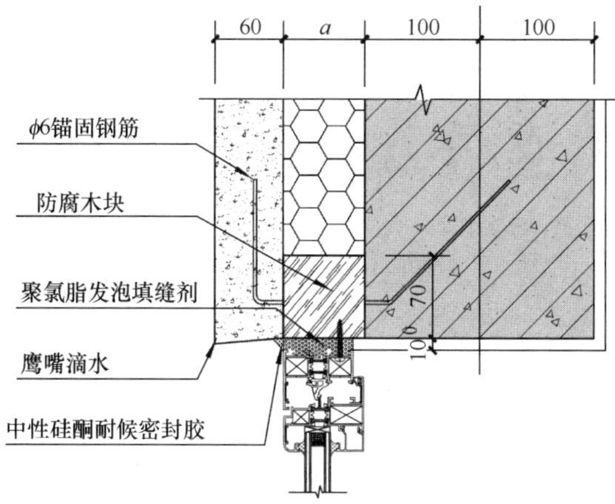
60
a
100
100
φ6锚固钢筋
防腐木块
聚氯脂发泡填缝剂
鹰嘴滴水
中性硅酮耐候密封胶
70
10

图 8.5.3-3 窗口上节点构造

注：a 为节能计算保温层厚度

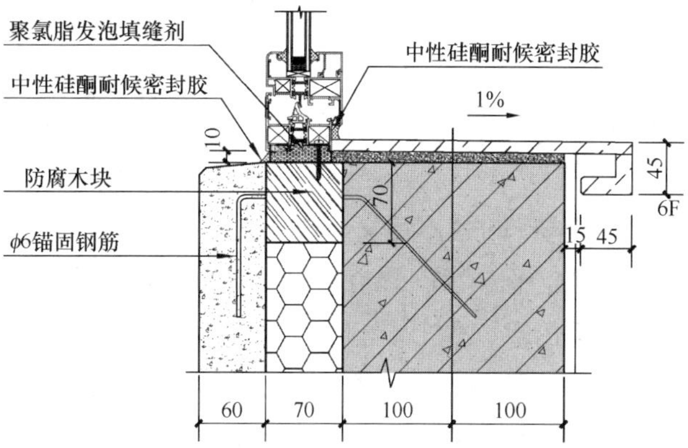
聚氯脂发泡填缝剂
中性硅酮耐候密封胶
中性硅酮耐候密封胶
1%
10
防腐木块
φ6锚固钢筋
70
45
6F
15 45
60
70
100
100

图 8.5.3-4 窗口下节点构造

7. 外墙装饰构件如空调板等应结合外墙板整体设计，保证与主体结构的可靠连接，并应满足安全、防水及热工的要求。

8.5.4 防火构造设计

1. 预制装配式混凝土结构建筑的防火设计应符合国家防火规范的要求。

（1）预制外墙板作为围护结构，与各层楼板、防火墙、隔墙相交部位应设计防火封堵；

（2）预制混凝土构件的保护层厚度应满足相关规范的防火设计要求。

2. 复合在预制外墙上的保温材料，宜采用工厂预制的方法与墙体结构一体化生产。其材料的防火性能应满足国家现行相关防火设计规范的要求。

3. 预制外墙板间的板缝部位应封闭，其封闭材料的耐火极限应满足国家现行相关防火设计规范的要求，预制夹心外墙板中的保温材料及接缝处填充用保温材料的燃烧性能应符合现行相关国家规范及标准的要求。

4. 预制外墙板上的开洞部位，洞口一侧暴露的保温材料应封闭，其封闭材料的耐火极限应满足国家现行相关防火设计规范的要求。

9 BIM(建筑信息模型)应用

9.1 BIM 基本概念

9.1.1 BIM 的基本定义

建筑信息模型（Building Information Modeling），简写为 BIM。

建筑信息模型是指创建并利用数字化模型对建设工程项目的设计、建造和运维全过程进行管理和优化的过程、方法和技术。

9.1.2 BIM 的作用

BIM 技术对项目进行设计、建造和运营管理，将各种建筑信息组织成一个整体，贯穿于建筑全生命周期过程。利用计算机技术建立 BIM 建筑信息模型，可对建筑空间几何信息、建筑空间功能信息、建筑施工管理信息，以及设备等各专业相关数据信息进行数据集成与一体化管理。BIM 技术的应用，将为建筑业的发展带来巨大的效益，使得规划设计、工程施工、运营管理乃至整个工程的质量和管理效率得到显著提高。

随着 BIM 技术革命的普及及深入，或将终结工程设计行业的“图纸时代”，而迎来全新的“模型时代”。

9.2 BIM 在城市规划中的应用

9.2.1 BIM 与 GIS 的结合

GIS（地理信息系统 Geographic Information System）是对城市空间中的地形、道路、市政、景观等有关宏观数据进行整合、管理、分析、显示的技术系统。

而通过 BIM，则提供了建筑的精确高度、外观尺寸以及内部空间等微观的准确信息。因此，综合 BIM 和 GIS，把建筑空间信息与其周围地理环境共享，应用到城市三维 GIS 分析中，将极大地提升城市规划及主题分析的深度、精度和应用范畴。

9.2.2 数字城市仿真

基于 BIM 模型，结合 GIS，可精确建立城市尺度的三维景观仿真模型，为城市空间规划、城市天际线控制，或城市尺度的室内空间（地铁商业街）的规划提供可视化的、理性的规划控制依据。

9.2.3 规划专题分析

基于 BIM 模型，结合相关分析工具，可精确的进行城市交通流量分析、城市日照分析、城市风环境分析等。

9.2.4 城市市政模拟

通过 BIM 和 GIS 融合可以建立城市建筑和市政管线的三维模型，为规划及维护提供精确的可视化的信息。

9.2.5 城市环境保护

基于城市建筑的 BIM 模型，可赋予其人员、车流密度，三废排放信息、噪声污染数据等信息，进行对应的专项定量的分析，为城市规划的环保决策提供科学精确的依据。

9.3 BIM 在建筑设计阶段的应用

9.3.1 前期构思方案的分析和论证

利用 BIM 技术平台，结合相关分析软件，通过对设计条件与信息的整理分析，进行专项比选、分析和论证，从中选择最佳结果。如：

利用 BIM 结合 GIS，对项目的场地地形进行高程、坡度、坡向等方面的分析；

利用 BIM 结合 Onuma Planning System 和 Affinit 等方案设计软件，将任务书里基于数字的项目要求转化成基于几何形体的概念方案，利于业主和设计师之间的沟通和方案研究论证。

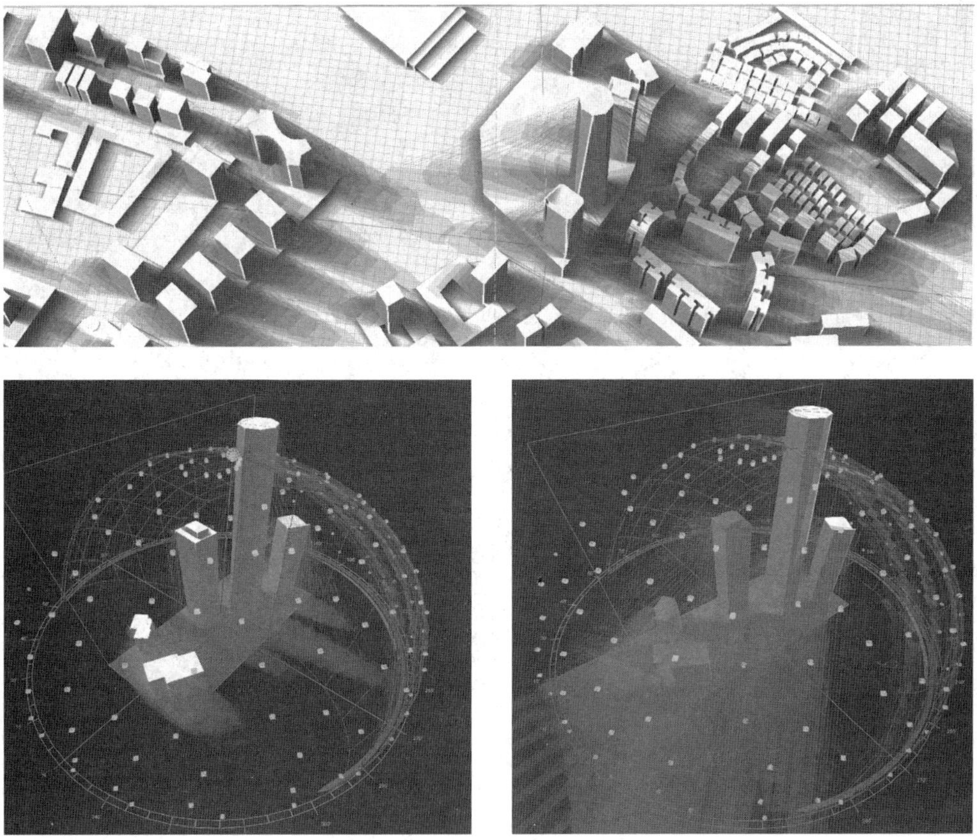

图 9.3.1 体型阴影分析

9.3.2 复杂建筑的参数化设计

利用 BIM 技术平台，结合几何造型软件及参数化设计软件（如 Rhino+Grasshopper、Revit+

Dynamo 等)，使各种复杂造型方案的技术表达及实施成为可能。参数化设计，把建筑造型及功能的相关要素设为若干函数的变量，通过改变函数或变量来导出不同的方案，为建筑师在充满创想的复杂造型中寻找出内在逻辑理性，使复杂的空间结构能得以进行合理化分析、标准化建造。

图 9.3.2-1　复杂造型的参数化设计

9.3.3 节能绿建分析

利用 BIM 技术平台，结合专项工程分析软件（如 Ecotect、Green Building Studio 等)，可对建筑设计方案进行日照采光、自然通风、建筑热工、噪声环境等多项建筑节能绿建专项分析，并形成可视化分析结果，从而在众多方案中优选出更节能、更绿色的最佳方案。

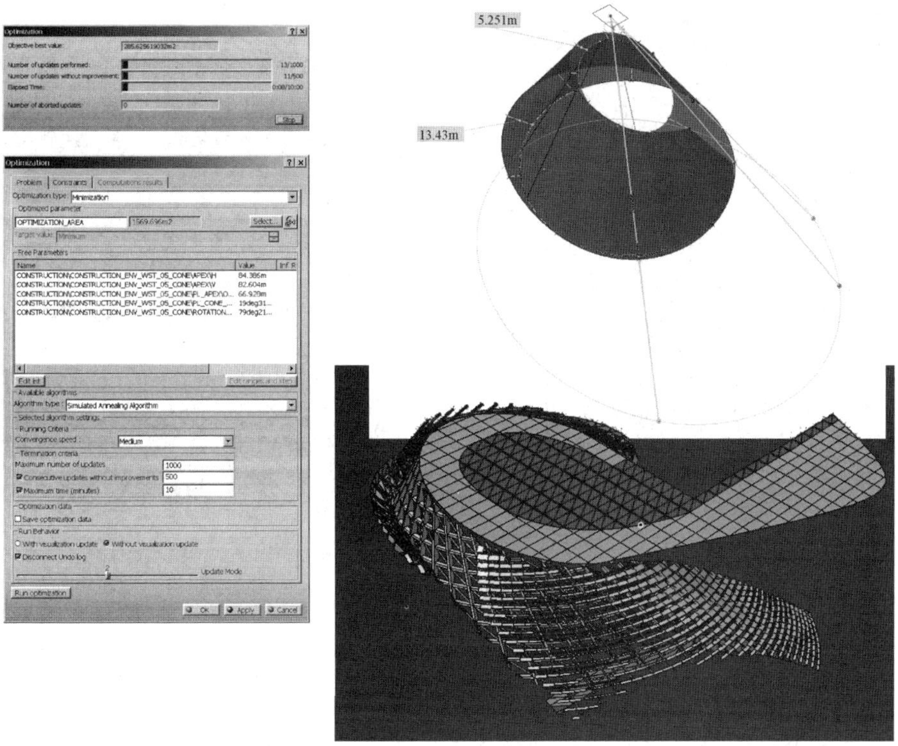
5.251m
13.43m

图 9.3.2-2 参数化造型-方案量化对比

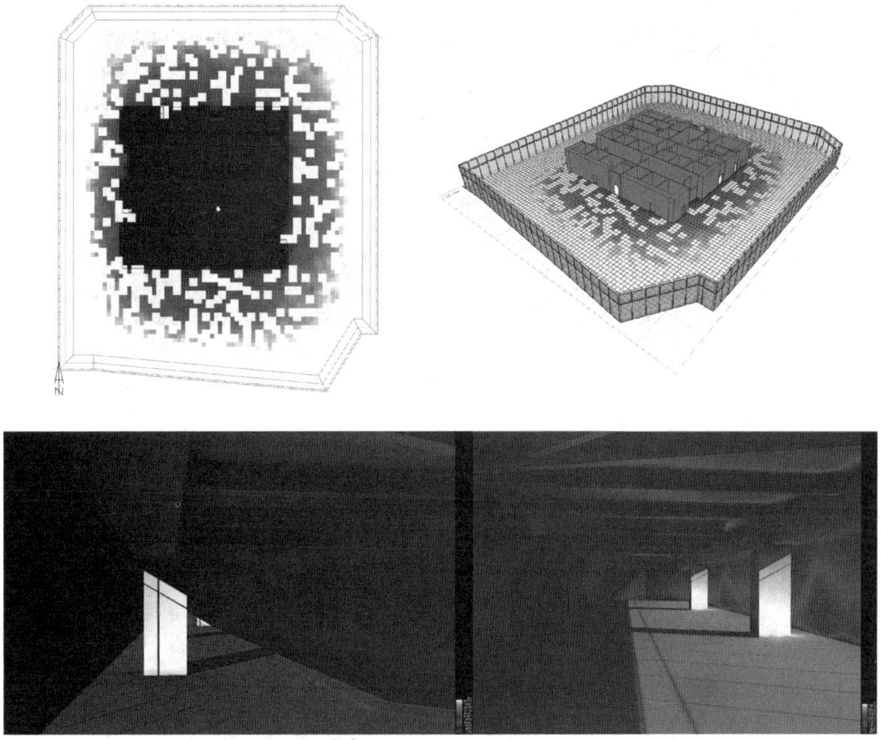

图 9.3.3 室内采光分析

9.3.4 建筑消防性能分析

利用 BIM 技术平台，结合专项工程分析软件，可进行建筑的人员消防疏散模拟，烟气扩散模拟等，给建筑的消防设计提供直观的、客观的方案决策依据。

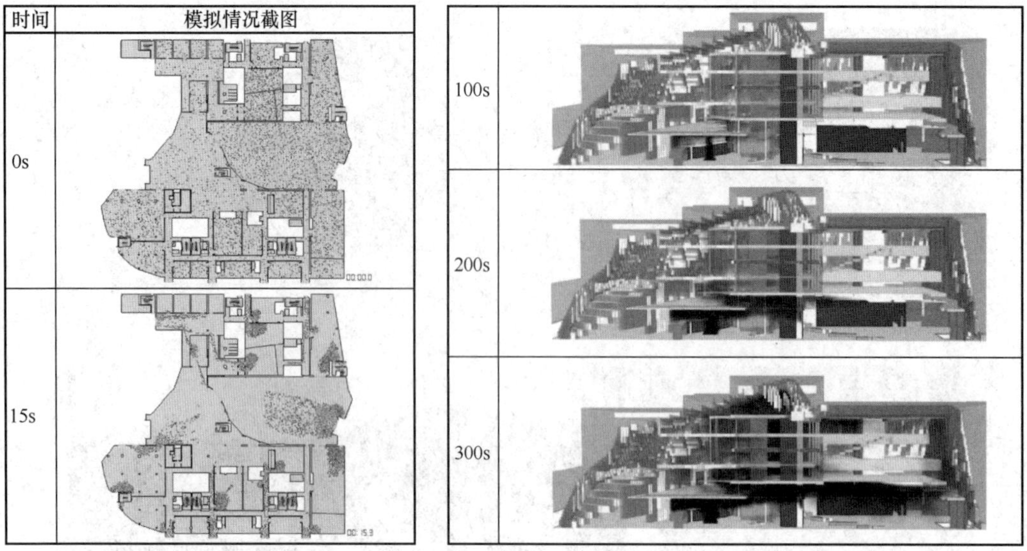
时间
模拟情况截图
0s
15s
100s
200s
300s

图 9.3.4　消防性能分析

9.3.5　其他的专项工程分析

利用 BIM 技术平台，结合各种工程分析工具，可进行相应的专项设计分析，如：

结合 PKPM 及 ETABS、STAAD、MIDAS 等国内外软件——进行结构分析设计；

结合鸿业、博超及 Design Master 等国内外软件——进行水暖电分析设计。

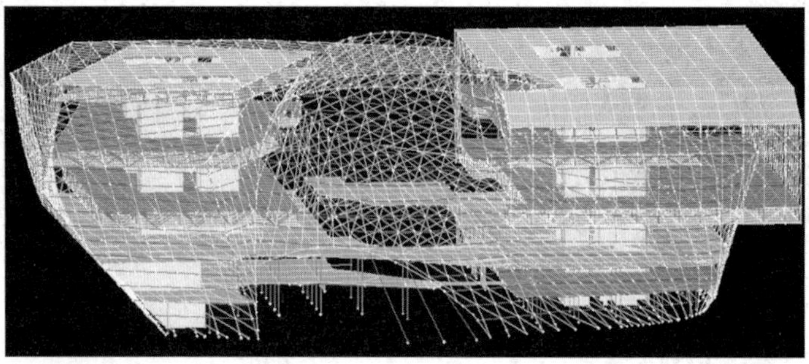

图 9.3.5-1　有限元结构分析

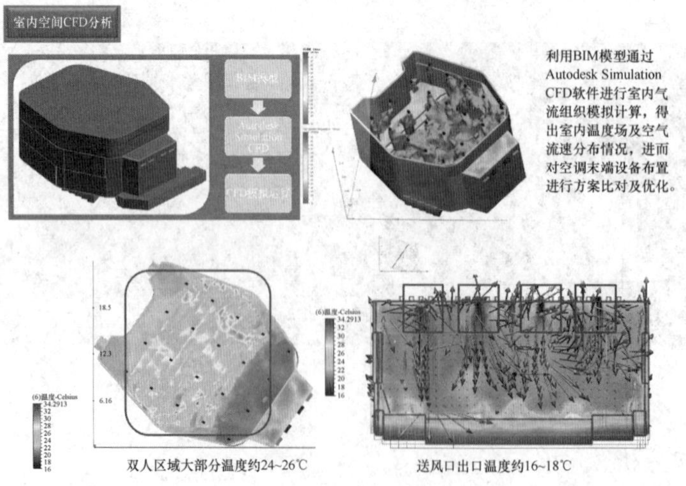
室内空间CFD分析
利用BIM模型通过
Autodesk Simulation
CFD软件进行室内气
流组织模拟计算，得
出室内温度场及空气
流速分布情况，进而
对空调末端设备布置
进行方案比对及优化。
(6)温度-Celsius
34.2913
32
30
28
26
24
22
20
18
16
18.5
12.3
6.16
双人区域大部分温度约24~26℃
送风口出口温度约16~18℃

图 9.3.5-2　室内空调温度及气流分布分析

9.3.6　碰撞检测与管线综合

随着建设项目规模和功能复杂程度的增加，设计、施工及建设各方，对机电管线的碰撞检测与综合的要求愈加强烈。利用专业碰撞检测软件（Autodesk Navisworks、Bentley Project-wiseNavigator 等），将建筑、结构及各机电专业的 BIM 基础模型，整合在虚拟三维环境下，能快捷直观的发现设计中各准确部位的管线及土建的碰撞冲突，及时排除。管线碰撞检测应排除以下各种碰撞：

1. 土建与管线的硬碰撞，即土建与管线的实体碰撞；
2. 管线之间的软碰撞，即设备管线安装维修需要的最小空间的碰撞；
3. 功能性阻碍，如管道对灯光的阻碍、管道对喷淋的阻碍等功能碰撞。

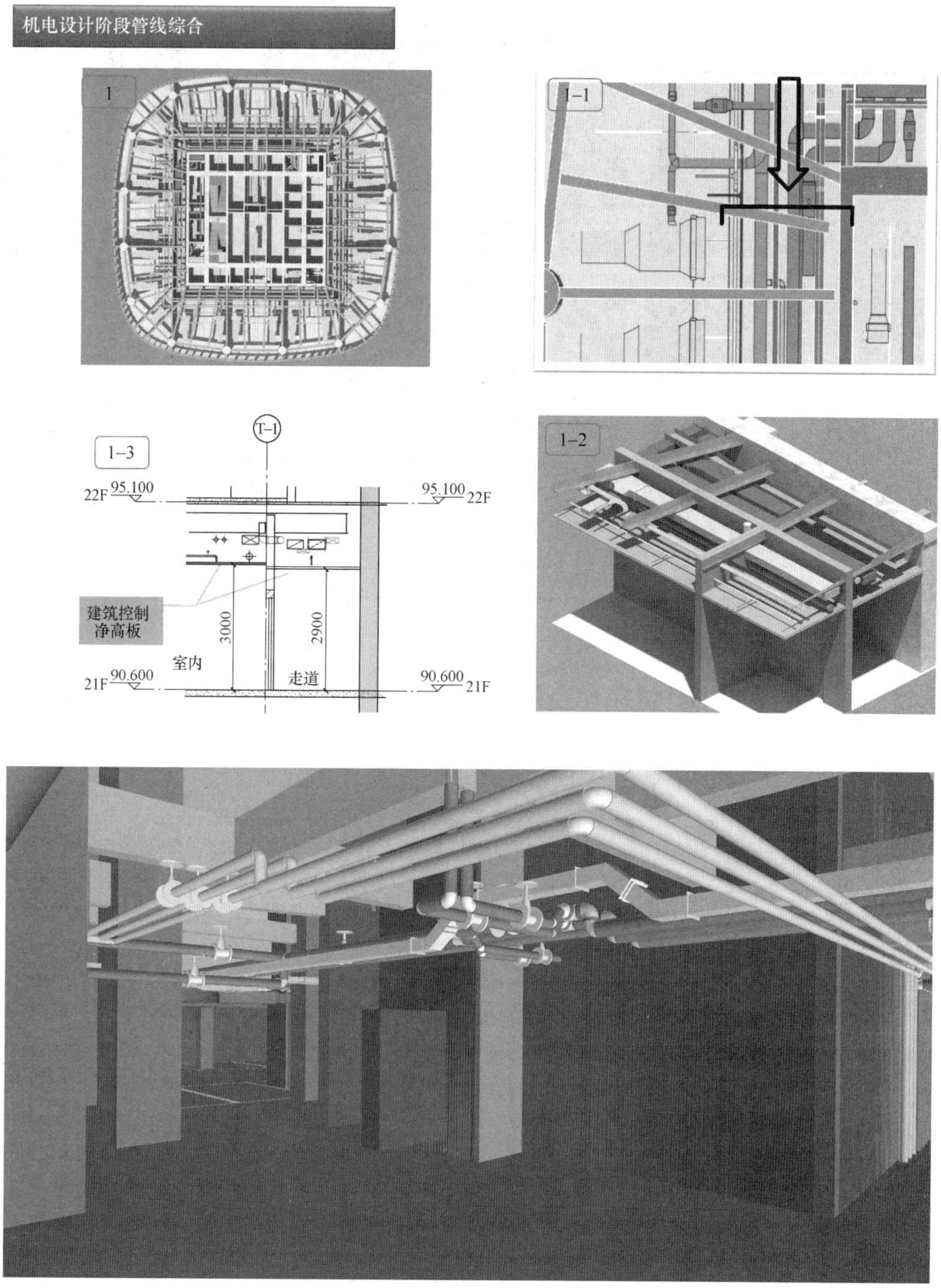
机电设计阶段管线综合
1
1-1
1-3
T-1
22F 95.100
95.100 22F
建筑控制净高板
3000
2900
室内
走道
21F 90.600
90.600 21F
1-2

图 9.3.6　管线检测与综合

4. 程序性碰撞，即施工工序的错误，引起的安装上的碰撞。

9.3.7 协同设计

BIM的出现，使“协同”不再是简单的二维设计文件参照。基于BIM基础上的三维协同设计，是各专业、所有数据信息均相互关联的协同；与快速发展的网络技术相结合，可使分布在不同地理位置、不同专业设计人员，通过网络协同展开设计工作；而且协同范畴可从单纯设计阶段扩展到建筑全生命周期。

9.3.8 高效输出三维/二维成果文件

BIM系统模型创建过程即是设计的过程，完成后可根据需要导出三维表现文件、二维工程图纸，以及各种工程量统计文档。这种成果文件的输出，可以在任何时段、对任何部位、任何角

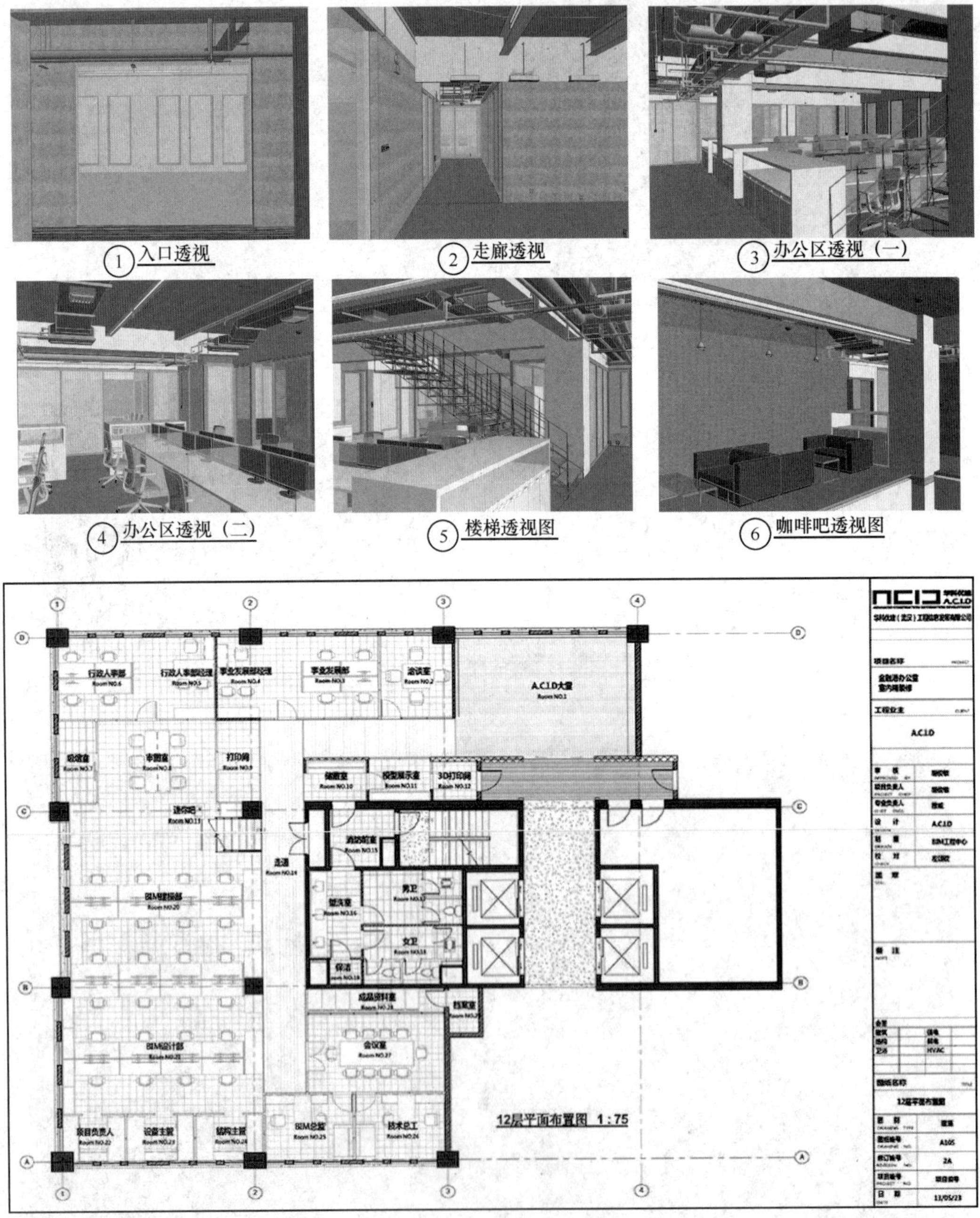

①入口透视
②走廊透视
③办公区透视（一）
④办公区透视（二）
⑤楼梯透视图
⑥咖啡吧透视图
12层平面布置图 1:75

图 9.3.8 三维/二维文件的输出

度进行；而且，应对设计修改，任何一个专业对模型的修改，均可即时反映到协同的各专业中，各专业即可高效地了解修改情况，作出相应调整。

9.4 BIM在工程量统计上的应用

从设计前期的成本比较、投资估算，到初步设计的投资概算，以至项目施工招标预算和竣工后决算，都需要快速获得准确的工程量统计。BIM模型作为一个富含工程信息的数据库，依据分类和编码标准，可准确、快捷地提供造价管理所需的各种工程量数据，实现工程量信息与设计文件的完全一致。

9.5 BIM在施工组织与优化上的应用

通过BIM可对项目重点部分进行可建性模拟，按时段进行施工方案的分析优化，验证复杂建筑体系可建造性，直观了解整个施工环节的时间节点、安装工序，提高施工组织计划的可行性、效率和安全性。

9.6 BIM在数字化建造上的应用

BIM结合数字化制造，可显著提高建筑行业工业化程度及生产效率。通过数字化建造，可自动完成建筑物构件的预制，不仅可减小建造误差，还可大幅提高生产率。

9.7 BIM在建筑运维管理上的应用

建筑物竣工后，通过BIM模型能将建筑物空间信息和设备参数信息有机地整合起来，运营期间，结合运营维护管理系统，可充分发挥空间定位和历史数据记录的优势，对于设施、设备的适用状态提前作出判断，合理制定维护计划，大大提高物业运维管理的精确性和效率。

9.8 BIM设计文件交付内容

9.8.1 BIM模型文件

核心模型文件包括方案、初步设计、施工图各阶段的建筑、结构、机电专业的BIM模型。

建筑专业常用软件：Revit、Rhino、Catia、ArchiCAD等；

结构专业常用软件：PKPM、探索者、盈建科等；

机电专业常用软件：Revit、鸿业、MagiCAD等。

1. BIM 模型命名管理

（1）模型构件命名

为统一实施管理，应制定模型构件命名方式，模型中的构件命名应包括：

构件类别、构件名称、构件尺寸，构件名称应与设计或实际工程名称一致。

模型构件命名示意：

专业	构件分类	命名原则	举例（mm）
建筑	内部砌块墙	墙类型名-墙厚	内部砌块墙－150
	屋面板	屋面板-板厚	屋面板－150
	顶棚	顶棚类型名-规格尺寸	顶棚－600×600

（2）模型材质命名

材质的命名分类清晰，便于查找，命名参考设置应由材质“类别”和“名称”的实际名称组成。

例如：玻璃—磨砂，现场浇筑混凝土—C30。

（3）模型楼层命名

楼层命名应与设计图纸保持一致。

2. BIM 模型拆分原则

模型拆分按各个建筑的单体、专业、区域或楼层进行拆分，拆分原则如下：

（1）按专业分类划分

项目模型按照专业分类进行划分。若有外立面幕墙部分，将作为子专业分离出来，相关模型保存在对应文件夹中。项目模型拆分专业为：土建（建筑结构）、机电、幕墙外立面。

（2）按楼层划分

各专业模型需按楼层进行划分。

（3）按机电系统划分

机电各专业在楼层的基础上还需按系统划分。

（4）按分包区域划分

在施工阶段应根据施工分包区域划分模型。

模型拆分示意：

专业	模型拆分规则
建筑	按建筑、楼号、施工缝、构件功能分一个单体、一层楼层或多层楼层
结构	按建筑、楼号、施工缝、构件功能分一个单体、一层楼层或多层楼层
机电	参照建筑专业拆分方式，根据系统、子系统可进一步细化

3. BIM 模型信息管理

BIM 模型应包含正确的几何信息和非几何信息，几何信息包括形状、尺寸、坐标等。

非几何信息包括项目参数、设备参数、运维信息等。

9.8.2 BIM 导出的二维图纸

BIM 模型导出的二维图纸，应根据现行建筑行业文件深度标准及制图规范进行深化，才可作为设计文件交付。

9.8.3 碰撞检测报告文档

基于初设、施工图阶段模型内所有内容，进行土建与设备管线的碰撞检测的报告文档。

9.8.4 机电管线综合文件

基于初设、施工图阶段模型内所有内容，对复杂空间部位（地下室、设备房、走廊等）进行机电管线综合，完成的管线图和结构留洞图。

9.8.5 机电设备材料统计文件

基于初设、施工图阶段模型内所有内容，完成的机电设备材料的统计文件。

9.8.6 3D漫游及三维可视化交流文件

基于方案、初步设计、施工图各阶段体量模型，完成的三维可视化交流文件。

10 绿色建筑设计

10.1 绿色建筑的定义

绿色建筑是指在建筑的全寿命期内，最大限度地节约资源（节能、节地、节水、节材），保护环境和减少污染，为人们提供健康、舒适和高效的使用空间，与自然和谐共生的建筑。

● 绿色建筑注重“四节一环保”，注重减排降能，是可满足人的生理、心理需求的可持续—可再生—可循环的建筑。

● 建筑的全寿命周期——立项、选址、场地改造、规划设计、材料选择、建造、运行、维护、翻新和拆除，这样一个全循环过程。

10.2 绿色建筑的分类与等级

- 绿色建筑分类
  - 绿色居住建筑
  - 绿色公共建筑
  - 绿色工业建筑

- 绿色建筑等级（国标与深标）
  - 一星级 ★（铜）
  - 二星级 ★★（银）
  - 三星级 ★★★（金、铂金）

10.3 绿色建筑的评价

10.3.1 评价范畴

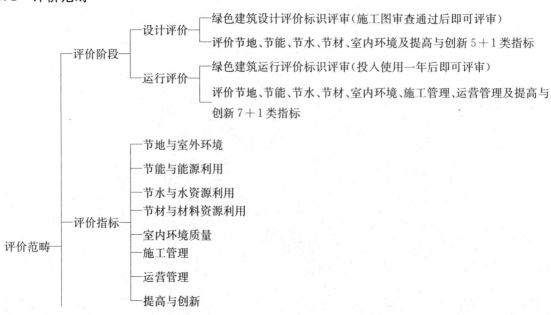

- 评价范畴
  - 评价阶段
    - 设计评价
      - 绿色建筑设计评价标识评审（施工图审查通过后即可评审）
      - 评价节地、节能、节水、节材、室内环境及提高与创新 5＋1 类指标
    - 运行评价
      - 绿色建筑运行评价标识评审（投入使用一年后即可评审）
      - 评价节地、节能、节水、节材、室内环境、施工管理、运营管理及提高与创新 7＋1 类指标
  - 评价指标
    - 节地与室外环境
    - 节能与能源利用
    - 节水与水资源利用
    - 节材与材料资源利用
    - 室内环境质量
    - 施工管理
    - 运营管理
    - 提高与创新

- 评价项目
  - 控制项
    - 满足
    - 不满足
  - 评分项 —— 得分值
  - 加分项 —— 得分值
- 评价标识
  - 绿色建筑设计标识证书
  - 绿色建筑标识证书

10.3.2 评价方法

（1）评分计算规则

• 各类指标评分项评价得分

$$\text{各类指标评价得分}(Q_i)=\frac{\text{各类指标实际得分}}{\text{各类指标适用得分}}\times 100$$

式中：各类指标实际得分——各参评条文符合标准要求的具体得分值

各类指标适用得分——各参评条文的标准分值（100－不参评分值）

Q_i ——7 类指标各自评分项的评价得分值分别为节地与室外环境（Q_1）、节能与能源利用（Q_2）、节水与水资源利用（Q_3）、节材与材料资源利用（Q_4）、室内环境质量（Q_5）、施工管理（Q_6）、运营管理（Q_7）。

• 各类指标评分项加权得分

$$\Sigma Q_i=\sum_{1}^{7}\omega_i Q_i$$

式中：ω_i ——7 类指标评分项的权重系数分别为节地与室外环境（ω_1）、节能与能源利用（ω_2）、节水与水资源利用（ω_3）、节材与材料资源利用（ω_4）、室内环境质量（ω_5）、施工管理（ω_6）、运营管理（ω_7），ω_i 按下表取值。

• 加分项附加得分 Q_8

附加得分包括性能提高和创新两部分。附加总得分为两部分得分之和，当附加得分大于 10 分时，取为 10 分。

• 绿色建筑评价总得分

$$\Sigma Q=\sum_{1}^{7}\omega_i Q_i+Q_8$$

绿色建筑各类评价指标的权重系数 **表 10.3.2-1**

评价阶段		节地与室外环境 ω_1	节能与能源利用 ω_2	节水与水资源利用 ω_3	节材与材料资源利用 ω_4	室内环境质量 ω_5	施工管理 ω_6	运营管理 ω_7
设计评价	居住建筑	0.21	0.24	0.20	0.17	0.18	—	—
	公共建筑	0.16	0.28	0.18	0.19	0.19	—	—
运行评价	居住建筑	0.17	0.19	0.16	0.14	0.14	0.10	0.10
	公共建筑	0.13	0.23	0.14	0.15	0.15	0.10	0.10

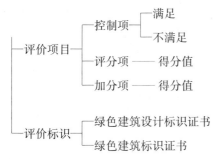

绿色居住建筑评价的评分项参考得分（设计阶段）　　**表 10.3.2-2**

评价指标			评分项	标准满分	参考得分		
指标	代号	权重			一星	二星	三星
1 节地与室外环境	Q_1	ω_1	（1）土地利用	34	20	20	20
			（2）室外环境	18	8	12	14
		0.21	（3）交通设施与公共服务	24	15	18	25
			（4）场地设计与场地生态	24	3	6	12
2 节能与能源利用	Q_2	ω_2	（1）建筑与围护结构	22	15	15	20
			（2）供暖通风与空调	37	7	15	20
		0.24	（3）照明与电气	21	17	21	21
			（4）能量综合利用	20	0	4	6
3 节水与水资源利用	Q_3	ω_3	（1）节水系统	35	16	21	21
		0.2	（2）节水器具与设备	35	5	27	33
			（3）非传统水源利用	30	17	17	19
4 节材与材料资源利用	Q_4	ω_4	（1）节材设计	40	14	14	17
		0.17	（2）材料选用	60	29	31	38
5 室内环境质量	Q_5	ω_5	（1）室内声环境	22	13	14	14
			（2）室内光环境与视野	25	17	21	21
		0.18	（3）室内热湿环境	20	0	0	12
			（4）室内空气质量	33	10	17	20
提高与创新	Q_8	/	加分项（最多取10分）（1）性能提高	8	0	0	4
			（2）创新	8	0	0	0
总得分 $\Sigma Q=\omega_1Q_1+\omega_2Q_2+\omega_3Q_3+\omega_4Q_4+\omega_5Q_5+Q_8$					50～59	60～79	80～100
节地项各星级参考得分（其中常用不参评0分）					46	56	71
节能项各星级参考得分（其中常用不参评15分）					39	55	67
节水项各星级参考得分（其中常用不参评8分）					38	65	73
节材项各星级参考得分（其中常用不参评31分）					43	45	55
室内环境项各星级参考得分（其中常用不参评19分）					40	52	67
参考总得分					52	65	82

绿色公共建筑评价的评分项参考得分（设计阶段）　　**表 10.3.2-3**

评价指标			评分项	标准满分	参考得分		
指标	代号	权重			一星	二星	三星
1 节地与室外环境	Q_1	ω_1	（1）土地利用	34	24	24	24
			（2）室外环境	18	8	12	12
		0.16	（3）交通设施与公共服务	24	15	18	24
			（4）场地设计与场地生态	24	3	6	12
2 节能与能源利用	Q_2	ω_2	（1）建筑与围护结构	22	15	15	20
			（2）供暖通风与空调	37	27	30	34
		0.28	（3）照明与电气	21	17	21	21
			（4）能量综合利用	20	0	7	12
3 节水与水资源利用	Q_3	ω_3	（1）节水系统	35	16	21	21
		0.2	（2）节水器具与设备	35	11	23	33
			（3）非传统水源利用	30	9	13	21
4 节材与材料资源利用	Q_4	ω_4	（1）节材设计	40	17	24	25
		0.19	（2）材料选用	60	29	33	40

续表

评价指标			评分项		标准满分	参考得分		
指标	代号	权重				一星	二星	三星
5 室内环境质量	Q_5	ω_5	（1）室内声环境		22	13	13	13
			（2）室内光环境与视野		25	17	17	17
		0.19	（3）室内热湿环境		20	4	4	20
			（4）室内空气质量		33	8	12	25
提高与创新	Q_8	/	加分项（最多取 10 分）	（1）性能提高	8	0	0	4
				（2）创新	8	0	0	0
总得分 $\sum Q=\omega_1 Q_1+\omega_2 Q_2+\omega_3 Q_3+\omega_4 Q_4+\omega_5 Q_5+Q_8$						50～59	60～79	80～100
节地项各星级参考得分（其中常用不参评 0 分）						50	60	72
节能项各星级参考得分（其中常用不参评 4 分）						42	73	87
节水项各星级参考得分（其中常用不参评 14 分）						36	57	75
节材项各星级参考得分（其中常用不参评 26 分）						46	57	65
室内环境项各星级参考得分（其中常用不参评 5 分）						42	46	75
参考总得分						54	67	88

绿色建筑评价得分与结果汇总表 **表 10.3.2-4**

工程项目名称								
申请评价方								
评价阶段		□设计评价 □运行评价			建筑类型	□居住建筑 □公共建筑		
评价指标		节地与室外环境	节能与能源利用	节水与水资源利用	节材与材料资源利用	室内环境质量	施工管理	运营管理
控制项	评定结果	□满足	□满足	□满足	□满足	□满足	□满足	□满足
	说明							
评分项	权重 ω_i							
	适用总分							
	实际得分							
	得分 Q_i							
加分项	得分 Q_8							
	说明							
总得分 $\sum Q$								
绿色建筑等级		□一星级 □二星级 □三星级						

绿色建筑评价得分计算方法

（1）适用总分＝评分项每类评价指标中参评条文的总分值

（2）实际得分＝评分项每类评价指标中参评条文的实际总得分值

（3）分类指标得分＝权重系数 $\omega_i \times \dfrac{\text{实际得分}}{\text{适用总分}} \times 100$

（4）总得分 $\sum Q=Q_1\omega_1+Q_2\omega_2+Q_3\omega_3+Q_4\omega_4+Q_5\omega_5+Q_6\omega_6+Q_7\omega_7+Q_8$

说明：（1）不论建筑功能是否综合，均以各个条/款为基本评判单元，对于某一条文，只要建筑中有相关区域涉及则该建筑就参评并确定得分；

（2）评价建筑如同时具有居住和公共功能，则需要按这两种功能分别评价后再取平均值；

（3）$\dfrac{\text{实际得分}}{\text{适用总分}} \times 100 \geqslant 40$(分)

（2）绿色建筑等级的确定方法

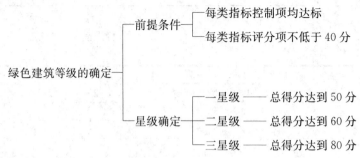

- 绿色建筑等级的确定
  - 前提条件
    - 每类指标控制项均达标
    - 每类指标评分项不低于 40 分
  - 星级确定
    - 一星级——总得分达到 50 分
    - 二星级——总得分达到 60 分
    - 三星级——总得分达到 80 分

10.3.3 绿色建筑标识与证书

绿色建筑设计标识
三星级绿色建筑设计标识证书
CERTIFICATE OF GREEN BUILDING DESIGN LABEL
公共建筑
NO.PD00001
建筑名称：XXXXXXXXXXXXXX
建筑面积：XX.X 万m²
完成单位：XXXXXXXXXXXXXXXXXX
评价指标
设计值
建筑节能率
61.7%
可再生能源利用率
50.0%的生活热水量
非传统水源利用率
—
住区绿地率
公共建筑不参评
可再循环建筑材料用量比
17.1%
室内空气污染物浓度
设计阶段不参评
物业管理
设计阶段不参评
说明：
中华人民共和国
住房和城乡建设部监制
NO.PO00001
绿色建筑标识
GREEN BUILDING LABEL
★★★
三星级绿色建筑标识证书
CERTIFICATE OF GREEN BUILDING LABEL
建筑名称：XXXXXXXXXXXXXXXXXXXXXXXXXXX
建筑面积：XXXXXXX
完成单位：XXXXXXXXXXXXXXXXXXXXXXXXXXX
评价指标
设计值
实测值
建筑节能率
65%
65%
可再生能源利用率
5%
5%
非传统水源利用率
40%
40%
住区绿地率
30%
30%
可再循环建筑材料用量比
10%
10%
室内空气污染物浓度
符合国标GB50325
符合国标GB50325
物业管理
通过ISO14001认证
通过ISO14001认证
说明：
中华人民共和国
住房和城乡建设部监制
签发日期：2008年3月1日
绿色建筑标识
GREEN BUILDING LABEL

图 10.3.3 绿色建筑标识与证书

10.4 绿色建筑设计文件

- (1) 绿色建筑设计文件组成
  - 设计说明
    - 《绿色建筑设计专篇》
    - 各专业的设计总说明及其他专篇说明
  - 设计图纸
    - 各专业的设计图纸
    - 选用的《标准图》
  - 计算书 — 各专业的计算书
  - 报告书
    - 场地检测报告书
    - 环评报告书
    - 节能评估报告书
    - 日照分析报告书
    - 声、光、热、风环境模拟分析报告书
    - 地质勘查报告书
    - 结构体系优化论证报告书
    - 其他相关报告书

- (2)《绿色建筑设计专篇》
  - 工程项目概况及技术经济指标
  - 设计依据(法律法规、规范标准、设计任务书、项目用地批文等有关文件)
  - 建设目标及主要绿色设计指标
    - 绿色等级
    - 土地利用情况、节能率、绿地率、节水率
    - 节材率、可再生能源利用率
  - 绿色建筑设计技术措施 — 针对各大指标分别说明
  - 绿色设计自我评估
    - 控制项 — 必须全部达标，不计分
    - 评分项 — 达标项数及得分值
    - 加分项 — 达标项数及得分值
    - 设计达标绿色等级 —1 ～ 3 星级
  - 增量成本、效益及风险分析

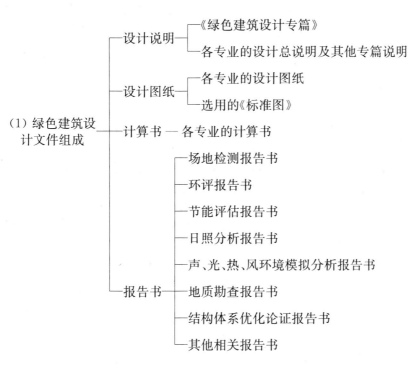

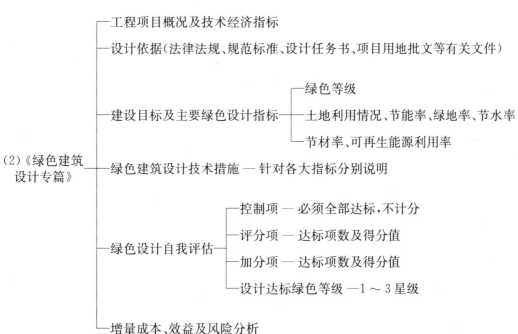

注：《绿色建筑设计专篇》的形式和内容可根据工程实际状况作适当调整，方案阶段可适当简化，并且将各专业合并在一起编写。施工图阶段则宜分专业编写。

10.5 绿色建筑设计策略

10.5.1 被动式技术

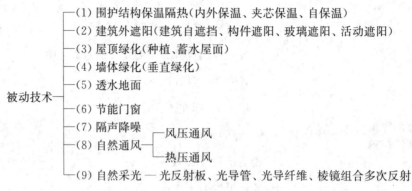

被动技术
- (1) 围护结构保温隔热(内外保温、夹芯保温、自保温)
- (2) 建筑外遮阳(建筑自遮挡、构件遮阳、玻璃遮阳、活动遮阳)
- (3) 屋顶绿化(种植、蓄水屋面)
- (4) 墙体绿化(垂直绿化)
- (5) 透水地面
- (6) 节能门窗
- (7) 隔声降噪
- (8) 自然通风
  - 风压通风
  - 热压通风
- (9) 自然采光 — 光反射板、光导管、光导纤维、棱镜组合多次反射

10.5.2 节水技术

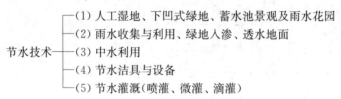

节水技术
- (1) 人工湿地、下凹式绿地、蓄水池景观及雨水花园
- (2) 雨水收集与利用、绿地入渗、透水地面
- (3) 中水利用
- (4) 节水洁具与设备
- (5) 节水灌溉(喷灌、微灌、滴灌)

10.5.3 设备节能技术

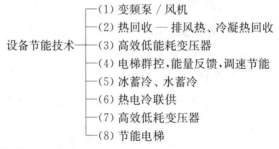

设备节能技术
- (1) 变频泵 / 风机
- (2) 热回收 — 排风热、冷凝热回收
- (3) 高效低能耗变压器
- (4) 电梯群控,能量反馈,调速节能
- (5) 冰蓄冷、水蓄冷
- (6) 热电冷联供
- (7) 高效低耗变压器
- (8) 节能电梯

10.5.4 可再生能源利用技术

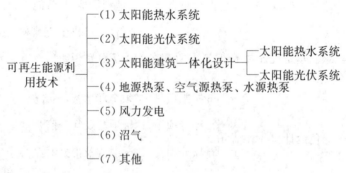

可再生能源利用技术
- (1) 太阳能热水系统
- (2) 太阳能光伏系统
- (3) 太阳能建筑一体化设计
  - 太阳能热水系统
  - 太阳能光伏系统
- (4) 地源热泵、空气源热泵、水源热泵
- (5) 风力发电
- (6) 沼气
- (7) 其他

10.5.5 软件模拟技术

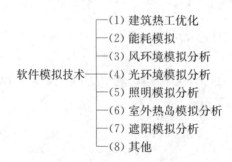

软件模拟技术
- (1) 建筑热工优化
- (2) 能耗模拟
- (3) 风环境模拟分析
- (4) 光环境模拟分析
- (5) 照明模拟分析
- (6) 室外热岛模拟分析
- (7) 遮阳模拟分析
- (8) 其他

10.5.6 环保技术

环保技术
- (1) 垃圾分类回收、处理、利用
- (2) 污水处理、利用
- (3) 环保无污染材料
- (4) 快速再生材料
- (5) 废弃物再利用
- (6) 旧家具再利用

10.6 绿色建筑决策要素与技术措施

绿色建筑决策要素与技术措施 **表 10.6**

指标	决策要素			技术措施
1 节地与室外环境	1.1 场地选择	场地安全	洪水位	场地位于当地洪水位之上
			洪涝泥石流	远离洪涝灾害或泥石流威胁，设置防灾挡灾措施
			地震断裂带	避开地震断裂带、易液化土、软弱土等对抗震不利的地段
			电磁辐射	远离电磁辐射污染源：电视广播发射塔、通信发射台、雷达站、变电站、高压电线等，或采取遮蔽、隔离等安全环保措施
			火、爆、毒	远离火、爆、毒——油库、煤气站、有毒物质厂房仓库
			土壤氡	土壤氡浓度检测，对超标土壤采取防治措施
			各种污染	远离空气污染、水污染、固体污染、光污染、噪声污染、土壤污染等各种污染源，查阅环评报告，并采取相应的避让防治措施
		废弃场地利用	废弃场地包含内容	不可建设用地：裸岩、石砾地、陡坡地、塌陷地、盐碱地、沙荒地、沼泽地、废窑坑等
				工厂与仓库弃置地、非农田闲置地
			土壤检测	检测土壤中是否存在有毒物质
			土壤治理	对有毒有污染的土壤采取改造改良等治理修复措施
			再利用评估	对废弃场地的再利用进行评估，确保安全，符合相关标准要求
	1.2 土地利用	规划指标	居住建筑人均居住用地（$11\sim35m^2$）人均公共绿地（$1.0\sim1.5m^2$）	合理控制人均居住用地指标，节约集约利用土地采取合理规划、适当提高容积率、增加层数、加大进深、高低结合、点板结合、退台处理等节地措施
				合理设置绿化用地，同时采取屋顶绿化、墙体绿化等立体绿化措施
			公共建筑容积率	合理控制容积率（0.5～3.5）； 尽量增大绿地率（30%～40%），并将绿地向社会公众开放
		地下空间利用		合理开发利用地下空间，可采用下沉式广场、地下半地下室、多功能地下综合体（车库、步行通道、商业、设备用房等）

续表

指标	决策要素			技术措施
1 节地与室外环境	1.3 室外环境	光污染	玻璃幕墙	外立面避免大面积采用玻璃幕墙 严格控制玻璃幕墙玻璃的可见光反射比≤0.2，在市中心区、主干道立交桥等区域幕墙玻璃的可见光反射比≤0.16
			室外照明	降低外装修材料（涂料、玻璃、面砖等）的眩光影响 合理选配节能型照明器具，并采取相应措施防止溢流
		声环境	场地噪声	远离噪声源——避免邻近主干道、远离固定设备噪声源，隔离噪声源——隔声绿化带、隔声屏障、隔声窗等
			模拟分析	进行场地声环境模拟分析和预测
		风环境	模拟分析	对场地风环境进行CFD数据模拟分析，指导建筑规划布局及体型设计
			优化布局 自然通风	调整建筑布局，景观绿化布置等，改善住区流场分布、减少涡流和滞风现象，加强自然通风，避开冬季不利风向，必要时设置防风墙，防风林、导风墙（板）、导风绿化等
		降低热岛强度	场地及建筑排热	（1）降低室外场地及建筑外立面的排热： 红线范围内户外活动场地有遮阴措施（乔木、构筑物等）； 外墙、屋顶、地面、道路采用太阳辐射反射系数≥0.4的材料； 合理设置屋顶绿化和墙体绿化； 尽量增加室外绿地面积
			空调排热	（2）降低夏季空调室外排热： 采用地源热泵或水源热泵负担部分或全部空调负荷，有效减少碳排放； 采用排风热回收措施
	1.4 交通设施与公共服务	交通体系	公共交通	建筑外的公共平台直接通过天桥与公交站点相连； 建筑的部分空间与地面轨道交通站点出入口直接连通； 地下空间与地铁站点直接相连
		停车场所	停车位	按当地停车位配制标准设置地下和地上停车位
			停车方式	停车方式——地下车库、停车楼、机械式停车库等
			自行车	按有关规定标准设置自行车位及自行车道
		公共服务设施	居住建筑	住区配套服务设施——教育、医疗卫生、文化体育、商业、金融邮电、社区服务、市政公用、行政管理； 住区内1000m范围内的公共服务设施不应少于5种；场地出入口到达幼儿园的距离≤300m，到达小学、公交车站和商业≤500m
			公共建筑	2种及以上的公建集中布置，或公建兼容2种及以上的公共服务功能 配套辅助设施设备共同使用，资源共享； 建筑和室外活动场地应向社会公众提供开发的公共空间
			无障碍设计	建筑入口、电梯、卫生间、停车场（库）、人行通道等处均应采用无障碍设计

续表

指标	决策要素			技术措施
1 节地与室外环境	1.5 场地设计与场地生态	生态保护	地形地貌	尽量保持和充分利用原有地形地貌
			土石方工程	尽量减少土石方工程
			生态复原	减少开发建设过程对场地及周边环境生态系统的破坏（水体、植被），对被损害的地形地貌、水体植被等，事后应及时采取生态复原措施
		地面景观	乡土植物	采用适合当地气候特征的乡土植物
			复层绿化	采取乔、灌、草相结合的复层立体式绿化
			林荫场地	尽量多设置林荫广场，林荫休憩，娱乐场地，林荫停车场、林荫道路等遮荫效果好的场地
			下凹绿地	采用下凹式绿地，调蓄雨水
			透水地面	采用透水地面、透水铺装（停车场、道路、室外活动场地）
		雨水收集利用	专项设计	对大于 $10hm^2$ 的场地进行雨水专项规划设计
			雨水径流	合理规划地表与屋面雨水径流，对场地雨水实施外排总量控制，且总量控制率宜≥55%
			雨水利用	收集和利用屋面雨水、道路雨水进入地面生态设施
		立体绿化	屋面绿化	屋顶绿化——种植屋面
			立面绿化	立面垂直绿化——墙体绿化、阳台绿化
2 节能与能源利用	2.1 围护结构	建筑体形	朝向	选择本地区最佳朝向或适宜朝向
			体形系数	满足节能设计标准的要求
			窗墙（地）比	满足节能设计标准的要求
		保温隔热	屋面保温	正置式、倒置式保温隔热屋面、架空屋面、蓄水屋面等
			墙体保温	外保温、内保温、夹芯保温、自保温
			门窗幕墙	断热型材、节能玻璃（Low-E、中空、镀膜、真空、自洁、智能等）
		遮阳系统	外遮阳	水平遮阳、垂直遮阳、综合遮阳、固定遮阳、活动遮阳、玻璃遮阳、卷帘、百叶、内置百叶中空玻璃、玻璃幕墙中置遮阳百叶等，遮阳一般用于西向或西偏北向
			内遮阳	卷帘、百叶
		外窗幕墙开启面积		可开启面积比例满足节能与绿建标准的要求
	2.2 暖通空调	冷热源选型	系统及容量	合理确定冷热源机组容量；选择高效冷热源系统
			机组	选择高性能冷热源机组（能效比、热效率、性能系数）
			控制系统	配置空调冷热源智能控制系统
		空调	设备	选用高性能输配设备（风机、水泵）
		输配系统	水系统	空调水系统变流量运行（空调水泵变频运行）
			送风系统	空调变风量运行
			新风系统	智能新风系统
		自动控制	制冷机房	制冷机房群控子系统
			空调末制	空调末端群控制系统

续表

指标	决策要素			技术措施
2 节能与能源利用	2.3 能源综合利用	余热回收利用	锅炉	锅炉排烟热回收
			水冷机组	冷水机组冷凝热量回收
			热泵机组	采用全热回收型热泵机组
		蓄冷蓄热	冰蓄冷	冰蓄冷技术
			水蓄冷	水蓄冷技术
			蓄热技术	蓄热技术
		排风热回收	集中空调	对集中采暖空调的建筑——选用全热回收装置或显热回收装置
			非集中空调	对不设集中新风排风的建筑——采用带热回收的新风与排风的双向换气装置
	2.4 可再生能源利用	太阳能热水	集热器	集热器类型——平板型、真空管式、热管式、U型管式等
			热水系统运行方式	热水系统运行方式——强制循环间接加热（双贮水装置、单贮水装置）； 强制循环直接加热（双贮水、单贮水装置）； 直流式系统、自然循环系统
			热水供应方式	集中供热水系统，集中集热分散供热水系统，分散供热水系统
		光伏发电	系统选择	独立光伏发电系统，并网光伏发电系统，光电建筑一体化系统
			输出方式	交流系统，直流系统，交直流混合系统
		地热	系统选择	地源热泵系统，水源热泵系统（地下水源、地表水源、污水源）
		风能	应用形式	大型风场发电，小型风力发电与建筑一体化
	2.5 照明与电气	照明系统	节能灯具	采用节能灯具——T5 荧光灯、LED 灯等
				采用低能耗性能优的光源用电附件——电子镇流器、电感镇流器
				电子触发器、电子变压器等
			照明控制	采用智能照明控制系统——分区控制、定时控制、自动感应开关、照度调节等
				照明功率密度值达到现行国标规定的目标值
		电梯	节能电梯	采用节能电梯及节能自动扶梯
			电梯控制	采用电梯群控、扶梯自动启停等节能控制措施
		供配电系统	变压器	所用配电变压器满足现行国标的节能评价值
			电气设备	水泵、风机及其他电气设备装置满足相关国标的节能评价值
			无功补偿	对供配电系统采取动态无功补偿装置和措施或谐波抑制和治理措施
			变配电所	合理选择变配电所位置，正确选择导线截面及线路敷设方案
		能耗分项计量	按用途分项	冷热源、输配系统、照明、办公设备、热水能耗等
			按区域分项	办公、商业、物业后勤、旅馆等
		智能化系统	居住建筑	安全防范、管理与监控、信息网络三大子系统
			公共建筑	信息设施、信息化应用、建筑设备管理 公共安全、机房、智能化集成系统

续表

指标	决策要素			技术措施	
3 节水与水资源利用	3.1 水系统规划	水资源利用	制定方案	当地水资源现状分析，项目用水概况 用水定额，给排水系统设计，节水器具设备 非传统水源综合利用方案，用水计量	
	3.2 节水器具与设备	节水卫生器具		节水水龙头，节水坐便器，节水淋浴器	
		节水灌溉		喷灌、微喷灌、微灌、滴灌、渗灌、涌泉灌	
		冷却塔节水	冷却塔选型	选用节水型冷却塔，冷却塔补水使用非传统水源	
			冷却塔废水	充分利用冷却塔废水	
			冷却水系统	采用开式循环冷却水系统	
			冷却技术	采用无蒸发耗水量的冷却技术（风冷式冷水机组、风冷式多联机、地源热泵、干式运行的闭式冷却塔等）	
	3.3 非传统水源利用	雨水利用	雨水入渗	绿地入渗、透水地面、洼地入渗、浅沟入渗、渗透管井、池等	
			雨水收集	优先收集屋面雨水用作景观绿化用水、道路冲洗等	
			调蓄排放	人工湿地、下凹式绿地、雨水花园、树池、干塘等	
		中水回用	中水水源	盆浴淋浴排水、盥洗排水、空调冷却水、冷凝水、泳池水、洗衣水等	
			处理工艺	物理化学法、生物法、膜分离法	
			用途	景观补水、绿化灌溉、道路冲洗、洗车、冷却补水、冲厕等	
	3.4 避免管网漏损	设计选型监测	阀门、设备管材选用	选用密闭性能好的阀门、设备； 使用耐腐蚀、耐久性能好的管材	
			埋地管道设计施工监督	室外埋地管道采用有效措施避免管网漏损——做好基础处理和覆土，控制管道埋深，加强施工监督、把好施工质量关	
			运行检测	运行阶段对管网漏损进行检测、整改	
	3.5 用水计量	按使用功能		对厨房、卫生间、空调系统、游泳池、绿化、景观等用水分别设置用水计量装置，统计用水量	
		按付费或管理单元		按付费或管理单元、分别设置用水计量装置，统计用水量	
4 节材与材料资源利用	4.1 材料选用	本地化建材		使用当地生产的建材，提高就地取材制成的建材产品的比例	
		可再循环利用材料		包括：钢、铸铁、铜及铜合金、铝、铝合金、不锈钢、玻璃、塑料、石膏制品、木材、橡胶等	
		高强材料	钢筋混凝土结构	在受力普通钢筋中尽量使用不低于400MPa级钢筋	
			高层建筑	尽量采用强度等级不小于C50的混凝土	
			钢结构	尽量选用Q345及以上的高强钢材	
		耐久材料	钢筋混凝土结构	尽量采用高性能高耐久性的混凝土	合理采用清水混凝土，采用耐久性好，易维护的外立面和内装材料
			钢结构	尽量选用耐候结构钢与耐候型防腐涂料	

续表

指标	决策要素			技术措施
4 节材与材料资源利用	4.1 材料选用	废弃物	建筑废弃物	利用建筑废弃物再生骨料制作的混凝土砌块、水泥制品、再生混凝土
			工业废弃物	利用工业废弃物、农作物秸秆，建筑垃圾、淤泥为原料制作的水泥、混凝土、墙体材料、保温材料等
		预拌混凝土、预拌砂浆		现浇混凝土采用预拌混凝土，建筑砂浆采用预拌砂浆
	4.2 旧建筑及其材料利用			利用旧建筑材料——砌块、砖石、管道、板材、木制品、钢材、装饰材料；合理利用既有建筑物、构筑物
	4.3 建筑造型	造型简约		造型要素简约，无大量装饰性构件
		女儿墙高度		合理设置女儿墙高度，避免其超过规范安全要求2倍以上
		装饰构件		采用装饰和功能一体化构件
	4.4 结构优化	结构体系选择		采用资源消耗小和环境影响小的建筑结构体系
		结构优化		对地基基础、结构体系、结构构件进行节材优化设计
	4.5 建筑工业化	预制结构		采用装配式结构体系； 采用预制混凝土结构和预制钢筋制品
		建筑部品		整体式厨房、卫浴成套定型产品； 装配式隔墙、复合外墙、集成吊顶（吊顶模块与电器模块二者标准化组合模块）、工业化栏杆等
	4.6 室内灵活隔断	可变换功能的室内空间		采用可重复使用的灵活隔墙和隔断——轻钢龙骨石膏板、玻璃隔墙、预制板隔墙、大开间敞开式空间的矮隔断
	4.7 土建装修一体化	设计同步		土建设计与装修设计同步进行
		图纸齐全		土建与装修各专业的施工图齐全，且达到施工图深度要求
		预留预埋无缝对接		土建设计考虑装修要求，事先进行孔洞预留和预埋件安装，二者紧密结合，统一协调、无缝对接
5 室内环境质量	5.1 室内空气品质	室内空气污染源控制		采用绿色环保建材； 入住前进行室内空气质量检测（氨、氡、甲醛、苯、TVOC）
		室内通风	自然通风	加强自然通风——穿堂风
			室内通风气流组织设计	优化室内气流组织设计（将厨卫设置在自然通风的负压侧，对不同功能房间保持一定压差，避免厨卫餐厅地下车库等的气味或污染物串通到别的房间，注意进排风口的位置与距离，避免短路污染）
			建筑设计优化	建筑空间和平面设计优化——外窗可开启面积比例，房间进深与净高的关系，导风窗、导风墙等
			空调新风设计优化	新风量合理、新风比可调节、尽量做到过渡季节全新风运行设计
		空气质量监控	浓度监测	CO，CO_2浓度监测
			实时报警	其他污染物浓度实时报警

续表

指标	决策要素			技术措施
5 室内环境质量	5.2 室内热湿环境	空气温湿度控制	热湿参数	温度：冬季18～20℃，夏季24～28℃ 相对湿度：冬季30%～60%，夏季40%～65%
			设计优化	供暖空调系统末端现场可独立调节（独立调节温湿度，独立开启关闭）
		遮阳隔热	可调节遮阳	活动外遮阳，中空玻璃内置智能内遮阳，外遮阳＋内部高反射率可调节遮阳……
	5.3 室内声环境	建筑布局隔声	总体布局	建筑总体布局隔声降噪、远离噪声源——主干道、立交桥，并设置绿化、隔声屏障等
			平面布局	建筑平面布局隔声降噪、避开噪声源——变配电房、水泵房、空调机房、电梯井道机房等
		围护结构隔声	隔声材料	隔声垫、隔声砂浆、地毯
			隔声构造	浮筑楼板、双层墙、木地板等
			隔声门窗	采用隔声门窗
		设备隔声减震	设备选型	选用噪声低的设备
			设备隔声	对噪声大的设备采取设消声器、静压箱措施
			设备基础	对有振动的设备基础采取减震降噪措施
			管道支架	对设备管道及支架均采取消声减震降噪措施
	5.4 室内光环境与视野	室内采光	外窗设计	外窗优化设计——采光系数、窗地比、窗墙比、室外视野
			自然采光	优化自然采光——导光玻璃、导光管、导光板、天窗、采光井、下沉式庭院
			控制眩光	避免直射阳光、视觉背景不宜为窗口、室内外遮挡设施、窗周围的内墙面宜采用浅色饰面
		室内视野	建筑间距	两栋住宅楼的水平视线距离≥18m，同时应避免互相视线干扰
			全明设计	居住建筑尽量做到全明设计（含卫生间、电梯厅）； 公共建筑主要房间至少70%的区域能通过外窗看到室外景观
6 施工管理	6.1 组织与管理	管理团队		组建施工管理团队——项目经理、管理员、绿色施工方案、责任人
		管理体系		建立环保管理体系——目标、网络、责任人、认证
		评价体系		建立绿色施工动态评价体系——事前控制、事中控制、事后控制、环境影响评价、资源能源效率评价、绿色指标、目标分解……
		管理制度		建立人员安全与健康管理制度——防尘、防毒、防辐射、卫生急救、保健防疫、食住、水与环境卫生管理、营造卫生健康的施工环境

续表

指标	决策要素			技术措施
6 施工管理	6.2 环境保护	防水土流失防尘	围墙排水沟	设置围墙或淤泥栅栏、临时排水沟、沉淀池（井）
			过滤网、清洗台	下水道入口处设置过滤网、搅拌机、运输车清洗台
			覆盖绿化	临时覆盖或绿化
			其他	其他措施——洒水、脚手架外侧设置密目防尘网（布）
		噪声控制	监测控制	在施工现场对噪声进行实时监测与控制，确保噪声不超标
			设备选型	使用低噪声、低振动的机械设备
			隔声隔振	采取隔声隔振措施，尽量减少噪声对周边环境的影响
		光污染	室外照明	采取遮光措施——夜间室外照明加灯罩
			电焊作业	电焊作业采取遮挡措施，避免电焊弧光外泄
		废弃物处理	制定计划分类堆放	制定废弃物管理计划、统一规划现场堆料场，分类堆放储存，标明标识，专人管理
			限额领料	限额领料，节约材料
			清理回收	每天清理回收、分类堆放、专人负责
			专门处理	现场不便处理，但可回收利用的废弃物，可运往废弃物处理厂处理
			记录拍照	专人记录废弃物处理量，定期拍照，反映废弃物管理及回用情况
	6.3 资源节约	节地	临时用地指标	尽量降低临时用地指标——合理确定施工临时设施（临时加工厂、现场作业棚、材料堆场、办公生活设施等），施工现场平面布置紧凑，合理无死角，有效利用率≥90%
			临时用地保护	减少土方开挖和回填量，减少对土地的扰动，保护周边自然生态环境，少占不占农田耕地，竣工后及时恢复原地形地貌
		节能	节能方案	制定并实施施工节能用能方案
			施工设备	合理选择配置施工机械设备，避免大功率低负荷或小功率超负荷运行
			用电控制	设定施工区、生活区用电量控制指标，定期监测、计量、对比分析，并随时改正完善
			临时建筑	现场施工临时建筑设施应合理布置与设计，基本符合节能设计标准要求，尽量减少能耗
			施工进度	合理安排施工工序和施工进度，减少和避免返工造成的能源浪费
			节能灯具	施工照明采用节能灯具
		节水	蓄水池	在施工现场修建蓄水池，将施工降水抽进水池供施工现场使用
			节水器具	临时办公、生活设施采用节水型水龙头和节水型卫生洁具
			节水工艺	采用节水施工工艺
			节水教育	加强对员工进行“节约用水”教育

续表

指标	决策要素			技术措施
6 施工管理	6.3 资源节约	节材	节材管理措施	就地取材，减少运输过程造成的材料损坏与浪费，选用适宜工具和装卸方法运输材料、防止损坏和遗漏，材料就近堆放，避免和减少二次搬运
			木作业节材	按计划放样开料，不得随意乱开料； 剩余短料、边角料分类堆放待用
			施工现场及临时建筑设施节材	施工中尽量采用可循环材料，办公、生活用房采用周转式活动房，采用装配式可重复使用围挡作围墙，提高钢筋利用率（专业化加工），提高模板周转次数，废弃物减量化资源化
	6.4 机电系统调试	调试步骤		三个步骤：设备单机调试—系统调试—系统联动调试
		调试过程		（1）制定工作方式和工作计划 （2）审查设计文件和施工文件 （3）编制检查表和功能测试操作步骤 （4）现场观测 （5）准备功能运行测试 （6）功能测试
		调试报告		撰写机电综合调试报告
7 运营管理	7.1 管理制度	资质与能力		提升物业管理部门的资质与能力——通过 ISO 14001 环境管理体系认证
		制定科学可行的操作管理制度		节能管理制度，节水管理制度，耗材管理制度，绿化管理制度，建筑、设备、系统的维护制度，岗位责任制，安全卫生制度，运行值班制度，维修保养制度，事故报告制度
		绿色教育与宣传		对操作管理人员和建筑使用人员进行绿色节能教育与宣传，提高绿色意识
		资源管理激励机制		物业管理的经济效益与建筑能耗、水耗、资源节约等直接挂钩，租用合同应包含节能条款，做到多用资源多收费，少用资源少收费，少用资源有奖励，从而达到绿色运营的目标，采用能源合同管理模式
	7.2 技术管理	节能节水管理	分户分类计量	分户（居建）分类（公建）计量
			节能管理	业主和物业共同制定节能管理模式； 建立物业内部的节能管理机制； 节能指标达到设计要求
		节能节水管理	节水管理	防止给水系统和设备管道的跑冒滴漏； 提高水资源的使用效率，采取梯级用水、循环用水措施，充分使用雨水、再生水（中水）等非传统水源； 定期进行水质检测
		耗材管理	维护制度	建立建筑、设备、系统的维护制度、减少维修材耗
			耗材管理制度	建立物业耗材管理制度，选用绿色材料（反复使用清洁布，采用双面打印或电子办公方式，减少纸张的消耗等）

续表

<table>
<tr><th>指标</th><th colspan="3">决策要素</th><th>技术措施</th></tr>
<tr><td rowspan="12">7
运营管理</td><td rowspan="7">7.2
技术管理</td><td colspan="2">室内环境品质管理</td><td>空调清洗；HVAC设备自动监控技术</td></tr>
<tr><td rowspan="3">设备设置检测</td><td>设备设置</td><td>各种设备、管道的布置应方便维修、改造和更换</td></tr>
<tr><td>施工单位</td><td>施工单位在施工图上详细注明设备和管道的安装位置</td></tr>
<tr><td>物业单位</td><td>物业管理单位应定期检查、调试设备系统、不能提升设备系统的性能，提高能效管理水平</td></tr>
<tr><td rowspan="3">物业档案管理</td><td>技术交接</td><td>做好技术交换工作——设计资料、施工资料的归库管理</td></tr>
<tr><td>建立档案</td><td>建立完善的建筑工程设备，能耗监管、配件档案及维修记录</td></tr>
<tr><td>运营记录</td><td>按时连续地记录建筑的运行情况——日常管理记录、全年计量与收费记录、建筑智能化系统运行数据记录、绿化养护记录、垃圾处理记录、废气废水处理排放记录等</td></tr>
<tr><td rowspan="5">7.3
环境管理</td><td rowspan="2">绿化管理</td><td>病虫害防治</td><td>采取无公害、病虫害的防治措施；
加强病虫害的预测预报；
对化学药品的使用要规范、并实行有效的管控</td></tr>
<tr><td>树木成活率</td><td>提高树木成活率</td></tr>
<tr><td rowspan="3">垃圾管理</td><td>垃圾分类</td><td>垃圾分类回收——建筑垃圾、生活垃圾、厨余垃圾、办公垃圾</td></tr>
<tr><td>可降解垃圾</td><td>可降解垃圾单独收集——纸张、植物、食物粪便、肥料、有机厨余垃圾等</td></tr>
<tr><td>垃圾站</td><td>垃圾站冲洗清洁</td></tr>
<tr><td rowspan="6">8
提高与创新</td><td rowspan="6">8.1
性能提高</td><td colspan="2">卫生器具用水效率达国标一级</td><td>卫生器具一级用水效率等级指标<table>
<tr><th>器具</th><th>水嘴（流量）</th><th colspan="3">坐便器（冲水量/次）</th><th>小便器（冲水量/次）</th><th>淋浴器（流量）</th><th>大便器冲洗阀（冲水量/次）</th><th>小便器冲洗阀（冲水量/次）</th></tr>
<tr><td rowspan="4">1级用水效率等级</td><td rowspan="4">0.1 L/s</td><td>单档</td><td>平均</td><td>4.0L</td><td rowspan="4">2.0L</td><td rowspan="4">0.08 L/s</td><td rowspan="4">4.0L</td><td rowspan="4">2.0L</td></tr>
<tr><td rowspan="3">双档</td><td>大档</td><td>4.5L</td></tr>
<tr><td>小档</td><td>3.0L</td></tr>
<tr><td>平均</td><td>3.5L</td></tr>
</table></td></tr>
<tr><td colspan="2">环保节约型结构</td><td>钢结构、木结构、预制装配式结构及构件</td></tr>
<tr><td colspan="2" rowspan="2">主要功能房间采取有效的空气处理措施</td><td>空调系统的新风回风经过滤处理</td></tr>
<tr><td>人员密集空调区域或空气质量要求较高场所的全空气空调系统设置空气净化装置，并对净化装置选型(高压静电、光催化、吸附反应)
提出了根据人员密度、初投资、运行费用、空调区环境要求、污染物性质等经技术经济比较确定等具体要求。
空气净化装置的设置符合《民用建筑供暖通风与空气调节设计规范》第7.5.11条的要求</td></tr>
<tr><td colspan="2">空气中有害污染物浓度≤70%国标</td><td>氨 NH_3：0.14mg/m³，甲醛 HCHO：0.07mg/m³，苯 C_6H_6：0.08mg/m³，总挥发性有机物 TVOC：0.42mg/m³，氡 ^{222}Rn：320Bq/m³，可吸入颗粒物 PM_{10}：0.11mg/m³</td></tr>
</table>

续表

<table>
<tr><th>指标</th><th colspan="3">决策要素</th><th>技术措施</th></tr>
<tr><td rowspan="11">8
提高与创新</td><td rowspan="11">8.2
创新</td><td rowspan="5">建筑规划设计</td><td>改善场地微气候环境</td><td>建筑结合当地气候和最佳朝向，避免东西向；
设置架空层促进自然通风；
屋顶绿化、外墙垂直绿化；
场地内设置挡风板、导风板，区域通风廊道；
优化建筑体形控制迎风面积比</td></tr>
<tr><td>改善自然通风效果</td><td>在建筑形体中设置通风开口；
利用中庭加强自然通风(上设天窗)；
设置太阳能拔风道；
门上设亮子或内廊墙上设百叶高窗组织穿堂风；
设置自然通风道、通风器、通风窗、地道风</td></tr>
<tr><td>改善天然采光效果</td><td>设置反光板、顶层全部采用导光管；
设置自然采光通风的楼梯、电梯间</td></tr>
<tr><td>提高保温隔热性能</td><td>建筑形体形成有效的自遮阳；
屋顶遮阳或采用通风屋面；
外墙设置双层通风外墙；
透明围护结构采用可调节外遮阳；
选用新型高效的保温隔热材料(真空型)；
屋面外墙面采用高效隔热反射材料(陶瓷隔热涂料或 TPO 防水层)，设置被动式太阳能房</td></tr>
<tr><td>其他被动措施</td><td>利用连廊、平台、架空层、屋面等向外部公众提供开放的运动、休闲、交往空间；
有效利用难于利用的空间(人防、坡屋顶、异形空间等)，提高空间利用率；
充分利用本地乡土材料，再利用拆除的旧建筑材料；
采用空心楼盖；
采用促进行为节能的措施</td></tr>
<tr><td colspan="2">选用废弃场地</td><td>对废弃场地进行改造并加以利用</td></tr>
<tr><td colspan="2" rowspan="2">充分利用旧建筑</td><td>尚可使用的旧建筑：能保证使用安全的旧建筑，通过少量改造加固后能安全使用的旧建筑</td></tr>
<tr><td>进行环境评估并编写《环评报告》；
对旧建筑进行检测鉴定，编写旧建筑利用专项报告</td></tr>
<tr><td colspan="2">BIM 技术应用</td><td>在项目设计中建立和应用 BIM 信息，并向内部各方(或专业)或外部其他方(或专业)交付使用，协同工作，信息共享；
具有正确性、完整性、协调一致性。应用产生的效果、效率和效益均较好</td></tr>
<tr><td colspan="2">减少碳排放</td><td>进行建筑碳排放计算分析，采取措施降低建筑物在施工阶段和运营阶段的碳排放——建筑节能、可再生能源利用、交通运输、绿化(碳汇)</td></tr>
<tr><td colspan="2">节约能源资源
保护生态环境
保障安全健康</td><td>采用超越现有技术的新技术、新工艺、新装置、新材料；
在关键技术、技术集成、系统管理等方面取得重大突破；
创新技术在应用规模、复杂难易程度及技术先进性在国内国际达到领先水平，具有良好的经济、社会和环境效益，具有发展前景和推广价值，对推动行业技术进步、引导绿色建筑发展具有积极意义和作用</td></tr>
</table>

注：本节内容及本表资料来源——田慧峰、孙大明、刘兰编著的《绿色建筑适宜技术指南》及住建部《绿色建筑评价技术细则》。

10.7 绿色建筑增量成本

10.7.1 定义

相比常规建筑，绿色建筑由于采取了改善居住舒适性、减少资源消耗和环境影响等措施，导致其全寿命周期内各项成本值发生变化，该变化量称为绿色建筑的增量成本。

10.7.2 组成及分类

（1）绿色建筑增量成本
- （1）咨询成本 — 方案设计费、模拟分析费、申报材料费等
- （2）认证成本 — 设计标识 5 万元，运营标识 15 万元
- （3）技术增量成本
  - 初始造价增量成本
  - 运营维护增量成本

（2）技术增量成本＝初始造价增量成本＋运营维护增量成本－常规建筑相应技术成本

（例如：地源热泵增量成本＝地源热泵成本－常规暖通技术成本）

10.7.3 绿色建筑各项技术措施平均增量成本占比

绿色建筑各项技术措施平均增量成本比例（%）　　表 10.7.3

绿色技术类别	节地	节能	节水	节材	室内环境	运营管理
增量成本比例（%）	1.74	70.6	5.95	1.38	16.2	4.13
备注	可为 0 或负值	主要成本，较难控制	可为 0	可为 0 不明显	因标准不同，差异较大	可为 0 增量不明显

10.7.4 绿色建筑平均增量成本统计值

绿色建筑平均增量成本统计值　　表 10.7.4

星级	建筑类别	单位面积增量成本（元/m²）	增量成本比例（%）	备　注
一星级	绿色住宅	25	3.05	数据来源： 1.《2015 年度绿色建筑评价标识统计报告》 2. 住房和城乡建设部科技发展促进中心，2015 年二季度 3.《建筑科技》2016 年 10 期，住房和城乡建设部科技与产业化发展中心
	绿色公建	30		
二星级	绿色住宅	73	7.93	
	绿色公建	136		
三星级	绿色住宅	145	10.84	
	绿色公建	280		

10.8 建筑碳排放的计算

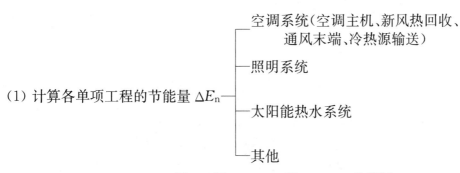

(1) 计算各单项工程的节能量 ΔE_n：
- 空调系统（空调主机、新风热回收、通风末端、冷热源输送）
- 照明系统
- 太阳能热水系统
- 其他

$$\Delta E_n = E_{参照建筑} - E_{设计建筑} \quad (kWh) \tag{1}$$

(2) 将各单项工程的节能量 ΔE_n（电耗）换算成吨标准煤（tce）

$$E_n = \frac{\Delta E_n \times 1.229}{10000} \quad (tce) \tag{2}$$

式中，1.229/10000 为电耗折标煤耗的换算系数，1.229tce/10^4kWh

(3) 计算本项目的总节能量ΣE

$$\Sigma E = E_1 + E_2 + \cdots + E_n = \sum_1^n E_n \quad (tce) \tag{3}$$

(4) 计算总减排 CO_2 量 T_c

$$T_c = \Sigma E \times 2.77 \tag{4}$$

式中，2.77—CO_2 排放系数，2.77tco_2/tce

(5) 计算总减排 SO_2 量 T_{so_2}

$$T_{so_2} = \Sigma E \times 0.0165 \tag{5}$$

式中，0.0165—SO_2 排放系数，0.0165tso_2/tce

(6) 计算总减排烟尘量 $T_{烟尘}$

$$T_{烟尘} = \Sigma E \times 0.0096 \tag{6}$$

式中，0.0096—烟尘排放系数，0.0096 $t_{烟尘}$/tce

11 海绵城市与低影响开发

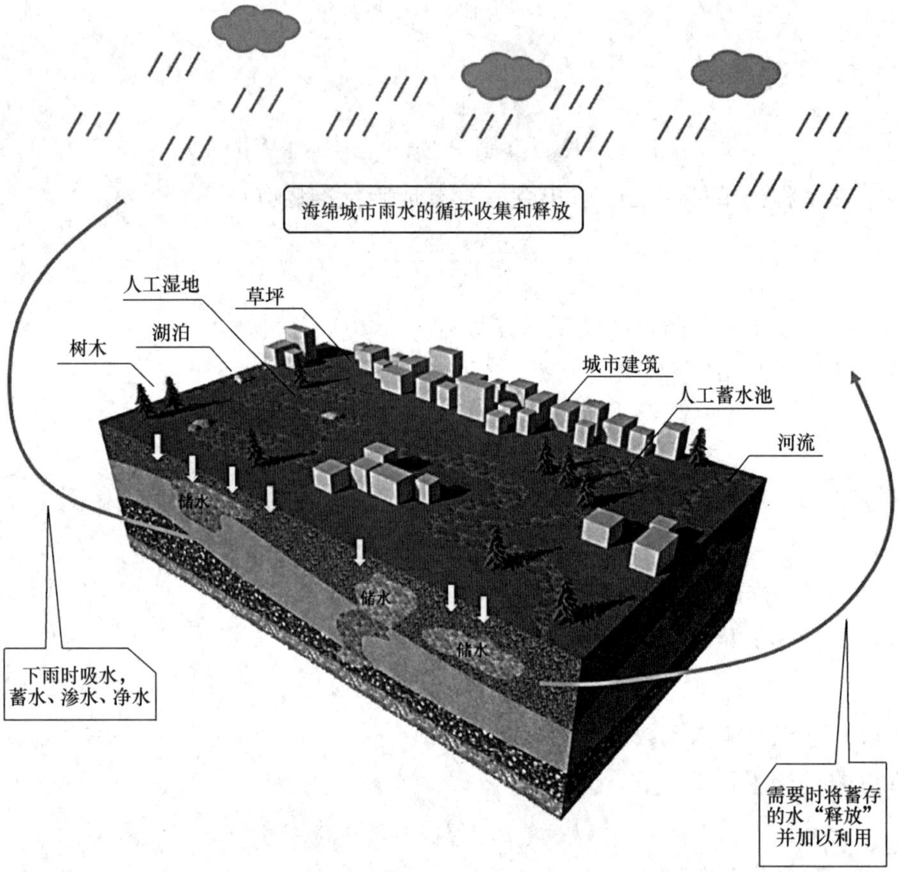

海绵城市雨水的循环收集和释放
人工湿地
草坪
湖泊
树木
城市建筑
人工蓄水池
河流
储水
储水
储水
下雨时吸水，
蓄水、渗水、净水
需要时将蓄存
的水“释放”
并加以利用

图 11.1　海绵城市示意图（注：本图参考网络整理）

11.1. 概念及相关名词术语

11.1.1　概念

海绵城市是指城市像海绵具有“弹性”，下雨时吸水、渗水、净水，需要时将水适时“释放”，实现雨水在城市区域的渗透、积存、净化和利用，有利于城市生态，环境建设。即通过加强城市规划建设管理，充分发挥建筑、道路和绿地、水系等生态系统对雨水的吸纳、蓄渗和缓释作用，有效控制雨水径流，实现自然积存、自然渗透、自然净化的城市发展方式。

11.1.2 名词术语

表 11.1.2

低影响开发	Low Impact Development，LID 是指在场地开发过程中采用源头、分散式措施维持场地开发前的水文特征。其核心是维持场地开发前后水文特征不变，包括径流总量、峰值流量、峰值时间等。广义的低冲击开发是指在城市开发建设过程中采用源头削减、中途转输、末端调蓄等多种手段，通过渗、滞、蓄、净、用、排等多种技术，实现城市良性水文循环，提高对径流雨水的渗透、调蓄、净化、利用和排放能力，维持或恢复城市的“海绵”功能
多年平均径流总量控制率	雨水通过自然和人工强化的入渗、滞蓄、调蓄和收集回用，场地内累计一年得到控制的雨水量占全年总降雨量的比例
年径流污染率	雨水经过预处理措施和低影响开发设施物理沉淀、生物净化等作用，场地内累计一年得到控制的雨水径流污染物总量占全年雨水径流污染物总量的比例
雨水滞留控制量	为满足低影响开发外排峰值流量控制目标而需要滞留的雨水量
径流污染控制径流深度	为满足低影响开发面源污染控制目标而需要控制的径流深度

注：本表参考《海绵城市建设技术指南（201410）》整理。

11.2 建 设 目 标

表 11.2

建设目标	将 70%的降雨就地消纳和利用
	逐步实现小雨不积水、大雨不内涝、水体不黑臭，热岛效应有一定缓解
	到 2020 年，城市建成区 20%以上的面积达到目标要求
	到 2030 年，城市建成区 80%以上的面积达到目标要求
	同时配套编制逐步完善城市排水防洪系统规划，加强排水防洪，系统建设，发展绿色建筑

注：本表参考《国务院办公厅关于推进海绵城市建设的指导意见》整理。

11.3 低冲击开发雨水系统的设计

表 11.3

建筑与居住区	可采用的技术设施主要有：透水铺装、绿色屋顶、生物滞留设施、植草沟、储水池、雨水桶、调节塘（池）、植草沟、渗管（渠）、植被缓冲带、初期雨水弃流设施和人工湿地等
	景观水体、草坪绿地和低洼地宜具有雨水储存或调节功能，景观水体可建成集雨水调蓄、水体净化和生态景观为一体的多功能生态水体
	雨水入渗系统不应对人身安全、建筑安全、地质安全、地下水水质、环境卫生等造成不利影响
道路与广场	使用透水铺装，推行道路与广场雨水的收集、净化和利用
	增强道路对雨水的消纳功能，减轻对市政排水系统的压力
	道路径流雨水进入道路红线内外绿地内的低影响开发设施前，应利用沉淀池、前置塘等对进入绿地内的径流雨水进行预处理，防止径流雨水对绿地环境造成破坏

续表

城市绿地	通过建设雨水花园、下凹式绿地、人工湿地等措施，增强公园和绿地系统的城市海绵体功能，消纳自身雨水，并为蓄滞周边区域雨水提供空间
	城市绿地内湿塘、雨水湿地等雨水调蓄设施应采取水质控制措施，利用雨水湿地、生态堤岸等设施提高水体的自净能力
城市水系	加强对城市坑塘、河湖、湿地等水体自然形态的保护和恢复
	禁止填湖造地、截弯取直、河道硬化等破坏水生态环境的建设行为
	恢复和保持河湖水系的自然连通，构建城市良性水循环系统，逐步改善水环境质量
	加强河道系统整治，因势利导改造渠化河道，重塑健康自然的弯曲河岸线，恢复自然深潭浅滩和泛洪漫滩，实施生态修复，营造多样性生物生存环境
	到 2030 年，城市建成区 80%以上的面积达到目标要求

注：本表参考《国务院办公厅关于推进海绵城市建设的指导意见》及《海绵城市建设技术指南（201410）》整理。

11.4 技术指标

表 11.4

规划层级	控制目标与指标	赋值方法
城市总体规划、专项（专业）规划	控制目标 年径流总量控制率及其对应的设计降雨量	年径流总量控制率目标选择，可通过统计分析计算得到年径流控制率及其对应的设计降雨量
详细规划	综合指标 单位面积控制容积	根据总体规划阶段提出的年径流总量控制率目标，结合各地块绿地率等控制指标，计算各地块的综合指标——单位面积控制容积
	单项指标 1. 下沉式绿地率及其下沉深度 2. 透水铺装率 3. 绿色屋顶率 4. 其他	根据各地块的具体条件，通过技术经济分析，合理选择单项或组合控制指标，并对指标进行合理分配。指标分解方法： 方法 1：根据控制目标和综合指标进行试算分解； 方法 2：模型模拟

注：1. 下沉式绿地率=广义的下沉式绿地面积/绿地总面积，广义的下沉式绿地泛指具有一定调蓄容积（在以径流总量控制为目标进行目标分解或设计计算时，不包括调节容积）的可用于调蓄径流雨水的绿地，包括生物滞留设施、渗透塘、湿塘、雨水湿地等；下沉深度指下沉式绿地低于周边铺砌地面或道路的平均深度，下沉深度小于 100mm 的下沉式绿地面积不参与计算（受当地土壤渗透性能等条件制约，下沉深度有限的渗透设施除外），对于湿塘、雨水湿地等水面设施系指调蓄深度；
2. 透水铺装率=透水铺装面积/硬化地面总面积；
3. 绿色屋顶率=绿色屋顶面积/建筑屋顶总面积；
4. 本表摘自《海绵城市建设技术指南（201410）》。

11.5 技术类型

各类低影响开发技术又包含若干不同形式的低影响开发设施，主要有透水铺装、绿色屋顶、下沉式绿地、生物滞留设施、渗透塘、渗井、湿塘、雨水湿地、蓄水池、雨水罐、调节塘、调节池、植草沟、渗管/渠、植被缓冲带、初期雨水弃流设施、人工土壤渗滤等。

表 11.5

设施	概念构造	适用性	优缺点	典型构造
透水铺装	透水砖铺装、透水水泥混凝土铺和透水沥青混凝土铺装、嵌草砖、鹅卵石、碎石铺装等	广场、停车场、人行道以及车流量和荷载较小的道路	适用广、施工方便，补充地下水，具有峰值流量削减和雨水净化作用，易堵塞，易冻融破坏	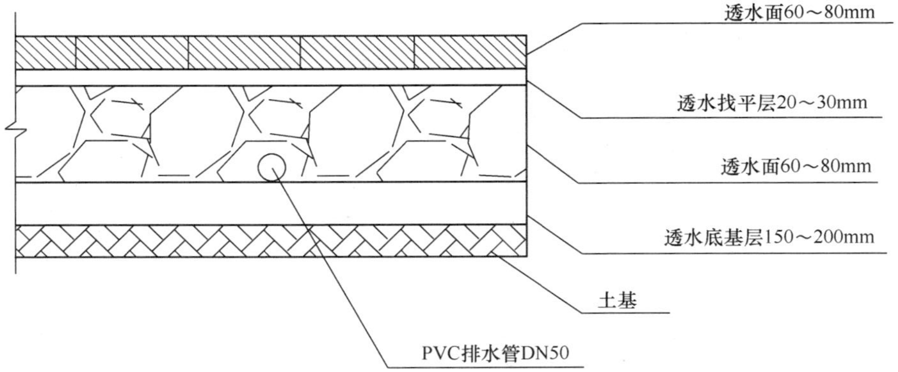透水面60～80mm 透水找平层20～30mm 透水面60～80mm 透水底基层150～200mm 土基 PVC排水管DN50
绿色屋顶	种植屋面、屋顶绿化 基质深度根据植物需求及屋顶荷载确定	符合屋顶荷载、防水等条件的平屋顶建筑和坡度≤15°的坡屋顶建筑	减少屋面径流总量、径流污染负荷、节能减排作用，严格要求屋顶荷载、防水、坡度、空间条件等	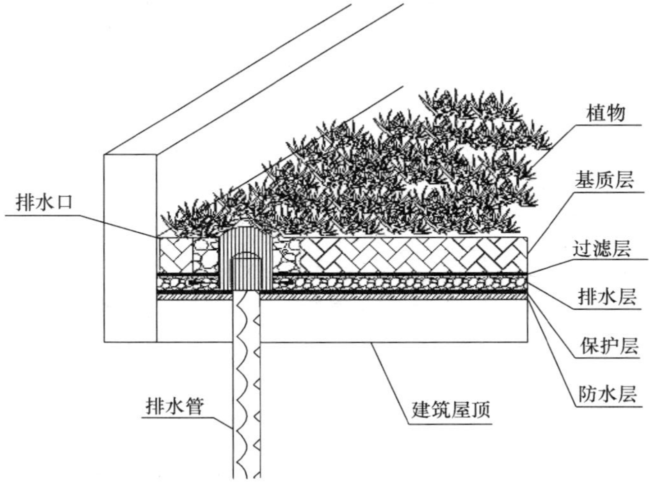植物 基质层 过滤层 排水层 保护层 防水层 排水口 排水管 建筑屋顶
下沉式绿地	具有一定的调蓄容积，用于调蓄和净化径流雨水的绿地	城市建筑与小区、道路、绿地和广场	适用广，建设和维护费用低，大面积应用易受地形等条件影响	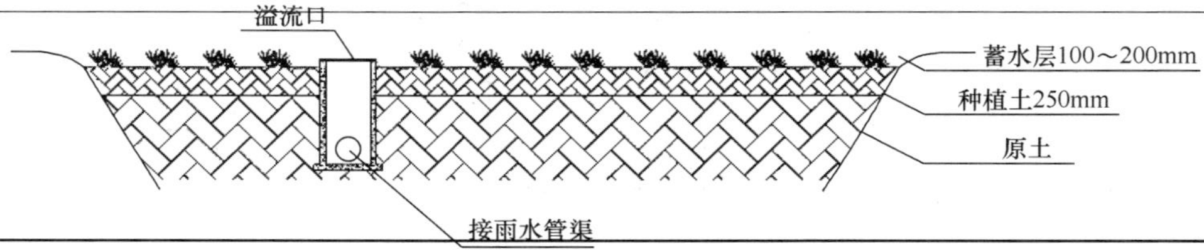溢流口 蓄水层100～200mm 种植土250mm 原土 接雨水管渠

续表

设施	概念构造	适用性	优缺点	典型构造
生物滞留设施	在地势较低区域，通过植物、土壤和微生物系统蓄渗、净化径流雨水的设施	建筑与小区内建筑、道路停车场的周边绿地、城市道路绿化带	形式多、适用广、易与景观结合，径流控制效果好，建设维护费用较低	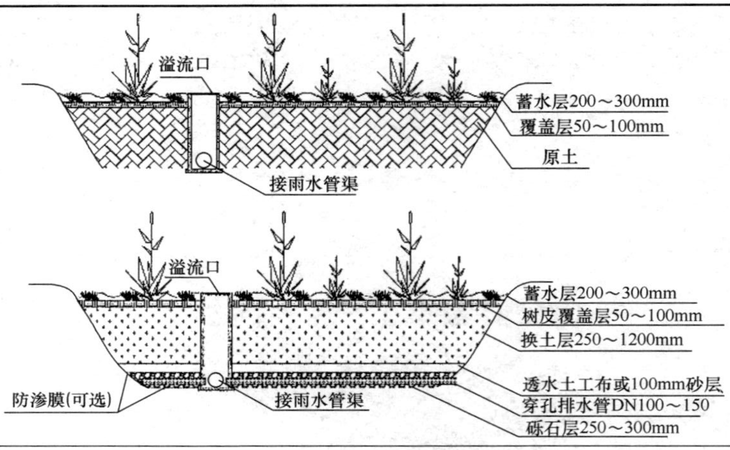溢流口 蓄水层200～300mm 覆盖层50～100mm 原土 接雨水管渠 溢流口 蓄水层200～300mm 树皮覆盖层50～100mm 换土层250～1200mm 透水土工布或100mm砂层 穿孔排水管DN100～150 砾石层250～300mm 防渗膜(可选) 接雨水管渠
渗透塘	雨水下渗补充地下水的洼地	汇水面积大且具有一定空间条件的区域	补充地下水、削减峰值流量，建设费用较低/高，对场地条件和后期维护管理要求较高	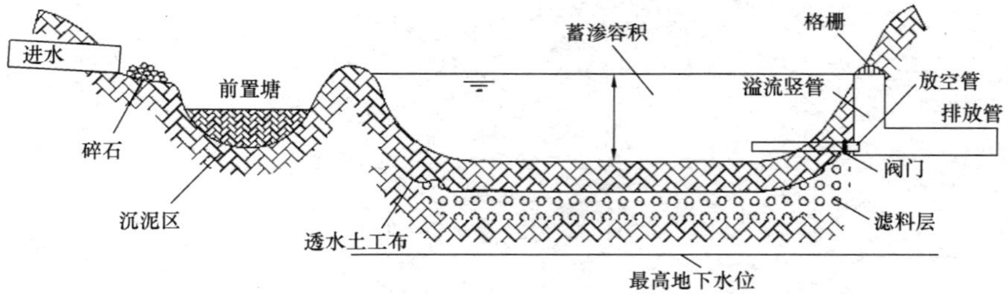进水 碎石 前置塘 沉泥区 蓄渗容积 格栅 溢流竖管 放空管 排放管 阀门 滤料层 透水土工布 最高地下水位
渗井	通过井壁和井底进行雨水下渗的设施	建筑与居住区内建筑、道路及停车场的周边绿地	占地面积小，建设和维护费用低，水质和水量控制作用有限	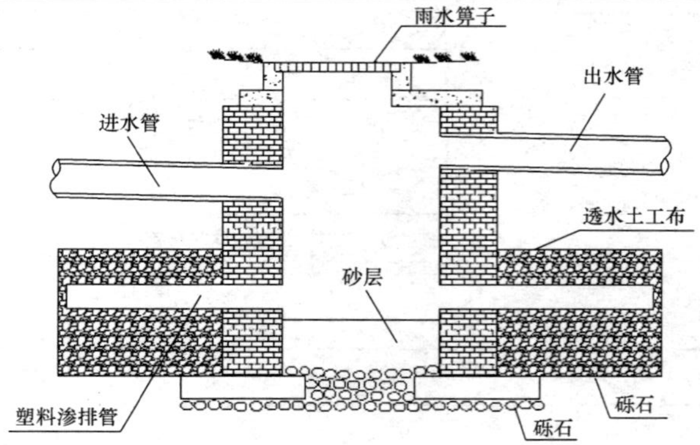雨水箅子 出水管 进水管 透水土工布 砂层 砾石 塑料渗排管 砾石

续表

设施	概念构造	适用性	优缺点	典型构造
湿塘	具有雨水调蓄和净化功能的景观水体	建筑与小区、城市绿地、广场等具有空间条件的场地	有效削减径流总量、径流污染和峰值流量，对场地条件和建设维护费用要求高	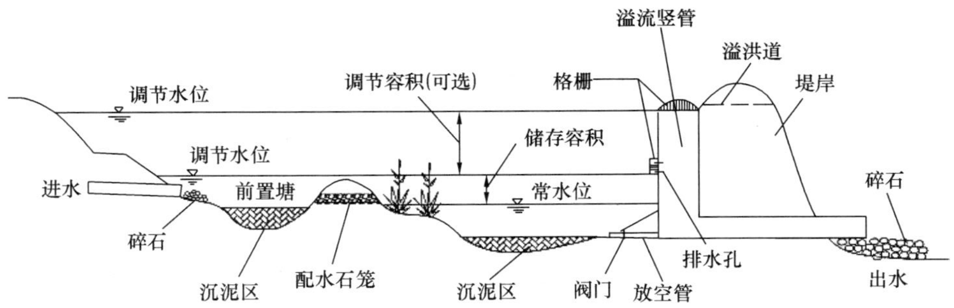溢流竖管 溢洪道 调节水位 调节容积(可选) 格栅 堤岸 储存容积 调节水位 碎石 进水 前置塘 常水位 碎石 排水孔 出水 沉泥区 配水石笼 沉泥区 阀门 放空管
雨水湿地	利用物理、水生植物及微生物等作用净化雨水	建筑与小区、城市道路、城市绿地、滨水带等区域	有效削减污染物，有径流总量和峰值流量控制效果，建设维护费用高	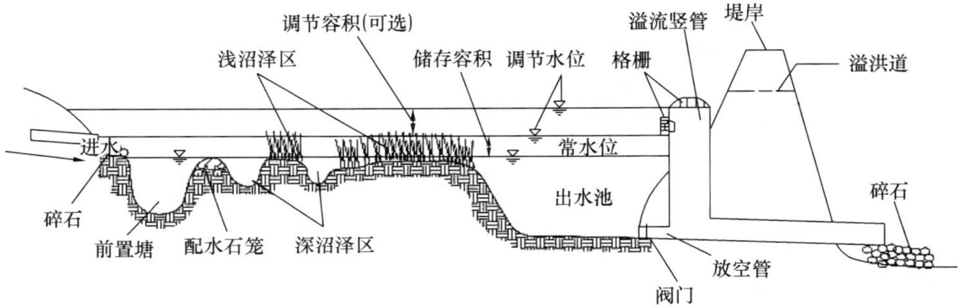调节容积(可选) 溢流竖管 堤岸 浅沼泽区 储存容积 调节水位 格栅 溢洪道 进水 常水位 出水池 碎石 碎石 前置塘 配水石笼 深沼泽区 放空管 阀门
蓄水池	具有雨水储存功能的集蓄利用设施	有雨水回用需求的建筑与小区、城市绿地等	节省占地、雨水管渠易接入、防止蚊蝇滋生、储存水量大，建设费用及后期维护管理要求高	

续表

设施	概念构造	适用性	优缺点	典型构造
雨水罐	地上或地下封闭式的简易雨水集蓄利用设施	适用于单体建筑屋面雨水的收集利用	多为成型产品，施工安装方便，便于维护，但其储存容积较小，雨水净化能力有限	
调节塘	由进水口、调节区、出口设施、护坡及堤岸构成，也可通过合理设计使其具有渗透功能	建筑与居住区、城市绿地等	有效削减峰值流量，建设及维护费用低，功能单一	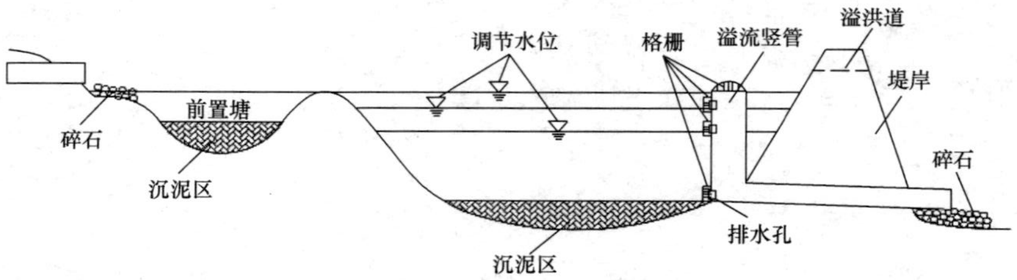调节水位 格栅 溢流竖管 溢洪道 堤岸 前置塘 碎石 沉泥区 碎石 排水孔 沉泥区
调节池	地上敞口式调节池或地下封闭式调节池	用于城市雨水管渠系统中，削减管渠峰值流量	有效削减峰值流量，功能单一，建设维护费用	

续表

设施	概念构造	适用性	优缺点	典型构造
植草沟	种有植被的地表沟渠，可收集、输送和排放径流雨水，具有一定的雨水净化作用	建筑与居住区内道路，广场、停车场等不透水面的周边，城市道路及城市绿地等区域	建设维护费用低，易与景观结合，易受场地条件制约	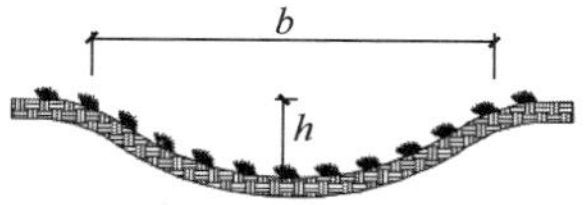 b h 抛物线型植草沟断面图 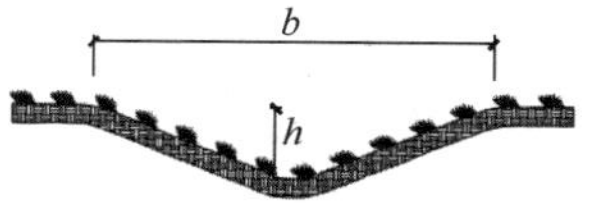 b h 三角型植草沟断面图 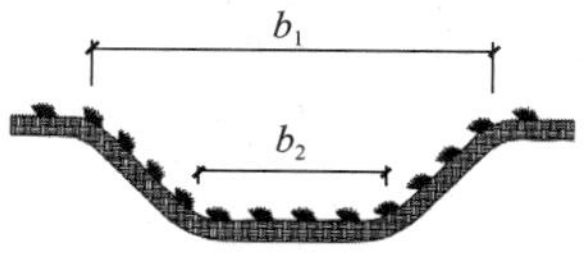 b_1 b_2 梯型植草沟断面图 注： 1. 植草沟的造型要求应符合以下要求： （1）抛物线形植草沟适用于用地受限较小的地段 （2）梯形植草沟适用于用地紧张地段 （3）三角形植草沟适用于低填方路基且占地面积充裕的地段 2. 植草沟断面边坡坡度是控制断面尺寸的参数，通常取值范围宜为1/4～1/3 3. 植草沟的深度 h 应大于最大有效水深，一般最大不宜大于600mm 4. 植草沟的宽度应根据汇水面积确定，宜为150～2000mm 5. 植草沟的长度 L 应根据具体的平面布置情况取值，此参数可按照设计流量及具体生态草沟的断面形式而定，主要原则是防止沟底冲刷破坏 6. 植草沟不宜作为行洪通道
渗管/渠	具有渗透功能的雨水管/渠	建筑与居住区及公共绿地内转输流量较小的区域	对场地空间要求小，但建设费用较高，易堵塞，维护较困难	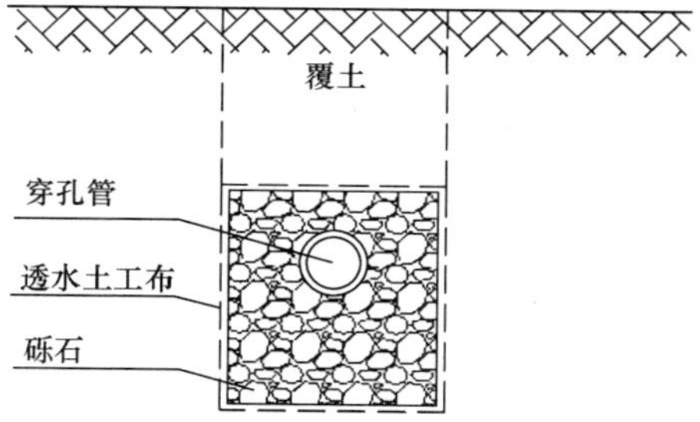 覆土 穿孔管 透水土工布 砾石 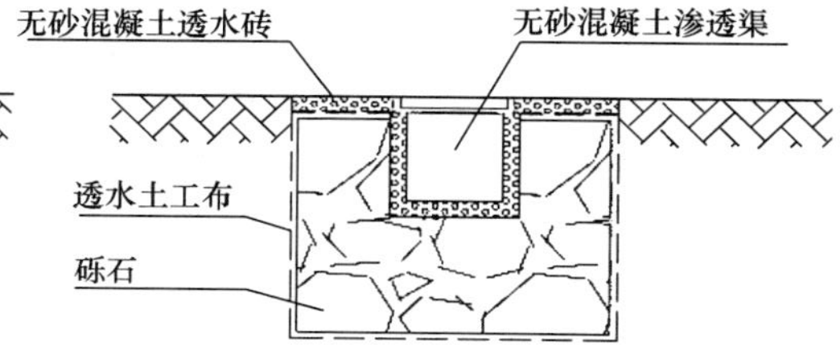 无砂混凝土透水砖 无砂混凝土渗透渠 透水土工布 砾石

续表

设施	概念构造	适用性	优缺点	典型构造
植被缓冲带	经植被拦截及土壤下渗作用减缓地表径流流速，并去除径流中的部分污染物	于道路等不透水面周边，作为生物滞留设施等低影响开发设施的预处理设施	建设维护费用低，对场地空间大小、坡度等条件要求较高	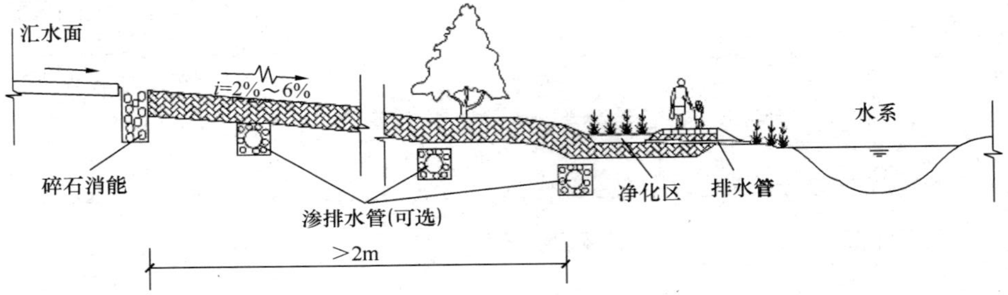 汇水面 i=2%～6% 水系 碎石消能 净化区 排水管 渗排水管(可选) ＞2m
初期雨水弃流设施	通过一定方法或装置将存在初期冲刷效应、污染物浓度较高的降雨初期径流予以弃除	用于屋面雨水的雨落管、径流雨水的集中入口等低影响开发设施的前端	占地面积小，建设费用低，可降低雨水储存及雨水净化设施的维护管理费用	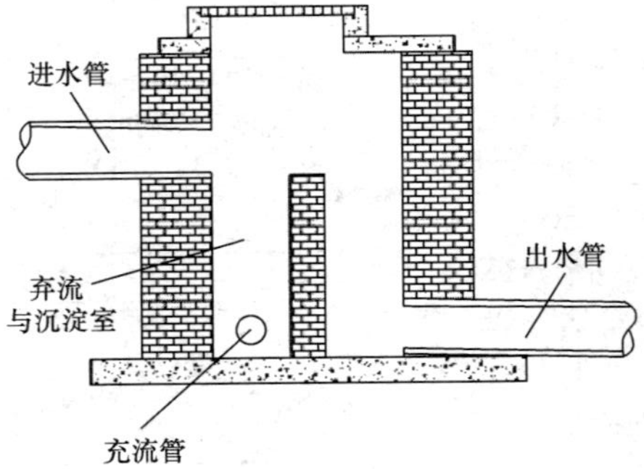 进水管 弃流与沉淀室 出水管 充流管 小管弃流井 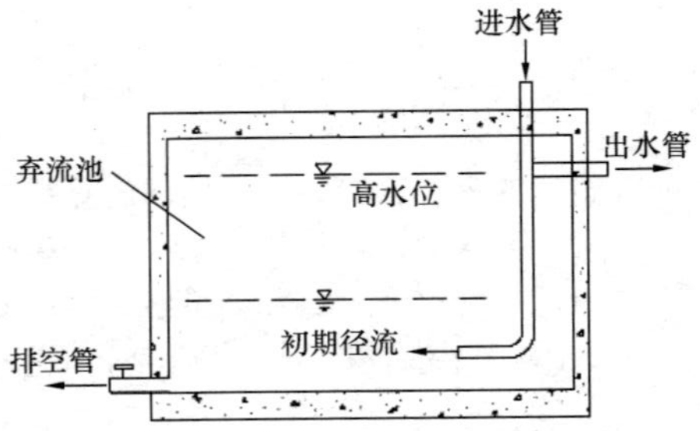 进水管 出水管 弃流池 高水位 排空管 初期径流 容积法弃流井
人工土壤渗滤	主要作为蓄水池等雨水储存设施的配套雨水设施，以达到回用水水质指标	用于有一定场地空间的建筑与居住区及城市绿地	净化效果好，易与景观结合，建设费用高	

注：本表参考《海绵城市建设技术指南（201410)》、南宁市海绵城市规划设计导则及网络整理。

12 景观设计

12.1 硬　　景

景观（Landscape）：是指土地及土地上的空间和物体所构成的综合体。它是复杂的自然过程和人类活动在大地上的烙印。

风景园林（landscape architecture）是关于园林景观的分析、规划布局、设计、改造、管理、保护和恢复的科学和艺术。

作为一门具有高度综合性的学科，风景园林因当代社会、人与自然的多样性变化，以及追求主体的多元化发展，其学科及专业领域的研究实践范围正经历前所未有的发展与变化，同时，作为新兴的现代学科体系，中国风景园林学在原有的，与建筑、规划高度一体化发展的基础上，正逐步显示出高度的内涵独立性，走向以自然为主体，以生态与人文为核心价值，以空间为骨架，以场所为基础，以“天人相和谐”为指导思想的崭新发展阶段。

12.1.1　面材选择说明

常用铺装面材的选用请参阅附表　　　　表 12.1.1

特性 名称		一般规格（mm） 长×宽×厚	适用范围 及特点	颜色	面层处理及 质感	基层做法 车行道	基层做法 人行道小区道	基层做法 广场	基层做法 花池构筑物	价格 档次	备注
天然材料	花岗石板	厚度垂直贴 20～25 厚；水平面铺贴 30～50 平面加工各种尺寸	广场、人行道、混凝土构筑物外贴面、墙面	芝麻白、芝麻黑、印度红、灰、棕、褐色	磨光、自然面、荔枝面、火烧面、剁斧面、拉道面	A 型	B 型	C 型	D 型	高档（材料越大越厚价越高）	
天然材料	砂岩板	垂直贴 20～25 厚；水平面铺 30～50	贴墙面、道路、小广场	本色浅黄	文化石面、自然面		B	C	D	中	
天然材料	青石板	垂直贴 20～25 厚；水平面铺 30～50	贴墙面、区内小道、屋面	青灰色	凿面		B	C	D	低、中	
天然材料	毛石	400×300×200	挡土墙	自然褐色	凿面、自然色	挡土墙基础详见施工图				低	
天然材料	大理石	冰裂纹 300×200×25	局部铺装面（冰裂纹）	红、黑、白、棕、灰（含花纹）	磨光			C	D	中	不宜用于室外

续表

名称	特性	一般规格（mm）长×宽×厚	适用范围及特点	颜色	面层处理及质感	基层做法				价格档次	备注
						车行道	人行道小区道	广场	花池构筑物		
天然材料	卵石、碎石	大：150～60，小：15～60	局部铺装、健康步道	黑、白间色	拼花、造型		B	C		中	坡度<1%
	料石	500×200×300	道牙	混凝土、石材本色	预制混凝土、石材剖切面					低、中	
	木材	长度<4.5m，断面另定	栈道、木平台、构架	自然色、棕色	防腐、防虫处理后面刷清漆二道	下面有木龙骨作为固定，留缝5mm				高	
人工材料	水泥砖	230×114×60	人行道、广场	灰、浅黄、浅红、灰绿	工厂预制		B	C		低	
	烧结砖	230×114×60	人行道、广场	暗红、浅黄、棕、灰、青、象牙	工厂预制	A	B	C	D	中、高	
	陶瓷广场砖	215×60×12	人行道、广场	暗红、浅黄、米黄、灰、青、象牙	工厂预制	A	B	C		中、高	
	植草砖、板	植草板：355×355×35；植草砖：方形350×350×80，八角形	停车场	灰白、浅绿	工厂预制		B			中	
	马赛克	大：60×60×10小：20×20×8	局部构架、建筑贴面	多种色彩	工厂预制				D	中	
	环保塑木	长度<4.5m，断面另定	各种铺地、构架、防腐、潮、虫，晒裂	棕色、浅褐色	工厂预制	下面有木龙骨作为固定，留缝3～5mm				高	
	橡胶垫	400×400×50；500×500×50	儿童、老人有器具的活动场地、运动场	暗红、深绿、深蓝、黑色	工厂预制			C		高	
塑性材料	沥青混凝土路	道路宽×设计厚度	车行路	彩色、黑色（暗红、深灰）	压实（由专业施工）	A	B			低、中	支路、非机动车道
	混凝土、水泥路	不定型	车行路、区内小路	灰白色	浇捣、抹面	A	B	C		中	
	砂石路面	不定型	林间小路	灰白、米灰色	压实		B	C		低	
	石米	不定型	小路、局部铺装	米色、灰白、浅暗红	压实		B	C		低	
	水磨石	不定型	局部铺装、座椅面	白水泥+各彩色石米后磨光	磨光				D	中	

续表

名称＼特性		一般规格（mm）长×宽×厚	适用范围及特点	颜色	面层处理及质感	基层做法：车行道	基层做法：人行道小区道	基层做法：广场	基层做法：花池构筑物	价格档次	备注
板材	玻璃	设计定；地面（10～15）×2 中间夹胶膜	扶手挡板、地面、顶棚、灯面	白、透明、彩色	磨砂、花纹	钢构架支撑				高	
	铝板	1～2/厚	建筑、构架外包、吊顶	银白、灰白	工厂预制型材	混凝土、墙、钢构架				高	
	不锈钢板	1～2/厚	构架外包、小局部嵌条、扶手	发光、亚光	工厂预制型材	包于钢材、混凝土				高	
	彩色钢板	1～2/厚	屋顶、墙板	兰、灰、白	工厂预制型材	钢、结构架				高	
	PC 板、耐力板、阳光板	2～4 厚；5～10/厚（空心）	厕所隔断、顶棚	兰、灰、白	工厂预制型材	钢、木构架				高	
涂料	地石丽	（不定型）	彩色地面、广场、人行道	深暗色彩路	彩色水泥路面质感	C 型				低、中	
	喷塑涂料	（不定型）	外墙面，不耐污染，可冲洗	白色	大压花、小压花	混凝土、水泥、砖墙面				中	
	油漆	（不定型）	金属构架面，易生锈，需刷新	设计自定	涂刷、烤漆（工厂烤，现场拼装）	水泥墙面、混凝土墙面、钢材				中	定期重刷
	氟碳漆	（不定型）	金属构架面，耐久性强	设计自定	涂刷、烤漆（工厂烤，现场拼装）	混凝土面、钢材				高	

注：选用表中 A 型为车行承载路面；B、C 型为非车行承载的人行、小区或广场路面，B 型选用限值、C 型选用下限值；D 型为无承载的一般构筑物，取下限值再减少 50～100mm。

12.1.2 详图做法的适用范围

表 12.1.2

花岗石、陶砖（广场砖）、大理石：（常用于室内或局部，室外大面积很少用）	人行道铺地、景墙压顶（经济型）、墙面、花池贴面、楼梯踢面 20mm 厚（宜用于垂直面），25～40mm 厚（宜用于水平面）
	花池及泳池压顶、楼梯踏面 30mm 厚
	车行道 50mm 厚

续表

文化石（砂岩板）	人行道铺地、景墙压顶（经济型）、墙面、花池贴面 30mm 厚
青石板	人行道铺地、景墙压顶（经济型）墙面、花池贴面、楼梯踏面 20mm 厚
木材（进口高级防腐木，环保塑木）	铺地 30～50mm 厚，留缝 5mm
	用木龙骨或环保塑木龙骨固定，用于木平台、栈道、景观桥面及花槽
鹅卵石（路面坡度<1%）	铺贴鹅卵石直径大：40～80mm，小：20～30mm
	水池底散置鹅卵石直径 60～120mm
	景观道，局部拼花铺装
植草砖，植草板	停车场、隐形消防道
水泥砖、烧结砖、路面砖	人行道铺地 50mm 厚，车行道铺地 60mm 厚
	景观道、广场
马赛克、瓷片（详见泳池部分）	局部景墙、铺装
橡胶垫儿童、老人活动场、运动场	30～50mm 厚

12.1.3 技术要求

人行道路基层

表 12.1.3-1

1	基层结构做法——自然土（从上到下）	100 厚 C15 混凝土
		100 厚 6%水泥石粉渣
		素土夯实>92%
2	基层结构做法——板上（从上到下）	100 厚 C15 混凝土
		150 厚 6%水泥石粉渣
		轻质回填土夯实>92%
		透水型土工布，四周上翻 100 高
		100 厚陶粒排水层（或 20 高疏水板）
		车库顶板防水保护层建筑院必须保证有 0.5%～1%的排水坡，坡向出水口
3	花岗岩、板岩、文化石、水泥砖、陶砖（从上到下）	面层
		30 厚 1:3 干硬性水泥砂浆
		下接基层结构做法
4	鹅卵石	面层（鹅卵石面层坡度<1%）
		卵石嵌入结合层
		10 厚水泥纯浆
		20 厚 1:2.5 水泥砂浆结合层
		下接基层结构做法
5	植草砖	植黄砖，种植土填充
		30～50 厚砂垫层（四周应由水泥砂浆挡住砂子的外移）
		级配碎石 150～200 厚或者 3:7 灰土 200 厚
		素土夯实
6	橡胶垫	面层
		胶水
		20 厚 1:2.5 水泥砂浆找平
		下接基层结构做法

车行道路

表 12.1.3-2

1	沥青（从上到下，由专业队伍施工）	50 厚细粒式沥青混凝土
		60 厚粗粒式沥青混凝土
		乳化沥青透层
		200 厚 C30 混凝土垫层
		150 厚 6%水泥石粉渣
		素土夯实
2	花岗石、水泥砖（从上到下）	面层
		20 厚 1:3 干硬性水泥砂浆结合层
		200 厚 C30 混凝土
		100 厚 6%水泥石粉渣
		素土夯实

墙面

1	涂料、花岗石、板岩、文化石、面砖（从外到内）	面层
		20 厚 1:2 水泥砂浆结合层
		聚合物水泥基防水涂料一道 1mm
		20 厚 1:2.5 水泥砂浆
		非黏土砖墙或混凝土结构
2	挡土墙	结构图纸
		备注：墙面不考虑干挂做法

透水地面（侧面应有排水沟，收集雨水）

表 12.1.3-3

<table>
<tr><th>透水地面类型</th><th>承载力地面（mm）</th><th>非承载力地面（mm）</th></tr>
<tr><td>透水砖</td><td>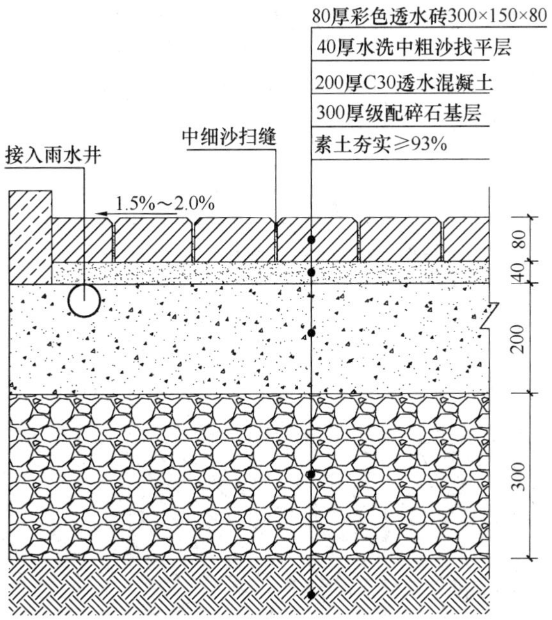
80厚彩色透水砖300×150×80
40厚水洗中粗沙找平层
200厚C30透水混凝土
300厚级配碎石基层
素土夯实≥93%
中细沙扫缝
接入雨水井
1.5%～2.0%
80
40
200
300
透水砖路面构造</td><td>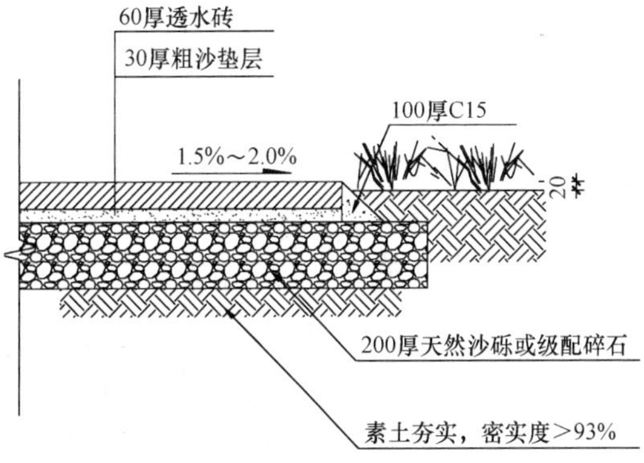
60厚透水砖
30厚粗沙垫层
100厚C15
1.5%～2.0%
20
200厚天然沙砾或级配碎石
素土夯实，密实度>93%
透水砖铺装</td></tr>
</table>

续表

透水地面类型	承载力地面（mm）	非承载力地面（mm）
嵌草砖	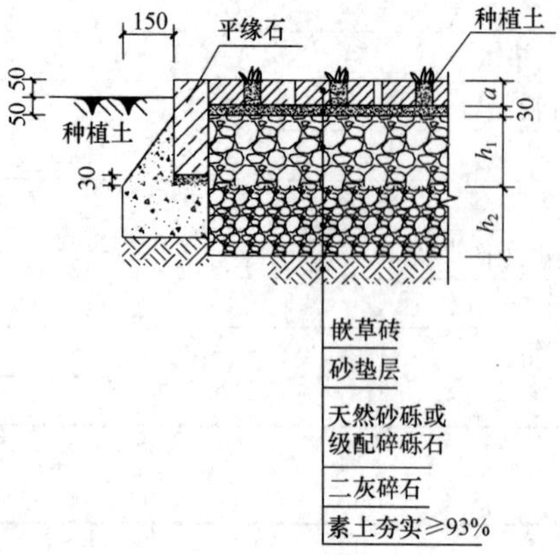150 平缘石 种植土 50 50 种植土 30 a 30 h_1 h_2 嵌草砖 砂垫层 天然砂砾或级配碎砾石 二灰碎石 素土夯实≥93% 用于承载地段	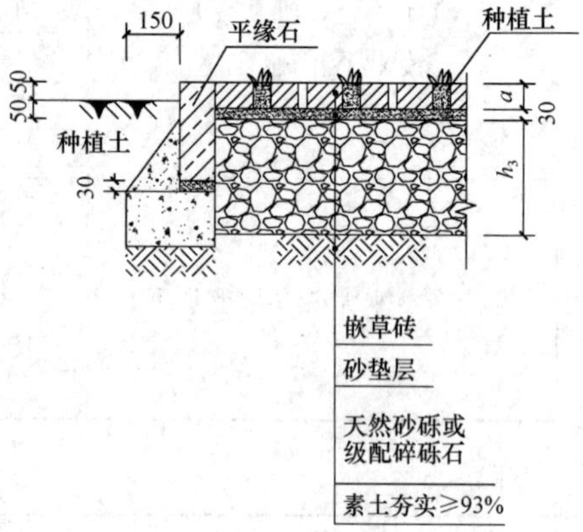150 平缘石 种植土 50 50 种植土 30 a 30 h_3 嵌草砖 砂垫层 天然砂砾或级配碎砾石 素土夯实≥93% 用于非承载地段
透水混凝土	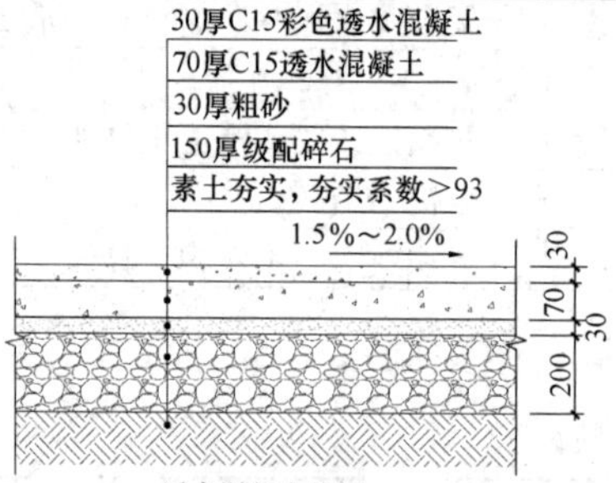30厚C15彩色透水混凝土 70厚C15透水混凝土 30厚粗砂 150厚级配碎石 素土夯实，夯实系数>93 1.5%~2.0% 30 70 30 200 透水混凝土地面	
排水沥青	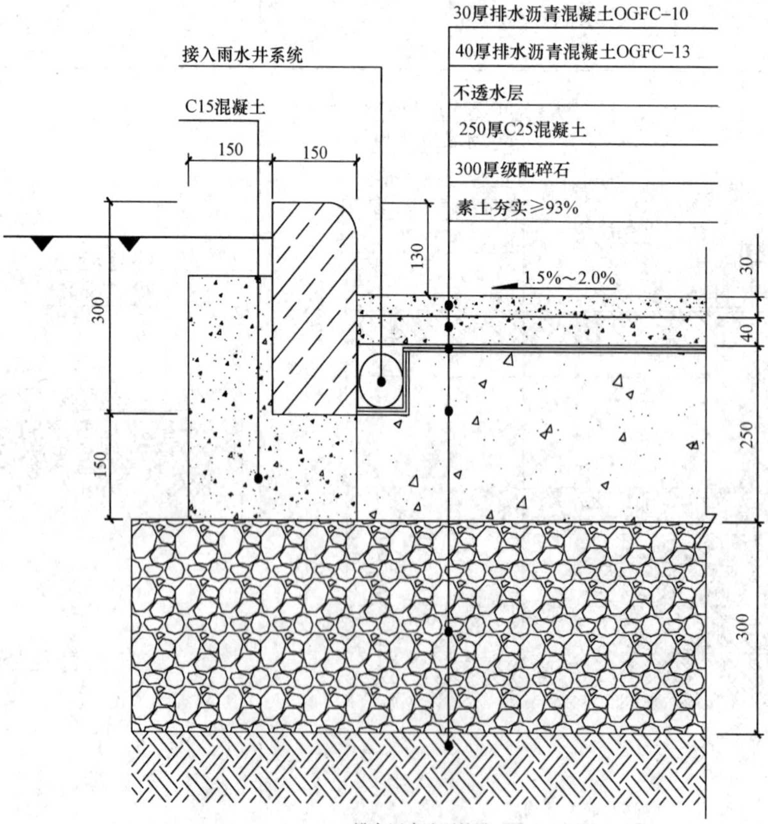30厚排水沥青混凝土OGFC-10 40厚排水沥青混凝土OGFC-13 不透水层 250厚C25混凝土 300厚级配碎石 素土夯实≥93% 接入雨水井系统 C15混凝土 150 150 130 300 150 1.5%~2.0% 30 40 250 300 排水沥青路面构造	

12.2 水　　景

12.2.1 面层材料选择

表 12.2.1

1. 混凝土	如无特殊景观效果需要时，水景池底及侧壁面层采用混凝土（拉毛）
	混凝土强度采用C25混凝土。抗渗等级不低于S6
2. 马赛克及瓷片	马赛克尽量选择不透明玻璃马赛克
	马赛克拼花需详细设计图纸
3. 花岗石	选用花岗石需在甲方提供的材料表中选择或提供样板供甲方确认，池底及侧壁，铺装材料厚度不超过20mm厚，池边压顶材料厚度不超过50mm厚
4. 鹅卵石	

12.2.2 技术要求总则

表 12.2.2

1	可涉入式水景的水深应小于0.3m，以防止儿童溺水，同时水底应做防滑处理
2	汀步，面积不小于0.4m×0.4m，并满足连续跨越的要求
3	池岸必须作圆角处理，铺设软质渗水地面或防滑材料
4	结构板上水景结构设计要求： 水景下建筑功能对渗漏要求不高时，可将结构板直接作为水景的底板； 水景下建筑功能对渗漏要求高时，水景结构自成体系，与结构板脱离；水景迎水面设卷材放水水景下建筑还要另做防水层，迎水面涂防水涂料
5	水景防水要求： 结构找坡1%坡向泄水口； 1:3水泥砂浆找平； 2.0mm厚水泥基聚合物或其他防水涂层以及改性沥青防水卷材等。防水涂膜，管道周边300mm宽范围做附加2.0mm厚防水层； 20mm厚1:2.5水泥纤维砂浆保护层，表面拉细毛； 面层涂料或瓷砖
6	需考虑设置可靠的自动补水装置和溢流管路
7	水景排水要求： 结构板上敷设排水多孔管，*DN*110管上开5～10mm的孔洞，间距80～10mm； 结构板找坡，一般为0.5%～2%； 排水管坡向排水沟或渗水坑（渗水坑在地下室范围外）； *DN*110多孔管，0.005坡度，0.5充满度排水负荷2.9升/秒，需计算得到的排水多孔管的数量
8	水景设备及照明应符合相关标准要求

12.2.3 人工湖设计要求

表 12.2.3

	人工湖底部设计原则	由于周边地形的变化（挖湖、开采、建房等）会导致地下水位也有类似“连通器”效应的变化以达到新的平衡。故人工湖即使在使用后也应观察此类变化，防止地下水反攻而破坏驳岸和湖底或者水位上升超过原可控程度
1	进行水文地质勘探，取得水位和土壤渗透的参数。	1.“岸边防渗”：当本工程周围有水位高差时它们会自然水平渗透以达到平衡，这样保护地周边就要进行水平防渗，设计防渗墙。以达到人工湖水位可控程度 2. 驳岸防护：一般情况下（根据土壤摩擦系数）驳岸坡度大于 1∶1.5（即 33.7℃）时应该设置护坡，防止塌落，并设置防渗水措施，防止水平渗漏 3. 湖底防渗：当最低水位高于人工湖底时，则湖底不必设置防渗措施（指周边无高或低的水体面形成“连通器”作用） 4. 防渗层做法：①简易—防渗土工膜，内夹不透水玻璃膜；②高档—成品防渗毡（膨阔土防水毯）；为了保护防渗层，在其上下应有散软材料夹住，上铺 50～100 粗砂，下铺在夯实土上
2	水体应尽量保持流动状态，能确保水质自净	
3	国家严禁使用自来水作为人工湖水源	
4	池底分软底和硬底两种做法	尽可能选用软底设计、对生态、环保、节省投资，加快施工进度都有利
5	驳岸（池壁）	人工湖池壁也称“驳岸”，在自然环境下设人工湖驳岸坡度在 1∶2（垂直∶水平）以下基本可认为稳定边坡；如边坡度大于此值，必须设挡土墙或混凝土边坡壁（由结构设计） 无论是哪种边坡都必须需设防水或防渗层，防水（防渗层）必需高于最高水位，并在最顶部用混凝土压顶嵌固、边坡上应用水泥钉（混凝土底上），或者垒砌石块压住，以防滑入
6	旱喷泉	1. 一般设计在平坦、开阔的广场上。占广场局中位置的一小部分，仅夏季的部分时段开启 2. 应设计水自回流循环系统，并设置常清洗，常维修的构造和设施；北方应有冬季全清空、设备和管道的保护措施 3. 结构和构造宜用钢筋混凝土池底池边，有砖砌部分外层均要设防水砂浆层、活动盖板，沟内排水坡 1%～1.5%；循环泵的位置应利于水流循环，泵坑空间足够利于维护
7	溪流	1. 溪流典型构造做法（按人工湖软底池底或硬底池底做法，采用硬底池底做法时，钢筋混凝土的变形缝宜设在溪流叠小处等有高差变化的隐蔽处，变形缝内必须设置止小带） 2. 溪流水处理设计 应设置水泵保证溪水循环，溪流水的流速应小于 1.0 米/秒
8	景墙跌水、喷泉、观赏性水池	1. 砖砌墙体 2. 混凝土墙体 3. 喷泉水处理设计 池水水质要求较高、水源紧张和水质腐蚀明显的水景工程，可设置池水循环净化和水质稳定处理；处理的主要目的是减少池水排污损失和换水损失，去除水中的漂浮物、悬浮物、浑浊度、色度、藻类和异味； 池水循环处理常用的方法有格栅、滤网和滤料过滤，水质稳定剂一般投加 $CuSO_4$ 等； 池水水质要求不高时，可不设计净化处理，当池水中有落叶或灰尘时，人工清理

续表

9	人工湿地	人工湿地构造做法： 100mm 厚石米，粒径 5～10mm 350mm 厚砾石，粒径 30～50mm 150mm 厚 C20 混凝土 300mm 厚 8%水泥土（当地土过筛）夯实>90% 原土夯实，密实度 90%

12.3 软景（种植设计）

12.3.1 各类型项目种植设计要点

表 12.3.1

居住区种植设计要点	道路景观种植设计要点	公园及风景区种植设计要点	河岸滨海景观种植设计要点	景观改造工程种植设计要点
1）乔木与建筑的距离，植物与硬质边界的距离 2）隐形消防道 3）消防登高面 4）建筑的南北面 5）选择无毒的植物 6）多用常绿植物 7）业主的特殊要求 8）当地的忌讳 9）细致的设计（对景，转角，视线焦点，高低层次）	1）车行道旁营造大尺度的景观效果 2）中央绿化带防眩光设计 3）行道树间距为5～7m，距路边最小距离0.5m行道树分枝点须在1.8～2.0m间，树高大于4m 4）行人道旁绿化带 5）关键点的设计（路端点，转弯，视线焦点交汇处）	1）根据景区主题划分确定植物空间营造，确定特色主体树种 2）注意树木景观的郁闭度 3）植物造景借景、对景、框景等手法的运用 4）孤立树、树丛、树群的观赏距离 5）儿童游戏场夏天遮荫的面积大于50% 6）各种场地的乔木枝下净空高（儿童游戏场>1.8m、成人活动场所>2.2m、大中型停车场>4m，小汽车>2.5m，自行车>2.2m）	1）结合实地情况，植物品种选择注意抗风性、耐水湿性或抗盐碱性等 2）结合环境特色营造林冠线、透景线 3）片植季相、色彩突出的乔木林 4）滨水缓坡草坪的营造	1）场地踏勘 2）确定移走树木并出移走树木图 3）对原有具观赏价值树木的利用，新种植图应标出保留树木

12.3.2 植物与建筑、构筑物、管线等距离附表

行道树与建筑、建筑物的水平间距（单位：m） 表 12.3.2

道路环境及附属设施	至乔木主干最小间距	至灌木中心最小间距	道路环境及附属设施	至乔木主干最小间距	至灌木中心最小间距
有窗建筑外墙	3.0	1.5	排水明沟边缘	1.0	0.5
无窗建筑外墙	2.0	1.5	铁路中心线	8.0	4.0
人行道边缘	0.75	0.5	邮筒、路牌、站标	1.2	1.2
车行道路边缘	1.5	0.5	警亭	3.0	2.0
电线塔、柱、杆	2.0	不限	水准点	2.0	1.0
冷却塔	塔高 1.5 倍	不限			

行道树与地下管线的水平间距（单位：m）　　表 12.3.2-2

沟管名称	至中心最小间距		沟管名称	至中心最小间距	
	乔木	灌木		乔木	灌木
给水管、阀井	1.5	不限	弱电电缆沟、电力电信杆	2.0	0.5
污水管、雨水管、深井	1.0	不限	乙炔氧气管、压缩空气管	2.0	2.0
排水盲沟	1.0	不限	消防龙头、天然瓦斯管	1.2	1.2
电力电缆、深井	1.5	0.5	煤气管、探井、石油管	1.5	1.5
热力管、路灯电杆	2.0	1.0			

其他非行道树的乔、灌木种植设计参照以上表格。

12.3.3 垂直绿化（墙面绿化）

依据植物种植方式的不同，墙面绿化可分为攀爬或垂吊式、种植槽种植式、模块式、铺贴式、布袋式和板槽式等。

模块式墙面绿化设计要点：

表 12.3.3-1

适用范围	适用于各类型的墙面绿化，主要适用于室外	
安全要求	1. 设计施工前必须由具备相关资质的单位检测墙体的稳定性 2. 作业时，施工人员应穿戴防护措施，同时与施工周边设立安全警戒线，避免高空坠物	
技术要点	1. 计算墙面稳定性及相关指标 2. 绿化模块由种植构件盒、种植基质、植物三部分组成 3. 构件盒长宽不超过 50cm，重量控制在 25kg 以内，需经过具备有关资质的单位或结构工程师按绿化模块的重量和风载力大小进行严格计算 4. 将植物模块构件固定在钢骨架上 5. 植物选择：以常绿植物为主，组合形式可多样化营造多变的墙面特色景观，体现城市特色；根据墙体朝向、光照条件选择喜荫或喜阳的植物，宜在北朝向种植耐荫植物，西向墙面种植耐旱植物	

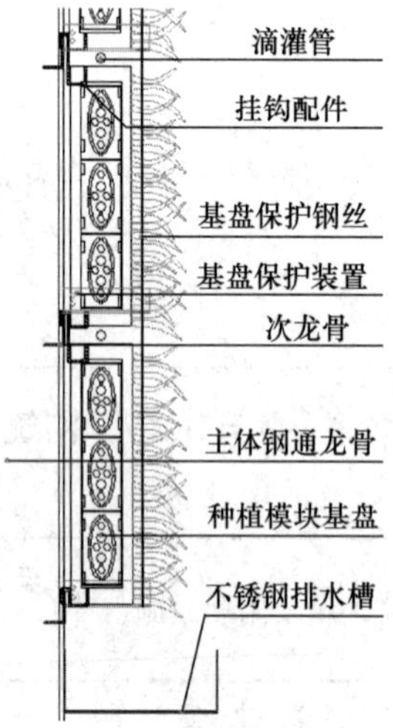
滴灌管
挂钩配件
基盘保护钢丝
基盘保护装置
次龙骨
主体钢通龙骨
种植模块基盘
不锈钢排水槽

种植槽式墙面绿化设计要点：

表 12.3.3-2

适用范围	各类平整的垂直墙面
安全要求	1. 设计施工前必须由具备相关资质的单位检测墙体的稳定性 2. 建筑周边环境常年风力过大的区域应慎重选择该绿化形式 3. 作业时，施工人员应穿戴防护措施，同时与施工周边设立安全警戒线
技术要点	1. 紧贴墙面或离开墙面 5～10cm 处搭建平行于墙面的骨架，骨架应做防腐工艺处理 2. 设计滴灌系统 3. 在种植槽放置种植基质，完成植物栽培 4. 将种植好的种植槽从下往上依次嵌入骨架

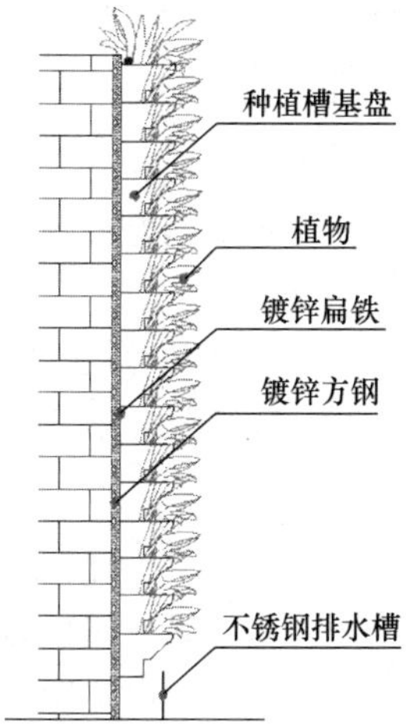
种植槽基盘
植物
镀锌扁铁
镀锌方钢
不锈钢排水槽

布袋式墙面绿化设计要点：

表 12.3.3-3

适用范围	适用在室内或室外墙体，可应用于不规则形状墙体
安全要求	建筑墙面应满足防水等要求
技术要点	1. 必须对墙面进行防水处理 2. 安装灌溉设备 3. 安装防水背板 4. 直接在防水背板上固定种植毯，植物栽种于种植毯之间 5. 用于室内时应安装植物补光灯

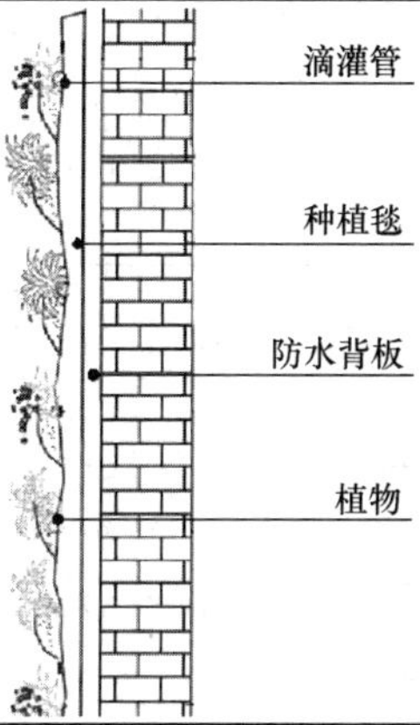
滴灌管
种植毯
防水背板
植物

铺贴式墙面绿化设计要点：

表 12.3.3-4

适用范围	室内或室外墙体绿化
安全要求	1. 建筑墙面应满足防水等要求 2. 选择浅根性植物，避免植物根系刺穿墙体，避免墙体开裂 3. 作业时，施工人员应穿戴防护措施
技术要点	1. 墙面应做防水处理 2. 设置排水系统 3. 可选择于墙面铺贴生长基质、用喷播的方式喷于墙体形成生长系统或空心砌墙砖绿化方式（砖上留有植生孔，砖体内装有土壤、树胶、肥料和草籽等）

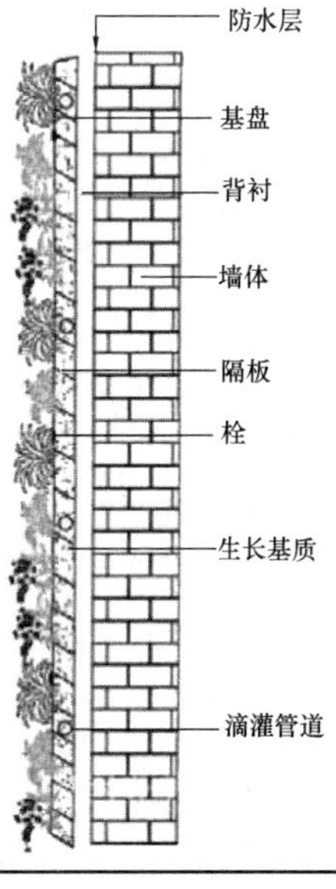
防水层
基盘
背衬
墙体
隔板
栓
生长基质
滴灌管道

板槽式墙面绿化设计要点：

表 12.3.3-5

适用范围	适用室外墙体
安全要求	1. 设计施工前必须由具备相关资质的单位检测墙体的稳定性 2. 建筑周边环境常年风力过大的区域应慎重选择该绿化形式 3. 作业时，施工人员应穿戴防护措施，同时与施工周边设立安全警戒线，避免高空坠物
技术要点	1. 计算墙面稳定性及相关指标 2. 安装 V 形板槽，以螺栓固定，螺栓应做防锈处理 3. 安装灌溉系统 4. 于槽内填装轻质种植材料，或将规格大小与 V 形板槽相当规格的盆花，脱盆直接置入槽中 5. 植物选择：常绿植物为主，组合形式可多样化营造多变的墙面特色景观，体现城市特色；根据墙体朝向、光照条件选择喜阴或喜阳的植物，宜在北朝向种植耐阴植物，西向墙面种植耐旱植物

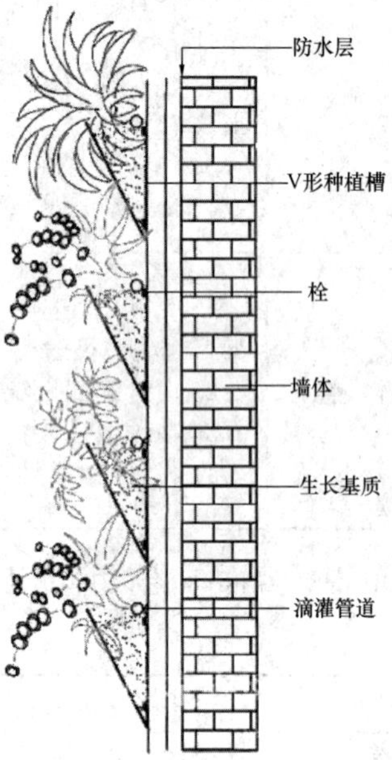
防水层
V形种植槽
栓
墙体
生长基质
滴灌管道

攀爬或垂吊式墙面绿化设计要点：

表 12.3.3-6

适用范围	墙面较为粗糙或有利于植物攀缘的建筑墙面、高度较高的建筑墙面、挡土墙
安全要求	1. 设计施工前必须由具备相关资质的单位检测墙体的稳定性 2. 建筑周边环境常年风力过大的区域应慎重选择该绿化形式 3. 作业时，施工人员应穿戴防护措施，同时与施工周边设立安全警戒线
技术要点	1. 于墙基、墙顶砌条形花槽，于墙顶砌花基前必须计算墙体的荷载，确保安全 2. 并架设木架、辅助攀援网辅助植物攀爬，和其他建筑构件上应装上防锈螺栓和木榫，螺钉和地脚螺栓都应做防锈处理 4. 植物选择：选用低成本、花色丰富的攀缘植物；植物色彩应与建筑墙面、建筑环境色彩相协调；根据墙体朝向、光照条件选择喜荫或喜阳的植物，宜在北朝向种植耐荫植物，西向墙面种植耐旱植物；根据景观需求，选择常绿或半常绿的植物

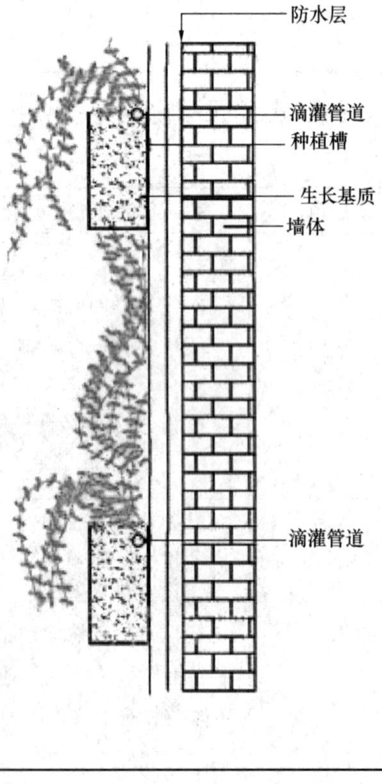
防水层
滴灌管道
种植槽
生长基质
墙体
滴灌管道

12.4 小　　品

12.4.1 建筑小品

表 12.4.1

设计要点：

A. 亭、廊、花架等建筑设施应和环境协调，占地面积之和不得大于绿地总面积的 2%，花架面积以花架最外边线范围 1/5 计算

B. 亭、廊、花架为游人休息、遮荫，蔽风雨及欣赏景色，其地位、大小、式样应满足上设计要求

C. 亭、廊、花架周围需排水良好。地坪应平整、美观、防滑，并便于打扫

D. 有吊顶的亭、廊、敞厅，吊顶采用防潮材料

E. 亭、廊、花架等供居民坐憩之处，不采用粗糙饰面材料，也不采用易刮伤肌肤和衣物的构造

F. 亭、廊、花架等室内净高不应小于 2.1m，楣子高度应考虑游人通过或赏景的要求

亭	廊	花　架	膜结构
亭供人休息、遮荫、避雨和凭眺空间场所，个别属于纪念性和标志性建筑。 亭自身成景，成为视觉焦点，引导游览	廊多数有顶盖，廊具有引导人流，引导视线，连接景点和供人休息的功能 居住区内建筑与建筑之间的连廊尺度控制必须与主体建筑相适应 柱廊是以柱构成的廊式空间，是一个既有开放性，又有限定性的空间，能增加环境景观的层次感。柱廊一般无顶盖或在柱头上加设装饰构架，靠柱子的排列产生效果	花架通常顶部为全部或局部漏空，是供藤类作物攀爬，同时能提供休息与连接功能。在位置选择上，可连接交通枢纽处 花架设计应与所用植物材料相适应，种植池的位置可灵活地布置在架内或者架外，也可以高低错落，结合地形和植物的特征布置	张拉膜结构由于其材料的特殊性，能塑造出轻巧多变、优雅飘逸的建筑形态 位置选择需避开消防通道，膜结构的悬索拉线埋点要隐蔽并远离人流活动区 膜结构一般为银白反光色，醒目鲜明

12.4.2 装饰小品

表 12.4.2

山　石	雕　塑	花　盆
山石分为天然的假山石和人造的假山石；新置山石应简洁大方、自然、保证安全，并有相当的艺术水平，不宜盲目模仿人物或动物形象，不得追求庸俗格调 天然的假山石分观赏性假山和可攀登假山，后者必须采取安全措施；居住区堆山置石的体量不宜太大，构图应错落有致 人造的假山石，又称为塑山，是采用钢筋、钢丝网或玻璃钢作内衬，外喷抹水泥做成石材的纹理褶皱，喷色后似山石和海石，喷色是仿石的关键环节，人造山石以观赏为主，在人经常蹬踏的部位需加厚填实，以增加其耐久性，人造山石覆盖层下宜设计为渗水地面，以利于保持干燥	雕塑小品与周围环境共同塑造完整视觉形象和主题，以小巧的格局、精美的造型来点缀空间，通过其造型、体量，形成视觉走廊焦点，成为游览路线引导 雕塑在布局上要注意与周围环境的关系，确定雕塑的材质、色彩、体量、尺度、题材、位置等，展示其整体美、协调美；应配合住区内公共服务设施而设置，如与喷泉、瀑布、假山等结合，起到点缀、装饰和丰富景观的作用；特殊场合的中心广场或主要公共建筑区域，可考虑主题性或纪念性雕塑 要做好景观雕塑夜间照明设计，最好采用前侧光，一般大于 60°，避免强俯仰光（正上光、正下光），同时避免顺光照射以及正侧光所形成的“阴阳脸”	花盆的尺寸应适合所栽种植物的生长特性，有利于根茎的发育，花草类盆深 20cm 以上，灌木类盆深 40cm 以上，中木类盆深 45cm 以上；3～4m 的高大树木则可选择 50cm 以上的花盆，盆中需安置支柱 花盆用材，应具备有一定的吸水保温能力，不易引起盆内过热和干燥；花盆可独立摆放，也可成套摆放，采用模数化设计能够使单体组合成整体，形成大花坛

12.4.3 公用设施小品

表 12.4.3-1

信息设施	卫生设施		游憩设施		安全设施			交通设施	
A. 标识	垃圾容器	饮水器（饮泉）	A. 座椅（具）	B. 游乐设施	A. 护栏	B. 围栏（栅栏）	C 围墙	A. 车挡（缆柱）	B. 自行车架（自行车棚）

树池及树池箅的尺寸关系　　表 12.4.3-2

树高	树池尺寸（m）		树池箅尺寸（直径，m）
	直径	深度	
3m 左右	0.6	0.5	0.75
4～5m	0.8	0.6	1.2
6m 左右	1.2	0.9	1.5
7m 左右	1.5	1.0	1.8
8～10m	1.8	1.2	2.0

12.4.4 儿童游乐设施

儿童游乐设施设计要点　　表 12.4.4

序号	设施名称	设 计 要 点	年龄组（岁）
1	砂坑	①居住区砂坑一般规模为 10～20m²，砂坑中安置游乐器具的要适应加大，以确保基本活动空间，利于儿童之间的相互接触；②砂坑深 40～45cm，砂子中必须以细砂为主，并经过冲洗，砂坑四周应竖 10～15cm 的围沿，防止砂土流失或雨水灌入。围沿一般采用混凝土、塑料和木制，上可铺橡胶软垫；③砂坑内应敷设暗沟排水，防止动物在坑内排泄	3～6
2	滑梯	①滑梯由攀登段、平台段和下滑段组成，一般采用木材、不锈钢、人造水磨石、玻璃纤维、增强塑料制作，保证滑板表面光滑；②滑梯攀登梯架倾角为 70°左右，宽 40cm，梯板高 6cm 双侧设扶手栏杆；滑板倾角 30°～35°，宽 40cm，两侧直缘为 18cm，便于儿童双脚制动；③成品滑板和自制滑梯都应在梯下部铺厚度不小于 3cm 的胶垫，或 40cm 以上的砂土，防止儿童坠落受伤	3～6
3	秋千	①秋千分板、座椅式、轮胎式几种，其场地尺寸根据秋千摆动幅度及与周围娱乐设施间距确定；②秋千一般高 2.5m，长 3.5～6.7m（分单座、双座、多座），周边安全护栏高 60cm，踏板距地 35～45cm，幼儿用距地为 25cm；③地面设施需设排水系统和铺设柔性材料	6～15
4	攀登架	①攀登架标准尺寸为 2.5m×2.5m（高×宽），格架宽为 50cm，架杆选用钢骨和木制，多组格架可组成攀登式迷宫；②架下必须铺装柔性材料	8～12
5	跷跷板	①普通双连式跷跷板宽为 1.8m，长 3.6m，中心轴高 45cm；②跷跷板端部应放置旧轮胎等设备作缓冲垫	8～12

续表

序号	设施名称	设计要点	年龄组（岁）
6	游戏墙	①墙体高控制在1.2m以下，供儿童跨越或骑乘，厚度为15～35cm；②墙上可适当开孔洞，供儿童穿越和窥视产生游戏乐趣；③墙体顶部边沿应做成圆角，墙下铺软垫；④墙上绘制图案不易褪色	6～10
7	滑板场	①滑板场为专用场地，要利用绿化种植、栏杆等与其他休闲区分隔开；②场地用硬制材料铺装，表面平整，并具有较好的摩擦力；③设置固定的滑板联系器具，铁管滑架、曲面滑道和台阶总高度不宜超过60cm，并留出足够的滑跑安全距离	10～15
8	迷宫	①迷宫由灌木丛林或实墙组成，墙高一般在0.9～1.5m之间，以能遮挡儿童视线为准，通道宽为1.2m；②灌木丛墙须进行修剪以免划伤儿童；③地面以碎石、卵石、水刷石等材料铺砌	6～12

13 居住区与住宅建筑设计

13.1 居住区规划设计指标

13.1.1 居住区分级指标

住宅区应相对集中，形成相应的居住区、居住小区或居住组团，合理控制分级规模。

	居住区	小区	组团
户数（户）	10000～16000	3000～5000	300～1000
人数（人）	30000～50000	10000～15000	1000～3000

13.1.2 居住区规划指标

居住区的规划布局，应综合考虑周边环境、路网结构、公建与住宅布局、群体组合、绿地系统及空间环境等的内在联系，构成一个完善的、相对独立的有机整体。

居住区用地平衡表（%） **表 13.1.2-1**

用地构成	居住区	小区	组团
1. 住宅用地（R01）	50～60	55～65	70～80
2. 公建用地（R02）	15～25	12～22	6～12
3. 道路用地（R03）	10～18	9～17	7～15
4. 公共绿地（R04）	7.5～18	5～15	3～6
居住区用地（R）	100	100	100

人均居住用地控制指标（m^2/人） **表 13.1.2-2**

居住规模	层数	建筑气候区划		
		Ⅰ、Ⅱ、Ⅵ、Ⅶ	Ⅲ、Ⅴ	Ⅳ
居住区	低层	33～47	30～43	28～40
	多层	20～28	19～27	18～25
	多层、高层	17～26	17～26	17～26
小区	低层	30～43	28～40	26～37
	多层	20～28	19～26	18～25
	中高层	17～24	15～22	14～20
	高层	10～15	10～15	10～15
组团	低层	25～35	23～32	21～30
	多层	16～23	15～22	14～20
	中高层	14～20	13～18	12～16
	高层	8～11	8～11	8～11

13.1.3 居住区公共服务设施指标

居住区公共服务设施（也称配套公建），应包括：教育、医疗卫生、文化体育、商业服务、金融邮电、社区服务、市政公用和行政管理及其他八类设施。居住区配套公建的配建水平，应与居住人口规模相对应。

公共服务设施控制指标（m²/千人） 表 13.1.3

		居住区		小区		组团	
		建筑面积	用地面积	建筑面积	用地面积	建筑面积	用地面积
总指标		1668～3293 (2228～4213)	2172～5559 (2762～6329)	968～2397 (1338～2977)	1091～3835 (1491～4585)	362～856 (703～1356)	488～1058 (868～1578)
其中	教育	600～1200	1000～2400	330～1200	700～2400	160～400	300～500
	医疗卫生（含医院）	78～198 (178～398)	138～378 (298～548)	38～98	78～228	6～20	12～40
	文体	125～245	225～645	45～75	65～105	18～24	40～60
	商业服务	700～910	600～940	450～570	100～600	150～370	100～400
	社区服务	59～464	76～668	59～292	76～328	19～32	16～28
	金融邮电（含银行、邮电局）	20～30 (60～80)	25～50	16～22	22～34	—	—
	市政公用（含居民存车处）	40～150 (460～820)	70～360 (500～960)	30～140 (400～720)	50～140 (450～760)	9～10 (350～510)	20～30 (400～550)
	行政管理及其他	46～96	37～72	—	—	—	—

13.1.4 居住区绿地指标

居住区内绿地，应包括公共绿地、宅旁绿地、配套公建所属绿地和道路绿地，其中包括了满足当地植树绿化覆土要求，方便居民出入的地上或半地下建筑的屋顶绿地。

绿地率：新区建设不应低于30%，旧区改建不宜低于25%。

表 13.1.4

绿地名称	人均绿地面积（m²/人）	最小规模（hm²）
居住区绿地	1.5	1.00
小区绿地	1.0	0.40
组团绿地	0.5	0.04

13.1.5 居住区道路指标

居住区内道路可分为：居住区道路、小区路、组团路和宅间小路四级。

表 13.1.5-1

	居住区	小区	组团	宅间小路
路面宽度（m）	20	6～9	3～5	2.5

道路边缘至建、构筑物最小距离（m） 表 13.1.5-2

		居住区道路	小区路	组团路及宅间小路
建筑物面向道路	无出入口	高层 5.0	3.0	2.0
		多层 3.0	3.0	2.0
	有出入口	—	5.0	2.5
建筑物山墙面向道路		高层 4.0	2.0	1.5
		多层 2.0	2.0	1.5
围墙面向道路		1.5	1.5	1.5

13.1.6 居住区综合技术经济指标

表 13.1.6

项　　目	单位	人(或户)均指标	项　　目	单位	人(或户)均指标
居住区规划总用地	hm^2		2. 其他建筑面积	m^2	
1. 居住区用地(R)	hm^2		住宅平均层数	层	
① 住宅用地(R01)	hm^2		人口毛密度	人/ hm^2	
② 公建用地(R02)	hm^2		住宅建筑套密度(毛)	套/ hm^2	
③ 道路用地(R03)	hm^2		住宅建筑套密度(净)	套/ hm^2	
④ 公共绿地(R04)	hm^2		住宅建筑面积毛密度	m^2 / hm^2	
2. 其他用地(E)	hm^2		住宅建筑面积净密度	m^2 / hm^2	
居住户(套)数	户(套)		居住区建筑面积毛密度(容积率)	m^2 / hm^2	
居住人数	人		总建筑密度(覆盖率)	%	
户均人口	人/户		绿地率	%	
总建筑面积	m^2		停车率	%	
1. 居住区用地内建筑总面积	m^2		停车位	辆	
① 住宅建筑面积	m^2		地面停车率	%	
② 公建面积	m^2		地面停车位	辆	

13.2 总 体 布 局

13.2.1 住宅布置方式

表 13.2.1

住宅布置方式	简　　图
行列式 适用于居住组团	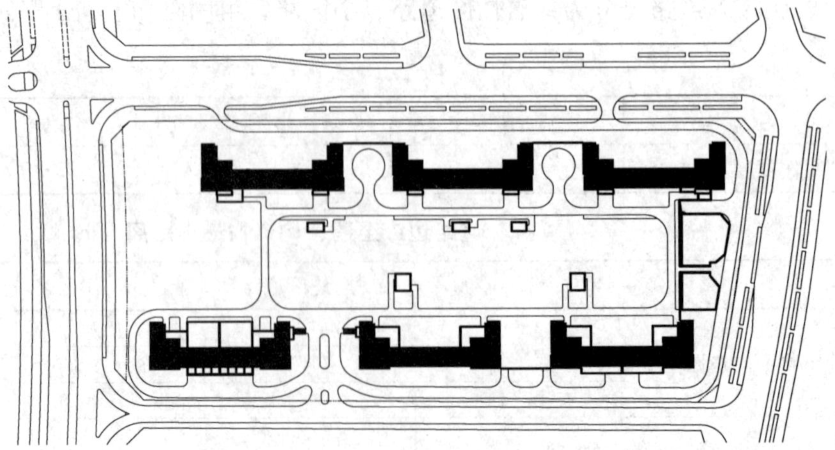 某市保障房项目

续表

住宅布置方式	简　图
点式 适用于居住组团	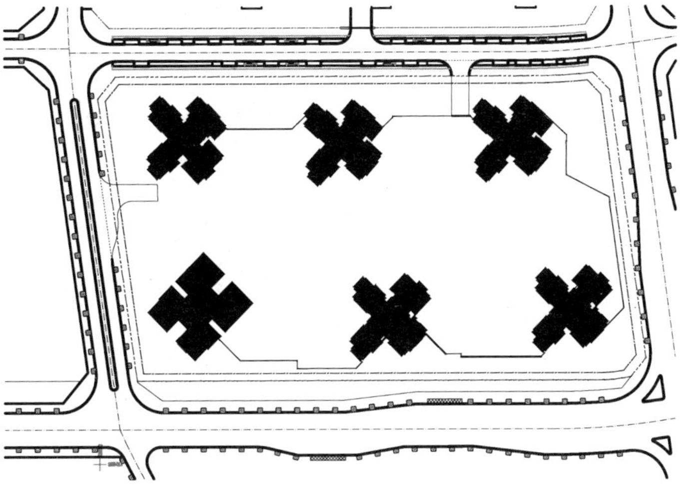 某市华润城润府二期
周边式（围合式） 适用于居住组团	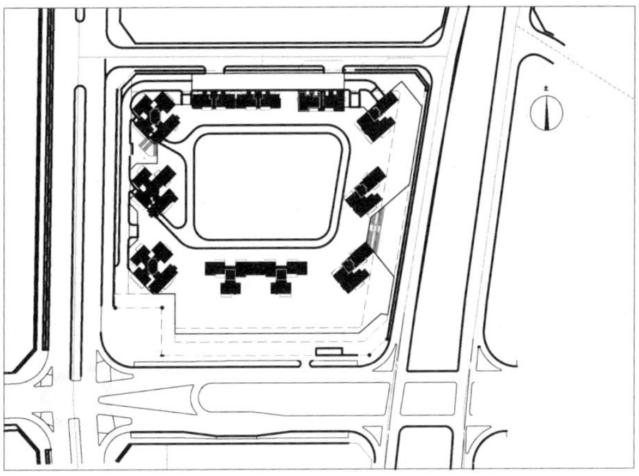 某市太古城花园
混合式 行列式与点式组合，适用于居住小区	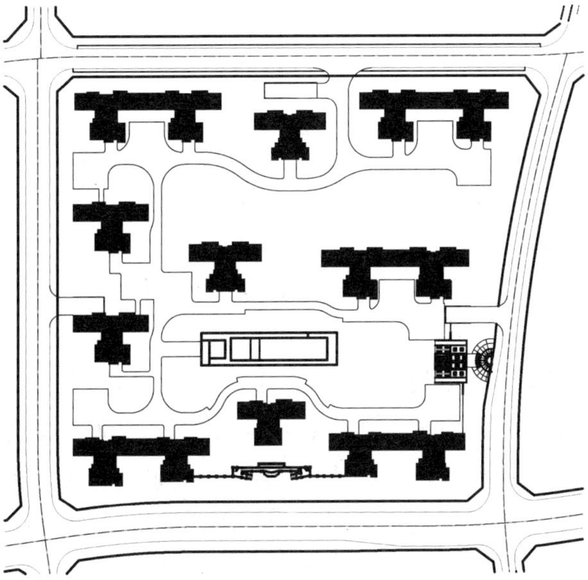 某市华润城 A 区（旧改项目）

续表

住宅布置方式	简　图
组团式 适用于居住区、居住小区，形成公共空间与组团空间	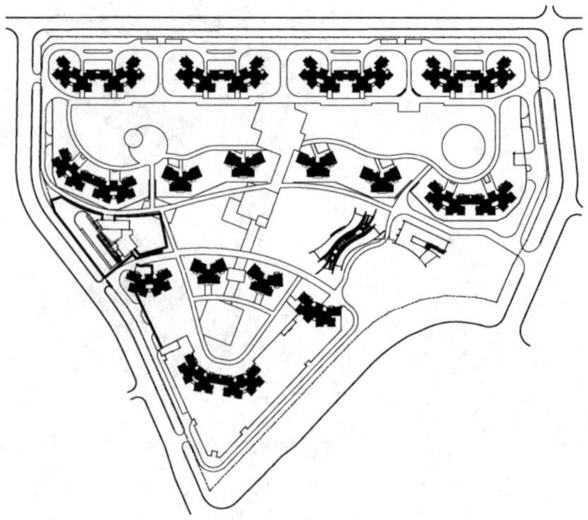 某市侨香村住宅区

13.2.2　住宅日照标准

（1）新建住宅

每套住宅至少应有一个居住空间能获得冬季日照，并应满足当地住宅建筑日照标准要求。

住宅建筑日照标准表　　**表 13.2.2**

建筑气候区划	Ⅰ、Ⅱ、Ⅲ、Ⅶ气候区		Ⅳ气候区		Ⅴ、Ⅵ气候区
	大城市	中小城市	大城市	中小城市	
日照标准日	大寒日			冬至日	
日照时数（h）	≥2	≥3		≥1	
有效日照时间带（h）	8～16			9～15	
计算起点	底层窗台面				

（2）旧区改建住宅

旧区改建的项目内新建住宅日照标准可酌情降低，但不应低于大寒日日照 1h 的标准或当地规划设计要求。

（3）周边建筑日照控制

住宅日照设计应考虑本项目的日照以及对周边建筑日照影响的要求。

当周边建筑满足日照标准时，设计项目对周边建筑的日照影响应满足其日照标准的要求；

当周边建筑不满足日照标准时，设计项目不应增加对周边建筑已有日照条件的影响。

13.2.3　住宅间距

（1）日照间距

日照间距除应满足当地日照标准的要求外，还应满足当地规划部门对日照间距的最小控制要求。

（2）防火间距

见第3章一般规定相关内容。

（3）视线间距

应满足当地规划部门对视觉间距的最小控制要求。

《深圳市城市规划标准与准则》对住宅建筑的视觉间距控制要求一览表　　表13.2.3

<table>
<tr><th></th><th>平行布置</th><th>垂直布置</th><th>并排布置</th><th>夹角布置</th></tr>
<tr><td>低、多层之间</td><td>新区≥两幢平均高度的1.0倍，旧区≥两幢平均高度的0.8倍；南侧≥5层点式住宅且面宽<25m时，按≥两幢建筑平均高度的0.8倍；<5层≥建筑高度的1.0倍，且最小间距≥9m</td><td>南北向：新区≥两幢建筑平均高度的0.8倍，旧区≥0.7倍；东西向：新区≥两幢建筑平均高度的0.7倍，旧区≥0.6倍；当山墙宽度>12m时，应按平行布置的间距控制</td><td>按消防间距或通道要求控制，住宅侧面均有居室门或窗户的，应按垂直布置控制</td><td rowspan="5">两幢建筑的夹角≤30°，其最窄处间距应按平行布置控制；两幢建筑的夹角>330°，其最窄处间距应按垂直布置控制</td></tr>
<tr><td>低、多层与高层、超高层</td><td>低、多层位于南、东或西侧，其间距≥低、多层住宅高度的1.0倍，且≥13m；低、多层位于北侧，其最小间距≥24m</td><td>南北向且低、多层住宅位于南侧，建筑间距≥低、多层住宅高度的0.8倍，且≥13m；低、多层位于北、东、西向时，按高层与超高层间距</td><td>应按消防间距或通道要求控制，低、多层与高层、超高层住宅侧面均有居室门或窗户的，其最小间距≥13m</td></tr>
<tr><td>高层之间</td><td>≥24m</td><td rowspan="3">南北向的最小间距≥18m；东、西向的两侧均有居室门或窗的最小间距≥18m，其他情况最小间距不应小于13m，垂直布置的山墙宽度>15m时，按平行布置控制</td><td rowspan="3">应按消防间距或通道要求控制，高层、超高层住宅侧面均有居室门或窗户的，其最小间距≥18m</td></tr>
<tr><td>高层与超高层</td><td>高层位于南侧，其最小间距≥24m；高层住宅位于北侧，其最小间距≥30m</td></tr>
<tr><td>超高层之间</td><td>≥30m</td></tr>
</table>

13.3 住宅建筑分类

13.3.1 按建筑高度或层数划分

表 13.3.1

分类	高度或层数
低层住宅	1～3 层
多层住宅	4～6 层
中高层住宅	7～9 层
高层住宅	≥10 层（注：《建筑设计防火规范》高度＞27m）
超高层住宅	高度＞100m

13.3.2 按建筑形态划分

表 13.3.2

分类	简　图
独立式住宅 独门独户的低层住宅，如独栋别墅	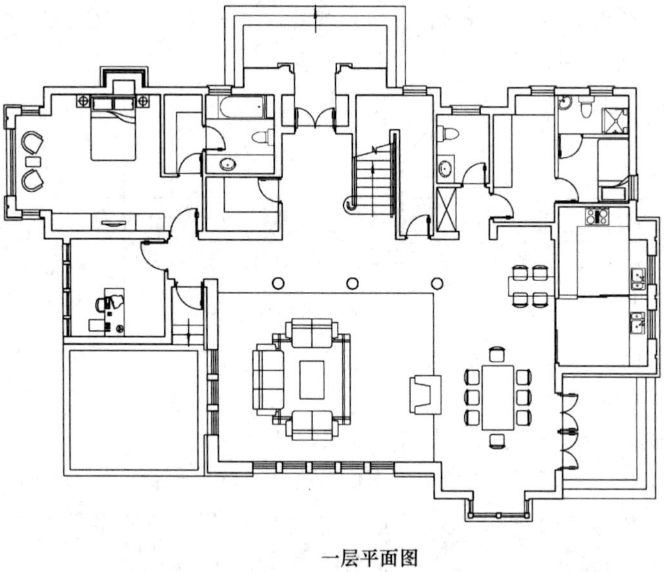 一层平面图 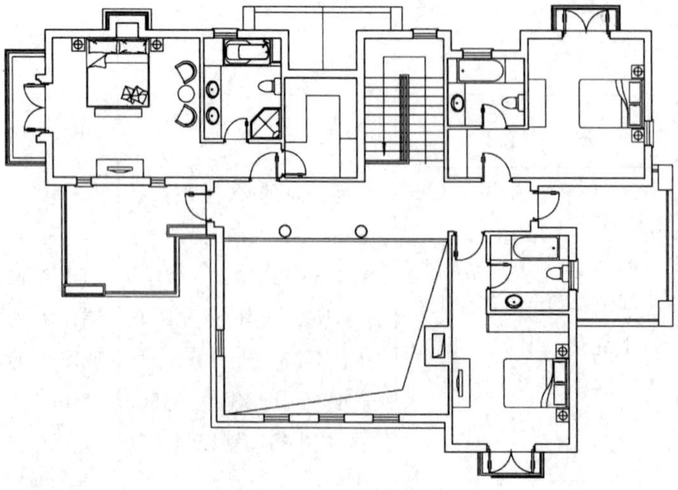 二层平面图

续表

分类	简　图
并联式住宅 由2户独门独户的住宅共用一分户墙拼联成一栋的低层住宅，如双拼住宅	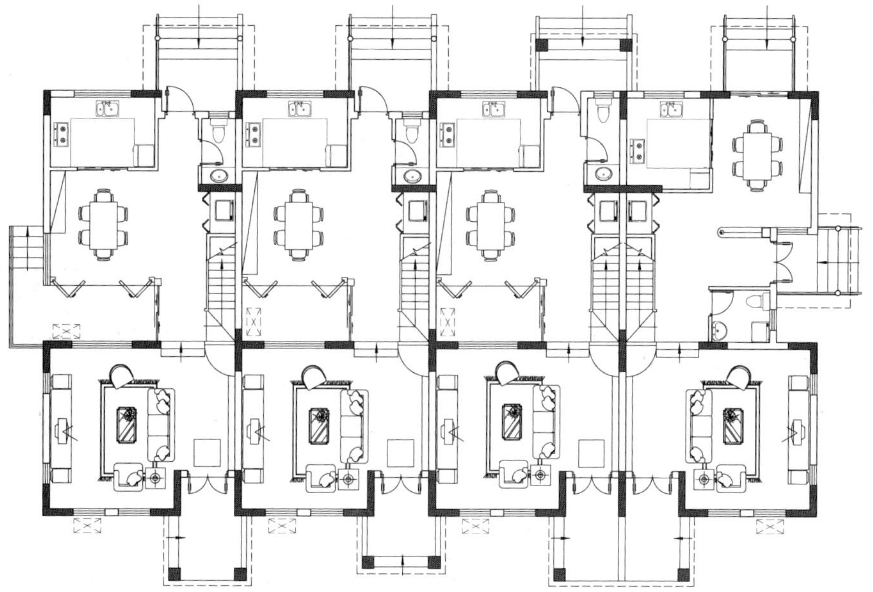
联排式住宅 由几幢低层住宅并联而成有独立门户的住宅，如联排住宅	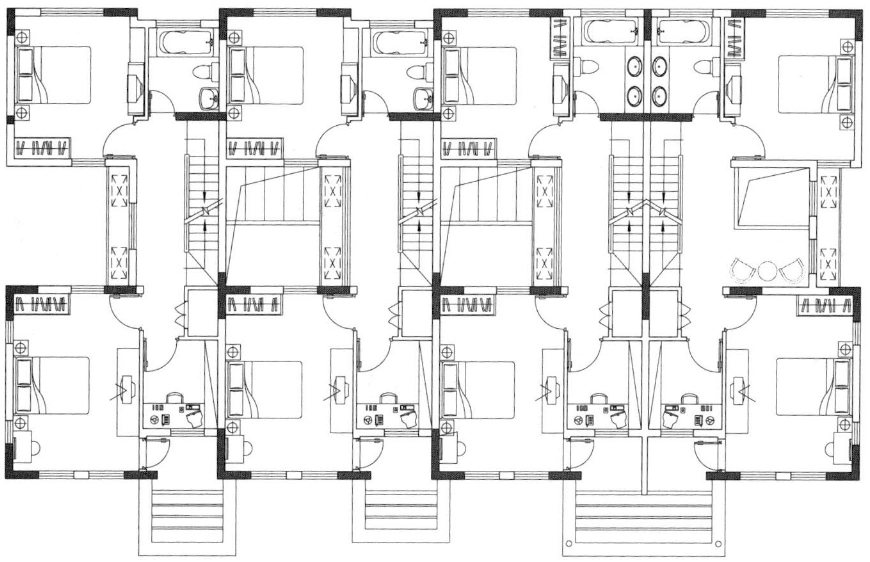 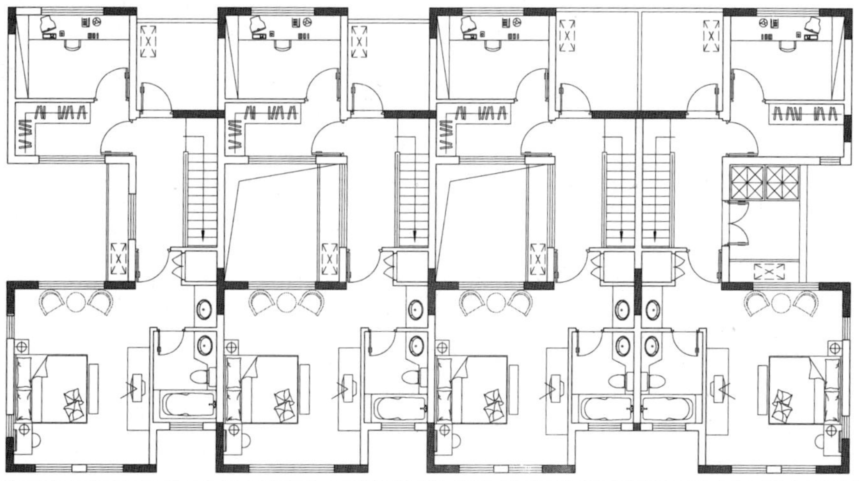

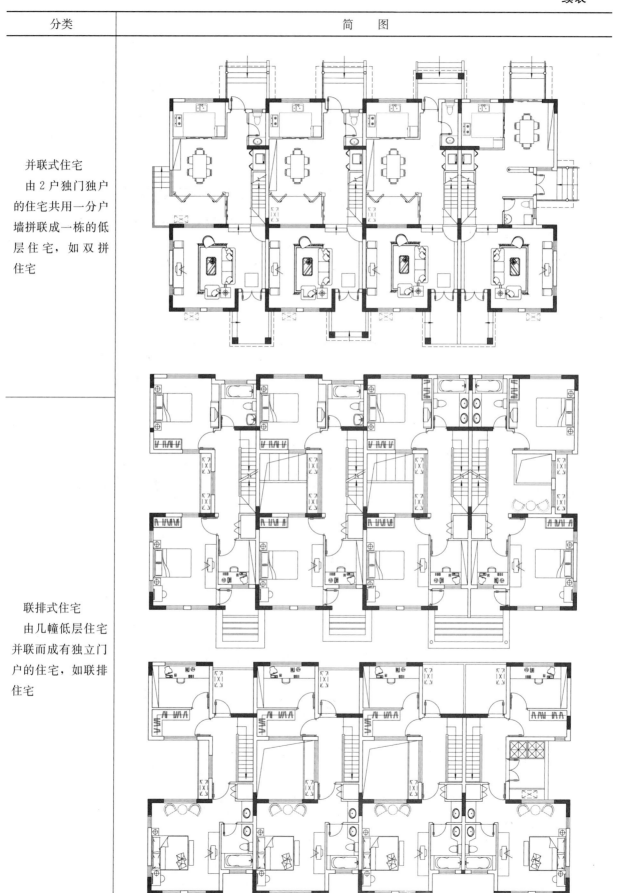

续表

<table>
<tr><th>分　类</th><th>简　图</th></tr>
<tr><td>合院式住宅
由 1 户或几户住宅围合 1 个或几个院落形成的住宅组合，如三合院、四合院等</td><td>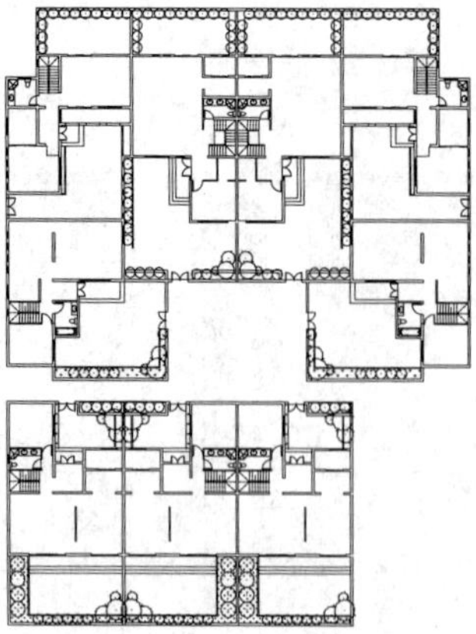
一层平面图
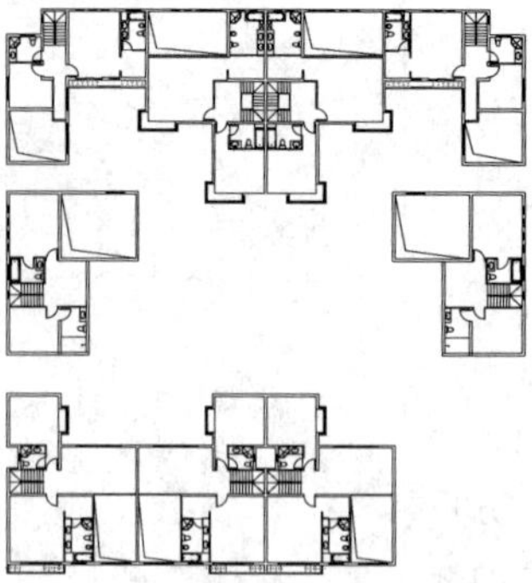
二层平面图</td></tr>
<tr><td>通廊式住宅
由共用楼梯、电梯通过内走廊或外走廊进入各套住房的住宅</td><td>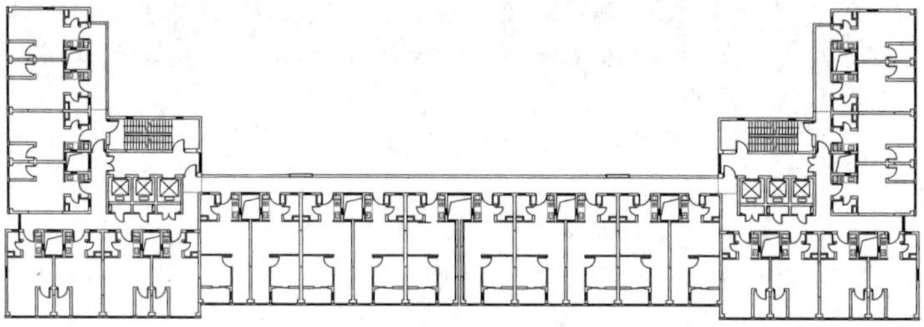
标准层平面图（保障房）</td></tr>
<tr><td>单元式住宅
由≥2 个以上独立的竖向交通单元组成的住宅</td><td>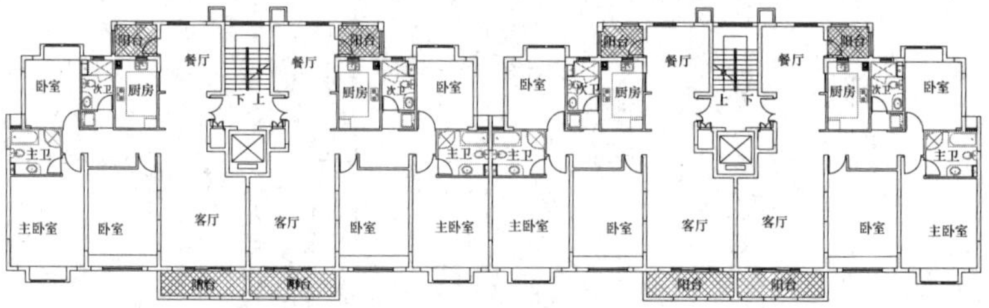
阳台
餐厅
卧室
次卫
厨房
下
上
主卫
主卧室
客厅

标准层平面图</td></tr>
<tr><td>塔式住宅
仅有 1 个独立的竖向交通单元的单栋住宅</td><td>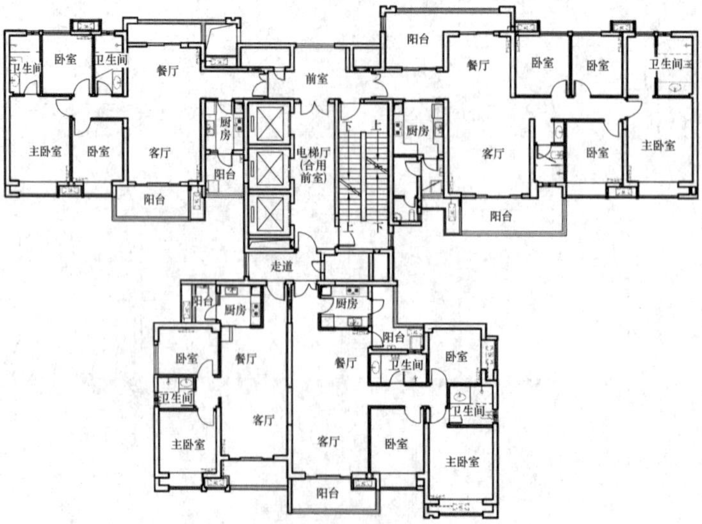
卫生间
卧室
餐厅
阳台
前室
厨房
电梯厅(合用前室)
主卧室
客厅
走道
上
下

标准层平面图</td></tr>
</table>

13.4 公 共 空 间

13.4.1 出入口、门厅、架空层

表 13.4.1

	设计要求	简图
出入口	包括台阶、坡道、平台等	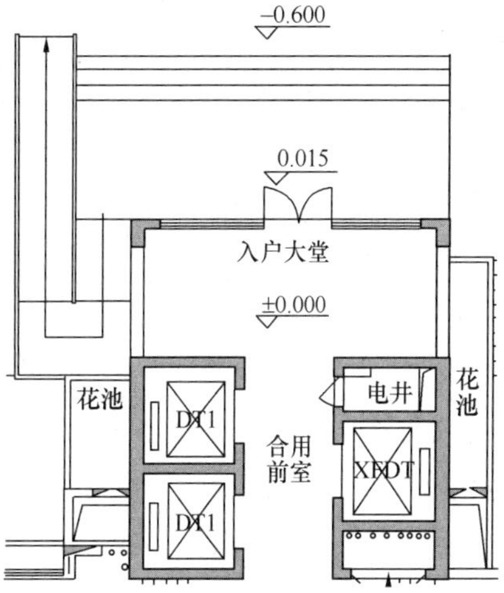-0.600 0.015 入户大堂 ±0.000 花池 电井 花池 DT1 合用前室 XFDT DT1
大堂	大堂可与电梯厅、楼梯间等合用；门厅外门净宽应≥1.50m，净高应≥2.00m；门厅层高不应小于住宅层高；设置架空层时，可与架空层同高	
室内外高差	首层设有住宅时，住宅的室内外高差≥0.30m；首层设有架空花园时，架空花园地面不应低于室外场地标高，住宅门厅（含电梯厅、楼梯间等）与室外场地高差≥0.15m	
雨篷	出入口上方应设置雨篷，进深不应小于入口平台进深，且≥1.00m；当台阶、坡道等出入口上方设置阳台、外廊、开敞楼梯、开敞电梯厅、露台、上人屋面等时，雨篷应采取防止物体坠落伤人的安全措施	
架空层	高层住宅宜在建筑地面层或裙房屋面的住宅首层设置架空层，提供绿化休闲空间；架空层层高应满足当地规划设计控制要求	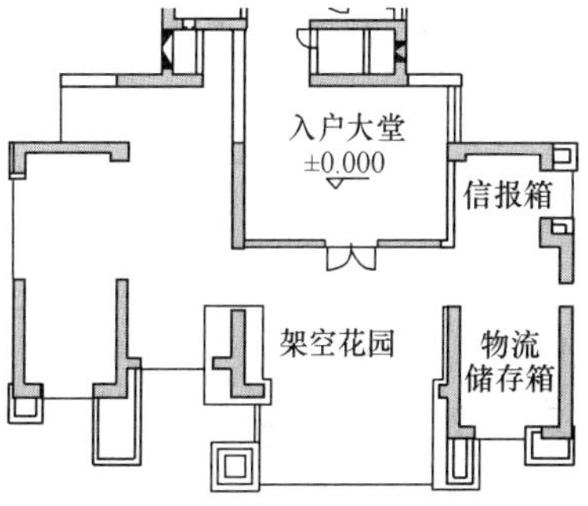入户大堂 ±0.000 信报箱 架空花园 物流储存箱
信报箱、物流存储箱	出入口应设置信报箱，宜设置物流存储箱；不应占用公共通行空间，应兼顾收发与住宅安防要求，并选用定型产品	

13.4.2 楼梯、电梯

（1）楼梯

楼梯见第 3 章一般规定相关内容。

（2）电梯

住宅电梯设计应满足使用功能、消防设计与无障碍设计要求。≥7 层的住宅或住户入户层楼

面（含跃层、错层等住宅）距室外设计地面的高度>16m 的住宅应设置电梯。

电梯数量以独立的交通单元计，最低配置要求：7～11 层住宅，≥1 台；≥12 层住宅，≥2 台，其中 1 台电梯可容纳担架使用。在满足最低配置要求下，应根据项目的设计标准，确定相应的电梯数量。高层、超高层住宅，其电梯数量可通过电梯运输效率计算确定。

住宅电梯配置表 **表 13.4.2**

标准建筑类别	数量			
	经济级	常用级	舒适级	豪华级
住宅	90～100 户/台	60～90 户/台	30～60 户/台	<30 户/台

13.4.3 设备管线、设备管井、设备层

（1）公共设备管井

住宅公共管线应设置在公共空间，便于维护检修。雨水管、燃气管可设置在套内阳台中。高层住宅应设置设备管井，多层住宅宜设置设备管井。

常用设备管井表 **表 13.4.3**

设备管井名称	设备管井尺寸
水管井	内开门内操作 700mm×(1100～1600)mm 对外全开门外操作 400mm×(1100～1600)mm
室内消火栓	双栓 800mm×1200mm×240mm 单栓 700mm×1100mm×240mm
强电管井	内开门内操作 800mm×(1000～1500)mm
弱电管井	对外全开门外操作 400mm×(700～800)mm
加压送风井	防烟楼梯间 0.8～1.4m^2 剪刀楼梯 1.0～1.2m^2 消防电梯前室 0.6～0.8m^2 其合用前室 0.8～1.0m^2

（2）设备转换

住宅下方为其他使用功能时，宜设置设备层，设备层可利用避难层、架空层等空间，避免住宅设备管线对其他功能空间的影响。

对于超高层住宅，高度>150m 的住宅中宜设置水泵房，高度>200m 的住宅中宜设置配电房。水泵房、配电房、风机房可设在避难层中，并采取相应的防火隔离措施。

（3）设备降噪、减振、隔声、防电磁干扰

水泵房、冷热源机房、变配电机房等有噪声及振动的设备应避免紧邻住户设置。如需设置在住宅建筑中或屋面上时，应采用降噪、减振、隔声、防电磁干扰等措施。

13.4.4 避难层、避难间

（1）避难层

建筑高度大于 100m 的住宅建筑应设置避难层，并应符合消防设计要求。避难层的层高应满足当地规划设计控制要求。

（2）套内避难要求

建筑高度>54m、≤100m 的住宅建筑，每户应设置 1 间相对安全的房间，该房间应靠外墙设置，并应设置可开启外窗；内、外墙体的耐火极限≥1.00h，该房间的门宜采用乙级防火门，外窗宜采用耐火完整性≥1.00h 的防火窗。

13.5 套 内 空 间

13.5.1 套型设计

（1）住宅套型

住宅应按套型设计，每套应设起居室（客厅）、餐厅、卧室、厨房和卫生间等五个基本生活空间。

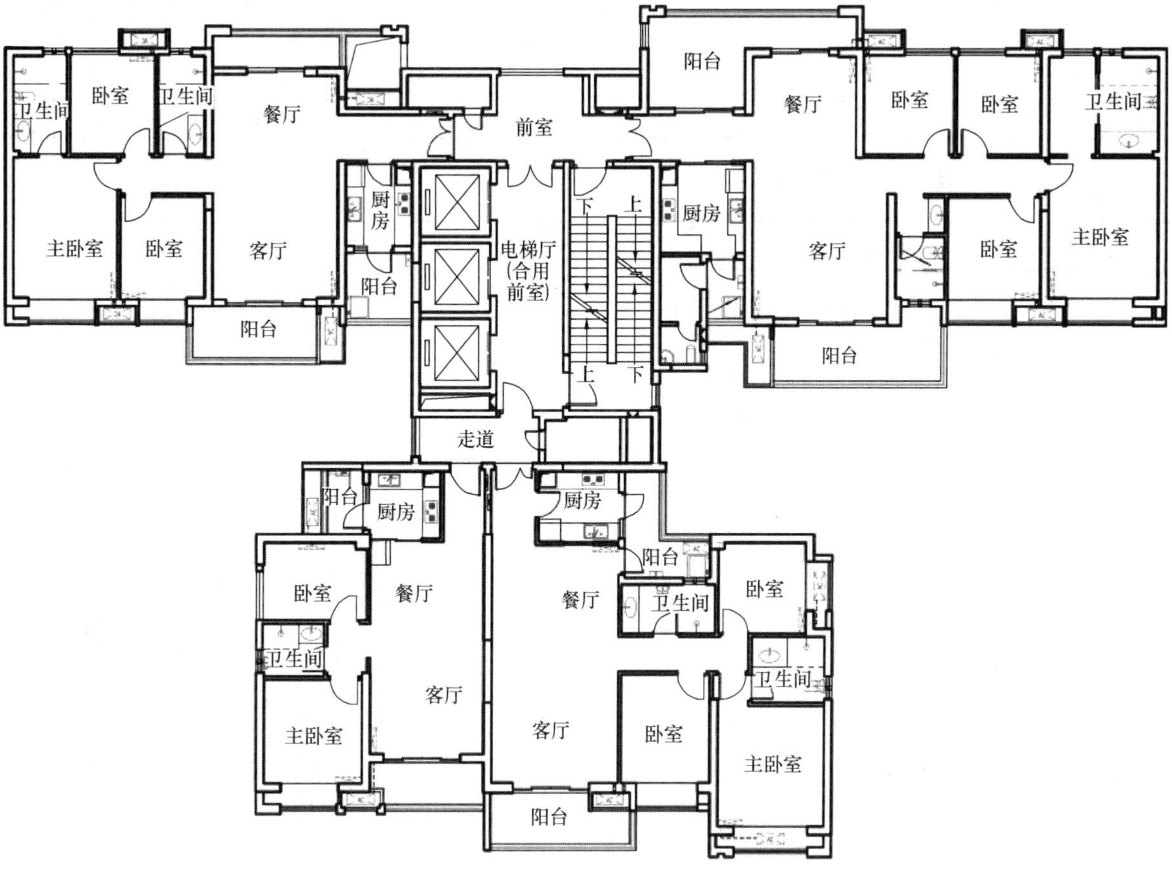
卧室
卫生间
卫生间
餐厅
前室
阳台
餐厅
卧室
卧室
卫生间
厨房
主卧室
卧室
客厅
电梯厅
(合用
前室)
下
上
厨房
客厅
卧室
主卧室
阳台
阳台
上
下
阳台
走道
阳台
厨房
厨房
阳台
卧室
餐厅
餐厅
卫生间
卧室
卫生间
卫生间
客厅
主卧室
客厅
卧室
主卧室
阳台

（住宅标准层平面）

（2）套型使用面积

住宅的套型使用面积应满足规划要求，并满足其最小使用面积要求。

保障房的套型使用面积应满足当地保障房建设标准的要求。

住宅套型的最小使用面积表（单位：m^2） **表 13.5.1-1**

套型	功能空间	最小使用面积
一类	起居室（厅）、卧室、厨房和卫生间	30
二类	兼起居室卧室、厨房和卫生间	22

（3）套型使用率

住宅设计应在满足公共空间的使用功能、防火安全、结构安全的前提下，提高住宅套内空间的使用效率，住宅套内面积使用率宜≥70%。

（4）各功能空间使用面积

各功能空间在满足最小使用面积要求同时，应满足家具、电器设备、厨具、洁具等布置空间要求，并满足人员使用空间的要求。

保障房的各功能空间应满足当地保障房建设标准的要求。

各功能空间的最小使用面积表（m^2） **表 13.5.1-2**

	起居室	卧室			厨房		卫生间				
		兼起居卧室	双人	单人	一类	二类	便器、洗浴、洗面	便器洗面	便器洗浴	洗面洗浴	便器
使用面积	10	12	9	5	4	3.5	2.5	1.8	2.0	2.0	1.1

（5）套内空间设计要求

	设计要求	简　图
起居室 卧室	起居室（厅）宜设置在套内近入口处，包括客厅、餐厅等功能 起居室（厅）、卧室在满足最小使用面积的前提下，应满足家具布置与使用空间要求 起居室（厅）与卧室之间宜动静分区，可设置过道等过渡空间；起居室（厅）布置家具的墙面直线长度应≥3m	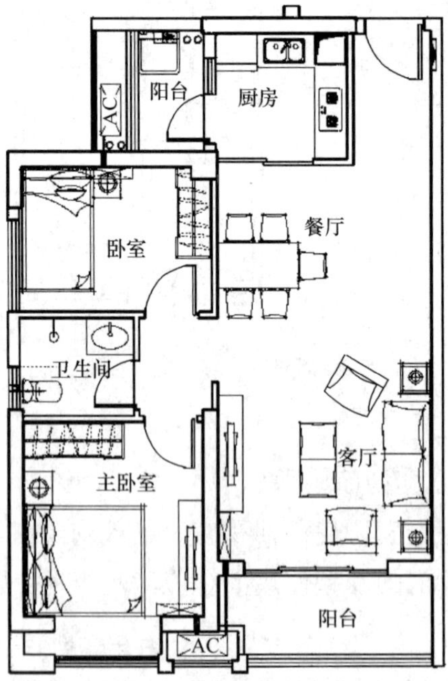阳台 厨房 AC 卧室 餐厅 卫生间 客厅 主卧室 阳台 AC
厨房	厨房宜布置在套内近入口处；应设置洗涤池、案台、炉灶及排油烟机、热水器、燃气阀等设施或预留位置，宜预留冰箱位置；住宅厨房应设置集中烟道、高空排放；单排布置设备的厨房净宽应≥1.50m，双排布置设备的厨房其两排设备的净距应≥0.90m	
卫生间	每套住宅至少应配置便器、洗浴器、洗面器三件卫生设备；无前室的卫生间的门不应直接开向起居室（厅）或厨房；卫生间不应直接布置在下层住户的卧室、起居室（厅）和厨房的上层；卫生间直接布置在本套住户内的上层时，应有防水、隔声和便于检修的措施	
其他	宜设置入口玄关、储藏空间、书房、家庭厅、过道等功能空间	

（6）层高与净高

住宅层高宜为2.80m，最大层高应满足当地规划设计要求。

住宅套内净高表　　**表13.5.1-3**

功能空间	净　　高
起居室（厅）、卧室	≥2.40m，使用面积≤1/3的局部空间≥2.10m 坡屋顶时，使用面积≤1/2的局部空间≥2.10m
厨房、卫生间	≥2.20m，管道下方≥0.90m

13.5.2 入户花园、阳台、洗衣机与空调位

根据套型设计要求，可适当设置入户花园、生活阳台、服务阳台、平台、露台等室外生活空间。

	设计要求	简图
洗衣机	洗衣机可设置于阳台、露台、卫生间内，或紧邻卫生间设置	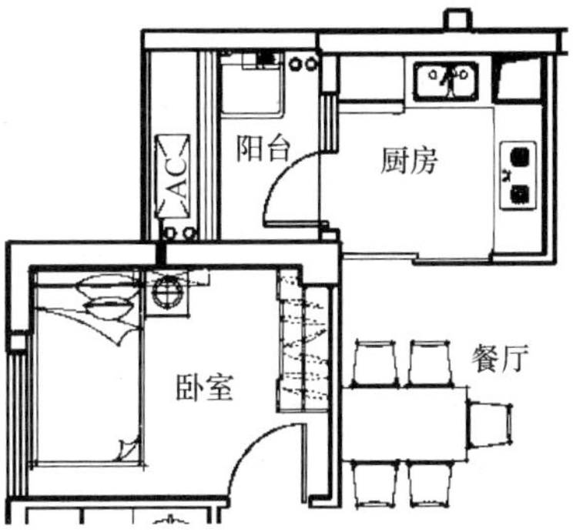AC 阳台 厨房 卧室 餐厅
空调机	套内应预留室内、外空调机位，室外空调机宜设置专用室外空调机位或阳台内，并设置有组织排水管线；空调机设置在外立面时，需兼顾通风换气与遮蔽要求	

13.5.3 门窗

住宅户门应满足安全、隔声、节能要求。向外开启的户门不应妨碍公共交通。

门窗洞口最小尺寸表（单位：m）　　**表13.5.3-1**

类别	洞口宽度	洞口高度	类别	洞口宽度	洞口高度
户（套）门	1.00	2.00	厨房门	0.80	2.00
起居室（厅）门	0.90	2.00	卫生间门	0.70	2.00
卧室门	0.90	2.00	阳台门（单扇）	0.70	2.00

表中门洞高度不包括门上亮子高度。洞口两侧地面有高低差时，以高地面为起算高度。推拉门的宽度以开启后有效通行宽度计。

门窗设计要求表　　**表13.5.3-2**

	设　计　要　求
窗台高度	外窗窗台距楼面、地面的高度<0.90m时，应有防护设施；窗外有阳台或设防护的平台时可不受此限制；窗台的净高度或防护栏杆的高度均应从可踏面起算，保证净高≥0.90m
凸窗	凸窗窗台高度≤0.45m时，防护高度应从窗台面起算≥0.90m；凸窗开启扇洞口底距窗台面<0.90m时，其窗洞口防护高度应从窗台面起算≥0.90m
外门窗	平开窗或上悬窗紧邻公共走廊与公共屋面、底层外窗紧邻人行通道时，其下沿<2m处应采取防撞措施，并应避免视线干扰，不应妨碍交通；底层阳台门应采取安全措施

13.5.4 室内环境

(1) 天然采光

采光门窗下沿距楼地面低于0.50m的洞口面积不计入采光面积。

天然采光门窗洞口的窗地比与采光系数表 **表13.5.4-1**

	采光门窗洞口的窗地比	采光系数
起居室（厅）、卧室、厨房	≥1/7	≥1%
楼梯间设有天然采光时	≥1/12	≥0.5%

(2) 自然通风

住宅设计应有利于室内自然通风，每套住宅的自然通风开口面积不应小于地面面积的5%。起居室（厅）、卧室、厨房应设有天然通风条件。套内空间自然通风面积应同时满足节能要求。

住宅套内空间自然通风开口面积表（单位：m^2） **表13.5.4-2**

功能空间	自然通风要求	节能要求
起居室（厅）	≥楼地面面积的5%	≥楼地面面积的10% 或外窗面积的45%
卧室	≥楼地面面积的5%	
厨房	≥楼地面面积的10%且≥0.60m^2	
卫生间	≥楼地面面积的5%	
阳台	开口面积≥对应空间开口要求	

(3) 隔声与降噪

住宅室内空间应动静分区。卧室、起居室（厅）与室内外噪声源之间应采取隔声与降噪的措施。卧室不应紧邻电梯布置。起居室（厅）不宜紧邻电梯布置，否则应采取隔声、减震的措施。

住宅室内隔声与隔振要求表 **表13.5.4-3**

功能空间	室内噪声级（等效连续A声级）	分户墙和分户楼板的空气声隔声性能（空气声隔声评价量Rw+C）	分户楼板的计权规范化隔声评价量
起居室（厅）	≤45dB	≥45dB 分隔住宅与非住宅的楼板≥51dB	宜≤75dB 应≤85dB
卧室	昼间≤45dB 夜间≤37dB		

(4) 污染物控制

住宅室内空气污染物的活度和浓度应符合下表的规定。

住宅室内空气污染物限值 **表13.5.4-4**

项　目	活度和浓度限值
氡	≤200Bq/m^3
游离甲醛	≤0.08mg/m^3
苯	≤0.09mg/m^3
氨	≤0.2mg/m^3
总挥发性有机化合物（TVOC）	≤0.5mg/m^3

14　养老建筑设计

14.1　概　　述

14.1.1　概念与分级

1. 按照我国城镇社会养老服务体系建设规划，中国社会养老服务主要有三个层级：居家养老、社区养老和机构养老，如图 14.1.1-1。

居家养老主要涵盖生活照料、家政服务、康复护理、医疗保健、精神慰藉等，以上门服务为主要形式，对生活基本自理的老人提供服务，对生活不能完全自理的老人提供家务劳动、家庭保健、送饭上门、安全援助等服务。社区养老具有社区日间照料和居家养老支持两类主要功能。机构养老设施重点包括老年人养护院和其他类型的养老机构，主要为失能、半失能的老年人提供生活照料、康复护理、紧急救援等方面服务。

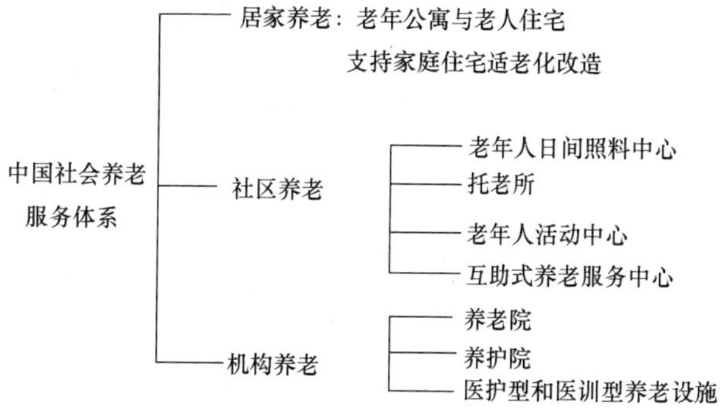

中国社会养老服务体系
居家养老：老年公寓与老人住宅
支持家庭住宅适老化改造
社区养老
老年人日间照料中心
托老所
老年人活动中心
互助式养老服务中心
机构养老
养老院
养护院
医护型和医训型养老设施

图 14.1.1-1　养老体系分类

2. 养老建筑类型可以分为养老居住建筑与养老设施。

老年人居住建筑指供老年人起居生活使用的居住建筑，包括老年人住宅、老年人公寓，及其配套建筑、环境、设施等。老年人住宅指供以老年人为核心的家庭居住使用的专用住宅。老年人住宅以套为单位，普通住宅楼栋中可配套设置若干套老年人住宅。老年人公寓指供老年夫妇或单身老年人居家养老使用的专用建筑。配备相对完整的生活服务设施及用品。一般集中建设在老年人社区中，也可在普通住宅区中配建若干栋老年人公寓。

养老设施是为老年人提供居住、生活照料、医疗保健、文化娱乐等方面专项或综合服务建筑的通称，包括老年养护院、养老院、日间照料中心、老人活动中心等。老年养护院指为介助、介护老年人提供生活照料、健康护理、康复娱乐、社会工作等服务的专业照料机构。养老院指为自理、介助和介护老年人提供生活照料、医疗保健、文化娱乐等综合服务的养老机构，包括社会福利院的老人部、敬老院等。日间照料中心是指为以生活不能完全自理、日常生活需要一定照料的半失能老年人为主的日托老年人提供膳食供应、个人照顾、保健康复、娱乐和交通接送等日间服务的设施。

3. 养老建筑按照所在地区性质分为市级、居住区（镇）级、小区级。各级设施配建如表 14.1.1，可根据城镇社会发展进行适当调整。

养老建筑分类分级建设表　　　　表 14.1.1

类　　型	市（地区）级	居住区（镇）级	小区级
老人公寓	▲	△	
养老院	▲	▲	
老人养护院	▲		
老年学校（大学）	▲	△	
老年活动中心	▲	▲	▲
老年服务中心		▲	▲
老年日间照料中心		▲	▲

注：表中▲为应配建；△为宜配建。居住区级以下的老年活动中心和老年服务中心（站）可合并设置。

4. 养老建筑设计应按老人年龄阶段从自理、介助到介护变化过程的不同需求设计。自理老人指生活行为基本可以独立进行，自己可以照料自己的老年人。介助老人指生活行为需依赖他人和辅助设施帮助的老年人，主要指半失能老年人。介护老人是生活行为需依赖他人护理的老年人，主要指失智和失能老年人。失能老年人是指至少有一项日常生活自理活动（一般包括吃饭、穿衣、洗澡、上厕所、上下床和室内走动六项）不能独立完成的老年人。按照日常生活能力丧失程度可分为轻度、中度、重度失能三类。

14.1.2　规模与面积指标

养老建筑建设标准与要求宜符合表 14.1.2 规定。

养老建筑建设标准与要求　　　　表 14.1.2

项目名称			基本内容	配建规模及要求	配建指标	
					建筑面积	用地面积
养老居住	老人住宅		老年人为核心的家庭专用住宅及家庭住宅适老化改造			
	老年公寓		居家式生活起居、餐饮服务、文化娱乐、保健服务用房等	不宜小于 80 个床位	≥40 (m^2/床)	50～70 (m^2/床)
养老设施	老人养护院		生活护理、餐饮服务、医疗保健、康复用房等	不宜少于 100 个床位	≥35 (m^2/床)	45～60 (m^2/床)
	养老院	市(地区)级	生活起居、餐饮服务、文化娱乐、医疗保健、健身用房及室外活动场地等	不宜少于 150 个床位	≥35 (m^2/床)	45～60 (m^2/床)
		居住区(镇)级	生活起居、餐饮服务、文化娱乐、医疗保健及室外活动场地等	不应少于 30 个床位	≥30 (m^2/床)	40～50 (m^2/床)
	老年学校(大学)	市(地区)级	普通教室、多功能教室、专业教室、阅览室及室外活动场地等	应为 5 个班以上； 市级应具有独立的场地、校舍	≥1500 (m^2/处)	≥3000 (m^2/处)

续表

项目名称			基本内容	配建规模及要求	配建指标	
					建筑面积	用地面积
养老设施	老年活动中心	市（地区）级	阅览室、多功能教室、播放厅、舞厅、棋牌类活动室、休息室及室外活动场地等	应有独立的场地、建筑，并应设置适合老人活动的室外活动设施	1000～4000（m²/处）	2000～8000（m²/处）
		居住区（镇）级	活动室、教室、阅览室、保健室、室外活动场地等	应设置大于300m²的室外活动场地	≥300（m²/处）	≥600（m²/处）
		小区级	活动室、阅览室、保健室、室外活动场地等	应附设不小于150m²的室外活动场地	≥150（m²/处）	≥300（m²/处）
	老年服务中心（站）	居住区（镇）级	活动室、保健室、紧急援助、法律援助、专业服务等	老人服务中心应附设不少于50个床位的养老设施；增加的建筑面积应按每床建筑面积不小于35m²、每床用地面积不小于50m²另行计算	≥200（m²/处）	≥400（m²/处）
		小区级	活动室、保健室、家政服务用房等	服务半径应小于500m	≥150（m²/处）	—
	老年日间照料中心，托老所		休息室、活动室、保健室、餐饮服务用房等	不应少于10个床位，每床建筑面积不应小于20m²；应与老年服务站合并设置	≥300（m²/处）	—

注：1. 表中所列各级老年公寓、养老院、老人护理院的每床位建筑面积及用地面积均为综合指标，已包括服务设施的建筑面积及用地面积。

2. 养老设施中总床位数量应按1.5～3床位/百老人的指标计算。

3. 城市旧城区养老设施新建、扩建或改建项目的配建规模应满足老年人设施基本功能的需要，其指标不应低于表中相应指标的70%，并应符合当地主管部门的有关规定。

14.2 场 地 规 划

14.2.1 选址与建筑布局

1. 养老建筑选址应符合城市规划规定要求，以及符合当地老人增长趋势和人口分布特点。并宜靠近居住人口集中的地区。

2. 市（地区）级的老人护理院、养老院用地应独立设置。

3. 养老建筑基地选址宜位于交通方便、基础设施完善、临近相关服务设施和公共绿地的地段。

4. 基地选址应选在地质稳定、场地平整、排水通畅、通风良好的地段。应尽量远离噪声源。

5. 建筑总体布局应对场地周边噪声源采取有效的缓冲或隔离措施。

6. 养老建筑场地内建筑密度不应大于30%，容积率不宜大于0.8，建筑宜以低层或多层为主。

14.2.2 交通与停车

1. 养老设施建筑的主要出入口不宜开向城市主干道。货物、垃圾、殡葬等运输宜单独设置通道和出入口。

2. 老年人设施场地内宜采取人车分行，并应保证救护车辆能就近停靠在建筑的主要出入口处。

3. 停车场与车库应设置不少于总机动车停车位的0.5%的无障碍机动车位。有条件的宜按不少于总机动车停车位的5%设置无障碍机动车位。无障碍机动车位宜设置在地面临近建筑出入口处。停车库（场）应与老年人居住单元、主要配套设施实现无障碍连通。

14.2.3 绿化与场地

1. 老年人设施场地范围内的绿地率，新建不应低于40%，扩建和改建不应低于35%。集中绿地面积应按每位老年人不低于$2m^2$设计。

2. 应为老年人提供健身和娱乐的活动场地，活动场地的人均面积不宜低于$1.2m^2$。场地位置应采光、通风良好，宜布置在冬季向阳、夏季遮荫处。场地内应设置健身器材、座椅、阅报栏等设施，布局宜动静分区。活动场地表面应平整，且排水畅通，并采取防滑措施。

3. 老年人活动场地应保证老人活动安全性。室外踏步及坡道应设护栏、扶手。观赏水景的水池，水深不宜大于0.6m，并有安全提示与安全防护措施。

4. 活动场地内的植物配置宜四季常青，乔灌木、草地相结合，不应种植带刺、有毒及根茎易露出地面的植物。

5. 集中活动场地附近应设置便于老年人使用的无障碍公共卫生间。

14.2.4 日照规定

1. 老年人居住用房和主要的公共活动用房应布置在日照充足、通风良好的地段。居住用房日照不应低于冬至日照2小时的标准。既有住宅改造为老年人居住建筑时，应不低于原有日照标准。

2. 老年人活动场地位置宜选择在向阳、避风处。应有1／2的活动面积在当地标准建筑日照阴影线以外。

14.3 一般设计规定

14.3.1 适老化设计

养老建筑设计应针对老年人的生理、心理特点，实现养老环境的安全性、可达性与普适性，即养老建筑适老化设计。老年人心理生理特征及相应设计对策参见表14.3.1-1。

老年人环境障碍与设计对策 表 14.3.1

变化项目	自身功能特性及相关影响		居住环境及其配备
人体尺寸	普遍身高比年轻时低	眼看不到、手摸不到的位置增多	调整操作范围尺寸
运动能力	下列能力退化使人适应能力降低： ・灵活性下降 ・协调能力下降 ・运动速度下降 ・耐久力下降 ・骨质疏松 ・排泄功能下降	步速慢，容易跌倒发生骨折；需要配备助行器具及轮椅失禁、尿频	・留出日常活动所需的空间 ・消除地面高差，保持地面平整、防滑、耐污染、易清洁、慎用地面上蜡 ・两种铺地交接处不宜形成强烈色差 ・保持墙面平整，避免出现突出墙角和尖角 ・老人的卧房应尽量安排在朝阳的房间，采用质地较软保暖性好的材料为宜 ・不用或慎用容易变形、移动和翻倒的家具，色彩的选择不宜过于沉闷、冷静，也不宜过于明艳活泼；等身高度以下不用大片普通玻璃，防止碎片伤人 ・开关、插座、阀门、扶手、插销等设在易操作位置 ・就近布置无障碍卫生间，选择合用的便器
感知能力	内部感觉下降 ・肌体觉 ・平衡觉 ・外部感觉下降： 视觉、听觉、嗅觉下降 体表：冷、热、痛	・容易跌倒 ・容易发生意外 ・发生意外容易处置不当 ・皮肤触觉对温度、疼痛刺激的体验辨别能力下降；怕寒，怕温度突变	・建筑环境和家具布置简洁、明确、易于分辨 ・家具布置保持良好秩序不随意变更 ・走廊楼梯等夜间经过处设脚灯，楼梯踏步水平与垂直交接处应有明显的标识 ・煤气灶具设置报警器和自动熄火 ・火灾报警设声光双重信号 ・可触及范围的暖气管、热水管作防止烫伤处置 ・适宜的采暖温度 ・加大标识图形
心理和精神	・不适应退休后社会角色转变而有失落感 ・不适应迁居后的新环境 ・生活方式定型化		・充实的交流空间 ・容易走出家门 ・容易来访和接待 ・电话、有线电视、宽带入户
其他	・急病以及紧急事故		・紧急呼救和报警 ・担架通道及人员疏散 ・将重点保护对象纳入应急预案

14.3.2 无障碍设计与安全措施

14.3.2.1 养老建筑及其场地均应进行无障碍设计，并应符合现行国家标准《无障碍设计规范》(GB 50763—2012) 的规定。养老建筑实施无障碍设计的具体范围应符合表 14.3.2-1 规定。

养老建筑无障碍设计范围 表 14.3.2-1

类型	位　置	无障碍设计的特殊部位
养老居住	出入口	主要出入口、入口门厅
	过厅和通道	平台、休息厅、公共走道
	垂直交通	电梯、楼梯、坡道、公共走道
	生活用房	卧室、起居室、休息室、亲情居室、自用卫生间、公用卫生间、公用厨房、老年人专用浴室、公用淋浴间、公共餐厅、交往厅

续表

类型	位　置	无障碍设计的特殊部位
养老设施	出入口	主要出入口、入口门厅
	过厅和通道	平台、休息厅、公共走道
	垂直交通	电梯、楼梯、坡道、公共走道
	生活用房	卧室、起居室、休息室、亲情居室、自用卫生间、公用卫生间、公用厨房、老年人专用浴室、公用淋浴间、公共餐厅、交往厅
	公共活动用房	阅览室、网络室、棋牌室、书画室、健身室、教室、多功能厅、阳光厅、风雨廊
	医疗保健用房	医务室、观察室、治疗室、处置室、临终关怀室、保健室、康复室、心理疏导室
社区	道路及停车场	主要出入口、人行道、停车场
	广场及绿地	主要出入口、内部道路、活动场地、服务设施、活动设施、休憩设施

14.3.2.2 无障碍设计要点

养老建筑各部位无障碍设计要点　　表 14.3.2.2

位置		设　计　要　求
室外场地步行道路		1. 平均宽度不应＜1.2m，供轮椅交错通行或多人并行的局部宽度应达到1.8m以上； 2. 室外步行道路坡度不宜＞2.5%。当坡度＞2.5%时，变坡点应予以提示，并宜设置扶手； 3. 步行道路路面应采用防滑材料铺装
室外坡道坡度与宽度		1. 坡道宽度应首先满足疏散要求。当坡道位于困难地段时，最大坡度为1∶10～1∶8，坡道位于室外通路时，最大坡度为1∶20～1∶12； 2. 宽度≥1.20m，能保证一辆轮椅和一个人侧身通行；宽度≥1.50m时，能保证一辆轮椅和一个人正面相对通行；宽度≥1.8m时，能保证两辆轮椅正面相对通行
场地轮椅坡道		净宽度不应＜1.00m，轮椅坡道起点、终点和中间休息平台的水平长度不应＜1.50m； 轮椅坡道的临空侧应设置栏杆和扶手，并应设置安全阻挡措施； 轮椅坡道的最大高度和水平长度应符合无障碍设计要求
室外台阶		室外的台阶不宜＜2步，踏步宽度不宜＜0.32m，踏步高度不宜＞0.13m；台阶的净宽不应＜0.90m；在台阶起止位置设明显标识；应同时设置轮椅坡道
出入口	门	出入口门应采用向外开启平开门或电动感应平移门，不应选用旋转门；出入口至机动车道路之间应留有缓冲空间
	门厅	主要入口门厅处宜设休息座椅和无障碍休息区；出入口内外及平台应设安全照明
	轮椅坡道	无障碍出入口的轮椅坡道净宽不应小于1.20m； 出入口处轮椅坡道的坡度不应大于1∶12，每上升0.75m时应设平台，平台的净深度不应小于1.50m；轮椅坡道的临空侧应设置栏杆和扶手，并应设置安全阻挡措施
	入口平台	出入口处的平台与建筑室外地坪高差不宜＞0.5m，并应采用缓步台阶和坡道过渡；坡度应≤1∶20，宽度应≥1.50m，当场地条件比较好时，坡度≤1∶30； 缓步台阶踢面高度不宜＞0.12m，踏面宽度不宜＜0.35m；坡道坡度不宜＞1/12，连续坡长不宜＞6m，平台宽度不宜＜2m；台阶的有效宽度不应＜1.5m；当台阶宽度大于3m时，中间宜加设安全扶手；当坡道与台阶结合时，坡道有效宽度不应＜1.2m，且坡道应作防滑处理

续表

位置		设 计 要 求
出入口	其他	1. 供老年人使用的出入口不应少于两个，建筑物首层主要出入口应设计为无障碍出入口； 2. 出入口洞口宽度不应小于 1.2m；门扇开启端的墙垛宽度不应＜0.40m；在门扇开启的状态下，出入口内外应有直径不小于 1.5m 的轮椅回转空间； 3. 出入口的上方应设置雨棚；出入口设置平开门时，应设闭门器；不应采用旋转门，不宜采用弹簧门、玻璃门 4. 无障碍出入口应通过无障碍通道直达电梯
水平交通		1. 养老建筑公用走廊应满足无障碍通道要求；主要供老年人通行的公共走道宽度不宜＜1.80m；当养老居住建筑走廊净宽＜1.50m 时，应在走廊中设置直径≥1.50m 的轮椅回转空间，轮椅回转空间设置间距不宜超过 20m，且宜设置在户门处； 2. 公用走廊内部以及与相邻空间的地面应平整无高差；当室内地面高差无法避免时，应采用≤1/12 的坡面连接过渡，并应有安全提示；在起止处应设异色警示条，临近处墙面设置安全提示标志及灯光照明提示；既有建筑改造中设置的轮椅坡道净宽不应＜1m； 3. 固定在走廊墙、立柱上的物体或标牌距地面的高度不应＜2m；当＜2m 时，探出部分的宽度不应＞0.10m；当探出部分的宽度＞0.10m 时，其距地面的高度应＜0.6m；房间门开启应不影响走道通行； 4. 当户门外开时，户门前宜设置净宽＞1.4m，净深＞0.9m 的凹空间； 5. 主要供老年人经过及使用的公共空间应沿墙安装手感舒适的无障碍安全扶手，并保持连续；安全扶手直径宜为 0.3～0.45m，且在有水和蒸汽的潮湿环境时，截面尺寸应取下限值；扶手的最小有效长度不应小于 0.2mm； 6. 公共通道的墙（柱）面阳角应采用切角或圆弧处理，或安装成品护角；沿墙脚宜设 0.35m 高的防撞踢脚； 7. 养老设施建筑的公共疏散通道的防火门扇和公共通道的分区门扇，距地 0.65m 以上，应安装透明的防火玻璃；防火门的闭门器应带有阻尼缓冲装置； 8. 过厅、电梯厅、走廊等宜设置休憩设施，并应留有轮椅停靠的空间
楼梯		1. 供老年人使用的楼梯间应便于老年人通行，不应采用螺旋楼梯或弧线楼梯；主楼梯梯段净宽不应＜1.5m，其他楼梯通行净宽不应＜1.2m； 2. 楼梯宜采用缓坡楼梯；楼梯踏步踏面宽度不应＜0.28m，踏步踢面高度不应＞0.16m；条件允许时，楼梯踏面宽度宜为 0.32～0.33m，踢面高度宜为 0.12～0.13m；严禁使用扇形踏步或在休息平台区设置踏步； 3. 踏面前缘宜设置高度≤3mm 的异色防滑警示条，踏面前缘向前凸出不应＞0.01m； 4. 楼梯踏步与走廊地面对接处应用不同颜色区分，并应设有提示照明； 5. 楼梯应设双侧扶手
电梯		1. 12 层及 12 层以上的老年人居住建筑，每单元设置电梯不应少于两台，其中应设置一台可容纳担架电梯； 2. 二层及以上楼层设有老年人的生活用房、医疗保健用房、公共活动用房的养老设施建筑应设无障碍电梯，且至少 1 台为医用电梯； 3. 可容纳担架电梯的轿厢最小尺寸应为 1.50m×1.60m，且开门净宽≥0.90m；有条件可以考虑采用病床专用电梯；选层按钮和呼叫按钮高度宜为 0.90～1.10m；轿厢内壁周边应设有安全扶手和监控及对讲系统； 4. 电梯运行速度不宜＞1.5m/s，电梯门应采用缓慢关闭程序设定或加装感应装置； 5. 候梯厅深度不应小于多台电梯中最大轿厢深度，且不应＜1.8m，候梯厅应设置扶手；电梯入口处宜设提示盲道

续表

位置	设 计 要 求
安全辅助措施	1. 公用走廊、楼梯间、候梯厅和门厅等公共空间均应设置连续的疏散导向标识、应急照明装置、音频呼叫等辅助逃生装置，并与消防监控系统相连；楼梯间附近的明显位置处应布置楼层平面示意图，楼梯间内应有楼层标识； 2. 公共空间中的疏散门宜在两侧安装电动开门辅助装置，应配置应急照明和呼叫装置 3. 老年人使用的开敞阳台或屋顶上人平台在临空处不应设可攀登的扶手；供老年人活动的屋顶平台女儿墙的护栏高度不应低于 1.2m； 4. 养老设施建筑的老年人居住用房应设安全疏散指示标识，墙面凸出处、临空框架柱等应采用醒目的色彩或采取图案区分和警示标识； 5. 养老设施建筑每个养护单元的出入口应安装安全监控装置；自用卫生间、公用卫生间门宜安装便于施救的插销，卫生间门上宜留有观察窗口。医院、卫生间等房间适当位置应设置紧急呼叫控钮

14.4 老年人居住建筑设计

14.4.1 基本规定与建设指标

1. 老年人居住建筑各部分的设计标准不应低于住宅设计规范的相关规定，重点部位应与《无障碍设计规范》的要求相协调。

2. 老年人居住建筑所选用的设施设备应以老年人使用安全为原则，同时满足操作简便、可升级改造等基本要求，建筑设计应为户内可能采用的适老设施设备预留合理的安装条件。

3. 新建老年人居住建筑可按所服务老人人数分为大型、中型、小型三类，并应根据规模配套相应的养老服务设施。

14.4.2 套内空间设计

1. 老年人住宅应按套型设计，套型内应设卧室、起居室（厅）、厨房和卫生间等基本功能空间。当老年人公寓统一提供集中餐饮服务时，套型内应设卧室、起居室（厅）、电炊操作间和卫生间等基本功能空间。

2. 老年人住宅与公寓套型最小使用面积应符合表 14.4.2-1 规定。

老年人居住建筑套型最小使用面积 **表 14.4.2-1**

类 别		最小使用面积（m^2）
老年人住宅	卧室、起居室分开设置	35
	卧室兼起居室	27
老年人公寓（集中餐饮，套内设电炊操作间）		23

3. 老年人住宅室内空间设计应该进行适老化设计，符合老年人平时日常起居的需求，尽量满足安全、方便、健康要求。老年人居住建筑套内各居室使用面积及设计应满足表 14.4.2-2 规定。居室设计可参考图 14.4.2-1。

老年人居住建筑居室设计要求 **表 14.4.2-2**

名称	使用面积要求	设计要点
卧室、起居室	卧室、起居室分开设置时，单人卧室≥$8m^2$，双人卧室≥$12m^2$；卧室兼起居室时，卧室≥$15m^2$	1. 起居室（厅）的使用面积不应小于$10m^2$，内布置家具的墙面直线长度>3m； 2. 卧室门的洞口宽度≥0.90m，净宽≥0.80m 卧室门应采用横执杆式把手，宜选用内外均可开启的锁具
厨房	卧室、起居室分开设置时，厨房≥$4.5m^2$ 卧室兼起居室时，厨房≥$4m^2$	1. 厨房门的洞口宽度≥0.90m，净宽≥0.80m，并应设置透光的观察窗； 2. 适合坐姿操作的厨房操作台面高度≤0.75m，台下空间净高≥0.65m，且净深≥0.25m； 3. 使用燃气灶具时，应采用熄火自动关闭燃气的安全型灶具和燃气泄漏报警装置； 4. 厨房操作案台长度不应小于2.1m，电炊操作台长度不应小于1.2m，操作台前通行净宽≥0.90m
卫生间	供老年人使用的卫生间与老年人卧室应邻近布置 供老年人使用的卫生间应至少配置坐便器、洗浴器、洗面器三件卫生洁具，使用面积≥$3m^2$	1. 卫生间门的洞口宽度≥0.90m，净宽≥0.80m；应采用外开门或推拉门，并设置透光的观察窗及由外部可开启的门扇； 2. 便器高度≥0.40m，浴盆外缘高度≤0.45m且≥0.40m，其一端宜设可坐平台； 3. 浴盆和坐便器旁应安装扶手，淋浴位置应至少在一侧墙面安装扶手，并设置坐姿淋浴的装置； 4. 宜设置适合坐姿使用的洗面台，台面高度≤0.75m，台下空间净高≥0.65m，且净深≥0.30m
户门、入户		1. 户门洞口宽度≥1m，净宽≥0.9m； 2. 户门应采用平开门，外开启，并采用杆式把手； 3. 户门不应设置门槛，户内外地面高差不应大于15mm，并应以斜坡过渡； 4. 入户过渡空间内应设更衣、换鞋的空间，并应留有设置座凳和安全扶手的空间
过道、储藏		1. 过道净宽≥1.00m； 2. 过道的必要位置宜设置连续式单层扶手，扶手的安装高度为0.85～0.90m； 3. 过道地面与各居室地面之间应无高差；过道地面与厨房、卫生间和阳台地面高差不应大于15mm； 4. 应设置壁柜或储藏空间
阳台		1. 阳台门的洞口宽度≥0.90m，净宽≥0.80m； 2. 阳台栏板或栏杆净高不应低于1.10m； 3. 阳台应满足老年人使用轮椅通行的需求，阳台与室内地面的高差≤15mm，并应以斜坡过渡； 4. 应设置便于老年人使用的低位晾衣装置

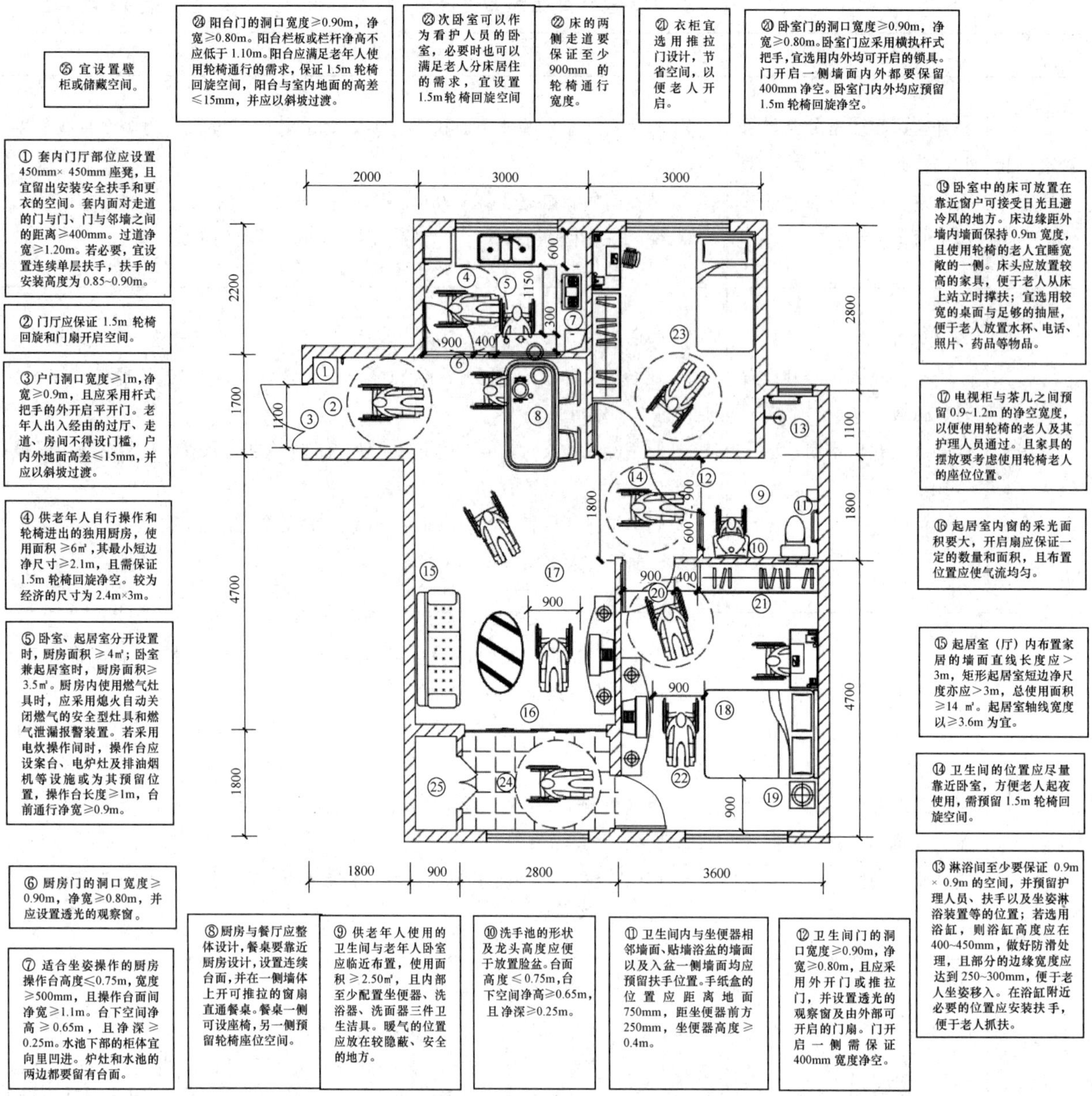

㉕ 宜设置壁柜或储藏空间。
㉔ 阳台门的洞口宽度≥0.90m，净宽≥0.80m。阳台栏板或栏杆净高不应低于1.10m。阳台应满足老年人使用轮椅通行的需求，保证1.5m轮椅回旋空间，阳台与室内地面的高差≤15mm，并应以斜坡过渡。
㉓ 次卧室可以作为看护人员的卧室，必要时也可以满足老人分床居住的需求，宜设置1.5m轮椅回旋空间
㉒ 床的两侧走道要保证至少900mm的轮椅通行宽度。
㉑ 衣柜宜选用推拉门设计，节省空间，以便老人开启。
⑳ 卧室门的洞口宽度≥0.90m，净宽≥0.80m。卧室门应采用横执杆式把手，宜选用内外均可开启的锁具。门开启一侧墙面内外都要保留400mm净空。卧室门内外均应预留1.5m轮椅回旋净空。
① 套内门厅部位应设置450mm× 450mm座凳，且宜留出安装安全扶手和更衣的空间。套内面对走道的门与门、门与邻墙之间的距离≥400mm。过道净宽≥1.20m。若必要，宜设置连续单层扶手，扶手的安装高度为0.85~0.90m。
② 门厅应保证1.5m轮椅回旋和门扇开启空间。
③ 户门洞口宽度≥1m，净宽≥0.9m，且应采用杆式把手的外开启平开门。老年人出入经由的过厅、走道、房间不得设门槛，户内外地面高差≤15mm，并应以斜坡过渡。
④ 供老年人自行操作和轮椅进出的独用厨房，使用面积≥6㎡，其最小短边净尺寸≥2.1m，且需保证1.5m轮椅回旋净空。较为经济的尺寸为2.4m×3m。
⑤ 卧室、起居室分开设置时，厨房面积≥4㎡；卧室兼起居室时，厨房面积≥3.5㎡。厨房内使用燃气灶具时，应采用熄火自动关闭燃气的安全型灶具和燃气泄漏报警装置。若采用电炊操作间时，操作台应设案台、电炉灶及排油烟机等设施或为其预留位置，操作台长度≥1m，台前通行净宽≥0.9m。
⑥ 厨房门的洞口宽度≥0.90m，净宽≥0.80m，并应设置透光的观察窗。
⑦ 适合坐姿操作的厨房操作台高度≤0.75m，宽度≥500mm，且操作台面间净宽≥1.1m。台下空间净高≥0.65m，且净深≥0.25m。水池下部的柜体宜向里凹进。炉灶和水池的两边都要留有台面。
⑧ 厨房与餐厅应整体设计，餐桌要靠近厨房设计，设置连续台面，并在一侧墙体上开可推拉的窗扇直通餐桌。餐桌一侧可设座椅，另一侧预留轮椅座位空间。
⑨ 供老年人使用的卫生间与老年人卧室应临近布置，使用面积≥2.50㎡，且内部至少配置坐便器、洗浴器、洗面器三件卫生洁具。暖气的位置应放在较隐蔽、安全的地方。
⑩ 洗手池的形状及龙头高度应便于放置脸盆。台面高度≤0.75m，台下空间净高≥0.65m，且净深≥0.25m。
⑪ 卫生间内与坐便器相邻墙面、贴墙浴盆的墙面以及入盆一侧墙面均应预留扶手位置。手纸盒的位置应距离地面750mm，距坐便器前方250mm，坐便器高度≥0.4m。
⑫ 卫生间门的洞口宽度≥0.90m，净宽≥0.80m，且应采用外开门或推拉门，并设置透光的观察窗及由外部可开启的门扇。门开启一侧需保证400mm宽度净空。
⑲ 卧室中的床可放置在靠近窗户可接受日光且避冷风的地方。床边缘距外墙内墙面保持0.9m宽度，且使用轮椅的老人宜睡宽敞的一侧。床头应放置较高的家具，便于老人从床上站立时撑扶；宜选用较宽的桌面与足够的抽屉，便于老人放置水杯、电话、照片、药品等物品。
⑰ 电视柜与茶几之间预留0.9~1.2m的净空宽度，以便使用轮椅的老人及其护理人员通过。且家具的摆放要考虑使用轮椅老人的座位位置。
⑯ 起居室内窗的采光面积要大，开启扇应保证一定的数量和面积，且布置位置应使气流均匀。
⑮ 起居室（厅）内布置家居的墙面直线长度应>3m，矩形起居室短边净尺度亦应>3m，总使用面积≥14㎡。起居室轴线宽度以≥3.6m为宜。
⑭ 卫生间的位置应尽量靠近卧室，方便老人起夜使用，需预留1.5m轮椅回旋空间。
⑬ 淋浴间至少要保证0.9m×0.9m的空间，并预留护理人员、扶手以及坐姿淋浴装置等的位置；若选用浴缸，则浴缸高度应在400~450mm，做好防滑处理，且部分的边缘宽度应达到250~300mm，便于老人坐姿移入。在浴缸附近必要的位置应安装扶手，便于老人抓扶。

图 14.4.2-1 老年人居室空间设计要点

14.4.3 室内环境与装修

14.4.3.1 声环境

1. 老年人居住建筑居室的噪声级不应低于表14.4.3.1-1中底限值的规定，宜达到推荐值。

老年人居住建筑的噪声要求 **表 14.4.3.1-1**

房间名称	环境噪声级（A声级，dB）				允许噪声级（A声级，dB）			
	推荐值［dB（A）］		底限值［dB（A）］		推荐值［dB（A）］		底限值［dB（A）］	
	昼间	夜间	昼间	夜间	昼间	夜间	昼间	夜间
卧室	≤50	≤40	≤60	≤50	≤40	≤30	≤45	≤37
起居室（厅）	≤50		≤60		≤40		≤45	

2. 老年人居住建筑噪声控制要点见表 14.4.3.1-2。

居住建筑噪声控制设计要点　　表 14.4.3.1-2

控制噪声的手段	设计要点
布局	楼栋内部布局应动静分区。当受条件限制，需要布置底层商铺及公共娱乐空间时，应对产生噪声的空间采取隔声、吸声措施
设备	套内排水管线、卫生洁具、空调、机械换气装置等设备的位置、选型与安装，应减少对居室的噪声影响
措施	1. 产生噪声的设备机房宜集中布置 2. 管道井、水泵房、风机房应采取有效的隔声措施 3. 水泵、风机应采取减振措施 4. 管线穿过楼板和墙体时，孔洞周边应采取密封隔声措施

14.4.3.2 光环境

1. 老年人居住套型应至少有一个居住空间能获得冬季 2 小时日照。

2. 老年人居住建筑的主要用房应充分利用天然采光。主要用房的采光窗洞口面积与该房间地面面积之比，不宜小于表 14.4.3.2-1 的规定。

主要用房的窗地比　　表 14.4.3.2-1

房间名称	窗地比
活动室	1/4
卧室、起居室	1/6

3. 公共空间与套内空间应设置人工照明，其照度应该满足表 14.4.3.2-2 规定。

养老居住建筑室内照明标准值　　表 14.4.3.2-2

养老居住建筑室内空间	名称		参考平面	照度标准值 (lx)
公共空间	门厅、电梯前厅、走廊		地面	150
	楼梯间		地面	50
	车库		地面	100
房间	起居室	一般活动	0.75m 水平面	150
		书写、阅读		300
	卧室	一般活动	0.75m 水平面	100
		书写、阅读		200
	餐厅		0.75m 餐桌面	200
	厨房	一般活动	0.75m 水平面	150
		操作台	台面	200
	卫生间	一般活动	0.75m 水平面	150
		洗面台	台面	200

14.4.3.3 热环境

1. 老年人居住建筑应通过合理建筑布局、景观绿化、地面铺装、色彩选择等手段减少室外热岛效应。并尽可能使主要卧室与起居室向阳布置。

2. 采用空调或暖气设施时，室内环境参数指标宜符合表 14.4.3.3 规定。

室内环境参数指标　　表 14.4.3.3

参　数	参考值	备　注
温度	26℃～28℃	夏季制冷
	18℃～22℃	冬季采暖
相对湿度	40%～70%	夏季制冷
	30%～60%	冬季采暖
空气流速	≤0.25m/s	夏季制冷
	≤0.2m/s	冬季采暖
换气指数	1次	夏热冬暖地区、夏热冬冷地区
	0.5次	寒冷地区、严寒地区

14.4.3.4 风环境

1. 建筑总体布局应考虑区域主导风向，楼栋布置应有利于冬季室外行走舒适，及过渡季、夏季的自然通风。寒冷和严寒地区的建筑规划应避开冬季不利风向。

2. 老年人居住建筑主要房间应采用自然通风，通风开口面积宜符合以下规定：卧室、起居室（厅）、明卫生间不应小于其地板面积的 1/20；厨房不应小于其地板面积的 1/10，且不应小于 0.6m^2。

14.4.3.5 装修

1. 新建老年人居住建筑应采用全装修设计。室内装修应尽量满足老年人的使用的安全便利性。

2. 套型内楼地面不应有超过 15mm 的高差，地面应采用防滑材料。同一高度地面材料应统一，避免由于材料与色彩交界变化引起判断失误。不同使用性质的空间，宜用不同的材料，以使老人能通过脚感与踏地的声音来判断所在空间。

3. 墙面应选择耐碰撞，易清洁的材料。阳角部位宜处理成圆角或用弹性材料护角，以避免对老人身体磕碰。

4. 室内色彩宜用暖色调。卫生洁具宜使用白色，易于清洁且易及时发现老年人病情。

5. 老年人居住建筑所选用的设施设备应以老年人使用安全为原则，同时满足操作简便、可升级改造等基本要求，建筑设计应为户内可能采用的适老设施设备预留合理的安装条件。

14.5 养老设施建筑设计

14.5.1 基本规定与指标

1. 各类型养老设施建筑的服务对象及基本服务配建内容针对不同老人群体的需求，规模可按配置床位数分为三级，应符合表 14.5.1-1 规定。

养老设施建筑服务配建内容及等级划分 表 14.5.1-1

养老设施	服务对象	等级				基本服务配建内容
		小型	中型	大型	特大型	
老年养护院	介助老人 介护老人	≤100 床	101～250 床	151～300 床	>350 床	生活护理、餐饮服务、医疗保健、康复娱乐、心理疏导、临终关怀等服务用房、场地及附属设施
养老院	自理老人、 介助老人、 介护老人	≤150 床	251～350 床	301～500 床	>500 床	生活起居、餐饮服务、医疗保健、文化娱乐等综合服务用房、场地及附属设施
老年日间照料中心	介助老人	≤40 人	41～100 人	—	—	膳食供应、个人照顾、保健康复、娱乐和交通接送等服务用房、场地及附属设施

2. 养老设施建筑宜为低层或多层，且独立设置。小型养老设施可与居住区中其他公共建筑合并设置，其交通系统应独立设置。

3. 养老设施建筑中老年人用房的主要房间的窗地比（采光窗洞口面积与该房间楼（地）面面积之比）宜满足表 14.5.1-2 规定。

老年人用房主要房间窗地比 表 14.5.1-2

房 间 名 称	窗地面积之比
活动室	1∶4
起居室、卧室、公共餐厅、医疗用房、保健用房	1∶6
公共厨房	1∶7
公用卫生间、公用淋浴间、老年人专用浴室	1∶9

4. 养老设施建筑中老年人用房建筑耐火等级不应低于二级，且建筑抗震设防标准应按重点设防类建筑进行抗震设计。

14.5.2 建筑设计

14.5.2.1 功能与指标

1. 养老设施建筑应设置老年人用房和管理服务用房，其中老年人用房应包括生活用房、医疗保健用房、公共活动用房。

养老设施建筑房间设置 表 14.5.2.1-1

房间类别 / 用房配置 / 养老设施				养老设施类型			备 注
				老年养护院	养老院	老年日间照料中心	
老年人用房	生活用房	居住用房	卧室	▲	▲	○	—
			起居室	—	○	△	
			休息室	—	—	▲	—
			亲情居室	△	△	—	附设专用卫浴、厕位设施

续表

房间类别			用房配置	老年养护院	养老院	老年日间照料中心	备注
老年人用房	生活用房	生活辅助用房	自用卫生间	△	▲	○	—
老年人用房	生活用房	生活辅助用房	公用卫生间	▲	▲	▲	—
老年人用房	生活用房	生活辅助用房	公用淋浴间	▲	—	▲	附设厕位
老年人用房	生活用房	生活辅助用房	公用厨房	—	△	—	—
老年人用房	生活用房	生活辅助用房	公共餐厅	▲	▲	▲	可兼活动室，并附设备餐间
老年人用房	生活用房	生活辅助用房	自助洗衣间	△	△	—	—
老年人用房	生活用房	生活辅助用房	开水间	▲	▲	▲	—
老年人用房	生活用房	生活辅助用房	护理站	▲	▲	○	附设护理员值班室、储藏间，并设独立卫浴
老年人用房	生活用房	生活辅助用房	污物间	▲	▲	○	—
老年人用房	生活用房	生活辅助用房	交往厅	▲	▲	○	—
老年人用房	生活用房	生活辅助用房	老年人专用浴室	—	△	—	附设厕位
老年人用房	生活用房	生活辅助用房	理发室	▲	▲	△	—
老年人用房	生活用房	生活辅助用房	商店	△/○	△/○	—	中型及以上宜设置
老年人用房	生活用房	生活辅助用房	银行、邮电、保险代理	△/○	△/○	—	大型、特大型宜设置
老年人用房	医疗保健用房	医疗用房	医务室	▲	▲	○	—
老年人用房	医疗保健用房	医疗用房	观察室	△	△	—	中型、大型、特大型应设置
老年人用房	医疗保健用房	医疗用房	治疗室	△	△	—	大型、特大型宜设置
老年人用房	医疗保健用房	医疗用房	检验室	△	△	—	大型、特大型宜设置
老年人用房	医疗保健用房	医疗用房	药械室	▲	▲	—	—
老年人用房	医疗保健用房	医疗用房	处置室	▲	▲	—	—
老年人用房	医疗保健用房	医疗用房	临终关怀室	△	△	—	大型、特大型宜设置
老年人用房	医疗保健用房	保健用房	保健室	▲	△	△	—
老年人用房	医疗保健用房	保健用房	康复室	▲	△	△	—
老年人用房	医疗保健用房	保健用房	心理疏导室	△	△	△	—
老年人用房	公共活动用房	活动室	阅览室	○	△	△	—
老年人用房	公共活动用房	活动室	网络室	○	△	△	—
老年人用房	公共活动用房	活动室	棋牌室	▲	▲	▲	—
老年人用房	公共活动用房	活动室	书画室	○	△	△	—
老年人用房	公共活动用房	活动室	健身室	—	▲	△	—
老年人用房	公共活动用房	活动室	教室	○	△	△	—
老年人用房	公共活动用房		多功能厅	△	△	○	—
老年人用房	公共活动用房		阳光厅/风雨廊	△	△	—	—

续表

用房配置		养老设施类型			备注
房间类别		老年养护院	养老院	老年日间照料中心	
管理服务用房	总值班室	▲	▲	—	—
	入住登记室	▲	▲	△	—
	办公室	▲	▲	▲	—
	接待室	▲	▲	—	—
	会议室	△	△	○	—
	档案室	▲	▲	△	—
	厨房	▲	▲	▲	—
	洗衣房	▲	▲	△	—
	职工用房	▲	▲	▲	可含职工休息室、职工淋浴间、卫生间、职工食堂
	备品库	▲	▲	△	—
	设备用房	▲	▲	▲	—

注：表中▲为应设置；△为宜设置；○为可设置；—为不设置。

2. 养老设施各类用房的使用面积不宜小于表 14.5.2.1-2 规定。旧城区养老设施改建项目老年人生活用房的使用面积也不应该低于该规定，其他用房的使用面积不应低于该规定的 70%。

养老设施各类用房最小使用面积指标　　表 14.5.2.1-2

面积指标		养老设施类型			备注
房间类别 / 养老设施		老年养护院（m^2/床）	养老院（m^2/床）	老年日间照料中心（m^2/人）	
老年人用房	生活用房	12.0	14.0	8.0	不含阳台
	医疗保健用房	3.0	2.0	1.8	无
	公共活动用房	4.5	5.0	3.0	不含阳光厅/风雨廊
管理服务用房		7.5	6.0	3.2	无

注：对于老年日间照料中心的公共活动用房，表中的使用面积指标是指独立设置时的指标；当公共活动用房与社区老年活动中心合并设置时，可以不考虑其面积指标。

3. 老年养护院各类用房功能组成关系参照图。

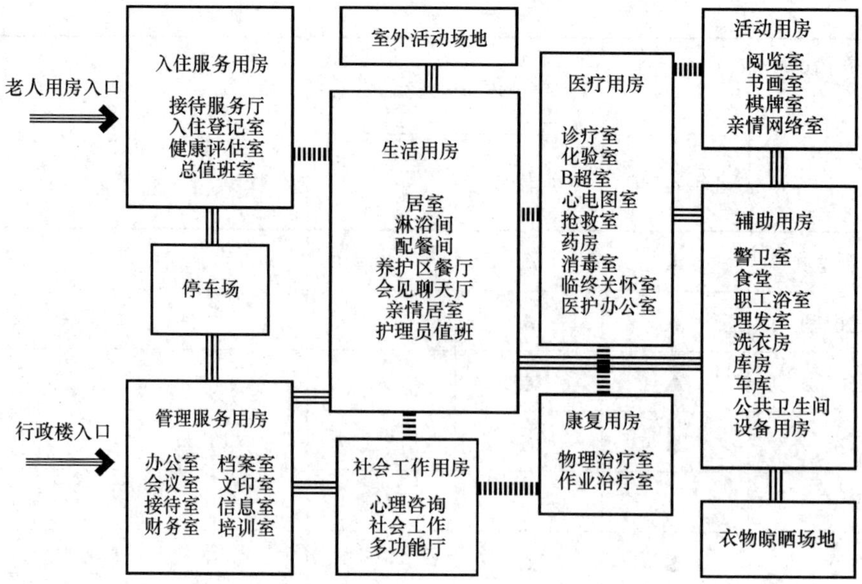

老人用房入口
入住服务用房
接待服务厅
入住登记室
健康评估室
总值班室
室外活动场地
生活用房
居室
淋浴间
配餐间
养护区餐厅
会见聊天厅
亲情居室
护理员值班
医疗用房
诊疗室
化验室
B超室
心电图室
抢救室
药房
消毒室
临终关怀室
医护办公室
活动用房
阅览室
书画室
棋牌室
亲情网络室
辅助用房
警卫室
食堂
职工浴室
理发室
洗衣房
库房
车库
公共卫生间
设备用房
停车场
行政楼入口
管理服务用房
办公室 档案室
会议室 文印室
接待室 信息室
财务室 培训室
社会工作用房
心理咨询
社会工作
多功能厅
康复用房
物理治疗室
作业治疗室
衣物晾晒场地

图 14.5.2.1-1 老年养护院各类用房功能组成框图

4. 老年日间照料中心建筑功能关系参照图。

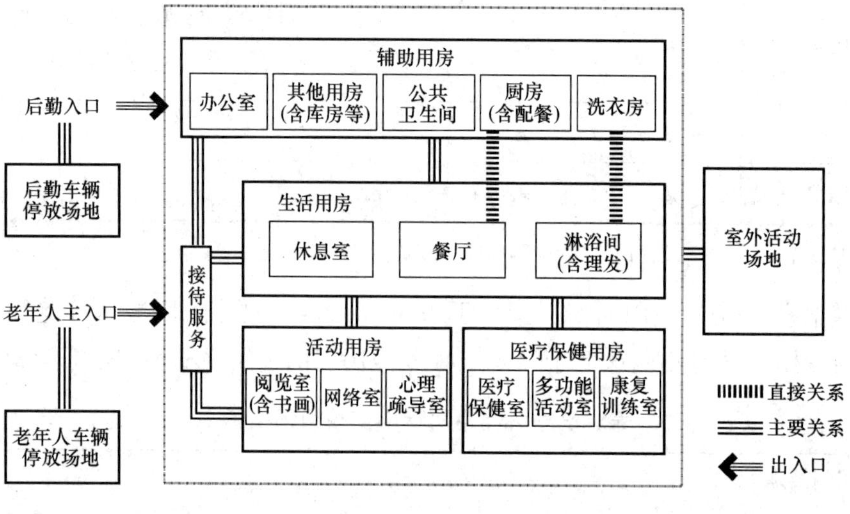

后勤入口
后勤车辆停放场地
辅助用房
办公室
其他用房(含库房等)
公共卫生间
厨房(含配餐)
洗衣房
生活用房
休息室
餐厅
淋浴间(含理发)
接待服务
老年人主入口
老年人车辆停放场地
活动用房
阅览室(含书画)
网络室
心理疏导室
医疗保健用房
医疗保健室
多功能活动室
康复训练室
室外活动场地
直接关系
主要关系
出入口

图 14.5.2.1-2 社区日间照料中心功能关系框图

14.5.2.2 功能房间设计

1. 老年人卧室、起居室、休息室和亲情居室不应设置在地下、半地下，不应与电梯井道、有噪声振动的设备机房等贴邻布置。

2. 老年养护院、养老院的老年人生活用房中的居住用房和生活辅助用房宜按养护单元设置，每个老年养护院养护单元的规模宜不大于 50 床；养老院养护单元的规模宜为 50～100 床；失智老年人的养护单元宜独立设置，且规模宜为 10 床。

3. 老年养护院和养老院的每个养护单元均应设护理站，且位置应明显易找，并宜适当居中。老人养护院养护单元功能关系图参照图 14.5.2.2-1。

4. 老年养护院每间卧室床位数不应大于 6 床；养老院每间卧室床位数不应大于 4 床；老年日间照料中心老年人休息室宜为每间 4 ～8 人；失智老年人的每间卧室床位数不应大于 4 床，并宜进行分隔。

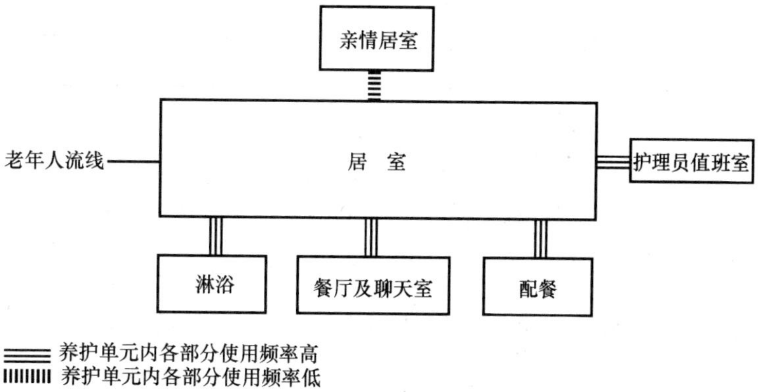
亲情居室
老年人流线
居 室
护理员值班室
淋浴
餐厅及聊天室
配餐
养护单元内各部分使用频率高
养护单元内各部分使用频率低

图 14.5.2.2-1 老年养护院养护单元功能关系框图

5. 老年人公共餐厅使用面积应符合表 14.5.2.2-1 规定。

养老设施建筑公共餐厅最小使用面积（m^2/座） **表 14.5.2.2-1**

老年养护院	1.5～2.0
养老院	1.5
老年日间照料中心	2.0

注：老年养护院公共餐厅的总座位数按总床位数的 60%测算；养老院公共餐厅的总座位数按总床位数的 70%测算；老年日间照料中心的公共餐厅座位数按被照料老人总人数测算。老年养护院的公共餐厅使用面积指标，小型取上限值，特大型取下限值。

6. 养老设施建筑的主要房间设计要点应满足表 14.5.2.2-2 规定。

养老设施建筑主要房间设计要点 **表 14.5.2.2-2**

<table>
<tr><th colspan="4">类型</th><th>设 计 要 点</th></tr>
<tr><td rowspan="4">老年人用房</td><td rowspan="4">生活用房</td><td colspan="2">居住用房</td><td>1. 老年人居室门净宽≥110cm，卫生间洗浴用房门净宽≥90cm；
2. 应设每人独立使用的储藏空间，单独供轮椅使用者使用的储藏柜高度不宜大于 1.60m；
3. 宜留有轮椅回转空间，床边应留有护理、急救操作空间；
4. 开敞式阳台栏杆高度≥1.10m，且距地面 0.30m 高度范围内不宜留空；介护老年人中失智老年人居住用房宜采用封闭阳台；
5. 宜设置呼叫、供氧系统，并安装射灯及隐私帘</td></tr>
<tr><td rowspan="3">生活辅助用房</td><td>公共餐厅</td><td>1. 老年养护院、养老院的公共餐厅宜结合养护单元分散设置；
2. 公共餐厅应使用可移动的、牢固稳定的单人座椅；
3. 公共餐厅布置应能满足供餐车进出、送餐到位的服务，并应为护理员留有分餐、助餐空间；当采用柜台式售饭方式时，应设有无障碍服务柜台</td></tr>
<tr><td>公共卫生间</td><td>1. 老年人公用卫生间应与老年人经常使用的公共活动用房同层，邻近设置，并宜有天然采光和自然通风条件；
2. 老年养护院、养老院的每个养护单元内均应设置公用卫生间；
3. 男卫洗手盆、坐便器≤15 个，小便器≤12 个；女卫洗手盆、坐便器≤12 个；
4. 老年人专用浴室宜按男女分别设置，规模可按总床位数测算，每 15 个床位应设 1 个浴位，其中轮椅使用者的专用浴室不应少于总床位数的 30% ，且不应少于 1 间</td></tr>
<tr><td>公共淋浴间</td><td>1. 老年日间照料中心，每 15～20 个床位宜设 1 间具有独立分隔的公用沐浴间；
2. 公用沐浴间内应配备老年人使用的浴槽（床）或洗澡机等助浴设施，并应留有助浴空间；
3. 老年人专用浴室、公用沐浴间均应附设无障碍厕位</td></tr>
</table>

续表

类型			设 计 要 点
老年人用房	医疗保健用房	医务室	医务室的位置应方便老年人就医和急救
		观察室	除老年日间照料中心外，小、中型养老设施建筑宜设观察床位；大型、特大型养老设施建筑应设观察室；观察床位数量应按总床位数的1%～2%设置，并不应少于2床
		临终关怀室	临终关怀室宜靠近医务室且相对独立设置，其对外通道不应与养老设施建筑的主要出入口合用
		保健室康复室	保健室、康复室的地面应平整，表面材料应具弹性，房间平面布局应适应不同康复设施的使用要求
		心理疏导室	心理疏导室使用面积不宜小于10.00m^2
	公共活动用房		1. 公共活动用房应有良好的天然采光与自然通风条件；活动室的位置应避免对老年人卧室产生干扰； 2. 多功能厅宜设置在建筑首层，室内地面应平整并设休息座椅，墙面和顶棚宜做吸声处理，并应邻近设置公用卫生间及储藏间； 3. 严寒、寒冷地区的养老设施建筑宜设置阳光厅，多雨地区的养老设施建筑宜设置风雨廊
管理服务用房	总值班室		老年养护院和养老院的总值班室宜靠近建筑主要出入口设置，并应设置建筑设备设施控制系统、呼叫报警系统和电视监控系统
	入住登记室		入住登记室宜设置在主要出入口附近，并应设置醒目标识
	厨房		厨房应有供餐车停放及消毒的空间，并应避免噪声和气味对老年人用房的干扰
	洗衣房		洗衣房平面布置应洁、污分区，并应满足洗衣、消毒、叠衣、存放等需求

7. 老年养护院和养老院的卧室使用面积不应小于6m^2/床，且单人间卧室使用面积不宜小于10m^2，双人间卧室使用面积不宜小于16m^2；老年人居室室内通道和床距应满足轮椅和救护床进出及日常护理的需要。养护单元居室平面设计参考图14.5.2.2-2。

8. 养老设施建筑内宜每层设置或集中设置污物间，且污物间应靠近污物运输通道，并应有污物处理及消毒设施。

9. 医疗用房中的医务室、观察室、治疗室、检验室、药械室、处置室，应按现行行业标准《综合医院建筑设计规范》JGJ 49执行。

10. 严寒、寒冷及夏热冬冷地区的老年养护院应具有采暖设施，老年人居室宜采用地热采暖。最热月平均室外气温高于或等于25℃地区的老年人用房，应安装空气调节设备。应根据失能老年人在生活照料、保健康复、精神慰藉方面的基本需要以及管理要求，按建设规模分类配置。老年养护院基本设备参考表14.5.2.2-3。

老年养护院基本装备表 **表14.5.2.2-3**

设 备 项 目	
生活护理设备	护理床、气垫床、专用淋浴床椅、电加热保温餐车
医疗设备	心电图机、B超机、抢救床、氧气瓶、吸痰器、无菌柜、紫外线灯
康复设备	物理治疗设备、作业治疗设备
安防设备	监控设备、定位设备、呼叫设备、计算机与网络设备、摄录像机
交通工具	老年人接送车、物品采购车

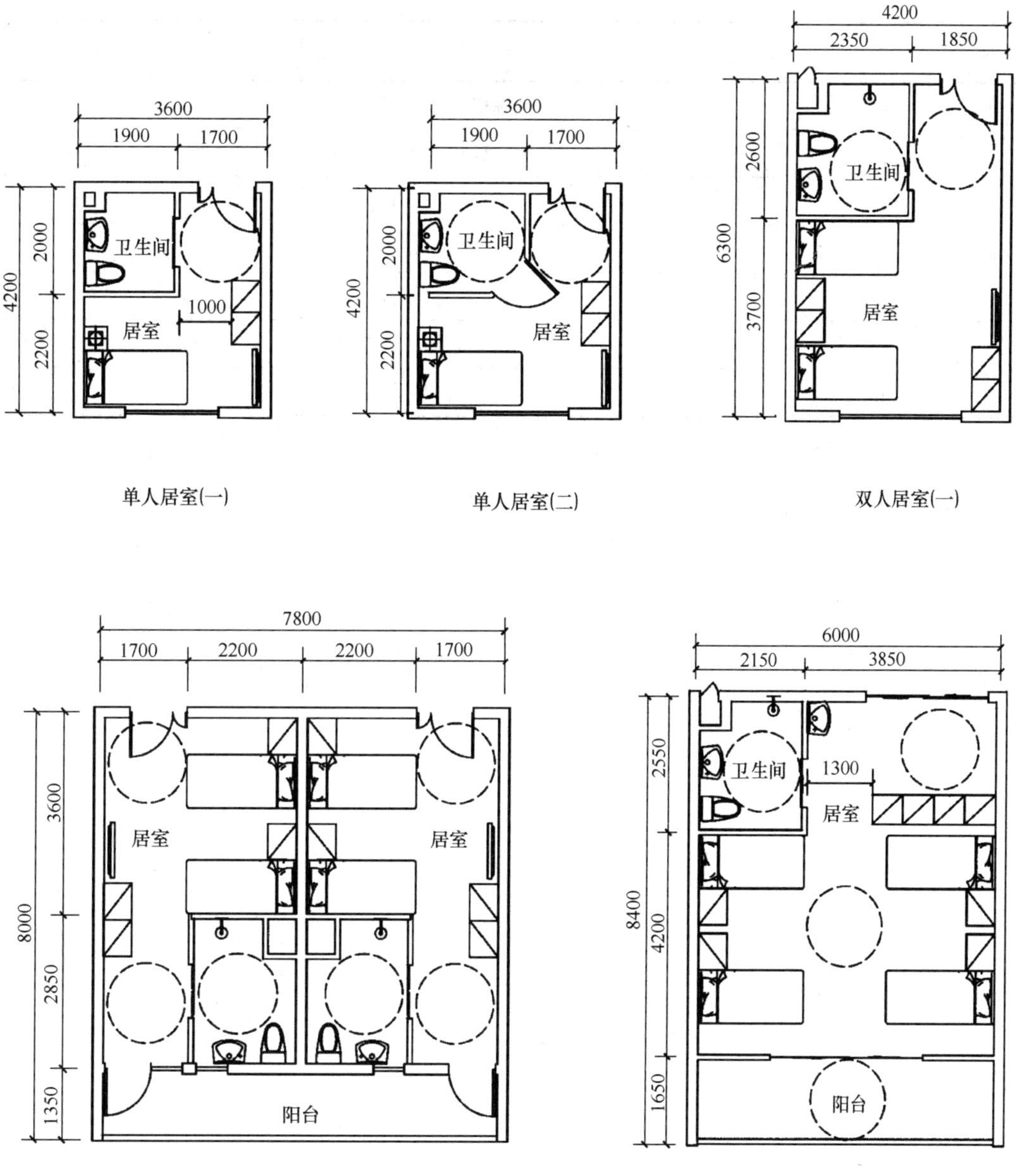
3600
1900
1700
4200
2000
2200
卫生间
1000
居室
3600
1900
1700
4200
2000
2200
卫生间
居室
4200
2350
1850
6300
2600
3700
卫生间
居室
7800
1700
2200
2200
1700
8000
3600
2850
1350
居室
居室
阳台
6000
2150
3850
8400
2550
4200
1650
卫生间
1300
居室
阳台

单人居室(一)　单人居室(二)　双人居室(一)

双人居室(二)　四人居室

图 14.5.2.2-2　老年养护院养护单元居室设计平面图

11. 社区老年人日间照料中心相关装备配置参见表 14.5.2.2-4。

社区老年人日间照料中心装备配置表　　**表 14.5.2.2-4**

设备种类	具体设备
生活服务	洗澡专用椅凳
	轮椅
	呼叫器
保健康复	按摩床（椅）
	平衡杠、肋木、扶梯、手指训练器、股四头肌训练器、训练垫
	血压计、听诊器

续表

设备种类	具 体 设 备
公共活动	电视机、投影仪、播放设备
	计算机及网络设备
安防	监控设备
	定位设备
	摄录像机
交通工具	老年人接送车
	物品采购车

15 医疗建筑设计

15.1 医院类别与规模

15.1.1 各类医院建设用地指标

表 15.1.1

<table>
<tr><th>医院类别</th><th colspan="8">建设用地指标</th></tr>
<tr><td rowspan="4">综合医院</td><td colspan="2">建筑规模（床位数）</td><td>200～300</td><td>400～500</td><td>600～700</td><td>800～900</td><td>1000</td><td>1200</td></tr>
<tr><td colspan="2">床均指标（国标）（m²/床）</td><td>117</td><td>115</td><td>113</td><td>111</td><td>109</td><td>/</td></tr>
<tr><td colspan="2">床均指标（深标）（m²/床）</td><td>116</td><td>114</td><td>112</td><td>110</td><td>108</td><td>106</td></tr>
<tr><td colspan="8">注：（1）表中所列是综合医院七项基本建设指标基本建设内容（急诊部、门诊部、住院部、医技科室、保障系统、行政管理、院内生活用房等）所需的最低用地指标；当规定的指标确实不能满足时，可按不超过 11m²/床指标增加用地面积，用于预防保健、单列项目用房的建设和医院预留发展
（2）承担医学科研任务的综合医院，应按副高及以上专业技术人员总数的 70%为基数，按每人 30m²，承担教学任务的综合医院应按每学生 30m²，在床均用地面积指标以外，另行增加科研和教学设施的建设用地
（3）综合医院设置公共停车场时，应在床均用地面积指标以外，可按小型汽车、自行车的占地标准另行增加公共停车场用地，停车数量按当地规定
（4）“国标”系指（建标 110-2008）《综合医院建设标准》，“深标”系指《深圳市医院建设标准指引》</td></tr>
<tr><td rowspan="4">中医医院</td><td rowspan="2">建设规模</td><td>床位</td><td>60</td><td>100</td><td>200</td><td>300</td><td>400</td><td>≥500</td></tr>
<tr><td>门诊人次</td><td>210</td><td>400</td><td>800</td><td>1350</td><td>2000</td><td>≥2750</td></tr>
<tr><td colspan="2">床均指标（m²/床）</td><td>120～140</td><td>115～135</td><td>110～130</td><td>105～125</td><td>100～120</td><td>95～115</td></tr>
<tr><td colspan="8">注：（1）建设规模大于 100 而又介于表列两者规模之间时，可用插入法取值
（2）人口密度较大，用地紧张的地区宜采用下限</td></tr>
<tr><td rowspan="3">传染病医院</td><td colspan="2">建筑规模（床位数）</td><td>12～30</td><td>40</td><td>60</td><td>100～500</td><td>600</td><td>/</td></tr>
<tr><td colspan="2">床均指标（m²/床）</td><td>130</td><td>130</td><td>130</td><td>125</td><td>120</td><td>/</td></tr>
<tr><td colspan="8">注：（1）表中指标为传染病医院七项基本建设内容所需的最低用地指标。当规定的指标确实不能满足需要时，可按不超过 11m²/床指标增加用地面积，用于传染病预防监测、科学研究用房建设及满足突发公共卫生事件应急时期紧急扩展用地的需要
（2）表中指标包括必要的隔离警戒用地</td></tr>
<tr><td rowspan="2">精神专科医院</td><td colspan="2">建筑规模（床位数）</td><td colspan="2">70～199</td><td colspan="2">200～499</td><td colspan="2">≥500</td></tr>
<tr><td colspan="2">床均指标（m²/床）</td><td colspan="2">108</td><td colspan="2">105</td><td colspan="2">105</td></tr>
</table>

注：本表以国家现行有关标准规定编制。

15.1.2 各类医院建筑面积指标

表 15.1.2

医院类别	建筑面积指标						
综合医院	建筑规模（床位数）	200～300	400～500	600～700	800～900	1000	1200
	床均指标（国标）（m^2/床）	80	83	86	88	90	/
	床均指标（深标）（m^2/床）	90	108	115	120	125	130
	注：（1）表中所列是综合医院中急诊部、门诊部、住院部、医技科室、保障系统、行政管理和院内生活用房等七项设施的床均建筑面积指标 （2）“国标”系指（建标 110-2008）《综合医院建设标准》，“深标”系指《深圳市医院建设标准指引》						
中医医院	建设规模 床位	60	100	200	300	400	≥500
	建设规模 门诊人次	210	400	800	1350	2000	≥2750
	建筑面积指标（m^2/床）	75～80	77～82	79～84	81～86	83～88	85～90
	注：（1）根据中医医院建设规模、所在地区、结构类型、设计要求等情况选择上限或下限 （2）大于 500 床的中医医院建设，参照 500 床建设标准执行						
传染病医院	建设规模（床位数）	12～30	40	60	100～500	600	/
	床均指标（m^2/床）	40	45	50	70	80	/
	注：1. 表中所列指标是保证医院正常运转的最低建筑面积指标。具体项目可根据收治的传染病医院等级、收治患者传染病类别，根据实际需求。报有关部门核实批准 2. 综合医院内独立传染病区可参照上述指标，但应扣除与院区其他设施共用部分包括保障系统主要医技科室，行政管理等面积						
精神专科医院	建设规模（床位数）	70～199		200～499		≥500	
	床均指标（m^2/床）	58		60		62	
	注：表中所列指标是精神专科医院急诊、门诊、住院、医技、工娱、保障、行政管理和院内生活用房等设施的床均建筑面积指标						

注：本表以国家现行有关标准规定编制。

15.1.3 各类医院七项指标

1. 综合医院七项设施用房占总建筑面积的比例（%）

表 15.1.3-1

部门	国家标准	深圳标准
急诊部	3	3
门诊部	15	18
住院部	39	38
医技科室	27	24
保障系统	8	8
行政管理	4	4
院内生活	4	5

2. 中医医院基本用房及辅助用房比例关系表（%）

表 15.1.3-2

床位数 部门	60	100	200	300	400	≥500
急诊部	5.1	3.4	3.9	3.9	3.5	3.3
门诊部	19.7	18.9	21.9	21.3	20.5	20
住院部	25.7	27.4	31.4	32	33.5	32.8
医技科室	19.7	17.5	14.2	14	14.6	15.2
药剂科室	12	10.6	7.4	8.2	7.2	6.7
保障系统	10.4	13.1	10.9	9.6	9.2	8.9
行政管理	3.7	3.6	4.3	4.5	4.8	5.6
院内生活	3.7	5.5	6	6.5	6.7	7.5
院内生活服务	5.1	3.4	3.9	3.9	3.5	3.3

注：(1) 使用中，各种功能用房占总建筑面积的比例可根据不同地区和中医医院的实际需要做适当调整。

(2) 药剂科室未含中药制剂室。

3. 传染病医院各类用房占总建筑面积的比例（%）

表 15.1.3-3

部　门	比　例	部　门	比　例
门、急诊部	>14	保障系统	10
住院部	42	行政管理	7
医技科室	19	院内生活	8

注：传染病医院病种比例可按呼吸道传染病 40%、消化道传染病 40%，其他类型传染病 20%分区设置。

4. 精神专科医院各功能用房占总建筑面积的比例（%）

表 15.1.3-4

床位数 部门	70～199	200～499	≥500
急诊部	0	2	2
门诊部	12	12	13
住院部	54	54	52
医技科室	14	12	14
工娱疗室	4	4	3
保障系统	8	8	8
行政管理	4	4	4
院内生活	4	4	4

15.1.4 综合医院其他指标

1. 综合医院内预防保健用房的建筑面积，应按编制内 $20m^2$/人预防保健工作人员配置。

2. 承担医学科研任务的综合医院，应以副高及以上专业技术人员总数的 70%为基数，按 $32m^2$/人 32 的标准另行增加科研用房，并应根据需要按有关规定配套建设适度规模的中间实验动物室。

3. 医学院校的附属医院、教学医院和实习医院的教学用房配置，应符合表中的规定。

医学院校的附属医院、教学医院及教学用房建筑面积指标（m^2/学生）　　表 15.1.4

医院分类	附属医院	教学医院	实习医院
面积指标	8～10	4	2.5

4. 大型设备单列项目房屋建筑面积指标（m^2）

项目名称		单列项目房屋建筑面积（m^2）
磁共振成像装置（MRI）		310
正电子断层扫描装置（PET）		300
X线计算机体层摄影装置（CT）		260
X线造影（导管）机		310
血液透析室（10床）		400
体外震波碎石机室		120
洁净病房（4床）		300
高压氧舱	小型（1～2人）	170
	中型（8～12人）	400
	大型（18～20人）	600
直线加速器		470
核医学（含ECT）		600
核医学治疗病房（6床）		230
钴60治疗机		710
矫形支具与假肢制作室		120
制剂室		按《医疗机构制剂配制质量管理规范》执行

注：(1) 本表所列大型设备机房均为单台面积指标（含辅助用房面积）。
(2) 本表未包括的大型医疗设备，可按实际需要确定面积。

5. 根据建设项目所在地区的实际情况，需要配套建设采暖锅炉房（热力交换站）设施的，应按有关规范执行。

6. 健康体检设施及其所需的面积指标，应根据实际需要报批。

15.2 医疗功能单元

表 15.2

分类	门诊、急诊	预防保健管理	临床科室	医技科室	医疗管理
各功能单元	分诊、挂号、收费、各诊室、急诊、急救、输液、留院观察等	儿童保健、妇女保健等	内科、外科、眼科、耳鼻喉科、儿科、妇产科、手术部、麻醉科、重症监护科（ICU、CCU等）、介入治疗、放射治疗、理疗科等	药剂科、检验科、医学影像科（放射科、核医学、超声科）、病理科、中心供应、输血科等	病案、统计、住院管理、门诊管理、感染控制等

15.3 选址与总平面设计

15.3.1 选址

1. 综合医院选址

综合医院选址应符合当地城镇规划、区域卫生规划和环保评估的要求。基地选择应符合下列要求：

(1) 应交通方便，宜面临两条城市道路。

(2) 宜便于利用城市基础设施。

(3) 环境宜安静，应远离污染源。

(4) 地形宜力求规整，适宜医院功能布局。

(5) 应远离易燃、易爆物品的生产和储存区，并应远离高压线路及其设施。

(6) 不应临近少年儿童活动密集场所。

(7) 不应污染、影响城市的其他区域。

2. 传染医院选址

(1) 新建传染病医院应远离城市人群密集活动区，如用地无法相互躲让，应采取必要的防护距离设置绿化隔离带。

(2) 应交通方便，宜面临两条城市道路。

(3) 医院用地宜方整，地势平坦，应不受水淹。

(4) 医院用地选址宜便于利用现有市政公用基础设施。

(5) 医院选址宜选地质构造比较稳定的地段，应尽量远离地质断裂带。

(6) 传染病医院产生的医疗固体废弃物、污染污废水等，应采取相应有效防范措施。应选址于城市常年主导下风向。

3. 精神专科医院选址

精神专科医院选址应当符合当地城镇规划、区域卫生规划，医疗机构设置规划要求和工程地质灾害评估等。基地选址应符合下列要求：

(1) 交通便利；

(2) 便于利用城镇基础设施；

(3) 地形宜规整平坦、地质宜构造稳定，地势应较高且不受洪水威胁；

(4) 远离易燃、易爆物品的生产和储存区。

15.3.2 总平面设计

1. 综合医院总平面设计要求

(1) 应合理进行功能分区，洁污、医患、人车等流线组织清晰，并应避免院内感染。

(2) 建筑布局应紧凑，交通应便捷，并应方便管理、减少能耗。

(3) 应保证住院、手术、功能检查和教学科研等用房环境安静。

(4) 病房宜能获得良好朝向。

(5) 宜留有可发展或改、扩建用地。

(6) 应有完整的绿化规划。

（7）对废弃物的处理，应做出妥善的安排，并应符合有关环境保护法令、法规的规定。

（8）医院出入口不应少于两处，人员出入口不应兼作尸体或废弃物出口。

（9）在门诊、急诊和住院用房等入口附近应设车辆停放场地。

（10）太平间、病理解剖室应设于医院隐蔽处。需设焚烧炉时，应避免风向的影响，并应与主体建筑隔离。尸体运送路线应避免与出入院路线交叉。

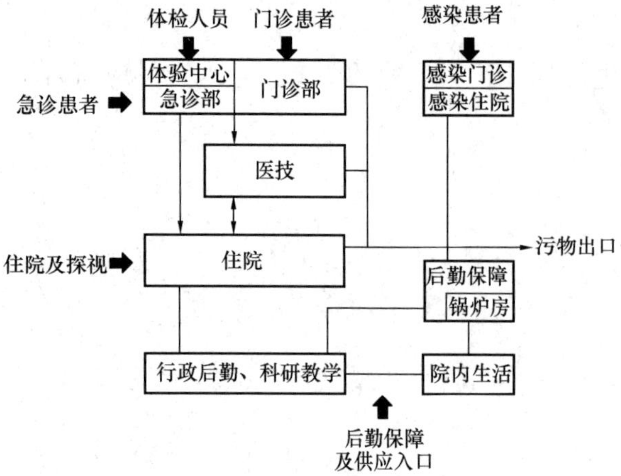

体检人员
门诊患者
感染患者
体验中心
急诊部
门诊部
感染门诊
感染住院
急诊患者
医技
污物出口
住院及探视
住院
后勤保障
锅炉房
行政后勤、科研教学
院内生活
后勤保障
及供应入口

图 15.3.2　综合医院功能关系

2. 传染病医院总平面设计要求

（1）应合理进行功能分区，洁污、医患、人车等流线组织清晰，并应避免院内感染。

（2）主要建筑应有良好朝向，建筑物应满足卫生、日照、采光、通风、消防等要求。

（3）宜留有发展、改建或扩建等用地。

（4）有完整的绿化规划。

（5）对废弃物妥善处理，并应符合国家现行有关环境保护的规定。

（6）院区出入口不应少于两处。

（7）车辆停放场地应按规划与交通部门要求配置。

（8）绿化规划应结合用地条件进行。

（9）对涉及污染环境的医疗废弃物及污废水，应采取环境安全保护措施。

（10）医院出入口附近应布置救护车冲洗消毒场地。

3. 精神专科医院总平面设计要求

（1）合理确定功能分区，并科学组织洁污、医患、人车等流线；

（2）建筑布局宜紧凑，方便管理、减少耗能，交通组织应便捷；

（3）住院、功能检查和教学科研等用房环境宜安静；

（4）主要建筑物应有良好朝向，建筑物间距应满足卫生、日照、采光、通风、消防等要求。

（5）宜预留发展、改建或扩建用地。

（6）院区出入口不宜少于两处。

（7）充分利用院区地形布置绿化景观。宜有供患者康复活动的专用绿地；

（8）对涉及污染环境的污物（含医疗废弃物、污废水等）应进行环境安全规划。

（9）供急、重症患者使用的室外活动场地应设置围墙或栏杆。

（10）在医疗用地内不得建职工住宅。医疗用地和职工住宅毗连时应分隔，并另设出入口。

15.3.3　间距要求

间距要求在医院建筑中应是栋与栋之间的要求，同一建筑有平行的若干的翼，翼与翼之间的距离则应区别对待。

1. 住院楼因住院病人平均住院期在 15 天左右，一般应以日照间距确定其与相邻建筑的距离。

2. 病房建筑的前后间距应满足日照和卫生间距要求，且不宜小于 12m。

3. 一般传染病房与非传染病房之间最好有 30m 以上的心理间距，尤其注意厨房与住院区之间的距离。

4. 太平间与病房、厨房、食堂之间应有 50m 以上的心理距离，其他如锅炉房、垃圾站、洗衣房等服务用房与医疗用房之间应有 20m 以上间距。

5. 高层与各种层数住宅之间应满足消防间距要求，不宜小于 13m，不得小于 9m。

6. 高层与高层之间间距，不应小于 13m。

15.3.4 日照要求

医院、疗养院半数以上病房、疗养室不应低于冬至日满窗 2h 的日照标准。冬至日有效时间为 9：00～15：00 时。(同时还需满足各地方规范标准)

15.3.5 绿化配置

根据综合医院建设标准规定，新建综合医院的绿地率不应低于 35%；改建、扩建综合医院的绿地率不应低于 30%。

15.3.6 停车要求

1. 医院应配套建设机动车和非机动车停车设施。停车的数量和停车设施的面积指标，按建设项目所在地区的有关规定执行。

2.《深圳市城市规划标准与准则》医院停车配置为：

建筑类型	配建标准（计算单位：车位/病床）
综合医院、中医院、妇儿医院	一类区域：0.8～1.2；二类区域：1～1.4；三类区域：1.2～1.8 每 50 床设一个路旁港湾式小型客车停车位；另设 2 个路旁有盖停车位，供救护车使用
其他专科医院	一类区域：0.5～0.8；二类区域：0.6～1；三类区域：0.8～1.3 每 50 床设一个路旁港湾式小型客车停车位；另设 2 个路旁有盖停车位，供救护车使用

15.4 建 筑 设 计

15.4.1 一般规定

1. 主体建筑的平面布置、结构形式和机电设计应为今后发展、改造和灵活分隔创造条件。

2. 建筑物出入口的设置规定

(1) 门诊、急诊、急救和住院应分别设置无障碍出入口；

(2) 门诊、急诊、急救和住院主要出入口处，应有机动车停靠的平台，并设雨篷。

3. 医院应设置具有引导、管理等功能的标识系统。

4. 电梯设置规定

(1) 二层医疗用房宜设电梯。三层及三层以上的医疗用房应设电梯，且≥2 台。

(2) 供患者使用的电梯和污物梯，应采用病床梯。

(3) 医院住院部宜增设供医护人员专用的客梯、送餐和污物专用货梯。

(4) 电梯井道不应与有安静要求的用房贴邻。

5. 候梯厅设置规定（电梯并列≤4 台，对列≤8 台）

客梯多台并列，候梯厅宽度≥2.1m；

客梯多台对列，候梯厅宽度≥2.8m；

医梯多台并列，候梯厅宽度≥3.6m(1600kg)或≥4.05m(2000～2500kg)；

医梯多台对列，候梯厅≥4.8m(1600kg)或≥5.4(2000～2500kg)；

客梯、医梯多台并列，候梯厅≥3.6m(医梯 1600kg)或≥4.05m(医梯 2000～2500kg)；

客梯、医梯多台对列，候梯厅≥3.8m(医梯 1600kg)或≥4.1m(医梯 2000～2500kg)。

6. 楼梯的设置规定

(1) 楼梯的位置应同时符合防火、疏散和功能分区的要求。

(2) 主楼梯宽度≥1.65m，踏步宽度≥0.28m，高度≤0.16m。

7. 通行推床的通道，净宽≥2.4m。有高差应用坡道相接，坡道坡度应按无障碍坡道设计。

8. 50%以上的病房日照应符合现行国家标准《民用建筑设计通则》(GB 50352) 的有关规定。

9. 门诊、急诊和病房应充分利用自然通风和天然采光。

10. 室内净高规定

(1) 诊查室宜≥2.6m。

(2) 病房宜≥2.8m。

(3) 公共走道宜≥2.3m。

11. 医院建筑的热环境与声环境应符合有关规范标准要求。

12. 卫生间设置规定

(1) 患者使用的卫生间隔间的平面尺寸，不应小于1.1m×1.4m，门应朝外开，门闩应能里外开启。卫生间隔间内应设输液吊钩。

(2) 患者使用的坐式大便器坐圈宜采用不易被污染、易消毒的类型，进入蹲式大便器隔间不应有高差。大便器旁应装置安全抓杆。

(3) 卫生间应设前室，并应设非手动开关的洗手设施。

(4) 采用室外卫生间时，宜用连廊与门诊、病房楼相接。

(5) 宜设置无性别、无障碍患者专用卫生间。

门　急　诊　部　分

15.4.2　急诊急救中心

1. 急诊急救中心设置要求

(1) 应自成一区，应单独设置出入口，应便于急救车、担架车、轮椅车的停放。

(2) 急诊、急救应分区设置

(3) 急诊部与门诊部、医技部、手术部应有便捷的联系。

(4) 设置直升机停机坪时，应与急诊部有快捷的通道。

2. 急诊用房设置要求

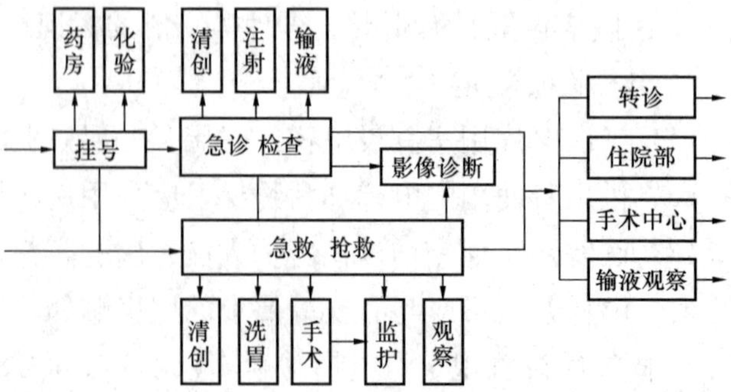

药房
化验
清创
注射
输液
挂号
急诊 检查
影像诊断
急救 抢救
清创
洗胃
手术
监护
观察
转诊
住院部
手术中心
输液观察

图 15.4.2-1　急诊功能关系示意图

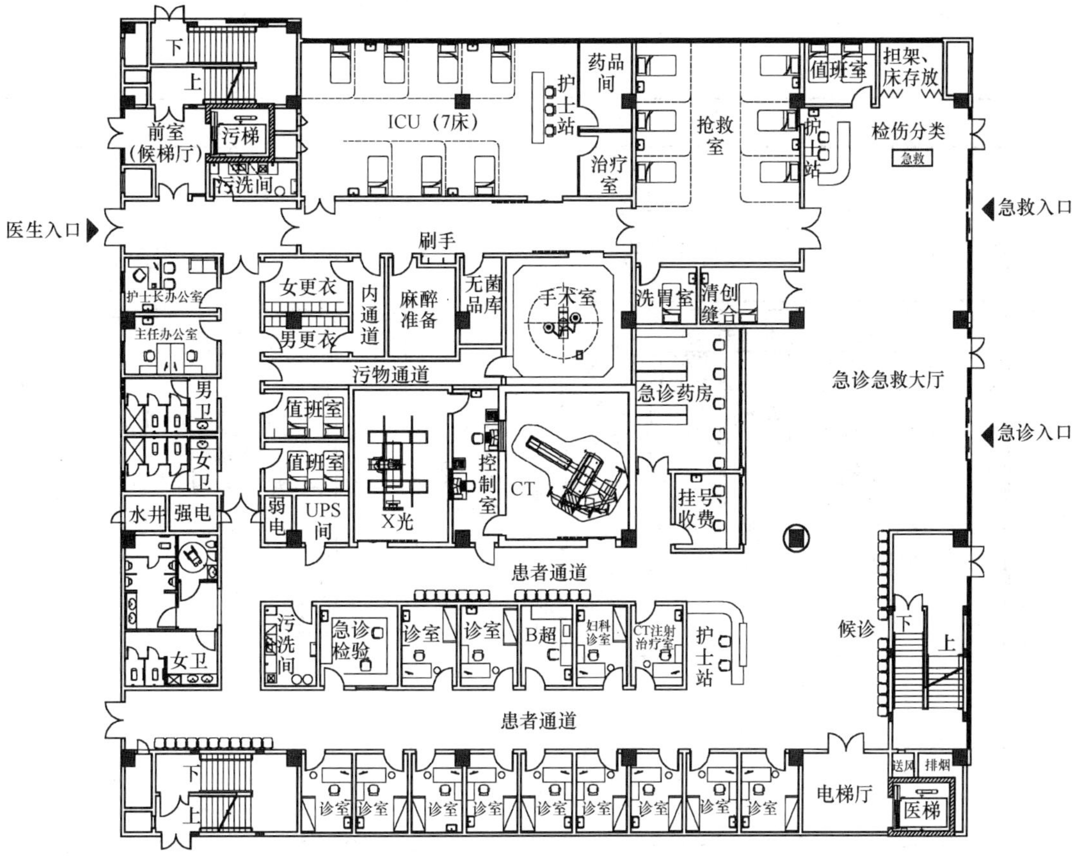

ICU（7床）
护士站
药品间
治疗室
抢救室
值班室
担架、床存放
检伤分类
急救
急救入口
医生入口
前室（候梯厅）
污梯
污洗间
刷手
护士长办公室
主任办公室
女更衣
男更衣
内通道
麻醉准备
无菌品库
手术室
洗胃室
清创缝合
污物通道
急诊药房
急诊急救大厅
急诊入口
值班室
X光
控制室
CT
挂号收费
男卫
女卫
水井
强电
弱电
UPS间
患者通道
污洗间
急诊检验
诊室
B超
妇科诊室
CT注射治疗室
护士站
候诊
女卫
患者通道
电梯厅
医梯
送风
排烟

图 15.4.2-2　急诊急救中心平面示例

（1）应设接诊分诊、护士站、输液、观察、污洗、杂物贮藏、值班更衣、卫生间等用房。

（2）急救部分应设抢救、抢救监护等用房。

（3）急诊部分应设诊查、治疗、清创、换药等用房。

（4）可独立设挂号、收费、病历、药房、检验、X线检查、功能检查、手术、重症监护等用房。

（5）输液室应由治疗间和输液间组成。

3. 门厅兼用于分诊功能时，其面积不应小于 $24m^2$。

4. 急救用房设置要求

（1）抢救室应直通门厅，有条件时，宜直通急救车停车位，面积不应小于 $30m^2$/床，门的净宽不应小于 1.40m。

（2）宜设氧气、吸引等医疗气体的管道系统终端。

5. 急救监护室内平行排列的观察床净距不应小于 1.20m，有吊帘分隔时不应小于 1.40m，床沿与墙面的净距不应小于 1m。

6. 观察用房设置要求

（1）平行排列的观察床净距不应小于 1.20m，有吊帘分隔时不应小于 1.40m，床沿与墙面的净距不应小于 1m。

（2）可设置隔离观察室或隔离单元，并应设单独出入口，入口处应设缓冲区及就地消毒设施。

（3）宜设氧气、吸引等医疗气体的管道系统终端。

7. 急诊主要用房平面示例

表 15.4.2

<table>
<tr><th>名称</th><th>图　例</th><th>名称</th><th>图　例</th></tr>
<tr><td>抢救厅单元</td><td>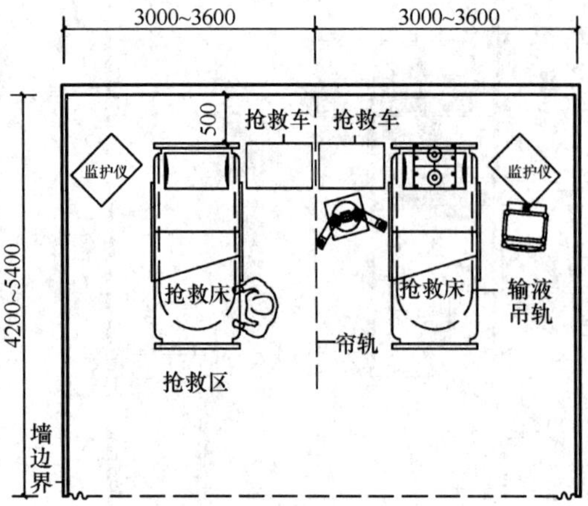
3000~3600
3000~3600
500
抢救车
抢救车
监护仪
监护仪
4200~5400
抢救床
抢救床
输液
吊轨
帘轨
抢救区
墙
边
界</td><td>洗胃室</td><td>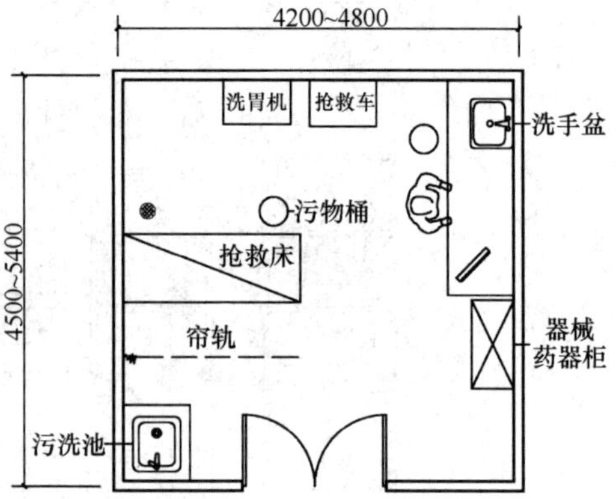
4200~4800
洗胃机
抢救车
洗手盆
污物桶
4500~5400
抢救床
帘轨
器械
药器柜
污洗池</td></tr>
<tr><td>抢救监护</td><td>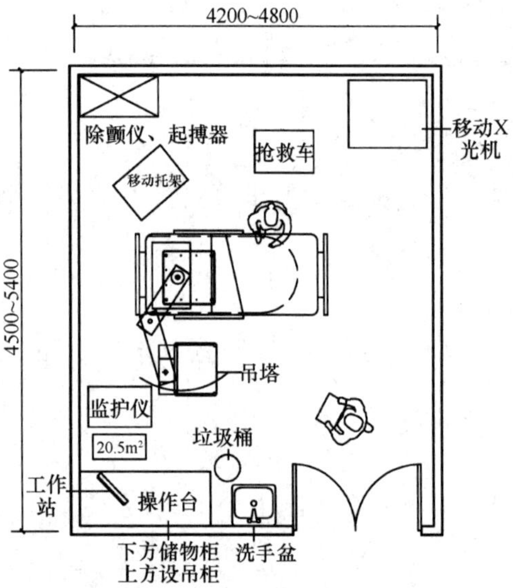
4200~4800
除颤仪、起搏器
抢救车
移动X
光机
移动托架
4500~5400
吊塔
监护仪
20.5m²
垃圾桶
工作
站
操作台
下方储物柜
上方设吊柜
洗手盆</td><td>清创室</td><td>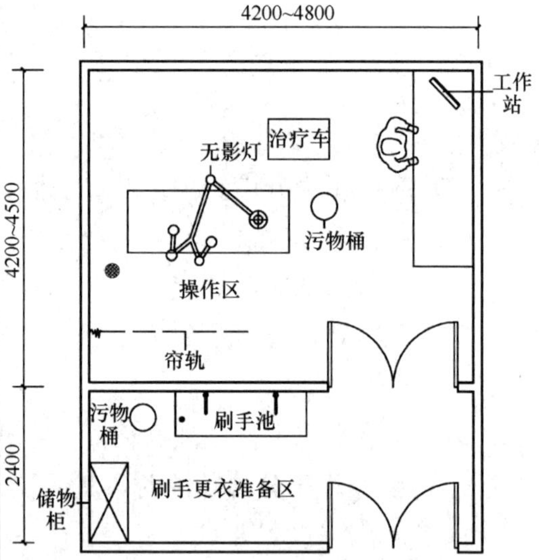
4200~4800
工作
站
治疗车
无影灯
4200~4500
污物桶
操作区
帘轨
污物
桶
刷手池
2400
储物
柜
刷手更衣准备区</td></tr>
</table>

15.4.3　门诊部

1. 门诊分科比例

表 15.4.3-1

科　别	内科	外科	妇科	产科	儿科	耳鼻喉科、眼科	中医	其他
占门诊总量比率（%）	28	25	15	3	8	10	5	6

2. 门诊部位置

门诊部应设在靠近医院交通入口处，应与医技用房邻近，并处理好门诊内各部门的相互关系，流线应合理并避免院内感染。

3. 规模

门诊诊室间数可按日平均门诊诊疗人次/（50人次~60人次）

4. 门诊用房设置要求

（1）公共部分应设置门厅、挂号、问讯、病历、预检分诊、记账、收费、药房、候诊、采血、检验、输液、注射、门诊办公、卫生间等用房和为患者服务的公共设施。

（2）各科根据科室要求设置诊查室、治疗室、护士站、污洗室，可设置换药室、处置室、清创室、X光检查室、功能检查室、值班更衣室、杂物贮藏室、卫生间等。

5. 候诊用房设置要求

（1）门诊宜分科候诊，门诊量小时可合科候诊。

（2）利用走道单侧候诊时，走道净宽不应小于2.4m，两侧候诊时，走道净宽不应小于3m。

（3）可采用医患通道分设、电子叫号、预约挂号、分层挂号收费等。

6. 诊查用房设置要求

（1）双人诊查室的开间净尺寸不应小于3m，使用面积不应小于12m^2。

（2）单人诊查室的开间净尺寸不应小于2.5m，使用面积不应小于8m^2。

7. 妇科、产科和计划生育用房设置要求

（1）应自成一区，可设单独出入口。

（2）妇科应增设隔离诊室、妇科检查室及专用卫生间，宜采用不多于两诊室合用一个妇科检查室的组合方式。

（3）产科和计划生育应增设休息室及专用卫生间；妇科可增设手术室、休息室；产科可增设人流手术室、咨询室、宣教室。

（4）各室应有阻隔外界视线的措施。

8. 儿科用房设置要求

（1）应自成一区，可设单独出入口。

（2）应增设预检、候诊、儿科专用卫生间、隔离诊查和隔离卫生间等用房。隔离区宜有单独对外出口；可单独设置挂号、药房、注射、检验和输液等用房。

9. 耳鼻喉科用房设置要求

应增设内镜检查（包括食道镜等）、治疗的用房；可设置手术、测听、前庭功能、内镜检查（包括气管镜、食道镜等）等用房。

10. 眼科用房设置要求

（1）应增设初检（视力、眼压、屈光）、诊查、治疗、检查、暗室等用房；宜设置眼科手术室。

（2）初检室和诊查室宜具备明暗转换装置。

11. 口腔科用房设置要求

（1）应增设X线检查、镶复消毒洗涤、矫形等用房；可设资料室。

（2）诊查单元每椅中距不应小于1.8m，椅中心距墙不应小于1.2m。

（3）镶复室宜有良好的通风。

12. 门诊手术用房设置要求

（1）门诊手术用房可单独设置也可与手术部合并设置。

（2）门诊手术用房应由手术室、准备室、更衣室、术后休息室和污物室组成。手术室平面尺寸不宜小于 3.6m×4.8m。

13. 门诊卫生间设置要求

(1) 卫生间宜按日门诊量计算，男女患者比例宜为 1∶1。

(2) 男厕每 100 人次设大便器不应少于 1 个、小便器不应少于 1 个。

(3) 女厕每 100 人次设大便器不应少于 3 个。

14. 预防保健用房设置要求

应设宣教、档案、儿童保健、妇女保健、免疫接种、更衣、办公等用房；宜增设心理咨询用房。

15. 主要门诊用房详细设计

表 15.4.3-2

<table>
<tr><th>名称</th><th>图 例</th><th>名称</th><th>图 例</th></tr>
<tr><td>候诊厅</td><td>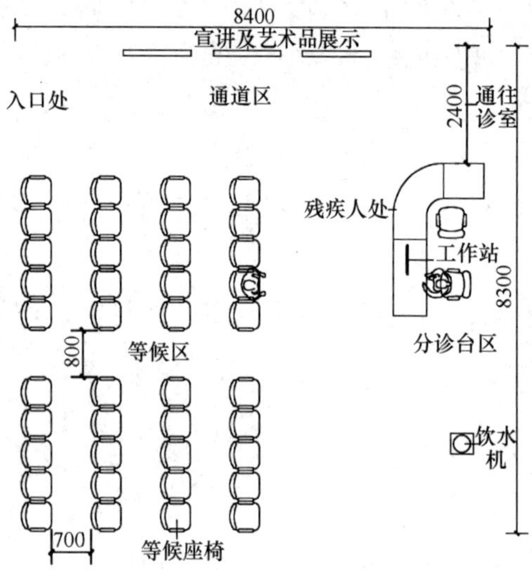
8400
宣讲及艺术品展示
入口处
通道区
2400
通往诊室
残疾人处
工作站
8300
分诊台区
800
等候区
饮水机
700
等候座椅</td><td>普通诊室</td><td>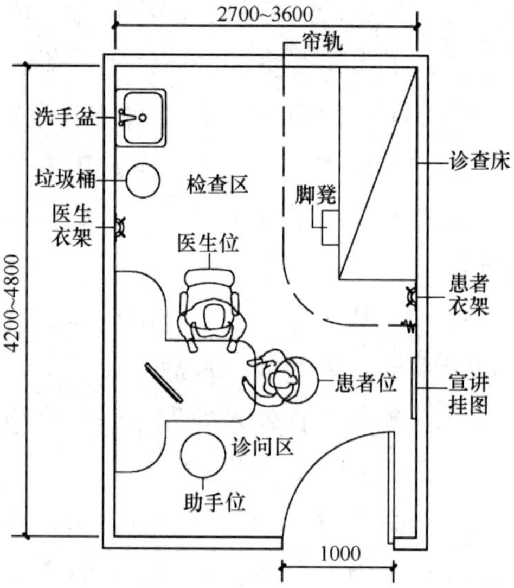
2700~3600
帘轨
洗手盆
诊查床
垃圾桶
检查区
脚凳
医生衣架
医生位
4200~4800
患者衣架
患者位
宣讲挂图
诊问区
助手位
1000</td></tr>
<tr><td>妇科诊室</td><td>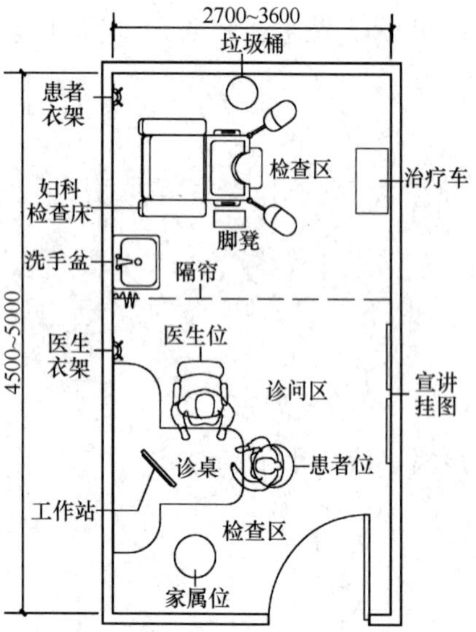
2700~3600
垃圾桶
患者衣架
检查区
治疗车
妇科检查床
脚凳
洗手盆
隔帘
4500~5000
医生衣架
医生位
诊问区
宣讲挂图
诊桌
患者位
工作站
检查区
家属位</td><td>阴道镜检查室</td><td>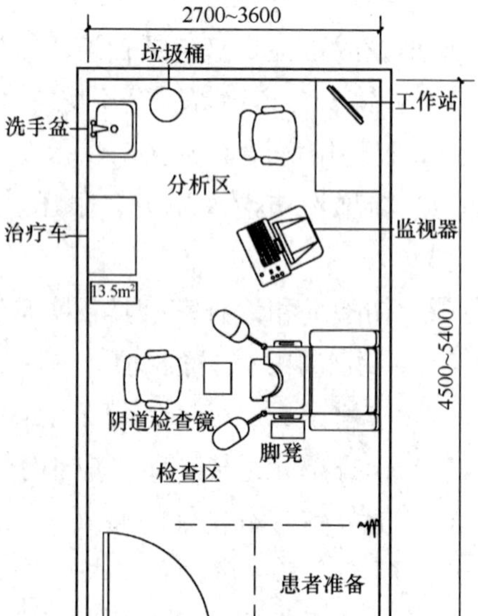
2700~3600
垃圾桶
洗手盆
工作站
分析区
治疗车
监视器
13.5m²
4500~5400
阴道检查镜
脚凳
检查区
患者准备</td></tr>
</table>

续表

名称	图例	名称	图例

产科共用检查室

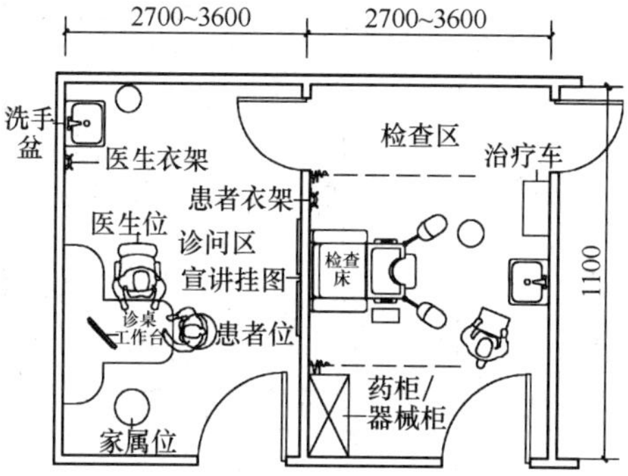
2700~3600
2700~3600
洗手盆
医生衣架
检查区
治疗车
患者衣架
医生位
诊问区
宣讲挂图
检查床
诊桌工作台
患者位
1100
药柜/器械柜
家属位

胎心监护室

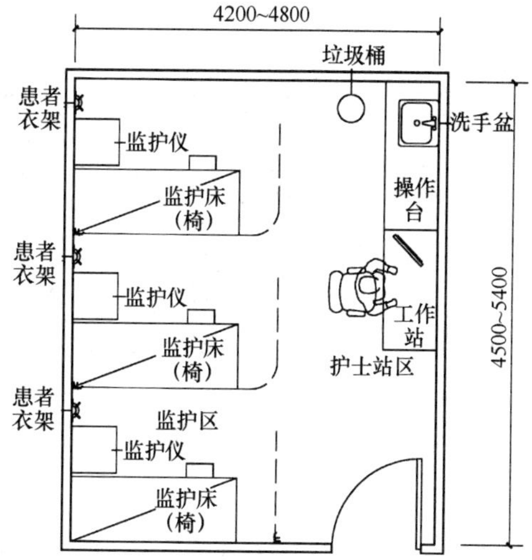
4200~4800
垃圾桶
患者衣架
洗手盆
监护仪
监护床（椅）
操作台
患者衣架
监护仪
工作站
监护床（椅）
护士站区
4500~5400
患者衣架
监护区
监护仪
监护床（椅）

雾化治疗室

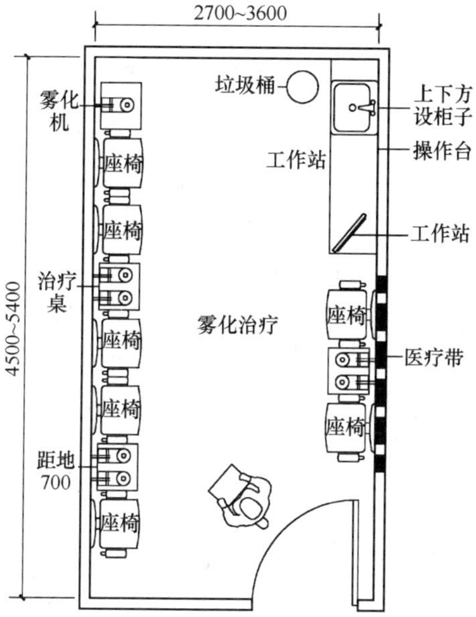
2700~3600
垃圾桶
雾化机
上下方设柜子
操作台
工作站
座椅
座椅
工作站
治疗桌
雾化治疗
座椅
4500~5400
座椅
医疗带
座椅
座椅
距地700
座椅

耳鼻喉科诊室

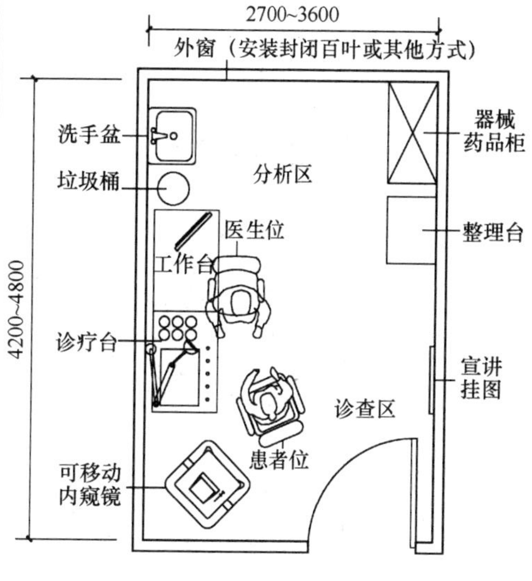
2700~3600
外窗（安装封闭百叶或其他方式）
洗手盆
器械药品柜
垃圾桶
分析区
医生位
整理台
工作台
4200~4800
诊疗台
宣讲挂图
诊查区
患者位
可移动内窥镜

测听室

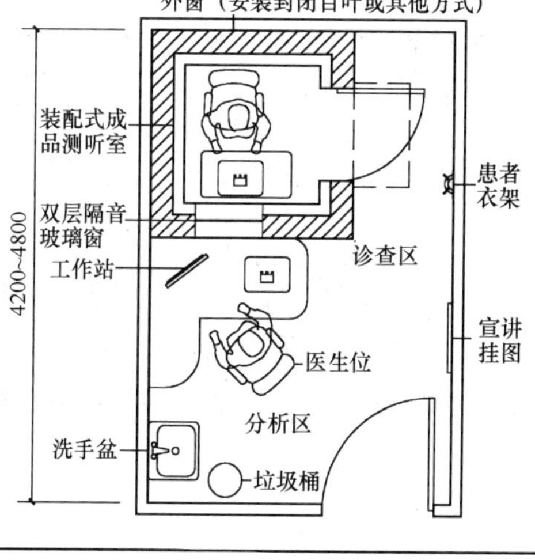
2700~3600
外窗（安装封闭百叶或其他方式）
装配式成品测听室
患者衣架
双层隔音玻璃窗
诊查区
工作站
4200~4800
宣讲挂图
医生位
分析区
洗手盆
垃圾桶

眼科诊室

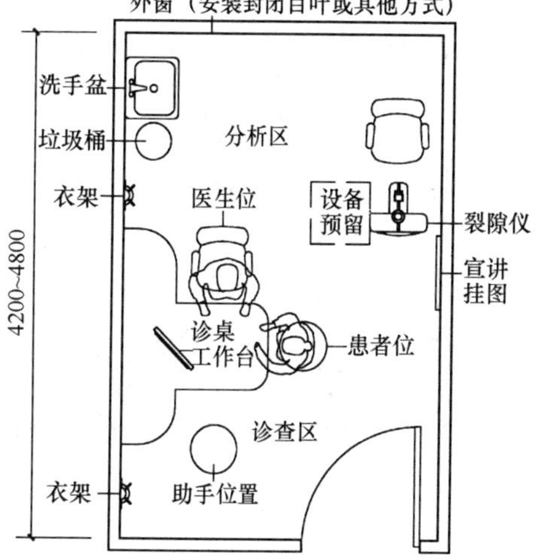
2700~3600
外窗（安装封闭百叶或其他方式）
洗手盆
垃圾桶
分析区
衣架
医生位
设备预留
裂隙仪
宣讲挂图
4200~4800
诊桌工作台
患者位
诊查区
衣架
助手位置

续表

<table>
<tr><th>名称</th><th>图 例</th><th>名称</th><th>图 例</th></tr>
<tr><td>口腔诊室</td><td>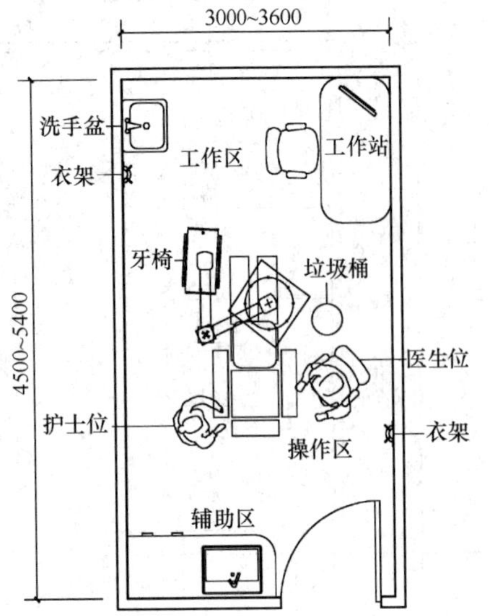
3000~3600
4500~5400
洗手盆
衣架
工作区
工作站
牙椅
垃圾桶
医生位
护士位
衣架
操作区
辅助区</td><td>牙片室</td><td>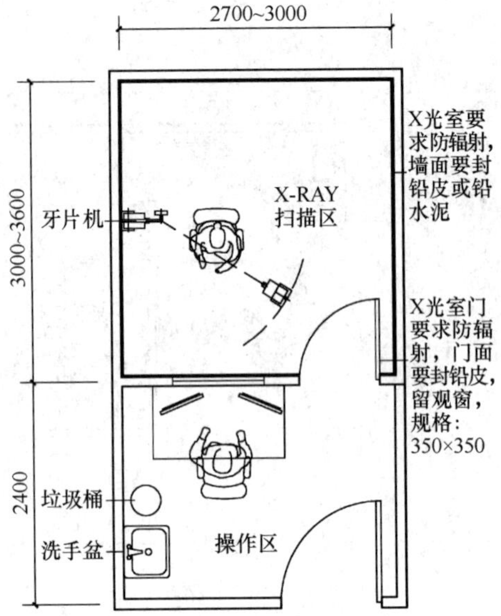
2700~3000
3000~3600
2400
牙片机
X-RAY
扫描区
X光室要求防辐射，墙面要封铅皮或铅水泥
X光室门要求防辐射，门面要封铅皮，留观窗，规格：350×350
垃圾桶
洗手盆
操作区</td></tr>
<tr><td>中医推拿室</td><td>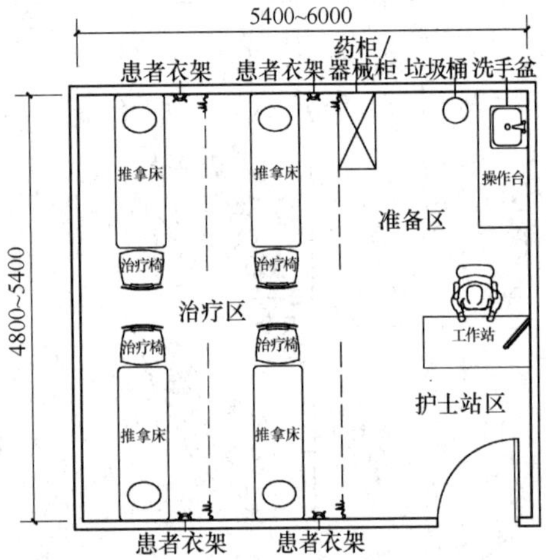
5400~6000
4800~5400
患者衣架
患者衣架
药柜/器械柜
垃圾桶
洗手盆
推拿床
推拿床
操作台
准备区
治疗椅
治疗椅
治疗区
治疗椅
治疗椅
工作站
推拿床
推拿床
护士站区
患者衣架
患者衣架</td><td>中医针灸室</td><td>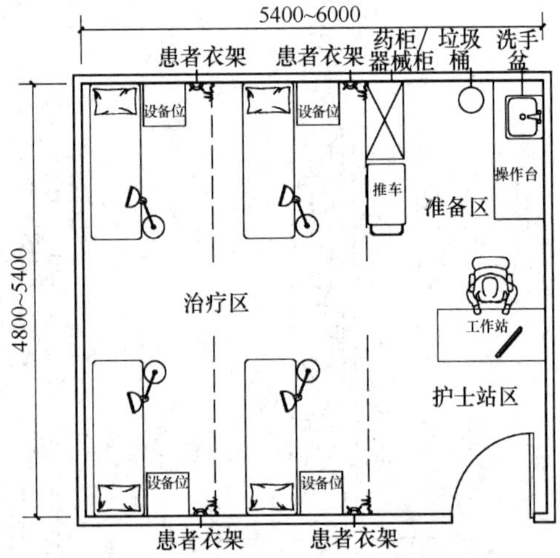
5400~6000
4800~5400
患者衣架
患者衣架
药柜/器械柜
垃圾桶
洗手盆
设备位
设备位
操作台
推车
准备区
治疗区
工作站
护士站区
设备位
设备位
患者衣架
患者衣架</td></tr>
</table>

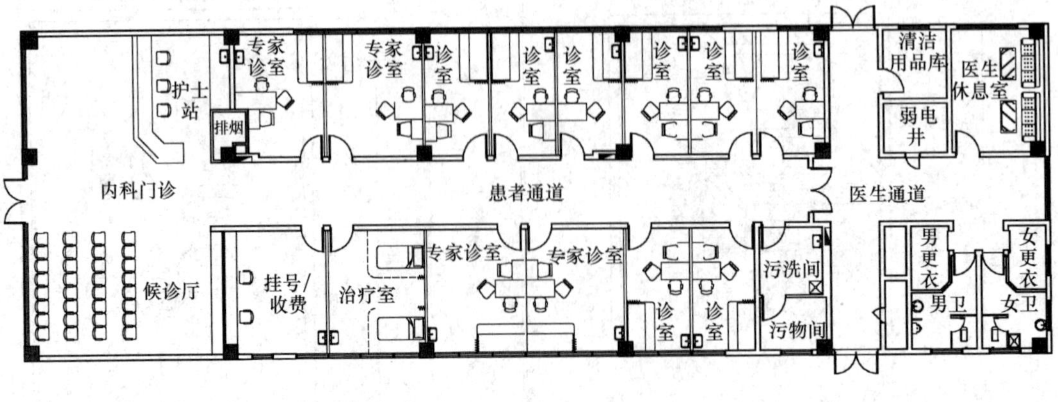
专家诊室
专家诊室
诊室
诊室
诊室
诊室
诊室
诊室
清洁用品库
医生休息室
护士站
排烟
弱电井
内科门诊
患者通道
医生通道
专家诊室
专家诊室
污洗间
男更衣
女更衣
候诊厅
挂号/收费
治疗室
诊室
诊室
污物间
男卫
女卫

图 15.4.3-1　内科门诊平面示例

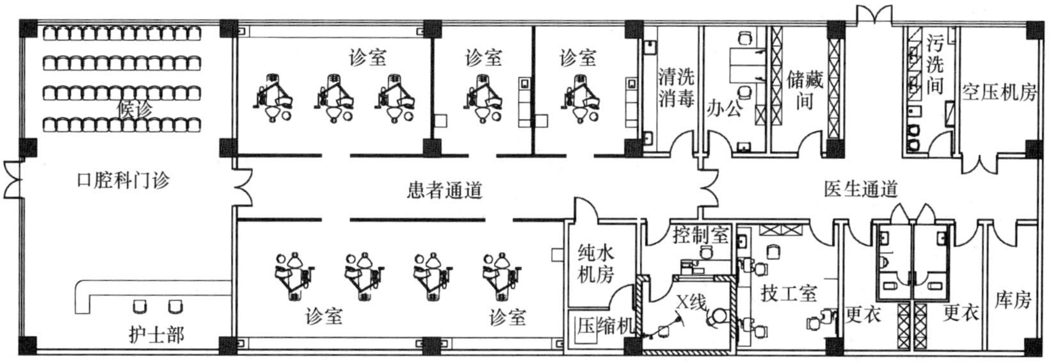
诊室
诊室
诊室
候诊
清洗消毒
办公
储藏间
污洗间
空压机房
口腔科门诊
患者通道
医生通道
控制室
纯水机房
技工室
X线
压缩机
更衣
更衣
库房
诊室
诊室
护士部

图 15.4.3-2 口腔科门诊平面示例

15.4.4 感染疾病门诊

1. 位置

(1) 感染疾病用房位置应处于院区下风向；

(2) 与医疗废弃物暂存点及急诊室距离较近；

(3) 与院区主要通道较远；

(4) 与住院部和门诊部有一定距离且相对独立；

(5) 有条件时单独开门全封闭就诊，远离住院部和门诊部。

2. 规模面积

结合医院的性质、规模、等级、接诊量来综合考虑确定，同时要兼顾到平战结合的需要。在呼吸道、消化道的诊室消毒期间，都分别应有备用诊室。

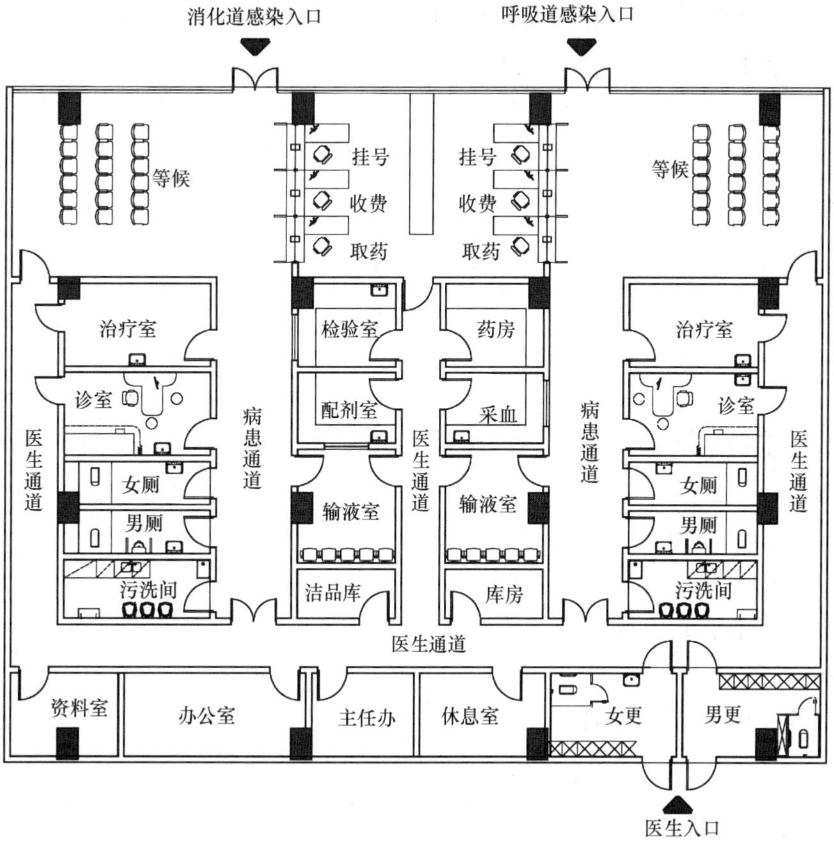
消化道感染入口
呼吸道感染入口
等候
挂号
收费
取药
挂号
收费
取药
等候
治疗室
检验室
药房
治疗室
诊室
配剂室
采血
诊室
病患通道
医生通道
医生通道
病患通道
医生通道
女厕
男厕
输液室
输液室
女厕
男厕
污洗间
洁品库
库房
污洗间
医生通道
资料室
办公室
主任办
休息室
女更
男更
医生入口

图 15.4.4 感染疾病门诊平面示例

3. 感染疾病门诊用房要求

(1) 感染门诊用房主要以消化道、呼吸道等感染疾病为主，门诊均应自成一区，并应单独设置出入口，不同病种不宜使用同一间诊室。

(2) 感染门诊应根据具体情况设置分诊、接诊、挂号、收费、药房、检验、诊查、隔离观察、治疗、医护人员更衣、缓冲、专用卫生间等功能用房。

15.4.5 生殖医学中心

1. 人工授精的设置与要求

(1) 人工授精场所或用房一般有：等候区、诊室、检查室、B超室、人工授精实验室、受精室和其他辅助区域，其面积一般不应小于 100m²。其中人工授精室和人工授精实验室必须专用，且使用面积不小于 20m²。

(2) 对于同时开展人工授精和体外授精（胚胎移植）的场所，其等候区、诊室、检查室和B超室可以合用而不需要分别单设，利于节省面积。

(3) 人工授精所在医疗机构或医院，必须同时具备妇科内分泌测定、影像检查、遗传学检查等检查条件。

2. 人工精子库

(1) 供精者接待或等候区的使用面积至少在 15m² 以上；

(2) 取精室两间，每间使用面积在 5m² 以上，并配有洗手设备；

(3) 精子库实验室的使用面积在 40m² 以上；

(4) 标本储存使用面积在 15m² 以上；

(5) 辅助实验室（进行性传播疾病以及一般检查的实验室）使用面积在 20m² 以上。

3. 体外受精（胚胎移植）场所设置要求

(1) 体外受精（胚胎移植）场所必须包括：等候区、诊疗室、检查室、取精室、精液处理室、档案资料室、清洗室、缓冲区（包括更衣室）、超声检查室、胚胎培养室、取卵室、体外受精实验室、胚胎移植室以及其他辅助场所；

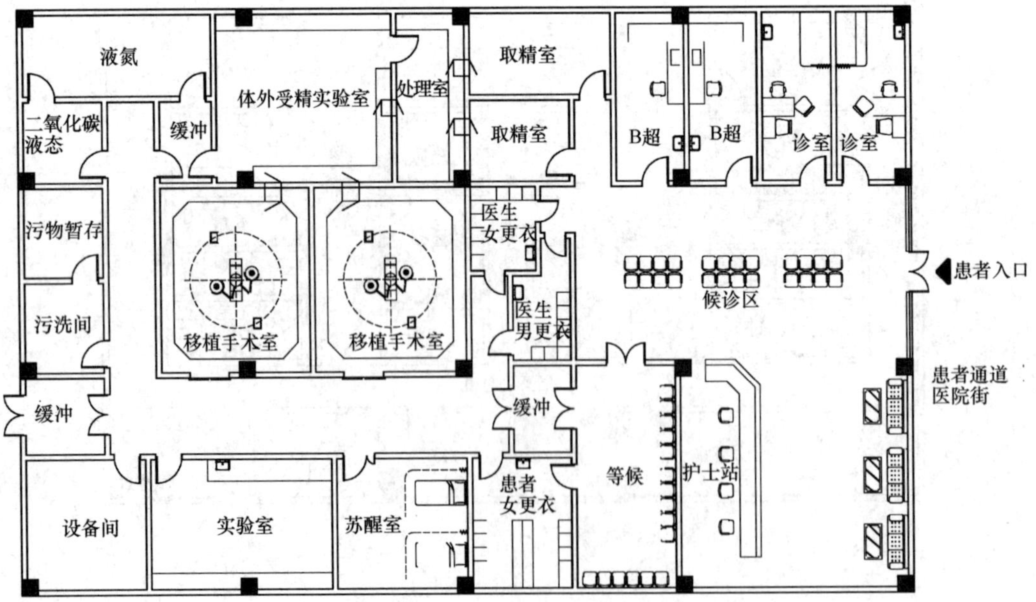
液氮
体外受精实验室
处理室
取精室
取精室
B超
B超
诊室
诊室
二氧化碳液态
缓冲
污物暂存
医生女更衣
患者入口
污洗间
医生男更衣
候诊区
移植手术室
移植手术室
患者通道医院街
缓冲
缓冲
等候
护士站
患者女更衣
设备间
实验室
苏醒室

图 15.4.5 生殖医学中心平面示例

（2）用于生殖医学医疗活动的总使用面积不应小于 260m²；

（3）体外受精（胚胎移植）场所有洁净要求，建筑和装修材料要求无毒，应避开一切产生不良影响的化学源和放射源；

（4）超声室的使用面积不小于 15m²；

（5）精液处理室应与取精室邻近，使用面积不小于 10m²；

（6）取卵室的使用面积不小于 25m²；

（7）体外受精实验室的使用面积不小于 30m²，并应有缓冲区；

（8）胚胎移植室的使用面积不小于 15m²。

医 技 部 分

15.4.6 手术部

1. 手术部位置和平面布置要求

（1）手术部应自成一区，宜与外科护理单元邻近，并宜与相关的急诊，介入治疗科、ICU、病理科、中心（消毒）供应室、血库等路径便捷。

（2）手术部不宜设在首层。

（3）平面布置应符合功能流程和洁污分区要求。入口处应设医护人员卫生通过，且换鞋处应采取防止洁污交叉的措施；通往外部的门应采用弹簧门或自动启闭门。

2. 手术部规模

（1）手术室间数宜按病床总数每 50 床或外科病床数每 25 床～30 床设置 1 间。

（2）传染病专科医院应设置手术室，手术室间数按照每 100 病床设置 1 间。

3. 手术室详细要求

（1）手术室设计要求

表 15.4.6

手术室类别	平面尺寸（m）	净高（m）	门宽（m）	窗地比
特大型	7.50×5.70	2.7～3.0	净宽≥1.4（自动启闭装置）	≤1/7（应设遮阳措施）
大型	5.70×5.40			
中型	5.40×4.80			
小型	4.80×4.20			

（2）手术室阴角处做斜边长 1000mm 左右的 45°切角，形成不等边的八角形；或者阴角处做 1/4 小圆弧形。

4. 手术室内基本设施设置应符合下列规定：

（1）观片灯联数可按手术室大小类型配置，观片灯应设置在手术医生对面墙上。

（2）手术台长向宜沿手术室长轴布置，台面中心点宜与手术室地面中心点相对应。头部不宜置于手术室门一侧。

（3）应设置医用气体终端装置。

（4）应采取防静电措施；不应有明露管线。

（5）吊顶及吊挂件应采取固定措施，吊顶上不应开设人孔。

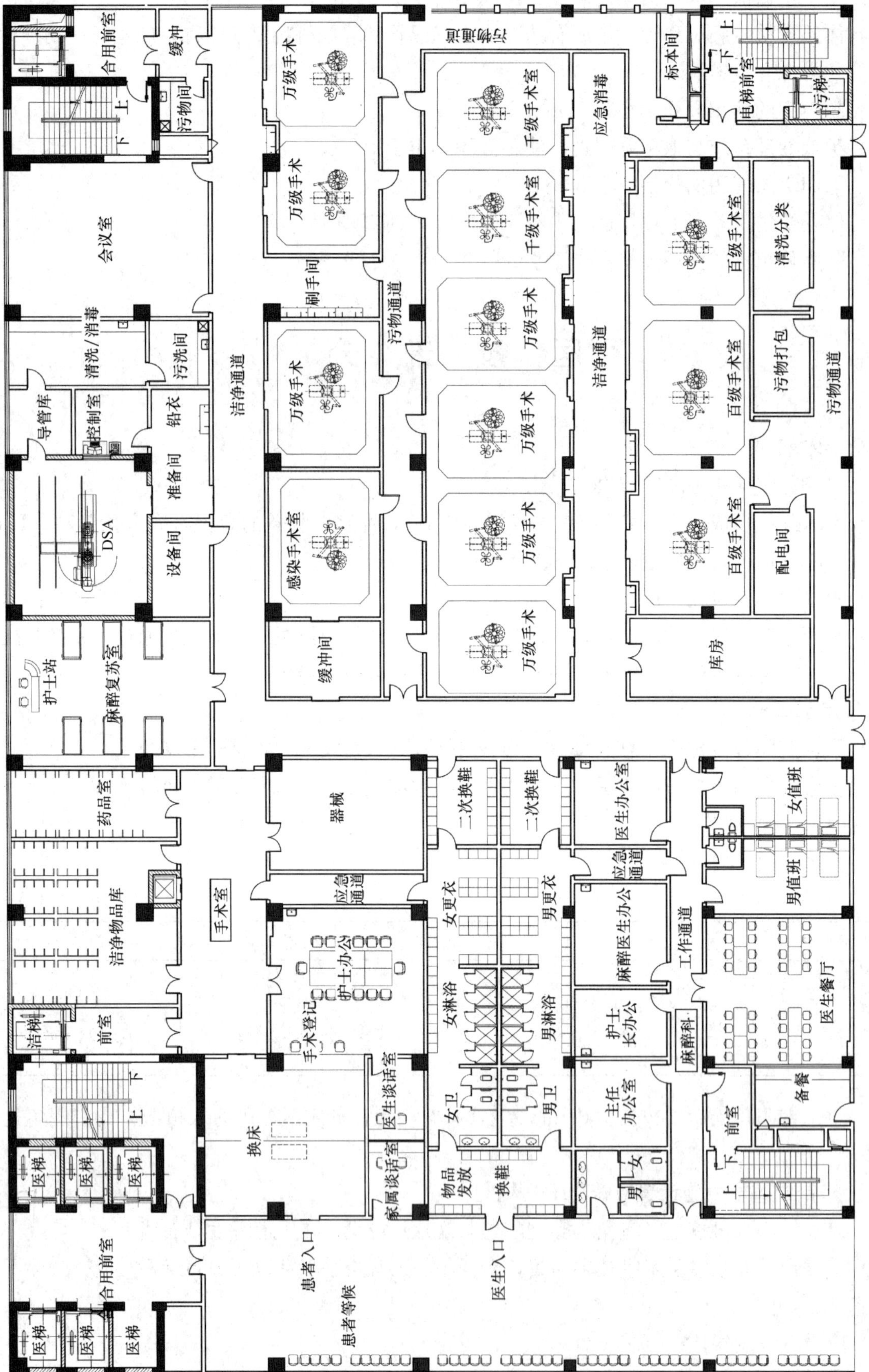
合用前室
缓冲
污物间
上
下
会议室
清洗/消毒
污洗间
导管库
控制室
铅衣
准备间
DSA
设备间
护士站
麻醉复苏室
药品室
洁净物品库
洁梯
前室
医梯
手术室
换床
患者入口
患者等候
医生入口
洁净通道
万级手术
刷手间
感染手术室
缓冲间
污物通道
千级手术室
万级手术
应急消毒
百级手术室
清洗分类
污物打包
配电间
库房
标本间
电梯前室
污梯
器械
应急通道
护士办公
手术登记
医生谈话室
家属谈话室
二次换鞋
女更衣
男更衣
女淋浴
男淋浴
女卫
男卫
物品发放
换鞋
医生办公室
麻醉医生办公
护士长办公
主任办公室
麻醉科
工作通道
女值班
男值班
医生餐厅
备餐
女
男

图 15.4.6-1　手术室平面组合示例

（6）手术室内不应设地漏。

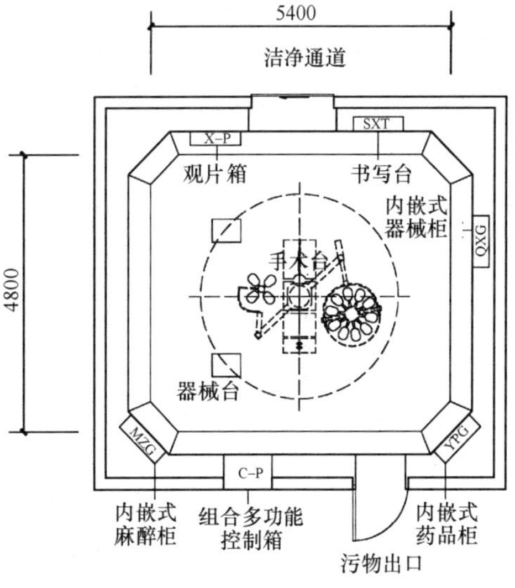
5400
洁净通道
X-P
SXT
观片箱
书写台
内嵌式
器械柜
QXG
手术台
4800
器械台
MZG
YPG
C-P
内嵌式
麻醉柜
组合多功能
控制箱
内嵌式
药品柜
污物出口

图 15.4.6-2　手术间示例图

15.4.7　放射科

1. 放射科位置

宜在底层设置，并应自成一区，且应与门急诊部、住院部邻近布置，并有便捷联系。

2. 平面设置

（1）应设放射设备机房（CT 扫描室、透视室、摄片室）、控制、暗室、观片、登记存片和候诊等用房。可设诊室、办公、患者更衣等用房。

（2）胃肠透视室应设调钡处和专用卫生间。

（3）机房内地沟深度、地面标高、层高、出入口、室内环境、机电设施等，应根据医疗设备的安装使用要求确定。

（4）照相室最小净尺寸宜为 4.5m×5.4m，透视室最小净尺寸宜为 6m×6m。

（5）放射设备机房门的净宽不应小于 1.2m，净高不应小于 2.8m，计算机断层扫描（CT）室的门净宽不应小于 1.20m，控制室门净宽宜为 0.9m。

（6）透视室与 CT 室的观察窗净宽不应小于 0.8m，净高不应小于 0.6m。照相室观察窗的净宽不应小于 0.6m，净高不应小于 0.4m。

（7）防护设计应符合国家现行有关医用 X 射线诊断卫生防护标准的规定。

3. 主要房间设计

表 15.4.7

房间	图　例	房间	图　例
DR室	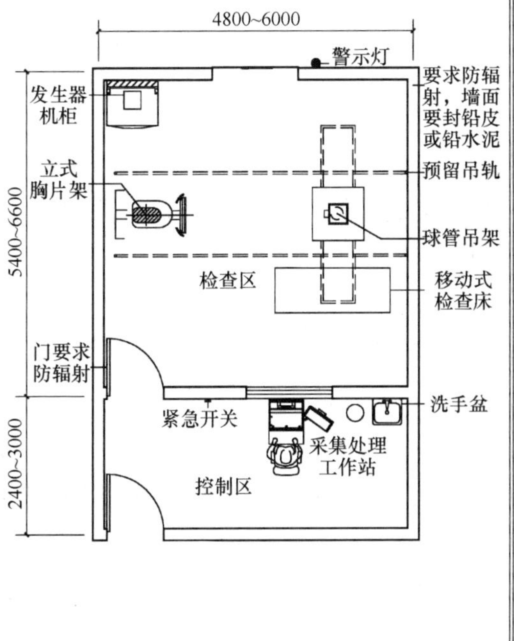4800~6000 警示灯 发生器机柜 要求防辐射，墙面要封铅皮或铅水泥 预留吊轨 立式胸片架 球管吊架 5400~6600 检查区 移动式检查床 门要求防辐射 紧急开关 洗手盆 采集处理工作站 2400~3000 控制区	胃肠机室	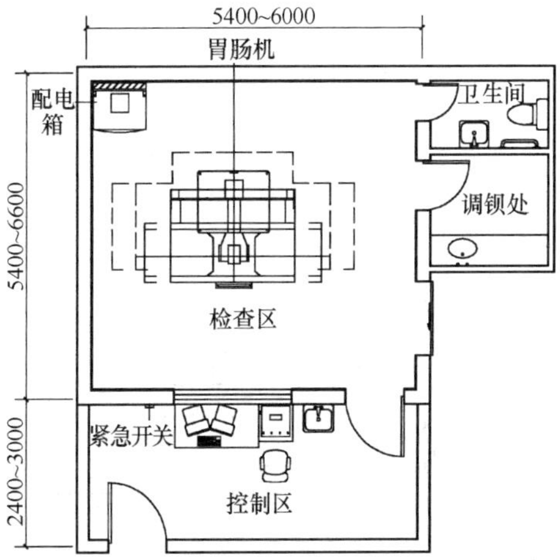5400~6000 胃肠机 配电箱 卫生间 调钡处 5400~6600 检查区 紧急开关 2400~3000 控制区

续表

<table>
<tr><th>房间</th><th>图 例</th><th>房间</th><th>图 例</th></tr>
<tr><td>X光室</td><td>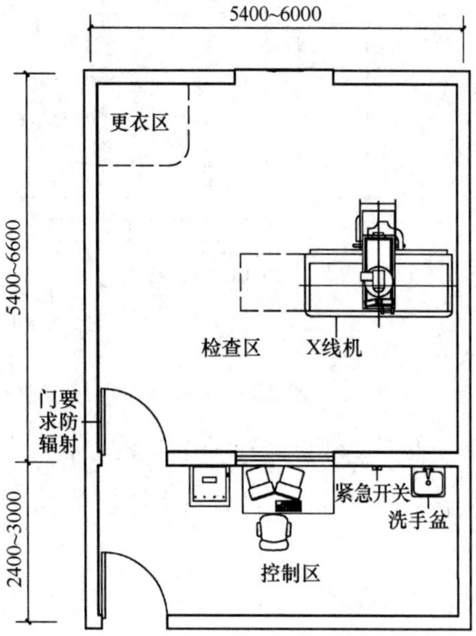
5400~6000
5400~6600
2400~3000
更衣区
检查区
X线机
门要求防辐射
紧急开关
洗手盆
控制区</td><td>CT室</td><td>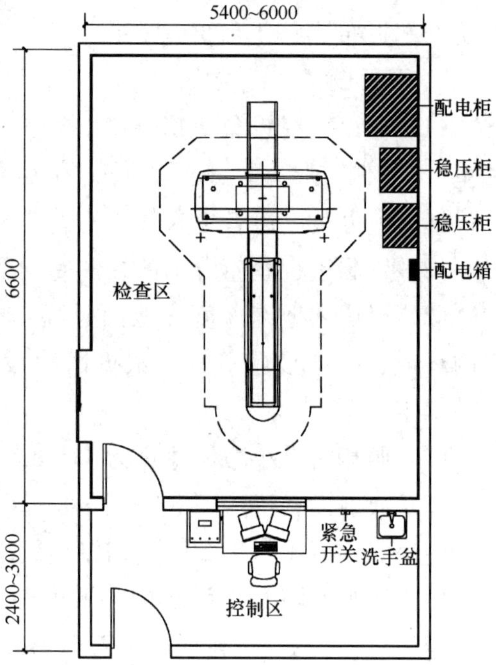
5400~6000
6600
2400~3000
配电柜
稳压柜
稳压柜
配电箱
检查区
紧急开关
洗手盆
控制区</td></tr>
<tr><td>乳腺钼靶室</td><td>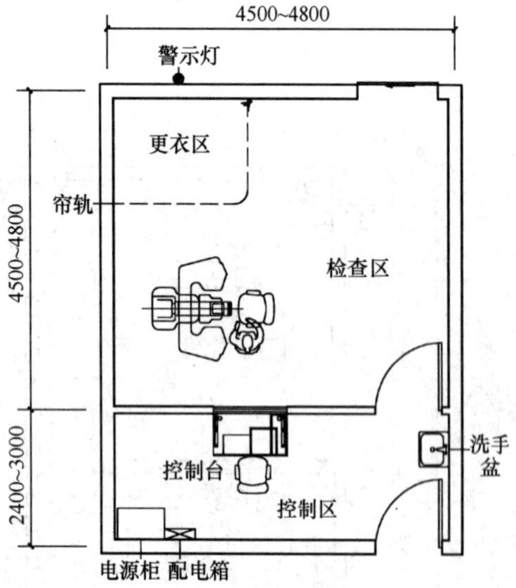
4500~4800
警示灯
4500~4800
2400~3000
更衣区
帘轨
检查区
控制台
控制区
洗手盆
电源柜
配电箱</td><td>碎石机房</td><td>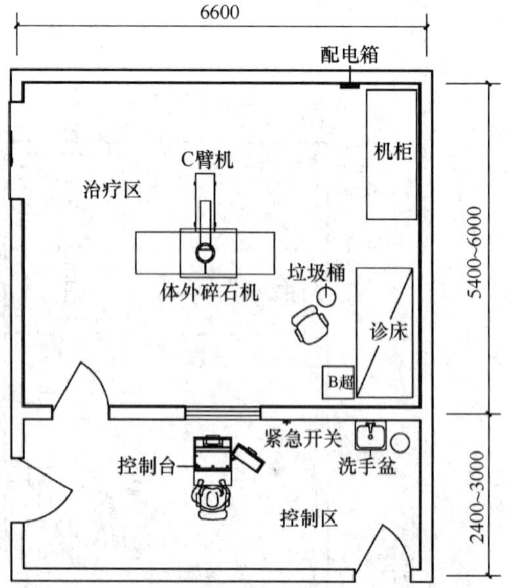
6600
配电箱
5400~6000
2400~3000
C臂机
治疗区
机柜
体外碎石机
垃圾桶
诊床
B超
紧急开关
控制台
洗手盆
控制区</td></tr>
</table>

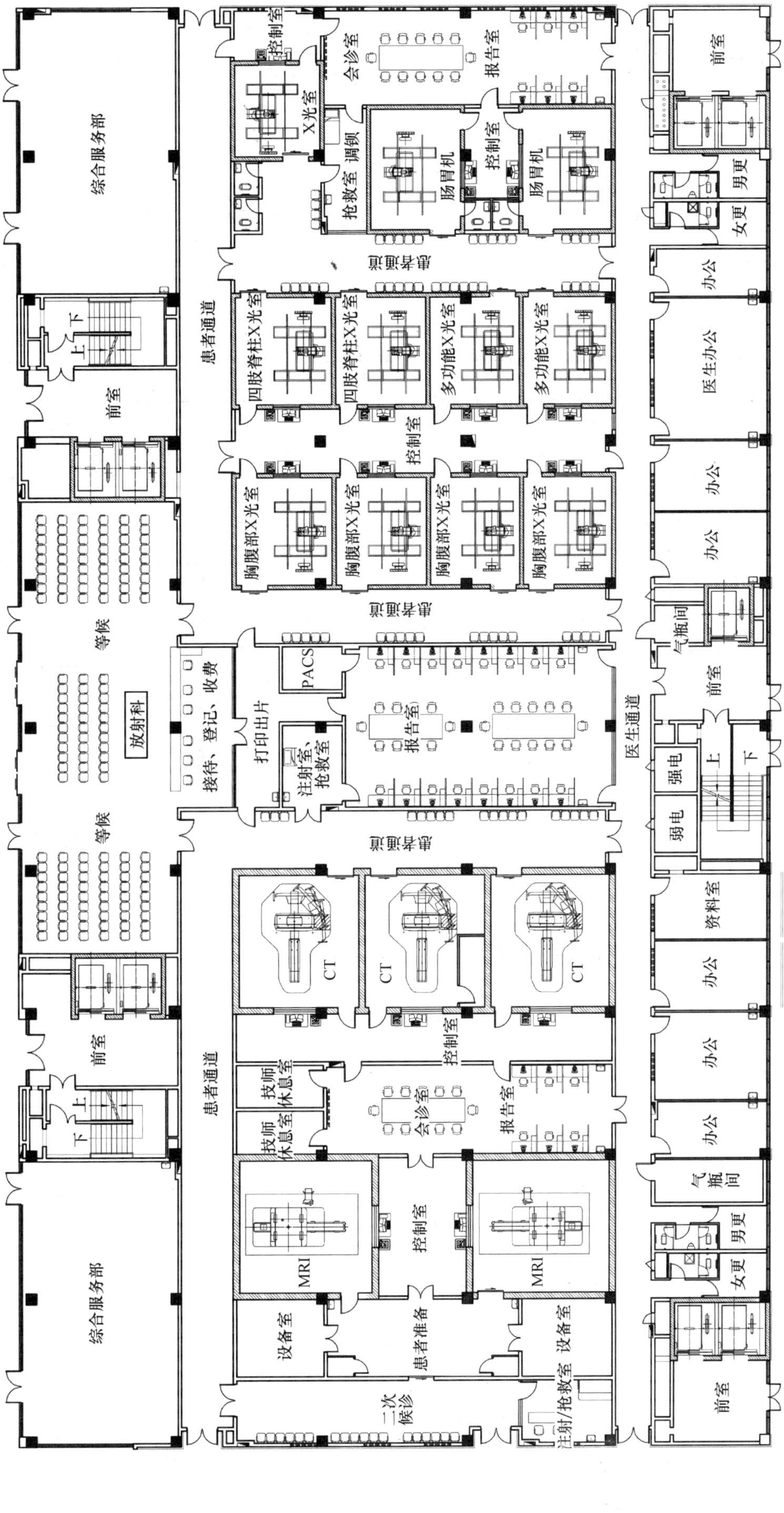
综合服务部
前室
上
下
等候
放射科
接待、登记、收费
打印出片
PACS
注射室、抢救室
报告室
患者通道
控制室
X光室
会诊室
调钡
抢救室
胃肠机
四肢脊柱X光室
多功能X光室
胸腹部X光室
CT
技师休息室
MRI
设备室
患者准备
二次候诊
注射/抢救室
男更
女更
办公
医生办公
气瓶间
医生通道
强电
弱电
资料室

图 15.4.7 放射科平面示例

15.4.8 磁共振成像 MRI

1. 位置

（1）宜自成一区或与放射科组成一区，宜与门诊部、急诊部、住院部邻近，并应设置在底层。

（2）应避开电磁波和移动磁场的干扰。

2. 平面组成

磁共振成像 MRI 应设检查室、控制、附属机房（计算机、配电、空调机）等用房，可设诊室、办公和患者更衣等用房。

3. MRI 机房设计：

表 15.4.8

名称	设 计 要 点	示 例
MRI	MRI 检查室一般尺寸为：6.5m×8.4m×4m 门的净宽不应小于 1.2m，控制室门的净宽宜为 0.9m，并应达到设备通过宽度；MRI 检查室的观察窗净宽不应小于 1.2m，净高不应小于 0.8m MRI 扫描室应设电磁屏蔽、氦气排放和冷却水供应设施。机电管道不应穿越扫描室 磁共振诊断室的墙身、楼地面、门窗、洞口、嵌入体等所采用的材料、构造，均应按设备要求专门规定采取屏蔽措施；机房选址后，确定屏蔽措施前，应测定自然场强	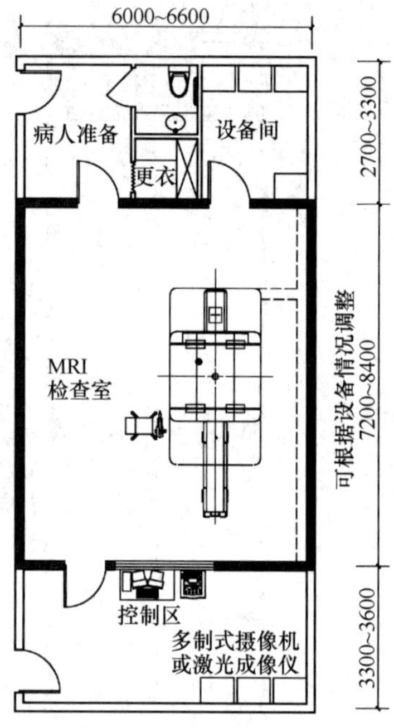6000~6600 病人准备 设备间 更衣 2700~3300 MRI 检查室 可根据设备情况调整 7200~8400 控制区 多制式摄像机 或激光成像仪 3300~3600
控制室	邻磁共振室，设有玻璃窗以观察病人动静，观察窗 1600mm×1100mm 距地 800mm，控制室门最小净尺寸 1200mm×2200mm，控制室面积 15m² 左右	

15.4.9 放射治疗科

1. 位置

由于设备的重量和屏蔽要求，放射治疗用房宜设在底层自成一区，并应符合国家现行有关防护标准的规定，其中治疗机房应集中设置。

2. 房间组成

应设治疗机房（后装机、钴 60、直线加速器、Y 刀、深部 X 线治疗等）、控制、治疗计划系统、模拟定位、物理计划、模具间、候诊、护理、诊室、医生办公、卫生间、更衣（医患分开设）、污洗和固体废弃物存放等用房。

3. 用房设置要求：

（1）接诊区、治疗区、医辅区三个区域应分区设置，相互应设门或缓冲区。

（2）控制室必须与治疗机房分离；治疗机房的辅助机械、电气、水冷设备等凡是可以与治疗机房分离的，应尽可能设置于治疗机房外。

（3）治疗机房应有足够的使用面积，一般不宜小于 $50m^2$，感应加速器房的面积应分前后室在 60m² 左右。与治疗机房相连的控制室或其他居留人员使用较多的用房，应尽可能避开射线可直接照射到的区域。

（4）治疗室入口必须设置防护门或迷路，迷路的宽度宜为 2m，转弯处一般不小于 2.1m；防护门必须与加速器联锁。

（5）治疗室内噪声不应超过 50dB（A）。

（6）钴 60 治疗室、加速器治疗室、Y 刀治疗室及后装机治疗室的出入口应设迷路。防护门和迷路的净宽均应满足设备要求。

（7）防护应按国家现行有关后装 γ 源近距离卫生防护标准、γ 远距治疗室设计防护要求、医用电子加速器卫生防护标准、医用 X 射线治疗卫生防护标准等的规定设计。

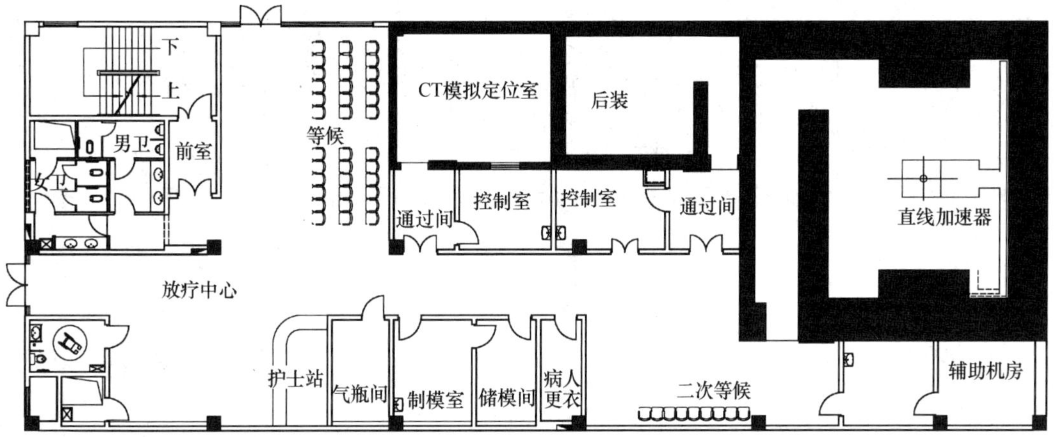
下
上
男卫
女卫
前室
等候
CT模拟定位室
后装
通过间
控制室
控制室
通过间
直线加速器
放疗中心
护士站
气瓶间
制模室
储模间
病人更衣
二次等候
辅助机房

图 15.4.9 放射治疗平面示例

15.4.10 核医学

1. 位置及要求

核医学科宜在建筑物的一端或一层，与非放射性科室相对隔离，有单独出、入口，远离产科、儿科、营养科等部门。

控制区应设于尽端，并应有贮运放射性物质及处理放射性废弃物的设施。非限制区进监督区和控制区的出入口处均应设卫生通过。

2. 用房组成

按平面布置应按“控制区、监督区、非限制区”的顺序分区布置：

（1）非限制区：设候诊、诊室、医生办公和卫生间等用房。

（2）监督区：设扫描、功能测定和运动负荷试验等用房，以及专用等候区和卫生间。

（3）控制区：设计量、服药、注射、试剂配制、卫生通过、储源、分装、标记和洗涤等用房。

3. 核医学用房应按国家现行有关临床核医学卫生防护标准的规定设计。

4. 固体废弃物、废水应按国家现行有关医用放射性废弃物管理卫生防护标准的规定处理后排放。

5. 防护应按国家现行有关临床核医学卫生防护标准的规定设计。

15.4.11 介入治疗

1. 介入治疗用房位置与平面布置要求

（1）宜自成一区，或与放射科组成一区，且宜与急诊部、手术部、心血管监护病房有便捷

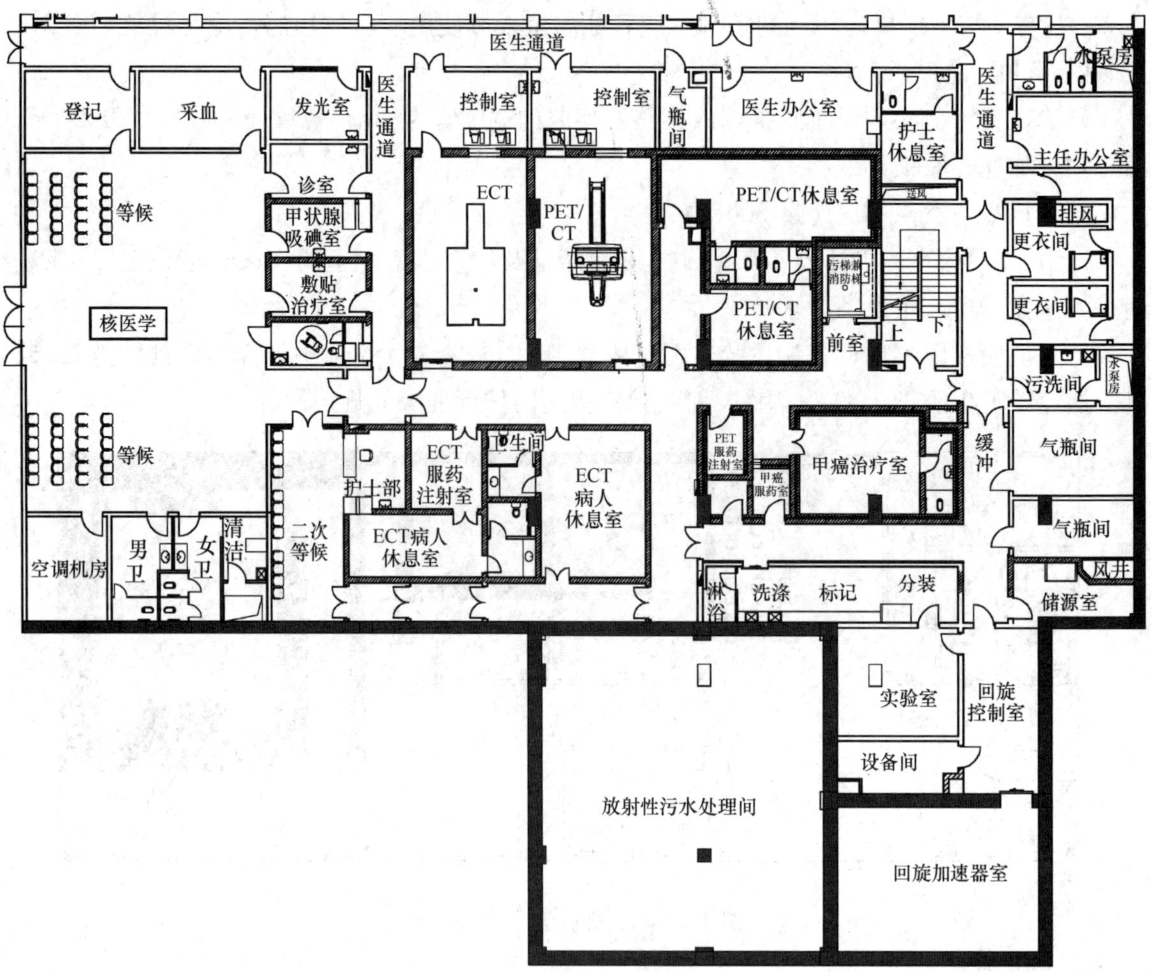
医生通道
登记
采血
发光室
医生通道
控制室
控制室
气瓶间
医生办公室
护士休息室
医生通道
水泵房
主任办公室
诊室
等候
甲状腺吸碘室
ECT
PET/CT
PET/CT休息室
排风
更衣间
敷贴治疗室
核医学
PET/CT休息室
前室
上
下
更衣间
污洗间
等候
ECT服药注射室
卫生间
ECT病人休息室
甲癌治疗室
缓冲
气瓶间
护士部
气瓶间
空调机房
男卫
女卫
清洁
二次等候
ECT病人休息室
淋浴
洗涤
标记
分装
风井
储源室
实验室
回旋控制室
设备间
放射性污水处理间
回旋加速器室

图 15.4.11 核医学平面示例

联系。

（2）洁净区、非洁净区应分设。

2. 用房设置要求

（1）应设心血管造影机房、控制、机械间、洗手准备、无菌物品、治疗、更衣和卫生间等用房。

（2）可设置办公、会诊、值班、护理和资料等用房。

3. 介入治疗用房应满足医疗设备安装、室内环境的要求。

4. 防护应根据设备要求，按现行国家有关医用 X 射线诊断卫生防护标准的规定设计。

15.4.12 检验科

1. 检验科位置

（1）避免与其他科室交叉、混杂，应自成一区，独立系统，封闭隔离。

（2）应设置在住院与门诊之间，离门诊内科和急诊较近的位置，便于为门诊与住院双向服务。

2. 平面设计

（1）检验科应设临床检验、生化检验、微生物检验、血液实验、细胞检查、血清免疫、洗涤、试剂和材料库等用房。可设更衣、值班和办公等用房。微生物学检验应与其他检验分区布置。微生物学检验室应设于检验科的尽端。

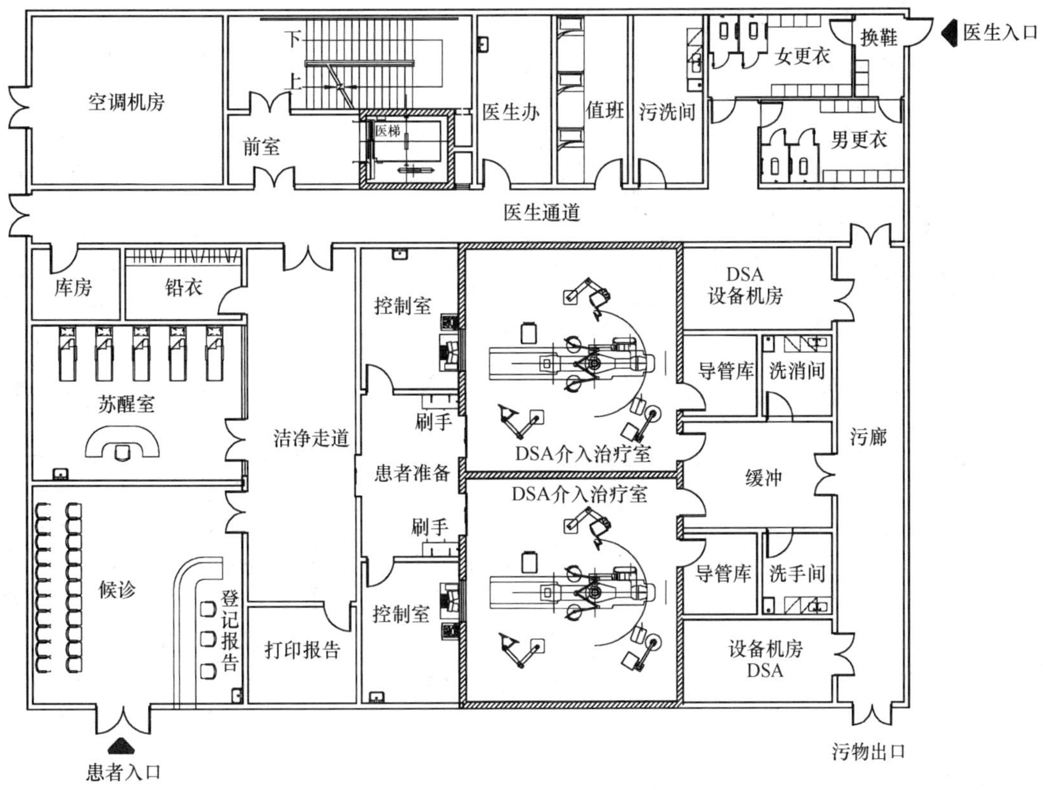
医生入口
换鞋
女更衣
空调机房
下
上
医梯
医生办
值班
污洗间
男更衣
前室
医生通道
库房
铅衣
控制室
DSA
设备机房
苏醒室
导管库
洗消间
刷手
洁净走道
污廊
DSA介入治疗室
患者准备
缓冲
DSA介入治疗室
刷手
导管库
洗手间
候诊
登记报告
控制室
打印报告
设备机房
DSA
患者入口
污物出口

图 15.4.12-1　介入治疗平面示例

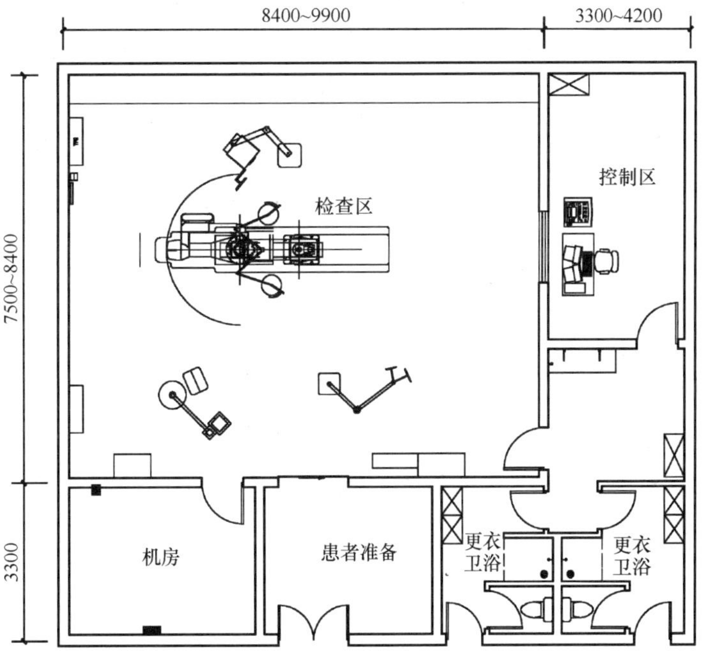
8400~9900
3300~4200
7500~8400
3300
控制区
检查区
机房
患者准备
更衣
卫浴
更衣
卫浴

图 15.4.12-2　DSA 室详细设计示例

（2）检验科应设通风柜、仪器室、试剂室、防振天平台，并应有贮藏贵重药物和剧毒药品的设施。

（3）细菌检验的接种室与培养室之间应设传递窗。

（4）检验科应设洗涤设施，细菌检验应设专用洗涤、消毒设施，每个检验室应装有非手动开关的洗涤池。检验标本应设废弃消毒处理设施。

（5）危险化学试剂附近应设有紧急洗眼处和淋浴。

（6）实验室工作台间通道宽度不应小于 1.2m。

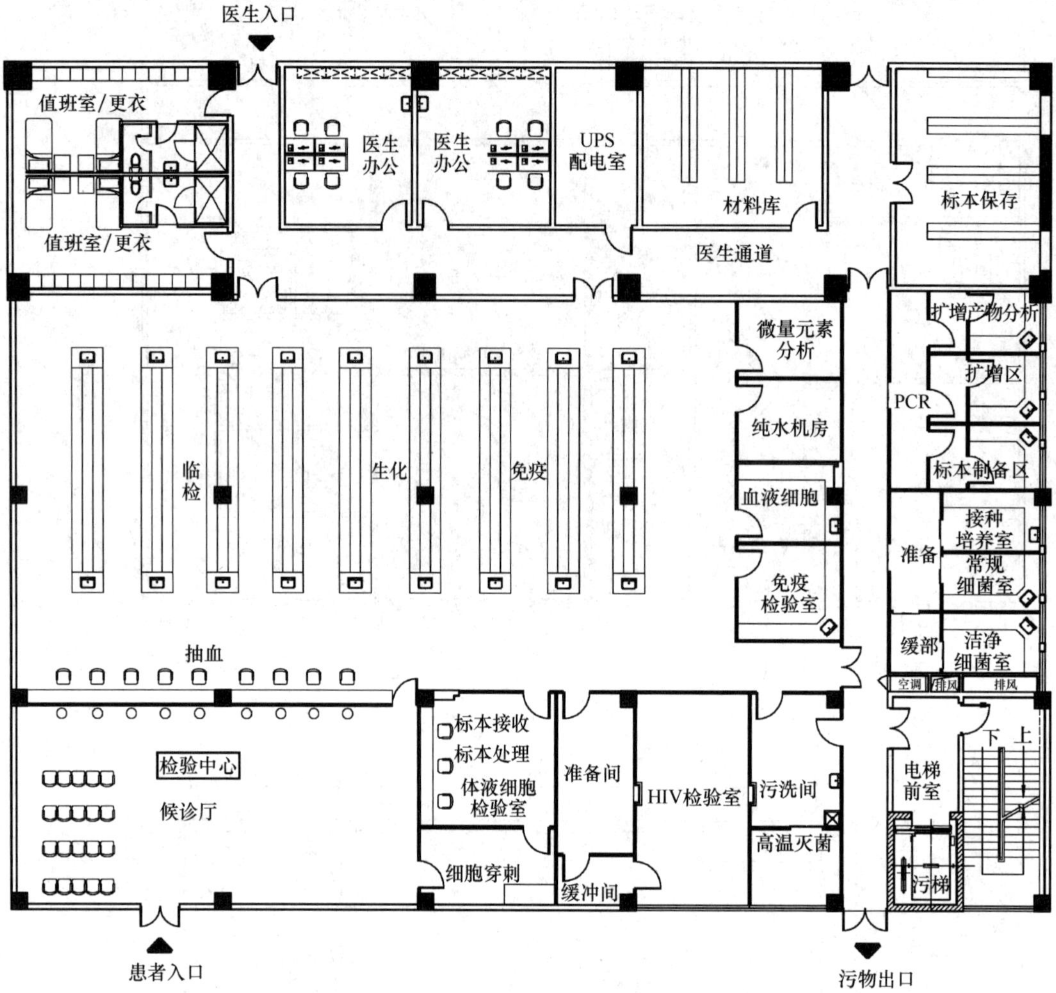

医生入口
值班室/更衣
值班室/更衣
医生办公
医生办公
UPS配电室
材料库
标本保存
医生通道
微量元素分析
扩增产物分析
扩增区
PCR
纯水机房
标本制备区
临检
生化
免疫
血液细胞
接种培养室
准备
常规细菌室
免疫检验室
缓部
洁净细菌室
抽血
空调
排风
排风
标本接收
标本处理
体液细胞检验室
检验中心
候诊厅
准备间
HIV检验室
污洗间
电梯前室
下
上
高温灭菌
细胞穿刺
缓冲间
污梯
患者入口
污物出口

图 15.4.12-3 检验科平面示例

15.4.13 病理科

1. 位置及平面布置要求

（1）病理科用房应自成一区，宜与手术部有便捷联系。

（2）病理解剖室宜和太平间合建，与停尸房宜有内门相通，并应设工作人员更衣及淋浴设施。

2. 用房设置要求

（1）应设置取材、标本处理（脱水、染色、蜡包埋、切片）、制片、镜检、洗涤消毒和卫生通过等用房。

（2）可设置病理解剖和标本库用房。

15.4.14 功能检查

1. 功能检查组成

主要功能用房由各种检查室（肺功能、脑电图、肌电图、脑血流、心电图、超声等）组成，相配套还有接待室、医生办公室、会议室、护士站、治疗室、处置室等，根据需要还可配备医护人员休息室、值班室、更衣室（患者更衣、医生更衣）、卫生间（患者卫生间、医生卫生间）等。

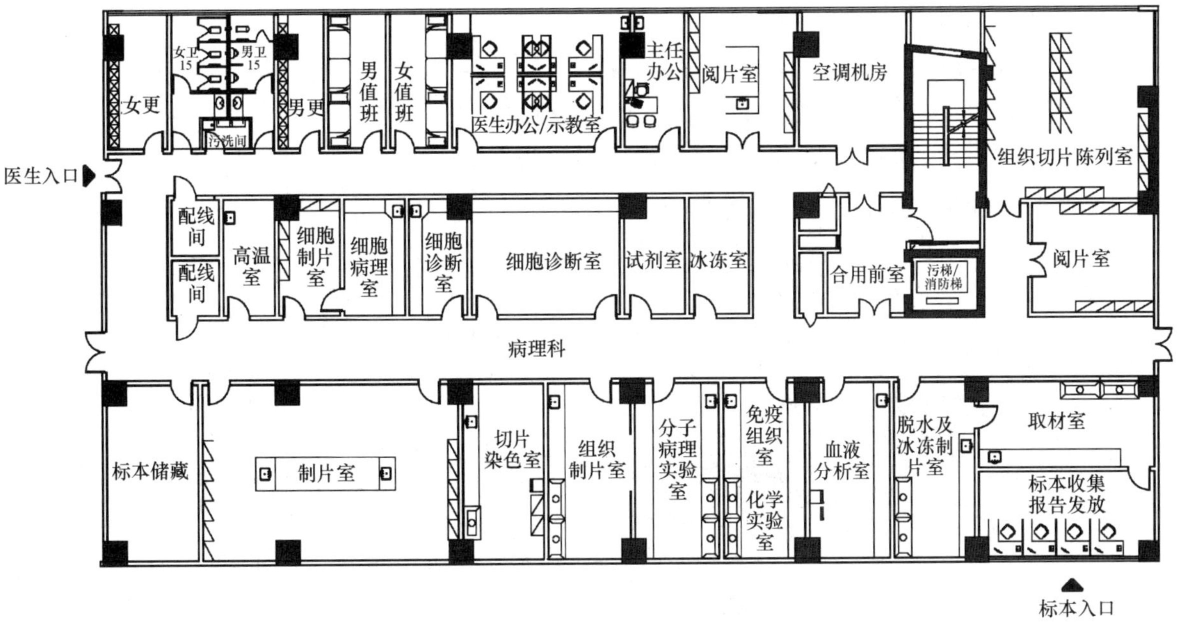

女更
女卫 15
男卫 15
污洗间
男更
男值班
女值班
医生办公/示教室
主任办公
阅片室
空调机房
组织切片陈列室
医生入口
配线间
配线间
高温室
细胞制片室
细胞病理室
细胞诊断室
细胞诊断室
试剂室
冰冻室
合用前室
污梯/消防梯
阅片室
病理科
标本储藏
制片室
切片染色室
组织制片室
分子病理实验室
免疫组织室
化学实验室
血液分析室
脱水及冰冻制片室
取材室
标本收集报告发放
标本入口

图 15.4.14-1　病理科平面示例

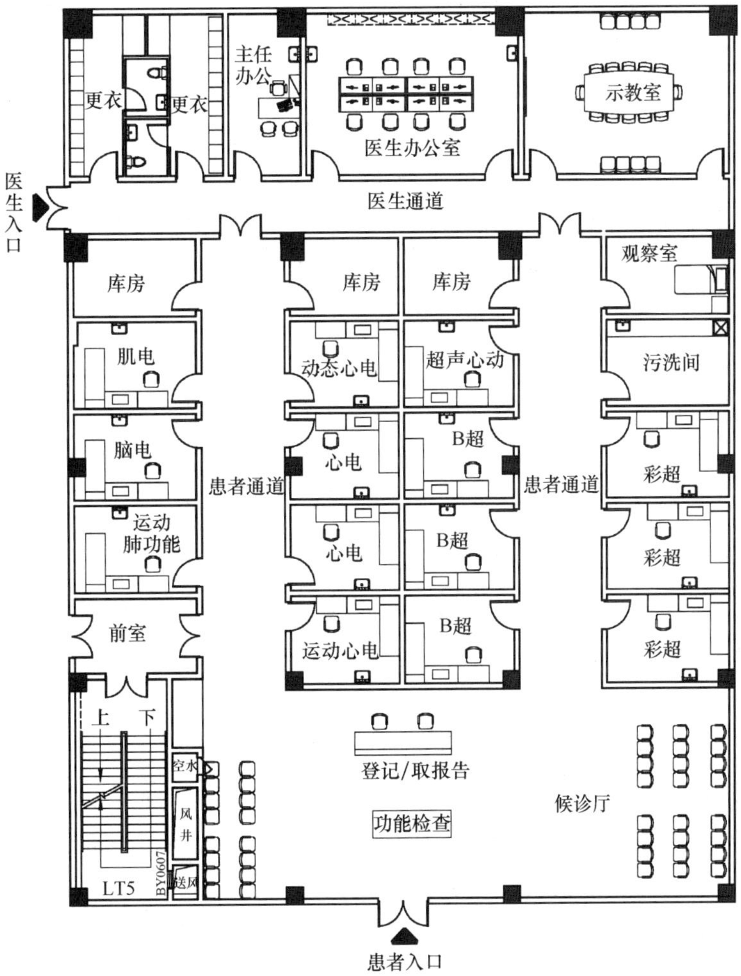

更衣
更衣
主任办公
医生办公室
示教室
医生入口
医生通道
库房
库房
库房
观察室
肌电
动态心电
超声心动
污洗间
脑电
心电
B超
彩超
患者通道
患者通道
运动肺功能
心电
B超
彩超
前室
运动心电
B超
彩超
上
下
空水
风井
送风
LT5
BY0607
登记/取报告
功能检查
候诊厅
患者入口

图 15.4.14-2　功能检查平面示例

2. 位置与平面布置应符合下列要求

(1) 功能检查应自成一区，应与门诊、急诊、住院相近或有便捷联系通道。

(2) 宜将超声、电生理、肺功能各布置成相对独立区域。

(3) 检查床之间的净距不应小于 1.5m，宜有隔断设施。

(4) 心脏运动负荷检查室应设氧气终端。

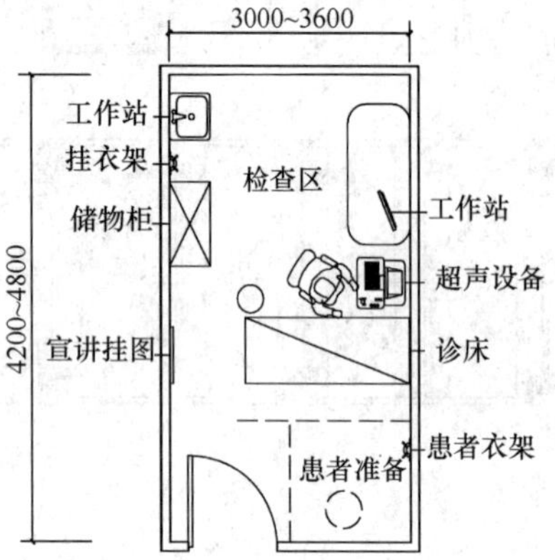
3000~3600
4200~4800
工作站
挂衣架
储物柜
检查区
工作站
超声设备
宣讲挂图
诊床
患者衣架
患者准备

图 15.4.14-3 超声检查室

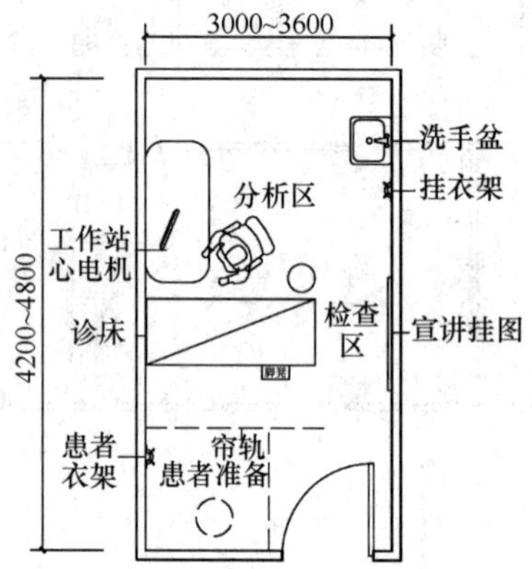
3000~3600
4200~4800
洗手盆
挂衣架
分析区
工作站
心电机
诊床
检查
区
宣讲挂图
患者
衣架
帘轨
患者准备

图 15.4.14-4 心电图检查室

15.4.15 内窥镜科

1. 内窥镜包括：胃镜、十二指肠镜、小肠镜、腹腔镜、纤维支气管镜、胸腔镜、膀胱镜、阴道镜等。

2. 镜科用房位置与平面布置要求

(1) 内窥镜中心应成一区，应与门诊部有便捷联系。

(2) 检查室宜分别设置，上、下消化道检查室应分开设置。

3. 设置应符合下列要求：

(1) 应设内窥镜（上消化道内窥镜、下消化道内窥镜、支气管镜、胆道镜等）检查、准备、处置、等候、休息、卫生间、患者、医护人员更衣等用房。下消化道检查应设置卫生间、灌肠室。

(2) 检查室应设置固定于墙上的观片灯，宜配置医疗气体系统终端。

(3) 镜科区域内应设置内镜洗涤消毒设施，且上、下消化道镜应分别设置。

15.4.16 血液透析中心

1. 位置、单元组成

(1) 需自成一区，可设于门诊部、也可设于住院部。

(2) 三级医院至少配备 10 台血液透析机；其他医疗机构至少配备 5 台血液透析机。

(3) 每个单元由一台血液透析机和一张透析床（椅）组成，使用面积不少于 3.2m^2；单元间距应能满足医疗救治及医院感染控制的需要。

(4) 血液透析治疗区应有完整配套的护士站，护士站位置应能观察到所有患者及治疗设备。

2. 血液透析中心的分区及要求

血液透析室（中心）应划分出以下三大区域：

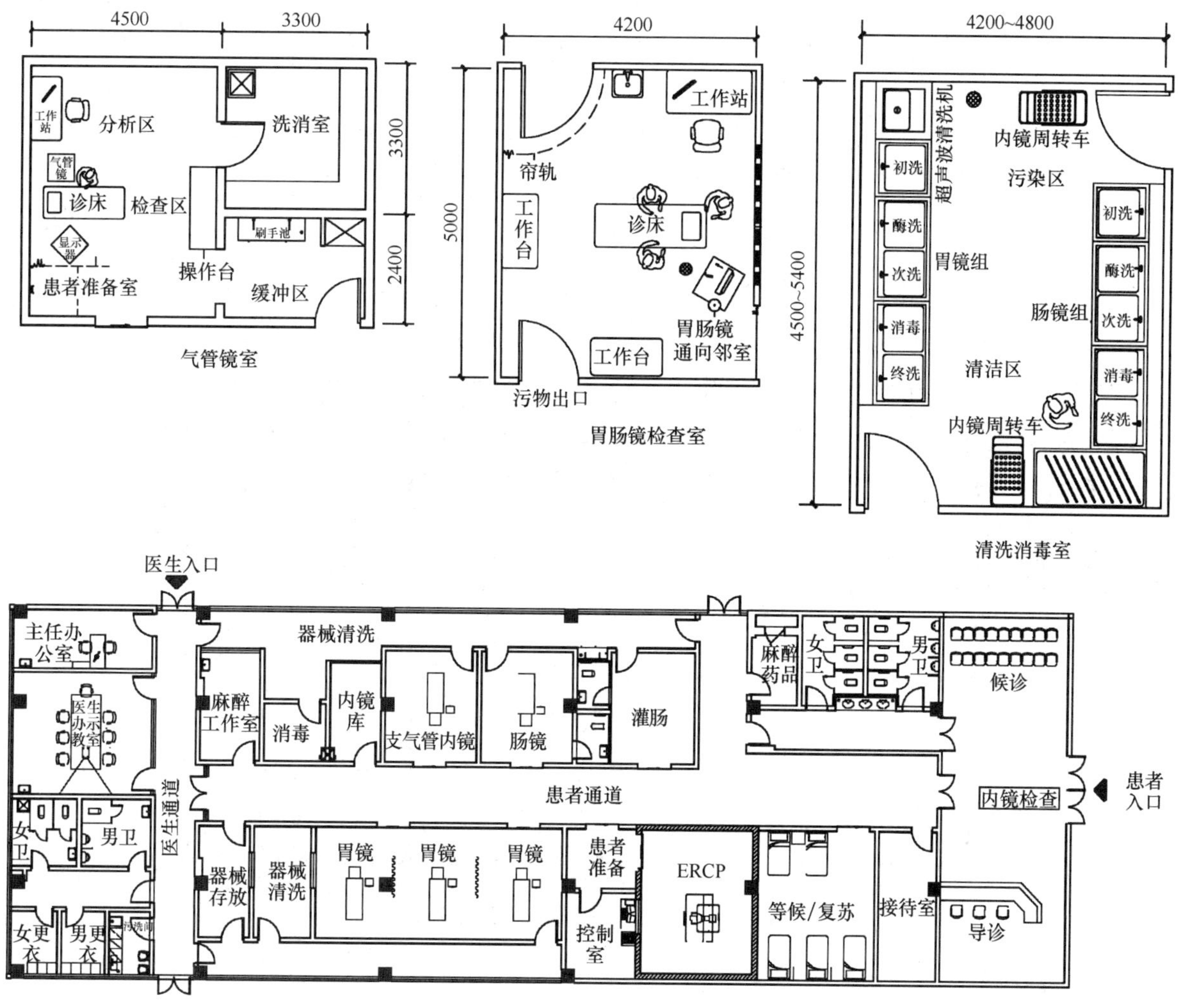

4500
3300
3300
2400
工作站
分析区
洗消室
气管镜
诊床
检查区
刷手池
显示器
操作台
患者准备室
缓冲区
气管镜室
4200
5000
工作站
帘轨
工作台
诊床
胃肠镜通向邻室
工作台
污物出口
胃肠镜检查室
4200~4800
4500~5400
超声波清洗机
内镜周转车
污染区
初洗
酶洗
次洗
胃镜组
消毒
终洗
初洗
酶洗
肠镜组
次洗
消毒
清洁区
终洗
内镜周转车
清洗消毒室
医生入口
主任办公室
器械清洗
麻醉药品
女卫
男卫
候诊
医生办公示教室
麻醉工作室
消毒
内镜库
支气管内镜
肠镜
灌肠
患者通道
患者入口
内镜检查
女卫
男卫
医生通道
器械存放
器械清洗
胃镜
胃镜
胃镜
患者准备
ERCP
控制室
等候/复苏
接待室
导诊
女更衣
男更衣

图 15.4.15 内窥镜中心平面示例

表 15.4.16

污染区	透析治疗间	1. 透析治疗间：应具备空气消毒装置、空调等。要保证室内光线充足。保持安静，空气清新，做到良好的通风或设新风装置，必要时应当使用换气扇。透析治疗间地面应使用防酸材料并设置地漏；应达到《医院消毒卫生标准》（GB 15982—1995）中规定的Ⅲ类环境 2. 一台透析机与一张床（或椅）称为一个透析单元。透析单元间距计算不能小于 0.8m，实际占用面积不小于 3.2m² 3. 护士站：应设在便于观察和处理病情及设备运营的地方
	隔离透析治疗间	应达到《医院消毒卫生标准》（GB 15982—1995）中规定的Ⅲ类环境
	污物/废弃物/洁具储存清洗间	要保证房间的通风和干燥并做到各类物品分区存放、分区清洗
	透析器复用冲洗间	复用冲洗间要求通风，有反渗水供水接口和复用机，以及存放复用透析器的冷藏柜

续表

半污染区	1. 应设水处理间、配液供液间、治疗室、小储物室、技师办公室、检验室、病人更衣室、病人卫生间、接诊区和病人家属休息室等 2. 水处理间面积应为水处理装置占地面积的1.5倍以上，有良好的隔声和通风条件；水处理设备应避免阳光直射，放置处应有水槽
非污染区	应设医务人员办公室，储藏室，病历资料室，会议室/教室，医务人员休息用餐室，医务人员更衣室，医务人员卫生间和浴室等

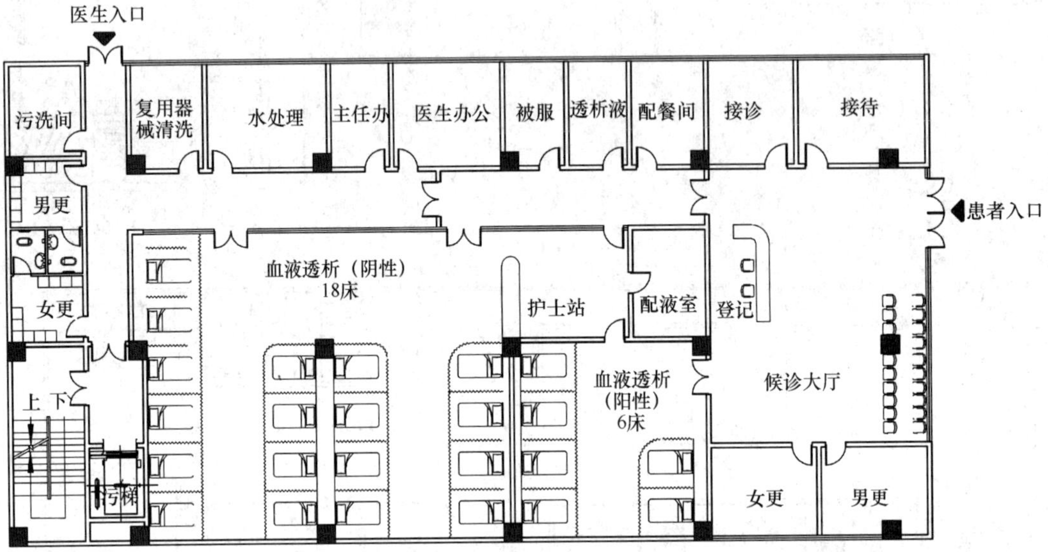

医生入口
污洗间
复用器械清洗
水处理
主任办
医生办公
被服
透析液
配餐间
接诊
接待
患者入口
男更
女更
血液透析（阴性）
18床
护士站
配液室
登记
候诊大厅
血液透析（阳性）
6床
上
下
污梯
女更
男更

图 15.4.16　血液透析平面示例图

15.4.17　理疗科

1. 理疗科用房位置与平面布置要求

（1）理疗科可设在门诊部或住院部，应自成一区。

（2）理疗科中的治疗一般是和中医结合，包括：针灸，拔罐，牵引，按摩，电疗（低频和热透等），相对医院设施条件好的，还有磁疗法、光疗法等等。

2. 理疗科各种疗法设置要求

（1）电气疗法

表 15.4.17

超高频	为避免治疗时的磁场干扰及串联，床中距不应小于3m
高频	床中距距工作人员应不少于2m，床与床之间要设置隔帘；每一疗机应单设开关闸，每一室内需另设总开关闸
低频	低频有平流感应电，周波刺激器，水电疗，另有直流电等
静电	应独立设置房间，机房在3m之内不准有金属物；室内严禁各种金属管线穿越，宜防潮；室内要求有良好采光通风
电睡眠疗法	布置单床，多床；室内要求暗、安静、隔声；每床有隔断墙，以避免病人互相干扰

（2）光学疗法

光疗除紫外线外因散发臭氧，有臭味，应单独设置房间外，床中距1.5～2m，中设挂帘。

（3）水治疗法

水疗一般有盆浴、药盆浴、气体浴、淋浴、直喷浴（枪浴）、蒸汽浴等。应设更衣休息室。水疗室、盆浴、药盆浴可放在一起，隔断中距1.8～2m。

（4）蜡疗法

室内要求通风良好。治疗床排列间距1.5～2m，中设挂帘。蜡疗室除床外，还需另设若干座位，以便坐敷。蜡疗室需设制蜡、熔蜡、储蜡、准备间，大小根据人数决定。

（5）泥疗法

除泥疗室外，还需考虑调泥、制泥和储泥室、淋浴室，调泥室应跟泥疗室放在一起。泥疗室设治疗床，床中距1.5～2m，设挂帘。

（6）机械疗法

一般在较大型医院内设置，供神经内科或外科，骨科病人恢复锻炼之用。其位置应以住院病人便利为主。适当注意噪声对病房影响，宜放在底层或者顶层。房间大小视器材设备设置而定，高度不应小于4m。

（7）传统疗法

中医按摩气功针灸疗床600mm×2000mm，床四周有空余地，以便按摩人员能从各个位置按摩。采光通风宜良好。

15.4.18　药剂科

1. 药剂科位置与平面布置要求

（1）门诊、急诊药房与住院部药房应分别设置。

（2）药库和中药煎药处均应单独设置房间。

（3）门诊、急诊药房宜分别设中、西药房。

（4）儿科和各传染病科门诊宜设单独发药处。

2. 药剂科用房设置要求

（1）门诊药房应设发药、调剂、药库、办公、值班和更衣等用房。

（2）住院药房应设摆药、药库、发药、办公、值班和更衣等用房。

（3）中药房应设置中成药库、中草药库和煎药室。

（4）可设一级药品库、办公、值班和卫生间等用房。

（5）发药窗口的中距不应小于1.2m。

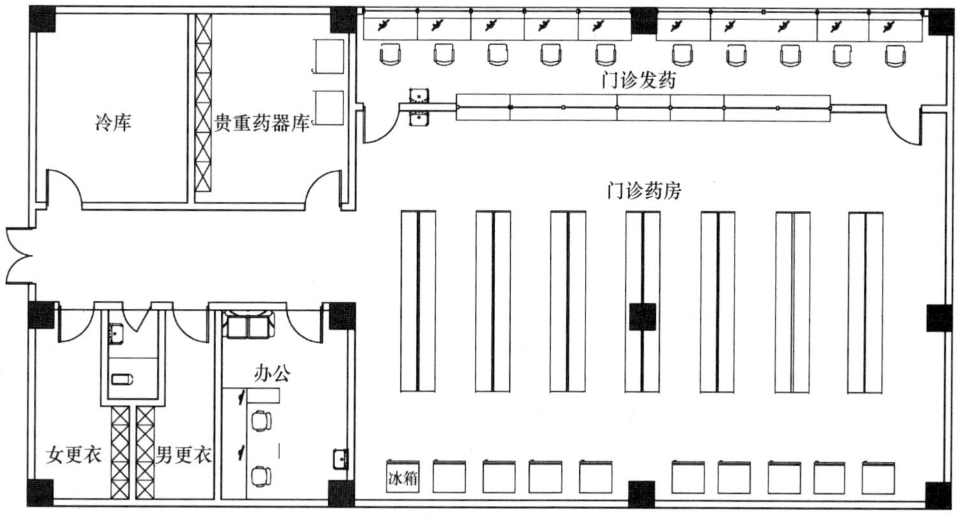

冷库
贵重药器库
门诊发药
门诊药房
办公
女更衣
男更衣
冰箱

图15.4.18-1　门诊药房平面示例

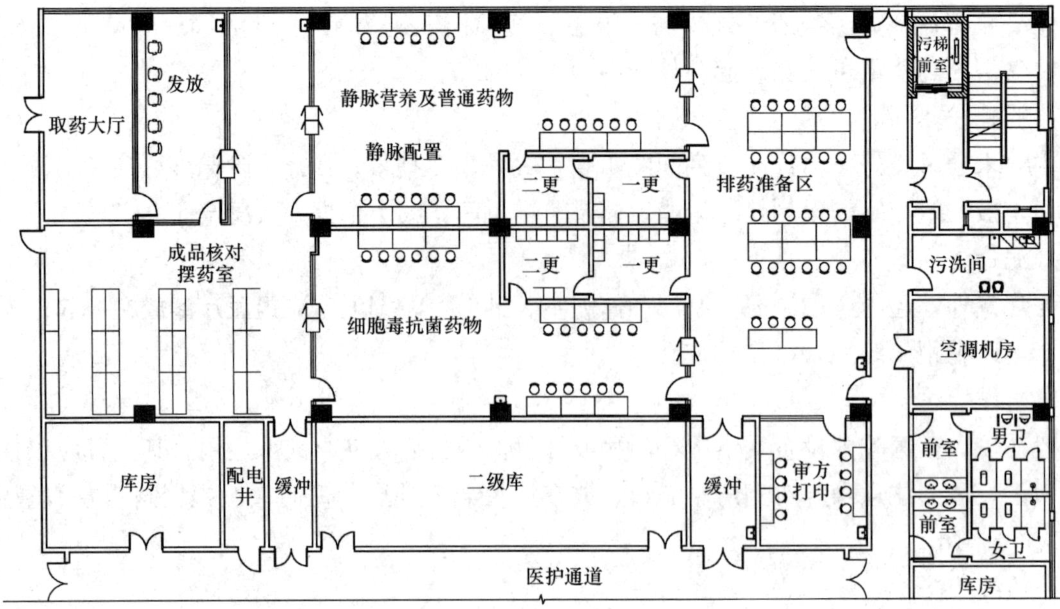
发放
取药大厅
静脉营养及普通药物
静脉配置
二更
一更
排药准备区
污梯前室
成品核对摆药室
二更
一更
污洗间
细胞毒抗菌药物
空调机房
库房
配电井
缓冲
二级库
缓冲
审方打印
前室
男卫
前室
女卫
医护通道
库房

图 15.4.18-2　静脉配置中心平面示例

(6) 剧毒药、麻醉药、限量药的库房，以及易燃、易爆药物的贮藏处，应有安全设施。

3. 静脉配置中心

(1) 位置与面积

① 静脉配置中心要远离各种污染源。周围的地面、路面、植被等不应对配置过程造成污染。洁净区采风口应设在无污染的相对高处。

② 静脉配置需要考虑物流运输及人流的便捷。

(2) 用房组成

设二级仓库、排药准备区、审方打印区、洗衣洁具区、缓冲更衣区、配置区、成品核对区等工作区域。同时应在面积充足的情况下设置其他辅助工作区域如普通更衣区、普通清洗区、耗材存放区、冷藏区、推车存放区、休息区、会议区等。全区域设计应布局合理，保证工作流程顺畅。

(3) 设计要求

① 中心内各工作间应按静脉输液配置程序和空气洁净度级别要求合理布局。不同洁净度等级的洁净区之间的人员和物流出入应有防止交叉污染的措施。

② 各区域的洁净级别有以下要求：一更、洗衣洁具间为十万级，二更、配置间为万级，操作台局部为百级。洁净区应维持一定的正压，并送入一定比例的新风。配置抗生素类药物、危害药物的洁净区相对于其相邻的二更应呈负压（5～10Pa）。

③ 中心内洁净区的窗户，技术夹层及进入室内的管道、风口、灯具与墙壁或顶棚的连接部位均应密封。应避免出现不易清洁的部位。

④ 应设药品库房，并有通风、防潮、调温设施；应设专门的外包装拆启场所（区域）。

⑤ 中心内应有防止污染、昆虫和其他动物进入的有效设施。

⑥ 应遵循有关规范设计要求，如《广东省医疗机构静脉药物配置中心质量管理规范》。

15.4.19　中心消毒供应

1. 位置设置

(1) 自成一区，宜与手术部、重症监护和介入治疗等功能用房区域有便捷联系。

(2) 应按照污染区、清洁区、无菌区三区布置，并应按单向流程布置，工作人员辅助用房应自成一区。

2. 面积

一般综合医院中心消毒供应部的建筑面积可按每床 0.7～1m^2 作为计算参考值。

3. 组成及要求

中心供应应严格按照污染区、清洁区、无菌区各自分隔，由污到洁单向运行的程序进行布置；进入污染区、清洁区和无菌区的人员均应卫生通过。

污染区：回收重复使用的污染物品、器械、推车等都必须在这一区域进行清洗、浸泡、消毒处理。该区内设收件口，另一端则与双门式自动清洗机的进口相连。

清洁区：经浸泡清洗消毒后的器物由自动清洗机的出口取出后在该区进行分类检查包装。进入清洁区的工作人员必须经过更衣换鞋等卫生通过程序。清洁区的另一端与双门式高压灭菌柜的入口端相连。

无菌区：经灭菌柜处理出炉的各种无菌器械、敷料包在这一区域内接受保存及发放。该区一端接双门式高压灭菌柜的出口端，另一端布置专设的发放窗口。发放窗口与收件窗口应各在一区有所隔离。无菌区的工作人员必须进行更衣换鞋等卫生通过程序。

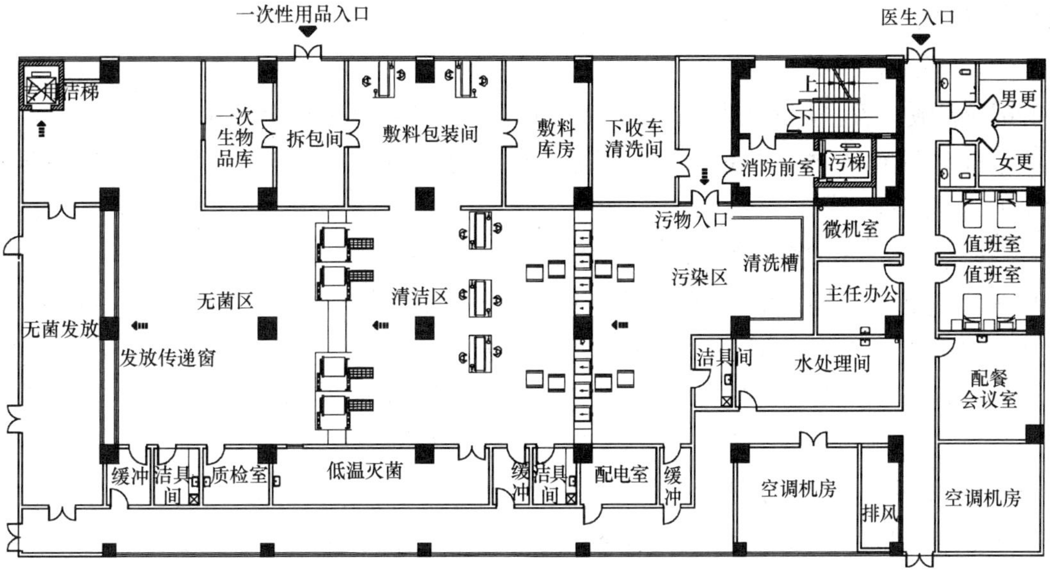
一次性用品入口
医生入口
洁梯
一次生物品库
拆包间
敷料包装间
敷料库房
下收车清洗间
上
下
消防前室
污梯
男更
女更
污物入口
微机室
值班室
值班室
清洗槽
主任办公
无菌区
清洁区
污染区
无菌发放
发放传递窗
洁具间
水处理间
配餐会议室
缓冲
洁具间
质检室
低温灭菌
缓冲
洁具间
配电室
缓冲
空调机房
排风
空调机房

图 15.4.19 消毒供应中心平面示例

15.4.20 输血科

500 床以上大型综合医院都应建立血库；中小型医院也应设血库，负责血液的保存管理，配血则由检验科负责。

1. 输血科（血库）用房位置与平面布置应符合下列规定：

(1) 宜自成一区，并宜邻近手术部。

(2) 贮血与配血室应分别设置。

2. 输血科应设置配血、贮血、发血、清洗、消毒、更衣、卫生间等用房。

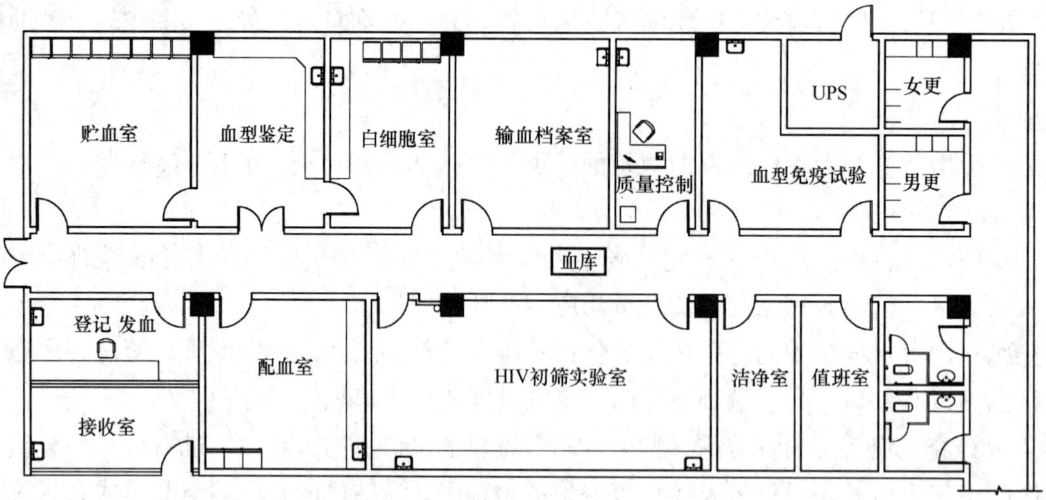
贮血室
血型鉴定
白细胞室
输血档案室
质量控制
UPS
女更
血型免疫试验
男更
血库
登记 发血
接收室
配血室
HIV初筛实验室
洁净室
值班室

图 15.4.20　输血科平面示例

住　院　部　分

15.4.21　住院部

1. 位置选择

住院部应自成一区，应设置单独或共用出入口，并应设在医院环境安静、交通方便处，与医技部、手术部和急诊部应有便捷的联系，同时应靠近医院的能源中心、营养厨房、洗衣房等辅助设施。

2. 住院部组成

(1) 住院部主要是由各科病房、出入院处、住院药房组成。各科病房则由若干护理单元组成。护理单元则是由一套配备完整的人员（医生、护士、护工）、若干病人床位、相关诊疗设施以及配属的医疗、生活、管理、交通用房等组成的基本护理单位，具有使用上的独立性。

(2) 每个护理单元规模宜设 40～50 张病床，专科病房或因教学科研需要可根据具体情况确定。

3. 护理单元组成及细部设计

标准护理单元应设病房、抢救、患者和医护人员卫生间、盥洗、浴室、护士站、医生办公、处置、治疗、更衣值班、配餐、库房、污洗等用房；可设患者就餐、活动、换药、患者家属谈话、探视、示教等用房。

表 15.4.21

房间名称	设 计 要 求
病房	1. 病床的排列应平行于采光窗墙面。单排不宜超过 3 床，双排不宜超过 6 床； 2. 平行二床的净距不应小于 0.80m，靠墙病床床沿与墙面的净距不应小于 0.60m； 3. 单排病床通道净宽不应小于 1.10m，双排病床（床端）通道净宽不应小于 1.40m； 4. 病房门应直接开向走道； 5. 病房门净宽不应小于 1.10m，门扇宜设观察窗； 6. 病房走道两侧墙面应设置靠墙扶手及防撞设施； 7. 病房不应设置开敞式垃圾井道； 8. 病房室内（顶棚）净高不应低于 2.80m； 9. 病房（顶棚）应采用快速反应消防喷头； 10. 病房照明宜采用间接型灯具或反射式照明；床头宜设置局部照明，一床一灯，床头控制

续表

房间名称	设 计 要 求
病房卫生间	1. 病房厕所宜设置于每间病房内； 2. 病人使用的厕所隔间的平面尺寸，不应小于1.10m×1.40m，门朝外开，门闩应能里外开启； 3. 病房内的浴厕面积和卫生洁具的数量，根据使用要求确定，并应有紧急呼叫设施和输液吊； 4. 病人使用的座式大便器的坐圈宜采用“马蹄式”，蹲式大便器宜采用“下卧式”，或有消毒功能的大便器；大便器旁应装置“助力拉手”
护士站	护士站宜以开敞空间与护理单元走道连通，并与治疗室以门相连；宜通视护理单元走廊，到最远病房门口的距离不宜超过30m；抢救室宜靠近护士站
患者活动室	患者活动室宜与阳台或庭院相连，室内设施应兼顾轮椅病人出入方便
其他辅助用房	1. 当卫生间设于病房内时，宜在护理单元内单独设置探视人员卫生间 2. 当护理单元集中设置卫生间时，男女患者比例宜为1∶1，男卫生间每16床应设1个大便器和1个小便器，女卫生间每16床应设3个大便器 3. 医护人员卫生间应单独设置 4. 设置集中盥洗室和浴室的护理单元，盥洗水龙头和淋浴器每12～15床应各设1个，且每个护理单元应不少于各2个；盥洗室和淋浴室应设前室 5. 附设于病房内的浴室、卫生间面积和卫生洁具的数量，应根据使用要求确定，并应设紧急呼叫设施和输液吊钩 6. 污洗室应邻近污物出口处，并应设倒便设施和便盆、痰杯的洗涤消毒设施

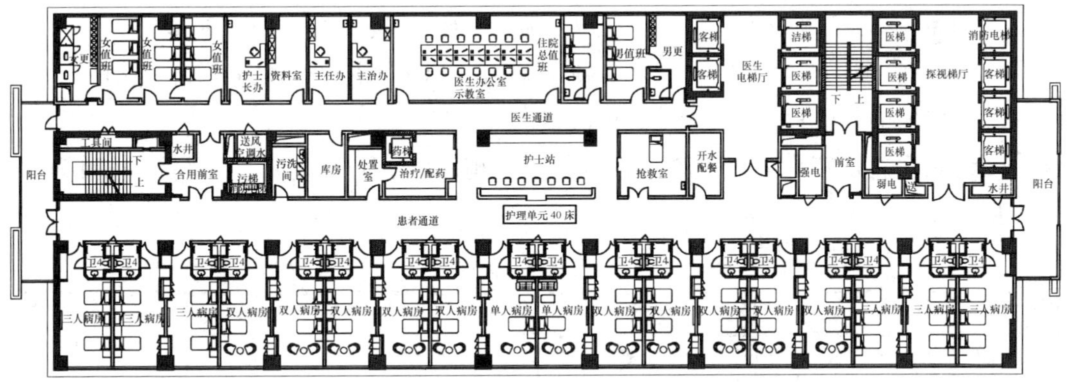
医生通道
护士站
患者通道
护理单元40床
阳台
医生电梯厅
探视梯厅
抢救室
治疗/配药
库房
主任办
主治办
资料室
三人病房
双人病房
单人病房

图 15.4.21-1 标准护理单元示例

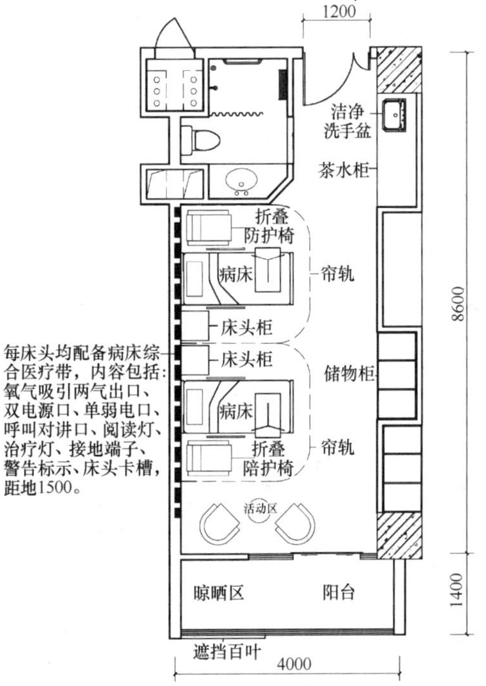
1200
洁净洗手盆
茶水柜
折叠防护椅
病床
帘轨
床头柜
储物柜
折叠陪护椅
活动区
每床头均配备病床综合医疗带，内容包括：氧气吸引两气出口、双电源口、单弱电口、呼叫对讲口、阅读灯、治疗灯、接地端子、警告标示、床头卡槽，距地1500。
8600
1400
晾晒区
阳台
遮挡百叶
4000

图 15.4.21-2 双人病房（卫生间靠内布置）

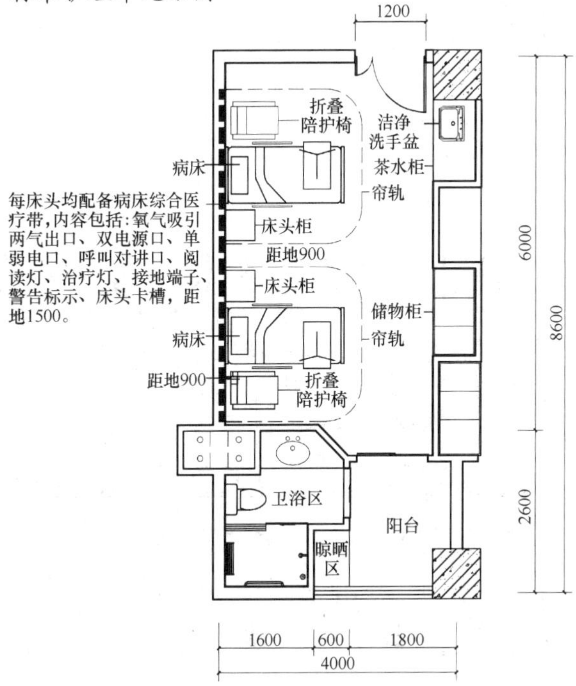
1200
折叠陪护椅
洁净洗手盆
茶水柜
病床
帘轨
每床头均配备病床综合医疗带，内容包括：氧气吸引两气出口、双电源口、单弱电口、呼叫对讲口、阅读灯、治疗灯、接地端子、警告标示、床头卡槽，距地1500。
床头柜
距地900
储物柜
卫浴区
阳台
晾晒区
6000
8600
2600
1600
600
1800
4000

图 15.4.21-3 双人病房（卫生间靠外布置）

15.4.22 重症监护

1. 床位设置

重症监护病房（ICU）床数宜按总床位数 2%～3%设置。

2. 病房建设标准

（1）重症监护病房（ICU）宜与手术部、急诊部邻近，并应有快捷联系。

（2）心血管监护病房（CCU）宜与急诊部、介入治疗科室邻近，并应有快捷联系。

（3）ICU 应设置于方便患者转运、检查和治疗的区域。

（4）ICU 的基本用房包括监护病房、医师办公室、护士工作站，治疗室、配药室、仪器室、更衣室、清洁室、污物处理室、值班室、盥洗室等。有条件的 ICU 可配置其他用房，包括实验室、示教室、家属接待室、营养准备室等。

（5）ICU 每床的用房面积为 12～16m²；最少配备一个单间病房，单床间不应小于 12m²。

（6）监护病床的床间净距不应小于 1.20m。

（7）护士站的位置宜便于直视观察患者。

（8）ICU 应该具备良好的通风、采光条件，安装足够的感应式洗手设施。有条件者最好装配气流方向从上到下的空气净化系统，能独立控制室内的温度和湿度。可配备负压病房 1～2 间。

（9）ICU 要有合理的医疗流向，包括人流、物流，以最大限度降低各种干扰和交叉感染。

（10）ICU 病房的功能设计必须考虑可改造性。

（11）ICU 病房建筑装饰遵循不产尘、不积尘、耐腐蚀、防潮防霉、容易清洁和符合防火要求的总原则。

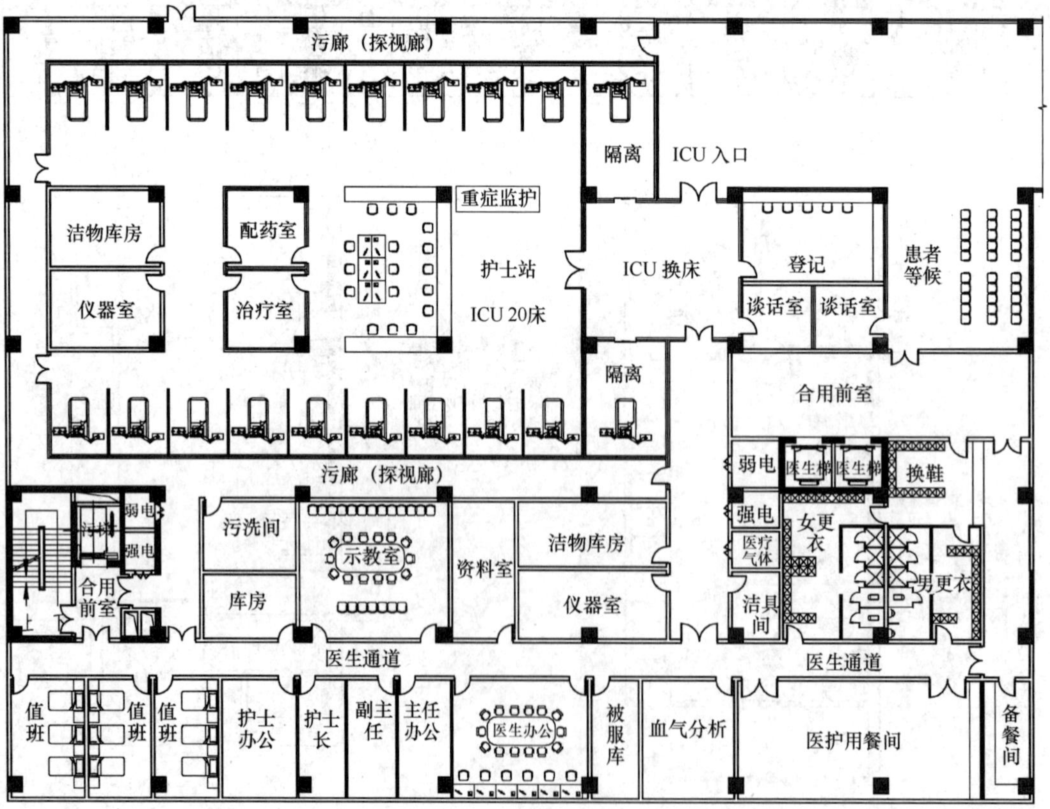
污廊（探视廊）
隔离
ICU 入口
重症监护
洁物库房
配药室
护士站
ICU 20床
ICU 换床
登记
患者等候
仪器室
治疗室
谈话室
谈话室
隔离
合用前室
污廊（探视廊）
弱电
医生梯
医生梯
换鞋
弱电
污梯
强电
污洗间
示教室
洁物库房
强电
女更衣
医疗气体
资料室
合用前室
库房
仪器室
洁具间
男更衣
上
医生通道
医生通道
值班
值班
值班
护士办公
护士长
副主任
主任办公
医生办公
被服库
血气分析
医护用餐间
备餐间

图 15.4.22 ICU 平面示例

15.4.23 血液病房护理单元

1. 位置的选择

血液病房周围有良好的大气环境，可设于内科护理单元内，亦可自成一区。可根据需要设置洁净病房，洁净病房应自成一区，当与其他洁净部门集中布置时，应既能满足它们的医疗联系，又能相对分离保持环境洁净。

2. 规模

规模由院方根据其业务需求来确定床位数。面积需求可按 1～2 张床位建筑面积 $200m^2$ 以上，3 床位建筑面积 $250m^2$ 以上，每增加 1 张床位建筑面积递增 $50m^2$ 左右。

3. 洁污分流

在洁净单元的入口处有效地控制、组织进入洁净护理单元的各种人、物，各行其道，避免交叉感染。在靠近病房区域处设置封闭式外廊作为探视走廊，并兼做污物通道，做到洁污分流。

4. 主要功能房间设计要求

除层流病房外，要尽可能多的设置相关功能辅房，大概包括观察护理前室（或护理区域）、护士站、洁净内走廊、治疗室、无菌存放间、准备间（或恢复室）、配餐间、缓冲走廊（或缓冲间）、药浴室、病人卫生间、男女更衣淋浴室、医护人员办公室、值班室和探视走廊等。

5. 血液病房用房设置要求

（1）洁净病区应设准备、患者浴室和卫生间、护士室、洗涤消毒用房、净化设备机房。

（2）入口处应设包括换鞋、更衣、卫生间和淋浴的医护人员卫生通过通道。

（3）患者浴室和卫生间可单独设置，并应同时设有淋浴器和浴盆。

（4）洁净病房应仅供一位患者使用，并应在入口处设第二次换鞋、更衣。

（5）洁净病房应设观察窗，并应设置家属探视窗及对讲设备。

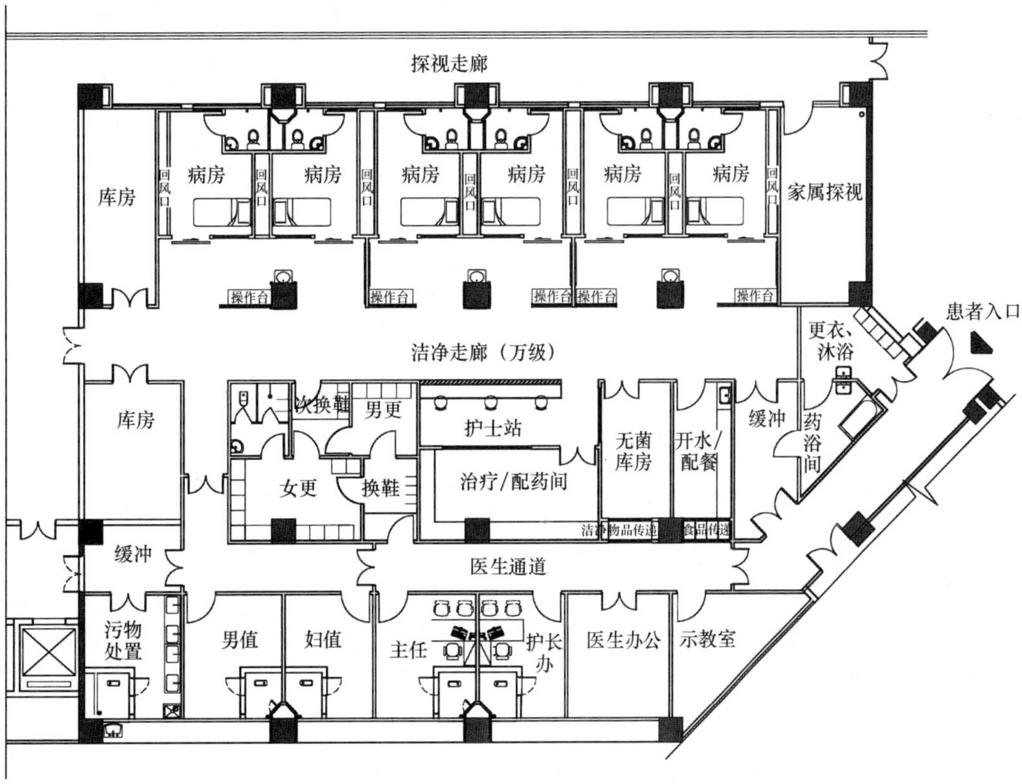
探视走廊
库房
病房
回风口
家属探视
操作台
洁净走廊（万级）
患者入口
更衣、沐浴
库房
男更
护士站
无菌库房
开水/配餐
缓冲
药浴间
女更
换鞋
治疗/配药间
食品传递
缓冲
医生通道
污物处置
男值
妇值
主任
护长办
医生办公
示教室

图 15.4.23 白血病护理单元示例

15.4.24 烧伤护理单元

1. 位置的选择

应设在环境良好、空气清洁的位置，可设于外科护理单元的尽端，宜相对独立或单独设置。

2. 规模大小

烧伤病人需要经常换药，护理工作繁重，因此护理单元不宜过大，以20～25床为宜，重烫伤病房以2～3床为宜。轻重度烫伤病人宜分开处置。

3. 房间组成

（1）应设换药、浸浴、单人隔离病房、重点护理病房及专用卫生间、护士室、洗涤消毒、消毒品贮藏等用房。

（2）入口处应设包括换鞋、更衣、卫生间和淋浴的医护人员卫生通过通道。

（3）可设专用处置室、洁净病房。

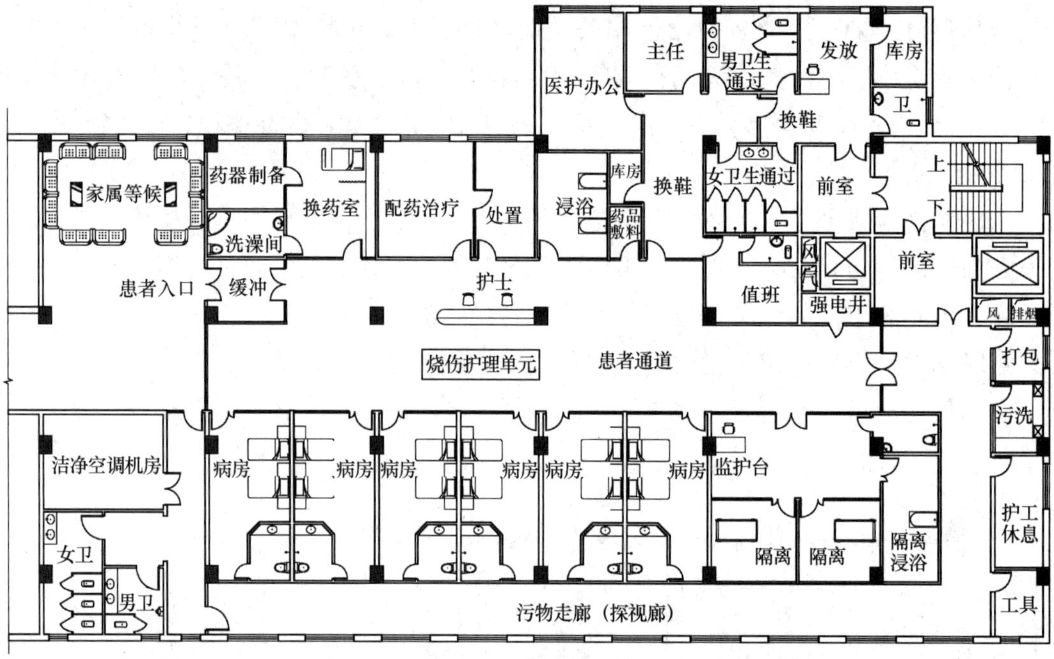
主任
男卫生通过
发放
库房
医护办公
卫
换鞋
家属等候
药器制备
换药室
配药治疗
处置
浸浴
库房
换鞋
女卫生通过
前室
上
下
药品敷料
洗澡间
前室
患者入口
缓冲
护士
值班
强电井
风
排烟
烧伤护理单元
患者通道
打包
污洗
洁净空调机房
病房
病房
病房
病房
病房
病房
监护台
护工休息
女卫
隔离
隔离
隔离浸浴
男卫
污物走廊（探视廊）
工具

图 15.4.24 烧伤护理单元示例

15.4.25 产房

1. 组成

产科病房主要由分娩部、产休部、婴儿部三个部门组成。这三个部门互相关联，既不能分开，又不能互相干扰，并要保证洁污分明。产科病房设计力求做到分娩部、产休部、婴儿部形成独立单元，而又紧邻，并确保无菌与工作联系方便。

2. 产科病房用房设置要求

（1）产科应设产前检查、待产、分娩、隔离待产、隔离分娩、产期监护、产休室等用房。隔离待产和隔离分娩用房可兼用。

（2）产科宜设手术室。

（3）产房应自成一区，入口处应设卫生通过和浴室、卫生间。

（4）洗手池的位置应使医护人员在洗手时能观察临产产妇的动态。

（5）母婴同室或家庭产房应增设家属卫生通过，并应与其他区域分隔。

（6）家庭产房的病床宜采用可转换为产床的病床。

3. 分娩部设计

分娩部由正常分娩室、难产室、隔离分娩室、待产室、男女卫生通过间、刷手间、污洗间等组成；分娩部自成体系，与婴儿部、产休部联系紧密，最好同层布置。

部房设计要求

表 15.4.25-1

房间名称	设　计　要　求
分娩室	1. 一间分娩室宜设置一张产床，最多可设置两张产床，一张用于分娩、一张用于产后观察；产床数量一般按每 10～15 张产科床位设一张产床。分娩室平面净尺寸宜为 4.20m×4.80m 2. 分娩室应考虑无菌要求 3. 空气洁净度按十万级要求，室温 24～26℃，相对湿度 55%～65%
剖腹产	手术室宜为 5.40m×4.80m
隔离分娩室	要求与正常分娩室一样外，还需满足隔离消毒，入口处设有专用口罩、帽子、隔离衣鞋的更换空间，产后应严格封闭消毒
待产室	待产室应邻近分娩室，按每张产床 2～3 张待产床；宜设专用卫生间；每室 2～3 床，与病房无异，待产时间约为 5～6 小时
卫生通过间	设有换鞋、更衣、淋浴、厕所等；其位置介于待产与分娩之间，医护人员经卫生通过间之后方能进入分娩室的洁净通道
刷手间	2～3 个分娩室设一个刷手间，设 2～3 个水龙头

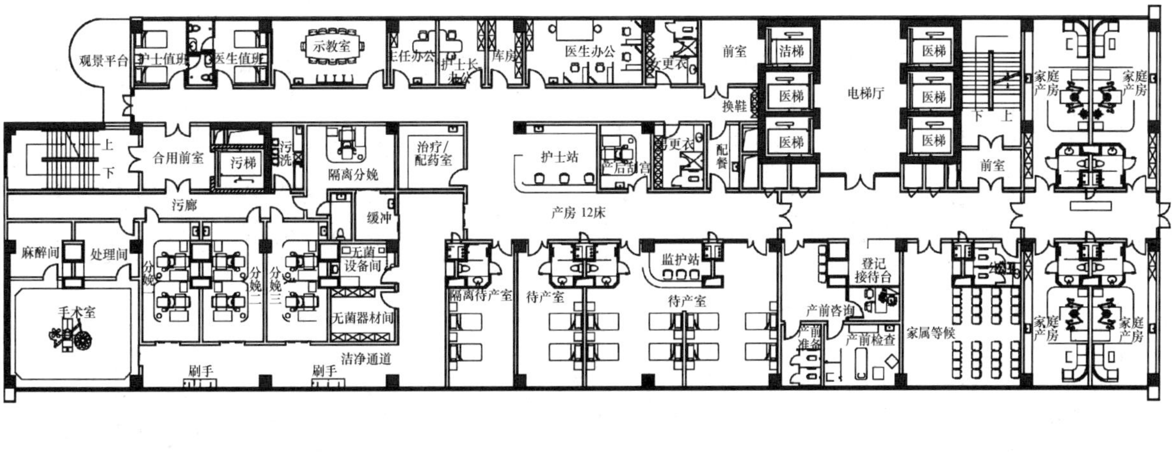
观景平台
护士值班
医生值班
示教室
主任办公
护士长
库房
医生办公
更衣
前室
洁梯
医梯
电梯厅
换鞋
家庭产房
合用前室
污梯
污洗
隔离分娩
治疗/配药室
护士站
更衣
配餐
污廊
缓冲
产房 12床
麻醉间
处理间
分娩一
分娩二
分娩三
无菌设备间
无菌器材间
手术室
隔离待产室
待产室
监护站
登记接待台
产前咨询
产前准备
产前检查
家属等候
刷手
洁净通道

图 15.4.25-1　产房平面示例

4. 产休部（产妇病房）

产妇休息的地方，与一般病房单元大体相同，只是要将生理产妇与病理产妇分开，特别要注意为发烧、子痫、重症或其他需要隔离的病人提供隔离病室。

5. 婴儿部（新生儿科）

婴儿出生后的28天为新生儿期，此时器官发育不够完美，环境适应性差，抵抗力弱要特别注意保护，以防感染，应避免新生儿在走廊上来回抱送，且应做好新生儿室的消毒隔离工作。

（1）应邻近分娩室。

（2）应设婴儿间、洗婴池、配奶、奶具消毒、隔离婴儿、隔离洗婴池、护士室等用房。

（3）婴儿间宜朝南，应设观察窗，并应有防鼠、防蚊蝇等措施。

（4）洗婴池应贴邻婴儿间，水龙头离地面高度宜为1.2m，并应有防止蒸气窜入婴儿间的措施。

（5）配奶室与奶具消毒室不应与护士室合用。

（6）新生儿科单元。

应由正常新生儿室、早产儿室、新生儿隔离室、配乳室、哺乳室等组成。

表 15.4.25-2

名称	设计要求
正常新生儿室	新生儿床位数与产妇床位数一致，新生儿每8床一组，组与组之间用玻璃隔断隔开；室内有新生儿换尿布、更衣工作台，存放消毒衣被、尿布的柜橱、抢救药品器械柜、吸引器、氧气等设施；新生儿要注意防止蚊虫叮咬、要设纱窗、灭蚊灯、吸尘器及空气消毒设施
早产儿室	早产儿室应单独设置，室内设保温箱3～5个，室内温度28～30℃，注意无菌隔离
隔离新生儿室	应单独一区，设置缓冲间；隔离婴儿床之间应有玻璃隔断
护士室	应介于三个新生儿室之间，与婴儿室之间有隔离隔断，便于观察；进入护士室之前应换鞋，更衣
配乳室	室内设工作台、冰箱、消毒柜、水池等
哺乳室	靠近新生儿室设置，室内设座椅；室温和清洁要求与婴儿室大体相同

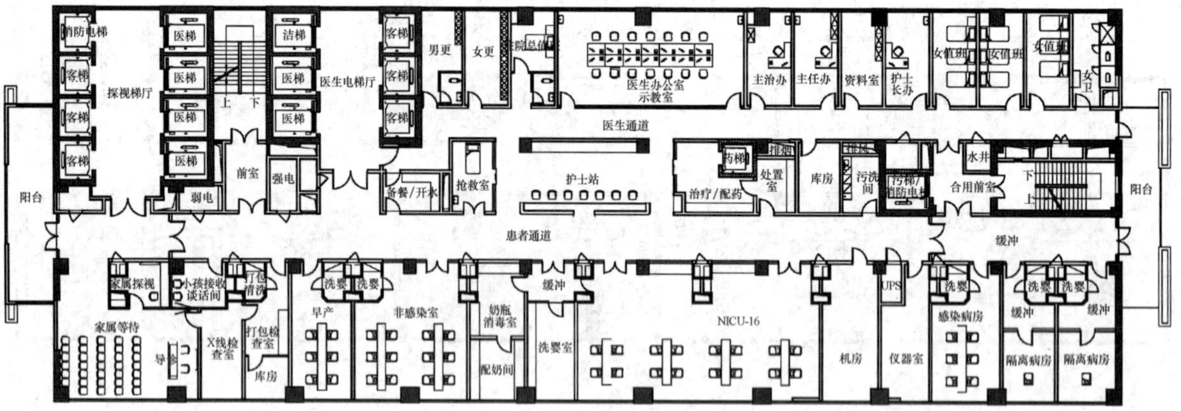
消防电梯
客梯
探视梯厅
医梯
洁梯
医生电梯厅
男更
女更
医生办公室
示教室
主治办
主任办
资料室
护士长办
女值班
男值班
女卫
阳台
医生通道
前室
强电
弱电
备餐/开水
抢救室
护士站
治疗/配药
污梯
处置室
库房
污洗间
水井
合用前室
患者通道
缓冲
家属探视
小孩接收谈话间
家属等待
导诊
X线检查室
打包检查室
库房
洗婴
早产
非感染室
奶瓶消毒室
配奶间
洗婴室
NICU-16
UPS
机房
仪器室
感染病房
隔离病房

图 15.4.25-2　新生儿科平面示例

15.4.26　儿科病房

儿科护理单元的组成

（1）宜设配奶、奶具消毒、隔离病房和专用卫生间等用房，可设监护病房、新生儿病房、儿童活动室。

（2）功能用房要求

表 15.4.26

名称	设计要求
病房	应阳光充足，空气流通，每室 2～6 床，隔离病房不应多于 2 床；各室之间以及病室与走道之间应设玻璃隔断或大面积的观察窗，地面最好有弹性，用木板或橡胶地面为好，防止跌倒；窗户、阳台应有防护装置，暖气应加安全罩，电源开关应位于高处；儿科床长宽尺寸为 890mm×500mm，1400mm×700mm，1800mm×800mm 等三种规格
治疗抢救室	设在护士办公室对面或邻近，治疗、抢救室应有氧气、吸引器等设施
活动室	供儿童娱乐活动的空间，靠近病区，应在护士监护范围内设置
监护室	儿科可分为新生儿监护（NICU）和小儿监护室（PICU），集中设置护士站和医辅用房，病儿分室管理
配奶室	同产房配乳室
儿童浴厕	浴厕分别设置，厕所设坐便器，并为幼小儿童设置便盆椅
污洗间	婴幼儿的尿布、内衣换洗较勤，应及时清洗晾晒，污洗间最好与阳台相邻，内设排风设置

15.4.27 精神病护理单元

1. 组成

精神病医疗机构有两种组织形式，一是设置独立的精神病专科医院，另一种则是在综合医院中设置精神病科门诊和病房。

病区护理单元组成包括带卫生间病房、不带卫生间病房、病人公用男女卫生间、浴室、隔离室、病人活动室、病人餐厅、护士办公、医生办公、护士站、处置室、治疗室、值班室、被服库、备餐开水间、污洗室、污物暂存间等。

每个病区内患者区域与医护人员区域应相对独立，避免相互影响。护士站宜靠近病区出入口、病人活动室布置。

2. 特殊护理

对严重狂躁者等需采取临时隔离措施，设置特殊护理区，并与一般护理区分开。特殊护理区的病床数，约占护理单元总床位数的 10%，设置隔离间，观察室、护理室和卫生间等。

隔离室的设置要求：

（1）隔离室墙面、地面均应采用软质材料。所有材料及构造做法应坚固、不易拆卸。

（2）室内不应出现管线、吊架等任何突出物。

（3）隔离室门应设置观察窗，室内一侧不宜设置突出的门执手。

（4）隔离室内应设置视频监控系统。

3. 一般护理

一般护理区是供轻病及康复精神患者住院治疗的处所，应设有工疗室、文娱活动室，还有图书阅览室和为患者服务的辅助用房等。

4. 护理服务区

护理服务区应与护理区分开，其位置宜放在病区入口部位，以便于管理控制外人和患者的出入。该区应设置工作人员的办公室、值班室、更浴室、治疗室、配餐室、库房以及医护人员卫生间等。

5. 病区各室设计要求

（1）病人出入门的最小净宽度应为1m。病房门、病人使用的盥洗室、淋浴间的门应朝外开。病房门应设长条形观察窗。病房、隔离室和患者集中活动的用房不应采用闭门器。门铰链应采用短型铰链，所有紧固件均应不易松动。患者使用的门执手应选用不易被吊挂的形状。

（2）病房、隔离室、监护室和患者集中活动的用房的所有窗玻璃（内部和外部）、采光高窗、应选用安全玻璃（如夹胶玻璃）。病房和患者集中活动的用房的窗宜选用平开式，并做好水平、上下限位构造处理。开启部位宜配置防护栏杆。窗插销选用按钮暗装构造，所有紧固件均应选用不易被松动的规格。病房和患者集中活动的用房禁止使用布幔窗帘。

（3）病房和患者集中活动的用房设置嵌墙壁柜时，壁柜不可代替隔墙。壁柜应避免人员在内藏匿的可能。柜橱门拉手宜采用凹槽形式。

（4）走廊安装防撞带时，应选择紧靠墙面型构件。

（5）患者使用的卫生间、浴室隔间的开间不应小于1.1m，进深不应小于1.4m，门闩应可以内外双向开启、锁闭。应控制隔间门高度，方便医护人员巡视。

（6）不宜设置输液吊钩、毛巾杆、浴帘杆、杆型把手（采用特殊设计的防打结把手除外）。

（7）卫生间的地面应采用防湿滑材料和构造，保证平整，并应符合排水要求。

（8）卫生间、盥洗室、浴室使用的镜子，应采用镜面金属板或其他不易碎裂材料制成。

6. 精神病房的安全措施

（1）精神病区应有足够的户外活动场地。男女病房应尽量分开，成独立的住院区。

（2）护理单元设计应避免出现医护人员在护士办公室观察不到的死角。

（3）病人由病房到室外，至少应通过两道内门。门应向外开，同一房间的内外门应相互错开，以防止病人尾随他人冲出房间。凡需控制病人出入病房的内外门，应做拼板门，并应向外开启，以防止病人在室内将门顶住。

（4）病房和护士办公室，在室外应尽量设置可巡回贯通走道，并力求避免袋形走道，当发生病人驱赶、追逐医护工作人员时，医护人员可有回避余地。

（5）凡允许病人到达的房间或走廊，不宜设通向屋顶或顶棚的检查孔，以防止病人爬上屋顶，躲在顶棚内。

（6）供病人上下的楼梯，应为封闭式，两跑楼梯之间尽量不留或不设间隙，楼梯扶手不用栏杆而用栏板或用砖墙分隔。在顶层部分，楼梯栏板末端应封到屋顶板下皮，以防止病人攀爬、

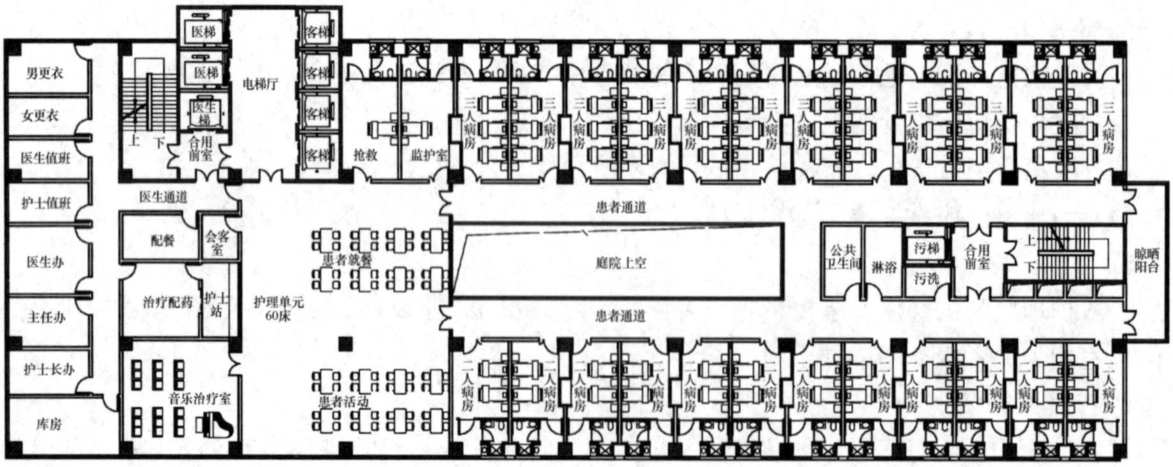
医梯
医梯
医生梯
客梯
电梯厅
男更衣
女更衣
医生值班
护士值班
医生办
主任办
护士长办
库房
上
下
合用前室
抢救
监护室
三人病房
患者通道
医生通道
配餐
会客室
患者就餐
庭院上空
治疗配药
护士站
护理单元60床
患者活动
音乐治疗室
二人病房
公共卫生间
淋浴
污梯
污洗
晾晒阳台

图15.4.27 精神病护理单元示例

跳楼。

（7）病房和卫生间除备有软纸、塑料口杯、毛巾等柔软用品外，不允许有砖瓦、石、木等可用以伤人或堵塞管道之物。

（8）电气开关应统一集中安装在护士办公室控制，灯具需设灯罩，路线应暗装。

（9）室外绿化要远离建筑窗口，不要选取有毒有刺的花草树木，不宜采用过于浓密的灌木丛，3m 以下的树干不留枝桠，以免病人攀爬藏匿，发生伤害。病人的户外活动应在医护人员的监护下进行。

15.4.28　传染病护理单元

1. 概述

一般在县级以上的大中型综合医院均应设置传染病房，以减少医院内部的感染，并防止向院外传播。传染病房的床位一般占医院床位总数的 5%～10%，传染病房与普通病房最好有 40m 以上的隔离间距，有条件时可与传染门诊集中在一块，布置在相对独立下风向地段，并设单独对外出入口，以减少与普通流线的交叉干扰。传染医疗区应在医院的下风向。

传染病房应严格按洁净度分区，一般分为清洁区（包括值班、更衣、配餐、库房等）、准清洁区（包括医护办公、治疗、消毒、医护走廊）、非清洁区（包括病房、病人用的浴、厕、污洗、探视走廊等）。跨越不同的清洁区应经过消毒隔离处理。

2. 设计及要点

（1）病区多采取内外三条平行走廊布置。两条外廊为病人廊，中廊为医护通道。传染病房内气压应低于医护通道，防止病室内空气外溢侵入医护通道。

（2）在传染病房与医护通道之前应设前室，供医护人员出入病室前做卫生准备。该室常与病人卫生间贴临，组合一起布置。该前室双向开门，形成空气闭锁。

（3）病室与医用走廊之间设洁物传递窗，以传递清洁物品及膳食，病人用过的衣物、餐具由病室与探视廊之间的污物传递窗送出，经消毒后送营养厨房或洗衣间。

（4）值班医护人员需在病区内就餐，病区内应有医护人员专用配餐间。不同病种的病室区必要时应专设污洗间，各病区拖布专用，不得跨区使用。

（5）传染病房设在楼层中时应特别注意病人的出院与入院的路线要分开，入院病人与医护人员、供应物品的路线要划分清楚，处于高层的传染病房应设专用电梯。

（6）传染门诊、住院都应将传染与非传染、呼吸系传染与非呼吸系传染分开，并尽可能使呼

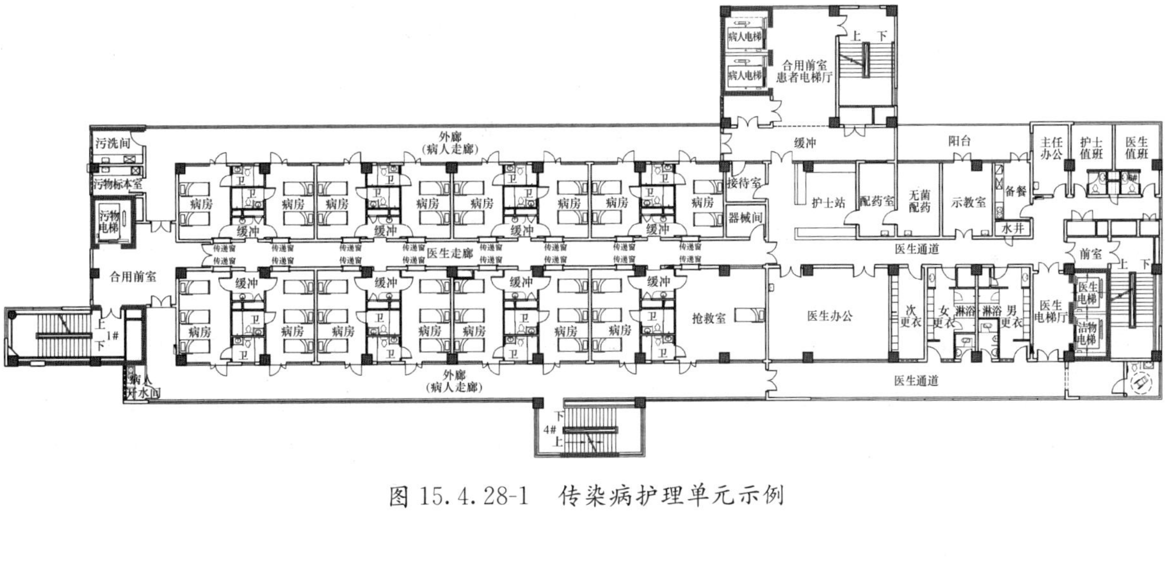
病人电梯
病人电梯
合用前室
患者电梯厅
上
下
污洗间
外廊
(病人走廊)
污物标本室
污物电梯
病房
卫
缓冲
传递窗
医生走廊
合用前室
接待室
器械间
护士站
配药室
无菌配药
示教室
备餐
水井
阳台
主任办公
护士值班
医生值班
前室
医生通道
抢救室
医生办公
次更衣
女更衣
淋浴
男更衣
医生电梯厅
医生电梯
洁物电梯
1#
4#
病人开水间

图 15.4.28-1　传染病护理单元示例

吸系传染病人流线短捷明确。

3. 平疫结合，综专互补

“平疫结合，综专互补”既考虑发生重大疫情的传染专科要求，也兼顾平时收治普通病人的综合需求，以求更加合理地利用医疗资源。

如图示平面，在病房外侧设置开敞式外走廊，平时通过可拆卸活动隔板隔成每间病房独立的阳台，疫时则将活动隔板撤掉，转化为患者专用通道，原中间走廊为医生专用通道，满足“平疫结合”特殊要求。

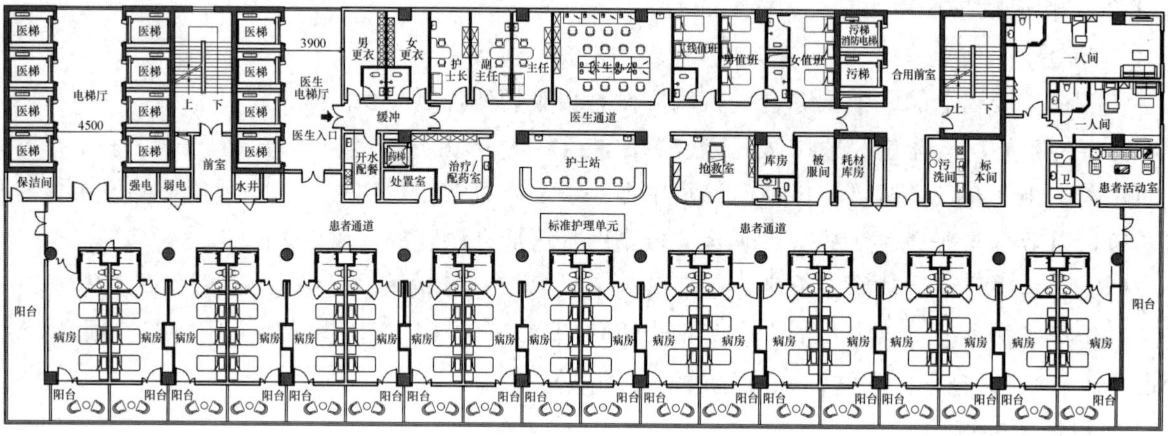

医梯
电梯厅
4500
3900
保洁间
强电
弱电
前室
水井
上
下
男更衣
女更衣
医生电梯厅
医生入口
缓冲
开水配餐
处置室
治疗/配药室
护士长
副主任
主任
医生办公
医生通道
护士站
抢救室
库房
被服间
耗材库房
男值班
女值班
污梯
消防电梯
合用前室
污洗间
标本间
一人间
卫
患者活动室
患者通道
标准护理单元
病房
阳台

图 15.4.28-2　护理单元平时

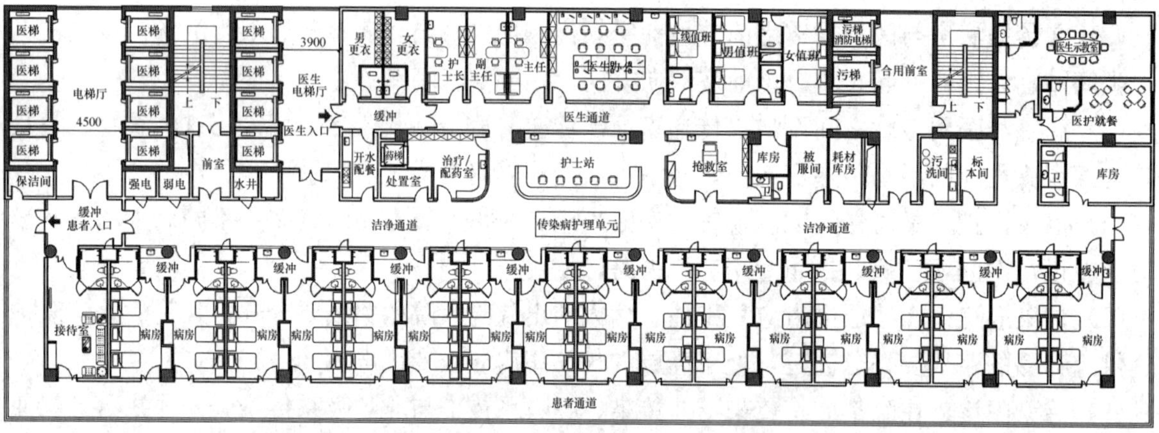

医梯
电梯厅
4500
3900
保洁间
强电
弱电
前室
水井
上
下
男更衣
女更衣
医生电梯厅
医生入口
缓冲
开水配餐
处置室
治疗/配药室
护士长
副主任
主任
医生通道
护士站
抢救室
库房
被服间
耗材库房
男值班
女值班
污梯
消防电梯
合用前室
污洗间
标本间
医生示教室
医护就餐
卫
缓冲
患者入口
洁净通道
传染病护理单元
接待室
病房
患者通道

图 15.4.28-3　护理单元疫时转换

医 院 保 障 系 统

15.4.29　营养厨房

1. 位置

营养厨房应自成一区，宜邻近病房，并与之有便捷联系通道。在医院规模较大用地较紧张，病房集中的条件下，可将营养餐厅布置在病房楼一层或地下室。设专用电梯及机械通风设备。在用地较宽裕的情况下，可将营养厨房单独建设，便于食料运入及垃圾的运出，厨房也能有良好的通风及采光。

应专设交通出入口，与医院主出入口分开，避免与就诊患者出入交叉。

2. 房间组成

营养厨房应设置主食制作、副食制作、主食蒸煮、副食洗切、冷荤熟食、回民灶、库房、配餐、餐车存放、办公和更衣等用房。配餐室和餐车停放室（处），应有冲洗和消毒餐车的设施。

15.4.30　洗衣房

1. 洗衣房位置与平面布置

（1）污衣入口和洁衣出口处应分别设置。

（2）宜单独设置更衣间、浴室和卫生间。

（3）工作人员与患者的洗涤物应分别处理。

（4）当洗衣利用社会化服务时，应设收集、分拣、储存、发放处。

2. 洗衣房应设置收件、分类、浸泡消毒、洗衣、烘干、烫平、缝纫、贮存、分发和更衣等用房。

15.4.31　太平间

1. 位置

宜独立建造或设置在住院用房的地下层。

2. 设置要求

（1）解剖室应有门通向停尸间。

（2）尸体柜容量宜按不低于总病床数1%～2%计算。

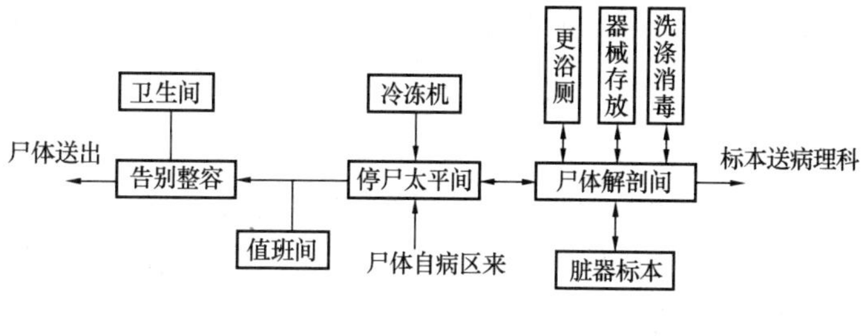
更浴厕
器械存放
洗涤消毒
卫生间
冷冻机
尸体送出
告别整容
停尸太平间
尸体解剖间
标本送病理科
值班间
尸体自病区来
脏器标本

图 15.4.31　太平间功能关系示意图

（3）太平间应设置停尸、告别、解剖、标本、值班、更衣、卫生间、器械、洗涤和消毒等用房。

（4）存尸应有冷藏设施，最高一层存尸抽屉的下沿高度不宜大于1.3m。

（5）太平间设置应避免气味对所在建筑的影响。

15.4.32　污水处理站

15.4.33　固体废弃物处理

1. 医疗废物和生活垃圾应分别处置。

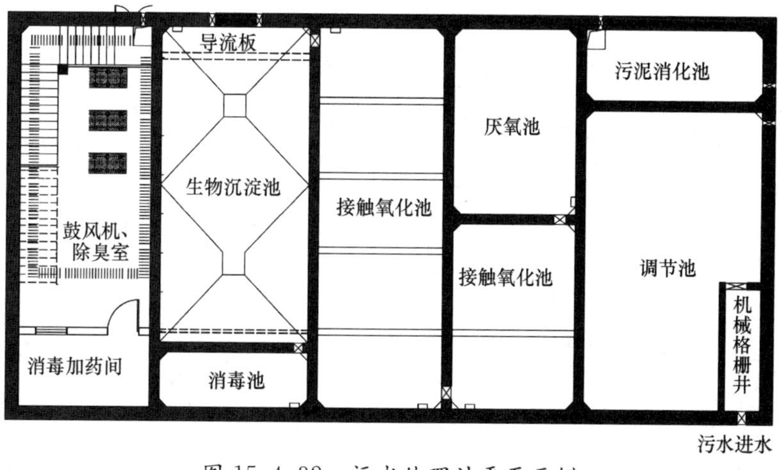
导流板
生物沉淀池
鼓风机、除臭室
消毒加药间
消毒池
接触氧化池
厌氧池
接触氧化池
污泥消化池
调节池
机械格栅井
污水进水

图 15.4.32　污水处理站平面示例

2. 医疗废物和生活垃圾处置设施应符合现行中华人民共和国国务院令第380号《医疗废物管理条例》的有关规定。

15.5 防火与疏散

1. 医院建筑耐火等级不应低于二级。

2. 防火分区应符合下列规定：

(1) 医院建筑的防火分区应结合建筑布局和功能分区划分。

(2) 防火分区的面积除应按建筑物的耐火等级和建筑高度确定外，病房部分每层防火分区内，尚应根据面积大小和疏散路线进行再分隔。同层有2个及2个以上护理单元时，通向公共走道的单元入口处，应设乙级防火门。

(3) 高层建筑内的门诊大厅，设有火灾自动报警系统和自动灭火系统并采用不燃或难燃材料装修时，地上部分防火分区的允许最大建筑面积应为4000m^2。

(4) 医院建筑内的手术部，当设有火灾自动报警系统，并采用不燃烧或难燃烧材料装修时，地上部分防火分区的允许最大建筑面积应为4000m^2。

(5) 防火分区内的病房、产房、手术部、精密贵重医疗设备用房等，均应采用耐火极限不低于2h的不燃烧体与其他部分隔开。

3. 安全出口应符合下列规定：

(1) 每个护理单元应有二个不同方向的安全出口。

(2) 尽端式护理单元，或“自成一区”的治疗用房，其最远一个房间门至外部安全出口的距离和房间内最远一点到房门的距离，均未超过建筑设计防火规范规定时，可设一个安全出口。

4. 医疗用房应设疏散指示标识，疏散走道及楼梯间均应设应急照明。

5. 中心供氧用房应远离热源、火源和易燃易爆源。

6. 其他见第4章防火设计。

16 中小学校设计

我国实行九年义务教育制，即：小学六年＋初中三年。城镇和农村各类中小学校，除高中三年外，其余均属义务教育。中小学校的类别如下：

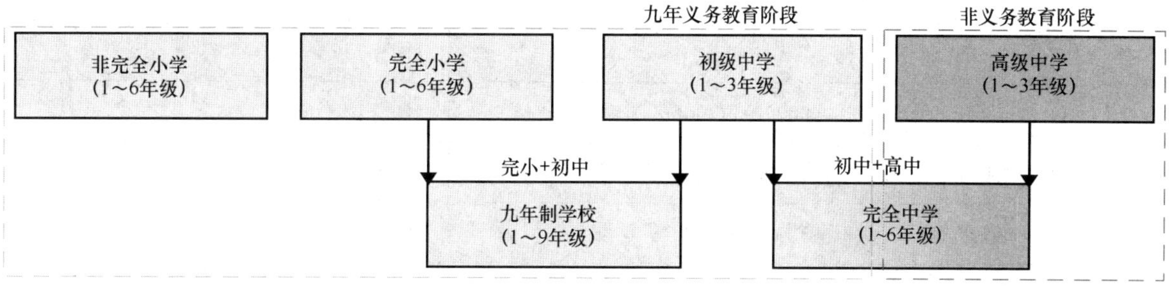

九年义务教育阶段
非义务教育阶段
非完全小学
(1～6年级)
完全小学
(1～6年级)
初级中学
(1～3年级)
高级中学
(1～3年级)
完小+初中
初中+高中
九年制学校
(1～9年级)
完全中学
(1～6年级)

注：完全中学 1～3 年级（初中）属义务教育、4～6 年级（高中）属非义务教育。

16.1 规划设计要点

16.1.1 学校规模与班额人数

表 16.1.1

类别	学制	学校规模	班额人数
非完全小学	1～4 年级	4 班	30 人/班
完全小学	1～6 年级	国标：12 班、18 班、24 班、30 班 深标：18 班、24 班、30 班、36 班	45 人/班
初级中学	1～3 年级	国标：12 班、18 班、24 班、30 班 深标：18 班、24 班、36 班、48 班	50 人/班
高级中学	1～3 年级	国标：18 班、24 班、30 班、36 班 深标：18 班、24 班、30 班、36 班	50 人/班
九年制学校	1～9 年级	国标：18 班、27 班、36 班、45 班 深标：27 班、36 班、45 班、54 班	完小 45 人/班 初中 50 人/班
完全中学	1～6 年级	国标：18 班、24 班、30 班、36 班	50 人/班

注：(1) 国标规定的学校规模取自《中小学校设计规范》(GB 50099—2011)。
(2) 深标规定的学校规模取自《深圳市城市规划标准与准则》(2014)。

16.1.2 学校规模与面积指标

表 16.1.2

类别	学校规模	用地面积	建筑面积
完全小学	12 班	国标：≥6000m^2	国标：—
	18 班	国标：≥7000m^2 深标：6500～10000m^2	国标：— 深标：5000～9000m^2

续表

类别	学校规模	用地面积	建筑面积
完全小学	24 班	国标：≥8000m² 深标：8700～13000m²	国标：— 深标：6500～12000m²
	30 班	深标：10800～16500m²	深标：8100～15000m²
	36 班	深标：13000～20000m²	深标：9800～18000m²
完全中学	18 班	国标：≥11000m²	国标：—
	24 班	国标：≥12000m²	国标：—
	30 班	国标：≥14000m²	国标：—
初级中学	18 班	深标：9000～14400m²	深标：7200～10000m²
	24 班	深标：12000～19200m²	深标：9600～13200m²
	36 班	深标：18000～28800m²	深标：14400～19800m²
	48 班	深标：24000～38400m²	深标：19200～26400m²
高级中学	18 班	深标：16200～18900m²	深标：7650～9450m²
	24 班	深标：21600～25200m²	深标：10200～12600m²
	30 班	深标：27000～31500m²	深标：12800～15800m²
	36 班	深标：32400～37800m²	深标：15300～18900m²
九年制学校	27 班	深标：12200～19500m²	深标：9000～14100m²
	36 班	深标：16300～25700m²	深标：12000～18900m²
	45 班	深标：20400～32000m²	深标：15000～23500m²
	54 班	深标：24400～38500m²	深标：18000～28300m²

注：(1) 国标规定的面积指标取自《城市居住区规划设计规范》GB 50180—93（2002 年版）。
(2) 深标规定的面积指标取自《深圳市城市规划标准与准则》(2014)。

16.1.3 规划选址与场地要求

1）学校规划布局应按服务范围均衡分布。服务半径以完小 500m、初中 1000m、九年制学校 500～1000m 为宜，以小学生尽量不穿越城市道路、中学生尽量只穿越城市次要道路为佳。

2）学校严禁建设在地震、地质坍塌、暗河、洪涝等自然灾害及人为风险高的地段和污染超标的地段；学校与污染源的距离应符合相关规定。

3）学校严禁建设在高压电线、长输天然气管道、输油管道穿越或跨越的地段；当在学校周边敷设时，安防距离及措施应符合相关规定。

4）学校应远离各类病毒、病源集中的建筑；与易燃易爆场所的距离应符合防火规定。

5）学校主要教学用房的开窗外墙距铁路路轨的距离应≥300m；距高速路、地上轻轨线、城市主干道的距离应≥80m，当<80m 时应采取有效的隔声措施。

16.2　总平面设计要点

16.2.1　用地组成

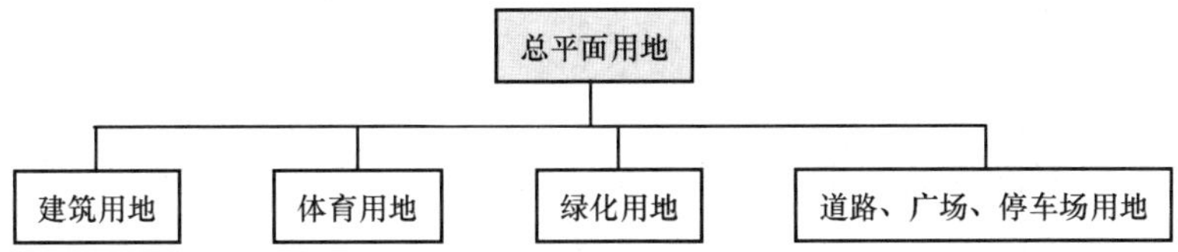
总平面用地
建筑用地
体育用地
绿化用地
道路、广场、停车场用地

注：有条件时宜预留发展用地。

16.2.2　设计内容

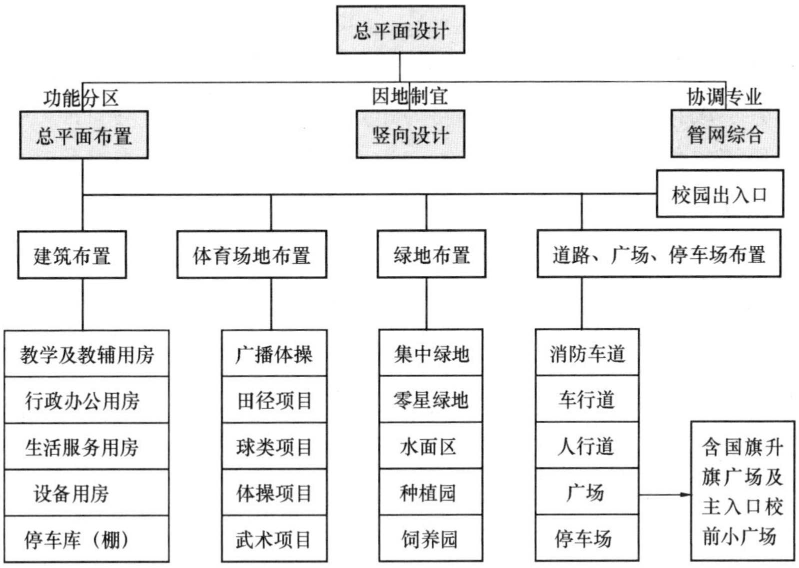
总平面设计
功能分区
因地制宜
协调专业
总平面布置
竖向设计
管网综合
校园出入口
建筑布置
体育场地布置
绿地布置
道路、广场、停车场布置
教学及教辅用房
行政办公用房
生活服务用房
设备用房
停车库（棚）
广播体操
田径项目
球类项目
体操项目
武术项目
集中绿地
零星绿地
水面区
种植园
饲养园
消防车道
车行道
人行道
广场
停车场
含国旗升旗广场及主入口校前小广场

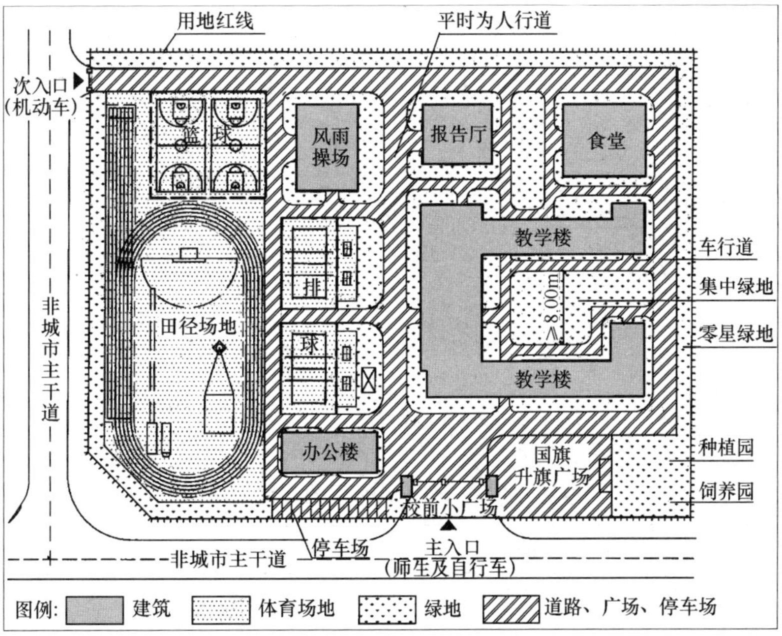
用地红线
平时为人行道
次入口
(机动车)
篮球
风雨操场
报告厅
食堂
教学楼
排
球
田径场地
≥8.00m
教学楼
办公楼
国旗
升旗广场
校前小广场
车行道
集中绿地
零星绿地
种植园
饲养园
非城市主干道
非城市主干道
停车场
主入口
(师生及自行车)
图例:
建筑
体育场地
绿地
道路、广场、停车场

图 16.2.2　总平面布置示意图

16.2.3 建筑布置

1）功能分区：各建筑、各用地应按功能分区明确，动静分区、洁污分区合理，既联系方便，又互不干扰。

2）地上楼层：小学的主要教学用房不应设在四层以上，中学的主要教学用房不应设在五层以上，教学辅助用房和行政办公用房可酌情增设在四层或五层以上，但不宜建高层。

3）地下空间：教学用房、学生宿舍不得设在地下室或半地下室，但停车库、厨房、洗衣房等生活服务用房不受此限。

4）建筑间距：影响学校建筑间距的因素很多，起主导作用的是日照和防噪，择其最大间距。

日照间距——普通教室冬至日底层满窗日照应≥2h。

小学应≥1间科学教室、中学应≥1间生物实验室，其室内能在冬季获得直射阳光。

防噪间距——各类教室的外窗与相对教学用房的外墙应≥25m。

各类教室的外窗与室外运动场地的边缘应≥25m。

5）建筑朝向：决定学校建筑朝向的因素很多，起主导作用的是日照和通风，择其最优朝向。

日照朝向——教学用房以朝南向和东南向为主，以获得冬季良好的日照环境。

通风朝向——建筑主面应避开冬季主导风向，有效阻挡寒风，冬季趋日避寒；

建筑主面应迎向夏季主导风向，有效组织气流，夏季趋风散热。

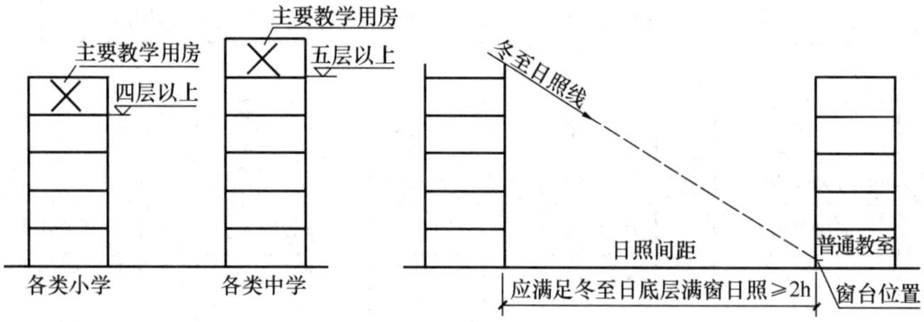
主要教学用房
四层以上
各类小学
主要教学用房
五层以上
各类中学
冬至日照线
普通教室
日照间距
应满足冬至日底层满窗日照≥2h
窗台位置

图 16.2.3-1　地上楼层与日照间距示意图

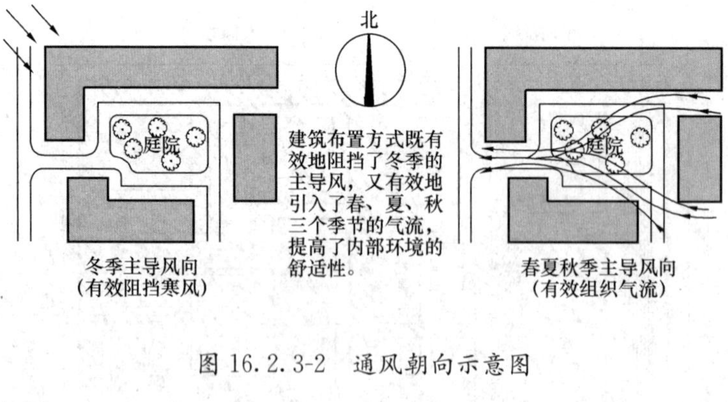
北
庭院
建筑布置方式既有效地阻挡了冬季的主导风，又有效地引入了春、夏、秋三个季节的气流，提高了内部环境的舒适性。
冬季主导风向
(有效阻挡寒风)
庭院
春夏秋季主导风向
(有效组织气流)

图 16.2.3-2　通风朝向示意图

16.2.4 体育场地布置

1）用地指标：

中小学校主要体育项目的用地指标　　**表 16.2.4**

项　目	最小场地（m）	最小用地（m^2）	备　注
广播体操	—	小学 2.88/学生	按全校学生数计算，可与球场共用
	—	中学 3.88/学生	

续表

项　目	最小场地（m）	最小用地（m^2）	备　注
60m 直跑道	92.00×6.88	632.96	4 道
100m 直跑道	132.00×6.88	908.16	4 道
	132.00×9.32	1230.24	6 道
200m 环道	99.00×44.20（60m 直道）	4375.80	4 道环形跑道；含 6 道直跑道
	132.00×44.20（100m 直道）	5834.40	
300m 环道	143.32×67.10	9616.77	6 道环形跑道；含 8 道 100m 直跑道
400m 环道	176.00×91.10	16033.60	6 道环形跑道；含 8 道、6 道 100m 直跑道
足球	94.00×48.00	4512.00	—
篮球	32.00×19.00	608.00	—
排球	24.00×15.00	360.00	—
跳高	坑 5.10×3.00	706.76	最小助跑半径 15.00m
跳远	坑 2.76×9.00	248.76	最小助跑长度 40.00m
立定跳远	坑 2.76×9.00	59.03	起跳板后 1.20m
铁饼	半径 85.50 的 40°扇面	2642.55	落地半径 80.00m
铅球	半径 29.40 的 40°扇面	360.38	落地半径 25.00m
武术、体操	14.00 宽	320.00	包括器械等用地

注：体育用地范围计量界定于各种项目的安全保护区（含投掷类项目的落地区）的外缘。

2）田径场地：小学宜设 200m 环道（含 6 条 60m 直道）；
中学宜设 200～400m 环道（含 6～8 条 100m 直道）。

3）球类场地：小学宜设≥2 个篮球场＋≥2 个排球场（兼羽毛球场）；
中学宜设≥3 个篮球场＋≥2 个排球场（兼羽毛球场）。

4）偏斜角度：室外田径场地及足、篮、排等各种球类场地的长轴宜南北向布置，南北长轴偏西宜<10°、偏东宜<20°。

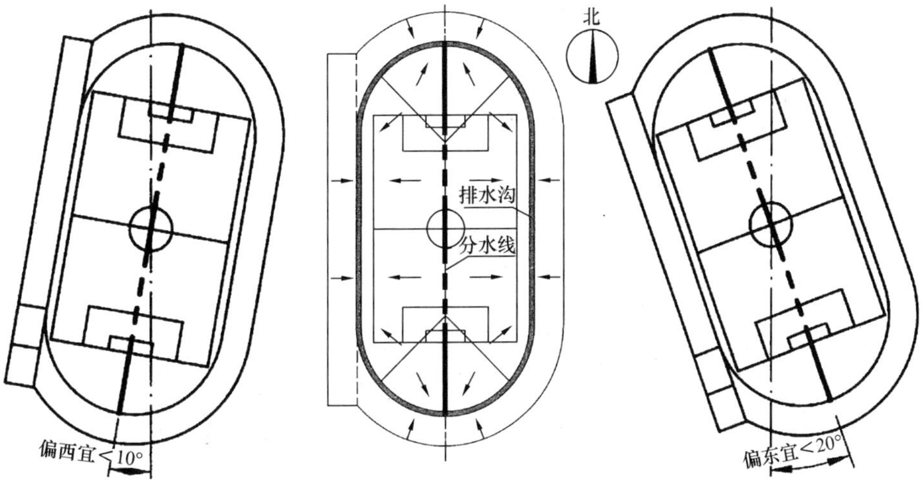
北
排水沟
分水线
偏西宜<10°
偏东宜<20°

图 16.2.4　田径场地偏移角度示意图

16.2.5 绿地布置

1）用地指标：绿化用地按小学不宜≤0.5m²/学生、中学不宜≤1.0m²/学生。此指标可适当提高。

2）集中绿地的宽度应≥8m，且≥1/3 的绿地面积处于标准建筑日照阴影线之外。

3）种植园、小动物饲养园应设于校园下风向的位置。

16.2.6 道路、广场、停车场布置

1）校园道路应与校园主要出入口、各建筑出入口、各活动场地出入口衔接，应与校园次要出入口连接，应满足消防车至少有两处进入校园实施救援的需要。

2）当有短边长度＞24m 的封闭内院式建筑围合时，宜设置进入内院的消防车道。

3）校园道路宽度：消防车道——净宽度和净高度均应≥4.0m。

车行道——双车道≥7.0m、单车道≥4.0m。

人行道——宽度按通行人数的 0.7m/人计算，且宜≥3.0m。

4）应在校园的显要位置设置国旗升旗广场。

5）校园内停车场出入口、地上或地下停车库出入口，不应直接通向师生人流集中的道路。

6）当受场地限制时，教师专用停车位可部分设置在风雨操场下的架空层内。

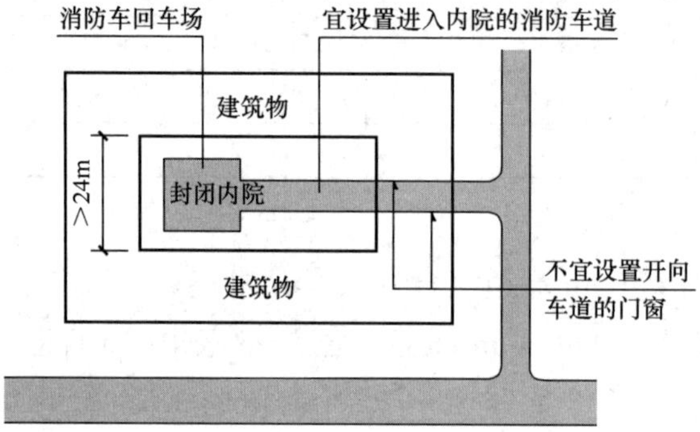
消防车回车场
宜设置进入内院的消防车道
建筑物
＞24m
封闭内院
建筑物
不宜设置开向
车道的门窗

图 16.2.6 进入内院的消防车道示意图

16.2.7 校园出入口

1）校园出入口应与城市道路衔接，但不应与城市主干道连接。

2）校园出入口与周边相邻基地机动车出入口的距离应≥20m。

3）校园分位置、分主次应设≥2 个出入口，且应人、车分流，并宜人、车分用。

4）主入口、正门外应设校前小广场，起缓冲作用。

5）主入口、正门外附近需设自行车及机动车停车场，供家长临时停放。

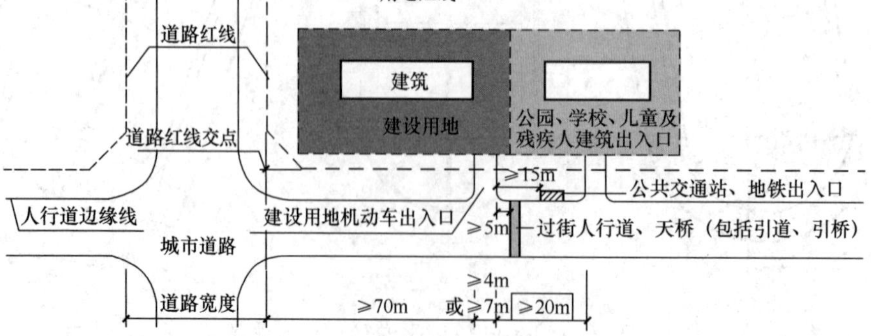
用地红线
道路红线
建筑
建设用地
公园、学校、儿童及残疾人建筑出入口
道路红线交点
≥15m
公共交通站、地铁出入口
人行道边缘线
建设用地机动车出入口
≥5m
过街人行道、天桥（包括引道、引桥）
城市道路
≥4m
道路宽度
≥70m
或≥7m
≥20m

图 16.2.7 校园出入口与周边相邻基地机动车出入口的距离示意图

16.2.8 总平面基本模式与设计实例

主入口设于教学区前　　主入口设于教学区与体育场地之间　　因地制宜

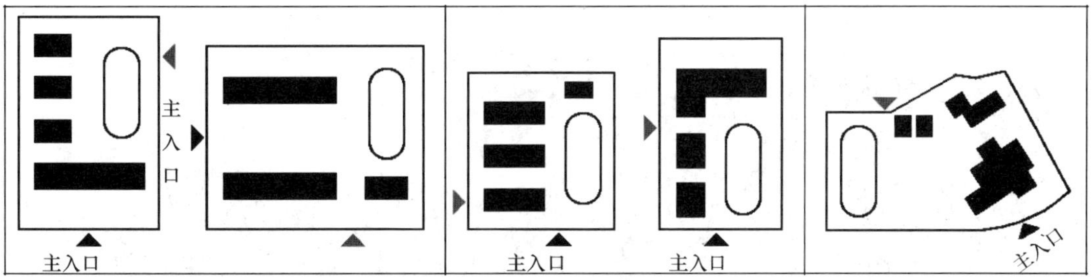
主入口
主入口
主入口
主入口
主入口

图 16.2.8-1　总平面基本模式

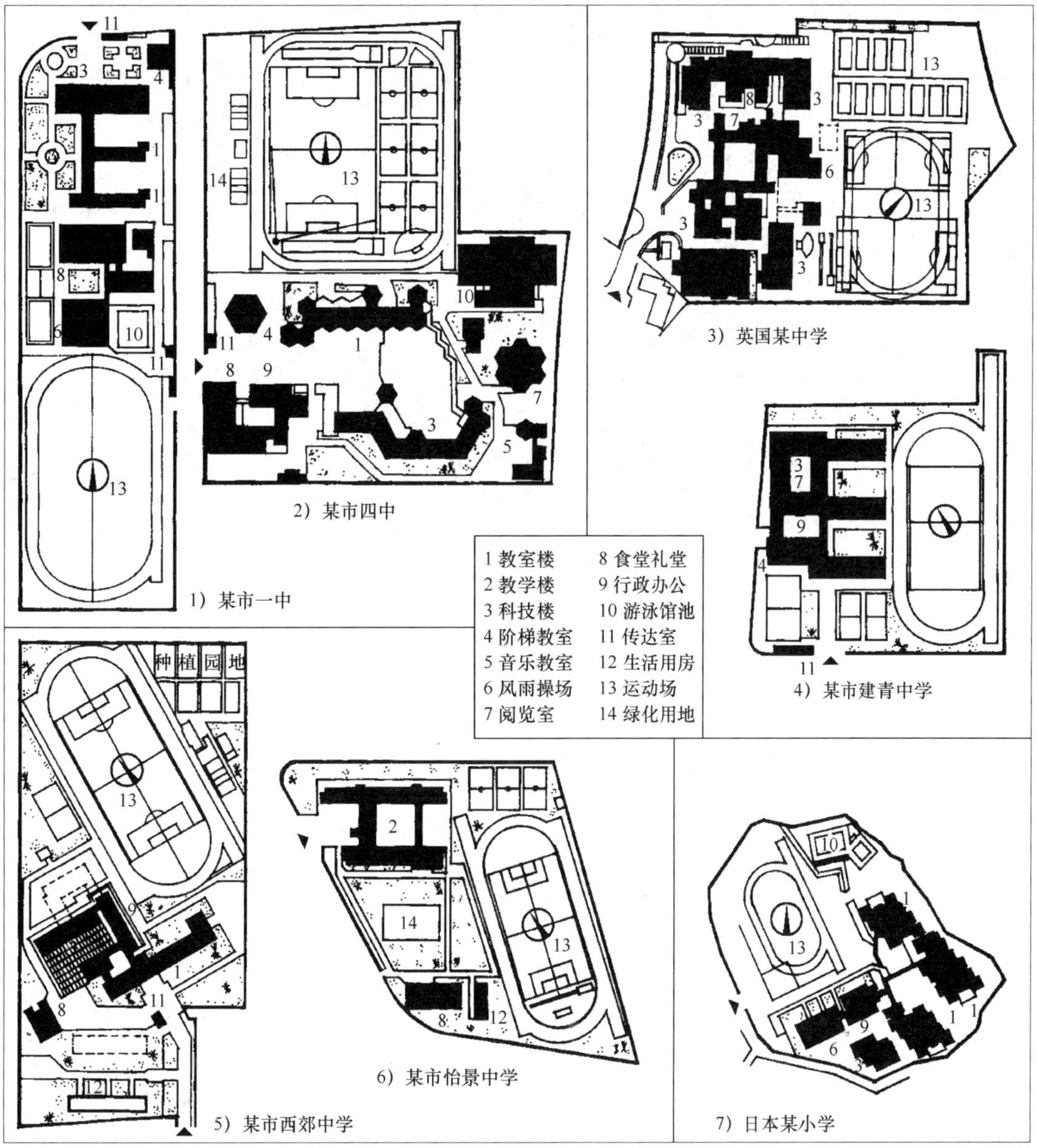
1 教室楼
2 教学楼
3 科技楼
4 阶梯教室
5 音乐教室
6 风雨操场
7 阅览室
8 食堂礼堂
9 行政办公
10 游泳馆池
11 传达室
12 生活用房
13 运动场
14 绿化用地
种植园地
1）某市一中
2）某市四中
3）英国某中学
4）某市建青中学
5）某市西郊中学
6）某市怡景中学
7）日本某小学

图 16.2.8-2　总平面设计实例

例 1）、例 2）：教学楼与体育场地前后布置。适合于南北长、东西短的学校用地。

例 3）、例 4）：教学楼与体育场地左右布置。适合于东西宽、南北短的学校用地。

例 5)、例 6)：教学楼与体育场地对角布置，适合于狭而窄、不规则的学校用地。

例 7)：复杂场地应因地制宜。适合于利用地形地貌减少土方石量的学校用地。

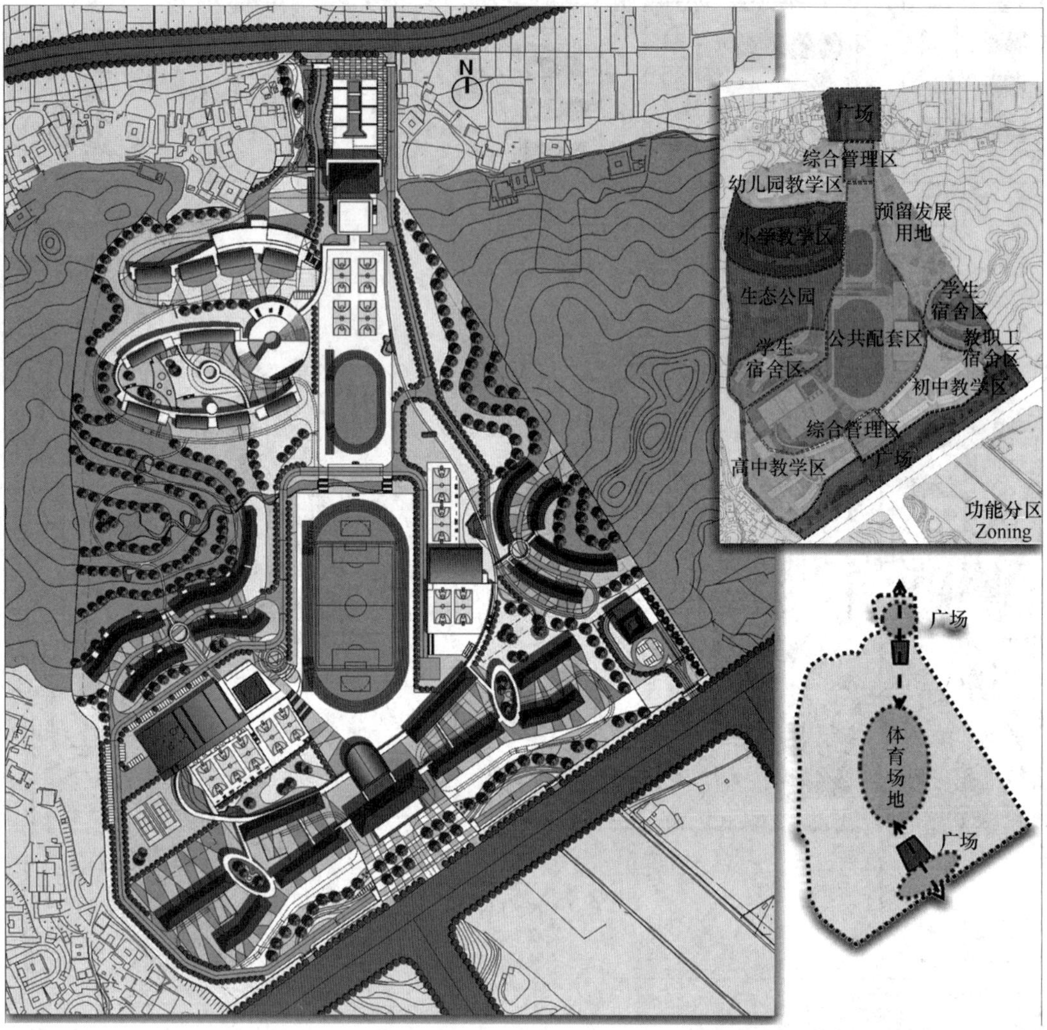
N
广场
综合管理区
幼儿园教学区
预留发展用地
小学教学区
生态公园
学生宿舍区
教职工宿舍区
公共配套区
学生宿舍区
初中教学区
综合管理区
广场
高中教学区
功能分区
Zoning
广场
体育场地
广场

图 16.2.8-3 总平面设计实例——某外国语学校总平面图

某外国语学校建成于 2015 年，总用地面积 266632m^2，总建筑面积 101755m^2。作为完整教育体系“一校四部”的综合性学校，囊括了 22 班幼儿园、36 班小学部、30 班初中部、30 班高中部、南北综合楼以及学生宿舍、教师公寓等配套设施。校园坐落于钟灵敏秀的青山幽谷，东西两侧为郁郁葱葱的丘陵，南北主入口广场与城市道路衔接。

明确的中轴线贯穿整个校园，北端为北综合楼及校前广场，构成幼儿园、小学部的主入口，南端为南综合楼及校前广场，构成初中部、高中部的主入口。体育场地顺沿轴线布置，建筑、绿地环绕轴线布置，交通采用人、车分口分流体系。

设计将自然山水渗入校园环境，将客家元素融入建筑风格，旨在创建集室内外互动学习空间、客家文化聚落空间、绿色生态休闲空间于一体的“绿谷校园”。

16.3 建筑设计要点

16.3.1 建筑组成

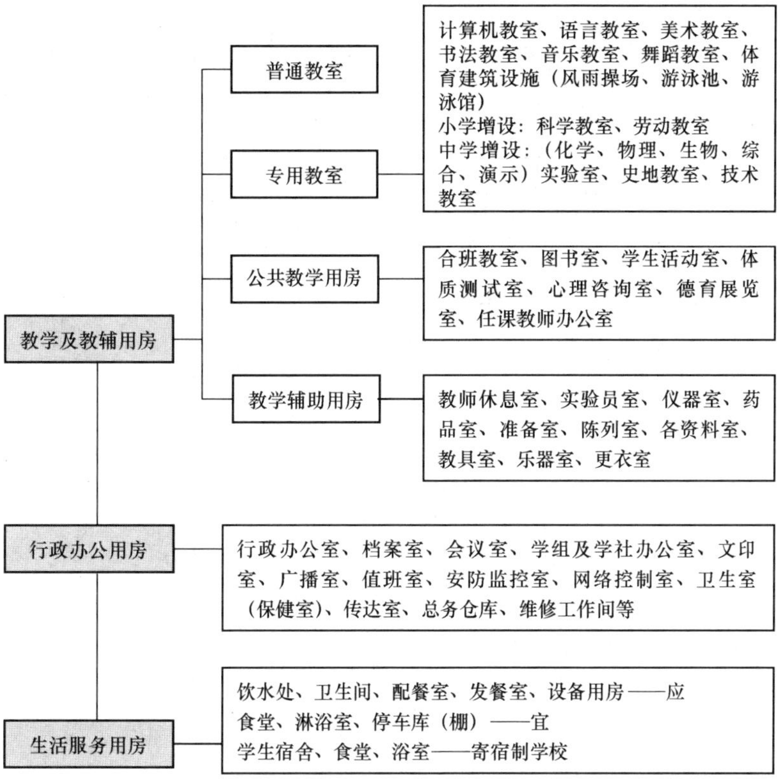
普通教室
专用教室
计算机教室、语言教室、美术教室、书法教室、音乐教室、舞蹈教室、体育建筑设施（风雨操场、游泳池、游泳馆）
小学增设：科学教室、劳动教室
中学增设：（化学、物理、生物、综合、演示）实验室、史地教室、技术教室
公共教学用房
合班教室、图书室、学生活动室、体质测试室、心理咨询室、德育展览室、任课教师办公室
教学及教辅用房
教学辅助用房
教师休息室、实验员室、仪器室、药品室、准备室、陈列室、各资料室、教具室、乐器室、更衣室
行政办公用房
行政办公室、档案室、会议室、学组及学社办公室、文印室、广播室、值班室、安防监控室、网络控制室、卫生室（保健室）、传达室、总务仓库、维修工作间等
饮水处、卫生间、配餐室、发餐室、设备用房——应
食堂、淋浴室、停车库（棚）——宜
生活服务用房
学生宿舍、食堂、浴室——寄宿制学校

16.3.2 设计内容

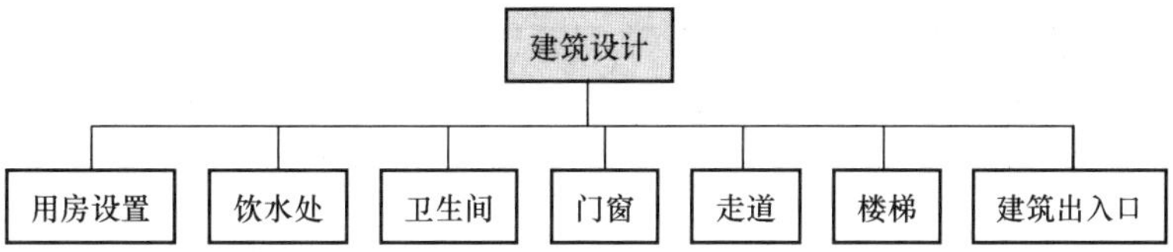
建筑设计
用房设置
饮水处
卫生间
门窗
走道
楼梯
建筑出入口

16.3.3 教学及教辅用房设置

1）功能分区：各用房应按功能分区明确，动静分区、洁污分区合理，既联系方便，又互不干扰。

2）交通组织：教学用房宜采用外廊或单内廊走道，尽量避免中内廊或内走道；教学建筑宜采用半围合或敞开庭院式围合，不宜采用封闭内院式围合。

3）日照朝向：教学用房以朝南向和东南向为主，以获得冬季良好的日照环境。

4）采光朝向：教学用房宜避免东西向暴晒眩光，以获得室内良好的采光环境。普通教室、大部分专用教室及合班教室、图书室，宜双向采光。当单向采光时，光线应自学生座位左侧射入；当南向为外廊时，应以北向窗为主采光面。

5）噪声控制：音乐教室、舞蹈教室应设在不干扰其他教学用房的位置。

风雨操场应设在远离教学用房、靠近体育场地的位置。

6）面积指标：

主要教学用房的使用面积指标（m^2/座）

房间名称	小学	中学
普通教室	1.36	1.39
科学教室	1.78	—
实验室	—	1.92
综合实验室	—	2.88
演示实验室	—	1.44
史地教室	—	1.92
计算机教室	2.00	1.92
语言教室	2.00	1.92
美术教室	2.00	1.92
书法教室	2.00	1.92
音乐教室	1.70	1.64
舞蹈教室	2.14	3.15
合班教室	0.89	0.90
学生阅览室	1.80	1.90
教师阅览室	2.30	2.30
视听阅览室	1.80	2.00
报刊阅览室	1.80	2.30

主要教学辅助用房的使用面积指标（m^2/间）

房间名称	小学	中学
普通教室教师休息室	(3.50)	(3.50)
实验员室	12.00	12.00
仪器室	18.00	24.00
药品室	18.00	24.00
准备室	18.00	24.00
标本陈列室	42.00	42.00
历史资料室	12.00	12.00
地理资料室	12.00	12.00
计算机教室资料室	24.00	24.00
语言教室资料室	24.00	24.00
美术教室教具室	24.00	24.00
乐器室	24.00	24.00
舞蹈教室更衣室	12.00	12.00

注：(1) 体育建筑设施的使用面积应按选定的运动项目确定。

(2) 劳动教室和技术教室的使用面积应按课程内容的工艺要求等因素确定。

(3) 心理咨询室宜分设为相连通的2间，其中1间平面尺寸宜≥4.00m×3.40m，以便容纳沙盘测试。心理咨询室可附设能容纳1个班的心理活动室。

(4) 任课教师办公室应按每位教师使用面积≥5.0m^2 计算。

7) 最小净高：

主要教学用房的最小净高（m）

教室	小学	初中	高中
普通教室、史地、美术、音乐教室	3.00	3.05	3.10
舞蹈教室	4.50		
科学教室、实验室、计算机教室、劳动教室、技术教室、合班教室	3.10		
阶梯教室	最后一排（楼地面最高处）距顶棚或上方突出物最小距离为2.20m		

风雨操场的最小净高取决于所设运动项目的场地最小净高（m）

运动项目	田径	篮球	排球	羽毛球	乒乓球	体操
最小净高	9	7	7	9	4	6

8) 采光标准：

教学用房工作面或地面上的采光系数标准和窗地面积比

房间名称	规定采光系数的平面	采光系数最低值（%）	窗地面积比
普通教室、史地教室、美术教室、书法教室、语言教室、音乐教室、合班教室、阅览室	课桌面	2.0	1∶5

续表

房间名称	规定采光系数的平面	采光系数最低值（%）	窗地面积比
科学教室、实验室	实验桌面	2.0	1∶5.0
计算机教室	机台面	2.0	1∶5.0
舞蹈教室、风雨操场	地面	2.0	1∶5.0
办公室、保健室	地面	2.0	1∶5.0
饮水处、厕所、淋浴	地面	0.5	1∶10.0
走道、楼梯间	地面	1.0	—

9）隔声标准：

主要教学用房的隔声标准

房间名称	空气声隔声标准（dB）	顶部楼板撞击声隔声单值评价量（dB）
语言教室、阅览室	≥50	≤65
普通教室、实验室等与不产生噪声的房间之间	≥45	≤75
普通教室、实验室等与产生噪声的房间之间	≥50	≤65
音乐教室等产生噪声的房间之间	≥45	≤65

注：（1）大多数的砌体墙加双面粉刷均能满足空气声隔声要求。

（2）地毯、木地板、隔声砂浆、隔声垫、浮筑楼板等均能满足撞击声隔声要求。

10）防护要求：

室内临空——临空处的窗台净高应≥0.90m，

室内回廊、共享中庭、内天井等临空处的护栏净高应≥1.10m。

室外临空——上人屋面、外廊、楼梯、平台、阳台等临空处的护栏净高应≥1.10m，

护栏最薄弱处所能承受的水平推力应≥1.5kN/m，

室内外护栏构造均应防攀登或攀滑，杆件净距应≤0.11m，

室内外护栏净高均应从“可踏面”算起。

16.3.4 饮水处、卫生间

1）饮水处：应每层设置，饮水处前应设等候空间，且不得挤占走道的疏散宽度，

每处水嘴数量（个）＝每层学生数/40～45 人（≈每班 1 个）。

2）卫生间：应每层设置，分男、女及学生、教师设，卫生间设前室且不得共用，

每层学生卫生间洁具数量——

男卫大便器（个）＝每层男生数/40 人（或×1.20m 长大便槽）

男卫小便斗（个）＝每层男生数/20 人（或×0.60m 长小便槽）

女卫大便器（个）＝每层女生数/13 人（或×1.20m 长大便槽）

前室洗手盆（个）＝每层学生数/40～45 人（或×0.60m 长盥洗槽）

16.3.5 门窗

1）门：疏散走道上的门不得使用弹簧门、旋转门、推拉门、大玻璃门。

各教学用房的门均应向疏散方向开启，开启后不得挤占走道的疏散宽度。

每间教学用房门的疏散宽度应计算且应≥2 个门、每门净宽应≥0.90m。

位于袋形走道两侧或尽端的教室，当室内任一点至教室门的疏散距离≤15.00m 时，可设 1 个门且净宽应≥1.50m。

2）窗：教学用房沿走廊隔墙上的内窗，在距地高度<2m 范围内，向走廊开启后不得挤占走道的疏散宽度，向室内开启后不得影响教室的使用空间。

教学用房沿外墙临空处的外窗，在二层及以上各层，不得向室外开启。

教学及教辅用房的外窗应满足采光、通风、保温、隔热、散热、遮阳等相关要求，且不得采用彩色玻璃。

16.3.6　走道、楼梯

1）走道：走道的疏散宽度应计算且应≥2 股人流，并应按 0.60m 的整倍加宽。

教学用房：外廊及单内廊走道净宽应≥1.80m（≥3 股人流），

中内廊及内走道净宽应≥2.40m（≥4 股人流）。

走道的疏散宽度内不得有壁柱、消火栓、开启扇等凸出物。

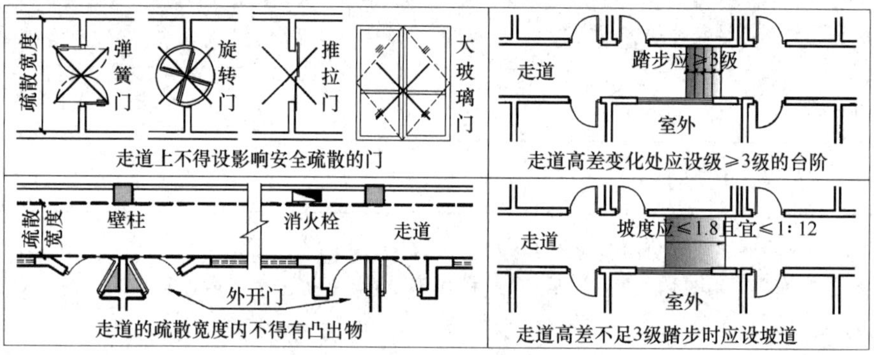
疏散宽度
弹簧门
旋转门
推拉门
大玻璃门
走道上不得设影响安全疏散的门
走道
踏步应≥3级
室外
走道高差变化处应设级≥3级的台阶
疏散宽度
壁柱
消火栓
走道
外开门
走道的疏散宽度内不得有凸出物
走道
坡度应≤1:8且宜≤1:12
室外
走道高差不足3级踏步时应设坡道

图 16.3.6　走道设置要求示意图

2）楼梯：楼梯的疏散宽度应计算且梯段宽应≥1.20m，并应按 0.60m 的整倍加宽。

楼梯踏步：小学踏宽应≥0.26m、踏高应≤0.15m；

中学踏宽应≥0.28m、踏高应≤0.16m。

每个梯段：踏步级数应≥3 级且应≤18 级，坡度应≤30°。

两梯段间：梯井净宽应≤0.11m，当>0.11m 时应采取防止攀滑的措施。

楼梯扶手：梯宽 1.20m 时一侧设、1.80m 时两侧设、2.40m 时中间加设。

扶手净高：室内楼梯应≥0.9m、室外楼梯应≥1.10m；

室内、外楼梯水平段>0.50m 宽的扶手净高均应≥1.10m。

楼梯栏杆：杆件或花饰的镂空净距应≤0.11m，应采用防攀登或攀滑的构造。

其他要求：教学用房的楼梯间应有天然采光和自然通风。

疏散楼梯不得采用螺旋楼梯和扇形踏步。

疏散楼梯在中间层的上下梯段平台处宜设宽度≥梯段宽度的缓冲空间。

16.3.7　建筑出入口

1）建筑出入口应与校园道路衔接，应满足安全疏散和消防救援的需要。

2）每栋建筑分位置、分主次应设≥2 个出入口；

单栋建筑面积≤200m^2、人数≤50 人的单层建筑可设 1 个出入口。

3）教学建筑出入口每门净宽应≥1.40m，门内与门外各1.50m范围内无台阶。

4）出入口应设置无障碍设施，并应采取防上部坠物、防地面跌滑的措施。

5）无障碍出入口的门厅、过厅如设置两道门，同时开启后两道门扇的间距应≥1.50m。

16.3.8 无障碍设施

1）中小学校建筑无障碍设施的设置应符合《无障碍设计规范》（GB 50763—2012）的有关规定。

2）教学建筑应设无障碍出入口、门厅、楼梯、走道、房门、卫生间，宜设无障碍电梯。

16.3.9 安全疏散

1）教学建筑疏散部位的宽度

每层的房间疏散门、疏散走道、疏散楼梯和安全出口的最小净宽度（m/百人）

表 16.3.9-1

建筑总层数	耐火等级		
	一、二级	三级	四级
地上四～五层	≥1.05	≥1.30	—
地上三层	≥0.80	≥1.05	—
地上一～二层	≥0.70	≥0.80	≥1.05
地下一～二层	≥0.80	—	—

注：(1) 当每层疏散人数不等时，疏散楼梯的总净宽度可分层计算：地上建筑内下层楼梯的总净宽度应按该层及以上疏散人数最多一层的人数计算；地下建筑内上层楼梯的总净宽度应按该层及以下疏散人数最多一层的人数计算。

(2) 首层出入口外门的总净宽应按该建筑内疏散人数最多一层的人数计算确定。

2）教学建筑疏散走道的长度

直通疏散走道的房间疏散门至最近安全出口的直线距离（m） **表 16.3.9-2**

单、多层建筑	位于两个安全出口之间的疏散门		
	一、二级	三级	四级
至最近敞开楼梯间	≤30	≤25	≤20
至最近封闭楼梯间	≤35	≤30	≤25
单、多层建筑	位于袋形走道两侧或尽端的疏散门		
	一、二级	三级	四级
至最近敞开楼梯间	≤20	≤18	≤8
至最近封闭楼梯间	≤22	≤20	≤10

注：① 敞开楼梯间的防火安全度低于封闭楼梯间，疏散至此的直线距离小于后者。

② 疏散走道采用敞开式外廊时，疏散至楼梯间的直线距离可按本表增加5m。

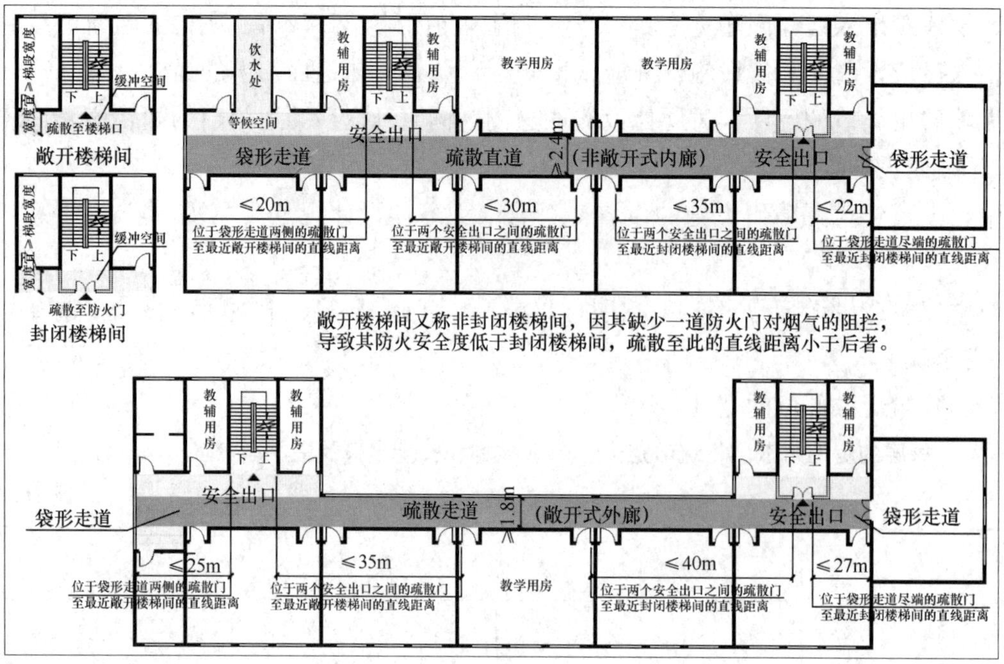

缓冲空间
宽度≥梯段宽度
疏散至楼梯口
敞开楼梯间
缓冲空间
疏散至防火门
封闭楼梯间
饮水处
等候空间
教辅用房
教学用房
安全出口
袋形走道
疏散直道
≥2.4m
(非敞开式内廊)
≤20m
位于袋形走道两侧的疏散门至最近敞开楼梯间的直线距离
≤30m
位于两个安全出口之间的疏散门至最近敞开楼梯间的直线距离
≤35m
位于两个安全出口之间的疏散门至最近封闭楼梯间的直线距离
≤22m
位于袋形走道尽端的疏散门至最近封闭楼梯间的直线距离
敞开楼梯间又称非封闭楼梯间，因其缺少一道防火门对烟气的阻拦，
导致其防火安全度低于封闭楼梯间，疏散至此的直线距离小于后者。
疏散走道
≥1.8m
(敞开式外廊)
≤25m
位于袋形走道两侧的疏散门至最近敞开楼梯间的直线距离
≤35m
位于两个安全出口之间的疏散门至最近敞开楼梯间的直线距离
≤40m
位于两个安全出口之间的疏散门至最近封闭楼梯间的直线距离
≤27m
位于袋形走道尽端的疏散门至最近封闭楼梯间的直线距离

图 16.3.9 教学建筑疏散走道示意图

16.3.10 普通教室基本尺寸与疏散要求

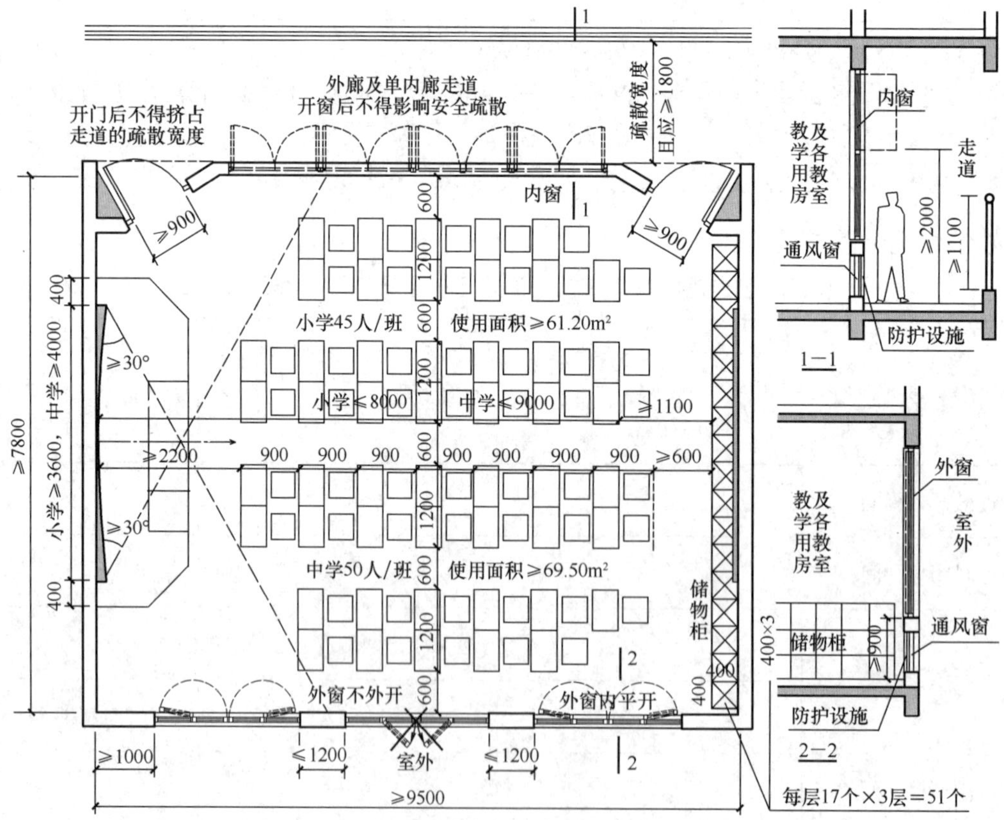

外廊及单内廊走道
开窗后不得影响安全疏散
开门后不得挤占
走道的疏散宽度
疏散宽度
且应≥1800
内窗
≥900
≥900
小学45人/班
使用面积≥61.20m²
≥30°
小学≤8000
中学≤9000
≥1100
≥2200
900 900 900 900 900 900 900
≥600
中学50人/班
使用面积≥69.50m²
≥7800
小学≥3600，中学≥4000
储物柜
外窗不外开
外窗内平开
≥1000
≤1200
室外
≤1200
≥9500
教学及各用教房室
内窗
走道
≥2000
≥1100
通风窗
防护设施
1—1
外窗
室外
400×3
储物柜
≥900
通风窗
防护设施
2—2
每层17个×3层=51个

图 16.3.10-1 普通教室基本尺寸

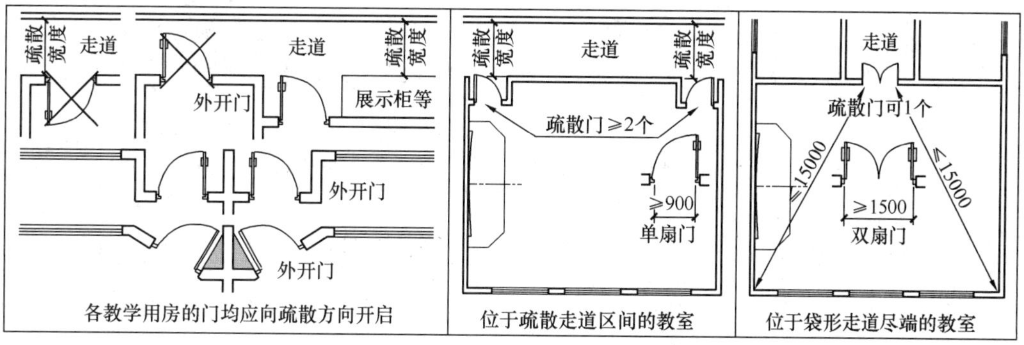
疏散宽度
走道
外开门
展示柜等
各教学用房的门均应向疏散方向开启
疏散门≥2个
≥900
单扇门
位于疏散走道区间的教室
疏散门可1个
≤15000
≥1500
双扇门
位于袋形走道尽端的教室

图 16.3.10-2 教学用房及各教室疏散要求

16.3.11 普通教室基本平面与单元组合

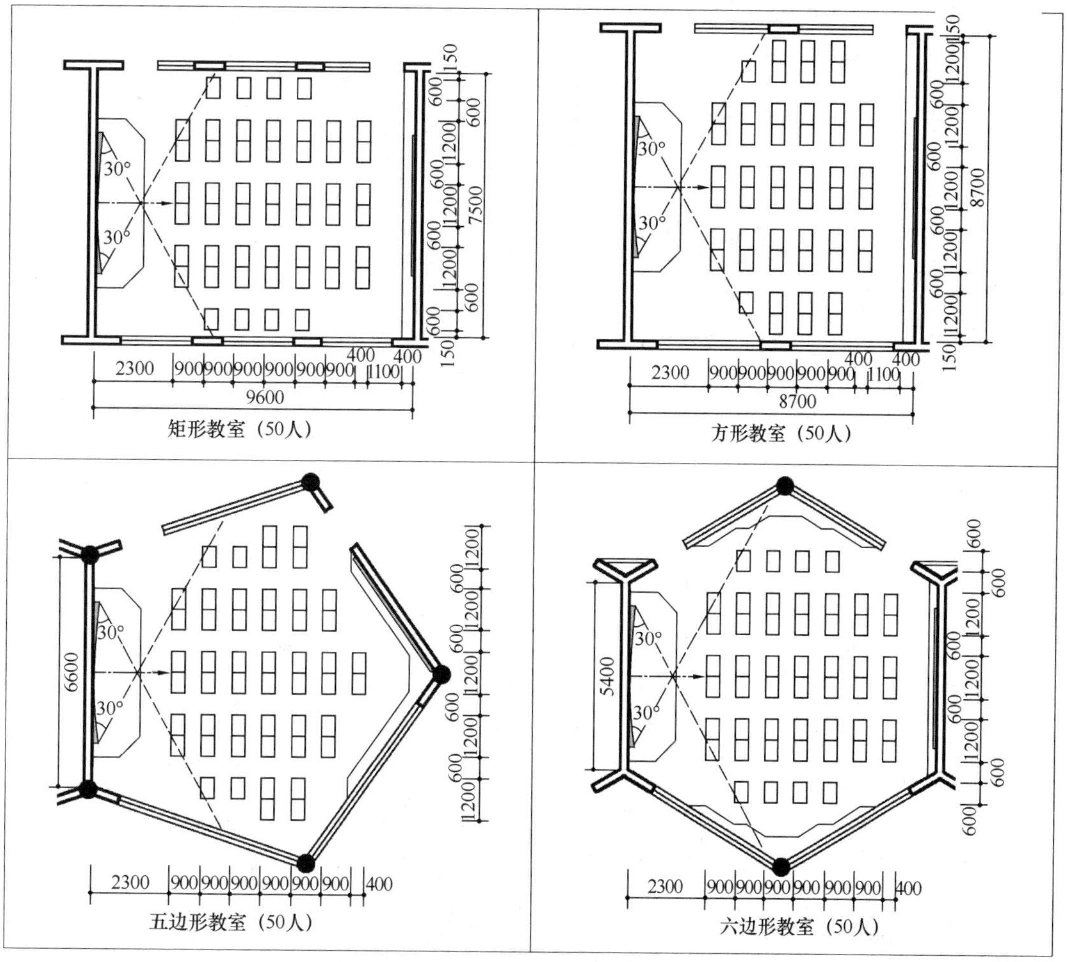
30°
2300
9600
7500
矩形教室（50人）
8700
方形教室（50人）
6600
五边形教室（50人）
5400
六边形教室（50人）

图 16.3.11-1 普通教室基本平面

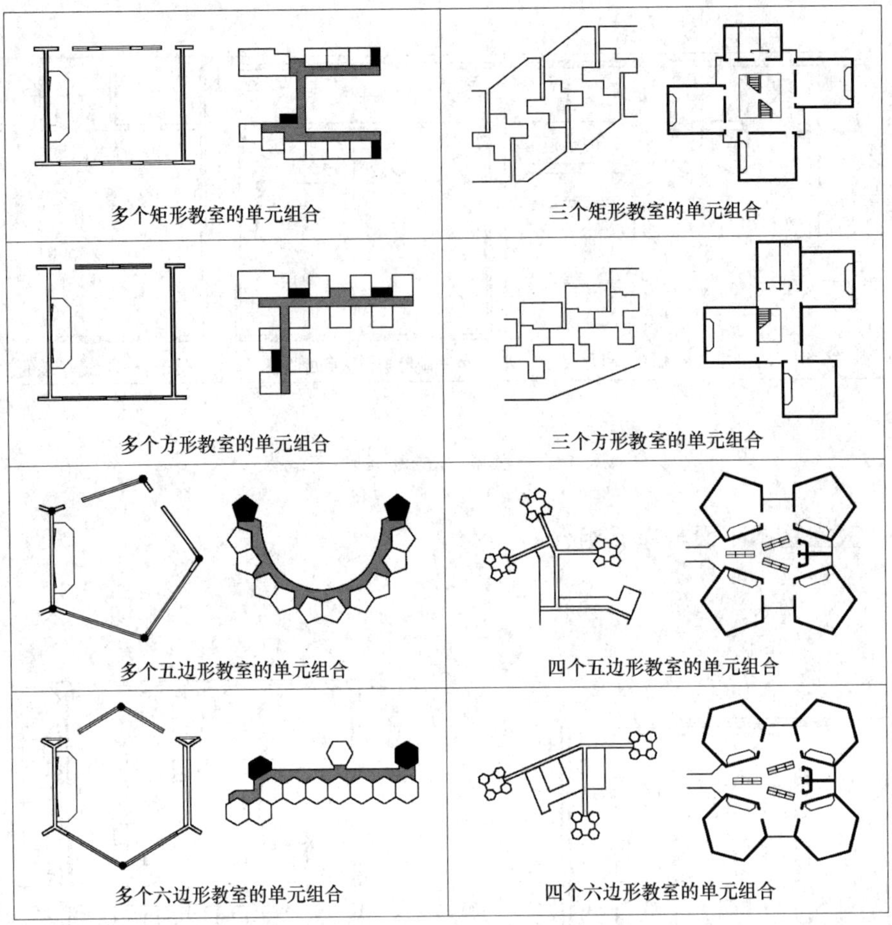
多个矩形教室的单元组合
三个矩形教室的单元组合
多个方形教室的单元组合
三个方形教室的单元组合
多个五边形教室的单元组合
四个五边形教室的单元组合
多个六边形教室的单元组合
四个六边形教室的单元组合

图 16.3.11-2 普通教室单元组合

16.3.12 建筑平面基本模式与设计实例

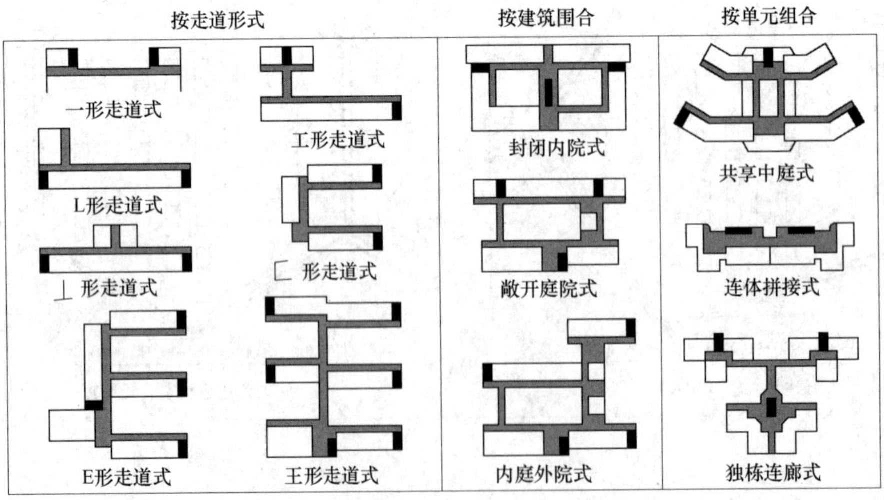
按走道形式
按建筑围合
按单元组合
一形走道式
工形走道式
L形走道式
⊥形走道式
匚形走道式
E形走道式
王形走道式
封闭内院式
敞开庭院式
内庭外院式
共享中庭式
连体拼接式
独栋连廊式

图 16.3.12-1 建筑平面基本模式

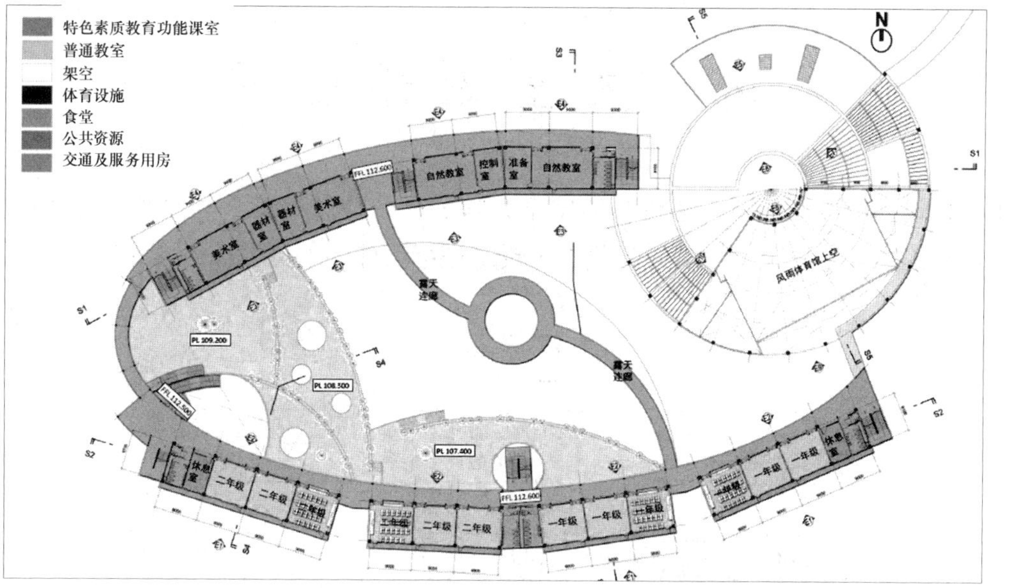
特色素质教育功能课室
普通教室
架空
体育设施
食堂
公共资源
交通及服务用房
美术室
器材室
自然教室
控制室
准备室
露天连廊
风雨体育馆上空
休息室
二年级
一年级
N

1）36班小学部教学楼三层平面图

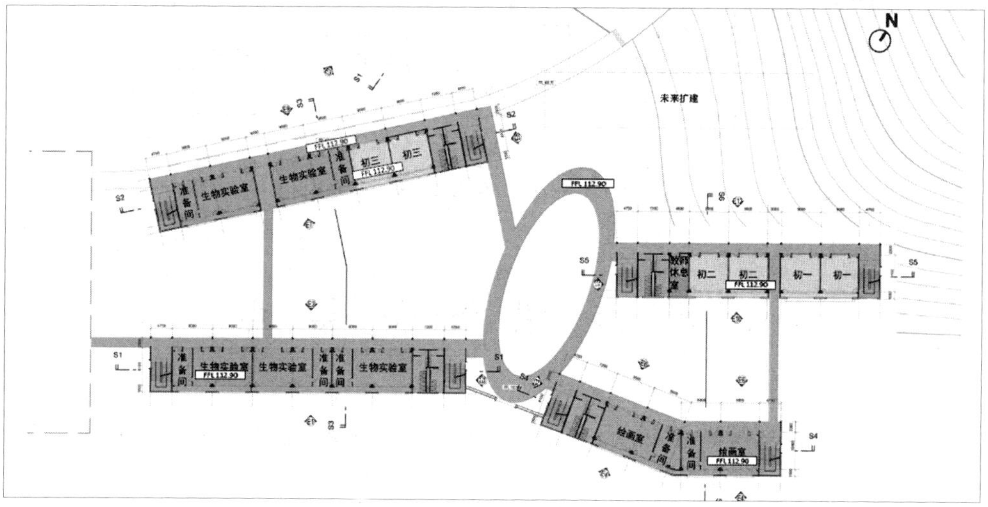
未来扩建
准备间
生物实验室
初三
初二
初一
绘画室
N

2）30班初中部教学楼三层平面图

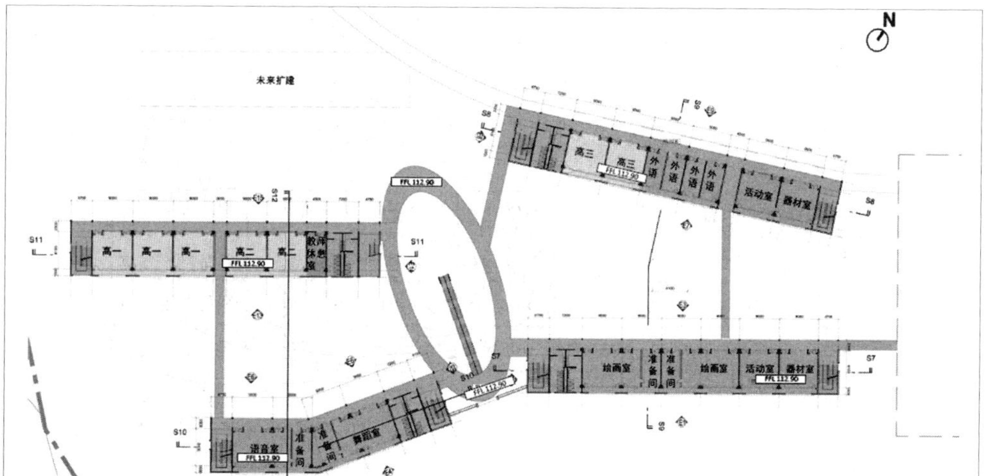
未来扩建
高一
高二
高三
外语
活动室
器材室
绘画室
准备间
语音室
舞蹈室
N

3）30班高中部教学楼三层平面图

图 16.3.12-2 建筑平面设计实例——某外国语学校教学楼

16.4 安全设计要点

中小学校设计应遵循校园及建筑本质安全、师生在校全过程安全的原则，应按校内活动保障、防灾避难能力、紧急疏散通道的有关安全规定进行设计。主要设计内容如下：

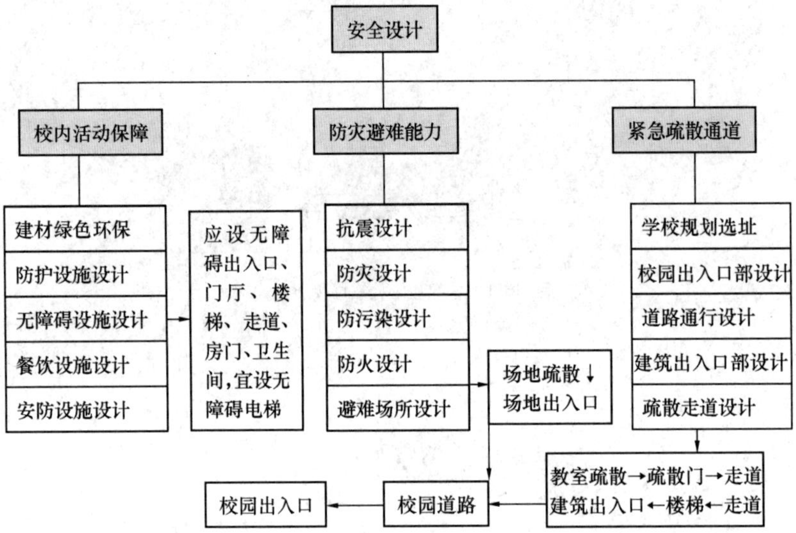
安全设计
校内活动保障
防灾避难能力
紧急疏散通道
建材绿色环保
防护设施设计
无障碍设施设计
餐饮设施设计
安防设施设计
应设无障碍出入口、门厅、楼梯、走道、房门、卫生间，宜设无障碍电梯
抗震设计
防灾设计
防污染设计
防火设计
避难场所设计
场地疏散↓
场地出入口
学校规划选址
校园出入口部设计
道路通行设计
建筑出入口部设计
疏散走道设计
教室疏散→疏散门→走道
建筑出入口←楼梯←走道
校园道路
校园出入口

16.5 绿色设计要点

中小学校设计应符合环境保护、节地、节能、节水、节材的可持续发展原则，宜按绿色校园、绿色建筑的有关指标要求进行设计。主要设计内容如下：

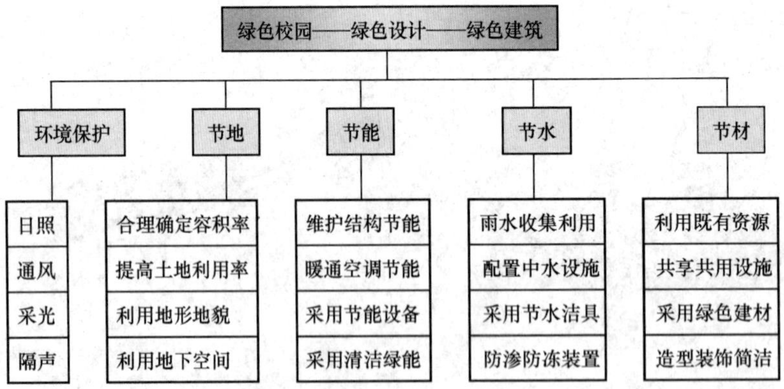
绿色校园——绿色设计——绿色建筑
环境保护
节地
节能
节水
节材
日照
通风
采光
隔声
合理确定容积率
提高土地利用率
利用地形地貌
利用地下空间
维护结构节能
暖通空调节能
采用节能设备
采用清洁绿能
雨水收集利用
配置中水设施
采用节水洁具
防渗防冻装置
利用既有资源
共享共用设施
采用绿色建材
造型装饰简洁

17 托儿所、幼儿园建筑设计

17.1 规 划 设 计

17.1.1 托儿所、幼儿园的规模

表 17.1.1

分类	规模	班数	幼儿总人数
托儿所		不超过 5 个班	90～120 人
幼儿园	小型	1～4 班	120 人以下
	中型	5～9 班	180～270 人
	大型	10～12 班	300～360 人

17.1.2 托儿所、幼儿园的班级设置与人数

表 17.1.2

分 类		年 龄	每班人数
托儿所	乳儿班	10 个月以前	10～15 人
	托儿小班	11～18 个月	15～20 人
	托儿中班	19 个月～2 岁	15～20 人
	托儿大班	2～3 岁	21～25 人
幼儿园	小班	3～4 岁	20～25 人
	中班	4～5 岁	26～30 人
	大班	5～6 岁	31～35 人

17.1.3 居住区托儿所、幼儿园千人建设指标

表 17.1.3

名 称	千人指标
托 儿 所	8～10 人
幼 儿 园	12～15 人

17.1.4 托儿所、幼儿园用地及建筑面积指标

表 17.1.4

名称		用地面积定额	用地面积	建筑面积定额
托儿所		12～15m^2/人		7～9m^2/人
幼儿园	6 班	15m^2/人	2700m^3	9～12m^2/人
	9 班	14m^2/人	3780m^3	
	12 班	13m^2/人	4680m^3	

17.1.5 规划选址要点

1. 基地选择应方便家长接送、避免交通干扰，应建设在日照充足、场地干燥、排水通畅、环境优美、基础设施完善的地段，能为建筑功能分区、出入口、室外游戏场地的布置提供必要条件。

2. 基地不应置于易发生自然地质灾害的地段；应远离各种污染源、噪声源，与变电站应有安全隔离；基地内不应有高压输电线、燃气、输油管道主干道等穿过。

3. 基地不应与大型公共娱乐场所、商场、批发市场等人流密集的场所相毗邻。

4. 应远离各种污染源、噪声源、并应符合国家现行有关卫生、防护标准的要求。

5. 与易发生危险的建筑物、仓库、储罐、可燃物品和材料堆场等之间的距离应符合国家现行有关标准的规定。

6. 三个班及以上的托儿所、幼儿园建筑应独立设置。两个班及以下时，可与居住建筑合建，但应符合下列规定：

1）幼儿生活用房应设在居住建筑的底层；

2）应设独立出入口，并应与其他建筑部分采取隔离措施；

3）出入口处应设置人员安全集散和车辆停靠的空间；

4）应设独立的室外活动场地，场地周围应采取隔离措施；

5）室外活动场地范围内应采取防止物体坠落措施。

7. 托儿所、幼儿园的服务半径宜为300～500m。

8. 应避开四周高层建筑林立的夹缝中及其他建筑的阴影区内。

9. 汽车库不应与托儿所、幼儿园组合建造。当符合下列要求时，汽车库可设置在托儿所、幼儿园的地下部分：

1）汽车库与托儿所、幼儿园建筑之间，应采用耐火极限不低于2.00h的楼板完全分隔；

2）汽车库与托儿所、幼儿园的安全出口和疏散楼梯应分别独立设置。

17.2 总平面设计

17.2.1 用地组成

表 17.2.1

用地组成	用地说明	要求
建筑用地	生活用房、服务用房、供应用房	覆盖率不宜超过30％
室外活动场地	班级活动场地、全园共用活动场地	托儿所：游戏场、室外哺乳场、日光浴场等 幼儿园：游戏场、器械活动、沙坑、小动物房舍等
绿化用地	集中绿化用地、零星绿地、水景、种植园地等	绿地率≥30％
杂物用地	晒衣场、杂物院、燃料堆场、垃圾箱等	
道路用地	（消防）车道、步行道、广场、停车场、自行车棚等	
预留发展用地	有条件可预留	

17.2.2　总平面设计内容

包括功能分区、出入口设置、建筑物、室外活动场地、绿化与道路、杂物院、竖向设计、管网综合等方面。

17.2.3　功能分区

各用地及建筑间应分区明确合理、方便管理、朝向适宜、日照充足，流线互不干扰，尽量扩大绿化用地范围，合理安排园内道路，正确选择出入口位置，创造符合幼儿生理、心理特点的环境空间。

17.2.4　出入口设置

1. 不应直接设置在城市干道一侧。其出入口应设置供车辆和人员停留的场地，且不应影响城市道路交通。

2. 主要出入口应设于面向主要接送婴幼儿人流的次要道路上，或主要道路上的后退开阔处。

3. 次要出入口（供应用房使用）应与主要出入口分开设置，保证交通运输方便。

4. 托儿所和幼儿园合建时，托儿生活部分应单独分区，并应设单独的出入口。

5. 基地周围应设围护设施，围护设施应安全、美观，并应防止幼儿穿过和攀爬。在出入口处应设大门和警卫室，警卫室对外应有良好的视野。

17.2.5　建筑物

1. 应设在用地最好的地段与方位上，以保证良好的采光和自然通风条件，幼儿生活用房应满足日照时数标准要求。

2. 建筑层数：有独立基地的托儿所、幼儿园生活用房布置在2～3层为宜，且不应布置在4层及以上；托儿所部分应布置在一层。

3. 确需设置在其他民用建筑内时，应符合下列规定：

1）设置在一、二级耐火等级的建筑内时，应布置在首层、二层或三层；

2）设置在高层建筑内时，应设置独立的安全出口和疏散楼梯；

3）设置在单、多层建筑内时，宜设置独立的安全出口和疏散楼梯。

4. 地下室：严禁将幼儿生活用房设在地下室或半地下室。

5. 建筑间距：以满足日照和防噪要求为主。

日照要求：主要生活用房（活动室、寝室、乳儿室、多功能活动室等）应满足冬至日底层满窗日照≥3h的要求。

防噪要求：需离开一定距离，也可采取种植树木或其他措施减少影响。

6. 建筑朝向：以满足日照和通风要求为主。

朝向要求：生活用房应布置在当地最好朝向。夏热冬冷、夏热冬暖地区的幼儿生活用房不宜朝西向；当不可避免时，应采取遮阳措施。

通风要求：主要生活用房应面向夏季主导风向。

7. 托儿所、幼儿园的建筑造型和室内设计应符合幼儿的心理和生理特点。

17.2.6　室外活动场地

托儿所、幼儿园应设室外活动场地，分为班级活动场地和共用活动场地。场地地面应平整、防滑、无障碍、无尖锐突出物，并宜采用软质地坪。

1. 班级活动场地：每班应设专用室外活动场地，宜布置在活动室的南侧或东侧；各班活动场地之间宜采取分隔措施，在边缘处设置小型活动器械和沙坑。

2. 共用活动场地：应设置游戏器具、沙坑、30m跑道、洗手池等，宜设戏水池，储水深度不应超过0.30m；游戏器具下面及周围应设软质铺装。其项目组成和设计要求如下：

共用活动场地设计要求 表17.2.6-1

项目组成	设计要求
集体活动场地	1）应至少包含一个30m直线跑道和一个能围合成圆形（d=13m）进行集体游戏的场地；当≥6个班时，至少应设2个圆形场地； 2）应选择日照、通风良好，且不被道路穿行的独立地段上； 3）地势应开阔平坦、排水通畅，地面渗水性良好
器械活动场地	1）固定游戏器械宜设置在共用游戏场地的边缘地带，自成一区； 2）场地应为绿地，周围应种植高大乔木，以达到遮阴目的
沙坑	1）选择在向阳背风的地方； 2）面积不宜超过30m²，其边缘应高出地面，砂坑深为0.30～0.50m； 3）在沙坑底部以大粒砾石或焦炭衬底，并设排水沟
戏水池	面积不宜超过50m²，水深不超过0.30m，可修建成各种形状
游泳池	1）形状和边角要求圆滑，在池边应设扒栏； 2）水深应控制在0.50～0.80m，池底应平整，并设上岸踏步
种植园	1）宜选择低矮的花卉为主，并能四季花期不断； 2）避免种植有毒、有刺的植物
小动物房舍	宜接近供应用房区，便于职工参与对小动物的照料

3. 除必须设置各班专用的室外活动场地外，还应设有全园共用的室外活动场地，其用地面积指标应满足下表的要求。

室外活动场地指标（m²） 表17.2.6-2

名称	班级专用活动场地	全园共用活动场地
托儿所（不包括乳儿班）	≥60	≥2m²/人
幼儿园	60～80	

4. 室外活动场地应有1/2以上的面积在标准建筑日照阴影线之外。

17.2.7 绿化与道路

1. 宜设置集中绿化用地，并不应种植有毒、带刺、有飞絮、病虫害多、有刺激性的植物。

2. 除应最大限度保留原有树木外，宜点缀很快产生效果的乔木，并多栽植果木，有条件的还可设置花房。

3. 从主要出入口到进入建筑的路线，应避免穿越室外活动场地。

4. 园内道路应与各组成部分紧密关联，但应尽量少占用地。

17.2.8 杂物院

宜在供应区内设置杂物院，并应与其他部分相隔离。杂物院应有单独的对外出入口。

17.3 建筑平面设计

托儿所、幼儿园建筑物均应由幼儿生活用房、服务管理用房、供应用房组成。

17.3.1 托儿所的平面功能关系

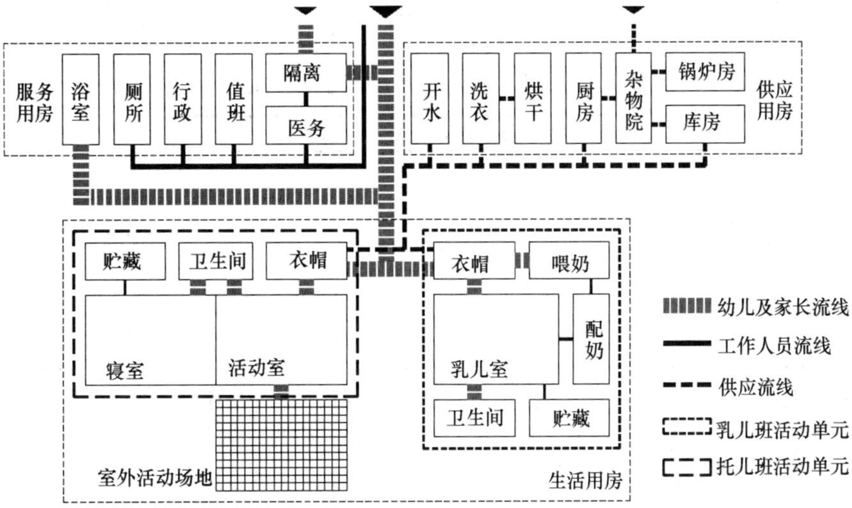

服务用房
浴室
厕所
行政
值班
隔离
医务
开水
洗衣
烘干
厨房
杂物院
锅炉房
库房
供应用房
贮藏
卫生间
衣帽
寝室
活动室
室外活动场地
衣帽
喂奶
配奶
乳儿室
卫生间
贮藏
生活用房
幼儿及家长流线
工作人员流线
供应流线
乳儿班活动单元
托儿班活动单元

图 17.3.1 托儿所平面功能关系图

17.3.2 幼儿园的平面功能关系

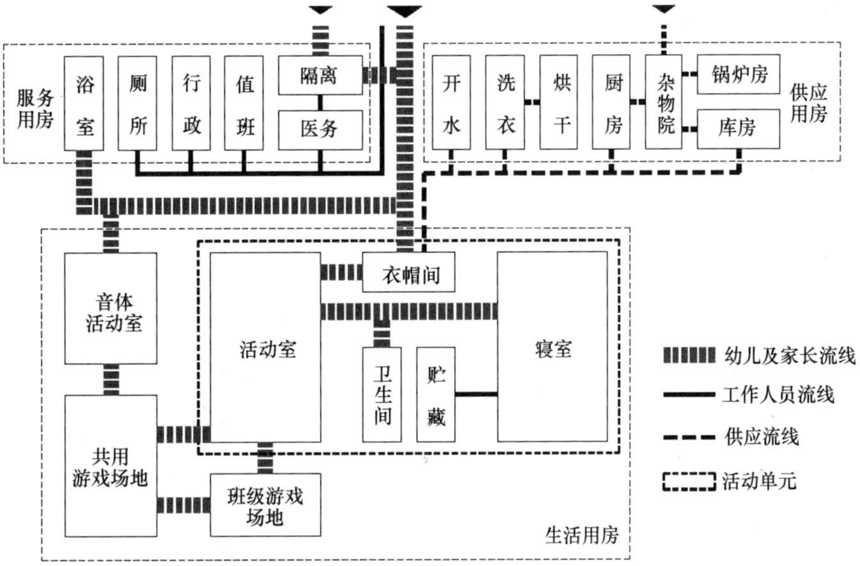

服务用房
浴室
厕所
行政
值班
隔离
医务
开水
洗衣
烘干
厨房
杂物院
锅炉房
库房
供应用房
音体活动室
活动室
衣帽间
卫生间
贮藏
寝室
共用游戏场地
班级游戏场地
生活用房
幼儿及家长流线
工作人员流线
供应流线
活动单元

图 17.3.2 幼儿园平面功能关系图

17.3.3 生活用房

1. 托儿所生活用房：包括托儿班和幼儿班，应为每班独立使用的生活单元。

乳儿班每班房间最小使用面积（m^2） **表 17.3.3-1**

房间名称	房间最小使用面积	备注
乳 儿 室	50	托儿班的生活用房与幼儿园相同
喂 奶 室	15	
配 乳 室	8	
卫 生 间	10	
储 藏 室	6	

2. 幼儿园生活用房：应由幼儿生活单元和公共活动用房组成。幼儿生活单元应设置活动室、寝室、卫生间、衣帽储藏间等基本空间。

幼儿园生活用房的最小使用面积（m^2） **表 17.3.3-2**

房间名称		房间最小使用面积（m^2）	备注
活动室		70	
寝 室		60	
卫生间	厕所	12	
	盥洗室	8	
衣帽储藏间		9	
多功能活动室		90～150	指全园共用面积

注：（1）全日制幼儿园活动室与寝室合并设置时，其房间最小使用面积不应小于 120m^2。
（2）全日制幼儿园（或寄宿制幼儿园集中设置洗浴设施时）每班的卫生间面积可减少 2m^2。寄宿制托儿所、幼儿园集中设置洗浴室时，面积应按规模的大小确定。
（3）实验性或示范性幼儿园，可适当增设某些专业用房和设备，其使用面积按设计任务书的要求确定。

3. 生活单元：上述生活用房应为每班独立使用的生活单元，宜按幼儿生活单元组合方法进行设计，各班幼儿生活单元应保持使用的相对独立性。

托儿所生活单元平面关系如图 17.3.3-1 所示，幼儿园生活单元平面组合关系参见图 17.3.3-2。

4. 最小净高：

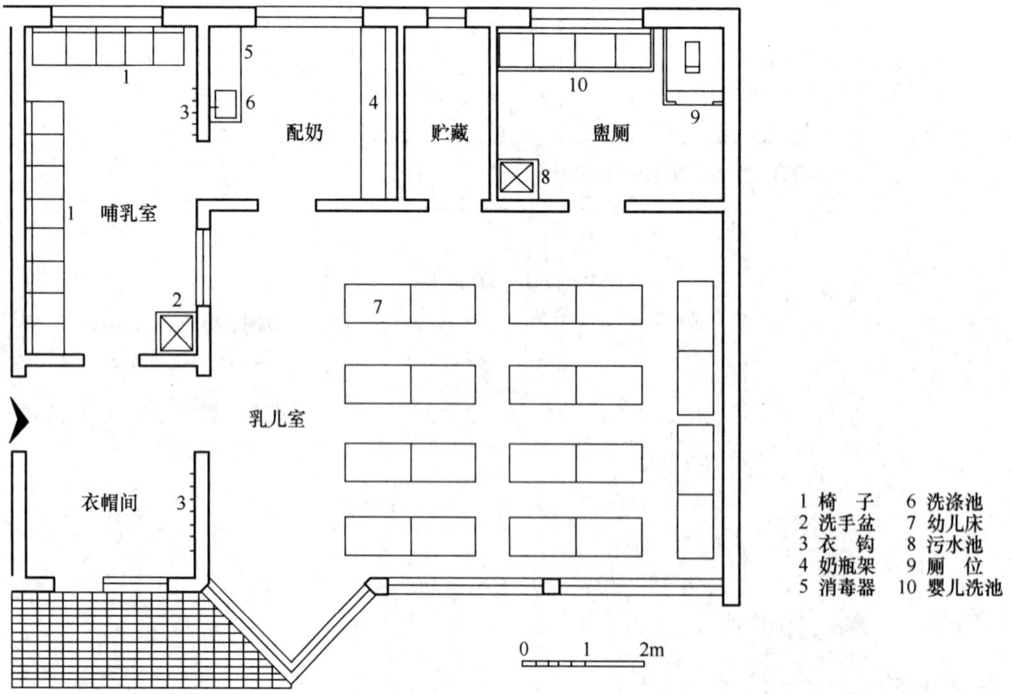

配奶
贮藏
盥厕
哺乳室
乳儿室
衣帽间
1 椅 子
2 洗手盆
3 衣 钩
4 奶瓶架
5 消毒器
6 洗涤池
7 幼儿床
8 污水池
9 厕 位
10 婴儿洗池
0 1 2m

图 17.3.3-1 托儿所生活单元示意

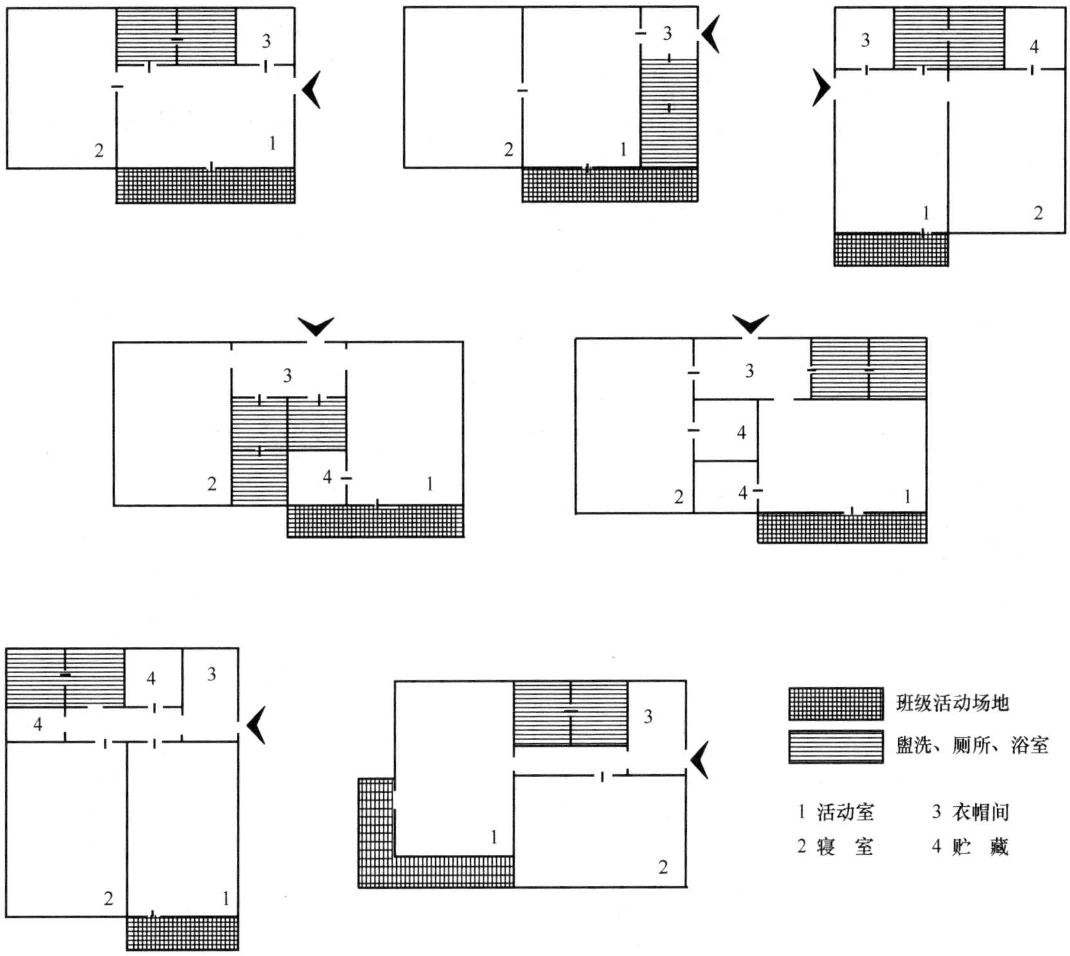
班级活动场地
盥洗、厕所、浴室
1 活动室
3 衣帽间
2 寝 室
4 贮 藏

图 17.3.3-2 幼儿园生活单元平面组合示意

生活用房最小净高（m） **表 17.3.3-3**

房 间 名 称	净高
活动室、寝室、乳儿室	3.00
多功能活动室	3.90

注：特殊形状的顶棚、最低处距地面净高不应低于 2.20m。

5. 日照要求和朝向要求见本章第 17.2.5.5 与 17.2.5.6。

6. 喂奶室、配乳室：

1）应临近乳儿室；喂奶室还应靠近对外出入口；

2）应设洗涤盆；配乳室应有加热设施；当使用有污染性的燃料时，应有独立的通风、排烟系统。

7. 活动室、寝室：

1）活动室应有最佳的朝向、良好的自然采光和通风条件；

2）单侧采光的活动室，其进深不宜超过 6.60m；

3）同一个班的活动室与寝室应设置在同一楼层内；

4）活动室宜设室外活动平台或阳台，但不应影响幼儿生活用房的日照；

5）寝室应与卫生间临近。日托可不单独设寝室，与活动室合用；

6）寝室应保证每一幼儿设置一张床铺的空间，不应布置双层床；床位侧面或端部距外墙距离不应小于0.60m。

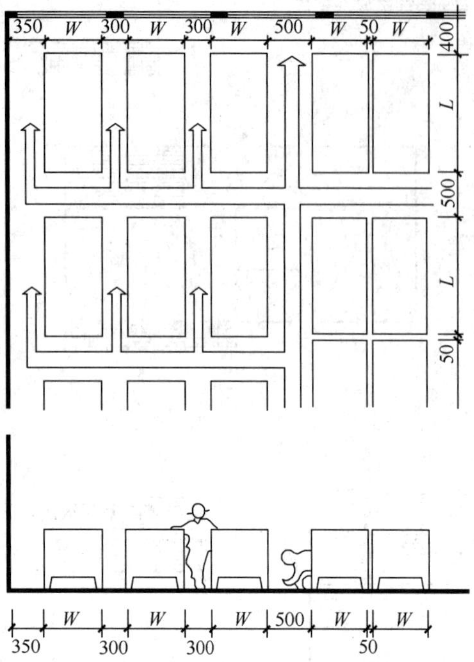
350
W
300
W
300
W
500
W
50
W
400
L
500
L
50

图 17.3.3-3 寝室平面布置示意图

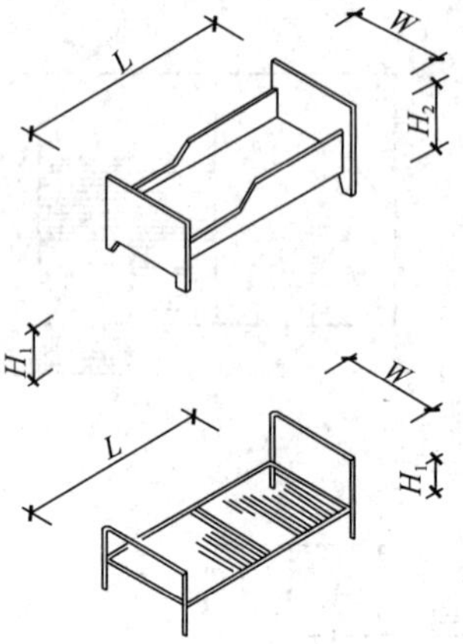
L
W
H_2
H_1
L
W
H_1

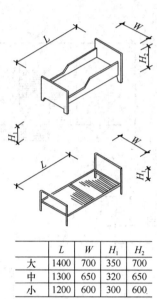

	L	W	H_1	H_2
大	1400	700	350	700
中	1300	650	320	650
小	1200	600	300	600

图 17.3.3-4 幼儿床尺寸

8. 卫生间：

1）厕所和盥洗宜分间或分隔设置，大、中班卫生间平面布置示意，详图 17.3.3-5；

2）应邻近活动室或寝室，且开门不宜直对寝室或活动室；盥洗室与厕所之间应有良好的视线贯通；

3）无外窗的卫生间，应设置防止回流的机械通风设施；

4）夏热冬冷和夏热冬暖地区，幼儿生活单元内宜设淋浴室，寄宿制幼儿生活单元内应设置淋浴室，并应独立设置；热水洗浴设施宜集中设置；

5）厕所、盥洗室、淋浴室地面不应设台阶，地面应防滑，并易于清洗；

6）厕所大便器宜采用蹲式便器，大便器或小便槽均应设隔板，隔板处应加设幼儿扶手；

7）托儿所乳儿班生活用房卫生间至少应设洗涤池 2 个、污水池 1 个及保育人员的厕位 1 个。幼儿园每班卫生间的卫生设备数量不应少于表 17.3.3-4 的规定，且女厕大便器不应少于 4 个，男厕大便器不应少于 2 个。

每班卫生间内卫生设备的最少数量 **表 17.3.3-4**

污水池（个）	大便器（个）	小便槽（沟槽）（个或位）	盥洗台（水龙头、个）	淋浴（位）
1	6	4	6	2

注：供保教人员使用的厕所宜就近集中，或在班内分隔设置。

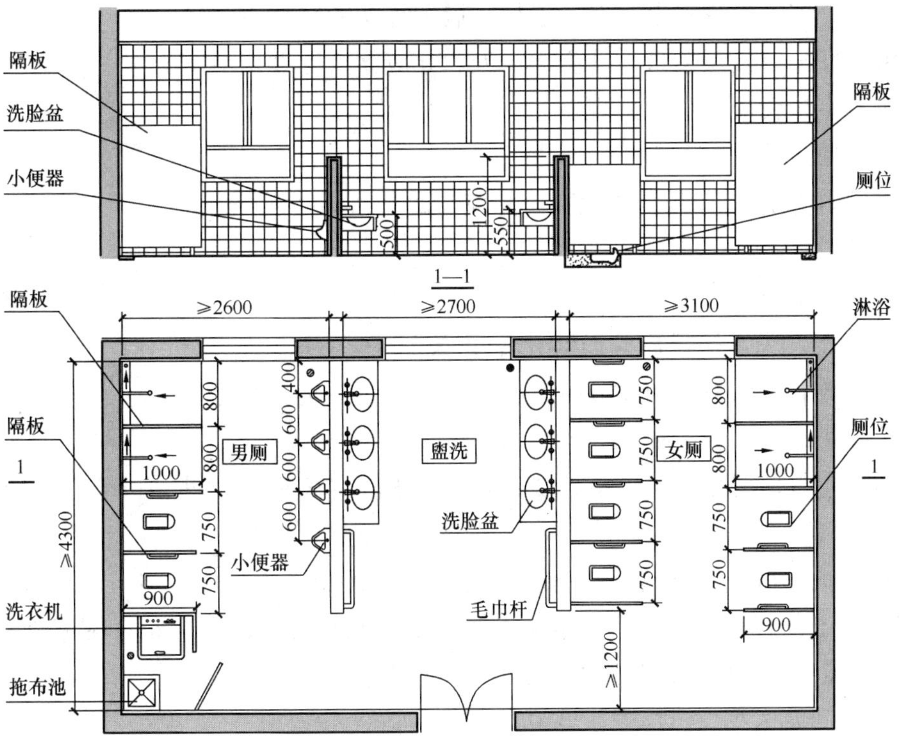
隔板
洗脸盆
小便器
隔板
厕位
1200
550
500
1—1
≥2600
≥2700
≥3100
隔板
淋浴
隔板
厕位
1
1
男厕
盥洗
女厕
400
600
600
600
800
800
750
750
1000
1000
900
900
≥4300
洗衣机
拖布池
洗脸盆
小便器
毛巾杆
≥1200

图 17.3.3-5 大、中班卫生间平面布置示意图

9. 衣帽储藏室：封闭的衣帽储藏室宜设通风设施。

10. 多功能活动室：

1）宜临近幼儿生活用房，不应和服务管理、供应用房混设在一起；

2）单独设置时，宜用连廊与主体建筑连通，连廊应做雨篷；严寒和寒冷地区应做封闭连廊；

3）应设两个双扇外开门，每个门宽度不应小于 1.20m，且应为木制门。

17.3.4 服务管理用房

1. 服务管理用房最小使用面积：

表 17.3.4

房间名称 \ 规模	小型（m^2）	中型（m^2）	大型（m^2）
晨检室（厅）	10	10	15
保健观察室	12	12	15
教师值班室	10	10	10
警 卫 室	10	10	10
储 藏 室	15	18	24
园 长 室	15	15	18
财 务 室	15	15	18
教师办公室	18	18	24
会 议 室	24	24	30
教具制作室	18	18	24

注：（1）晨检室（厅）可设置在门厅内；

（2）教师值班室仅全日制幼儿园设置。

2. 应设门厅，门厅内宜附设收发、晨检、展示等功能空间。

3. 晨检室（厅）应设在建筑物的主入口处，并应靠近保健观察室。

4. 保健观察室设置应符合下列规定：

1）应设有一张幼儿床的空间；

2）应与幼儿生活用房有适当的距离，并应与幼儿活动路线分开；

3）宜设单独出入口；

4）应设给水、排水设施；

5）应设独立的厕所，厕所内应设幼儿专用蹲位和洗手盆。

5. 淋浴室：教职工的卫生间、淋浴室应单独设置，不应与幼儿合用。

17.3.5 供应用房

1. 供应用房应包括厨房、消毒室、洗衣间、开水间、车库等房间。

2. 厨房：

1）厨房应自成一区，并与幼儿活动用房应有一定距离；

2）厨房应按工艺流程合理布局，避免生熟食物的流线交叉；并应符合国家现行有关卫生标准和现行行业标准《饮食建筑设计规范》JGJ 64 的规定；

3）厨房加工间室内净高不应低于 3.0m；

4）应设置专用对外出入口，杂物院同时作为燃料堆放和垃圾存放场地；

5）托儿所、幼儿园为二层及以上时，应设提升食梯。食梯呼叫按钮距地面高度应大于 1.70m；

6）厨房室内墙面、隔断及各种工作台、水池等设施的表面应采用无毒、无污染、光滑和易清洁的材料；墙面阴角宜做弧形；地面应防滑，并应设排水设施；

7）通风排气良好，排烟排水通畅，应考虑防鼠、防潮、避蝇等设施。

3. 其他用房：

1）寄宿制托儿所、幼儿园建筑应设置集中洗衣房；

2）应设玩具、图书、衣被等物品专用消毒间；

3）汽车库应与儿童活动区域分开，应设置单独的车道和出入口。

17.4 安全与疏散

17.4.1 室外部分

1. 幼儿活动场所严禁种植有毒、带刺的植物。

2. 平屋顶可作为安全避难和室外活动场地，但应有防护设施。

17.4.2 建筑通道

1. 走廊的最小净宽度：

2. 幼儿经常通行和安全疏散的走道，不应设有台阶。必要时可设防滑坡道，其坡度不应大于 1∶12。

3. 疏散走道的墙面距地面 2m 以下不应设有壁柱、管道、消火栓箱、灭火器、广告牌等突出物。

表 17.4.2

房间名称 \ 房间布置	中间走廊（m）	单面走廊或外廊（m）
生活用房	2.40	1.80
服务管理、供应用房	1.50	1.30

17.4.3 楼梯及护栏

1. 楼梯、栏杆、扶手和踏步

托儿所、幼儿园的疏散楼梯设计、应符合《建筑设计防火规范》GB 50016—2014 的规定。

1）楼梯间应有直接的天然采光和自然通风，在首层应直通室外；

2）楼梯除设成人扶手外，应在梯段两侧设幼儿扶手，其高度宜为 0.60m；

3）供幼儿使用的楼梯踏步高度宜为 0.13m，宽度宜为 0.26m，踏步面应采用防滑材料；

4）严寒地区不应设置室外楼梯；

5）幼儿使用的楼梯不应采用扇形、螺旋形踏步；

6）楼梯栏杆应采取不易攀爬的构造，当采用垂直杆件做栏杆时，其杆件净距不应大于 0.11m；

7）幼儿使用的楼梯，当楼梯井净宽度大于 0.11m 时，必须采取防止幼儿攀滑措施。

2. 护栏

托儿所、幼儿园的外廊、室内回廊、内天井、阳台、上人屋面、平台、看台及室外楼梯等临空处应设置防护栏杆。

1）栏杆应以坚固、耐久的材料制作，防护栏杆水平承载能力应符合《建筑结构荷载规范》GB 50009 的规定。

2）防护栏杆的高度应从地面计算，且净高不应小于 1.10m，内侧不应设有支撑。

3）防护栏杆必须采用防止幼儿攀登和穿过的构造，当采用垂直杆件做栏杆时，其杆件净距离不应大于 0.11m。

4）当窗台面距楼地面高度低于 0.90m 时，应采取防护措施，防护高度应由楼地面起计算，不应低于 0.90m。

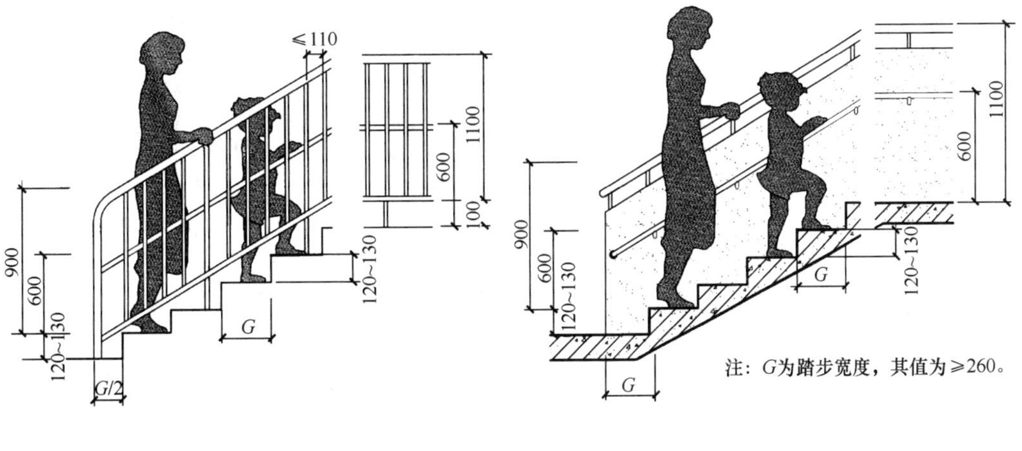
≤110
1100
600
100
900
600
120~130
120~130
G
G/2
900
600
120~130
G
G
1100
600
120~130
注：G为踏步宽度，其值为≥260。

图 17.4.3 楼梯剖面示意

17.4.4 其他建筑构件

1. 位于走道尽端的房间的疏散门数量应经计算确定，且不应少于 2 个。

2. 位于两个安全出口之间或袋形走道两侧的房间的建筑面积不大于50m^2时，可设置1个疏散门。

3. 附设在其他建筑内的托儿所、幼儿园的儿童用房，应采用耐火极限不低于2.00h的防火隔墙和1.00h的楼板与其他场所或部位分隔，墙上必须设置的门、窗应采用乙级防火门、窗。

4. 建筑室外出入口应设雨篷，雨篷挑出长度宜超过首级踏步0.50m以上。

5. 出入口台阶高度超过0.30m并侧面临空时，应设置防护设施，防护设施净高不应低于1.05m。

6. 活动室、寝室、多功能活动室等幼儿使用的房间应设双扇平开门，其宽度不应小于1.20m。

7. 幼儿出入的门应符合下列规定：

1）不应设置旋转门、弹簧门、推拉门，不宜设金属门；

2）活动室、寝室、多功能活动室的门均应向人员疏散方向开启，开启的门扇不应妨碍走道疏散通行；

3）距离地面1.20m以下部分，当使用玻璃材料时，应采用安全玻璃；

4）距离地面0.60m处宜加设幼儿专用拉手；

5）门的双面均应平滑、无棱角；

6）门下不应设置门槛；

7）门上应设观察窗，观察窗应安装安全玻璃。

8）外门宜设纱门。

8. 窗的设计应符合下列规定：

1）活动室、多功能活动室的窗台距地面高度不宜大于0.60m；

2）窗距离楼地面的高度≤1.80m的部分，不应设内悬窗和内平开窗扇；

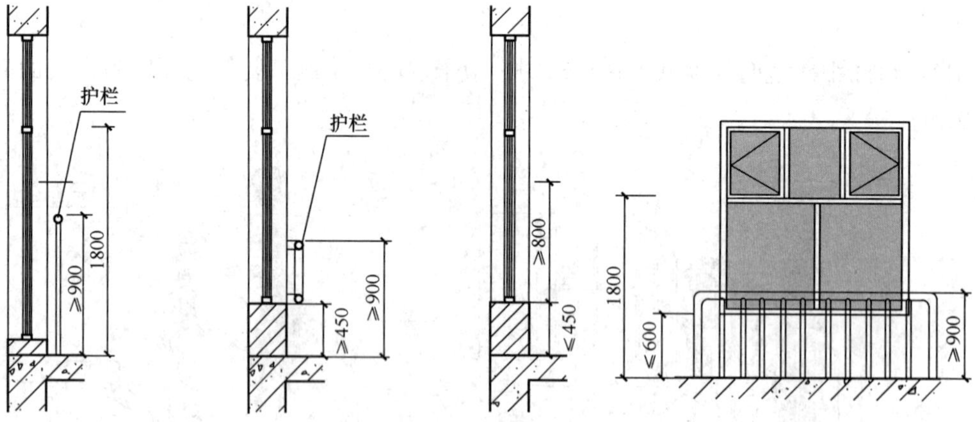
护栏
1800
≥900
护栏
≥450
≥900
≥800
≤450
1800
≤600
≥900

图 17.4.4　窗的设计要求图示

3）寝室的窗宜设下亮子，无外廊时须设栏杆。

4）外窗开启扇均应设纱窗。

17.5 建筑构造设计

17.5.1 门窗

1. 严寒和寒冷地区建筑的外门应设挡风门斗，其双层门中心距离应≥1.60m。

2. 活动室、寝室、音体活动室及隔离室的窗应有遮光设施。

17.5.2 地面

1. 乳儿室、活动室、寝室及多功能活动室等幼儿使用的房间应做暖性、有弹性的地面，以木地板为首选。

2. 儿童使用的通道地面应采用防滑材料。

3. 卫生间应为易清洗、不渗水并防滑的地面。

17.5.3 墙面

1. 幼儿经常接触的距离地面高度1.30m以下的室内外墙面，宜采用光滑易清洁的材料。

2. 墙角、窗台、暖气罩、窗口竖边等阳角处应做成小圆角。加设的采暖设备应做好防护措施。

3. 活动室和多功能活动室等室内墙面应具有展示教材、作品和空间布置的条件。

17.5.4 采光要求

生活用房、服务管理用房和供应用房中的各类房间均应有直接天然采光和自然通风，其采光系数最低值和窗地面积之比，不应小于表17.5.4的规定。

采光系数最低值和窗地面积比　　表17.5.4

房间名称	采光系数最低值	窗地面积比
多功能活动室、活动室、寝室、乳儿室	2.0	1/5
保健观察室	2.0	1/5
办公室、辅助用房	2.0	1/5
楼梯间、走廊	1.0	—

注：单侧采光时，房间进深与窗上口距地面高度的比值不宜大于2.5。

17.5.5 隔声要求

1. 托儿所、幼儿园建筑室内允许噪声级应符合表17.5.5-1的规定。

室内允许噪声级　　表17.5.5-1

房间名称	允许噪声级（A声级，dB）
活动室、寝室、乳儿室	≤45
多功能活动室、办公室、保健观察室	≤50

2. 主要房间的空气声隔声标准应符合表17.5.5-2的规定。

空气声隔声标准 表 17.5.5-2

房间名称	空气声隔声标准（计权隔声量）(dB)	楼板撞击声隔声单值评价量 (dB)
活动室、寝室、乳儿室、保健观察室与相邻房间之间	≥50	≤65
多功能活动室与相邻房间之间	≥45	≤75

17.5.6 空气质量

1. 托儿所、幼儿园的幼儿用房应有良好的自然通风，其通风口面积不应小于房间地板面积的 1/20。夏热冬冷、严寒和寒冷地区的幼儿用房应采取有效的通风设施。

2. 托儿所、幼儿园建筑使用的建筑材料、装修材料和室内设施应符合现行国家标准《民用建筑工程室内环境污染控制规范》GB 50325 的有关规定。

17.6 无障碍设计

凡婴幼儿使用的建筑物主要出入口应为无障碍出入口，宜设置为平坡出入口；至少设置 1 部无障碍楼梯。公共厕所的无障碍设置要求：

1. 女厕所的无障碍设施包括至少 1 个无障碍厕位和 1 个无障碍洗手盆；男厕所的无障碍设施包括至少 1 个无障碍厕位、1 个无障碍小便器和 1 个无障碍洗手盆。

2. 厕所的入口和通道应方便乘轮椅者进入和进行回转，回转直径不小于 1.50m。

3. 门应方便开启，通行净宽度不应小于 0.80m。

4. 地面应防滑、不积水。

5. 无障碍厕位应设置无障碍标志。

18 高等院校设计

18.1 总体规划

18.1.1 规模及组成

18.1.1.1 办学规模（《建筑设计资料集》）

大学、专门学院的办学规模（学生数）　　表 18.1.1.1-1

学校类别	办学规模	学校类别	办学规模	学校类别	办学规模
一般院校	5000	体育院校	3000	艺术院校	2000
	10000		5000		5000
	20000		8000		8000

注：一般院校系指综合、师范、民族、理工、农林、医药、财经、政法、外语等院校。

高职高专院校的办学规模（学生数）　　表 18.1.1.1-2

学校类别	办学规模	学校类别	办学规模
一般高职高专院校	2000	体育、艺术高职高专院校	1000
	5000		2000
	8000		3000

注：一般高职高专院校系指综合、师范、民族、理工、农林、医药、财经、政法、外语等高职高专院校。

18.1.1.2 用地组成（综合自《面积指标》、《建筑设计资料集》）

高校校园推荐土地利用定额（m^2/生 ）　　表 18.1.1.2-1

学校规模	校舍建筑用地	体育用地	集中绿地	总用地
500～3000	48	15	7	70
3000～9000	46	13	6	65
9000～15000	44	11	5	60
＞15000	42	9	4	55

高校校园推荐分区建筑密度、容积率　　表 18.1.1.2-2

分区	用地比例	建筑密度	容积率
教学科研区	28%～30%	20%～25%	80%～120%
教工生活区	28%～30%	20%～25%	80%～120%
学生生活区	15%～18%	20%～25%	80%～120%
后勤生产区	8%～12%	25%～30%	30%～60%
文体活动区	12%～15%		

18.1.2 建筑面积指标

18.1.2.1 大学、专门学院各项校舍的建筑面积指标（引自《面积指标》）

大学、专门学院各项校舍的建筑面积指标按非采暖地区的多层或少量低层建筑计算，采暖地区学校的各项建筑面积指标可在本指标的基础上增加4%～6%。

大学、专门学院各类校舍用房的配备 **表18.1.2.1-1**

必须配备（十二项）	教室、实验室、图书馆、室内体育用房、校行政办公用房、院系及教师办公用房、师生活动用房、会堂、学生宿舍（公寓）、食堂、教工单身宿舍（公寓）、后勤及附属用房
可以配备（六项）	教学陈列馆、国家或省部级重点实验室、留学生及外籍教师生活用房、专职科研机构办公及研究用房、函授部办公用房、学术交流中心
另行审批（三项）	农林院校或综合性大学农林学院的实验实习农场、牧场、林场的附属用房；理工院校的产学研基地；医学院校的临床实习医院；师范院校的附中、附小、附属幼儿园； 教职工机动车、自行车停车库（棚）； 采暖地区供暖的锅炉房
其他规定	防空地下室

注：大学、专门学院各项校舍的建筑面积指标采用不同的基本参数。必须配备的十二项校舍用房建筑面积指标，采用全日制在校学生人数为基本参数；实验室、图书馆两项校舍用房的补助建筑面积指标分别采用全日制在校硕士、博士研究生人数为基本参数。根据需要可以配备的留学生及外籍教师生活用房、专职科研机构办公及研究用房、设计院（所）用房、函授部办公用房建筑面积指标分别采用相关人员数为基本参数。

大学、专门学院十二项校舍建筑面积总指标 **表18.1.2.1-2**

学校类别	办学规模（人）	校舍建筑面积生均总指标（m^2/学生）	学校类别	办学规模（人）	校舍建筑面积生均总指标（m^2/学生）
综合大学（1）	5000	28.14	综合大学（2）	5000	29.49
	10000	26.71		10000	27.86
	20000	25.02		20000	26.05
师范、民族院校	5000	28.42	财经、政法院校	5000	24.08
	10000	26.90		10000	23.17
	20000	25.09		20000	21.86
理工院校	5000	30.24	外语院校	5000	24.72
	10000	28.50		10000	23.81
	20000	26.66		20000	22.50
农林院校	5000	30.13	体育院校	3000	34.07
	10000	28.39		5000	32.00
	20000	26.55		8000	30.36
医药院校	5000	30.01	艺术院校	2000	42.92
	10000	28.57		5000	38.40
	20000	27.26		8000	37.01

注：（1）本表总指标未含研究生补助面积指标。

（2）执行本指标时，如学校的实际规模小于或大于表中所列的规模值时，其指标应分别采用表中最小或最大规模时的指标值；如学校的实际规模介于表列规模值之间时，可用插入法或参阅相关条文的说明取值。

（3）综合大学（1）为理工类学科综合大学，包括工学、理学、农学（含林学）、医学（含综合大学内的医学）；综合大学（2）为文法类综合大学，包括文学、哲学、教育学、历史学、管理学、法学、经济学、外语（非外语类院校的外语学科）。

18.1.2.2 大学、专门学院十二项校舍建筑面积分项指标（详见《面积指标》）

18.1.2.3 高职高专院校各项校舍的建筑面积指标（引自《面积指标》）

高职高专院校十二项校舍建筑面积总指标（m^2/生） **表 18.1.2.2-1**

学校类别	办学规模（人）	校舍面积生均总指标	学校类别	办学规模（人）	校舍面积生均总指标
综合高职学院（1）	2000	30.25	综合高职学院（2）	2000	31.81
	5000	27.24		5000	28.49
	8000	26.17		8000	27.31
师范、民族高职高专院校	2000	30.19	财经政法高职高专院校	2000	24.88
	5000	27.51		5000	23.09
	8000	26.41		8000	22.42
理工高职高专院校	2000	32.92	外语高职高专院校	2000	25.52
	5000	29.84		5000	23.73
	8000	28.81		8000	23.06
农林高职高专院校	2000	32.81	体育高职高专院校	1000	36.37
	5000	29.73		2000	34.14
	8000	28.70		3000	32.90
医药高职高专院校	2000	32.51	艺术高职高专院校	1000	43.03
	5000	29.38		2000	39.37
	8000	28.35		3000	37.35

注：综合高职学院（1）为理工类综合高职学院，学科包括工学、理学、农学（含林学）、医学。综合高职学院（2）为文法类综合高职学院、学科包括文字、哲学、教育学、历史学、法学、经济学、管理学。执行本指标时，如学校的实际规模小于或大于表中所列的规模值时，其各项指标应分别采用表中最小或最大规模时的指标值；如学校的实际规模介于表列规模值之间时，可用插入法取值。

高职高专院校聘有外籍教师或设有专职科研机构、函授部、设计院（所、室）时，其校舍建筑面积指标参照大学、专门学院的有关规定执行。

高职高专院校的教室（艺术高职高专院校除外）、室内体育用房、师生活动用房、学生宿舍（公寓）、食堂、教工单身宿舍（公寓）、后勤及附属用房的建筑面积指标均按大学、专门学院的有关规定执行。

18.1.2.4 高职高专院校十二项校舍建筑面积分项指标（详见《面积指标》）

18.1.3 校园规划

18.1.3.1 校园外部空间层次（综合自《面积指标》、《资料集》、《大学校园群体》）

表 18.1.3.1

类型	功 能	设计原则	其 他
中心广场	学校最主要的公共空间和人群集聚中心	$D/H \geqslant 3$（D 为广场宽度，H 为主要建筑物高度），垂直视角 $\leqslant 18°$，短边最大尺寸不宜超过 70m	往往与大学主体建筑共同组成校园标识
区域性广场	入口广场，各功能分区的集中开敞空间	$1 \leqslant D/H \leqslant 3$	功能性广场，解决人流、车流集散；中小校园中，区域广场与中心广场合二为一
组团院落	提供小集体活动的领域，供组团内师生使用	$1 \leqslant D/H \leqslant 2$	尺度较小，封闭性较强，环境相对安静
建筑内院	提供小集体活动的领域	$D/H=1$，垂直视角 45°	能感知建筑的细部

18.1.3.2 校园分区（综合自《面积指标》、《资料集》、《大学校园群体》）

表 18.1.3.2

教学区	校系行政办公楼、礼堂、讲堂、报告厅、图书馆、视听中心、信息或计算中心、教学实验室、研究室
科研区（宜与主校区分开）	特殊科研设施（如占地多、产生污染、安全防护要求高，以及与教学无直接关联的大型科研设施）
后勤生产区（除必要后勤设施外，宜与主校区分开）	教学实习工厂、校办工厂、技术劳动开发中心、后勤供应管理机构、水、电、热及各种特殊气体供应、三废处理、各类仓库及露天场地
文体活动区	学生中心、俱乐部、博物馆、体育馆、运动场、游泳池、集中绿地、河湖林地
学生生活区	学生宿舍、公寓、学生食堂、俱乐部、户外活动场地、绿地、福利与服务设施
教工生活区（除单身教工宿舍外，可与主校区分开）	教职工住宅、公寓、单身教工宿舍、食堂、俱乐部、户外活动场地、绿地、福利与服务设施

18.2 教 学 区

18.2.1 教学中心区规划

18.2.1.1 功能组成

教学区的功能组成主要包括以下几个部分：教学楼/实验楼群、图书馆、行政办公楼、计算机信息中心、学术交流中心等。

18.2.1.2 各功能规划要点

各功能规划要点 表 18.2.1.2

各功能组成		布局方式	选 址
教学楼	公共型	公共教学楼课室的平面设计一般以相同模数分为大、中、小三个不同尺度的课室空间来进行平面布置，由全校统一排课调配使用，多用于低年级的公共基础课	学院教学楼组群、公共教学楼组群属于主要的教学建筑群，应该布置在相对较为安静的区域，尽量远离城市干道，公共教学楼到各院系的服务距离应适当接近
	专业型	专业教学楼按照一个或多个专业、系科建楼，通常将专业教学和同一学院的院系办公结合在一起成组团布置	
行政办公楼	公共型	对于大规模的校园，也可结合其他对外服务的功能内容单独设区	行政办公楼是进行学校日常管理和对外联系的场所，应靠近校园入口处方便与外界的沟通联系
	专业型	通常和专业教学楼结合在一起组团布置	
图书馆		图书馆属于教学中心区的重要组成部分，宜与教学楼群集中布置	多位于校园中心区核心位置/校园主轴线/校园风景区
计算机信息中心		可结合行政办公楼、图书馆或者教学楼设置	与其他教学功能区，学生生活区和教职工生活区联系方便
学术交流中心		可选择社会化服务，不单独设置	选址相对独立，并方便对外服务

18.2.1.3 教学区的布局模式

表 18.2.1.3

	图示	布局方式	特 点	适用范围
集中式	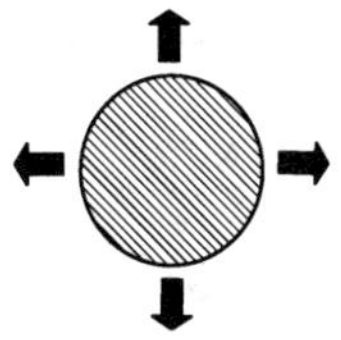	将教学楼、实验楼、图书馆等功能模块整体设计成一个综合体的方式	高度集约化，整体性强，空间关系集中，有利于建筑的标志性的塑造。不利于校园多样化空间的形成，对基地环境的适应性较差，一次性投资建设要求高，兼容性差	较小规模大学
部分集中式	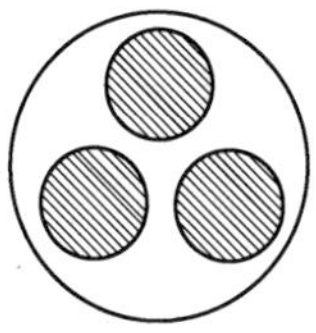	将一部分教学区功能块集中成教学综合体，将其他功能块相对分散布置	有利于实现大学校园教学资源的共享、土地资源的合理利用、学科之间的横向联系；有利于形成大学校园空间的多样性、功能模块之间的相对独立性及教学设施的有效管理	中等规模大学
组团式	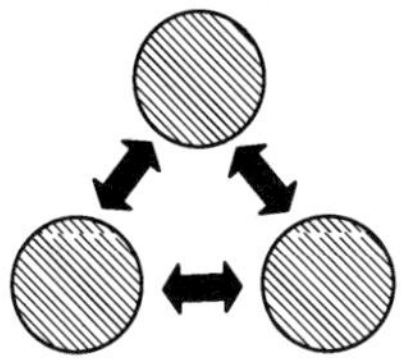	教学区建筑按照功能联系需求形成多个相对集中布局的教学组团，组团相对独立、成簇群式布局的组织方式	有利于多专业融合，推动学科群建设，促进多学科的交叉与交融发展；节约了土地资源；有利于建设标准化和模数化以及设施的统一管理	较大规模大学

18.2.2 教学楼设计要点

18.2.2.1 公共教室设计（引自《大学校园规划与建筑设计》《北京大学教室设计手册》）

表 18.2.2.1-1

	分类标准及用途	内部布局	采光通风	教学设备	备 注
小型授课教室和工作室	10～30 人 用于小组讨论、工作、会议	长宽比例 1∶1 或者 1∶1.5	对自然采光要求不高，可设置遮光窗帘	可移动桌椅和讲台，较多的黑板	可用于研究生教育
普通教室（中型教室）	40～100 人 主要用于上课，有多媒体和非多媒体两种	长宽比例 1∶1.3～1∶1.7	南向为宜，窗地面积比不应低于 1∶6	根据教学活动要求配置插座和扩音设备，以及相关网络化/电子化教学设施	高校教室主流
阶梯教室及报告厅（大型教室）	150 人以上 用于上课，演出，开会，报告等	长宽比不超过 1∶1.5，阶梯形或者斜坡形	一般以内部采光为主	装置扩音设备和无线麦克，带有写字板的椅子	通常在一层，靠近大楼入口处，便于出入
远程教学教室（交换视频教室）	6～30 个学生之外在远程教学点还有一些学生	—	—	视频会议系统、语音会议系统	网络化教学背景下的新教室类型

室 内 净 高　　表 18.2.2.1-2

教室类型	普通教室	专用教室、公共教学用房（进深大于 7.2m）	多媒体及阶梯教室		
			200 座以下	200～300 座	300 座以上
室内净高	3.8m	3.9m	4m	4～5m	5～5.7m

18.2.3 公共教室单元组合布局

18.2.3.1 普通教室

表 18.2.3.1

教室组合类型	图示
外廊式	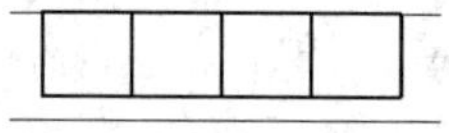
间断外廊式	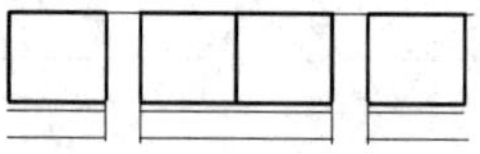
内廊式	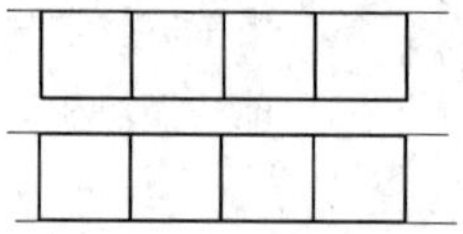
中庭式	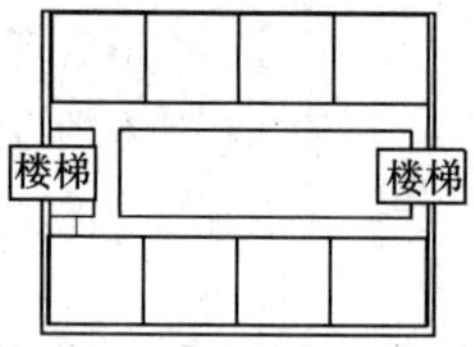楼梯 楼梯
单元式	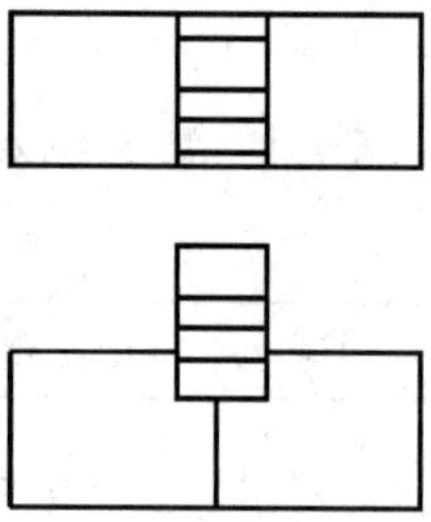
开放式	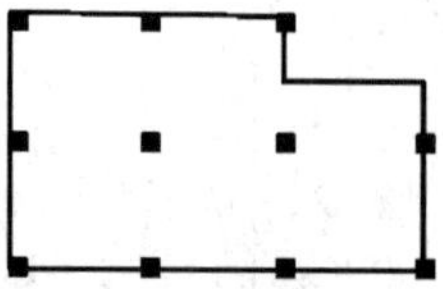

18.2.3.2 阶梯教室群集中布局组合方式

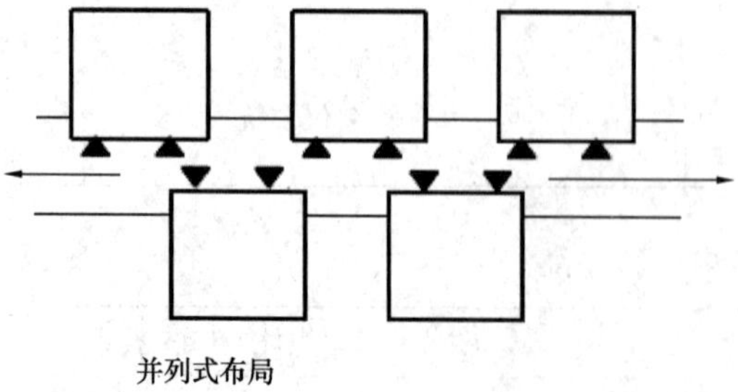

并列式布局

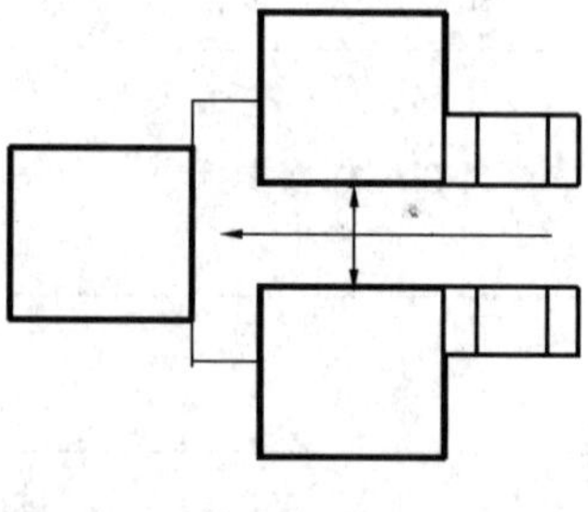

品字形布局

图 18.2.3.2

18.3 实 验 室

18.3.1 规划

18.3.1.1 实验室规模

按学科分的实验室建筑面积指标（m²/生）　　表 18.3.1.1-1

学科	学科规模								研究生补助指标	
	500（人）	1000（人）	2000（人）	3000（人）	4000（人）	5000（人）	10000（8000）（人）	15000（人）	硕士生	博士生
工学	12.93	11.05	9.53	8.77	8.27	7.93	7.26	7.15	6.00	8.00
理、农（林）、医学	12.90	10.91	9.31	8.53	8.01	7.66	6.98	6.87	6.00	8.00
文学	2.43	1.39	0.98	0.88	0.83	0.80	0.77	0.76	4.00	4.00
外语、经济、法学、管理学	2.94	2.32	1.88	1.72	1.62	1.53	1.26	1.10	4.00	4.00
艺术	15.02	12.64	10.60	9.27	8.37	7.77	6.91	—	6.00	8.00
（师范艺术、艺术设计）	12.32	9.78	7.61	6.64	6.20	6.00	—	—	4.00	6.00
体育	1.98	1.72	1.58	1.48	1.39	1.32	1.14	—	4.00	6.00

注：括号内的数字为 8000 人指标。

按学校类别分的实验室建筑面积指标（m²/生）　　表 18.3.1.1-2

学校类别	办学规模（人）	生均实验室指标	学校类别	办学规模（人）	生均实验室指标
综合大学（1）	5000	5.43	综合大学（2）	5000	6.75
	10000	4.63		10000	5.76
	20000	4.00		20000	5.02
师范、民族院校	5000	5.66	财经、政法外语院校	5000	1.54
	10000	4.77		10000	1.26
	20000	4.02		20000	1.01
理工、农林院校	5000	7.43	体育院校	3000	1.78
	10000	6.33		5000	1.59
	20000	5.56		8000	1.36
医药院校	5000	7.40	艺术院校	2000	10.60
	10000	6.60		5000	7.77
	20000	6.36		8000	6.91

注：执行本指标时，如学校的实际规模小于或大于表中所列的规模值时，其指标应分别采用表中最小或最大规模时的指标值；如学校的实际规模介于表列规模值之间时，可用插入法或参阅相关条文的说明取值。

18.3.2 建筑设计

18.3.2.1 实验室建筑功能组成

表 18.3.2.1

实验室	学生或教师进行实验的场所
研究室	教师进行科研和实验前准备的场所，主要进行资料整理、报告编写、文献阅读等工作
实验附属房间	一般含有药品室、仪器室和天平室、讨论室、档案室、化学实验及样品前处理室、电烤室、洗涤室、实验用水制备室、暗房、试剂储藏室等房间
设备单元	交通核、设备管井空间
行政办公	行政、办公、会议

18.3.2.2 实验室空间组织类型

表 18.3.2.2

分类	定　义	特　点	管道布置
主通道型	沿纵走廊向走廊两侧布置实验室与研究室	走廊可采用单通道、双通道、多通道	水平干管—垂直分管—水平支管
枢纽型	将实验空间划分为实验工作区与服务区两部分	服务区包括管井、垂直交通、盥洗室，可位于实验室两端，两侧或中央	垂直干管—水平分管—水平支管
三段式	将实验区功能在平面上分成实验区、服务区、研究区	实验室灵活性较大、便于扩建、重组，保持平面中心部分恒温恒湿	混合式

18.3.2.3 实验室平面设计

1. 平面设计原则

(a) 同类实验室组合在一起；

(b) 工程管网较多的实验室组合在一起；

(c) 有洁净要求的实验室组合在一起；

(d) 有隔振要求的实验室宜设于底层；

(e) 有防辐射要求的实验室组合在一起；

(f) 有毒性物质产生的实验室组合在一起。

2. 实验室平面类型

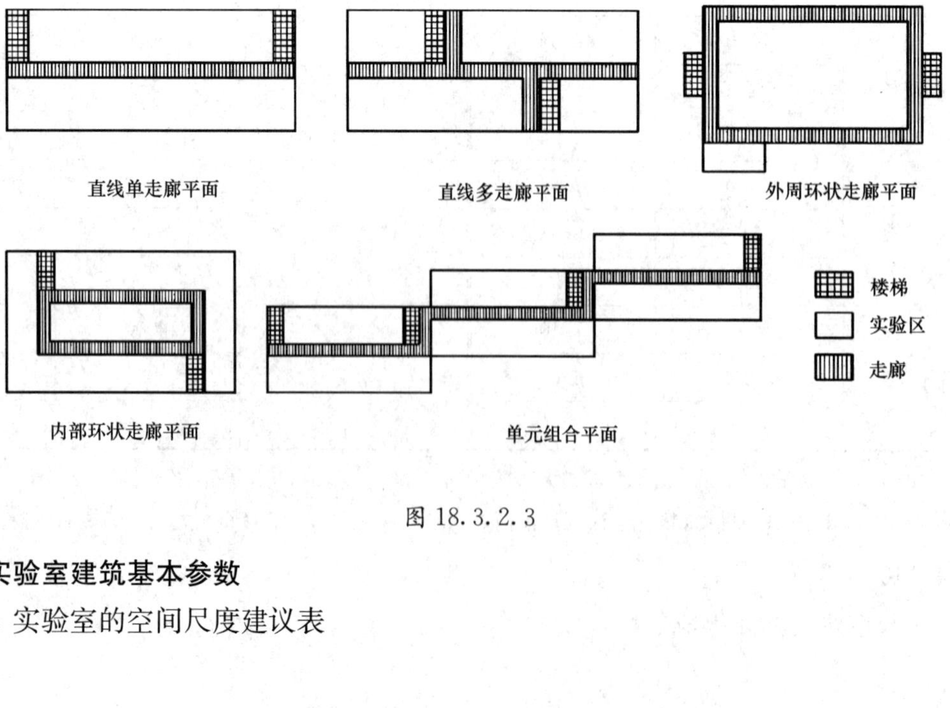
直线单走廊平面
直线多走廊平面
外周环状走廊平面
内部环状走廊平面
单元组合平面
楼梯
实验区
走廊

图 18.3.2.3

18.3.3 实验室建筑基本参数

18.3.3.1 实验室的空间尺度建议表

表 18.3.3.1

<table>
<tr><th>类　型</th><th colspan="2">轴线间距</th></tr>
<tr><td>开间模数</td><td colspan="2">6.0m，6.6m，7.2m</td></tr>
<tr><td>进深模数</td><td colspan="2">6.0m，7.2m，8.4m，9.6m</td></tr>
<tr><td>层高</td><td colspan="2">3.6m，3.9m，4.2m</td></tr>
<tr><td rowspan="5">走廊净宽</td><td>单面走廊</td><td>≥1.5m</td></tr>
<tr><td>中间走廊</td><td>1.8 ～2.1m</td></tr>
<tr><td>检修走廊</td><td>1.5 ～2.0m</td></tr>
<tr><td>安全走廊与参观走廊</td><td>≥1.2m</td></tr>
<tr><td>设备管道走廊</td><td>2.0～2.8m</td></tr>
<tr><td>走廊净高</td><td colspan="2">2.4m/2.7m</td></tr>
<tr><td>实验室研究室净高</td><td colspan="2">≥2.8m（不设置空气调节）
≥2.5m（设置空气调节）</td></tr>
<tr><td>门</td><td colspan="2">宽度≥1m，高度≥2.1m（1/2 个标准实验单元）
宽度≥1.2m，高度≥2.1m（1 个标准实验单元）</td></tr>
<tr><td>实验台布置</td><td colspan="2">实验台与实验台间距≥1.6m
通风柜与实验台间距≥1.5m
实验台与边墙间距≥1.2m
实验台与外窗平行布置其间距≥1.3m</td></tr>
</table>

注：表中所示适用于普通实验室。

18.3.3.2 教学实验室指标面积建议表

表 18.3.3.2

实验室类型	人均面积（m^2）
生物实验室	4.65～5.58
化学实验室	4.65～7.44
地质实验室	3.72～5.58
物理实验室	3.72～5.58
心理学实验室	2.79～3.72

注：根据 2003 年教育部制定的《高等学校基础课实验教学示范中心建设标准》，实验室人均占有实际使用面积至少 2.5m^2。

18.3.3.3 科研实验室指标面积建议表

表 18.3.3.3

<table>
<tr><th colspan="2">实验室类型</th><th>人均面积（m²）</th></tr>
<tr><td rowspan="3">生物学科</td><td>实验生物</td><td>49～66</td></tr>
<tr><td>动物</td><td>55～73</td></tr>
<tr><td>植物</td><td>68～89</td></tr>
<tr><td rowspan="2">化学学科</td><td>化学</td><td>52～70</td></tr>
<tr><td>化工</td><td>66～89</td></tr>
</table>

续表

实验室类型		人均面积（m^2）
物理学科	理论物理	34～43
	实验物理	52～73
	力学与声学	42～58
	核物理	75～98
技术科学学科	计算机技术	50～66
	半导体与电子技术	54～74
	应用技术	48～63
	自动化技术	46～61
	光电技术	52～66
数学学科	数学	34～43
地理学科	地理	45～60
	海洋	51～67
	土壤	54～71
	地质	56～74

注：该指标适用于建筑层数为多层时。

18.3.4 设计新趋势

表 18.3.4

柔性化	主要指室内空间和工艺设备的柔性化，例如建筑平面布局具有一定的调整能力，采用可移动式工艺设备等
专业化	转变实验室设计理念、实行实验室设计专业化，即先工艺设计后土建设计
节能化	实验室建筑对温湿度、洁净度要求较高，通风空调耗能占比高，能耗是普通办公建筑的10倍
开放化	实验室建筑的开放化设计主要体现在平面布局、室内空间及资源设备等方面，例如平面布局采用大开间式设计，室内设置休闲区、活动区等开放空间，建筑内设置开放化的网络、线路及设备接口等
人性化	在满足实验室建筑功能性要求的同时，从平面布局、配套设施、室内环境多方面入手，创造具有人文关怀和生活气息的室内空间是现代实验室建筑设计的必然发展趋势

18.4 学生活动中心

18.4.1 规模

18.4.1.1 建设规模建议参照十二项校舍建筑面积分项指标

18.4.1.2 实际案例归纳规模

表 18.4.1.2

国内案例			国外案例		
在校学生人数	建筑面积（m^2）	人均面积（m^2/人）	在校学生人数	建筑面积（m^2）	人均面积（m^2/人）
≤2500	约1000	约0.5	1000～5000	1000～4500	约0.9
2500～6000	约2000	约0.4	5000～10000	4000～7000	约0.8
6000～9000	2500～3500	约0.3	10000～15000	5500～9000	约0.7
15000～20000	3500～4500	约0.22	15000～20000	6000～11000	约0.6

18.5 学生健身活动中心

18.5.1 功能分区与布局

18.5.1.1 运动和健身类别

表 18.5.1.1

类 别	功 能
水上运动	游泳、跳水、休闲等
球类运动	篮球、排球、羽毛球、乒乓球、壁球、足球、网球等
健身运动	健身舞、瑜伽、器械健身、武术、剑击、跑步等
其他常见运动	为增加运动趣味性，一般可附带加入流行时尚各种项目，如：攀岩、台球、保龄球等

18.5.1.2 功能分区

表 18.5.1.2

类 别	组 成	备 注
运动和健身区	按各运动类别要求	—
非运动公共空间	门厅、过厅等交通枢纽空间和管理、服务性空间，如服务前台、寄存间、小卖部等	—
运营管理办公区	场馆运营办公空间、储物间、设备间	水质水温控制机房约占地 $100m^2$

18.5.2 设计要点

表 18.5.2

主要出入口	1）宜设置唯一使用出入口，并设置身份登记/验证柜台，方便管理； 2）门厅宜提供寄存服务； 3）门厅宜设等候休闲区、简单餐饮区以及体育用品售卖和维修等服务区； 4）门厅作为交通枢纽，应可（通过垂直交通）直通各个运动区
后勤服务区	1）后勤出入口应与主出入口分开设置； 2）应设置独立垂直交通（楼梯、货运电梯）与各个运动区直接相连； 3）除集中的储存空间，每个运动区须设置专用器具储存空间
水上运动区	1）宜设于底层，更衣间、淋浴间是必配设施，注意满足从更衣间进入泳池前须经强制淋浴通道的规定； 2）水上运动区宜与水温水质控制设备用房靠近
环形跑道	一般设置在2层以上，且不应与其他功能流线交叉穿越，跑道转弯处宜做倾斜式跑道设计
净高	注意满足不同运动区域有差别的净高要求
安全疏散	如安排有观众空间则须计算建筑使用人数以确定安全疏散通道宽度
其他	设计时应考虑当地气候的风、雨、气温等特点，可根据需要安排部分功能组合室外化或半室外化，如：南方校园可以把网球、足球等场地安排布置在屋面（降低建造费用和使用成本），篮球、排球、羽毛球区可考虑使用非全封闭式有顶空间，充分利用自然通风和采光但又可实现锻炼不受天气原因影响的目的

18.6 学 生 宿 舍

18.6.1 规模及组成（引自《面积指标》）

18.6.1.1 规模

表 18.6.1.1

学生类别	本科生	研究生指标	
		硕士生	博士生
学生宿舍建筑面积指标（m^2/生）	10	15	24

注：各地根据情况可做适当调整，但本科生生均建筑面积指标不应低于 8m^2，硕士生生均建筑面积不应低于 12m^2。

18.6.2 用地及面积指标

18.6.2.1 居室类型与人均使用面积

表 18.6.2.1

项目		1类	2类	3类	4类	
每室居住人数（人）		1	2	3～4	6	8
人均使用面积（m^2/人）	单层床	16	8	5	—	—
	双层床	—	—	—	4	3
储藏空间		壁柜、吊柜、书架				

注：本表中面积不含居室内附设卫生间和阳台面积。

18.7 食 堂

18.7.1 建筑面积分配（引自《资料集》）

表 18.7.1

级别	分项	每座面积 m^2	比例 %	规模（座）				
				100	200	400	600	800/1000
一级食堂	总建筑面积	3.20	100	320	640	1280	1920	3200
	餐厅	1.10	34	110	220	440	660	1100
	厨房	0.80	25	80	160	320	480	800
	辅助	0.34	11	34	68	136	204	340
	公用	0.16	5	16	32	64	96	160
	交通·结构	0.80	25	80	160	320	480	800
二级食堂	总建筑面积	2.30	100	230	460	920	1380	2300
	餐厅	0.85	37	85	170	340	510	850
	厨房	0.60	26	60	120	240	360	600
	辅助	0.30	13	30	60	120	180	300
	公用	0.09	4	9	18	36	54	90
	交通·结构	0.46	20	46	92	184	276	460

注：（1）表内除总建筑面积外其他面积指标均指使用面积，表内食堂最大规模为 1000 座。

（2）总建筑面积＝餐厅、厨房、辅助、公用、交通与结构每座面积分别乘以座位数之和。

19 图书馆设计

19.1 图书馆分类

图书馆分类　　表 19.1

类　别	特　征
一、公共图书馆 1. 国家图书馆 2. 省（市）自治区图书馆 3. 县（市）图书馆 4. 区图书馆 5. 基层图书馆（街道、厂矿、企业） 6. 少年儿童图书馆	公共图书馆指由各级人民政府投资兴办向社会公众开放的图书馆，是具有文献信息资源以及收集、整理、存储、传播、研究和服务等功能的公益性文化与社会教育设施
二、科学研究系统图书馆 1. 专业图书馆 2. 综合图书馆	为研究生产及管理部门所设，一般只服务于本系统本部门人员，有时也对外开放，开展咨询服务，多采用开架管理
三、高等学校图书馆 1. 学校图书馆 2. 学院图书馆 3. 科系图书馆	为教育及科学研究服务，一般情况下阅览室的面积比例较大，采用开架管理，除本校师生员工外，有时也对外开放，藏书特点取决于学校的性质
四、中小学图书馆	为学校教学的辅助机构，一般不接待外来读者，常附设在教学建筑内

19.2 图书馆规模分级

图书馆的规模，应以服务人口数量和相应的人均藏书量、千人阅览座位指标为基本依据，兼顾服务功能、文献资源数量与品种和当地经济发展水平确定。

公共图书馆规模分级　　表 19.2-1

规模	服务人口（万）	服务半径（km）	主　要　功　能	适用范围	建造方式
大型	150 以上	≤9	文献信息资料借阅等日常公益性服务以及文献收藏、研究、业务指导和培训、文化推广等	大多数省级和副省级馆	应独立建设

续表

规模	服务人口（万）	服务半径（km）	主要功能	适用范围	建造方式
中型	20～150	≤6.5	文献信息资料借阅、大众文化传播等日常公益性服务	大多数地级馆	应独立建设
小型	20及以下	≤2.5	文献信息资料借阅、大众文化传播等日常公益性服务	县级馆	宜与文化馆等其他文化设施合建，但应设独立出入口，自成一区

公共图书馆建设用地控制指标 **表19.2-2**

规模	服务人口（万）	藏书量（万册、件）	建筑面积（m^2）	容积率	建筑密度（%）	用地面积 m^2
大型	1000	1000	120000	≥1.5	30～40	52000～80000
	800	800	104000	≥1.5	30～40	46000～69000
	500	500	70000	≥1.5	30～40	35000～47000
	400	360	53000	≥1.4	30～40	27000～38000
	300	270	40000	≥1.3	30～40	20000～30000
	200	180	27000	≥1.2	30～40	14000～22000
	150	130	20000	≥1.2	30～40	11000～17000
中型	120	100	16000	≥1.2	25～40	10000～13000
	100	90	13500	≥1.2	25～40	9500～11000
	90	80	12500	≥1.2	25～40	9000～10500
	80	70	11000	≥1.1	25～40	8500～10000
	70	60	9500	≥1.1	25～40	8000～9000
	60	55	8500	≥1.1	25～40	7000～8000
	50	45	7500	≥1.0	25～40	6500～7500
	40	35	6500	≥1.0	25～40	5500～6500
	30	30	5500	≥1.0	25～40	4500～5500
小型	20	20	4500	≥0.9	25～40	4000～5000
	15	15	3400	≥0.9	25～40	3000～4000
	10	10	2300	≥0.9	25～40	2000～2500
	5	5	1200	≥0.8	25～40	1200～1500

注：(1) 表中大型馆服务人口指所在城市的规划总人口；中、小型馆服务人口指所在城镇或服务片区的规划总人口；

(2) 表中大型馆用地面积是指大型馆建设用地（包括分2处建设）的总面积；中、小型馆用地面积为单个馆建设用地面积；

(3) 大型馆总藏书超过1000万册的，可按每增加100万册藏书，增补建设用地5000m^2进行控制。

19.3 图书馆总体布局

总平面布置应功能分区明确、总体布局合理、各区联系方便、互不干扰。在选址和总图规划时，应留有扩建用地，以便日后发展。

基地内交通流线组织应畅通便捷，主要出入口人、书、车要分流，使读者、工作人员和书刊运输路线互不干扰。

需设计应对突发事件的安全疏散线路。

后勤保障用房应尽量集中布置。

除当地有统筹建设的停车场或停车库外，建筑基地内应设置供读者和工作人员使用的机动车停车库或停车场地以及非机动车停放场地。自行车停车宜达到每百平方米建筑面积配建 2 个车位的标准。小型馆原则上不设置机动车停车场。大、中型馆的机动车停车，应以利用地下空间为主；确需设置地面停车场的，其用地不得超过建设用地总面积的 8%。

除当地规划部门有专门的规定外，新建公共图书馆的建筑密度不宜大于 40%。

基地内的绿地率应满足当地规划部门的要求，并不宜小于 30%。

19.4 图书馆功能组成和流线

图书馆建筑设计应根据其性质、规模和功能，分别设置藏书、阅览、检索出纳、公共活动、辅助服务、行政办公、业务及技术设备用房等。

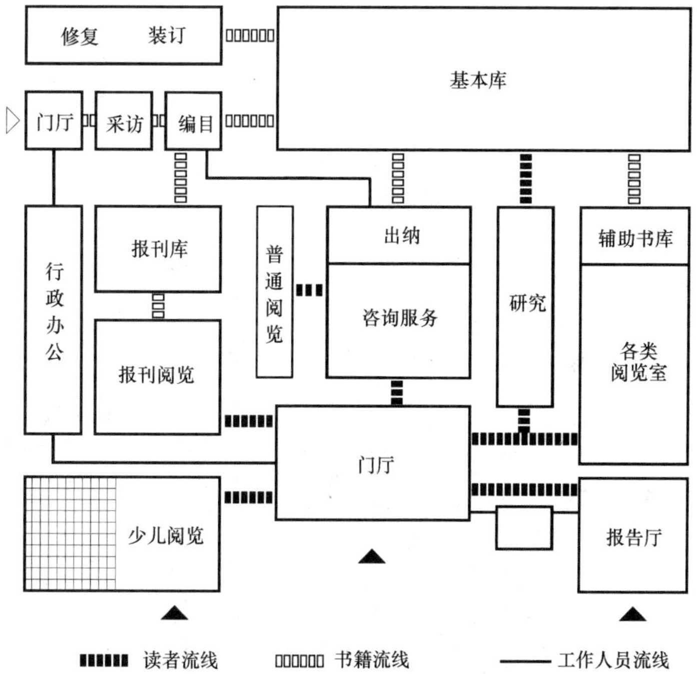

修复
装订
基本库
门厅
采访
编目
报刊库
普通阅览
出纳
咨询服务
研究
辅助书库
行政办公
报刊阅览
各类阅览室
门厅
少儿阅览
报告厅
读者流线
书籍流线
工作人员流线

图 19.4 图书馆的功能流线

19.5 公共图书馆各类用房面积及设置

公共图书馆各类用房使用面积比例表 **表 19.5-1**

用房类别	比例（%）		
	大型	中型	小型
藏书区	30～35	55～60	55
借阅区	30		
咨询服务区	3～2	5～3	5
公共活动与辅助服务区	13～10	15～13	15
业务区	9	10～9	10
行政办公区	5	5	5
技术设备区	4～3	4	4
后勤保障区	6	6	6

少年儿童图书馆的建筑面积指标包括在各级公共图书馆总建筑面积指标之内，可以独立建设，也可以合并建设。合并建设时，专门用于少年儿童的藏书与借阅区面积之和应控制在藏书和借阅区总面积的10%～20%。

公共图书馆用房项目设置表 **表 19.5-2**

项目构成		大型	中型	小型	内　容	备　注
藏书区	基本书库	●	◎	○	保存本库、辅助书库等	包括工作人员工作、休息使用面积。开架书库还包括出纳台和读者活动区；使用面积：闭架书库 280～350 册/m^2；开架书库 250～280 册/m^2；阅览室藏书区 250 册/m^2
	阅览室藏书区	●	●	●		
	特藏书区	●	●	◎	古籍善本库、地方文献库、视听资料库、微缩文献库、外文书库，以及保存书画、唱片、木版、地图等的文献库	
借阅区	一般阅览室	●	●	●	报刊阅览室、图书借阅室等	包括工作人员工作、休息使用面积，出纳台和读者活动区； 少年儿童阅览室宜考虑做多功能使用
	老龄阅览室	◎	◎	◎		
	少年儿童阅览室	●	●	●	少年儿童的期刊阅览室、图书借阅室、玩具阅览室等	
	特藏阅览室	●	●	◎	古籍阅览室、外文阅览室、工具书阅览室、舆图阅览室、地方文献阅览室、微缩文献阅览室、参考书阅览室、研究阅览室等	缩微阅览室应避免设在地下室和房屋的最上层

续表

项目构成		大型	中型	小型	内容	备注
借阅区	视障阅览室	●	●	◎		
	多媒体阅览室	●	●	●	电子阅览室、视听文献阅览室等	总面积要满足“全国文化信息资源共享工程”终端设置和开展服务的需要
咨询服务区	办证、检索	●	●	●		
	总出纳台	●	●	◎		
	咨询	●	●	◎	专门设置的咨询服务台、咨询服务机构、咨询服务专用的计算机位等	小型馆面积不少于 $18m^2$
公共活动与辅助服务区	寄存、饮水处	●	●	●		寄存处应按阅览座位的 25% 设置存物柜数量，每个存物柜占使用面积按 $0.15 \sim 0.20m^2$ 计算
	读者休息处	●	●	◎		使用面积可按每个阅览座位不小于 $0.10m^2$ 计算； 设专用读者休息处时，房间最小面积不宜小于 $15.0m^2$； 规模较大的馆，读者休息处宜分散设置
	陈列展览	●	●	○		大型馆：$400 \sim 800m^2$；中型馆 $150 \sim 400m^2$
	报告厅	●	●	○		大型馆：300～500 席位，应与借阅区隔离、单独设置；中型馆：100～300 席位；使用面积不少于 $0.8m^2$/座
	综合活动室	◎	◎	●		小型馆不设单独报告厅、陈列展览室、培训室，只设 $50 \sim 300m^2$ 的综合活动室，用于陈列展览、讲座、读者活动、培训等；大、中型馆可另设综合活动室
	培训室	●	●	◎	用于读者培训的教室或场地	大型馆 3～5 个；中型馆 1～3 个
	交流接待	●	●	○		
	读者服务（复印等）	●	●	●		

续表

项目构成		大型	中型	小型	内　　容	备　　注
业务区	采编、加工	●	●	●		
	配送中心	◎	◎	●	为街道、乡镇图书馆统一采编、配送图书用房	
	辅导、协调	●	●	●	用于指导、协调下级馆业务	包括业务资料编辑室和业务资料阅览室。阅览室可按8～10座位设置，每座位占使用面积不宜小于3.50m²。公共图书馆的咨询、辅导用房，宜分别配备不小于15m²的接待室
	典藏、研究、美工	●	●	○		
	信息处理（含数字资源）	●	●	○		
行政办公区	行政办公室	●	●	●		参照《党政机关办公用房建设标准》（发改投资［2014］2674号）执行
	会议室	●	●			
技术设备区	中心机房（主机房、服务器）	●	●	●		
	计算机网络管理和维护机房	●	●	◎		
	文献消毒	●	●	●		仅适用于化学方法杀虫、灭菌
	卫星接收	●	●	◎		
	音像控制	●	◎	○		幕前放映的控制室，进深不得小于3m，净高不得小于3m； 幕后放映的反射式控制室，进深不得小于2.70m，地面宜采用活动地板； 控制室的观察窗应视野开阔，兼做放映孔时，其窗口下沿距控制室地面应为0.85m，距视听室后部地面应大于1.80m
	微缩、装裱整修	◎	◎	○		缩微复制用房宜单独设置，应有防尘、防振、防污染措施； 照相室包括摄影室、拷贝还原工作间、冲洗放大室和器材药品储存间，宜安排在图书馆主建筑一侧，不要与阅览区互相影响，并宜与书库、期刊库、珍善本库等有便捷联系； 装裱、整修用房室内应光线充足、宽敞
后勤保障区	变配电室	●	●	◎		包括操作人员工作、休息使用面积
	电话机房	●	●	◎		
	水池/水箱/水泵房	●	●	◎		
	通风/空调机房	●	●	◎		
	锅炉房/换热站	●	●	◎		
	维修、各种库房	●	●	◎		
	监控室	●	●	○		
	餐厅	◎	◎	○		

注：(1) ●应设；◎可设；○不设。
(2) 小型图书馆的可设项目原则适用于2300m²以上的小型图书馆。

19.6 藏书空间

19.6.1 书库在图书馆空间组合的基本形式

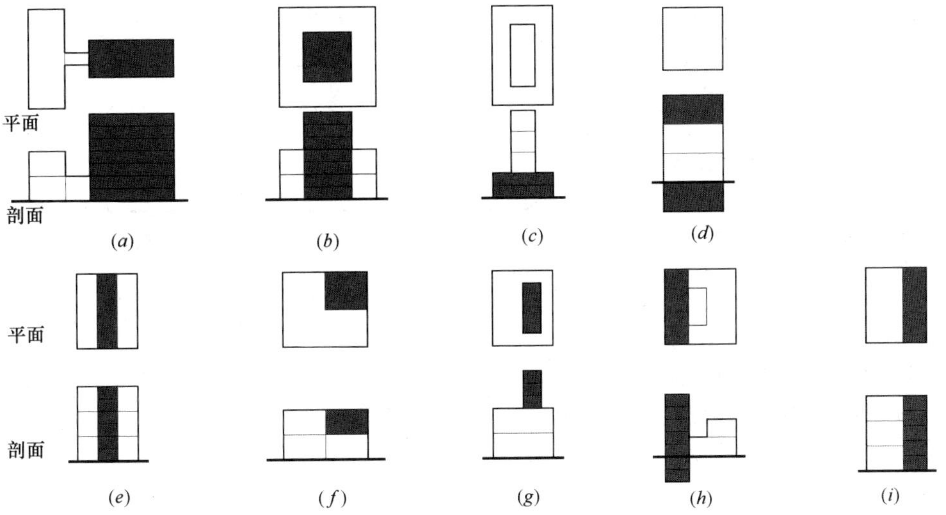
平面
剖面
(a)
(b)
(c)
(d)
平面
剖面
(e)
(f)
(g)
(h)
(i)

图 19.6.1 书库在图书馆空间组合基本形式

(a) 分离式后部书主库；(b) 中间书库；(c) 书库在下部；(d) 书库分设上下；(e) 书库在中间；(f) 书店占一隅；(g) 书库在上部；(h) 书库在前部；(i) 书库在后部

19.6.2 书库设计要点

图书馆的书库包括基本书库、开架书库、特藏书库等形式。

小型馆的书库以集中设置为宜；大、中型馆根据具体情况选择书库形式。

基本书库要与辅助书库、目录室、出纳台、阅览室等保持便捷的联系。各开架阅览室的藏书可分散存放。

特藏书库应单独设置。珍善本书库的出入口应设置缓冲间，并在其两侧分别设置密闭门。

书库库区可设工作人员更衣室、清洁室和专用卫生间，但不得设在书库内。

书库内工作人员专用楼梯的梯段净宽不宜小于 0.80m，坡度不应大于 45°。

书库提升设备 **表 19.6.2**

书库层数	提升设备要求
2 层至 5 层	应设置书刊提升设备
6 层及 6 层以上	应设专用货梯

19.6.3 书库容书量

书库单位使用面积容书量设计计算指标（架/m^2） **表 19.6.3-1**

	含本室内出纳台	不含本室内出纳台
开架藏书	0.50	0.55
闭架藏书	0.60	0.65

书库每标准书架容书量设计估算指标（册/架） **表 19.6.3-2**

图书馆类型 藏书方式		公共图书馆		高等学校图书馆		增减度
		中文	外文	中文	外文	中文
开架	社科	500	360	430	320	±25%
	科技	470	330	410	300	
	合刊	220	240	200	220	
闭架	社科	580	360	510	310	
	科技	540	330	480	300	
	合刊	260	240	230	220	

注：(1) 双面藏书时，标准书架尺寸定为1000mm×450mm，开架藏书按6层计，闭架按7层计，其中填充系数K均为75%。

(2) 少年儿童容书量指标按照每架（360～450）册/架计算。

(3) 盲文书容量按表中指标1/4计算。

(3) 密集书架藏书量约为普通标准架藏书量的1.5～2.0倍。

(4) 合刊指期刊、报纸的合订本。期刊为每半年或全年合订本；报纸为每月合订本，按四开版面8～12版计。每平方米报刊存放面积可容合订本55～85册。

19.6.4 书架

书架宜垂直于开窗的外墙布置。

书库书架连续排列最多档数 **表 19.6.4-1**

条件	开架	闭架
书架两端有走道	9档	11档
书架一端有走道	5档	6档

书架间通道的最小宽度（m） **表 19.6.4-2**

通道名称	常用书库		不常用书库
	开架	闭架	
主通道	1.50	1.20	1.00
次通道	1.10	0.75	0.60
档头通道（即靠墙走道）	0.75	0.60	0.60
行道	1.00	0.75	0.60

注：(1) 当有水平自动传输设备时，表中主通道宽度由工艺设备确定。

(2) 布置书架平面时，标准双面书架每档按0.45m（深）×1.00m（长）计算。

19.6.5 书库净高要求

书库净高要求 **表 19.6.5**

位　置		最小净高（m）
书库	结构板底净高	2.40
	结构梁（或管线）底面净高	2.30
积层书架的书库	结构梁（或管线）底面净高	4.70

19.7 阅 览 空 间

阅览区应根据工作需要在入口附近设管理（出纳）台和工作间。

使用频繁、开放时间长的阅览室宜临近门厅布置；普通报刊阅览室宜设在入口附近，便于闭馆时单独开放；普通（综合）阅览室宜临近门厅入口；专业期刊阅览室应临近专业期刊库。

珍善本阅览室与珍善本书库应毗邻布置。

舆图阅览室应能容纳大型阅览桌，并应有完整的大片墙面和悬挂大幅舆图的设施。

缩微阅览室应设专门的阅览区，并宜与缩微资料库相连通。

音像视听室应由视听室、控制室和工作间组成，并宜自成区域，便于单独使用和管理，与其他阅览室之间互不干扰。

少儿阅览区应与成人阅览区分隔，并设置单独的出入口，有条件的，可设室外少年儿童活动场地。

视障阅览室应方便视障读者使用，并应与盲文书库相连通。

珍善本书、舆图、缩微、音像资料和电子阅览室的外窗均应有遮光设施。

图书馆的四层及四层以上设有阅览室时，应设置为读者服务的电梯，并应至少设一台无障碍电梯。

阅览室每座占使用面积设计计算指标（m^2/座）　　**表 19.7-1**

名　称	面积指标	名　称	面积指标
普通报刊阅览室	1.8～2.3	珍善本书阅览室	4.0
普通阅览室	1.8～2.3	舆图阅览室	5.0
少年儿童阅览室	1.8	集体视听室	1.5（2.0～2.5 含控制室）
专业参考阅览室	3.5	个人视听室	4.0～5.0
非书本资料阅览室	3.5	视障阅览室	3.5
缩微阅览室	4.0		

注：(1) 表中使用面积不含阅览室的藏书区及独立设置的工作间。
(2) 除本表所列用房外，其他用房应按实际需要考虑。

阅览桌椅排列的最小间距（m）　　**表 19.7-2**

<table>
<tr><th colspan="2" rowspan="2">条　件</th><th colspan="2">最小间距尺寸</th><th rowspan="2">备　注</th></tr>
<tr><th>开架</th><th>闭架</th></tr>
<tr><td colspan="2">单面阅览桌前后间隔净宽</td><td>0.65</td><td>0.65</td><td>适用于单人桌、双人桌</td></tr>
<tr><td colspan="2">双面阅览桌前后间隔净宽</td><td>1.30～1.50</td><td>1.30～1.50</td><td>四人桌取下限，六人桌取上限</td></tr>
<tr><td colspan="2">阅览桌左右间隔净宽</td><td>0.90</td><td>0.90</td><td>—</td></tr>
<tr><td colspan="2">阅览桌之间的主通道净宽</td><td>1.50</td><td>1.20</td><td>—</td></tr>
<tr><td rowspan="2">阅览桌后侧与侧墙之间净距</td><td>靠墙无书架时</td><td>—</td><td>1.05</td><td rowspan="2">靠墙书架深度按 0.25m 计算</td></tr>
<tr><td>靠墙有书架时</td><td>1.60</td><td>—</td></tr>
</table>

续表

条件		最小间距尺寸		备注
		开架	闭架	
阅览桌侧沿与侧墙之间净距	靠墙无书架时	—	0.60	靠墙书架深度按 0.25m 计算
	靠墙有书架时	1.30	—	
阅览桌与出纳台外沿净宽	单面桌前沿	1.85	1.85	
	单面桌后沿	2.50	2.50	
	双面桌前沿	2.80	2.80	
	双面桌后沿	2.80	2.80	

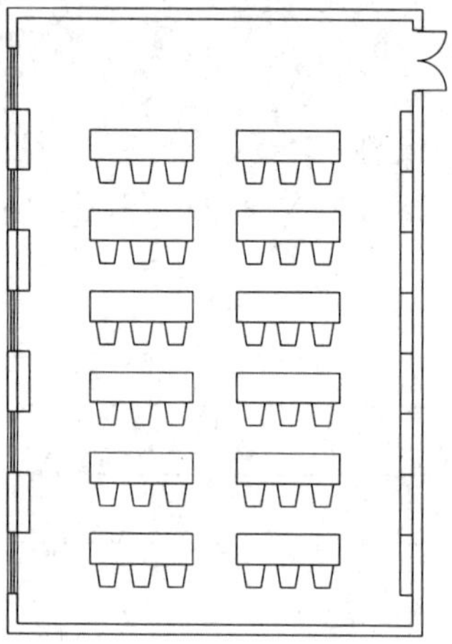
图 19.7-1　一般阅览

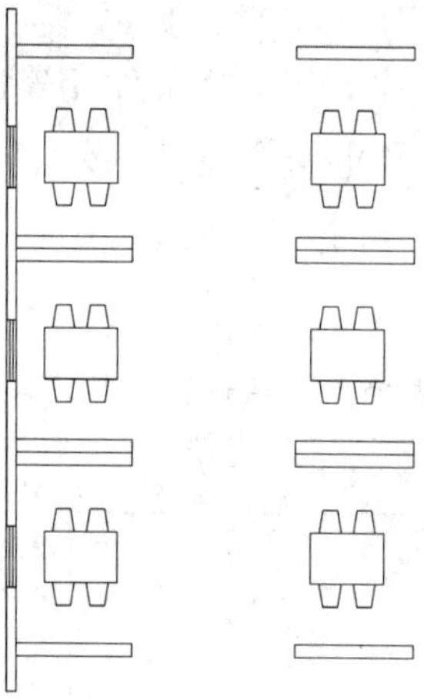
图 19.7-2　开架阅览（成组布置）

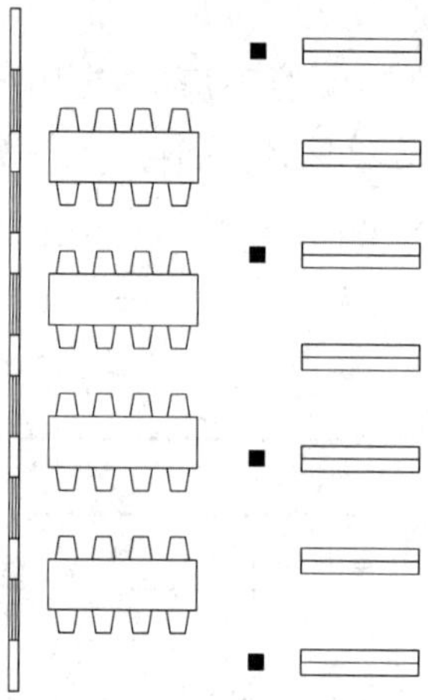
图 19.7-3　开架阅览（夹层布置）

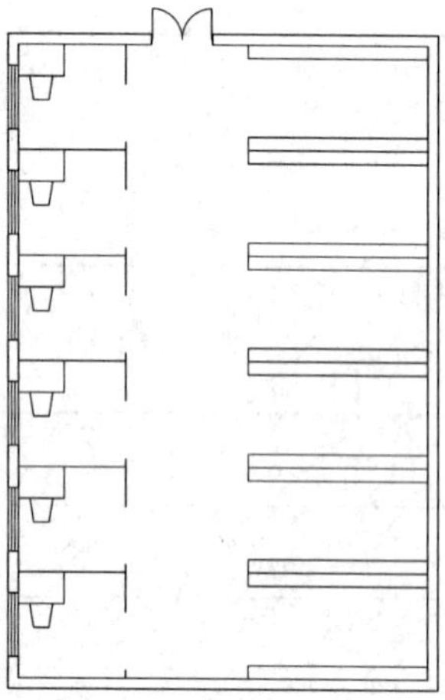
图 19.7-4　专业阅览（个人研究）

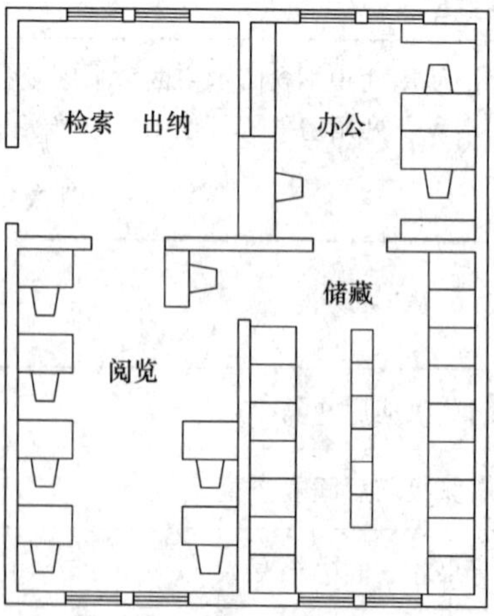
检索　出纳
办公
储藏
阅览
图 19.7-5　缩微阅览

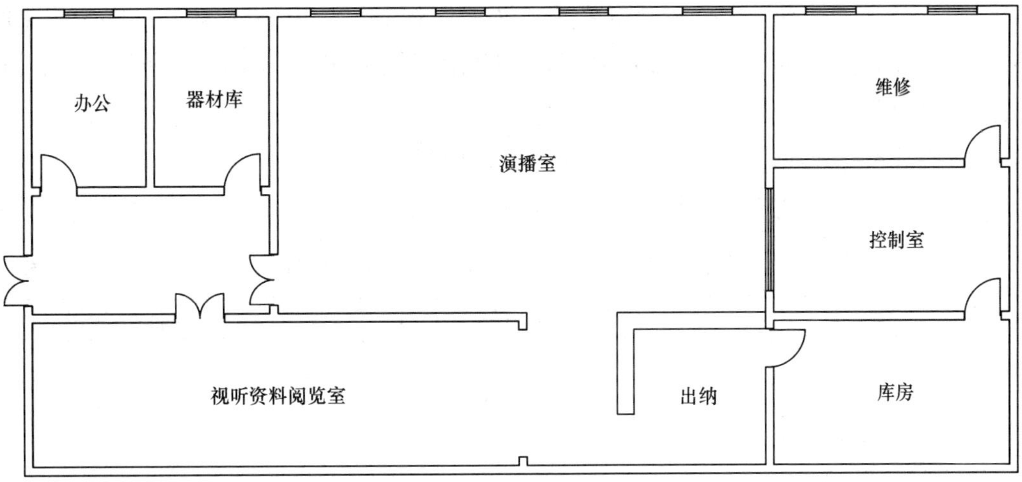
办公
器材库
演播室
维修
控制室
视听资料阅览室
出纳
库房

图 19.7-6 视听室布置示意

19.8 公共活动及辅助服务空间

19.8.1 门厅

门厅的使用面积可按每阅览座位 0.05m^2 计算。

19.8.2 报告厅

报告厅与主馆可以毗邻，也可以独立布置。300 座以上规模的报告厅应与阅览区隔离，独立设置。与阅览区毗邻独立设置时，应单独设出入口。

报告厅应满足幻灯、录像、电影、投影和扩声等使用功能的要求。

报告厅宜设专用的休息处、接待处及卫生间。

19.8.3 卫生间

图书馆宜分别设置公用和专用卫生间，位置宜方便而隐蔽。

卫生器具配置指标　　表 19.8.3

设施	男	女
大便器	250 人以下设 1 个，每增加 1～500 人增设 1 个	不超过 40 人的设 1 个，41～70 人设 3 个，71～100 人设 4 个，每增加 1～40 人增设 1 个
小便器	100 人以下设 2 个，每增加 1～80 人增设 1 个	无
洗手盆	每 1 个大便器 1 个，每 1～5 个小便器增设 1 个	每 1 个大便器 1 个，每增 2 个大便器增设 1 个
清洁池	不少于 1 个，用于保洁	

注：(1) 上述设置按男女各为 50%计算，若男女比例有变化应进行调整；

(2) 应建造无障碍厕位或无障碍专用厕所。

19.9 行政办公、业务及技术设备用房

行政管理用房可以组合在建筑中，也可以单独设置。

采编用房应与读者活动区分开，与典藏库、书库、报刊入口有便捷联系。中小型图书馆的采编工作常在1～2间房间中进行，宜设在底层。大型图书馆的采编用房应根据其规模、性质分若干室布置，或可单独设在一幢建筑内。

当单独设置典藏用房时，应置于基本书库的入口附近。

系统网络机房应位置适中，不得与易燃易爆物存放场所毗邻。

行政办公、业务及技术设备用房面积指标　　表19.9

房间功能	工作人员使用面积（m^2/人）	房间最小面积（m^2）
采编用房	≥10	—
典藏用房	≥6	≥15
专题咨询和业务辅导用房	≥6	—
咨询和业务辅导用房接待室	—	15
业务资料编辑室	≥8	—
业务资料阅览室	—	28～35
信息处理用房	≥6	—
装裱、整修用房	≥10	≥30
消毒室	—	≥10

19.10 防　火　设　计

19.10.1 耐火等级

图书馆、书库耐火等级　　表19.10.1

规　模	耐火等级
藏书量超过100万册的高层图书馆、书库	应为一级
特藏书库	应为一级
除藏书量超过100万册的图书馆、书库外的图书馆、书库	不应低于二级

19.10.2 防火分区

图书馆防火分区面积　　表19.10.2

部　位	层　数	防火分区最大允许建筑面积（m^2）
未设置自动灭火系统的一、二级耐火等级的基本书库、特藏书库、密集书库、开架书库	单层	1500
	建筑高度不超过24m的多层建筑	1200
	高度超过24m的建筑	1000
	地下室或半地下室	300

注：(1) 当防火分区设有自动灭火系统时，其允许最大建筑面积可按上述规定增加1倍；当局部设置自动灭火系统时，增加面积可按该局部面积的1倍计算。

(2) 对于采用积层书架的书库，其防火分区面积应按书架层的面积合并计算。

阅览室及藏阅合一的开架阅览室均应按阅览室功能划分防火分区。

基本书库、特藏书库、密集书库与其毗邻的其他部位之间应采用防火墙和甲级防火门分隔。

除电梯外，书库内部提升设备的井道井壁应为耐火极限不低于2h的不燃烧体，井壁上的传递洞口应安装不低于乙级的防火闸门。

19.10.3 安全疏散

图书馆每层的安全出口不应少于两个，并应分散布置。

书库每个防火分区的安全出口不应少于两个。但符合下列条件之一时，可设一个安全出口：

1）建筑面积不超过 $100m^2$ 的地下室或半地下室书库。

2）占地面积不超过 $300m^2$ 的多层书库；

建筑面积不超过 $100m^2$ 的特藏书库，可设一个疏散门，并应为甲级防火门。

当公共阅览室只设一个疏散门时，其净宽度不应小于 1.20m。

书库的疏散楼梯宜设置在书库门附近。

20　影剧院建筑设计

20.1　剧　　院

20.1.1　类型、规模、等级

按演出类型划分：歌（舞）剧院；戏（话）剧院；音乐厅；多功能厅。

按舞台类型划分：镜框式台口舞台；突出式舞台；岛式舞台。

按经营性质划分：专业剧场、综合剧场。

按规模进行划分：

剧院规模分类表　　**表 20.1.1-1**

规模分类	特大型	大型	中型	小型
观众容量（人）	＞1600	1201～1600	801～1200	300～800
适用剧种	歌（舞）剧院（宜控制 1800 以内）		戏（话）剧院	

剧场等级划分：

剧院等级分类表　　**表 20.1.1-2**

	特	甲	乙	丙
主体结构耐久年限（年）	—	＞100	51～100	25～50
耐火等级	一级	不得低于二级		

20.1.2 功能分区及流线设计

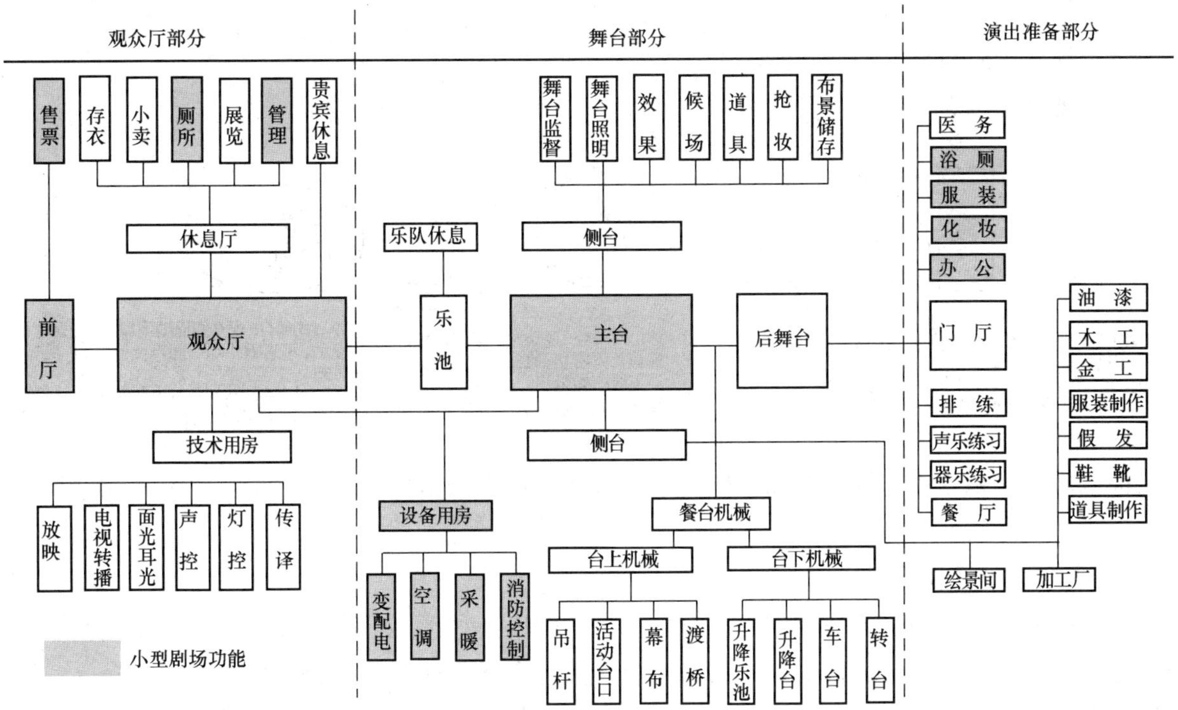
观众厅部分
舞台部分
演出准备部分
售票
存衣
小卖
厕所
展览
管理
贵宾休息
休息厅
前厅
观众厅
技术用房
放映
电视转播
面光耳光
声控
灯控
传译
小型剧场功能
乐队休息
乐池
设备用房
变配电
空调
采暖
消防控制
舞台监督
舞台照明
效果
候场
道具
抢妆
布景储存
侧台
主台
后舞台
侧台
餐台机械
台上机械
台下机械
吊杆
活动台口
幕布
渡桥
升降乐池
升降台
车台
转台
医务
浴厕
服装
化妆
办公
门厅
排练
声乐练习
器乐练习
餐厅
绘景间
加工厂
油漆
木工
金工
服装制作
假发
鞋靴
道具制作

流线设计：观众流线（车行、步行、无障碍）、演职员流线、后勤流线、货运（道具）流线、VIP 流线。

20.1.3 总平面设计

剧场基地应至少有一面临接城市道路，或直接通向城市道路的空地。临接的城市道路可通行宽度不应小于剧场安全出口宽度的总和，并应符合下列规定：

按等级分类剧院临接的城市道路可通行宽度表 **表 20.1.3**

剧场规模	特大型及大型	中型	小型
临接的城市道路可通行宽度	15m	12m	8m

剧场主要入口前的空地按不小于 0.20m²/座留出集散空地；否则应在剧场后面或侧面另辟疏散口，并应设有与其疏散容量相适应的疏散通路或空地。剧场建筑后面及侧面临接道路可视为疏散通路，但其宽度不得小于 3.50m。室外疏散或集散广场不得兼作停车场。

大型及特大型的各类流线（观众、演员、VIP、货运、布景）出入口应分开设置，做到流线互不干扰。布景运输车辆应能直接到达景物出入口。

配建车位按每百座主厅 10～20 辆考虑（包括观众、VIP、演职员）。

各等级剧场用地指标详见表 20.1.9。

20.1.4 前厅及休息厅

各等级剧场前厅、休息厅面积指标详见表 20.1.9。

前厅及休息厅卫生间卫生器具指标：

前厅及休息厅卫生间卫生器具指标表 **表 20.1.4**

类别	男			女		附注
	大便器	小便器	洗手盆	大便器	洗手盆	
指标（个/座）	1/100	1/40	1/150	1/25	1/150	男：女=1：1

北方地区应设存衣处，南方地区可根据气候特征考虑设置。衣物存放面积不应小于 0.04m²/座。

20.1.5 观众厅及舞台

（1）观众厅与舞台的关系

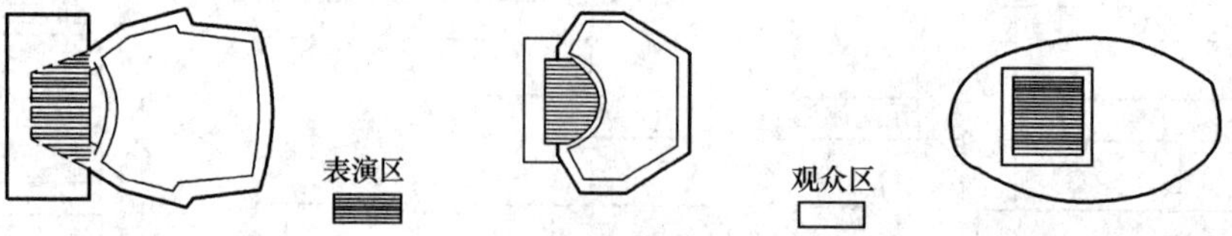
表演区
观众区

镜框式舞台：适合大、中型歌舞剧、戏剧及多用途剧场。大型剧场应有完善的扩声系统，作音乐演出时应设舞台声反射罩。可将乐池升到舞台面高度，成为大台唇式舞台。

伸出式舞台：观众席三面围绕舞台，观演关系密切，直达声能较强，常被多用途剧场采用。
剧场一般应有完善的扩声系统。

中心式舞台：观众四面围绕舞台，观众席容量大，可有效组织空间声反射系统，视听条件好。
适宜现代剧，特别适宜音乐演出，但对舞台灯光要求较高。

根据观演关系组织平面、剖面，确定舞台形式；根据表演特点、声源特性确定观众席形式。

（2）观众厅设计

1）观众厅平面设计

传统镜框式舞台适合于各类剧种及音乐演出，配以各种形式的观众厅，成为多用途剧场的一般观演关系。观众厅的平面形式，应根据观众容量、视线平面要求及建筑环境进行组合。各类观众厅的音质特性，如早期反射声及声方向感、直达声与混响声能比混响时间及其频率特性、混响声场扩散，部分性能与观众厅的基本形式有关，部分性能与观众厅音质设计有关；观众厅的音质设计是关键。当自然声不能满足声压级要求或清晰度要求时，一般均设置扩声系统。扩声系统的声源位置、声源升功率、声源指向性与自然声完全不同。扩声系统可以运用多种手段调节音质（如混响、延时、均衡等）在很大程度上改变自然声的音质条件。中小型剧场不宜设楼座、应提高视线差、增强直达声。设楼座的观众厅，应控制楼座及楼座下池座空间的高度与深度的比值。

观众厅平面形式

矩形平面（图 20.1.5-1）

体型简洁，结构简单，观众厅空间规整，侧墙早期反射声声场分布均匀，提高了声音的亲切感和清晰度。当观众厅宽度较大（≥30m）时，观众厅前、中区缺少侧向早期反射声及早期反射声易被观众面吸收，音质效果变差。一般矩形平面，观众视角较正、部分观众视距较远，是中、小型剧场或音乐厅常用的平面形式。窄矩形为音乐厅常用平面；此种平面的剧场，不宜设楼座。

钟形平面（图 20.1.5-1[2]）

保留了矩形平面结构简单和侧向早期反射声均匀的特点，减少了舞台两侧的偏座，并可适当增加视距较远的正座，为一般大、中型剧场常用的平面形式。大型剧场一般增设一、二层楼座。

扇形平面（图 20.1.5-1[3]）

有较好的水平视角和视距条件，可容纳较多的观众，大、中型剧场常采用此种平面。侧墙与中轴线的夹角越小，观众厅中前区越能获得较多的早期反射声。侧墙设计为锯齿形时，有利于侧墙早期反射声声场分布均匀。

多边形平面（图 20.1.5-1[4]）

各种六角形或多边形平面，是在扇形平面的基础上去掉后部偏座席，增设正后座席以改善视觉质量。六角形或多边行平面使早期反射声分布均匀，声场扩散条件较好。为使池座中、前区得到短延时反射声，应控制观众厅宽度和前侧墙张角。

曲线行平面（图 20.1.5-1[5]）

这类平面为对称曲线形，有马蹄形、卵形、椭圆形、圆形及其各种变形。这类平面形式具有较好的视角和视距，观众厅宽度较大时有略多的偏角座位。此类平面，应有良好的音质设计，以避免若干声学缺陷的出现和促使声场扩散。

设楼座平面（图 20.1.5-1[6]）

各种观众厅的平面形式，均可设置楼座，成为大、中型剧场空间观众席的组织形式。剧场设有楼座，可使楼座观众具有较短的视距，能充分利用侧墙的早期反射声能，并可容纳较多观众。设有楼座的观众厅，其宽度不宜过大，以期观众厅前、中部有一定的早期反射声。为增加观众席的容量，可设置二、三层楼座，并可附设侧墙及后墙包厢。包厢的设置，有利于混响声场的扩散。

2）观众厅剖面设计、顶棚设计

观众厅剖面形式与平面形式相适应。当平面形式有明显缺陷时，剖面设计应当予以适当调整。平面、剖面设计应同时进行。剖面形式应与剧场使用要求相适应，特别是音乐厅剖面设计时与平面设计一样具有更大的灵活性。

观众厅顶棚，一般根据自然声源的早期反射声要求与建筑艺术的要求进行设计。大中剧场以电声为主时，须对电声设计时易出现声学缺陷处（如观众厅后墙）调整设计。

多功能厅用自然声演出时，应重视顶棚早期反射声与舞台声反射罩的设计，以形成早期反射声系统。特别是需要较长混响时间的音乐厅，顶棚设计一般采用分层形式（即在观众厅顶棚下加设声学反射面）。

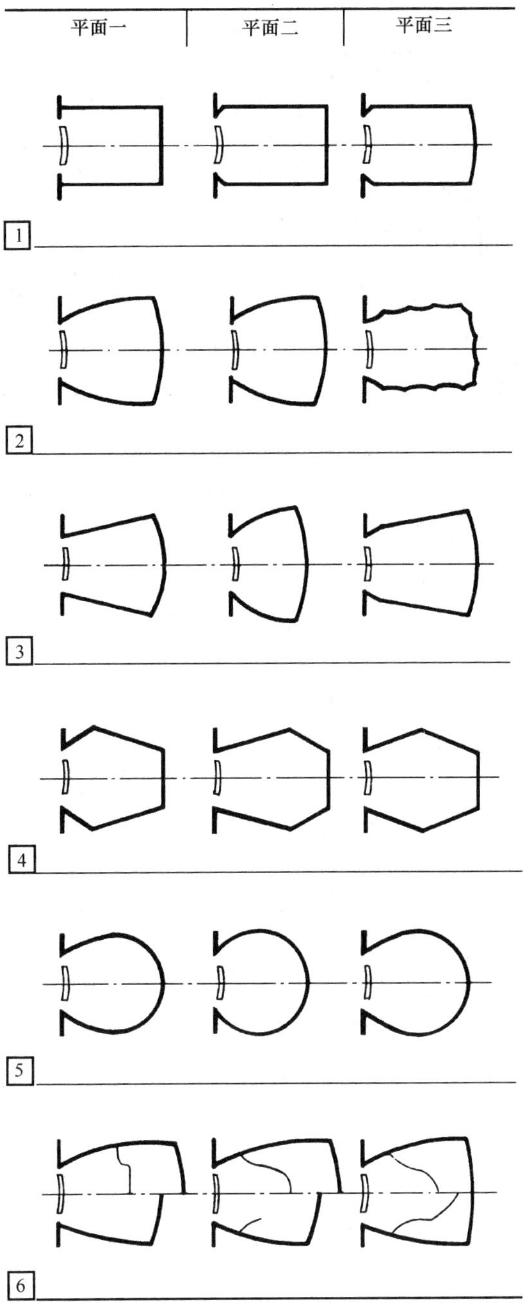
平面一
平面二
平面三
1
2
3
4
5
6
图 20.1.5-1 观众厅平面形式

设置楼座的观众厅，楼座上下层的高深比不宜过小。楼座下空间的高深比≥1∶1.2～1.5；楼座上部空间的高深比不宜小于 1∶2.5。

观众厅剖面形式如图 20.1.5-2。

观众厅剖面形式

跌落式（散座式）剖面（图 20.1.5-2[1]）

在观众席坡度较大的观众厅剖面中，前部或前中部观众席处于栏板围护之中，丰富了观众席的组织形式，改善了前、中区观众席早期声反射条件。为了提高视听质量，观众席的视高差值一般定得较大，栏板也有较大的高度。这类剖面形式，一般被中、小型剧场或多用途剧场采用。

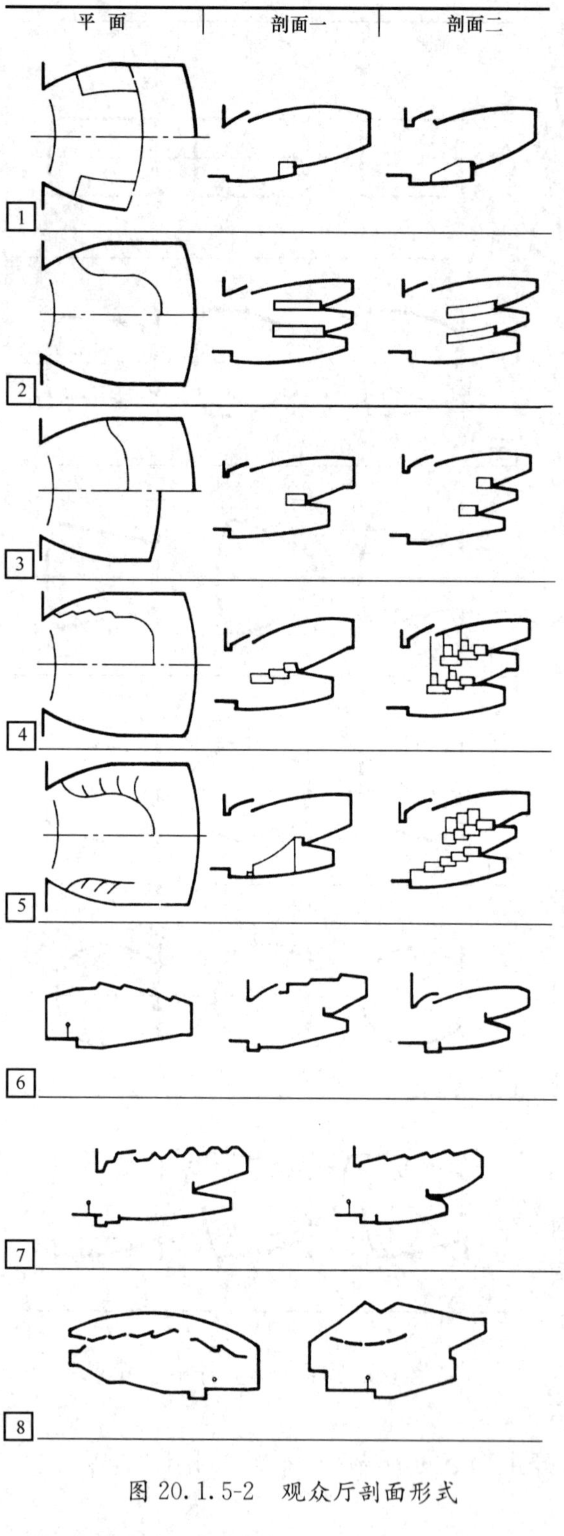
平 面
剖面一
剖面二
1
2
3
4
5
6
7
8

图 20.1.5-2 观众厅剖面形式

沿边挑台式剖面（图 20.1.5-2[2]）

观众席具有一层或多层沿边挑台以增加观众席容量，但偏座或俯角较大的楼座座席较多。这类剖面形式，挑台较浅，挑台下部观众席有较多的直达声和早期反射声以改善音质。大、中型剧场或歌舞剧场多采用此种剖面形式以缩短视距。

挑出式楼座剖面（图 20.1.5-2[2]）

较多剧场采用此类平面。此类剖面大多为单层楼座，有较多正视观众席。增设楼座，可增加观众容量和缩小视距，但易将观众区分成几个空间；应控制楼座上、下空间的高深比以改善视听质量。具有完善扩音系统的观众厅中，扩音系统提高了声音的清晰度，密切了观演关系，改善观演音质。

包厢式楼座剖面（图 20.1.5-2[4]、[5]）

楼座带有包厢或包厢式楼座可丰富观众厅的空间形式、增加观众厅声扩散。包厢内声学设计得当，应与平面共同设计。

观众厅顶棚形式

观众厅顶棚形式是观众厅音质设计、面光桥、观众厅照明及建筑艺术的综合，是音质设计重要的组成部分。

声反射式顶棚（图 20.1.5-2[6]）

根据几何声学早期反射声原理设计顶棚。在以自然声为主的厅堂中，常采用此手法，无楼座剧场易实现。

反射、扩散式顶棚（图 20.1.5-2[7]）

舞台台口前顶棚作早期反射声面，远离台口的观众厅顶棚作声反射、扩散面设计，以改善观众厅的音质。有楼座的观众厅顶棚设计，常采用此形式。

空间声反射体形式（图 20.1.5-2[8]）

在需要混响时间较长、观众厅体积较大的厅堂内，常设置空间反射体（亦称浮云式反射板）以弥补顶棚早期反射声的不足和缩短早期反射声的延迟时间。音乐厅常采用此种形式；现代多用途剧场观众厅也常采用。空间声反射体形式较多，可为观众厅空间设计带来丰富多彩的形式。

3）观众厅视线设计

①视线设计要点：看得见，看得清，看得全，看得舒服。

a 看得见视线要求：观众之间无遮挡；台口前缘无遮挡；栏杆、楼座挑台无遮挡；其他凸

出物无遮挡。（如图 20.1.5-3）

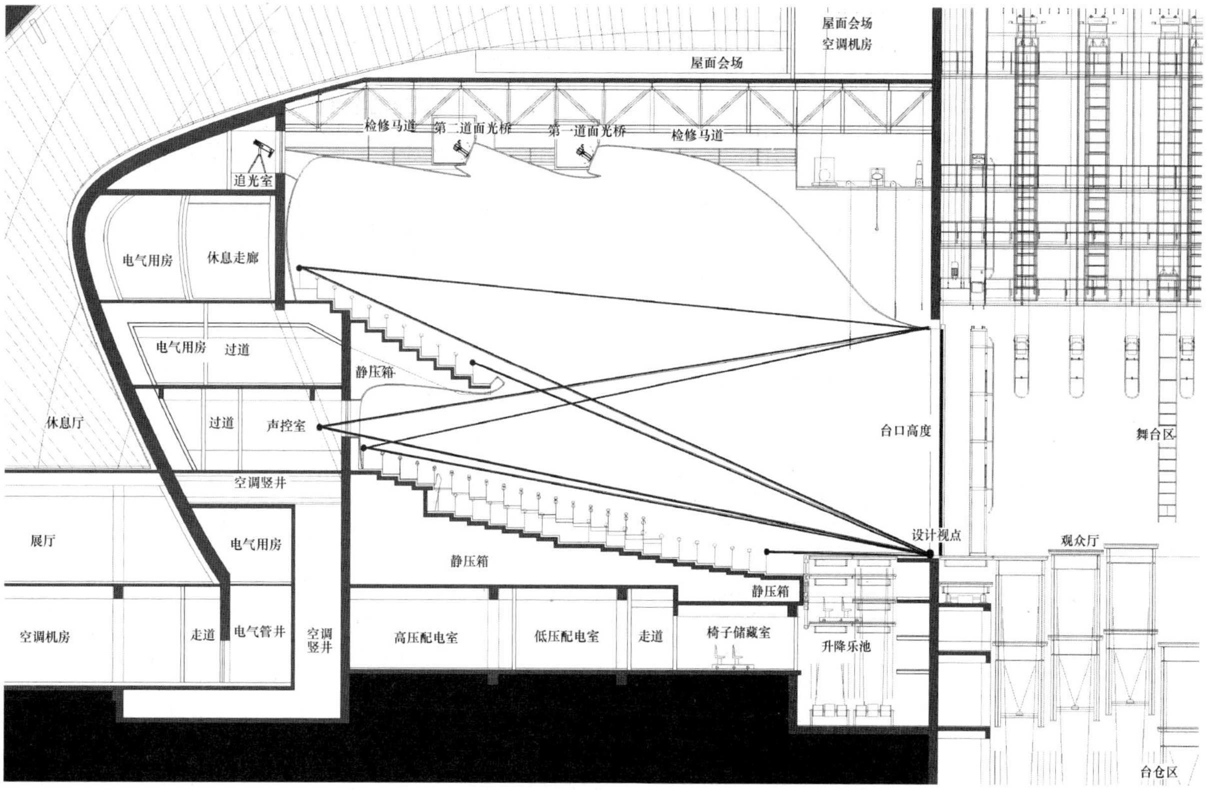
屋面会场
空调机房
屋面会场
检修马道
第二道面光桥
第一道面光桥
检修马道
追光室
电气用房
休息走廊
电气用房
过道
静压箱
休息厅
过道
声控室
台口高度
舞台区
空调竖井
设计视点
展厅
电气用房
静压箱
观众厅
静压箱
空调机房
走道
电气管井
空调
竖井
高压配电室
低压配电室
走道
椅子储藏室
升降乐池
台仓区

图 20.1.5-3

b　看得清视线要求：

正常视力能看到最小尺寸或间距等于视弧上 1′，称谓最小明视角，换算成空间度量，在 33m 处可看清 10mm 的物体。

观众席对视点的最远视距，歌舞剧场不宜超过 33m；话剧、戏剧场不宜大于 28m；岛式舞台剧场不宜大于 20m。

c　看得舒服的视角要求：

一般人的水平视角为 30°～40 °，舒适转动眼球后为 60°，舒适转动头的视野可达 120 °。

一般人的垂直视角 30°（俯角、仰角各 15°），转动眼球后为 60 °。

镜框式舞台观众视线最大俯角，楼座后排不宜大于 20°；

靠近舞台的包厢或边楼座不宜大于 35°；

伸出式、岛式舞台剧场俯角不宜大于 30°；

偏座水平控制角 θ 应在 48°以内。

d　看得全的视线要求：视线设计应使观众能看到舞台面表演区的全部。当受条件限制时，也应使视觉质量不良的座席的观众能看到 80％表演区。以天幕的中心与台口相切的连线的夹角来控制偏座区，应大于 45°。

② 设计视点：根据舞台类型选择设置设计视点。

镜框式舞台视点大幕投影线中点（如图 20.1.5-3 所示），大台唇式、伸出式舞台剧场应按实际需要，将设计视点相应适当外移；岛式舞台视点应选在表演区的边缘或舞台边缘2～3m 处；

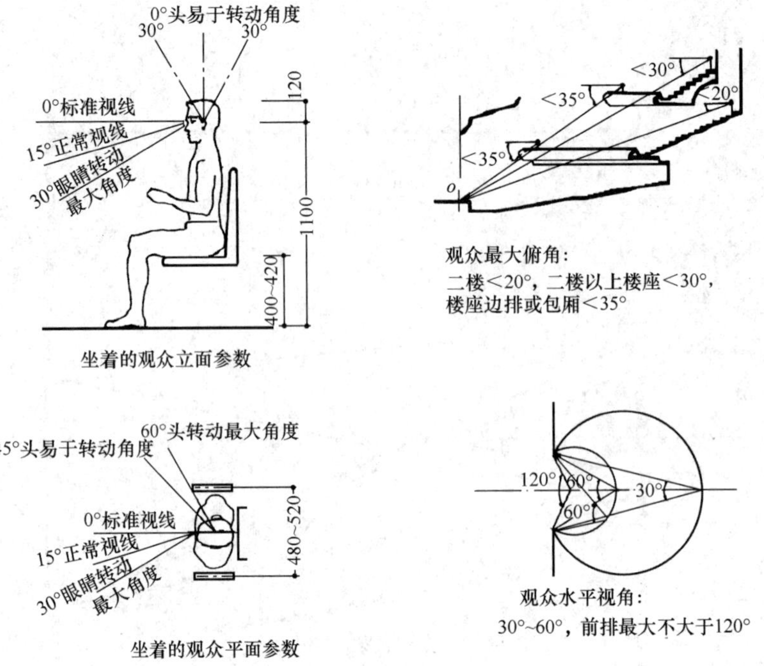
0°头易于转动角度
30°
30°
0°标准视线
15°正常视线
30°眼睛转动最大角度
120
1100
400~420
坐着的观众立面参数
<30°
<35°
20°
<35°
观众最大俯角：
二楼<20°，二楼以上楼座<30°，
楼座边排或包厢<35°
60°头转动最大角度
45°头易于转动角度
0°标准视线
15°正常视线
30°眼睛转动最大角度
480~520
坐着的观众平面参数
120°
60°
30°
60°
观众水平视角：
30°~60°，前排最大不大于120°

图 20.1.5-4

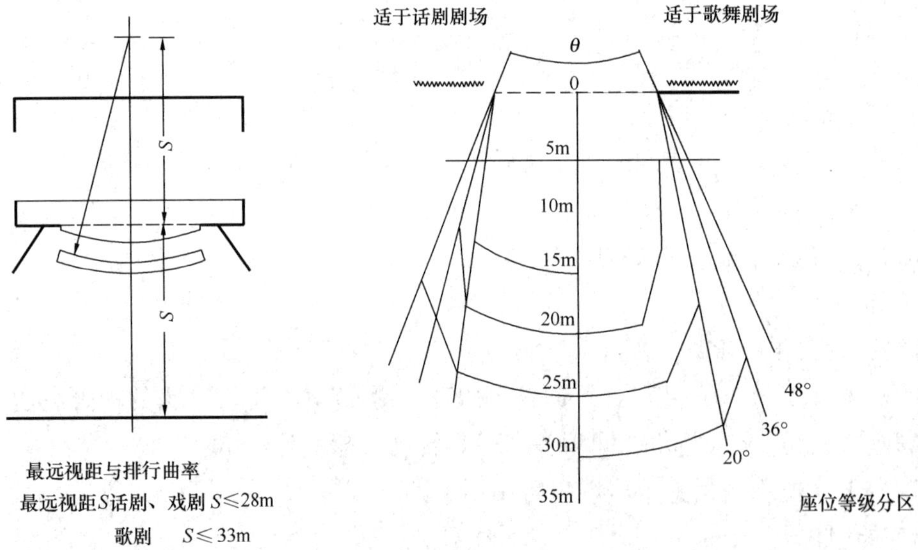
S
S
最远视距与排行曲率
最远视距S话剧、戏剧 S≤28m
歌剧 S≤33m
适于话剧剧场
适于歌舞剧场
θ
0
5m
10m
15m
20m
25m
30m
35m
48°
36°
20°
座位等级分区

图 20.1.5-5

当受条件限制时，设计视点可适当提高，但不得超过舞台面 0.30m；向大幕投影线或表演区边缘后移，不应大于 1.00m。

舞台高度：应小于第一排观众眼高，镜框式台口舞台在 0.6～1.10m 范围，突出式及岛式舞台在 0.15～0.6m 范围。

无障碍视线设计：平行排座，每排升起 0.12m，如图 20.1.5-7(*b*)。

允许部分遮挡设计：错位排座，隔排升起 0.12m，如图 20.1.5-7(*a*)。

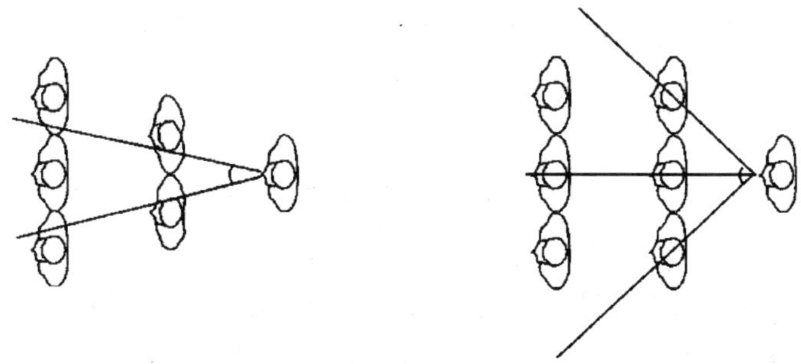

图 20.1.5-6

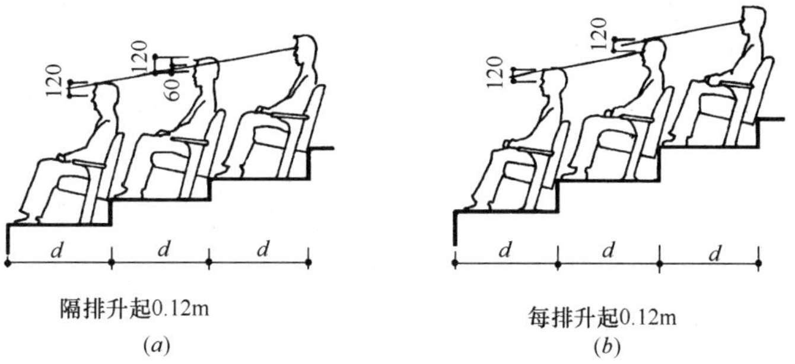
120
120
60
d
d
d
隔排升起0.12m
(a)
120
120
d
d
d
每排升起0.12m
(b)

图 20.1.5-7

③ 地面升级坡度设计：

a　图解法

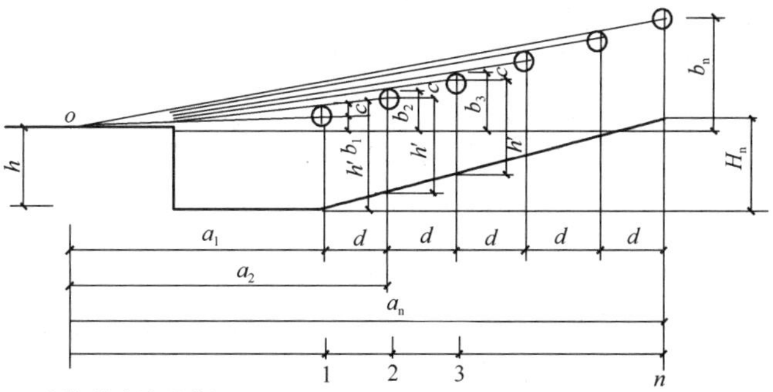

图解法求地面升起

o——设计视点

a——第一排观众眼睛距设计视点距离

a_n——第*n*排观众眼睛距设计视点距离

b_1——第一排观众眼睛与舞台面高差

b_n——第*n*排观众眼高与舞台面高差

h——舞台面高

h'——观众眼睛距地面高差

c——视线升高差=0.12m

d——排距

f——相邻两升起点距离，可等于排距或排距的整倍数

H_n——第*n*排地面与第一排地面高差

b　相似三角形

根据公式 (1)、(2) 逐排计算，列表。

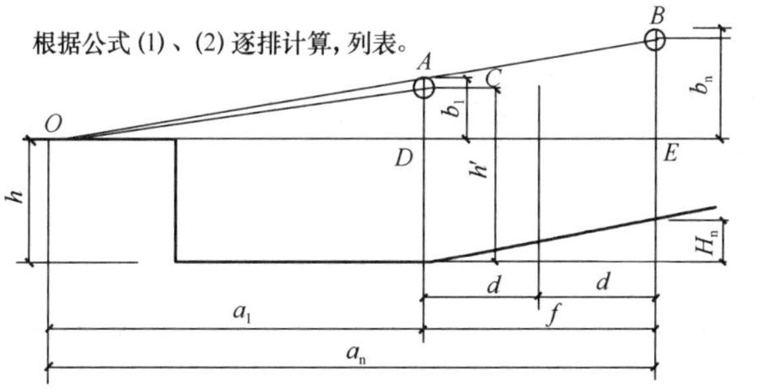

$\triangle OAD \sim \triangle OBE$　$OD:OE=AD:BE$　$a_1:a_2=(b_1+c):b_2$

$b_2=\frac{a_2}{a_1}(b_1+c)$　$b_n=\frac{a_n}{a_{n-1}}(b_{n-1}+c)$ ……………………(1)

$H_n=b_n+h-h'=b_n-b_1$ ……………………(2)

所求排	a_n	$\frac{a_n}{a_{n-1}}=K_n$	$b_n-1+c=P_n$	$K_nP_n=b_n$	$b_n-b_1=H_n$
1	a_1			b_1	$H_1=0$
2	a_2	$\frac{a_2}{a_1}=K_2$	$b_1+c=P_2$	$K_2 \cdot P_2=b_2$	$b_2-b_1=H_2$
3	a_3	$\frac{a_3}{a_2}=K_3$	$b_2+c=P_3$	$K_3 \cdot P_3=b_3$	$b_3-b_2=H_2$
n	a_4	$\frac{a_n}{a_n+1}=K_n$	$b_n+c=P_n$	$K_n \cdot P_n=b_n$	$b_n-b_{n-1}=H_2$

c　其他计算方式：有横通道时升起计算方式、直接求任意排高度计算方式、分组折现法、微积分图解法等。

4）观众厅座椅设计

① 各等级剧院的每座面积详见后表（注大台唇舞台、伸出式舞台、岛式舞台不计入舞台面积）。

② 剧场均应设置有靠背的固定座椅，小包厢座位不超过 12 个时可设活动座椅。座椅扶手中距，硬椅不应小于 0.50m；软椅不应小于 0.55m；VIP 宜用双扶手座椅，中距 0.60m。

③ 座席排距应符合下列规定。

a　短排法：硬椅不应小于 0.80m，软椅不应小于 0.90m，台阶式地面排距应适当增大，椅背到后面一排最突出部分的水平距离不应小于 0.30m；

b　长排法：硬椅不应小于 1.00m；软椅不应小于 1.10m。台阶式地面排距应适当增大，椅背到后面一排最突出部分水平距离不应小于 0.50m；

c　靠后墙设置座位时，楼座及池座最后一排座位排距应至少增大 0.12m。

d　VIP 排距宜 1.05m。

④ 每排座位排列数目应符合下列规定：

a　短排法：双侧有走道时不应超过 22 座，单侧有走道时不应超过 11 座；超过限额时，每增加一座位，排距增大 25mm；

b　长排法：双侧有走道时不应超过 50 座，单侧有走道时不应超过 25 座。

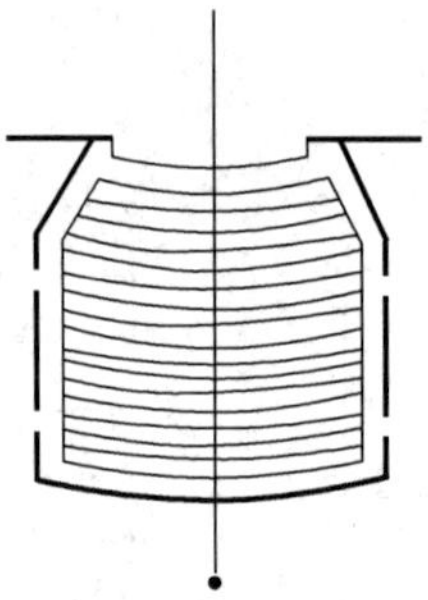
长排法

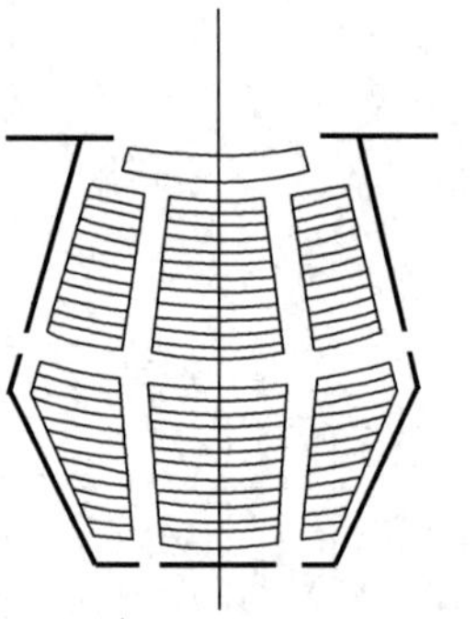
短排法

⑤ 观众席应预留残疾人轮椅座席，座席深应为 1.10m，宽为 0.80m，位置应方便残疾人入席及疏散，并应设置国际通用标志。应设置在出入口附近。

⑥ 走道宽度除应符合计算外，尚应符合下列规定：

a　短排法边走道不应小于 0.80m，纵走道不应小于 1.00m，横走道除排距尺寸以外的通行净宽度不应小于 1.00m；

b　长排法边走道不应小于 1.20m。

⑦ 观众厅纵走道坡度大于 1∶10 时应做防滑处理，铺设的地毯等应为 B1 级材料，并有可靠的固定方式。坡度大于 1∶6 时应做成高度不大于 0.20m 的台阶。

⑧ 座席地坪高于前排 0.50m 时及座席侧面紧临有高差之纵走道或梯步时应设栏杆，栏杆应坚固，不应遮挡视线。

⑨ 楼座前排栏杆和楼层包厢栏杆高度不应遮挡视线，不应大于 0.85m，并应采取措施保证人身安全，下部实心部分不得低于 0.40m。

各类剧种观众厅最大容积表　　表 20.1.5-1

无扩声系统最大容积	
剧场种类	最大允许容积（m^3）
话剧、戏剧场	6000
歌舞剧场	10000
音乐厅（独唱、独奏）	10000
音乐厅（交响乐）	25000

各类剧种观众厅最座体积表　　表 20.1.5-2

观众厅每座容积	
剧场种类	m^3/座
话剧、戏剧场	3.5～5.5
歌舞剧场	4.7～7.0
音乐厅	6.0～10.0

各类剧种混响时间及其频率特性表　　表 20.1.5-3

混响时间及其频率特性							
剧场种类	T60（S）500～1000Hz	125Hz	250Hz	500Hz	1000Hz	2000Hz	4000Hz
话剧场	0.9～1.2	1.0～1.1	1.0	1.0	1.0	1.0	0.9～1.0
戏剧场	1.0～1.4	1.0～1.2	1.0～1.1	1.0	1.0	1.0	0.9～1.0
歌舞剧场	1.2～1.6	1.2～1.5	1.0～1.2	1.0	1.0	0.9～1.0	0.8～1.0
音乐厅	1.5～2.0	1.3～1.5	1.1～1.2	1.0	1.0	0.9～1.0	0.8～1.0

（3）舞台设计

1）舞台种类及组成

箱型舞台：包括台口、台唇、主台、侧台、栅顶、台仓等。个别大型舞台设置后舞台及背投影间。

突出式（半岛式）舞台：突出于观众厅空间，个别附有后台。

岛式（环绕式）舞台：与观众厅在同一个空间内，音乐厅常用舞台形式。

舞台尺度：台口及主台尺度

各类剧种舞台台口与主台尺寸控制表　　表 20.1.5-4

剧种	观众厅容量	台口（m）		主台（m）		
		宽	高	宽	进深	净高
戏曲	500～800	8～10	5.0～6.0	15～18	9～12	12～16
	801～1000	9～11	5.5～6.5	18～21	12～15	13～17
	1001～1200	10～12	6.0～7.0	21～24	15～18	14～18
话剧	600～800	10～12	6.0～7.0	18～21	12～15	14～18
	801～1000	11～13	6.5～7.5	21～24	15～18	15～19
	1001～1200	12～14	7.0～8.0	24～27	18～21	16～20
歌舞剧	1200～1400	12～14	7.0～8.0	24～27	15～21	16～20
	1401～1600	14～16	8.0～10.0	27～30	18～24	18～25
	1601～1800	16～18	10.0～12.0	30～33	21～27	22～30

各类剧种舞台表演区尺寸控制表 **表 20.1.5-5**

剧种	宽（m）	深（m）
歌剧	12～14	12～14
话剧	6～8	6～8
戏剧	8～10	6～10

① 箱型舞台尺寸

a　台口：台口尺寸与演出剧种及观众厅规模有关

话剧台口 A（宽）$=\sqrt{1/10}$ 观众规模

歌舞剧台口 $A_1=A\times1.25$　　h（台口高）$=2/3\sim3/4A$

古典剧场台口宽高比可取 $A:h=1:1.15$

现代剧场口宽高比可取 $A:h=1:2$

b　主台：

深：$D=d_1+d_2+d_3+d_4+d_5$

d_1为台口部分深度；d_2为表演区深度；d_3为远景区深度（一般 3～4m）；d_4为天幕灯光区深度一般（3～4m）；d_5为天幕后深度一般≥1m；

宽：$W=2A$ 舞台面宽 $W=b_1+2b_2+2b_3$

b_1为表演区宽；b_2为边幕宽 2～3m；b_3为工作区宽 3～4m；

高：H（舞台台面至栅顶下皮高度）$=2h+2\sim4$m，当台深较大时 $H=2.5\sim3h$；

H 在甲等剧场不应小于台口高度的 2.5 倍；乙等剧场不应小于台口高度的 2 倍加 4.00m；丙等剧场不应小于台口高度的 2 倍加 2.00m。

② 突出式舞台：梯形、半圆形、多边形，舞台可设台阶至观众厅。舞台面积 50～100m²。

③ 环绕式（岛式）舞台：方形、圆形、多边形。音乐厅适用。

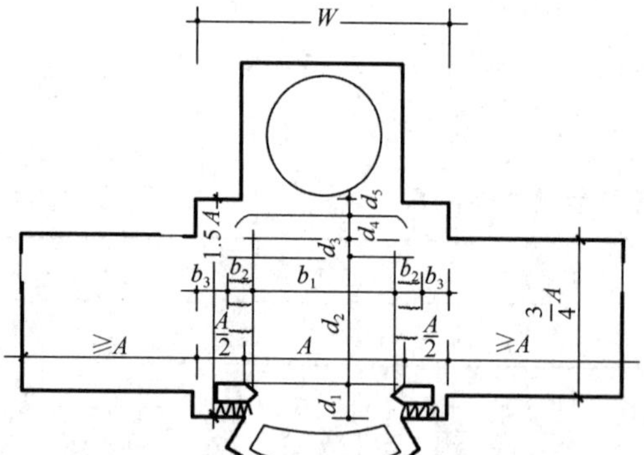
W
1.5A
d5
d4
d3
b3
b2
b1
d2
A/2
≥A
A
3/4 A
d1

箱型舞台平面

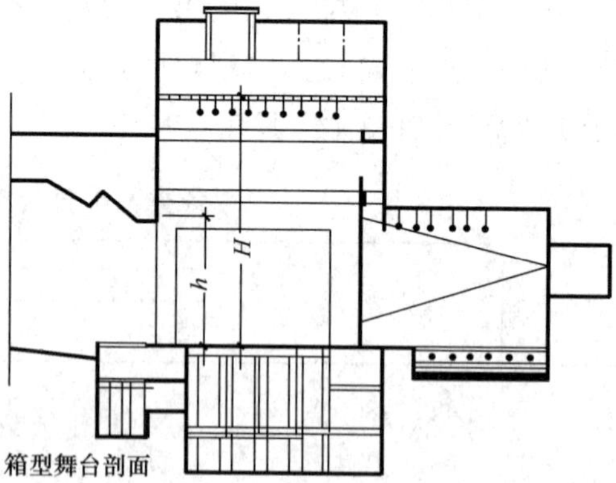
H
h

箱型舞台剖面

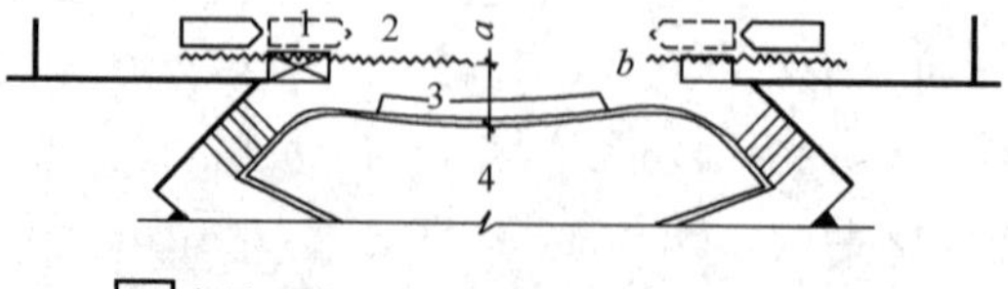
2
a
b
3
4

4 台唇平面

a 大幕线至台唇边最远距离
b 大幕线至台唇边最近距离

1 假 台 口　　2 大 幕
3 脚光灯槽　　4 乐 池

2）台唇、侧台

①台口线至台唇边缘距离 $b \geqslant 1.2$m；大台唇与耳台最窄处宽度≥1.5m；台唇应做木地板。

②侧台位于主台两侧或单侧，每个侧台面积≥1/3 主台面积；侧台宽度＝3/4A（台口宽）。

设置车台时侧台宽＝车台长＋4～5m；侧台深＝车台总宽＋8～10m；侧台风管底标高≥6～7m。侧台门净宽≥2.4m；净高≥3.6m。严寒和寒冷地区的侧台外门应设保温门斗，门外应设装卸平台和雨篷；当条件允许时，门外宜做成坡道。

两个侧台的总面积：甲等剧场不得小于主台面积的 1/2；乙等剧场不得小于主台面积的 1/3；丙等剧场不得小于主台面积的 1/4。设有车台的侧台，其面积除满足车台停放外，还应有存放和迁换景物的工作面积，其面积不宜小于车台面积的 1/3。

侧台与主台间的洞口净宽：甲等剧场不应小于 8.00m；乙等剧场不应小于 6.00m；丙等剧场不应小于 5.00m；侧台与主台间的洞口净高：甲等剧场不应小于 7.00m；乙等剧场不应小于 6.00m；丙等剧场不应小于 5.00m；设有车台的侧台洞口净宽，除满足车台通行宽度外，两边最少各加 0.60m；甲等剧场的侧台与主台之间的洞口宜设防火幕。

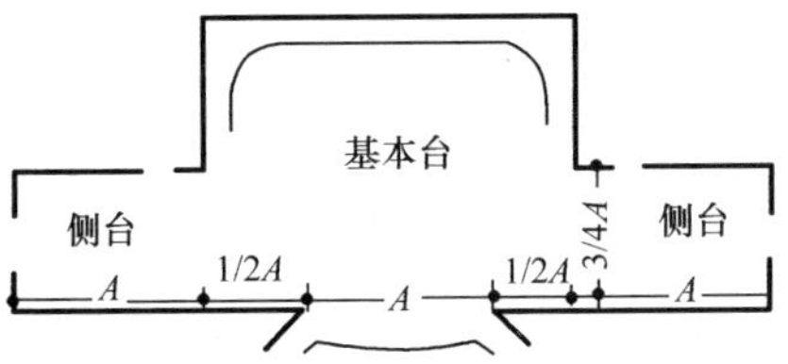
基本台
侧台
侧台
1/2A
1/2A
3/4A
A
A
A

有侧台的舞台平面

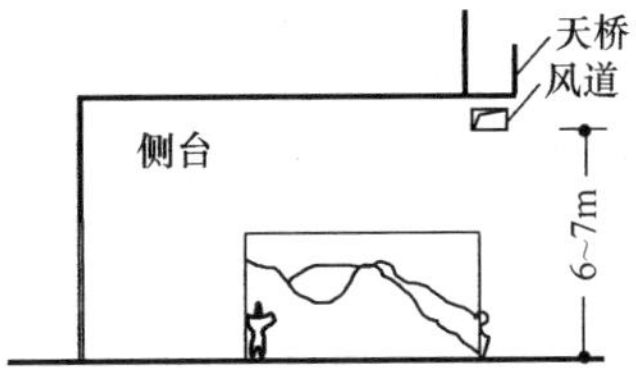
天桥
风道
侧台
6~7m

侧台剖面示意

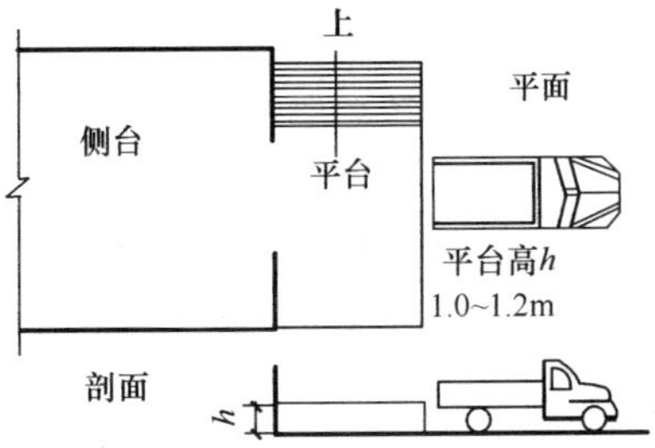
上
侧台
平台
平面
平台高h
1.0~1.2m
剖面
h

侧台装卸平台示意

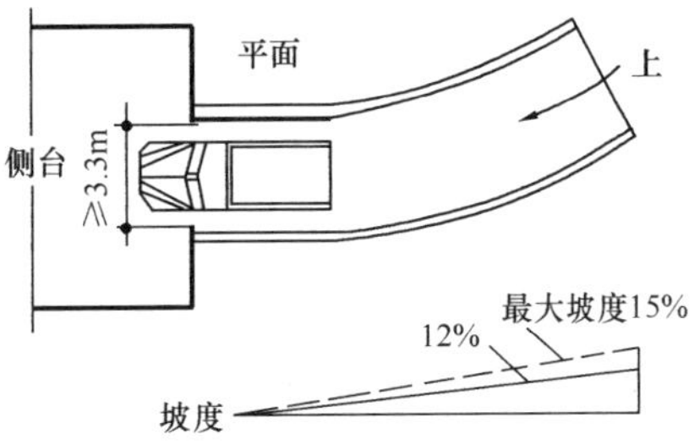
平面
上
侧台
≥3.3m
最大坡度15%
12%
坡度

侧台汽车坡道示意

③ 后舞台：大型舞台做延伸景区使用，也可存放车台、气垫车台或薄型转台使用。

后舞台与主台之间的洞口宜设防火隔声幕；设有车载转台的后舞台洞口净宽，除满足车载转台通行外，两边最少各加 0.60m。洞口净高应与台口高度相适应；没有车载转台的后舞台，其面积除满足车载转台停放外，还应有存放和迁换景物的工作面积，其面积不宜小于车载转台面积的 1/3。

④ 背投放映间：大型主舞台后，与天幕之间距离≥有效放映宽度的 2/3。

⑤ 舞台地板：古典区舞台 3%～5%坡向观众厅，仅京剧舞台地板下加设榆木弓子。双层木地板厚度≥5cm；

3）天桥、栅顶、假台口、吊杆、幕

① 天桥

沿舞台两侧及后墙布置，一般舞台 2～3 层，大型舞台 5～6 层，最上层天桥距离栅顶 3m。侧天桥宽度 1.2m；后天桥为联系两侧天桥使用，宽度 0.6～0.8m。天桥应为不燃材料，下部翻起

0.1～0.15m踢脚，防坠物。天桥垂直交通不得采用垂直爬梯。大型舞台映射电梯至栅顶。舞台面至第一层天桥有配重块升降的部位应设护网，护网构件不得影响配重块升降，护网应设检修门。

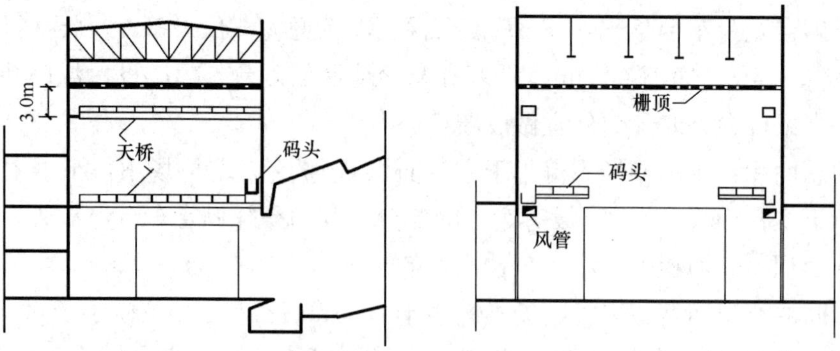
3.0m
天桥
码头
栅顶
码头
风管

天桥布置　a 纵剖面　b 横剖面

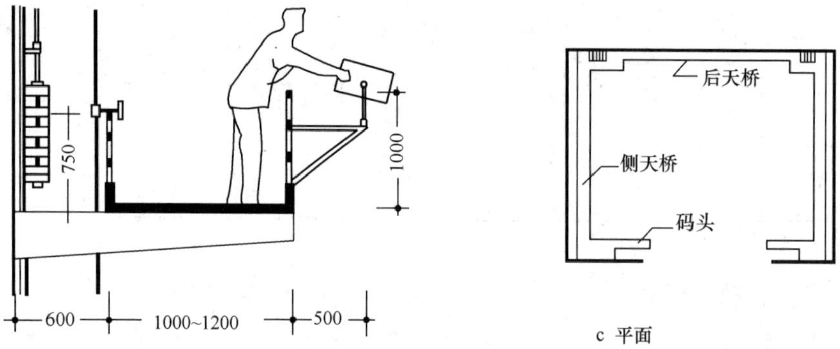
750
1000
600
1000~1200
500
后天桥
侧天桥
码头

c 平面

② 栅顶

使用不燃材料，如轻钢。工作层高度≥1.8m；栅顶构造要便于检修舞台悬吊设备，栅顶的缝隙除满足悬吊钢丝绳通行外，不应大于30mm；由主台台面去栅顶的爬梯如超过2.00m以上，不得采用垂直铁爬梯。甲、乙等剧场上栅顶的楼梯不得少于2个，有条件的宜设工作电梯，电梯可由台仓通往各层天桥直达栅顶；丙等剧场如不设栅顶，宜设工作桥，工作桥的净宽不应小于0.60m，净高不应小于1.80m，位置应满足工作人员安装、检修舞台悬吊设备的需要。

③ 假台口

调节台口大小的设备，并可设置舞台照明。支撑结构为钢框架，面板为不燃材料。

4）转台、车台、升降台

5）乐池

歌舞剧场舞台必须设乐池，其他剧场可视需要而定。甲等剧场乐池面积不应小于80.00m^2；乙等剧场乐池面积不应小于65.00m^2；丙等剧场乐池面积不应小于48.00m^2。乐池开口进深不应小于乐池进深的2/3。乐池进深与宽度之比不应小于1∶3。

乐池地面至舞台面的高度，在开口位置不应大于2.20m，台唇下净高不宜低于1.85m。

乐池两侧都应设通往主台和台仓的通道，通道口的净宽不宜小于1.20m，净高不宜小于2.00m。乐池可做成升降乐池。

乐池面积按容纳人数计算，乐队每人所占面积≥1m^2，合唱队每人≥0.25m^2。

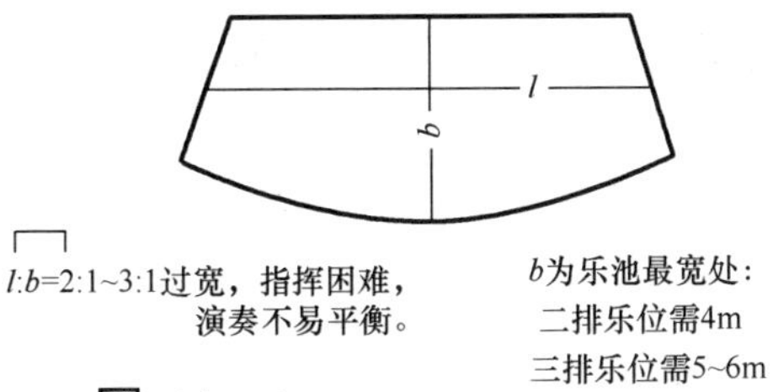
l
b
l:b=2:1~3:1过宽，指挥困难，
演奏不易平衡。
b为乐池最宽处：
二排乐位需4m
三排乐位需5~6m

1 乐池平面

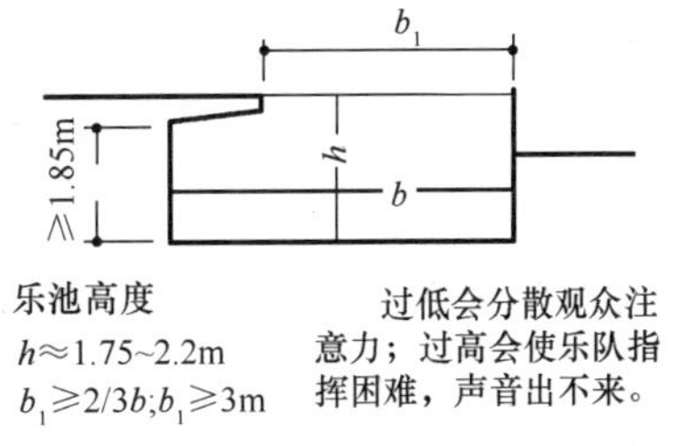
b1
≥1.85m
h
b
乐池高度
h≈1.75~2.2m
b1≥2/3b;b1≥3m
过低会分散观众注
意力；过高会使乐队指
挥困难，声音出不来。

2 乐池剖面

乐池面积指标表 **表 20.1.5-6**

规模及用途	乐队及合唱队 一般人数	面积（m^2）
一般大中型多 用途剧场	双管乐队/45 人 合唱队/30 人	55～60
1800 座大型 歌舞剧场	三管乐队/60 人 合唱队/30 人	75～80
特大型剧场	特殊编制乐队/120 人	100～120
话剧或音乐剧		35～40

注：一般乐队≥$1m^2$/人；合唱队≥$0.25m^2$/人。

6）舞台照明

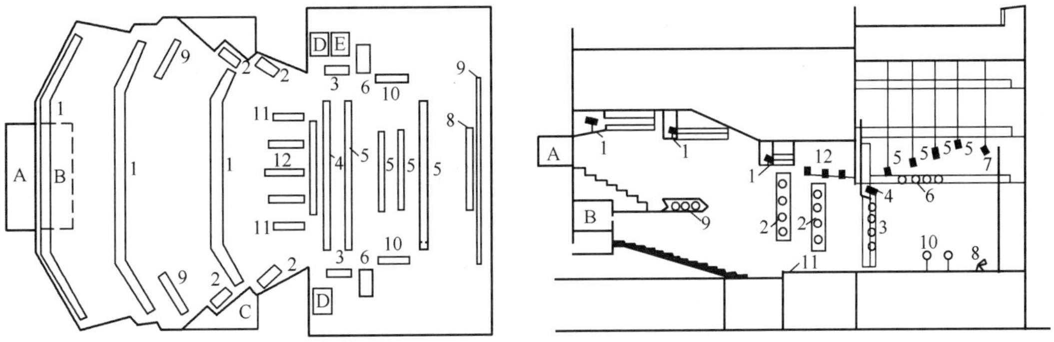
A
B
C
D
E
1
2
3
4
5
6
7
8
9
10
11
12

a 平面　　b 剖面

I 舞台灯光布置

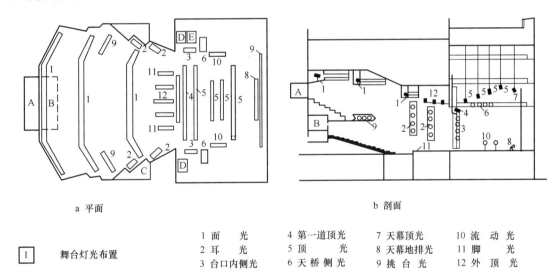

1 面　光　　4 第一道顶光　　7 天幕顶光　　10 流　动　光
2 耳　光　　5 顶　光　　8 天幕地排光　　11 脚　光
3 台口内侧光　　6 天 桥 侧 光　　9 挑 台 光　　12 外 顶 光

① 面光桥应符合下列规定：

a 第一道面光桥的位置，应使光轴射到台口线与台面的夹角为45°～50°，射至表演区中心为30°～45°。

b 第二道面光桥的位置，应使光轴射到大台唇边沿或升降乐池前边沿与台面的夹角为50°。

c 面光桥除灯具所占用的空间外，其通行和工作宽度：甲等剧场不得小于1.20m；乙、丙等剧场不得小于1.00m。

d 面光桥的通行高度，不应低于2.00m；射光口0.8～1.2m，设防坠落金属保护网。

e 面光桥的长度不应小于台口宽度，下部应设50mm高的挡板，灯具的射光口净高不应小于0.80m，也不得大于1.00m。

f 射光口必须设金属护网，固定护网的构件不得遮挡光柱射向表演区；护网孔径宜为35～45mm，铅丝直径不应大于1.0mm。

g　面光桥挂灯杆的净高宜为1.00m。两排挂灯杆的位置由舞台工艺确定。

h　甲等剧场可根据需要设第三道或第四道面光桥，乙、丙等剧场，如未设升降乐池，面光桥可只设1道。

i　面光桥应有与耳光室、天桥、灯控室相连的便捷通道。

② 耳光室应符合下列规定：

a　耳光光轴应能射至表演区中心线的2/3处或大幕后6m处。

b　第一道耳光室位置应使灯具光轴经台口边沿，射向表演区的水平投影与舞台中轴线所形成的水平夹角不应大于45°，并应使边座观众能看到台口侧边框，不影响台口扬声器传声。

c　耳光室宜分层设置，第一层底部应高出舞台面2.50m。

d　耳光室每层净高不应低于2.10m，射光口净宽：甲、乙等剧场不应小于1.20m，丙等剧场不应小于1.00m。

e　射光口应设不反光的金属护网。

f　甲等剧场可根据表演区前移的需要，设2道或3道耳光室；乙、丙等剧场当未设升降乐池时，可只设1道耳光室。

③ 追光室应符合下列规定：

追光室应设在楼座观众厅的后部，左右各1个，面积不宜小于8.00m²，进深和宽度均不得小于2.50m；追光室射光口的宽度、高度及下沿距地面距离应根据选用灯型进行计算；追光室的室内净高不应小于2.20m，室内应设置机械排风；甲等剧场应设追光室；乙、丙等剧场当不设追光室时，可在楼座观众厅后部或其他合适的位置预留追光电源。

④ 调光柜室应符合下列规定：

a　调光柜室应靠近舞台，其面积应与舞台调光回路数量相适应，甲等剧场不得小于30m²；乙等剧场不得小于25m²；丙等剧场不得小于20m²。

b　调光柜室室内净高不得小于2.50m，室内要有良好的通风。

⑤ 舞台侧光可安装在一层侧天桥上，舞台宽度在24m以上的甲、乙等剧场。

⑥ 不设假台口的丙等剧场应在台口两侧设置柱光架。

20.1.6　后台设计

功能布置图

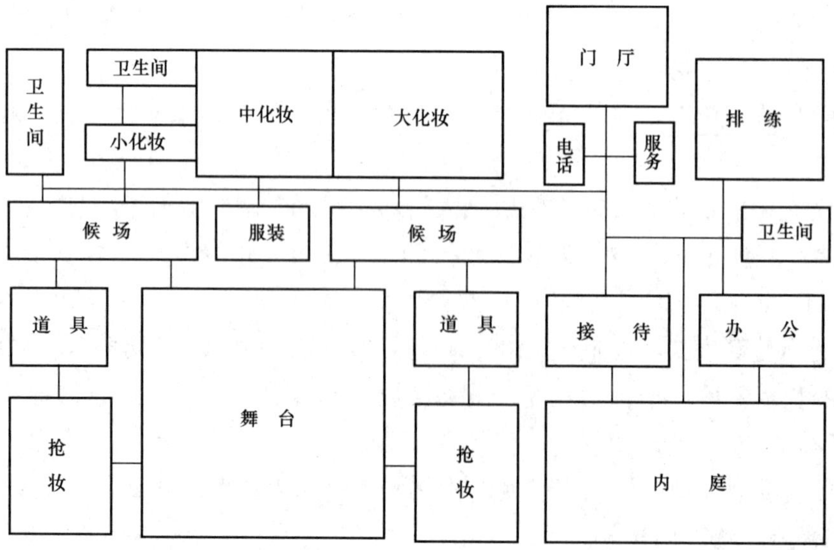
门　厅
卫生间
卫生间
中化妆
大化妆
小化妆
电话
服务
排　练
候　场
服装
候　场
卫生间
道　具
道　具
接　待
办　公
舞　台
抢妆
抢妆
内　庭

20.1.6.1 化妆室配置要求

化妆室面积指标表 **表 20.1.6-1**

类别		规模	人数	面积（m^2）	间数	总面积（m^2）	总人数	卫生间（m^2/间）
歌剧舞剧	甲等	小化妆室	1～2	12	6～10	72～120	6～20	4.5～5.0
		中化妆室	4～8	16～20	6～10	96～200	21～80	
		大化妆室	10～20	24～30	6～10	144～300	60～200	
		总计			18～30	312～620	90～300	
	乙等	小化妆室	1～2	12	2～4	24～48	2～8	
		中化妆室	4～8	16～20	4～8	64～160	16～64	
		大化妆室	10～20	24～30	6～8	144～240	60～160	
		总计			12～20	232～448	78～232	
	丙等	中化妆室	4～8	16～20	2～4	32～80	8～32	
		大化妆室	10～20	24～30	4～6	96～180	40～120	
		总计			6～10	128～260	48～150	
话剧戏剧	甲等	小化妆室	1～2	12	4	24～48	2～8	
		中化妆室	4～6	16	2～4	32～64	8～24	
		大化妆室	10	24	2～4	48～96	20～40	
		总计			8～12	104～203	30～74	
	乙等	小化妆室	1～2	12	2	24	2～4	
		中化妆室	4～6	16	2～4	32～64	8～24	
		大化妆室	10	24	2～4	48～96	20～40	
		总计			6～10	104～184	30～68	
	丙等	中化妆室	4～6	16	2	32	8～12	
		大化妆室	10	24	2～4	48～96	20～40	
		总计			2～6	80～128	28～52	

20.1.6.2 服装、道具、储存、制作

（1）服装室应按男女比例设置。门净宽≥1.2m；净高≥2.4m。

（2）大道具室靠近主台及侧台。门净宽≥2.0m；净高≥2.4m。

（3）小道具室应布置在演员上下门旁，室内应设置小道具柜及盥洗盆。

（4）候场室（区域）布置在演员出场口，门净宽≥1.5m；净高≥2.4m。

（5）抢妆室宜设置在主台两侧，室内应有盥洗盆，门缝不得漏光。

（6）后台跑场道应与舞台地面平齐，门洞净宽≥2.1m；净高≥2.7m。

道具室面积、间数参照表。

道具室配置表　　表 20.1.6-2

<table>
<tr><th>名称</th><th>间数</th><th colspan="2">面积（m^2）</th><th>总面积（m^2）</th></tr>
<tr><td rowspan="2">小道具室</td><td rowspan="2">2</td><td>左</td><td>4～8</td><td rowspan="2">12～20</td></tr>
<tr><td>右</td><td>8～12</td></tr>
<tr><td rowspan="2">大道具室</td><td rowspan="2">2</td><td>左</td><td>15～30</td><td rowspan="2">25～50</td></tr>
<tr><td>右</td><td>10～20</td></tr>
<tr><td colspan="4">合计</td><td>37～70</td></tr>
</table>

服装室面积、间数参照表。

服装间室配置表　　表 20.1.6-3

<table>
<tr><th>剧种</th><th>名称</th><th>面积（m^2）</th><th colspan="2">间数</th><th>总面积（m^2）</th></tr>
<tr><td rowspan="5">歌剧舞剧</td><td rowspan="2">小服装室</td><td rowspan="2">12～20</td><td>男</td><td>1～2</td><td rowspan="2">24～80</td></tr>
<tr><td>女</td><td>1～2</td></tr>
<tr><td rowspan="2">大服装室</td><td rowspan="2">24～35</td><td>男</td><td>1～2</td><td rowspan="2">48～140</td></tr>
<tr><td>女</td><td>1～2</td></tr>
<tr><td colspan="2">合计</td><td colspan="2">4～8</td><td>72～220</td></tr>
<tr><td rowspan="5">话剧戏剧</td><td rowspan="2">小服装室</td><td rowspan="2">12～16</td><td>男</td><td>1～2</td><td rowspan="2">24～64</td></tr>
<tr><td>女</td><td>1～2</td></tr>
<tr><td rowspan="2">大服装室</td><td rowspan="2">20～24</td><td>男</td><td>1～2</td><td rowspan="2">40～90</td></tr>
<tr><td>女</td><td>1～2</td></tr>
<tr><td colspan="2">合计</td><td colspan="2">4～8</td><td>64～160</td></tr>
</table>

20.1.7 排练厅

（1）歌剧、话剧排练厅尺寸应与表演区相近。排练厅高度≥6.0m；门净宽≥1.5m；净高≥3.0m；墙面顶棚应做音质设计，考虑不同频率的吸声处理。

（2）大中型舞剧排练厅尺寸应与表演区相近。一侧墙面设置通长镜子，高度大于 2m，墙上设置墙裙及练功用扶手，地面使用木地板或弹性地板。

（3）合唱、乐队排练厅，地面常为台阶式。

（4）小排练室面积 12～20m^2，隔声良好，门宽不小于 1.2m。

（5）戏曲练功房，练功用地毯与表演区地毯相同。室内净高不小于 6m。

20.1.8 防火及疏散

（1）建筑防火

1）甲等及乙等的大型、特大型剧场舞台台口应设防火幕。超过 800 个座位的特等、甲等剧场及高层民用建筑中超过 800 个座位的剧场舞台台口宜设防火幕。

2）舞台主台通向各处洞口均应设甲级防火门，或按规定设置水幕。

3）舞台与后台部分的隔墙及舞台下部台仓的周围墙体均应采用耐火极限不低于 2.5h 的不燃烧体。

4）舞台（包括主台、侧台、后舞台）内的天桥、渡桥码头、平台板、栅顶应采用不燃烧体，耐火极限不应小于 0.5h。

5）变电间之高、低压配电室与舞台、侧台、后台相连时，必须设置面积不小于 $6m^2$ 的前室，并应设甲级防火门。

6）甲等及乙等的大型、特大型剧场应设消防控制室，位置宜靠近舞台，并有对外的单独出入口，面积不应小于 $12m^2$。

7）观众厅吊顶内的吸声、隔热、保温材料应采用不燃材料。观众厅（包括乐池）的顶棚、墙面、地面装修材料不应低于 A1 级，当采用 B1 级装修材料时应设置相应的消防设施。

8）剧场检修马道应采用不燃材料。

9）观众厅及舞台内的灯光控制室、面光桥及耳光室各界面构造均采用不燃材料。

10）舞台上部屋顶或侧墙上应设置通风排烟设施。当舞台高度小于 12m 时，可采用自然排烟，排烟窗的净面积不应小于主台地面面积的 5%。排烟窗应避免因锈蚀或冰冻而无法开启。在设置自动开启装置的同时，应设置手动开启装置。当舞台高度等于或大于 12m 时，应设机械排烟装置。

11）舞台内严禁设置燃气加热装置，后台使用上述装置时，应用耐火极限不低于 2.5h 的隔墙和甲级防火门分隔，并不应靠近服装室、道具间。

12）当剧场建筑与其他建筑合建或毗连时，应形成独立的防火分区，以防火墙隔开，并不得开门窗洞；当设门时，应设甲级防火门，上下楼板耐火极限不应低于 1.5h。

13）机械舞台台板采用的材料不得低于 B1 级。

14）舞台所有布幕均应为 B1 级材料。

（2）人员疏散

1）观众厅出口应符合下列规定；

a 出口均匀布置，主要出口不宜靠近舞台；楼座与池座应分别布置出口。

b 楼座至少有两个独立的出口，不足 50 座时可设一个出口。楼座不应穿越池座疏散。当楼座与池座疏散无交叉并不影响池座安全疏散时，楼座可经池座疏散。

2）观众厅出口门、疏散外门及后台疏散门应符合下列规定：

a 应设双扇门，净宽不小于 1.40m，向疏散方向开启。

b 紧靠门不应设门槛，设置踏步应在 1.40m 以外。

c 严禁用推拉门、卷帘门、转门、折叠门、铁栅门。

d 宜采用自动门闩，门洞上方应设疏散指示标志。

3）观众厅外疏散通道应符合下列规定：

a 坡度：室内部分不应大于 1∶8，室外部分不应大于 1∶10，并应加防滑措施，室内坡道采用地毯等不应低于 B1 级材料。为残疾人设置的通道坡度不应大于 1∶12。

b 地面以上 2m 内不得有任何突出物。不得设置落地镜子及装饰性假门。

c 疏散通道穿行前厅及休息厅时，设置在前厅、休息厅的小卖部及存衣处不得影响疏散的畅通。

d 疏散通道的隔墙耐火极限不应小于 1.00h。

e 疏散通道内装修材料：顶棚不低于 A 级，墙面和地面不低于 B1 级，不得采用在燃烧时产生有毒气体的材料。

f 疏散通道宜有自然通风及采光；当没有自然通风及采光时应设人工照明，超过 20m 长时应采用机械通风排烟。

4）主要疏散楼梯应符合下列规定：

a　踏步宽度不应小于0.28m，踏步高度不应大于0.16m，连续踏步不超过18级，超过18级时，应加设中间休息平台，楼梯平台宽度不应小于梯段宽度，并不得小于1.10m；

b　不得采用螺旋楼梯，采用扇形梯段时，离踏步窄端扶手水平距离0.25m处踏步宽度不应小于0.22m，宽端扶手处不应大于0.50m，休息平台窄端不小于1.20m；

c　楼梯应设置坚固、连续的扶手，高度不应低于0.85m。

5）后台应有不少于两个直接通向室外的出口。

6）乐池和台仓出口不应少于两个。

7）舞台天桥、栅顶的垂直交通，舞台至面光桥、耳光室的垂直交通应采用金属梯或钢筋混凝土梯，坡度不应大于60°，宽度不应小于0.60m，并有坚固、连续的扶手。

8）剧场与其他建筑合建时应符合下列规定：

a　观众厅应建在首层或第二、三层；

b　出口标高宜同于所在层标高；

c　应设专用疏散通道通向室外安全地带。

9）疏散口的帷幕应采用难燃材料。

10）室外疏散及集散广场不得兼作停车场。

20.1.9　各等级剧院建设标准

表 20.1.9

剧院等级	特等	甲等	乙等	丙等
总用地指标（m^2/座）		5～6	3～4	2～3
前厅面积（m^2/座）		0.3	0.2	0.18
休息厅（m^2/座）		0.3	0.2	0.18
前厅与休息厅合并设置时（m^2/座）		0.5	0.3	0.25
观众厅面积（m^2/座）		0.8	0.7	0.6
主台净高（m）		台口高度2.5倍	台口高度2倍+4m	台口高度2倍+2m
主台天桥层数（层）		≥3	≤2	
两个侧台总面积（m^2）		≥主台面积1/2	≥主台面积1/3	≥主台面积1/4 可接受一个侧台
侧台与主台间的洞口净宽（m）		8	6	5
侧台与主台间的洞口净高（m）		7	6	5
防火幕设置		主侧台间洞口宜设置	—	—
（大型及特大型剧院）台口防火幕		应设	应设	—
（中型规模多层高层剧院）台口防火幕	宜设	宜设	—	—
乐池面积（m^2）		80	65	48
面光桥数量（条）		3～4	如未设升降乐池，可只设1道面光桥	
面光桥通行工作宽度（m）		≥1.2	≥1.0	
耳光室数量（个）		2～3	如未设升降乐池，可只设1个耳光室	
追光室		应设	不设，可在观众厅后部预留电源	
调光柜室面积（m^2）		≥30	≥25	≥20

续表

剧院等级	特等	甲等	乙等	丙等
功放室面积（m^2）		≥12	≥10	≥8
大中小化妆间数量（个）		≥4	≥3	≥2
大中小化妆间总面积（m^2）		≥200	≥160	≥110
服装间总数量（个）		≥4	≥3	≥2
服装间总面积（m^2）		≥160	≥100	≥64
（大型、特大型剧场）消防控制室		应设，独立出口，面积≥12m^2		
观众席背景噪声评价曲线		≤NR25	≤NR30	≤NR35
观众厅、舞台、化妆室、VIP 设置空调		应设	炎热地区宜设	

特等根据具体情况确定标准。

20.2 多 厅 影 院

20.2.1 分类

多厅影院档次分类宜按电影院星级评定标准中一星至五星进行分类，一般对于新建多厅影院不低于三星级标准。

影院规模分类表　　表 20.2.1-1

分类	总座位数（个）	观众厅数量（个）
特大型	>1800	大于 11
大型	1201～1800	8～10
中型	701～1200	5～7
小型	≤700	>4

（1）观众厅规模

观众厅的座位及面积指标。

观众厅座位及面积表　　表 20.2.1-2

厅型	座位数（个）	面积数（m^2）
IMAX	≥300	≥400
大型	200～300	320～400
中厅	100～200	250～320
小厅	60～100	180～250
VIP	10～20	≤120

（2）场地面积

多厅影院总面积一般以 2.0～2.5m^2/座，其中门厅 0.4～0.5m^2/座。停车泊位按 6～8 个/100 座。其他配套设置的观众人数计算，当按多厅总席位数一定比例（70%～40%）进行折减计算。厅数越多折减比例越大。

20.2.2 观众厅平面类型及组合形式

(1) 观众厅平面类型

1) 矩形平面

应用最广平面形式，结构简单、声能分布均匀、声音的还原度及清晰度高，适用于中小型观众厅，进深不宜大于30m，长度与宽度的比例宜为 (1.5±0.2)∶1。

2) 钟形平面

形体简单、声场均匀，适用于大中型观众厅。

3) 扇形平面

扇形平面在相同面积下座席容量较大，能够保证绝大部分座位的水平视角与视距要求，适用于大中型观众厅。

4) 楔形平面

结合了扇形与矩形平面的优点，大中小厅均适用。当前部斜墙倾角在5°～8°时，绝大部分观众可获得良好视觉及听觉条件。

5) 曲形平面

包括马蹄形、圆形、椭圆形及其他不规则曲线形成的观众厅，此类观众厅视距有较佳控制条件，但易造成室内声场分布不均匀，使用时应慎重。

(2) 观众厅组合形式

1) 水平式布局 (平层布局)

① 并列式组合

观众厅以纵轴 (与银幕垂直) 并列呈带状平行布置且与进场通道平行布置。

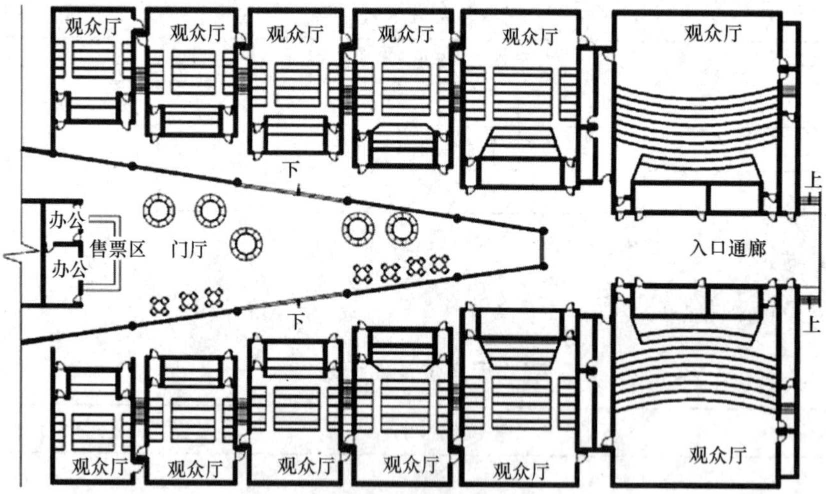
观众厅
观众厅
观众厅
观众厅
观众厅
观众厅
下
上
办公
售票区
门厅
入口通廊
办公
下
上
观众厅
观众厅
观众厅
观众厅
观众厅
观众厅

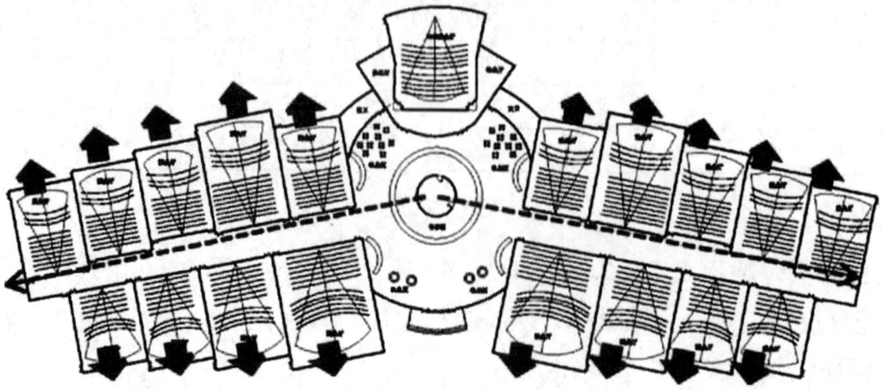

并列式组合优势可利用进入观众厅通道上方的空间作为放映间使用，利用空间较为集约。但对层高的要求较高。

② 集约式组合

适用于不规则空间，不能形成较为集中的观影区域及放映区域。

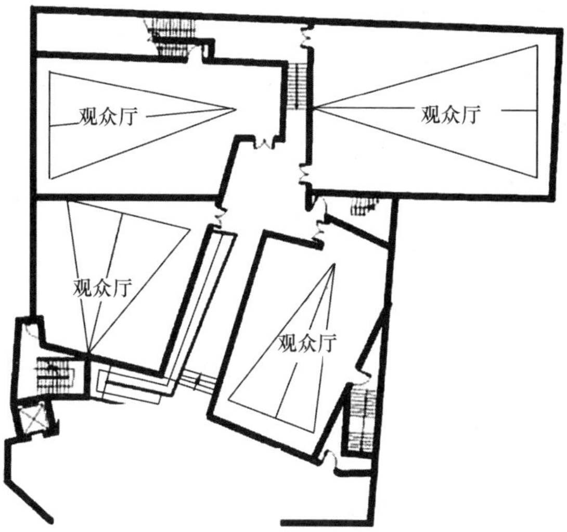
观众厅
观众厅
观众厅
观众厅

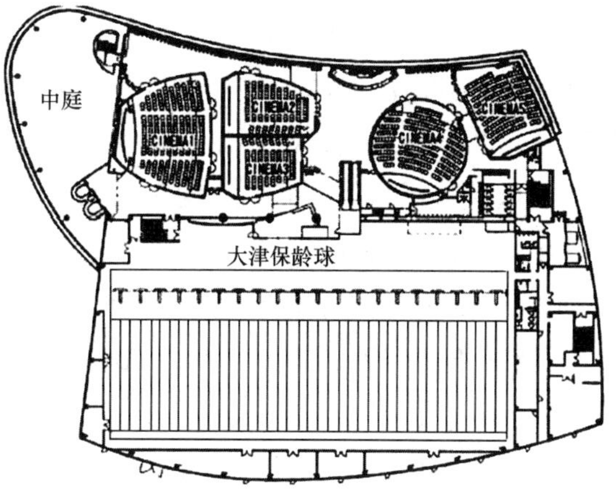
中庭
大津保龄球

2）观众厅分区域布局

同类型同规模的厅集中布置。一般大厅与中小厅分区域布置。不同规模观众厅在建筑结构、交通流线、人员疏散要求有较大差异，分区域设置有其技术合理性。

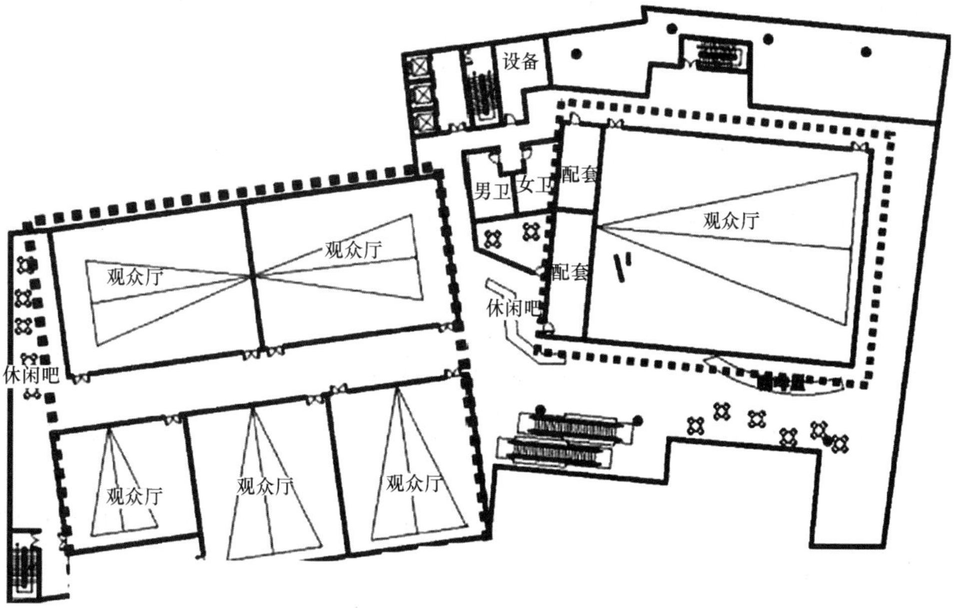
设备
男卫
女卫
配套
配套
观众厅
休闲吧
观众厅
观众厅
休闲吧
观众厅
观众厅
观众厅

3）观众厅垂直布局

适用于多层、多规模观众厅的组合形式，集约利用空间，观众流线及管理流线较为复杂。

20.2.3　观众厅主要工艺控制指标

（1）观众厅层高

观众厅层高、净高控制表 **表 20.2.3-1**

高度/规模	IMAX	大型	中型	小型	VIP
层高	18	14	9.5	7.5	6.0
净高	15	12	8	6	4.5

（2）影厅长宽比例

应按国家标准在（1.2～1.7）：1 范围内，最好不超过（1～2）：1。

（3）多厅影院银幕尺寸

以变形宽银幕计，多厅影院的银幕尺寸以 6～12m 为佳，此宽度一般可定为影厅宽度的 90%，10m 以下的幕架可不做弧度。

（4）多厅影院的视线角度

画面视线角度应控制在国家标准之内，即：最大斜视角≤45°，放映俯角≤6°。放映水平偏角≤3°。

（5）银幕视点

多厅影院各厅银幕视点应在 0.8～1.5m，小厅的视点最好在 1m 左右。

（6）观众厅座位设计

排距及每排座位表 **表 20.2.3-2**

	排距（mm）	每排最多座位数（个）
长排法	1100	≤44
短排法	850	≤22
	900	≤24
	950	≤26

注：仅单侧走道时座位数减半。

视线升高值（起坡高度）

观众厅的视线升高值与银幕的视点是有联系的。在座位正排法时，视线升高值 C≥12cm。起坡高度是在一定的视点条件下，按一定的 C 值通过作图、计算、比例等方法求得。

（7）混响时间

多厅影院的影厅如座位数≤100 人以下（或 500 立方以下），可以不考虑用专门的吸声材料布置，以装修效果为主。大于等于 100 人、容积在 $500m^3$ 以上，则要考虑吸声材料及结构。建议影厅的混响时间宜短不宜长，设计计算应控制在 0.4s 左右。

（8）噪声控制

观众厅的稳态噪声不宜高度 NC-25 噪声评价曲线，不应高度 NC-35 噪声评价曲线，单一 A 声级不高于 35dB（A）。

（9）隔声设计

两个观众厅之间墙体，其隔声量不小于 65dB。

观众厅设计参数表　　表 20.2.3-3

项目\星级	一星	二星	三星	四星	五星
门厅面积（m^2/座）	≥0.1	≥0.2	≥0.3	≥0.4	≥0.5
扶手中心距（m）	≥0.50	≥0.52	≥0.54	≥0.56	≥0.56
座位净宽（m）	≥0.44	≥0.44	≥0.46	≥0.48	≥0.48
排距（短排法）（m）	≥0.85	≥0.90	≥0.95	≥1.00	≥1.05
排距（长排法）（m）	≥0.90	≥0.95	≥1.00	≥1.05	≥1.10
设计视点高度（m）	≤2.0	≤1.80	≤1.70	≤1.60	≤1.50
最近视距不应小于最大有效放映画面宽度倍数	0.5	0.5	0.55	0.6	0.6
最远视距不应大于最大有效放映画面宽度倍数	3.0	2.7	2.2	2.0	1.8
每排视线超高（m）	0.1	0.1	0.12	0.12	0.12
最大仰视角不宜大于（°）	45	45	40	40	40
变形宽银幕画面宽度（m）	≥6.0	≥6.0	≥7.0	≥8.0	≥8.0

20.2.4 IMAX观众厅设计

（1）IMAX观众厅分类

观众厅设计参数表　　表 20.2.4-1

IMAX观众厅类型	座位数（个）	银幕尺寸（m）（宽×高）	放映设备
IMAX GT（IMAX影厅原型）	400～1000	25×18.5 最大 35.73×29.42	GT放映机
IMAX SR	<350	21.2×15.8	SR放映机同步放映两盘单独的15/70胶片
IMAX PMX	350	20×11.6	
IMAX Digital	350	17.5×10	

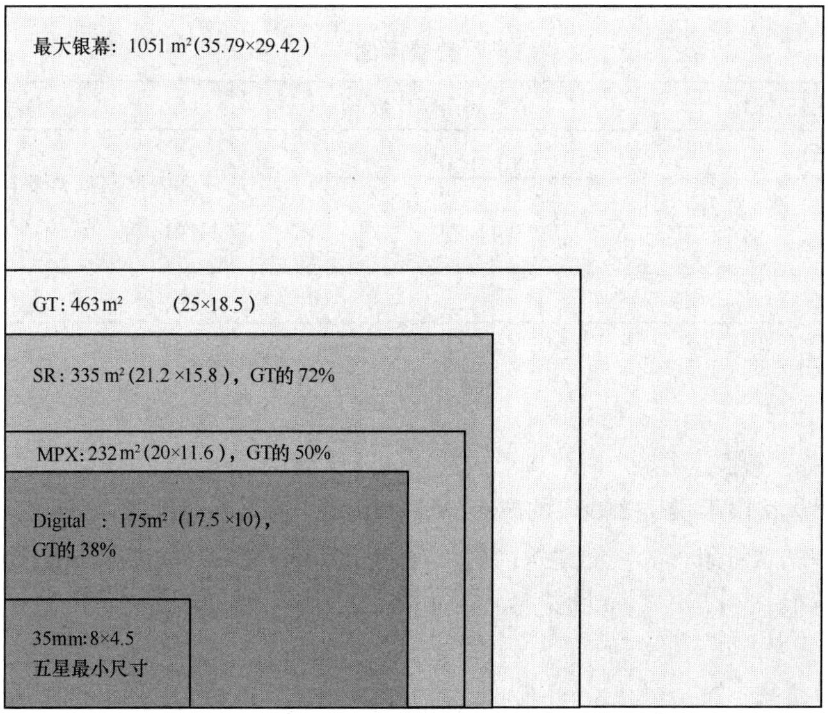
最大银幕：1051 m²(35.79×29.42)
GT：463 m²　(25×18.5)
SR：335 m²(21.2×15.8)，GT的72%
MPX：232 m²(20×11.6)，GT的50%
Digital：175m²（17.5×10），
GT的38%
35mm：8×4.5
五星最小尺寸

IMAX观众厅银幕尺寸控制图

（2）IMAX影厅单座容积控制在$20m^3$/座左右。

（3）IMAX影厅并非现场表演类空间，声学标准不同于传统剧场及音乐厅，其声学指标要求如下：

1）最佳混响时间：当频率$f=500Hz$时，$T_{60}=0.5s$（≤400座）及0.7s（>400座），其值可上下浮动25%。

2）混响时间频率特性：混响时间应随频率升高而递减，500 Hz以下时递减应平缓且渐次，无明显的峰值和间歇，取值（混响比）见表20.2.4-2。

3）声场均匀度：声压级最大与最小值之差不超过6dB，最大与平均值之差不超过3dB。

4）本底噪声：当所有放映设备、空调和电器系统同时运行时，应满足厅内本底噪声允许值$NC\leqslant25$号噪声评价曲线，相当于LA≤35dBA，噪声频率特性（倍频带声压级）见表20.2.4-2。

5）隔声：应对影厅的建筑围护结构（墙、顶、楼板等）采取隔声措施，其侵入影厅的噪声衰减值（隔声量）见表20.2.4-2。

观众厅声学控制参数表　　　表20.2.4-2

中心频率（Hz）	31.5	63	125	250	500	1000	2000	4000	8000
混响比	<2	<1.5	<1.3	<1.1	1	≤1			
倍频带声压级（dB）	65	54	44	37	31	27	24	22	21
隔声量（dB）	≥40	≥55	≥65	≥70					

20.2.5　门厅、其他服务空间

门厅建议其面积应不小于整个影院面积的30%～40%。

卫生间设置按0.1～0.3平方米/座，按男女各半计算；男卫每50人设一小便斗，每150人设一厕位，超出400人时，每200人及其尾数设一厕位；女每50人设一厕位，超出400人时，每75人及其尾数设一厕位。

前厅售票席位表　　　表20.2.5

观众厅总座位数	售票席位数	备注
<500	1～2	随着网络购票及自助取票出现，实体席位数可酌情减少。另4星以上级别影院应设VIP及会员专属服务席位
501～800	2～3	
801～1200	3～4	
>1200	>4	

20.2.6　防火设计

（1）防火设计

1）当电影院建在综合建筑内时，应形成独立的防火分区。

a）应采用耐火极限不低于2.00h的防火隔墙和甲级防火门与其他区域分隔；

b）设置在一、二级耐火等级的建筑内时，观众厅宜布置在首层、二层或三层；确需布置在四层及以上楼层时，一个厅、室的疏散门不应少于2个，且每个观众厅的建筑面积不宜大于$400m^2$；

c）设置在三级耐火等级的建筑内时，不应布置在三层及以上楼层；

d）设置在地下或半地下时，宜设置在地下一层，不应设置在地下三层及以下楼层；

e）设置在高层建筑内时，应设置火灾自动报警系统及自动喷水灭火系统等自动灭火系统。

2）观众厅内座席台阶结构应采用不燃材料。

3）观众厅、声闸和疏散通道内的顶棚材料应采用A级装修材料，墙面、地面材料不应低于B1级。各种材料均应符合现行国家标准《建筑内部装修设计防火规范》中的有关规定。

4）观众厅吊顶内吸声、隔热、保温材料与检修马道应采用A级材料。

5）银幕架、扬声器支架应采用不燃材料制作，银幕和所有幕帘材料不应低于B1级。

6）放映机房应采用耐火极限不低于2.0h的隔墙和不低于1.5h的楼板与其他部位隔开。顶棚装修材料不应低于A级，墙面、地面材料不应低于B1级。

7）电影院顶棚、墙面装饰采用的龙骨材料均应为A级材料。

8）电影院内吸烟室的室内装修顶棚应采用A级材料，地面和墙面应采用不低于B1级材料，并应设有火灾自动报警装置和机械排风设施。

（2）人员疏散

1）电影院的观众厅，其疏散门的数量应经计算确定且不应少于2个，每个疏散门的平均疏散人数不应超过250人；当容纳人数超过2000人时，其超过2000人的部分，每个疏散门的平均疏散人数不应超过400人。

2）电影院的疏散走道、疏散楼梯、疏散门、安全出口的各自总净宽度，观众厅内疏散走道的净宽度应按每100人不小于0.60m计算，且不应小于1.00m；边走道的净宽度不宜小于0.80m。

3）观众厅疏散门不应设置门槛，在紧靠门口1.40m范围内不应设置踏步。疏散门应为自动推闩式外开门，严禁采用推拉门、卷帘门、折叠门、转门等。

4）观众厅疏散门的数量应经计算确定，且不应少于2个，门的净宽度应符合现行国家标准《建筑设计防火规范》规定，且不应小于0.90m。应采用甲级防火门，并应向疏散方向开启。

5）有等场需要的入场门不应作为观众厅的疏散门。

6）观众厅外的疏散走道、出口等应符合下列规定：

a）穿越休息厅或门厅时，厅内存衣、小卖部等活动陈设物的布置不应影响疏散的通畅；2m高度内应无突出物、悬挂物；

b）当疏散走道有高差变化时宜做成坡道；当设置台阶时应有明显标志、采光或照明；

c）疏散走道室内坡道不应大于1∶8，并应有防滑措施；为残疾人设置的坡道坡度不应大于1∶12。

7）疏散楼梯应符合下列规定：

a）对于有候场需要的门厅，门厅内供入场使用的主楼梯不应作为疏散楼梯；

b）疏散楼梯踏步宽度不应小于0.28m，踏步高度不应大于0.16m，楼梯最小宽度不得小于1.20m，转折楼梯平台深度不应小于楼梯宽度；直跑楼梯的中间平台深度不应小于1.20m。

8）观众厅内疏散走道宽度除应符合计算外，还应符合下列规定：

a）中间纵向走道净宽不应小于1.0m；

b）边走道净宽不应小于0.8m；

c）横向走道除排距尺寸以外的通行净宽不应小于1.0m。

9）电影院供观众疏散的所有内门、外门、楼梯和走道的各自总净宽度，应根据疏散人数按每100人的最小疏散净宽度不小于表规定计算确定；

电影院每100人所需最小疏散净宽度（m/百人） **表20.2.6**

观众厅座位数（座）			≤2500	≤1200
耐火等级			一、二级	三级
疏散部位	门和走道	平坡地面	0.65	0.85
		阶梯地面	0.75	1.00
	楼梯		0.75	1.00

注：表中对应较大座位数范围按规定计算的疏散总净宽度，不应小于对应相邻较小座位数范围按其最多座位数计算的疏散总净宽度。

21 商业建筑设计

21.1 概　　述

21.1.1 商业建筑的分级和分类

商业建筑的规模应按单项建筑内的商业总建筑面积进行分级，并应符合表21.1.1-1的规定。

商业建筑的分级　　　　表21.1.1-1

规模	小型	中型	大型
总建筑面积	$<5000\text{m}^2$	$5000\sim20000\text{m}^2$	$>20000\text{m}^2$

商业建筑的分类　　　　表21.1.1-2

类型	定　义
购物中心	多种零售店铺、服务设施集中在一个建筑物内或一个区域内，向消费者提供综合性服务的商业集合体
百货商场	在一个建筑内经营若干大类商品，实行统一管理、分区销售，满足顾客对时尚商品多样化选择需求的零售商业
超级市场	采取自选销售方式，以销售食品和日常生活用品为主，向顾客提供日常生活必需品为主要目的的零售商业
菜市场	销售蔬菜、肉类、禽蛋、水产和副食品的场所或建筑
专业店	以专门经营某一大类商品为主，并配备具有专业知识的销售人员和提供适当售后服务的零售商业
步行商业街	供人们进行购物、饮食、娱乐、休闲等活动而设置的步行街道

21.2 总 平 面 设 计

21.2.1 道路

大型、中型和小型商业建筑的基地内道路设置，应符合表21.2.1的规定。

道路设置要求　　　　表21.2.1

<table>
<tr><td rowspan="3">大、中型商业</td><td>道路宽度</td><td colspan="3">专用运输通道$\geq$4m，宜为7m；
运输通道设在地面时，可与消防车道结合设置</td></tr>
<tr><td>出入口</td><td colspan="3">宜有不少于两个方向出入口与城市道路相接；
主要出入口前，应留有人员集散场地</td></tr>
<tr><td>场地要求</td><td colspan="3">宜选择在城市商业区或主要道路的适宜位置；
大型商业建筑的基地沿城市道路的长度不宜小于基地周长的1/6</td></tr>
<tr><td rowspan="3">小型商业</td><td rowspan="3">道路宽度</td><td>建筑面积小于3000m^2时</td><td colspan="2">$\geq$4m</td></tr>
<tr><td rowspan="2">建筑面积大于3000m^2时</td><td>只有一条基地道路与城市道路相连接时</td><td>$\geq$7m</td></tr>
<tr><td>有两条以上基地道路与城市道路相连接时</td><td>$\geq$4m</td></tr>
</table>

21.2.2 停车场

1. 配建公共停车场（库）的停车位控制指标，应符合表 21.2.2-1 规定；

配建公共停车场（库）停车位控制指标　　表 21.2.2-1

建筑类别		计算单位	机动车停车位	非机动车停车位	
				内	外
商业	一类（建筑面积>1 万 m^2）	每 1000m^2	6.5	7.5	12
	二类（建筑面积<1 万 m^2）		4.5	7.5	12
购物中心（超市）			10	7.5	12

2. 配建参考标准（深圳市）：根据不同区域的规划土地利用性质和开发强度、公交可达性及道路网容量等因素，将深圳市划分为三类停车供应区域；一类区域为停车策略控制区：全市的主要商业办公核心区和原特区内轨道车站周围 500m 范围内的区域；二类区域为停车一般控制区：原特区内除一类区域外的其他区域、原特区外的新城中心、组团中心和原特区外轨道车站周围 500m 范围内的区域；三类区域为全市范围内余下的所有区域；具体配建标准见表 21.2.2-2。

深圳市配建公共停车场（库）停车位控制指标　　表 21.2.2-2

分类	单位	配建标准	
商业区	车位/100m^2 建筑面积	首 2000m^2 每 100m^2 2.0	
		2000m^2 以上每 100m^2	一类区域：0.4～0.6
			二类区域：0.6～1.0
			三类区域：1.0～1.5
		每 2000m^2 建筑面积设置 1 个装卸货泊位；超过 5 个时，每增加 5000m^2，增设 1 个装卸货泊位	
购物中心、专业批发市场	车位/100m^2 建筑面积	一类区域：0.8～1.2	
		二类区域：1.2～1.5	
		三类区域：1.5～2.0	
		每 2000m^2 建筑面积设置 1 个装卸货泊位；超过 5 个时，每增加 5000m^2，增设 1 个装卸货泊位	

21.3 建筑设计要点

21.3.1 基本要点

1. **功能分区**：商业建筑可按使用功能分为营业区、仓储区和辅助区等三部分。

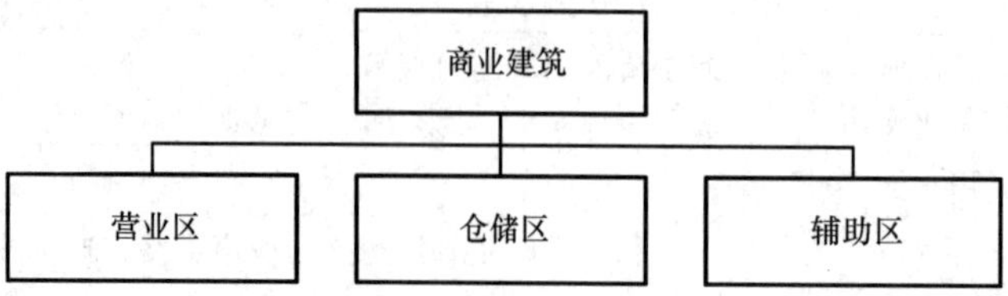

商业建筑
营业区
仓储区
辅助区

图 21.3.1　商业建筑功能分区

2. **面积比例**：由于商业零售业态的不同，商业建筑的营业区、仓储区和辅助区占总建筑面积的比例也不同，设计时需根据经营方式、商品种类、服务方式等进行分配。

3. **柱网参数**：营业厅需根据其内容布置要求而选用适当的柱网参数，可参考表 21.3.1-1。

商业建筑柱网参数与平面布置及推荐使用业态　　表 21.3.1-1

柱距与柱跨参数	平面布置内容	推荐使用业态
① 9.00m 柱网或 9.00m 柱跨	①柜区布置方式很灵活，可设 5.00 宽通道，或>3m 宽通道和两组货架后背间设散仓位	①②适用于大型百货商场、商业等
② 7.50m 柱网或 7.50m 柱跨	②柜内布置方式灵活、紧凑，可设 3.70m 宽通道，或>2.20m 宽通道和两组货架后背间设散仓位	②③组合可适用于中型百货商场、商业等
③≥6.00 柱网	③柜区布置以条式和岛式相结合为宜，可设 2.20m 宽通道。仅可利用部分靠墙处及角隅设散仓位	③适用于小型百货商场、商业
④3.30m～4.20m 柱距和 4.80m～6.00m 柱跨	④一般做条式柜区布置，双跨时稍灵活，可布置条式和岛式各一行柜区	④适用于多层住宅底层商业或小型商业

4. **单元分割**：为满足今后销售和经营的要求，商铺单元的分割必须有效、合理，常见方式可参考表 21.3.1-2。

常见商铺单元分割方式　　表 21.3.1-2

常用开间×进深（m）	图示	业态
4 × 12 6 ×15	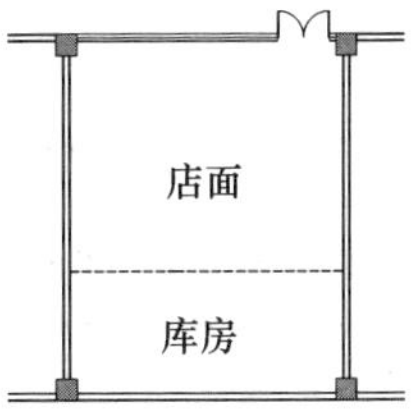店面 库房	服装店、音像店等
18×20	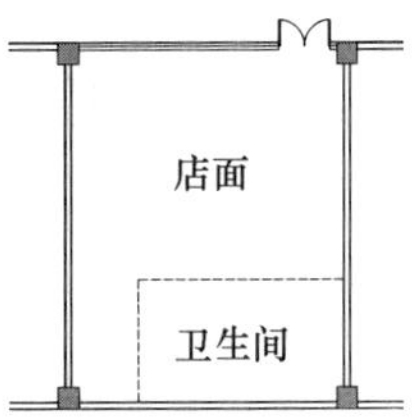店面 卫生间	餐饮、零售等

5. **步行商业街尺度及布局方式**：不同的步行商业街宽度，会带来有不同的商业空间效果，步行商业街尺度及布局方式可参考表 21.3.1-3。

步行商业街尺度及布局方式 **表 21.3.1-3**

步行商业街宽度（m）	图示	适宜高度
5～6	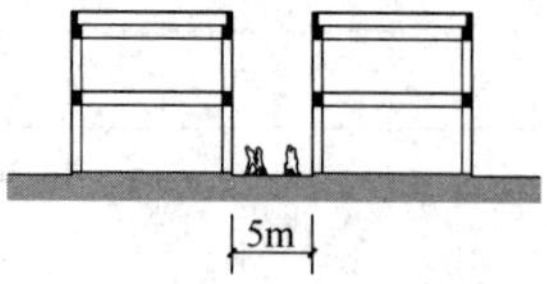5m	两侧商业 2～3 层，仅为人行步道
10～12	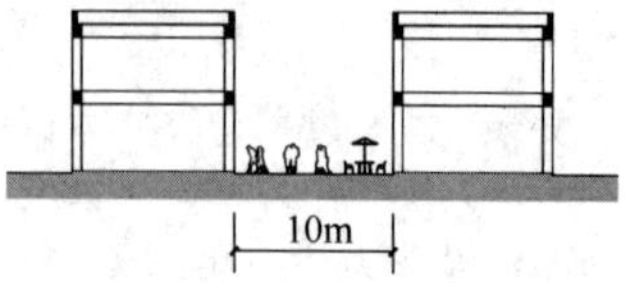10m	两侧商业 2～3 层，可设置小型外摆空间
15	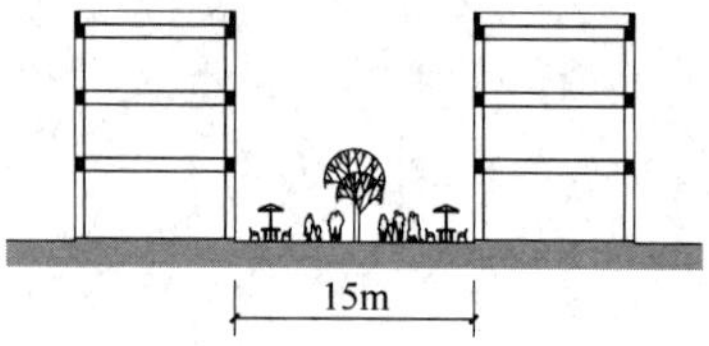15m	两侧商业 3～4 层，可设置外摆空间与景观树池
20	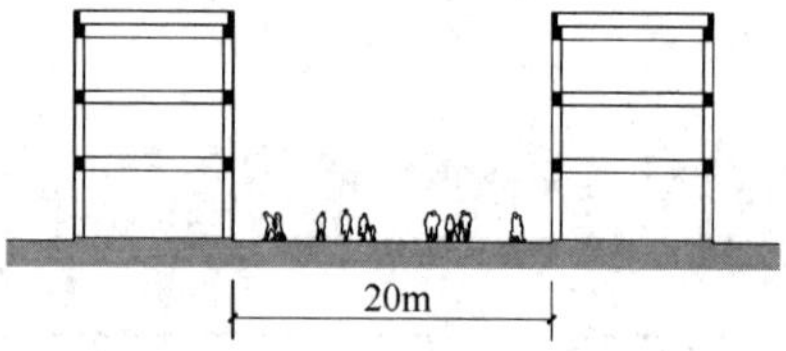20m	两侧商业 3～4 层，可设置为放大空间节点

21.3.2　营业区

1. 营业厅内或近旁宜设置附加空间或场地，并应符合表 21.3.2-1 的规定。

营业厅内或近旁宜设置的附加空间或场地 **表 21.3.2-1**

	功能用房	面积要求	备注
营业厅	试衣间（服装区）	—	—
	检修钟表、电器、电子产品等的场地	—	—
	试音室（销售乐器和音响器材的营业厅）	≥2m²	—
自选营业厅	厅前应设置顾客物品寄存处、进厅闸位、供选购用的盛器堆放位及出厅收款位	宜≥营业厅面积的 8%	—
	出厅处应设收款台	—	每 100 人 1 个（含 0.6m 宽顾客通过口）
服务设施	休息室或休息区	宜为营业厅面积的 1.00%～1.40%	大中型商业需设
	服务问询台	—	—

2. 营业厅内通道的最小净宽应符合表 21.3.2-2 的规定。

营业厅内通道的最小净宽度 **表 21.3.2-2**

通道位置		最小净宽度（m）
通道在柜台或货架与墙面或陈列窗之间		2.20
通道在两个平行柜台或货架之间	每个柜台或货架长度小于 7.50m	2.20
	一个柜台或货架长度小于 7.50m 另一个柜台或货架长度 7.50～15.00m	3.00
	每个柜台或货架长度小于 7.50～15.00m	3.70
	每个柜台或货架长度大于 15.00m	4.00
	通道一端设有楼梯时	上下两个梯段宽度之和再加 1.00m
柜台或货架边与开敞楼梯最近踏步间距离		4.00m，并不小于楼梯间的净宽度

注：① 当通道内设有陈列物品时，通道最小净宽度应增加该陈列物的宽度；
② 无柜台营业厅的通道最小净宽度可根据实际情况，在本表的规定基础上酌减，减小量不应大于 20%；
③ 菜市场营业厅的通道最小净宽宜在本表的规定基础上再增加 20%。

3. 营业厅的净高应按其平面形状和通风方式确定，并应符合表 21.3.2-3 的规定。

营业厅的净高要求 **表 21.3.2-3**

通风方式	自然通风			机械排风和自然通风相结合	空气调节系统
	单面开窗	前面敞开	前后开窗		
最大进深与净高比	2∶1	2.5∶1	4∶1	5∶1	—
最小净高（m）	3.20	3.20	3.50	3.50	3.00

注：① 设有空调设施、新风量和过度季节通风量不小于 $20m^3/(h \cdot 人)$，并且有人工照明的面积不超过 $50m^2$ 的房间或宽度不超过 3m 的局部空间的净高可酌减，但不应小于 2.40m；
② 营业厅净高应按楼地面至吊顶或楼板底面障碍物之间的垂直高度计算。

4. 自选营业厅的面积可按每位顾客 $1.35m^2$ 计，当采用购物车时，应按 $1.7m^2$/人计。

5. 自选营业厅内通道最小净宽度应符合表 21.3.2-4 的规定，并应按自选营业厅的设计容纳人数对疏散用的通道宽度进行复核。兼作疏散的通道宜直通至出厅口或安全出口。

自选营业厅内通道最小净宽度 **表 21.3.2-4**

通道位置		最小净宽度（m）	
		不采用购物车	采用购物车
通道在两个平行货架之间	靠墙货架长度不限， 离墙货架长度小于 15m	1.60	1.80
	每个货架长度小于 15m	2.20	2.40
	每个货架长度为 15m～24m	2.80	3.00
与各货架相垂直的通道	通道长度小于 15m	2.40	3.00
	通道长度大于等于 15m	3.00	3.60
货架与出入闸位间的通道		3.80	4.20

注：当采用货台、货区时，其周围留出的通道宽度，可按商品的可选择性调整。

6. 大型和中型商业建筑内连续排列的商铺应符合下列规定：

1）各商铺的作业运输通道宜另设；

2）面向公共通道营业的柜台，其前沿应后退至距通道边线不小于0.5m的位置；

7. 大型和中型商业建筑内连续排列的商铺之间的公共通道最小净宽度应符合表21.3.2-5的规定。

大中型商业建筑内连续排列的商铺之间的公共通道最小净宽度　　表21.3.2-5

通道名称	最小净宽度（m）	
	通道两侧设置商铺	通道一侧设置商铺
主要通道	4.00，且不小于通道长度的1/10	3.00，且不小于通道长度的1/15
次要通道	3.00	2.00
内部作业通道	1.80	—

注：主要通道长度按其两端安全出口间距离计算。

8. 商场的卫生间宜设置在入口层，大型商场可选择其他楼层设置，超大型商场卫生间的布局应使各部分的购物者都能方便使用。商场内女厕建筑面积宜为男厕建筑面积的2倍，女性厕位的数量宜为男性厕位的1.5倍。

21.3.3　仓储区

1. 储存库房内存放商品应紧凑、有规律，货架或堆垛间的通道净宽度应符合表21.3.3-1的规定。

货架或堆垛间的通道净宽度　　表21.3.3-1

通道位置	净宽度（m）
货架或堆垛与墙面间的通风通道	＞0.30
平行的两组货架或堆垛间手携商品通道，按货架或堆垛宽度选择	0.70～1.25
与各货架或堆垛间通道相连的垂直通道，可以通行轻便手推车	1.50～1.80
电瓶车通道（单车道）	＞2.50

注：① 单个货架宽度为0.30～0.90m，一般为两架并靠成组；堆垛宽度为0.60～1.80m；

② 储存库房内电瓶车行速不应超过75m/min，其通道宜取直，或设置不小于6m×6m的回车场地。

2. 储存库房的净高应根据有效储存空间及减少至营业厅垂直运距等确定，应按楼地面至上部结构主梁或桁架下弦底面间的垂直高度计算，并应符合表21.3.3-2规定：

储存库房的净高要求　　表21.3.3-2

堆放形式	净高（m）
设有货架	≥2.10
设有夹层	≥4.60
无固定堆放形式	≥3.00

3. 卸货平台设计宜满足以下几点要求：

1）卸货平台宜布置在地面层，应高于货车停车位1m，在其两侧分别设置台阶和坡道，满足小型货物和行人使用；卸货平台深度不宜小于3m，应与库房同层设置；

2）按照商业规模确定卸货车位数，一般设置三个货车位，其尺寸取值可参考表21.3.3-3，并宜于附近设置等候车位；

货车位尺寸要求　　表 21.3.3-3

车位类型	长（m）	宽（m）	净高（m）
货车位	11	4	4.3
集装箱车位	17	4	4.3
垃圾车位	11	4	5.5～6.1

3）货车自货运通道进入卸货平台，应避免流线交叉；卸货区宜为货车司机提供休息室和卫生间。

21.3.4　辅助区

1. 大型、中型和小型商业应按表 21.3.4 设置相应辅助功能用房。

辅助功能用房设置要求　　表 21.3.4

辅助功能用房	大型和中型商业	小型商业
职工更衣	应设置	—
工间休息及就餐	应设置	—
职工专用厕所	应设置	宜设置
垃圾收集空间或设施	应设置	—

2. 商业建筑的辅助区一般占总面积的 15%～25%。

21.3.5　常用规定

1. 商业建筑外部的招牌、广告等附着物应与建筑物之间牢固结合，且凸出的招牌、广告等的底部至室外地面的垂直距离不应小于 5m。

2. 严寒和寒冷地区的门应设门斗或采取其他防寒措施。

3. 商业建筑的公用楼梯、台阶、坡道、栏杆应符合下列规定：

1）楼梯梯段的最小净宽、踏步最小宽度和最小高度应符合表 21.3.5-1 的规定：

楼梯梯段最小净宽、踏步最小宽度和最大宽度　　表 21.3.5-1

楼梯类别	梯段最小净宽（m）	踏步最小宽度（m）	踏步最大高度（m）
营业区的公用楼梯	1.40	0.28	0.16
专用疏散楼梯	1.20	0.26	0.17
室外楼梯	1.40	0.30	0.15

2）室内外台阶的踏步高度不应大于 0.15m 且不宜小于 0.10m，踏步宽度不应小于 0.30m；当高差不足两级踏步时，应按坡道设置，其坡度不应大于 1∶12；

3）楼梯、室内回廊、内天井等临空处的栏杆应采用防攀爬的构造，当采用垂直杆件做栏杆时，其杆件净距不应大于 0.11m；

4）人员密集的大型商业建筑的中庭应提高栏杆的高度，当采用玻璃栏板时，应符合现行行业标准《建筑玻璃应用技术规程》JGJ 113 的规定。

4. 商业建筑内设置的自动扶梯、自动人行道除应符合现行国家标准《民用建筑设计通则》GB 50352 的有关规定外，还应符合下列规定：

1）自动扶梯倾斜角度不应大于30°，自动人行道倾斜角度不应超过12°；

2）自动扶梯、自动人行道上下两端水平距离3m范围内应保持畅通，不得兼作他用；

3）扶手带中心线与平行墙面或楼板开口边缘间的距离、相邻设置的自动扶梯或自动人行道的两梯（道）之间扶手带中心线的水平距离应大于0.50m，否则应采取措施，以防对人员造成伤害。

5. 商业建筑采用自然通风时，其通风开口的有效面积不应小于该房间（楼）地板面积的1/20。

6. 商业建筑基地内应按现行国家标准《无障碍设计规范》GB 50763—2012的规定设置无障碍设施，并应与城市道路无障碍设施相连接。

无障碍设计要点 **表21.3.5-2**

位置	数量	设置要求
出入口	至少应有1处	宜位于主要出入口处
无障碍通道	—	公众通行的室内走道
无障碍厕所	每层至少有1处	公共厕所附近
大型商业的无障碍厕所	公共厕所附近设置一个	公共厕所附近
无障碍楼梯	—	供公众使用的主要楼梯

21.4 消防与疏散

21.4.1 设计要点

1. 当营业厅内设置餐饮场所时，防火分区的建筑面积需要按照民用建筑的其他功能的防火分区要求划分，并要与其他商业营业厅进行防火分隔。

2. 商业建筑疏散宽度计算公式为：

疏散宽度＝营业厅建筑面积×人员密度×每百人疏散宽度指标

3. 根据《建筑设计防火规范》GB 50016—2014中第5.5.21条确定人员密度值时，应考虑商店的建筑规模，当建筑规模较小（比如营业厅的建筑面积小于3000m²）时宜取上限值，当建筑规模较大时，可取下限值。

4. 商业建筑消防与疏散详细内容，见本书第4章：建筑防火设计。

21.5 绿色商业建筑设计

绿色商业建筑的评价应遵循因地制宜的原则，结合商业的具体业态和规模，对建筑全寿命期内节能、节地、节水、节材、保护环境等性能进行综合评价。

绿色商业建筑评价详见《绿色商店建筑评价标准》GB/T 51100—2015。

22 酒店建筑设计

22.1 酒 店 定 义

酒店是由客房部分、公共部分、辅助部分组成，为客人提供住宿及餐饮、会议、健身和娱乐等全部或部分服务的公共建筑，也称为旅馆、饭店、宾馆、度假村等。

22.2 酒 店 类 型

22.2.1 酒店建筑的总体分类

酒店建筑总体分类表　　表 22.2.1

总体类型	主要特点
商务酒店	主要为从事商务活动的客人提供住宿和相关服务
度假酒店	主要为度假客人提供住宿和相关服务
公寓式酒店	客房内附设厨房或操作间、卫生间、储藏空间，适合客人较长时间居住

22.2.2 酒店建筑的具体分类

酒店建筑分类表　　表 22.2.2

分类因素	类　别
建造地点	城市酒店、郊区酒店、机场酒店、风景区酒店等
功能定位	商务酒店、会议酒店、旅游酒店、迎宾馆、度假酒店、博彩酒店等
经营模式	综合性酒店、汽车酒店、青年酒店、公寓式酒店、快捷酒店等
建筑形态	高层酒店、低层酒店、城市综合体酒店、分散式度假村等
主题特色	温泉酒店、主题酒店、精品酒店、时尚酒店等
配置标准	经济型酒店、普通型酒店、豪华型酒店、超豪华型酒店等

22.3 酒 店 等 级

一般而言，酒店的等级划分如下：

1. 按《旅馆建筑设计规范》JGJ 62—2014，酒店的等级由低到高分为一级、二级、三级、四级、五级。

2. 按国家标准《旅游饭店星级的划分与评定》GB/T 14308—2010，酒店的等级用星的数量和颜色表示，共分为一星级、二星级、三星级、四星级、五星级（含白金五星级）。其评分等级综合了软硬件服务的标准，为国际通行的分级标准。

3. 酒店管理公司各自在系列酒店通过命名进行等级划分。

22.4 酒店规模

酒店规模一般以客房间数来划分，客房间数则以钥匙间套数或开间数来核算。酒店规模在200间客房时面积利用率最佳，经营效益也较好，从规模效应而言，城市酒店的最优客房数约为300间左右。

规模等级按参考表　　表 22.4

规模	客房数（间）	标准	等级
小型	＜200	中低档	一星、二星、三星
		超豪华	五星
中型	200～500	中档	三星、四星
		豪华	五星
大型	＞500	豪华	五星
超大型	＞1000	豪华	五星
		不同标准组合	三星、四星、五星

22.5 酒店规模计算

酒店的面积规模计算一般可以两种方式：

1. 总建筑面积＝总客房数×每间客房综合面积比（m^2/间）；

不同等级的酒店，客房的综合面积比相应调整，详见下表：

酒店功能面积配比参考表　　表 22.5

项目名称 \ 等级		一星	二星	三星	四星	五星
		m^2/间	m^2/间	m^2/间	m^2/间	m^2/间
总面积		50～56	68～72	76～80	80～100	100～120
其中	客房部分	34	39	41	46	55
	公共部分	2	3	5	8	12
	餐饮部分	7	9	12	15	18
	行政部分	5	8	10	12	15
	后勤部分	4	7	8	9	10

引自《旅游饭店星级的划分与评定》。

2. 总建筑面积=(客房建筑面积+附属区域建筑面积)×2。

其中：客房建筑面积=客房间数×客房标准间建筑面积；

附属区域建筑面积=客房建筑面积×25%（附属区指走道、楼梯、电梯间等公共附属建筑面积）。

22.6 酒店基本设计原则

酒店基本设计原则　　表 22.6

条件因素	设计基本原则	备注
选址	交通便利或环境优美	选址为酒店设计的根本要素
	避免噪声干扰	
	避免环境污染源	
规模与等级	由功能定位、市场分析、建设要求确定	
	根据规模与等级确定公共用房与辅助用房	
建筑布局	功能分区明确，联系方便而互不干扰	
	客房和公共用房具有良好的居住和活动环境	
交通流线	合理组织人流、车流、物流	流线设计决定了酒店运营的成败
	道路组织与停车考虑周到	
	散客和团队车流、客流和物流的合理划分	
	后勤出入口与货车出入口应单独设置	
锅炉房、制冷机房、冷却塔	不宜设在客房楼内	
	设在客房楼时需自成一区，并采取防火、隔声、减震措施	
安全措施	安全设计应体现在酒店每个细节	
无障碍环境	应按《无障碍设计规范》进行设计	

22.7 酒店基本功能分析

现代酒店内部功能通常由大堂接待、住宿、餐饮、公共活动、后勤五大部分组成，分区明确、联系密切。

各主要类型酒店功能分析　　表 22.7

酒店类型	大堂	住宿	餐饮	公共活动	后勤
经济型	接待	构成比例占绝对性	设早餐或简餐	仅设小卖部	主要服务客房与小规模餐饮
普通型	接待	构成比例较大	设一定规模餐饮	可能设有会议室、咖啡厅	视功能而定
大型综合型	接待、休息	主要功能	营业比例占一定规模	会议、娱乐、休闲、康体等	配套齐全

22.8 酒店总平面

22.8.1 总平面交通组织

酒店总平面交通组织　　表 22.8.1

内容	交通组织策略
基本原则	合理组织相邻建筑交通，将基地内交通流线与外部城市道路的交通流线有机结合
	尽可能减少人流与车流之间、不同性质车流之间的交叉或干扰
	合理设置基地机动车出入口，减缓对城市干道的冲击
	有足够人流、车流的集散、停留空间
	各种流线标识清晰、方便快捷
空间划分	总平面内应划分客人服务空间、内部服务空间
	条件允许时宜将内外空间分设机动车出入口与车道，并可相连
入口广场	客人出入口常设广场等缓冲空间
	广场满足车辆回转、停放、出入便捷、不互相交叉
	大中型酒店宜预留 2～4 个大巴车位及部分 VIP 车位
出入口步道	与城市人行道相连，提供安全舒适的人行空间

22.8.2 平面布局方式

酒店平面布局方式　　表 22.8.2

组合方式		一般选址	建筑形态	处理手法	交通联系	设计方法
集中式	水平集中	用地适中	高层、多层	客房、公用、后勤各自集中，水平连接	电梯、楼梯	客房楼与低层公用部分以廊道联系并围合庭院
	竖向集中	用地紧凑	高层为主	客房、公用、后勤集中、叠合	电梯、楼梯	地下层用作后勤设备；低层裙房用作大堂接待、餐饮、公共活动；主楼为客房层
	水平竖向结合	用地较小	高层、多层	客房集于高层、公用后勤集于铺开的裙楼	楼梯兼有电梯	城市高层或超高层酒店，裙楼外有庭院绿化，裙楼内设有中庭或庭院
分散式		用地较大	低层	客房、公用、后勤各自分独立	平面联系	视实际情况、景观分散布置，以庭院、连廊组合连接
混合式		用地较大	高低层建筑相结合	客房分散、公用后勤相对集中	竖向与水平联系结合	城市或市郊酒店，高低层建筑相结合

22.9 动向流线分析

根据酒店各功能区域的构成，合理组织动向流线是设计的核心内容（图 22.9-1）。一般的动向流线主要分为：

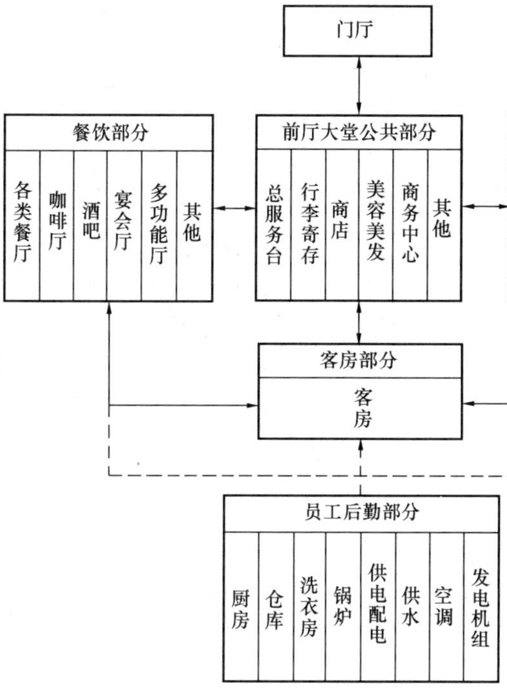
门厅
餐饮部分
各类餐厅
咖啡厅
酒吧
宴会厅
多功能厅
其他
前厅大堂公共部分
总服务台
行李寄存
商店
美容美发
商务中心
其他
康体娱乐部分
健身中心
健身浴
游泳池
各类球馆
舞厅KTV
其他
客房部分
客房
员工后勤部分
厨房
仓库
洗衣房
锅炉
供电配电
供水
空调
发电机组

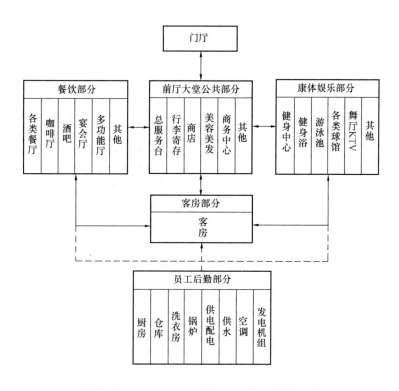

图 22.9-1　酒店动向流线与功能区域构成图

1. 宾客流线。宾客流线是酒店中的主要流线，包括住宿、用餐、娱乐、会议、商务等流线，同时在住宿宾客中分为团队宾客和散客流线（图 22.9-2）。

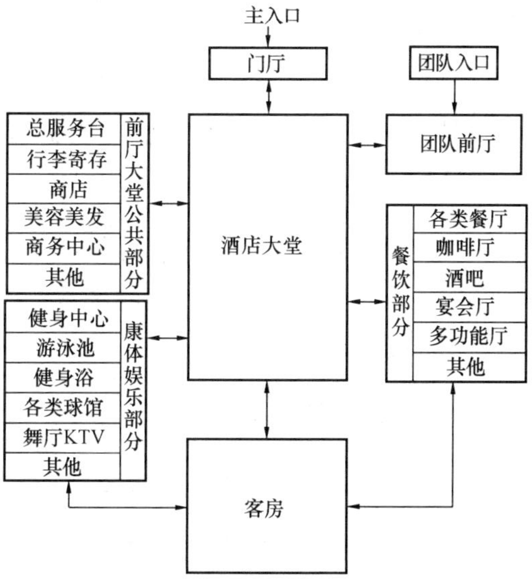
主入口
门厅
团队入口
团队前厅
总服务台
行李寄存
商店
美容美发
商务中心
其他
前厅大堂公共部分
酒店大堂
健身中心
游泳池
健身浴
各类球馆
舞厅KTV
其他
康体娱乐部分
餐饮部分
各类餐厅
咖啡厅
酒吧
宴会厅
多功能厅
其他
客房

图 22.9-2　宾客动向流线图

2. 服务流线。主要指员工内部工作活动流线和为宾客提供服务的流线。服务流线不能与宾客流线交叉，包括布草、传菜、送餐、维修等方面，方便连接各个服务区域，简洁明了。

3. 物品流线。主要包括原材料、布草用品、卫生用品进出路线。

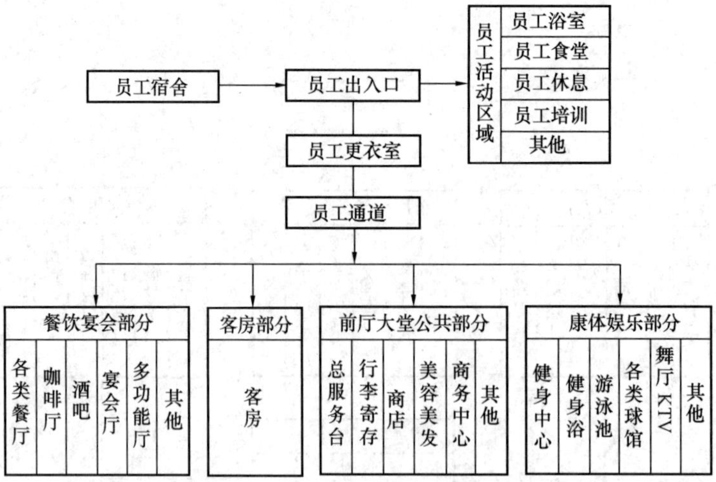
员工宿舍
员工出入口
员工活动区域
员工浴室
员工食堂
员工休息
员工培训
其他
员工更衣室
员工通道
餐饮宴会部分
各类餐厅
咖啡厅
酒吧
宴会厅
多功能厅
其他
客房部分
客房
前厅大堂公共部分
总服务台
行李寄存
商店
美容美发
商务中心
其他
康体娱乐部分
健身中心
健身浴
游泳池
各类球馆
舞厅KTV
其他

图 22.9-3　服务动向流线图

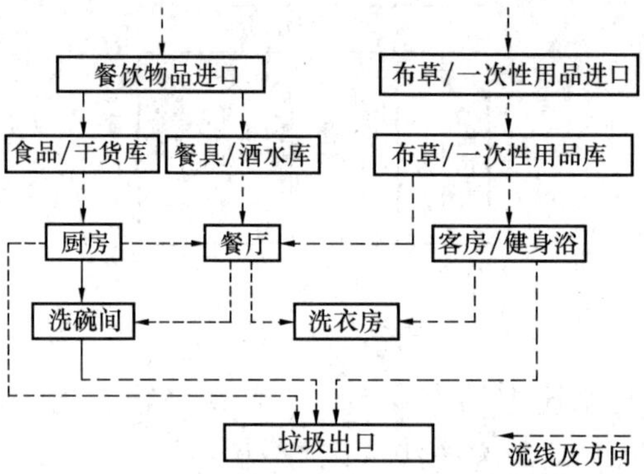
餐饮物品进口
布草/一次性用品进口
食品/干货库
餐具/酒水库
布草/一次性用品库
厨房
餐厅
客房/健身浴
洗碗间
洗衣房
垃圾出口
流线及方向

图 22.9-4　物品流线图

22.10　酒店功能构成

酒店内部的功能区域一般分为包括客房部分及公共部分的前台部分和辅助功能的后台部分两大功能区域。前者为客人提供直接服务、供其使用和活动的区域，而后台是为前台和整个酒店正常运营提供保障的部分。其具体功能构成详见下表：

功能构成示意表　　**表 22.10**

前台					后台			
客房	公共部分				后勤服务部分			
	大堂接待	餐饮	康体娱乐	公共	办公管理	后勤	财务采购	工程保障
标准间 套间 行政套房 豪华套房	大门 大堂 总台 礼宾 电梯	全日餐厅 特色餐厅 咖啡厅 酒吧 宴会厅	健身房 游泳池 球场 SPA	商店 商务中心 会议 多功能厅	办公室 会议室	厨房 仓库 员工更衣 员工餐厅 员工培训	财务 采购	锅炉 配电 空调 水泵 总机

22.11 酒店各部分的面积组成

不同类型酒店功能面积组成参考表　　表 22.11

酒店类型	客房部分（%）	公共部分（%）	后勤服务部分（%）
城市型酒店	50	25	25
会议型酒店	44	32	24
商务型酒店	62	14	24
娱乐性酒店	45	30	25
度假型酒店	45	30	25
经济型酒店	75	10	15

22.12 酒店电梯配置常用技术参数、指标与要求

1.《旅馆建筑设计规范》对乘客电梯设置的规定：

客梯设置要求一览表　　表 22.12-1

一级、二级、三级		四级、五级	
3 层	4 层及 4 层以上	2 层	3 层及 3 层以上
宜设	应设	宜设	应设

2. 酒店电梯的常用配置：

电梯数量及规格表　　表 22.12-2

<table>
<tr><th>类型</th><th colspan="2">电梯数量</th><th>常用规格额定重量和乘客人数</th><th>常用电梯额定速度</th><th>备注</th></tr>
<tr><td rowspan="6">乘客电梯</td><td>经济级</td><td>120～140 客房/台</td><td rowspan="6">630kg（8 人）
800 kg（10 人）
1000kg（13 人）
1150kg（15 人）
1350kg（18 人）
1600kg（21 人）</td><td rowspan="6">1.75 m/s（12 层以下）
2.5～3.0 m/s（12～25 层）
≥3.5 m/s（超高层）</td><td rowspan="6">按需要设置
无障碍电梯</td></tr>
<tr><td>常用级</td><td>100～120 客房/台</td></tr>
<tr><td>舒适级</td><td>70～100 客房/台</td></tr>
<tr><td>豪华级</td><td><70 客房/台</td></tr>
<tr><td colspan="2">应通过设计和计算确定</td></tr>
<tr><td colspan="2">宜至少设置两台乘客电梯</td></tr>
<tr><td rowspan="4">服务电梯</td><td>一般</td><td>200 客房/台</td><td>1000kg</td><td rowspan="4">按设计</td><td rowspan="4">选择因素包括搬运尺寸需求</td></tr>
<tr><td>高等级</td><td>150 客房/台</td><td>1150kg</td></tr>
<tr><td colspan="2">超过 250 间客房需两台</td><td>1350kg</td></tr>
<tr><td colspan="2">每客房标准层至少一台</td><td>1600kg</td></tr>
</table>

3. 乘客电梯的具体设置技术参数需根据平均间隔时间、5 分钟运载能力等因素经计算综合考虑确定。

4. 乘客电梯宜常用浅轿厢。

5. 乘客电梯、服务电梯可作为消防电梯，但不应与同一建筑的其他非酒店部分共用。

22.13 酒店出入口

1. 合理划分功能分区，组织各种出入口，客人流线与服务流线互不交叉，客人出入口与内部出入口需明确分开。

2. 各类出入口分类与设计要点详见下表：

酒店出入口分类及设计要点表　　表 22.13

<table>
<tr><th colspan="2">出入口类型</th><th>功能</th><th>位置</th><th>设计要点</th><th>备注</th></tr>
<tr><td rowspan="7">客人出入口</td><td rowspan="4">主要出入口</td><td rowspan="4">最主要的出入口，乘车及步行到达客人、访客进入酒店消费的场所</td><td rowspan="4">大堂</td><td>宜位于主要道路一侧，突出、明显，有清晰标识指引</td><td rowspan="4"></td></tr>
<tr><td>应设置车道，宜满足两部车同行</td></tr>
<tr><td>设雨篷等便于上下车的设施</td></tr>
<tr><td>应考虑无障碍设计的要求</td></tr>
<tr><td rowspan="2">团队出入口</td><td rowspan="2">供团队客人进出</td><td rowspan="2">团队大堂</td><td>及时疏导人流，设置专供团队客车停靠的区域及入口</td><td rowspan="2">适合大中型高等级酒店</td></tr>
<tr><td>车行道上部净高大于4m，大客车使用</td></tr>
<tr><td>宴会及顾客出入口</td><td>用于宴会、会议及购物等非住宿客人出入</td><td>专有大堂及出入口</td><td>出入口设置位置应避免大量非住宿客人影响住宿客人的活动</td><td>适合大中型高等级酒店</td></tr>
<tr><td rowspan="6">内部出入口</td><td>员工出入口</td><td>员工上下班</td><td>专有出入口</td><td>设在员工工作及生活区域，位置宜隐蔽以免客人误入</td><td></td></tr>
<tr><td rowspan="3">货物出入口</td><td rowspan="3">货物进出</td><td rowspan="3">专有区域</td><td>位置靠近物品仓库与厨房部分，远离客人活动区域</td><td rowspan="3"></td></tr>
<tr><td>需考虑货车停靠、出入及卸货平台</td></tr>
<tr><td>大型酒店需考虑食品冷藏车的出入，并将食品与其他货物分开卸货，洁污分流</td></tr>
<tr><td rowspan="2">垃圾出入口</td><td rowspan="2">运输垃圾</td><td rowspan="2">专有区域</td><td>位置要隐蔽，处于下风向</td><td rowspan="2"></td></tr>
<tr><td>大中型酒店需考虑垃圾车停靠及装卸</td></tr>
</table>

3. 酒店与其他建筑共建在同一基地或同一建筑内时，酒店应单独分区，主要出入口、交通系统独立设置。

22.14 客房设计

22.14.1 标准客房层

1. 标准客房层由客房、服务用房、设备用房和垂直交通等部分组成。

2. 标准客房层的平面形式考虑因素包括地形环境、景观朝向、结构形式等。

3. 标准客房层的规模应考虑平面的合理性与经济性，并因类型、等级、经营方式而不同。每层的客房间数还应符合服务人员的工作客房数的整倍数确定，一般按不同等级为 10～16 间/人。

4. 服务用房根据管理要求每层或隔层设置，应靠近服务电梯布置，由服务间、储存、厕所、污衣井等部分组成（图 22.14.1）。具体功能组成详见下表：

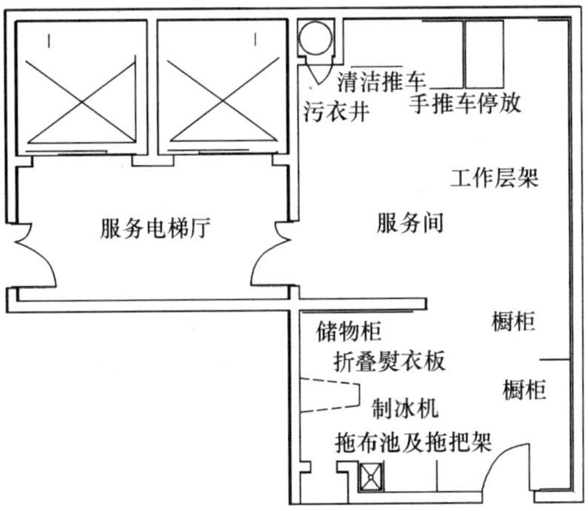
清洁推车
污衣井
手推车停放
工作层架
服务电梯厅
服务间
储物柜
橱柜
折叠熨衣板
橱柜
制冰机
拖布池及拖把架

图 22.14.1　标准层服务间

服务用房组成　　**表 22.14.1-1**

服务用房	设置要求
服务间	水盆工作台、消毒柜、拖把盆
布草储存	布草存放架、折叠床、婴儿床、清洁用品与客房易耗品、服务推车（1 辆/12～18 间）
污衣存放	靠近污衣井
污衣井	井道一般为不锈钢，内壁光滑，垂直运行
	设自动控制装置，同时仅允许一个楼层开启井口门
	通常规格 600mm×600mm 或 650mm×650mm，圆形直径 550mm 或 600mm
	设自动灭火系统，底部出口设有不锈钢自动防火门
	污衣井道或污衣井道前室的出入口应设乙级防火门

5. 客房标准层走道的净宽和净高详见下表：

客房标准层公共走道的净宽和净高参考表　　**表 22.14.1-2**

标准／类别	国家规范（m）	酒店管理公司高等级酒店标准（m）
公共走道净高	2.10	2.40
双面布房走道净宽	1.40	1.70～1.80
单面布房走道净宽	1.30	1.50

22.14.2　客房的类型与要求

1. 酒店客房的主要类型

酒店主要客房类型　　表 22.14.2-1

名称 国内	特　点
多床间	用于低等级酒店，床位不宜多于 4 床
单床间	设一张 1.10m～1.35m 单人床
标准大床间	设一张 1.80m～2.20m 单人床（图 22.14.2-1）
标准双人床间	设两张单人床（图 22.14.2-2）
无障碍客房	室内满足轮椅活动需要，配 1 间/每 100 间，宜设至少一套联通房方便陪客
联通房	相邻两标准间的隔墙设双门相连
标准套房	一般为两个开间套房（图 22.14.2-3）
行政客房	行政楼层中享受楼层设施与服务的高级客房
行政套房	一般为两个开间的套房
豪华大床间	一般为三个及以上开间的套房（图 22.14.2-4）
总统套房	至少五个开间的套房，设会客、餐厅、备餐间、书房、两个卧室和三个卫生间

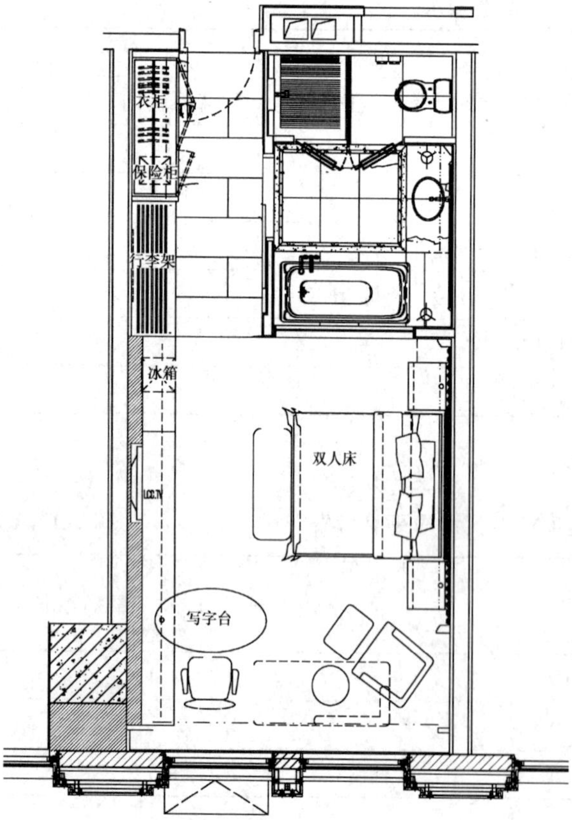
衣柜
保险柜
行李架
冰箱
LCD.TV
双人床
写字台

图 22.14.2-1　标准大床间

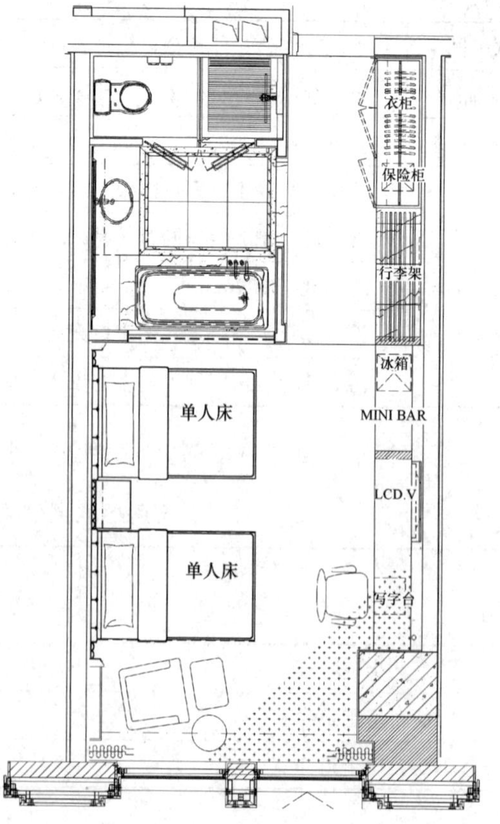
衣柜
保险柜
行李架
冰箱
MINI BAR
LCD.V
单人床
单人床
写字台

图 22.14.2-2　标准双人床间

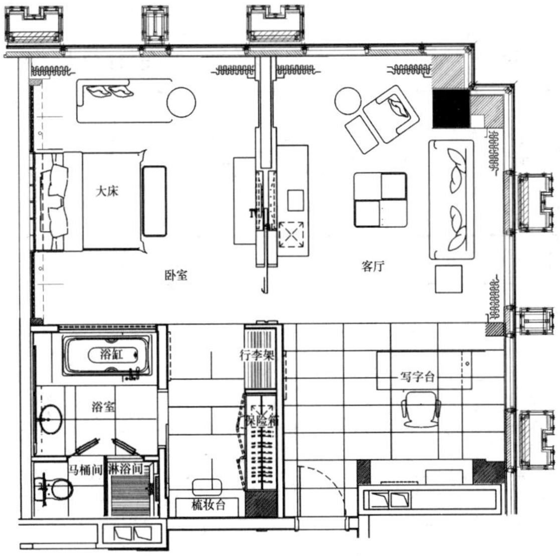
大床
卧室
客厅
浴缸
浴室
行李架
写字台
保险箱
马桶间
淋浴间
梳妆台

图 22.14.2-3 标准套房

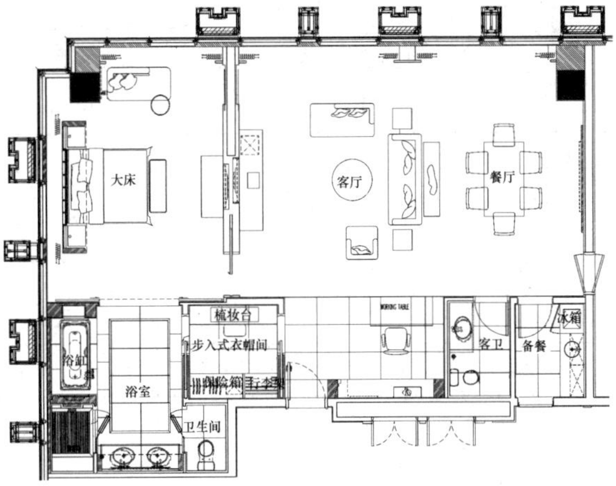
大床
客厅
餐厅
梳妆台
步入式衣帽间
浴缸
浴室
卫生间
客卫
备餐
冰箱

图 22.14.2-4 豪华大床间

2. 不同类型的酒店采取不同的客房配置，其中，标准大床间和标准双人间的比例可参考下表：

大床间和双床间的比例分配 **表 22.14.2-2**

类型	经济	旅游	会议	度假	商务	豪华	时尚	公寓
大床间	20%	40%	40%	50%	60%	70%	75%	70%
双人间	80%	60%	60%	50%	40%	30%	25%	30%

3. 客房净高详见下表：

客房净高参考表 **表 22.14.2-3**

类别	国家规范（m）	酒店管理公司高等级酒店标准（m）
客房室内	2.40（设空调）	2.80
	2.60（不设空调）	
利用坡屋顶内空间的客房	至少 $8m^2$ 空间≥2.40	—
卫生间	2.20	2.40
客房内走道	2.10	2.40

4. 客房的各部分空间尺寸详见下表：

客房空间尺寸参考表 **表 22.14.2-4**

名称	分类	净宽（mm）	门洞高度（mm）
客房门	普通客房	900	2100
	无障碍客房	900	2100
卫生间	普通客房	700	2100
	无障碍客房	800	2100
走道	普通客房	1100	—
	无障碍客房	1500	—

5. 标准间面积大小因等级、酒店管理公司的标准各有不同，一般可参考下表：

标准间面积参考表　　表 22.14.2-5

客房类型	休息区		卫生间		阳台		合计	
	面宽×进深(m)	面积(m^2)	长×宽(m)	面积(m^2)	长×宽(m)	面积(m^2)	面宽×进深(m)	面积(m^2)
经济型	3.3×4.5	14.85	1.8×1.5	2.70			3.3×6.0	19.80
舒适型	3.6×5.1	18.36	1.8×2.1	3.78			3.6×7.2	25.92
中档型	3.9×5.7	22.23	1.8×2.7	4.86			3.9×8.4	32.76
高档型	4.2×6.0	25.20	2.1×2.7	5.67			4.2×8.7	36.54
豪华型	4.5×6.6	29.70	2.4×3.4	8.16			4.5×10.0	45.00
度假型	4.5×6.0	27.00	2.7×3.6	9.72	3.3×4.5	9.0	4.5×11.6	52.20
豪华度假	5.0×6.0	30.00	3.8×4.0	15.20	5.0×2.0	10.0	5.0×12.0	60.00

6. 客房与室外、客房之间以及与走廊之间的空气声隔声性能应根据不同等级要求确定。

22.15 公共部分

22.15.1 入口设计要求

1. 应设净空不小于 4.5m 的门廊或雨篷。
2. 采暖地区和全空调酒店应设双重门或旋转门。
3. 入口至少提供 2～3 条车道。
4. 宜对团队、宴会及会议区、餐饮区、娱乐区、商业增设出入口，避免不必要的人流交叉。
5. 应留出旗杆位置、大巴停车位。
6. 应设置无障碍出入口，并需考虑行李搬运。

22.15.2 酒店大堂

1. 大堂的功能如下：

大堂主要功能项目表　　表 22.15.2

类型	功能内容
总台区	总服务台、贵重物品保管间、前台办公、礼宾台、大堂经理、商务中心
休息区	休息等候区、团队休息等候区、大堂吧
商业	礼品店、名品店、书店、百货店
公共交通	电梯厅、公共楼梯、自动扶梯
辅助设施	卫生间、清洁间、行李房、公用电话区、ATM 机

2. 各部分内容需满足功能要求，相互联系而互不干扰。服务流线与客人流线分离，各自设独立通道和卫生间（图 22.15.2）。

3. 总服务台和电梯厅位置明显，总服务台长度应满足住客登记、结账、问询等基本空间要求。

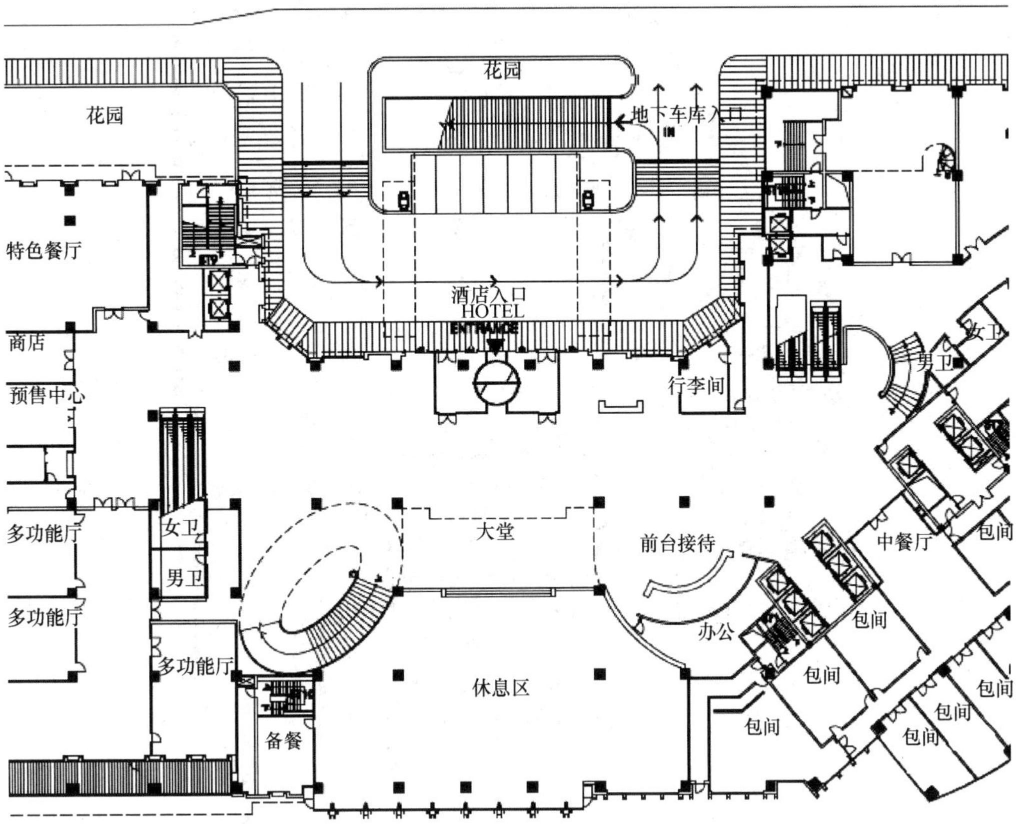
花园
花园
地下车库入口
特色餐厅
酒店入口
HOTEL
ENTRANCE
商店
预售中心
行李间
女卫
男卫
多功能厅
女卫
男卫
大堂
前台接待
中餐厅
包间
多功能厅
多功能厅
办公
包间
包间
休息区
包间
包间
包间
备餐
包间

图 22.15.2 酒店主入口、大堂参考平面

4. 行李房宜靠近出入口，且紧邻行李台。行李房的面积指标一般为 0.07m^2/间，且不宜小于 18m^2。

22.15.3 会议区设计要求

1. 一般设若干会议室。大中型酒店一般设有完整的宴会和会议设施，规模根据客房数和定位确定，不宜小于 3.3m^2/间（含多功能厅）（图 22.15.3）。

2. 一般提供两种以上规模的会议室，小会议室一般不少于两个。

3. 应配备充足的家具贮藏空间、茶水间、卫生间、员工服务间和休息室等辅助空间。贮藏面积一般占会议净面积的 20%～30%。

4. 规模较大时，应配备会议区商务中心。

5. 会议区应有足够的集散面积，约占会议室净面积的 30%～50%。

6. 会议室规模：小会议室 20～30 人，中型会议室 30～50 人，大会议室 50 人以上。

7. 会议室的人数按 1.2～1.8m^2/人计。

22.15.4 宴会厅与多功能厅

1. 应兼有会议、宴会、展览、团队活动的功能（图 22.15.4）。

2. 多功能厅宜与会议区集中布置。

3. 宴会厅与多功能厅应避免和建筑内其他流线相互干扰，并宜设独立的分门厅。宴会厅位于一层以外楼层时，宜设自动扶梯满足客人使用。

4. 应可灵活分隔且应满足隔声、音响、灯光的使用要求。

5. 宴会厅与多功能厅应设前厅，面积为主厅面积的 1/3～2/3，并应在附近设置公共卫生间。

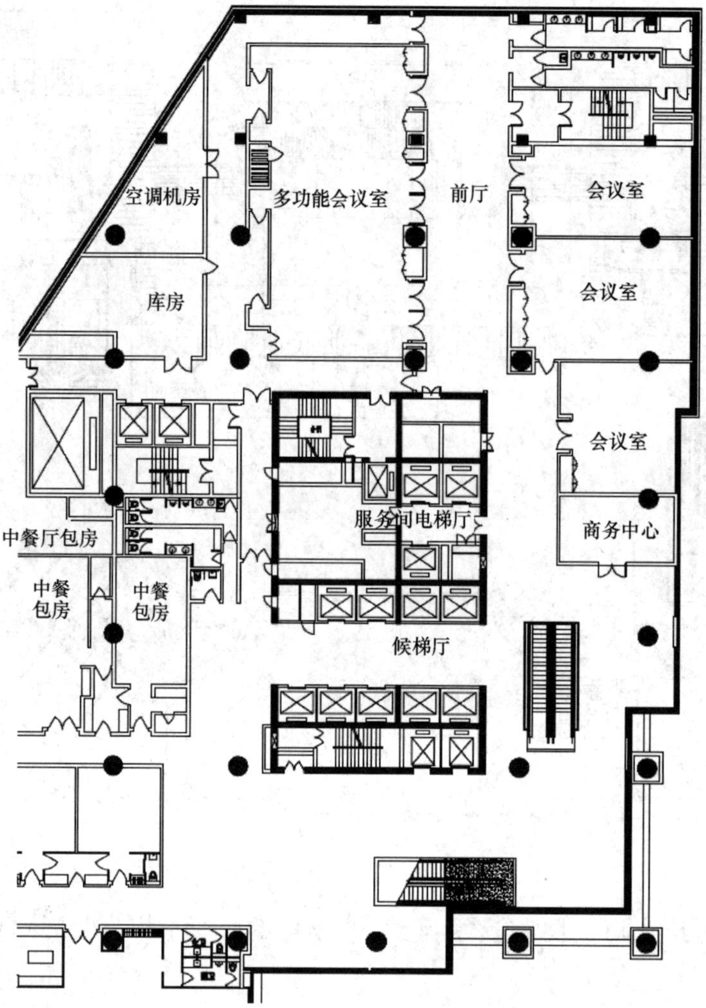
空调机房
多功能会议室
前厅
会议室
会议室
库房
会议室
服务间电梯厅
商务中心
中餐厅包房
中餐包房
中餐包房
候梯厅

图 22.15.3 会议区参考平面图

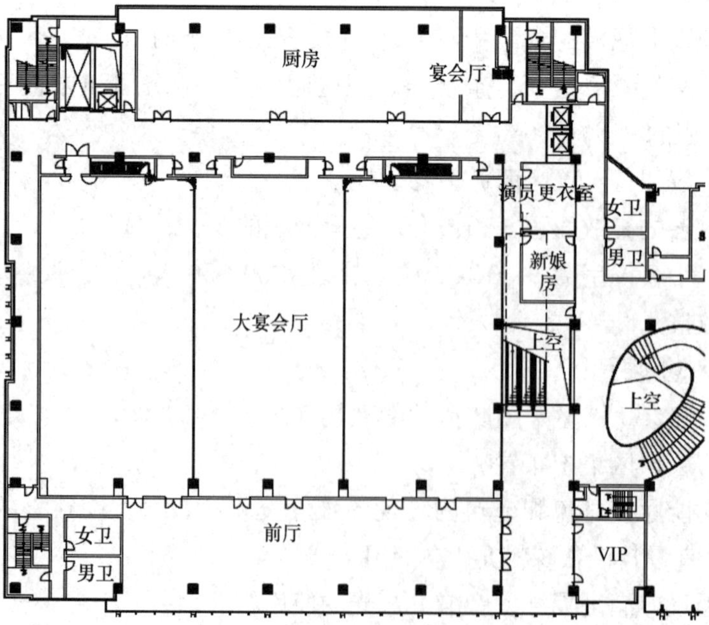
厨房
宴会厅
演员更衣室
女卫
男卫
新娘房
大宴会厅
上空
上空
前厅
女卫
男卫
VIP

图 22.15.4 宴会厅参考平面图

6. 应有配套的宴会、餐饮空间，并宜在同一楼层平面单独设宴会厨房。

7. 应配专用的服务通道，并宜设专用的厨房或备餐间，兼有备餐功能的服务走道净宽应大于 3m。

8. 当面积大于 $250m^2$，净高不小于 3.5m。

9. 宴会厅与多功能厅的人数按 1.5～$2.0m^2$/人计。

10. 应同层配备充足的家具贮藏空间、茶水间和员工服务间。

22.15.5 康乐设施

1. 康乐设施项目构成详见下表：

康乐设施项目构成　　表 22.15.5

分类	内　容	设计要求
健身类	健身房	$>50m^2$
游泳池	游泳池、戏水池、按摩池、日光浴、男女更衣室、淋浴间、卫生间	四星级以上设游泳池，室内泳池$>80m^2$，室外泳池$>120m^2$，深度 1.20～1.50m，更衣箱数目不少于客房数的 10%
游戏室	棋牌室、电子游戏室等	$3m^2$/座
SPA 理疗室	桑拿浴、蒸气浴、按摩室、美容美发、体检医疗	美容美发 $9m^2$/座，需方便到达健身中心
娱乐	舞厅、KTV、观演厅	选设，宜单独设出入口
体育设施	高尔夫、台球、网球、乒乓球、壁球、保龄球	$3m^2$/座

2. 应集中布置，避免对客房区的干扰。

3. 干区（休息和健身）与湿区（水池、淋浴等）应分区布置。

4. 健身、游泳池等项目宜集中设置男女更衣室、淋浴间、卫生间。

5. 酒吧、歌舞、KTV 等功能属于人员密集场所，防火及疏散应符合消防要求。

22.15.6 酒店餐饮

1. 酒店餐饮一般分为中餐厅、外国餐厅、全日餐厅（自助餐厅、咖啡厅）、酒吧、特色餐厅等。

2. 酒店餐饮的面积参考指标详见下表：

餐饮面积参考表　　表 22.15.6-1

类别	规范（m^2/人）		酒店管理公司高等级酒店标准（m^2/座）
	一级～三级	四级、五级	
全日餐厅（自助餐厅、咖啡厅）	1.0～1.2	1.5～2.0	1.5～2.0
中餐厅	1.0～1.2	1.5～2.0	1.8～2.3
特色餐厅	—	2.0～2.5	1.7～2.0
西餐厅	—	2.0～2.5	1.5～2.0
酒吧	—	—	1.5～2.0

3. 全日餐厅（自助餐厅、咖啡厅）的配置指标详见下表：

全日餐厅座位配置表　　表 22.15.6-2

级别	商务酒店	度假酒店
一级、二级酒店	≥客房间数 20%	≥客房间数 40%
三级及以上级别酒店	≥客房间数 30%	≥客房间数 50%

4. 餐饮部分对外营业或与外部联系频繁时，宜设单独对外出入口，避免与客房人流重叠交叉。

5. 常规的餐厅厨房面积比详见下表：

不同类型餐厅的就餐面积与厨房面积比　　表 22.15.6-3

餐厅类型	餐厨面积比	餐厅类型	餐厨面积比
自助餐厅	1∶0.5～0.7	西餐、咖啡厅	1∶0.4～0.6
中餐	1∶0.7	其他常规餐厅	1∶0.5～0.8

6. 餐厅应紧靠厨房设置，但餐厨不同层时，需在餐厅同层设置备餐间，并设置食梯与厨房直接联系，并需避免厨房气味、油烟进入餐厅。

7. 顾客就餐活动路线与送餐服务路线应分开，尽量避免交叉重叠。送餐服务路线不宜过长，最大不超过 40m，并避免穿越其他就餐空间。

22.16　辅　助　部　分

22.16.1　辅助部分的基本原则

1. 辅助部分（后台）指酒店各类后勤服务区域。主要功能构成：后勤管理办公室、库房区、厨房操作区、机电设备机房区。设置的职能部门通常包括：行政办公室、人力资源部与员工区、客房部与洗衣部、工程部、货物库房区、厨房。详见下表：

主要辅助用房分类及参考指标　　表 22.16.1

部门类别	面积参考指标
厨房、食品库房	厨房：0.5～1.0m^2/座、食品库：0.7m^2/间
洗衣房、客房部	布草（棉织品）库：0.2～0.45m^2/间、洗衣房：0.65m^2/间、客房部：0.2m^2/间
进货区、总库房、垃圾处理	卸货区：0.15m^2/间、垃圾间：0.07～0.15m^2/间、总库房：0.2～0.4m^2/间
工程部	0.50～0.55m^2/间
行政办公区用房	约占总建筑面积 1%、1.15m^2/间
人力资源部和员工区用房	约占总建筑面积 3%、3.5m^2/间
设备机房区	约占总建筑面积 5.5%～6.5%

2. 后台流线复杂，员工上下班流线、厨房进出货和送餐流线、垃圾清运流线、洗衣房流线等。流线设计必须清晰合理，并应充分考虑后台与上下楼层各功能用房的垂直流线。

3. 多采用设置集中主后台，各层分设服务间的布局。

4. 必须满足消防、卫生防疫、燃气等专业设计规范。

22.16.2 行政办公区

行政办公区主要用房一览表 **表 22.16.2**

	类别	各类用房	备注
行政办公区	总经理室	总经理、秘书	国际品牌酒店常设于客房层，3～4间套房
	市场营销部	销售部	市场、销售业务
		前台部	处于大堂区，设通道或楼电梯与行政办公区联系
		公共关系部	内勤、接待、推广
		会议服务部	会议准备、接待、收尾
		宴会部	可位于本区，也可设置在会议、宴会层
		广告部	美工、策划、宣传
	财务部	总监、财务办公	含财务总监、会计与出纳财务办公的独立区域
	会议室		位于方便各方使用的核心位置

22.16.3 人力资源部和员工区

1. 人力资源部和员工区联系紧密，整体布局。同时，员工区与洗衣房、布草房之间应有便捷的联系。

2. 员工区主要构成主要包括入口区、男女更衣淋浴区、制服间、员工餐厅和员工餐厅厨房、员工活动室。

3. 酒店员工人数因酒店性质、等级而异，员工人总人数为客房数与计算系数的乘积，计算系数详见下表：

员工人数计算系数表（人/间） **表 22.16.3-1**

酒店类型	参考系数	备注
顶级酒店	2.0～4.0	男女比例为6∶4
五星级酒店	1.2～1.6	
四星级酒店	0.8～1.0	
会议型酒店	1.0～1.2	
公寓式酒店	0.3～0.5	
小型酒店	0.1～0.25	

4. 人力资源部包括面试室、办公室和培训教室（一般为20m^2）。

5. 办公用房面积和员工生活区用房面积可参照下表：

员工生活区用房面积参考指标（m^2/间） 表 22.16.3-2

用房类型	参考系数	备注
男更衣、浴厕	0.14～0.19	1个储物柜/1.5间，按男女6∶4的比例分配；更衣浴厕比例为1∶0.025～0.4
女更衣、浴厕	0.14～0.23	
员工餐厅	0.17～0.18	座位数=(0.9 m^2/座×员工数×70%)/3
人力资源部	0.14～0.23	
保安、考勤	0.03～0.05	

6. 标准酒店应设医疗室，为员工服务兼小型急救室。应配置供排水点位和专用的男女共用卫生间，其面积一般约 $20m^2$。

7. 通常酒店内会设置员工倒班宿舍。一般为 $10～20m^2$。

8. 员工更衣淋浴区应尽量靠近员工出入口，包含员工私人物品存放、更衣和淋浴、卫生间等用房。卫生间应满足员工从员工通道直接进入。员工储物柜的建议尺寸：300mm 宽、600mm 深、1500mm 高。

22.16.4 客房部与洗衣房

1. 客房部

1）客房部又称管家部，负责客房清洁和铺设的工作，并提供洗衣熨衣、客房设备故障排除等服务。其位置应与洗衣房相连并且是洗衣房的一部分。

2）客房部必须与服务电梯直接相邻，并方便从员工更衣室到达。

3）布草发放台附近应留有一定空间方便轮候。

4）布草管理分为集中管理和非集中管理两种，小型度假酒店、分散式客房布置的酒店采用前者，而后者在各客房层或隔层设服务间与布草间，并与服务电梯相邻或贴近。

2. 洗衣房

1）洗衣房一般由污衣间、水洗区、烘干区、熨烫、折叠、干净布草存放、支付分发、服务总监办公室和空气压缩机加热设备间构成。一些城市酒店不设洗衣房或设简易洗衣机，采取外包清洗。

2）洗衣房位置需贴邻或靠近污衣槽、服务电梯。洗衣房不应在宴会厅、会议室、餐厅、休息室等房间的上下方，应做好减振降噪、隔声和吸声处理。

3）布草库应靠近洗衣房，室内要求温暖、干燥。

4）布草间应考虑纺织品的分类、储藏、修补、盘点以及发放床单、桌布和制服等所需的空间。

5）应有良好的通风排气，排除洗涤剂、去污剂等含有气味或有毒化学品。

6）地面应做 250～300mm 的降板处理，设置有效的排水设施。

7）洗衣房净高不低于 3m。外露柱子和墙壁的阳角应作橡胶或金属护角。

8）洗衣房需使用蒸汽，应有不少于 1.2t 蒸汽的来源。

9）污衣井（槽）必须与污衣间紧密联系，直通洗衣房。

22.16.5 后台货物区

1. 后台货物区包括卸货平台、收发与采购部、库房三个紧密联系的部分，还包括垃圾清运平台。面积可按 1m^2/间控制。

2. 装卸货物区避免在公共视线中，需作有效遮挡。

3. 卸货平台深度不小于 3m，应与库房地面同标高。

4. 垃圾处理室应设在垃圾装运平台处。垃圾装运平台宜与卸货平台分区设置，确保洁污分流，满足卫生防疫要求。

5. 垃圾处理室包含垃圾冷库、可回收物储藏室、洗罐区。洗罐区应配备冷热水、排水、电源接口。

6. 酒店存在大量库房，分为总库房和分库房，且有明确功能分配：家具库（按邻近的宴会厅、多功能厅、会议室等服务空间的面积 15%～20%控制）、餐具库（瓷器、玻璃器皿、银器）、酒和饮料库、贵重物品库、工具文具库、电器用品库等。

22.16.6 厨房

1. 厨房面积根据餐厅的规模与级别确定，一般按 0.7～1.2m^2/座计算。

2. 厨房按原料处理、工作人员更衣、主食加工、副食加工、餐具洗涤、消毒存放的工艺流程布置，原料与成品、生食与熟食应做到分隔加工与存放。各功能分区所需的操作面积的比例详见下表：

各项功能分区所需的操作面积占比估算 **表 22.16.6-1**

功能分区	面积百分比（%）	功能分区	面积百分比（%）
接收货物	5	餐具洗涤	5
食品贮藏	20	交通过道	16
准备	14	垃圾收集	5
烹饪	8	员工设施	15
烘焙	10	杂物	2

3. 厨房分层设置时，垂直运送生食与熟食的食梯应分别设置，不得合用。

4. 厨房应设置职工洗手间、更衣室及厨师办公室。

5. 西餐厨房各空间面积可参考下表：

西餐厨房面积分配 **表 22.16.6-2**

功能分区	面积百分比（%）	功能分区	面积百分比（%）
接收货物	3	烹饪	14
冷库	12	用具洗涤	5
冰箱	7	面包房	6
库房	14	办公	5
肉加工	3	服务柜台	12
蔬菜和色拉加工	8	餐具洗涤	11

6. 除主厨房外。宴会厅、全日餐厅、中餐厅、特色餐厅等餐饮空间配分厨房或配餐间。

7. 厨房内部一般分成准备区、制作区、送餐服务区（备餐间）和洗涤区，布局满足工艺流程要求。

8. 厨房面积一般不小于餐厅面积的35%，且与餐厅的种类、用餐人数、用餐时段有关。

9. 厨房位置与餐厅应紧密相连，上下层布局时，粗加工置于下层，上层设置分厨房，应设专门的餐梯和垃圾梯。

10. 厨房的净高不宜低于2.7m。

11. 外露柱子和墙壁的阳角应作橡胶或金属护角，高度2m，墙踢脚必须带卫生圆角。

12. 厨房楼地面应作结构下沉300～400mm处理，设置排水设施。排水沟宽度不小于250mm，深度不小于200mm，尽量环绕避免死角，沟内1%坡度接地漏。地面排水坡度2%～3%。冷盘间不应采用排水明沟形式。

13. 厨房地面需防滑、耐酸、耐腐蚀。地面做好防水，侧墙做好防潮。

14. 大型冷冻库和冷藏库的地面应与主厨房的地面平齐以便台车进出。大型冷餐库和冷冻库应是预制造的、全金属包覆的、分区型设计，便于现场安装和更换位置。冷冻库、冷藏库下方应作保温处理，设置保温板。

22.16.7　工程部与机房

1. 由工程部、维修部、设备部与机房构成。

2. 工程部包括工程总监室、工程专业人员工作区、图档资料室。

3. 维修部包括木工间、机电间、工具间、管修间、建修间、园艺间和库房。

4. 油漆、电焊工作间应注意加强通风、滤毒和防火措施。

5. 机房包括高低压变配电室、应急发电机房和储油间、生活水池和水泵房、消防水池和消防泵房、中水处理机房和水池泵房、冷冻站、锅炉房、热交换站、通信机房、网络机房、电梯机房、各层空调机房和变配电间、消防控制中心。

6. 各类泵房和机房应注意隔声、减噪、减振处理。

22.17　其 他 技 术 要 点

22.17.1　酒店建筑安防设计要点

酒店建筑安防应符合《安全防范工程技术规范》GB 50348的规定，并应符合下列要求；

1. 三级及以上酒店应设置视频安防监控摄像机，一、二级酒店建筑客房层宜设置视频安防监控摄像机。

2. 重点部位宜设置入侵及出入口控制系统，或两者结合。

3. 地下停车场宜设置停车场管理系统。

4. 在安全疏散通道上设置的出入口控制系统应与火灾自动报警系统联动。

22.17.2　酒店建筑隔声设计要求

1. 酒店总平面选址应尽量避开噪声源。

2. 酒店建筑的隔声减噪设计还应符合下列要求：

1）总平面设计，应根据噪声状况进行分区。

2）产生噪声或振动的设施应远离客房及其他要求安静的房间，并应采用隔声、减振措施。

3）餐厅不应与客房等对噪声敏感的房间在同一区域。可能产生强噪声和振动的附属娱乐设施不应与客房和其他有安静要求的房间设置在同一主体结构内，并应远离。

4）客房沿交通干道或停车场布置时，应采用密闭窗、双层窗等防噪措施，也可利用阳台或外廊进行隔声减噪处理。

5）应对附着于墙体和楼板的电梯井等传声源部件采取防止结构声传播的措施；电梯井道不应毗邻客房和其他有安静要求的房间。

6）有噪声和振动的设备用房应采用隔声、隔振和吸声的措施，并应对设备和管道采取减振、消声处理。不宜将有噪声和振动的设备用房设在客房楼内，不宜与主要公共用房毗邻布置。

7）有安静要求的房间隔墙高度应至梁、板底面，采用轻质隔墙时，其隔声性能应符合隔声标准的规定。

8）相邻客房的电气插座、配电箱和其他嵌入墙里对墙体造成损伤的配套附件，不宜背对背布置，采用背靠背布置的橱柜应使用满足隔声标准要求的墙体隔开。

9）酒店的各类用房内的噪声级，应符合表 22.17.2 的规定。

酒店房间室内允许噪声级　　**表 22.17.2**

房间名称	允许噪声级（A 声级，dB）					
	特级		一级		二级	
	昼间	夜间	昼间	夜间	昼间	夜间
客房	≤35	≤30	≤40	≤35	≤45	≤40
办公室、会议室	≤40		≤45		≤45	
多功能厅	≤40		≤45		≤50	
餐厅、宴会厅	≤45		≤50		≤55	

10）客房与其他部分、室外的各部分空气声隔声性能与撞击声隔声性能，均需符合《民用建筑隔声设计规范》GB 50118 的规定。

23 体育场馆设计

23.1 概　　述

23.1.1 体育建筑的定义

作为体育竞技、体育教学、体育娱乐和体育锻炼等活动之用的建筑物。

23.1.2 体育场馆建筑的分级和分类

体育建筑分级和分类　　表 23.1.2

使用要求	特级	举办亚运会、奥运会及世界级比赛主场（馆）
	甲级	举办全国性和单项国际比赛
	乙级	举办地区性和全国单项比赛
	丙级	举办地方性、群众性运动会
按运动项目分类	田径类	体育场、运动场、田径馆（注：体育场设看台，运动场无看台）
	球类	体育馆、练习馆、灯光球场、篮排球场、手球场、网球场、足球场、高尔夫球场、棒球场，垒球场、曲棍球场、橄榄球场
	体操类	体操馆、健身房
	水上运动类	游泳池、游泳馆、游泳场、水上运动中心、帆船运动场
	冰上运动类	冰球场、冰球馆、速滑场、速滑馆、旱冰场、花样滑冰馆、冰壶馆
	雪上运动类	高山速降滑雪场、越野滑雪场、自由式滑雪场、跳台滑雪场、单板滑雪场、花样滑雪场、雪橇场、雪车场、室内滑雪场
	自行车类	赛车场、赛车馆
	汽车类	摩托车场、汽车赛场
	其他	赛车场、射击场、射箭场、跳伞塔等

23.1.3 总平面设计

1. 总平面设计要求

建筑总平面设计要求　　表 23.1.3-1

	出入口	道路	集散场地
指标	≥2 个，有效宽度≥0.15m/百人	净宽度≥3.5m 且总宽度≥0.15m/百人，净高不应小于 4m	≥0.2m²/百人
设计要求	以不同方向通向城市道路，车行出入口避免直接开向城市主干路，并尽量与观众出入口设在不同临街面	避免集中人流与机动车流相互干扰	靠近观众出口，可利用道路、空地、屋顶、平台等

2. 当消防车确实不能按规定靠近建筑物时，应采取下列措施之一满足对火灾扑救的需要：

1）消防车在平台下部空间靠近建筑主体；

2）消防车直接开入建筑内部；

3）消防车到达平台上部以接近建筑主体；

4）平台上部设消火栓。

3. 停车场类别设置要求

停车场类别设置要求　　表 23.1.3-2

等级	管理人员	运动员	贵宾	官员	记者	观众
特级	有	有	有	有	有	有
甲级	兼用		兼用		有	有
乙级	兼用					有
丙级	兼用					

注：承担正规或国际比赛的体育设施，应设有电视转播车的停放位置。

23.1.4 体育建筑功能的基本组成

场地区、看台区、辅助用房区。

23.1.5 总平面布置实例

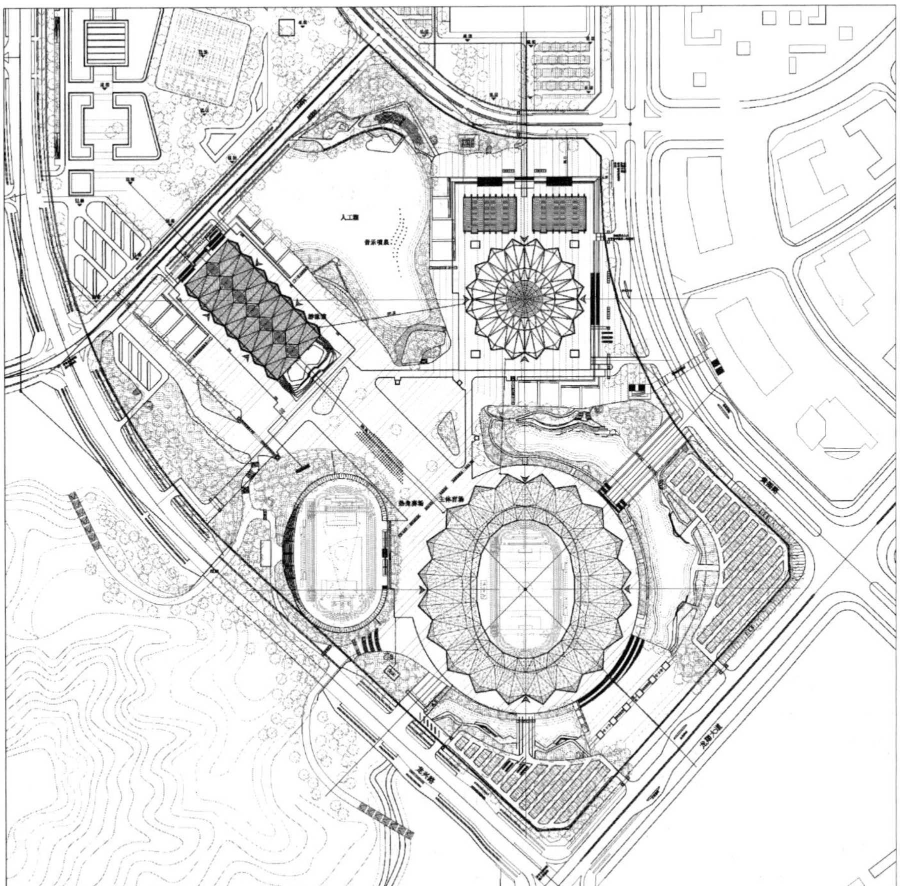

图 23.1.5 某市大运中心

23.2 场地区

23.2.1 运动场地

包括比赛场地和练习场地。

1. 运动场地界线外围必须满足缓冲距离、通行宽度及安全防护等要求；裁判和记者工作区域要求、运动场地上空净高尺寸应满足比赛和练习的要求。

2. 场地的对外出入口不得少于两处，其大小应满足人员查看方便、疏散安全和器材运输的要求。

3. 比赛场地与观众看台之间应有分隔和防护；室外练习场地外围及场地之间，应设置围网。

23.2.2 室外运动场地布置方向

应为南北向；当不能满足要求时，根据地理纬度和主导风向可略偏南北向，但不宜超过下表规定。

运动场长轴允许偏角　　表 23.2.2

北纬	16°～25°	26°～35°	36°～45°	46°～55°
北偏东	0	0	5°	10°
北偏西	15°	15°	10°	5°

注：观众的主要看台最好位于西面，即观众面向东方。

23.3 看台区

23.3.1 看台类型分类

按使用人群	观众看台区、贵宾看台区、运动员看台区、裁判员看台区、媒体记者看台区
按座席构造	固定看台、活动看台、可拆卸看台

23.3.2 看台座席尺寸

看台各类座席尺寸　　表 23.3.2-1

席位种类规格	普通看台				主席台贵宾区		主席台主席区	
	条凳	方凳	固定硬椅	固定软椅	固定硬椅	固定软椅	移动硬椅	移动软椅
座宽（m）	0.42	0.45	0.48	0.50	0.55	0.60	0.60	0.70
排距（m）	0.72	0.75	0.80	0.85	0.90	0.95	1.20	1.20

注：主席台带桌席排距应放大，并考虑服务人员通行。

体育场媒体席规模参考指标　　表 23.3.2-2

媒体席工作区域		全国比赛	洲际比赛	奥运会/世界比赛
主看台席位媒体席	媒体席规模（带桌子）	50	300	800～900
	媒体席规模（仅有座位）	30	100	200～300

注：媒体席根据使用需要临时搭建。

（引自《田径场地设施标准手册》）

23.3.3 看台视线设计

1. 视线设计主要影响因素：视距、方位角和高度角（宜控制在28°～30°之间）。

2. 视线设计计算方法：逐排计算法、折线计算法、绘图法（推荐）。

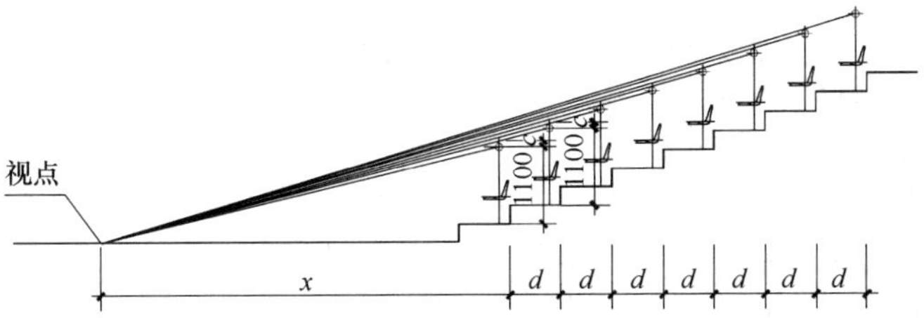
视点
1100
1100
x
d
d
d
d
d
d
d

图 23.3.3 视线设计-绘图法示意图

3. 剖面视线设计的相关数据选择。

剖面视线设计的相关数据选择 **表 23.3.3-1**

视点高度	视点距场地水平面的垂直距离，根据运动项目的不同，视点选择位置不同，见表 23.3.3-2
视线升高差 C 值	理想情况下取 12cm（人眼至头顶距离）；根据视线质量等级的不同，当采用较高标准时，取 12cm；采用一般或较低标准时，取 6cm
起始距离	首排眼位到视点的水平距离，应根据不同的比赛项目确定相应的起始距离
首排高度	应考虑运动员在缓冲带上行走不致遮挡观众席视线并防止观众轻易跳入场地，以及活动座席的布置和席下空间利用。综合体育馆场地区选择较大，固定座席首排高度一般取 2.1～3.3m，冰球馆和游泳馆宜在 2m 以上
排深 d	看台排深（排距），见表 23.3.2-1；首排因前有栏板，一般宜加宽到 1.1m
台阶高度	一般应控制在 55cm 以内，最多不超过 60cm

4. 看台视点位置及相应视觉质量等级。

看台视点位置及相应视觉质量等级 **表 23.3.3-2**

项目	视点平面位置	视点距地面高度（m）	视线质量等级	
			C=0.09～0.12m	C=0.06m
篮球场	边线和端线	0	Ⅰ	Ⅱ
手球场	边线和端线	0		Ⅰ
		0.6		Ⅱ
		1.2		Ⅲ
网球	比赛区边线	0	Ⅰ	Ⅱ
	比赛区端线外 5.0m	0	Ⅰ	Ⅱ
游泳池	最外泳道外侧边线 泳池两端边界线	水面	Ⅰ	Ⅱ
跳水池	最外侧跳板（台）垂线与水面交点	水面	Ⅰ	Ⅱ

续表

项目	视点平面位置	视点距地面高度（m）	视线质量等级	
			C=0.09～0.12m	C=0.06m
足球场	边线和端线（重点为角球点和球门处）	0	Ⅰ	Ⅱ
田径场	两直道外侧边线与终点线的交点	0	Ⅰ	Ⅱ
速度滑冰	最外赛道边线	冰面	Ⅰ	Ⅱ
冰球	界墙内边缘	不透明界墙高度	Ⅰ	Ⅱ
	界墙内 3.5m	冰面	Ⅰ	Ⅱ

注：(1) C 为视线升高差值。

(2) 视线质量等级：Ⅰ级为较高标准（优）；Ⅱ级为一般标准（良）；Ⅲ级为较低标准（尚可）。

(3) 田径场首排计算水平视距以终点线附近看台为准，同时应满足弯道及东直道外边线的视点高度在 1.2m 以下，并兼顾跑道外侧的跳远（及三级跳远）沙坑，视点宜接近沙面。

23.3.4 看台疏散设计

1. 疏散时间：根据观众厅的规模、耐火等级确定。通常体育场的疏散时间为 6～8min，体育馆为 3～4min。

控制安全疏散时间参考表　　表 23.3.4

控制时间 \ 观众规模（人）	≤1200	1201～2000	2001～5000	5001～10000	10001～50000	50001～100000
室内（min）	4	5	6	6	—	—
室外（min）	4	5	6	7	10	12

2. 观众厅内的疏散通道：

1）净宽度应按 0.6m/百人计算，且不应小于 1.0m；边走道净宽不宜小于 0.8m。坐席间的纵向通道应≥1.1m。

2）横走道之间的座位排数不宜超过 20 排。

3）纵走道之间的连续座位数，体育馆每排不宜超过 26 个（排距≥0.9m 时可增加一倍，但不得超过 50 个）；仅一侧有纵走道时，座位数应减少一半；体育场每排连续座位不宜超过 40 个。

3. 疏散方式分类：上行式疏散、中行式疏散、下行式疏散、复合式疏散。

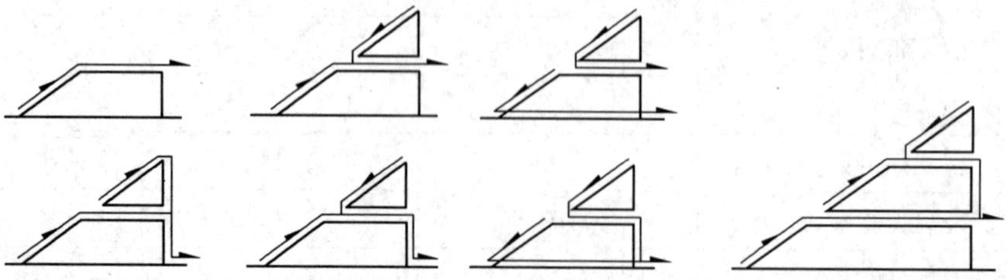

a 上行式疏散　b 中间式疏散　c 下行式疏散　d 复合式疏散

图 23.3.4-1　疏散方式示意图

4. 疏散计算方法：

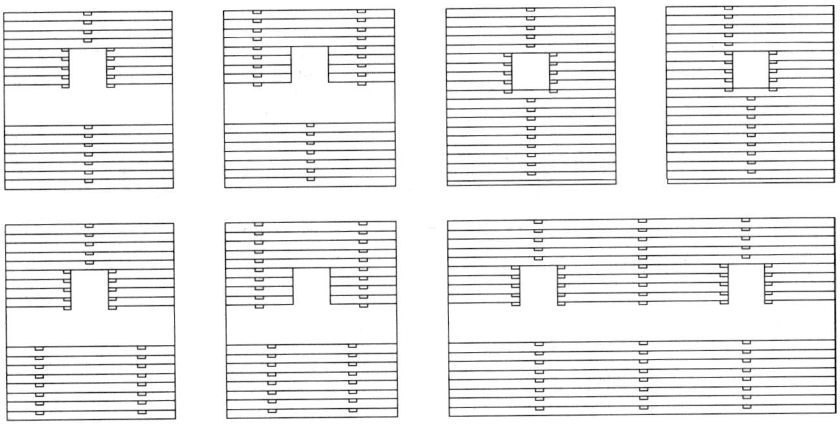

图 23.3.4-2 疏散口及过道的几种布置方式示意图

1）性能化消防论证（大型复杂场馆）。

2）密度法（无靠背坐凳或直接坐在看台上）。

3）人流股数法（适用于有靠背椅，人流疏散有规律时）。计算公式如下：

$$T=\frac{N}{BA}\text{—— 适用于中小型体育场馆}$$

$$T=\frac{N}{BA}+\frac{S}{V}\text{—— 适用于大型体育场馆}$$

式中：T——控制疏散时间；

N——疏散的总人数；

A——单股人流通行能力（40～42 人/min）；

B——外门可以通过的人流股数；

V——为疏散时在人流不饱满情况下人的行走速度（45m/min）；

S——使外门的人流量达到饱和时的几个内门至外门距离的加权平均数。

$$S=\frac{S_1b_1+S_2b_2+\cdots\cdots S_nb_n}{b_1+b_2+\cdots\cdots b_n}$$

式中：S_n——为各第一道疏散口到外门的距离。

b_n——为各第一道疏散口可通行的人数。

23.4 辅助用房区

23.4.1 辅助用房的组成

辅助用房组成 表 23.4.1

观众用房	观众休息厅、厕所、医务室、饮水间（台）、商业餐饮设施、其他服务设施
贵宾用房	贵宾休息室及服务设施
运动员用房	运动员休息室、运动员医务室、兴奋剂检测室、检录处、赛前热身场地等
竞赛管理用房	组委会、管理人员办公、会议、仲裁录放、编辑打字、复印、数据处理、竞赛指挥、裁判员休息室、颁奖准备室和赛后控制中心等

续表

新闻媒体用房	新闻发布厅、记者工作区、记者休息区、新闻官员办公室、电传室、邮电所和无线电通信机房等
技术设备用房	广播、电视转播用房、计时计分用房、灯光控制室、消防控制室、器材库、设备用房
场馆运营用房	办公区、会议区、库房

23.4.2 观众用房标准及厕位指标

观众用房标准　　表 23.4.2-1

等级	包厢	贵宾休息区			观众休息区	厕所	残疾观众厕所	急救室
		休息室	饮水设施	厕所				
特级	2～3m²/席	0.5～1.0m²/人	有	见表23.4.2-2	0.1～0.2m²/人	见表23.4.2-3	有	有
甲级							厕所内设专用厕位	
乙级	无							
丙级		无						

贵宾厕所厕位指标　　表 23.4.2-2

贵宾席规模	<100 人	100～200 人	200～500 人	>500 人
每一厕位使用人数	20	25	30	35

注：男女比例宜 1∶1.5，男厕大小便厕位比例 1∶2。

观众厕所厕位指标　　表 23.4.2-3

	男厕			女厕
	大便器（个/千人）	小便器（个/千人）	小便槽（m/千人）	大便器（个/千人）
指标	8	20	12	30
备注		二者取一		

注：男女比例宜 1∶2。

23.4.3 各辅助用房示意图

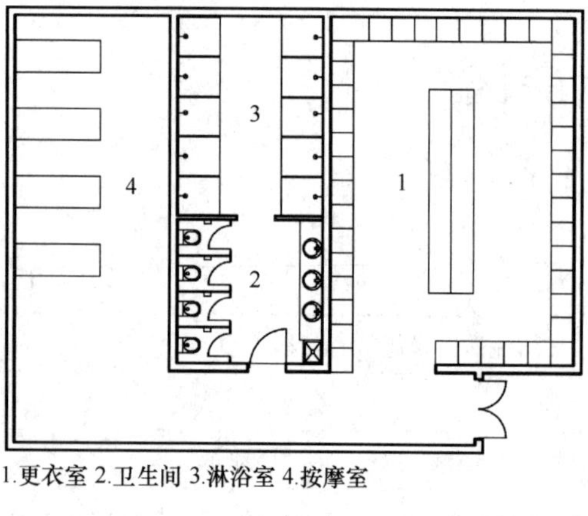
1
2
3
4

1.更衣室 2.卫生间 3.淋浴室 4.按摩室

图 23.4.3-1　小型场馆运动员休息室平面图

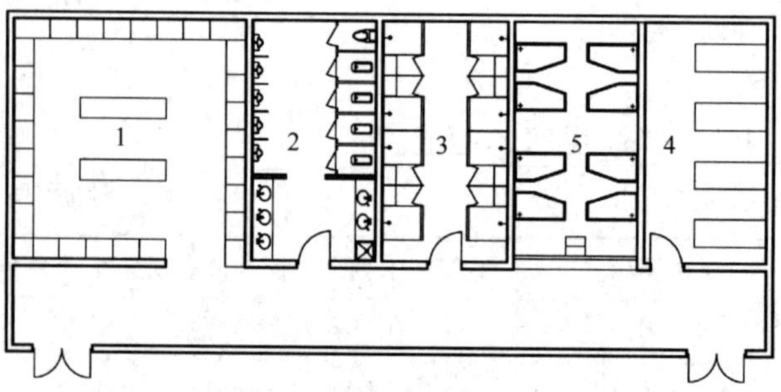
1
2
3
4
5

1.更衣室 2.卫生间 3.淋浴室 4.按摩室 5.休息室

图 23.4.3-2　大型场馆运动员休息室平面图

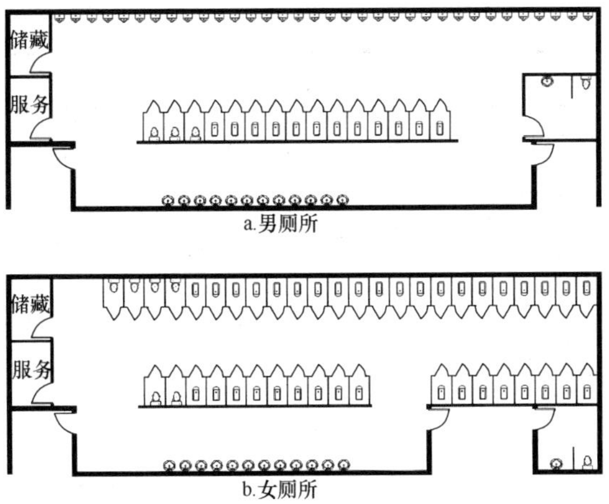
储藏
服务
a.男厕所
储藏
服务
b.女厕所

图 23.4.3-3 观众休息厅厕所布置参考图

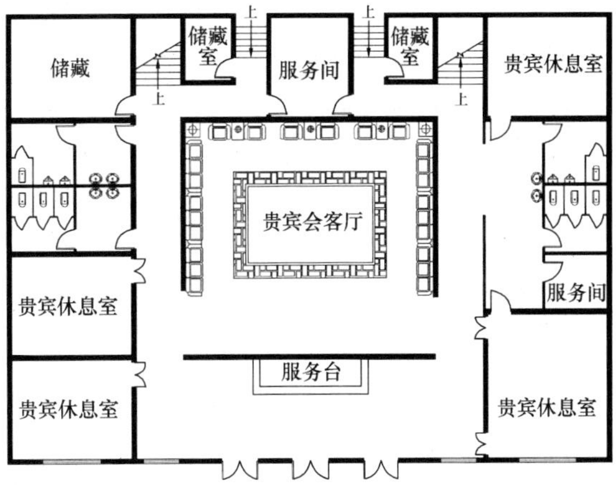
储藏
储藏室
服务间
储藏室
贵宾休息室
上
上
上
上
贵宾会客厅
服务间
贵宾休息室
贵宾休息室
服务台
贵宾休息室

图 23.4.3-4 大型体育场馆贵宾用房示意图

23.5 体 育 场

23.5.1 体育场规模及分类

1. 按使用性质分类：比赛类体育场、训练类体育场、全民健身赛类体育场。

2. 按规模分类，见下表：

体育场规模分级 表 23.5.1

等级	观众席容量（座）	等级	观众席容量（座）
特大型	60000 以上	中型	20000～40000
大型	40000～60000	小型	20000 以下

23.5.2 建筑功能分区及流线

建筑功能分区及流线 表 23.5.2

功能分区	主要人群	主要人员流线
观众区	普通观众	观众：观众安检、验票入口→公共活动区域观众厅→观众看台→出口
运动员区	田径、足球运动员、教练员	田径运动员：运动员入口→热身场地→第一检录处→室内准备活动场地→第二检录处→比赛场地→混合区→赛后控制中心→新闻发布厅→兴奋剂检查站/室→运动员及随队官员看台→出口
竞赛管理区	竞赛管理人员（技术官员）、裁判员	竞赛管理（技术官员）：竞赛管理入口→更衣/休息室→工作区/技术官员看台/比赛场地→出口 裁判员：竞赛管理入口＋裁判员更衣/休息室→比赛场地→更衣/休息室→出口
贵宾区	贵宾	贵宾：贵宾入口→贵宾休息室/贵宾包厢→主席台/贵宾区看台→颁奖区域→贵宾出口
赞助商区	赞助商	赞助商：赞助商入口（可与观众入口共用）→包厢/看台→出口

续表

功能分区	主要人群	主要人员流线
媒体区	文字、摄影记者、观察员	文字摄影记者：媒体入口→新闻媒体工作区→文字摄影记者看台→混合区→新闻发布厅→出口 电视转播人员：媒体入口→电视转播工作区→评论员/观察员看台/转播机位→混合区/新闻发布厅→出口
场馆运营区	场馆管理人员	无固定流线
安保、交通及消防区	安保、消防和招待人员	无固定流线

23.5.3 场地

1. 正式比赛场地：应包括径赛用的周长400m的标准环形跑道、标准足球场和各项田赛场地。除直道外侧可布置跳跃项目的场地外，其他均应布置在环形跑道内侧。

2. 径赛用400m标准环形跑道：

400m标准跑道规格 **表23.5.3-1**

	环形道				西直道			
	弯道半径（内沿m）	两圆心距（直段m）	每条分道宽度（m）	分道最少数量（条）	总长度（m）	起点指标区长度（m）	终点缓冲区长度（m）	分道最少数量（m）
特级、甲级	36.5	84.39	1.22	8	130	3	17	8～10
乙级				8				8
丙级				6				8

注：1. 跑道内沿周长为398.12m，表中弯道半径指弯道内沿线的内侧；

2. 跑道内道第一分道的理论跑进路线周长为400.0m，是按距跑道内沿（不包括突道牙宽度）0.3m处的跑程计算的；

3. 每条分道宽1.22m，含分道标志线宽0.05m位在各道的跑进的右侧。测量跑程除第一分道外，其他各分道按距相邻左侧分道标志线0.20m处丈量。分道的次序由内圈第一分道起向外侧顺序排列；

4. 跑道内外侧安全区应距跑道不少于1.0m的空间；

5. 西直道设置100m短跑和110m跨栏跑的起点，以及所有径赛的同一终点。终点线位于直道与弯道交接处；

6. 需要时，可在东直道设置第二起终点，供短跑训练或预赛；

7. 当8分道时，可增加1～2分道，训练时宜避开内道，减小第一、二分道的地面磨损，以便延长整个跑道的寿命。

3. 其他形式跑道：

1）特殊情况可采用双曲率弯道的400m跑道；

2）学校体育场地：小学应有200m环形跑道和1～2组60m直跑道；中学应有与学校规模相适应的环形跑道（250m、300m、400m）和1～2组100m直跑道；大学应有400m环形跑道和1～2组100m直跑道。根据学生身高特点，跑道宽度为：小学900mm，初中1100mm，高中以上1220mm为宜。

4. 田赛场地：跳远和三级跳远场地、跳高场地、推铅球场地、掷铁饼和链球场地、掷标枪场地、撑杆跳场地；具体布置参考图23.5.3-8。

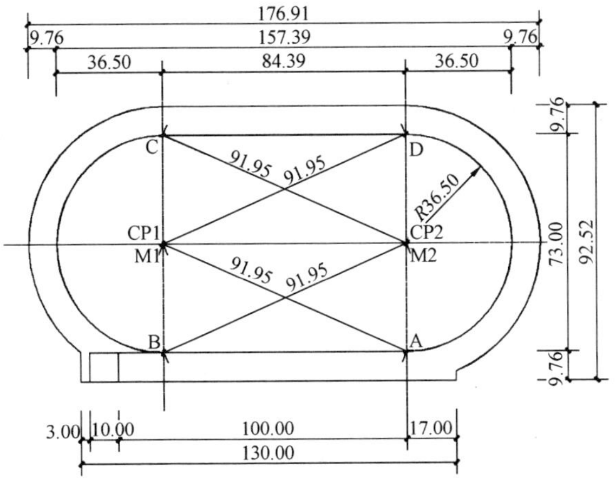

176.91
9.76
157.39
9.76
36.50
84.39
36.50
C
D
91.95
91.95
R36.50
CP1
M1
CP2
M2
91.95
91.95
B
A
9.76
73.00
92.52
9.76
3.00
10.00
100.00
17.00
130.00

图 23.5.3-1 400m 标准跑道布局设计和尺寸（R=36.5m）

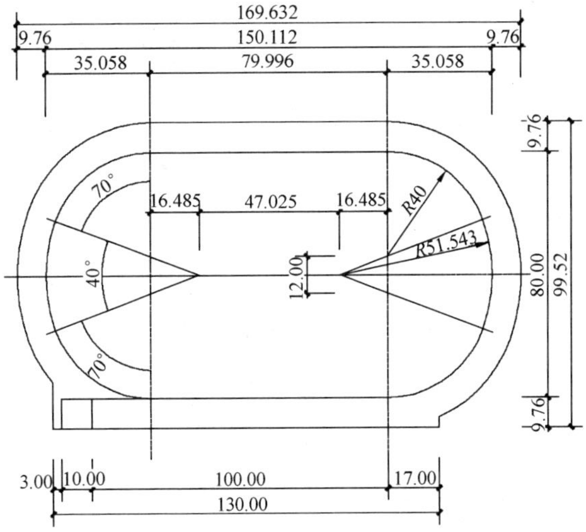

169.632
9.76
150.112
9.76
35.058
79.996
35.058
70°
16.485
47.025
16.485
R40
R51.543
40°
12.00
70°
9.76
80.00
99.52
9.76
3.00
10.00
100.00
17.00
130.00

图 23.5.3-2 双曲率式 400m 跑道（R=51.543m 和 R=34m）

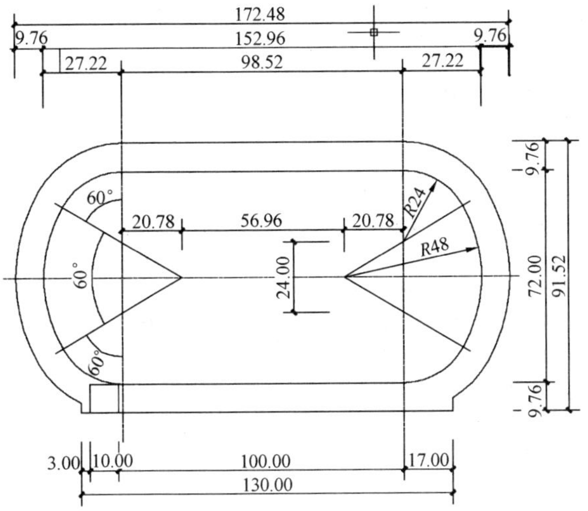

172.48
9.76
152.96
9.76
27.22
98.52
27.22
60°
20.78
56.96
20.78
R24
R48
60°
24.00
60°
9.76
72.00
91.52
9.76
3.00
10.00
100.00
17.00
130.00

图 23.5.3-3 双曲率式 400m 跑道（R=48m 和 R=24m）

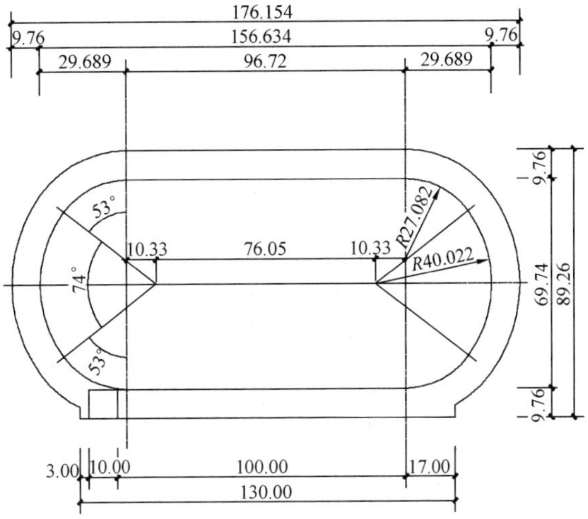

176.154
9.76
156.634
9.76
29.689
96.72
29.689
53°
10.33
76.05
10.33
R27.082
R40.022
74°
53°
9.76
69.74
89.26
9.76
3.00
10.00
100.00
17.00
130.00

图 23.5.3-4 双曲率式 400m 跑道（R=40.022m 和 R=27.082m）

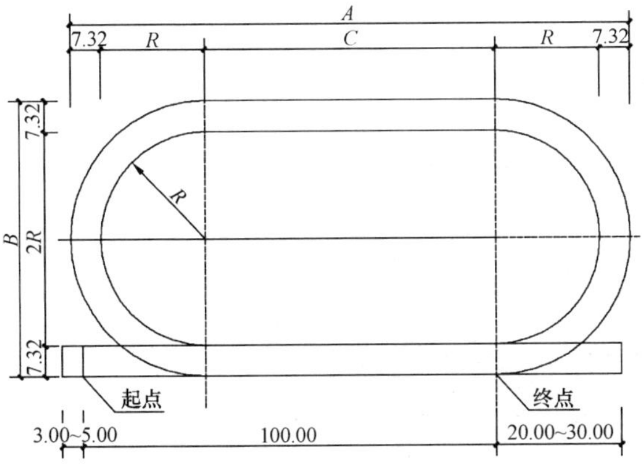

A
7.32
R
C
R
7.32
7.32
R
B
2R
7.32
起点
终点
3.00~5.00
100.00
20.00~30.00

图 23.5.3-5 300m 跑道示意图

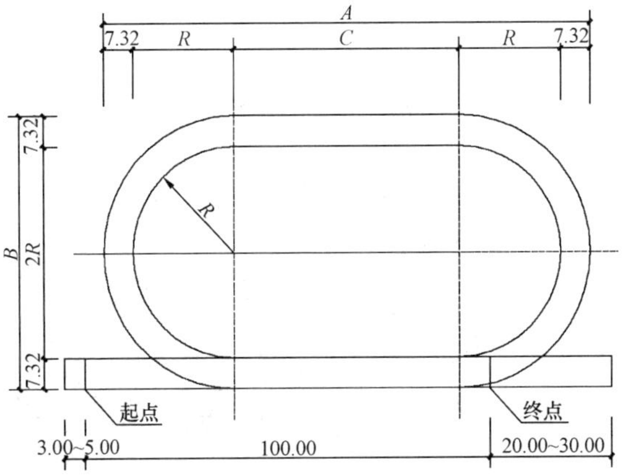

A
7.32
R
C
R
7.32
7.32
R
B
2R
7.32
起点
终点
3.00~5.00
100.00
20.00~30.00

图 23.5.3-6 250m 跑道示意图

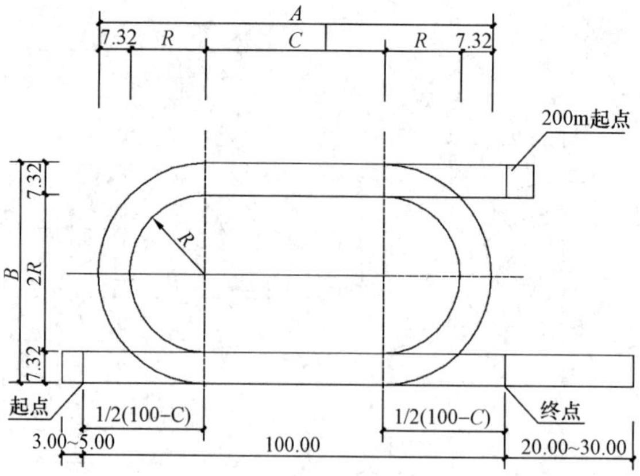
A
7.32
R
C
R
7.32
200m起点
7.32
B
2R
R
7.32
起点
1/2(100−C)
1/2(100−C)
终点
3.00~5.00
100.00
20.00~30.00

图 23.5.3-7　200m 跑道示意图

5. 足球场地

足球场地规格　　表 23.5.3-2

类别	使用性质	长（m）	宽（m）	地面材料及坡度
标准足球场	一般性比赛	90～120	45～90	天然草坪≤5/1000
	国际性比赛	100～110	64～75	
	国际标准场	105	68	
	专用足球场	105	68	
非标准足球场	业余训练和比赛	根据具体条件制定场地尺寸，但任何情况下长度均应大于宽度		天然草坪、人工草坪和土场地

注：(1) 非标准足球场虽不符合规则要求，但可开展群众性和青少年足球运动，便于将标准足球场划分为二个小足球场；
(2) 足球场地划线及球门规格应符合竞赛规则规定；
(3) 设置在田径场地内的足球场，其足球门架应采用装卸式构造。

6. 比赛场地综合布置，见图 23.5.3-8

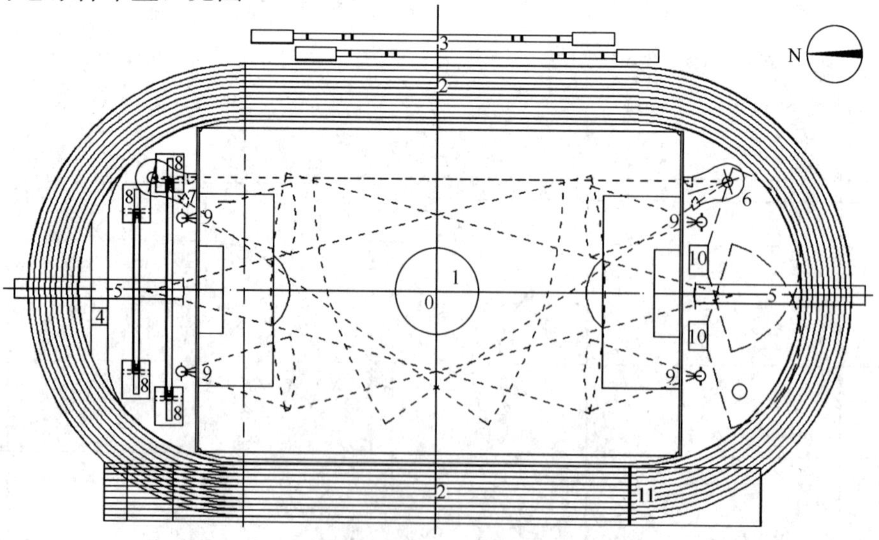
N
0
1
2
3
4
5
6
7
8
9
10
11

图 23.5.3-8　专业比赛场地设施综合布置图

0—足球场地中心位置标记；1—足球场；2—标准跑道；3—跳远及三级跳远设施；
4—障碍水池；5—标枪助跑道；6—掷铁饼和掷链球设施；7—掷铁饼设施；8—撑杆跳高设施；
9—推铅球设施；10—跳高设施；11—终点线

7. 练习场地：根据比赛前热身需要、平时的专业训练和群众锻炼的需要确定，最低要求如下表：

热身练习场地最低要求　　表 23.5.3-3

场地内容	建筑等级			
	特级	甲级	乙级	丙级
400m 标准跑道，西直道 8 条，其他分道 4 条	1	1	—	—
200m 小型跑道，4 条分道	—	—	1	—
铁饼、链球、标枪场地	各 1	各 1	—	—
铅球场地	2	1	—	—
标准足球场 2	2	1	—	—
小型足球场	—	—	1	—

23.5.4　场地其他规定

1. 至少有两个出入口，且每个净宽和净高不应小于 4m；当净宽和净高有困难时，至少其中一个满足宽度、高度要求；

2. 供入场式的出入口，其宽度不宜小于跑道最窄处的宽度，高度不低于 4m；

3. 供团体操用的出入口，其数量和总宽度应满足大量人员的出入需要，在出入口附近设置相应的集散场地和必要的服务设施；

4. 田径运动员进入比赛区的入口宜靠近跑道起点，离开比赛区的出口宜靠近跑道终点；

5. 足球运动员进入比赛区的出入口宜位于主席台同侧，并靠近运动员检录处及休息室。

23.5.5　看台（参见 23.3 节）

23.5.6　辅助用房

运动员用房基本内容与面积标准（m^2）　　表 23.5.6-1

等级	运动员休息室	兴奋剂检查室	医务急救	检录处	赛后控制室
特级	800（4 套）	65	35	1200	40
甲级	400（2 套）	60	30	1000	40
乙级	300（2 套）	50	25	800	20
丙级	200（2 套）	无	25	室外	无

注：（1）应在热身场地区附近设第一检录处，并在比赛场地区百米直道起点附近设第二检录处。第二检录处应根据赛事要求设 60m 室内热身跑道，跑道数量应满足：特级体育场 6 条，甲级和乙级体育场 4 条。

（2）应设置运动员从热身场地区到达比赛场地区的专用通道，高差处宜采用坡道。

（3）赛后控制室面积为男女合计面积。

赛事管理用房基本内容与面积标准（m^2）　　表 23.5.6-2

等级	组委会办公和接待用房	赛事技术用房	其他工作人员办公区	储藏用房
特级	550	250	100	600
甲级	300	200	80	400
乙级	200	150	60	300
丙级	150	30	40	200

媒体用房基本内容与面积标准（m^2） **表 23.5.6-3**

等级	新闻发布厅	记者工作区	记者休息区	评论员控制室	转播信息办	新闻官员办公室
特级	225（150 人）	300	75	25	25	25
甲级	150（100 人）	200	50	20	20	25
乙级	120（80 人）	160	40	15	15	15
丙级	75（50 人）	100	25	—	—	15

技术设备用房基本内容与面积标准（m^2） **表 23.5.6-4**

<table>
<tr><th>等级</th><th>终点摄像机房</th><th>显示屏控制室</th><th>数据处理室</th><th>灯光控制室</th><th>扩声控制室</th></tr>
<tr><td>特级</td><td rowspan="3">12</td><td rowspan="3">40</td><td>100</td><td rowspan="2">20</td><td rowspan="2">30</td></tr>
<tr><td>甲级</td><td>80</td></tr>
<tr><td>乙级</td><td>50</td><td>15</td><td>20</td></tr>
<tr><td>丙级</td><td>临时设置</td><td>20</td><td>30</td><td>10</td><td>10</td></tr>
</table>

（表 23.5.6-1～表 23.5.6-4 引自《公共体育场建设标准》）

23.5.7 田径练习馆

1. 田径练习馆的场地根据设施级别和使用要求，宜包括 200m 长的长圆形跑道，其内侧应设短跑和跨栏跑直跑道，以及跳高、撑杆跳高、跳远、三级跳远和推铅球的场地。需要时也可设少量观摩席位。

2. 200m 长圆形跑道应采用 200m 室内标准跑道的规格，其弯道半径应为 17.50m（第一分道的跑程的计算半径），弯道倾斜角不应超过 15°。

200m 室内标准跑道规格 **表 23.5.7-1**

<table>
<tr><th>周长（m）</th><th>弯道半径（m）</th><th>两弯道圆心距（m）</th><th>过渡弯曲区长（m）</th><th>水平直道长（m）</th><th>弯道倾斜</th><th>分道数（条）</th><th>每分道宽（m）</th></tr>
<tr><td>内沿 198.140</td><td>17.204</td><td rowspan="2">44.994</td><td>10.022</td><td rowspan="2">35</td><td rowspan="2">10°09′25″</td><td rowspan="2">4～6</td><td rowspan="2">0.9～1.1</td></tr>
<tr><td>第一分道 200.00</td><td>117.5</td><td>10.108</td></tr>
</table>

3. 室内直跑道规格

表 23.5.7-2

<table>
<tr><th>直道总长</th><th>其中起跑准备区</th><th>其中终点缓冲区</th><th>分道数</th><th>每分道宽</th></tr>
<tr><td rowspan="2">73～78m</td><td rowspan="2">3m</td><td rowspan="2">10～15m</td><td>≥6 条</td><td>1.22m</td></tr>
<tr><td>≤8 条</td><td>1.25m</td></tr>
</table>

注：(1) 直跑道应位于长圆跑道的纵向轴线上；

(2) 直跑道用于 60m 短跑和 50m、60m 跨栏跑。

23.5.8　实例

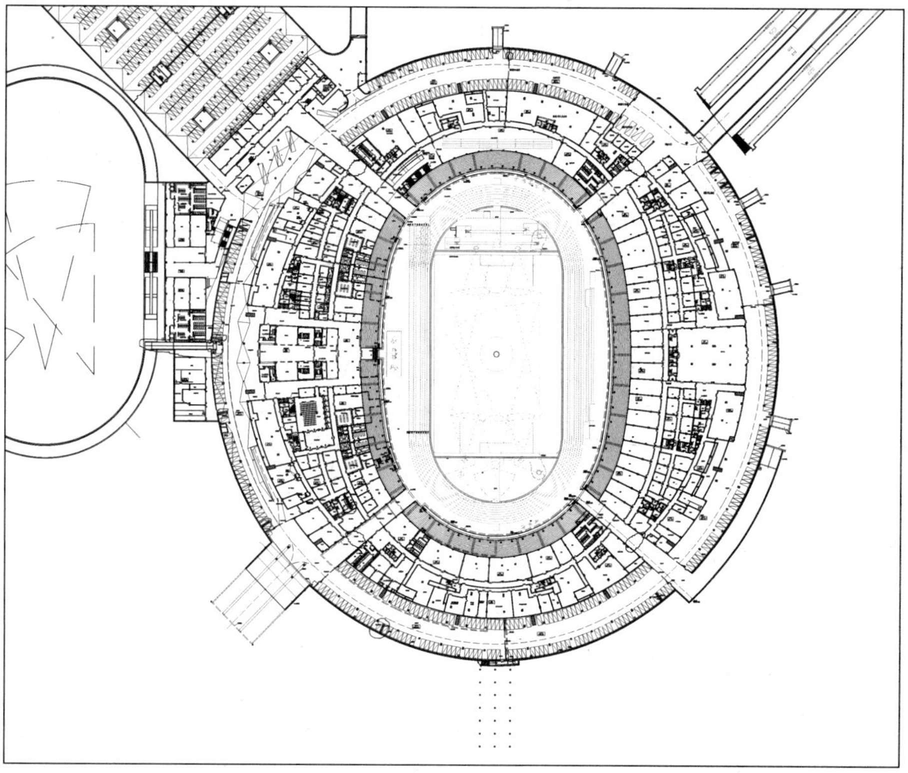

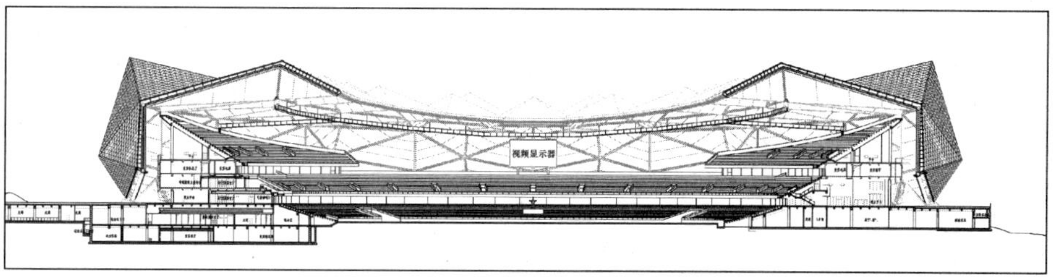

图 23.5.8　某中心体育场

23.6　体　育　馆

23.6.1　规模及分类

体育馆规模及分类　　**表 23.6.1**

按建筑使用要求	特级、甲级、乙级、丙级	见表 23.1.2
按观众席规模（座）	特大型馆	10000 以上
	大型馆	6000～10000
	中型馆	3000～6000
	小型馆	3000 以下

续表

按服务对象	竞技观演型体育馆	主要服务于大型体育赛事
	群众健身型体育馆	主要服务于社会体育、全民健身、休闲、娱乐、兼顾中小型体育比赛
	学校体育馆	主要服务于学校体育教学、集会等功能，兼顾体育比赛和群众健身
按功能特点	多功能综合体育馆	具有空间弹性、功能多元，可满足多种体育比赛和观演、集会、展览等的使用要求
	专项体育馆	服务于单一、专项体育比赛，如自行车、网球等

23.6.2 面积指标

体育馆规划指标应按规范及《公共体育场馆建设标准》执行。

市级体育馆用地面积指标　表23.6.2-1

	100万人口以上城市		50万～100万人口城市		20万～50万人口城市		10万～20万人口城市	
	规模（千座）	用地面积（10^3m^2）	规模（千座）	用地面积（10^3m^2）	规模（千座）	用地面积（10^3m^2）	规模（千座）	用地面积（10^3m^2）
体育馆	40～100	86～122	4～6	11～14	2～4	10～13	2～3	10～11

注：当在特定条件下达不到规定指标下限时，应利用规划和建筑手段来满足场馆在使用安全、疏散、停车等方面的要求。

体育馆根据人口规模分级对应的建设规模　表23.6.2-2

座席数单座面积指标（m^2/座） 人口规模	12000～10000座	10000～6000座（不含10000座）		6000～3000座（不含6000座）	3000～2000座（不含3000座）
	体操	体操	手球	手球	手球
200万以上人口	4.3～4.6	4.5～4.6	3.7	3.7～4.1	4.1～5.1
100万～200万人口	—	4.5～4.6	3.7	3.7～4.1	4.1～5.1
50万～100万人口	—	—		3.7～4.1	4.1～5.1
20万～50万人口	—	—		—	4.1～5.1
20万以下人口	—	—		—	4.1～5.1

注：（1）体育馆座席为6000人时，分别按体操和手球计算单座建筑面积；

（2）2000座以下体育馆以$10000m^2$为上限；

（3）50万以上人口的城市可设置次一级（所在地的行政级别）的体育馆，其规模应按6000座以下体育馆确定。

23.6.3 功能和流线

1. 功能

体育馆基本功能组成列表　表23.6.3-1

功能分区	具体功能设置	
场地区	比赛场地区	比赛场地区内包括比赛场地、缓冲区、裁判席、摄影机位等
看台区	观众席	普通观众席、无障碍座席
	运动员席	
	媒体席	媒体席包括评论员席、文字记者席、网络媒体席等
	主席台（贵宾席）	
	包厢	

续表

功能分区	具体功能设置	
辅助用房区和设施	观众用房（外场）	观众区、贵宾区和其他（赞助商区）
	运动员用房	运动员及随队官员休息室、兴奋剂检查室、医务急救室和检录处
	竞赛管理用房	组委会办公室和接待用房、赛事技术用房、其他工作人员办公区、储藏用房等
	媒体用房	媒体工作区、新闻发布厅和媒体技术支持区
	场馆运营用房	办公区、会议区、设备用房和库房
	技术设备用房	计时记分用房和扩声、场地照明机房；计时记分用房应包括：屏幕控制室、数据处理室等
	安保用房	安保观察室、安保指挥室、安保屯兵处等
训练健身设施	训练热身馆及相关用房	训练热身场地、健身房、库房等

2. 流线：体育馆的人员流线主要分为内场人流和外场人流两大部分。

内外场人员流线　　表 23.6.3-2

功能分区	具体流线分类	使用区域
外场	普通观众流线	普通观众席、观众休息厅及附属服务设施
	包厢贵宾流线	包厢及包厢看台，包厢休息区
	残疾观众流线	无障碍座席区、残疾人服务设施如残疾人卫生间等
内场	运动员及随队人员流线	比赛场地、运动员休息室、热身训练馆、检录处、医疗药检等
	赛事管理人员流线	比赛场地、赛事管理办公室、裁判员休息室等
	贵宾流线	贵宾休息室、主席台、场地（颁奖）等
	新闻媒体人员流线	场地（部分记者）、媒体工作室、新闻发布厅、媒体记者休息室、媒体设备用房、媒体库等
	场馆运营人员流线	场馆管理办公室、库房、设备用房等

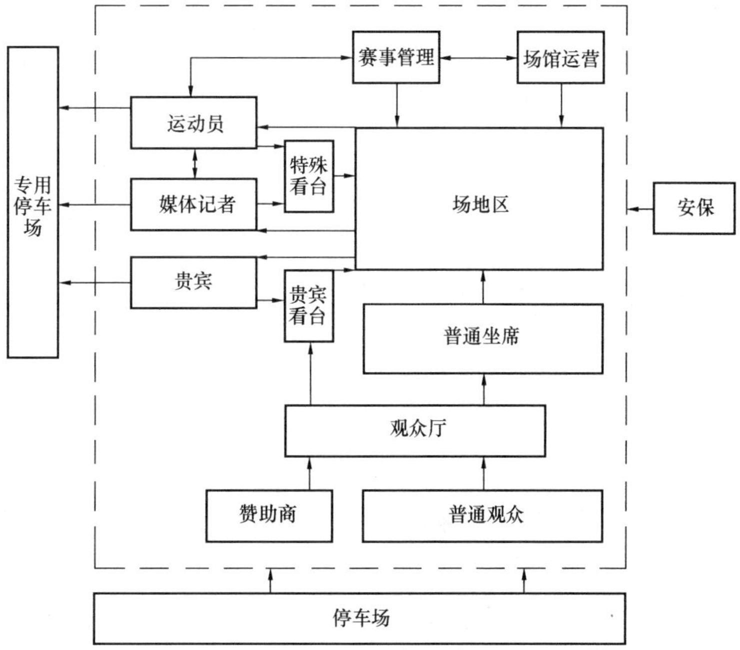
赛事管理
场馆运营
专用停车场
运动员
特殊看台
媒体记者
场地区
安保
贵宾
贵宾看台
普通坐席
观众厅
赞助商
普通观众
停车场

图 23.6.3　体育馆赛时功能与流线示意图

23.6.4 比赛场地

比赛场地要求及最小尺寸 **表 23.6.4-1**

场地分类	要　求	最小尺寸（长×宽，m）
特大型	可设置周长 200m 田径跑道或室内足球、棒球等比赛	根据要求确定
大型	可进行冰球比赛或搭设体操台	70×40
中型	可进行手球比赛	44×24
小型	可进行篮球比赛	38×20

国内已建成场馆场地尺寸参考 **表 23.6.4-2**

体育馆规模	场馆名称	建成时间	场地尺寸（长×宽，m）
特大	国家体育馆	2007	75.8×45.3
	五棵松体育馆	2008	68.4×56.4
	沈阳奥林匹克中心	2009	79×79
	深圳湾体育中心体育馆	2011	70×40
大型	广东惠州体育馆	2004	75×45
	佛山岭南明珠体育馆	2006	70×50
	安徽淮南市文化体育中心	2007	72×46.8
	北京大学体育馆	2007	47.3×39.7
中型	北京科技大学体育馆	2008	60×40
	南沙体育馆	2010	70×40
	青海海湖体育中心	2013	44×24
	盐城市体育中心	2005	60×40
	深圳大学城体育中心体育馆	2007	82×44
	北京理工大学体育馆	2007	51×35.4

单项体育场地尺寸（单位：m） **表 23.6.4-3**

体育项目	场地尺寸	缓冲区尺寸		净高	备注
		端线外	边线外		
手球	（38～44）×（18～20） 7 人制常用 40×20	2	2	7～9	球门后 2.5m 宜设安全挡网
网球	单打 23.77×8.23 双打 23.77×10.97	≥6.40	≥3.66		边线外 3.658m 处上方 5.486m 以下无障碍物；端线外 6.401m 处上方 6.401m 以下无障碍物；球网上方 10.668m 以下无障碍物
篮球	28×15	≥6.00	≥6.00	7.0	
排球	18×9	≥9.00	≥6.00	7.0	
羽毛球	单打 13.40×5.18 双打 13.40×6.10	2.3	2.2	12	训练馆净高可降至 7m
室内足球（五人制）	（18～22）×（38～42）	1.5	1.5	7	
壁球	单打 9.75×6.4 双打 9.75×7.62			5.6	玻璃门应使用安全玻璃，能经受强烈撞击和超重负荷
短刀速度滑冰兼冰球、花样滑冰	冰场场地 61×31	70×45（含冰场场地的总尺寸）			四角圆弧半径 8.5，冰球场应设防护界墙、防护玻璃，场地两端应设固定防护网

续表

体育项目	场地尺寸	缓冲区尺寸		净高	备注
		端线外	边线外		
乒乓球	14×7	5.63	2.738	4.76	场地周围设深色挡板
体操	52×27	4	4	14	隔离挡板内不少于 40m×70m（国际比赛）
艺术体操	12×26	2	2	15	场地上铺地毯，地毯下铺衬垫
健美运动	12×12	1	1	5.5	
击剑	26×2				
举重	4（5×5～3×3）×4	3	3	4.0	
拳击	6.5×6.5	0.5	0.5	4.0	
摔跤	12×12	2～3	2～3	4.0	使用摔跤垫
武术	14×8			7.0	
柔道	14×14,16×16	2	2	4.0	赛台上设置赛垫

23.6.5 看台区

看台布局-比赛厅座席排列方式 **表 23.6.5**

比赛厅形状 座席排列方式	等排交圈	等排对称	不等排对称
矩形		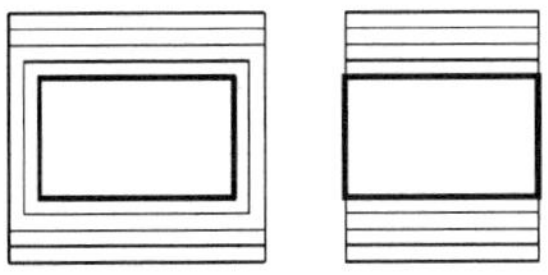	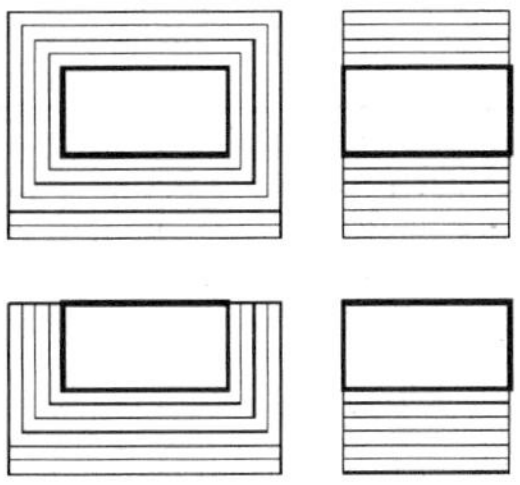
梯形			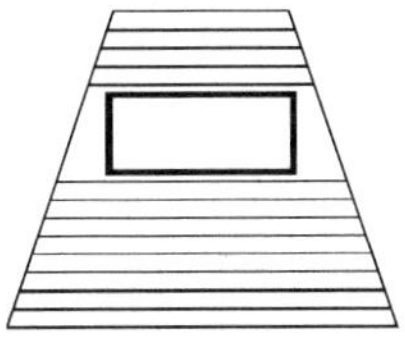
菱形		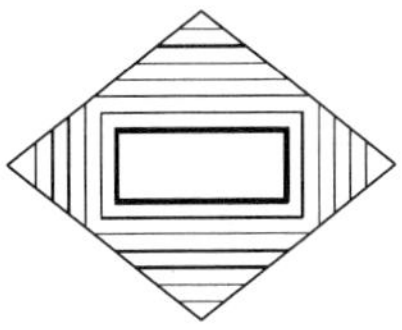	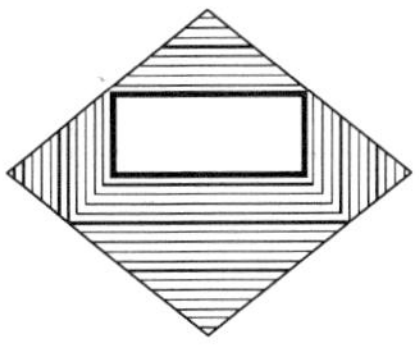
多边形		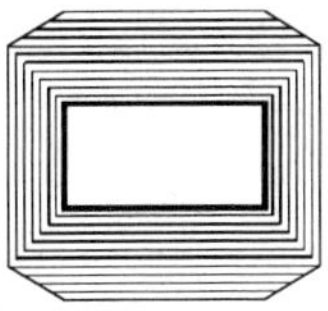	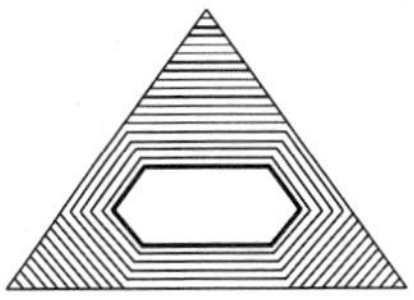

续表

比赛厅形状 座席排列方式	等排交圈	等排对称	不等排对称
圆形	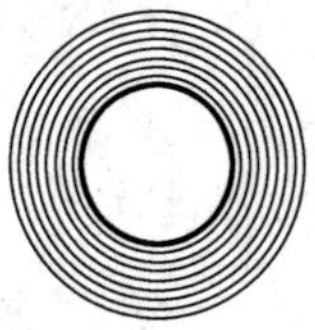	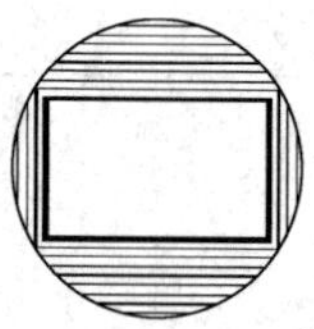	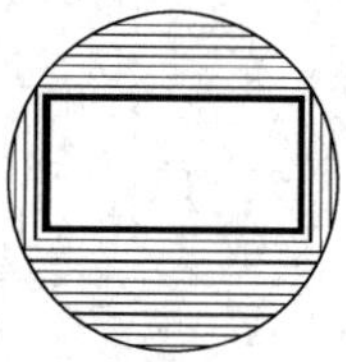
椭圆形	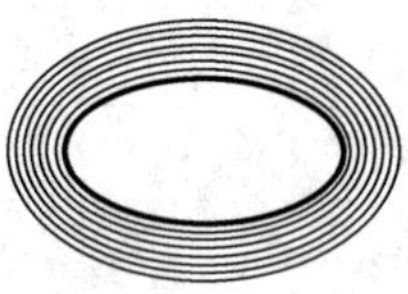	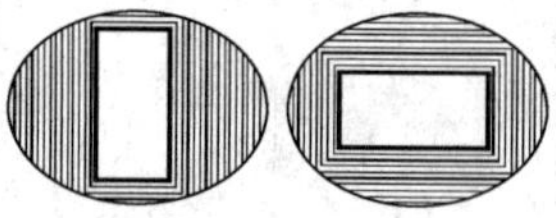	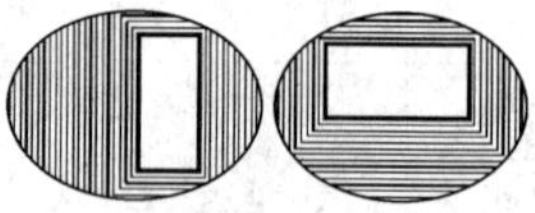
扇形			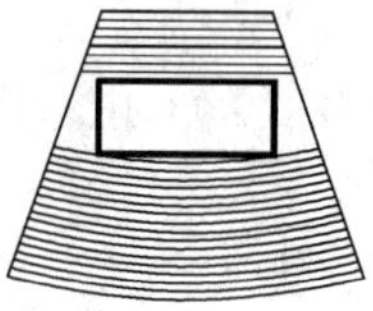

（上图引自《建筑设计资料集》第 7 分册）

23.6.6 辅助用房

体育馆运动员用房基本内容与面积标准（m²） **表 23.6.6-1**

等级	运动员休息室	兴奋剂检查室	医务急救	检录处
特级	800（4 套）	65	35	150
甲级	600（4 套）	60	30	100
乙级	300（2 套）	50	25	60
丙级	200（2 套）	无	25	40

赛事管理用房基本内容与面积标准（m²） **表 23.6.6-2**

等级	组委会办公和接待用房	赛事技术用房	其他工作人员办公区	储藏用房
特级	550	250	100	500
甲级	300	200	80	400
乙级	200	150	60	300
丙级	150	30	40	200

媒体用房基本内容与面积标准（m²） **表 23.6.6-3**

等级	新闻发布厅	记者工作区	记者休息区	评论员控制室	转播信息办	新闻官员办公室
特级	225（150 人）	300	75	25	25	25
甲级	150（100 人）	200	50	20	20	25
乙级	120（80 人）	160	40	15	15	15
丙级	75（50 人）	100	25	—	—	15

技术设备用房基本内容与面积标准（m^2） **表 23.6.6-4**

等级	显示屏控制室	数据处理室	灯光控制室	扩声控制室
特级	40	100	20	30
甲级		80		
乙级		50	15	20
丙级	20	30	10	10

（表 23.6.6-1～表 23.6.6-4 引自《公共体育场馆建设标准》）

23.6.7 实例

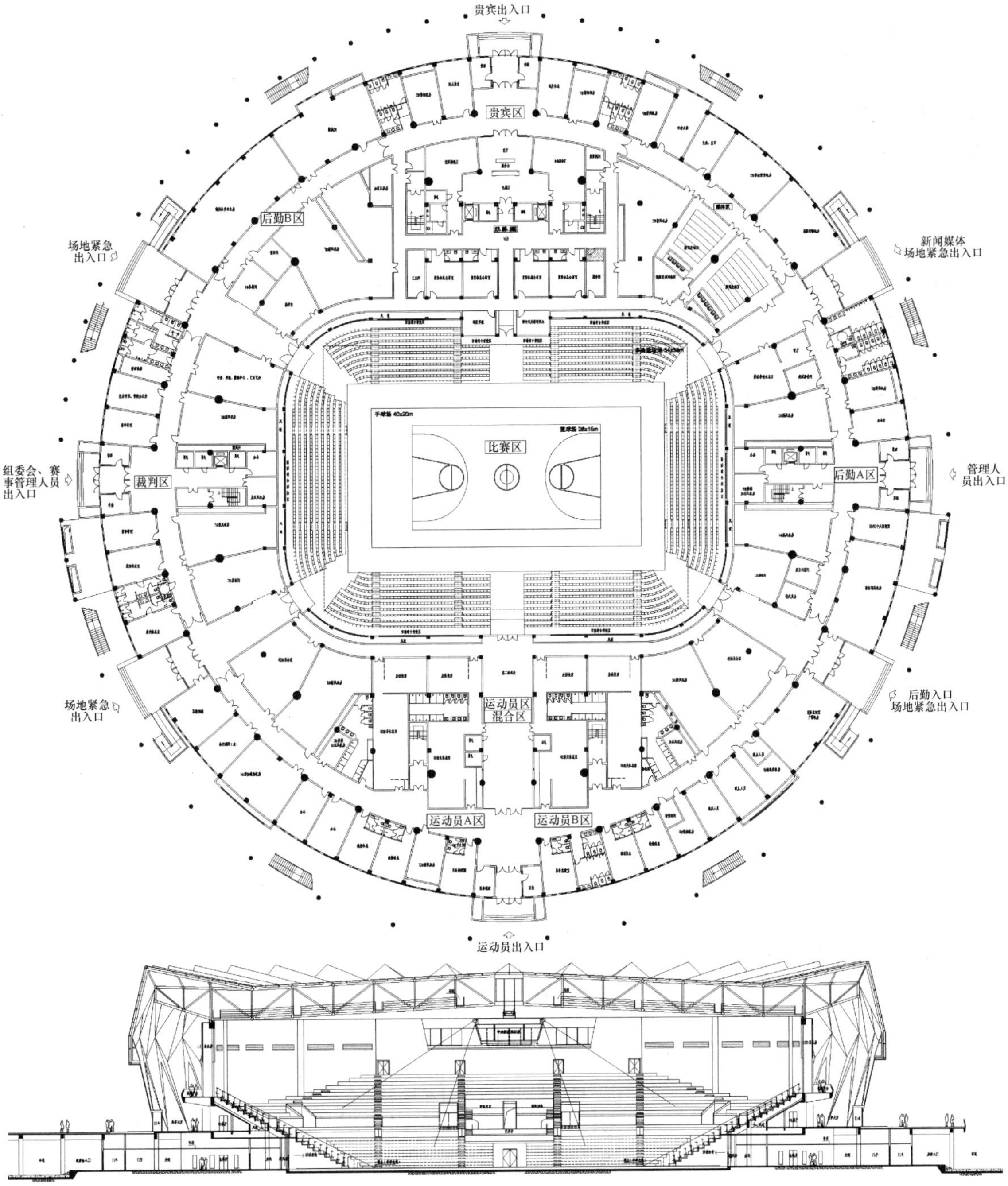

贵宾出入口
贵宾区
后勤B区
场地紧急出入口
新闻媒体场地紧急出入口
组委会、赛事管理人员出入口
裁判区
比赛区
后勤A区
管理人员出入口
运动员区混合区
场地紧急出入口
后勤入口场地紧急出入口
运动员A区
运动员B区
运动员出入口

图 23.6.7 某体育中心体育馆

23.7 游 泳 设 施

23.7.1 规模及分类

游泳设施规模分类　　表 23.7.1

分类	特大型	大型	中型	小型
观众容量（座）	6000 以上	3000～6000	1500～3000	1500 以下

注：游泳设施的规模分类与前述 23.1.2 条规定的等级有一定关系。

23.7.2 一般规定

1. 建造在室外的训练、休闲健身类水上项目场地布置方向尽可能按比赛场地的要求布置。如不能满足，可根据实际情况进行适当调整。

2. 建造在室外的游泳、花样、跳水、水球等项目的比赛场地应南北向布置，当不能满足要求时，根据地理纬度和主导风向可略偏南或偏北方向，但不宜超过表 23.2.2 的规定。

3. 室外跳水池的跳板和跳台宜朝北。

4. 游泳及花样游泳场地为室内场地无外采光窗时无朝向要求，当有直射光进入室内时应考虑光线对场地的影响。

5. 观看跳水项目的观众看台应布置在比赛跳台的两侧，不应布置在跳台的前、后方。

23.7.3 游泳馆的功能组成

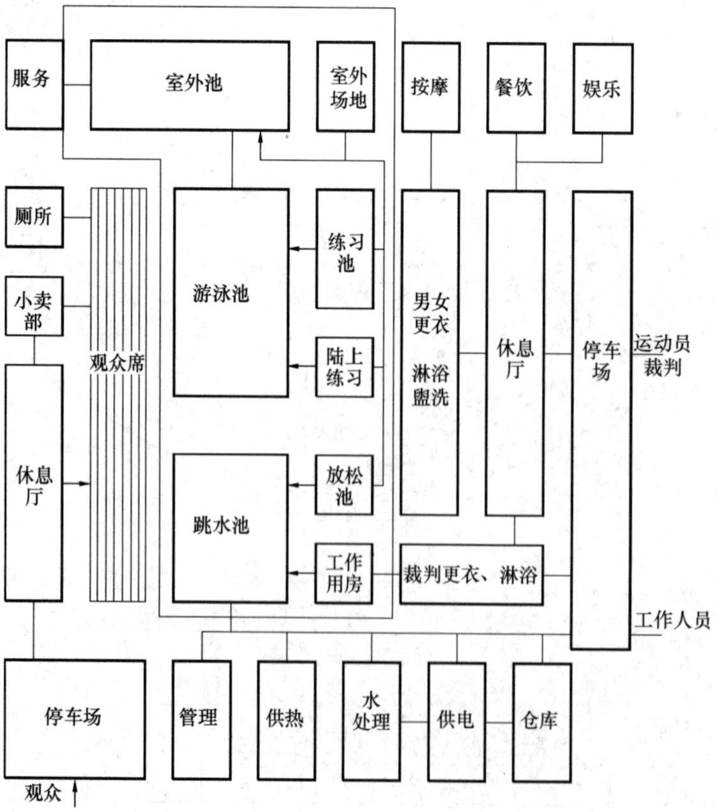
服务
室外池
室外场地
按摩
餐饮
娱乐
厕所
小卖部
观众席
游泳池
练习池
陆上练习
男女更衣
淋浴盥洗
休息厅
停车场
运动员
裁判
休息厅
跳水池
放松池
工作用房
裁判更衣、淋浴
工作人员
停车场
管理
供热
水处理
供电
仓库
观众

图 23.7.3　游泳馆功能组成及流线

23.7.4 比赛池和练习池

游泳比赛池规格 表 23.7.4-1

等级	比赛池规格（长×宽×深）（m）		池岸宽（m）		
	游泳池	跳水池	池侧	池端	两池间
特级、甲级	50×25×2	21×25×5.25	8	5	≥10
乙级	50×21×2	16×21×5.25	5	5	≥8
丙级	50×21×1.3		2	3	

注：(1) 甲级以上的比赛设施，游泳池和比赛池应分开设置；

(2) 当游泳池和跳水池有多种用途时，应同时符合各项目的技术要求；

(3) 新建跳水池，水深宜为 6m。

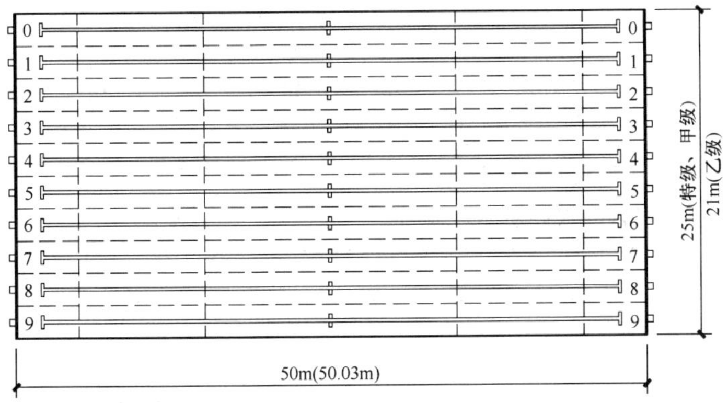
0
1
2
3
4
5
6
7
8
9
25m(特级、甲级)
21m(乙级)
50m(50.03m)

图 23.7.4-1 标准游泳池平面

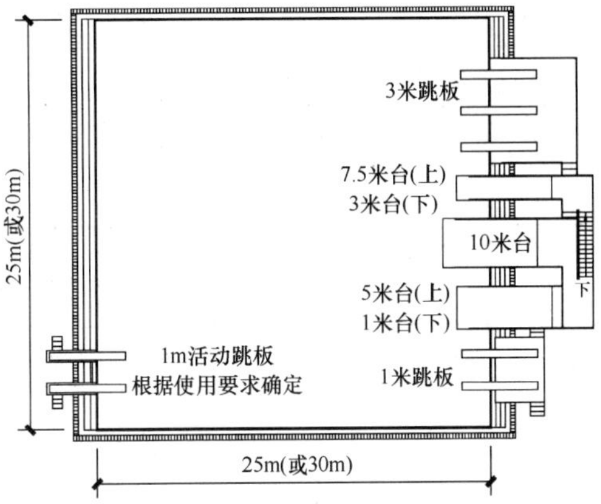
3米跳板
7.5米台(上)
3米台(下)
10米台
5米台(上)
1米台(下)
1m活动跳板
根据使用要求确定
1米跳板
下
25m(或30m)
25m(或30m)

图 23.7.4-2 跳水池平面示意图

其他水池规格及要求 表 23.7.4-2

	尺寸（m）	水深（m）	设备及其他要求
花样泳池	30×20 比赛区最小尺寸 12×25	12×12m 范围内，3m 其他范围，2.5m	水下扩声
水球池	33×21	1.8（一般） 2.0（最好）	
热身池	长 50	≥1.2	至少 5 个泳道，一端设有出发台； 一般设于看台底下或比赛池厅端部
造浪池	宽≥5，长≥25 长方形或扇形	最深处 1.2～1.6	造浪装置
水滑梯	根据滑梯长度	0.8～1.0	滑梯宽 0.4m，倾角≤21°
一般游泳池	不限	0.5～1.5	
浅水池	不限	成人初学池 0.9～1.35 儿童初学池 0～1.1	

23.7.5 辅助用房与设施

运动员用房基本内容与面积标准（m^2） 表 23.7.5-1

等级	运动员休息室	兴奋剂检查室	医务急救	检录处
特级	800（4 套）	65	35	150
甲级	600（4 套）	60	30	100
乙级	300（2 套）	50	25	60
丙级	200（2 套）	无	25	40

赛事管理用房基本内容与面积标准（m²）　表 23.7.5-2

等级	组委会办公和接待用房	赛事技术用房	其他工作人员办公区	储藏用房
特级	550	250	100	300
甲级	300	200	80	250
乙级	200	150	60	200
丙级	150	30	40	150

媒体用房基本内容与面积标准（m²）　表 23.7.5-3

等级	新闻发布厅	记者工作区	记者休息区	评论员控制室	转播信息办	新闻官员办公室
特级	225（150 人）	300	75	25	25	25
甲级	150（100 人）	200	50	20	20	25
乙级	120（80 人）	160	40	15	15	15
丙级	75（50 人）	100	25	—	—	15

技术设备用房基本内容与面积标准（m²）　表 23.7.5-4

<table>
<tr><th>等级</th><th>跳水积分控制室</th><th>游泳计时控制室</th><th>显示屏控制室</th><th>灯光控制室</th><th>扩声控制室</th></tr>
<tr><td>特级</td><td rowspan="2">30</td><td rowspan="2">30</td><td rowspan="3">40</td><td rowspan="2">20</td><td rowspan="2">30</td></tr>
<tr><td>甲级</td></tr>
<tr><td>乙级</td><td>20</td><td>20</td><td>15</td><td>20</td></tr>
<tr><td>丙级</td><td>20</td><td>20</td><td>20</td><td>10</td><td>10</td></tr>
</table>

（表 23.7.5-1～表 23.7.5-4 引自《公共体育场馆建设标准》）

其他设施要求　表 23.7.5-5

<table>
<tr><th>分类</th><th colspan="4">设计要求</th></tr>
<tr><td rowspan="3">淋浴、更衣和厕所用房</td><td>淋浴数目</td><td>100 人以下</td><td>100～300 人</td><td>300 人以上</td></tr>
<tr><td>男</td><td>1 个/20 人</td><td>1 个/25 人</td><td>1 个/30 人</td></tr>
<tr><td>女</td><td>1 个/15 人</td><td>1 个/20 人</td><td>1 个/25 人</td></tr>
<tr><td>控制中心</td><td colspan="4">应设于跳水池处的跳水设施一侧；在游泳池处应设于距终点 3.5m 处；地面高出池岸 0.5～1m，并能不受阻碍地观察到比赛区</td></tr>
<tr><td>强制预淋浴和消毒洗脚池</td><td colspan="4">设于进入游泳跳水区前，必要时设浸腰消毒池</td></tr>
<tr><td>隔离设施</td><td colspan="4">观众区与游泳跳水区及池岸间应有良好的隔离设施，观众的交通路线不应与运动员、裁判员及工作人员的活动区域交叉，供观众使用的设施不应与运动员合并使用</td></tr>
</table>

23.7.6　训练设施

1. 按使用可分为跳水训练馆、游泳训练馆、综合训练馆和陆上训练用房等。

2. 训练池应包括根据竞赛规则及国际泳联的规定的热身池和供初学和训练用的练习池。

3. 游泳和跳水的陆上训练用房根据需要确定，跳水训练房室内净高应考虑蹦床训练时所需要的高度。

4. 训练设施使用人数可按每人 4m² 水面面积计算。

23.7.7 实例

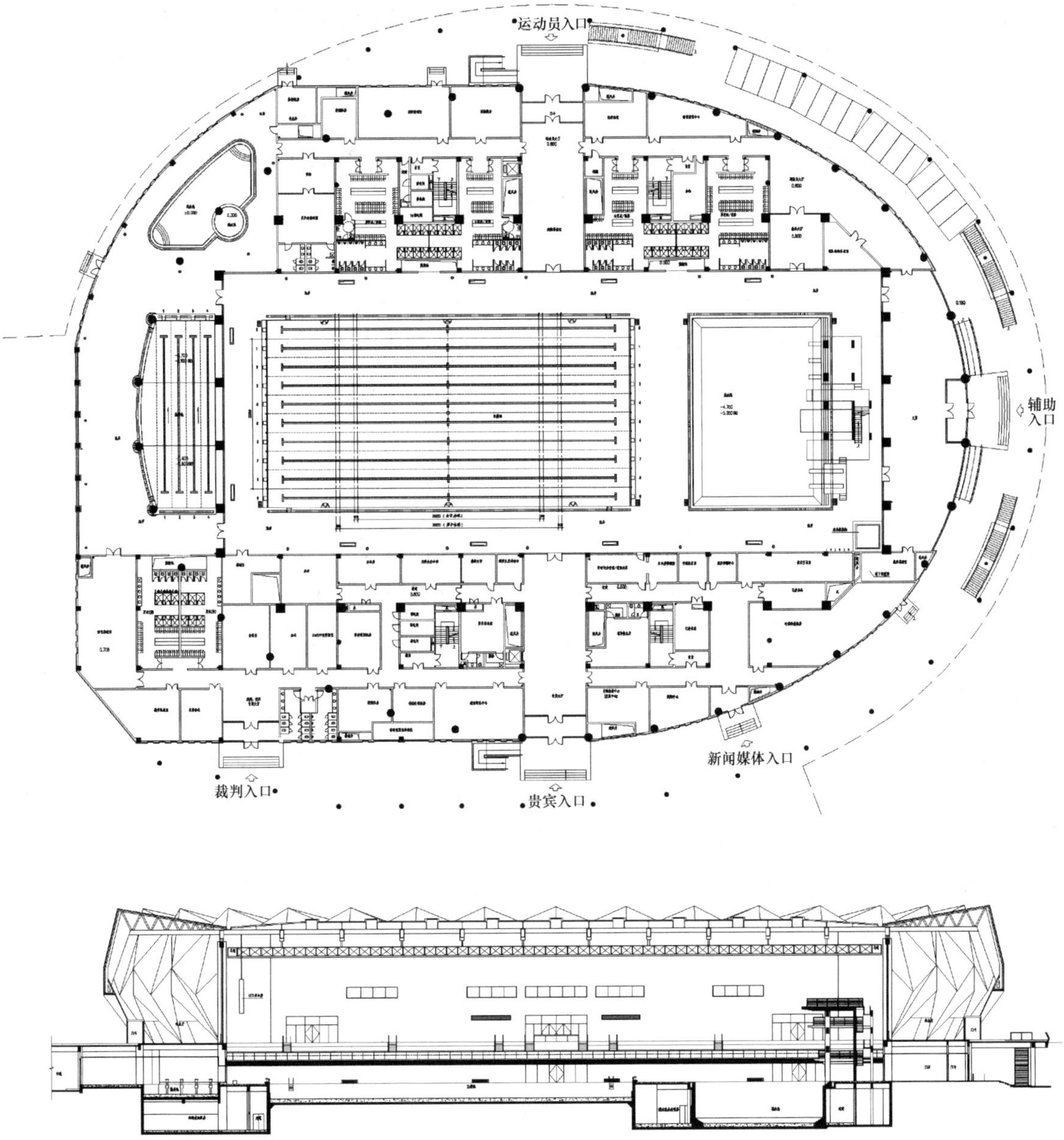
运动员入口
辅助
入口
新闻媒体入口
裁判入口
贵宾入口

图 23.7.7 某体育中心游泳馆

23.8 体育场馆声学设计

23.8.1 体育场馆的声学设计

应从建筑方案阶段开始，体育场馆的建筑声学设计、扩声系统设计和噪声控制设计协调同步进行。

23.8.2 建筑声学设计

1. 应保证使用扩声系统时的语言清晰；未设置固定安装的扩声系统的训练馆，其建筑声学条件应保证训练项目对声环境的要求。

2. 建筑声学的处理方案，应结合建筑形式、结构形式、观众席和比赛场地的配置及扬声器的布置等因素确定。

3. 混响时间指标：综合体育馆比赛大厅、游泳馆比赛厅满场混响时间宜满足表 23.8.2-1 和表 23.8.2-2 的要求；各频率混响时间相对于 500～1000Hz 混响时间的比值宜符合表 23.8.2-3 的规定。

综合体育馆不同容积比赛大厅 500～1000Hz 满场混响时间　　表 23.8.2-1

容积（m^3）	＜40000	40000～80000	80000～160000	＞160000
混响时间（s）	1.3～1.4	1.4～1.6	1.6～1.8	1.9～2.1

注：当比赛大厅容积大于表中列出的最大容积的 1 倍以上时，混响时间可比 2.1s 适当延长。

游泳馆比赛厅 500～1000Hz 满场混响时间　　表 23.8.2-2

每座容积（m^3/座）	≤25	＞25
混响时间（s）	≤2.0	≤2.5

各频率混响时间相对于 500～1000Hz 混响时间的比值　　表 23.8.2-3

频率（Hz）	125	250	2000	4000
比值	1.0～1.3	1.0～1.2	0.9～1.0	0.8～1.0

4. 有花样滑冰表演功能的溜冰馆，其比赛厅的混响时间可按容积大于 160000m^3 的综合体育馆比赛大厅的混响时间设计；冰球馆、速滑馆、网球馆、田径馆等专项体育馆比赛厅的混响时间可按游泳馆比赛厅混响时间的规定设计。

5. 混响时间可按公式 23.8.2-1 分别对 125Hz、250Hz、500Hz、1000Hz、2000Hz、4000Hz 六个频率进行计算，计算值取到小数点后一位。

$$T_{60}=\frac{0.16V}{-S\ln(1-\bar{\alpha}+4mV)}$$

式中：T_{60}——混响时间（s）；

V——房间容积（m^3）；

S——室内总表面积（m^2）；

α——室内平均吸声系数；

m——空气中声衰减系数（m^{-1}）。

公式 23.8.2-1 混响时间计算

6. 室内平均吸声系数应按公式 23.8.2-2 计算。

$$\bar{\alpha}=\frac{\sum S_i\alpha_i+\sum N_jA_j}{S}$$

式中：S_i——室内各部分的表面积（m^2）；

α_i——与表面 S_i 对应的吸声系数；

N_j——人或物体的数量；

A_j——与 N_j 对应的吸声量

公式 23.8.2-2 室内平均吸声系数计算

23.8.3 吸声与反射处理

各类型体育场馆的吸声与反射设计要求 **表 23.8.3**

体育场馆类型及部位			设计要求
体育馆	比赛大厅	上空	应设置吸声材料或吸声构造
		屋面采光	应结合遮光构造对采光部位进行吸声处理
		四周的玻璃窗	宜设置吸声窗帘
		山墙或其他大面积墙面	应做吸声处理
	比赛场地周围的矮墙、看台栏板		宜设置吸声构造，或控制倾斜角度和造型
	与比赛大厅连通为一体的休息大厅		应结合装修进行吸声处理
游泳馆			声学材料应采取防潮、防酸碱雾的措施
网球馆			应在有可能对网球撞击地面的声音产生回声的部位进行吸声处理
体育场			较深的挑棚内宜进行吸声处理
体育场馆	主席台、裁判席		周围壁面应作吸声处理
	评论员室、播音室、扩声控制室、贵宾休息室和包厢等		应结合装修进行吸声处理
无观众席的体育馆、训练馆和游泳馆			宜在墙面和顶棚进行吸声处理

23.8.4 噪声控制

1. 室内背景噪声限值

室内背景噪声限值 **表 23.8.4-1**

房间名称	室内背景噪声限值
体育馆比赛大厅	NR-40
贵宾休息室、扩声控制室	NR-35
评论员室、播音室	NR-30

2. 噪声控制和其他声学要求

噪声控制及其他声学要求 **表 23.8.4-2**

位置	要求
体育馆比赛大厅	四周外围护结构的计权隔声量应根据环境噪声情况及区域声环境要求确定
	宜利用休息廊等隔绝外界噪声干扰，休息廊内宜作吸声降噪处理
	对室内噪声有严格要求的，可对屋顶产生的雨致噪声、风致噪声等采取隔离措施
贵宾休息室	围护结构的计权隔声量应根据其环境噪声情况确定
评论员室间隔墙、播音室隔墙	隔声性能应保证房间外空间正常工作时房间内的背景噪声符合表 23.8.4-1 的规定
通往比赛大厅、贵宾休息室、扩声控制室、评论员室、播音室等房间的送风、回风管道	应采取消声和减振措施，风口处不宜有引起噪声的阻挡物
空调机房、锅炉房等设备用房	应远离比赛大厅、贵宾休息室等有安静要求的用房；当与主体相连时，应采取有效的降噪、隔振措施

23.8.5 扩声系统

1. 在体育场馆中应设置固定安装的扩声系统。有关体育场馆扩声设计的一般要求，传声器与扬声器系统的设置应符合《体育场馆声学设计及测量规程》JGJ/T 131—2012 的规定。

2. 扩声控制室的要求：

1）应设置在便于观察场内的位置，面向主席台及观众席开设观察窗，观察窗的位置和尺寸应保证调音员正常工作时对主席台、裁判席、比赛场地和大部分观众席有良好的视野；观察窗宜可开启，调音员应能听到主扩声系统的效果；

2）地面宜铺设防静电活动架空地板；

3）若有正常工作时发出超过 NR-35 干扰噪声的设备，宜设置设备隔离室。

3. 功放机房：应设置独立的空调系统。

23.9 体育场馆防火设计

23.9.1 体育场馆建筑的防火设计

应按照现行国家标准《建筑设计防火规范》、《体育建筑设计规范》执行。

23.9.2 消防车道

超过 3000 座的体育馆，应设置环形消防车道。

23.9.3 建筑分类

应根据体育场馆建筑使用功能的层数和建筑高度综合确定是按单、多层建筑还是高层建筑进行防火设计：

1. 无其他附加功能（或附加功能部分的高度不超过 24m）的单层大空间体育建筑，当单层大空间的高度超过 24m 时，按多层建筑进行防火设计；

2. 有其他附加功能的单层大空间体育建筑，当附加功能部分的高度超过 24m 时，应按高层建筑进行防火设计。

23.9.4 防火分区

应结合建筑布局、功能分区和使用要求加以划分；在进行充分论证，综合提高建筑消防安全水平的前提下，对于体育馆的观众厅，其防火分区的最大允许建筑面积可适当增加；并应报当地公安消防部门认定。

23.9.5 内部装修材料

1. 用于比赛、训练部位的室内墙面装修和顶棚（包括吸声、隔热和保温处理），应采用不燃烧体材料；当此场所内设有火灾自动灭火系统和火灾自动报警系统时，可采用难燃烧体材料；

2. 看台座椅的阻燃性应满足《体育场馆公共座椅》QB/T 2601 的相关要求。

23.9.6 屋盖承重钢结构的防火保护

比赛或训练部位的屋盖承重钢结构在下列情况中的一种时，可不做防火保护：

1. 比赛或训练部位的墙面（含装修）用不燃烧体材料；

2. 比赛或训练部位设有耐火极限不低于 0.5h 的不燃烧体材料的吊顶；

3. 游泳馆的比赛或训练部位。

23.9.7 安全疏散

1. 应合理组织交通路线，并应均匀布置安全出口、内部和外部的通道，使分区明确，路线顺畅明确、短捷合理；

2. 看台部分的安全疏散见 23.3.4 条；

3. 观众厅外的疏散走道应符合：观众休息厅等区域中的陈设物、服务设施不应影响观众疏散；当疏散走道有高差变化时宜采用坡道；疏散通道上的大台阶应设置分流栏杆。

24 超高层建筑设计

建筑高度大于100m的民用建筑为超高层建筑，包括居住建筑和公共建筑。

24.1 平 面 设 计

24.1.1 平面形式

常见平面形式

表 24.1.1

形式	建议高度	适用类型	简图
中心式	100～300m或更高	常见方式，核边距一般为10～15m；结构布置合理，使用部分占有最佳位置，各向采光、视线良好，交通路线短捷。但难于形成大空间，东西向房间较多	
分置式	100～300m或更高	结构布置合理，进深一般控制在20～35m；内部可以形成大空间，布置灵活，消防疏散容易满足。但进深大，局部采光不佳	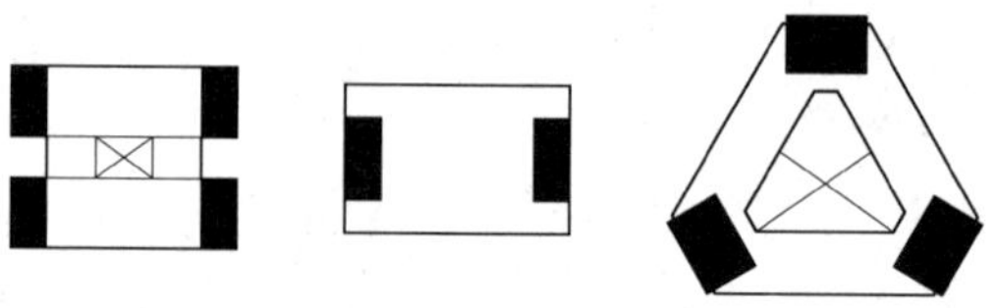
偏置式	150m以下	结构布置偏心，但可为核心筒争取到良好的采光通风，内部可以形成大空间，布置灵活；常见于建筑高度较低的板式建筑	
分离式	150m以下	结构布置偏心，但使用部分完整，有利于形成大空间；空间灵活，不受核心筒的影响；进深一般不大于25m；常见于建筑高度较低的板式建筑	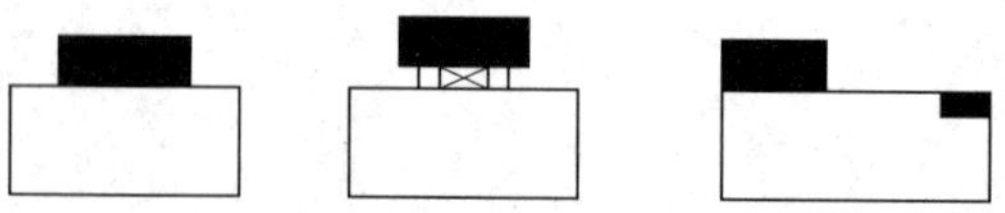

24.1.2 核心筒竖向交通布置形式

表 24.1.2

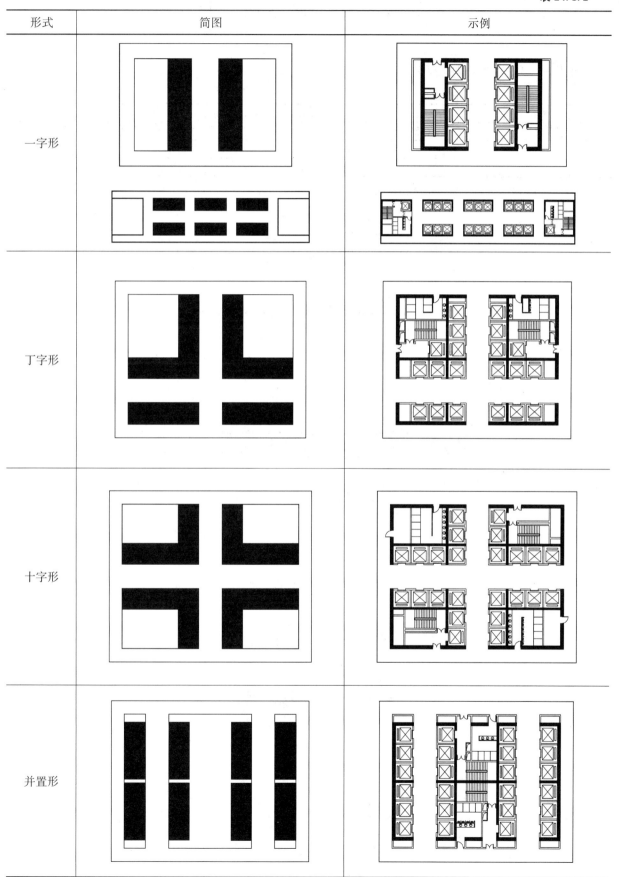

形式	简图	示例
一字形	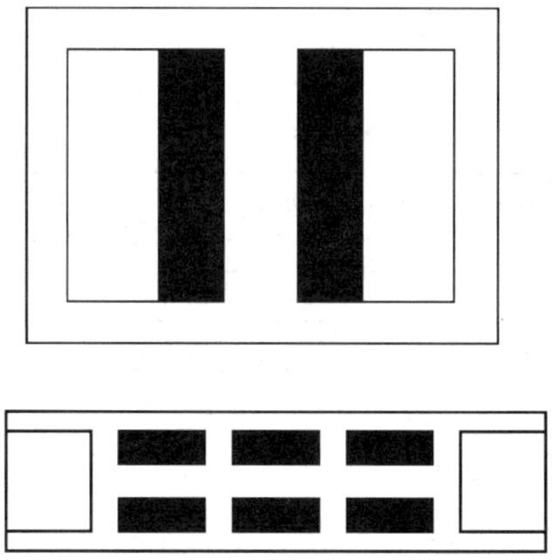	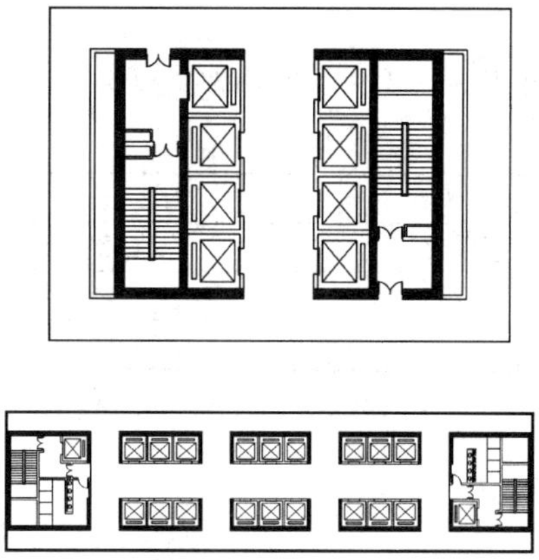
丁字形		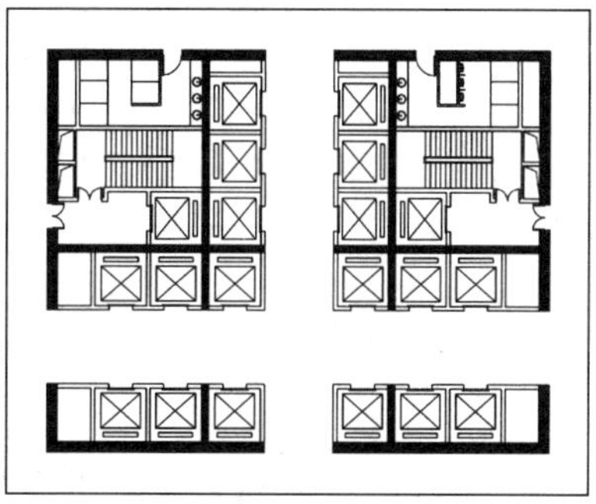
十字形		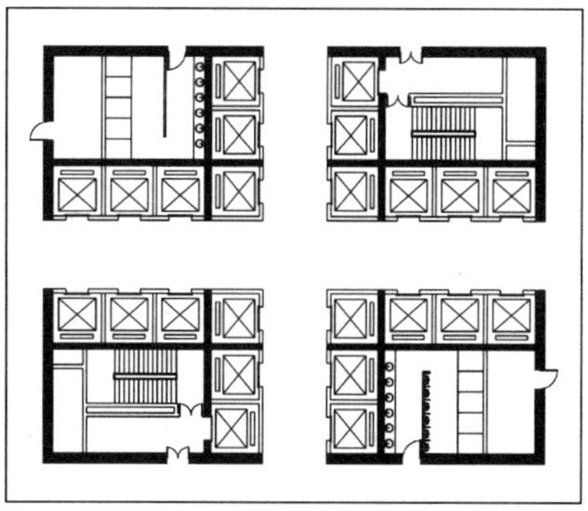
并置形	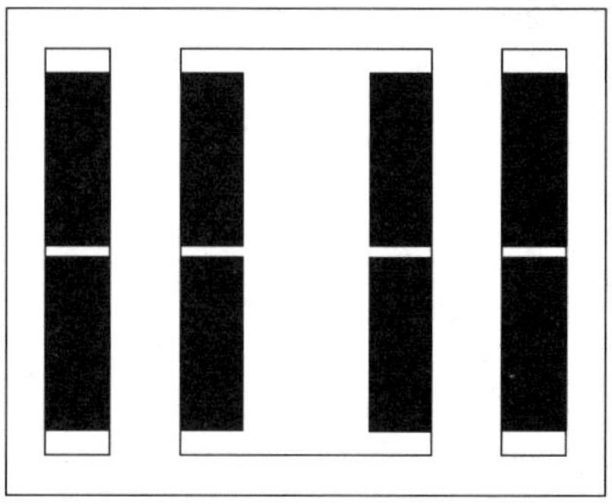	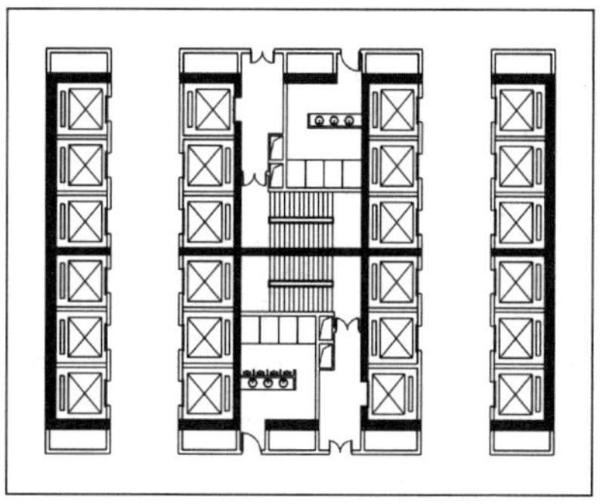

24.2 剖 面 设 计

常见办公楼净高控制参数

表 24.2

等级	层高（m）	办公区净高（m）	走道净高（m）	电梯厅净高（m）
超甲级	≥4.2	≥3.0	≥2.8	2.8～3.0
甲级	3.8～4.2	≥2.8	≥2.6	2.6～2.8
乙级	3.6～4.0	≥2.7	≥2.4	2.4～2.7

注：办公区净高不得低于 2.5m，走道净高不得低于 2.2m。

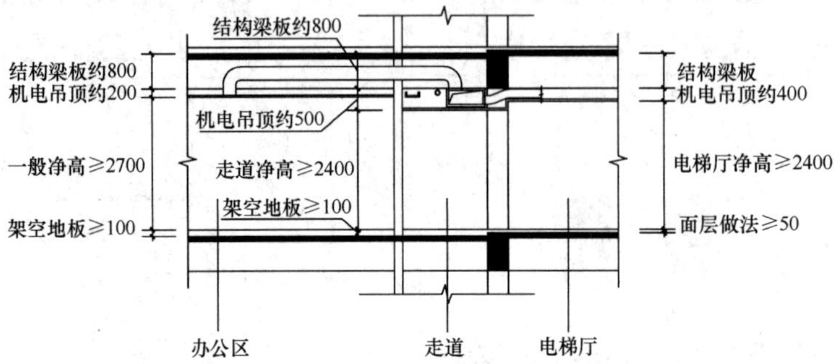
结构梁板约800
结构梁板约800
机电吊顶约200
机电吊顶约500
一般净高≥2700
走道净高≥2400
架空地板≥100
架空地板≥100
结构梁板
机电吊顶约400
电梯厅净高≥2400
面层做法≥50
办公区
走道
电梯厅

常见办公楼剖面示意图

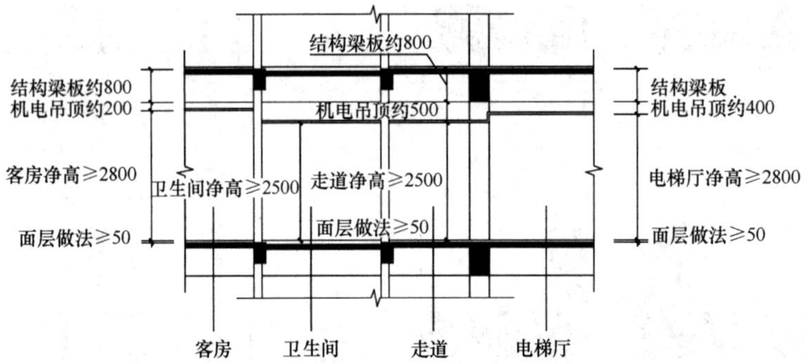
结构梁板约800
结构梁板约800
机电吊顶约200
机电吊顶约500
客房净高≥2800
卫生间净高≥2500
走道净高≥2500
面层做法≥50
面层做法≥50
结构梁板
机电吊顶约400
电梯厅净高≥2800
面层做法≥50
客房
卫生间
走道
电梯厅

常见五星级酒店客房剖面示意图

注：总统套房除卫生间净高≥2500外，套内其他房间净高一般≥3200，行政走廊净高一般≥3000。

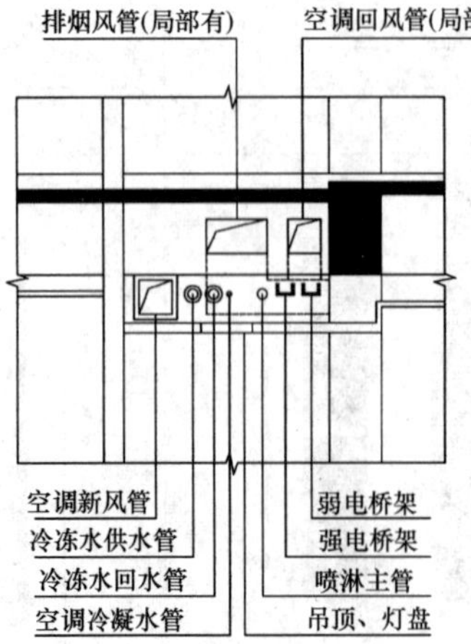
排烟风管(局部有)
空调回风管(局部有)
空调新风管
冷冻水供水管
冷冻水回水管
空调冷凝水管
弱电桥架
强电桥架
喷淋主管
吊顶、灯盘

常见走道管线示意图

24.3 乘客电梯系统

24.3.1 配置标准

详见第 3 章：一般规定。

表 24.3.1

判断因素	指标	
5min 运载能力百分比	办公楼	11%～25%
	住宅、酒店	5%～12.5%
平均候梯时间（以 5min 集中人数占总设计使用人数 15%考虑，自用型按 20%考虑；其中等候时间>60s 的概率为 3%～5%）	经济级	35～40s
	舒适级	30～35s
	豪华级	25～30s
运行时间	理想用时	≤1.0min
	极限用时	1.5～2.0min

24.3.2 运行模式

乘客电梯应分层、分区停靠。

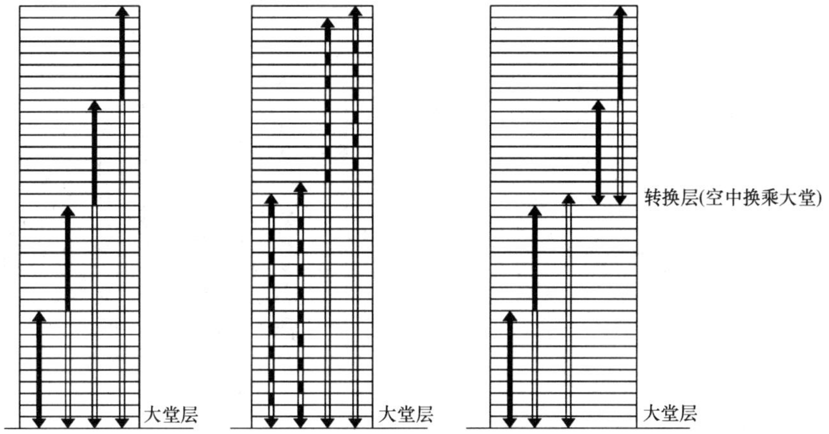

大堂层
大堂层
转换层(空中换乘大堂)
大堂层

(a) 分区停靠方式　(b) 分层、分区停靠方式　(c) 设转换厅分区停靠方式

分区标准：1）宜以建筑高度 50m 或 10～12 个层站为一个区；

2）转换厅（空中换乘大堂），大多用于建筑高度超过 300m 的超高层建筑，宜按 25～35 层分段，段内再行分区；

3）下区层数可多些，上区层数宜少些；

4）最低区可采用常规梯速 1.75m/s，以上逐区加速一级，每级加速 1.0～1.5m/s。

24.3.3 控制模式

群控，台数不宜超过 4 台，单列不大于 4 台。

24.3.4 中间层电梯机房设置位置

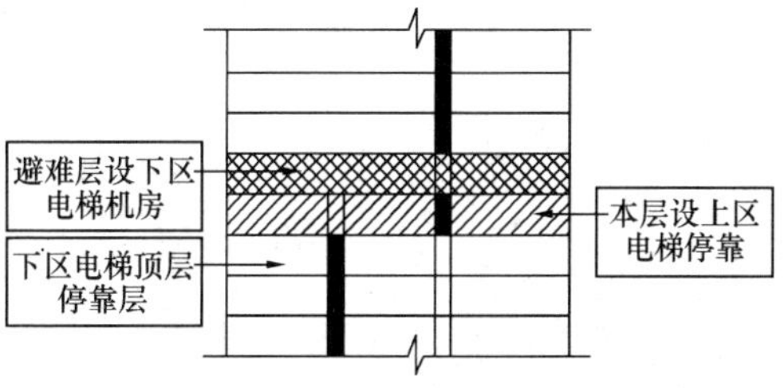

避难层设下区电梯机房
下区电梯顶层停靠层
本层设上区电梯停靠

1）宜设在避难层的设备用房区内，以避免对其他使用层的影响；

2）当避难层层高＋其下层层高不能满足下区电梯冲顶高度＋电梯机房高度时，可按右边图示处理。

24.3.5 转换层（空中换乘大堂）设置

表 24.3.5

位置	特点	图示
设在避难层上层	下区电梯机房可设在避难层或转换层内；上区电梯基坑可设在避难层内；穿梭电梯机房可能需设在转换层上一层内；对其他楼层的使用功能影响较小	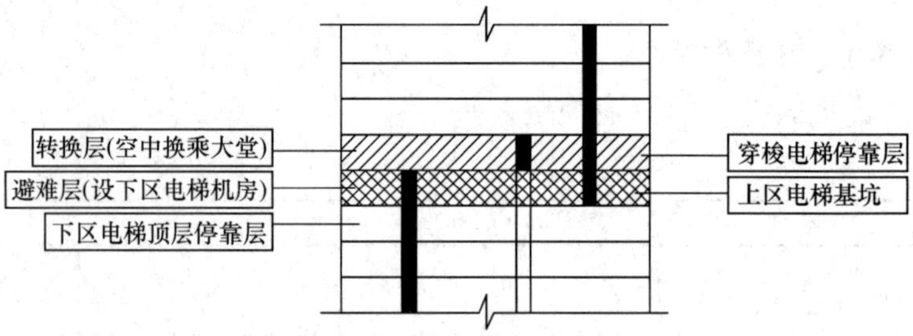转换层(空中换乘大堂) 避难层(设下区电梯机房) 下区电梯顶层停靠层 穿梭电梯停靠层 上区电梯基坑
设在避难层下层	下区电梯机房可设在避难层或转换层内；穿梭电梯机房设在避难层内；上区电梯基坑需设在转换层下一层内；对其他楼层的使用功能影响较小	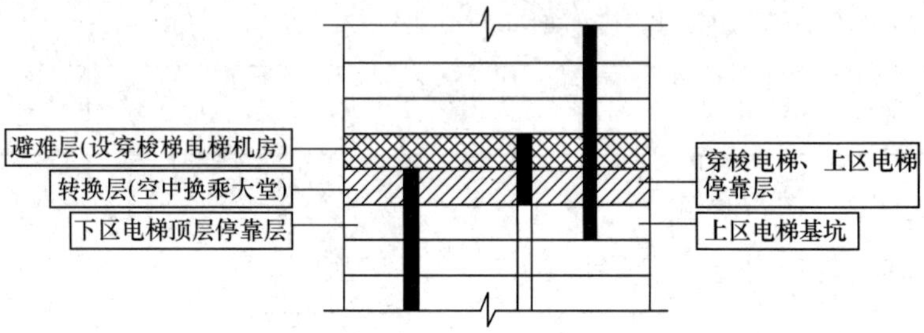避难层(设穿梭梯电梯机房) 转换层(空中换乘大堂) 下区电梯顶层停靠层 穿梭电梯、上区电梯停靠层 上区电梯基坑
设在避难层之间	下区电梯机房可设在转换层内；穿梭电梯机房需设在转换层上一层内；上区电梯基坑需设在转换层下一层内；对其他楼层的使用功能影响较大	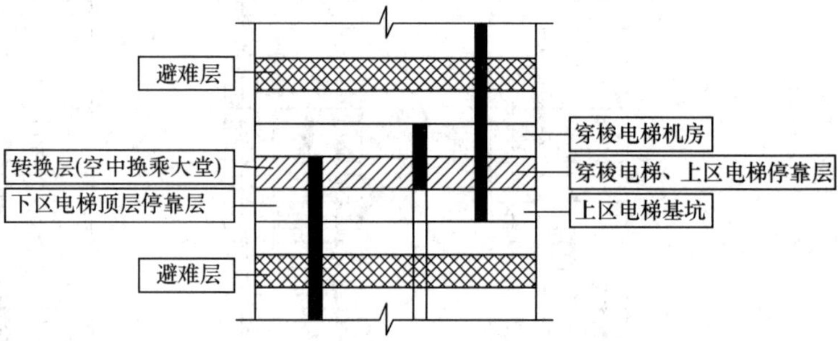避难层 转换层(空中换乘大堂) 下区电梯顶层停靠层 避难层 穿梭电梯机房 穿梭电梯、上区电梯停靠层 上区电梯基坑

24.3.6 双层轿厢电梯

双层轿厢电梯是由上下两层轿厢构成的双层电梯，共享一个电梯井道。

设置要求：1）电梯分奇偶层停靠；

2）电梯停靠层层高相等（两层轿厢间距离调节能力有限）；

3）停靠层乘梯人数相当；

4）基层应设双层候梯大厅，建筑入口需设明显的奇偶层分流标识。

特点：在一定的运输能力下，电梯井道数量减少，提高建筑实用率。两层轿厢门均关闭后电梯方可运行，运行时间延长。

24.4 避难层设计

建筑高度大于100m的公共建筑、住宅建筑应设置避难层（详见第4章：建筑防火设计）。

24.4.1 设置高度及间隔高度

a. 第一个避难层（间）的楼面至灭火救援场地地面的高度不应大于50m；

b. 两个避难层（间）之间的高度不宜大于 50m。

24.4.2 避难层（间）的净面积

a. 宜按设计避难人数 5 人/m^2 计算。

b. 设计避难人数为该避难层所负担楼层的总人数：

办公：宜按人均使用面积 4～10m^2 计算（《办公建筑设计规范》）；

酒店：按所负担楼层总床位数计算；

住宅：按 3.2 人/户计算（《城市居住区设计规范》）。

c. 避难层所负担楼层数：为该避难层至上一避难层之间的楼层数。

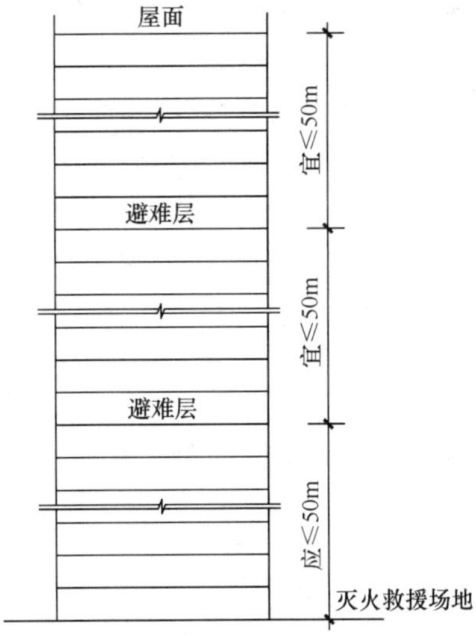
屋面
宜≤50m
避难层
宜≤50m
避难层
应≤50m
灭火救援场地

24.4.3 避难层可兼作设备层

a. 避难层可设置火灾危险性较小的设备用房，不能用于其他使用功能；

b. 设备管道宜集中布置，其中的易燃、可燃液体或气体管道应集中布置；

c. 设备管道区应采用耐火极限不低于 3.00h 的防火隔墙与避难区分隔；

d. 管道井和设备间应采用耐火极限不低于 2.00h 的防火隔墙与避难区分隔；

e. 管道井和设备间的门不应直接开向避难区；确需直接开向避难区时，与避难层区出入口的距离不应小于 5m，且应采用甲级防火门。

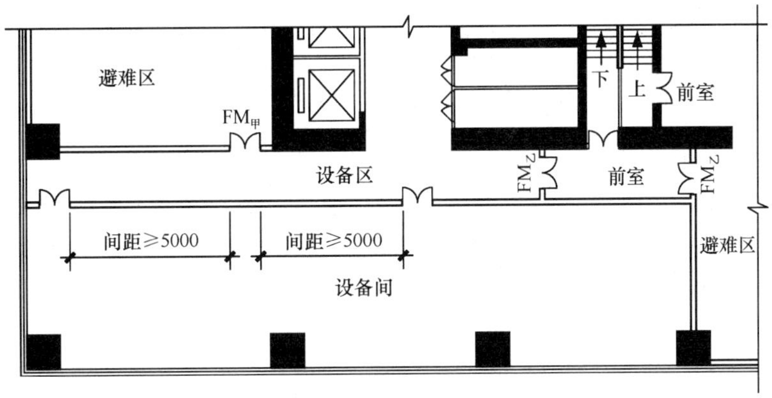
避难区
FM甲
设备区
下
上
前室
FM乙
前室
FM乙
间距≥5000
间距≥5000
避难区
设备间

24.5 结 构 设 计

24.5.1 结构体系

剪力墙结构、框架-剪力墙结构、框支-剪力墙结构、筒体结构（含框架核心筒结构、筒中筒结构等）、巨型结构。

24.5.2 结构材料

钢筋混凝土结构（代号 RC）、型钢混凝土结构（代号 SRC），钢管混凝土结构（代号 CFS）、全钢结构（代号 S 或 SS）。

24.5.3 各类钢筋混凝土结构体系经济适用的高宽比

表 24.5.3

结构体系 \ 高宽比 \ 抗震设防烈度	6度、7度	8度
剪力墙、框架-剪力墙	6	5
框架-核心筒	7	6
筒中筒结构	8	7
巨型结构	8	7

24.5.4 各类钢筋混凝土结构适用体系及经济适用高度

表 24.5.4

建筑功能	适用的结构体系	经济适用高度（m）		
		6度	7度	8度
住宅（底部不带商业）	剪力墙结构	170	150	130
住宅（底部带商业）	剪力墙结构	170	150	130
	框支-剪力墙结构	140	120	100
公寓、办公楼、酒店	框架-剪力墙结构	160	140	120
	框架-核心筒结构	210	180	140
	筒中筒结构	280	230	170
	巨型结构	280	230	170

24.5.5 工程实例

表 24.5.5

	上海中心大厦	深圳平安金融中心	台北101大楼	上海环球金融中心	广州西塔
结构高度（m）	574	555	449	492	432
结构体系	巨型框架＋核心筒＋伸臂桁架	巨型柱斜撑框架＋核心筒＋伸臂桁架	巨型框架＋核心筒＋伸臂桁架	巨型柱斜撑框架＋核心筒＋伸臂桁架	巨型钢管混凝土柱斜交网格外筒＋钢筋混凝土内筒
结构材料	型钢混凝土＋钢外伸臂	型钢混凝土＋钢外伸臂	型钢混凝土钢外伸臂	型钢混凝土钢外伸臂	钢管混凝土
高宽比	7.0	7.3	8.2	8.5	6.5

24.6 电气、设备站房的设置

24.6.1 水泵房的设置

24.6.1.1 生活水泵房

1）不同建筑高度的设置要求

建筑高度≤150m	建筑高度＞150m	各区段高度
地下水泵房直输到顶层	设中间转输水箱及水泵房	≤150m

2）站房面积：90～120m^2；

3）站房净高：3.6～4.5m。

24.6.1.2 消防水泵房

1）不同建筑高度的设置要求

公共建筑高度≤120m 住宅建筑高度≤150m	公共建筑高度 120～250m 住宅建筑高度 150～250m	建筑高度＞250m
地下水泵房直输到顶层	设中间转输水泵房及水箱 设置高度 100～150m	设中间转输水泵房及水箱 间隔设置高度 100～150m
屋顶设高位水箱、 稳压泵房	屋顶设高位水箱、 稳压泵房	屋顶设高位水池（贮存一次火灾所需的全部消防水量）、 稳压泵房

2）站房面积：

	屋顶高位水箱＋泵房	中间转输水泵房＋水箱	屋顶设高位水池＋泵房
面积	50～60m^2	90～120m^2	350～400m^2

3）站房净高：3.6～4.5m。

24.6.2 采暖、空调换热机房的设置

24.6.2.1 散热器、热水地面辐射采暖：换热机房负荷总高度≤50m，分别上下设置独立的采暖系统。如图 24.6.2-1a，图 24.6.2-1b。

24.6.2.2 VRV 空调：负荷总高度≤50m，分别上下设置独立的空调系统。如图 24.6.2-1b。

24.6.2.3 集中空调：换热机房负荷总高度≤100m，分别上下设置独立的空调系统。如图 24.6.2-2a，图 24.6.2-2b。

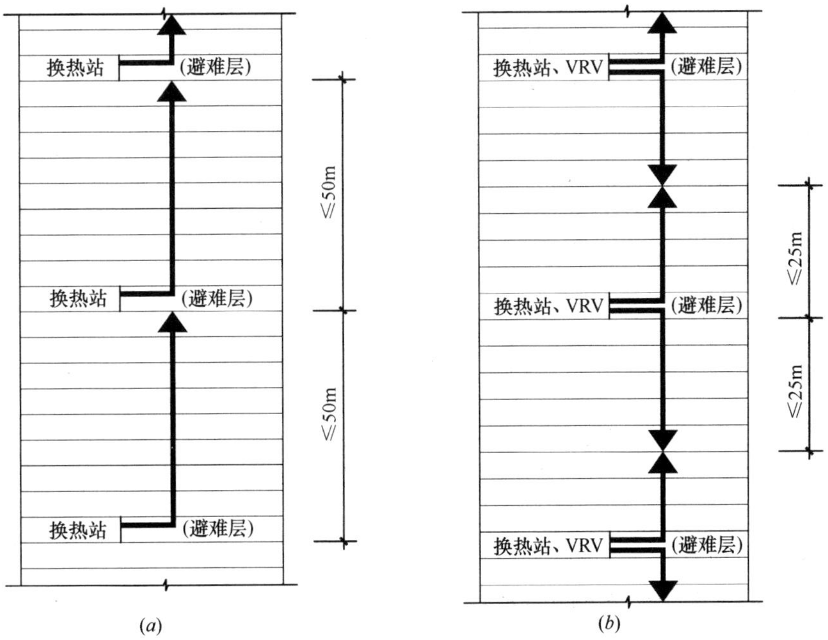
换热站
(避难层)
≤50m
换热站
(避难层)
≤50m
换热站
(避难层)
(a)
换热站、VRV
(避难层)
≤25m
换热站、VRV
(避难层)
≤25m
换热站、VRV
(避难层)
(b)

图 24.6.2-1

24.6.2.4 站房面积：约为负荷使用面积的 0.5%。

24.6.2.5 站房净高：3.5～4.0m。

24.6.2.6 VRV 系统室外机对外通风开口净高：单排 3.0m；双排 4.0m。

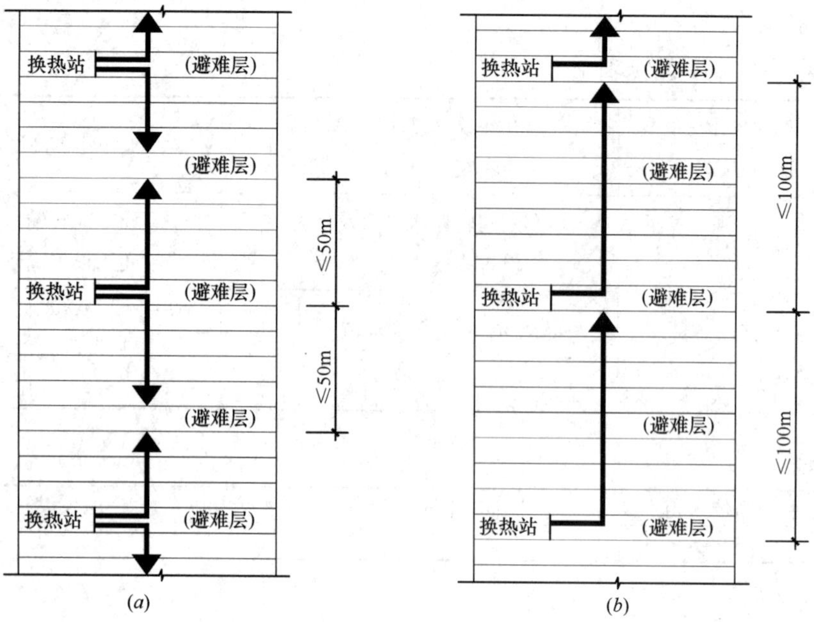
换热站
(避难层)
(避难层)
≤50m
换热站
(避难层)
≤50m
(避难层)
换热站
(避难层)
(a)
换热站
(避难层)
(避难层)
≤100m
换热站
(避难层)
(避难层)
≤100m
换热站
(避难层)
(b)

图 24.6.2-2

24.6.3　变配电所的设置

24.6.3.1　供电半径（电缆长度）宜≤250m，经济适宜长度 50～150m，可同时上下供输。

24.6.3.2　高压配电室及底部变配电所可设在首层或地下层，当有多层地下室时不应设在最底层，当地下只有一层时，应采取抬高地面和防止雨水、消防水等积水措施，中间楼层的变配电所根据供电半径设置在避难层中，每隔一个避难层设置一个较为经济适宜。

24.6.3.3　为减少变配电所对其他楼层的影响，可将其设在屋顶。

24.6.3.4　站房面积：约为其负担建筑面积的 0.3%（住宅）～1.0%。

24.6.3.5　站房净高：无电缆沟 3.5m；有电缆沟，沟底至顶板梁底 4.0m。

24.6.3.6　站房净宽：单排布置配电柜 3.8m；双排布置配电柜 6.3m。

24.6.4　设置限制

24.6.4.1　水泵房、变配电所不应设在住宅的直接上方、直接下方。当必须设置时，可在其上、下各做一个结构夹层。

24.6.4.2　当变配电所与上、下或贴邻的居住、办公房间仅有一层楼板或墙体相隔时，变配电所内应采取屏蔽、降噪等措施。

24.6.4.3　水泵房应采取减振、降噪措施，消防水泵房疏散门应直通安全出口。

24.6.5　隔振措施

24.6.5.1　换热机房、水泵房

1）卧式水泵（消防水泵除外）应安装在配有 25～32mm 变形量外置式弹簧减振器的惯性地台上，若卧式水泵噪声≥80dBA，则需额外加设浮筑地台；

2）立式水泵（消防水泵除外）应安装在配有 25～32mm 变形量外置式弹簧减振器的惯性地台上，并安装在浮筑地台上；

3）稳压泵、水箱、热交换器应安装在厚度≥50mm 的专业橡胶减振垫上；水箱距离墙身、顶棚应≥50mm；

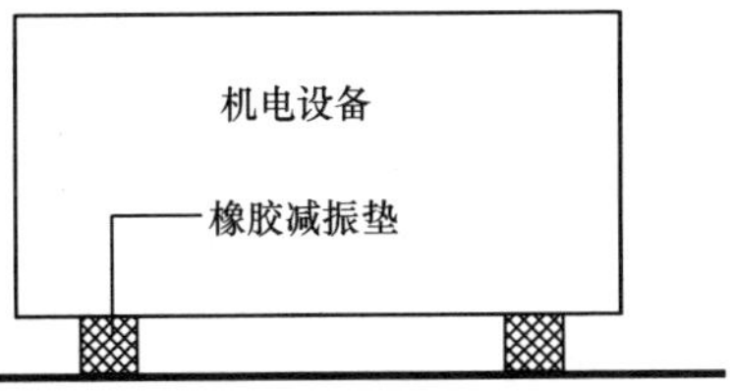
机电设备
橡胶减振垫

4）机房内风机应配备 25～32mm 变形量外置式弹簧减振器。

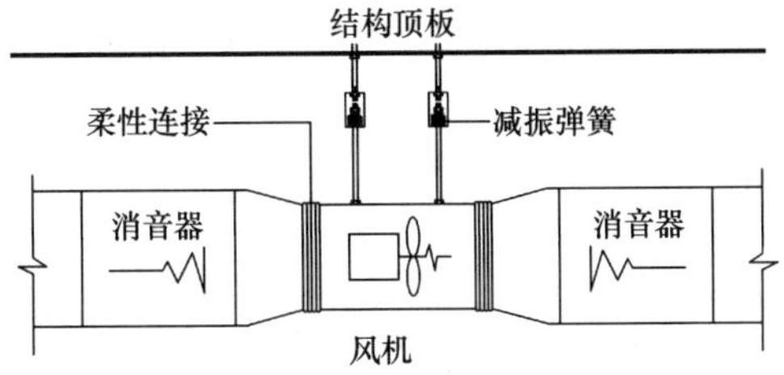
结构顶板
柔性连接
减振弹簧
消音器
消音器
风机

吊挂式风机

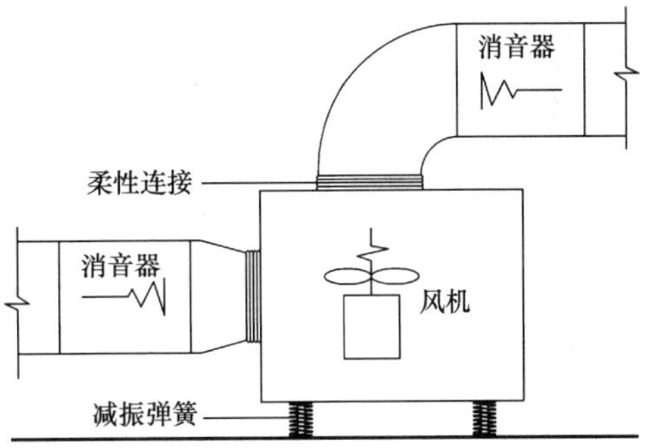
消音器
柔性连接
消音器
风机
减振弹簧

座地式风机

24.6.5.2 终端配变电房

变压器、控制柜应安装在浮筑地台上。

24.6.5.3 惯性地台

1）重量至少为所承托水泵运行重量的 2.5 倍；

2）混凝土块密度≥2240kg/m^3；

3）长宽大于所承托水泵尺寸 300mm，厚度≥150mm；

4）做法：四周用槽钢焊成一个外框，底部焊上钢板，周边焊接角码用于固定弹簧减振器，通过弹簧减振器将其固定结构楼板（或浮筑地台）上，在框内浇筑 C30 混凝土。

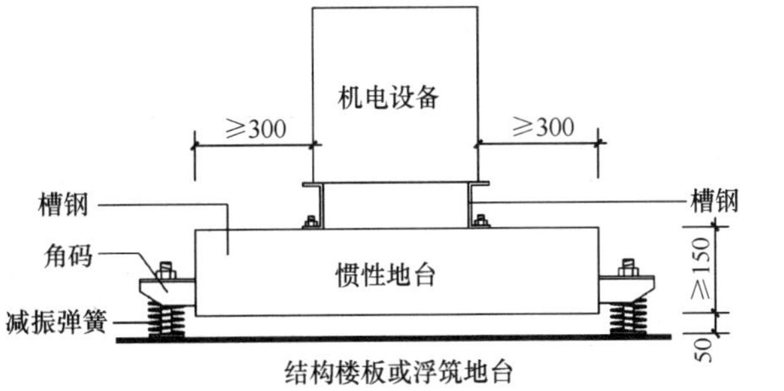
机电设备
≥300
≥300
槽钢
槽钢
角码
惯性地台
减振弹簧
≥150
50
结构楼板或浮筑地台

惯性地台示意图

24.6.5.4 浮筑地台

1）采用钢筋混凝土浇筑，厚度≥150mm，应能承受上部荷载；

2）下部布置 50mm×50mm×50mm 橡胶减振垫，间距≤600mm×600mm；

3）与墙体接触处应采用厚度大于 10mm 的弹性胶垫隔离；

4）浮动层不得与结构楼板有任何接触，结构楼板平整度≤3mm/m；

24.6.6 降噪措施

24.6.6.1 设备噪声超过 72dBA 时，顶棚、墙身需设置多孔吸声板，其面积应≥房间表面积的 50%。

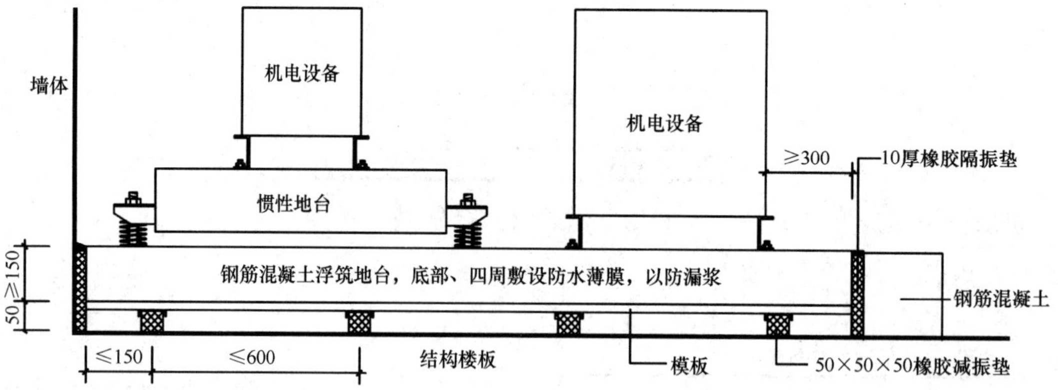
墙体
机电设备
机电设备
≥300
10厚橡胶隔振垫
惯性地台
钢筋混凝土浮筑地台，底部、四周敷设防水薄膜，以防漏浆
钢筋混凝土
50≥150
≤150
≤600
结构楼板
模板
50×50×50橡胶减振垫

浮筑地台示意图（mm）

24.6.6.2 多孔吸声板的做法可采用：

50厚超细玻璃丝棉吸声毡（25kg/m³），外罩穿孔面板（穿孔率≥20%）。

24.6.7 屏蔽措施

24.6.7.1 做法一：墙面抹灰、顶棚抹灰、楼面垫层内敷设细孔钢网。

24.6.7.2 做法二：楼面垫层内敷设细孔钢网，墙面、顶棚明敷金属板材。

24.6.7.3 做法三：楼面垫层内敷设细孔钢网，墙面、顶棚刷屏蔽涂料（亦称导电漆）。

24.6.7.4 各种做法均需与接地装置连接。

24.7 屋顶擦窗机

擦窗机是用于建筑物或构筑物窗户和外墙清洗、维修等作业的常设悬吊接近设备。按安装方式分为：屋面轨道式、轮载式、插杆式、悬挂轨道式、滑梯式等。

表 24.7

<table>
<tr><th colspan="2">类型</th><th>特点</th><th colspan="2">适用范围</th></tr>
<tr><td rowspan="4">屋面轨道式</td><td>双臂动臂变幅形式</td><td rowspan="3">1. 擦窗机沿屋面轨道行走；
2. 行走平稳、就位准确、安全装置齐全、使用安全可靠、自动化程度高；
3. 屋面结构承载应满足要求，预留出擦窗机的行走通道</td><td rowspan="3">适用于屋面结构较为规矩、楼顶屋面有足够的空间通道且屋面有一定的承载能力的建筑物</td><td>属小型擦窗机设备，工作幅度相对较小，机重较轻</td></tr>
<tr><td>燕尾臂形式</td><td>属最常用的中型设备，一般复杂的建筑立面均可适用，伸展吊船可清洗凹立面</td></tr>
<tr><td>伸缩臂式</td><td>属大型的擦窗机设备，适用于屋面较多，多台擦窗机很难完成整个大楼的作业时常采用伸缩臂擦窗机</td></tr>
<tr><td>附墙轨道式</td><td>1. 轨道沿女儿墙内侧布置，设备可沿轨道自由行走，完成不同立面的作业
2. 行走平稳、就位准确，使用方便、自动化程度高等特点</td><td colspan="2">属小型擦窗机设备，适用于屋面结构较为规整，屋面擦窗机通道尺寸在500～1000mm，其他轨道式不宜布置时可选择此机型。屋面女儿墙应有一定的承载能力</td></tr>
</table>

续表

类型	特点	适用范围
轮载式	1. 屋面行走通道靠女儿墙布置，设备沿通道自由行走； 2. 行走平稳、就位准确，使用方便	适用于屋面结构较规整、有一定的空间通道且屋面为刚性屋面，有一定的承载能力，坡度≤2%
插杆式	1. 插杆基座沿楼顶女儿墙或女儿墙内侧布置； 2. 结构简单、成本低； 3. 插杆、吊船换位需人工搬移、作业效率低	适用于裙房、屋面较多、屋面空间窄小、造价要求低的建筑物
悬挂式	1. 悬挂轨道沿楼顶女儿墙、檐口外侧布置，设备可沿轨道自由行走； 2. 行走平稳、就位准确，使用方便	适用于屋面较多、空间较小、建筑造型复杂、其他擦窗机不易安装的场合，女儿墙应有一定的承载能力
滑梯式	1. 滑梯结构按建筑物屋顶形式设计； 2. 行走平稳、就位准确，使用方便	适用于内外弧形、水平、倾斜的玻璃天幕，球形结构、天桥连廊等建筑物的内外清洗和维护作业

24.8　屋顶直升机停机坪

建筑高度大于100m且标准层建筑面积大于2000m^{2}的公共建筑，宜在屋顶设置直升机停机坪或供直升机救助的设施。详见第4章建筑防火设计。

24.9 建筑实例

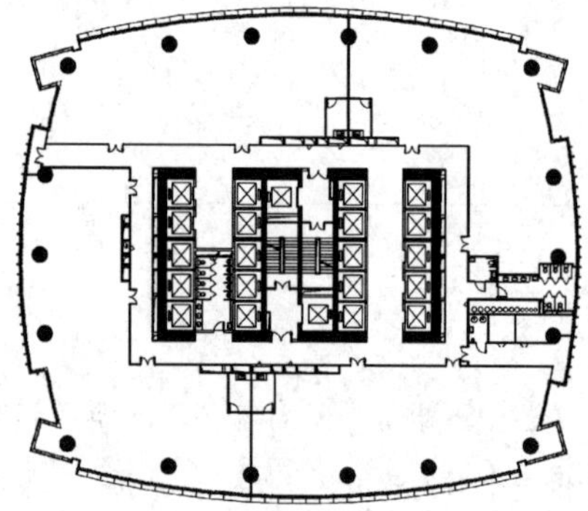

项目名称	某大厦
建筑使用性质	办公楼
总层数/建筑高度	68层/266m
标准层面积	1950m²
核心筒面积	420m²
分区数	4区
核边距	南北向14.2m，东西向12.7m
标准层层高	3.7m

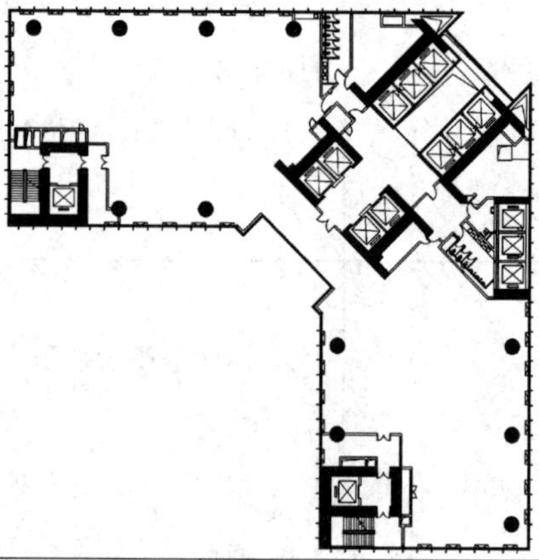

项目名称	某证券大厦
建筑使用性质	办公楼
总层数/建筑高度	34层/160m
标准层面积	1820m²
核心筒面积	680m²
分区数	2区
进深	22m
标准层层高	4.4m

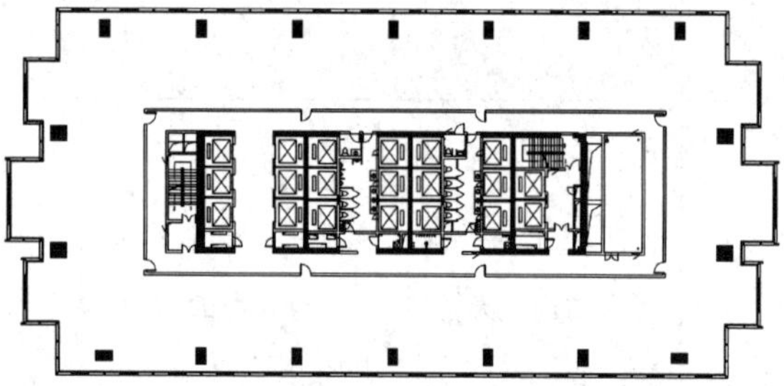

项目名称	某大厦
建筑使用性质	办公楼
总层数/建筑高度	39层/174m
标准层面积	2230m²
核心筒面积	493m²
分区数	3区
核边距	南北向11m，东西向17.6m
标准层层高	4.4m

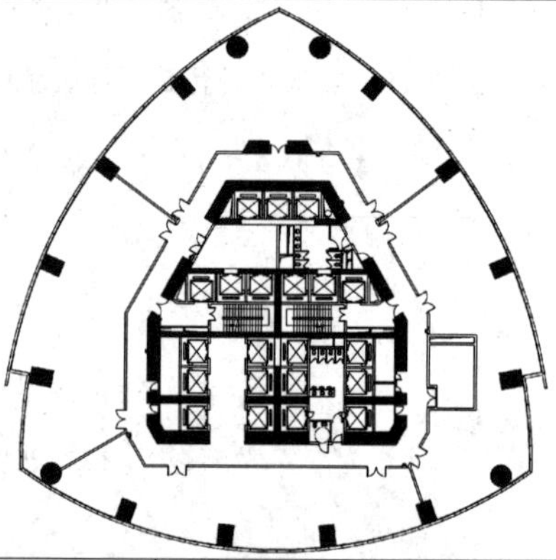

项目名称	某大厦B座
建筑使用性质	下部办公楼，上部酒店
总层数/建筑高度	55层/250m
标准层面积	1890m²
核心筒面积	536m²
分区数	3区
核边距	南向10.3m，东西向12.3m
标准层层高	4.2m

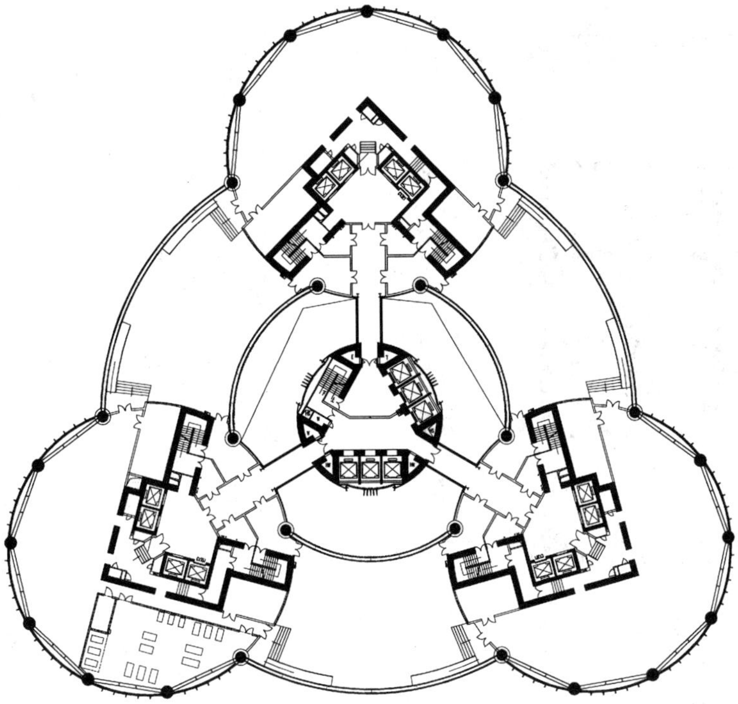

项目名称	某大酒店
建筑使用性质	公寓
总层数/建筑高度	72层/328m
标准层面积	2550m²
核心筒面积	860m²
分区数	1区
核边距	12m
标准层层高	3.8m

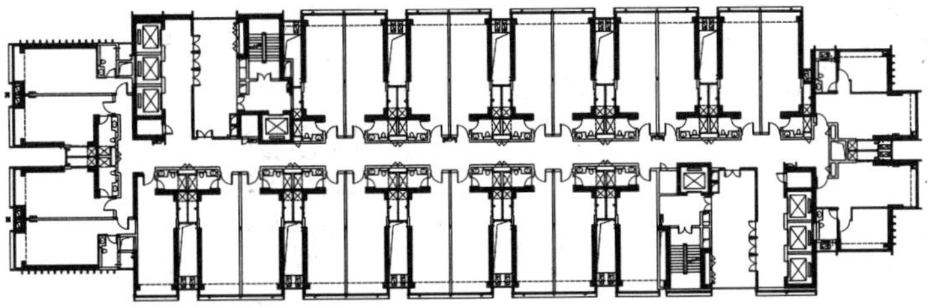

项目名称	某2#塔楼
建筑使用性质	公寓式办公
总层数/建筑高度	50层/172m
标准层面积	1620m²
核心筒面积	310m²
分区数	1区
进深	23.7m
标准层层高	3.1m

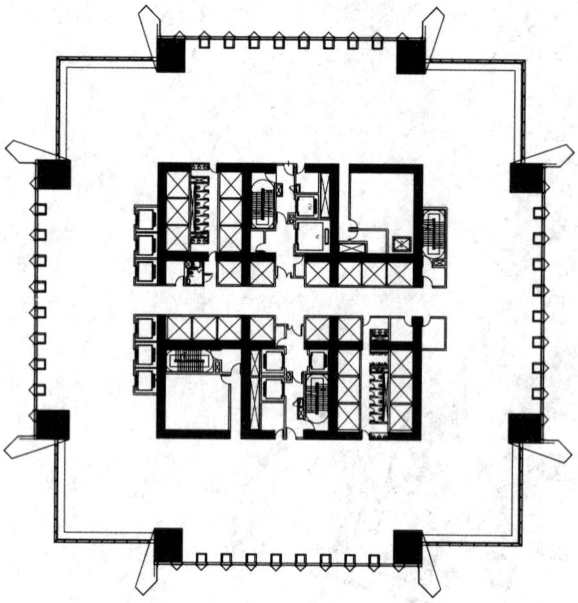

项目名称	某金融中心
建筑使用性质	办公
总层数/建筑高度	116层/600m
标准层面积	3500m²
核心筒面积	1135m²
分区数	3大区，第1大区分3区，第2大区分2区，第3大区分3区
核边距	14.6m
标准层层高	4.2m

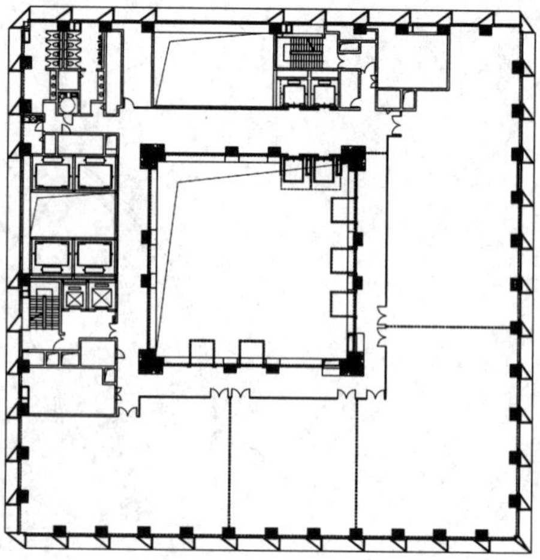

项目名称	某金融大厦
建筑使用性质	办公
总层数/建筑高度	48层/220m
标准层面积	2070m²
分区数	3区，转换电梯连接换乘大堂
单边进深	南向东向16.8m，西向北向12.7m
标准层层高	4.5m

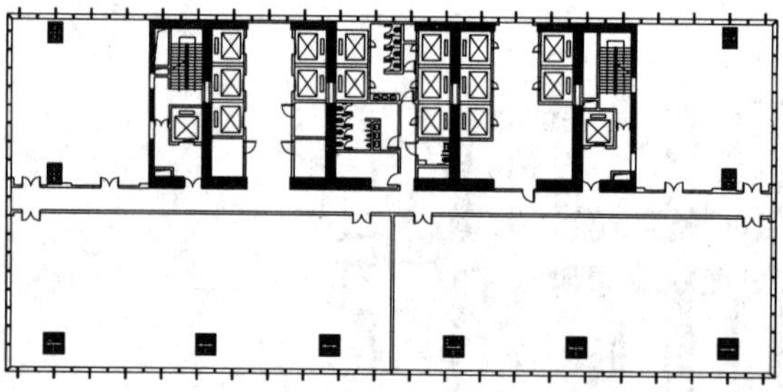

项目名称	某大厦
建筑使用性质	办公
总层数/建筑高度	42层/200m
标准层面积	1890m²
核心筒面积	565m²
分区数	3区
核边距	15m
标准层层高	4.5m

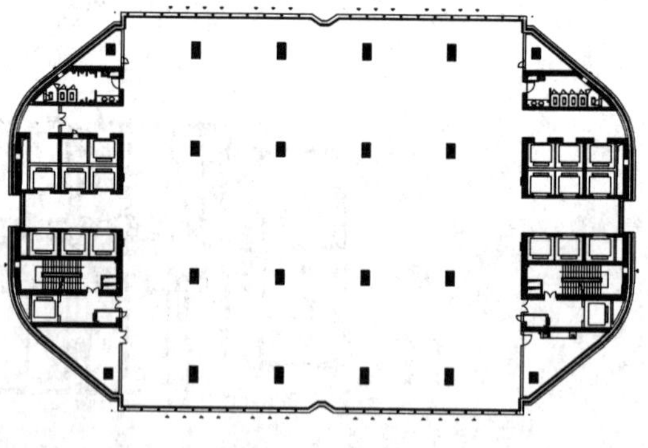

项目名称	某市大厦
建筑使用性质	办公
总层数/建筑高度	39层/174m
标准层面积	2000m²
核心筒面积	572m²
分区数	1区
进深	36.9m
标准层层高	4.2m

25 地铁车站建筑设计

25.1 概　　述

25.1.1 地铁车站建筑的分类

地铁车站建筑分类　　表 25.1.1

地铁车站建筑分类		
车站站台形式	岛式站台	乘客乘车站台位于两股轨道中间区域，乘客换乘另一方向无须跨越轨道
	侧式站台	乘客乘车站台位于两侧轨道外侧，乘客换行另一方向须跨越轨道
	平面组合式站台	在同一平面，同一标高中既有岛式站台也有侧式站台，常用于特殊配线车站及换乘车站
	垂直组合式站台	同一线路不同方向站台采用上下叠加布置方式，常用于同台换乘车站或特殊工法车站
车站施工方法	明挖（含先隧后站）	车站主体采用大开挖形式施工，结构施工顺序由下至上
	暗挖	车站主体因施工条件限制采用矿山开挖方式进行施工，通常暗挖通道两端须先设明挖竖井或基坑
	明暗挖组合	上述两种方式组合，有施工条件的场地采用明挖，不具备场地施工条件的地方采用暗挖，车站平面功能须与施工工法结合布置
	盖挖	在具备施工场地条件，但施工工期受限制情况下，采用的工法，既先行施工结构顶板或作临时道路铺盖，恢复道路交通，然后再在盖板下按明挖方式进行施工
车站与地面关系	浅埋	因线路设置要求或地质条件所限，车站采用埋深较浅的工法，常采用单层侧式车站形式标准地下 2 层
	深埋	因线路穿越上方构筑物或其他地下建筑物，要求车站采用深埋形式，地下 3～5 层
	地面	因线路设置条件，车站主体设于地面，采用单层车站形式
	高架	线路设置要求，车站主体架空与道路或地面以上，采用 2～3 层高架形式

续表

地铁车站建筑分类		
车站功能等级	一般标准站	车站设置条件适中，施工条件较好，无大的突发客流，车站按一般标准车站设置，采用地下2层
	换乘站	因线路设置要求，两条线路必须共点设置，但施工不一定同步建设，常采用地下3层形式，换乘形式有“十”字形、“L”形、“T”形、平行换乘等
	中心站或枢纽站	按线网规划要求，多条线路（三条或以上）共点交汇，或两条轨道交通线路与其他轨道交通（高铁、城际）或与空港、码头、客运站等其他交通建筑组合成换乘枢纽
	特殊站	因车站周边城市环境特点突出，车站建筑设计与环境结合设计有较强的地域特色或文化个性的车站

25.1.2 总平面设计

25.1.2.1 总平面设计要求

（1）地铁车站建筑总平面布局应综合考虑车站周边既有建筑和规划条件、城市道路、车站规模形式，合理选择车站站位和出入口、风亭、冷却塔等附属设施的位置。

（2）地铁车站建筑形式应根据线路特征、运营要求、周边环境及车站区间采用的施工工法等条件确定。每站的人行通道数量远期一般不少于3个，近（初）期至少要有2个独立出入口能直通地面。

（3）地铁车站建筑出入口、风亭、冷却塔等地面建筑应满足表25.1.2.1-1、表25.1.2.1-2、表25.1.2.1-3的规定。

出入口、风亭、冷却塔与规划道路、建筑物距离表　　表25.1.2.1-1

间距类别		距离要求	备注
退缩道路红线	规划道路宽≥60m	10m	参考值，需规划部门确认
	规划道路宽<60m	5m	
防火间距	民用建筑一、二级	6m	
	民用建筑三级	7m	
	民用建筑四级	9m	
	高层建筑	9m	
	高层建筑裙房	6m	
	汽车加油站	按《汽车加油加气站设计与施工规范》(GB 50156—2002)	
	高压电塔	按《城市电力规划规范》(GB 502932)	

出入口、风亭、冷却塔之间控制距离表（m）　　表25.1.2.1-2

	新风亭	排风亭	活塞风亭	出入口	冷却塔	紧急疏散口
新风亭	/	10	10	/	10	/
排风亭	10	/	5	10	5	5
活塞风亭	10	5	/	10	5	5
出入口	5	10	10	/	10	/
冷却塔	10	/	10	10	/	10
紧急疏散口	/	5	5	/	5	/

风亭、冷却塔与敏感建筑控制距离表 表 25.1.2.1-3

区域类别	区域名称	控制距离（m）
1	居住、医院、文教区、行政办公	2550
2	居住、商业、工业混合区	15～30
4	交通干线两侧	≥15

25.1.3 地铁车站建筑功能组成

地铁车站建筑一般由站厅层、站台层（含站台板下夹层）等主要使用空间及人行通道（天桥）、地面出入口、风道、地面风亭等次要使用空间组成。主要使用空间按运营要求划分为乘客公共区及设备与管理用房区。

25.1.4 地铁车站建筑的总平面布置实例

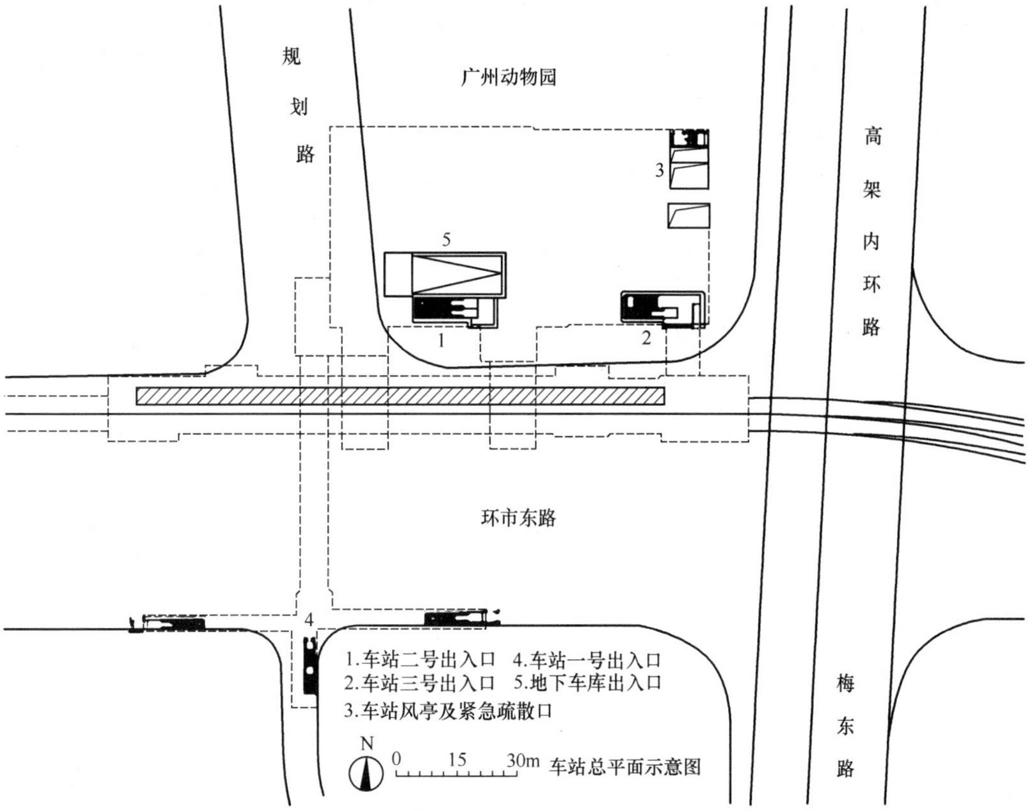
规
划
路
广州动物园
高
架
内
环
路
3
5
1
2
环市东路
4
梅
东
路
1.车站二号出入口 4.车站一号出入口
2.车站三号出入口 5.地下车库出入口
3.车站风亭及紧急疏散口
N
0 15 30m 车站总平面示意图

图 25.1.4 某站总平面

25.2 车 站 站 厅

1. 站厅层一般划分为公共区（非付费区与付费区，用闸机和栏杆隔开）、设备及管理用房区两部分。非付费区为乘客提供集散、售检票、公共电话、银行及其他配套服务的空间，并兼顾行人过街功能。付费区提供检票、补票、楼扶梯进站台的空间。主要布置楼扶梯，无障碍电梯、票亭、栏杆、售检票、进出闸机等设施。

2. 当站厅公共区采取付费区在中、非付费区在两端的布置形式时，至少在一侧留通道连接两个非付费区，通道宽度不小于 4m。

3. 站厅非付费区面积应大于付费区面积，一般车站站厅层公共区两侧非付费区宽度按不小于 2 跨且不小于 16m 考虑，对于公共区兼顾过街功能和大客流的车站，此宽度按不小于 2 跨半且不小于 20m 考虑。

4. 票亭应设在付费区与非付费区的分隔带上，一般车站票亭设 2 座，分设于两侧付费区与非付费区交界处。

5. 车站出入口兼顾过街功能时，应避免过街人流对站厅的影响。车站如设置 24 小时过街通道，通道与车站公共区必须分隔。

6. 车站内闸机口和楼梯口（自动扶梯）的总通过能力应相互协调平衡，并满足高峰小时进出站客流的通过能力。车站各种通行服务设施的最大通过服务能力见表 25.2。

车站各部位设计通过能力表 **表 25.2**

部位名称		正常运营通过能力（人/小时）	紧急疏散通过能力（人/小时）
1m 宽楼梯	下　行	2580	3080
	上　行	2580	
	双向混行	2580	
1m 宽通道	单　向	4800	4800
	双向混行	3900	
1m 宽自动扶梯	输送速度 0.65m/s，上行	6600	7300
	输送速度 0.65m/s，下行	7200	
	停运时的自动扶梯	2100	2770
闸机	进闸机	1500	—
	出闸机、双向闸机	1200	—
人工售票口		1200	—
自动售票机		240	—
人工检票口		2600	—

7. 站厅设计标准

地下站装修后公共区地坪面至结构顶板底面净高≥4800mm；

地下站预留吊顶及管线空间≥1300mm；

地下站公共区建筑楼面至吊顶底面净高（一般站）≥3200mm；

（大空间站厅及大型枢纽站）≥3500mm；

站厅建筑楼面至任何悬挂障碍物底面≥2400mm；

管理及设备一般用房装修后净高≥2500mm；

内部管理区走道净宽：

单面布置≥1800mm（困难情况下≥1500mm）；

双面布置≥2100mm（困难情况下≥1800mm）；

通道及内部管理区走道净高≥2500mm。

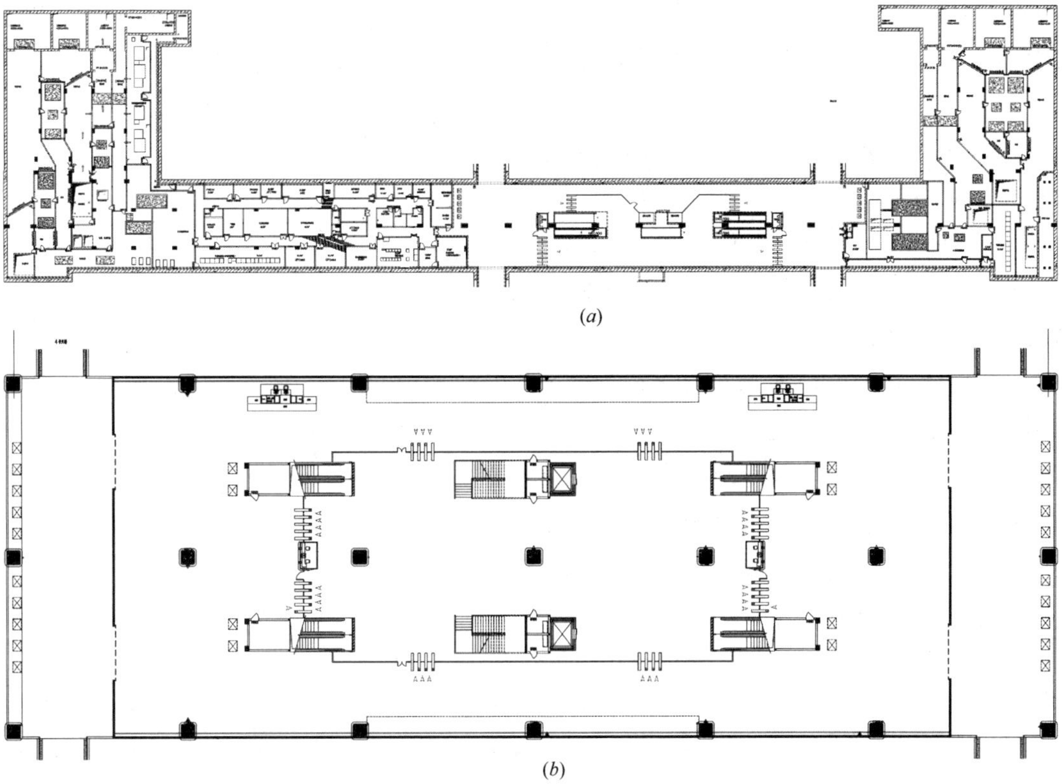

(*a*)

(*b*)

图 25.2

(*a*) 某站厅平面图；(*b*) 某站（高架站）站厅平面图

25.3　站　　台

1. 站台是车站内乘客等候列车和乘降的平台。

2. 站台位于地下的车站设置全封闭站台门式，站台位于地上的车站设置半高安全门。

3. 站台宽度按以下公式计算：

岛式站台宽度　　　　　　$B_d = 2b + n \times z + t$

侧式站台宽度　　　　　　$B_c = b + z + t$

其中 $Q_{上、下} \cdot \rho / L + b_a$

式中　b——站台乘降区宽度（m）；

n——横向柱数；

z——横向柱宽（m），单柱车站结构柱宽不应大于 700mm；

t——每组人行梯与自动扶梯宽度之和（m）；

$Q_{上、下}$——客流控制方向一列车超高峰小时的上、下车设计客流量（换乘车站应含换乘客流量）；

ρ——站台上人流密度 0.33～0.75m²/人，新线线路建议不小于 0.5m²/人；

L——安全门两端之间的站台有效候车区长度（m）；

b_a——站台边缘至站台门立柱内侧的距离（m），取 0.4m。

4. 人行楼梯和自动扶梯的总量布置除应满足上、下乘客的需要外，还应按站台层的事故疏散时间不大于 6min（其中 1min 为反应时间）进行验算。

5. 站台设计标准

岛式站台宽度（无柱时）≥9000mm；

岛式站台宽度，单柱时≥11000mm；

岛式站台宽度，双柱时≥13000mm；

岛式站台侧站台净宽（扣除站台门及装修厚度）≥2500mm；

纵向设梯的侧站台≥3500mm；

垂直于侧站台开通道口的侧站台≥4000mm；

单洞暗挖车站侧站台宽度（从净高 2000mm 处）≥3200mm；

站台层公共区地坪装修面至轨面高 1080mm；

地下车站轨面至轨行区结构底板面 580mm；

高架车站轨面至轨行区结构底板面 520mm；

站厅、站台悬挂物离地净高须≥2400mm。

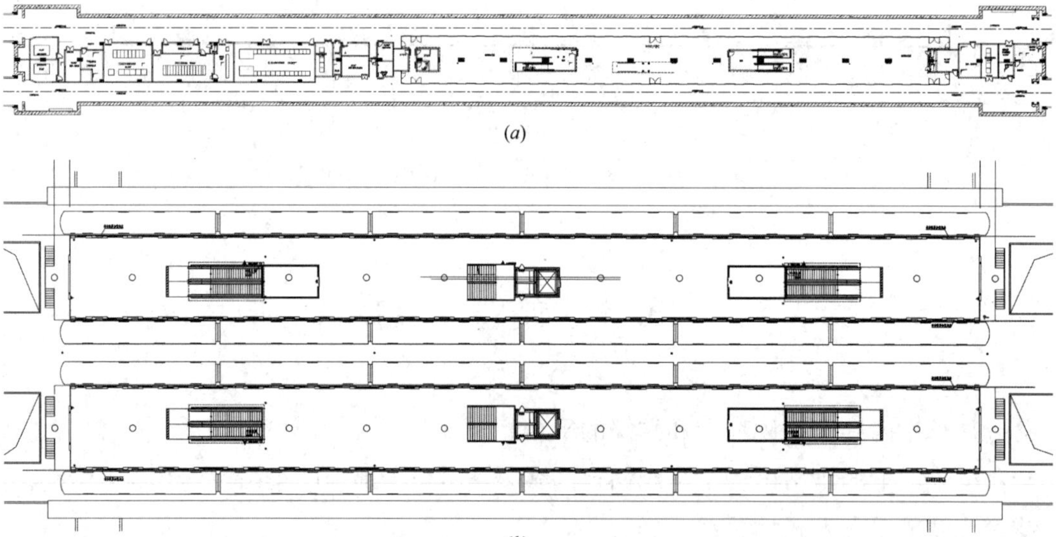

(a)

(b)

图 25.3.5

(a) 某站台平面图；(b) 某站（高架站）站台平面图

25.4 站台板下夹层

站台下夹层主要供车站设备管线穿越、排热风道变电所夹层使用，内部主要设置排热风道、变电所电缆夹层等设施，站台变电所下夹层净高不小于 1.9m，站台板上应设检修人孔。

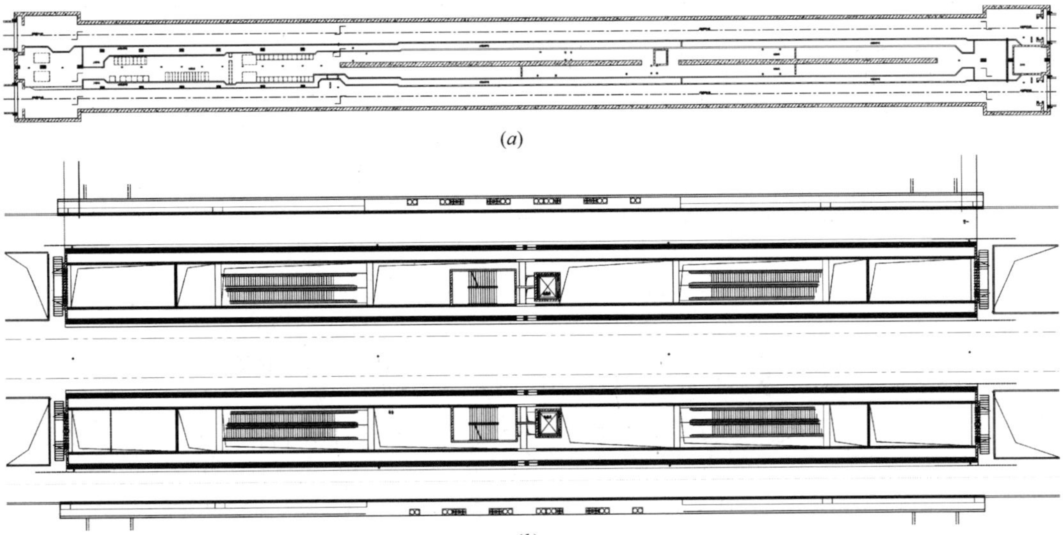

(*a*)

(*b*)

图 25.4

(*a*) 某站台板下夹层平面图；(*b*) 某站（高架站）站台板下夹层平面图

25.5　管理及设备用房

1. 车站设备管理区的布置，用房的分区及房间关系应采用标准设计，站厅层主要设备端，应设有连接站台的人行楼梯。

2. 车站控制室宜设在便于对售、检票口（机）、人行楼梯和自动扶梯等部位观察的位置，其地面高于站厅公共区地面 450mm。

3. 公共卫生间宜设置在付费区站台一端，避免室外视线的干扰，一般设置前室。

4. 车站的设备用房，应根据相关工艺要求合理布置。设备用房由各相关专业或系统用房指标，规模及布置要求参见表 25.5-1、表 25.5-2。

地下车站管理用房面积表（m^2）　　　　**表 25.5-1**

房间		面积	房间		面积
车站控制室	一般站	40	会议室	一般站	30
	换乘站	60		换乘站	50
站长室	一般站	12		中心站	80
	中心站或换乘站	15～20	车站备品库	一般站	30
接处警室	一般站	20		换乘站	50
	换乘站	20	广告备品库	一般站	8
警务监控机房	一般站	25		换乘站	10
	换乘站	30	更衣室	一般站	20×2
安全办公室		15		换乘站	30×2

续表

房间		面积
工作人员卫生间		12×2
保洁工具间		9×2
保洁间	一般站	10
	换乘站	15
票亭		7.5
站务休息室	一般站	15
	换乘站	20

房间	面积
站台应急间	10
正线派班室及轮值值班室	30
乘务换乘室	25
乘务更衣室	20
正线司机专用卫生间	5
车辆检修驻站室	10~15
保安工作间	10~15
商业经营管理用房	10~15

地下车站设备用房/少人值守用房面积表（m^2） **表 25.5-2**

房间		面积
机电综合维修室		25
综合监控设备室		25
票务管理室	一般站	25
	换乘站	35
AFC 设备室		20
AFC 维修室	一般站	8
	AFC 维修工班	15
气瓶室		15~20
照明配电室		8~12
环控电控室（含监控设备）		42
应急照明电源室		22~25
通信设备室（含 PIDS）	采用 UPS 整合	50
	采用独立设置 UPS	70
民用通信机房	一般站	60
	换乘站	100
信号设备及电源室	联锁站	90
	非联锁站	36
电缆引入间		4
信号值班室		10
站台门设备及控制室		20
污水泵房		10
废水泵房		10
电缆井		5
环控机房（分站供冷）		1100
环控机房（集中供冷站）		760
工务用房		12
车辆紧急抢修用房		20
接触网紧急抢修用房		20

房间		面积
牵引降压混合变电所	35kV 开关柜室	48/52
		59/65
	1500V 直流开关柜室	68/79
	整流变压器室	30×2
	0.4kV 开关柜室	与低压柜的数量相关
	控制室	33
	制动能量回馈装置室	90
		2.8
	检修兼储藏室	10~15
降压变电所	35kV 开关柜室	48/52/59/65
	控制室	33
	0.4kV 开关柜室	与低压柜的数量相关 2.8
	检修兼储藏室	10~15
跟随变电所 0.4kV 开关柜室		与低压柜的数量相关
工建维修工班		25
工建维修材料室		20
自动化维修工班		25
自动化维修材料室		20
通信维修工班		25
通信材料间		20
信号维修工班		25
信号材料间		20
车务应急抢险用房		200
UPS 整合室		20
蓄电池室		25

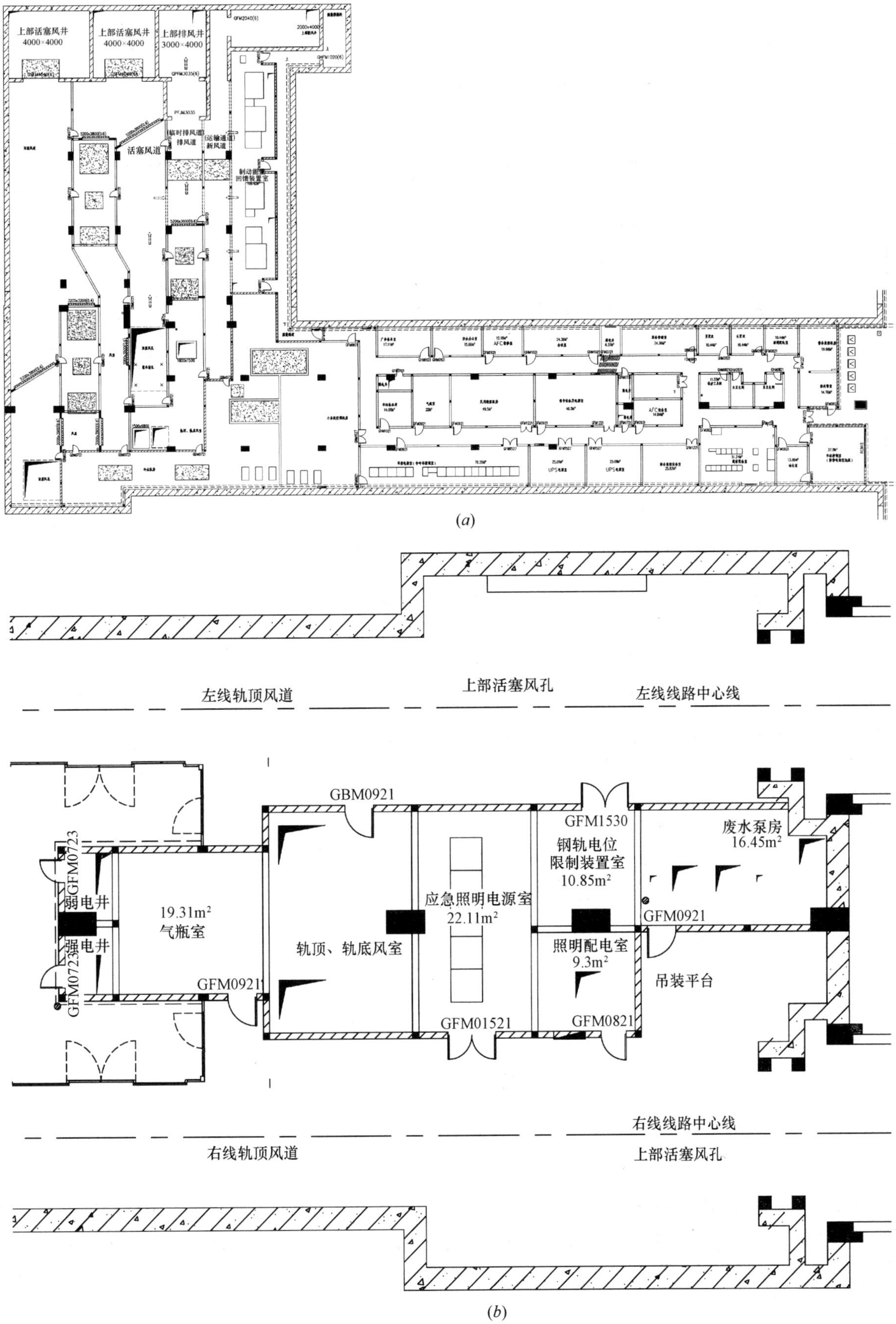

上部活塞风井
4000×4000
上部活塞风井
4000×4000
上部排风井
3000×4000
活塞风道
临时排风道
排风道
(运输通道)
新风道
制动能量回馈装置室
(a)
左线轨顶风道
上部活塞风孔
左线线路中心线
GBM0921
GFM1530
废水泵房
16.45m²
GFM0723
弱电井
强电井
GFM0723
19.31m²
气瓶室
轨顶、轨底风室
应急照明电源室
22.11m²
钢轨电位
限制装置室
10.85m²
GFM0921
照明配电室
9.3m²
吊装平台
GFM0921
GFM01521
GFM0821
右线线路中心线
右线轨顶风道
上部活塞风孔
(b)

图 25.5-1

(a) 某站厅设备区平面图；(b) 某站台设备区平面图

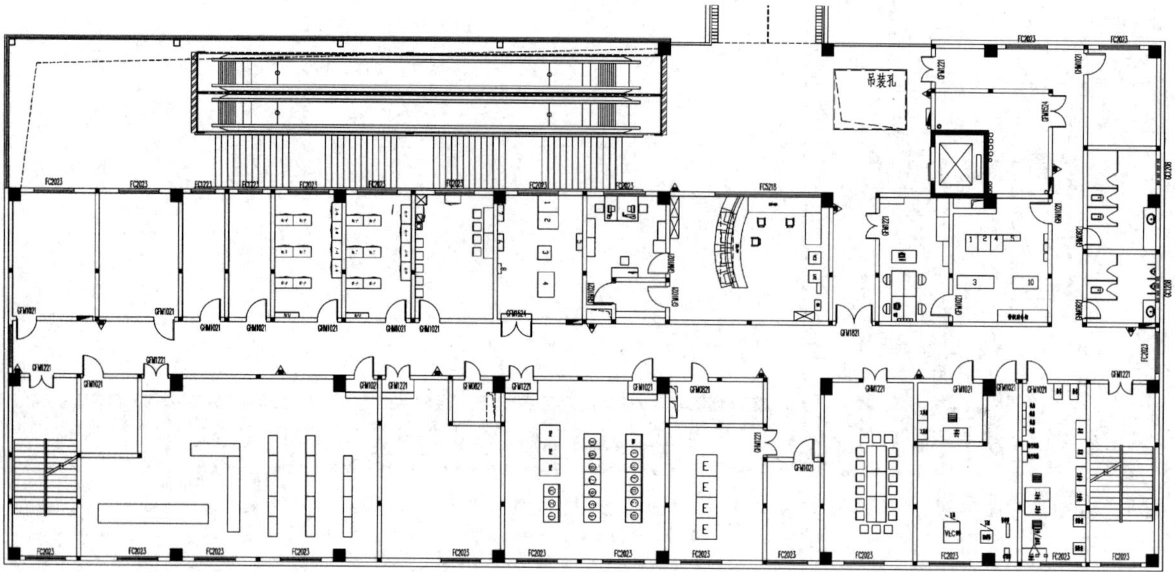
吊装孔

(*c*)

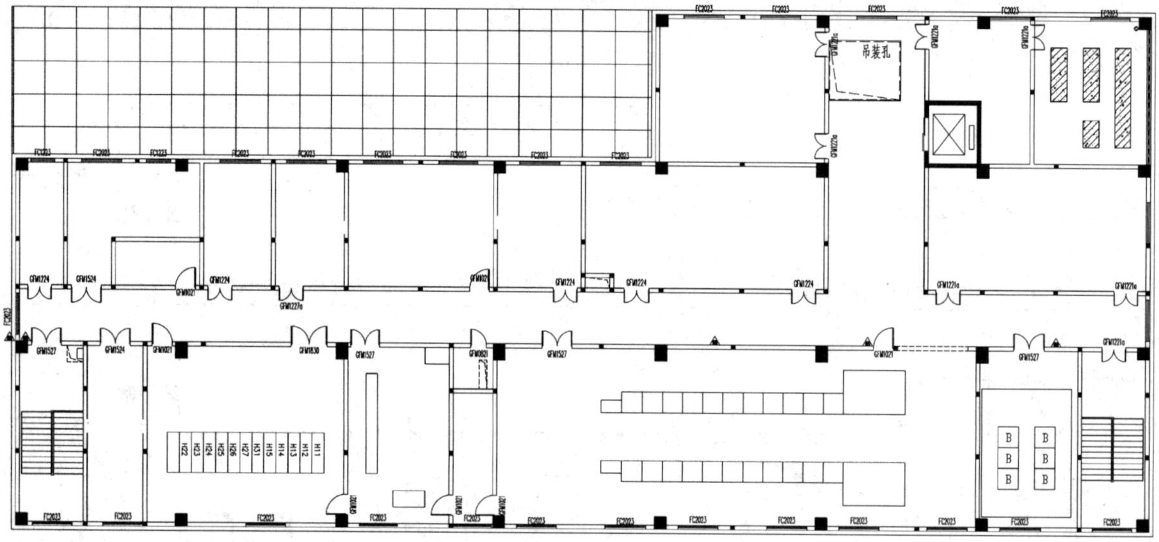
吊装孔

(*d*)

图 25.5-2

(*c*) 某站（高架站）设备区二层平面图；(*d*) 某站（高架站）设备区三层平面图

25.6 通 道、出 入 口

人行通道（天桥）、地面出入口是乘客进出地铁车站的连通空间，应能有效、便利地吸引和疏导乘车客流。车站出入口位置位于道路两边红线以外，同时还应考虑足够的集散空间。出入口应尽量直接连已建的（或待建的）建筑物地下室、过街道、商场、人行天桥、并要考虑地面人行过街的因素。地下车站一般宜设四个出入口，但不能少于两个。

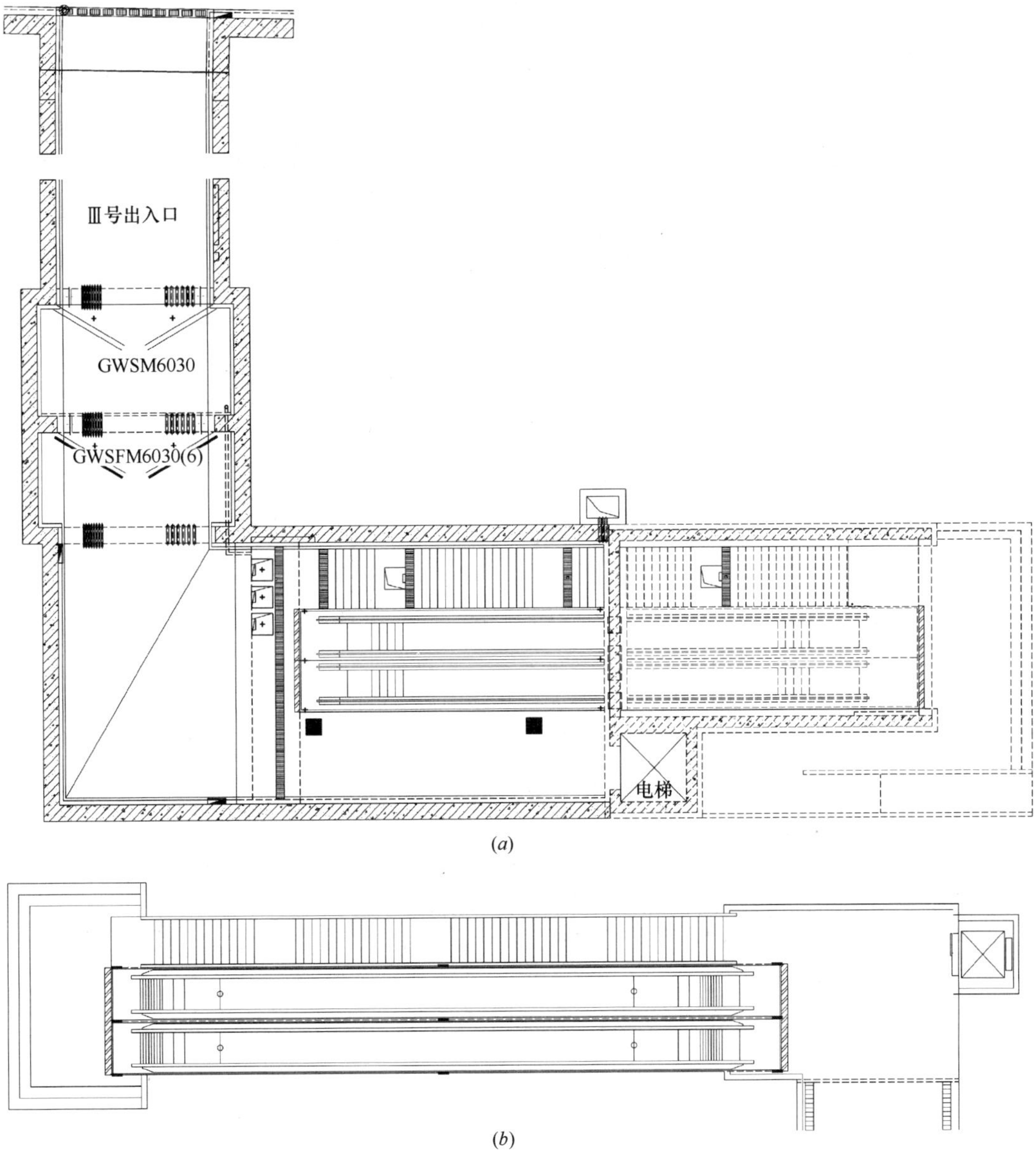
Ⅲ号出入口
GWSM6030
GWSFM6030(6)
电梯
(a)
(b)

图 25.6
(a) 出入口通道平面图；(b) 某站（高架站）出入口通道平面图

25.7 风道、风亭

地面风亭是地铁车站因通风需要而设在地面的附属构筑物，其布置应满足城市规划要求并与城市环境相协调。且应置于道路两旁红线以外。风亭与相邻建筑物合建时，要与建筑物相协调，独立修建的地面风亭应注意美观与周围环境协调。风亭应布置在外界开阔、空气流通的地方，不影响交通，不对附近居民造成直接污染。风亭通风口不得正对邻近建筑物的门窗。

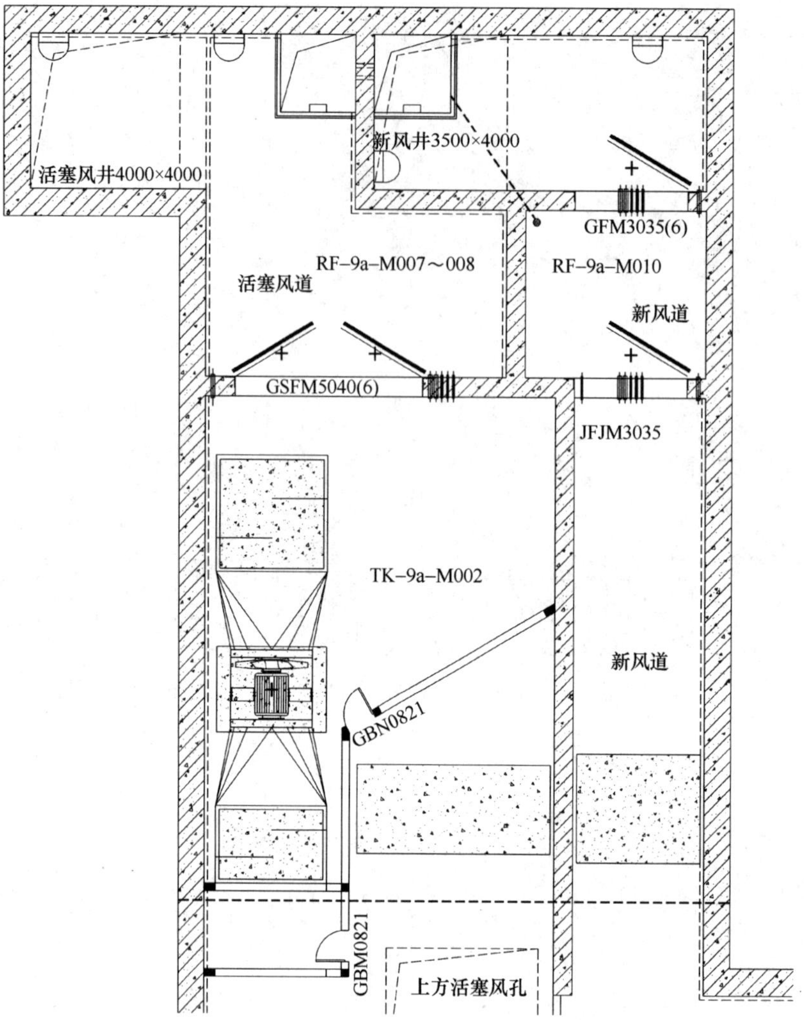

活塞风井4000×4000
新风井3500×4000
GFM3035(6)
RF–9a–M007～008
活塞风道
RF–9a–M010
新风道
GSFM5040(6)
JFJM3035
TK–9a–M002
新风道
GBN0821
GBM0821
上方活塞风孔

图 25.7　风亭平面图

25.8　消防与疏散

25.8.1　设计原则

地铁车站建筑消防设计主要依据国家规范及标准《地铁设计规范》(GB 50157—2013)、《城市轨道交通技术规范》(GB 50490—2009)、《城市轨道交通工程项目建设标准》(建标 104)、《建筑设计防火规范》(GB 50016—2014)。同时根据工程的具体情况，在执行某些原则有一定困难或规范未明确时，按与地方公安消防局协调的意见处理。

25.8.2　耐火等级与防火分区

25.8.2.1　地铁车站各部位耐火等级应符合下列规定：

地下的车站、区间、变电站等主体工程及出入口通道、风井的耐火等级应为一级；

出入口地面建筑、地面车站结构的耐火等级不应低于二级；

车辆基地内建筑的耐火等级应根据其使用功能，按照现行国家标准《建筑设计防火规范》

GBJ 50016 的规定确定。其中停车列检库的火灾危险性分类定为戊类。

25.8.2.2 防火分区的划分应符合下列规定：

单线地下车站站台和站厅公共区应划为一个防火分区，面积不限；其他部位根据功能布局划分，每个防火分区的最大允许使用面积不应大于 1500m²；单线地上车站防火分区不应大于 2500m²；与车站相接的商业设施等公共场所，应单独划分为防火分区。

地下换乘车站站厅公共区面积超过 5000m² 时，依据《地铁设计规范》、《城市轨道交通技术规范》，应通过消防性能化安全设计分析，采取必要的消防措施。

25.8.3　防火分隔措施

两个相邻防火分区之间应采用耐火极限不低于 4h 的防火墙和 A 类隔热防火门分隔。

25.8.4　疏散通道及疏散出口

25.8.4.1 车站出入口的设置应满足进出站客流和事故疏散的需要，并应符合下列规定：

车站应设置不少于 2 个直通地面的出入口。地下一层侧式站台车站，每侧站台不应少于 2 个出口。

地下车站有人值守的设备和管理用房区域，安全出口的数量不应少于 2 个，其中 1 个安全出口应为直通地面的消防专用通道。对地下车站无人值守的设备和管理用房区域，应至少设置一个与相邻防火分区相通的防火门作为安全出口。

25.8.4.2 车站的站厅、站台、出入口、通道、人行楼梯、自动扶梯、售检票口（机）等部位的疏散能力应保证发生事故或灾难时将一列进站列车的预测最大载客量以及站台上的候车乘客在 6min 内全部撤离到安全区。

事故疏散时间按下列公式验算：$T=1+\{(Q_1+Q_2)/0.9[(A_1\times N_{上}+A_2\times N_{下}-1)+A_3B)]\}\leqslant 6\text{min}$

式中：Q_1——断面客流（人）；

Q_2——站台上候车乘客（人）；

A_1——自动扶梯通过能力（人/min·m）；按 7300 人/h·1m，即 122 人/min；

A_2——自动扶梯停运作步行楼梯的通过能力（人/min·m），按 2770 人/h·1m，即 46 人/min；

A_3——人行楼梯通过能力（人/min·m），人行楼梯通过能力（人/min·m），按 3080 人/h·1m，即 51 人/min；

N——自动扶梯台数；

$N_{上}$——上行自动扶梯台数；

$N_{下}$——下行自动扶梯台数；

B——楼梯总宽度；

K——提升高度的修正值（$K\geqslant 1$）。

注：人行楼梯总宽度应按楼梯扶手带中心线之间的间距计算。

25.8.4.3 站台应设置足够数量的进出站通道或楼梯、自动扶梯，同时应满足站台计算长度内任一点距梯口或通道口的距离不大于 50m。

26　机场航站楼建筑设计

26.1　概　　述

按经营的航班类型和服务旅客的不同分类　　表 26.1

分类	定义	实例
国内航站楼	设施只为运营国内航班服务	上海虹桥机场
国际航站楼	设施只为运营国际航班服务	香港赤腊角国际机场
国内和国际混用航站楼	设施同时为运营国际和国际航班服务	广州白云国际机场
航空公司专属航站楼	设施只为某一航空公司的航班服务	美国洛杉矶国际机场
专机/公务机航站楼	设施按专机/公务机的航班服务标准设置，只服务专机/公务机旅客	首都机场专机楼
低成本航站楼	设施按低成本航空公司的航班服务标准设置	美国肯尼迪机场 5 号航站楼

26.2　总　体　规　划

26.2.1　总体规划内容

总体规划内容　　表 26.2.1

功能分区	内　　容
飞行区	跑道系统、滑行道系统、机坪、目视助航系统、附属设施等
旅客航站区	航站楼、站坪、停车设施、道路、高架桥、轨道交通、综合交通中心、机场宾馆
货运区	生产用房、业务仓库、集装器库（场）、货物安检设施、联检设施、保税仓库、停车场及配套设施、货运机坪等
航空器维修区	维修机库、维修机坪、航空器及发动机维修车间、发动机试车台、外场工作间、航材库及配套设施
工作区	机场管理机构、航空公司、民航行业管理部门、空中交通管理部门、航油公司、联检单位、公安、武警、空警、安检等驻场单位的办公和业务设施、地面专业设备及特种车辆保障设施、机上供应器及配餐设施、消防及安全保卫设施、应急救援及医疗中心、旅客住宿、餐饮、休闲娱乐等生活服务设施

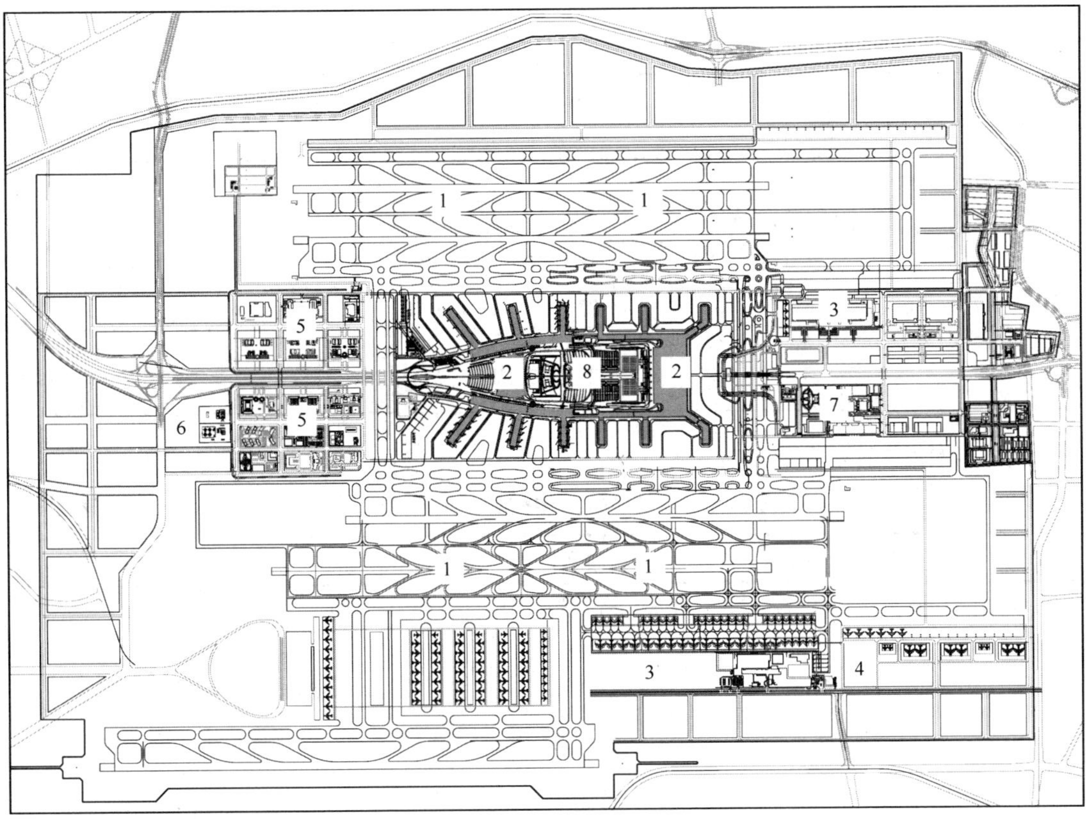
1
1
3
5
2
8
2
6
5
7
1
1
3
4

图 26.2.1-1 国内某机场总规划图

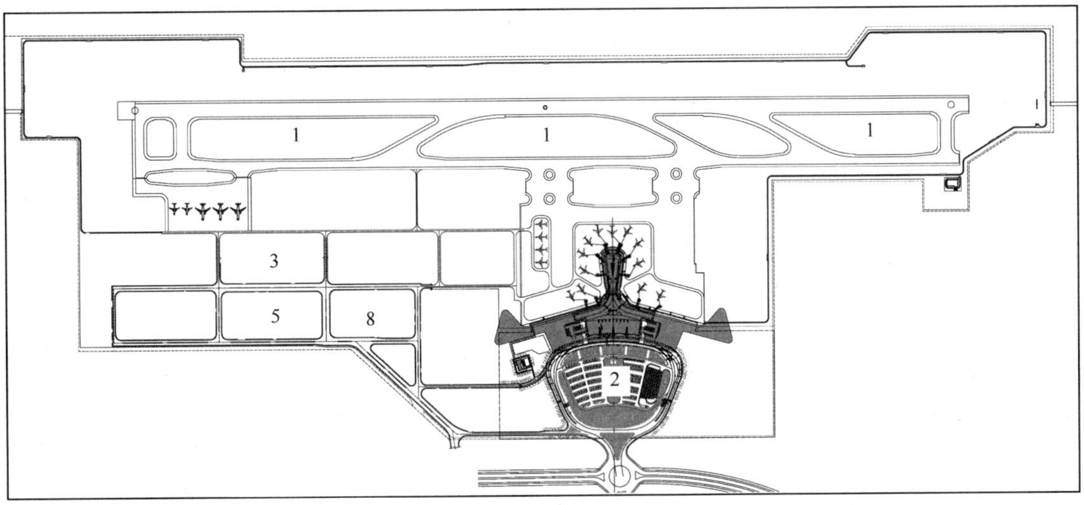
1
1
1
3
5
8
2

图 26.2.1-2 国内某机场总规划图

1—飞行区；2—航站区；3—货运区；4—航空器维修区；

5—工作区；6—油库区；7—生产辅助设施区；8—塔台

26.2.2 飞行分类

飞机分类　　表 26.2.2

飞机类型	代表机型	平均座位数（个）	飞机高度（m）	转弯半径（m）
A	B100、Beechjet400、Learjet45	30	4.5	15～20
B	Dh8、CRJ-700	50	6.3	20～25
C	B737、A320	150	12.3	20～30
D	B757、B767、A310、A300	250	17	30～40
E	B747、B777、A330、A340、B787	380	19.5	40～45
F	A380、B747-8	525	24.4	45～50

26.2.3 航站楼构型

航站楼构型　　表 26.2.3

划分方式	构型	实例
按航站楼与机位的衔接方式	简易式	—
	运输车式	—
	前列式	上海浦东国际机场一号航站楼
	指廊式	广州白云国际机场一号航站楼
	卫星式	美国亚特兰大国际机场
按航站区交通模式	尽端式	北京首都国际机场
	贯穿式	巴黎戴高乐国际机场、广州白云国际机场航站楼
按航站楼单元组合方式	集中式	香港赤腊角国际机场
	单元式	美国洛杉矶国际机场

26.2.4 航站楼建筑面积指标（m^2/每高峰小时旅客）

航站楼建筑面积不宜小于2000m^2，按典型高峰小时旅客量估算：

旅客量估算　　表 26.2.4

旅客航站区指标	3	4	5	6
国际及地区	28～35	28～35	35～40	35～40
国内	20～26	20～26	26～30	26～30

26.2.5 交通中心

交通中心　　表 26.2.5-1

内容	地铁站厅、轨道站厅
	出租车站
	城际大巴
	市内大巴
	各类社会车辆停车场
	航班信息服务，商业、餐饮等各类服务设施
要点	提供独立步行系统，人车分流
	大容量的公共交通尽量贴近航站楼布置
	考虑旅客携带行李，尽量少换层，必要时选用自动人行步道、电梯等换层设施
	流程清晰，对不同交通工具的旅客分流方式尽量简洁

交通中心及停车楼——各类车型比例　　**表 26.2.5-2**

类　型		各种交通工具比例
私车		30%
出租车		20%
大巴	机场大巴	18%
	中巴	5%
	班车	3%
	长途大巴	7%
轨道交通		15%
其他		2%
合计		100%

26.3　航　站　楼

26.3.1　航站楼分区

航站楼分区　　**表 26.3.1**

空侧/安全控制区		航站楼内旅客、工作人员及其行李、物品需经安全检查才能进入的区域
国际控制区		航站楼内旅客、工作人员及其行李、物品必须经过出入境管理部门检查和安全检查才能进入的区域
陆侧	公共区	旅客和非旅行公众不经安全检查可进出的区域
	后勤区	工作人员不经安全检查可进出的区域
贵宾区		有特殊身份或经特殊允许才能进入的区域
其他安全控制区		经过特殊允许和检查的工作人员才能进入的区域

26.3.2　航站楼功能流程设计

航站楼旅客流程　　**表 26.3.2-1**

出港流程	国内旅客出港	方向清晰、简洁高效、空间顺畅； 减少旅客换层、缩短步行距离； 按安保要求严格区分隔离区内外，国际国内旅客流线； 具有可调控的弹性，适应机场运营的发展； 结合流线特点合理布置商业服务设施
	国际旅客出港	
到港流程	国内旅客到港	
	国际旅客到港	
中转流程	国内进港中转国内出港	
	国际进港中转国内出港	
	国内进港中转国际出港	
	国际进港中转国际出港	

注：国际航班国内段流程视各机场航站楼情况而定。

航站楼旅客流程设计原则　表 26.3.2-2

旅客流程设计原则	国际、国内出港值机采用开放式办票及柜台式安检模式
	国际、国内出港可采用国际国内可转换安检通道的安检模式
	国内中转国内旅客不提行李无需二次安检
	国内中转国际联程旅客不提行李，行李后台查验，旅客通过中转小流程专用的竖向设施重新进入国际联检候检区
	国际中转国内联程旅客不提行李，行李后台查验，旅客人身及手提行李需过海关及二次安检，海关对托运行李抽查；非联程机票旅客需提取行李过海关及二次安检
	国际中转国际旅客不提行李，行李后台查验，旅客通过中转小流程专用的竖向设施经检验检疫、边防及海关重新进入国际指廊候机厅，旅客无需二次安检

航站后勤流程　表 26.3.2-3

分类	对　象	设　施	要　点
员工流程	机场运营、航空公司、安检/联检等驻场单位员工	进入隔离区的检查口，现场工作的办公室、检查区域或设施，必要的生活设施等	合理规划不同的工作区；与旅客流程分开，不交叉；严格区分隔离区内外；流线便捷
货物配送流程	各区域的商店和餐饮店、办公区的配送物品	进入隔离区的检查口，货车通道、卸货区、库房、货梯、厨房等	配送严格区分隔离区内外；国际配送严格区分海关监控关前关后；尽量避免与客流交织
垃圾清运流程	公共区垃圾，工作区垃圾，餐饮垃圾	收集箱、暂存间、专用货梯、集中处理间、垃圾车通道	合理组织清运流线，考虑分级收集
行李手推车回收	陆侧大型行李手推车、空侧随身行李手推车	行李手推车存放点，回收通道，电梯/坡道	计算手推车数量及存放点位置和面积；规划回收通道

26.4　航站楼流程参数

26.4.1　单位旅客面积和移动速度

IATA 服务标准中 C 类服务等级对应的面积和移动速度　表 26.4.1-1

	面　积	行进速度
办票前区域（大量行李车）	2.3m^2/人	0.9m^2/s
办票后区域（少量行李车）	1.8m^2/人	1.1m^2/s
空侧（无托运行李车）	1.5m^2/人	1.3m^2/s

距离控制指标　　　　**表 26.4.1-2**

流程最长步行距离指标		300m
	增设自动步道	750m
	增设旅客捷运系统	超过 750m
服务设施间距	功能设施之间的距离不宜大于 300m，如停车场到航站楼入口，办票到安检等、行李提取航站楼出口等	

时间指标控制　　　　**表 26.4.1-3**

出港	国内出港（从旅客在航站楼内办理值机手续起至旅客登机）	不超过 30 分钟
	国际出港（从旅客在航站楼内办理值机手续起至旅客登机）	不超过 45 分钟
到港	从旅客的飞机着陆到离开机场	不超过 45 分钟
	等候大巴	不超过 10 分钟
	等候的士	不超过 3 分钟

中转：使用最短连接时间控制

平均步行速度：1.3m/s（IATA-C 类标准空侧指标），自动步道速度：30m/分钟。

最短连接时间标准

注：最短连接时间为离机到再登机的时间，包括办理手续时间和行进时间两部分。

最短连接时间　　　　**表 26.4.1-4**

中转类型	IATA 建议标准	中国民航标准
国内-国内	35～45 分钟	不超过 60 分钟
国内-国际	35～45 分钟	不超过 90 分钟
国际-国内	45～60 分钟	不超过 90 分钟
国际-国际	45～60 分钟	不超过 75 分钟

最短连接时间计算参数　　　　**表 26.4.1-5**

	等候时间		等候时间
出港安检	5 分钟	边防	5 分钟
检疫	3 分钟	行李提取	15 分钟
海关	3 分钟	中转办票	5 分钟

26.5　航站楼剖面流程

航站楼剖面流程　　　　**表 26.5-1**

	一层式	一层半式	两层式	两层半式	多层式
陆侧道路	单层，出港到港平层划分	单层，出港到港平面划分	两层，出港在上，到港在下	两层，出港在上，到港在下	两层或多层，出港在上，到港在下

续表

	一层式	一层半式	两层式	两层半式	多层式
旅客主要功能区	办票、候机厅、行李提取均在首层	办票、行李提取在首层，候机厅、到港通道在二层	出港功能在二层，到港通道在二层，其他到港功能均在一层	出港功能在二层，到港功能在一层，到港通道采用夹层模式	出港流程功能在上层，到港流程功能在下层，功能复杂
登机模式	无近机位，站坪步行，舷梯登机	近机位通过平层登机桥登机	近机位通过平层登机桥登机	近机位一般通过剪刀式登机桥登机	近机位一般通过剪刀式登机桥登机或登机桥内扶梯登机

楼层高度控制因素　　表 26.5-2

一般室内空间净高	不宜小于 2.5m	进出港车道边空间净高	不宜小于 4.5m
较大的公共空间净高	不宜小于 6m	登机桥空间净高	不宜小于 2.4m
低成本航站楼层高	不应大于 8m	登机桥固定端下的站坪服务车道净高	不宜小于 4m

26.6 航站楼各主要功能空间

26.6.1 办票大厅

办票大厅选址　　表 26.6.1-1

办票厅选位原则	前端应方便联系陆侧的交通设施，后端应方便连接国内安检大厅及国际联检大厅
办票厅位置	为方便旅客，机场及航空公司日趋提供多样服务，在陆侧的轨道车站、停车场、城市中心等地分设办票大厅

办票大厅布置　　表 26.6.1-2

航站楼的办票厅对应办票柜台成组布置原则	岛式
	前列式
办票岛功能	国际/国内出港旅客办理乘机手续柜台、国际/国内出港贵宾办理乘机手续柜台、常规/超规行李托运、常规/超规行李安检，旅客排队等候、通行空间
影响办票岛设计因素	办票柜台类型（包含经济舱、高舱位、贵宾、无行李办票、残疾人、团队等）
	测算后每种类型柜台数量及预留发展模式
	出港行李安全检查模式（如果采用集中的安检模式，考虑到安检机容量建议每组 10～18 个柜台）
	建筑的柱距、空间形态
	行李安检开包柜台或用房应设置在办票流程后旅客必经的通道上，建议靠近办票柜台和安检机

以揭阳潮汕机场为例：

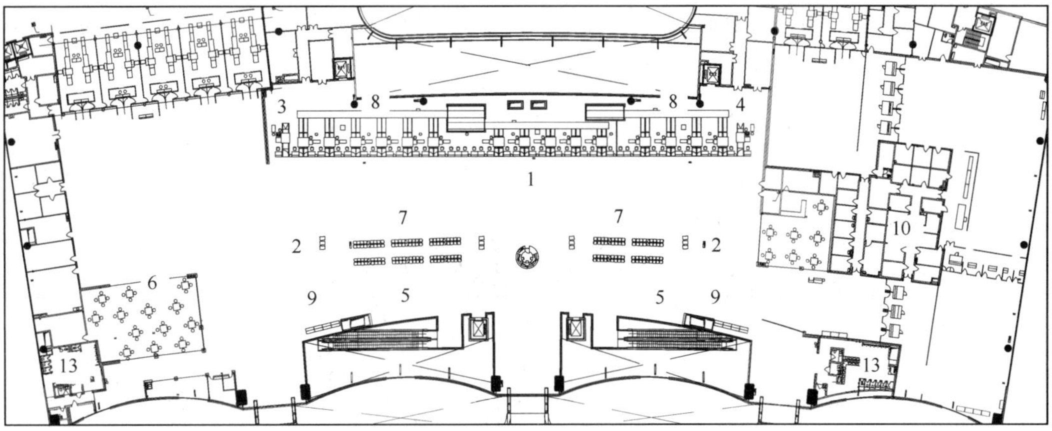
1
2
3
4
5
6
7
8
9
10
13

图 26.6.1-1　国内某机场办票大厅（前列式办票）

1—办票岛；2—自助办票机；3—国内超规行李托运；4—国际超规行李托运；5—行李打包；6—零售、餐饮；7—休息座椅；8—行李传送带；9—柜台服务

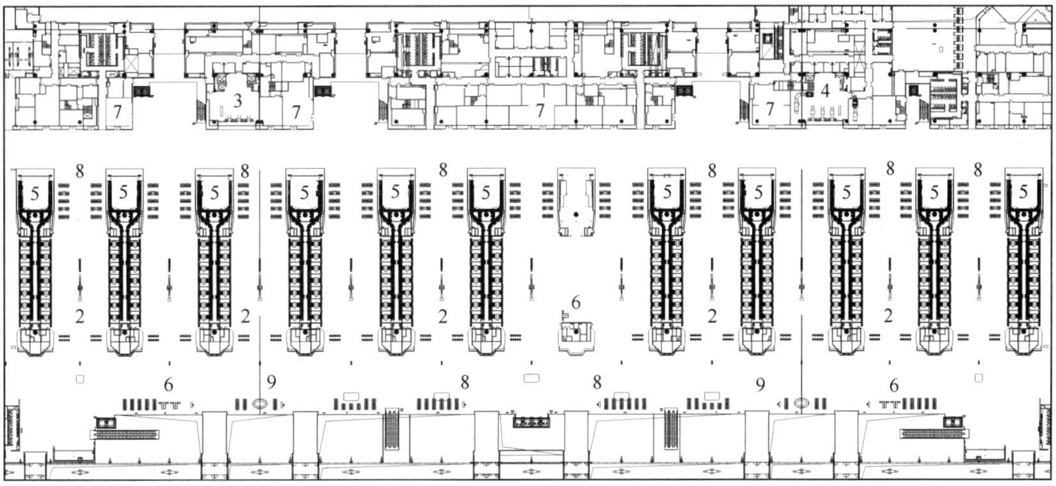
2
3
4
5
6
7
8
9

图 26.6.1-2　国内某航站楼办票大厅（岛式办票）

1—办票岛；2—自助办票机；3—国内超规行李托运；4—国际超规行李托运；5—行李开包检查；6—行李打包；7—零售、餐饮；8—休息座椅；9—柜台服务

26.6.2　旅客人身和手提行李的安检工作区

安检区工作要求　　表 26.6.2-1

安检工作区设施	安全检查通道要求及设施	按照高峰小时旅客出港流量每 180 人设置一个通道
		每条安全检查通道设置验证区、检查区、整理区；每条安全检查通道前的候检区长度应不小于 20m 或面积应不小于 40m²
		每个安全检查通道长度应不小于 12m（不包括验证柜台），其中 X 射线安全检查设备前端应设置长度不小于 3.5m 并与传送带相连的待检台；采用单门单机模式的每个通道宽度应不小于 4m，采用单门双机模式的两条安检通道宽度应不小于 8m
		每条安全检查通道应在前端设置能够锁闭的门，门体高度不低于 2.5m
		相邻的安全检查通道之间宜实施物理隔离；错位式通道之间应设置不低于 1.8m 的非透视的物理隔断

续表

安检工作区设施	安全检查通道要求及设施	安全检查通道验证柜台、通过式金属探测门、手持金属探测器等；手提行李安全检查设备、开包检查台和物品整理台等
	服务用房及工作区设施	安检值班室（≥15～25m^2）、公安值勤室（≥20m^2）、执勤点、备勤室、特别检查室（≥10～15m^2）、办证室（≥15m^2）、警卫值班室（≥15m^2）、暂存物品保管室和设备维修备件室（≥10m^2）
		爆炸物探测设备、可疑物品处置装备、液态物品检测设备

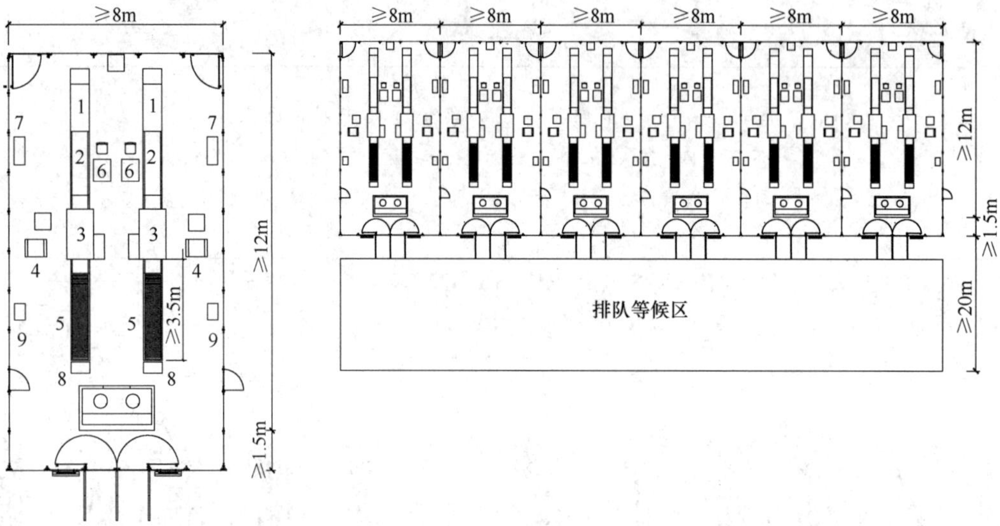
≥8m
≥12m
≥3.5m
≥1.5m
≥20m
排队等候区

图 26.6.2 典型安检区布置

1—开包台；2—行李台；3—X 光机；4—安全门；5—待检台；
6—工作台；7—穿鞋登；8—篮框架；9—鞋柜

26.6.3 国际联检工作区

国际联检的次序各个机场或有不同，须与当地的联检部门逐一协调确定。

国际联检相关要求 **表 26.6.3**

	部门职能	工作区设疫	工作区空间布局要求
检验检疫	依法对出入境旅客行李物品实施卫生检疫、传染病监测和有害动植物的监管；在出入境检验工作区通常采用抽检方式	柜台及架设的红外线检查设备	候检区长度不小于 10m； 柜台布置采用通过式
海关	依法对出入境旅客行李物品实施监管；征收关税；查缉走私、毒品、各类违禁品；办理其他海关业务。在出入境海关工作区通常采用抽检方式	海关公告、填表台、通道（包括有物品申报的红色通道和无物品申报的绿色通道，以广州白云国际机场为例按旅客量 2∶8 设置）申报柜台、检查柜台、开包台、X 光机等检查设备	绿色通道采用简易栏杆/闸机分隔的单人通道，宽度不小于 0.7m； 绿色通道长度不小于 25m； 红色通道留出排队空间

续表

	部门职能	工作区设施	工作区空间布局要求
边防检查	检查出入境旅客的护照或其他证件材料，核实身份，可分为入境、出境和过境检查	边防公告、填表台、候检区、旅客通道（本地旅客、境外旅客、自助通关、落地签证等）验证柜台、指挥柜台	排队候检区域深度度不小于15m 候检区排队方式可采用蛇形或直列 旅客通道宽度为0.8～0.9m 验证台可正面或侧门布置
安全检查	国际出港旅客安全检查工作区要求同国内		

联检通道数量设施必须满足计算高峰小时单向旅客流量，同时与绝对高峰的旅客小时单向旅客流量对比，考虑一定的应变余量。

单独设置贵宾/高舱位旅客通道；设置回流旅客通道；每个检查场地旁边设置足够的辅助用房，如：监控、检查、值班、隔离、缉毒犬室等。

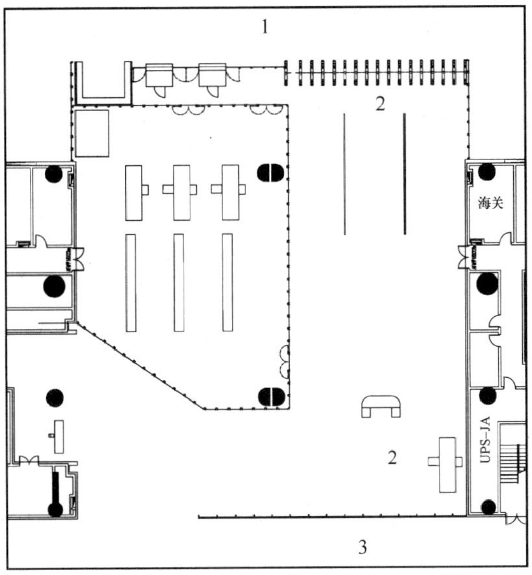
1
2
海关
2
UPS-JA
3

图 26.6.3-1 国内某机场航站楼入境联检程序（行李提取后）

1—行李提取厅；2—海关绿色通道；3—迎客大厅

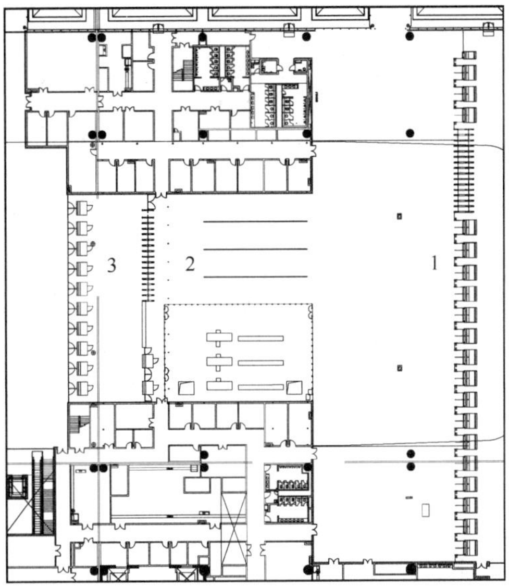
3
2
1

图 26.6.3-2 国内某机场航站楼出境联检程序

1—出发边检；2—海关检查；3—检疫

26.6.4 候机厅

候机厅布置 表 26.6.4-1

候机厅布置		候机厅功能
带状候机厅	单侧候机厅	登机口、旅客座位区、头等舱商务舱旅客候机厅、母婴候机室、旅客通道、商业服务、问询服务、卫生间、吸烟室、儿童活动区、电话、网点等
	双侧候机厅	
集中式候机厅	岛式候机厅	
	尽端式候机厅	

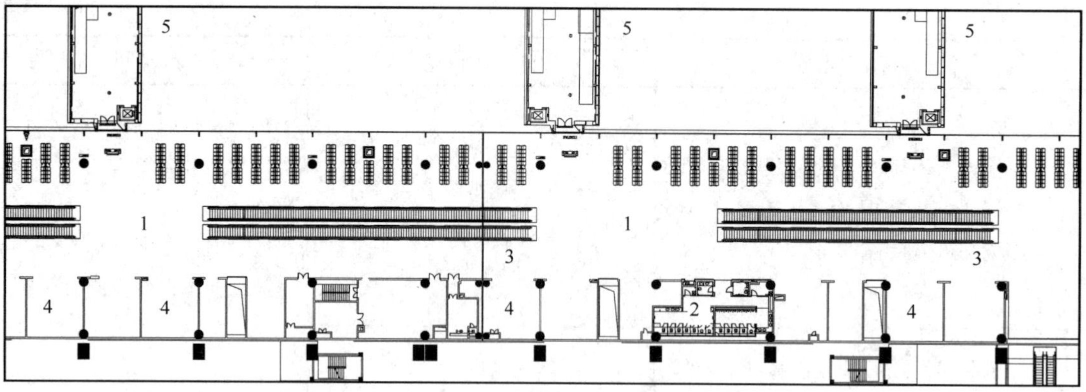
5
5
5
1
1
3
3
4
4
4
2
4

图 26.6.4-1 国内某机场候机厅（单侧候机厅）

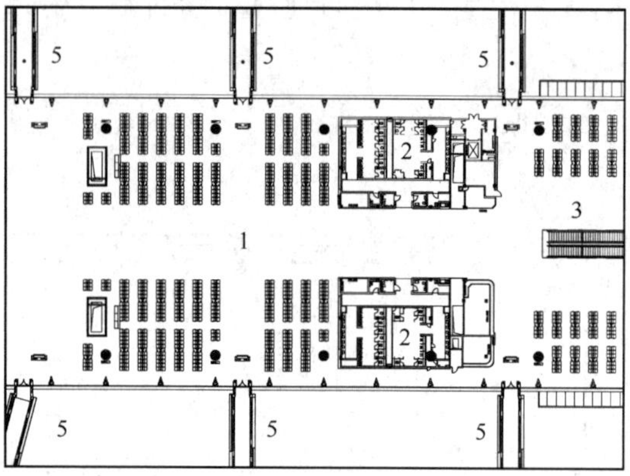
5
5
5
2
3
1
2
5
5
5

图 26.6.4-2 国内某机场候机厅（双侧候机厅）

1—候机厅；2—卫生间；3—自动步道；4—商业零售；5—登机桥

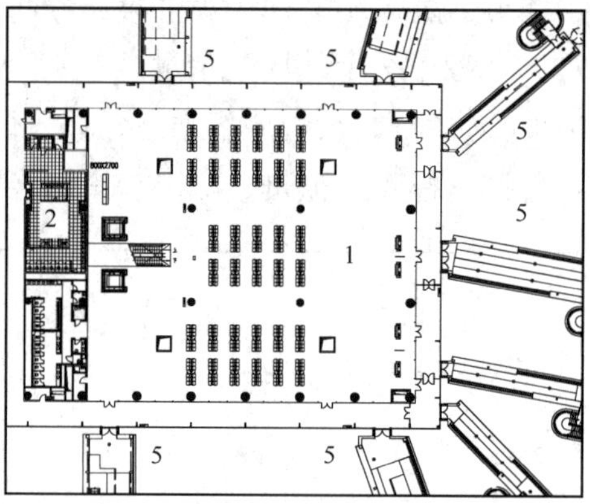
5
5
5
5
2
1
5
5

图 26.6.4-3 国内某机场候机厅（尽端候机厅）

1—候机厅；2—卫生间；3—自动步道；4—商业零售；5—登机桥

候机厅设施 **表 26.6.4-2**

基本设施	候机座椅区、登机口柜台、航班信息、登机信息、问询服务、高舱位候机厅、母婴候机室、卫生间、便利店、饮水处等
辅助设施	引导标识、问询服务、公共电话、吸烟室、残疾人服务、儿童活动区、餐饮店、医务室、宗教服务、延误航班候机、商业展示等

候机厅旅客候机面积及候机区域宽度进深尺寸计算 **表 26.6.4-3**

飞机类型	C	D	E	F
旅客数量	150	250	400	550
载客率（%）	70	70	70	70
平均候机旅客数量	98	164	262	360
旅客候机面积指标	1.6	1.6	1.6	1.6
旅客候机面积需求（m^2）	157	262	419	576
按 LOS 系数折算候机面积（以 C 级 65%为例）（m^2）	242	403	644	886

续表

飞机类型	C	D	E	F
飞机翼展宽度（m）	36	52	65	80
飞机间最小净距（m）	4.5	7.5	7.5	7.5
门位宽度（m）	40.5	59.5	72.5	87.5
可用宽度（m）	30.4	44.6	54.4	65.6
门位深度（m）	8.0	9.0	11.9	13.5

按某国际机场高峰小时旅客数量假设载客率，假设15%旅客在商业区，并且放大1.1倍数，旅客候机面积指标按80%座位1.7m^2/人；20%站位1.2m^2/人。

候机厅旅客候机座椅数量计算

对于同时服务多个机位的集中式候机厅，考虑到登机口同时登机的使用率，座椅数量可以根据航线错峰的概率下调10%～20%。

旅客座椅数量计算 **表26.6.4-4**

飞机类型	C	D	E	F
平均旅客数量	150	250	400	550
载客率（%）	75	75	75	75
需要座椅的旅客（%）	80	80	80	80
座椅数量	90	150	240	330

26.6.5 行李提取大厅

行李提取大厅分类 **表26.6.5-1**

分类	设　施
国内到港旅客行李提取大厅	普通行李提取转盘，超大行李提取转盘/门、行李查询、到港行李转盘分配信息、行李手推车、休息座椅、卫生间、更衣室等辅助设施
国际/地区到港旅客行李提取大厅	

行李提取转盘 **表26.6.5-2**

形状	匀速0.3m/s转动的封闭匀速环，可利用直段和90°转角弧段设计为O形、L形、T形、U形等	行李转盘外需提供3.5m的宽度供旅客等待、提取、装车，两个行李转盘之间的宽度建议为11～13m
形式	岛式	旅客提取段和行李装卸段分开，上段在行李机房内
	半岛式	旅客提取段和行李装卸段连接，用墙壁分开

行李提取转盘设计参数 **表26.6.5-3**

机型	旅客提取段长度	行李上载段长度	每航班占用时间
B、C（1～2架次）	40～70m	20～50m	15～20分钟
D、E	70～90m	50～70m	30～45分钟
F	95～115m		45分钟

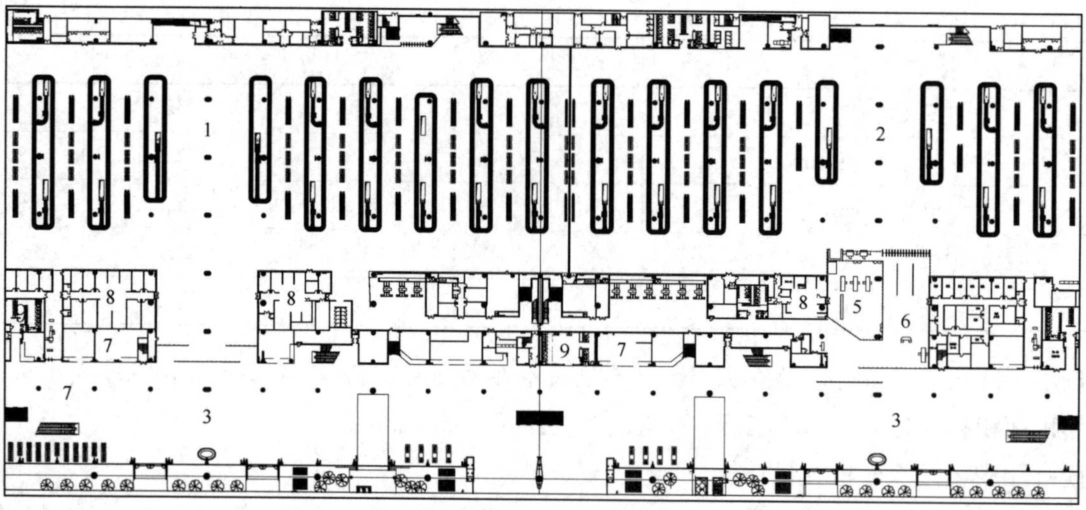
1
2
8
8
8
5
6
7
7
9
7
7
3
3

图 26.6.5-1　国内某机场航站楼行李提取厅

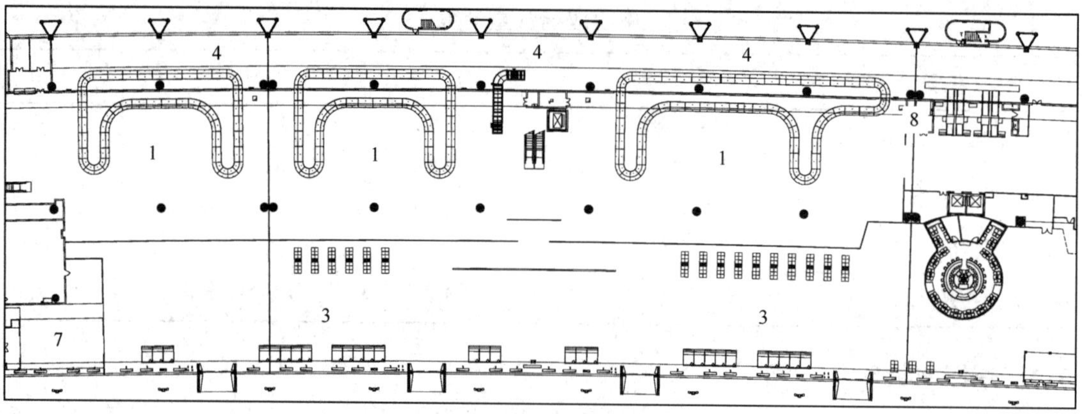
4
4
4
8
1
1
1
3
3
7

图 26.6.5-2　国内某机场航站楼行李提取厅

1—国内行李提取厅；2—国际行李提取厅；3—迎客大厅；4—行李处理厅；5—海关；
6—检验检疫；7—商业零售；8—业务用房；9—卫生间

行李箱常规尺寸　　表 26.6.5-4

最大		最小	
长（L）	0.90m	长（L）	0.30m
宽（W）	0.35m	宽（W）	0.10m
高（H）	0.70m	高（H）	0.20m

26.6.6　迎客大厅

迎客大厅功能　　表 26.6.6

主要功能	服务到港旅客和迎客人员
基本设施	接客口、航空公司服务、航班信息显示、城市交通接驳，连接办票大厅
辅助设施	引导标识、问询服务、行李寄存、手推车、汇合点、零售、餐饮店、酒店/旅行社服务、银行、ATM、邮政、快递、电话、卫生间、饮水处、休息座椅、商业展示等

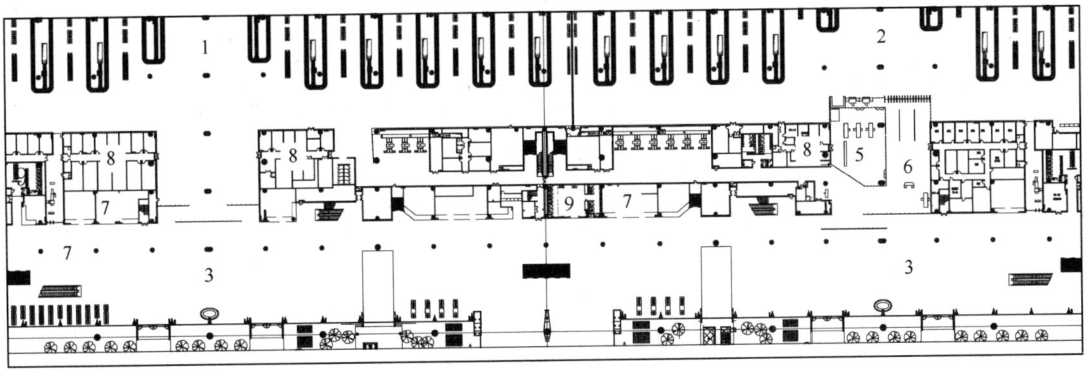
1
2
8
8
8
5
6
7
9
7
7
3
3

图 26.6.6　国内某机场航站楼行李迎客厅

1—国内行李提取厅；2—国际行李提取厅；3—迎客大厅；4—行李处理厅；5—海关；

6—检验检疫；7—商业零售；8—业务用房；9—卫生间

26.6.7　卫生间

卫生间计算　　表 26.6.7

类别	大便器	小便器	盥洗台
男厕	每 1～66 人配 1 个	每 1～66 人配 1 个	每个大便器配 1 个，每 1～5 个小便器增加 1 个
女厕	每 1～25 人配 1 个	无	每 1～2 个大便器配 1 个

注：1. 男、女厕所大便器数量均不应少于 3 个，男厕的小便器数量不应少于大便器数量。

2. 国内区域蹲坐比为 4∶1，国际区域蹲坐比为 1∶1。

26.6.8　航站楼商业服务设施

航站楼商业服务设施　　表 26.6.8-1

特点	人流量大，数量稳定，顾客类型单一
	在国际机场的空侧有免税店
布置原则	商业设施和旅客流程结合，旅客类型、旅客行为模式和旅客流程的布置是商业设施布点和选型的重要依据
	有集中的商业区，也有分散的商业点
	布局清晰，消费便捷
	商业区布局灵活，便于调整
	有特有的机场商业氛围
面积估算方式	约占 8%～12%航站楼面积
	空侧商业面积大于陆侧，约 2∶1
	国内商业区或采用 800～1000m^2/百万旅客/年的设计标准
	国际商业区或采用 1000～1300m^2/百万旅客/年的设计标准
	国内出港商业区或采用 1.8m^2/1000 出港旅客/年的设计标准
	国际出港商业区或采用 2.3m^2/1000 出港旅客/年的设计标准

商业区类型分布 **表 26.6.8-2**

商业区	位置	服务商品类型
陆侧出港区	值机区前	服务类设施：行李寄存、便利店、银行网点等
		餐饮：咖啡、西餐厅等
	值机区后	餐饮：大型餐厅（中餐/西餐）
		零售商店：土特产、纪念品、工艺品、礼品等
空侧出港区	安检后公共区	服务类业态：便利店、书店等
		各类型餐饮店
		零售商店/免税店：品牌服装、鞋帽、土特产、纪念品、工艺品、礼品、手表、珠宝、箱包、化妆品等
		休闲娱乐：健身、理疗、儿童游戏等
		计时旅馆
	候机区	服务类业态：便利店、书店等
		餐饮：咖啡、冷饮、面包屋、简餐类
空侧到港区	旅客通道	少量服务类设施：电信、银行网点
		小型零售商店/免税店：土特产、便利店
陆侧到港区	迎客大厅	服务类设施：行李寄存、电信产品、银行网点、货币兑换、旅游产品、酒店服务、车辆租赁等
		餐饮：大中型餐厅（中餐/西餐）
		零售商店：礼品、工艺品等

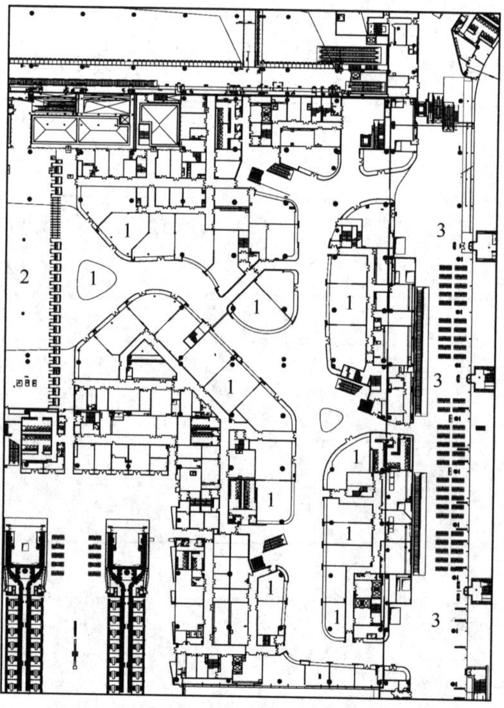

图 26.6.8-1 国内某机场航站楼国际免税商业区

1—商业；2—出境边防检查；3—候机厅

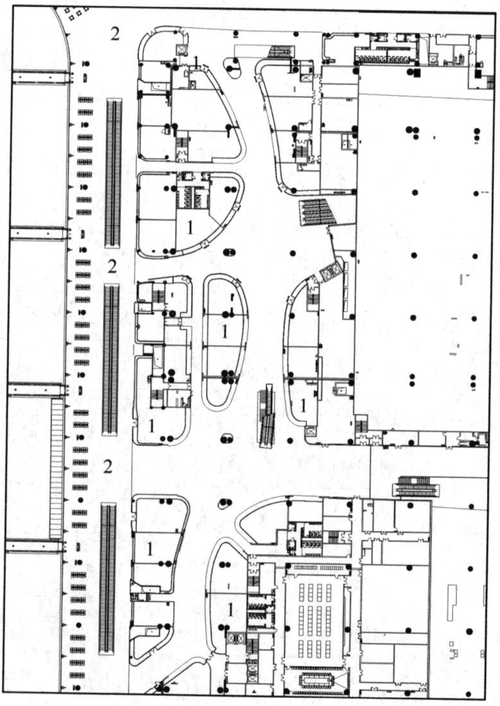

图 26.6.8-2 国内某机场航站楼国内集中商业区

1—商业；2—候机厅

26.6.9 贵宾服务设施

贵宾流程分类 表 26.6.9-1

旅客类别		流程
出港贵宾	商务贵宾	航空公司/服务公司专人陪同办理值机和行李托运手续，在普通贵宾室候机，经过专用检查通道到空侧由专用摆渡车送到飞机旁
	政要贵宾	服务公司专人全程接待陪同、专人办理值机和行李托运手续，在专用贵宾室候机，经过专用礼遇通道到空侧由专用摆渡车送到飞机旁
到港贵宾	商务贵宾	下机后由专用摆渡车送到贵宾室
	政要贵宾	下机后由专用摆渡车送到贵宾室或者直接到陆侧车道

贵宾服务功能 表 26.6.9-2

基本功能	专用陆侧车道，专用停车场、入口大厅、前台接待、用餐区、贵宾室、行李寄存、商务区、吸烟室、卫生间，安全（海关、边防、检疫）检查通道
其他功能	独立贵宾室、餐厅、酒吧、特色零售、新闻中心、政要礼遇通道、媒体服务、健康中心等

26.6.10 无障碍设计

详见无障碍设计章。

无障碍设施分布 表 26.6.10-1

区域	无障碍设施
出港/到港车道边	无障碍停车位
候机楼车道边，到停车楼、交通中心等各项公共交通设施通道	无障碍通过设计、盲道
出港大厅、值机大厅区等	盲道、残疾人值机柜台、问询柜台
候机厅、行李提取厅	残疾人轮椅席位
登机桥或航站楼内坡道	坡道不大于 1∶12
其他	残疾人专用电梯或带残疾人功能的客梯、残疾人卫生间、公共服务设施（饮水机、公共电话、求助服务、柜台等）考虑方便残疾人使用

26.7 航站楼防火设计

航站楼防火特点 表 26.7-1

功能特点	航站楼是城市的重要建筑，功能复杂、人流密度大，内部空间高大宽敞	
消防设计区域	非公共区	行李机房、办公区、设备机房等
	公共区	值机大厅、候机厅、各类查验场地、旅客走道、行李提取大厅、迎客大厅等

防火要求 **表 26.7-2**

<table>
<tr><td rowspan="3">防火分区</td><td>公共区</td><td colspan="2">按功能分区划分防火分区</td></tr>
<tr><td rowspan="2">非公共区</td><td colspan="2">按现行国家标准《建筑设计防火规范》GB 50016</td></tr>
<tr><td>行李机房独立划分防火分区</td><td>人工分拣的行李房，分区满足多层丙类厂房要求<table><tr><td>多层丙类厂房耐火等级</td><td>分区最大建筑面积（m^2）</td></tr><tr><td>一级</td><td>6000</td></tr><tr><td>二级</td><td>4000</td></tr><tr><td>三级</td><td>2000</td></tr></table>机械分拣的行李房，分区可按工艺要求</td></tr>
<tr><td>防烟分区</td><td>室内净高≤6m</td><td colspan="2">按现行国家标准《建筑设计防火规范》GB 50016</td></tr>
<tr><td></td><td>室内净高>6m</td><td colspan="2">满足规范要求的前提下不设防烟分区</td></tr>
<tr><td rowspan="6">安全疏散</td><td>非公共区</td><td colspan="2">按现行国家标准《建筑设计防火规范》GB 50016</td></tr>
<tr><td rowspan="5">公共区</td><td colspan="2">任何一点均应有 2 个不同方向的疏散路径</td></tr>
<tr><td colspan="2">各区域疏散人数可依据高峰小时旅客量在各空间的人数，考虑一定的集中率计算</td></tr>
<tr><td colspan="2">疏散宽度可遵循国家标准《建筑设计防火规范》GB 50016</td></tr>
<tr><td>室内净高≤15m</td><td>任何一点至最近的安全出口距离不应大于 40.0m</td></tr>
<tr><td>室内净高>15m</td><td>任何一点至最近的安全出口距离不应大于 60.0m</td></tr>
<tr><td></td><td>疏散宽度</td><td colspan="2">按现行国家标准《建筑设计防火规范》GB 50016</td></tr>
</table>

疏散要求 **表 26.7-3**

<table>
<tr><th>公共区空间</th><th colspan="3">设计疏散人数</th></tr>
<tr><td>参数</td><td colspan="3">ND—国内出港高峰小时旅客人数
NI—国际出港高峰小时旅客人数
Ns—核定工作人员
国内迎送比＝0.3
国内迎送比＝0.5
集中率≥0.6</td></tr>
<tr><td>值机厅</td><td colspan="3">（ND×国内旅客出港集中率＋ND×国内迎送比＋NI×国际旅客出港集中率＋NI×国际迎送比）/2＋ Ns</td></tr>
<tr><td rowspan="4">候机厅</td><td>近机位</td><td colspan="2">0.8×各机位的飞机满载人数＋Ns</td></tr>
<tr><td>远机位</td><td colspan="2">固定座位数＋ Ns</td></tr>
<tr><td rowspan="2">两舱候机</td><td>国内</td><td>0.1×ND</td></tr>
<tr><td>国际</td><td>0.3×NI</td></tr>
<tr><td>到达区</td><td colspan="3">（ND×国内旅客到港集中率＋ NI×国际旅客到港集中率）/3＋ Ns</td></tr>
<tr><td>行李提取厅</td><td colspan="3">（ND×国内旅客到港集中率＋ NI×国际旅客到港集中率）/4＋ Ns</td></tr>
<tr><td>迎客厅</td><td colspan="3">（ND×国内旅客到港集中率＋ NI×国际旅客到港集中率）/6＋ND×国内迎送比＋ NI×国际迎送比＋Ns</td></tr>
<tr><td>餐饮区</td><td colspan="3">按 1.3～2m^2/座考虑，工作人员数量按就餐人数的 1/10 考虑</td></tr>
</table>

续表

公共区空间	设计疏散人数				
商店	人员密度(人/m^2)				
	地下第二层	地下第一层	地上第一、二层	地上第三层	地上第四层及以上
	0.56	0.6	0.43～0.6	0.39～0.54	0.3～0.42
办公区	办公室按每人使用面积 3～4.5m^2				
行李机房	人数与行李系统选型和管理模式有关，可采用 28m^2/人计算				

防火分隔与建筑构造　　表 26.7-4

公共区内的配套商业的防火分隔和建筑构造参考	公共区内布置的商店，每个单元房间面积不超过 200m^2
	公共区内布置的休闲服务设施，每个单元房间面积不超过 500m^2
	成组布置时，每组总建筑面积不应大于 2000m^2
	房间之间应采用耐火极限不低于 2.00h 的不燃性隔墙分隔，难以全部设置墙体的部位，采用不超过隔墙长度 1/3、耐火极限不低于 2.00h 的防火卷帘
	房间与其他部位之间应采用耐火极限不低于 2.00h 的不燃性隔墙和耐火极限不低于 1.00h 的顶板分隔；难以设置墙体的部位，采用耐火极限不低于 2.00h 的防火卷帘或防火玻璃等分隔，且在房间之间的分隔部位两侧设置总宽度不小于 2.0m 的实心墙。门应采用 C 类乙级防火门
	连成组布置的商业服务设施，组与组之间设置 9m 的间距分隔；或在组与组之间设置防火墙，分隔部位两侧设置总宽度不小于 9.0m 的防火墙
	当房间的建筑面积小于 20m^2 且连续布置的房间总建筑面积小于 200m^2 时，房间之间可采用耐火极限不低于 1.00h 的墙体分隔或保持不小于 6.0m 的间距，商店与公共区内的其他开敞空间之间可不采取防火分隔措施

26.8 航站楼安全保卫设计

26.8.1 机场安全保卫等级分类

机场安全保卫等级分类　　表 26.8.1

类别	一类	二类	三类	四类
年旅客量	≥1000 万人次	≥200 万人次 <1000 万人次	≥50 万人次 <200 万人次	<50 万人次
	应将航班旅客及其行李所使用的区域与通用航空（含公务航空）所使用的区域分开			

26.8.2 停车场要求

航站楼主体建筑 50m 范围内不应设置公共停车场。

航站楼地下不应设置停车场。航站楼地下已设有员工停车场和员工车辆通道的，应在入口处设置通行管制设施。确保未经授权的车辆不得进入；并应具备机场威胁等级提高时，对车辆及驾乘人员实施安全检查的条件。

一类、二类机场应建立停车场管理系统，三类机场宜建立停车场管理系统。

26.8.3 航站楼要求

26.8.3.1 基本要求

航站楼应实行分区管理（公共活动区、安检（联检）工作区、旅客候机隔离区、行李分拣装卸区和行李提取区等）各区域之间应进行隔离，并根据区域安全保卫需要设有封闭管理、安全检查、通行管制、报警、视频监控、防爆、业务用房等安全保卫设施。

航站楼旅客流程设计中，国际旅客与国内旅客分开，国际进、出港旅客分流，国际、地区中转旅客再登机时应经过安全检查。

航站楼各个区域，如各类入口、公共活动区、候机隔离区、行李分拣装卸区、行李提取区等，设置视频监控系统和通行管制设施。

所有建筑物进气口和暖通系统进风口应设在机场控制区内。

航站楼内应设置足够数量的流程指示、应急指示和告示等。

安检工作区应设置禁止拍照等安全保卫标识和通告设施，可以采用机场动态电子显示屏、宣传栏、实物展示柜等形式。

应避免出现同一部电梯或楼梯通往不同安全保卫要求区域的情况。

航站楼内应尽可能减少有可能隐匿危险物品或装置的区域。

26.8.3.2 航站楼入口和登机口区域的功能要求

航站楼入口应预留实施安全保卫措施的空间，用于放置防爆和防生化威胁等的安全保卫设施设备。

登机口应预留实施安全保卫措施的空间，用于实施旅客身份验证、旅客及其行李信息的二次核对、开包检查等安全保卫措施。

26.8.3.3 候机隔离区

候机隔离区应封闭管理。凡与公共活动区相邻或相通的门、窗和通道等，均应采取有效措施，并对所有进入该区域的人员和物品进行安全检查。

候机隔离区的通行口应在满足必要运营需求的情况下，数量尽量少。

对位于候机隔离区或候机隔离区上方的公共活动区的悬空通道或平台，应设置有效的隔离设施，防止人员非法进入候机隔离区或向候机隔离区投掷物品。

应设置视频监控系统，对旅客及其行李实施监控。

候机隔离区规划设计应考虑应急反应路线及通道应满足应急救援人员和应急装备，如担架、轮椅、爆炸物探测装置、运输设备、医疗护理设备等快速进入的需求。

进入候机隔离区内商品货物等的安全检查宜尽量远离旅客人身和手提行李安检工作区。

27 铁路旅客车站建筑设计

27.1 概　　述

27.1.1 铁路旅客车站建筑的分级和分类

客货共线和客运专线铁路旅客车站的建筑规模，应分别根据最高聚集人数和高峰小时发送量按表 27.1.1-1 和表 27.1.1-2 确定。

客货共线铁路旅客车站建筑规模表　　表 27.1.1-1

建筑规模	最高聚集人数 H（人）
特大型	H≥10000
大　型	3000≤H<10000
中　型	600<H<3000
小　型	H≤600

客运专线铁路旅客车站建筑规模表　　27.1.1-2

建筑规模	高峰小时发送量
特大型	PH≥10000
大　型	5000≤PH<10000
中　型	1000≤PH<5000
小　型	PH<1000

27.1.2 总平面设计

铁路旅客车站建筑总平面设计要求　　表 27.1.2

	车站广场	站房	站场客运设施
设计要求	交通组织方案遵循公共交通优先的原则，交通站点布局合理	特大型、大型站的站房应设置经广场与城市交通直接相连的环形车道	当站区有地下铁道车站或地下商业设施时，宜设置与旅客车站相连接的通道
	统一规划，整体设计		

27.1.3 总平面布置实例

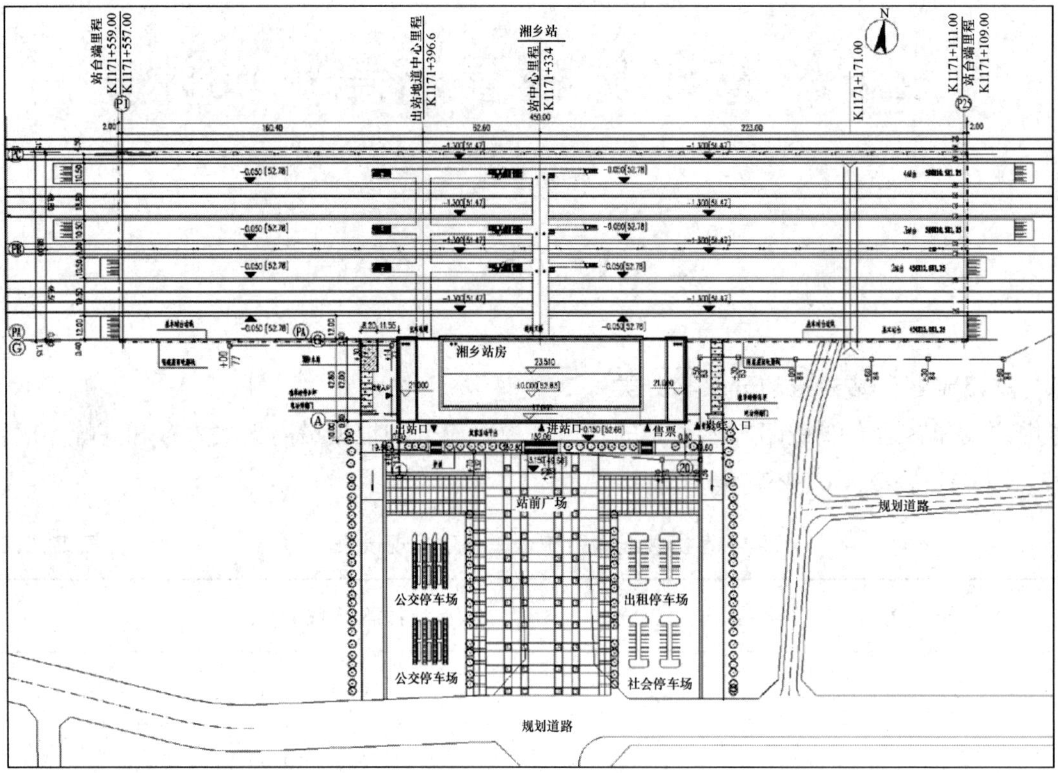
站台端里程
K1171+559.00
K1171+557.00
出站地道中心里程
K1171+396.6
湘乡站
站中心里程
K1171+334
K1171+171.00
K1171+111.00
站台端里程
K1171+109.00
湘乡站房
出站口
进站口
售票
站前广场
公交停车场
公交停车场
出租停车场
社会停车场
规划道路
规划道路

图 27.1.3 某旅客车站总平面图

27.2 车 站 广 场

27.2.1 车站广场

包括站房平台、旅客车站专用场地、公交站点及绿化景观用地。

1. 人行通道、车行通道应与城市道路互相衔接；

2. 特大型和大型旅客车站宜采用立体车站广场；

3. 客货共线铁路旅客车站专用场地最小面积应按最高聚集人数确定，客运专线铁路旅客车站专用场地最小面积应按高峰小时发送量确定，其最小面积指标均不宜小于 4.8m^2/人。

27.2.2 站房平台设计

站房平台设计要点　　表 27.2.2

	特大型	大　型	中　型	小　型
长度	不应小于站房主体建筑的总长			
宽度	≥30m	≥20m	≥10m	≥6m
	应分层设置，每层平台的宽度不宜小于 8m			
坡度	应采用满足场地排水的坡度，坡向城市广场方向，且坡度不小于 0.5%			

27.2.3 旅客车站专用场地设计

旅客活动地带与人行通道的设计应附符合下列规定：

1. 人行通道应与公交（含城市轨道交通）站点相通；

2. 旅客活动地带与人行通道的地面应高出车行道，并不应小于0.12m。

27.2.4 城市公交、轨道站点设计应符合下列规定

1. 公交站点应设停车场地，停车场面积应符合当地公共交通规划的要求，当无规定时，公交停车场最小面积宜根据最高聚集人数或高峰小时发送量，且不宜小于1.0m²/人。

2. 当铁路旅客车站站房的进站和出站集散厅与城市轨道交通的站厅连接，且不在同一平面时，应设垂直交通设施。

27.2.5 绿化景观设计

车站广场绿化率不宜小于10%，绿化与景观设计应按功能和环境要求布置。

27.3 站　　房

27.3.1 站房的基本组成

站房设计要求（按功能划分）　　表27.3.1

	公共区	设备区	办公区
设计要求	开敞、明亮的大空间 旅客服务设施齐备 旅客流线清晰、组织有序	应远离公共区设置 充分利用地下空间	办公用房宜集中设于站房次要部位，并与公共区有良好的联系条件，与运营有关用房应靠近站台
	应划分合理，功能明确，便于管理		

进出站通道、换乘通道、楼梯、天桥和检票口应满足旅客进出站高峰通过能力的需要，其净宽度每100人不应小于0.65m；地道净宽度每100人不应小于1.00m。

特大型、大型和中型站应有设置防爆及安全检测设备的位置。

27.3.2 公共区-集散厅

集散厅要求　　表27.3.2-1

	进站集散厅	出站集散厅
基本要求	中型及以上的旅客车站宜设进站、出站集散厅	
	特大型、大型站的站房内应设自动扶梯，中型站的站房宜设自动扶梯	
	应设有问询、邮政、电信等旅客服务设施	大型及以上车站的出站集散厅内应设有电信、厕所等旅客服务设施
	集散厅应有快速疏导客流的功能	

客货共线铁路车站应按最高聚集人数确定其使用面积，客运专线铁路车站应按高峰小时发送量确定其使用面积，且均不宜小于0.2m²/人。

出站通道及出站厅的高度与宽度要求（单位：m）　　　　**表 27.3.2-2**

		特大型	大型	中小型
出站通道	净宽	18～24	10～15	6～8
	净高	≥5	≥4.5	≥3.5
出站厅	宽度	出站厅要求有一定的面宽和进深，以满足旅客排队检票的要求		
	净高	≥5	≥5	≥4.5
	设置补票室、服务员室、公安值班室及公共卫生间			

27.3.3　公共区-候车区（室）

客货共线铁路旅客车站站房可根据车站规模设普通、软席、军人（团体）、无障碍候车区及贵宾候车室。各类候车区（室）候乘人数占最高聚集人数的比例可按表 27.3.3-1 确定。

各类候车区（室）计算比例（%）　　　　**表 27.3.3-1**

建筑规模	候　车　区（室）				
	普 通	软 席	贵 宾	军人（团体）	无障碍
特大型站	87.5	2.5	2.5	3.5	4.0
大型站	88.0		2.0		
中型站	92.5			—	3.0
小型站	100.0	—	—	—	—

注：1. 有始发列车的车站，其软席和其他候车室的比例可根据具体情况确定。
2. 无障碍候车区（室）包含母婴候车区位，母婴候车区内宜设置母婴服务设置。
3. 小型车站应在候车室设置无障碍轮椅候车位。

客运专线铁路车站候车区总使用面积应根据高峰小时发送量，按不应小于 $1.2m^2$/人确定。各类候车区（室）的设置可根据按具体情况确定。

客货共线铁路旅客车站候车区总使用面积应根据最高聚集人数，按不应小于 $1.2m^2$/人确定。小型站候车区的使用面积宜增加 15%。

各类候车区（室）设计要点　　　　**表 27.3.3-2**

<table>
<tr><td rowspan="13">设计要点</td><td rowspan="11">候车区（室）</td><td colspan="2">利用自然采光和通风的候车区（室），其室内净高宜根据高跨比确定，并不宜小于 3.6m</td></tr>
<tr><td colspan="2">窗地比不应小于 1∶6，上下窗宜设开启扇，并应有开闭设施</td></tr>
<tr><td colspan="2">候车室座椅的排列方向应有利于旅客通向进站检票口，普通候车室的座椅间走道净宽不得小于 1.3m</td></tr>
<tr><td colspan="2">候车区（室）应设进站检票口</td></tr>
<tr><td rowspan="6">贵宾候车区（室）</td><td>中型及以上站宜设贵宾候车室</td></tr>
<tr><td>特大型站宜设两个贵宾候车室，每个使用面积不宜小于 $150m^2$</td></tr>
<tr><td>大型站宜设一个贵宾候车室，使用面积不宜小于 $120m^2$</td></tr>
<tr><td>中型站可设一个贵宾候车室，使用面积不宜小于 $60m^2$</td></tr>
<tr><td>贵宾候车室应设置单独出入口和直通车站广场的车行道</td></tr>
<tr><td>贵宾候车室内应设厕所、盥洗间、服务员室和备品间</td></tr>
<tr><td>无障碍候车区</td><td>按表 27.3.2-2 确定使用面积，并不宜小于 $2m^2$/人</td></tr>
<tr><td rowspan="2">候车区内部构筑设施</td><td colspan="2">入口：安检设备设于进站广厅的入口处，不设专门的安检操作室</td></tr>
<tr><td colspan="2">门斗：严寒或寒冷地区应设进站门斗；特大型、大型站房和重要站房门斗应居中设置自动门，且门宽应合适，满足旅客的通行力</td></tr>
</table>

27.3.4 售票用房

售票用房主要组成 **表 27.3.4-1**

房间名称	旅客车站建筑规模			
	特大型	大　型	中　型	小　型
售票厅	应设	应设	应设	不设
售票室	应设	应设	应设	应设
票据室	应设	应设	应设	宜设
办公室	应设	应设	宜设	不设
进款室	应设	应设	应设	宜设
总账室	应设	应设	不设	不设
订、送票室	应设	宜设	不设	不设
微机室	应设	应设	应设	应设
自动售票机	宜设	宜设	宜设	不设

注：1. 有始发车的车站应设订、送票室。

2. 自动售票机宜设置在进站流线上。

售票处设计要点 **表 27.3.4-2**

	特大型	大　型	中　型	小　型
设计要点	应设置在站房进站口附近		宜设置在站房内候车区附近	
	应在进站通道上设置售票点或自动售票机			
	当为多层站房时宜分层设置			

售票窗口设置数量 **表 27.3.4-3**

	特大型	大　型	中　型	小　型
客货共线铁路旅客车站	不宜少于 55 个	可为 25～50 个	可为 5～20 个	可为 2～4 个
	根据最高聚集人数经计算确定			
客运专线铁路旅客车站	不宜小于 100 个	可为 50～100 个	可为 15～50 个	可为 2～4 个
	根据高峰小时发送量经计算确定			

售票厅设计要点 **表 27.3.4-4**

	特大型	大　型	中小型
售票厅进深（m）	≥18	≥15	≥12
售票厅净高（m）	≥6	≥5.5	≥5
	如果售票厅与候车厅、进站厅在同一层高，吊顶高度应根据设备管线确定，尽可能利用结构加大净空		
售票厅宽度（m）	应根据窗口个数确定，窗口中心间距原则上应按 1.6 间距设计		
售票窗口面积	不宜小于 24m²/窗口	不宜小于 20m²/窗口	不宜小于 16m²/窗口
售票窗口数量	按照表 27.3.4-3 执行		
设计要点	应有良好的自然采光和自然通风条件		
	一般布置为单独空间，如果与进站广厅在同一个空间内，可采用 2.2m 高透明钢化夹胶玻璃分开		
	对于大型站房，如果在上下两层均设有售票厅，平面位置上下尽量对齐，并设内部楼梯贯通，以便使用和管理		
	进站广厅和售票厅可适当布置自动售票机，自动售票机最小使用面积可按 4m²/个确定		
	特大型客站、重要客站售票厅内距售票窗口前 1m 地面上应设置等待，提示线宽 100mm，可用耐磨地胶后贴		

售票窗口设计要点　　　　表 27.3.4-5

	特大型	大　型	中型	小型
设计要点	应设置无障碍售票窗口，窗台面至售票厅地面的高度 0.76m 设计		—	
	应符合现行《铁路旅客车站无障碍设计规范》（TB 10083）			
	与相邻售票窗口之间的中心距离宜为 1.8m，靠墙售票窗口中心距墙边不宜小于 1.2m			
	售票窗台面至售票厅地面的高度宜为 1.1m			
	客票显示屏应设于售票窗口上方			

票据室设计要点　　　　表 27.3.4-6

	特大型、大型大　型	中小型
使用面积	不应小于 30m^2（两间各 15m^2）	不宜小于 15m^2
设计要点	应有防潮、防鼠、防盗和报警措施	

售票室设计要点　　　　表 27.3.4-7

设计要点	每个售票窗口的使用面积不应小于 6m^2
	售票室的最小使用面积不应小于 14m^2
	售票室与售票厅之间不应设门
	室内售票工作区地面宜高出售票厅地面 0.3m，并宜采用保暖材质地面

27.3.5　行李、包裹用房

客货共线铁路旅客车站宜设置行李托取处。特大型、大型站的行李托运和提取应分开设置，行李托运处的位置应靠近售票处，行李提取处宜设置在站房出站口附近。中型和小型站的行李托、取处可合设。

特大型、大型站房的行李、包裹库房宜与跨越股道的行李、包裹地道相连。

包裹用房的主要组成应符合表 27.3.5-1 的规定：

包裹用房主要组成　　　　表 27.3.5-1

房间名称	设计包裹库存件数 N（件）			
	N≥2000	1000≤N<2000	400≤N<1000	400 以下
包裹库	应设	应设	应设	应设
包裹托取厅	应设	应设	应设	不设
办公室	应设	应设	应设	宜设
票据室	应设	应设	宜设	不设
总检室	应设	不设	不设	不设
装卸工休息室	应设	应设	宜设	不设
牵引车库	应设	应设	宜设	宜设
微机室	应设	应设	应设	应设
拖车存放处	应设	宜设	宜设	不设

注：1000 件以下包裹库的微机室宜与办公室合设。

包裹库、行李库的设计

1. 各旅客车站的包裹库和行李库的位置应统一设置。

2. 多层的特大型、大型站的站房和线下式站房的包裹库应设置垂直升降设施，升降机应能容纳一辆包裹拖车。

3. 特大型站的包裹库各层之间应有供包裹车通行的坡道，其净宽度不应小于 3m，当坡道无栏杆时，其净宽度不应小于 4m，坡度不应大于 1∶12。

4. 特大型站的行李提取厅宜设置行李传送带。

包裹用房其他规定

1. 特大型、大型站宜设无主包裹存放间，其使用面积可按设计包裹库存件数 1%设置，并不宜小于 $20m^2$。

2. 办理运输鲜活货业务的站房，包裹库内宜设置专用存放间，并应设清洗、排水设施。

3. 包裹库内净高度不应小于 3m。

4. 有机械作业的包裹库，应满足机械作业的要求，其门的宽度和高度均不应小于 3m。

5. 包裹库宜设高窗，并应加设防护设施。

6. 包裹托取厅使用面积及托取窗口数不应小于表 27.3.5-2 的规定。

包裹托取厅使用面积及托取窗口数 **表 27.3.5-2**

名　称	设计行包库存件数 N（件）					
	600 以下	600≤N＜1000	1000≤N＜2000	2000≤N＜4000	4000≤N＜10000	10000 及以上
托取窗口（个）	1	1	2	4	7	10
托取厅（m^2）	—	25	30	60	150	300

注：表中所列数值为设计包裹库存件数下限的最小数值，当采用上限时，其数值应适当提高。

7. 包裹托取柜台面高度不宜大于 0.6m，柜台面宽度不宜小于 0.6m。当包裹库与托取厅之间采用柜台分隔时，应留有不小于 1.5m 宽的通道。

27.3.6 旅客服务设施

旅客服务设施 **表 27.3.6**

服务设施	特大型	大　型	中　型	小　型
有人值守问询处	应设	应设	应设	可合并设置
小件寄存处	应设	应设	应设	
	使用面积可根据最高聚集人数或高峰小时发送量按 $0.05m^2$/人确定			
自助存包柜	宜设	宜设	宜设	—
吸烟处	应设	应设	不设	—
旅客医务室	宜设	宜设	宜设	—
导向标志	旅客车站的广场、站房出入口、集散厅、候车区（室）、旅客通道、站台等处			
小型商业设施	旅客车站宜设置为旅客服务的小型商业设施			
其他设施	宜设置邮政、电信、商业服务设施、自动取款机、时钟等，并应设置饮水设施等			

27.3.7 旅客用厕所、盥洗间

1. 旅客站房应设厕所和盥洗间。

2. 旅客站房厕所和盥洗间的设计要点。

旅客站房厕所和盥洗间的设计应符合下列规定：

1）设置位置明显，标志易于识别；

2）厕位数宜按最高聚集人数或高峰小时发送量 2 个/100 人确定，男女人数比例应按 1：1、厕位按 1：1.5 确定，且男、女厕所大便器数量均不应少于 2 个，男厕应布置与大便器数量相同的小便器；

3）厕位间应设隔板和挂钩；

4）男女厕所宜分设盥洗间，盥洗间应设面镜，水龙头应采用卫生、节水型，数量宜按最高聚集人数或高峰小时发送量 1 个/150 人设置，并不得少于 2 个；

5）候车室内最远地点距厕所距离不宜大于 50m；

6）厕所应有采光和良好通风；

7）厕所或盥洗间应设污水池；

8）卫生间的布置应避免室外的视线干扰，前室门洞不小于 1500mm，卫生间门洞不小于 1200mm，一般不设门；

9）隔间门除无障碍厕位及过道宽松的厕位间可采用外开门形式外，其他厕位隔间门应采用内开门形式；

10）特大型、大型站的厕所应分散布置。

27.4 站场客运设施

27.4.1 站台

客货共线铁路车站站台

客货共线铁路车站站台的长度、宽度、高度应符合现行国家标准《铁路车站及枢纽设计规范》(GB 50091）的有关规定。客运专线铁路车站站台的设置应符合国家及铁路主管部门的有关规定。

铁路站房或建筑物最外凸出部分外缘至基本站台边缘的距离　　表 27.4.1

<table>
<tr><th></th><th>特大型</th><th>大　型</th><th>中　型</th><th>小　型</th></tr>
<tr><td rowspan="2">一般要求</td><td>宜为 20～25m</td><td>宜为 15～20m</td><td>宜为 8～12m</td><td>宜为 8m</td></tr>
<tr><td colspan="4">困难条件下不应小于 6m</td></tr>
<tr><td>当旅客站台上设有天桥或地道出入口、房屋等建筑物时</td><td colspan="2">不应小于 3m</td><td colspan="2">不应小于 2.5m</td></tr>
<tr><td>改建车站受条件限制时</td><td colspan="4">天桥或地道出入口其中一侧的距离不得小于 2m</td></tr>
<tr><td>当路段设计速度在 120km/h 及以上</td><td colspan="4">靠近有正线一侧的站台应按上述款项的数值加宽 0.5m</td></tr>
</table>

1. 旅客站台应采用刚性防滑地面，并满足行李、包裹车荷载的要求，通行消防车的站台还应满足消防车荷载的要求。

2. 站台地面应有排水措施。

3. 旅客列车停靠的站台应在全长范围内，距站台边缘 1m 处的站台面上设置宽度为 0.06m

的黄色安全警戒线，安全警戒线可与提示盲道结合设计。当有速度超过120km/h的列车临近站台通过时，安全警戒线和防护设施应符合铁路主管部门有关规定。

4. 当中间站台上需要设置房屋时，宜集中设置。

27.4.2 雨篷

站台雨篷设计要点　　表27.4.2-1

		特大型	大　型	中　型	小　型
雨篷长度	客运专线	与站台同等长度			
	客货共线	与站台同等长度	与站台同等长度的站台雨篷		
			或在站台局部设置雨篷，其长度可为200～300m		
	中间站台雨篷的宽度不应小于站台宽度				
雨篷高度	通行消防车的站台，雨篷悬挂物下缘至站台面的高度不应小于4m				
雨篷构件	与轨道的间距应符合现行《标准轨距铁路建筑限界》（GB 146.2）的有关规定				
其他要点	基本站台上的旅客进站口、出站口应设置雨篷并应与基本站台雨篷相连				
	地道出入口处无站台雨篷时应单独设置雨篷，并宜为封闭式雨篷，其覆盖范围应大于地道出入口，且不应小于4m				
	特大型、大型旅客车站宜设置无站台柱雨篷				

无站台柱雨篷设计要点　　表27.4.2-2

设计要点	铁路正线两侧不得设置雨篷立柱，在两条客车到发线之间的雨篷柱，其柱边最突出部分距线路中心的间距，应符合铁路主管部门的有关规定
	除应满足采光、排气和排水等要求外，还应考虑吸声和隔声效果
	站台上不宜设置厕所

27.4.3 机动车道

机动车进入高架平台，要充分考虑匝道的形式，如何与地面道路顺畅地连接，匝道宽度、坡度及拐弯半径等，必须满足规范要求，可参照《城市道路设计规范》、《民用建筑设计通则》等相关条文进行。

匝道坡度　　表27.4.3

一般要求	不大于8%
严寒地区	不大于5%
寒冷多雪地区	不大于6%
公交车进入高架平台时	5%以下

27.4.4 坡道

1. 平台与城市广场、站房连接处一般应采用坡道相接。

2. 站房的室内外高差控制在150～300mm以内，进站口、售票厅、出站口、行包托取厅等部位应设置坡道，且坡度不应大于1∶12。

3. 高架平台下部地面不得低于城市广场，两者之间通过坡道连接，坡度不应大于1∶12，当城市广场上部有顶板遮蔽时，可与城市广场相平。

4. 站房地下换乘通道与城市设施相连接时，站房应高于城市设施，且通过坡度不大于1∶12的坡道连接；当低于城市设施时，连接处附近应设排水设施。

27.5 消防与疏散

27.5.1 建筑防火

旅客车站的站房及地道、天桥的耐火等级均不应低于二级。

其他建筑与旅客车站合建时必须划分防火分区。

疏散安全出口、走道和楼梯的净宽度除应符合现行国家标准《建筑设计防火规范》（GB 50016—2014）的有关规定外，尚应符合下列要求：

1. 站房楼梯净宽度不得小于1.6m。

2. 安全出口和走道净宽度不得小于3m。

3. 当候车区（室）位于旅客车站建筑顶层，且室内地面与集散厅地面高度不大于10m，其建筑高度虽大于24m，其防火设计仍可按现行国家标准《建筑设计防火规范》（GB 50016—2014）规定执行。

4. 候车室通向站台的室外楼梯，其楼梯段可采用耐火极限不低于0.25h的金属杆件，踏步面应有可靠的防滑措施。

27.5.2 消防车道

1. 大型、特大型铁路旅客车站应设环形消防车道。

2. 特大型、大型旅客车站应利用基本站台作为消防车道。

3. 车站消防车道可利用通站道路、站内道路等交通道路。旅客车站的站台作为消防车道时，展台上的建筑物、构筑物边缘至站台边缘的距离不应小于3.0m，净高4.0m范围内不得有障碍物。环形消防车道应有不少于两条与其他车道相同的道路。

27.5.3 旅客车站防火分区

铁路旅客车站的候车区及集散厅应符合下列条件时，其每个防火分区最大允许面积可扩大到10000m^2：

1. 设置在首层、单层高架层，或有一半直接对外疏散出口且采用室内封闭楼梯间的二层；

2. 设有自动喷水灭火系统、排烟设施和火灾自动报警系统；

3. 内部装修设计符合现行国家标准《建筑内部装修设计防火规范》（GB 50222）的有关规定。

参考文献

[1] 建筑设计防火规范图示，2015年修改版．北京：中国计划出版社，2015.

[2] 张道真．深圳市建筑防水构造图集．北京：中国建筑工业出版社，2014.

[3] 深圳市建筑设计研究总院．建筑设计技术手册．北京：中国建筑工业出版社，2011.

[4] 深圳市勘察设计行业协会．深圳市工程设计行业 BIM 应用发展指南，2013.05.

[5] 葛文兰．BIM 第二维度：项目不同参与方的 BIM 应用．北京：中国建筑工业出版社，2011.

[6] 田慧峰、孙大明、刘兰编著．绿色建筑适宜技术指南．北京：中国建筑工业出版社，2014.

[7] 张川，宋凌，孙潇月．2014年度绿色建筑评价标识统计报告．建设科技，2015(6)：20-23.

[8] 建筑设计资料集编委会. 建筑设计资料集 3(第 2 版). 中国建筑工业出版社，1994.

[9] 刘宝仲．托儿所、幼儿园建筑设计. 北京：中国建筑工业出版社，1989.

[10] 姜辉，孙磊磊，万正旸，孙曦. 大学校园群体[M]. 南京：东南大学出版社，2006.

[11] 牛毅. 大学校园教学中心区建筑群体设计研究[D]. 哈尔滨工业大学，2008.

[12] 孙振亚. 高校建筑的复合化设计研究[D]. 北京建筑大学，2013.

[13] 吉志伟. 高校教学建筑设计研究[D]. 武汉理工大学，2003.

[14] 高冀生. 当代高校校园规划要点提示[J]. 新建筑，2002，04：10-12.

[15] 何镜堂. 当前高校规划建设的几个发展趋向[J]. 新建筑，2002，04：5-7.

[16] (美)细曼. 学院与大学建筑[M]. 薛力，孙世界译．北京：机械工业出版社，2000.

[17] 宋泽方，周逸湖. 大学校园规划与建筑设计[M]. 北京：中国建筑工业出版社，2006.

[18] 建筑设计资料集编委会. 建筑设计资料集(第 2 版). 北京：中国建筑工业出版社，1994.

[19] 张国良，毕波. 国外图书馆设计资料集．北京：水利电力出版社，1988.

[20] (美)乌亚瑟：罗森布拉特. 博物馆建筑．中国建筑工业出版社，2004.

[21] 中国建筑标准设计研究院. 民用建筑设计通则图示 06SJ813. 中国计划出版社，2006.

[22] 2009 全国民用建筑工程设计技术措施-规划・建筑・景观．

[23] 中国建筑标准设计研究院. 建筑专业设计常用数据 08J 911. 中国计划出版社，2009.

[24] 周洁. 商业建筑设计. 机械工业出版社，2013.

[25] 朱守训. 酒店、度假村开发与设计. 中国建筑工业出版社，2010.

[26] 胡亮、沈征主. 酒店设计与布局. 清华大学出版社，2013.

[27] 孙佳成. 酒店设计与策划. 中国建筑工业出版社，2010.

[28] 体育建筑设计规范 JGJ 31—2013.

[29] 建筑设计资料集编委会．建筑设计资料集 7(第 2 版). 北京：中国建筑工业出版社，1995.

[30] 国际田径协会联合会. 田径场地设施标准手册(2008 版). 北京：人民体育出版社，2009.

[31] 低成本航站楼建设指南

[32] 铁路旅客车站细部设计

[33] 民用建筑设计通则 GB 50352—2005. 北京：中国建筑工业出版社，2005.

[34] 住宅建筑规范 GB 50396—2011．北京：中国建筑工业出版社，2011.

[35] 建筑玻璃应用技术规程 JGJ 113—2015．中国建筑标准研究院，2015.

[36] 玻璃幕墙工程技术规范 JGJ 102—2003．北京：中国建筑工业出版社，2003.

[37] 汽车加油加气站设计与施工规范 GB 50156—2012．北京：中国建筑工业出版社，2012.

[38] 全国民用建筑工程设计技术标准．中国建筑标准研究院，2009.
[39] 楼地面建筑构造 12J 304. 中国建筑标准设计研究院，2009.
[40] 屋面工程技术规范 GB 50345—2012. 中华人民共和国住房和城乡建设部，2012.
[41] 平屋面建筑构造 12J 201. 中国建筑标准设计研究院，2012.
[42] 工程做法 GJBT—882. 中国建筑标准设计研究院，2007.
[43] 无障碍设计规范 GB 50763—2012. 北京：中国建筑工业出版社，2012.
[44] 建筑设计防火规范 GB 50016—2014. 北京：中国计划出版社，2014.
[45] 托儿所、幼儿园建筑设计规范 JGJ 39—87，北京，中国建筑工业出版社，1988.
[46] 幼儿园建筑构造与设施 11J 935，中国建筑标准设计研究院，2011.
[47] 倒置式屋面工程技术规程 JGJ 230—2010.
[48] 坡屋面工程技术规范 GB 50693—2011.
[49] 种植屋面工程技术规程 JGJ 355—2013.
[50] 建筑外墙防水工程技术规程 JGJ/T 235—2011.
[51] 建筑室内防水工程技术规程 CECS 196：2006.
[52] 住宅室内防水工程技术规程 JGJ 298—2013.
[53] 地下工程防水技术规范 GB 50108—2008.
[54] 建筑防水工程技术规程 DBJ 15—19—2006.
[55] 深圳市建筑防水工程技术规范 SJG 19—2013.
[56] 汽车库、修车库、停车场设计防火规范 GB 50067—2014.
[57] 车库建筑设计规范 JGJ 100—2015.
[58] 机械式停车库工程技术规范 JGJ/T 326—2014.
[59] 城市道路工程设计规范 CJJ 37—2012.
[60] 国家建筑标准设计图集 05J 927—1.
[61] 国家建筑标准设计图集 13J 927—3.
[62] 工业化建筑评价标准 GB/T 51129—2015.
[63] 装配式混凝土结构技术规程 JGJ 1—2014.
[64] 装配式混凝土结构住宅建筑设计示例(剪力墙结构)15J 939—1.
[65] 装配式混凝土结构表示方法及示例(剪力墙结构)15G 107—1.
[66] 装配式混凝土结构连接节点构造(楼盖和楼梯)15G 310—1.
[67] 装配式混凝土结构连接节点构造(剪力墙)15G 310—2.
[68] 预制混凝土剪力墙外墙板 15G 365—1.
[69] 预制混凝土剪力墙内墙板 15G 365—2.
[70] 桁架钢筋混凝土叠合板 15G 366—1.
[71] 预制钢筋混凝土板式楼梯 15G 367—1.
[72] 预制钢筋混凝土阳台板、空调板及女儿墙 15G 368—1.
[73] 民用建筑信息模型设计标准 DB11/T 1069—2014.
[74] 综合医院建筑设计规范 GB 51039—2014.
[75] 综合医院建设标准 建标 110—2008.
[76] 传染病医院建筑设计规范 GB 50849—2014.
[77] 精神专科医院建筑设计规范 GB 21058—2014.
[78] 中医医院建设标准 建标 106—2008.
[79] 中国建筑标准设计院．宿舍建筑设计规范(JGJ 36—2005)[S]．北京：中国建筑工业出版社，2006.
[80] 建筑设计资料集编委会．建筑设计资料集 4(第二版)北京：中国建筑工业出版社，1994.
[81] 公共图书馆建设标准．建标 108—2008.

[82] 图书馆建筑设计规范. JGJ 38—2015.
[83] 公共图书馆建筑用地指标. 2008
[84] 博物馆建筑设计规范 JGJ 66—2015.
[85] 剧场建筑设计规范 JGJ 57—2000.
[86] 商店建筑设计规范 JGJ 48—2014.
[87] 城市居住区规划设计规范 GB 50180—93.
[88] 绿色建筑设计标准 GB/T 50378—2014.
[89] 绿色商店建筑评价标准 GB/T 51100—2015.
[90] 旅游饭店星级的划分与评定 GB/T 14308—2010.
[91] 旅馆建筑设计规范 JGJ 62—2014.
[92] 体育场馆声学设计及测量规程 JGJ/T 131—2012.
[93] 体育场建筑声学技术规范 GB/T 50948—2013.
[94] 体育场地与设施(一) 08J 933—1.
[95] 体育场地与设施(二) 13J 933—2.
[96] 中小学校设计规范 GB 50099—2011.
[97] 中小学校设计规范图示 11J 934—1.
[98] 建筑内部装修设计防火规范 GB 50222—95.
[99] 民用机场服务质量 MH/T 5104—2006.
[100] 民用机场工程项目建设标准 建标 105—2008.
[101] 公共航空运输服务质量标准 GB/T 16177—2007.
[102] 民用航空运输机场安全保卫设施 MH7003.
[103] 铁路工程设计防火规范 TB 10063—2007(2012 版).
[104] 铁路旅客车站建筑设计规范 GB 50226—2007.
[105] 城市轨道交通技术规范 GB 50490—2009.
[106] 城市轨道交通工程项目建设标准(建标 104-2008).
[107] 总图制图标准 GB/T 50103—2001.
[108] 地铁设计规范 GB 50157—2013.
[109] 地铁限界标准 CJJ 96—2003.
[110] 铁路线路设计规范 GB 50090—99.
[111] 铁路车站及枢纽设计规范 GB 50091—99.
[112] 珠海市建设局．广东省住宅工程质量通病防治技术措施二十条.
[113] 住房和城乡建设部．城市停车设施建设指南.
[114] 深圳市建筑工务署．深圳市建筑工务署政府公共工程 BIM 应用实施纲要．
[115] 深圳市建筑工务署．深圳市建筑工务署 BIM 实施管理标准．
[116] 深圳市发展和改革局．深圳市医院建设标准指引.
[117] 传染病医院建设标准(报批稿).
[118] 普通高等学校建筑面积指标(报批稿)[S]. 北京，2008.（文中简称《面积指标》）
[119] 中国城市规划设计研究院. 公共图书馆建设用地指标.
[120] 国家新闻出版广电总局. 电影院星级评定标准.
[121] 2014 深圳市城市规划标准与准则．
[122] 2014 深圳市建筑设计规则．
[123] 万豪酒店设计指引．
[124] 公共体育场馆建设标准(征求意见稿).
[125] 民用机场航站楼设计防火规范(送审稿).

[126] 地铁设计防火规范征求意见稿(2010.5第三稿).
[127] 何关培新浪博客:heep//blog.sina.com.cn/heguanpei.
[128] 高宝真，黄南翼. 老龄社会住宅设计. 中国建筑工业出版社，2006.
[129] 老年人建筑设计规范 JGJ 122—99.
[130] 老年人居住建筑设计标准 GB/T 50340—2003.
[131] 城镇老年人设施规划规范 GB 50437—2007.
[132] 社区老年人日间照料中心建设标准. 2010.
[133] 养老设施建筑设计规范 GB 50867—2013.
[134] 社会养老服务体系建设规划(2011—2015).
[135] 老年养护院建设标准. 建标 144-2010.
[136]《老年人居住建筑设计规范》2015 审定稿.
[137] 铁路旅客车站建筑设计规范. GB 50226—2007.
[138] 铁路工程设计防火规范. TB 10063—2007 J 774—2008.

编　后　语

为有利于注册建筑师和广大设计人员更好地执行国家、部委颁布的各项工程建设技术标准、规范及省、市地方标准、规定，了解新技术、新材料，提高设计质量和效率，我们编撰了《注册建筑师设计手册》，其内容较为全面，图表化、数据表格化，简明扼要，便于阅读和查找。

本书是为注册建筑师特别编撰的工具书，也可供建筑设计、施工、监理、室内装饰、管理人员和大专院校师生参考使用，并可作为大学毕业生到设计院上岗前的培训用书。

本书共27章，其内容为建筑专业设计的主要内容，是对设计规范的理解、掌握和执行。对新出现的技术问题进行归类解答，也是对省、市设计企业历年设计经验的总结和提高。

参加本书编撰及审稿的50名人员，都是省、市设计企业及国家级建筑科学研究院中，长期在生产一线从事建筑设计、审图、科技研究的老、中、青专家和业务骨干。他们主持或参加了许多大型、复杂的建筑工程设计、科学技术研究，积累了丰富的实践经验。在繁忙设计及科研工作之余，不辞辛苦、兢兢业业、一丝不苟地编撰本书。在搜集整理资料、校审设计数据、编排手册的章节条文、绘制图例、设计表格，推敲文字等，一年多的业余时间里编撰者们呕心沥血。如果我们编委的辛勤付出，能为建筑设计同行们提高设计质量和设计效率提供一些帮助，我们将感到欣慰！

在此，我们对为本书提出的宝贵意见和建议的深圳市深大源建筑技术研究有限公司、深圳市华森建筑工程咨询有限公司、悉地国际设计顾问（深圳）有限公司、深圳市建筑科学研究院股份有限公司等单位的专家们表示感谢；同时，本书还参考和引用了一些省市设计单位的有关资料、一些学者专家的论文或科研成果，在此一并感谢。相关参考已在书中注明出处，如有遗漏，敬请来信来电联系。

同时还要对付出了辛勤劳动的中国建筑工业出版社的编辑和设计师们表示感谢！

由于编者水平和能力所限，本书存在不足，甚至有错漏的地方，恳请广大读者多提宝贵意见和建议，以便今后改正和完善。

《注册建筑师设计手册》主编

张一莉

2016年7月8日于深圳